本书部分案例

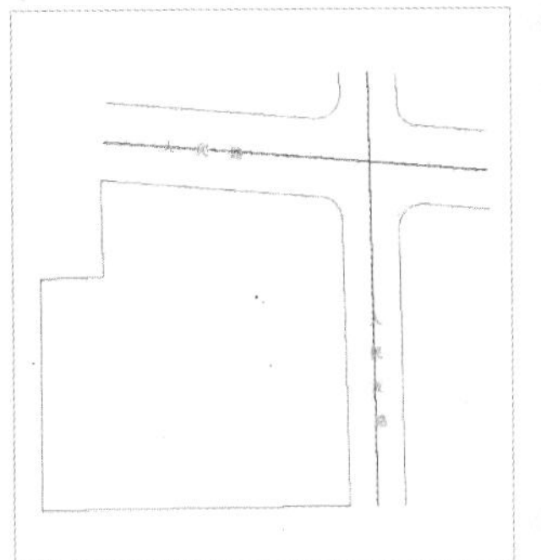
建筑地基地形图

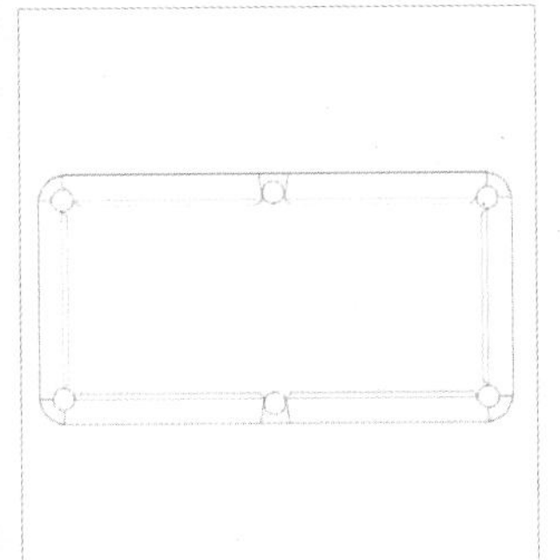
台球桌

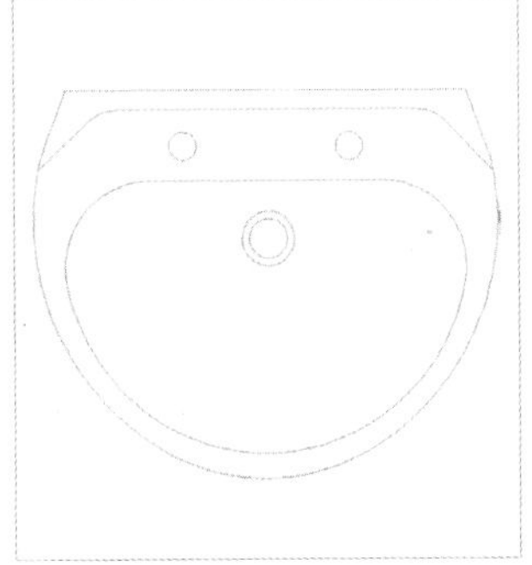
图块洗手池

图块蹲便器

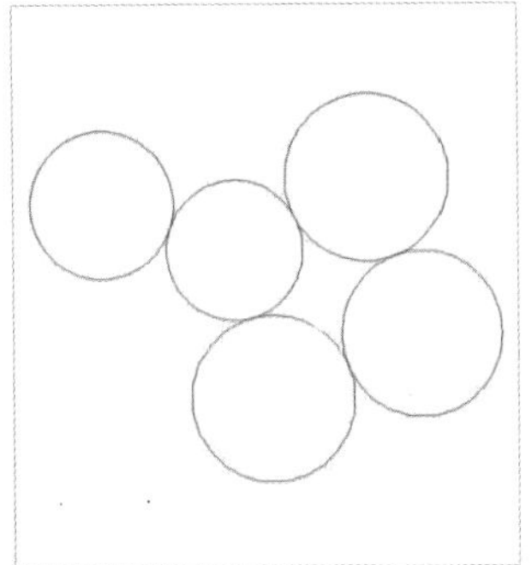
连环圆

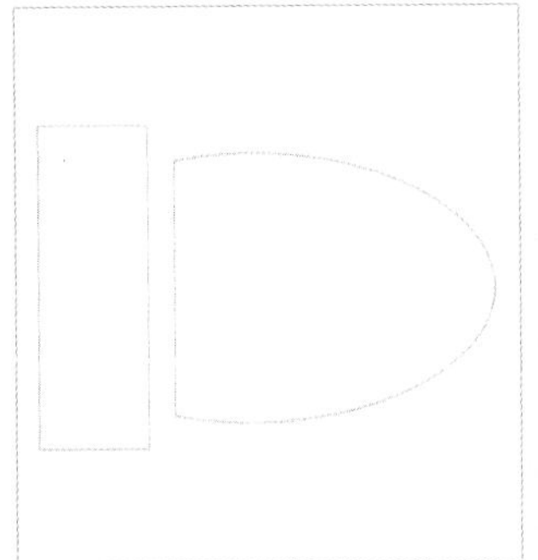
马桶

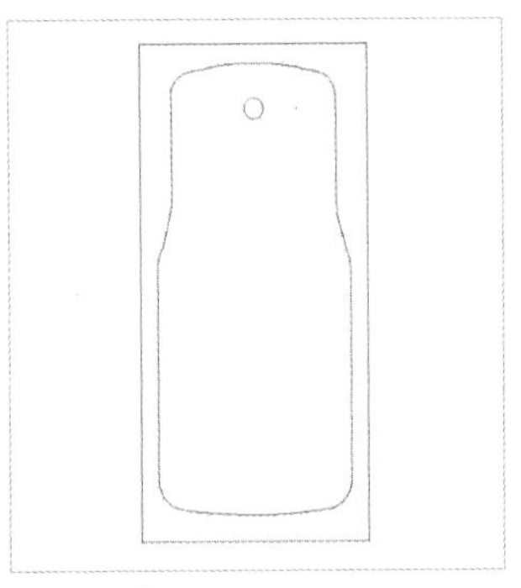
浴池

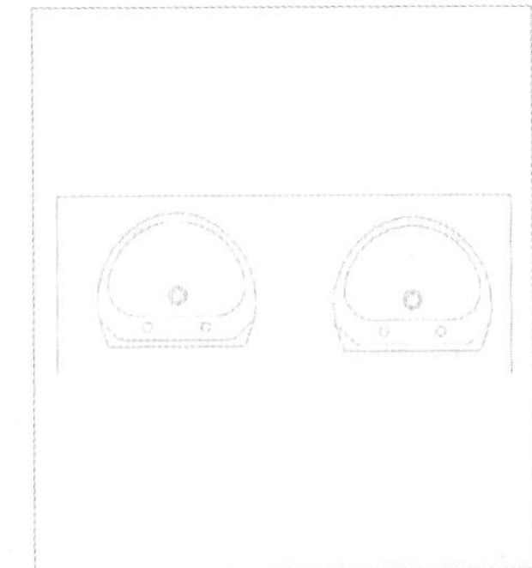
洗手盆1

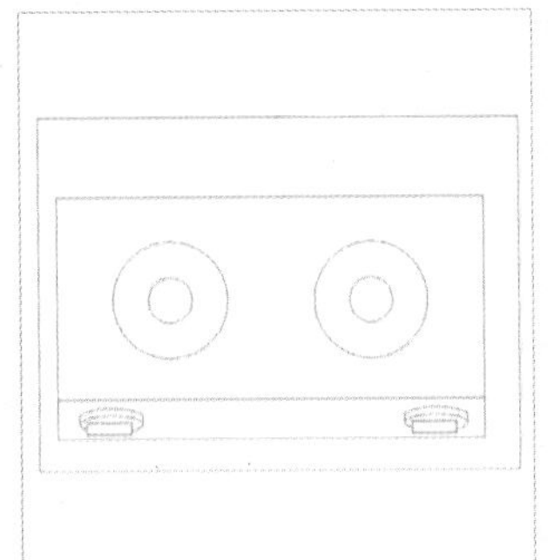
灶具

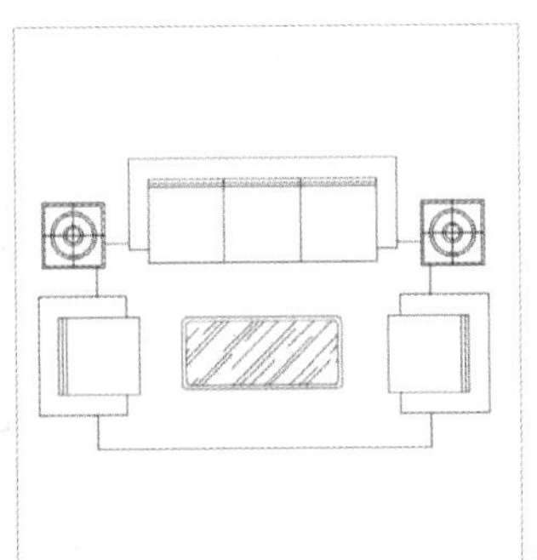
组合沙发

椅子

圈椅

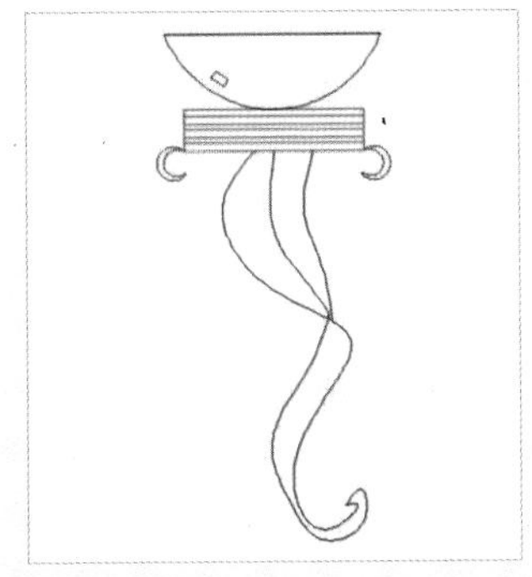
壁灯

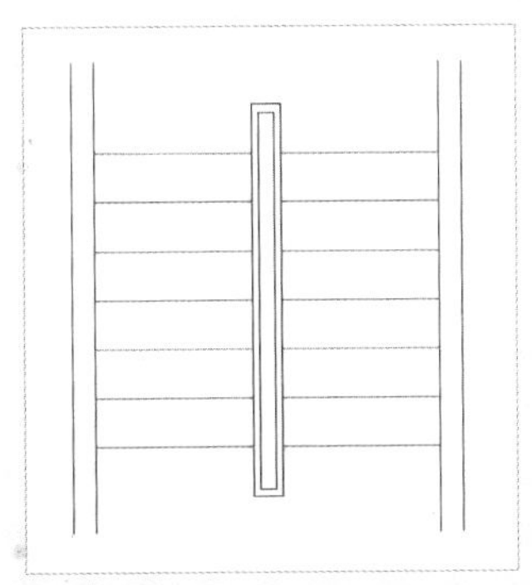
楼梯

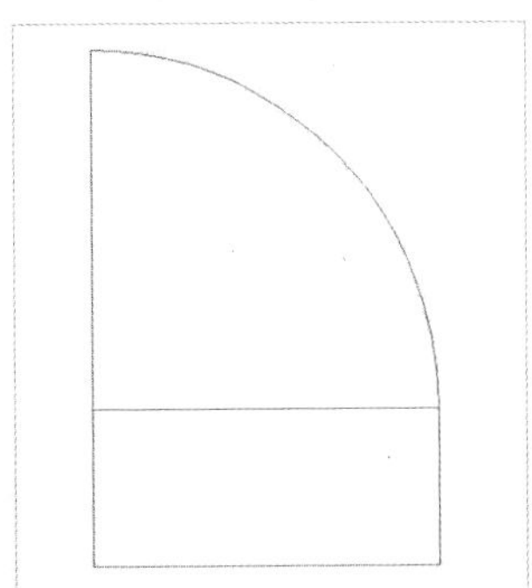
边桌

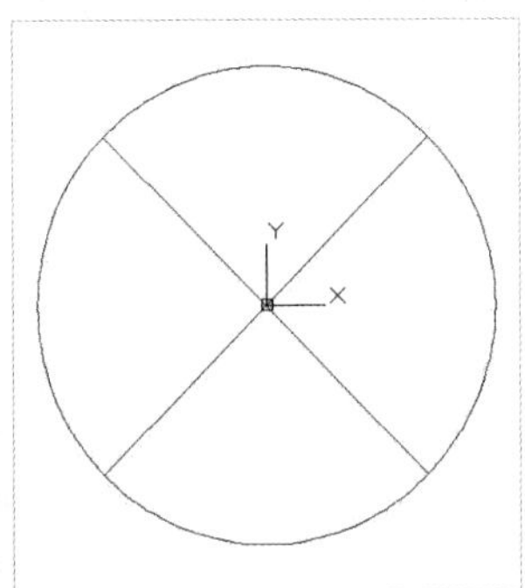

deng

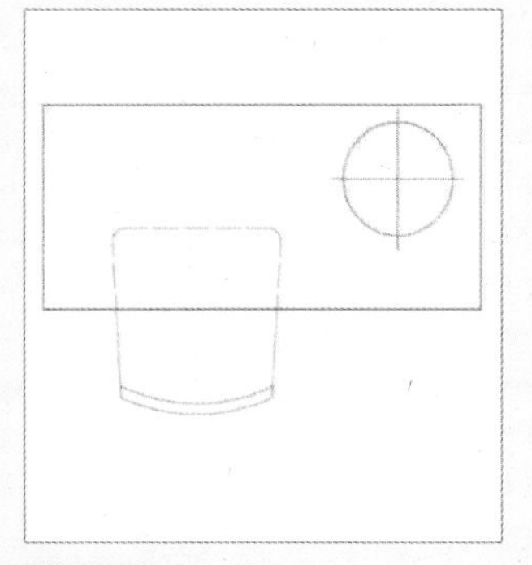
梳妆台

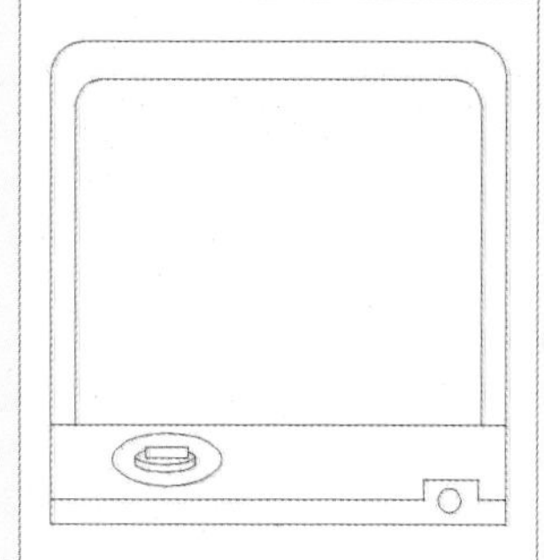
洗衣机

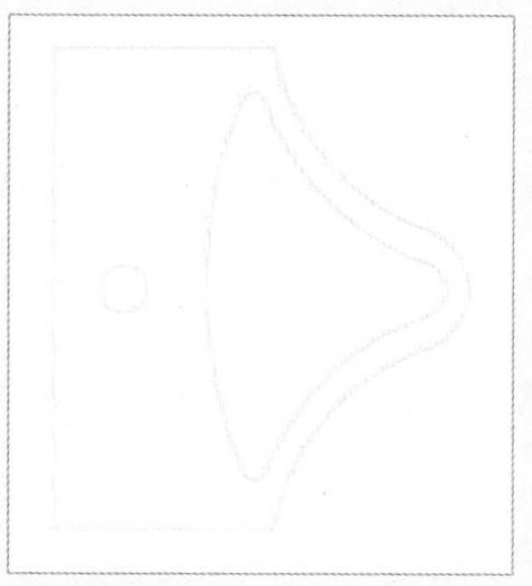
洗手盆

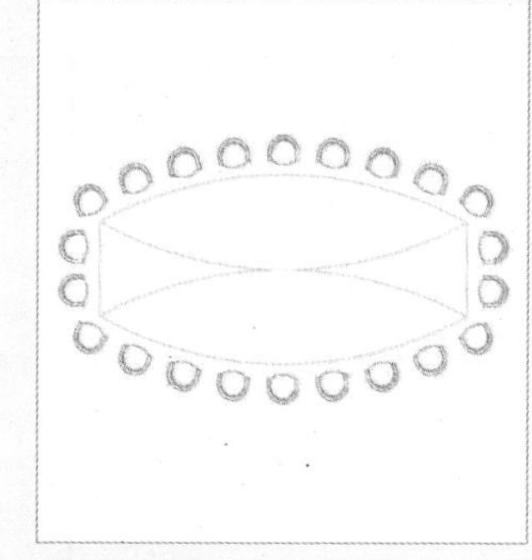
会议桌

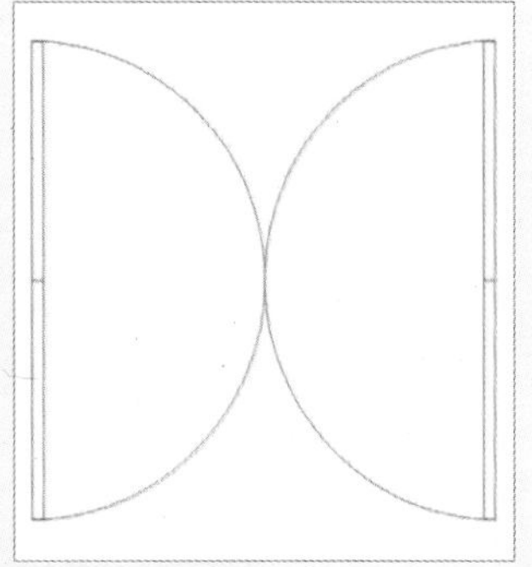
双扇弹簧门

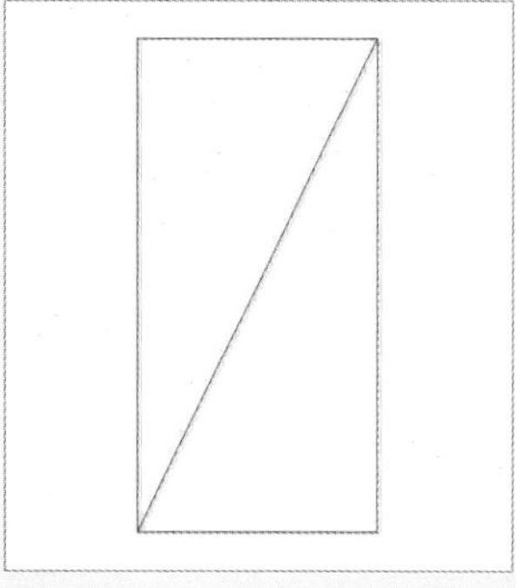
tch

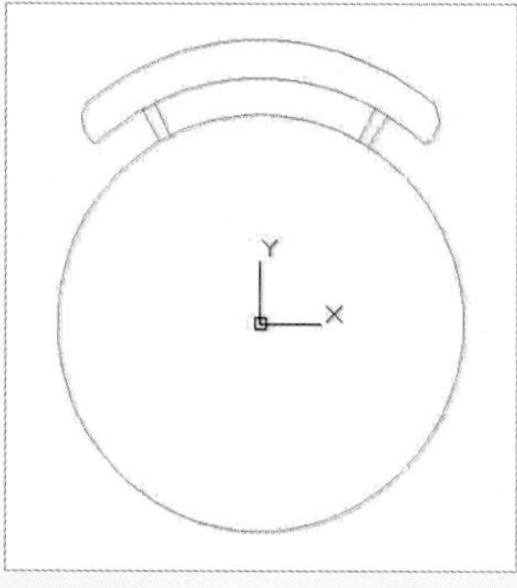

椅子

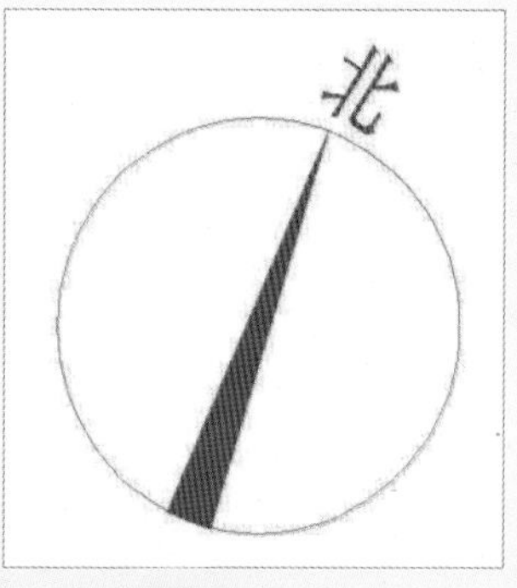

指北针

花瓣

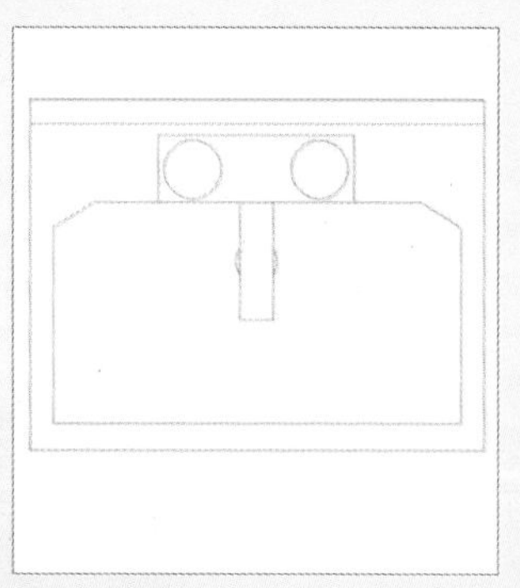
洗菜盆

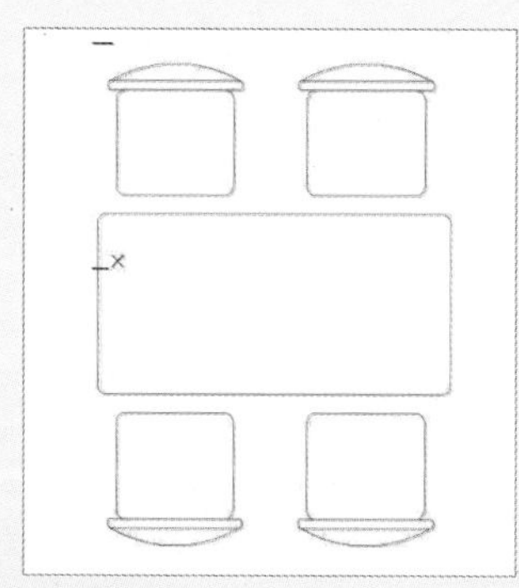
餐桌

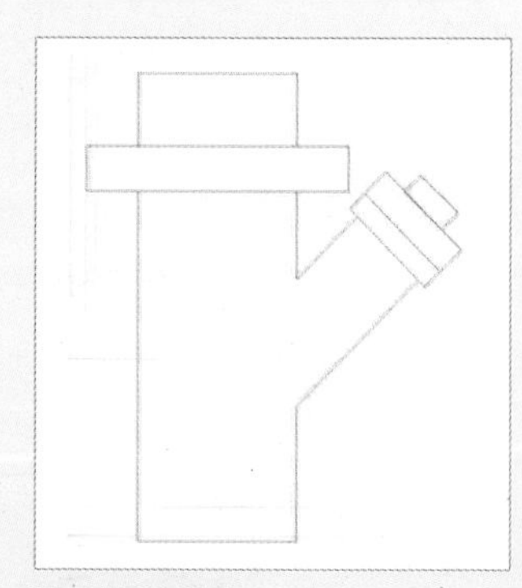
管道对齐

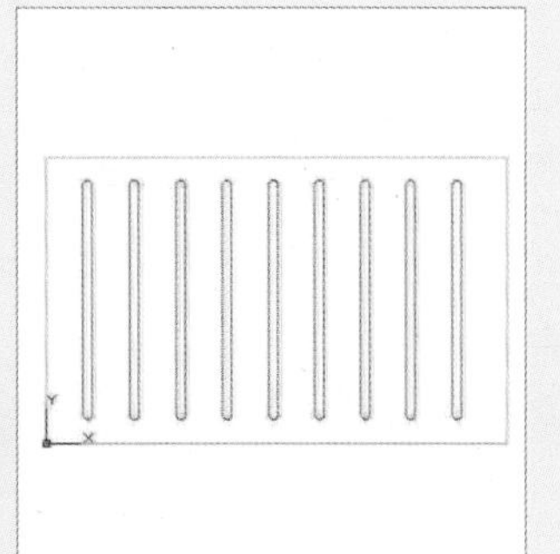
行李架

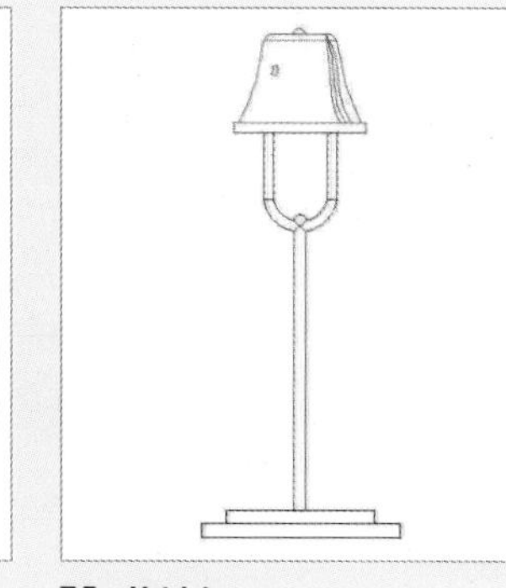
落地灯

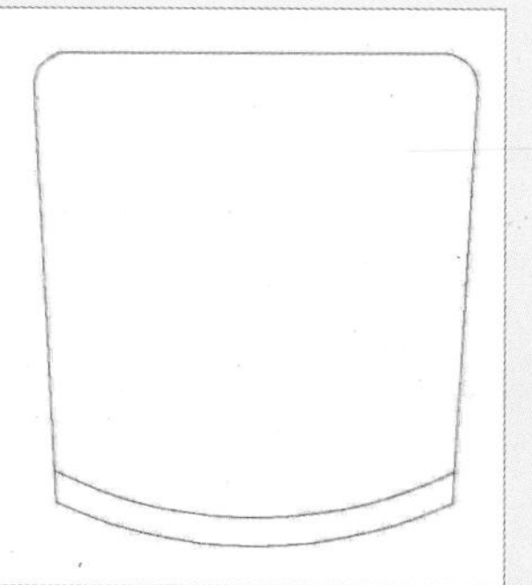
梳妆凳

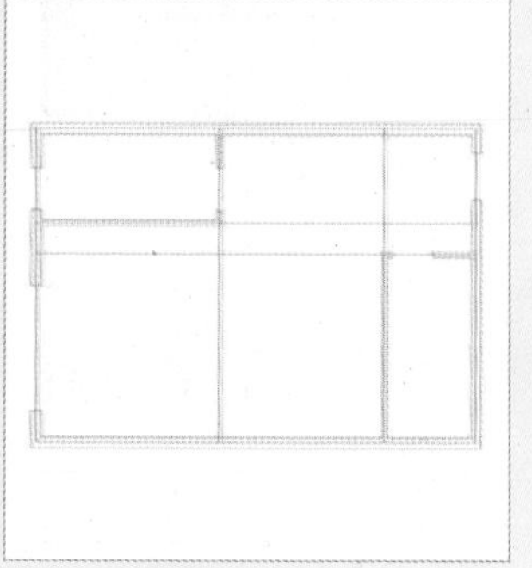
平面墙线

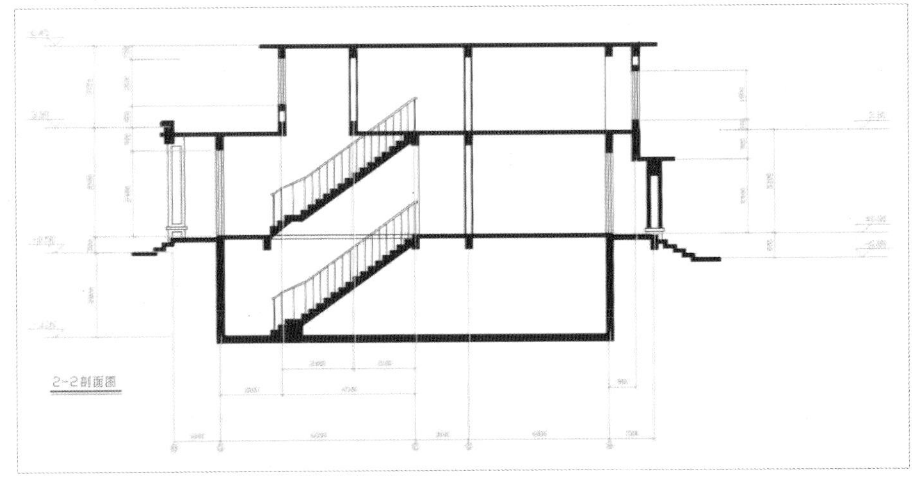

别墅2-2剖面图

卫生间4放大图

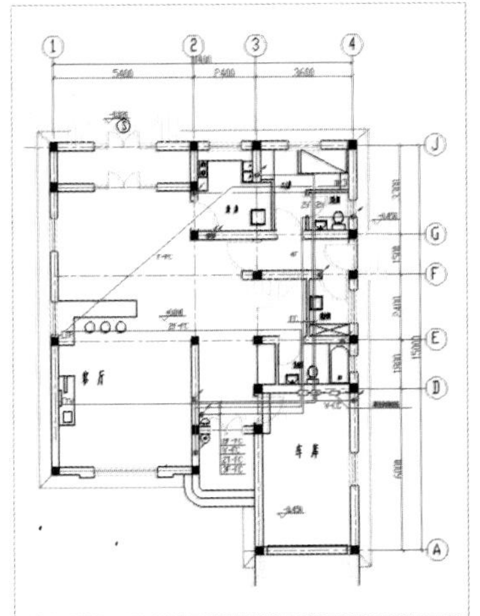

弱电平面图

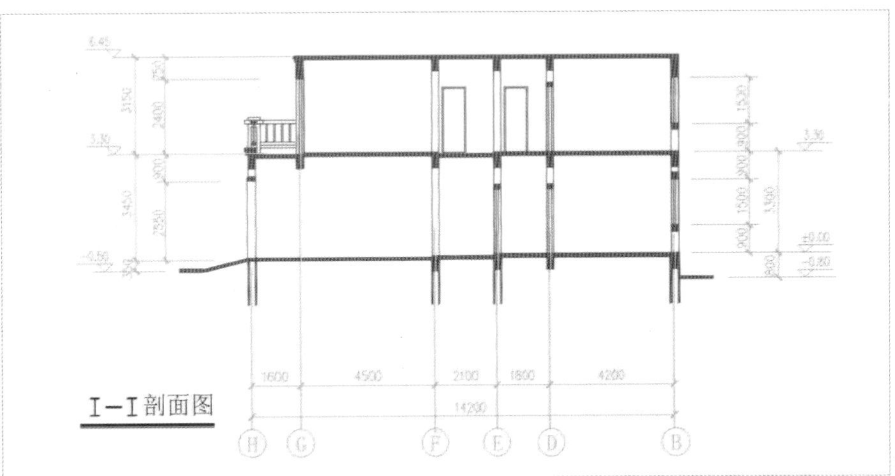

别墅1-1剖面图

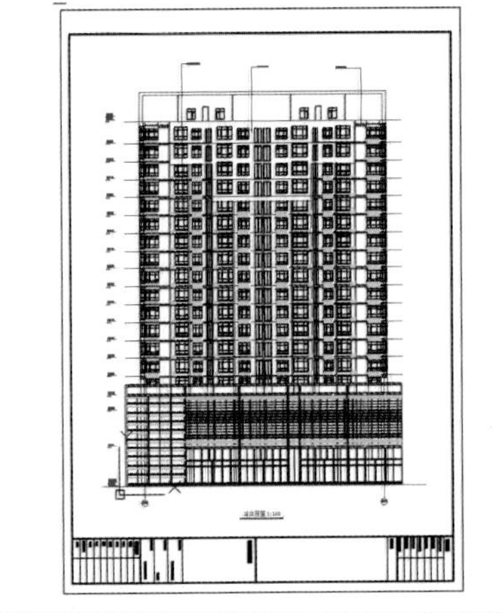

高层建筑正立面图的绘制

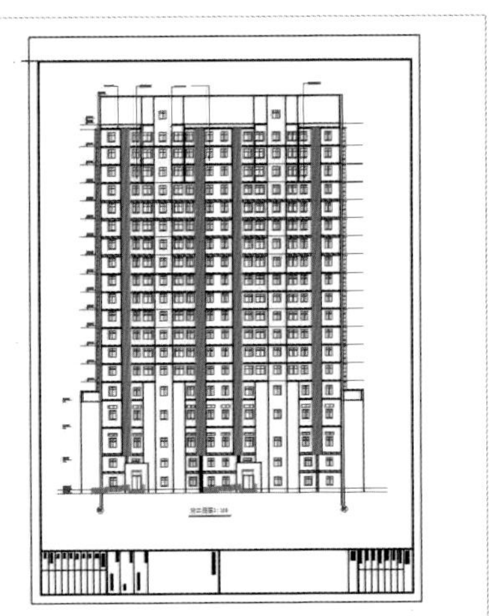

高层建筑背立面图的绘制

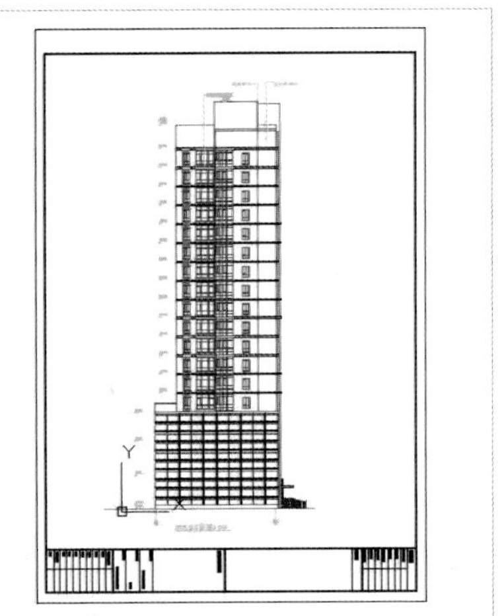

高层建筑侧立面图的绘制

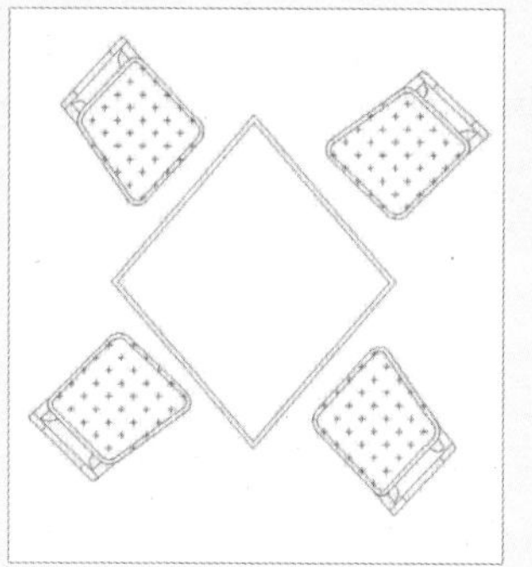

酒店餐桌椅

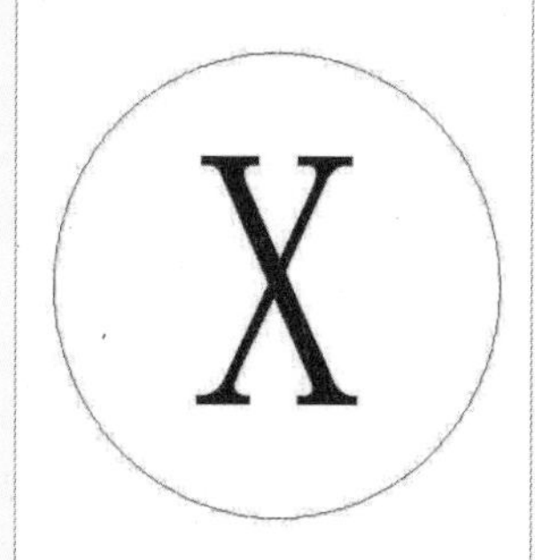

编号

坐便器

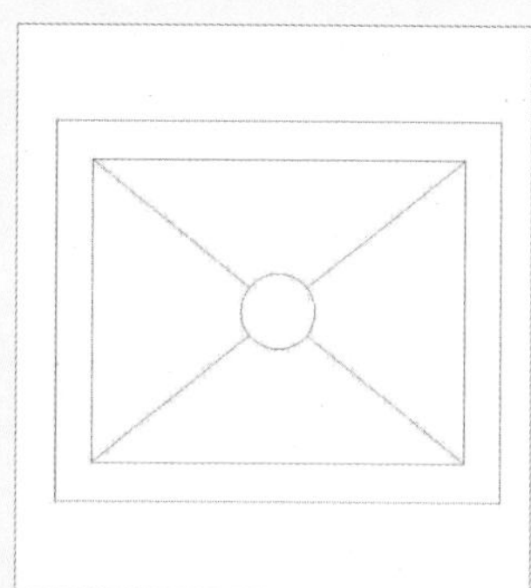

图块燃气灶

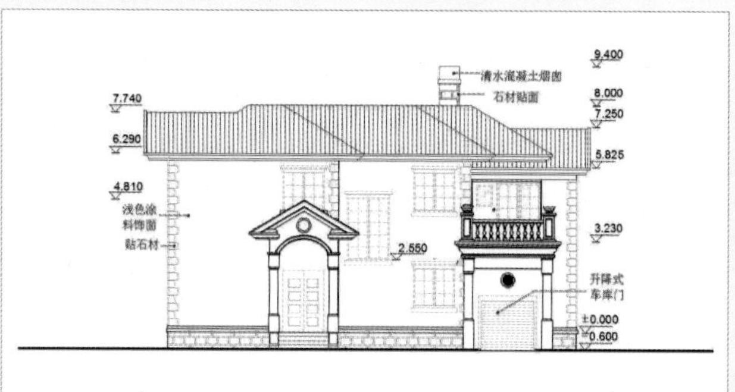

空间连杆

吸顶灯

别墅北立面图的绘制

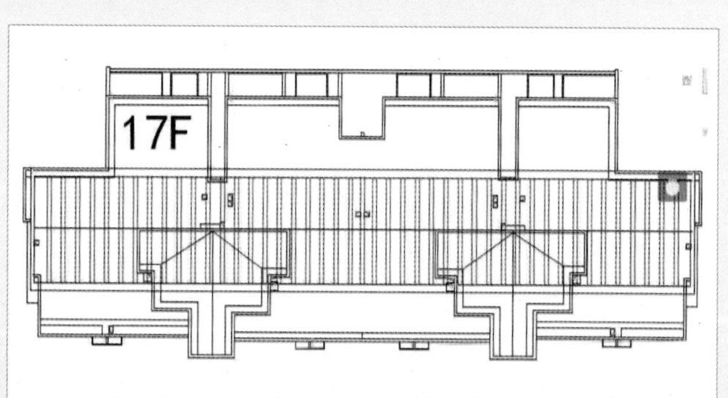

jzl-1

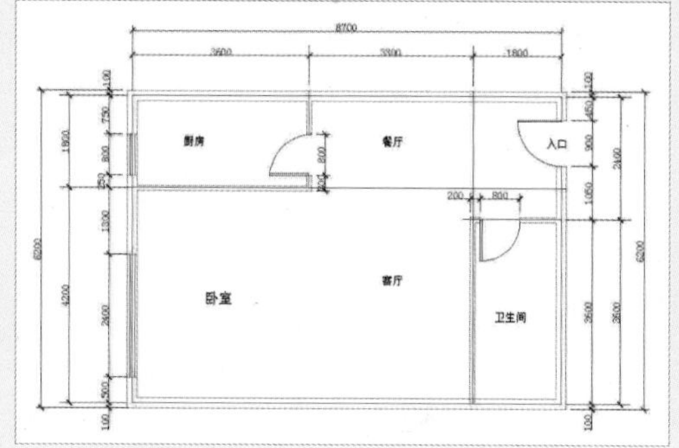

户型图标注

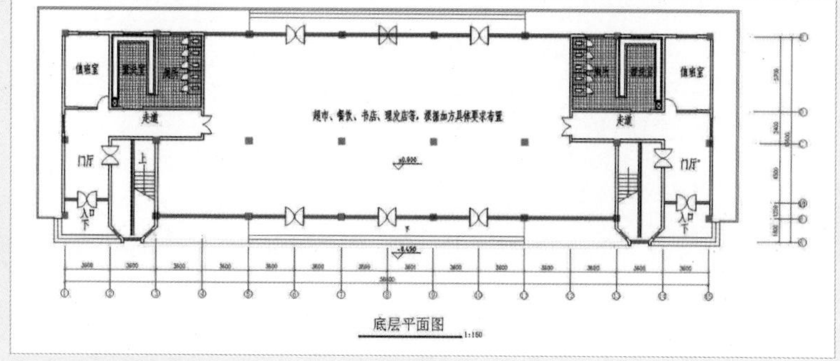

底层平面图

本书部分案例

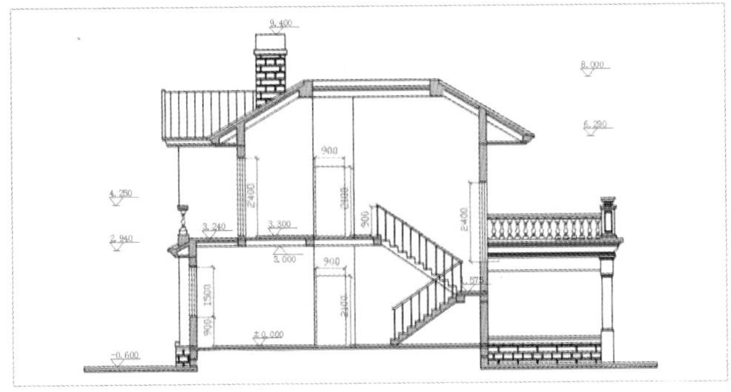

别墅剖面图1-1的绘制

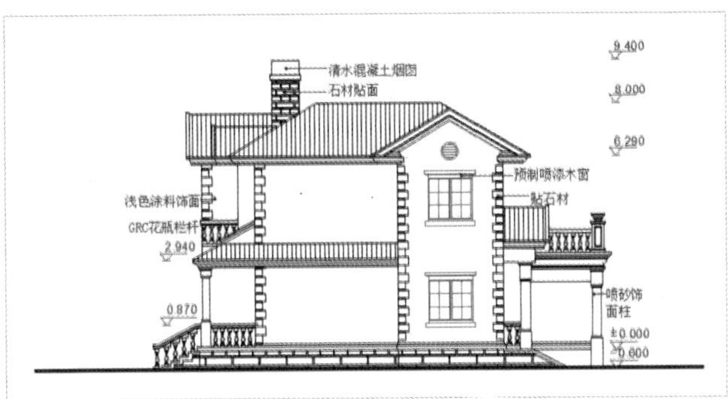

别墅东立面图的绘制

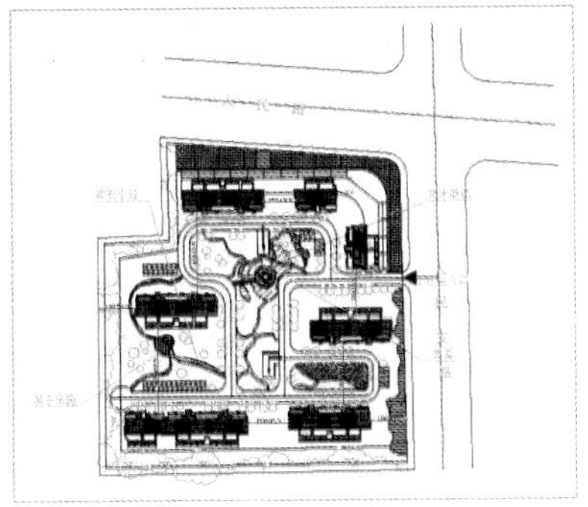

规划总平面图的绘制

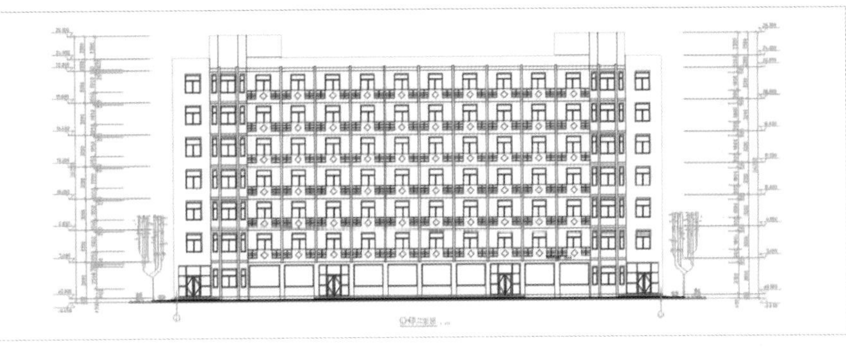

宿舍立面图

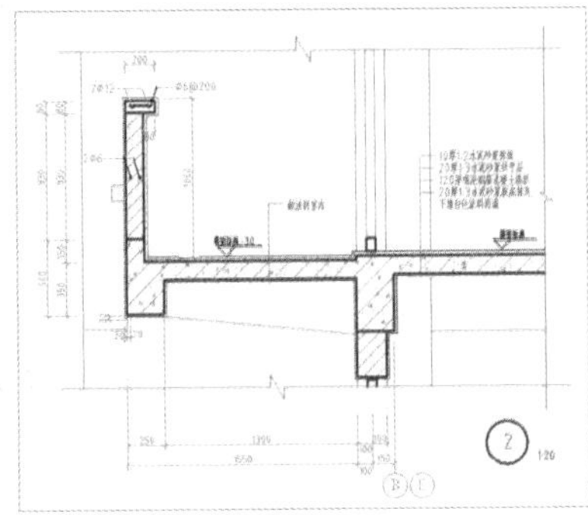

外墙身详图绘制

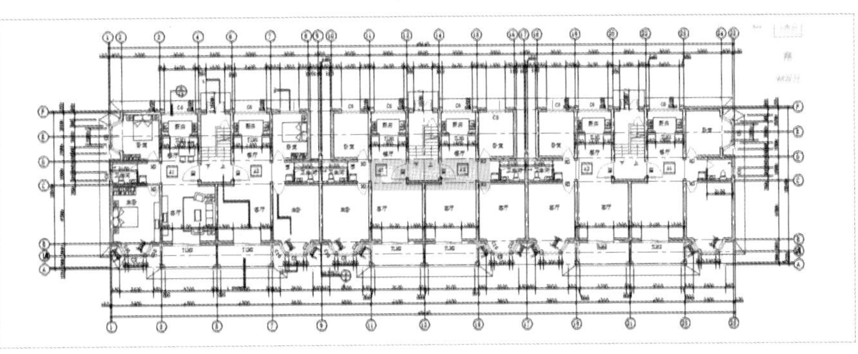

砖混住宅一层平面图

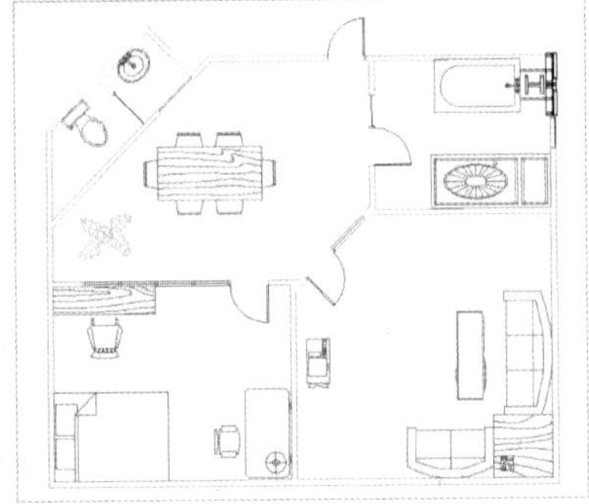

居室布置平面图

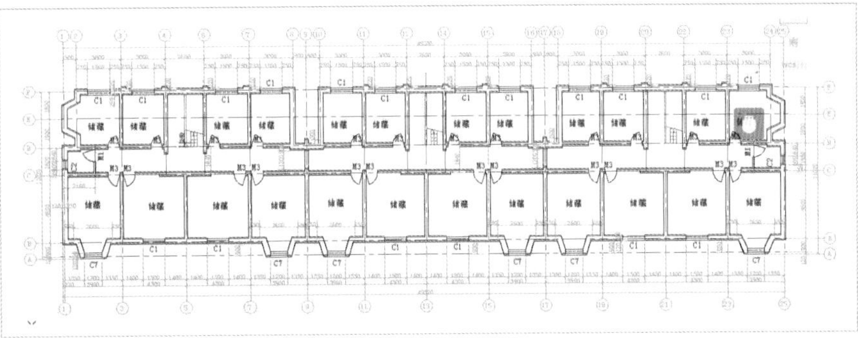

砖混住宅地下层平面图

本书部分案例

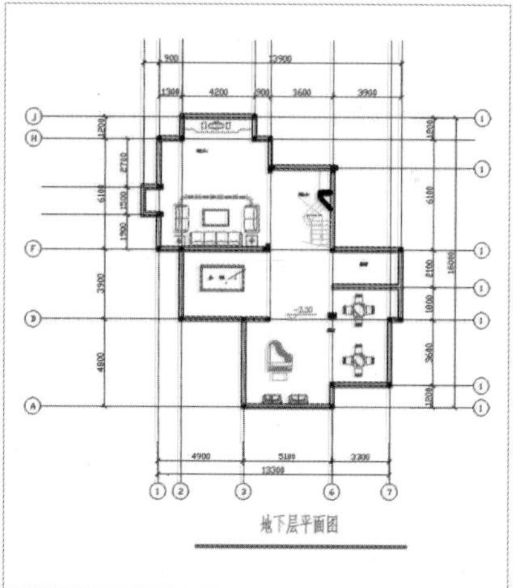

地下层平面图

卫生间5放大图

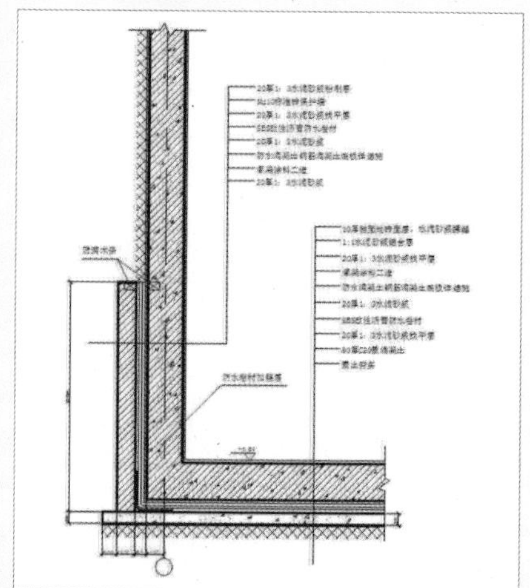

墙身节点3

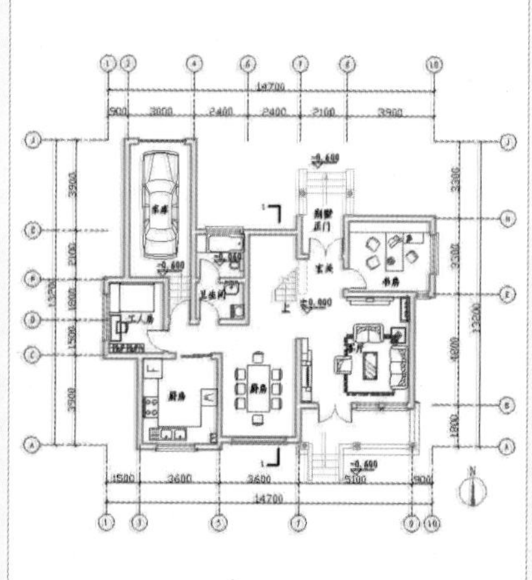

别墅首层平面图的绘制

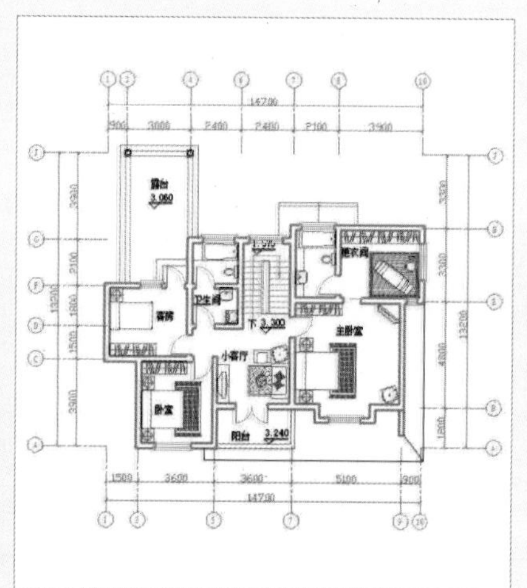

别墅二层平面图的绘制

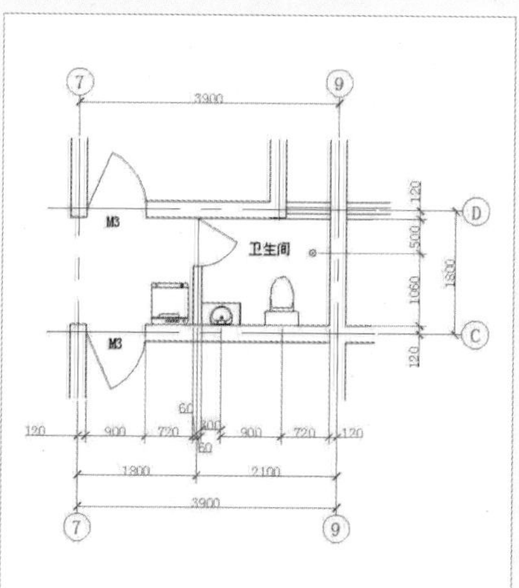

卫生间放大图

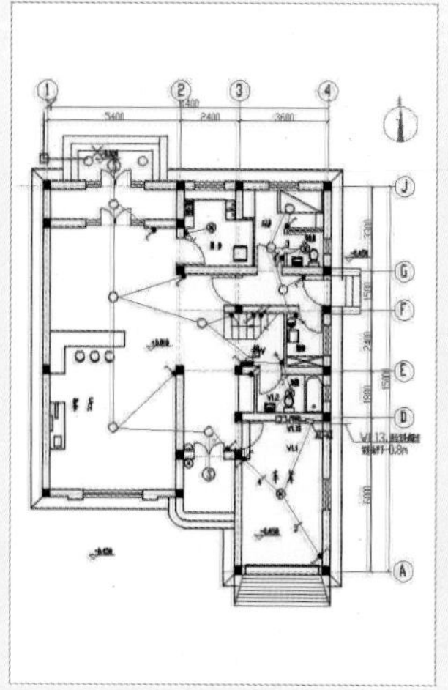

绘制照明平面图

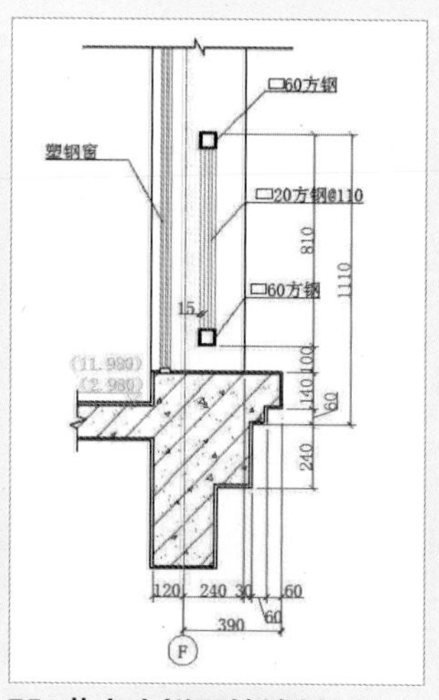

节点大样图的绘制

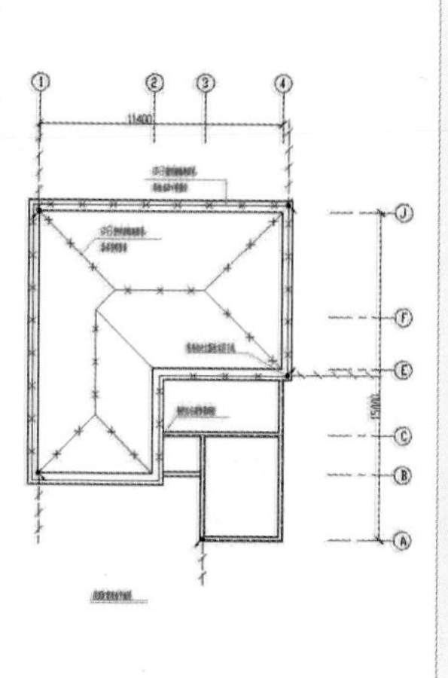

绘制防雷平面图

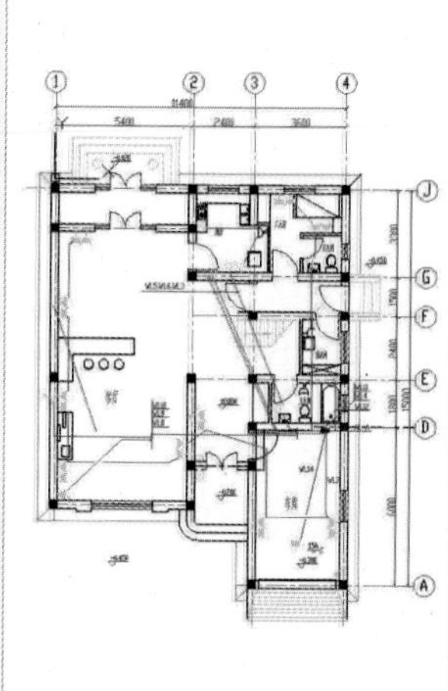

绘制插座平面图

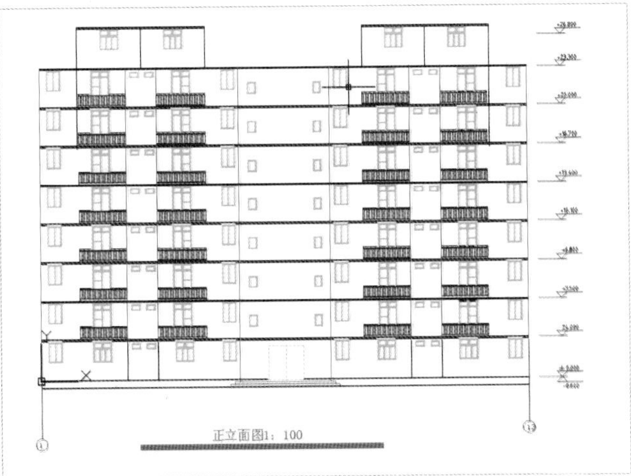

居民楼立面图

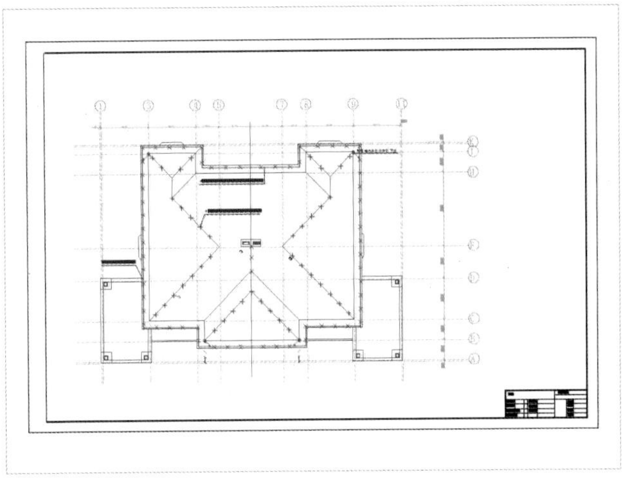

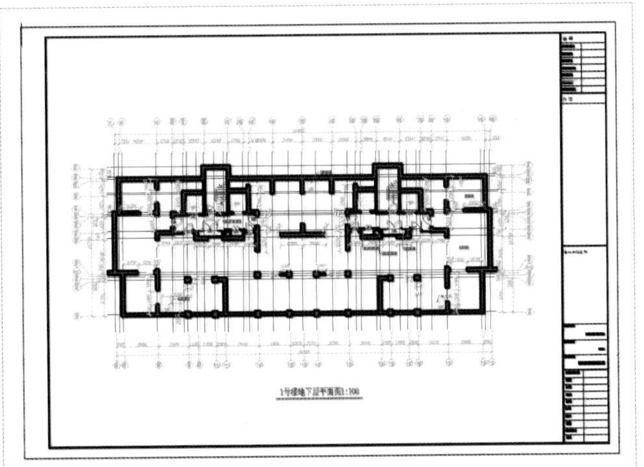

地下一层平面图的绘制

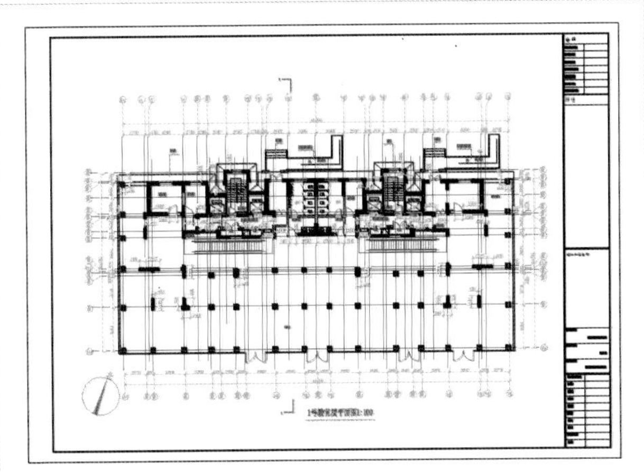

首层平面图的绘制

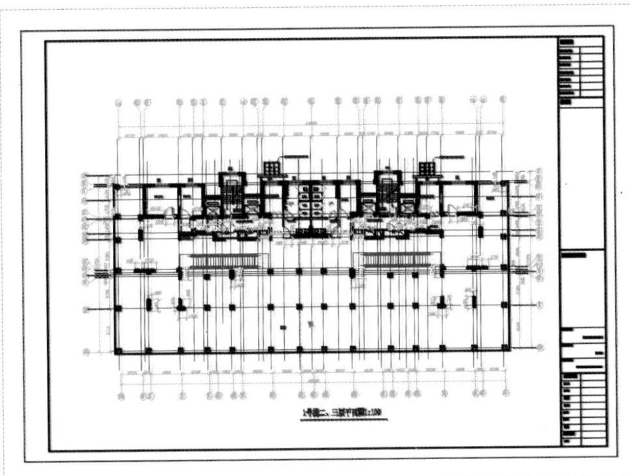

二、三层平面图的绘制

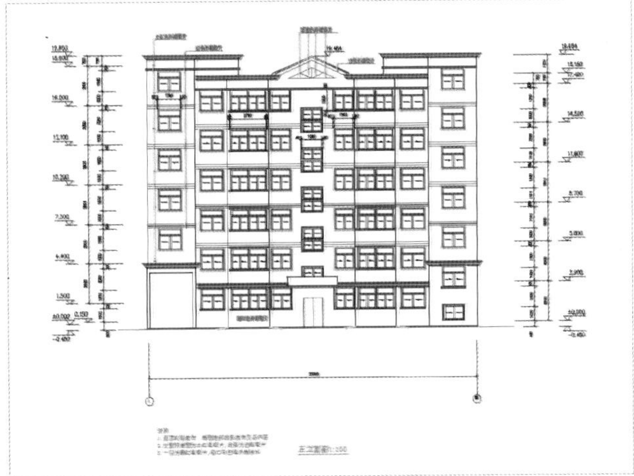

屋顶防雷接地平面图

办公楼立面图

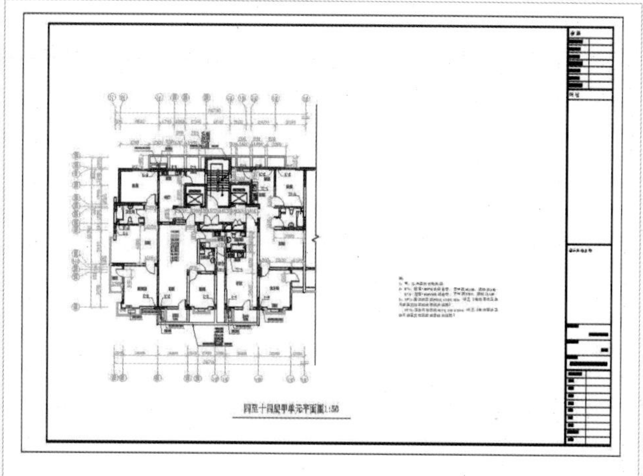

四至十四层组合平面图的绘制

四至十八层甲单元平面图的绘制

屋顶设备层平面图的绘制

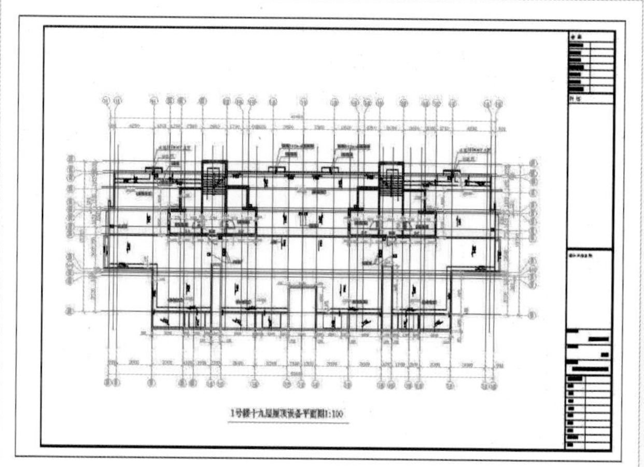

屋顶平面图的绘制

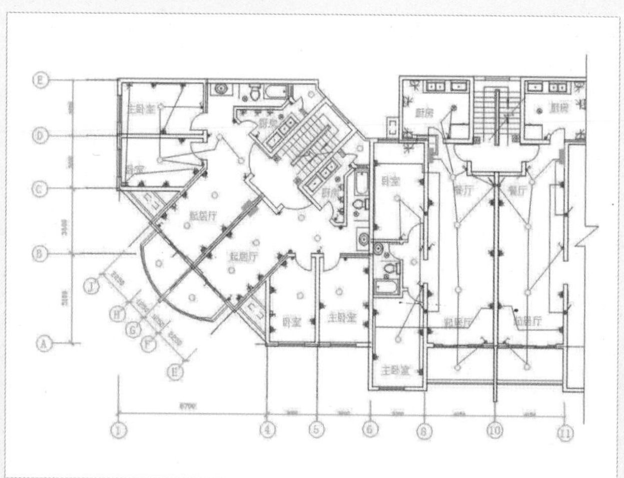

住宅楼照明平面图

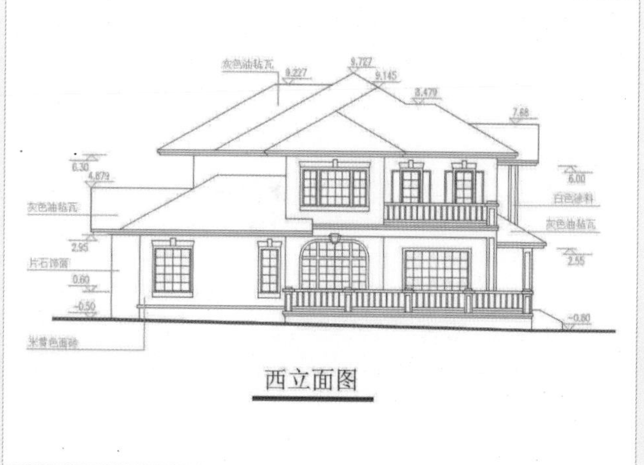

别墅西立面图

CAD/CAM/CAE 自学视频教程

AutoCAD 2016 中文版建筑设计自学视频教程

CAD/CAM/CAE 技术联盟　编著

清华大学出版社

北　京

内 容 简 介

《AutoCAD 2016 中文版建筑设计自学视频教程》以大量实例、案例的方式讲述了 AutoCAD 2016 建筑绘图的应用方法和技巧，全书分为基础篇、提高篇和综合篇。基础篇包括 AutoCAD 2016 入门、 绘制二维图形、二维图形的编辑、辅助工具、建筑理论基础；提高篇包括绘制总平面图、绘制建筑平面图、绘制建筑立面图、绘制建筑剖面图、绘制建筑详图；综合篇包括商住楼和高层住宅的绘制过程，内容有照明与插座工程图设计、防雷接地与弱电工程图设计、某住宅楼建筑施工图总体概述、某住宅小区规划总平面图绘制、某住宅小区 1 号楼建筑平面图和建筑立面图绘制，以及某住宅楼建筑剖面图及详图绘制。

《AutoCAD 2016 中文版建筑设计自学视频教程》光盘配备了极为丰富的学习资源：包括**配套自学视频、应用技巧大全、疑难问题汇总、经典练习题、常用图块集、全套工程图纸案例及配套视频、快捷键命令速查手册、快捷键速查手册、常用工具按钮速查手册等。**

《AutoCAD 2016 中文版建筑设计自学视频教程》定位于 Auto CAD 2016 建筑设计从入门到精通层次，可以作为建筑设计初学者的入门教程，也可以作为建筑工程技术人员的参考书。

图书在版编目（CIP）数据

AutoCAD 2016 中文版建筑设计自学视频教程/CAD/CAM/CAE 技术联盟编著．—北京：清华大学出版社，2017
（CAD/CAM/CAE 自学视频教程）
ISBN 978-7-302-45160-0

I．①A…　II．①C…　III．①建筑设计-计算机辅助设计-AutoCAD 软件-教材　IV．①TU201.4

中国版本图书馆 CIP 数据核字（2016）第 234112 号

责任编辑：杨静华
封面设计：李志伟
版式设计：魏　远
责任校对：王　云
责任印制：宋　林

出版发行：清华大学出版社
　　网　　址：http://www.tup.com.cn，http://www.wqbook.com
　　地　　址：北京清华大学学研大厦 A 座　　**邮　　编**：100084
　　社 总 机：010-62770175　　**邮　　购**：010-62786544
　　投稿与读者服务：010-62776969，c-service@tup.tsinghua.edu.cn
　　质 量 反 馈：010-62772015，zhiliang@tup.tsinghua.edu.cn
印 刷 者：清华大学印刷厂
装 订 者：三河市新茂装订有限公司
经　　销：全国新华书店
开　　本：203mm×260mm　**印　张**：33　**插　页**：4　**字　　数**：865 千字
（附 DVD 光盘 1 张）
版　　次：2017 年 3 月第 1 版　　**印　　次**：2017 年 3 月第 1 次印刷
印　　数：1～4000
定　　价：79.80 元

产品编号：068955-01

前 言

Preface

建筑行业是 AutoCAD 主要运用范围之一。AutoCAD 也是我国建筑设计领域使用最早、应用最广泛的 CAD 软件，几乎成了建筑绘图的默认软件，在国内拥有强大的用户群体。AutoCAD 的教学还是我国建筑学专业和相关专业 CAD 教学的重要组成部分。就目前的现状来看，AutoCAD 主要用于绘制二维建筑图形（如平面图、立面图、剖面图和详图等），这些图形是建筑设计文件中的主要组成部分。其三维功能也可用于建模、协助方案设计和规划等，其矢量图形处理功能还可用来进行一些技术参数的求解，如日照分析、地形分析、距离或面积的求解等。而且，其他一些二维或三维效果图制作软件（如 3ds Max、Photoshop 等）也往往有赖于 AutoCAD 的设计成果。此外，AutoCAD 也为用户提供了良好的二次开发平台，便于自行定制适合于本专业的绘图格式和附加功能。由此看来，学好用好 AutoCAD 软件是建筑从业人员的必备业务技能。

一、本书的特色

鉴于 AutoCAD 强大的功能和深厚的工程应用底蕴，我们力图开发一套全方位介绍 AutoCAD 在各个工程行业应用实际情况的书籍。具体就每本书而言，我们不求事无巨细地将 AutoCAD 知识点全面讲解清楚，而是针对本专业或本行业需要，利用 AutoCAD 大体知识脉络作为线索，以实例作为“抓手”，帮助读者掌握利用 AutoCAD 进行本行业工程设计的基本技能和技巧。

具体而言，本书具有一些相对明显的特色：

☑ **经验、技巧、注意事项较多，注重图书的实用性，同时让学习少走弯路**

本书作者有多年的计算机辅助建筑设计领域工作经验和教学经验。本书是作者总结多年的设计经验以及教学的心得体会，历时多年精心编著而成，力求全面细致地展现出 AutoCAD 在建筑设计应用领域的各种功能和使用方法。

☑ **实例、案例、实践练习丰富，通过大量实践达到高效学习之目的**

除详细介绍基本建筑单元绘制方法外，还以别墅为例，论述了在建筑设计中如何使用 AutoCAD 绘制总平面图、平面图、立面图、剖面图以及详图等各种建筑图形，并在第 11～17 章详细讲解了商住楼和高层住宅楼设计过程中不同工程图的绘制过程。

☑ **精选综合实例、大型案例，为成为建筑设计工程师打下坚实基础**

本书从全面提升建筑设计与 AutoCAD 应用能力的角度出发，结合具体的案例来讲解如何利用 AutoCAD 进行建筑工程设计，让读者在学习案例的过程中潜移默化地掌握 AutoCAD 软件的操作技巧，同时培养工程设计实践能力，从而独立完成各种建筑工程设计。

☑ **内容涵盖面广，力求让读者掌握建筑设计必需知识**

本书在有限的篇幅内，包罗了 AutoCAD 常用的功能以及常见的建筑设计知识，涵盖建筑设计基本理论、AutoCAD 绘图基础知识、各种建筑设计图样绘制方法等。“秀才不出屋，能知天下事”。读者只要有本书在手，AutoCAD 建筑设计知识全精通。

二、本书的配套资源

在时间就是财富、效率就是竞争力的今天，谁能够快速学习，谁就能增强竞争力，掌握主动权。为了方便读者朋友快速、高效、轻松学习本书，我们在光盘上提供了极为丰富的学习配套资源，期望读者朋友在最短的时间学会并精通这门技术。

1．本书配套视频讲解：全书实例均配有多媒体视频演示，读者可以先观看视频演示，听老师讲解，然后再跟着书中实例操作，可以大大提高学习效率。

2．AutoCAD 应用技巧大全：汇集了 AutoCAD 绘图的各类技巧，对提高作图效率很有帮助。

3．AutoCAD 疑难问题汇总：疑难解答的汇总，对入门者来讲非常有用，可以扫除学习障碍，让学习少走弯路。

4．AutoCAD 经典练习题：额外精选了不同类型的练习题，读者朋友只要认真去练，到一定程度就可以实现从量变到质变的飞跃。

5．AutoCAD 常用图块集：在实际工作中，积累大量的图块可以拿来就用，或者稍加修改就可以用，对于提高作图效率极为有效。

6．AutoCAD 全套工程图纸案例及配套视频：大型图纸案例及学习视频，可以让读者看到实际工作中的整个流程。

7．AutoCAD 快捷键命令速查手册：汇集了 AutoCAD 常用快捷命令，熟记可以提高作图效率。

8．AutoCAD 快捷键速查手册：汇集了 AutoCAD 常用快捷键，绘图高手通常会直接用快捷键。

9．AutoCAD 常用工具按钮速查手册：AutoCAD 速查工具按钮，也是提高作图效率的方法之一。

三、关于本书的服务

1．“AutoCAD 2016 简体中文版”安装软件的获取

按照本书上的实例进行操作练习，以及使用 AutoCAD 2016 进行绘图，需要事先在计算机上安装 AutoCAD 2016 软件。“AutoCAD 2016 简体中文版”安装软件可以登录 http://www.autodesk.com.cn 购买正版软件，或者使用其试用版。另外，也可在当地电脑城、软件经销商处购买。

2．关于本书的技术问题或有关本书信息的发布

读者朋友遇到有关本书的技术问题，可以登录清华大学出版社官网，在右上角的搜索框中输入本书书名，进行搜索。搜索到本书后，在其详细信息页面查看是否有对相关问题的下载链接，如果没有，请直接将问题发到邮箱 win760520@126.com 或 CADCAMCAE7510@163.com，我们将及时回复。

本书经过多次审校，仍然可能有极少数错误，欢迎读者朋友批评指正，请给我们留言，我们也将对提出问题和建议的读者予以奖励。另外，有关本书的勘误，我们会在清华大学出版社官网上公布。

3．关于本书光盘的使用

本书光盘可以放在计算机 DVD 格式光驱中使用，其中的视频文件可以用播放软件进行播放，但不能在家用 DVD 播放机上播放，也不能在 CD 格式光驱的计算机上使用（现在 CD 格式的光驱已经很少）。如果光盘仍然无法读取，最快的办法是建议换一台计算机读取，然后复制过来，极个别光驱与光盘不兼容的现象是有的。另外，盘面有胶、有脏物时建议要先行擦拭干净。

四、关于作者

本书由 CAD/CAM/CAE 技术联盟组织编写。CAD/CAM/CAE 技术联盟是一个 CAD/CAM/CAE 技术研讨、工程开发、培训咨询和图书创作的工程技术人员协作联盟，包含 20 多位专职和众多兼职 CAD/CAM/CAE 工程技术专家。

CAD/CAM/CAE 技术联盟负责人由 Autodesk 中国认证考试中心首席专家担任，全面负责 Autodesk 中国官方认证考试大纲制定、题库建设、技术咨询和师资力量培训工作，成员精通 Autodesk 系列软件。其编写的很多教材成为国内具有引导性的旗帜作品，在国内相关专业方向图书创作领域具有举足轻重的地位。

赵志超、张辉、赵黎黎、朱玉莲、徐声杰、张琪、卢园、杨雪静、孟培、闫聪聪、王敏、李兵、甘勤涛、孙立明、李亚莉、张亭、秦志霞、解江坤、胡仁喜、王振军、宫鹏涵、王玮、王艳池、王培合、刘昌丽等参与了本书的编写，在此对他们的付出表示真诚的感谢。

五、致谢

在本书的写作过程中，策划编辑刘利民先生给予了我们很大的帮助和支持，提出了很多中肯的建议，在此表示感谢。同时，还要感谢清华大学出版社的所有编审人员为本书的出版所付出的辛勤劳动。本书的成功出版是大家共同努力的结果，谢谢所有支持的人们。

编　者

目　录

Contents

第1篇　基　础　篇

Note

Note

第 2 篇　提　高　篇

Note

第 3 篇 综 合 篇

Note

Note

AutoCAD 疑难问题汇总（光盘中）

Note

Note

AutoCAD 应用技巧大全（光盘中）

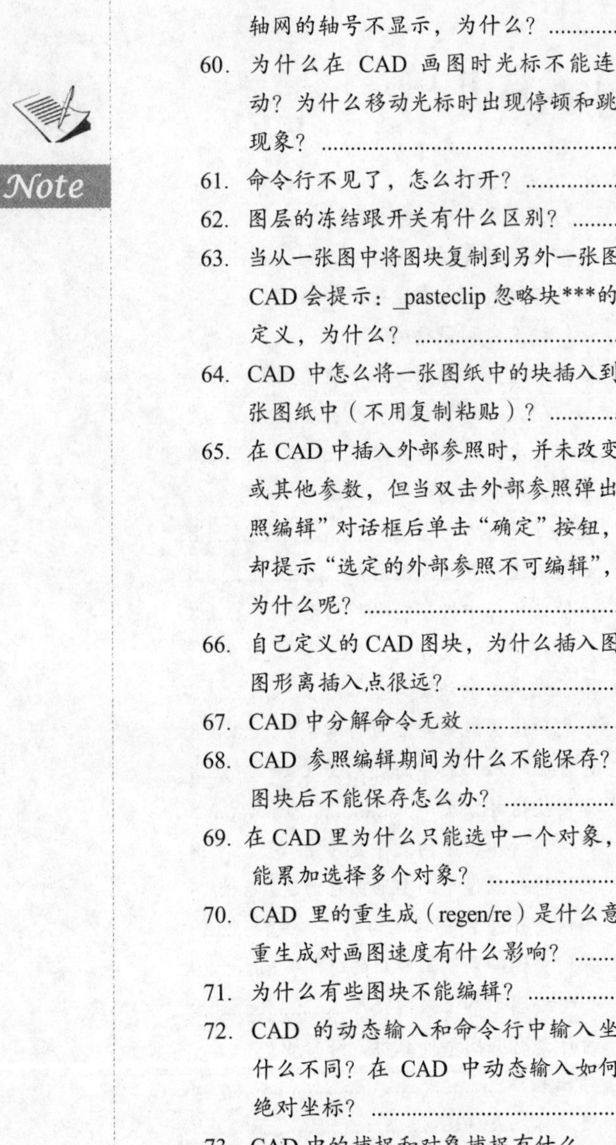

Note

▶▶第 1 篇

基础篇

本篇主要介绍 AutoCAD 的相关基础知识。

通过本篇的学习，读者将掌握 AutoCAD 制图技巧，为后面的 AutoCAD 建筑设计学习打下初步的基础。

⏭ 学习 AutoCAD 的相关基础知识

第1章

AutoCAD 2016 入门

本章学习要点和目标任务：

☑ 操作界面

☑ 配置绘图系统

☑ 设置绘图环境

☑ 文件管理

☑ 基本输入操作

☑ 图层设置

☑ 绘图辅助工具

本章主要学习 AutoCAD 2016 绘图的有关基本知识，了解如何设置图形的系统参数以及绘制样板图，熟悉建立新的图形文件、打开已有文件的方法等，为后面进入系统学习作准备。

1.1 操作界面

AutoCAD 的操作界面是 AutoCAD 显示、编辑图形的区域。启动 AutoCAD 2016 中文版软件后的默认界面如图 1-1 所示，该界面是 AutoCAD 2009 以后出现的新界面风格，为了便于学习和使用过 AutoCAD 2016 及以前版本的读者学习本书，本书采用 AutoCAD 默认草图与注释操作界面介绍。

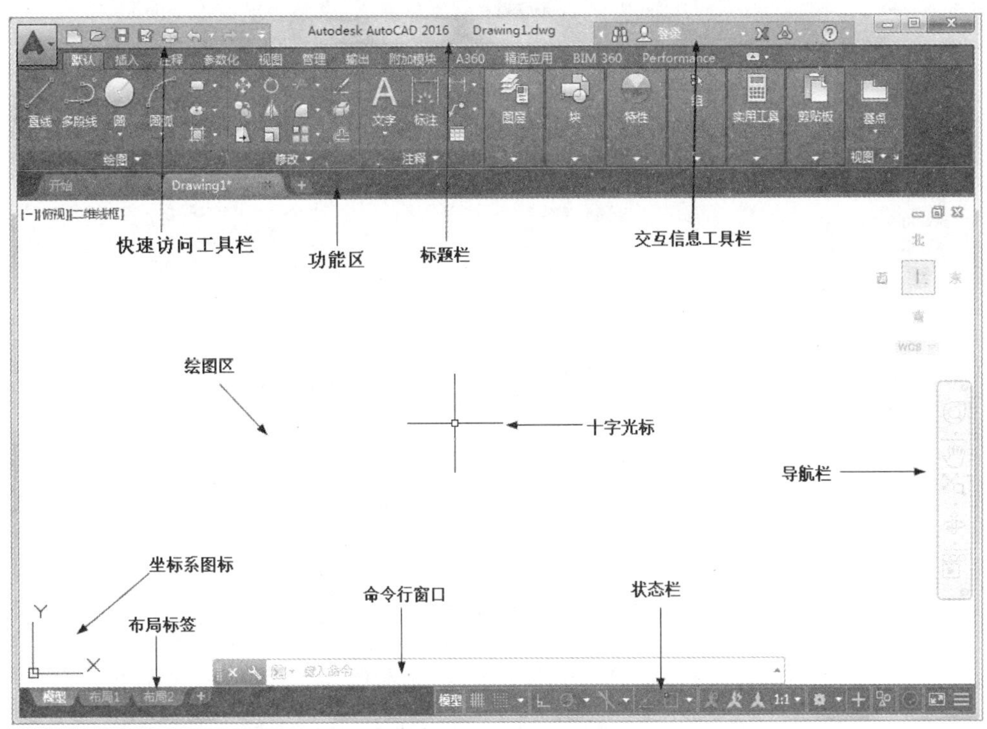

图 1-1 AutoCAD 2016 中文版软件的默认界面

一个完整的草图与注释操作界面包括标题栏、绘图区、十字光标、坐标系图标、命令行窗口、状态栏、布局标签和快速访问工具栏等。

1.1.1 标题栏

在 AutoCAD 2016 中文版绘图窗口的最上端是标题栏。在标题栏中，显示了系统当前正在运行的应用程序（AutoCAD 2016 和用户正在使用的图形文件）。用户第一次启动 AutoCAD 时，在 AutoCAD 2016 绘图窗口的标题栏中，将显示 AutoCAD 2016 在启动时创建并打开的图形文件的名称 Drawing1.dwg，如图 1-2 所示。

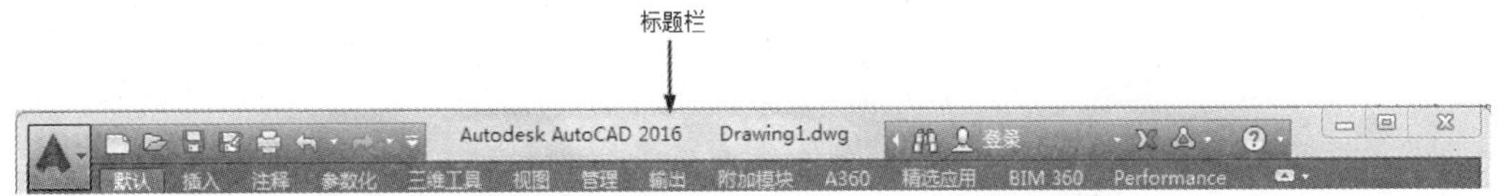

图 1-2 第一次启动 AutoCAD 2016 时的标题栏

Note

注意：

安装 AutoCAD 2016 后，默认的界面如图 1-1 所示，在绘图区中右击，打开快捷菜单，如图 1-3 所示，选择“选项”命令，打开“选项”对话框，如图 1-4 所示，选择“显示”选项卡，在“窗口元素”选项组的“配色方案”中选择“明”选项，单击“确定”按钮，退出对话框，其操作界面如图 1-5 所示。

图 1-3　快捷菜单

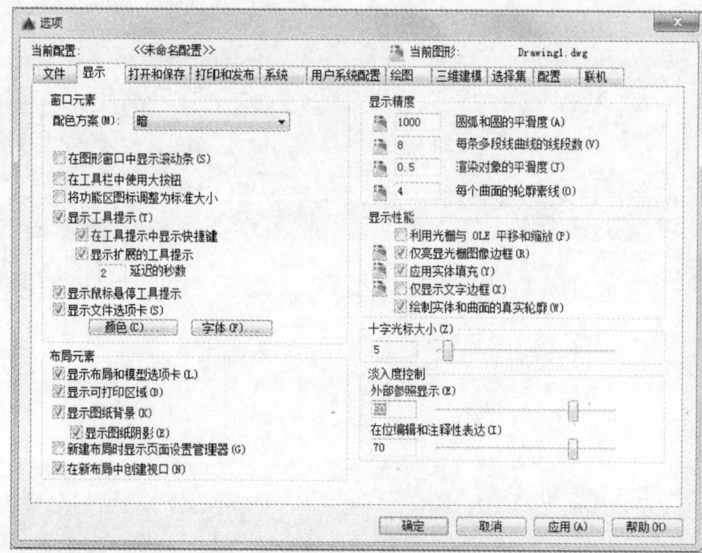

图 1-4　“选项”对话框

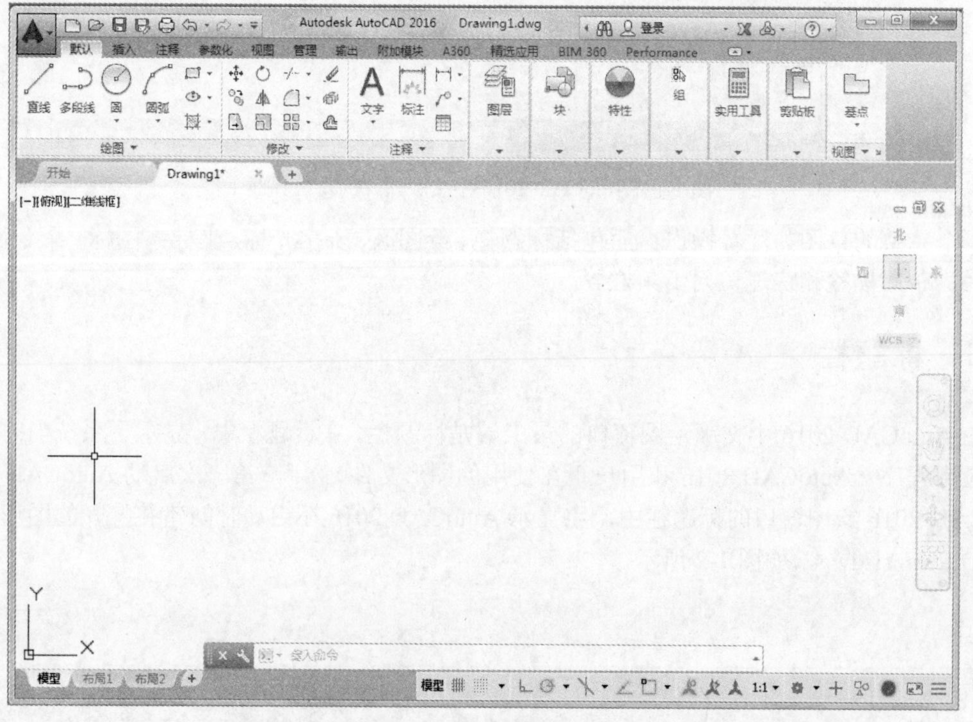

图 1-5　AutoCAD 2016 中文版的“明”操作界面

1.1.2 绘图区

绘图区是指位于标题栏下方的大片空白区域，是用户使用 AutoCAD 2016 绘制图形的区域，用户完成一幅设计图形的主要工作都是在绘图区中完成的。

在绘图区中，还有一个作用类似光标的十字线，其交点反映了光标在当前坐标系中的位置。在 AutoCAD 2016 中，将该十字线称为光标，AutoCAD 通过光标显示当前点的位置。十字线的方向与当前用户坐标系的 X 轴和 Y 轴方向平行，十字线的长度系统预设为屏幕大小的 5%，如图 1-6 所示。

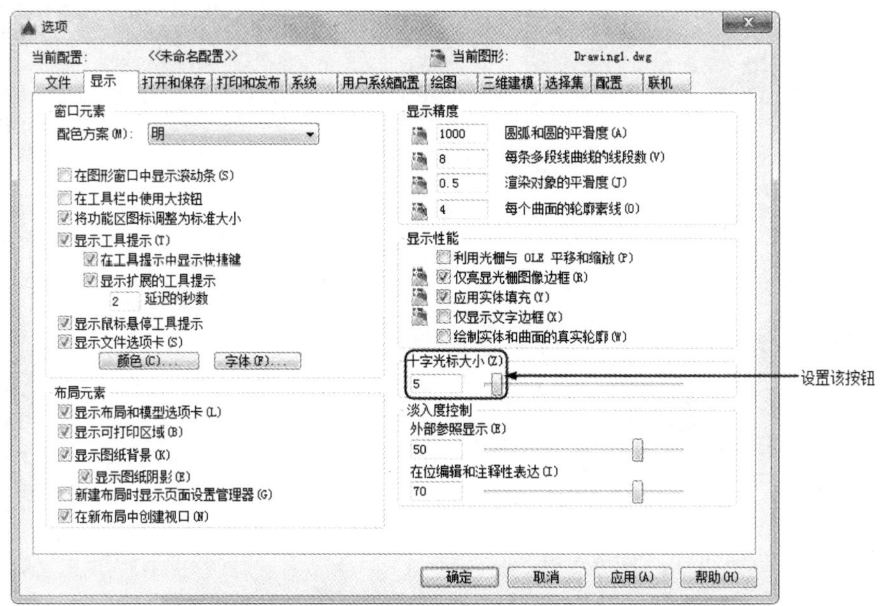

图 1-6 “选项”对话框中的“显示”选项卡

1．修改图形窗口中十字光标的大小

光标的长度系统预设为屏幕大小的 5%，用户可以根据绘图的实际需要更改其大小。改变光标大小的方法有以下两种：

☑ 在绘图窗口中选择“工具”菜单中的“选项”命令，屏幕上将弹出系统配置对话框。选择“显示”选项卡，在“十字光标大小”选项组的文本框中直接输入数值，或者拖动文本框后的滑块，即可对十字光标的大小进行调整，如图 1-6 所示。

☑ 通过设置系统变量 CURSORSIZE 的值，实现对其大小的更改。执行该操作后，根据系统提示输入新值即可。

2．修改绘图窗口的颜色

在默认情况下，AutoCAD 2016 的绘图窗口是黑色背景、白色线条，这不符合大多数用户的习惯，因此修改绘图窗口颜色是大多数用户都需要进行的操作。

修改绘图窗口颜色的步骤如下：

（1）在如图 1-6 所示的选项卡中单击“窗口元素”选项组中的“颜色”按钮，将打开如

图 1-7 所示的“图形窗口颜色”对话框。

（2）在“图形窗口颜色”对话框的“颜色”下拉列表框中选择需要的窗口颜色，然后单击“应用并关闭”按钮即可，通常按视觉习惯选择白色为窗口颜色。

Note

1.1.3 菜单栏

在 AutoCAD 快速访问工具栏处调出菜单栏，如图 1-8 所示，调出后的菜单栏如图 1-9 所示。同其他 Windows 程序一样，AutoCAD 的菜单也是下拉形式的，并在菜单中包含子菜单。

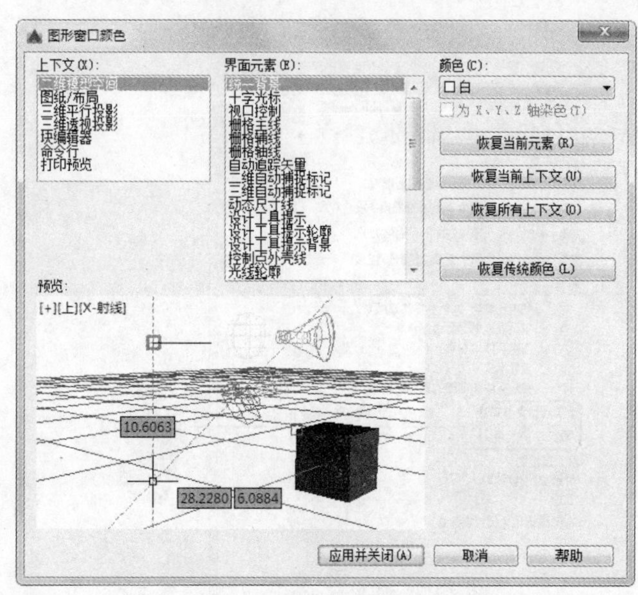

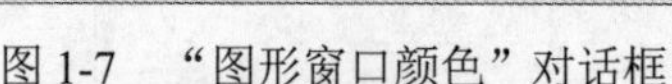
图 1-7 “图形窗口颜色”对话框

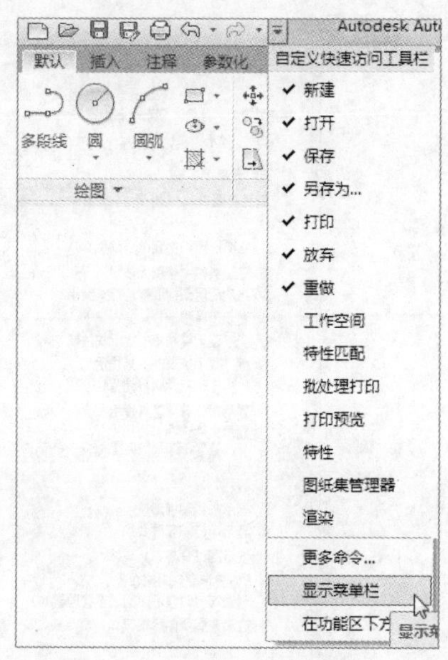

图 1-8 调出菜单栏

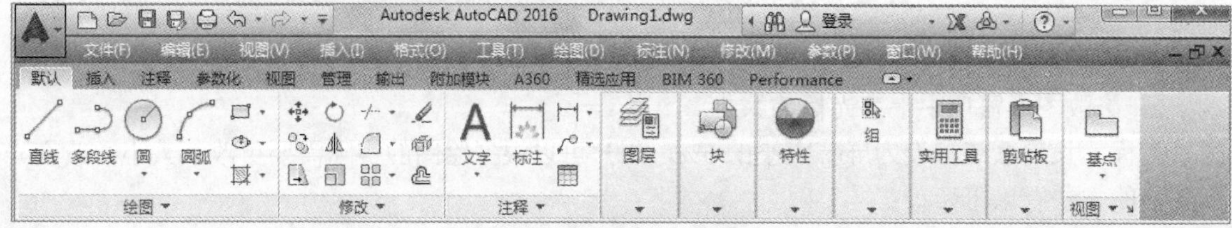

图 1-9 菜单栏显示界面

AutoCAD 2016 的菜单栏中包含 12 个菜单：“文件”、“编辑”、“视图”、“插入”、“格式”、“工具”、“绘图”、“标注”、“修改”、“参数”、“窗口”和“帮助”。

一般来讲，AutoCAD 2016 下拉菜单中的命令有以下 3 种。

☑ 带有小三角形的菜单命令：这种类型的命令后面带有子菜单。例如，单击“绘图”菜单，指向其下拉菜单中的“圆弧”命令，屏幕上就会进一步显示出“圆弧”子菜单中所包含的命令，如图 1-10 所示。

☑ 打开对话框的菜单命令：这种类型的命令，后面带有省略号。例如，单击菜单栏中的“格式”菜单，选择其下拉菜单中的“表格样式”命令，如图 1-11 所示。屏幕上就会打开

对应的“表格样式”对话框，如图 1-12 所示。

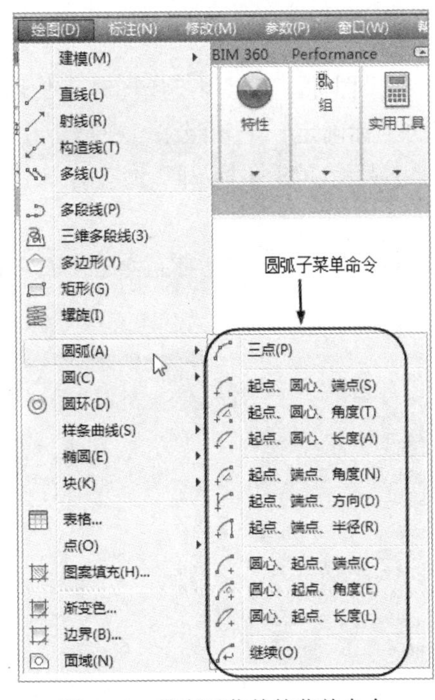

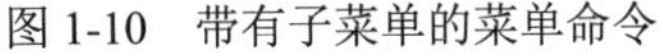

图 1-10　带有子菜单的菜单命令

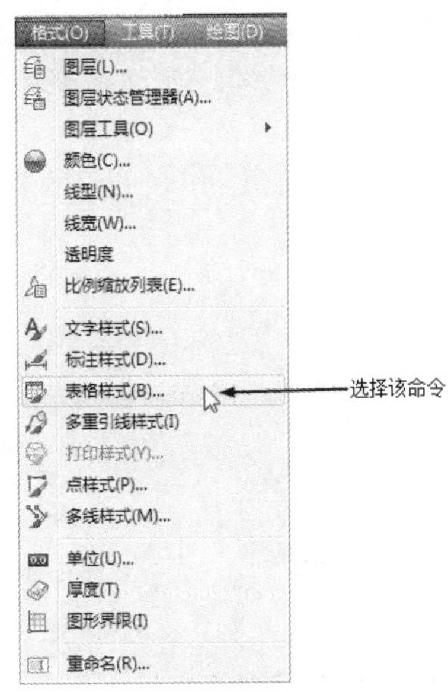

图 1-11　激活相应对话框的菜单命令

☑　直接操作的菜单命令：这种类型的命令将直接进行相应的绘图或其他操作。例如，选择“视图”菜单中的“重画”命令，系统将刷新显示所有视口，如图 1-13 所示。

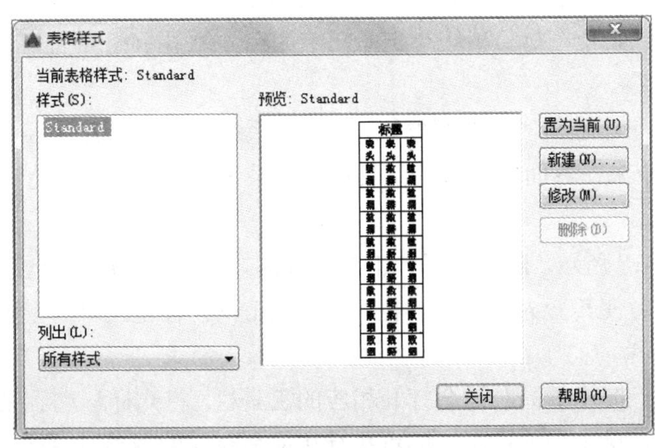

图 1-12　“表格样式”对话框

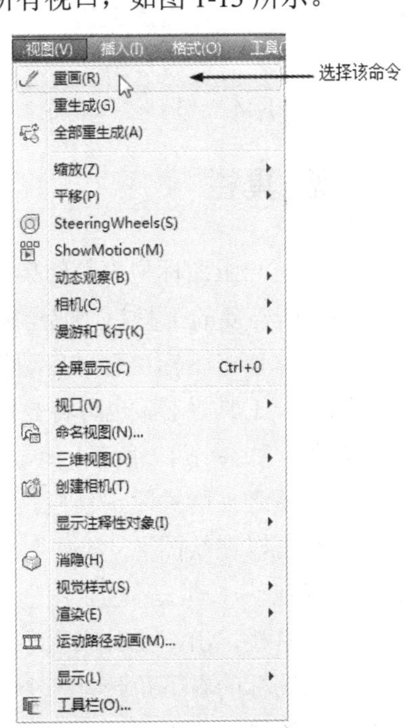

图 1-13　直接执行菜单命令

1.1.4　坐标系图标

在绘图区的左下角，有一个箭头指向图标，称为坐标系图标，表示用户绘图时正使用的坐标系形式。如图 1-14 所示的坐标系图标的作用是为点的坐标确定一个参照系。根据工作需要，用户可以选择将其关闭，方法是选择菜单栏中的“视图/显示/UCS 图标/开”命令，如图 1-15 所示。

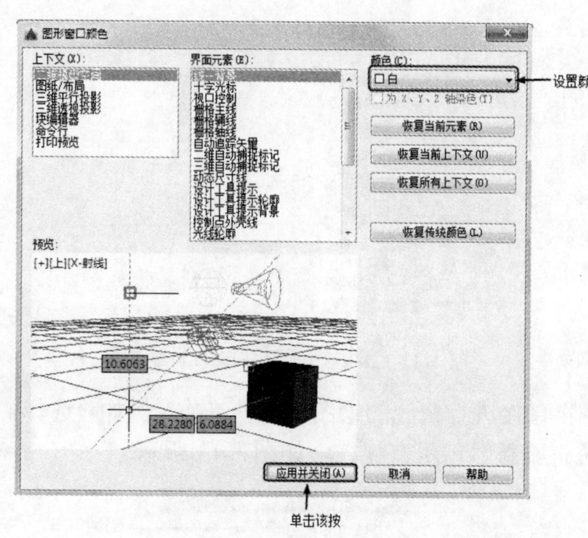

图 1-14　“图形窗口颜色”对话框

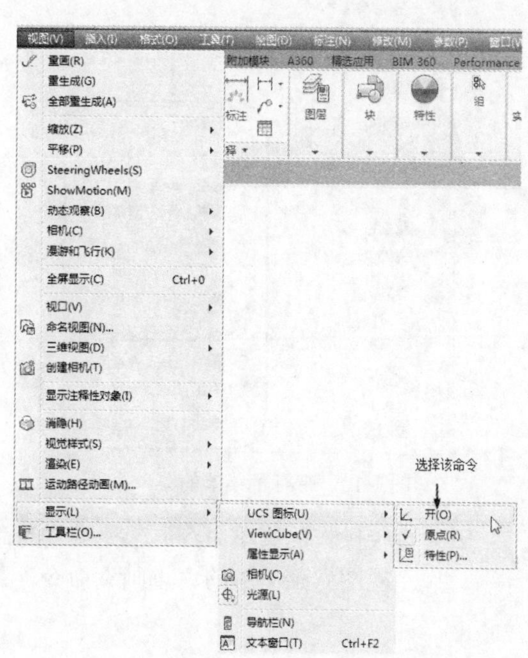

图 1-15　“视图”菜单

1.1.5　工具栏

工具栏是一组图标型工具的集合，选择菜单栏中的“工具/工具栏/AutoCAD”命令，如图 1-16 所示。调出所需要的工具栏，把光标移动到某个图标，稍停片刻即在该图标一侧显示相应的工具提示。此时，单击图标也可以启动相应命令。

调出一个工具栏后，也可将光标放在任一工具栏的非标题区，右击，系统会自动打开单独的工具栏标签，如图 1-17 所示。单击某一个未在界面中显示的工具栏名，系统自动在界面中打开该工具栏；反之，则关闭工具栏。

工具栏可以在绘图区“浮动”，如图 1-18 所示。此时显示该工具栏标题，并可关闭该工具栏，用鼠标可以拖动浮动工具栏到图形区边界，使其变为固定工具栏，此时该工具栏标题隐藏。也可以把固定工具栏拖出，使其成为浮动工具栏。

在有些图标的右下角带有一个小三角，按住鼠标左键会打开相应的工具栏，将光标移动到某一图标上然后释放，该图标就为当前图标。单击当前图标，即可执行相应命令，如图 1-19 所示。

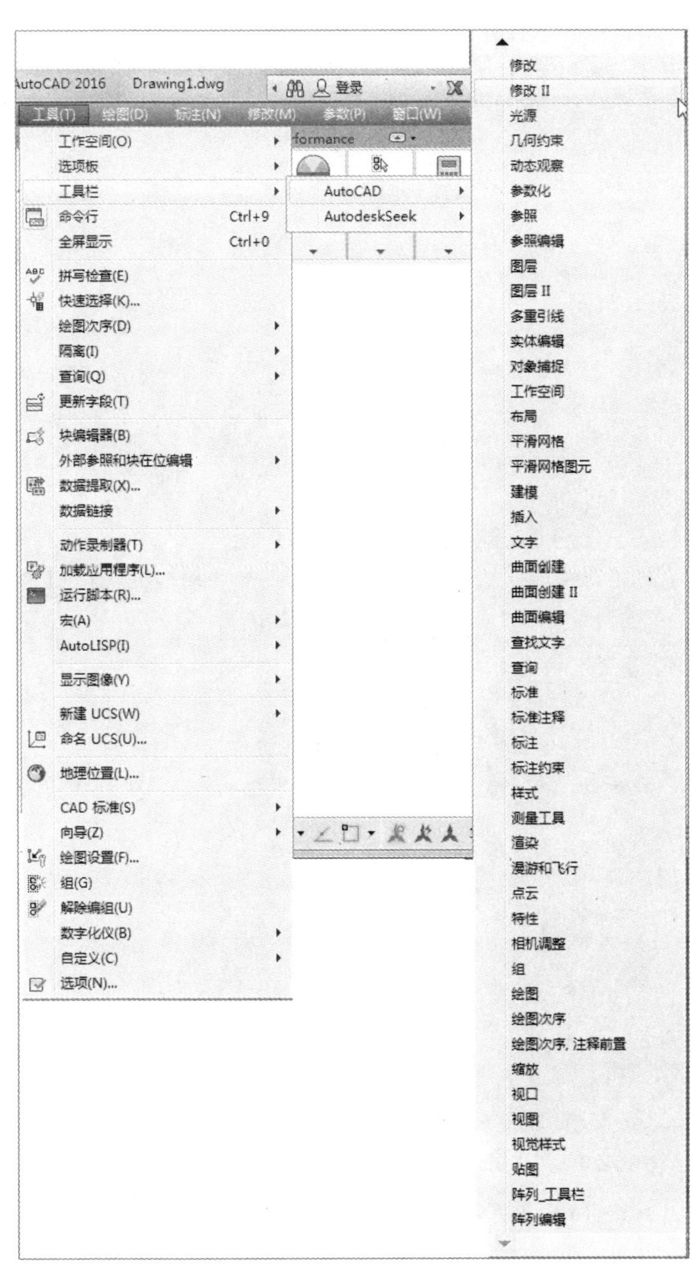

图 1-16 调出工具栏

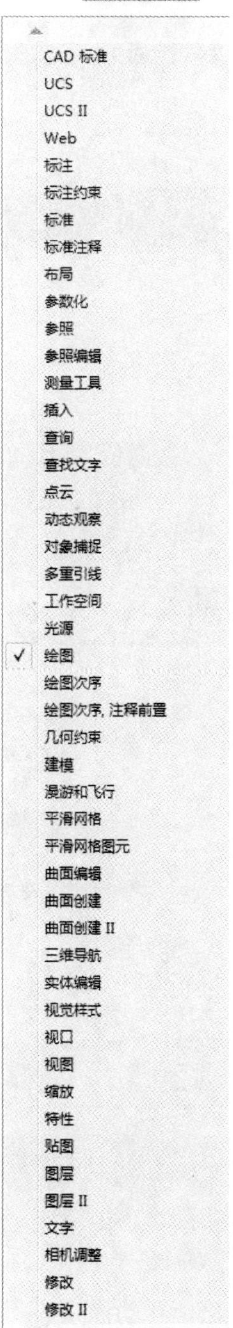

图 1-17 工具栏标签

1.1.6 命令行窗口

命令行窗口是输入命令名和显示命令提示的区域，默认的命令行窗口布置在绘图区下方，是若干文本行，如图 1-20 所示。对命令行窗口有以下几点需要说明。

Note

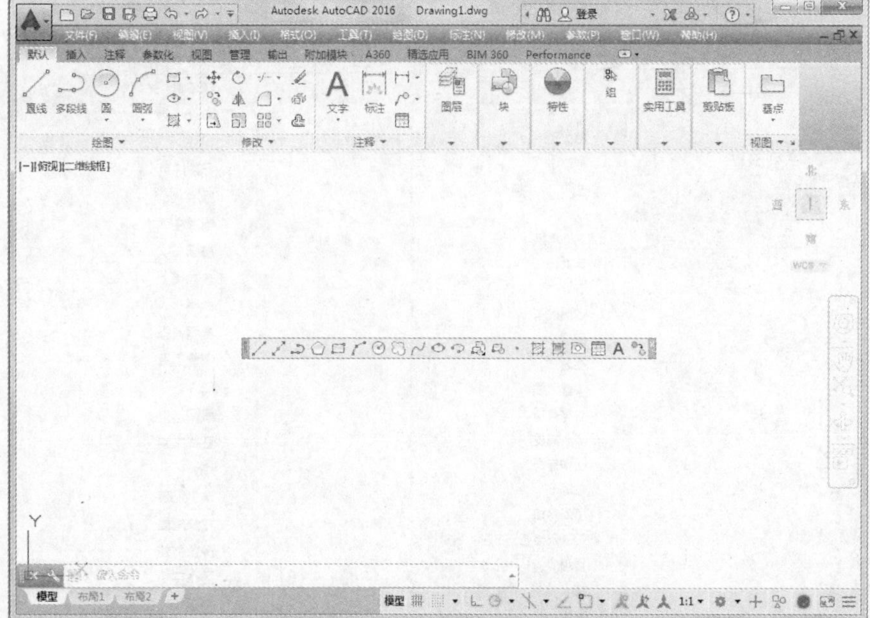

图 1-18　浮动工具栏

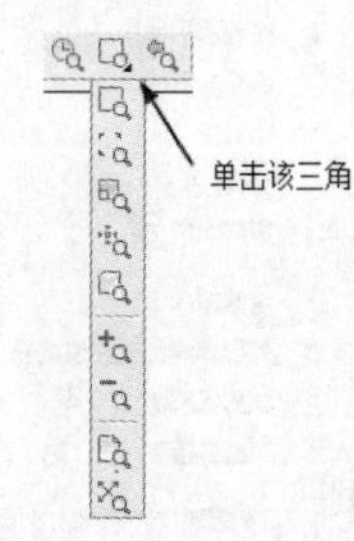

图 1-19　打开工具栏

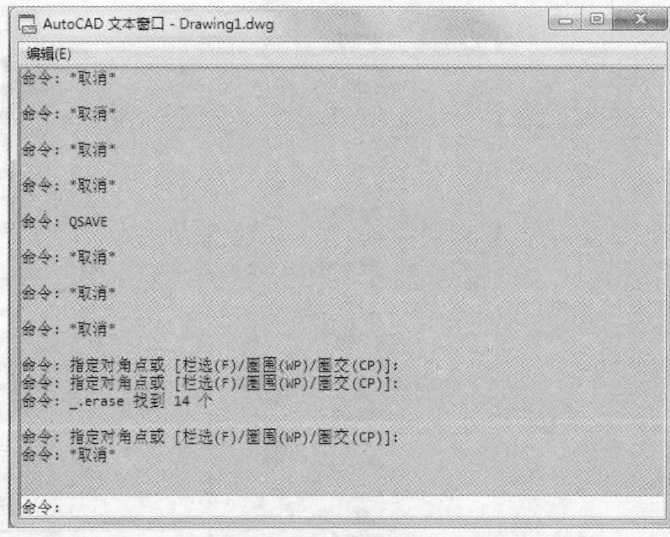

图 1-20　文本窗口

☑ 移动拆分条，可以扩大与缩小命令行窗口。

☑ 可以拖动命令行窗口，将其放置在屏幕上的其他位置。默认情况下，命令行窗口位于图形窗口的下方。

☑ 在当前命令行窗口中输入的内容，可以按 F2 键用文本编辑的方法进行编辑。AutoCAD 2016 的文本窗口和命令行窗口相似，可以显示当前 AutoCAD 进程中命令的输入和执行过程，在 AutoCAD 2016 中执行某些命令时，会自动切换到文本窗口，列出有关信息。

☑ AutoCAD 通过命令行窗口反馈各种信息，包括出错信息。因此，用户要时刻关注在命令行窗口中出现的信息。

1.1.7 布局标签

AutoCAD 2016 系统默认设定一个模型空间布局标签和“布局 1”“布局 2”两个图纸空间布局标签。

1．布局

布局是系统为绘图设置的一种环境，包括图纸大小、尺寸单位、角度设定、数值精确度等，在系统预设的 3 个标签中，这些环境变量都保持默认设置。用户可以根据实际需要改变这些变量的值。

2．模型

AutoCAD 的空间分为模型空间和图纸空间。模型空间是用户通常绘图的环境，而在图纸空间中，可以创建称为“浮动视口”的区域，以不同视图显示所绘图形。用户可以在图纸空间中调整浮动视口并决定所包含视图的缩放比例。如果选择图纸空间，则可打印多个视图，用户可以打印任意布局的视图。

AutoCAD 2016 系统默认打开模型空间，用户可以通过单击选择需要的布局。

1.1.8 状态栏

状态栏在屏幕的底部，依次有“坐标”、“模型空间”、“栅格”、“捕捉模式”、“推断约束”、“动态输入”、“正交模式”、“极轴追踪”、“等轴测草图”、“对象捕捉追踪”、“二维对象捕捉”、“线宽”、“透明度”、“选择循环”、“三维对象捕捉”、“动态 UCS”、“选择过滤”、“小控件”、“注释可见性”、“自动缩放”、“注释比例”、“切换工作空间”、“注释监视器”、“单位”、“快捷特性”、“图形性能”、“全屏显示”和“自定义”28 个功能按钮。单击部分开关按钮，可以实现这些功能的开关。通过部分按钮也可以控制图形或绘图区的状态。

注意：

默认情况下，状态栏不会显示所有工具，可以通过状态栏上最右侧的“自定义”按钮☰，在打开的快捷菜单中选择要添加到状态栏中的工具。状态栏上显示的工具可能会发生变化，具体取决于当前的工作空间以及当前显示的是“模型”选项卡还是“布局”选项卡。下面对部分状态栏上的按钮做简单介绍，如图 1-21 所示。

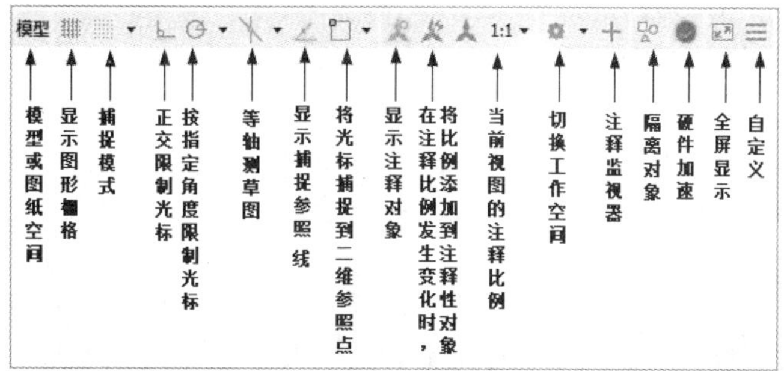

图 1-21 状态栏

（1）模型或图纸空间：在模型空间与布局空间之间进行转换。

（2）显示图形栅格：栅格是覆盖用户坐标系（UCS）的整个 XY 平面的直线或点的矩形图案。使用栅格类似于在图形下放置一张坐标纸。利用栅格可以对齐对象并直观显示对象之间的距离。

（3）捕捉模式：对象捕捉对于在对象上指定精确位置非常重要。不论何时提示输入点，都可以指定对象捕捉。默认情况下，当光标移到对象的对象捕捉位置时，将显示标记和工具提示。

（4）正交限制光标：将光标限制在水平或垂直方向上移动，以便于精确地创建和修改对象。当创建或移动对象时，可以使用“正交”模式将光标限制在相对于用户坐标系（UCS）的水平或垂直方向上。

（5）按指定角度限制光标（极轴追踪）：使用极轴追踪，光标将按指定角度进行移动。创建或修改对象时，可以使用极轴追踪来显示由指定的极轴角度所定义的临时对齐路径。

（6）等轴测草图：通过设定“等轴测捕捉/栅格”，可以很容易地沿 3 个等轴测平面之一对齐对象。尽管等轴测图形看似三维图形，但实际上是二维表示，因此不能期望提取三维距离和面积、从不同视点显示对象或自动消除隐藏线。

（7）显示捕捉参照线（对象捕捉追踪）：使用对象捕捉追踪，可以沿着基于对象捕捉点的对齐路径进行追踪。已获取的点将显示一个小加号（+），一次最多可以获取 7 个追踪点。获取点之后，当在绘图路径上移动光标时，将显示相对于获取点的水平、垂直或极轴对齐路径。例如，可以基于对象端点、中点或者对象的交点，沿着某个路径选择一点。

（8）将光标捕捉到二维参照点（对象捕捉）：使用执行对象捕捉设置（也称为对象捕捉），可以在对象上的精确位置指定捕捉点。选择多个选项后，将应用选定的捕捉模式，以返回距离靶框中心最近的点。按 Tab 键以在这些选项之间循环。

（9）显示注释对象：当图标亮显时表示显示所有比例的注释性对象；当图标变暗时表示仅显示当前比例的注释性对象。

（10）在注释比例发生变化时，将比例添加到注释性对象：注释比例更改时，自动将比例添加到注释对象。

（11）当前视图的注释比例：单击注释比例右下角小三角符号弹出注释比例列表，如图 1-22 所示，可以根据需要选择适当的注释比例。

（12）切换工作空间：进行工作空间转换。

（13）注释监视器：打开仅用于所有事件或模型文档事件的注释监视器。

（14）硬件加速：设定图形卡的驱动程序以及设置硬件加速的选项。

（15）隔离对象：当选择隔离对象时，在当前视图中显示选定对象。所有其他对象都暂时隐藏；当选择隐藏对象时，在当前视图中暂时隐藏选定对象。所有其他对象都可见。

（16）全屏显示：该选项可以清除 Windows 窗口中的标题栏、功能区和选项板等界面元素，使 AutoCAD 的绘图窗口全屏显示，如图 1-23 所示。

（17）自定义：状态栏可以提供重要信息，而无须中断工作流。使用 MODEMACRO 系统变量可将应用程序所能识别的大多数数据显示在状态栏中。使用该系统变量的计算、判断和编辑功能可以完全按照用户的要求构造状态栏。

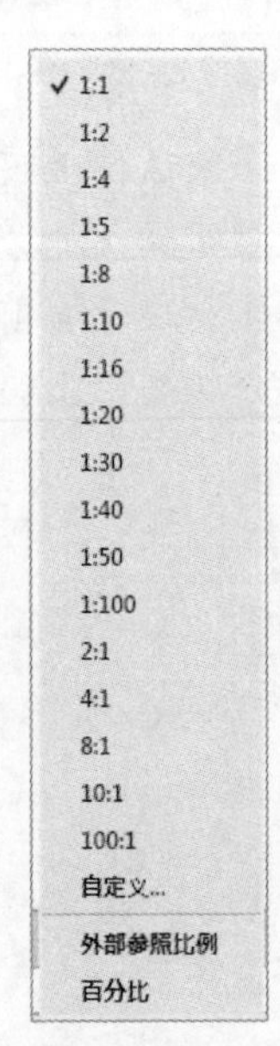

图 1-22　注释比例列表

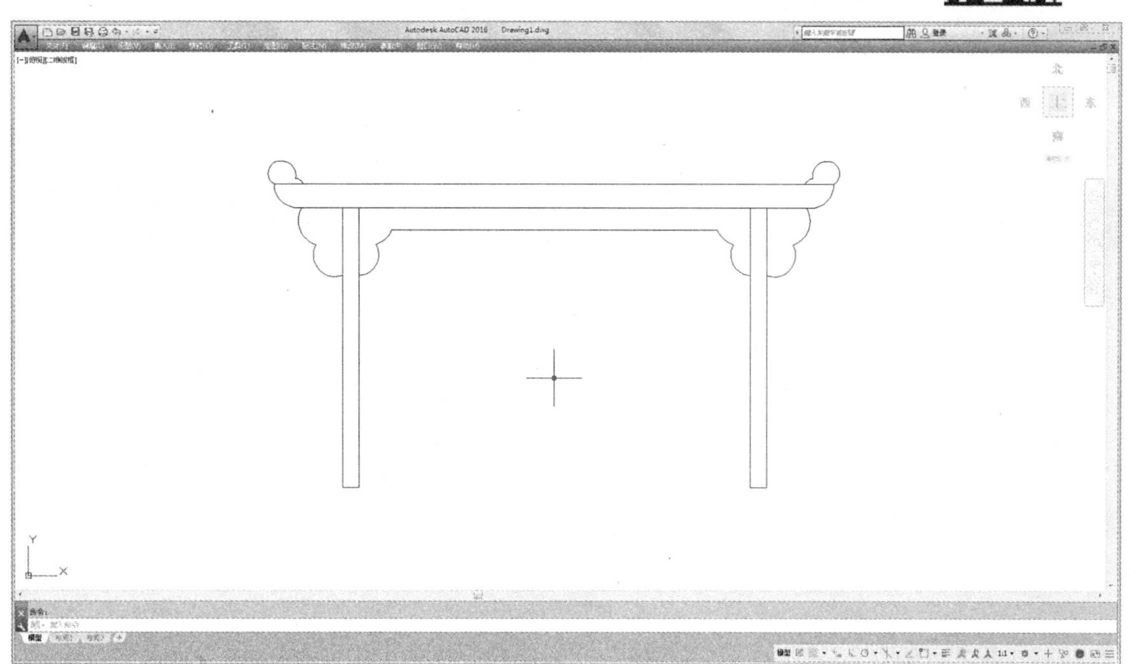

图 1-23　全屏显示

1.1.9　滚动条

AutoCAD 2016 默认界面中是不显示滚动条的，需要把滚动条调出来，选择菜单栏中的“工具/选项”命令，打开“选项”对话框，选择“显示”选项卡，将“窗口元素”选项组中的“在图形窗口中显示滚动条”复选框选中，如图 1-24 所示。

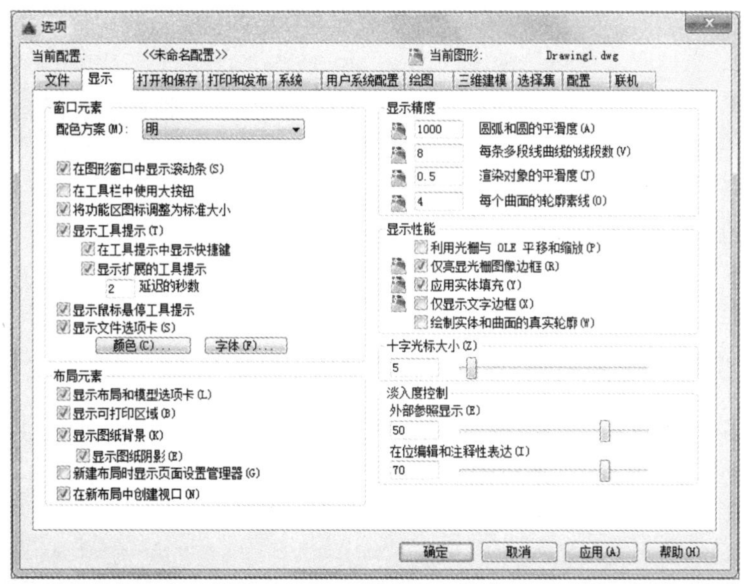

图 1-24　“选项”对话框中的“显示”选项卡

滚动条包括水平和垂直滚动条，用于上下或左右移动绘图窗口内的图形。用鼠标拖动滚动条

Note

中的滑块或单击滚动条两侧的三角按钮，即可移动图形，如图 1-25 所示。

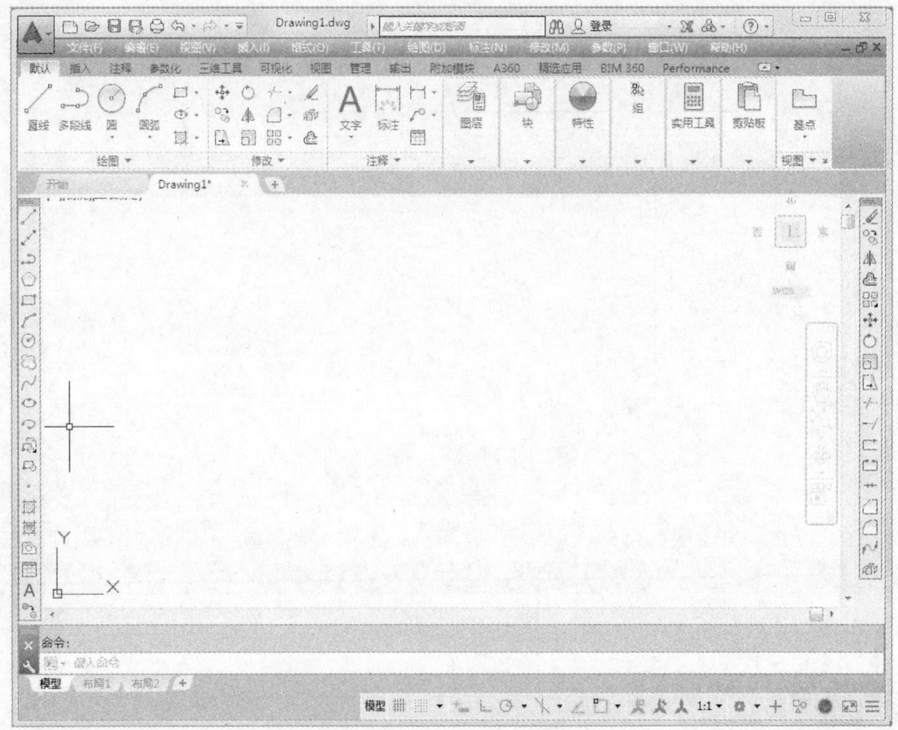

图 1-25　显示滚动条

1.1.10　快速访问工具栏和交互信息工具栏

1．快速访问工具栏

该工具栏包括“新建”、“打开”、“保存”、“另存为”、“打印”、“放弃”、“重做”和“工作空间”等几个最常用的工具。用户也可以单击本工具栏后面的下拉按钮设置需要的常用工具。

2．交互信息工具栏

该工具栏包括“搜索”、Autodesk360、“Autodesk Exchange 应用程序”、“保持连接”和“帮助”等几个常用的数据交互访问工具。

1.1.11　功能区

在默认情况下，功能区包括“默认”、“插入”、“注释”、“参数化”、“视图”、“管理”、“输出”、“附加模块”、A360、“精选应用”、BIM360 以及 Performance 选项卡，如图 1-26 所示，所有的选项卡显示面板如图 1-27 所示。每个选项卡集成了相关的操作工具，方便了用户的使用。用户可以单击功能区选项后面的▣按钮控制功能的展开与收缩。

图 1-26　默认情况下出现的选项卡

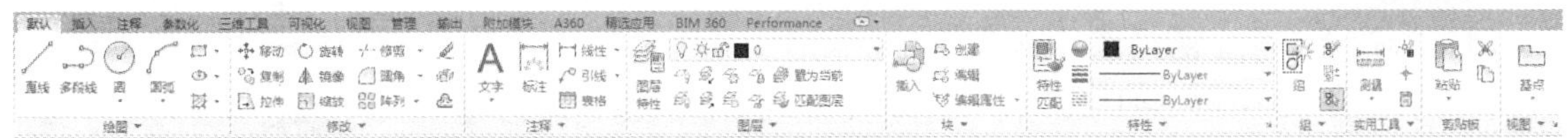

图 1-27　所有的选项卡

1．设置选项卡

将光标放在面板中任意位置处，右击，打开如图 1-28 所示的快捷菜单。选择某一个未在功能区显示的选项卡名，系统自动在功能区打开该选项卡。反之，关闭选项卡（调出面板的方法与调出选项板的方法类似，这里不再赘述）。

2．选项卡中面板的固定与浮动

面板可以在绘图区"浮动"，如图 1-29 所示，将光标放到浮动面板的右上角位置处，显示"将面板返回到功能区"，如图 1-30 所示，单击此处，使其变为固定面板。也可以把固定面板拖出，使其成为浮动面板。

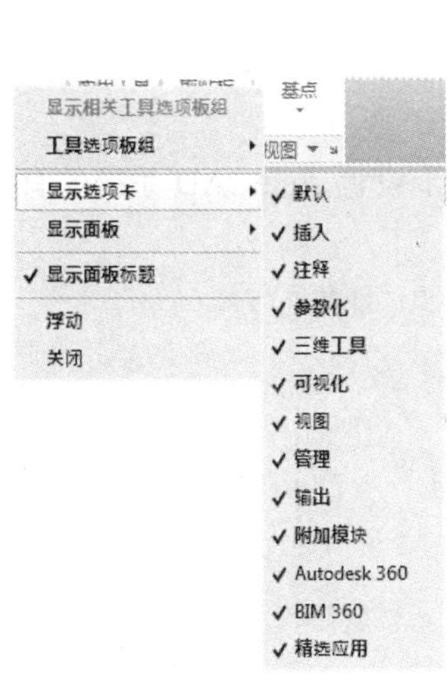

图 1-28　快捷菜单

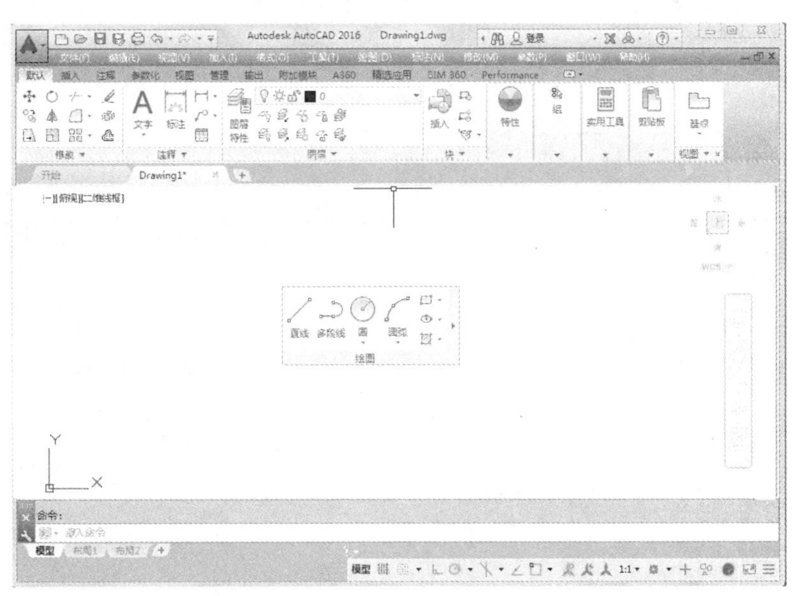

图 1-29　浮动面板

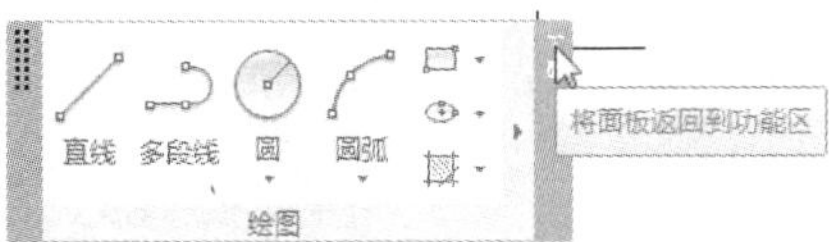

图 1-30　显示"将面板返回到功能区"

1.2　配置绘图系统

通常使用 AutoCAD 2016 的默认配置就可以绘图，但为了使用定点设备或打印机，并提高绘图的效率，AutoCAD 推荐用户在开始绘图前进行必要的配置。

执行选项命令主要有如下 3 种调用方法：

☑　在命令行中输入 PREFERENCES 命令。

☑ 选择菜单栏中的“工具/选项”命令。

☑ 在如图 1-31 所示的快捷菜单中选择“选项”命令。

Note

执行上述操作后，系统自动打开“选项”对话框。用户可以在该对话框中选择有关选项，对系统进行配置。下面只对其中主要的选项进行说明，其他配置选项在后面用到时再作具体说明。

图 1-31　“选项”命令

1.2.1　显示配置

“选项”对话框中的第 2 个选项卡为“显示”选项卡，该选项卡控制 AutoCAD 窗口的外观，可设定屏幕菜单、滚动条显示与否、固定命令行窗口中文字行数、AutoCAD 的版面布局设置、各实体的显示分辨率以及 AutoCAD 运行时的其他各项性能参数的设定等。

在设置实体显示分辨率时，请务必记住，显示质量越高，分辨率越高，计算机计算的时间越长，千万不要将其设置得太高。显示质量设定在一个合理的程度上是很重要的。

1.2.2　系统配置

“选项”对话框中的“系统”选项卡如图 1-32 所示。该选项卡用于设置 AutoCAD 系统的有关特性。

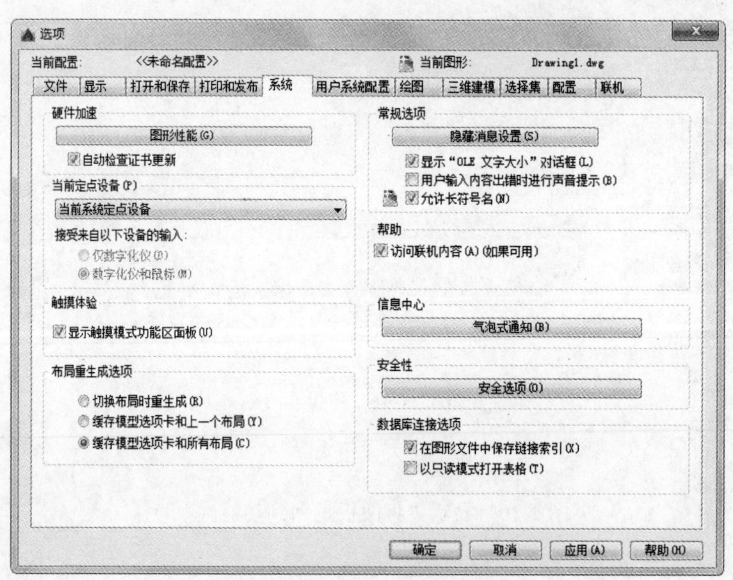

图 1-32　“系统”选项卡

☑ “当前定点设备”选项组：安装及配置定点设备，如数字化仪和鼠标。具体如何配置和安装，请参照定点设备的用户手册。

☑ “常规选项”选项组：确定是否选择系统配置的有关基本选项。

☑ “布局重生成选项”选项组：确定切换布局时是否重新生成或缓存模型选项卡和布局。

☑ “数据库连接选项”选项组：确定数据库连接的方式。

1.3 设置绘图环境

Note

由于每台计算机所使用的显示器、输入设备和输出设备的类型不同，用户喜好的风格及计算机的目录设置也是不同的，所以每台计算机都是独特的。一般来讲，使用 AutoCAD 2016 的默认配置就可以绘图，但为了使用用户的定点设备或打印机，以及提高绘图效率，AutoCAD 推荐用户在开始作图前先进行必要的配置。

1.3.1 绘图单位设置

设置绘图单位的命令主要有如下两种调用方法：

☑ 在命令行中输入 DDUNITS 或 UNITS 命令。

☑ 选择菜单栏中的“格式/单位”命令。

执行上述操作后，系统打开“图形单位”对话框，如图 1-33 所示。该对话框用于定义单位和角度格式。对话框中的各参数含义如下。

☑ “长度”选项组：指定测量长度的当前单位及当前单位的精度。

☑ “角度”选项组：指定测量角度的当前单位、精度及旋转方向，默认方向为逆时针。

☑ “用于缩放插入内容的单位”下拉列表框：控制使用工具选项板（例如 DesignCenter 或 i-drop）拖入当前图形的块的测量单位。如果块或图形创建时使用的单位与该选项指定的单位不同，则在插入这些块或图形时，将对其按比例缩放。插入比例是源块或图形使用的单位与目标图形使用的单位之比。如果插入块时不按指定单位缩放，则选择“无单位”选项。

☑ “输出样例”选项组：显示当前输出的样例值。

☑ “用于指定光源强度的单位”下拉列表框：用于指定光源强度的单位。

☑ “方向”按钮：单击该按钮，系统显示“方向控制”对话框，如图 1-34 所示。可以在该对话框中进行方向控制设置。

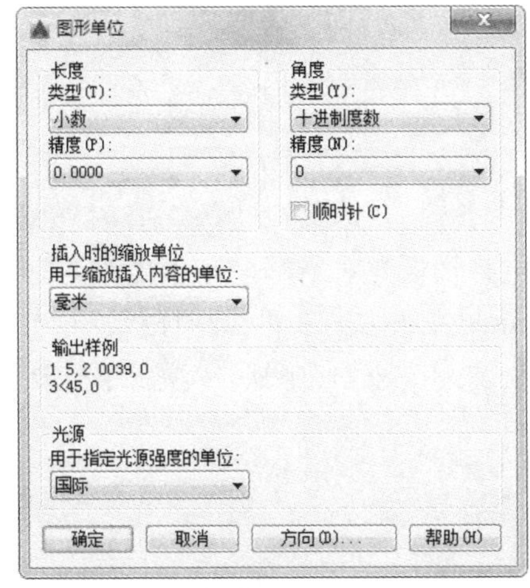

图 1-33 “图形单位”对话框

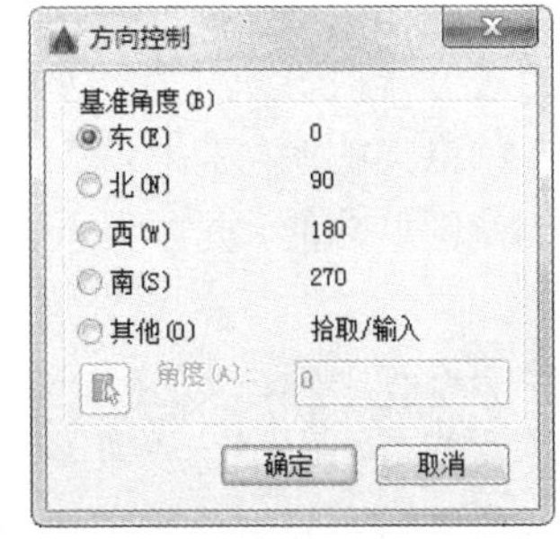

图 1-34 “方向控制”对话框

1.3.2 图形边界设置

Note

执行图形界限命令主要有如下两种调用方法：

☑ 在命令行中输入 LIMITS 命令。

☑ 选择菜单栏中的“格式/图形界限”命令。

执行上述操作后，根据系统提示输入图形边界左下角的坐标后按 Enter 键，输入图形边界右上角的坐标后按 Enter 键。执行该命令时，命令行提示中各选项含义如下。

☑ 开(ON)：使绘图边界有效。系统在绘图边界以外拾取的点视为无效。

☑ 关(OFF)：使绘图边界无效。用户可以在绘图边界以外拾取点或实体。

☑ 动态输入角点坐标：可以直接在屏幕上输入角点坐标，输入了横坐标值后，按下“,”键，接着输入纵坐标值，如图 1-35 所示。也可以按光标位置直接按下鼠标左键确定角点位置。

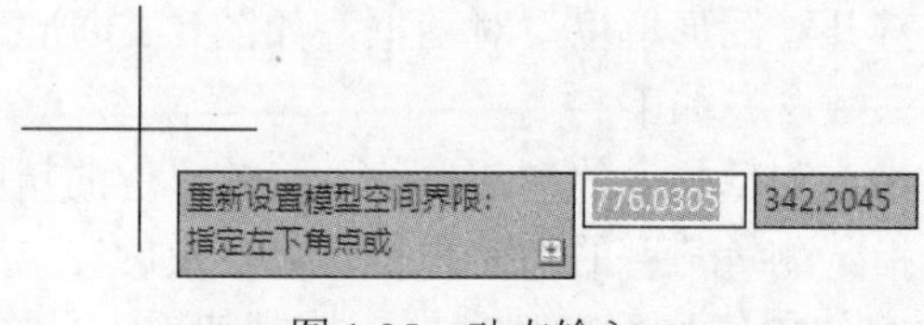

图 1-35 动态输入

1.4 文件管理

本节将介绍有关文件管理的一些基础操作，包括新建文件、打开已有文件、保存文件、删除文件等，这些都是进行 AutoCAD 2016 操作的基础知识。

1.4.1 新建文件

新建图形文件命令的调用方法有如下 3 种：

☑ 在命令行中输入 NEW 或 QNEW 命令。

☑ 选择菜单栏中的“文件/新建”命令。

☑ 单击快速访问工具栏中的“新建”按钮。

执行上述操作后，系统弹出如图 1-36 所示的“选择样板”对话框，在“文件类型”下拉列表框中有 3 种格式的图形样板，分别是后缀为.dwt、.dwg、.dws 的 3 种图形样板。

快速创建图形功能，是开始创建新图形的最快捷方法。快速创建图形文件命令的调用方法有如下 3 种：

☑ 在命令行中输入 QNEW 命令。

☑ 选择菜单栏中的“文件/新建”命令。

☑ 单击快速访问工具栏中的“新建”按钮。

Note

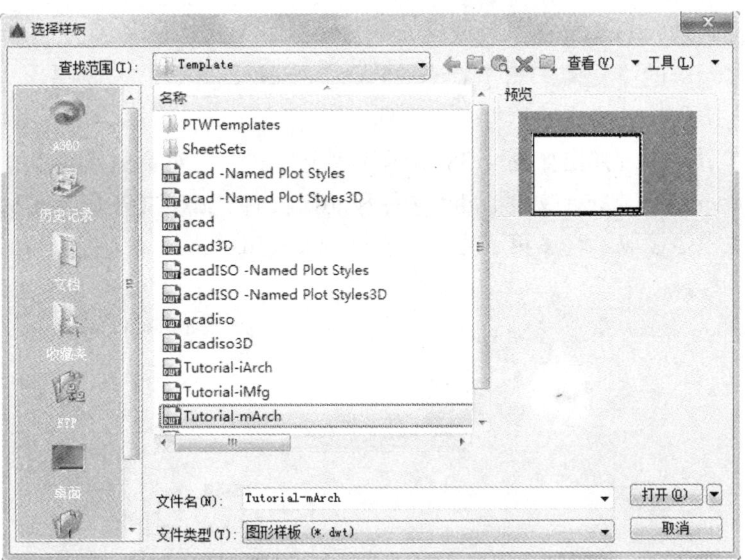

图 1-36 “选择样板”对话框

执行上述操作后，系统立即从所选的图形样板中创建新图形，而不显示任何对话框或提示。在运行快速创建图形功能之前必须进行如下设置。

（1）将 FILEDIA 系统变量设置为 1，将 STARTUP 系统变量设置为 0。

（2）从“工具/选项”菜单中选择默认图形样板文件。方法是在“选项”对话框的“文件”选项卡下，单击标记为“样板设置”的节点，然后选择需要的样板文件路径，如图 1-37 所示。

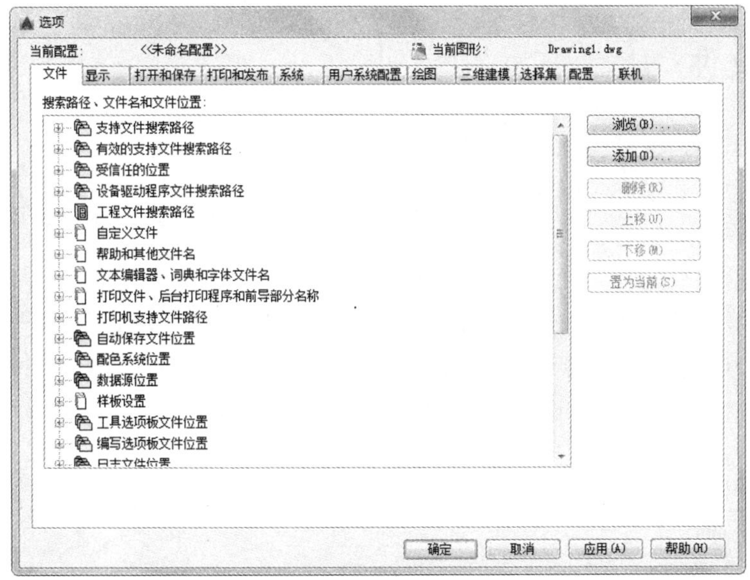

图 1-37 “选项”对话框中的“文件”选项卡

1.4.2 打开文件

调用打开图形文件命令的方法主要有如下 3 种：

☑ 在命令行中输入 OPEN 命令。

☑ 选择菜单栏中的“文件/打开”命令。

☑ 单击快速访问工具栏中的“打开”按钮。

执行上述操作后，系统弹出如图 1-38 所示的“选择文件”对话框，在“文件类型”下拉列表框中可以选择.dwg 文件、.dwt 文件、.dxf 文件和.dws 文件。.dxf 文件是用文本形式存储的图形文件，能够被其他程序读取，许多第三方应用软件都支持.dxf 格式。

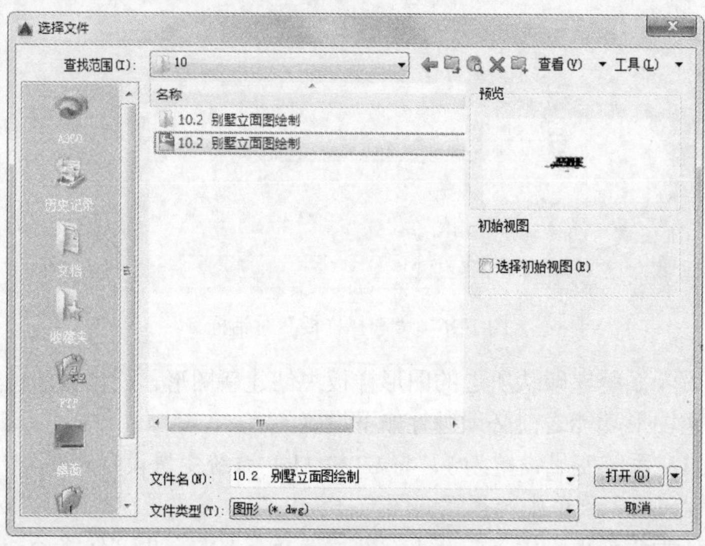

图 1-38 “选择文件”对话框

1.4.3 保存文件

调用保存图形文件命令的方法主要有如下 3 种：

☑ 在命令行中输入 QSAVE 或 SAVE 命令。

☑ 选择菜单栏中的“文件/保存”命令。

☑ 单击快速访问工具栏中的“保存”按钮。

执行上述操作后，若文件已命名，则 AutoCAD 自动保存；若文件未命名（即为默认名 Drawing1.dwg），则系统弹出如图 1-39 所示的“图形另存为”对话框，用户可以对其命名保存。在“保存于”下拉列表框中可以指定保存文件的路径；在“文件类型”下拉列表框中可以指定保存文件的类型。

为了防止因意外操作或计算机系统故障导致正在绘制的图形文件丢失，可以对当前图形文件设置自动保存。步骤如下：

（1）利用系统变量 SAVEFILEPATH 设置所有“自动保存”文件的位置，如 C:\HU\。

（2）利用系统变量 SAVEFILE 存储“自动保存”文件名。该系统变量存储的文件是只读文件，用户可以从中查询自动保存的文件名。

（3）利用系统变量 SAVETIME 指定在使用“自动保存”时多长时间保存一次图形。

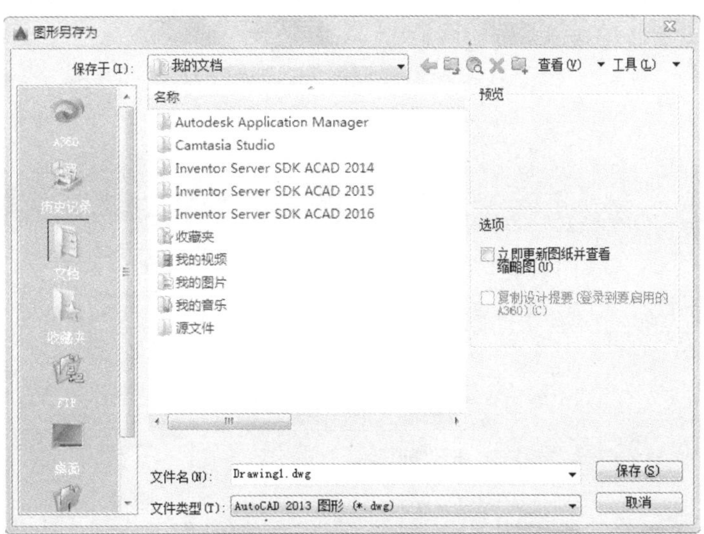

图 1-39 “图形另存为”对话框

1.4.4 另存为

在打开已有图形并进行修改后，可用另存为命令对其进行改名存储。调用另存图形文件命令的方法主要有如下两种：

☑ 在命令行中输入 SAVEAS 命令。

☑ 选择菜单栏中的“文件/另存为”命令。

执行上述操作后，系统弹出如图 1-39 所示的“图形另存为”对话框，AutoCAD 用另存名保存，并把当前图形更名。

1.4.5 退出

图形绘制完毕后，想退出 AutoCAD，可用退出命令。调用退出命令的方法主要有如下 3 种：

☑ 在命令行中输入 QUIT 或 EXIT 命令。

☑ 选择菜单栏中的“文件/退出”命令。

☑ 单击 AutoCAD 操作界面右上角的“关闭”按钮☒。

执行上述操作后，若用户对图形所作的修改尚未保存，则会出现如图 1-40 所示的系统警告对话框。单击“是”按钮系统将保存文件，然后退出；单击“否”按钮系统将不保存文件。若用户对图形所作的修改已经保存，则直接退出。

1.4.6 图形修复

调用图形修复命令的方法主要有如下两种：

☑ 在命令行中输入 DRAWINGRECOVERY 命令。

☑ 选择菜单栏中的“文件/绘图实用程序/图形修复管理器”命令。

执行上述操作后，系统弹出如图 1-41 所示的“图形修复管理器”选项板，打开“备份文件”

列表中的文件，可以重新保存，从而进行修复。

Note

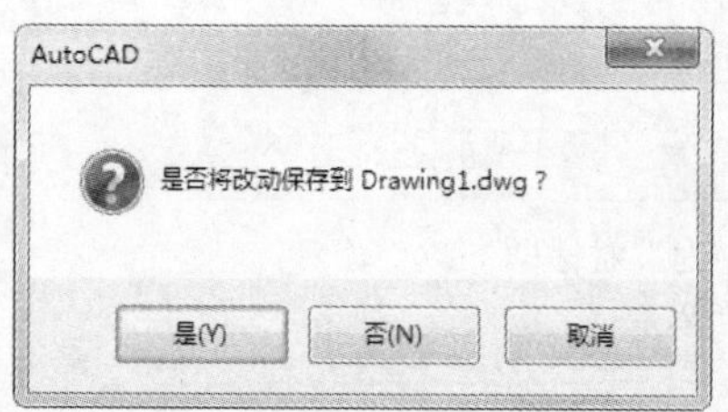

图 1-40　系统警告对话框

图 1-41　“图形修复管理器”选项板

1.5　基本输入操作

在 AutoCAD 中，有一些基本的输入操作方法，这些基本方法是进行 AutoCAD 绘图的必备知识基础，也是深入学习 AutoCAD 功能的前提。

1.5.1　命令输入方式

AutoCAD 交互绘图必须输入必要的指令和参数。有多种 AutoCAD 命令输入方式（以画直线为例）。

1．在命令行窗口输入命令名

命令字符可不区分大小写。例如，命令：LINE↙。执行命令时，在命令行提示中经常会出现命令选项。例如，输入绘制直线命令 LINE 后，在命令行的提示下在屏幕上指定一点或输入一个点的坐标，当命令行提示“指定下一点或[放弃(U)]:”时，选项中不带括号的提示为默认选项，因此可以直接输入直线段的起点坐标或在屏幕上指定一点，如果要选择其他选项，则应该首先输入该选项的标识字符，如“放弃”选项的标识字符 U，然后按系统提示输入数据即可。在命令选项的后面有时还带有尖括号，尖括号内的数值为默认数值。

2．在命令行窗口输入命令缩写字

如 L（Line）、C（Circle）、A（Arc）、Z（Zoom）、R（Redraw）、M（More）、CO（Copy）、PL（Pline）、E（Erase）等。

3．选择绘图菜单中的直线选项

选择该选项后，在状态栏中可以看到对应的命令说明及命令名。

4．选择工具栏中的对应图标

选择该图标后在状态栏中也可以看到对应的命令说明及命令名。

5．在命令行打开快捷菜单

如果在前面刚使用过要输入的命令，可以在命令行打开快捷菜单，在“最近使用的命令”子菜单中选择需要的命令，如图 1-42 所示。“最近使用的命令”子菜单中存储最近使用的 6 个命令，如果经常重复使用某个 6 次操作以内的命令，这种方法就比较快速简捷。

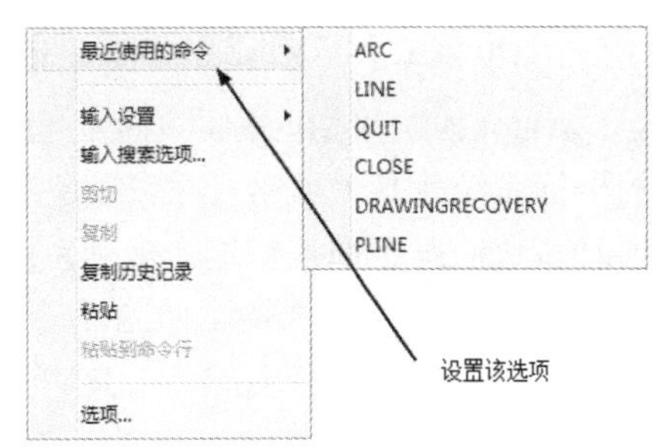

图 1-42　快捷菜单

6．在绘图区右击

如果用户要重复使用上次使用的命令，可以直接在绘图区右击，系统立即重复执行上次使用的命令，这种方法适用于重复执行某个命令。

1.5.2　命令的重复、撤销、重做

1．命令的重复

在命令行窗口中按 Enter 键可重复调用上一个命令，不管上一个命令是完成了还是被取消了。

2．命令的撤销

在命令执行的任何时刻都可以取消和终止命令的执行。执行该命令时，调用方法有如下 4 种：

☑　在命令行中输入 UNDO 命令。

☑　选择菜单栏中的“编辑/放弃”命令。

☑　单击快速访问工具栏中的“放弃”按钮。

☑　利用快捷键 Esc。

3．命令的重做

已被撤销的命令还可以恢复重做。执行该命令时，调用方法有如下 3 种：

☑　在命令行中输入 REDO 命令。

☑　选择菜单栏中的“编辑/重做”命令。

☑　单击快速访问工具栏中的“重做”按钮。

该命令可以一次执行多重放弃和重做操作。单击 UNDO 或 REDO 列表箭头，可以选择要放弃或重做的操作，如图 1-43 所示。

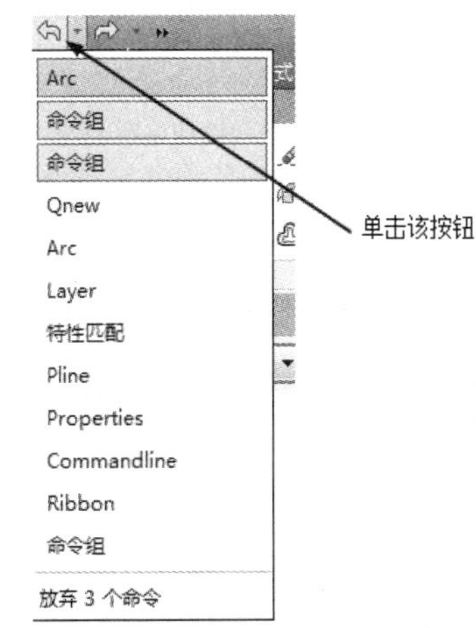

图 1-43　多重放弃或重做

1.5.3　透明命令

在 AutoCAD 2016 中，有些命令不仅可以直接在命令行中使用，还可以在其他命令的执行过程中插入并执行，待该命令执行完毕后，系统继续执行原命令，这种命令称为透明命令。透明命令一般多为修改图形设置或打开辅助绘图工具的命令。

上述 3 种命令的执行方式同样适用于透明命令的执行。如执行圆弧命令时，在命令行提示“指定圆弧的起点或[圆心(C)]:”

时输入 ZOOM，则透明使用显示缩放命令，按 Esc 键退出该命令，则恢复执行 ARC 命令。

1.5.4 坐标系统与数据的输入方法

1．坐标系

AutoCAD 采用两种坐标系：世界坐标系（WCS）与用户坐标系。用户刚进入 AutoCAD 时的坐标系统就是世界坐标系，它是固定的坐标系统。世界坐标系也是坐标系统中的基准，绘制图形时多数情况下都是在这个坐标系统下进行的。调用用户坐标系命令的方法有如下 3 种：

☑ 在命令行中输入 UCS 命令。

☑ 选择菜单栏中的“工具/新建 UCS”命令。

☑ 单击 UCS 工具栏中的 UCS 按钮。

AutoCAD 有两种视图显示方式：模型空间和图纸空间。模型空间是指单一视图显示法，用户通常使用的都是这种显示方式；图纸空间是指在绘图区域创建图形的多视图。用户可以对其中每一个视图进行单独操作。在默认情况下，当前 UCS 与 WCS 重合。如图 1-44（a）所示为模型空间下的 UCS 坐标系图标，通常放在绘图区左下角处；也可以指定将其放在当前 UCS 的实际坐标原点位置，如图 1-44（b）所示。如图 1-44（c）所示为布局空间下的坐标系图标。

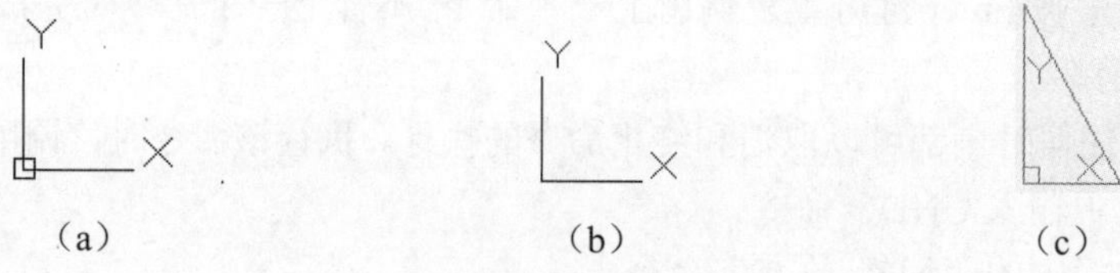

图 1-44　坐标系图标

2．数据输入方法

在 AutoCAD 2016 中，点的坐标可以用直角坐标、极坐标、球面坐标和柱面坐标表示，每一种坐标又分别具有两种坐标输入方式：绝对坐标和相对坐标。其中，直角坐标和极坐标最为常用，下面主要介绍坐标的输入。

（1）直角坐标法：用点的 X、Y 坐标值表示的坐标。

例如，在命令行中输入点的坐标提示下，输入“15,18”，则表示输入了一个 X、Y 的坐标值分别为 15、18 的点，此为绝对坐标输入方式，表示该点的坐标是相对于当前坐标原点的坐标值，如图 1-45（a）所示。如果输入“@10,20”，则为相对坐标输入方式，表示该点的坐标是相对于前一点的坐标值，如图 1-45（b）所示。

（2）极坐标法：用长度和角度表示的坐标，只能用来表示二维点的坐标。

在绝对坐标输入方式下，表示为“长度<角度”，如“25<50”，其中，长度为该点到坐标原点的距离，角度为该点至原点的连线与 X 轴正向的夹角，如图 1-45（c）所示。

在相对坐标输入方式下，表示为“@长度<角度”，如“@25<45”，其中，长度为该点到前一点的距离，角度为该点至前一点的连线与 X 轴正向的夹角，如图 1-45（d）所示。

3．动态数据输入

单击状态栏上的 DYN 按钮，系统弹出动态输入功能，可以在屏幕上动态地输入某些参数数据。例如，绘制直线时，在光标附近，会动态地显示“指定第一点”以及后面的坐标框，当前显

示的是光标所在位置，可以输入数据，两个数据之间以逗号隔开，如图 1-46 所示。指定第一点后，系统动态显示直线的角度，同时要求输入线段长度值，如图 1-47 所示，其输入效果与“@长度<角度”方式相同。

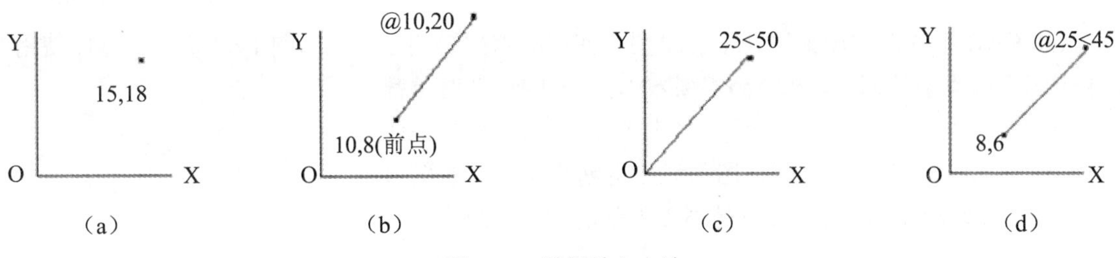

图 1-45 数据输入方法

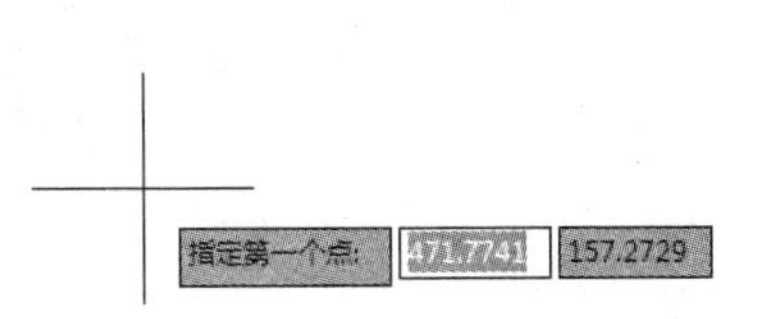

图 1-46 动态输入坐标值

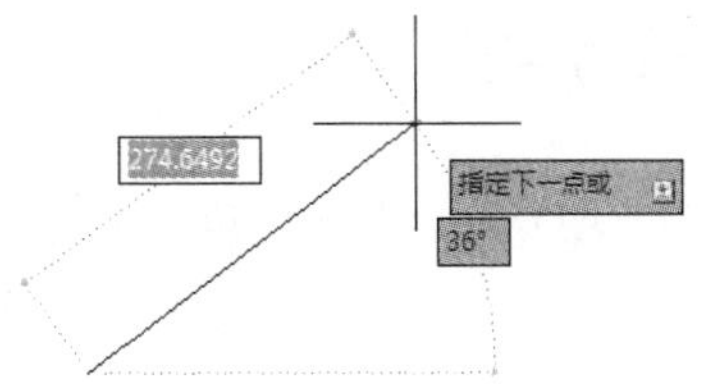

图 1-47 动态输入长度值

下面分别讲述点与距离值的输入方法。

（1）点的输入。绘图过程中，经常需要输入点的位置，AutoCAD 提供了如下几种输入点的方式。

☑ 用键盘直接在命令行窗口中输入点的坐标：直角坐标有两种输入方式——“x,y”（点的绝对坐标值，如“100,50”）和“@ x,y”（相对于上一点的相对坐标值，如“@ 50,–30”）。坐标值均相对于当前的用户坐标系。

☑ 极坐标的输入方式为“长度<角度”（其中，长度为点到坐标原点的距离，角度为原点至该点连线与 X 轴的正向夹角，如“20<45”）或“@长度<角度”（相对于上一点的相对极坐标，如“@ 50 <–30”）。

☑ 用鼠标等定标设备移动光标并单击，在屏幕上直接取点。

☑ 用目标捕捉方式捕捉屏幕上已有图形的特殊点（如端点、中点、中心点、插入点、交点、切点、垂足点等）。

☑ 直接距离输入：先用光标拖拉出橡筋线确定方向，然后用键盘输入距离。这样有利于准确控制对象的长度等参数，如要绘制一条 10mm 长的线段，在命令行提示下指定起点，这时在屏幕上移动光标指明线段的方向，但不要单击确认，如图 1-48 所示，然后在命令行中输入 10，这样就在指定方向上准确地绘制了长度为 10mm 的线段。

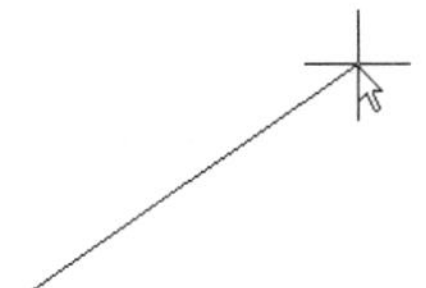

图 1-48 绘制直线

（2）距离值的输入。在 AutoCAD 命令中，有时需要提供高度、宽度、半径、长度等距离值。AutoCAD 提供了两种输入距离值的方式：一种是用键盘在命令行窗口中直接输入数值；另一种是在屏幕上拾取两点，以两点的距离值定出所需数值。

1.6 图层设置

Note

AutoCAD 中的图层就如同在手工绘图中使用的重叠透明图纸，如图 1-49 所示，可以使用图层来组织不同类型的信息。在 AutoCAD 中，图形的每个对象都位于一个图层上，所有图形对象都具有图层、颜色、线型和线宽这 4 个基本属性。在绘制时，图形对象将创建在当前的图层上。每个 CAD 文档中图层的数量是不受限制的，每个图层都有自己的名称。

墙壁
电器
家具
全部图层

图 1-49 图层示意图

1.6.1 建立新图层

新建的 CAD 文档中只能自动创建一个名为 0 的特殊图层。默认情况下，图层 0 将被指定使用 7 号颜色、CONTINUOUS 线型、“默认”线宽以及 NORMAL 打印样式。不能删除或重命名图层 0。通过创建新的图层，可以将类型相似的对象指定给同一个图层使其相关联。例如，可以将构造线、文字、标注和标题栏置于不同的图层上，并为这些图层指定通用特性。通过将对象分类放到各自的图层中，可以快速有效地控制对象的显示以及对其进行更改。调用图层特性管理器命令的方法有如下 4 种：

☑ 在命令行中输入 LAYER 或 LA 命令。

☑ 选择菜单栏中的“格式/图层”命令。

☑ 单击“图层”工具栏中的“图层特性管理器”按钮，如图 1-50 所示。

☑ 单击“默认”选项卡“图层”面板中的“图层特性”按钮，如图 1-50 所示。

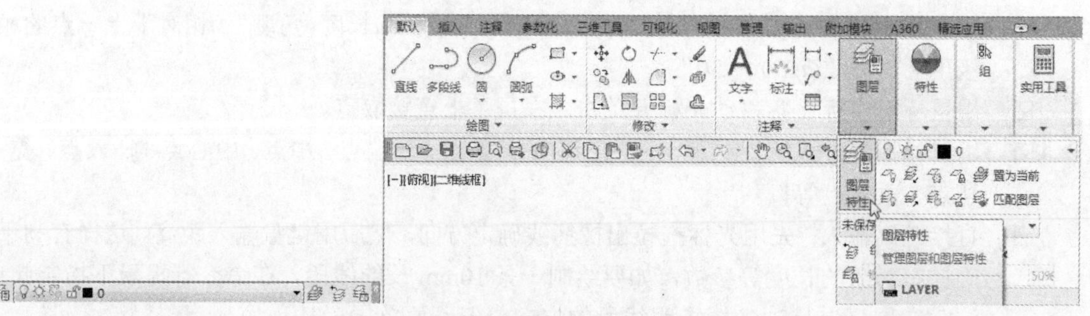

图 1-50 “图层”工具栏

执行上述操作后，系统弹出“图层特性管理器”选项板，如图 1-51 所示。

单击“图层特性管理器”选项板中的“新建”按钮，建立新图层，默认的图层名为“图层 1”。可以根据绘图需要更改图层名，例如，改为“实体”图层、“中心线”图层或“标准”图层等。

在一个图形中可以创建的图层数以及在每个图层中可以创建的对象数实际上是无限的。图层最长可使用 255 个字符的字母数字命名。图层特性管理器按名称的字母顺序排列图层。

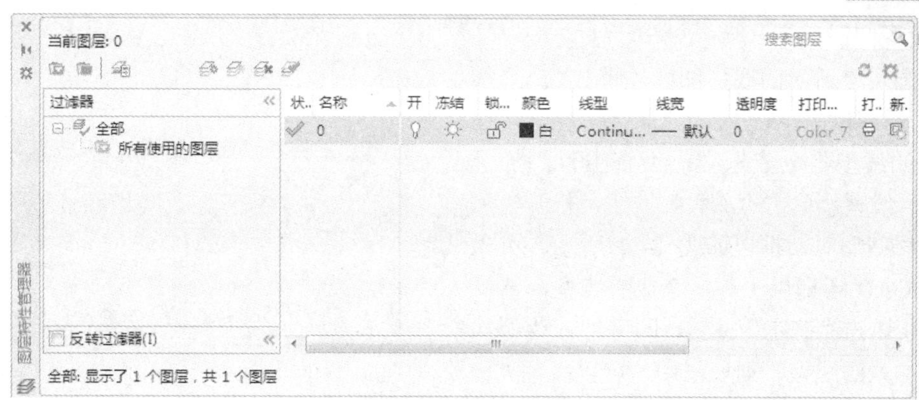

图 1-51　“图层特性管理器”选项板

提示：

如果要建立不只一个图层，无须重复单击“新建”按钮。最有效的方法是：在建立一个新的图层“图层 1”后，改变图层名，在其后输入一个逗号“,”，这样就会又自动建立一个新图层“图层 1”，改变图层名，再输入一个逗号，又一个新的图层建立了，依次建立各个图层。也可以按两次 Enter 键，建立另一个新的图层。图层的名称也可以更改，直接双击图层名称，输入新的名称。

在每个图层属性设置中，包括“图层名称”、“关闭/打开图层”、“冻结/解冻图层”、“锁定/解锁图层”、“图层线条颜色”、“图层线条线型”、“图层线条宽度”、“图层打印样式”以及“是否打印”9 个参数。下面将分别讲述如何设置这些图层参数。

1．设置图层线条颜色

在工程制图中，整个图形包含多种不同功能的图形对象，例如，实体、剖面线与尺寸标注等，为了便于直观地区分它们，就有必要针对不同的图形对象使用不同的颜色，例如，“实体”图层使用白色，剖面线层使用青色等。

要改变图层的颜色时，单击图层所对应的颜色图标，弹出“选择颜色”对话框，如图 1-52 所示。这是一个标准的颜色设置对话框，可以使用“索引颜色”、“真彩色”和“配色系统”3 个选项卡来选择颜色。系统显示的 RGB 配比，即 Red（红）、Green（绿）和 Blue（蓝）3 种颜色。

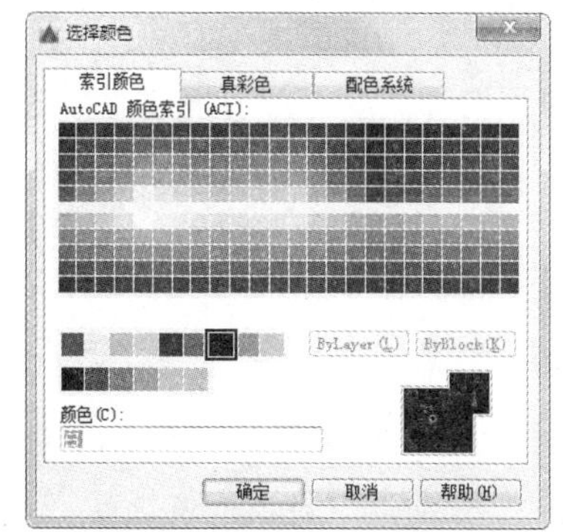

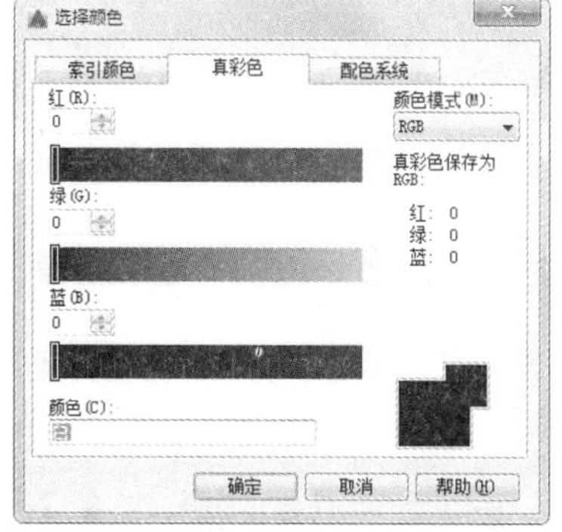

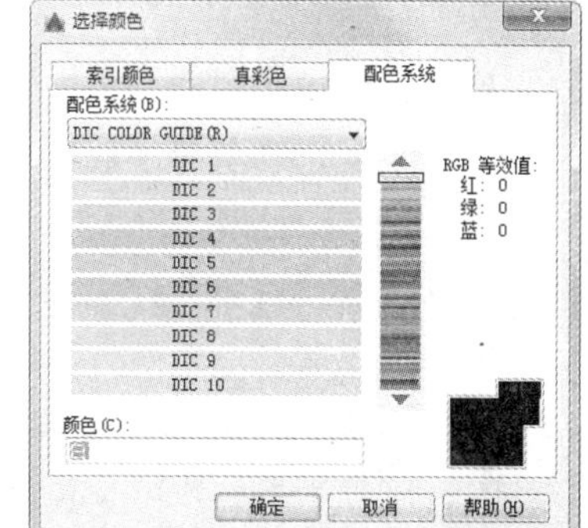

图 1-52　“选择颜色”对话框

Note

2．设置图层线型

单击图层所对应的线型图标，弹出“选择线型”对话框，如图 1-53 所示。默认情况下，在“已加载的线型”列表框中，系统中只添加了 Continuous 线型。单击“加载”按钮，打开“加载或重载线型”对话框，如图 1-54 所示，可以看到 AutoCAD 还提供了许多其他的线型，选择所需线型，单击“确定”按钮，即可把该线型加载到“已加载的线型”列表框中，可以按住 Ctrl 键选择几种线型同时加载。

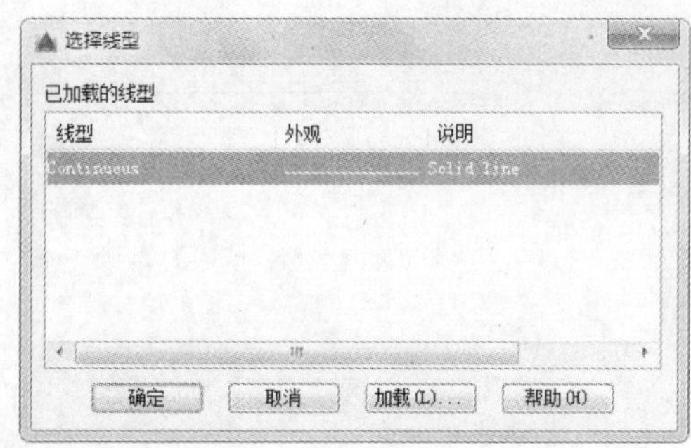

图 1-53　“选择线型”对话框

3．设置图层线宽

单击图层所对应的线宽图标，弹出“线宽”对话框，如图 1-55 所示。选择一个线宽，单击“确定”按钮完成对图层线宽的设置。

图层线宽的默认值为 0.25mm。在状态栏为“模型”状态时，显示的线宽同计算机的像素有关。线宽为 0 时，显示为一个像素的线宽。单击状态栏中的“线宽”按钮，屏幕上显示的图形线宽与实际线宽成比例，如图 1-56 所示，但线宽不随着图形的放大和缩小而变化。“线宽”功能关闭时，不显示图形的线宽，图形的线宽均为默认宽度值显示。可以在“线宽”对话框中选择需要的线宽。

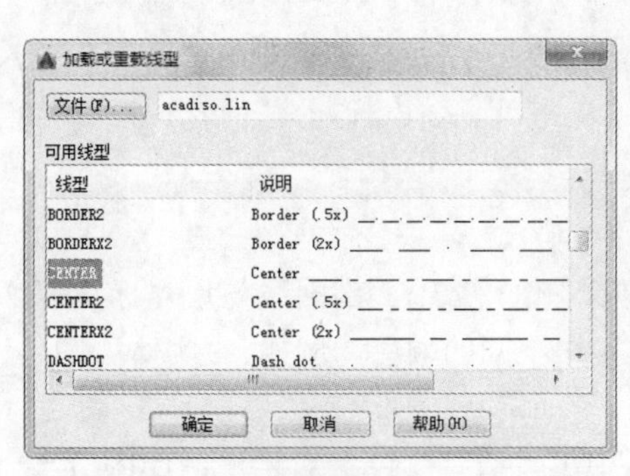

图 1-54　“加载或重载线型”对话框

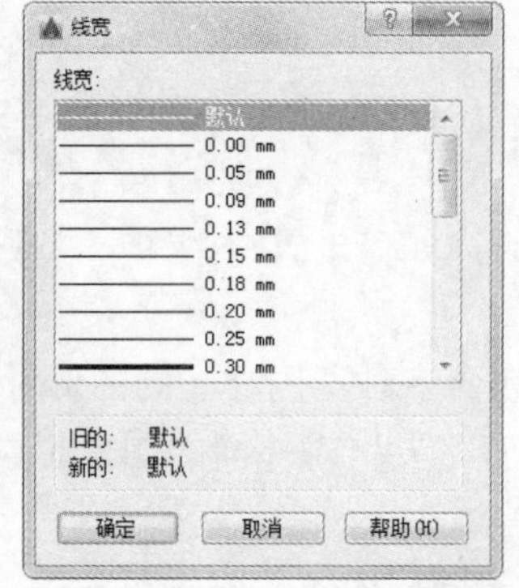

图 1-55　“线宽”对话框

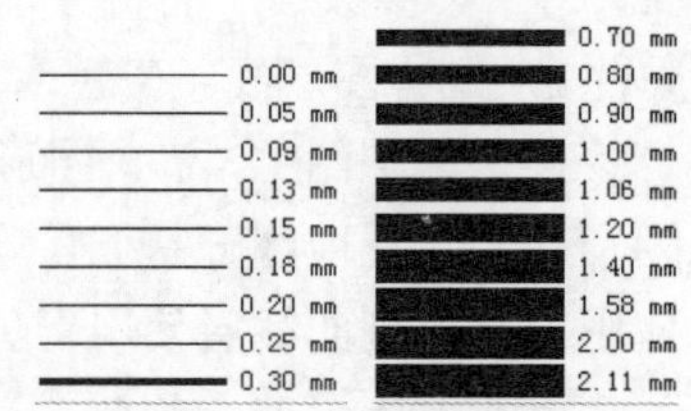

图 1-56　线宽显示效果图

1.6.2　设置图层

除了上面讲述的通过图层管理器设置图层的方法外，还有几种其他的简便方法可以设置图层的颜色、线宽、线型等参数。

1．直接设置图层

可以直接通过命令行或菜单设置图层的颜色、线型、线宽。

执行颜色命令，主要有如下两种调用方法：

☑　在命令行中输入 COLOR 命令。

☑　选择菜单栏中的“格式/颜色”命令。

执行上述操作后，系统弹出“选择颜色”对话框，如图 1-52 所示。

执行线型命令，主要有如下两种调用方法：

☑ 在命令行中输入 LINETYPE 命令。

☑ 选择菜单栏中的“格式/线型”命令。

执行上述操作后，系统弹出“线型管理器”对话框，如图 1-57 所示。

执行线宽命令，主要有如下两种调用方法：

☑ 在命令行中输入 LINEWEIGHT 命令。

☑ 选择菜单栏中的“格式/线宽”命令。

执行上述操作后，系统弹出“线宽设置”对话框，如图 1-58 所示。该对话框的使用方法与图 1-55 所示的“线宽”对话框类似。

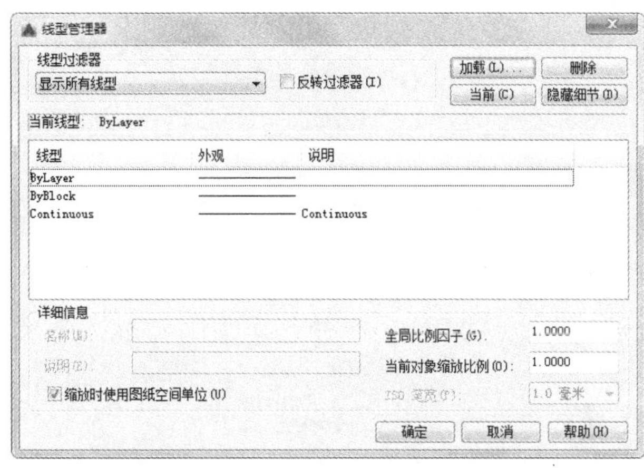

图 1-57 “线型管理器”对话框

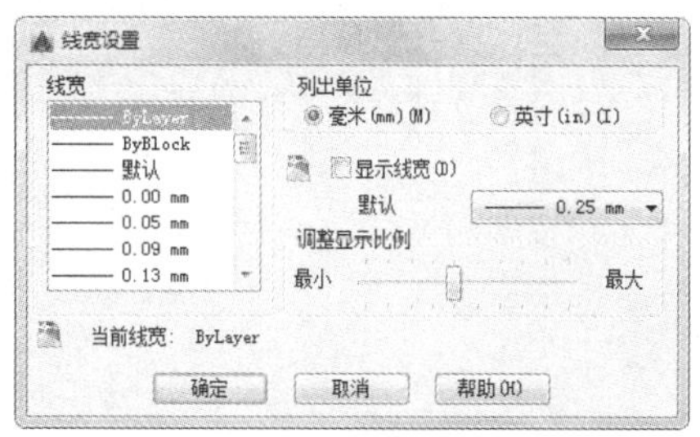

图 1-58 “线宽设置”对话框

2．利用“特性”工具栏设置图层

AutoCAD 提供了一个“特性”工具栏，如图 1-59 所示。用户能够通过使用工具栏上的“对象特性”工具栏快速地查看和改变所选对象的图层、颜色、线型和线宽等特性。“特性”工具栏上的图层颜色、线型、线宽和打印样式的控制增强了查看和编辑对象属性的命令。在绘图屏幕上选择任何对象，都将在工具栏上自动显示其所在图层、颜色、线型等属性。

图 1-59 “特性”工具栏

也可以在“特性”工具栏上的“颜色”、“线型”、“线宽”和“打印样式”下拉列表框中选择需要的参数值。如果在“颜色”下拉列表框中选择“选择颜色”选项，如图 1-60 所示，系统就会打开“选择颜色”对话框，如图 1-52 所示；同样，如果在“线型”下拉列表框中选择“其他”选项，如图 1-61 所示，系统就会打开“线型管理器”对话框，如图 1-57 所示。

3．用“特性”选项板设置图层

执行特性命令，主要有如下 4 种调用方法：

☑ 在命令行中输入 DDMODIFY 或 PROPERTIES 命令。

☑ 选择菜单栏中的“修改/特性”命令。

☑ 单击“标准”工具栏中的“特性”按钮。

☑ 单击“默认”选项卡“特性”面板中的“对话框启动器”按钮。

执行上述操作后，系统弹出“特性”选项板，如图 1-62 所示。在其中可以方便地设置或修

Note

改图层、颜色、线型、线宽等属性。

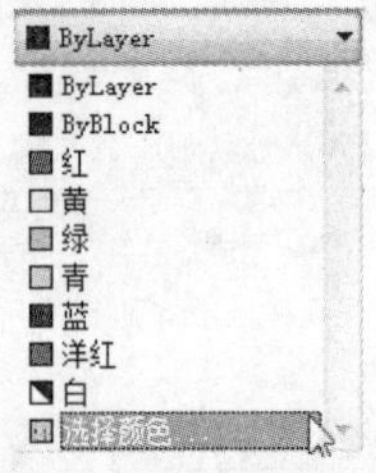

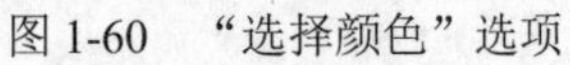

图 1-60 “选择颜色”选项

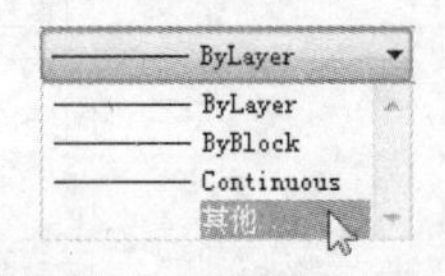

图 1-61 “其他”选项

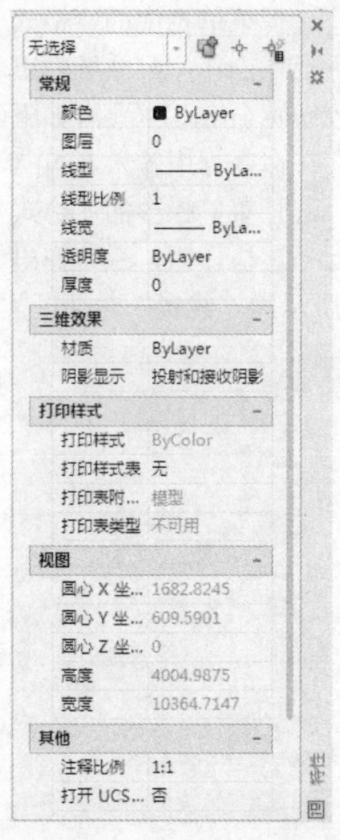

图 1-62 “特性”选项板

1.7 绘图辅助工具

要快速顺利地完成图形绘制工作，有时需要借助一些辅助工具，例如，用于准确确定绘制位置的精确定位工具和调整图形显示范围与方式的显示工具。下面将简要介绍这两种非常重要的辅助绘图工具。

1.7.1 精确定位工具

在绘制图形时，可以使用直角坐标和极坐标精确定位点，但是有些点（如端点、中心点等）的坐标是未知的，要想精确地指定这些点，可想而知是很难的，有时甚至是不可能的。AutoCAD提供了辅助定位工具，使用这类工具，可以很容易地在屏幕中捕捉到这些点，进行精确的绘图。

1．栅格

AutoCAD 的栅格由有规则的点的矩阵组成，延伸到指定为图形界限的整个区域。使用栅格与在坐标纸上绘图是十分相似的，利用栅格可以对齐对象并直观显示对象之间的距离。如果放大或缩小图形，可能需要调整栅格间距，使其更适合新的比例。虽然栅格在屏幕上是可见的，但它并不是图形对象，因此不会被打印成图形中的一部分，也不会影响在何处绘图。

可以单击状态栏上的“栅格”按钮或按 F7 键打开或关闭栅格。启用栅格并设置栅格在 X 轴

方向和 Y 轴方向上的间距的方法如下：

☑ 在命令行中输入 DSETTINGS 或 DS，SE 或 DDRMODES 命令。

☑ 选择菜单栏中的“工具/绘图设置”命令。

☑ 在“栅格”按钮处右击，在弹出的快捷菜单中选择“设置”命令。

执行上述操作，系统弹出“草图设置”对话框，如图 1-63 所示。

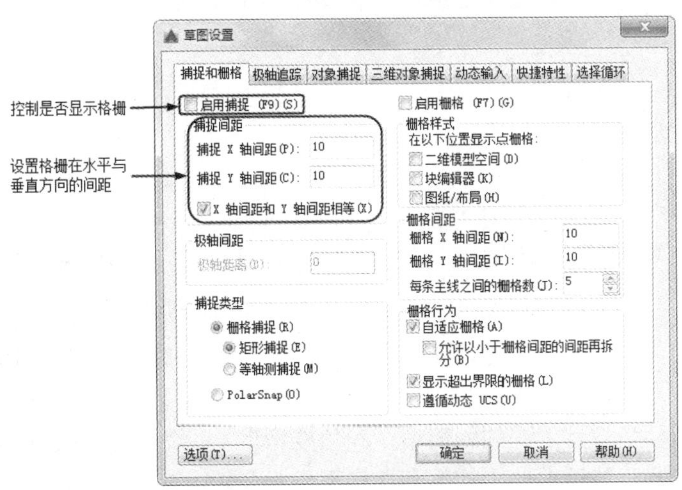

图 1-63 “草图设置”对话框

如果要显示栅格，需选中“启用栅格”复选框。在“栅格 X 轴间距”文本框中输入栅格点之间的水平距离，单位为“毫米”。如果使用相同的间距设置垂直和水平分布的栅格点，则按 Tab 键；否则，在“栅格 Y 轴间距”文本框中输入栅格点之间的垂直距离。

用户可改变栅格与图形界限的相对位置。默认情况下，栅格以图形界限的左下角为起点，沿着与坐标轴平行的方向填充整个由图形界限所确定的区域。

提示：

如果栅格的间距设置得太小，当进行“打开栅格”操作时，AutoCAD 将在文本窗口中显示“栅格太密，无法显示”的信息，而不在屏幕上显示栅格点。或者使用缩放命令时，将图形缩放很小，也会出现同样提示，不显示栅格。

捕捉可以使用户直接使用鼠标快速地定位目标点。捕捉模式的形式分为栅格捕捉、对象捕捉、极轴捕捉和自动捕捉。

另外，可以使用 GRID 命令通过命令行方式设置栅格，功能与“草图设置”对话框类似。

2．捕捉

捕捉是指 AutoCAD 可以生成一个隐藏分布于屏幕上的栅格，这种栅格能够捕捉光标，使得光标只能落到其中的一个栅格点上。捕捉可分为“矩形捕捉”和“等轴测捕捉”两种类型，默认设置为“矩形捕捉”，即捕捉点的阵列类似于栅格，如图 1-64 所示。用户可以指定捕捉模式在 X 轴方向和 Y 轴方向上的间距，也可改变捕捉模式与图形界限的相对位置。与栅格的不同之处在于：捕捉间距的值必须为正实数；另外，捕捉模式不受图形界限的约束。“等轴测捕捉”表示捕捉模式为等轴测模式，此模式是绘制正等轴测图时的工作环境，如图 1-65 所示。在“等轴测捕

捉”模式下，栅格和光标十字线成绘制等轴测图时的特定角度。

在绘制如图 1-64 和图 1-65 所示的图形时，输入参数点时光标只能落在栅格点上。打开“草图设置”对话框，进入“捕捉和栅格”选项卡，在“捕捉类型”选项组中，通过单选按钮可以切换“矩阵捕捉”模式与“等轴测捕捉”模式。

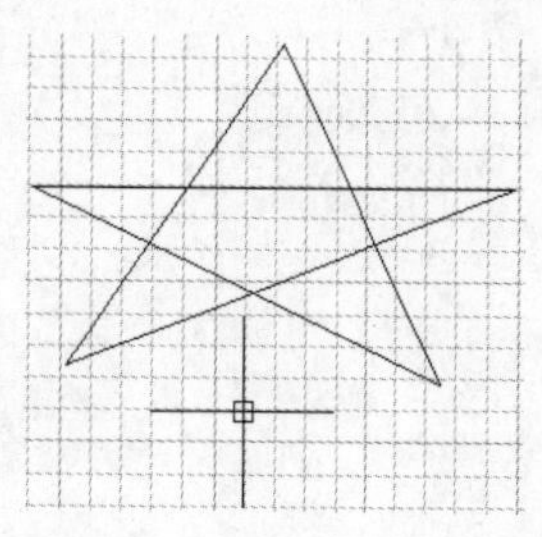

图 1-64　“矩形捕捉”实例

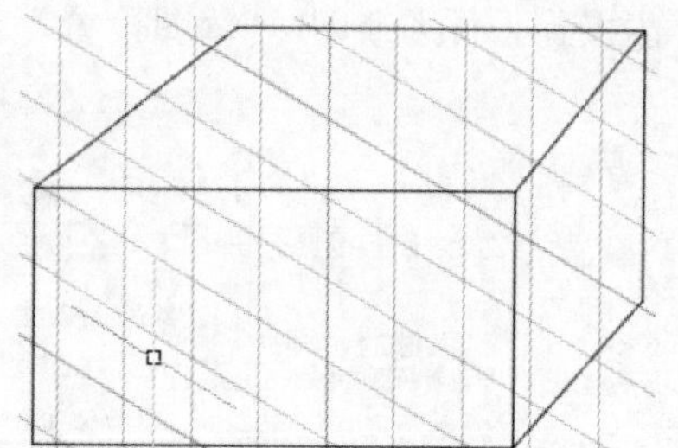

图 1-65　“等轴测捕捉”实例

3．极轴捕捉

极轴捕捉是在创建或修改对象时，按事先给定的角度增量和距离增量来追踪特征点，即捕捉相对于初始点，且满足指定极轴距离和极轴角的目标点。

极轴追踪设置主要是设置追踪的距离增量和角度增量，以及与之相关联的捕捉模式。这些设置可以通过“草图设置”对话框的“捕捉和栅格”与“极轴追踪”选项卡来实现，如图 1-66 和图 1-67 所示。

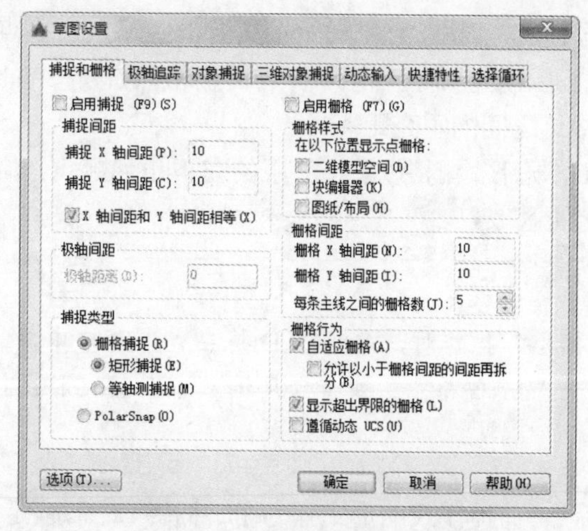

图 1-66　“捕捉和栅格”选项卡

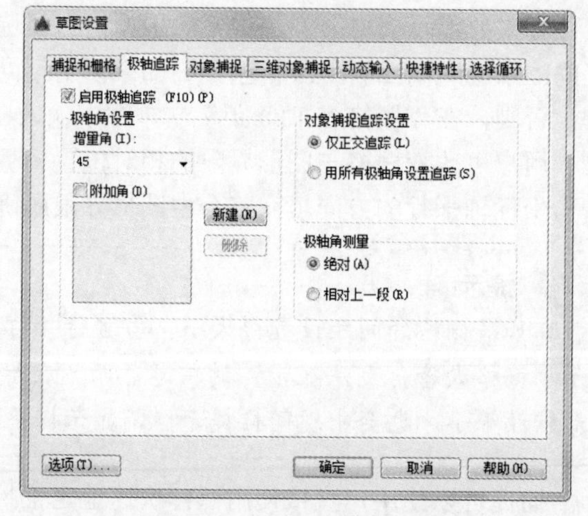

图 1-67　“极轴追踪”选项卡

（1）设置极轴距离。

如图 1-68 所示，在“草图设置”对话框的“捕捉和栅格”选项卡中，可以设置极轴距离，单位为毫米（mm）。绘图时，光标将按指定的极轴距离增量进行移动。

（2）设置极轴角度。

如图 1-67 所示，在“草图设置”对话框的“极轴追踪”选项卡中，可以设置极轴角增量角度。设置时，可以使用向下箭

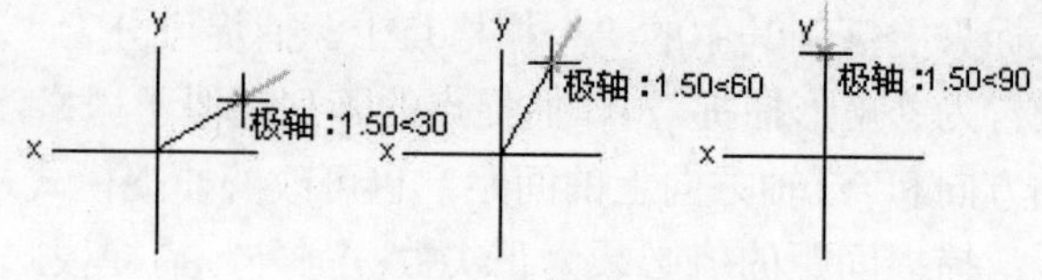

图 1-68　设置极轴角度

Note

头所打开的下拉列表框中的 90、45、30、22.5、18、15、10 和 5 的极轴角增量，也可以直接指定其他任意角度。光标移动时，如果接近极轴角，将显示对齐路径和工具栏提示。例如，如图 1-68 所示为当极轴角增量设置为 30，光标移动 90 时显示的对齐路径。

“附加角”用于设置极轴追踪时是否采用附加角度追踪。选中“附加角”复选框，通过“增加”和“删除”按钮来增加、删除附加角度值。

（3）对象捕捉追踪设置。

用于设置对象捕捉追踪的模式。如果选中“仅正交追踪”单选按钮，则当采用追踪功能时，系统仅在水平和垂直方向上显示追踪数据；如果选中“用所有极轴角设置追踪”单选按钮，则当采用追踪功能时，系统不仅可以在水平和垂直方向显示追踪数据，还可以在设置的极轴追踪角度与附加角度所确定的一系列方向上显示追踪数据。

（4）极轴角测量。

用于设置极轴角的角度测量采用的参考基准，“绝对”表示以相对水平方向逆时针测量，“相对上一段”则是以上一段对象为基准进行测量。

4．对象捕捉

AutoCAD 给所有的图形对象都定义了特征点，对象捕捉则是指在绘图过程中，通过捕捉这些特征点，迅速准确地将新的图形对象定位在现有对象的确切位置上，例如，圆的圆心、线段中点或两个对象的交点等。在 AutoCAD 2016 中，可以通过单击状态栏中的“对象捕捉”按钮，或是在“草图设置”对话框的“对象捕捉”选项卡中选中“启用对象捕捉”复选框来启用对象捕捉功能。在绘图过程中，对象捕捉功能的调用可以通过以下方式完成。

“对象捕捉”工具栏如图 1-69 所示，在绘图过程中，当系统提示需要指定点位置时，可以单击“对象捕捉”工具栏中相应的特征点按钮，再把光标移动到要捕捉的对象上的特征点附近，AutoCAD 会自动提示并捕捉到这些特征点。例如，如果需要用直线连接一系列圆的圆心，可以将“圆心”设置为执行对象捕捉。如果有两个可能的捕捉点落在选择区域，AutoCAD 将捕捉离光标中心最近的符合条件的点。还有可能在指定点时需要检查哪一个对象捕捉有效，例如，在指定位置有多个对象捕捉符合条件，在指定点之前，按 Tab 键可以遍历所有可能的点。

图 1-69 “对象捕捉”工具栏

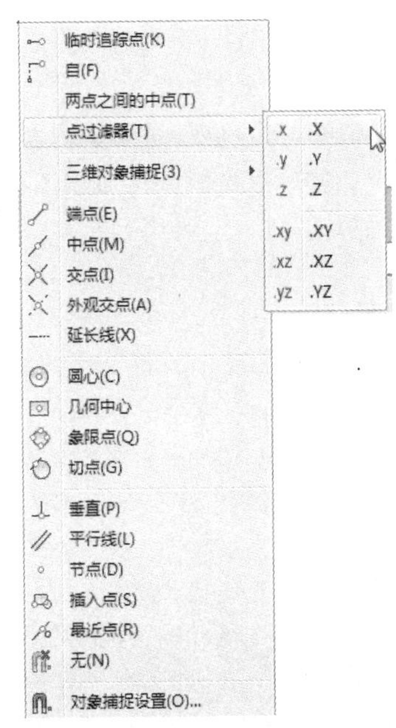

图 1-70 “对象捕捉”快捷菜单

在需要指定点位置时，还可以按住 Ctrl 键或 Shift 键，右击，弹出“对象捕捉”快捷菜单，如图 1-70 所示。从该菜单上一样可以选择某一种特征点执行对象捕捉，把光标移动到要捕捉对象上的特征点附近，即可捕捉到这些特征点。

当需要指定点位置时，在命令行中输入相

应特征点的关键词，把光标移动到要捕捉对象上的特征点附近，即可捕捉到这些特征点。对象捕捉特征点的关键词如表 1-1 所示。

Note

表 1-1 对象捕捉特征点的关键词

模　　式	关 键 字	模　　式	关 键 字	模　　式	关 键 字
临时追踪点	TT	捕捉自	FROM	端点	END
中点	MID	交点	INT	外观交点	APP
延长线	EXT	圆心	CEN	象限点	QUA
切点	TAN	垂足	PER	平行线	PAR
节点	NOD	最近点	NEA	无捕捉	NON

提示：

（1）对象捕捉不可单独使用，必须配合别的绘图命令一起使用。仅当 AutoCAD 提示输入点时，对象捕捉才生效。如果试图在命令提示下使用对象捕捉，AutoCAD 将显示错误信息。

（2）对象捕捉只影响屏幕上可见的对象，包括锁定图层、布局视口边界和多段线上的对象。不能捕捉不可见的对象，如未显示的对象、关闭或冻结图层上的对象或虚线的空白部分。

5．自动对象捕捉

在绘制图形的过程中，使用对象捕捉的频率非常高，如果每次在捕捉时都要先选择捕捉模式，将使工作效率大大降低。出于此种考虑，AutoCAD 提供了自动对象捕捉模式。如果启用自动捕捉功能，当光标距指定的捕捉点较近时，系统会自动精确地捕捉这些特征点，并显示出相应的标记以及该捕捉的提示。选择“草图设置”对话框中的“对象捕捉”选项卡，选中“启用对象捕捉追踪”复选框，可以调用自动捕捉，如图 1-71 所示。

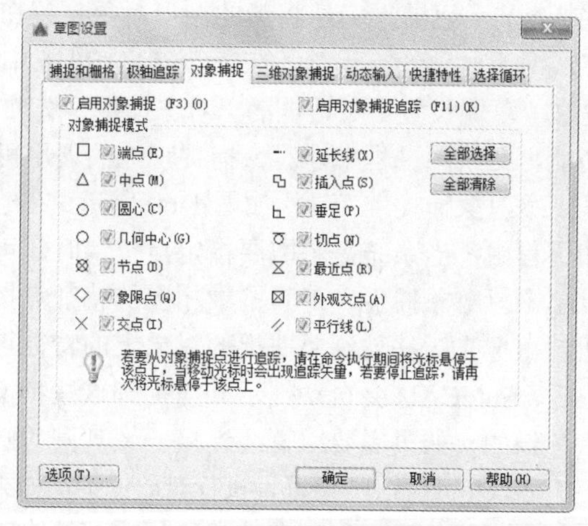

图 1-71 “对象捕捉”选项卡

提示：

用户可以设置自己经常要用的捕捉方式。一旦设置了运行捕捉方式后，在每次运行时，所设定的目标捕捉方式就会被激活，而不是仅对一次选择有效，当同时使用多种方式时，系统将捕捉距光标最近，同时又是满足多种目标捕捉方式之一的点。当光标距要获取的点非常近时，按下 Shift 键将暂时不获取对象。

6．正交绘图

正交绘图模式，即在命令的执行过程中，光标只能沿 X 轴或者 Y 轴移动。所有绘制的线段和构造线都将平行于 X 轴或 Y 轴，因此它们相互垂直成 90° 相交，即正交。正交绘图对于绘制水平和垂直线非常有用，特别是当绘制构造线时。而且当捕捉模式为等轴测模式时，还迫使直线平行于 3 个等轴测中的一个。

设置正交绘图可以直接单击状态栏中的“正交”按钮或按 F8 键，文本窗口中会显示开/关提示信息；也可以在命令行中输入 ORTHO 命令，开启或关闭正交绘图。

提示：

“正交”模式将光标限制在水平或垂直（正交）轴上。因为不能同时打开“正交”模式和极轴追踪，因此当“正交”模式打开时，AutoCAD 会关闭极轴追踪。如果再次打开极轴追踪，AutoCAD 则会关闭“正交”模式。

Note

1.7.2 图形显示工具

对于一个较为复杂的图形而言，在观察整幅图形时，通常无法对其局部细节进行查看和操作，而当在屏幕上显示一个细部时又看不到其他部分，为解决这类问题，AutoCAD 提供了缩放、平移、视图、鸟瞰视图和视口等一系列图形显示控制命令，可以用来任意地放大、缩小或移动屏幕上的图形，还可以同时从不同的角度、不同的部位来显示图形。AutoCAD 还提供了重画和重新生成命令来刷新屏幕、重新生成图形。

1．图形缩放

图形缩放命令类似于照相机的镜头，可以放大或缩小屏幕所显示的范围，该命令只改变视图的比例，对象的实际尺寸并不发生变化。当放大图形一部分的显示尺寸时，可以更清楚地查看这个区域的细节；相反，如果缩小图形的显示尺寸，则可以查看更大的区域，如整体浏览。

图形缩放功能在绘制大幅面机械图，尤其是装配图时非常有用，是使用频率最高的命令之一。这个命令可以透明地使用，也就是说，该命令可以在其他命令执行时运行。当用户完成涉及透明命令的过程时，AutoCAD 会自动地返回到在用户调用透明命令前正在运行的命令。执行图形缩放命令，主要有如下 3 种调用方法：

☑ 在命令行中输入 ZOOM 命令。
☑ 选择菜单栏中的“视图/缩放”命令。
☑ 单击“标准”工具栏中的“实时缩放”按钮，如图 1-72 所示。

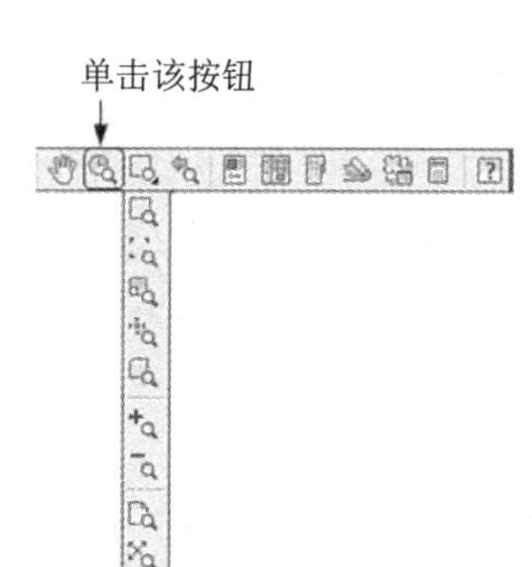

图 1-72 “标准”工具栏

执行上述操作后，根据系统提示指定窗口的角点，然后输入比例因子。命令行提示中各选项的含义如下。

☑ 实时：这是“缩放”命令的默认操作，即在输入 ZOOM 命令后，直接按 Enter 键，将自动执行实时缩放操作。实时缩放就是可以通过上、下移动鼠标交替进行放大和缩小。在使用实时缩放时，系统会显示一个“+”号或“−”号。当缩放比例接近极限时，AutoCAD 将不再与光标一起显示“+”号或“−”号。需要从实时缩放操作中退出时，可按 Enter 键、Esc 键或是从菜单中选择 Exit 命令退出。
☑ 全部(A)：执行 ZOOM 命令后，在提示文字后输入 A，即可执行“全部(A)”缩放操作。不论图形有多大，该操作都将显示图形的边界或范围，即使对象不包括在边界以内，它

们也将被显示。因此，使用“全部(A)”缩放选项，可查看当前视口中的整个图形。

☑ 中心(C)：通过确定一个中心点，可以定义一个新的显示窗口。操作过程中需要指定中心点以及输入比例或高度。默认新的中心点就是视图的中心点，默认的输入高度就是当前视图的高度，直接按 Enter 键后，图形将不会被放大。输入比例，则数值越大，图形放大倍数也将越大。也可以在数值后面紧跟一个 X，如 3X，表示在放大时不是按照绝对值变化，而是按相对于当前视图的相对值缩放。

☑ 动态(D)：通过操作一个表示视口的视图框，可以确定所需显示的区域。选择该选项，在绘图窗口中出现一个小的视图框，按住鼠标左键左右移动可以改变该视图框的大小，定形后释放左键，再按下鼠标左键移动视图框，确定图形中的放大位置，系统将清除当前视口并显示一个特定的视图选择屏幕。这个特定屏幕，由有关当前视图及有效视图的信息所构成。

☑ 范围(E)：可以使图形缩放至整个显示范围。图形的范围由图形所在的区域构成，剩余的空白区域将被忽略。应用这个选项，图形中所有的对象都尽可能地被放大。

☑ 上一个(P)：在绘制一幅复杂的图形时，有时需要放大图形的一部分以进行细节的编辑。当编辑完成后，有时希望回到前一个视图。这种操作可以使用“上一个(P)”选项来实现。当前视口由“缩放”命令的各种选项或移动视图、视图恢复、平行投影或透视命令引起的任何变化，系统都将做保存。每一个视口最多可以保存 10 个视图。连续使用“上一个(P)”选项可以恢复前 10 个视图。

☑ 比例(S)：提供了 3 种使用方法。在提示信息下，直接输入比例系数，AutoCAD 将按照此比例因子放大或缩小图形的尺寸。如果在比例系数后面加一个 X，则表示相对于当前视图计算的比例因子。使用比例因子的第 3 种方法就是相对于图形空间，例如，可以在图纸空间阵列布排或打印出模型的不同视图。为了使每一张视图都与图纸空间单位成比例，可以使用“比例(S)”选项，每一个视图可以有单独的比例。

☑ 窗口(W)：是最常使用的选项。通过确定一个矩形窗口的两个对角来指定所需缩放的区域，对角点可以由鼠标指定，也可以输入坐标确定。指定窗口的中心点将成为新的显示屏幕的中心点。窗口中的区域将被放大或者缩小。调用 ZOOM 命令时，可以在没有选择任何选项的情况下，利用鼠标在绘图窗口中直接指定缩放窗口的两个对角点。

☑ 对象(O)：缩放以便尽可能大地显示一个或多个选定的对象并使其位于视图的中心。可以在启动 ZOOM 命令前后选择对象。

提示：

这里所提到的诸如放大、缩小或移动的操作，仅是对图形在屏幕上的显示进行控制，图形本身并没有任何改变。

2．图形平移

当图形幅面大于当前视口时，例如，使用图形缩放命令将图形放大，如果需要在当前视口之外观察或绘制一个特定区域，可以使用图形平移命令来实现。平移命令能将在当前视口以外的图形的一部分移动进来查看或编辑，但不会改变图形的缩放比例。执行图形平移命令，主要有如下 4 种调用方法：

☑ 在命令行中输入 PAN 命令。

☑ 选择菜单栏中的“视图/平移”命令。

☑ 单击“标准”工具栏中的“实时平移”按钮。

☑ 在绘图窗口中右击，在弹出的快捷菜单中选择“平移”命令。

Note

激活平移命令之后，光标将变成小手形状，可以在绘图窗口中任意移动，以示当前正处于平移模式。单击并按住鼠标左键将光标锁定在当前位置，即“小手”已经抓住图形，然后拖动图形使其移动到所需位置上，释放鼠标左键将停止平移图形。可以反复按下鼠标左键，拖动，松开，将图形平移到其他位置上。

菜单栏中的“平移”命令预先定义了一些不同的菜单选项与按钮，可用于在特定方向上“平移”图形，在激活平移命令后，这些选项可以从菜单“视图/平移/*”中调用。

☑ 实时：是“平移”命令中最常用的选项，也是默认选项，前面提到的平移操作都是指实时平移，通过鼠标的拖动来实现任意方向上的平移。

☑ 点：这个选项要求确定位移量，这就需要确定图形移动的方向和距离。可以通过输入点的坐标或用鼠标指定点的坐标来确定位移。

☑ 左：该选项移动图形使屏幕左部的图形进入显示窗口。

☑ 右：该选项移动图形使屏幕右部的图形进入显示窗口。

☑ 上：该选项向底部平移图形后，使屏幕顶部的图形进入显示窗口。

☑ 下：该选项向顶部平移图形后，使屏幕底部的图形进入显示窗口。

1.8 实战演练

通过前面的学习，读者对本章知识也有了大体的了解，本节通过几个操作练习使读者进一步掌握本章知识要点。

【实战演练 1】熟悉操作界面。

1．目的要求

操作界面是用户绘制图形的平台，操作界面的各个部分都有其独特的功能，熟悉操作界面有助于用户方便快速地进行绘图。本例要求了解操作界面各部分功能，掌握改变绘图区颜色和光标大小的方法，能够熟练地打开、移动、关闭工具栏。

2．操作提示

（1）启动 AutoCAD 2016，进入操作界面。

（2）调整操作界面大小。

（3）设置绘图区颜色与光标大小。

（4）打开、移动、关闭工具栏。

（5）尝试同时利用命令行、菜单命令、工具栏和功能区绘制一条线段。

【实战演练 2】设置绘图环境。

1．目的要求

任何一个图形文件都有一个特定的绘图环境，包括图形边界、绘图单位、角度等。设置绘图环境通常有两种方法：设置向导与单独的命令设置方法。通过学习设置绘图环境，可以促进读者

对图形总体环境的认识。

2．操作提示

Note

（1）选择菜单栏中的“文件/新建”命令，打开“选择样板”对话框，单击“打开”按钮，进入绘图界面。

（2）选择菜单栏中的“格式/图形界限”命令，设置界限为“（0,0），（297,210）”，在命令行中可以重新设置模型空间界限。

（3）选择菜单栏中的“格式/单位”命令，打开“图形单位”对话框，设置长度类型为“小数”，精度为0.00；角度类型为十进制度数，精度为0；用于缩放插入内容的单位为“毫米”，用于指定光源强度的单位为“国际”；角度方向为“顺时针”。

【实战演练3】管理图形文件。

1．目的要求

图形文件管理包括文件的新建、打开、保存、加密、退出等。本例要求读者熟练掌握DWG文件的赋名保存、自动保存、加密及打开的方法。

2．操作提示

（1）启动AutoCAD 2016，进入操作界面。

（2）打开一幅已经保存过的图形。

（3）进行自动保存设置。

（4）尝试在图形上绘制任意图线。

（5）将图形以新的名称保存。

（6）退出该图形。

第2章

绘制二维图形

本章学习要点和目标任务：

☑ 绘制直线类对象

☑ 绘制圆弧类对象

☑ 绘制多边形和点

☑ 绘制多段线

☑ 绘制样条曲线

二维图形是指在二维平面空间绘制的图形，主要由一些图形元素组成，如点、直线、圆弧、圆、椭圆、矩形、多边形、多段线、样条曲线、多线等几何元素。AutoCAD 2016 提供了大量的绘图工具，可以帮助用户完成二维图形的绘制。本章主要内容包括绘制直线、圆和圆弧、椭圆和椭圆弧、平面图形、点、轨迹线与区域填充、徒手线和修订云线、多段线、样条曲线和多线等。

2.1 绘制直线类对象

AutoCAD 2016 提供了 5 种直线对象，包括直线、射线、构造线、多线和多段线。本节主要介绍其的画法。

2.1.1 直线段

单击“绘图”工具栏中的“直线”按钮后，用户只需给定起点和终点，即可画出一条线段。一条线段即是一个图元。在 AutoCAD 中，图元是最小的图形元素，不能再被分解。一个图形是由若干个图元组成的。执行直线命令，主要有如下 4 种调用方法：

- ☑ 在命令行中输入 LINE 或 L 命令。
- ☑ 选择菜单栏中的“绘图/直线”命令，如图 2-1 所示。
- ☑ 单击“绘图”工具栏中的“直线”按钮，如图 2-2 所示。
- ☑ 单击“默认”选项卡“绘图”面板中的“直线”按钮，如图 2-3 所示。

执行上述操作后，根据系统提示输入直线段的起点，用鼠标指定点或者给定点的坐标。再输入直线段的端点，也可以用鼠标指定一定角度后，直接输入直线的长度。在命令行提示下输入一直线段的端点。输入 U 表示放弃前面的输入；右击或按 Enter 键，结束命令。在命令行提示下输入下一直线段的端点，或输入 C 使图形闭合，结束命令。使用直线命令绘制直线时，命令行提示中各选项的含义如下。

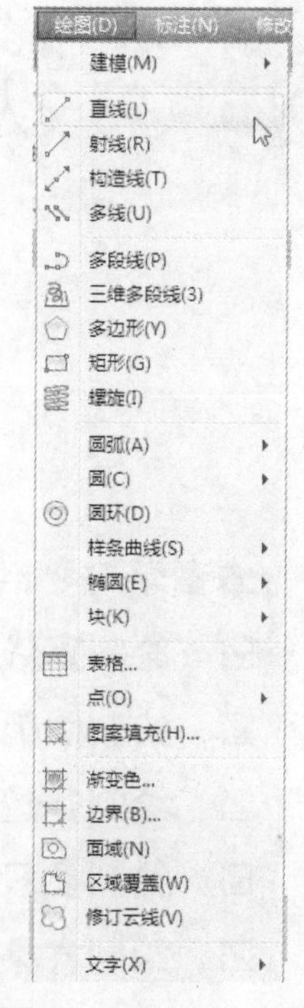

图 2-1 “绘图”菜单

图 2-2 “绘图”工具栏

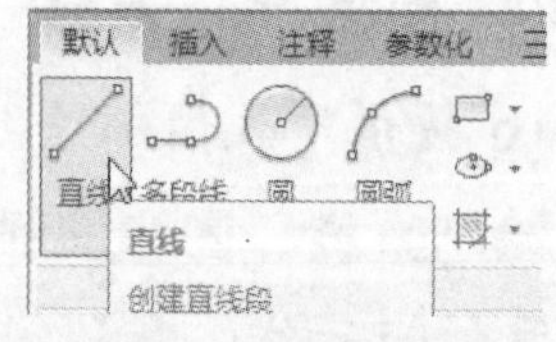

图 2-3 “绘图”面板

- ☑ 若采用按 Enter 键响应“指定第一点”提示，系统会把上次绘制图线的终点作为本次图线的起始点。若上次操作为绘制圆弧，按 Enter 键响应后绘出通过圆弧终点并与该圆弧相切的直线段，该线段的长度为光标在绘图区指定的一点与切点之间线段的距离。
- ☑ 在“指定下一点”提示下，用户可以指定多个端点，从而绘出多条直线段。但是，每一段直线是一个独立的对象，可以进行单独的编辑操作。
- ☑ 绘制两条以上直线段后，若输入 C 响应“指定下一点”提示，系统会自动连接起始点和最后一个端点，从而绘制出封闭的图形。
- ☑ 若输入 U 响应提示，则删除最近一次绘制的直线段。
- ☑ 若设置正交方式（单击状态栏中的“正交模式”按钮），只能绘制水平线段或垂直

线段。

☑ 若设置动态数据输入方式（单击状态栏中的“动态输入”按钮），则可以动态输入坐标或长度值，效果与非动态数据输入方式类似。除了特别需要，以后不再强调，而只按非动态数据输入方式输入相关数据。

Note

2.1.2 实战——标高符号

本实例利用直线命令绘制连续线段，从而绘制标高符号，绘制流程如图 2-4 所示。

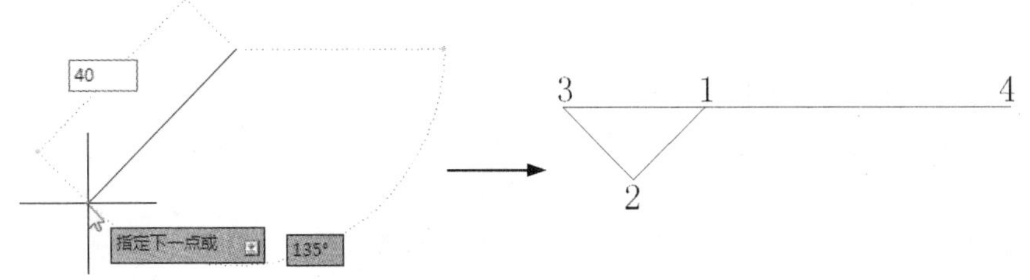

图 2-4　绘制标高符号流程图

操作步骤如下：（：光盘\配套视频\第 2 章\标高符号.avi）

（1）单击“默认”选项卡“绘图”面板中的“直线”按钮，绘制标高符号。

（2）在命令行提示“指定第一个点：”后输入“100,100”（1 点）。

（3）在命令行提示“指定下一点或[放弃(U)]:”后输入“@40<-135”（2 点，也可以单击状态栏上的 DYN 按钮，在光标位置为 135°时，动态输入 40，如图 2-5 所示）。

（4）在命令行提示“指定下一点或[放弃(U)]:”后输入“@40<135”（3 点，相对极坐标数值输入方法，此方法便于控制线段长度）。

（5）在命令行提示“指定下一点或[闭合(C)/放弃(U)]:”后输入“@180,0”。

（6）在命令行提示“指定下一点或[闭合(C)/放弃(U)]:”后按 Enter 键结束直线命令。

结果如图 2-6 所示。

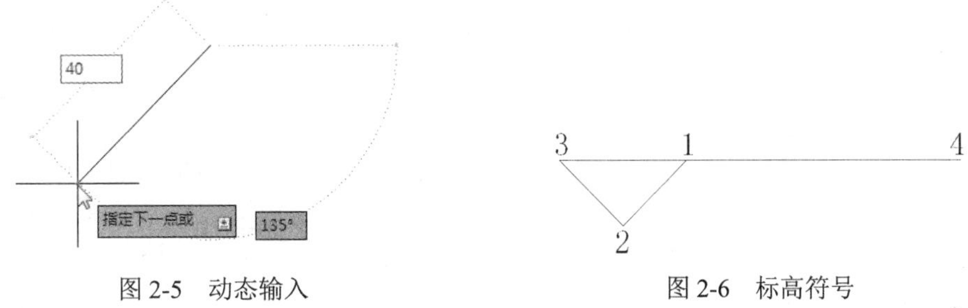

图 2-5　动态输入　　　　图 2-6　标高符号

2.1.3 构造线

构造线是指在两个方向上无限延长的直线，主要用作绘图时的辅助线。当绘制多视图时，为了保持投影联系，可先画出若干条构造线，再以构造线为基准画图。构造线的绘制方法有“指定点”、“水平”、“垂直”、“角度”、“二等分”和“偏移”6 种方式，其示意图分别如图 2-7（a）～

Note

图 2-7（f）所示。

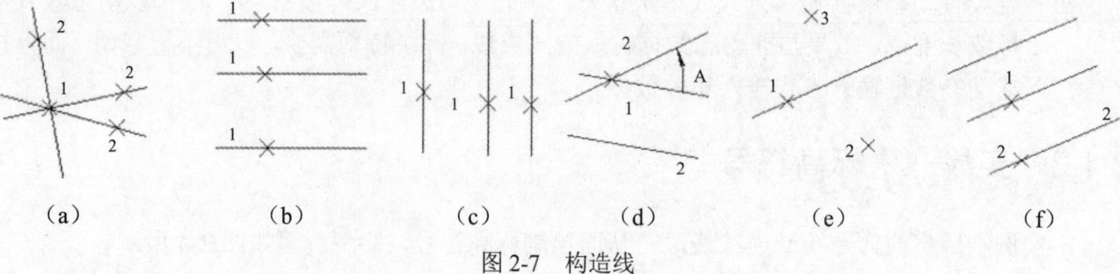

图 2-7　构造线

执行构造线命令，主要有如下 4 种调用方法：

☑　在命令行中输入 XLINE 或 XL 命令。

☑　选择菜单栏中的“绘图/构造线”命令。

☑　单击“绘图”工具栏中的“构造线”按钮。

☑　单击“默认”选项卡“绘图”面板中的“构造线”按钮。

执行上述操作后，根据系统提示指定起点和通过点，绘制一条双向无限长直线。在命令行提示“指定通过点:”后继续指定点，继续绘制直线，按 Enter 键结束命令。

2.2　绘制圆弧类对象

AutoCAD 2016 提供了 5 种圆弧对象，包括圆、圆弧、圆环、椭圆和椭圆弧。

2.2.1　圆

AutoCAD 2016 提供了多种画圆方式，可根据不同需要选择不同的方法。

执行圆命令，主要有如下 4 种调用方法：

☑　在命令行中输入 CIRCLE 或 C 命令。

☑　选择菜单栏中的“绘图/圆”命令。

☑　单击“绘图”工具栏中的“圆”按钮。

☑　单击“默认”选项卡“绘图”面板中的“圆”按钮。

执行上述操作后，根据系统提示指定圆心位置。在命令行提示“指定圆的半径或[直径(D)]:”后直接输入半径数值或用鼠标指定半径长度。在命令行提示“指定圆的直径 <默认值>”后输入直径数值或用鼠标指定直径长度。使用圆命令时，命令行提示中各选项的含义如下。

☑　三点(3P)：用指定圆周上 3 点的方法画圆。依次输入 3 个点，即可绘制出一个圆。

☑　两点(2P)：根据直径的两端点画圆。依次输入两个点，即可绘制出一个圆，两点间的距离为圆的直径。

☑　相切、相切、半径(T)：以先指定两个相切对象，后给出半径的方法画圆。如图 2-8 所示为指定不同相切对象绘制的圆。

☑　相切、相切、相切(A)：依次拾取相切的第一个圆弧、第二个圆弧和第三个圆弧。

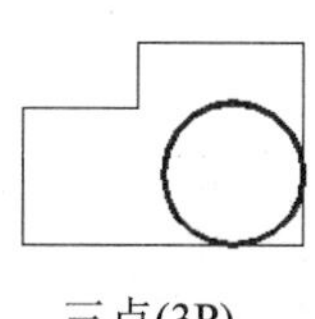

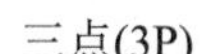

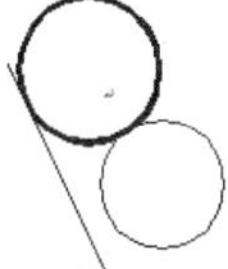

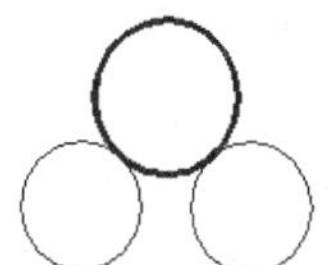

三点(3P)　　　　两点(2P)　　　　相切、相切、半径(T)

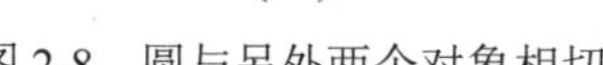

图 2-8　圆与另外两个对象相切

提示：

相切对象可以是直线、圆、圆弧、椭圆等图线，这种绘制圆的方式在圆弧连接中经常使用。

下面分析圆与圆相切的 3 种情况。绘制一个圆与另外两个圆相切，切圆决定于选择切点的位置和切圆半径的大小。如图 2-9 所示是一个圆与另外两个圆相切的 3 种情况，图 2-9（a）为外切时切点的选择情况；图 2-9（b）为与一个圆内切而与另一个圆外切时切点的选择情况；图 2-9（c）为内切时切点的选择情况。假定 3 种情况下的条件相同，后两种情况对切圆半径的大小有限制，半径太小时不能出现内切情况。

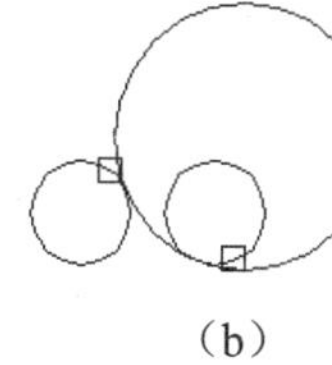

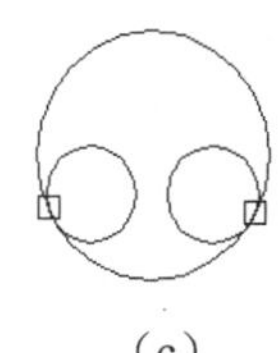

（a）　　　　（b）　　　　（c）

图 2-9　相切类型

2.2.2　实战——连环圆

本实例利用圆命令绘制相切圆，从而绘制出连环圆。绘制流程图如图 2-10 所示。

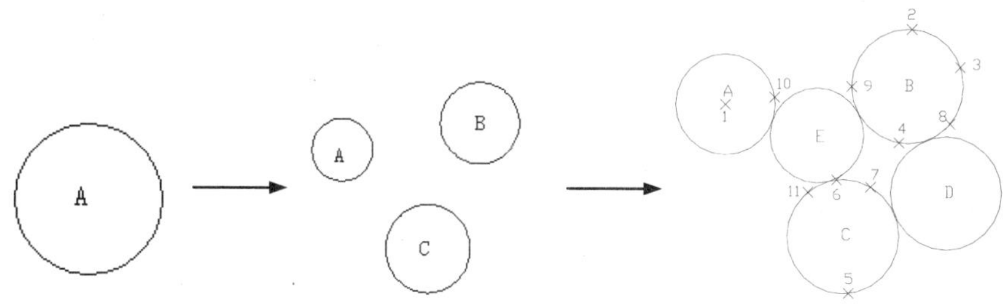

图 2-10　绘制连环圆

操作步骤如下：（：光盘\配套视频\第 2 章\连环圆.avi）

1. 绘制圆 A

（1）单击“默认”选项卡“绘图”面板中的“圆”按钮，绘制圆 A。

（2）在命令行提示“指定圆的圆心或[三点(3P)/两点(2P)/切点、切点、半径(T)]:”后输入“150,160”（即 1 点）。

（3）在命令行提示“指定圆的半径或[直径(D)] <75.3197>:”后输入 40。

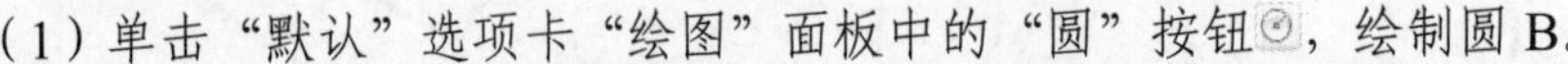

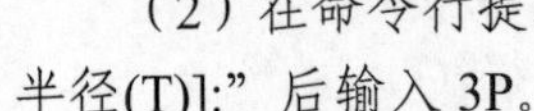

结果如图 2-11 所示。

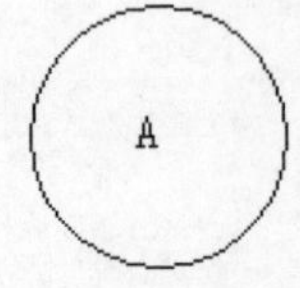

图 2-11　绘制圆 A

2. 绘制圆 B

（1）单击“默认”选项卡“绘图”面板中的“圆”按钮，绘制圆 B。

（2）在命令行提示“指定圆的圆心或[三点(3P)/两点(2P)/切点、切点、半径(T)]:”后输入 3P。

（3）在命令行提示“指定圆上的第一个点:”后输入“300,220”（即 2 点）。

（4）在命令行提示“指定圆上的第一个点:”后输入“340,190”（即 3 点）。

（5）在命令行提示“指定圆上的第一个点:”后输入“290,130”（即 4 点）。

结果如图 2-12 所示。

3. 绘制圆 C

（1）单击“默认”选项卡“绘图”面板中的“圆”按钮，绘制圆 C。

（2）在命令行提示“指定圆的圆心或[三点(3P)/两点(2P)/切点、切点、半径(T)]:”后输入 2P。

（3）在命令行提示“指定圆直径的第一个端点:”后输入“250,10”（即 5 点）。

（4）在命令行提示“指定圆直径的第二个端点:”后输入“240,100”（即 6 点）。

结果如图 2-13 所示。

4. 绘制圆 D

（1）单击“默认”选项卡“绘图”面板中的“圆”按钮，绘制圆 D。

（2）在命令行提示“指定圆的圆心或[三点(3P)/两点(2P)/切点、切点、半径(T)]:”后输入 t。

（3）在命令行提示“指定对象与圆的第一个切点:”后在 7 点附近选中圆 C。

（4）在命令行提示“指定对象与圆的第二个切点:”后在 8 点附近选中圆 C。

（5）在命令行提示“指定圆的半径:<45.2769>:”后输入 45。

5. 绘制圆 E

（1）单击“默认”选项卡“绘图”面板中“圆”下拉按钮下的“相切、相切、相切”按钮，绘制圆 E。

（2）在命令行提示“指定圆的圆心或 [三点(3P)/两点(2P)/切点、切点、半径(T)]:”后输入 3P。

（3）在命令行提示“指定圆上的第一个点:”后（打开状态栏上的“对象捕捉”按钮）_tan 到（即 9 点）”。

（4）在命令行提示“指定圆上的第二个点:”后“_tan 到（即 10 点）”。

（5）在命令行提示“指定圆上的第三个点:”后“_tan 到（即 11 点）”。

最后完成的图形如图 2-14 所示。

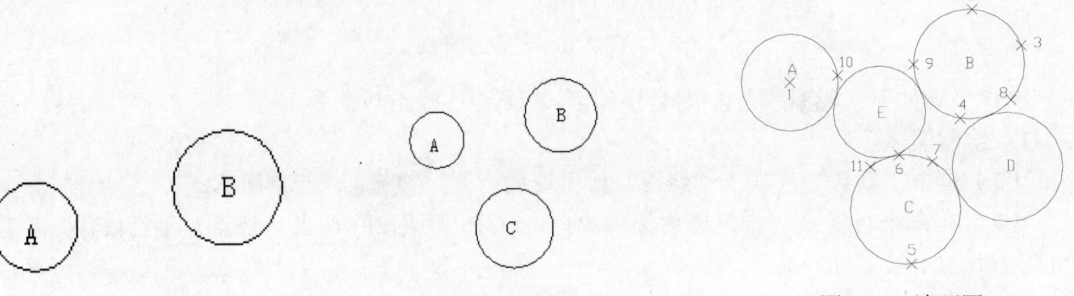

图 2-12　绘制圆 B　　图 2-13　绘制圆 C　　图 2-14　连环圆

6. 保存文件

单击快速访问工具栏中的“保存”按钮，在打开的“图形另存为”对话框中输入文件名保存即可。

2.2.3　圆弧

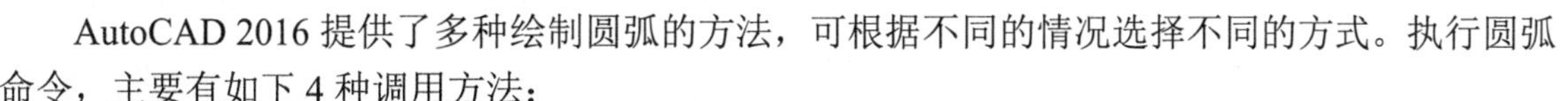

AutoCAD 2016 提供了多种绘制圆弧的方法，可根据不同的情况选择不同的方式。执行圆弧命令，主要有如下 4 种调用方法：

- ☑ 在命令行中输入 ARC 或 A 命令。
- ☑ 选择菜单栏中的“绘图/圆弧”命令。
- ☑ 单击“绘图”工具栏中的“圆弧”按钮。
- ☑ 单击“默认”选项卡“绘图”面板中的“圆弧”按钮。

下面以“三点”法为例讲述圆弧的绘制方法。

执行上述操作后，根据系统提示指定起点和第二点，在命令行提示时指定末端点。

需要强调的是“继续”方式，该方式绘制的圆弧与上一线段或圆弧相切。继续绘制圆弧段，只提供端点即可，如图 2-15 所示为 11 种圆弧的绘制方法。

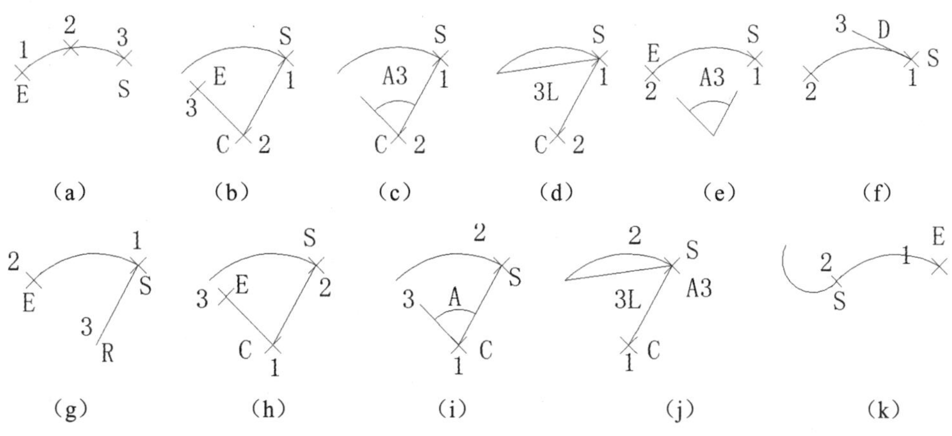

图 2-15　11 种圆弧绘制方法

2.2.4　实战——椅子

本实例利用直线、圆弧命令绘制椅子，绘制流程如图 2-16 所示。

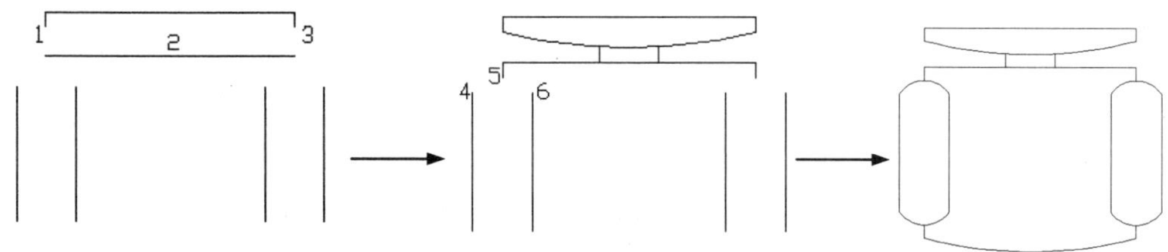

图 2-16　绘制椅子流程图

操作步骤如下：（光盘\配套视频\第 2 章\椅子.avi）

1. 绘制初步轮廓

单击“默认”选项卡“绘图”面板中的“直线”按钮，绘制初步轮廓，结果如图 2-17 所示。

2. 绘制圆弧

单击“默认”选项卡“绘图”面板中的“圆弧”按钮，绘制圆弧。

（1）在命令行提示“指定圆弧的起点或[圆心(C)]:”后用鼠标指定左上方竖线段端点 1，如图 2-17 所示。

（2）在命令行提示“指定圆弧的第二点或[圆心(C)/端点(E)]:”后用鼠标在上方两竖线段正中间指定一点 2。

（3）在命令行提示“指定圆弧的端点:”后用鼠标指定右上方竖线段端点 3。

3. 绘制直线

单击“默认”选项卡“绘图”面板中的“直线”按钮，绘制直线。

（1）在命令行提示“指定第一点:”后用鼠标在刚才绘制的圆弧上指定一点。

（2）在命令行提示“指定下一点或[放弃(U)]:”后在垂直方向上用鼠标在中间水平线段上指定一点。

（3）在命令行提示“指定下一点或[放弃(U)]:”后按 Enter 键。

4. 绘制竖直线

以同样的方法在圆弧上指定一点为起点向下绘制另一条竖线段，再在第二条水平直线的两端绘制两条竖直短直线，如图 2-18 所示。

5. 继续绘制圆弧

单击“默认”选项卡“绘图”面板中的“圆弧”按钮，以同样的方法绘制扶手位置另外 4 段圆弧。

6. 继续绘制竖直线

以同样的方法绘制另两条竖线段。

7. 绘制剩余圆弧

单击“默认”选项卡“绘图”面板中的“圆弧”按钮，在底部绘制最后一段圆弧。

（1）在命令行提示“指定圆弧的起点或[圆心(C)]:”后用鼠标指定刚才绘制线段的下端点。

（2）在命令行提示“指定圆弧的第二个点或[圆心(C)/端点(E)]:”后输入 E。

（3）在命令行提示“指定圆弧的端点:”后用鼠标指定刚才绘制的另一线段的下端点。

（4）在命令行提示“指定圆弧的圆心或[角度(A)/方向(D)/半径(R)]:”后输入 D。

（5）在命令行提示“指定圆弧的起点切向:”后用鼠标指定圆弧起点切向。

绘制结果如图 2-19 所示。

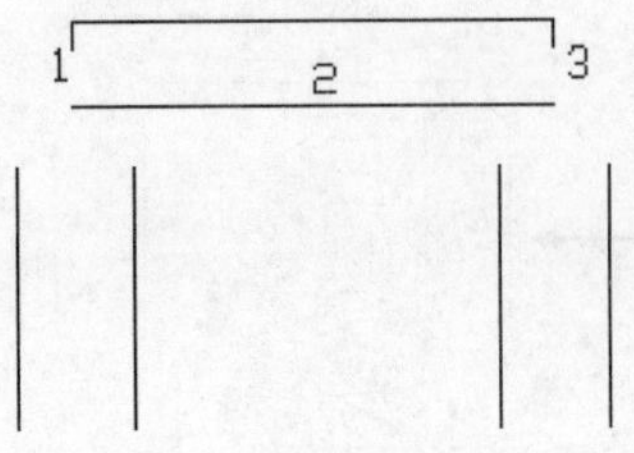

图 2-17　椅子初步轮廓

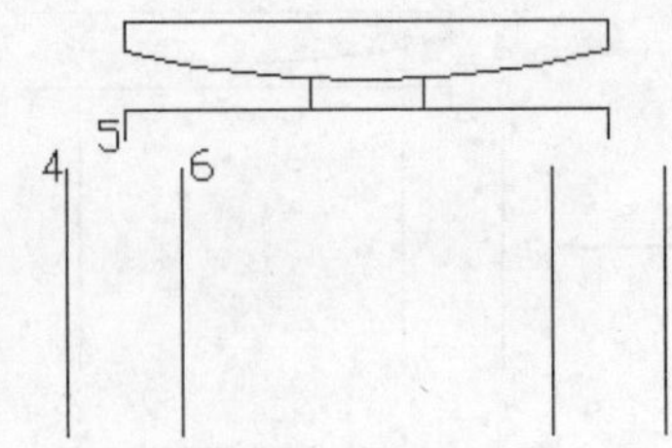

图 2-18　绘制过程

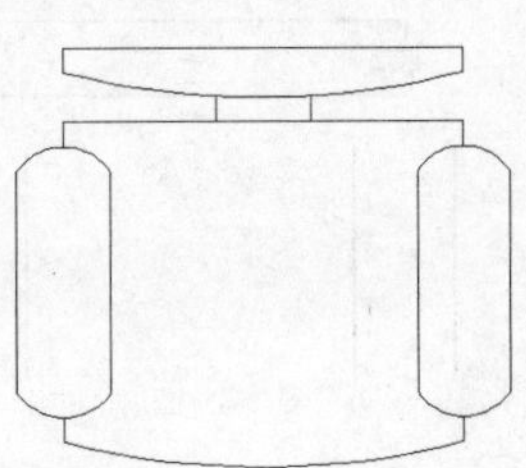

图 2-19　椅子图案

Note

2.2.5　圆环

可以通过指定圆环的内、外直径绘制圆环，也可以绘制填充圆。如图 2-20 所示的车轮即是用圆环绘制的。

图 2-20　车轮

执行圆环命令，主要有如下 3 种调用方法：

☑　在命令行中输入 DONUT 命令。

☑　选择菜单栏中的“绘图/圆环”命令。

☑　单击“默认”选项卡“绘图”面板中的“圆环”按钮◎。

执行上述操作后，指定圆环内径和外径，再指定圆环的中心点。在命令行提示“指定圆环的中心点或<退出>:”后继续指定圆环的中心点，则继续绘制相同内外径的圆环，如图 2-21（a）所示。按 Enter、Space 键或右击，结束命令。若指定内径为零，则画出实心填充圆，如图 2-21（b）所示。用命令 FILL 可以控制圆环是否填充，根据系统提示选择“开”表示填充，选择“关”表示不填充，如图 2-21（c）所示。

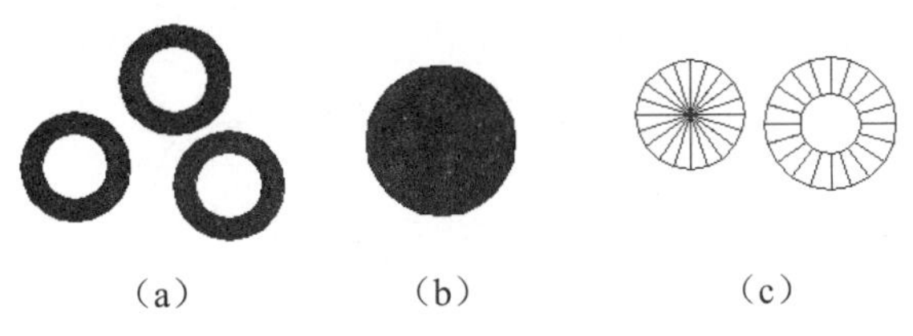

（a）　（b）　（c）

图 2-21　绘制圆环

2.2.6　椭圆与椭圆弧

椭圆也是一种典型的封闭曲线图形，圆在某种意义上可以看成是椭圆的特例。椭圆在工程图形中的应用不多，只在某些特殊造型，如室内设计单元中的浴盆、桌子等造型或机械造型中的杆状结构的截面形状等图形中才会出现。执行该命令，主要有如下 4 种调用方法：

☑　在命令行中输入 ELLIPSE 或 EL 命令。

☑　选择菜单栏中的“绘图/椭圆”命令下的子命令。

☑　单击“绘图”工具栏中的“椭圆”按钮。

☑　单击“默认”选项卡“绘图”面板中的“轴，端点”按钮。

执行上述操作后，根据系统提示指定轴端点 1 和轴端点 2，如图 2-22（a）所示。在命令行提示“指定另一条半轴长度或[旋转(R)]:”后按 Enter 键。使用“椭圆”命令时，命令行提示中各选项的含义如下。

☑　指定椭圆的轴端点：根据两个端点定义椭圆的第一条轴，第一条轴的角度确定了整个椭圆的角度。第一条轴既可定义为椭圆的长轴，也可定义为其短轴。

☑　中心点(C)：通过指定的中心点创建椭圆。

☑　圆弧(A)：用于创建一段椭圆弧，与“单击‘默认’选项卡‘绘图’面板中的‘椭圆弧’

按钮”功能相同。其中，第一条轴的角度确定了椭圆弧的角度。第一条轴既可定义为椭圆弧长轴，也可定义为其短轴。

执行该命令后，根据系统提示输入 A。之后指定端点或输入 C 并指定另一端点。在命令行提示下指定另一条半轴长度或输入 R 并指定起始角度、指定适当点或输入 P。在命令行提示“指定端点角度或[参数(P)/包含角度(I)]:”后指定适当点。其中各选项的含义如下。

Note

☑ 起始角度：指定椭圆弧端点的两种方式之一，光标与椭圆中心点连线的夹角为椭圆端点位置的角度，如图 2-22（b）所示。

☑ 参数(P)：指定椭圆弧端点的另一种方式，该方式同样是指定椭圆弧端点的角度，但通过以下矢量参数方程式创建椭圆弧：$p(u) = c + a\times\cos(u) + b\times\sin(u)$，其中，$c$ 是椭圆的中心点，a 和 b 分别是椭圆的长轴和短轴，u 为光标与椭圆中心点连线的夹角。

☑ 包含角度(I)：定义从起始角度开始的包含角度。

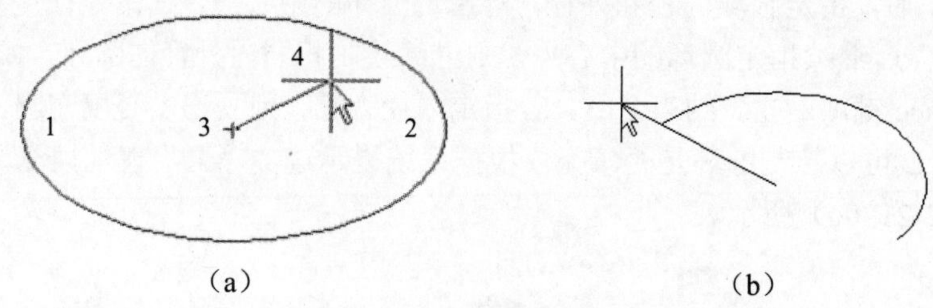

图 2-22　椭圆和椭圆弧

2.2.7　实战——马桶

本实例主要介绍椭圆弧绘制方法的具体应用。首先利用椭圆弧命令绘制马桶外沿，然后利用直线命令绘制马桶后沿和水箱，绘制流程如图 2-23 所示。

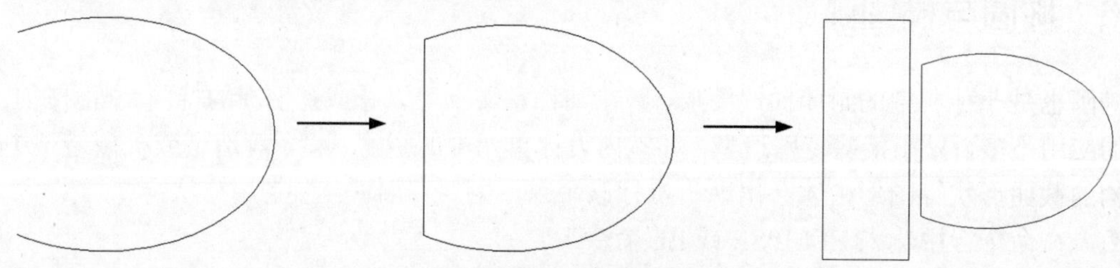

图 2-23　绘制马桶流程图

操作步骤如下：（：光盘\配套视频\第 2 章\马桶.avi）

1. 绘制马桶外沿

单击“默认”选项卡“绘图”面板中的“椭圆弧”按钮，绘制马桶外沿。

（1）在命令行提示“指定椭圆的轴端点或[圆弧(A)/中心点(C)]:”后输入 A。

（2）在命令行提示“指定椭圆弧的轴端点或[中心点(C)]:”后输入 C。

（3）在命令行提示“指定椭圆弧的中心点:”后指定一点。

（4）在命令行提示“指定轴的端点:”后适当指定一点。

（5）在命令行提示“指定另一条半轴长度或[旋转(R)]:”后适当指定一点。

（6）在命令行提示“指定起点角度或[参数(P)]:”后指定下面适当位置一点。

（7）在命令行提示“指定端点角度或[参数(P)/夹角(I)]:”后指定正上方适当位置一点。绘制结果如图 2-24 所示。

2. 绘制马桶后沿

单击“默认”选项卡“绘图”面板中的“直线”按钮，连接椭圆弧两个端点，绘制马桶后沿。结果如图 2-25 所示。

3. 绘制水箱

单击“默认”选项卡“绘图”面板中的“直线”按钮，取适当的尺寸，在左边绘制一个矩形框作为水箱。最终结果如图 2-26 所示。

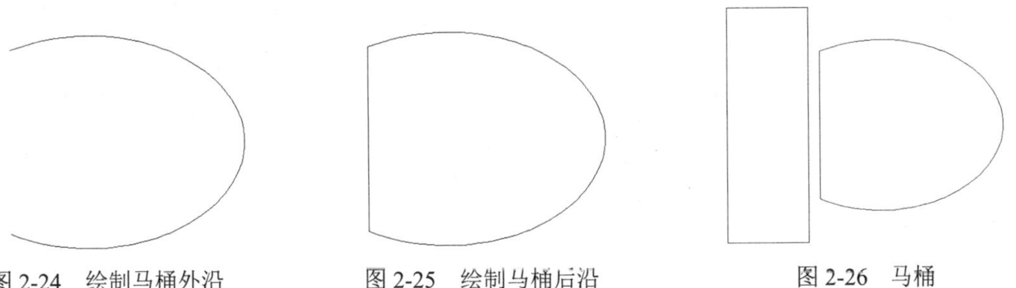

图 2-24　绘制马桶外沿　　图 2-25　绘制马桶后沿　　图 2-26　马桶

提示：

本例中指定起点角度和端点角度的点时不要将两个点的顺序指定反了，因为系统默认的旋转方向是逆时针，如果指定反了，得出的结果可能和预期的刚好相反。

2.3　绘制多边形和点

AutoCAD 2016 提供了直接绘制矩形和正多边形的方法，还提供了点、等分点、测量点的绘制方法，可根据需要进行选择。

2.3.1　矩形

用户可以直接绘制矩形，也可以对矩形倒角或倒圆角，还可以改变矩形的线宽。

执行矩形命令，主要有如下 4 种调用方法：

☑　在命令行中输入 RECTANG 或 REC 命令。

☑　选择菜单栏中的“绘图/矩形”命令。

☑　单击“绘图”工具栏中的“矩形”按钮。

☑　单击“默认”选项卡“绘图”面板中的“矩形”按钮。

执行上述操作后，根据系统提示指定角点，指定另一角点，绘制矩形。在执行矩形命令时，命令行提示中各选项的含义如下。

☑　第一个角点：通过指定两个角点确定矩形，如图 2-27（a）所示。

Note

- ☑ 倒角(C)：指定倒角距离，绘制带倒角的矩形，如图 2-27（b）所示。每一个角点的逆时针和顺时针方向的倒角可以相同，也可以不同，其中，第一个倒角距离是指角点逆时针方向倒角距离，第二个倒角距离是指角点顺时针方向倒角距离。
- ☑ 标高(E)：指定矩形标高（Z 坐标），即把矩形放置在标高为 Z 并与 XOY 坐标面平行的平面上，并作为后续矩形的标高值。
- ☑ 圆角(F)：指定圆角半径，绘制带圆角的矩形，如图 2-27（c）所示。
- ☑ 厚度(T)：指定矩形的厚度，如图 2-27（d）所示。
- ☑ 宽度(W)：指定线宽，如图 2-27（e）所示。

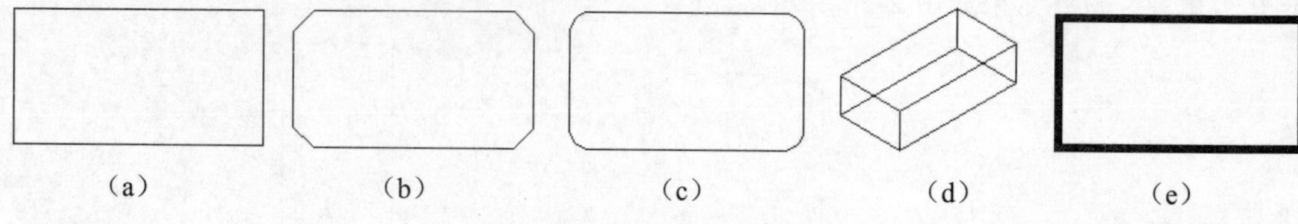

图 2-27　绘制矩形

- ☑ 面积(A)：指定面积和长或宽创建矩形。选择该选项，操作如下。
  - ➮ 在命令行提示“输入以当前单位计算的矩形面积 <20.0000>:”后输入面积值。
  - ➮ 在命令行提示“计算矩形标注时依据 [长度(L)/宽度(W)] <长度>:”后按 Enter 键或输入 W。
  - ➮ 在命令行提示“输入矩形长度 <4.0000>:”后指定长度或宽度。
  - ➮ 指定长度或宽度后，系统自动计算另一个维度，绘制出矩形。如果矩形被倒角或圆角，则长度或面积计算中也会考虑此设置，如图 2-28 所示。
- ☑ 尺寸(D)：使用长和宽创建矩形，第二个指定点将矩形定位在与第一角点相关的 4 个位置之一内。
- ☑ 旋转(R)：使所绘制的矩形旋转一定角度。选择该选项，操作如下。
  - ➮ 在命令行提示“指定旋转角度或[拾取点(P)] <135>:”后指定角度。
  - ➮ 在命令行提示“指定另一个角点或[面积(A)/尺寸(D)/旋转(R)]:”后指定另一个角点或选择其他选项。
  - ➮ 指定旋转角度后，系统按指定角度创建矩形，如图 2-29 所示。

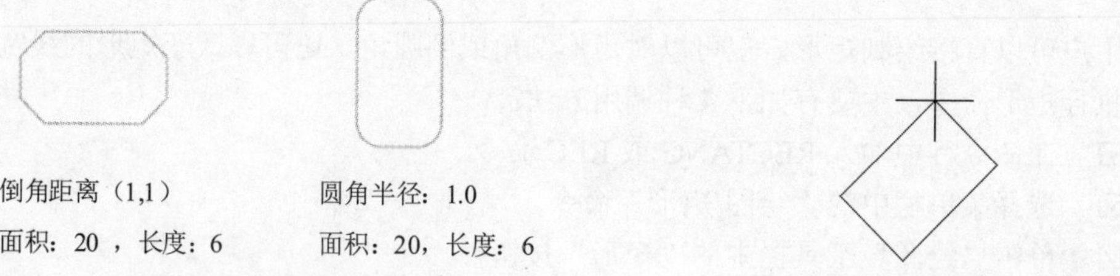

图 2-28　按面积绘制矩形　　　图 2-29　按指定旋转角度创建矩形

2.3.2　实战——边桌

本实例主要介绍矩形绘制方法的具体应用。首先利用矩形命令绘制矩形，然后利用圆弧和直

线命令完成绘制，绘制流程如图 2-30 所示。

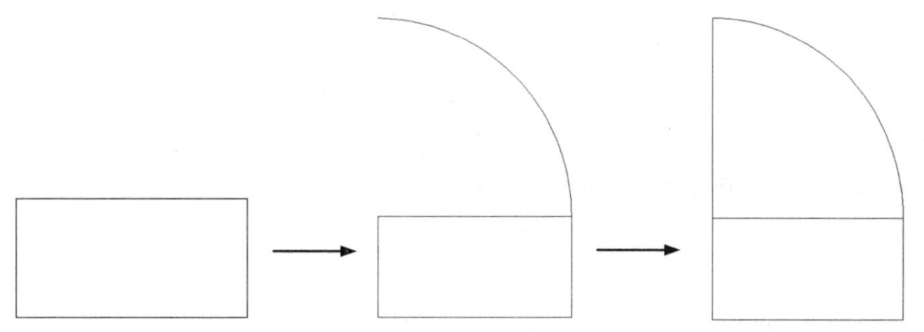

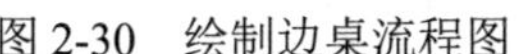

图 2-30　绘制边桌流程图

操作步骤如下：（：光盘\配套视频\第 2 章\边桌.avi）

1. 绘制初步轮廓

单击“默认”选项卡“绘图”面板中的“矩形”按钮，绘制初步轮廓线。

（1）在命令行提示“指定第一个角点或[倒角(C)/标高(E)/圆角(F)/厚度(T)/宽度(W)]:”后适当指定一点。

（2）在命令行提示“指定另一个角点或[面积(A)/尺寸(D)/旋转(R)]:”后适当指定一点。

结果如图 2-31 所示。

2. 绘制边轮廓线

单击“默认”选项卡“绘图”面板中的“圆弧”按钮，绘制边轮廓线。

（1）在命令行提示“指定圆弧的起点或[圆心(C)]:”后输入 C。

（2）在命令行提示“指定圆弧的圆心:”后捕捉矩形左上角点。

（3）在命令行提示“指定圆弧的起点:”后捕捉矩形右上角点。

（4）在命令行提示“指定圆弧的端点(按住 Ctrl 键以切换方向)或[角度(A)/弦长(L)]:”后输入 A。

（5）在命令行提示“指定夹角:”后输入 90。

结果如图 2-32 所示。

3. 绘制直线

单击“默认”选项卡“绘图”面板中的“直线”按钮，连接圆弧端点和矩形左上角点，完成绘制。结果如图 2-33 所示。

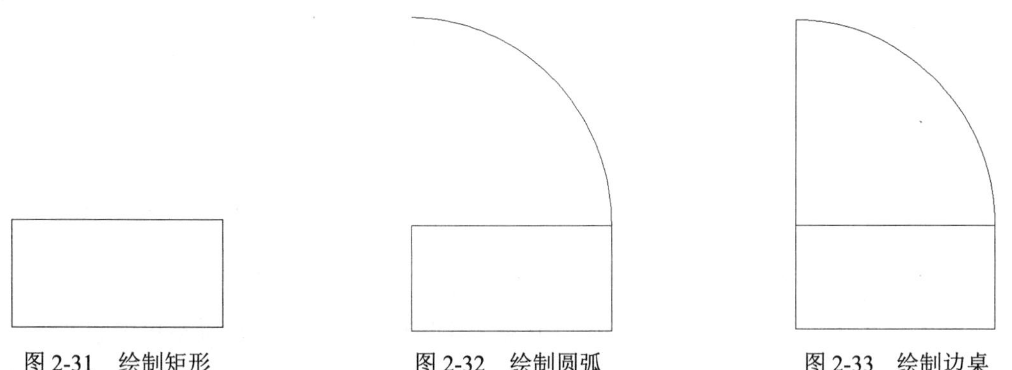

图 2-31　绘制矩形　　图 2-32　绘制圆弧　　图 2-33　绘制边桌

2.3.3 正多边形

在 AutoCAD 2016 中可以绘制边数为 3～1024 的正多边形，非常方便。

执行正多边形命令，主要有如下 4 种调用方法：

☑ 在命令行中输入 POLYGON 或 POL 命令。

☑ 选择菜单栏中的“绘图/多边形”命令。

☑ 单击“绘图”工具栏中的“多边形”按钮。

☑ 单击“默认”选项卡“绘图”面板中的“多边形”按钮。

执行上述操作后，根据系统提示指定多边形的边数和中心点，之后指定是内接于圆或外切于圆，并输入外接圆或内切圆的半径。在执行正多边形命令的过程中，命令行提示中各选项的含义如下。

☑ 边(E)：选择该选项，则只要指定多边形的一条边，系统就会按逆时针方向创建该正多边形，如图 2-34（a）所示。

☑ 内接于圆(I)：选择该选项，绘制的多边形内接于圆，如图 2-34（b）所示。

☑ 外切于圆(C)：选择该选项，绘制的多边形外切于圆，如图 2-34（c）所示。

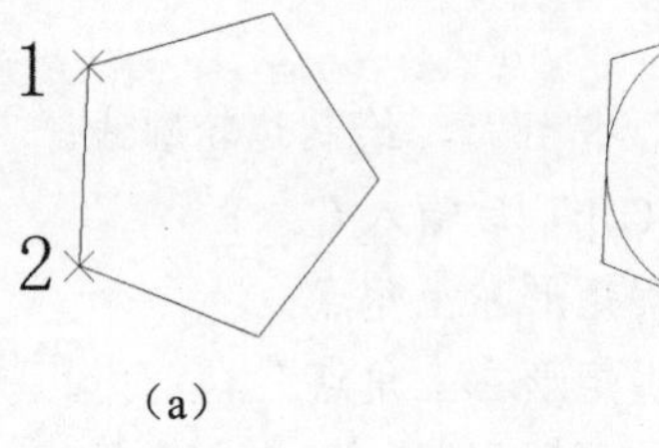

（a）

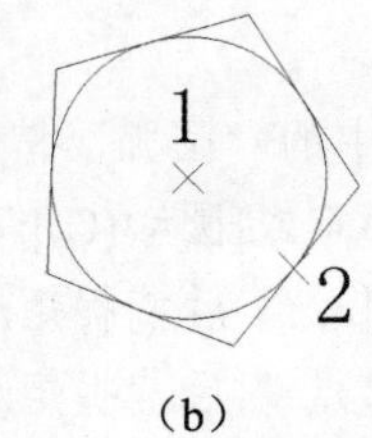

（b）

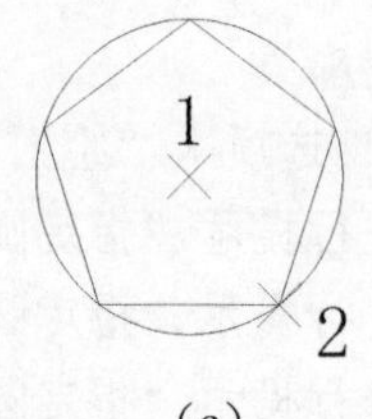

（c）

图 2-34　绘制正多边形

2.3.4 点

执行点命令，主要有如下 4 种调用方法：

☑ 在命令行中输入 POINT 或 PO 命令。

☑ 选择菜单栏中的“绘图/点”命令。

☑ 单击“绘图”工具栏中的“点”按钮。

☑ 单击“默认”选项卡“绘图”面板中的“点”按钮。

执行点命令之后，将出现命令行提示，在命令行提示后输入点的坐标或使用鼠标在屏幕上单击，即可完成点的绘制。

☑ 通过菜单栏进行操作时（如图 2-35 所示），“单点”命令表示只输入一个点，“多点”命令表示可输入多个点。

☑ 可以单击状态栏中的“对象捕捉”开关按钮，设置点的捕捉模式，帮助用户拾取点。

☑ 点在图形中的表示样式共有 20 种。可通过 DDPTYPE 命令或选择菜单中的“格式/点样式”命令，打开“点样式”对话框来设置点样式，如图 2-36 所示。

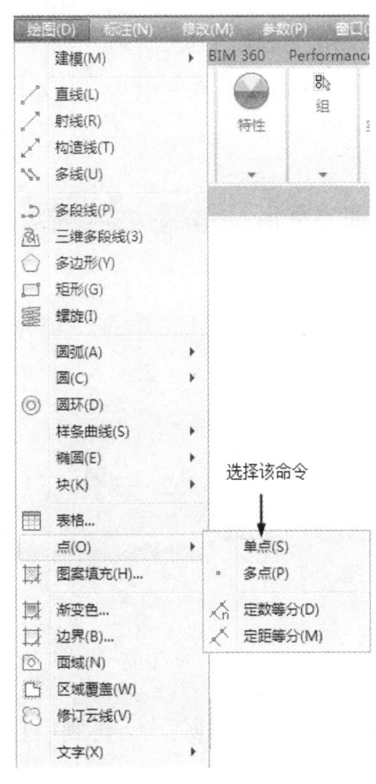

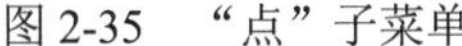

图 2-35 “点”子菜单

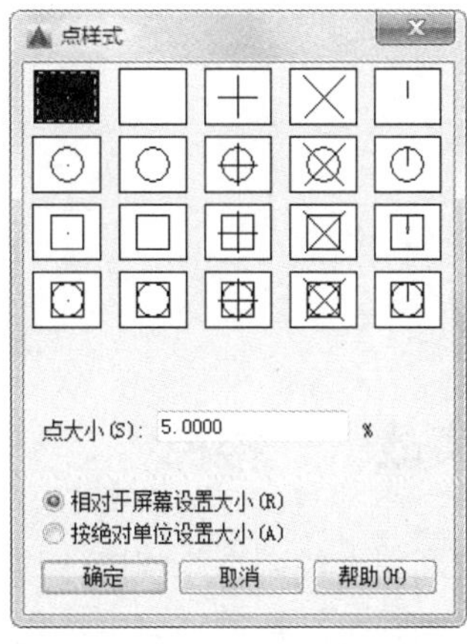

图 2-36 “点样式”对话框

2.3.5 定数等分点

有时需要把某个线段或曲线按一定的份数进行等分。这一点在手工绘图中很难实现，但在 AutoCAD 中，可以通过相关命令轻松完成。该命令主要有如下 3 种调用方法：

☑ 在命令行中输入 DIVIDE 命令。

☑ 选择菜单栏中的“绘图/点/定数等分”命令。

☑ 单击“默认”选项卡“绘图”面板中的“定数等分”按钮。

执行上述操作后，根据系统提示拾取要等分的对象，并输入等分数，创建等分点。如图 2-37（a）所示为绘制等分点的图形。执行该命令时，各参数含义如下：

☑ 等分数目范围为 2～32767。

☑ 在等分点处，按当前点样式设置画出等分点。

☑ 在第二提示行选择“块(B)”选项时，表示在等分点处插入指定的块。

2.3.6 定距等分点

和定数等分类似，有时需要把某个线段或曲线按给定的长度为单元进行等分。在 AutoCAD 2016 中，可以通过相关命令来完成。该命令主要有如下 3 种调用方法：

☑ 在命令行中输入 MEASURE 命令。

☑ 选择菜单栏中的“绘图/点/定距等分”命令。

Note

☑ 单击“默认”选项卡“绘图”面板中的“定距等分”按钮。

执行上述操作后，根据系统提示选择要设置测量点的实体，并指定分段长度。如图 2-37（b）所示为绘制定距等分的图形。执行该命令时，各参数含义如下：

☑ 设置的起点一般是指定线的绘制起点。

☑ 在第二提示行选择“块(B)”选项时，表示在测量点处插入指定的块。

☑ 在等分点处，按当前点样式设置绘制测量点。

☑ 最后一个测量段的长度不一定等于指定分段长度。

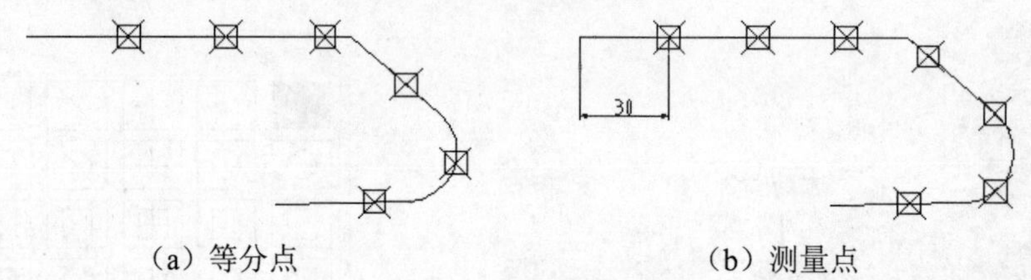

（a）等分点　　（b）测量点

图 2-37　绘制等分点和测量点

2.3.7　实战——楼梯

本实例利用直线命令绘制墙体与扶手，利用定数等分命令将扶手线等分，再利用直线命令根据等分点绘制台阶，从而绘制出楼梯，绘制流程如图 2-38 所示。

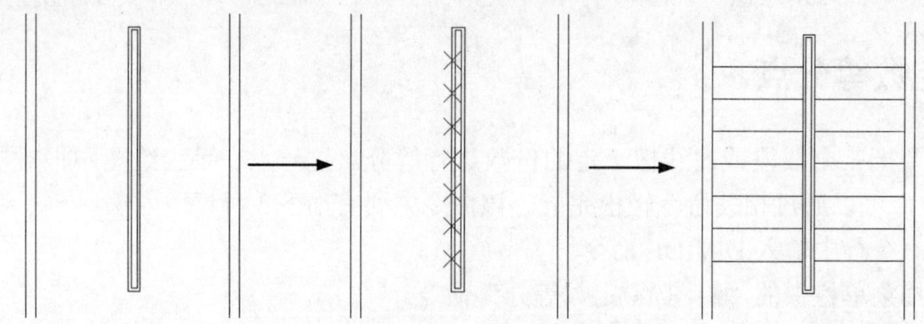

图 2-38　绘制楼梯流程图

操作步骤如下：（：光盘\配套视频\第 2 章\楼梯.avi）

（1）单击“默认”选项卡“绘图”面板中的“直线”按钮，绘制墙体与扶手，如图 2-39 所示。

（2）设置点样式。选择菜单栏中的“格式/点样式”命令，在打开的“点样式”对话框中选择“×”样式，如图 2-40 所示。

（3）单击“默认”选项卡“绘图”面板中的“定数等分”按钮，以左边扶手外面线段为对象，数目为 8 进行等分。

① 在命令行提示“选择要定数等分的对象:”后用鼠标选择“左边扶手外面线段”。

② 在命令行提示“输入线段数目或 [块(B)]: ”后输入 8。

结果如图 2-41 所示。

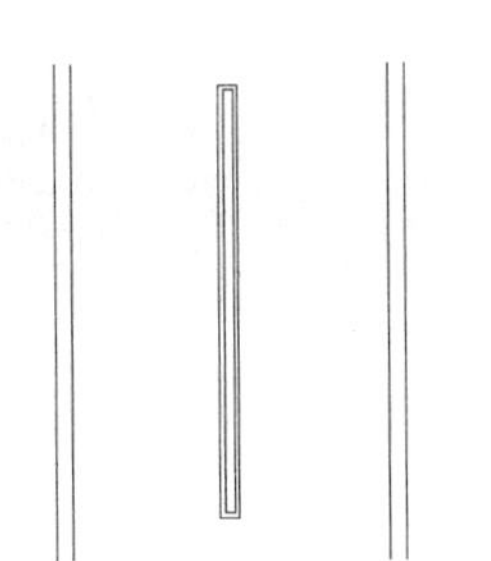

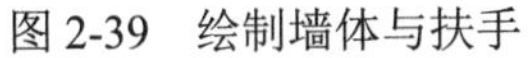
图 2-39　绘制墙体与扶手

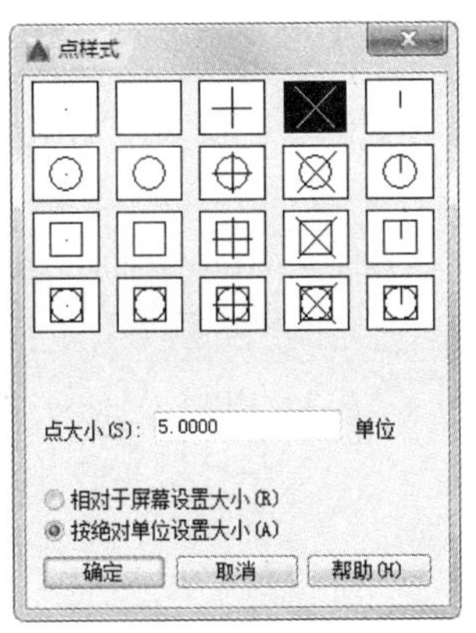

图 2-40　“点样式”对话框

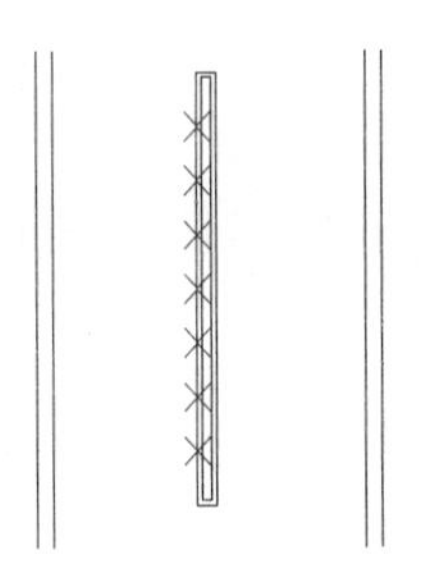
图 2-41　绘制等分点

（4）单击“默认”选项卡“绘图”面板中的“直线”按钮，分别以等分点为起点，左边墙体上的点为终点绘制水平线段，如图 2-42 所示。单击“默认”选项卡“修改”面板中的“删除”按钮，删除绘制的点，如图 2-43 所示。

用相同的方法绘制另一侧楼梯，结果如图 2-44 所示。

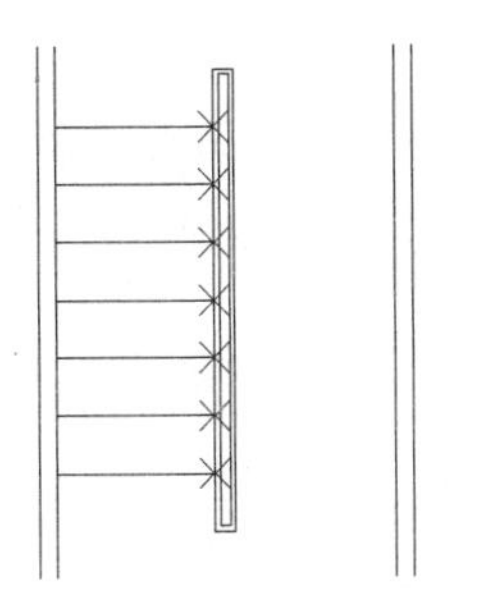
图 2-42　绘制水平线

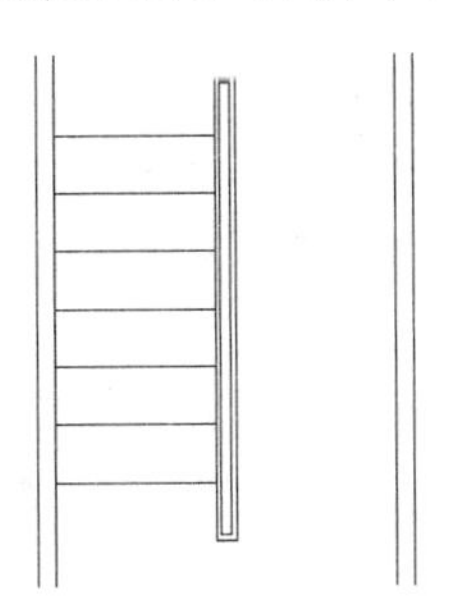
图 2-43　删除点

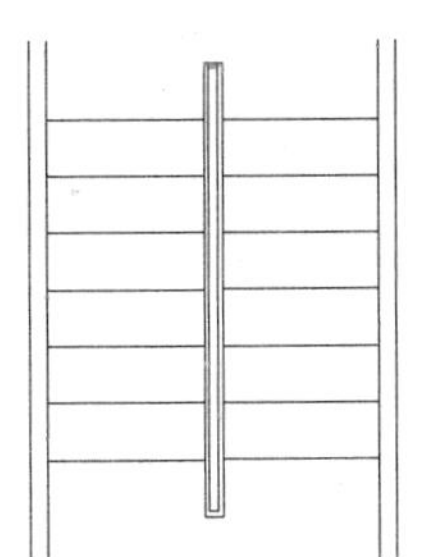
图 2-44　绘制楼梯

2.4　多　段　线

多段线是由宽窄相同或不同的线段和圆弧组合而成的。如图 2-45 所示是利用多段线绘制的图形。用户可以使用 PEDIT（多段线编辑）命令对多段线进行各种编辑。

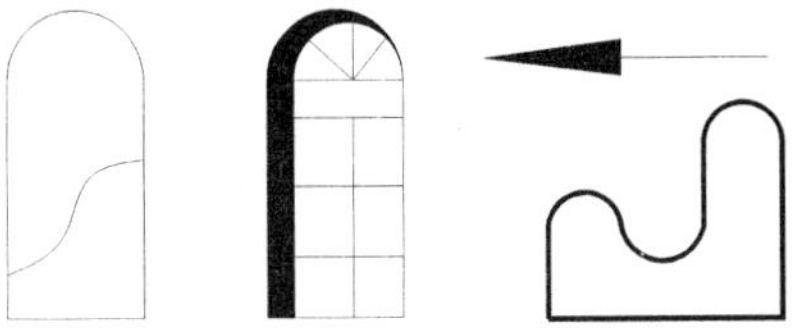

图 2-45　用多段线绘制的图形

2.4.1　绘制多段线

执行多段线命令，主要有如下 4 种调用方法：

☑　在命令行中输入 PLINE 或 PL 命令。

☑　选择菜单栏中的“绘图/多段线”命令。

☑　单击“绘图”工具栏中的“多段线”按钮。

☑　单击“默认”选项卡“绘图”面板中的“多段线”按钮。

执行上述操作后，根据系统提示指定多段线的起点和下一个点。此时，命令行提示中各选项的含义如下。

☑ 圆弧：将绘制直线的方式转变为绘制圆弧的方式，这种绘制圆弧的方法与用 ARC 命令绘制圆弧的方法类似。

☑ 半宽：用于指定多段线的半宽值，AutoCAD 将提示输入多段线的起点半宽值与终点半宽值。

☑ 长度：定义下一条多段线的长度，AutoCAD 将按照上一条直线的方向绘制这一条多段线。如果上一段是圆弧，则将绘制与此圆弧相切的直线。

☑ 宽度：设置多段线的宽度值。

2.4.2 编辑多段线

执行编辑多段线命令，主要有如下 5 种调用方法：

☑ 在命令行中输入 PEDIT 或 PE 命令。

☑ 选择菜单栏中的“修改/对象/多段线”命令。

☑ 单击“修改 II”工具栏中的“编辑多段线”按钮。

☑ 单击“默认”选项卡“修改”面板中的“编辑多段线”按钮。

☑ 选择要编辑的多线段，在绘图区右击，从打开的快捷菜单中选择“多段线编辑”命令。

执行上述操作后，根据系统提示选择一条要编辑的多段线，并根据需要输入其中的选项，此时，命令行提示中各选项的含义如下。

☑ 合并(J)：以选中的多段线为主体，合并其他直线段、圆弧或多段线，使其成为一条多段线。能合并的条件是各段线的端点首尾相连，如图 2-46 所示。

☑ 宽度(W)：修改整条多段线的线宽，使其具有同一线宽，如图 2-47 所示。

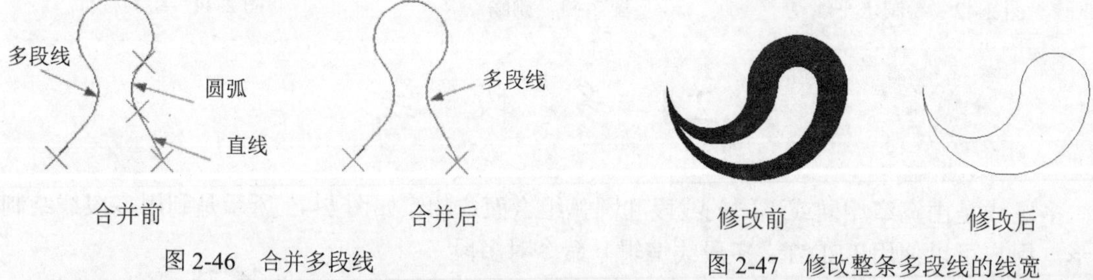

图 2-46　合并多段线

图 2-47　修改整条多段线的线宽

☑ 编辑顶点(E)：选择该选项后，在多段线起点处出现一个斜的十字叉“×”，为当前顶点的标记，并在命令行出现后续操作提示中选择任意选项，这些选项允许用户进行移动、插入顶点和修改任意两点间的线的线宽等操作。

☑ 拟合(F)：从指定的多段线生成由光滑圆弧连接而成的圆弧拟合曲线，该曲线经过多段线的各顶点，如图 2-48 所示。

☑ 样条曲线(S)：以指定的多段线的各顶点作为控制点生成 B 样条曲线，如图 2-49 所示。

☑ 非曲线化(D)：用直线代替指定的多段线中的圆弧。对于选择“拟合(F)”选项或“样条曲线(S)”选项后生成的圆弧拟合曲线或样条曲线，删去其生成曲线时新插入的顶点，则恢复成由直线段组成的多段线。

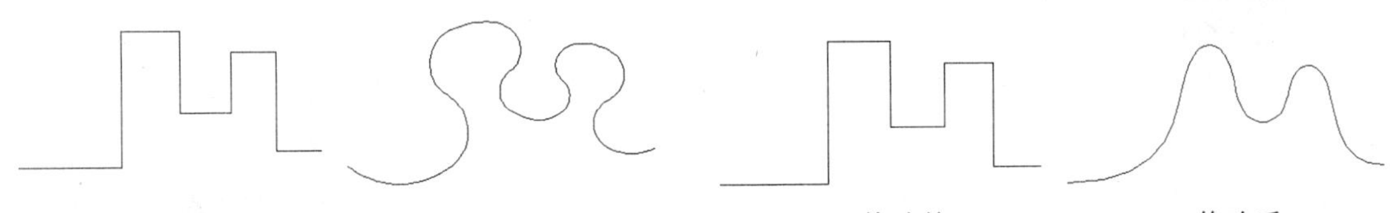

图 2-48 生成圆弧拟合曲线

图 2-49 生成 B 样条曲线

☑ 线型生成(L)：当多段线的线型为点划线时，控制多段线的线型生成方式开关。选择 ON 时，将在每个顶点处允许以短划线开始或结束生成线型；选择 OFF 时，将在每个顶点处允许以长划线开始或结束生成线型。“线型生成”不能用于包含带变宽线段的多段线，如图 2-50 所示。

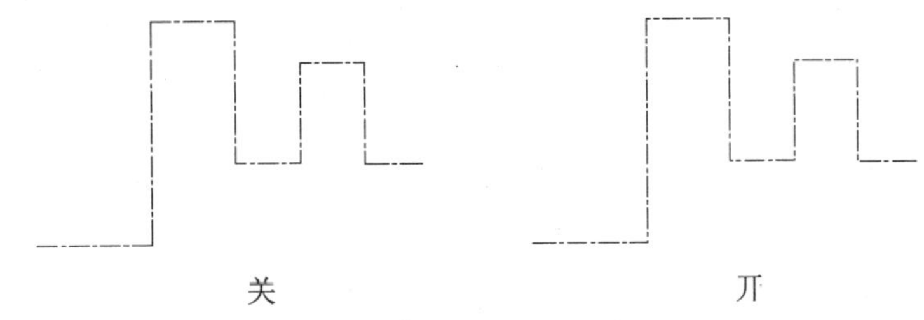

图 2-50 控制多段线的线型（线型为点划线时）

2.4.3 实战——圈椅

本实例主要介绍多段线绘制及其编辑方法的具体应用。首先利用多段线绘制命令绘制圈椅外圈，然后利用圆弧命令绘制内圈，再利用多段线编辑命令将所绘制线条合并，最后利用圆弧和直线命令绘制椅垫，绘制流程如图 2-51 所示。

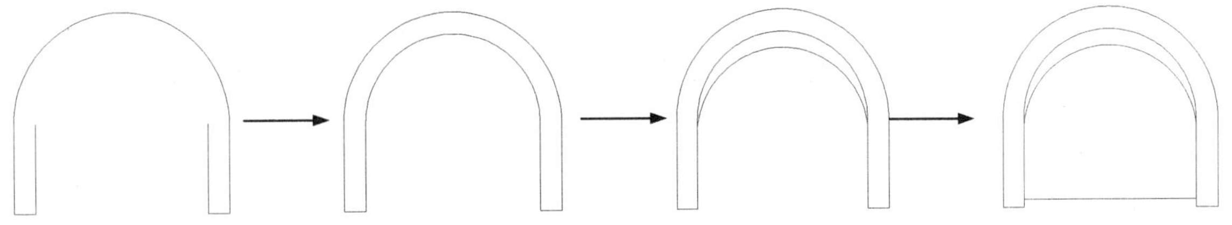

图 2-51 绘制圈椅流程图

操作步骤如下：（光盘\配套视频\第 2 章\圈椅.avi）

1. 绘制外部轮廓

单击“默认”选项卡“绘图”面板中的“多段线”按钮，绘制外部轮廓。

（1）在命令行提示“指定起点:”后适当指定一点。

（2）在命令行提示“指定下一个点或[圆弧(A)/半宽(H)/长度(L)/放弃(U)/宽度(W)]:”后输入“@0,-600”。

（3）在命令行提示“指定下一点或[圆弧(A)/闭合(C)/半宽(H)/长度(L)/放弃(U)/宽度(W)]:”后输入“@150,0”。

（4）在命令行提示“指定下一点或[圆弧(A)/闭合(C)/半宽(H)/长度(L)/放弃(U)/宽度(W)]:”

后输入“@0,600”。

（5）在命令行提示“指定下一点或[圆弧(A)/闭合(C)/半宽(H)/长度(L)/放弃(U)/宽度(W)]:”后输入 A。

（6）在命令行提示“指定圆弧的端点(按住 Ctrl 键以切换方向)或[角度(A)/圆心(CE)/闭合(CL)/方向(D)/半宽(H)/直线(L)/半径(R)/第二个点(S)/放弃(U)/宽度(W)]:”后输入 R。

（7）在命令行提示“指定圆弧的半径:”后输入 750。

（8）在命令行提示“指定圆弧的端点(按住 Ctrl 键以切换方向)或[角度(A)]:”后输入 A。

（9）在命令行提示“指定夹角:”后输入 180。

（10）在命令行提示“指定圆弧的弦方向 <90>:”后输入 180。

（11）在命令行提示“指定圆弧的端点(按住 Ctrl 键以切换方向)或[角度(A)/圆心(CE)/闭合(CL)/方向(D)/半宽(H)/直线(L)/半径(R)/第二个点(S)/放弃(U)/宽度(W)]:”后输入 L。

（12）在命令行提示“指定下一点或[圆弧(A)/闭合(C)/半宽(H)/长度(L)/放弃(U)/宽度(W)]:”后输入“@0,-600”。

（13）在命令行提示“指定下一点或[圆弧(A)/闭合(C)/半宽(H)/长度(L)/放弃(U)/宽度(W)]:”后输入“@150,0”。

（14）在命令行提示“指定下一点或[圆弧(A)/闭合(C)/半宽(H)/长度(L)/放弃(U)/宽度(W)]:”后输入“@0,600”。

绘制结果如图 2-52 所示。

2. 绘制内圈

打开状态栏上的“对象捕捉”按钮，单击“默认”选项卡“绘图”面板中的“圆弧”按钮，绘制内圈。

（1）在命令行提示“指定圆弧的起点或[圆心(C)]:”后捕捉右边竖线上端点。

（2）在命令行提示“指定圆弧的第二个点或[圆心(C)/端点(E)]:”后输入 E。

（3）在命令行提示“指定圆弧的端点:”后捕捉左边竖线上端点。

（4）在命令行提示“指定圆弧的圆心或[角度(A)/方向(D)/半径(R)]:”后输入 D。

（5）在命令行提示“指定圆弧的起点切向:”后输入 90。

绘制结果如图 2-53 所示。

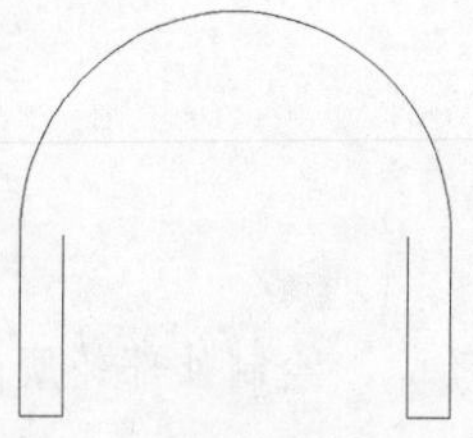

图 2-52　绘制外部轮廓

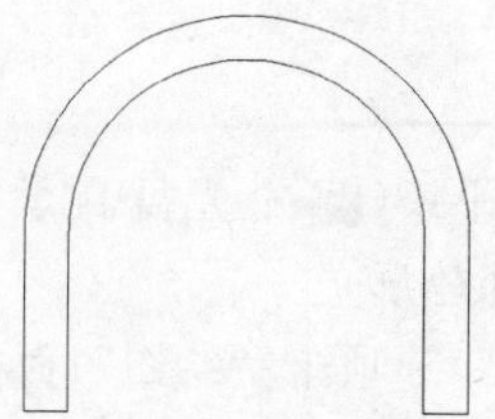

图 2-53　绘制内圈

3. 编辑多段线

单击“默认”选项卡“修改”面板中的“编辑多段线”按钮，编辑多段线。

（1）在命令行提示“选择多段线或[多条(M)]:”后选择刚绘制的多段线。

（2）在命令行提示“输入选项[闭合(C)/合并(J)/宽度(W)/编辑顶点(E)/拟合(F)/样条曲线(S)/非曲线化(D)/线型生成(L)/反转(R)/放弃(U)]:”后输入 J。

（3）在命令行提示“选择对象:”后选择刚绘制的圆弧。

系统将圆弧和原来的多段线合并成一个新的多段线，选择该多段线，可以看出所有线条都被选中，说明已经合并为一体了，如图 2-54 所示。

4. 绘制椅垫

单击状态栏上的“对象捕捉”按钮，单击“默认”选项卡“绘图”面板中的“圆弧”按钮，绘制椅垫，结果如图 2-55 所示。

5. 绘制水平直线

单击“默认”选项卡“绘图”面板中的“直线”按钮，捕捉适当的点为端点，绘制一条水平线，最终结果如图 2-56 所示。

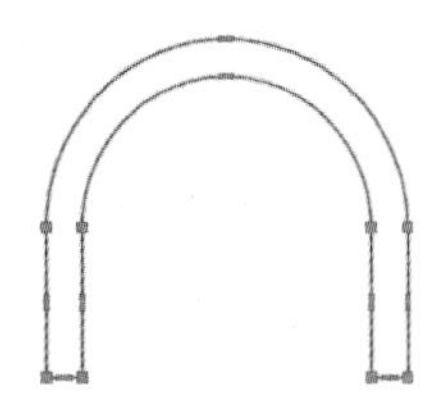

图 2-54　合并多段线

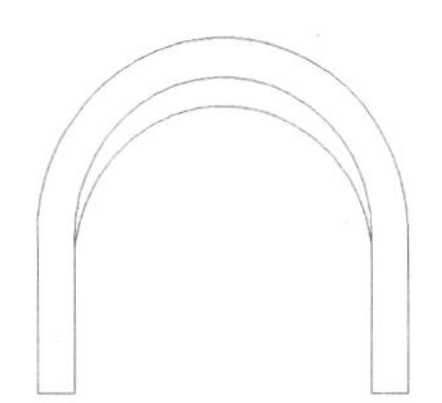

图 2-55　绘制椅垫

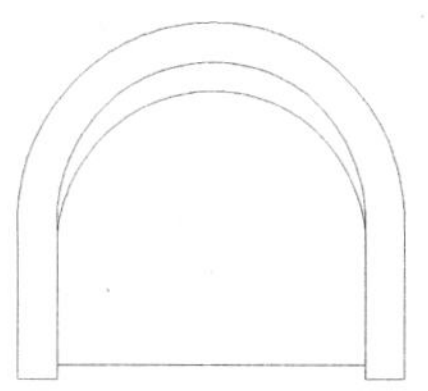

图 2-56　绘制直线

2.5　样 条 曲 线

样条曲线常用于绘制不规则的轮廓，如窗帘的褶皱等。

2.5.1　绘制样条曲线

执行样条曲线命令，主要有如下 4 种调用方法：

☑ 在命令行中输入 SPLINE 或 SPL 命令。

☑ 选择菜单栏中的“绘图/样条曲线”命令。

☑ 单击“绘图”工具栏中的“样条曲线”按钮。

☑ 单击“默认”选项卡“绘图”面板中的“样条曲线拟合”按钮。

执行上述操作后，根据系统提示指定一点或选择“对象(O)”选项。在命令行提示下指定一点。执行样条曲线命令后，系统将提示指定样条曲线的点，在绘图区依次指定所需位置的点即可创建出样条曲线。绘制样条曲线的过程中，各选项的含义如下。

☑ 方式(M)：控制是使用拟合点还是使用控制点来创建样条曲线。选项会因用户选择的不同而异。

☑ 节点(K)：指定节点参数化，会影响曲线在通过拟合点时的形状。

☑ 对象(O)：将二维或三维的二次或三次样条曲线拟合多段线转换为等价的样条曲线，然后（根据 DELOBJ 系统变量的设置）删除该多段线。

☑ 起点切向(T)：定义样条曲线的第一点和最后一点的切向。如果在样条曲线的两端都指定切向，可以输入一个点或使用“切点”和“垂足”对象捕捉模式使样条曲线与已有的对象相切或垂直。如果按 Enter 键，系统将计算默认切向。

Note

☑ 端点相切(T)：停止基于切向创建曲线。可通过指定拟合点继续创建样条曲线。

☑ 公差(L)：指定距样条曲线必须经过的指定拟合点的距离。公差应用于除起点和端点外的所有拟合点。

☑ 闭合(C)：将最后一点定义与第一点一致，并使其在连接处相切，以闭合样条曲线。选择该选项，在命令行提示下指定点或按 Enter 键，用户可以指定一点来定义切向矢量，或单击状态栏中的“对象捕捉”按钮□，使用“切点”和“垂足”对象捕捉模式使样条曲线与现有对象相切或垂直。

☑ 变量控制：系统变量 Splframe 用于控制绘制样条曲线时是否显示样条曲线的线框。将该变量的值设置为 1 时，会显示出样条曲线的线框。图 2-57（a）中的样条曲线带有线框，图 2-57（b）表明了样条曲线的应用。

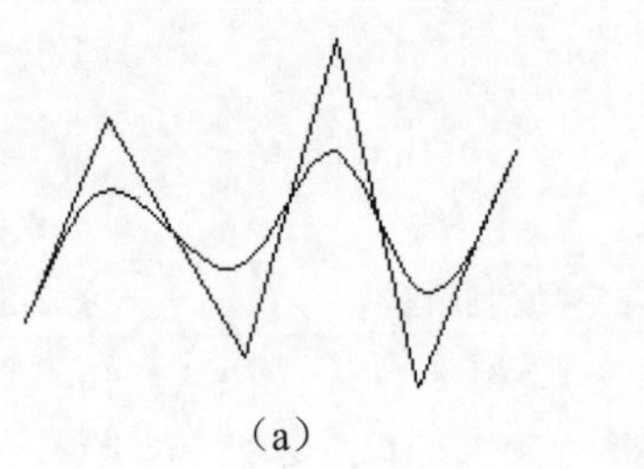

（a）

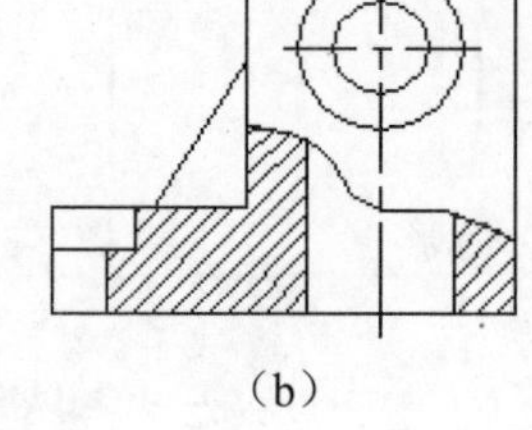

（b）

图 2-57　样条曲线

2.5.2　编辑样条曲线

执行编辑样条曲线命令，主要有如下 5 种调用方法：

☑ 在命令行中输入 SPLINEDIT 命令。

☑ 选择菜单栏中的“修改/对象/样条曲线”命令。

☑ 选择要编辑的样条曲线，在绘图区右击，从打开的快捷菜单中选择“编辑样条曲线”命令。

☑ 单击“修改 II”工具栏中的“编辑样条曲线”按钮。

☑ 单击“默认”选项卡“修改”面板中的“编辑样条曲线”按钮。

执行上述操作后，根据系统提示选择要编辑的样条曲线。若选择的样条曲线是用 SPLINE 命令创建的，其近似点以夹点的颜色显示出来；若选择的样条曲线是用 PLINE 命令创建的，其控制点以夹点的颜色显示出来。此时，命令行提示中各选项的含义如下。

☑ 拟合数据(F)：编辑近似数据。选择该选项后，创建该样条曲线时指定的各点将以小方格的形式显示出来。

☑ 移动顶点(M)：移动样条曲线上的当前点。

☑ 精度(R)：调整样条曲线的定义精度。

☑ 反转(E)：翻转样条曲线的方向。该项操作主要用于应用程序。

2.5.3　实战——壁灯

本实例主要介绍样条曲线的具体应用。首先利用直线命令绘制底座，然后利用多段线命令绘

制灯罩，最后利用样条曲线命令绘制装饰物，绘制流程如图 2-58 所示。

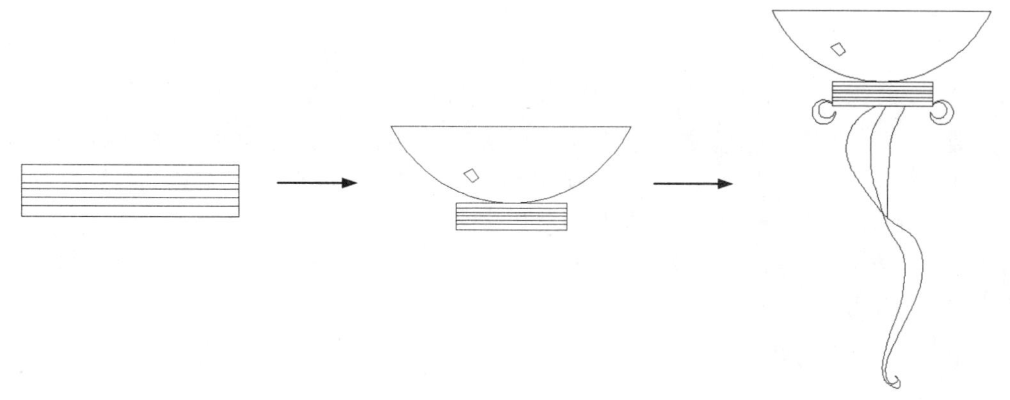

图 2-58　绘制壁灯流程图

操作步骤如下：（：光盘\配套视频\第 2 章\壁灯.avi）

（1）单击“默认”选项卡“绘图”面板中的“矩形”按钮，在适当位置绘制一个 220mm×50mm 的矩形。

（2）单击“默认”选项卡“绘图”面板中的“直线”按钮，在矩形中绘制 5 条水平直线，结果如图 2-59 所示。

（3）单击“默认”选项卡“绘图”面板中的“多段线”按钮，绘制灯罩。

① 在命令行提示“指定起点:”后在矩形上方适当位置指定一点。

② 在命令行提示“指定下一个点或[圆弧(A)/半宽(H)/长度(L)/放弃(U)/宽度(W)]:”后输入 A。

③ 在命令行提示“指定圆弧的端点或[角度(A)/圆心(CE)/方向(D)/半宽(H)/直线(L)/半径(R)/第二个点(S)/放弃(U)/宽度(W)]:”后输入 S。

④ 在命令行提示“指定圆弧上的第二个点:”后捕捉矩形上边线中点。

⑤ 在命令行提示“指定圆弧的端点:”后在图中合适的位置处捕捉一点。

⑥ 在命令行提示“指定圆弧的端点或[角度(A)/圆心(CE)/闭合(CL)/方向(D)/半宽(H)/直线(L)/半径(R)/第二个点(S)/放弃(U)/宽度(W)]”后输入 L。

⑦ 在命令行提示“指定下一点或[圆弧(A)/闭合(C)/半宽(H)/长度(L)/放弃(U)/宽度(W)]:”后捕捉圆弧起点。

重复多段线命令，在灯罩上绘制一个不等四边形，如图 2-60 所示。

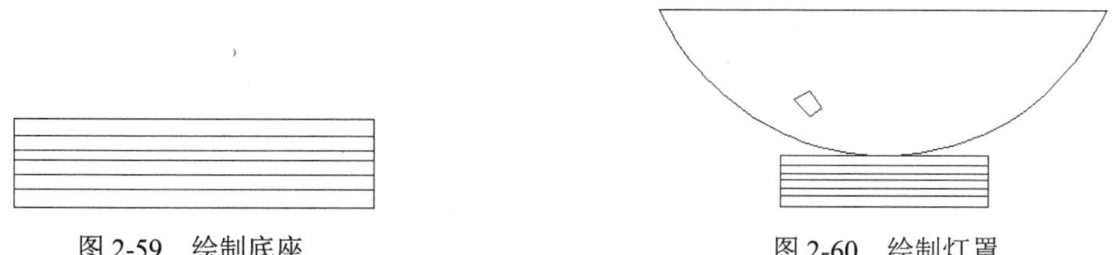

图 2-59　绘制底座　　　　图 2-60　绘制灯罩

（4）单击“默认”选项卡“绘图”面板中的“样条曲线拟合”按钮，绘制装饰物。

① 在命令行提示“指定第一个点或[方式(M)/节点(K)/对象(O)]:”后捕捉矩形底边上任一点。

② 在命令行提示“输入下一个点或[起点切向(T)/公差(L)]:”后在矩形下方合适的位置处指

定一点。

③ 在命令行提示“输入下一个点或[端点相切(T)/公差(L)/放弃(U)]:”后指定样条曲线的下一个点。

④ 在命令行提示“输入下一个点或[端点相切(T)/公差(L)/放弃(U)/闭合(C)]:”后指定样条曲线的下一个点。

⑤ 在命令行提示“输入下一个点或[端点相切(T)/公差(L)/放弃(U)/闭合(C)]:”后按 Enter 键。

同理，绘制其他的样条曲线，结果如图 2-61 所示。

（5）单击“默认”选项卡“绘图”面板中的“多段线”按钮，在矩形的两侧绘制月亮装饰，如图 2-62 所示。

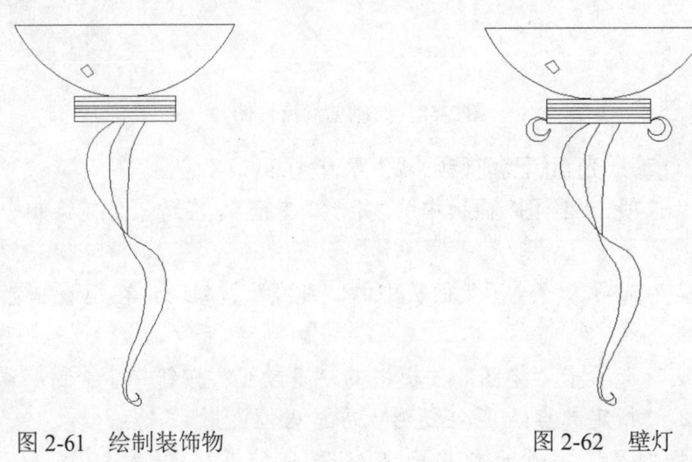

图 2-61　绘制装饰物　　图 2-62　壁灯

2.6　徒手线和云线

徒手线和云线是两种不规则的线。这两种线正是由于其不规则和随意性，给刻板规范的工程图绘制带来了很大的灵活性，有利于绘制者个性化和创造性的发挥，也更加真实，如图 2-63 所示。

徒手线　　云线

图 2-63　徒手线与云线

2.6.1　绘制徒手线

绘制徒手线主要是通过移动定点设备（如鼠标）来实现，用户可以根据自己的需要绘制任意

图形形状，如个性化的签名或印鉴等。

画徒手线时，定点设备就像画笔一样。单击定点设备将把“画笔”放到屏幕上，这时可以进行绘图，再次单击将提起“画笔”并停止绘图。徒手线由许多条线段组成。每条线段都可以是独立的对象或多段线。可以设置线段的最小长度或增量。

Note

执行徒手线命令，主要有以下调用方法：

☑ 在命令行中输入 SKETCH 命令。

执行上述操作后，系统提示“指定草图或[类型(T)/增量(I)/公差(L)]:”，在图中绘制草图。在执行该命令的过程中，命令行提示中各主要选项的含义如下。

☑ 类型(T)：指定手画线的对象类型。

☑ 增量(I)：定义每条手画直线段的长度。定点设备所移动的距离必须大于增量值，才能生成一条直线。

☑ 公差(L)：对于样条曲线，指定样条曲线的曲线布满手画线草图的紧密程度。

2.6.2　绘制修订云线

修订云线是由连续圆弧组成的多段线以构成云线形对象，主要是作为对象标记使用。可以从头开始创建修订云线，也可以将闭合对象（例如圆、椭圆、闭合多段线或闭合样条曲线）转换为修订云线。将闭合对象转换为修订云线时，如果将系统变量 DELOBJ 设置为 1（默认值），原始对象将被删除。

可以为修订云线的弧长设置默认的最小值和最大值。绘制修订云线时，可以使用拾取点选择较短的弧线段来更改圆弧的大小，也可以通过调整拾取点来编辑修订云线的单个弧长和弦长。

执行修订云线命令，主要有如下 4 种调用方法：

☑ 在命令行中输入 REVCLOUD 命令。

☑ 选择菜单栏中的“绘图/修订云线”命令。

☑ 单击“绘图”工具栏中的“修订云线”按钮。

☑ 单击“默认”选项卡“绘图”面板中的“徒手画修订云线”按钮。

执行上述操作后，系统提示“指定起点或[弧长(A)/对象(O)/样式(S)] <对象>:”，在图中绘制云线。在执行该命令的过程中，命令行提示中各主要选项的含义如下。

☑ 指定起点：在屏幕上指定起点，并拖动鼠标指定云线路径。

☑ 弧长(A)：指定组成云线的圆弧的弧长范围。

☑ 对象(O)：将封闭的图形对象转换成云线，包括圆、圆弧、椭圆、矩形、多边形、多段线和样条曲线等。

☑ 样式(S)：指定修订云线的样式。

2.7　多　　线

多线是指由多条平行线构成的直线，连续绘制的多线是一个图元。多线内的直线线型可以相

同，也可以不同，如图 2-64 所示给出了几种多线形式。多线常用于建筑图的绘制。

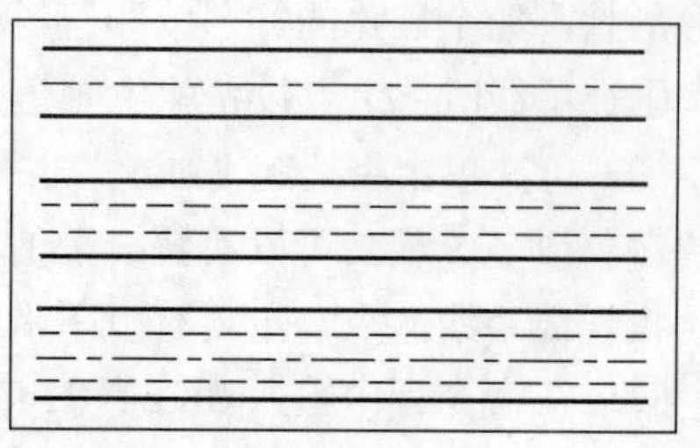

图 2-64　多线

Note

2.7.1　定义多线样式

使用多线命令绘制多线时，首先应对多线的样式进行设置，其中包括多线的数量，以及每条线之间的偏移距离等。执行多线样式命令，主要有如下两种调用方法：

☑　在命令行中输入 MLSTYLE 命令。

☑　选择菜单栏中的“格式/多线样式”命令。

执行上述操作后，系统弹出如图 2-65 所示的“多线样式”对话框。在该对话框中，用户可以对多线样式进行定义、保存和加载等操作。

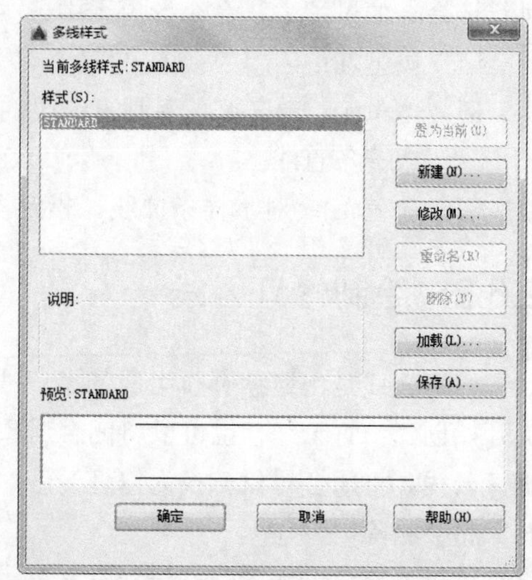

图 2-65　“多线样式”对话框

2.7.2　绘制多线

多线应用的一个最主要的场合是建筑墙线的绘制，在后面的学习中会通过相应的实例帮助读者进行体会。执行多线命令，主要有如下两种调用方法：

☑　在命令行中输入 MLINE 或 ML 命令。

☑　选择菜单栏中的“绘图/多线”命令。

执行上述操作后，根据系统提示指定起点和下一点。在命令提示下继续指定下一点绘制线段；输入 U，则放弃前一段多线的绘制；右击或按 Enter 键，结束命令。在命令行提示下继续指定下一点绘制线段；输入 C，则闭合线段，结束命令。在执行多线命令的过程中，命令行提示中各主要选项的含义如下。

☑　对正(J)：用于指定绘制多线的基准。共有 3 种对正类型：“上”、“无”和“下”。其中，“上”表示以多线上侧的线为基准，其他两项依此类推。

☑　比例(S)：选择该选项，要求用户设置平行线的间距。输入值为零时，平行线重合；输入值为负时，多线的排列倒置。

☑　样式(ST)：用于设置当前使用的多线样式。

2.7.3　编辑多线

利用编辑多线命令，可以创建和修改多线样式。执行该命令，主要有如下两种调用方法：

☑　在命令行中输入 MLEDIT 命令。

☑　选择菜单栏中的“修改/对象/多线”命令。

执行上述操作后，弹出“多线编辑工具”对话框，如图 2-66 所示。

利用“多线编辑工具”对话框可以创建或修改多线的模式。对话框中分 4 列显示了示例图形。

其中，第 1 列管理十字交叉形式的多线，第 2 列管理 T 形多线，第 3 列管理拐角接合点和节点，第 4 列管理多线被剪切或连接的形式。

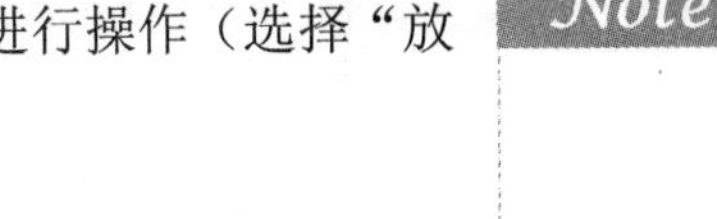

选择某个示例图形，然后单击“确定”按钮，就可以调用该项编辑功能。

下面以“十字打开”为例介绍多线编辑方法：把选择的两条多线进行打开交叉。选择该选项后，系统提示出现选择第一条多线和选择第二条多线，选择完毕后，第二条多线被第一条多线横断交叉。系统继续提示“选择第一条多线或[放弃(U)]:”，可以继续选择多线进行操作（选择“放弃(U)”功能会撤销前次操作）。操作过程和执行结果如图 2-67 所示。

图 2-66　“多线编辑工具”对话框

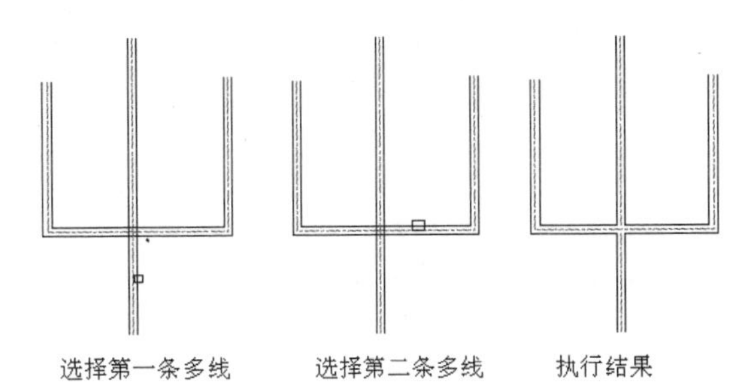

图 2-67　十字打开

2.7.4　实战——平面窗

本实例利用多线命令绘制平面窗，绘制流程如图 2-68 所示。

图 2-68　绘制平面窗流程图

操作步骤如下：（：光盘\配套视频\第 2 章\平面窗.avi）

1. 设置多线样式

（1）选择菜单栏中的“格式/多线样式”命令，弹出“多线样式”对话框，如图 2-69 所示。

（2）新建一个多线样式，即单击图中的“新建”按钮，弹出“创建新的多线样式”对话框，设置“新样式名”为“四线窗”，然后单击“继续”按钮，如图 2-70 所示。

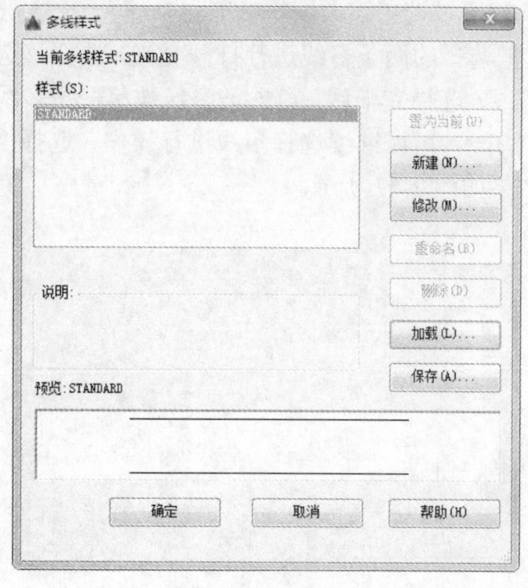

图 2-69　多线样式

图 2-70　创建新的多线样式

（3）弹出一个新的对话框，如图 2-71 所示，现在主要修改多线元素。图中可见默认值为两条元素，分别是 0.5 和−0.5，代表该多线由两条线元素构成，每条线由中心位置（0.0）偏移 0.5，两个偏移值之和为 1。这样，在绘制多线时，如果输入线条比例 200，则两线宽度为 200，这是 200×1 的结果；如果多线偏移值为 0.25 和−0.25，那么绘出的双线间距就为 100。明白这个原理，下面四线窗的设置就容易理解了。

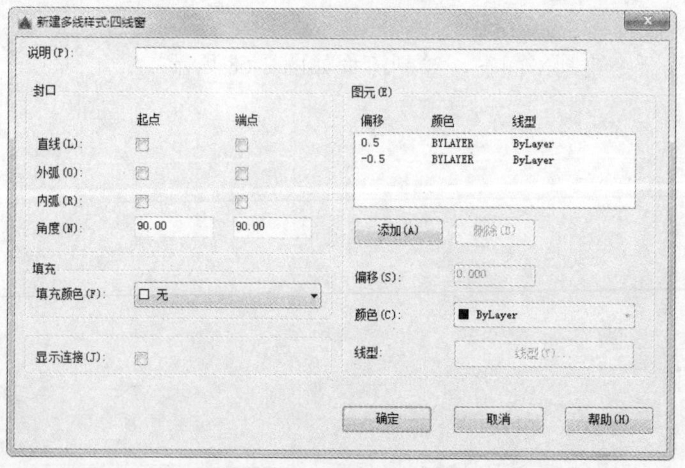

图 2-71　四线窗样式初始值

（4）如图 2-72 所示，单击“添加”按钮新增两个元素，值分别设置为 0.166、−0.167，表示中间两条线之间的距离为 0.33。另外两个元素不必修改，这样四线间的距离均为 0.33，总数仍为 1。

（5）设置完成后，单击“确定”按钮回到上一级对话框，再单击该对话框右上角的“置为当前”按钮，将四线窗样式置为当前状态，确定后设置完毕。

图 2-72　四线窗样式修改值

2. 绘制四线窗

（1）选择菜单栏中的“绘图/多线”命令，绘制四线窗。在选中状态下，拖动端点可改变其长度，如图 2-73 所示。

图 2-73　四线窗图形及操作

（2）在命令行提示“指定起点或[对正(J)/比例(S)/样式(ST)]:”后输入 st。

（3）在命令行提示“输入多线样式名或[?]:”后输入“四线窗”。

（4）在命令行提示“指定起点或[对正(J)/比例(S)/样式(ST)]:”后输入 s。

（5）在命令行提示“输入多线比例<1.00>”后输入 1。

（6）在命令行提示“指定起点或[对正(J)/比例(S)/样式(ST)]:”后输入 j。

（7）在命令行提示“输入对正类型[上(T)/无(Z)/下(B)] <无>:”后输入 z。

（8）在命令行提示“输入对正类型[上(T)/无(Z)/下(B)] <无>:”后指定一点。

（9）在命令行提示“指定下一点:”后拖动鼠标指定下一点。

（10）在命令行提示“指定下一点或[放弃(U)]:”后按 Enter 键。

提示：

“比例”值根据窗所在的墙厚来确定，如墙厚为 240，即输入 240，如为 200，即输入 200。本例为 200，以适应前面墙体厚度。

2.8　图 案 填 充

当需要用一个重复的图案（pattern）填充某个区域时，可以使用 BHATCH 命令建立一个相关联的填充阴影对象，即所谓的图案填充。

2.8.1 基本概念

Note

1．图案边界

当进行图案填充时，首先要确定图案填充的边界。定义边界的对象只能是直线、双向射线、单向射线、多段线、样条曲线、圆弧、圆、椭圆、椭圆弧、面域等对象或用这些对象定义的块，而且作为边界的对象，在当前屏幕上必须全部可见。

2．孤岛

在进行图案填充时，把位于总填充域内的封闭区域称为孤岛，如图 2-74 所示。在用 BHATCH 命令进行图案填充时，AutoCAD 允许用户以拾取点的方式确定填充边界，即在希望填充的区域内任意拾取一点，AutoCAD 会自动确定出填充边界，同时也确定该边界内的孤岛。如果用户是以点取对象的方式确定填充边界的，则必须确切地点取这些孤岛，有关知识将在 2.8.2 节中介绍。

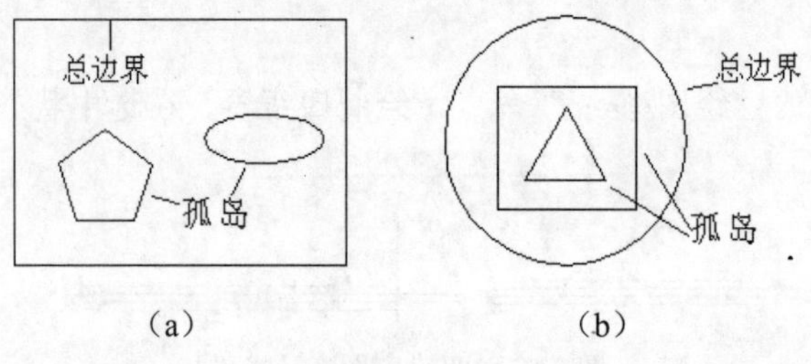

图 2-74　孤岛

3．填充方式

在进行图案填充时，需要控制填充的范围，AutoCAD 系统为用户设置了以下 3 种填充方式，实现对填充范围的控制。

☑ 普通方式：如图 2-75（a）所示，该方式从边界开始，从每条填充线或每个剖面符号的两端向里画，遇到内部对象与之相交时，填充线或剖面符号断开，直到遇到下一次相交时再继续画。采用这种方式时，要避免填充线或剖面符号与内部对象的相交次数为奇数。该方式为系统内部的默认方式。

☑ 最外层方式：如图 2-75（b）所示，该方式从边界开始，向里画剖面符号，只要在边界内部与对象相交，则剖面符号由此断开，而不再继续画。

☑ 忽略方式：如图 2-75（c）所示，该方式忽略边界内部的对象，所有内部结构都被剖面符号覆盖。

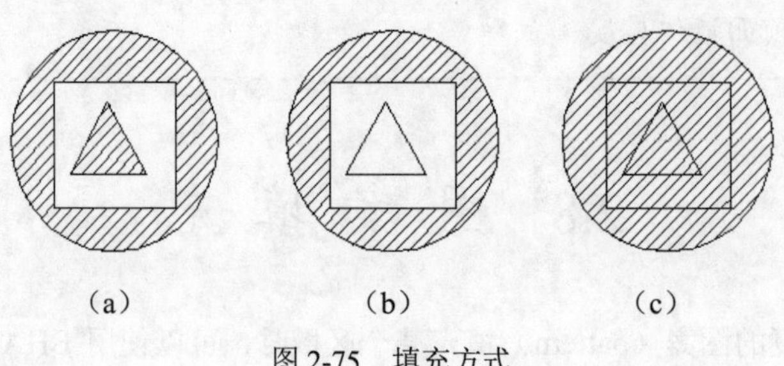

图 2-75　填充方式

2.8.2　图案填充的操作

在 AutoCAD 2016 中，可以对图形进行图案填充，图案填充是在“图案填充创建”选项卡中进行的。打开“图案填充创建”选项卡，主要有如下 4 种调用方法：

☑　在命令行中输入 BHATCH 命令。

☑　选择菜单栏中的“绘图/图案填充”命令。

☑　单击“绘图”工具栏中的“图案填充”按钮或“渐变色”按钮。

☑　单击“默认”选项卡“绘图”面板中的“图案填充”按钮。

执行上述操作后，系统弹出如图 2-76 所示的“图案填充创建”选项卡，各选项组和按钮含义如下：

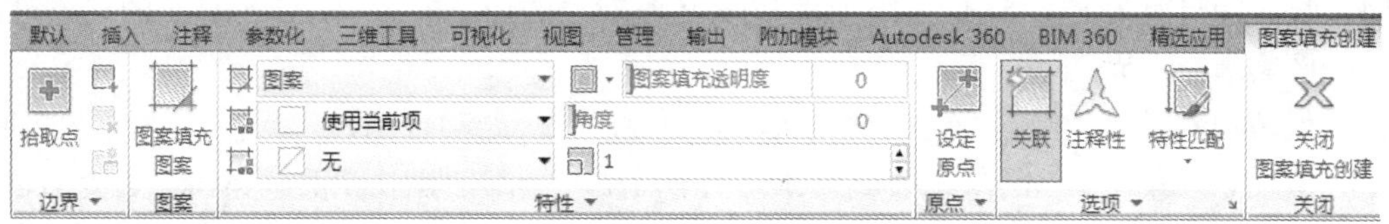

图 2 76　“图案填充创建”选项卡

1．“边界”面板

☑　拾取点：通过选择由一个或多个对象形成的封闭区域内的点，确定图案填充边界，如图 2-77 所示。指定内部点时，可以随时在绘图区域中右击以显示包含多个选项的快捷菜单。

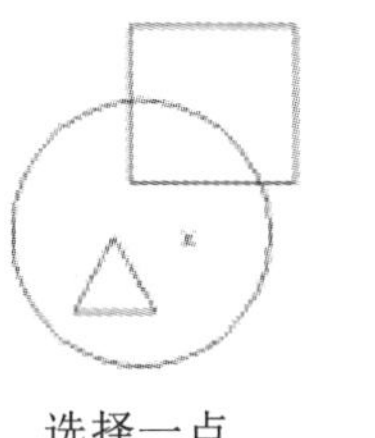

选择一点

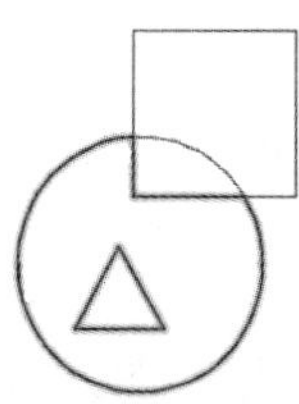

填充区域

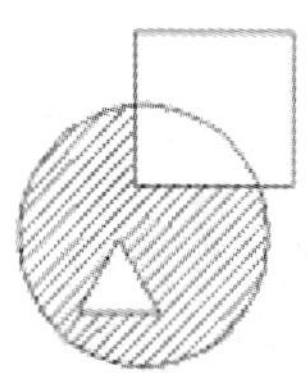

填充结果

图 2-77　边界确定

☑　选择边界对象：指定基于选定对象的图案填充边界。使用该选项时，不会自动检测内部对象，必须选择选定边界内的对象，以按照当前孤岛检测样式填充这些对象，如图 2-78 所示。

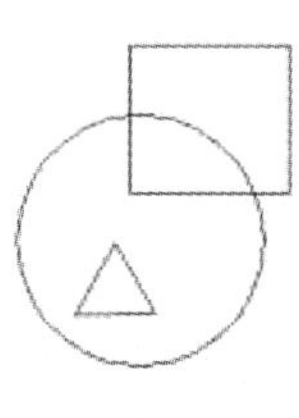

原始图形

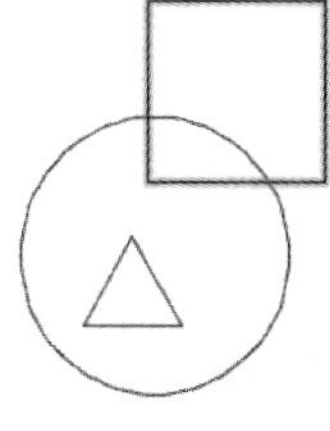

选取边界对象

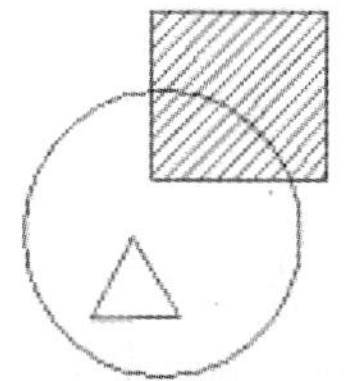

填充结果

图 2-78　选取边界对象

☑ 删除边界对象：从边界定义中删除之前添加的任何对象，如图 2-79 所示。

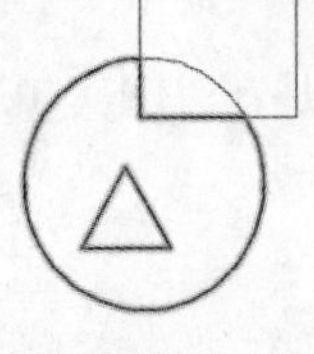
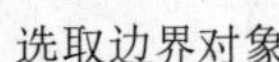

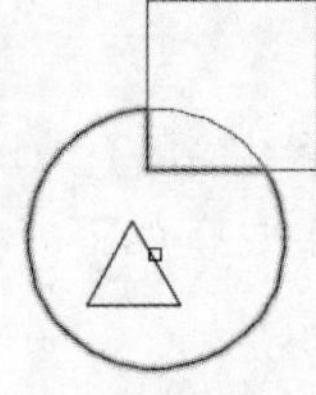

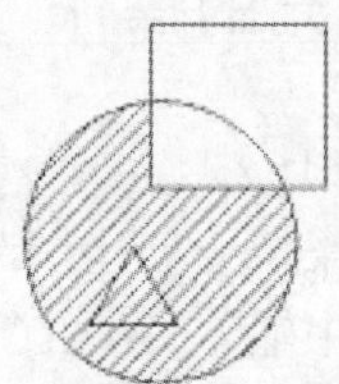

图 2-79　删除“岛”后的边界

☑ 重新创建边界：围绕选定的图案填充或填充对象创建多段线或面域，并使其与图案填充对象相关联（可选）。

☑ 显示边界对象：选择构成选定关联图案填充对象的边界的对象，使用显示的夹点可修改图案填充边界。

☑ 保留边界对象：指定如何处理图案填充边界对象。选项包括：

- 不保留边界（仅在图案填充创建期间可用）。不创建独立的图案填充边界对象。
- 保留边界 - 多段线（仅在图案填充创建期间可用）。创建封闭图案填充对象的多段线。
- 保留边界 - 面域（仅在图案填充创建期间可用）。创建封闭图案填充对象的面域对象。
- 选择新边界集。指定对象的有限集（称为边界集），以便通过创建图案填充时的拾取点进行计算。

2.“图案”面板

显示所有预定义和自定义图案的预览图像。

3.“特性”面板

☑ 图案填充类型：指定是使用纯色、渐变色、图案还是用户定义的填充。

☑ 图案填充颜色：替代实体填充和填充图案的当前颜色。

☑ 背景色：指定填充图案背景的颜色。

☑ 图案填充透明度：设定新图案填充或填充的透明度，替代当前对象的透明度。

☑ 图案填充角度：指定图案填充或填充的角度。

☑ 填充图案比例：放大或缩小预定义或自定义填充图案。

☑ 相对图纸空间：（仅在布局中可用）相对于图纸空间单位缩放填充图案。使用此选项，可以很容易地做到以适合于布局的比例显示填充图案。

☑ 双向：（仅当“图案填充类型”设定为“用户定义”时可用）将绘制第二组直线，与原始直线成 90° 角，从而构成交叉线。

☑ ISO 笔宽：（仅对于预定义的 ISO 图案可用）基于选定的笔宽缩放 ISO 图案。

4.“原点”面板

☑ 设定原点：直接指定新的图案填充原点。

☑ 左下：将图案填充原点设定在图案填充边界矩形范围的左下角。

☑ 右下：将图案填充原点设定在图案填充边界矩形范围的右下角。

☑ 左上：将图案填充原点设定在图案填充边界矩形范围的左上角。

☑ 右上：将图案填充原点设定在图案填充边界矩形范围的右上角。

☑ 中心：将图案填充原点设定在图案填充边界矩形范围的中心。

☑ 使用当前原点：将图案填充原点设定在 HPORIGIN 系统变量中存储的默认位置。

☑ 存储为默认原点：将新图案填充原点的值存储在 HPORIGIN 系统变量中。

5．“选项”面板

☑ 关联：指定图案填充或填充为关联图案填充。关联的图案填充或填充在用户修改其边界对象时将会更新。

☑ 注释性：指定图案填充为注释性。此特性会自动完成缩放注释过程，从而使注释能够以正确的大小在图纸上打印或显示。

☑ 特性匹配：包括以下两个选项。

  ⇘ 使用当前原点：使用选定图案填充对象（除图案填充原点外）设定图案填充的特性。

  ⇘ 使用源图案填充的原点：使用选定图案填充对象（包括图案填充原点）设定图案填充的特性。

☑ 允许的间隙：设定将对象用作图案填充边界时可以忽略的最大间隙，默认值为 0。此值指定对象必须封闭区域而没有间隙。

☑ 创建独立的图案填充：控制当指定了几个单独的闭合边界时，是创建单个图案填充对象，还是创建多个图案填充对象。

☑ 孤岛检测：包括以下 3 个选项。

  ⇘ 普通孤岛检测：从外部边界向内填充。如果遇到内部孤岛，填充将关闭，直到遇到孤岛中的另一个孤岛。

  ⇘ 外部孤岛检测：从外部边界向内填充。此选项仅填充指定的区域，不会影响内部孤岛。

  ⇘ 忽略孤岛检测：忽略所有内部的对象，填充图案时将通过这些对象。

☑ 绘图次序：为图案填充或填充指定绘图次序。选项包括不更改、后置、前置、置于边界之后和置于边界之前。

6．“关闭”面板

关闭图案填充创建：退出 HATCH 并关闭上下文选项卡。也可以按 Enter 键或 Esc 键退出 HATCH。

2.8.3　渐变色的操作

在 AutoCAD 2016 中，渐变色的操作主要有如下 4 种方法：

☑ 在命令行中输入 GRADIENT 命令。

☑ 选择菜单栏中的“绘图/渐变色”命令。

☑ 单击“绘图”工具栏中的“图案填充”按钮。

☑ 单击“默认”选项卡“绘图”面板中的“渐变色”按钮。

执行上述操作后，系统打开如图 2-80 所示的“图案填充创建”选项卡，各面板中的按钮含义与图案填充的类似，这里不再赘述。

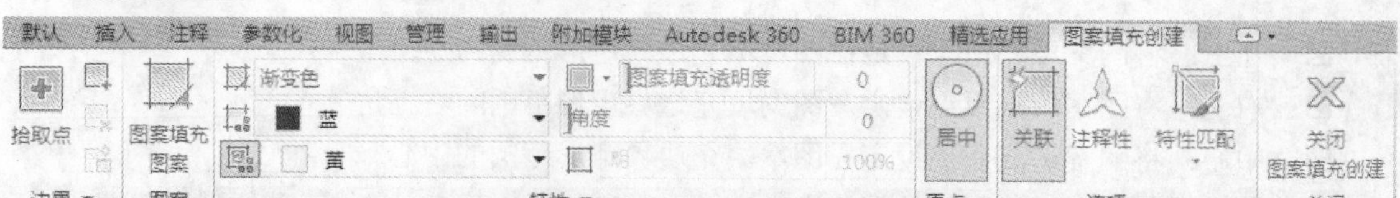

图 2-80 “图案填充创建”选项卡

2.8.4 边界的操作

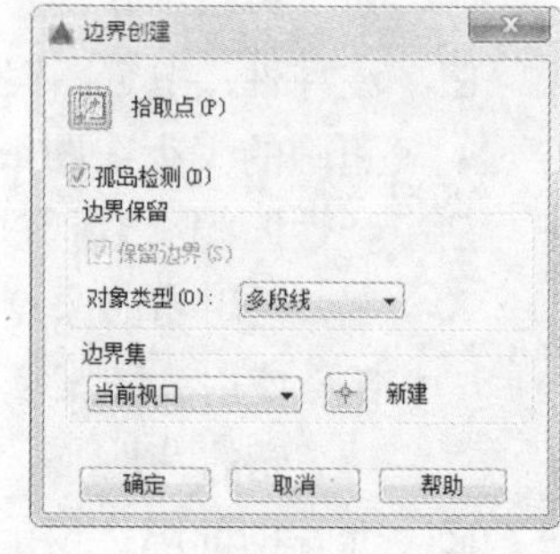

图 2-81 “边界创建”对话框

执行边界创建命令，主要有如下两种调用方法：

☑ 在命令行中输入 BOUNDARY 命令。

☑ 单击“默认”选项卡“绘图”面板中的“边界”按钮。

执行上述操作后，系统打开如图 2-81 所示的“边界创建”对话框，各选项含义如下。

☑ “拾取点”按钮：根据围绕指定点构成封闭区域的现有对象来确定边界。

☑ “孤岛检测”复选框：控制 BOUNDARY 命令是否检测内部闭合边界，该边界称为孤岛。

☑ “对象类型”下拉列表框：控制新边界对象的类型。BOUNDARY 将边界作为面域或多段线对象创建。

☑ “边界集”选项组：确定通过指定点定义边界时，BOUNDARY 要分析的对象集。

2.8.5 编辑填充的图案

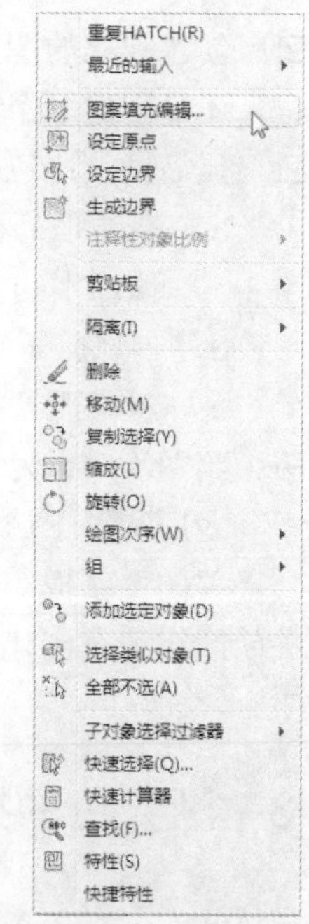

图 2-82 快捷菜单

在对图形对象以图案进行填充后，还可以对填充图案进行编辑操作，如更改填充图案的类型、比例等。更改填充图案，主要有如下 5 种调用方法：

☑ 在命令行中输入 HATCHEDIT 命令。

☑ 选择菜单栏中的“修改/对象/图案填充”命令。

☑ 单击“修改 II”工具栏中的“编辑图案填充”按钮。

☑ 选中填充的图案并右击，在弹出的快捷菜单中选择“图案填充编辑”命令，如图 2-82 所示。

☑ 直接选择填充的图案，打开“图案填充编辑器”选项卡，如图 2-83 所示。

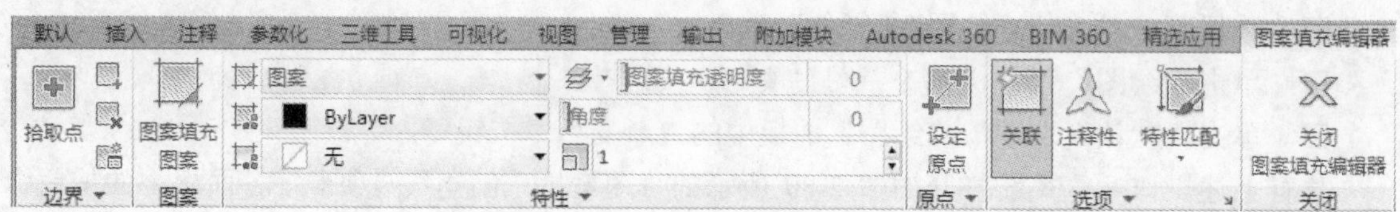

图 2-83 “图案填充编辑器”选项卡

2.8.6 实战——小屋

利用所学二维绘图命令绘制小屋，绘制流程如图 2-84 所示。

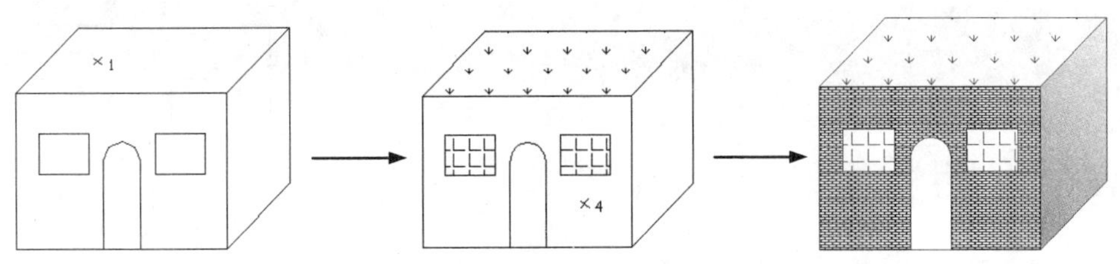

图 2-84 绘制小屋流程图

操作步骤如下：（光盘\配套视频\第 2 章\小屋.avi）

（1）单击“默认”选项卡“绘图”面板中的“矩形”按钮和“直线”按钮，绘制房屋外框。矩形的两个角点坐标为（210,160）和（400,25）；连续直线的端点坐标分别为（210,160）、（@80<45）、（@190<0）、（@135<-90）和（400,25）。用同样方法绘制另一条直线，坐标分别是（400,160）和（@80<45）。

（2）单击“默认”选项卡“绘图”面板中的“矩形”按钮，绘制窗户。一个矩形的两个角点坐标为（230,125）和（275,90），另一个矩形的两个角点坐标为（335,125）和（380,90）。

（3）单击“默认”选项卡“绘图”面板中的“多段线”按钮，绘制门。

① 在命令行提示“指定起点:”后输入“288,25”。

② 在命令行提示“指定下一点或[圆弧(A)/闭合(C)/半宽(H)/长度(L)/放弃(U)/宽度(W)]:”后输入“288,76”。

③ 在命令行提示“指定下一点或[圆弧(A)/闭合(C)/半宽(H)/长度(L)/放弃(U)/宽度(W)]:”后输入 A。

④ 在命令行提示“指定圆弧的端点(按住 Ctrl 键以切换方向)或[角度(A)/圆心(CE)/闭合(CL)/方向(D)/半宽(H)/直线(L)/半径(R)/第二点(S)/放弃(U)/宽度(W)]:”后输入 A，用给定圆弧的包角方式画圆弧。

⑤ 在命令行提示“指定夹角:”后输入-180，夹角值为负，则顺时针画圆弧；反之，则逆时针画圆弧。

⑥ 在命令行提示“指定圆弧的端点(按住 Ctrl 键以切换方向)或[圆心(CE)/半径(R)]:”后输入“322,76”。

⑦ 在命令行提示“指定圆弧的端点(按住 Ctrl 键以切换方向)或[角度(A)/圆心(CE)/闭合(CL)/方向(D)/半宽(H)/直线(L)/半径(R)/第二点(S)/放弃(U)/宽度(W)]:”后输入 L。

⑧ 在命令行提示“指定下一点或[圆弧(A)/闭合(C)/半宽(H)/长度(L)/放弃(U)/宽度(W)]:”后输入“@51<-90”。

⑨ 在命令行提示“指定下一点或[圆弧(A)/闭合(C)/半宽(H)/长度(L)/放弃(U)/宽度(W)]:”后按 Enter 键。

（4）单击“默认”选项卡“绘图”面板中的“图案填充”按钮，打开“图案填充创建”选项卡，按图 2-85 所示进行设置，填充屋顶小草，用鼠标在屋顶内拾取，如图 2-86 中 1 位置所示。

Note

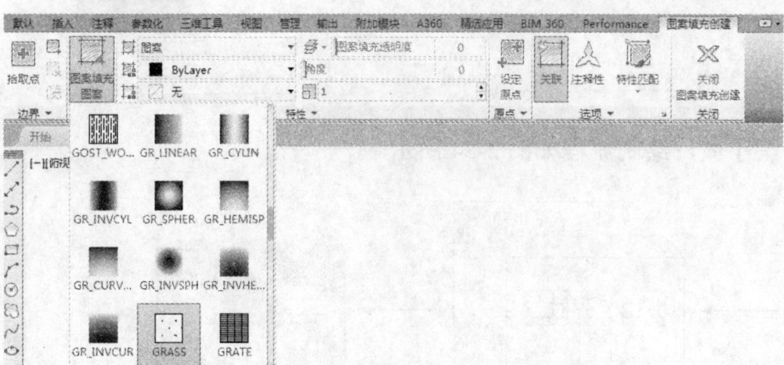

图 2-85 “图案填充创建”选项卡

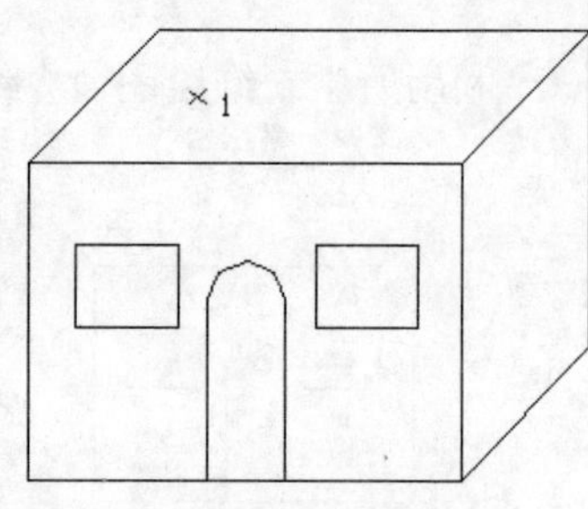

图 2-86 位置 1

（5）同样，单击“默认”选项卡“绘图”面板中的“图案填充”按钮，选择 ANGLE 图案为预定义图案，角度为 0°，比例为 1，拾取如图 2-87 所示 2、3 点填充窗户。

（6）单击“默认”选项卡“绘图”面板中的“图案填充”按钮，选择 ANGLE 图案为填充图案，角度为 0°，比例为 0.25，拾取如图 2-88 所示 4 位置的点填充小屋前面的砖墙。

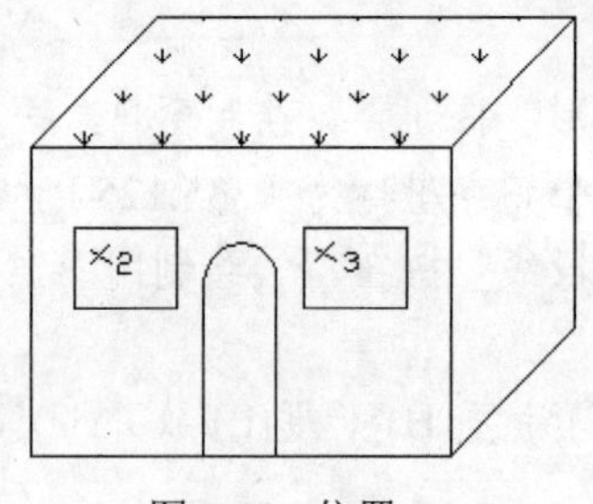

图 2-87 位置 2、3

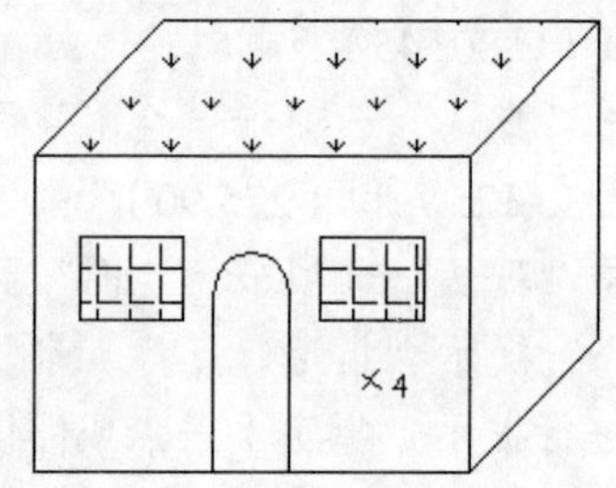

图 2-88 位置 4

（7）单击“默认”选项卡“绘图”面板中的“图案填充”按钮，选择“渐变色”命令，按照如图 2-89 所示进行设置，拾取如图 2-90 所示 5 位置的点填充小屋前面的砖墙。最终结果如图 2-91 所示。

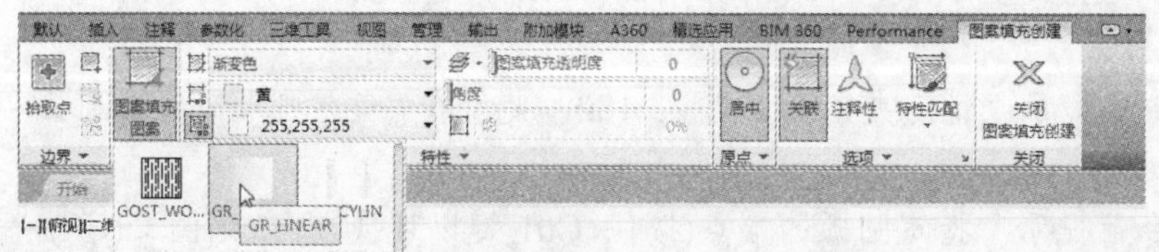

图 2-89 “图案填充和渐变色”选项卡 2

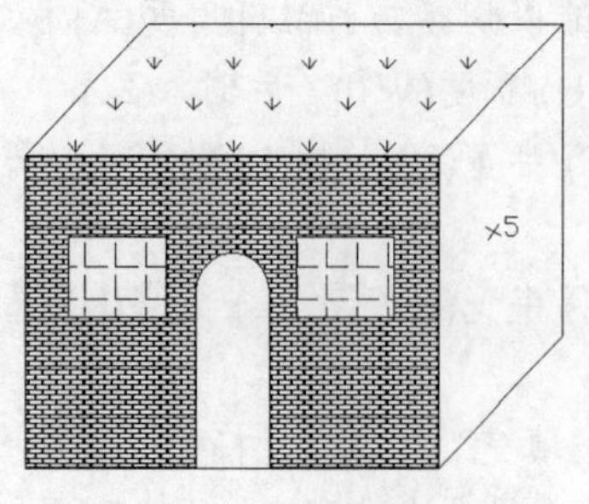

图 2-90 位置 5

图 2-91 小屋

Note

2.9　实战演练

通过前面的学习，读者对本章知识也有了大体的了解，本节通过几个操作练习使读者进一步掌握本章知识要点。

【实战演练 1】绘制如图 2-92 所示的椅子。

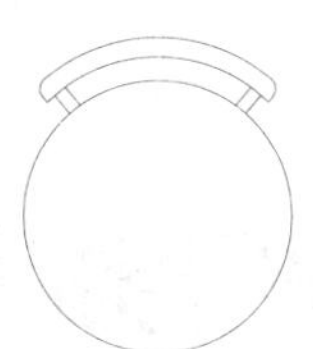

图 2-92　椅子

1．目的要求

本实例反复利用圆和圆弧命令绘制椅子，从而使读者灵活掌握圆的绘制方法。

2．操作提示

（1）绘制圆。

（2）绘制圆弧。

（3）绘制直线。

（4）绘制圆弧。

【实战演练 2】绘制如图 2-93 所示的车模。

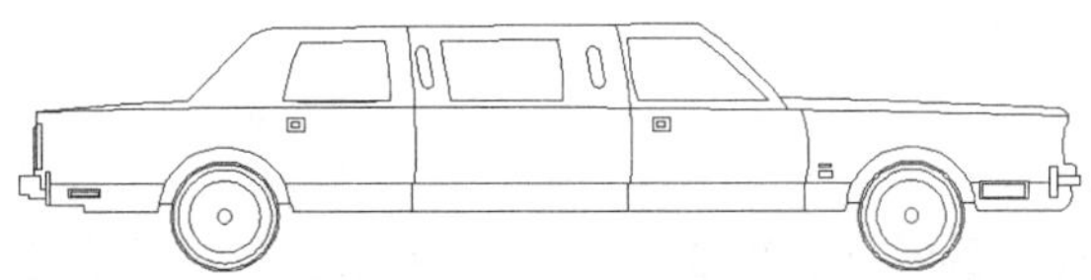

图 2-93　车模

1．目的要求

本实例利用多段线命令绘制车壳，再利用圆、直线、复制等命令绘制车轮、车门、车窗，最后细化车身，要求读者掌握相关命令。

2．操作提示

（1）利用多段线命令绘制车壳。

（2）利用圆与复制等命令绘制车轮。

（3）利用直线、圆弧与复制等命令绘制车门。

（4）利用直线命令绘制车窗。

第3章

二维图形的编辑

本章学习要点和目标任务：

- ☑ 构造选择集及快速选择对象
- ☑ 调整对象位置
- ☑ 利用一个对象生成多个对象
- ☑ 调整对象尺寸
- ☑ 圆角及倒角
- ☑ 特性与夹点编辑

二维图形的编辑操作配合绘图命令的使用可以进一步完成复杂图形对象的绘制工作，并可使用户合理安排和组织图形，保证绘图准确，减少重复，因此，对编辑命令的熟练掌握和使用有助于提高设计和绘图的效率。本章主要内容包括选择对象、复制类命令、改变位置类命令、删除及恢复类命令、改变几何特性命令和对象编辑等。

3.1　构造选择集及快速选择对象

在绘图过程中常会涉及对象的选择，为了能帮助读者更快、更好地选择对象，本节主要介绍构造选择集和快速选择对象命令。

3.1.1　构造选择集

选择集可以仅由一个图形对象构成，也可以是一个复杂的对象组，如位于某一特定层上的具有某种特定颜色的一组对象。选择集的构造可以在调用编辑命令之前或之后进行。

AutoCAD 提供以下 4 种方法来构造选择集：

☑　先选择一个编辑命令，然后选择对象，按 Enter 键结束操作。

☑　使用 SELECT 命令。

☑　用点取设备选择对象，然后调用编辑命令。

☑　定义对象组。

无论使用哪种方法，AutoCAD 2016 都将提示用户选择对象，并且光标的形状由十字光标变为拾取框。

下面结合 SELECT 命令说明选择对象的方法。

SELECT 命令可以单独使用，即在命令行中输入 SELECT 命令后按 Enter 键，也可以在执行其他编辑命令时被自动调用。此时，屏幕出现提示“选择对象:”等待用户以某种方式选择对象作为回答。AutoCAD 提供多种选择方式，可以输入“?”查看这些选择方式。选择该选项后，出现如下提示：“需要点或窗口(W)/上一个(L)/窗交(C)/框选(BOX)/全部(ALL)/栏选(F)/圈围(WP)/圈交(CP)/编组(G)/添加(A)/删除(R)/多个(M)/上一个(P)/放弃(U)/自动(AU)/单选(SI)/子对象(SU)/对象(O)”选择对象。

上面部分选项的含义如下。

☑　点：是系统默认的一种对象选择方式，用拾取框直接选择对象，选中的目标以高亮显示。选中一个对象后，命令行提示仍然是“选择对象:”，用户可以继续选择。选择完成后按 Enter 键，以结束对象的选择。选择模式和拾取框的大小可以通过“选项”对话框进行设置，操作如下：选择菜单栏中的“工具/选项”命令，打开“选项”对话框，然后打开“选择集”选项卡，如图 3-1 所示。利用该选项卡可以设置选择模式和拾取框的大小。

☑　窗口(W)：用由两个对角顶点确定的矩形窗口选取位于其范围内部的所有图形，与边界相交的对象不会被选中。指定对角顶点时应该按照从左向右的顺序，如图 3-2 所示。

☑　上一个(L)：在“选择对象:”提示下输入 L 后按 Enter 键，系统会自动选取最后绘出的一个对象。

☑　窗交(C)：该方式与上述“窗口”方式类似，区别在于窗交不但选择矩形窗口内部的对象，也选中与矩形窗口边界相交的对象。选择的对象如图 3-3 所示。

☑　框选(BOX)：使用时，系统根据用户在屏幕上给出的两个对角点的位置而自动引用“窗口”或“窗交”选择方式。若从左向右指定对角点，为“窗口”方式；反之，为“窗交”

Note

方式。

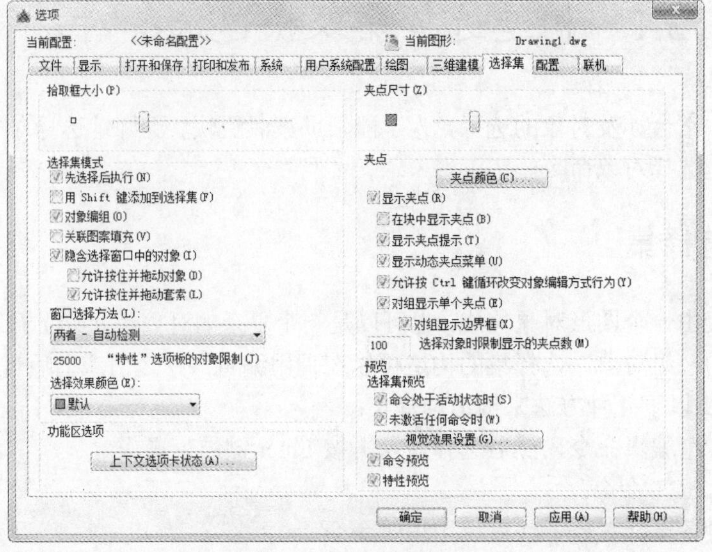

图 3-1 “选择集”选项卡

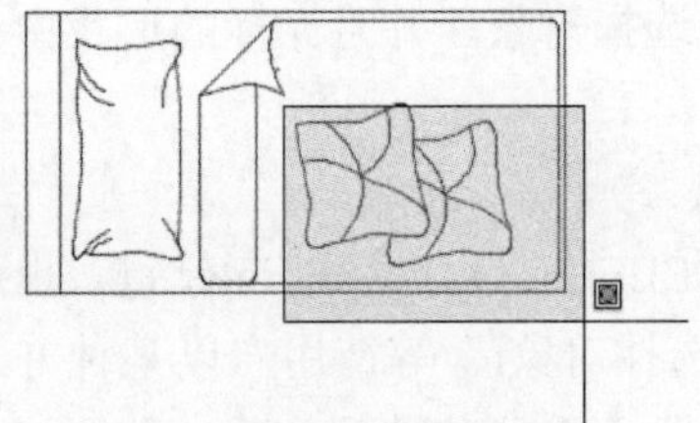

图中深色覆盖部分为选择窗口

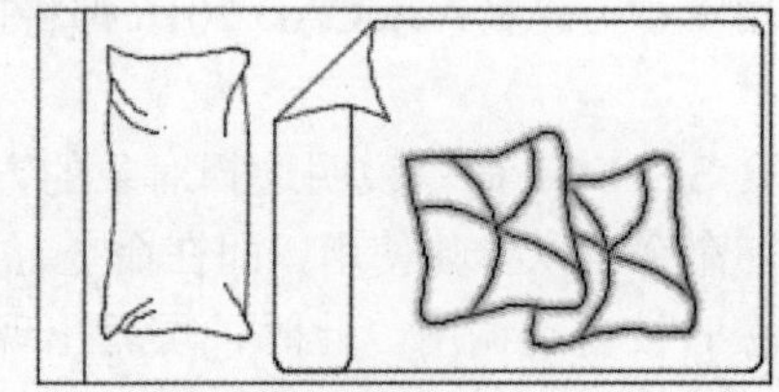

选择后的图形

图 3-2 “窗口”对象选择方式

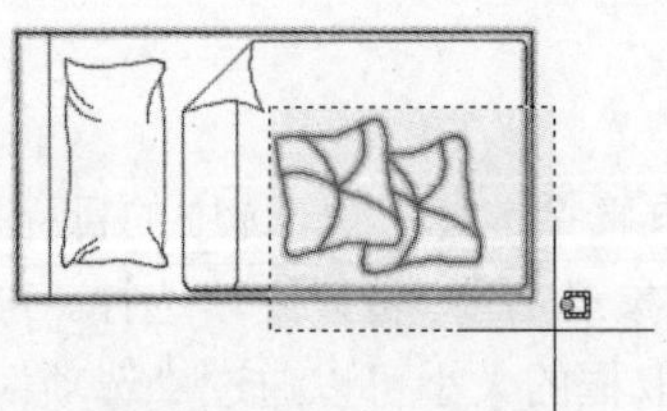

图中深色覆盖部分为选择窗口

选择后的图形

图 3-3 “窗交”对象选择方式

☑ 全部(ALL)：选取图面上所有对象。

☑ 栏选(F)：临时绘制一些直线，这些直线不必构成封闭图形，凡是与这些直线相交的对象均被选中。执行结果如图 3-4 所示。

☑ 圈围(WP)：使用一个不规则的多边形来选择对象。根据提示，用户顺次输入构成多边形所有顶点的坐标，直到最后用 Enter 键作出空回答结束操作，系统将自动连接第一个顶点与最后一个顶点形成封闭的多边形。凡是被多边形围住的对象均被选中（不包括边界）。执行结果如图 3-5 所示。

Note

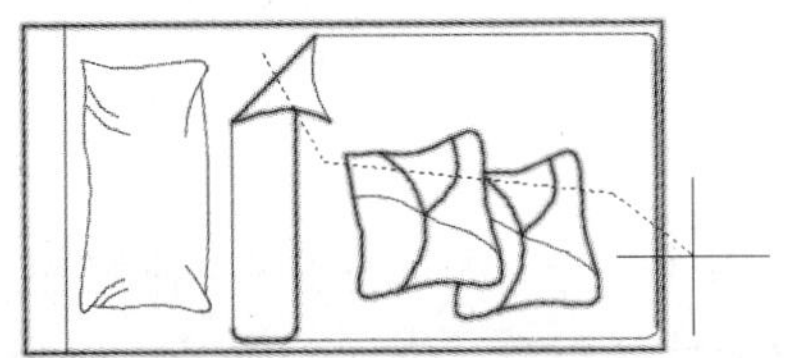

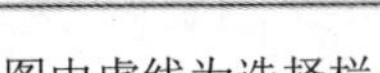

图中虚线为选择栏

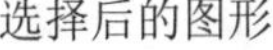

选择后的图形

图 3-4 “栏选”对象选择方式

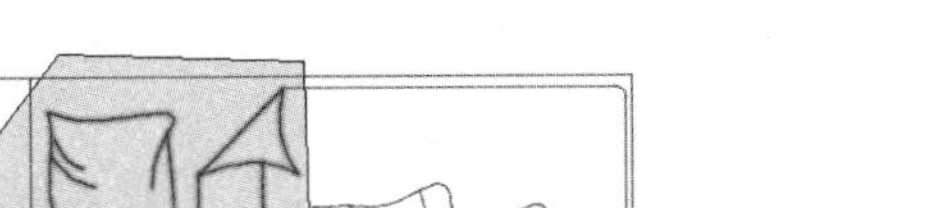

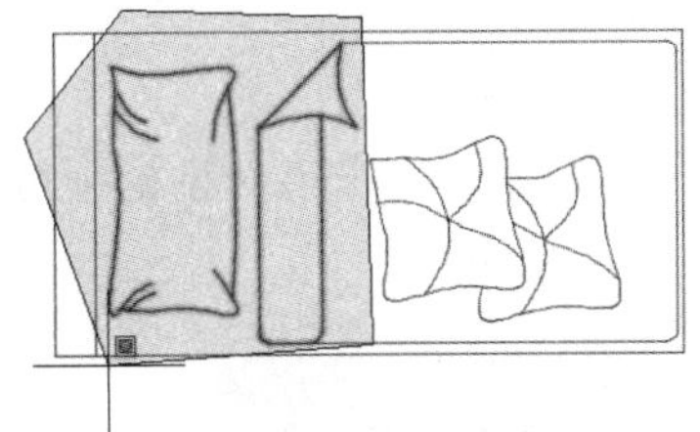

图中十字线所拉出深色多边形为选择窗口

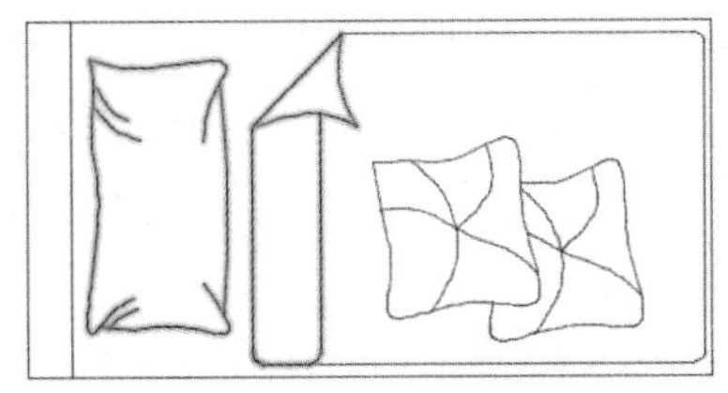

选择后的图形

图 3-5 “圈围”对象选择方式

- ☑ 圈交(CP)：类似于“圈围”方式，在提示后输入 CP，后续操作与“圈围”方式相同。区别在于“圈交”方式下与多边形边界相交的对象也被选中。
- ☑ 编组(G)：使用预先定义的对象组作为选择集。事先将若干个对象组成组，用组名引用。
- ☑ 添加(A)：添加下一个对象到选择集。也可用于从移走模式（Remove）到选择模式的切换。
- ☑ 删除(R)：按住 Shift 键选择对象可以从当前选择集中移走该对象。对象由高亮显示状态变为正常状态。
- ☑ 多个(M)：指定多个点，不高亮显示对象。这种方法可以加快在复杂图形上的对象选择过程。若两个对象交叉，指定交叉点两次则可以选中这两个对象。
- ☑ 上一个(P)：用关键字 P 回答“选择对象:”的提示，则把上次编辑命令最后一次构造的选择集或最后一次使用 SELECT（DDSELECT）命令预置的选择集作为当前选择集。这种方法适用于对同一选择集进行多种编辑操作。
- ☑ 放弃(U)：用于取消加入进选择集的对象。
- ☑ 自动(AU)：选择结果视用户在屏幕上的选择操作而定。如果选中单个对象，则该对象即为自动选择的结果；如果选择点落在对象内部或外部的空白处，系统会提示“指定对角点”，此时，系统会采取一种窗口的选择方式。对象被选中后，变为虚线形式，并以高亮度显示。

提示：

若矩形框从左向右定义，即第一个选择的对角点为左侧的对角点，矩形框内部的对象被选中，框外部及与矩形框边界相交的对象不会被选中。若矩形框从右向左定义，矩形框内部及与矩形框边界相交的对象都会被选中。

- ☑ 单选(SI)：选择指定的第一个对象或对象集，而不继续提示进行进一步的选择。

Note

3.1.2 快速选择对象

快速选择对象功能可以同时选中具有相同特征的多个对象，如选择具有相同颜色、线型或线宽的对象，并可以在对象特性管理器中建立并修改快速选择参数。执行快速选择命令，主要有以下 3 种调用方法：

☑ 在命令行中输入 QSELECT 命令。

☑ 选择菜单栏中的“工具/快速选择”命令。

☑ 在右击打开的快捷菜单中选择“快速选择”命令（如图 3-6 所示）。

执行上述操作后，系统打开如图 3-7 所示的“快速选择”对话框。在该对话框中可以选择符合条件的对象或对象组。在“快速选择”对话框中各选项的含义如下。

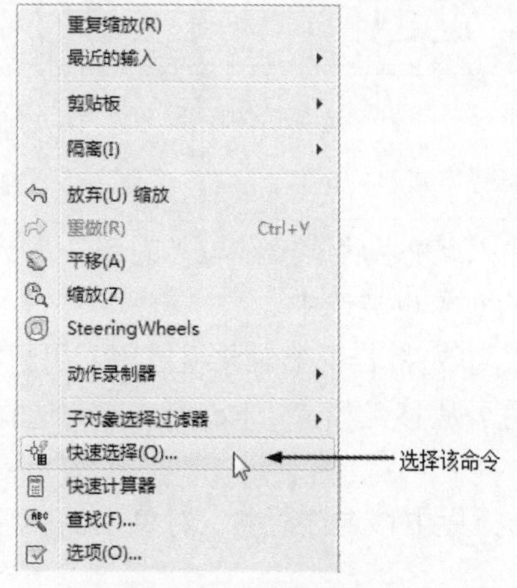

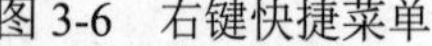
图 3-6　右键快捷菜单

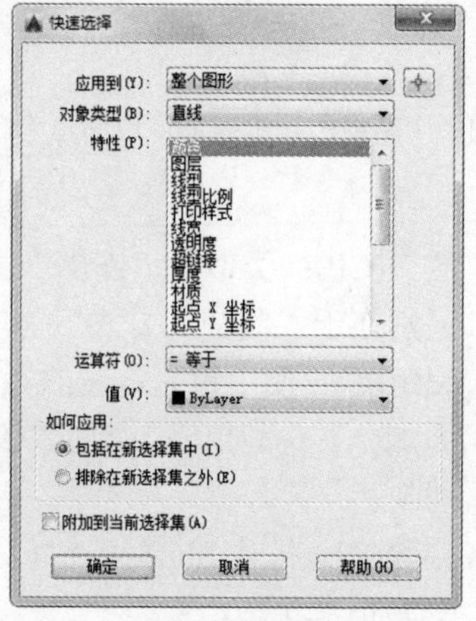

图 3-7　“快速选择”对话框

☑ “应用到”下拉列表框：确定范围，可以是整张图，也可以是当前的选择集。

☑ “对象类型”下拉列表框：指出要选择的对象类型。

☑ “特性”列表框：在该列表框中列出了作为过滤依据的对象特性。

☑ “运算符”下拉列表框：用 4 种运算符来确定所选择特性与特性值之间的关系，有等于、大于、小于和不等于。

☑ “值”下拉列表框：根据所选特性，指定特性的值，也可以从列表中选取。

☑ “如何应用”选项组：设置是“包括在新选择集中”还是“排除在新选择集之外”。

☑ “附加到当前选择集”复选框：该复选框是让用户多次运用不同的快速选择，从而产生累加选择集。

3.2 删除与恢复

3.2.1 删除命令

如果所绘制的图形不符合要求或绘制错了，则可以使用删除命令将其删除。执行删除命令，

主要有以下 5 种调用方法：

☑　在命令行中输入 ERASE 命令。

☑　选择菜单栏中的“修改/删除”命令。

☑　单击“修改”工具栏中的“删除”按钮。

☑　右击，在弹出的快捷菜单中选择“删除”命令。

☑　单击“默认”选项卡“修改”面板中的“删除”按钮。

执行上述操作后，可以先选择对象后调用删除命令，也可以先调用删除命令后选择对象。选择对象时可以使用前面介绍的对象选择的各种方法。

当选择多个对象时，多个对象都被删除；若选择的对象属于某个对象组，则该对象组的所有对象都被删除。

3.2.2　恢复命令

若不小心误删了图形，可以使用恢复命令 OOPS 恢复误删除的对象。执行恢复命令，主要有如下 3 种调用方法：

☑　在命令行中输入 OOPS 或 U 命令。

☑　单击快速访问工具栏中的“放弃”按钮。

☑　利用快捷键 Ctrl+Z。

执行上述操作后，在命令行窗口的提示行中输入 OOPS，按 Enter 键。

3.3　调整对象位置

调整对象位置是指按照指定要求改变当前图形或图形中某部分的位置，主要包括移动、旋转和缩放。

3.3.1　移动

移动对象是将对象位置平移，而不改变对象的方向和大小。如果要精确地移动对象，需要配合使用捕捉、坐标、夹点和对象捕捉模式。该命令主要有如下 5 种调用方法：

☑　在命令行中输入 MOVE 命令。

☑　选择菜单栏中的“修改/移动”命令。

☑　右击，在弹出的快捷菜单中选择“移动”命令。

☑　单击“修改”工具栏中的“移动”按钮。

☑　单击“默认”选项卡“修改”面板中的“移动”按钮。

执行上述操作后，根据系统提示选择对象，用 Enter 键结束选择。在命令行提示下指定基点或移至点，并指定第二个点或位移量。各选项功能与 COPY 命令相关选项功能相同。所不同的是对象被移动后，原位置处的对象消失。

3.3.2 对齐

可以通过移动、旋转或倾斜一个对象来使该对象与另一个对象对齐。该命令既适用于三维对象，也适用于二维对象，对齐命令的调用方法主要有如下两种：

☑ 在命令行中输入 ALIGN 或 AL 命令。

☑ 选择菜单栏中的“修改/三维操作/对齐”命令。

执行上述操作后，根据系统提示选择要对齐的对象后按 Enter 键，在命令行提示下指定第一个源点、第一个目标点。两对点和三对点与一对点的情形类似。

3.3.3 实战——管道对齐

利用 ALIGN 命令中的窗口选择框选择要对齐的对象去对齐管道段，绘制流程如图 3-8 所示。

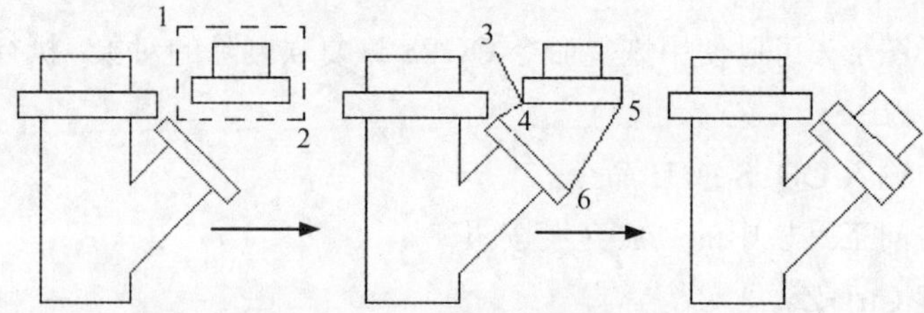

图 3-8 管道对齐流程图

操作步骤如下：（光盘\配套视频\第 3 章\管道对齐.avi）

（1）在命令行中输入 ALIGN 命令，绘制管道对齐。

（2）在命令行提示“选择对象:”后框选要对齐的对象，如图 3-9（a）所示。

（3）在命令行提示“选择对象:”后按 Enter 键。

（4）在命令行提示“指定第一个源点:”后选择如图 3-9（b）中所示的点 3。

（5）在命令行提示“指定第一个目标点:”后选择如图 3-9（b）中所示的点 4。

（6）在命令行提示“指定第二个源点:”后选择如图 3-9（b）中所示的点 5。

（7）在命令行提示“指定第二个目标点:”后选择如图 3-9（b）中所示的点 6。

（8）在命令行提示“指定第三个源点或 <继续>:”后按 Enter 键。

（9）在命令行提示“是否基于对齐点缩放对象？[是(Y)/否(N)] <否>:”后输入 Y 并按 Enter 键，即可缩放对象并使对齐点对齐，如图 3-9（c）所示。

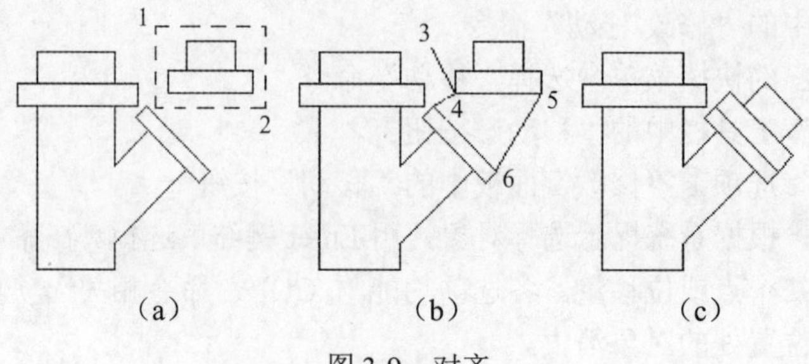

（a）　（b）　（c）

图 3-9 对齐

Note

3.3.4　旋转

旋转是将所选对象绕指定点（即基点）旋转至指定的角度，以便调整对象的位置。该命令主要有如下 5 种调用方法：

☑　在命令行中输入 ROTATE 命令。

☑　选择菜单栏中的“修改/旋转”命令。

☑　右击，在弹出的快捷菜单中选择“旋转”命令。

☑　单击“修改”工具栏中的“旋转”按钮○。

☑　单击“默认”选项卡“修改”面板中的“旋转”按钮○。

执行上述操作后，根据系统提示选择要旋转的对象，并指定旋转的基点和指定旋转角度。在执行旋转命令的过程中，命令行提示中各主要选项的含义如下。

☑　复制(C)：选择该选项，旋转对象的同时保留原对象，如图 3-10 所示。

☑　参照(R)：采用参考方式旋转对象时，根据系统提示指定要参考的角度和旋转后的角度值，操作完毕后，对象被旋转至指定的角度位置。

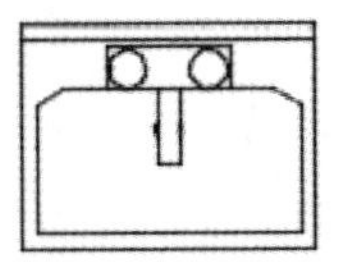

旋转前

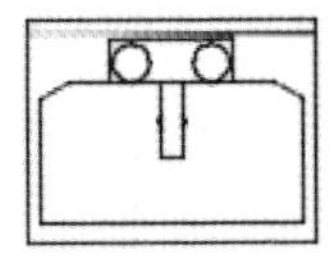

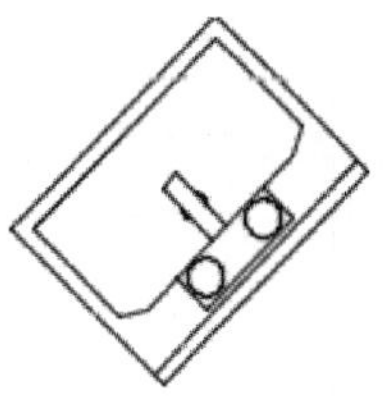

旋转后

图 3-10　复制旋转

提示：

可以用拖动鼠标的方法旋转对象。选择对象并指定基点后，从基点到当前光标位置会出现一条连线，移动鼠标，选择的对象会动态地随着该连线与水平方向的夹角的变化而旋转，按 Enter 键确认旋转操作，如图 3-11 所示。

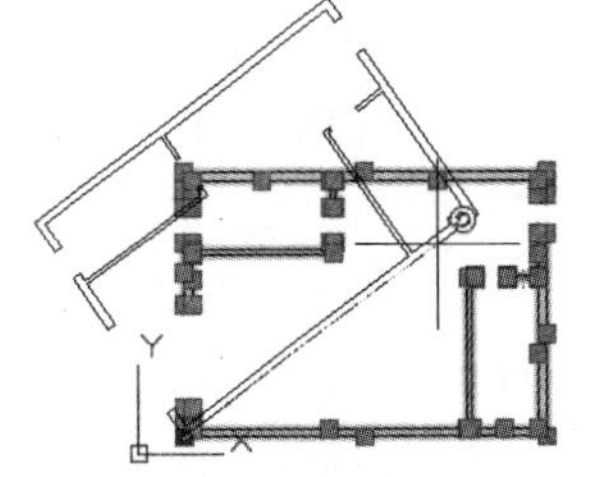

图 3-11　拖动鼠标旋转对象

3.4　利用一个对象生成多个对象

本节详细介绍 AutoCAD 2016 的复制类命令，利用这些编辑功能，可以方便地编辑绘制的图形。

3.4.1　镜像

将指定的对象按给定的镜像线进行反像复制，即镜像。镜像操作适用于对称图形，是一种常

Note

用的编辑方法。执行镜像命令，主要有如下 4 种调用方法：

☑ 在命令行中输入 MIRROR 命令。

☑ 选择菜单栏中的“修改/镜像”命令。

☑ 单击“修改”工具栏中的“镜像”按钮。

☑ 单击“默认”选项卡“修改”面板中的“镜像”按钮。

执行上述操作后，系统提示选择要镜像的对象，指定镜像线的第一个点和第二个点，并确定是否删除源对象。这两点确定一条镜像线，被选择的对象以该线为对称轴进行镜像。包含该线的镜像平面与用户坐标系统的 XY 平面垂直，即镜像操作工作在与用户坐标系统的 XY 平面平行的平面上。

3.4.2 实战——双扇弹簧门

利用矩形、圆弧和镜像命令绘制双扇弹簧门，绘制流程如图 3-12 所示。

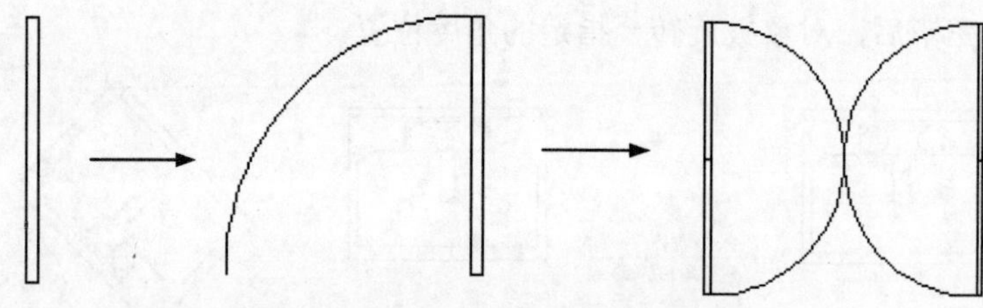

图 3-12 绘制双扇弹簧门流程图

操作步骤如下：（：光盘\配套视频\第 3 章\双扇弹簧门.avi）

1. 门扇绘制

单击“默认”选项卡“绘图”面板中的“矩形”按钮，在绘图区的适当位置绘制一个 50×1000 的矩形作为门扇，如图 3-13 所示。

2. 弧线绘制

（1）单击“默认”选项卡“绘图”面板中的“圆弧”按钮，在矩形左侧绘制一段圆弧。

（2）在命令行提示“指定圆弧的起点或[圆心(C)]:”后输入 C。

（3）在命令行提示“指定圆弧的圆心:”后用鼠标捕捉矩形右下角点。

（4）在命令行提示“指定圆弧的起点:”后用鼠标捕捉矩形右上角点。

（5）在命令行提示“指定圆弧的端点或[角度(A)/弦长(L)]:”后用鼠标向左在水平线上单击确定一点。

结果如图 3-14 所示。

图 3-13 绘制矩形　　　　图 3-14 单扇平面门绘制

3. 双扇门绘制

（1）单击“默认”选项卡“修改”面板中的“镜像”按钮，选中绘制出的单扇门，单击图中弧线的端点作为镜像线的第一点，然后在垂直方向上单击第二点，右击退出，即可完成绘制。

（2）在命令行提示“选择对象:”后框选单扇门。

（3）在命令行提示“选择对象:”后按 Enter 键。

（4）在命令行提示“指定镜像线的第一点:”后捕捉 A 点。

（5）在命令行提示“指定镜像线的第二点:”后捕捉 B 点。

（6）在命令行提示“要删除源对象吗？[是(Y)/否(N)] <N>:”后按 Enter 键。

结果如图 3-15 所示。

采用类似的方法还可以绘出双扇弹簧门，如图 3-16 所示，请读者自己完成。

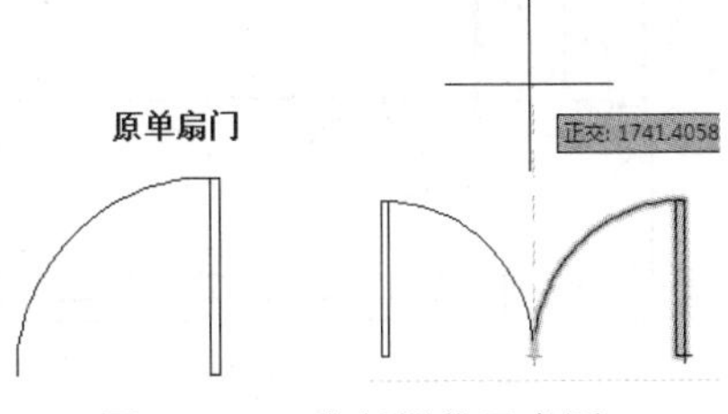

图 3-15　双扇门操作示意图

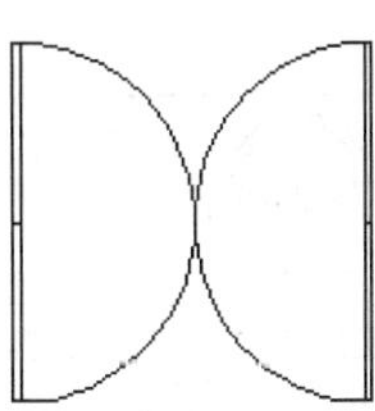

图 3-16　双扇弹簧门

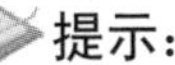

提示：

在装配时，要充分利用鼠标的捕捉功能，达到准确定位。要养成准确绘图的习惯，需要定位准确的地方不能随意选择，否则后患很大。

3.4.3　复制

根据需要，可以将选择的对象复制一次，也可以复制多次（即多重复制）。在复制对象时，需要创建一个选择集并为复制对象指定一个起点和终点，这两点分别称为基点和第二个位移点，可位于图形内的任何位置。执行复制命令，主要有以下 5 种调用方法：

☑　在命令行中输入 COPY 命令。

☑　选择菜单栏中的“修改/复制”命令。

☑　单击“修改”工具栏中的“复制”按钮。

☑　选择快捷菜单中的“复制选择”命令。

☑　单击“默认”选项卡“修改”面板中的“复制”按钮。

执行上述操作，将提示选择要复制的对象。按 Enter 键结束选择操作。在命令行提示“指定基点或[位移(D)/模式(O)] <位移> :”后指定基点或位移。使用复制命令时，命令行提示中各选项的含义如下。

☑　指定基点：指定一个坐标点后，AutoCAD 2016 把该点作为复制对象的基点，并提示指定第二个点。指定第二个点后，系统将根据这两点确定的位移矢量把选择的对象复制到第二点处。如果此时直接按 Enter 键，即选择默认的“用第一点作位移”，则第一个点被当作相对于 X、Y、Z 的位移。例如，如果指定基点为(2,3)，并在下一个提示下按 Enter 键，则该对象从其当前的位置开始在 X 方向上移动 2 个单位，在 Y 方向上移动 3 个单位。复制完成后，根据提示指定第二个点或输入选项。这时，可以不断指定新的第二点，从而实现多重复制。

Note

☑ 位移(D)：直接输入位移值，表示以选择对象时的拾取点为基准，以拾取点坐标为移动方向纵横比，以移动指定位移后确定的点为基点。例如，选择对象时拾取点坐标为(2,3)，输入位移为 5，则表示以（2,3）点为基准，沿纵横比为 3:2 的方向移动 5 个单位所确定的点为基点。

☑ 模式(O)：控制是否自动重复该命令。如图 3-17 所示为将水盆复制后形成的洗手间图形。

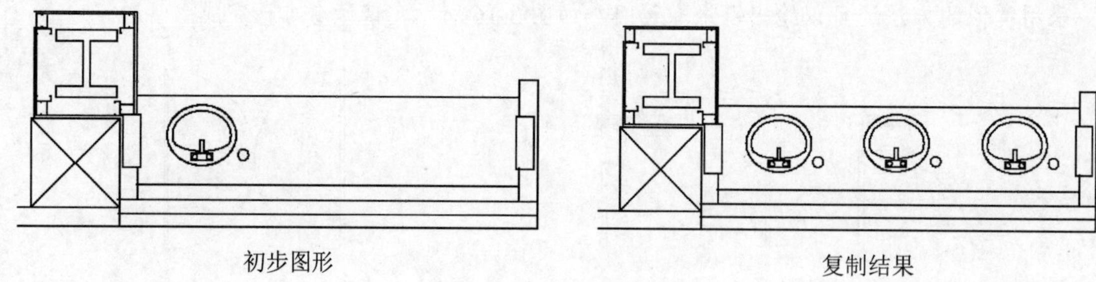

初步图形　　　　复制结果

图 3-17　洗手间图形

3.4.4　实战——餐桌

利用矩形、复制命令绘制餐桌图形，绘制流程如图 3-18 所示。

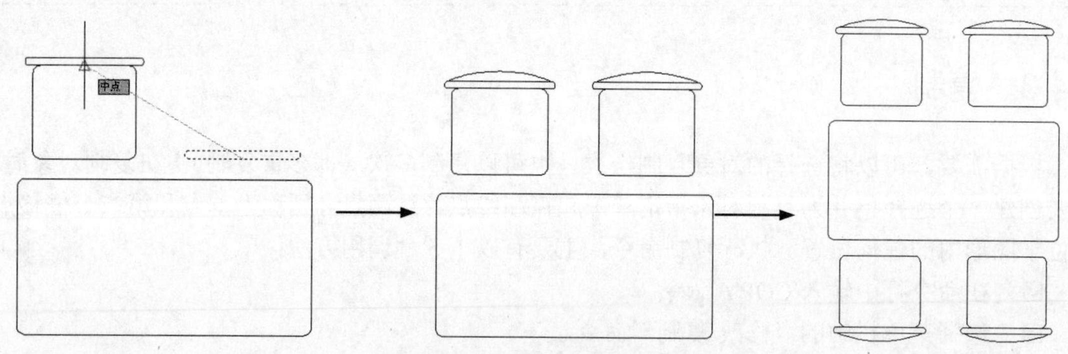

图 3-18　绘制餐桌流程图

操作步骤如下：（：光盘\配套视频\第 3 章\餐桌.avi）

（1）单击“默认”选项卡“绘图”面板中的“矩形”按钮，绘制 3 个圆角矩形，设置 1 和 2 的圆角为 30，3 的圆角为 10，尺寸分别为 1200×600、400×350 和 460×30，结果如图 3-19 所示。

（2）单击“默认”选项卡“修改”面板中的“移动”按钮，将矩形 3 移动到矩形 2 上，如图 3-20 所示。

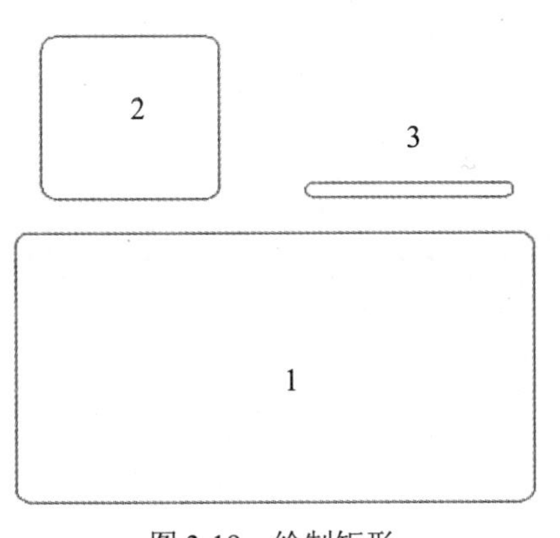

图 3-19　绘制矩形

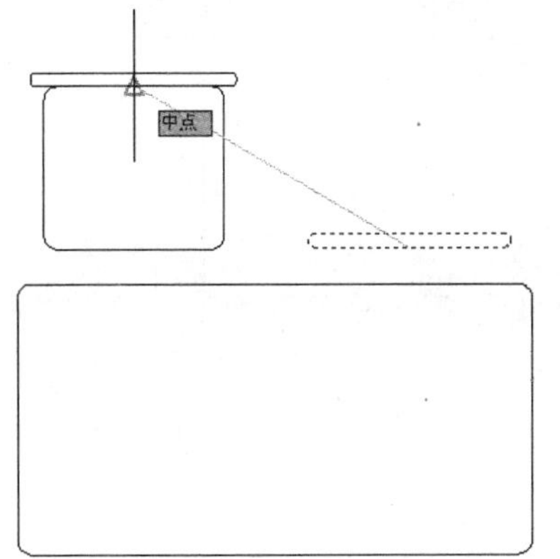

图 3-20　移动矩形

（3）单击“默认”选项卡“绘图”面板中的“圆弧”按钮，在矩形 3 上画一条弧线，绘好椅子，如图 3-21 所示。

（4）单击“默认”选项卡“修改”面板中的“复制”按钮，复制椅子。

① 在命令行提示“选择对象:”后选择椅子。

② 在命令行提示“选择对象:”后按 Enter 键。

③ 在命令行提示“指定基点或[位移(D)/模式(O)] <位移>:”后捕捉椅子的底边中点。

④ 在命令行提示“指定第二个点或[阵列(A)] <使用第一个点作为位移>:”后水平向右大约位置指定一点。

结果如图 3-22 所示。

（5）单击“默认”选项卡“修改”面板中的“镜像”按钮，将矩形上侧的两个椅子镜像到下侧，结果如图 3-23 所示。

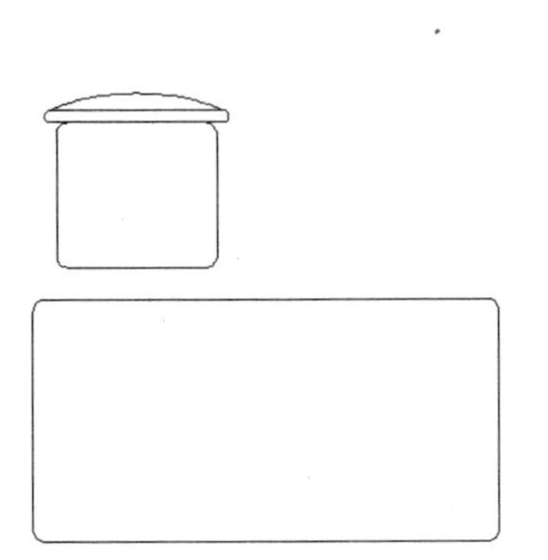

图 3-21　绘制圆弧

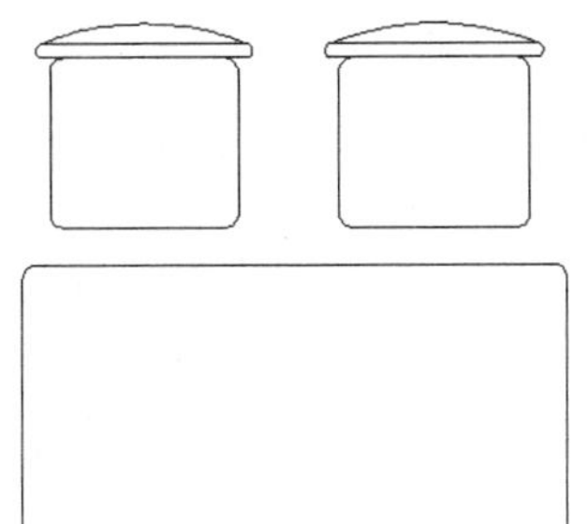

图 3-22　复制椅子

图 3-23　镜像椅子

3.4.5　阵列

阵列按环形或矩形排列形式复制对象或选择集。对于环形阵列，可以控制复制对象的数目和是否旋转对象。对于矩形阵列，可以控制行和列的数目以及间距。如图 3-24 所示分别是矩形阵列和环形阵列的示例。

Note

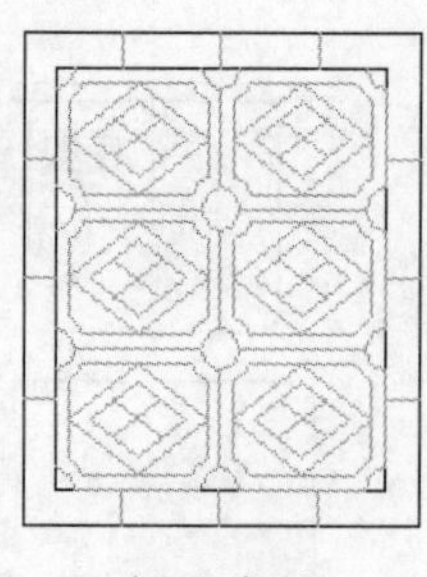
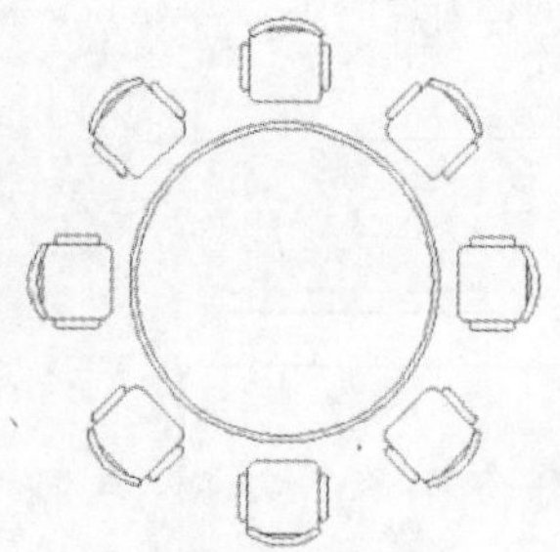

矩形阵列　　　　环形阵列

图 3-24　阵列

阵列命令主要有如下 4 种调用方法：

☑ 在命令行中输入 ARRAY 命令。

☑ 选择菜单栏中的“修改/阵列”命令。

☑ 单击“修改”工具栏中的“阵列”按钮。

☑ 单击“默认”选项卡“修改”面板中的“阵列”按钮。

执行阵列命令后，根据系统提示选择对象，按 Enter 键结束选择后输入阵列类型。在命令行提示下选择路径曲线或输入行列数。在执行阵列命令的过程中，命令行提示中各主要选项的含义如下。

☑ 方向(O)：控制选定对象是否将相对于路径的起始方向重定向（旋转），然后再移动到路径的起点。

☑ 表达式(E)：使用数学公式或方程式获取值。

☑ 基点(B)：指定阵列的基点。

☑ 关键点(K)：对于关联阵列，在源对象上指定有效的约束点（或关键点）以用作基点。如果编辑生成的阵列的源对象，阵列的基点保持与源对象的关键点重合。

☑ 定数等分(D)：沿整个路径长度平均定数等分项目。

☑ 全部(T)：指定第一个和最后一个项目之间的总距离。

☑ 关联(AS)：指定是否在阵列中创建项目作为关联阵列对象，或作为独立对象。

☑ 项目(I)：编辑阵列中的项目数。

☑ 行数(R)：指定阵列中的行数和行间距，以及它们之间的增量标高。

☑ 层级(L)：指定阵列中的层数和层间距。

☑ 对齐项目(A)：指定是否对齐每个项目以与路径的方向相切。对齐相对于第一个项目的方向（“方向(O)”选项）。

☑ Z 方向(Z)：控制是否保持项目的原始 Z 方向或沿三维路径自然倾斜项目。

☑ 退出(X)：退出命令。

3.4.6　实战——会议桌

本实例会议桌包括椅子和桌子两部分，图形较复杂，含有大量的弧线条，而且涉及沿弧线阵列的问题。流程如图 3-25 所示。

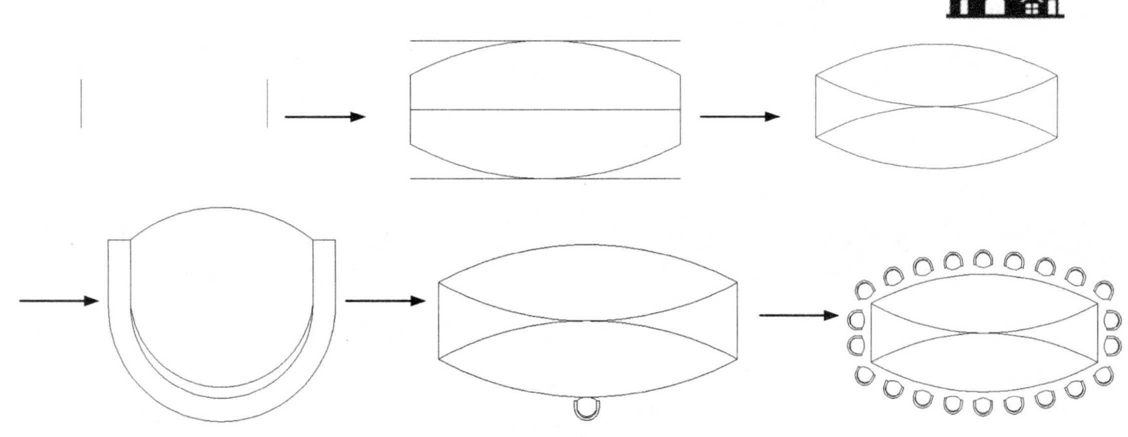

图 3-25　绘制会议桌流程图

操作步骤如下：（：光盘\配套视频\第 3 章\会议桌.avi）

（1）单击“默认”选项卡“绘图”面板中的“直线”按钮，绘制出两条长度为 1500 的竖直直线 1、2，二者之间的距离为 6000，如图 3-26 所示。

（2）单击“默认”选项卡“绘图”面板中的“直线”按钮，捕捉两条竖直直线的中点进行连接，如图 3-27 所示。

图 3-26　绘制两竖直线　　　　图 3-27　绘制直线

（3）单击“默认”选项卡“修改”面板中的“偏移”按钮，将水平直线分别向两侧偏移 1500，如图 3-28 所示。

（4）单击“默认”选项卡“绘图”面板中的“圆弧”按钮，捕捉竖直直线的端点和偏移后的直线中点，绘制两条弧线，如图 3-29 所示。

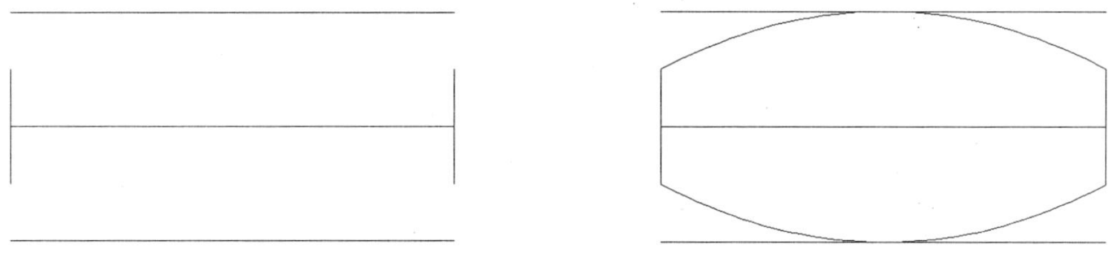

图 3-28　偏移直线　　　　图 3-29　绘制外弧线

（5）同理，单击“默认”选项卡“绘图”面板中的“圆弧”按钮，绘制出内部的两条弧线，如图 3-30 所示。

（6）单击“默认”选项卡“修改”面板中的“删除”按钮，将辅助线删除，完成桌面的绘制，如图 3-31 所示。

（7）单击“默认”选项卡“绘图”面板中的“多段线”按钮，绘制椅子轮廓。

① 在命令行提示“指定起点:”后在图中合适位置处指定一点。

Note

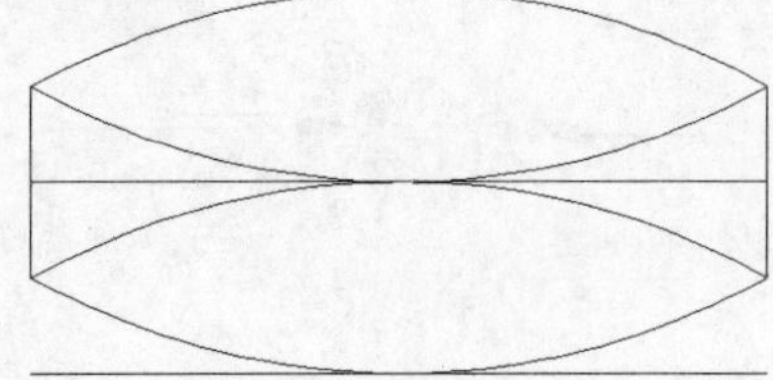

图 3-30　绘制内弧线

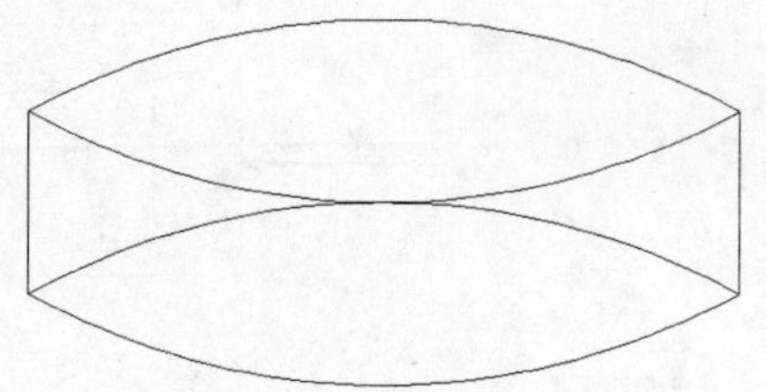

图 3-31　删除辅助线

② 在命令行提示“指定下一个点或[圆弧(A)/半宽(H)/长度(L)/放弃(U)/宽度(W)]:”后输入“@0,-140”。

③ 在命令行提示“指定下一点或[圆弧(A)/闭合(C)/半宽(H)/长度(L)/放弃(U)/宽度(W)]:”后输入A。

④ 在命令行提示“指定圆弧的端点(按住Ctrl键以切换方向)或[角度(A)/圆心(CE)/闭合(CL)/方向(D)/半宽(H)/直线(L)/半径(R)/第二个点(S)/放弃(U)/宽度(W)]:”后输入“@250,-250”。

⑤ 在命令行提示“指定圆弧的端点(按住Ctrl键以切换方向):”后输入“@250,250”。

⑥ 在命令行提示“指定圆弧的端点(按住Ctrl键以切换方向)或[角度(A)/圆心(CE)/闭合(CL)/方向(D)/半宽(H)/直线(L)/半径(R)/第二个点(S)/放弃(U)/宽度(W)]:”后输入L。

⑦ 在命令行提示“指定下一点或[圆弧(A)/闭合(C)/半宽(H)/长度(L)/放弃(U)/宽度(W)]:”后输入“@0,140”。

⑧ 在命令行提示“指定下一点或[圆弧(A)/闭合(C)/半宽(H)/长度(L)/放弃(U)/宽度(W)]:”后按Enter键。

结果如图3-32所示。

（8）单击“默认”选项卡“修改”面板中的“偏移”按钮，将多段线向内偏移50得到内边缘，结果如图3-33所示。

（9）单击“默认”选项卡“绘图”面板中的“圆弧”按钮和“直线”按钮，分别绘制出座垫的外边缘和内边缘，结果如图3-34所示。

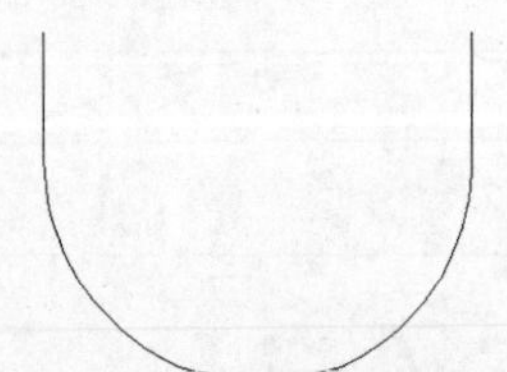

图 3-32　绘制椅子轮廓

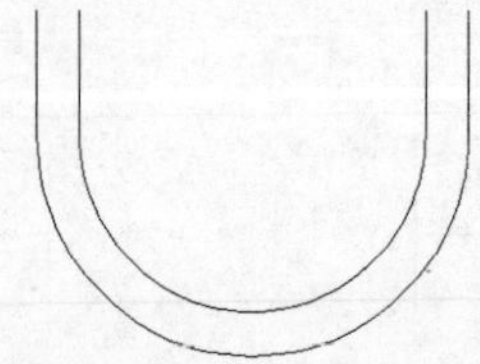

图 3-33　椅子绘制

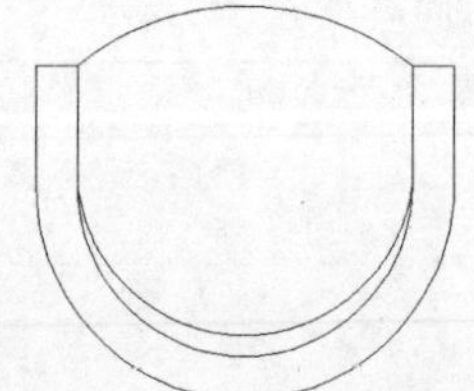

图 3-34　椅子座垫

（10）选择菜单栏中的“修改/三维操作/对齐”命令，将椅子对齐。

① 在命令行提示“选择对象:”后选择椅子。

② 在命令行提示“选择对象:”后按Enter键。

③ 在命令行提示“指定第一个源点:”后选择椅子边缘弧线中点为第一个源点，如图3-35所示。

④ 在命令行提示“指定第一个目标点:”后选择桌子边缘弧线中点为第一个目标点，然后按Enter键，如图3-36所示。

（11）将椅子竖直向下移出一定距离，使其不紧贴桌子边缘；然后右击桌子边缘圆弧，弹出其“特性”选项板，记下圆心坐标和总角度，如图 3-37 所示。

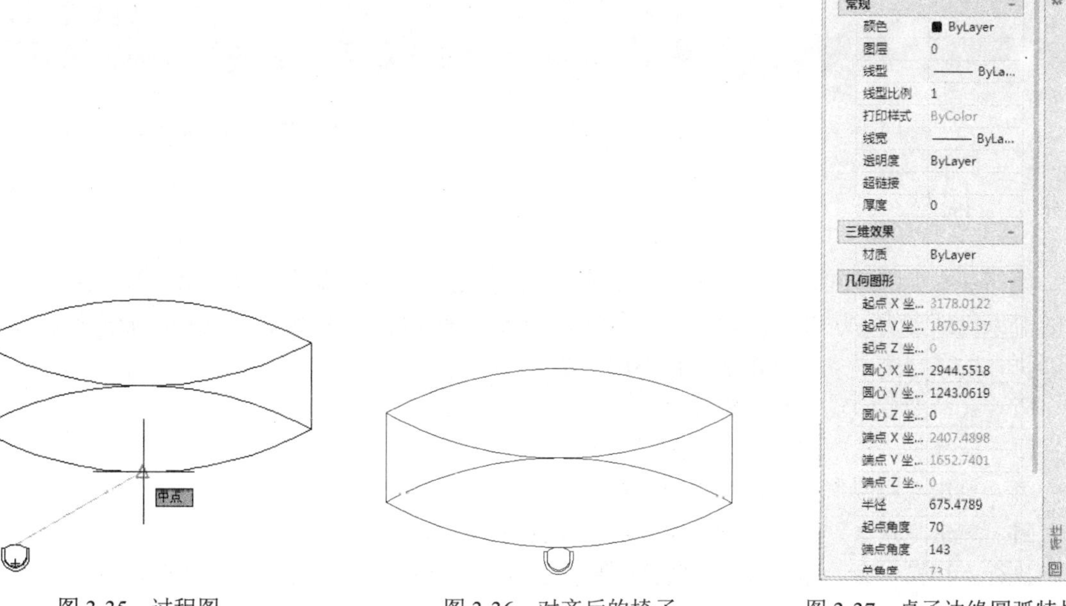

图 3-35　过程图　　图 3-36　对齐后的椅子　　图 3-37　桌子边缘圆弧特性

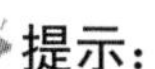
提示：

记下圆心坐标和总角度以备阵列时使用，读者绘图的位置不可能和笔者完全一样，所以圆心坐标不会与图中相同。

（12）单击“默认”选项卡“修改”面板中的“环形阵列”按钮，设置阵列中心点为刚才记下的圆心坐标，阵列数目为 5，填充角度为 28°，选择椅子图形将其进行阵列。

① 在命令行提示“指定阵列的中心点或[基点(B)/旋转轴(A)]:”后输入“2944.5518, 1243.0619”。

② 在命令行提示“选择夹点以编辑阵列或[关联(AS)/基点(B)/项目(I)/项目间角度(A)/填充角度(F)/行(ROW)/层(L)/旋转项目(ROT)/退出(X)] <退出>:”后输入 I。

③ 在命令行提示“输入阵列中的项目数或[表达式(E)] <6>:”后输入 5。

④ 在命令行提示“选择夹点以编辑阵列或[关联(AS)/基点(B)/项目(I)/项目间角度(A)/填充角度(F)/行(ROW)/层(L)/旋转项目(ROT)/退出(X)] <退出>:”后输入 F。

⑤ 在命令行提示“指定填充角度(+=逆时针、-=顺时针)或[表达式(EX)] <360>:”后输入 28。

⑥ 在命令行提示“选择夹点以编辑阵列或[关联(AS)/基点(B)/项目(I)/项目间角度(A)/填充角度(F)/行(ROW)/层(L)/旋转项目(ROT)/退出(X)] <退出>:”后按 Enter 键。

结果如图 3-38 所示。

（13）其余的椅子可以继续用环形阵列命令来完成，但需注意阵列角度的正负取值；也可以用镜像、复制和旋转命令来实现，在此不再赘述，结果如图 3-39 所示。

Note

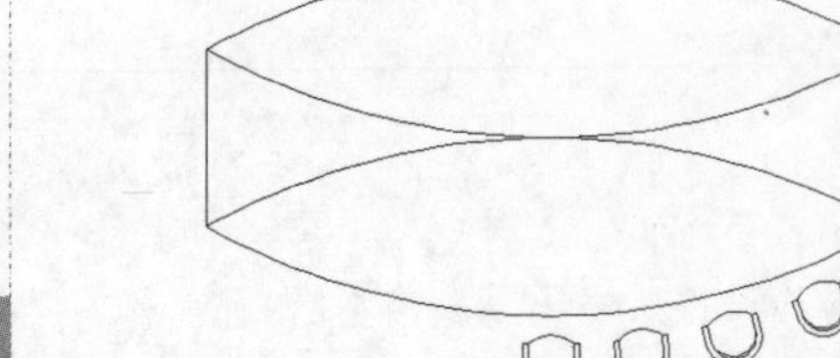

图 3-38　阵列椅子

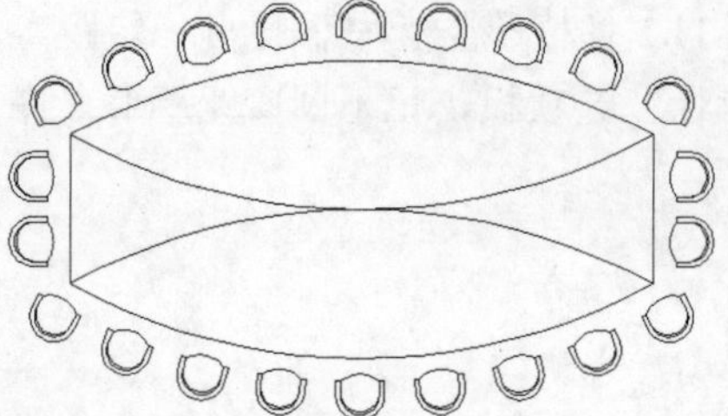

图 3-39　绘制其余椅子

3.4.7　偏移

偏移是根据确定的距离和方向，在不同的位置创建一个与选择的对象相似的新对象。可以偏移的对象包括直线、圆弧、圆、二维多段线、椭圆、椭圆弧、参照线、射线和平面样条曲线等。

执行偏移命令，主要有如下 4 种调用方法：

☑　在命令行中输入 OFFSET 命令。

☑　选择菜单栏中的“修改/偏移”命令。

☑　单击“修改”工具栏中的“偏移”按钮。

☑　单击“默认”选项卡“修改”面板中的“偏移”按钮。

执行上述操作后，将提示指定偏移距离或选择选项，选择要偏移的对象并指定偏移方向。使用偏移命令绘制构造线时，命令行提示中各选项的含义如下。

☑　指定偏移距离：输入一个距离值，或按 Enter 键使用当前的距离值，系统把该距离值作为偏移距离，如图 3-40 所示。

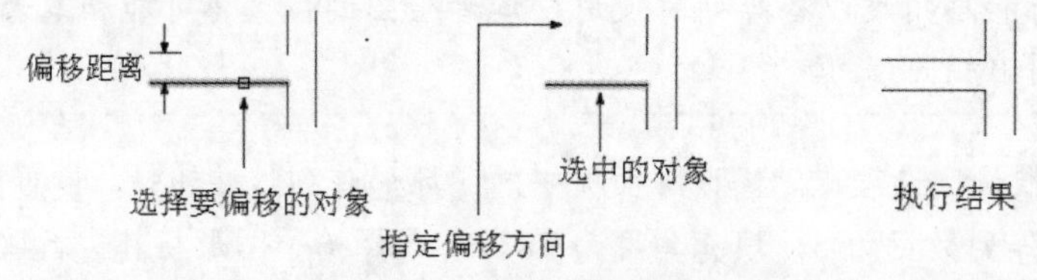

图 3-40　指定距离偏移对象

☑　通过(T)：指定偏移的通过点。选择该选项且选择要偏移的对象后按 Enter 键，并指定偏移对象的一个通过点。操作完毕后系统根据指定的通过点绘出偏移对象，如图 3-41 所示。

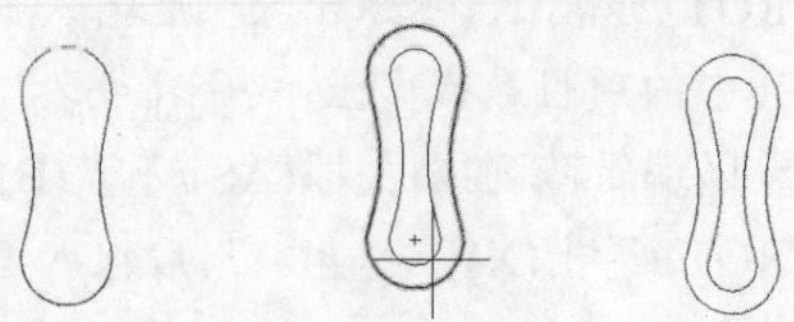

图 3-41　指定通过点偏移对象

☑　删除(E)：偏移后，将源对象删除。

☑　图层：确定将偏移对象创建在当前图层上还是源对象所在的图层上。选择该选项后输入偏移对象的图层选项，操作完毕后系统根据指定的图层绘出偏移对象。

Note

3.4.8　实战——行李架

本实例利用矩形命令绘制行李架主体，再利用偏移和复制命令完成绘制，绘制流程如图 3-42 所示。

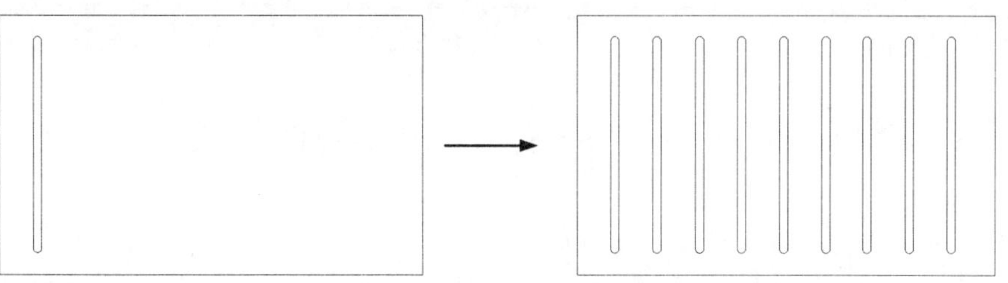

图 3-42　绘制行李架流程图

操作步骤如下：（：光盘\配套视频\第 3 章\行李架.avi）

（1）单击“默认”选项卡“绘图”面板中的“矩形”按钮，绘制行李架外框。

① 在命令行提示“指定第一个角点或[倒角(C)/标高(E)/圆角(F)/厚度(T)/宽度(W)]:”后输入“0,0”。

② 在命令行提示“指定另一个角点或[面积(A)/尺寸(D)/旋转(R)]:”后输入“1000,600”。

（2）单击“默认”选项卡“绘图”面板中的“矩形”按钮，绘制一个小矩形。

① 在命令行提示“指定第一个角点或[倒角(C)/标高(E)/圆角(F)/厚度(T)/宽度(W)]:”后输入 F。

② 在命令行提示“指定矩形的圆角半径<0.0000>:”后输入 10。

③ 在命令行提示“指定第一个角点或[倒角(C)/标高(E)/圆角(F)/厚度(T)/宽度(W)]:”后输入“80,50”。

④ 在命令行提示“指定另一个角点或[面积(A)/尺寸(D)/旋转(R)]:”后输入 D。

⑤ 在命令行提示“指定矩形的长度<10.0000>:”后输入 20。

⑥ 在命令行提示“指定矩形的宽度<10.0000>:”后输入 500。

⑦ 在命令行提示“指定另一个角点或[面积(A)/尺寸(D)/旋转(R)]:”后向右上方随意指定一点，表示角点的位置方向。

结果如图 3-43 所示。

（3）单击“默认”选项卡“修改”面板中的“分解”按钮，将小矩形分解，然后单击“默认”选项卡“修改”面板中的“偏移”按钮，将分解后的小矩形右长边向右偏移。

① 在命令行提示“指定偏移距离或[通过(T)/删除(E)/图层(L)] <30.0000>:”后输入 80。

② 在命令行提示“选择要偏移的对象，或[退出(E)/放弃(U)] <退出>:”后选取小矩形的右长边。

③ 在命令行提示“指定要偏移的那一侧上的点，或 [退出(E)/多个(M)/放弃(U)] <退出>:”后在小矩形的右侧单击。

④ 在命令行提示“选择要偏移的对象，或 [退出(E)/放弃(U)] <退出>:”后按 Enter 键。

采用相同的方式，依次偏移直线，偏移距离分别为 20、80、20、80、20、80、20、80、20、80、20、80、20、80 和 20，最终结果如图 3-44 所示。

（4）单击“默认”选项卡“修改”面板中的“复制”按钮，将小矩形的上下两个圆角分别复制到偏移的直线两端，结果如图 3-45 所示。

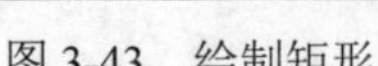

图 3-43　绘制矩形

图 3-44　偏移直线

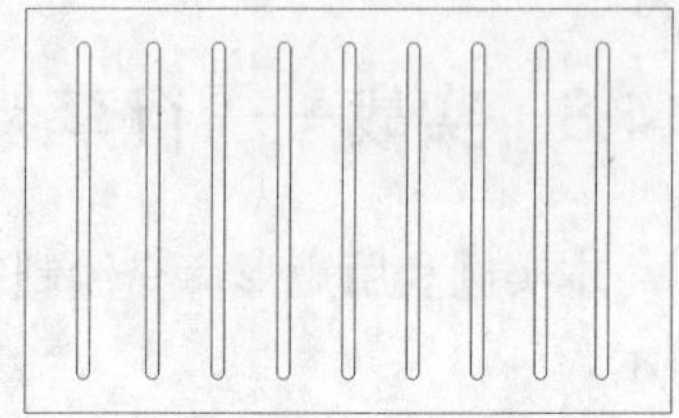

图 3-45　复制圆角

3.5　调整对象尺寸

调整对象尺寸在对指定对象进行编辑后，使编辑对象的几何尺寸发生改变，包括修剪、延伸、拉伸、拉长、打断等命令。

3.5.1　缩放

缩放是使对象整体放大或缩小，通过指定一个基点和比例因子来缩放对象。执行缩放命令，主要有如下 5 种调用方法：

☑　在命令行中输入 SCALE 命令。

☑　选择菜单栏中的“修改/缩放”命令。

☑　在快捷菜单中选择“缩放”命令。

☑　单击“修改”工具栏中的“缩放”按钮。

☑　单击“默认”选项卡“修改”面板中的“缩放”按钮。

执行上述操作后，根据系统提示选择要缩放的对象，指定缩放操作的基点，指定比例因子或选项。在执行缩放命令的过程中，命令行提示中各主要选项的含义如下。

☑　参照(R)：采用参考方向缩放对象时，根据系统提示输入参考长度值并指定新长度值。若新长度值大于参考长度值，则放大对象；否则，缩小对象。操作完毕后，系统以指定的基点按指定的比例因子缩放对象。如果选择“点(P)”选项，则指定两点来定义新的长度。

☑　指定比例因子：选择对象并指定基点后，从基点到当前光标位置会出现一条线段，线段的长度即为比例大小。鼠标选择的对象会动态地随着该连线长度的变化而缩放，按 Enter 键，确认缩放操作。

☑　复制(C)：选择“复制(C)”选项时，可以复制缩放对象，即缩放对象时，保留原对象，如图 3-46 所示。

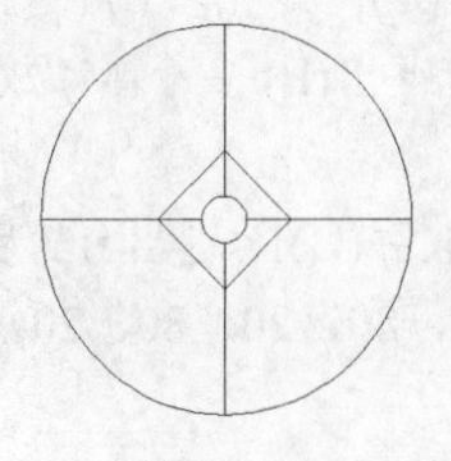

缩放前

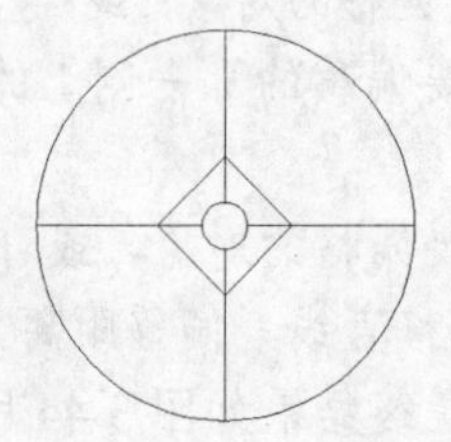

缩放后

图 3-46　复制缩放

3.5.2 修剪

修剪是用指定的边界（由一个或多个对象定义的剪切边）修剪指定的对象。剪切边可以是直线、圆弧、圆、多段线、椭圆、样条曲线、构造线、射线和图纸空间中的视口。执行修剪命令，主要有如下 4 种调用方法：

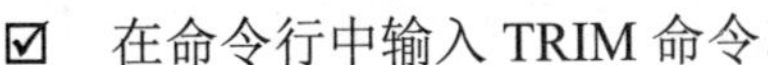

☑ 在命令行中输入 TRIM 命令。
☑ 选择菜单栏中的“修改/修剪”命令。
☑ 单击“修改”工具栏中的“修剪”按钮。
☑ 单击“默认”选项卡“修改”面板中的“修剪”按钮。

执行上述操作后，根据系统提示选择剪切边，选择一个或多个对象并按 Enter 键，或者按 Enter 键选择所有显示的对象。按 Enter 键结束对象选择。使用修剪命令对图形对象进行修剪时，命令行提示中主要选项的含义如下。

☑ 按 Shift 键：在选择对象时，如果按住 Shift 键，系统就自动将修剪命令转换成延伸命令，延伸命令将在 3.5.4 节介绍。
☑ 边(E)：选择该选项时，可以选择对象的修剪方式。
  - 延伸(E)：延伸边界进行修剪。在此方式下，如果剪切边没有与要修剪的对象相交，系统会延伸剪切边直至与要修剪的对象相交，然后再修剪，如图 3-47 所示。

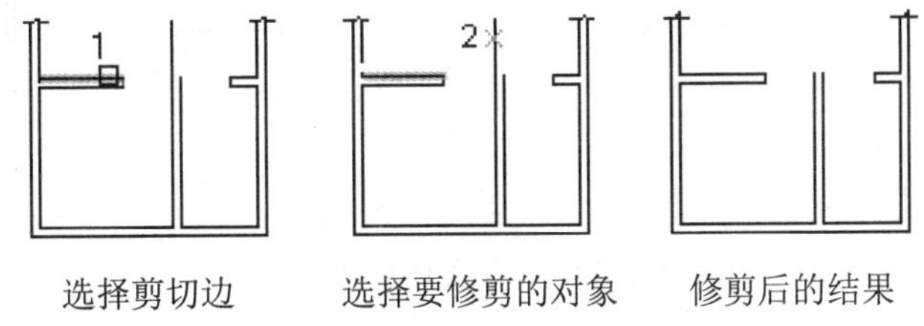

图 3-47 延伸方式修剪对象

  - 不延伸(N)：不延伸边界修剪对象，只修剪与剪切边相交的对象。

☑ 栏选(F)：选择该选项时，系统以栏选的方式选择被修剪对象，如图 3-48 所示。

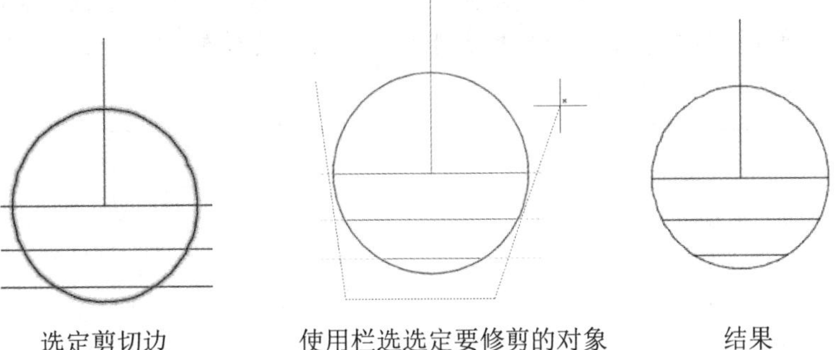

图 3-48 栏选选择修剪对象

☑ 窗交(C)：选择该选项时，系统以窗交的方式选择被修剪对象，如图 3-49 所示。被选择的对象可以互为边界和被修剪对象，此时系统会在选择的对象中自动判断边界。

Note

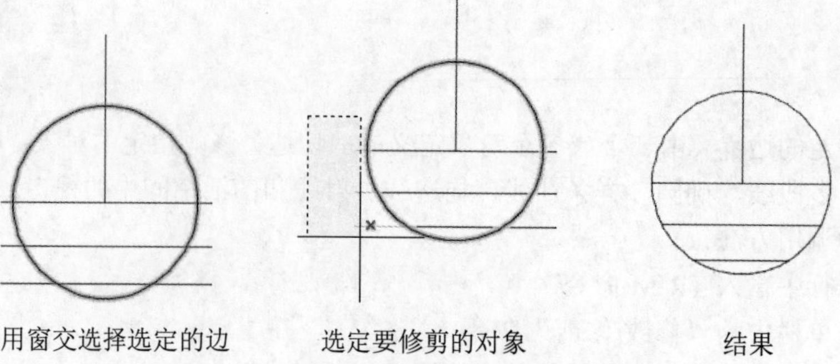

图 3-49　窗交选择修剪对象

3.5.3　实战——落地灯

本实例利用矩形、镜像、圆弧命令绘制灯架，再利用圆弧、直线、剪切等命令绘制连接处，最后利用样条曲线、直线、圆弧命令创建灯罩，绘制流程如图 3-50 所示。

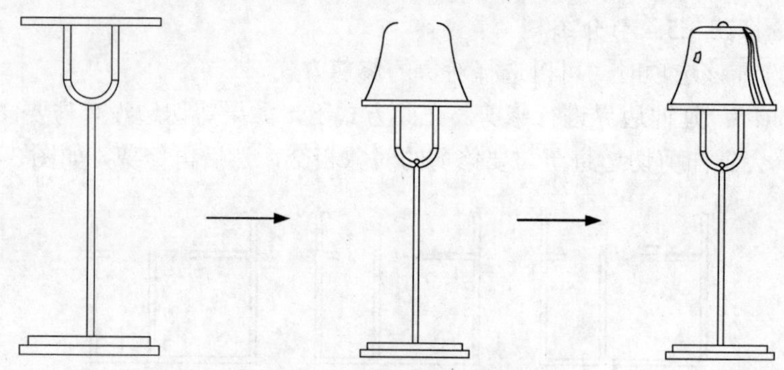

图 3-50　绘制落地灯流程图

操作步骤如下：（：光盘\配套视频\第 3 章\落地灯.avi）

（1）单击“默认”选项卡“绘图”面板中的“矩形”按钮，绘制轮廓线，然后单击“默认”选项卡“修改”面板中的“镜像”按钮，使轮廓线左右对称，如图 3-51 所示。

（2）单击“默认”选项卡“绘图”面板中的“圆弧”按钮和“修改”面板中的“偏移”按钮，绘制两条圆弧，在端点处分别捕捉到矩形的角点，在绘制的下面的圆弧中间一点捕捉到中间矩形上边的中点，如图 3-52 所示。

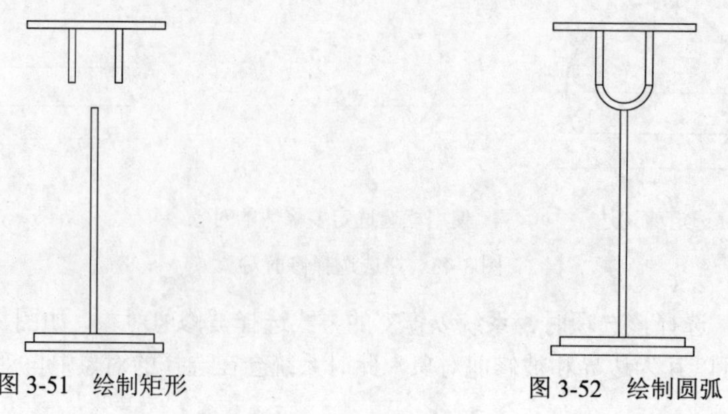

图 3-51　绘制矩形　　　　图 3-52　绘制圆弧

（3）单击“默认”选项卡“绘图”面板中的“直线”按钮和“圆弧”按钮，绘制灯柱上的结合点，如图 3-53 所示的轮廓线。

（4）单击“默认”选项卡“修改”面板中的“修剪”按钮，修剪多余图形。

① 在命令行提示“选择对象或<全部选择>:”后选择修剪边界对象，如图 3-53 所示。

② 在命令行提示“选择对象:”后按 Enter 键。

③ 在命令行提示“选择要修剪的对象，或按住 Shift 键选择要延伸的对象，或[栏选(F)/窗交(C)/投影(P)/边(E)/删除(R)/放弃(U)]:”后选择修剪对象，如图 3-53 所示。

④ 在命令行提示“选择要修剪的对象，或按住 Shift 键选择要延伸的对象，或[栏选(F)/窗交(C)/投影(P)/边(E)/删除(R)/放弃(U)]:”后按 Enter 键。

修剪结果如图 3-54 所示。

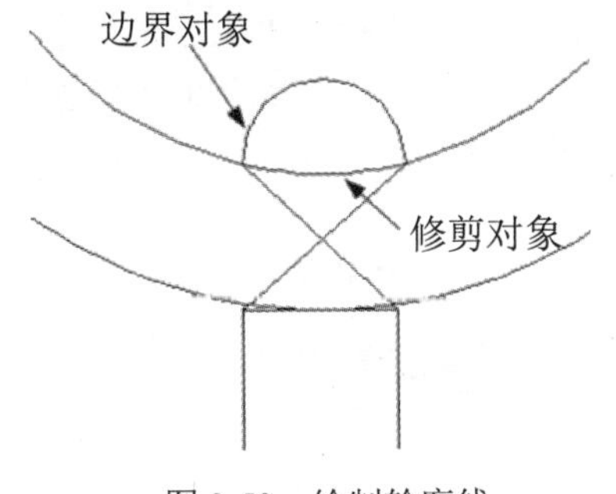

图 3-53　绘制轮廓线

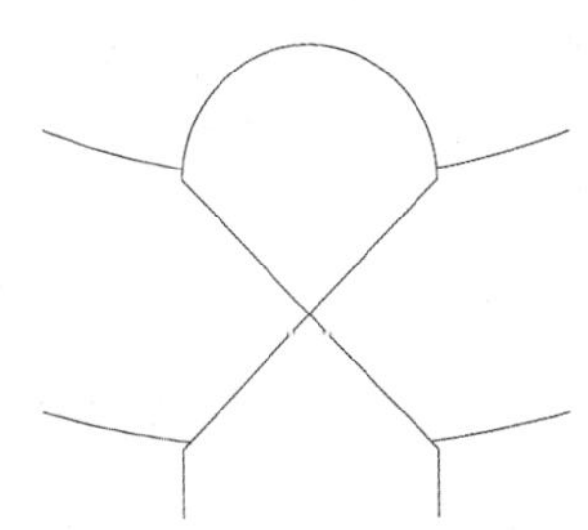

图 3-54　修剪图形

（5）单击“默认”选项卡“绘图”面板中的“样条曲线拟合”按钮和“修改”面板中的“镜像”按钮，绘制灯罩轮廓线，如图 3-55 所示。

（6）单击“默认”选项卡“绘图”面板中的“直线”按钮，补齐灯罩轮廓线，直线端点捕捉对应样条曲线端点，如图 3-56 所示。

（7）单击“默认”选项卡“绘图”面板中的“圆弧”按钮，绘制灯罩顶端的突起，如图 3-57 所示。

（8）单击“默认”选项卡“绘图”面板中的“样条曲线拟合”按钮，绘制灯罩上的装饰线，最终结果如图 3-58 所示。

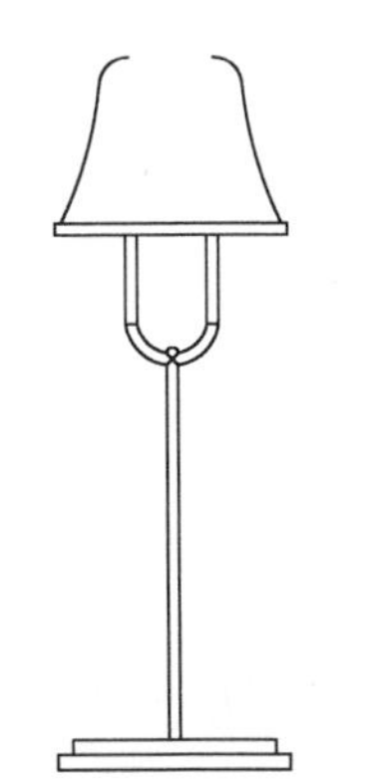

图 3-55　绘制样条曲线

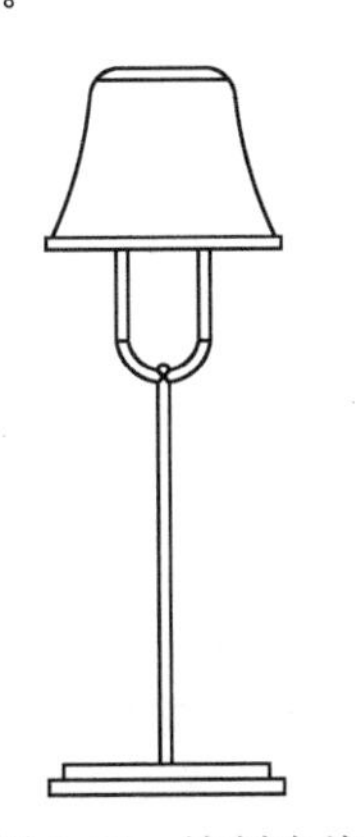

图 3-56　绘制直线

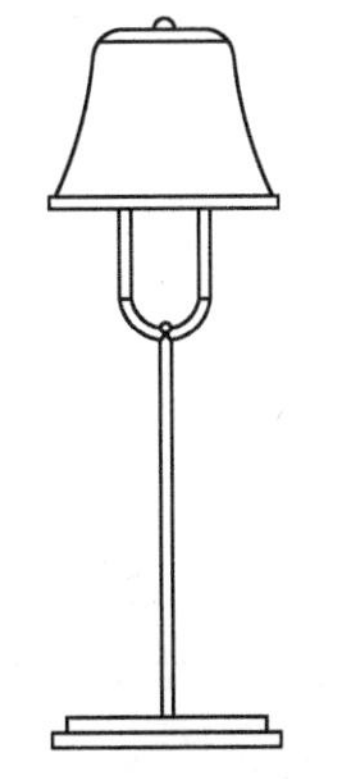

图 3-57　绘制圆弧

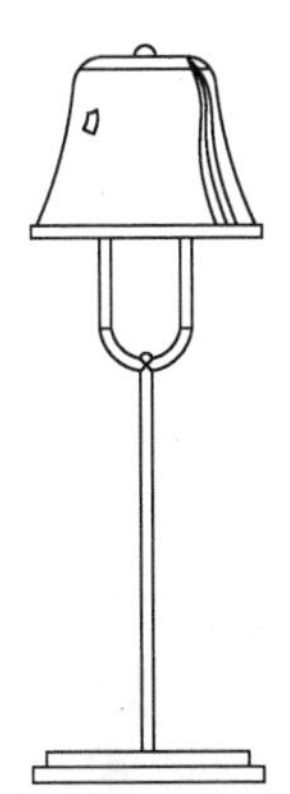

图 3-58　灯具

Note

3.5.4 延伸

延伸是将对象延伸至另一个对象的边界线（或隐含边界线）。执行延伸命令，主要有如下 4 种调用方法：

☑ 在命令行中输入 EXTEND 命令。
☑ 选择菜单栏中的“修改/延伸”命令。
☑ 单击“修改”工具栏中的“延伸”按钮--/。
☑ 单击“默认”选项卡“修改”面板中的“延伸”按钮--/。

执行上述操作后，根据系统提示选择边界的边，选择边界对象。此时可以选择对象来定义边界。若直接按 Enter 键，则选择所有对象作为可能的边界对象。

如果要延伸的对象是适配样条多段线，则延伸后会在多段线的控制框上增加新节点。如果要延伸的对象是锥形的多段线，AutoCAD 2016 会修正延伸端的宽度，使多段线从起始端平滑地延伸至新的终止端。如果延伸操作导致终止端的宽度为负值，则取宽度值为 0，如图 3-59 所示。

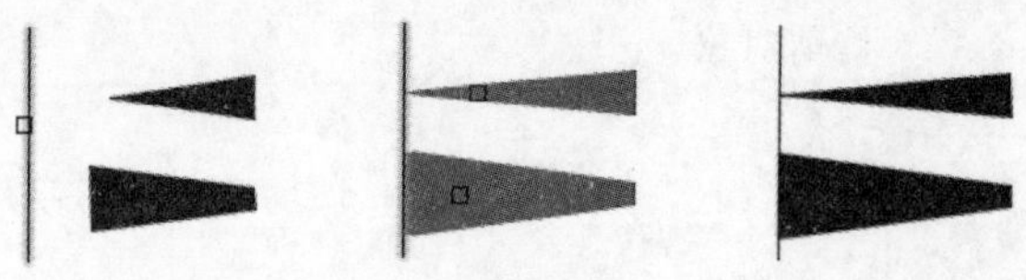

选择边界对象　　选择要延伸的多段线　　延伸后的结果

图 3-59　延伸对象

切点也可以作为延伸边界。选择对象时，如果按住 Shift 键，系统就自动将延伸命令转换成修剪命令。

3.5.5 实战——梳妆凳

本实例利用圆弧与直线命令绘制梳妆凳的初步轮廓，再利用偏移命令绘制靠背，接着利用延伸命令完善靠背，最后利用圆角命令细化图形，绘制流程图如图 3-60 所示。

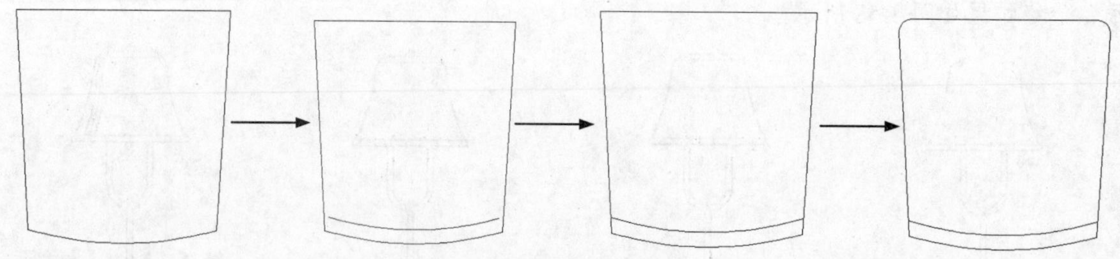

图 3-60　绘制梳妆凳流程图

操作步骤如下：（📹：光盘\配套视频\第 3 章\梳妆凳.avi）

（1）单击“默认”选项卡“绘图”面板中的“直线”按钮／和“圆弧”按钮⌒，绘制梳妆凳的初步轮廓，如图 3-61 所示。

（2）单击“默认”选项卡“修改”面板中的“偏移”按钮⊆，将绘制的圆弧向内偏移一定

Note

距离，如图 3-62 所示。

（3）单击“默认”选项卡“修改”面板中的“延伸”按钮，将偏移后的圆弧进行延伸。

① 在命令行提示“选择对象或 <全部选择>:”后选择左右两条斜直线。

② 在命令行提示“选择对象:”后按 Enter 键。

③ 在命令行提示“选择要延伸的对象，或按住 Shift 键选择要修剪的对象，或[栏选(F)/窗交(C)/投影(P)/边(E)/放弃(U)]:”后选择偏移的圆弧左端。

④ 在命令行提示“选择要延伸的对象，或按住 Shift 键选择要修剪的对象，或[栏选(F)/窗交(C)/投影(P)/边(E)/放弃(U)]:”后选择偏移的圆弧右端。

⑤ 在命令行提示“选择要延伸的对象，或按住 Shift 键选择要修剪的对象，或[栏选(F)/窗交(C)/投影(P)/边(E)/放弃(U)]:”后按 Enter 键。

结果如图 3-63 所示。

（4）单击“默认”选项卡“修改”面板中的“圆角”按钮，以适当的半径对上面两个角进行圆角处理。

① 在命令行提示“选择第一个对象或 [放弃(U)/多段线(P)/半径(R)/修剪(T)/多个(M)]:”后选择要倒圆角的一条边。

② 在命令行提示“选择第二个对象，或按住 Shift 键选择对象以应用角点或 [半径(R)]:”后输入 R。

③ 在命令行提示“指定圆角半径 <0.0000>:”后输入 17。

④ 在命令行提示“选择第二个对象，或按住 Shift 键选择对象以应用角点或 [半径(R)]:”后选择要倒圆角的另一条边。

最终结果如图 3-64 所示

图 3-61 初步图形

图 3-62 偏移处理

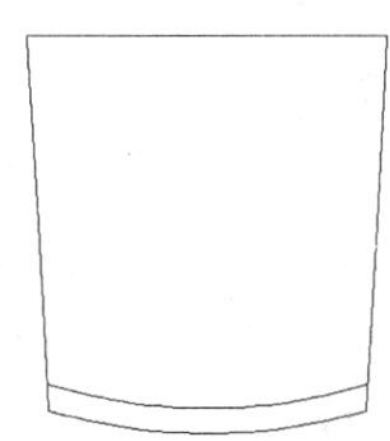

图 3-63 延伸处理

图 3-64 圆角处理

3.5.6 拉伸

拉伸是指拖拉选择的对象，使对象的形状发生改变。要拉伸对象，首先要用交叉窗口或交叉多边形选择要拉伸的对象，然后指定拉伸的基点和位移量。执行拉伸命令，主要有如下 4 种调用方法：

☑ 在命令行中输入 STRETCH 命令。

☑ 选择菜单栏中的“修改/拉伸”命令。

☑ 单击“修改”工具栏中的“拉伸”按钮。

☑ 单击“默认”选项卡“修改”面板中的“拉伸”按钮。

执行上述操作后，根据系统提示输入 C，采用交叉窗口的方式选择要拉伸的对象，指定拉伸的基点和第二点。

此时，若指定第二个点，系统将根据这两点决定的矢量拉伸对象。若直接按 Enter 键，系统会把第一个点作为 X 轴和 Y 轴的分量值。拉伸（STRETCH）移动完全包含在交叉窗口内的顶点和端点。部分包含在交叉窗口内的对象将被拉伸。

Note

3.5.7 拉长

非闭合的直线、圆弧、多段线、椭圆弧和样条曲线的长度可以通过拉长改变，也可以改变圆弧的角度。执行拉长命令，主要有如下 3 种调用方法：

☑ 在命令行中输入 LENGTHEN 命令。

☑ 选择菜单栏中的“修改/拉长”命令。

☑ 单击“默认”选项卡“修改”面板中的“拉长”按钮。

执行上述操作后，根据系统提示选择对象。使用拉长命令对图形对象进行拉长时，命令行提示中主要选项的含义如下。

☑ 增量(DE)：用指定增加量的方法改变对象的长度或角度。

☑ 百分比(P)：用指定占总长度的百分比的方法改变圆弧或直线段的长度。

☑ 总计(T)：用指定新的总长度或总角度值的方法来改变对象的长度或角度。

☑ 动态(DY)：打开动态拖拉模式。在这种模式下，可以使用拖拉鼠标的方法来动态地改变对象的长度或角度。

3.5.8 打断

打断是通过指定点删除对象的一部分或将对象分断。该命令主要有如下 4 种调用方法：

☑ 在命令行中输入 BREAK 命令。

☑ 选择菜单栏中的“修改/打断”命令。

☑ 单击“修改”工具栏中的“打断”按钮。

☑ 单击“默认”选项卡“修改”面板中的“打断”按钮。

执行上述操作后，根据系统提示选择要打断的对象，并指定第二个打断点或输入 F。使用打断命令对图形对象进行打断时，命令行提示中主要选项的含义如下。

☑ 如果选择“第一点(F)”，AutoCAD 2016 将丢弃前面的第一个选择点，重新提示用户指定两个断开点。

☑ 打断对象时，需要确定两个断点。可以将选择对象处作为第一个断点，然后指定第二个断点；还可以先选择整个对象，然后指定两个断点。

☑ 如果仅想将对象在某点打断，则可直接应用“修改”工具栏中的“打断于点”按钮。

☑ 打断命令主要用于删除断点之间的对象，因为某些删除操作是不能由 ERASE 和 TRIM 命令完成的，例如，圆的中心线和对称中心线过长时可利用打断操作进行删除。

3.5.9 实战——梳妆台

本实例利用圆弧与直线命令绘制梳妆凳的初步轮廓，再利用偏移命令绘制靠背，接着利用延

伸命令完善靠背，最后利用圆角命令细化图形，绘制流程图如图 3-65 所示。

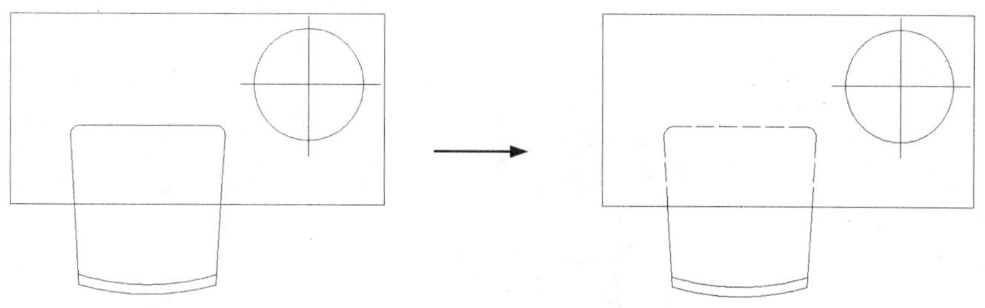

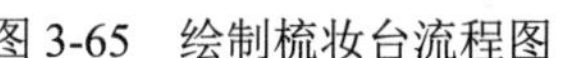

图 3-65　绘制梳妆台流程图

操作步骤如下：（🎥：光盘\配套视频\第 3 章\梳妆台.avi）

（1）打开 3.5.5 节绘制的梳妆凳图形，将其另存为“梳妆台.dwg”文件。

（2）新建“实线”和“虚线”两个图层，如图 3-66 所示。将“虚线”图层的线型设置为 ACAD_IS002W100，并将“实线”图层设置为当前图层。

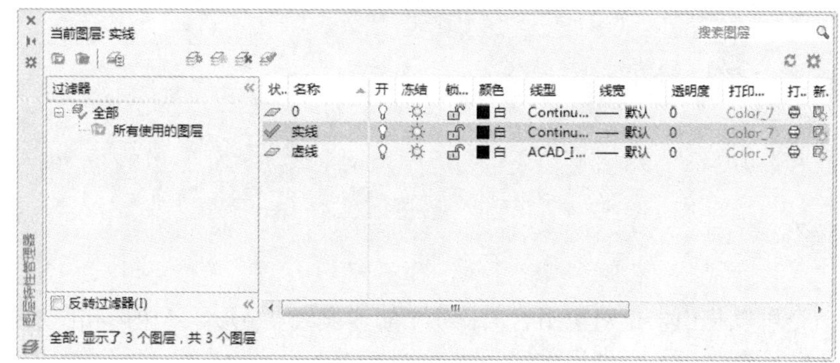

图 3-66　设置图层

（3）利用矩形、直线和圆命令在梳妆凳图形旁边绘制桌子和台灯造型，如图 3-67 所示。

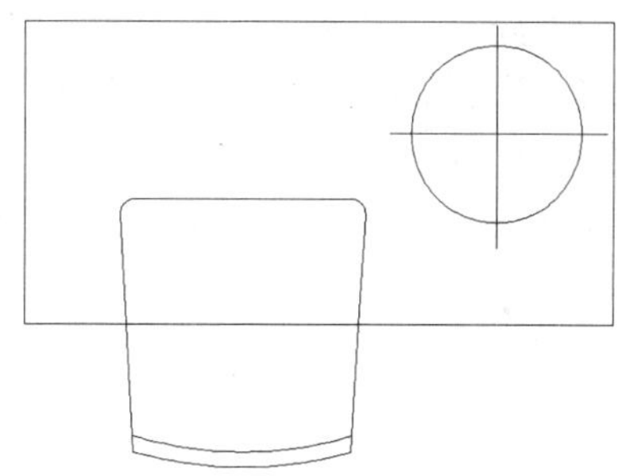

图 3-67　绘制桌子和台灯

（4）单击“默认”选项卡“修改”面板中的“打断于点”按钮，将梳妆凳打断。

① 在命令行提示“选择对象:”后选择梳妆凳被桌面盖住的侧边。

② 在命令行提示“指定第二个打断点或[第一点(F)]:”后输入 F。

③ 在命令行提示“指定第一个打断点:”后捕捉该侧边与桌面的交点。

④ 在命令行提示“指定第二个打断点:”后输入@。

用同样方法，打断另一侧的边。打断后，原来的侧边有一条线以打断点为界分成两段线。

Note

（5）选择梳妆凳被桌面盖住的图线，然后单击“图层”面板中的下拉按钮，在图层列表中选择“虚线”图层，如图 3-68 所示。这部分图形的线型就随图层变为虚线了，最终结果如图 3-69 所示。

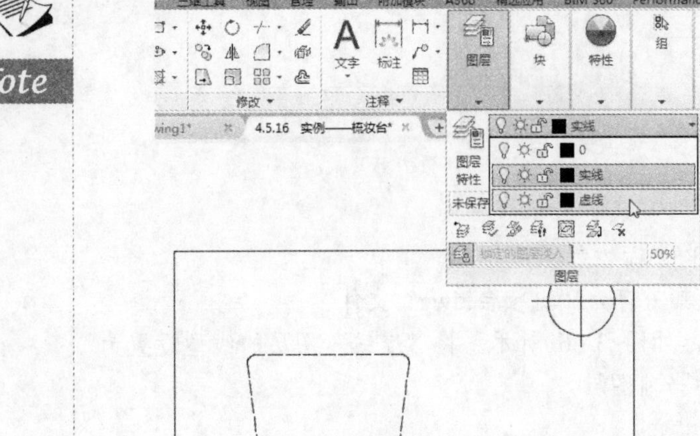

图 3-68　改变图层

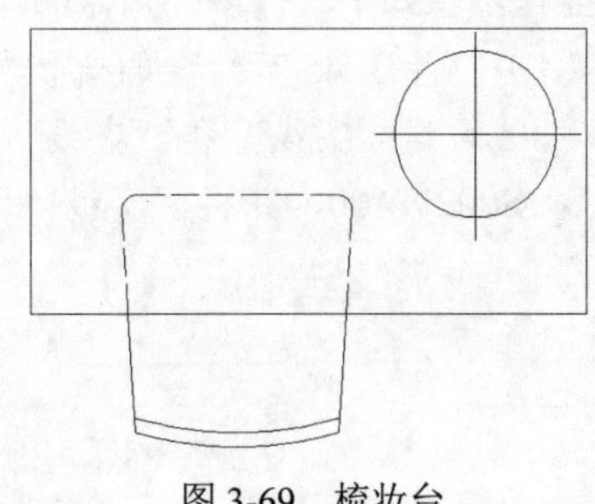
图 3-69　梳妆台

3.5.10　分解

利用分解命令可以将由多个对象组合的图形（如多段线、矩形、多边形和图块等）进行分解。执行分解命令，主要有如下 4 种调用方法：

☑　在命令行中输入 EXPLODE 命令。

☑　选择菜单栏中的“修改/分解”命令。

☑　单击“修改”工具栏中的“分解”按钮。

☑　单击“默认”选项卡“修改”面板中的“分解”按钮。

执行上述操作后，根据系统提示选择要分解的对象。选择一个对象后，该对象会被分解。系统将继续提示该行信息，允许分解多个对象。选择的对象不同，分解的结果就不同。

3.5.11　合并

可以将直线、圆弧、椭圆弧和样条曲线等独立的对象合并为一个对象，如图 3-70 所示。执行合并命令，主要有如下 4 种调用方法：

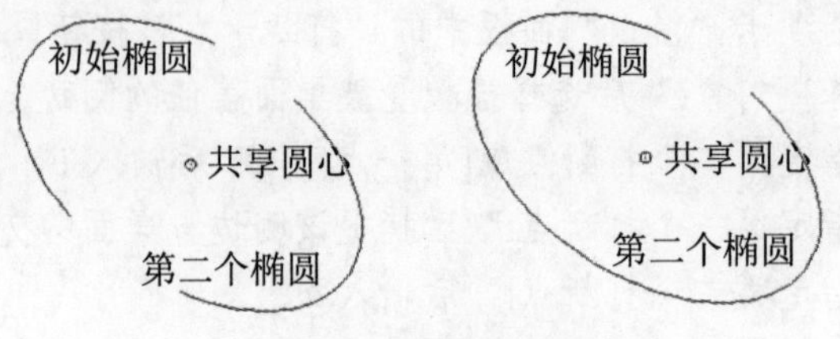

图 3-70　合并对象

☑　在命令行中输入 JOIN 命令。

☑　选择菜单栏中的“修改/合并”命令。

☑　单击“修改”工具栏中的“合并”按钮。

☑　单击“默认”选项卡“修改”面板中的“合并”按钮。

执行上述操作后，根据系统提示选择一个对象，再选择要合并到源的另一个对象，合并完成。

3.6　圆角及倒角

本节主要介绍圆角和倒角命令。

3.6.1　圆角

圆角是通过一个指定半径的圆弧光滑地连接两个对象。可以进行圆角的对象有直线、非圆弧的多段线段、样条曲线、构造线、射线、圆、圆弧和椭圆。圆角半径由 AutoCAD 自动计算。执行圆角命令，主要有如下 4 种调用方法：

☑　在命令行中输入 FILLET 命令。

☑　选择菜单栏中的“修改/圆角”命令。

☑　单击“修改”工具栏中的“圆角”按钮。

☑　单击“默认”选项卡“修改”面板中的“圆角”按钮。

执行上述操作后，根据系统提示选择第一个对象或其他选项，再选择第二个对象。使用圆角命令对图形对象进行圆角时，命令行提示中主要选项的含义如下。

☑　多段线(P)：在一条二维多段线的两段直线段的节点处插入圆滑的弧。选择多段线后系统会根据指定的圆弧的半径把多段线各顶点用圆滑的弧连接起来。

☑　半径(R)：确定圆角半径。

☑　修剪(T)：决定在圆滑连接两条边时，是否修剪这两条边，如图 3-71 所示。

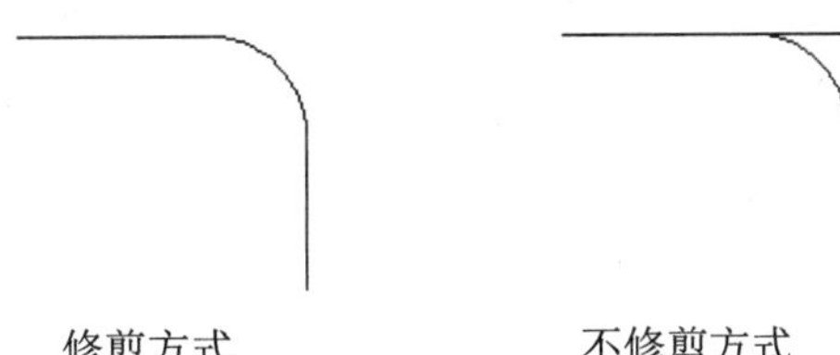

修剪方式　　　不修剪方式

图 3-71　圆角连接

☑　多个(M)：同时对多个对象进行圆角编辑，而不必重新启用命令。

3.6.2　实战——组合沙发

本实例主要由矩形、圆、直线组成，但较复杂，结合二维修改中的偏移等命令绘制，流程图如图 3-72 所示。

Note

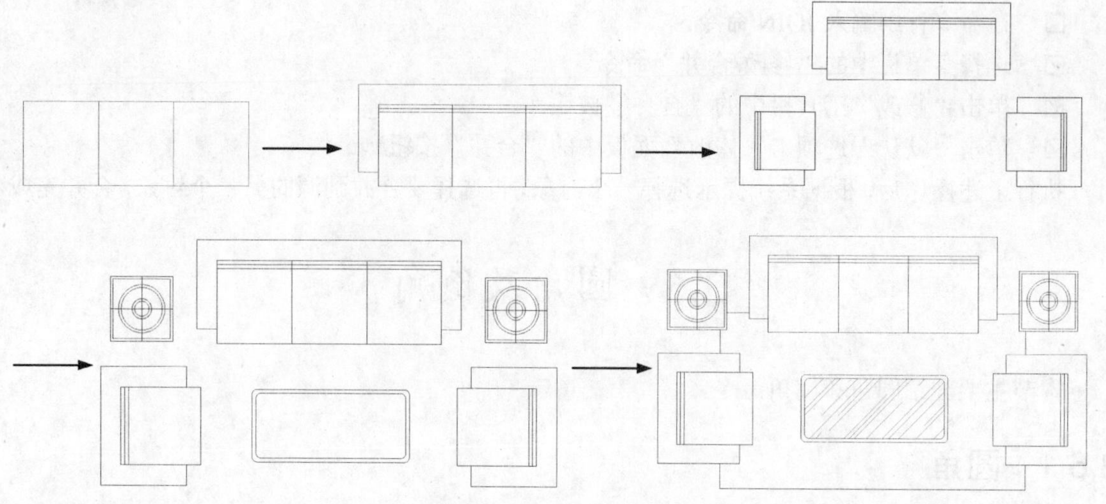

图 3-72 组合沙发流程图

操作步骤如下：（ 光盘\配套视频\第 3 章\组合沙发.avi）

（1）单击“默认”选项卡“绘图”面板中的“矩形”按钮，绘制并排的 3 个矩形，大小均为 600×640，结果如图 3-73 所示。

（2）单击“默认”选项卡“绘图”面板中的“直线”按钮，以 A、B 为端点绘制一条直线，如图 3-74 所示。

（3）单击“默认”选项卡“修改”面板中的“偏移”按钮，将这条直线向下依次偏移 30 和 60，复制出另外两条直线，完成沙发座垫的绘制，结果如图 3-74 所示。

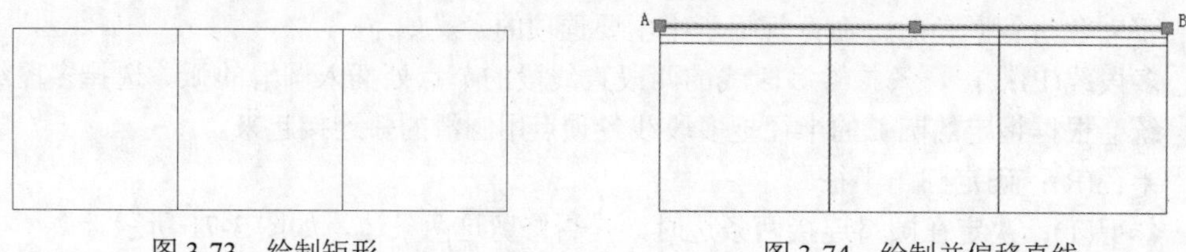

图 3-73 绘制矩形　　图 3-74 绘制并偏移直线

（4）单击“默认”选项卡“绘图”面板中的“直线”按钮，在沙发座垫下部画一条辅助线，如图 3-75 所示。

（5）单击“默认”选项卡“绘图”面板中的“多段线”按钮，捕捉 C、D、E、F 这 4 点，绘制出一条多段线作为沙发靠背内边缘，如图 3-76 所示。

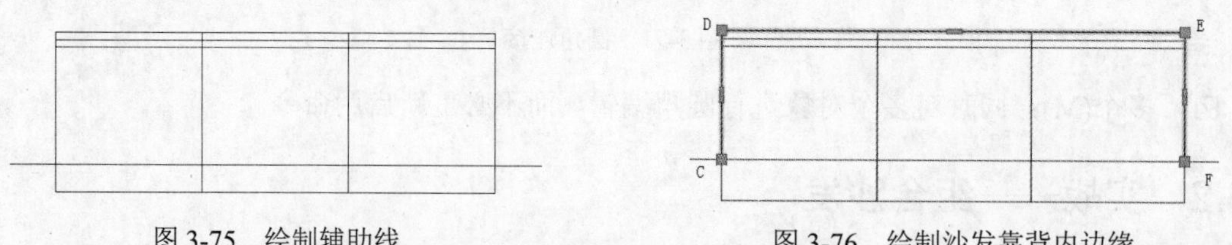

图 3-75 绘制辅助线　　图 3-76 绘制沙发靠背内边缘

（6）单击“默认”选项卡“修改”面板中的“偏移”按钮，将沙发靠背内边缘向外偏移 160，复制出外边缘；最后将扶手端部的多余线条修剪掉，如图 3-77 所示。

（7）采用同样的方法，绘制出两侧的单座沙发，按图 3-78 所示布置好。

Note

（8）单击“默认”选项卡“绘图”面板中的“矩形”按钮▭，在沙发左上角绘制一个500×500的矩形，然后单击“默认”选项卡“修改”面板中的“偏移”按钮⊆，将矩形向内偏移20，复制出另一个矩形，即绘好小茶几，如图3-79所示。

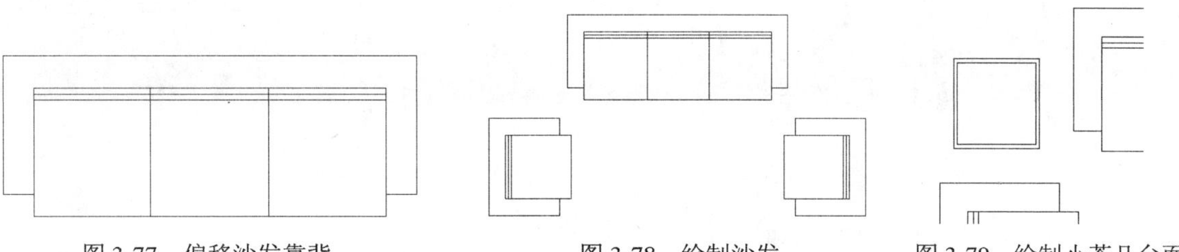

图3-77　偏移沙发靠背　　图3-78　绘制沙发　　图3-79　绘制小茶几台面

（9）单击“默认”选项卡“绘图”面板中的“直线”按钮╱，确定矩形的中心线，捕捉中点绘制出4个圆，表示茶几上面的台灯，如图3-80所示。最后，用镜像命令将小茶几和台灯复制到另一端。

（10）单击“默认”选项卡“绘图”面板中的“矩形”按钮▭，绘制出1260×560的矩形作为大茶几，然后单击“默认”选项卡“修改”面板中的“偏移”按钮⊆，向内偏移30复制出另一矩形。

（11）单击“默认”选项卡“修改”面板中的“圆角”按钮◜，设置圆角半径为40，对两个矩形进行圆角操作。

① 在命令行提示“选择第一个对象或[放弃(U)/多段线(P)/半径(R)/修剪(T)/多个(M)]:”后输入R。

② 在命令行提示“指定圆角半径<0.0000>:”后输入40。

③ 在命令行提示“选择第一个对象或[放弃(U)/多段线(P)/半径(R)/修剪(T)/多个(M)]:”后输入P。

④ 在命令行提示“选择二维多段线或[半径(R)]:”后选择内侧矩形，同时4条直线已被圆角处理。

同理，对外侧矩形进行圆角处理，结果如图3-81所示。

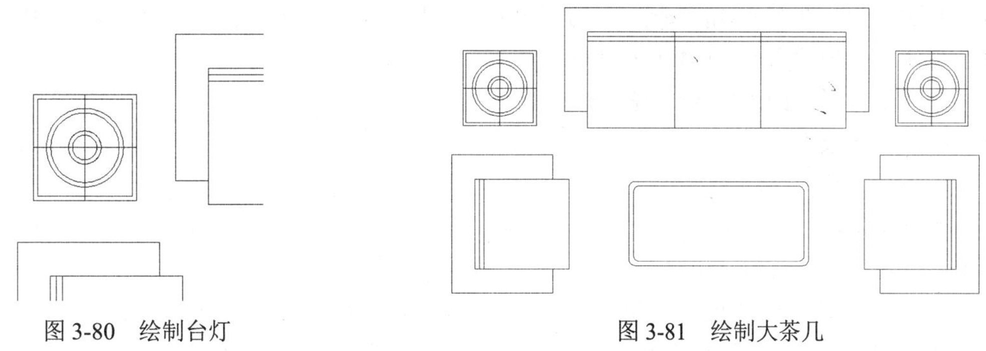

图3-80　绘制台灯　　图3-81　绘制大茶几

（12）单击“默认”选项卡“绘图”面板中的“图案填充”按钮▦，弹出“图案填充创建”选项卡，设置填充图案为AR-RROOF，“比例”为8，“角度”为45°，如图3-82所示。填充结果如图3-83所示。

（13）单击“默认”选项卡“绘图”面板中的“矩形”按钮▭，绘制一个矩形作为地毯，然

Note

后单击“默认”选项卡“修改”面板中的“修剪”按钮-/--，将被沙发盖住的部分修剪掉，结果如图3-84所示。

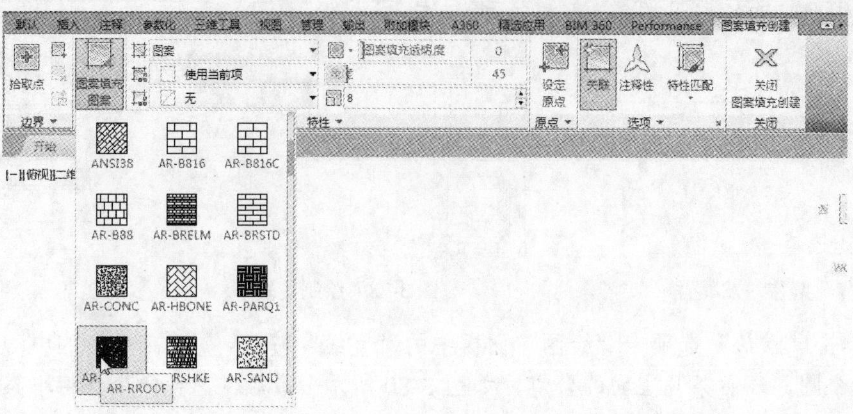

图3-82　图案填充设置

图3-83　填充图案　　图3-84　绘制地毯

3.6.3　倒角

倒角是通过延伸（或修剪）使两个不平行的线型对象相交或利用斜线连接。例如，对由直线、多段线、参照线和射线等构成的图形对象进行倒角。执行倒角命令，主要有如下4种调用方法：

☑　在命令行中输入CHAMFER命令。

☑　选择菜单栏中的“修改/倒角”命令。

☑　单击“修改”工具栏中的“倒角”按钮⌒。

☑　单击“默认”选项卡“修改”面板中的“倒角”按钮⌒。

执行上述操作后，根据系统提示选择第一条直线或其他选项，再选择第二条直线。执行倒角命令对图形进行倒角处理时，命令行提示中各选项的含义如下。

☑　距离(D)：选择倒角的两个斜线距离。斜线距离是指从被连接的对象与斜线的交点到被连接的两对象的可能的交点之间的距离，如图3-85所示。这两个斜线距离可以相同也可以不相同，若二者均为0，则系统不绘制连接的斜线，而是把两个对象延伸至相交，并修剪超出的部分。

☑　角度(A)：选择第一条直线的斜线距离和角度。采用这种方法斜线连接对象时，需要输入两个参数：斜线与一个对象的斜线距离和斜线与该对象的夹角，如图3-86所示。

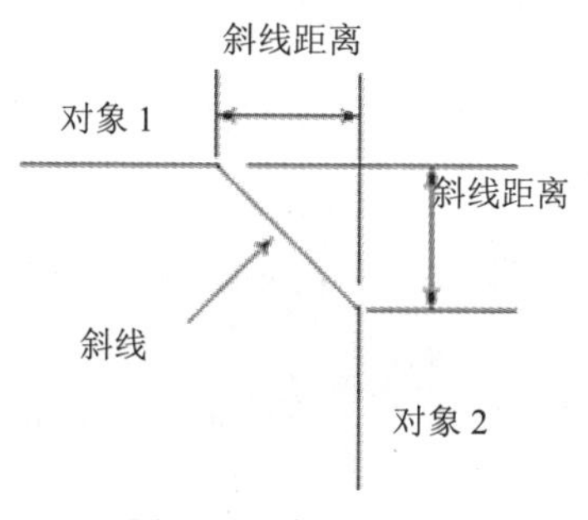

图 3-85　斜线距离

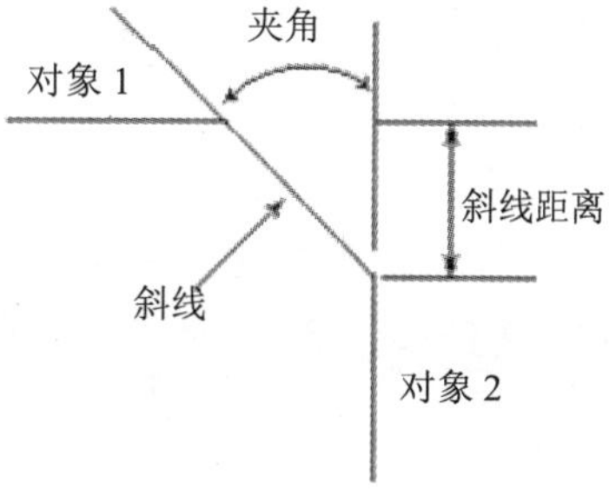

夹角
对象 1
斜线距离
斜线
对象 2

图 3-86　斜线距离与夹角

☑　多段线(P)：对多段线的各个交叉点进行倒角编辑。为了得到最好的连接效果，一般设置斜线是相等的值。系统根据指定的斜线距离把多段线的每个交叉点都作斜线连接，连接的斜线成为多段线新添加的构成部分，如图 3-87 所示。

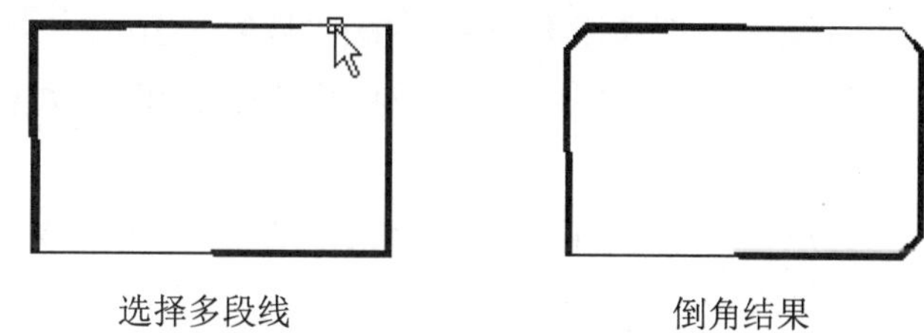

选择多段线　　倒角结果

图 3-87　斜线连接多段线

☑　修剪(T)：与圆角连接命令 FILLET 相同，该选项决定连接对象后，是否剪切原对象。
☑　方式(M)：决定采用“距离”方式还是“角度”方式来倒角。
☑　多个(U)：同时对多个对象进行倒角编辑。

3.6.4　实战——洗菜盆

本实例利用直线命令绘制外部轮廓，再利用圆、复制等命令绘制水龙头和出水口，最后利用倒圆角命令将图形细化，绘制流程图如图 3-88 所示。

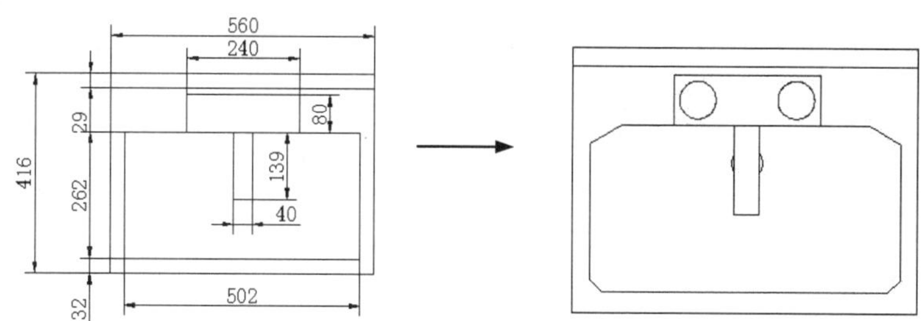

图 3-88　绘制洗菜盆流程图

操作步骤如下：（光盘\配套视频\第 3 章\洗菜盆.avi）

（1）单击“默认”选项卡“绘图”面板中的“直线”按钮，可以绘制出初步轮廓，大约尺寸如图 3-89 所示。

（2）单击“默认”选项卡“绘图”面板中的“圆”按钮，以图 3-89 中长 240、宽 80 的矩

形大约左中位置处为圆心，绘制半径为35的圆。

（3）单击“默认”选项卡“绘图”面板中的“复制”按钮，选择刚绘制的圆，复制到右边合适的位置，完成旋钮绘制。

（4）单击“默认”选项卡“绘图”面板中的“圆”按钮，以图3-89中长139、宽40的矩形大约正中位置为圆心，绘制半径为25的圆作为出水口。

（5）单击“默认”选项卡“修改”面板中的“修剪”按钮，将绘制的出水口圆修剪成如图3-90所示形状。

（6）单击“默认”选项卡“修改”面板中的“倒角”按钮，绘制水盆的4个角。

① 在命令行提示“选择第一条直线或[放弃(U)/多段线(P)/距离(D)/角度(A)/修剪(T)/方式(E)/多个(M)]:”后输入D。

② 在命令行提示“指定第一个倒角距离<0.0000>:”后输入50。

③ 在命令行提示“指定第二个倒角距离<50.0000>:”后输入30。

④ 在命令行提示“选择第一条直线或[放弃(U)/多段线(P)/距离(D)/角度(A)/修剪(T)/方式(E)/多个(M)]:”后输入M。

⑤ 在命令行提示“选择第一条直线或[放弃(U)/多段线(P)/距离(D)/角度(A)/修剪(T)/方式(E)/多个(M)]:”后选择左上角横线段。

⑥ 在命令行提示“选择第二条直线,或按住Shift键选择直线以应用角点或[距离(D)/角度(A)/方法(M)]:”后选择左上角竖线段。

⑦ 在命令行提示“选择第一条直线或[放弃(U)/多段线(P)/距离(D)/角度(A)/修剪(T)/方式(E)/多个(M)]:”后选择右上角横线段。

⑧ 在命令行提示“选择第二条直线,或按住Shift键选择直线以应用角点或[距离(D)/角度(A)/方法(M)]:”后选择右上角竖线段。

同理，绘制另外一个倒角，设置倒角长度为20，倒角角度为45，洗菜盆绘制结果如图3-91所示。

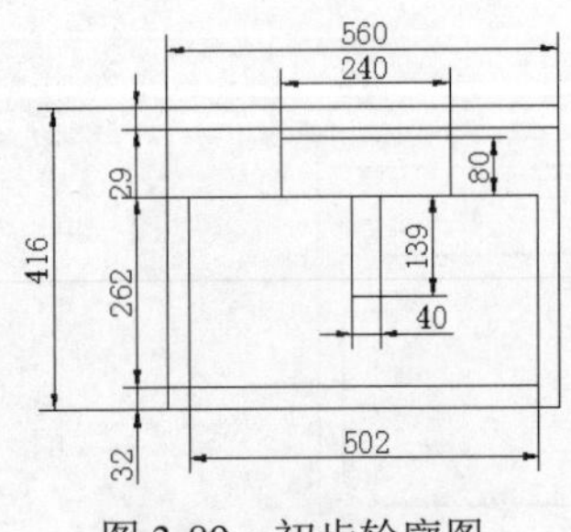

图3-89　初步轮廓图

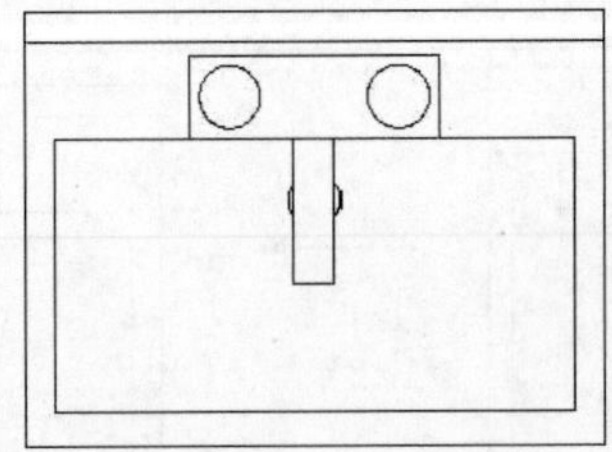

图3-90　绘制水笼头和出水口

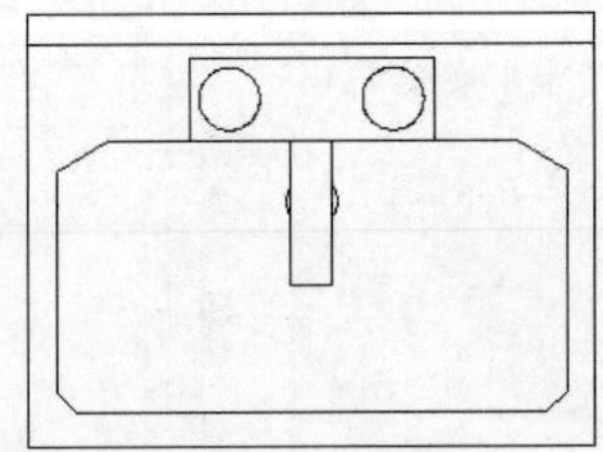

图3-91　洗菜盆

3.7 特性与夹点编辑

使用特性和夹点功能可以方便直接地进行对象编辑操作，这是编辑对象非常方便和快捷的方法。

Note

3.7.1　特性

执行该命令，主要有如下 4 种调用方法：

☑ 在命令行中输入 DDMODIFY 或 PROPERTIES 命令。
☑ 选择菜单栏中的“修改/特性”命令。
☑ 单击“标准”工具栏中的“特性”按钮。
☑ 单击“默认”选项卡“特性”选项板中的“对话框启动器”按钮。

执行上述操作后，AutoCAD 打开“特性”选项板，如图 3-92 所示。利用该选项板可以方便地设置或修改对象的各种属性。

不同的对象属性种类和值不同，修改属性值，对象改变为新的属性。

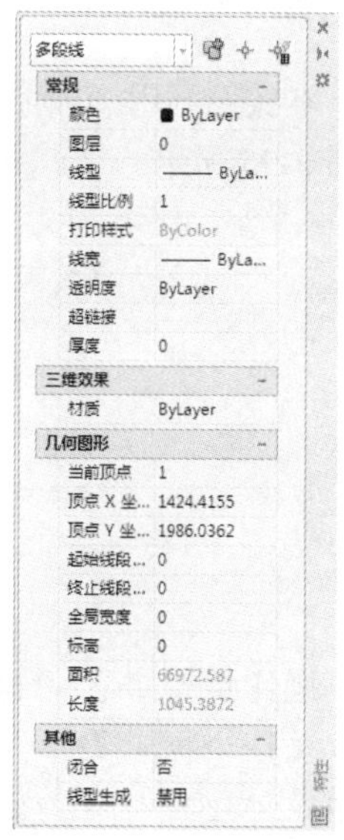

图 3-92　“特性”选项板

3.7.2　夹点编辑

在使用“先选择后编辑”方式选择对象时，可点取欲编辑的对象，或按住鼠标左键拖出一个矩形框，框选欲编辑的对象。松开鼠标后，所选择的对象上就出现若干个小正方形，同时对象高亮显示。这些小正方形称为夹点，如图 3-93 所示。夹点表示了对象的控制位置。夹点的大小及颜色可以在“选项”对话框中调整。若要移去夹点，可按 Esc 键。要从夹点选择集中移去指定对象，在选择对象时按住 Shift 键。

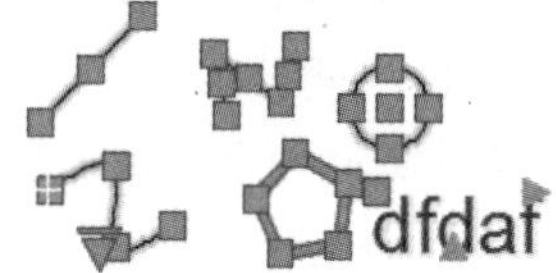

图 3-93　夹点

使用夹点功能编辑对象需要选择一个夹点作为基点，方法是将十字光标的中心对准夹点，单击，此时夹点即成为基点，并且显示为红色小方块。利用夹点进行编辑的模式有“拉伸”、“移动”、“旋转”、“缩放”和“镜像”，可以用 Space 键、Enter 键或快捷菜单（右击弹出的快捷菜单）循环切换这些模式。

下面以如图 3-94 所示的图形为例说明使用夹点进行编辑的方法，操作步骤如下：

（1）选择图形，显示夹点，如图 3-94（a）所示。

（2）点取图形右下角夹点，命令行提示“指定拉伸点或[基点(B)/复制(C)/放弃(U)/退出(X)]:”，移动鼠标拉伸图形，如图 3-94（b）所示。

（3）右击，在弹出的快捷菜单中选择“旋转”命令，将编辑模式从“拉伸”切换到“旋转”，如图 3-94（c）所示。

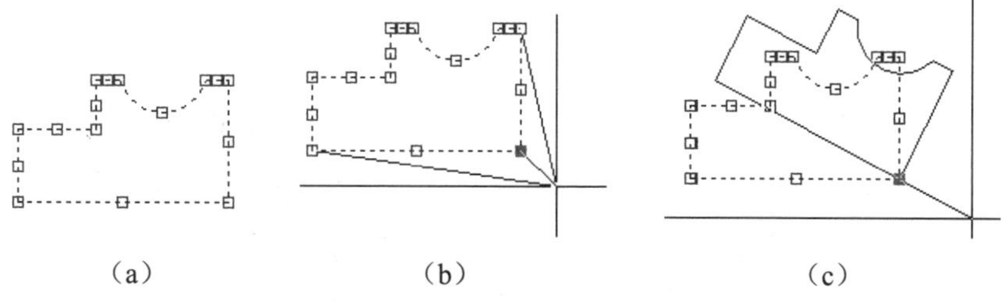

（a）　（b）　（c）

图 3-94　利用夹点编辑图形

（4）单击并按 Enter 键，即可使图形旋转。

3.7.3　实战——花瓣

Note

本实例利用椭圆命令绘制花瓣，在夹点的旋转模式下进行花瓣的多重复制操作，绘制流程图如图 3-95 所示。

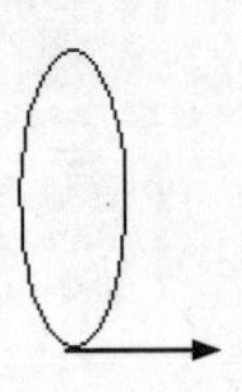

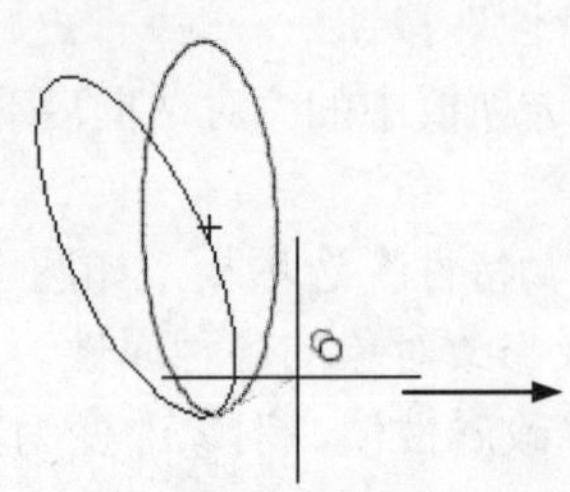

图 3-95　绘制花瓣流程图

操作步骤如下：（光盘\配套视频\第 3 章\花瓣.avi）

（1）单击“默认”选项卡“绘图”面板中的“椭圆”按钮，绘制一个椭圆形，如图 3-96 所示。

（2）选择要旋转的椭圆，将椭圆最下端的夹点作为基点。

（3）在命令行提示“指定拉伸点或[基点(B)/复制(C)/放弃(U)/退出(X)]:”后输入 C。

（4）再次单击基点，然后右击弹出快捷菜单，如图 3-97 所示，选择“旋转”命令，将椭圆围绕基点旋转合适的角度，如图 3-98 所示。

图 3-96　绘制椭圆

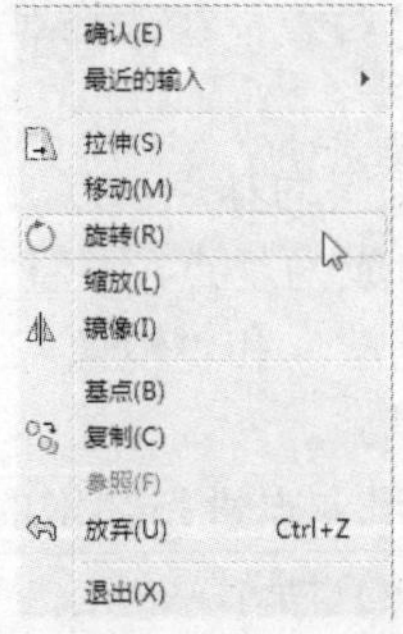

图 3-97　快捷菜单

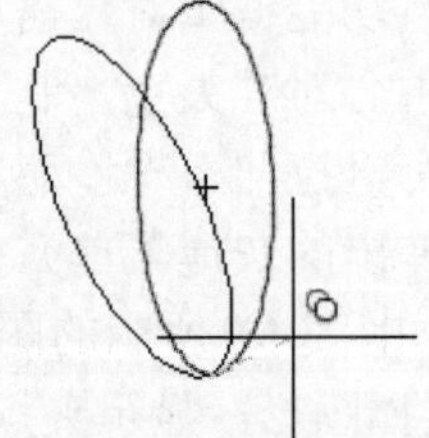

图 3-98　旋转椭圆

（5）同理，选择多个椭圆，继续复制旋转，如图 3-99 所示，最终完成花瓣的绘制，结果如图 3-100 所示。

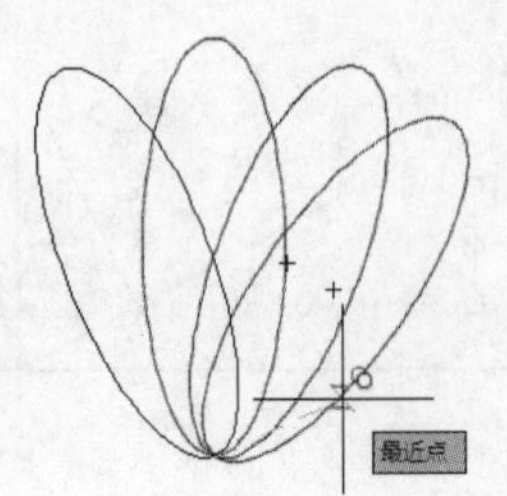

图 3-99　复制旋转多个对象

图 3-100　夹点状态下的旋转复制

3.8　综合实战——平面墙线

Note

本节包括两个部分，一是绘图环境配置，二是平面墙线绘制。为了养成随时管理图层的习惯，墙线绘制结合图层管理来说明。根据绘图惯例，墙体位置依据定位轴线来确定，因此，在进行墙线绘制之前首先应将定位轴线绘制出来。本节以一个简单而规整的居室平面为例来讲解平面墙线的绘制，绘制流程如图 3-101 所示。

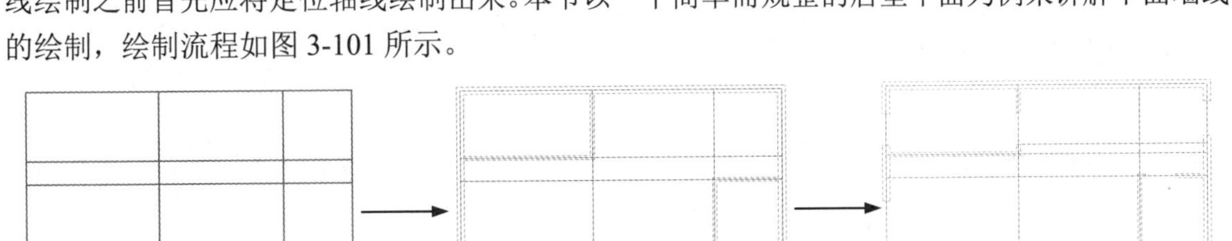

图 3-101　绘制平面墙线流程图

：光盘\配套视频\第 3 章\平面墙线.avi

3.8.1　绘图环境配置

环境配置是绘制任何一幅建筑图形都要进行的预备工作。

操作步骤如下：

1. 新建文件

单击打开 AutoCAD 2016 应用程序，读者可看到程序自动新建了一个名为 Drawing1.dwg 的文件。单击快速访问工具栏中的“保存”按钮，给出一个具体的文件名，将文件保存到指定的文件夹中，命名为“平面墙线.dwg”。

提示：

一定要养成随时存盘和不乱存放文件的习惯。而且在编写文件名时可以采用英文字、汉语拼音或汉字，这可以根据自己的习惯或工作单位惯例规定来确定。不管怎样，都需要注意文件名的可识别性和命名规律性，以便于文件管理，提高工作效率。

AutoCAD 2016 默认的自动存盘位置是 C:\Documents and Settings\（用户）\Local Settings\Temp。

2. 系统设置

（1）单位设置。建筑制图中主要以毫米为单位，只有在总图中采用米（m）作为单位。在 AutoCAD 中，为了便于后续操作，习惯以 1:1 的比例来绘制图形。例如，建筑实际尺寸为 1.8m，在绘图时输入的距离值为 1800。因此，将其长度单位设置为毫米、精度为 0。至于角度单位，选取“十进制度数”，精度设为 0.0。具体操作是，选择“格式”菜单中的“单位”命令，按图 3-102 所示进行设置，然后单击“确定”按钮完成设置。

（2）图形界限设置。为了便于操作，图形界限一般需要略大于所绘图形占据空间的大小。现将图形界限设置为横式 A2 图幅的大小，鉴于以 1:1 的比例绘制，而图面比例暂取 1:100，于是 A2 图幅相应的界限大小为 59400×42000。

（3）坐标系设置。选择菜单栏中的“工具/命名 UCS”命令，打开 UCS 对话框，将世界坐标系设为当前，如图 3-103 所示。

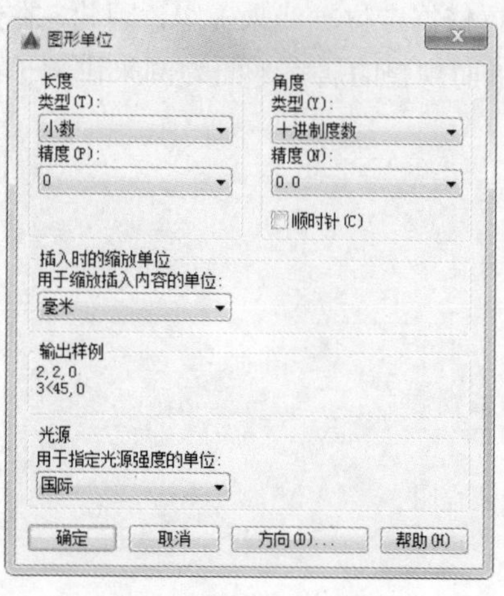

图 3-102　图形单位设置

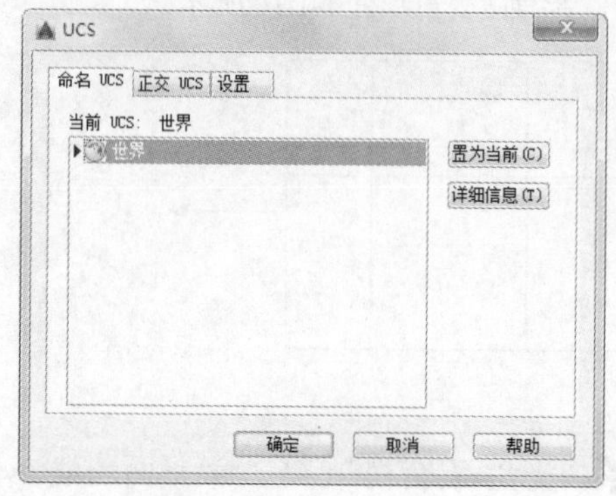

图 3-103　坐标系设置 1

（4）选择 UCS 对话框中的“设置”选项卡，按图 3-104 所示进行设置，并单击“确定”按钮完成设置。这样，UCS 标志总位于左下角。如果不需要 UCS 标志，就取消选中“开”复选框。

（5）对象捕捉设置。将光标移到状态栏“对象捕捉”按钮上，右击弹出一个菜单，如图 3-105 所示。

（6）选择“对象捕捉设置”命令，弹出“草图设置”对话框，在“对象捕捉”选项卡下按图 3-106 所示设置捕捉模式，然后单击“确定”按钮。

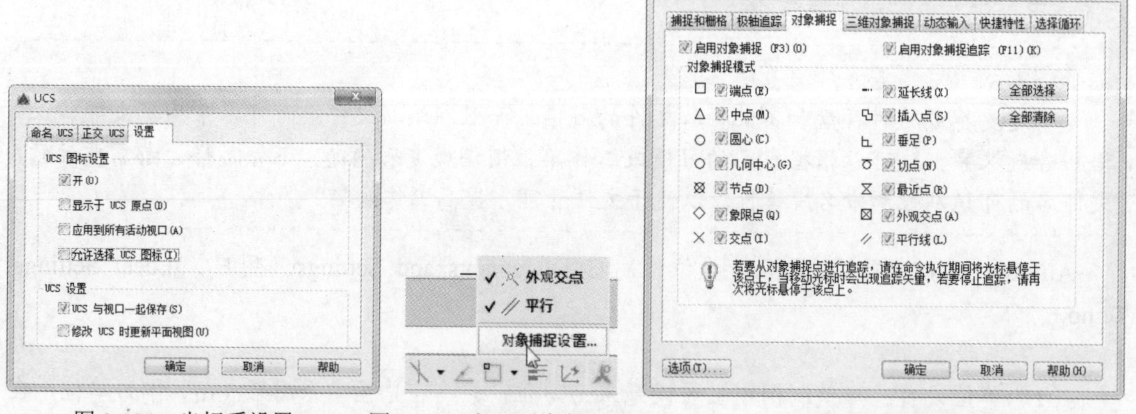

图 3-104　坐标系设置 2　　图 3-105　打开对象捕捉设置　　图 3-106　对象捕捉设置

3.8.2　平面墙线绘制

绘制平面墙线是建筑图中必不可少的步骤，下面学习如何绘制墙线，主要使用的绘图命令是

直线、多线以及偏移。

操作步骤如下：

1. 图层设置

为了方便图线管理，建立“轴线”和“墙线”两个图层。单击“默认”选项卡“图层”面板中的“图层特性”按钮，打开“图层特性管理器”选项板，建立一个新图层，命名为“轴线”，颜色选取红色，线型为 CENTER，线宽为“默认”，并设置其为当前图层，如图 3-107 所示。

轴线 红 CENTER —— 默认 0 Color_1

图 3-107 “轴线”图层参数

用同样的方法建立“墙线”图层，参数如图 3-108 所示。确定后回到绘图状态。

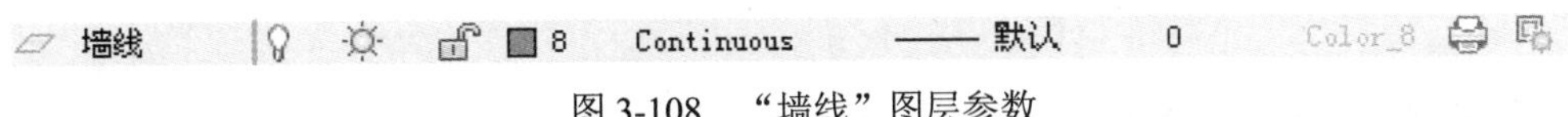

图 3-108 “墙线”图层参数

2. 绘制定位轴线

（1）水平轴线。在“轴线”图层为当前图层状态下绘制。单击“默认”选项卡“绘图”面板中的“直线”按钮，在绘图区左下角适当位置选取直线的初始点，然后输入第二点的相对坐标“@8700,0”，按 Enter 键后画出第一条长 8700 的轴线，进行实时缩放（）处理后，如图 3-109 所示。

图 3-109 第一条水平轴线

提示：

可以采用鼠标的滚轮进行实时缩放。此外，读者可以采取命令行输入命令的方式绘图，熟练后速度会比较快。最好养成左手操作键盘，右手操作鼠标的习惯，这样对以后的大量作图有利。

（2）单击“默认”选项卡“修改”面板中的“偏移”按钮，向上复制其他 3 条水平轴线，偏移量依次为 3600、600、1800。结果如图 3-110 所示。

（3）竖向轴线。单击“默认”选项卡“绘图”面板中的“直线”按钮，用鼠标捕捉第一条水平轴线左端点作为第一条竖向轴线的起点，如图 3-111 所示。

图 3-110 全部水平轴线　　图 3-111 选取起点

（4）移动鼠标单击最后一条水平轴线左端点作为终点，如图 3-112 所示，然后按 Enter 键完成。

Note

（5）单击“默认”选项卡“修改”面板中的“偏移”按钮，向右偏移其他3条竖向轴线，偏移量依次为3600、3300、1800。这样，就完成整个轴线绘制，结果如图3-113所示。

图3-112　选取终点　　　　图3-113　完成轴线

3．绘制墙线

本实例外墙厚200，内墙厚100。

（1）将“墙线”图层设置为当前图层，如图3-114所示。

（2）设置多线的参数。选择菜单栏中的“绘图/多线”命令，绘制墙线。

① 在命令行提示“指定起点或[对正(J)/比例(S)/样式(ST)]:”后输入J。

② 在命令行提示“输入对正类型[上(T)/无(Z)/下(B)] <无>:”后输入Z。

③ 在命令行提示“指定起点或[对正(J)/比例(S)/样式(ST)]:”后输入S。

④ 在命令行提示“输入多线比例<200.00>:”后输入200。

⑤ 在命令行提示“指定起点或[对正(J)/比例(S)/样式(ST)]:”后按Enter键。

（3）重复多线命令，当命令行提示“指定起点或[对正(J)/比例(S)/样式(ST)]:”时，用鼠标选取左下角轴线交点为多线起点，根据轴线绘制墙线，如图3-115所示。

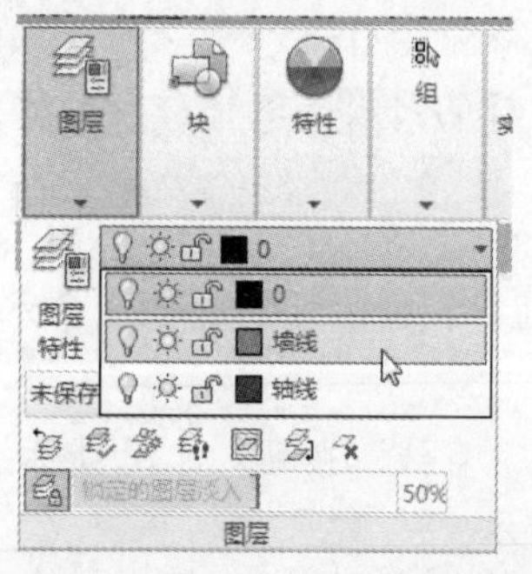

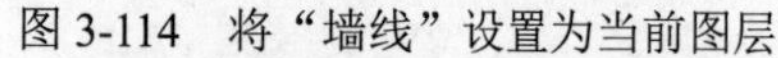

图3-114　将“墙线”设置为当前图层

图3-115　200厚周边墙线

（4）重复多线命令，仿照前面多线参数设置方法将墙体的厚度定义为100，也就是将多线的比例设为100，然后绘出剩下的墙线，结果如图3-116所示。

（5）单击“默认”选项卡“修改”面板中的“分解”按钮，将墙线分解，然后单击“默认”选项卡“修改”面板中的“修剪”按钮，将每个节点进行修剪处理，使其内部连通，搭接正确。

（6）单击“默认”选项卡“修改”面板中的“偏移”按钮，将最上侧的水平轴线依次向下进行偏移，偏移距离分别为450、300、600和200，然后将最右侧竖直轴线向左依次偏移850和800，完成门洞边界线的绘制，如图3-117所示。

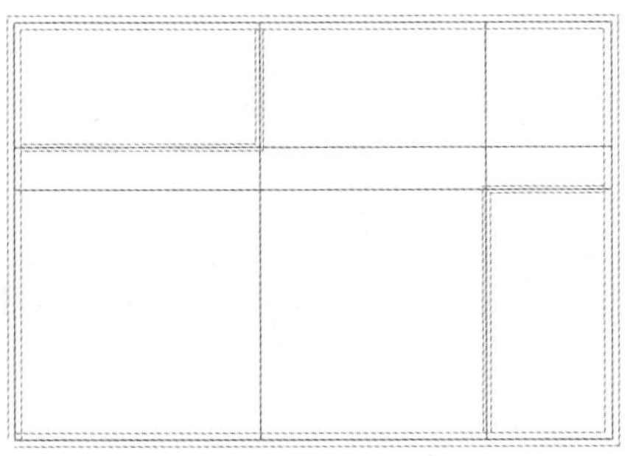

图 3-116　100 厚内部墙线

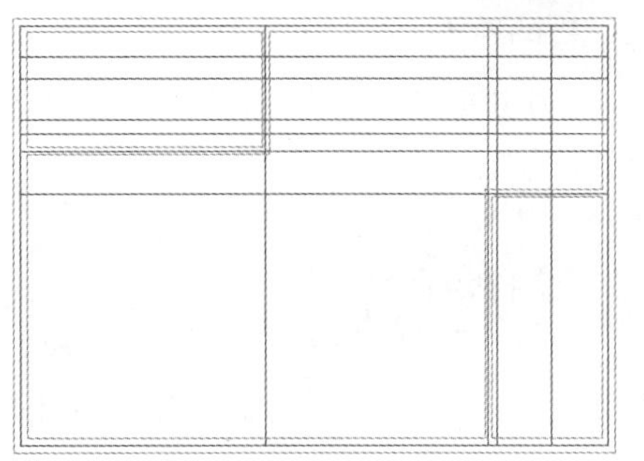

图 3-117　由轴线偏移出门洞边界线

（7）将偏移后的轴线全部选中，置换到“墙线”图层中，按 Esc 键退出。

（8）单击“默认”选项卡“修改”面板中的“修剪”按钮，修剪掉多余的直线，如图 3-118 所示。

（9）采用同样的方法，单击“默认”选项卡“修改”面板中的“偏移”按钮，将最下侧水平轴线依次向上进行偏移，偏移距离分别为 600、2400、1450 和 800，然后结合修剪命令修剪窗洞，并将图层置换到“墙线”图层中，最终完成窗洞的绘制。这样，整个墙线就绘制结束了，如图 3-119 所示。

图 3-118　完成门洞绘制

图 3-119　完成墙线绘制

3.9　实 战 演 练

通过前面的学习，读者对本章知识也有了大体的了解，本节通过几个操作练习使读者进一步掌握本章知识要点。

【实战演练 1】绘制如图 3-120 所示的酒店餐桌椅。

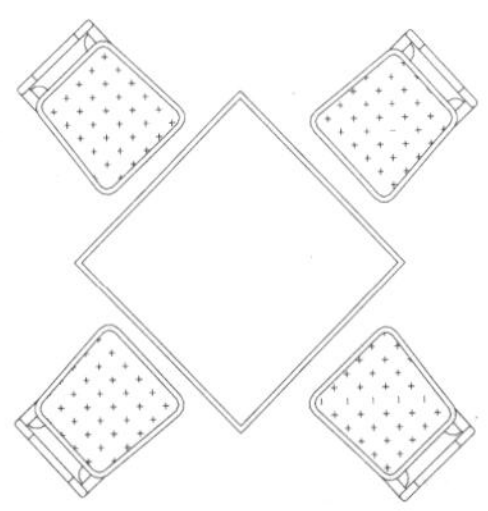

图 3-120　酒店餐桌椅

1．目的要求

本实例主要用到了直线、偏移、圆角、修剪和阵列命令绘制餐桌椅，要求读者掌握相关命令。

2．操作提示

（1）绘制椅子。

（2）绘制桌子。

（3）对椅子使用阵列等命令进行摆放。

【实战演练 2】绘制如图 3-121 所示的台球桌。

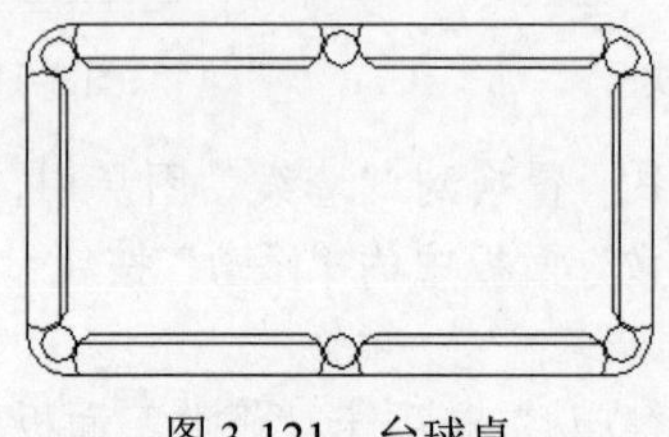

图 3-121　台球桌

1．目的要求

本实例主要用到了矩形、圆、圆角命令绘制台球桌，要求读者掌握相关命令。

2．操作提示

（1）绘制矩形。

（2）绘制圆。

（3）圆角处理。

【实战演练 3】绘制如图 3-122 所示的石栏杆。

图 3-122　石栏杆

1．目的要求

本实例主要用到了矩形、直线、多线段、图案填充、镜像命令等绘制石栏杆，并要求读者掌握相关命令。

2．操作提示

（1）绘制矩形。

（2）偏移处理。

（3）绘制直线。

（4）绘制多线段。

（5）绘制直线。

辅助工具

本章学习要点和目标任务：

☑ 查询工具

☑ 图块及其属性

☑ 设计中心及工具选项板

☑ 文本标注

☑ 尺寸标注

文字注释是图形中很重要的一部分内容，在进行各种设计时，通常不仅要绘出图形，还要在图形中标注一些文字。图表在 AutoCAD 图形中也有大量的应用，如明细表、参数表和标题栏等。尺寸标注是绘图设计过程中相当重要的一个环节。

在绘图设计过程中，经常会遇到一些重复出现的图形（例如，建筑设计中的桌椅、门窗等），如果每次都重新绘制这些图形，不仅会造成大量的重复工作，而且存储这些图形及其信息也会占据相当大的磁盘空间。

Note

4.1 查 询 工 具

为方便用户及时了解图形信息，AutoCAD 提供了很多查询工具，这里进行简要说明。

4.1.1 距离查询

查询距离的调用方法主要有如下 4 种：

☑ 在命令行中输入 DIST 命令。

☑ 选择菜单栏中的“工具/查询/距离”命令。

☑ 单击“查询”工具栏中的“距离”按钮。

☑ 单击“默认”选项卡“实用工具”面板中的“距离”按钮。

执行上述操作后，根据系统提示指定要查询的第一点和第二点。此时，命令行提示中选项的含义如下。

多点：如果使用此选项，将基于现有直线段和当前橡皮线即时计算总距离。

4.1.2 面积查询

面积查询命令的调用方法主要有如下 4 种：

☑ 在命令行中输入 MEASUREGEOM 命令。

☑ 选择菜单栏中的“工具/查询/面积”命令。

☑ 单击“查询”工具栏中的“面积”按钮。

☑ 单击“默认”选项卡“实用工具”面板中的“面积”按钮。

执行上述操作后，根据系统提示选择查询区域。此时，命令行提示中各选项的含义如下。

☑ 指定角点：计算由指定点所定义的面积和周长。

☑ 增加面积：打开“加”模式，并在定义区域时即时保持总面积。

☑ 减少面积：从总面积中减去指定的面积。

4.2 图块及其属性

把一组图形对象组合成图块加以保存，需要时可以把图块作为一个整体以任意比例和旋转角度插入到图中任意位置，这样不仅避免了大量的重复工作，提高绘图速度和工作效率，而且可大大节省磁盘空间。

4.2.1 图块操作

1. 图块定义

在使用图块时，首先要定义图块，图块的定义方法有如下 4 种：

☑　在命令行中输入 BLOCK 命令。

☑　选择菜单栏中的“绘图/块/创建”命令。

☑　单击“绘图”工具栏中的“创建块”按钮。

☑　单击“插入”选项卡“块定义”面板中的“创建块”按钮。

执行上述操作后，系统弹出如图 4-1 所示的“块定义”对话框。利用该对话框指定定义对象和基点以及其他参数，可定义图块并命名。

2．图块保存

图块的保存方法如下：

☑　在命令行中输入 WBLOCK 命令。

执行上述操作后，系统弹出如图 4-2 所示的“写块”对话框。利用该对话框可把图形对象保存为图块或把图块转换成图形文件。

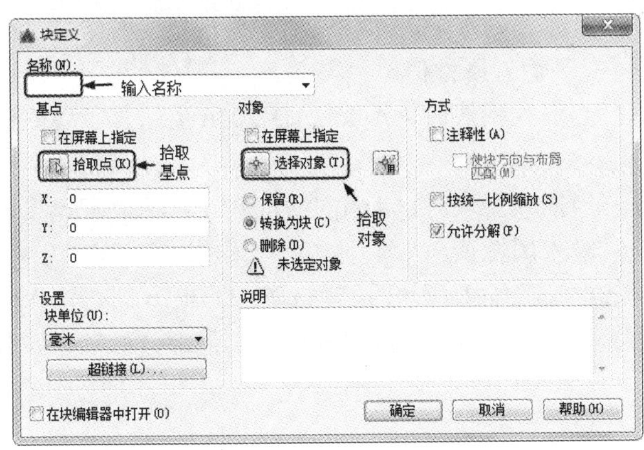

图 4-1　“块定义”对话框

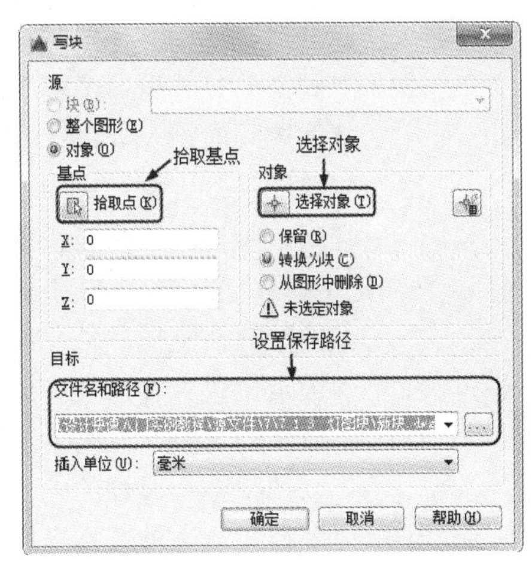

图 4-2　“写块”对话框

3．图块插入

执行块插入命令，主要有如下 4 种调用方法：

☑　在命令行中输入 INSERT 命令。

☑　选择菜单栏中的“插入/块”命令。

☑　单击“插入”工具栏中的“插入块”按钮或“绘图”工具栏中的“插入块”按钮。

☑　单击“插入”选项卡“块”面板中的“插入块”按钮。

执行上述操作后，系统弹出“插入”对话框，如图 4-3 所示。利用该对话框设置插入点位置、插入比例以及旋转角度可以指定要插入的图块及插入位置。

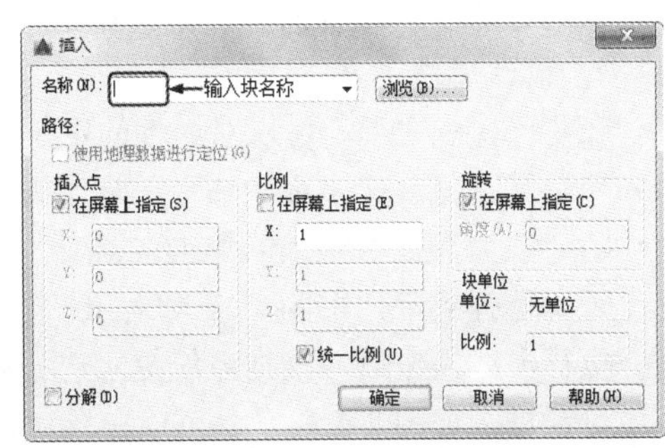

图 4-3　“插入”对话框

4.2.2　图块的属性

1．属性定义

在使用图块属性前，要对其属性进行定义，定义属性的调用方法有如下 3 种：

☑　在命令行中输入 ATTDEF 命令。

Note

☑ 选择菜单栏中的“绘图/块/定义属性”命令。

☑ 单击“默认”选项卡“块”面板中的“定义属性”按钮。

执行上述操作，系统弹出“属性定义”对话框，如图 4-4 所示。该对话框中的各选项组的含义如下。

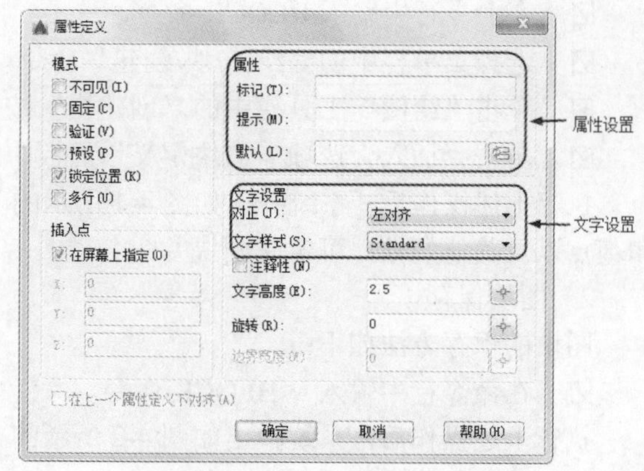

图 4-4 “属性定义”对话框

☑ “模式”选项组。

- “不可见”复选框：选中该复选框，属性为不可见显示方式，即插入图块并输入属性值后，属性值在图中并不显示出来。
- “固定”复选框：选中该复选框，属性值为常量，即属性值在属性定义时给定，在插入图块时，AutoCAD 2016 不再提示输入属性值。
- “验证”复选框：选中该复选框，当插入图块时，AutoCAD 2016 重新显示属性值让用户验证该值是否正确。
- “预设”复选框：选中该复选框，当插入图块时，AutoCAD 2016 自动把事先设置好的默认值赋予属性，而不再提示输入属性值。
- “锁定位置”复选框：选中该复选框，当插入图块时，AutoCAD 2016 锁定块参照中属性的位置。解锁后，属性可以相对于使用夹点编辑的块的其他部分移动，并且可以调整多行属性的大小。
- “多行”复选框：指定属性值可以包含多行文字。

☑ “属性”选项组。

- “标记”文本框：输入属性标签。属性标签可由除空格和感叹号以外的所有字符组成。AutoCAD 2016 自动把小写字母改为大写字母。
- “提示”文本框：输入属性提示。属性提示是在插入图块时 AutoCAD 2016 要求输入属性值的提示。如果不在此文本框内输入文本，则以属性标签作为提示。如果在“模式”选项组中选中“固定”复选框，即设置属性为常量，则不需设置属性提示。
- “默认”文本框：设置默认的属性值。可把使用次数较多的属性值作为默认值，也可不设默认值。

其他各选项组比较简单，不再赘述。

2．修改属性定义

在定义图块之前，可以对属性的定义加以修改，不仅可以修改属性标签，还可以修改属性提示和属性默认值。文字编辑命令的调用方法有如下两种：

☑ 在命令行中输入 DDEDIT 命令。

☑ 选择菜单栏中的“修改/对象/文字/编辑”命令。

执行上述操作后，根据系统提示选择要修改的属性定义，AutoCAD 2016 打开“编辑属性定义”对话框，如图 4-5 所示。可以在该对话框中修改属性定义。

3．图块属性编辑

图块属性编辑命令的调用方法有如下 3 种：

☑　在命令行中输入 EATTEDIT 命令。

☑　选择菜单栏中的“修改/对象/属性/单个”命令。

☑　单击“修改 II”工具栏中的“编辑属性”按钮。

☑　单击“默认”选项卡“块”面板中的“编辑属性”按钮。

执行上述操作后，在系统提示下选择块后，系统弹出“增强属性编辑器”对话框，如图 4-6 所示。该对话框不仅可以编辑属性值，还可以编辑属性的文字选项和图层、线型、颜色等特性值。

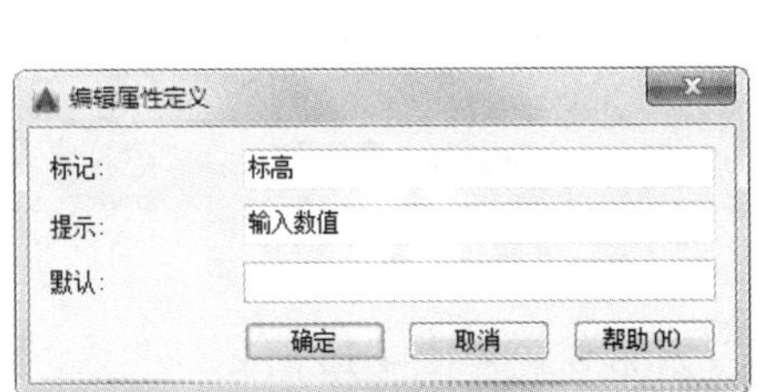

图 4-5　“编辑属性定义”对话框

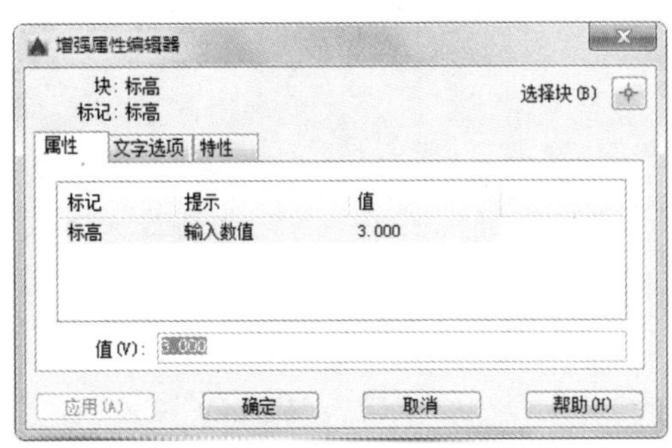

图 4-6　“增强属性编辑器”对话框

4.2.3　实战——标注标高符号

本实例利用直线命令绘制标高符号，再利用块定义属性和写块命令创建标高符号图块，最后将标高符号插入到打开的图形中。绘制流程如图 4-7 所示。

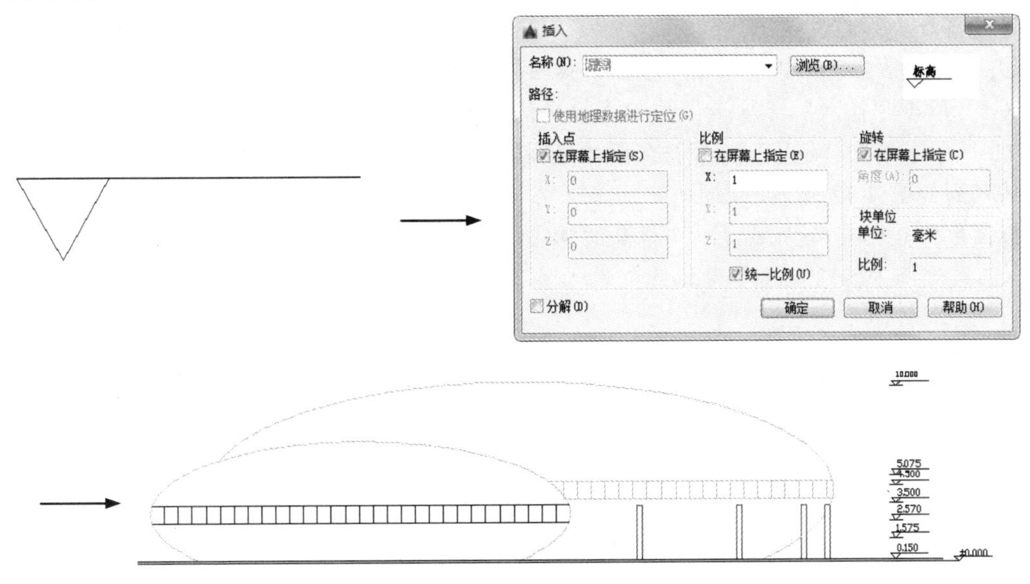

图 4-7　标注标高符号流程图

操作步骤如下：（光盘\配套视频\第 4 章\标注标高符号.avi）

（1）选择菜单栏中的“绘图/直线”命令，绘制标高符号，如图 4-8 所示。

（2）单击“插入”选项卡“块定义”面板中的“定义属性”按钮，系统打开“属性定义”对话框，进行如图4-9所示的设置，选中“验证”复选框，插入点为标高符号水平线中点，确认退出。

Note

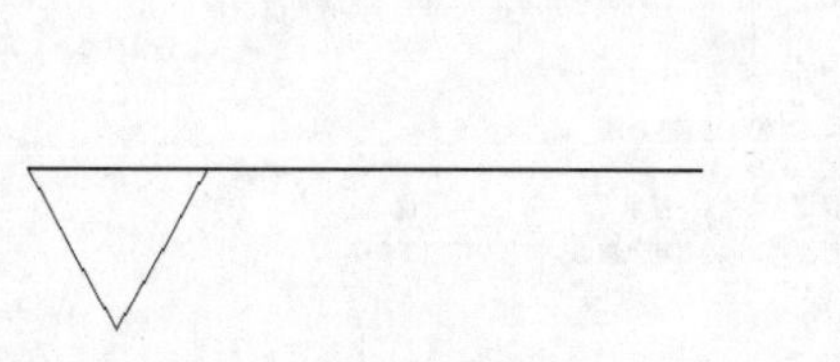

图4-8 绘制标高符号

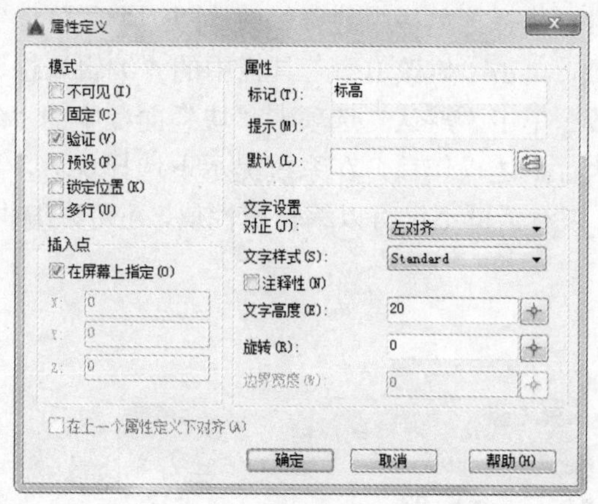

图4-9 “属性定义”对话框

（3）在命令行中输入WBLOCK命令，打开“写块”对话框，如图4-10所示。

① 拾取点。单击“拾取点”按钮切换到作图屏幕，选择标高符号为基点，按Enter键返回“写块”对话框。

② 选择对象。单击“选择对象”按钮切换到作图屏幕，拾取整个标高符号图形为对象，按Enter键返回“写块”对话框。

③ 保存图块。单击“目标”选项组中的按钮，打开“浏览图形文件”对话框，在“保存于”下拉列表框中选择图块的存放位置，在“文件名”文本框中输入“标高”，单击“保存”按钮，返回“写块”对话框。

④ 关闭对话框。单击“确定”按钮，关闭“写块”对话框。

（4）单击“插入”选项卡“块”面板中的“插入块”按钮，打开“插入”对话框，如图4-11所示。单击“浏览”按钮找到刚才保存的图块，在屏幕上指定插入点和旋转角度，将该图块插入到如图4-12所示的图形中，这时，命令行会提示输入属性，并要求验证属性值，此时输入标高数值0.150，就完成了一个标高的标注。

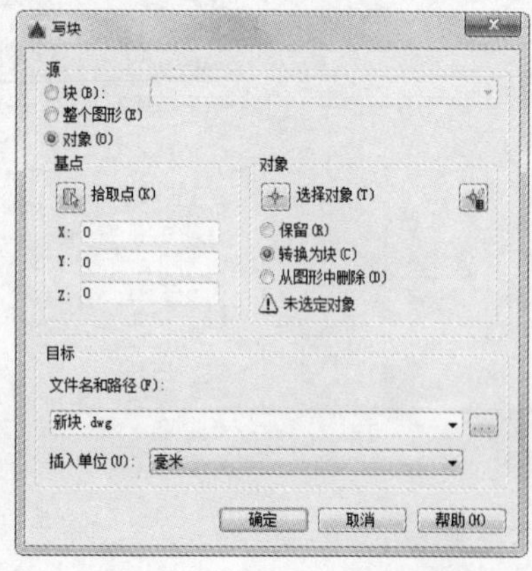

图4-10 “写块”对话框

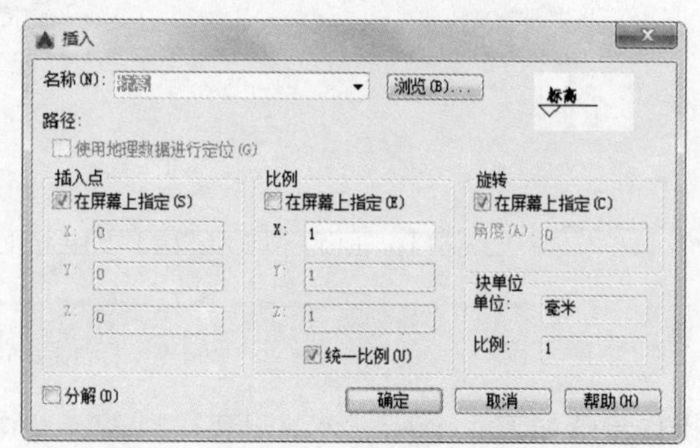

图4-11 “插入”对话框

（5）继续插入标高符号图块，并输入不同的属性值作为标高数值，直到完成所有标高符号标注，如图 4-12 所示。

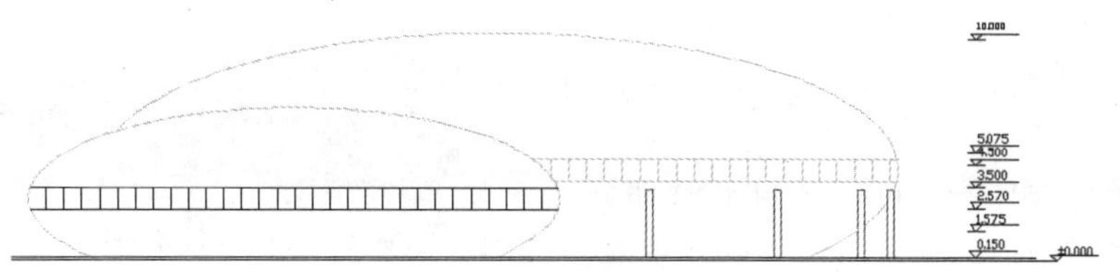

图 4-12　标注标高

4.3　设计中心及工具选项板

使用 AutoCAD 2016 设计中心可以很容易地组织设计内容，并将其拖动到当前图形中。工具选项板中包括多种选项卡，提供组织、共享和放置块及填充图案的有效方法。工具选项板还可以包含由第三方开发人员提供的自定义工具。也可以利用设置中组织内容，并将其创建为工具选项板。设计中心与工具选项板的使用大大方便了绘图，加快了绘图的效率。

4.3.1　设计中心

1．启动设计中心

启动设计中心的方法有如下 5 种：

☑　在命令行中输入 ADCENTER 命令。

☑　选择菜单栏中的“工具/选项板/设计中心”命令。

☑　单击“标准”工具栏中的“设计中心”按钮。

☑　利用快捷键 Ctrl+2。

☑　单击“视图”选项卡“选项板”面板中的“设计中心”按钮。

执行上述操作后，系统打开设计中心。第一次启动设计中心时，默认打开的选项卡为“文件夹”。内容显示区采用大图标显示，左边的资源管理器采用 tree view 显示方式显示系统的树形结构，浏览资源的同时，在内容显示区显示所浏览资源的有关细目或内容，如图 4-13 所示。也可以搜索资源，方法与 Windows 资源管理器类似。

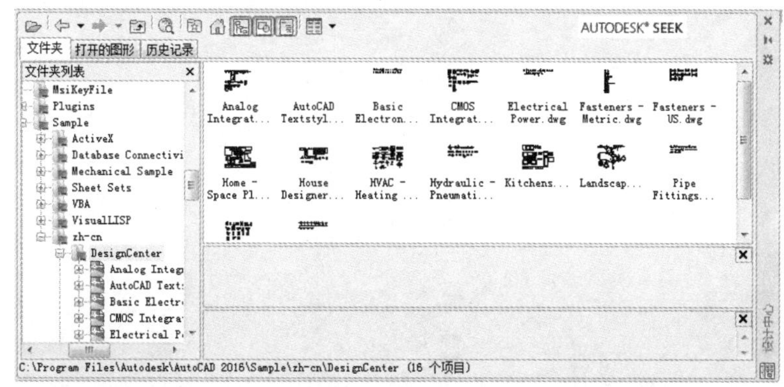

图 4-13　AutoCAD 2016 设计中心的资源管理器和内容显示区

Note

2．利用设计中心插入图形

设计中心一个最大的优点是可以将系统文件夹中的 DWG 图形当成图块插入到当前图形中。采用该方法插入图块的步骤如下：

（1）从查找结果列表框中选择要插入的对象，双击对象。

（2）弹出“插入”对话框，如图 4-14 所示。

（3）在对话框中设置插入点、比例和旋转角度等数值。

被选择的对象根据指定的参数插入到图形当中。

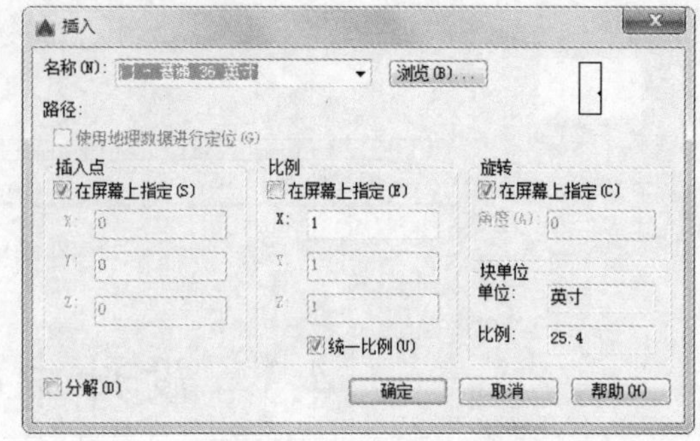

图 4-14 “插入”对话框

4.3.2 工具选项板

1．打开工具选项板

工具选项板的打开方式非常简单，其调用方法主要有如下 5 种：

☑ 在命令行中输入 TOOLPALETTES 命令。

☑ 选择菜单栏中的“工具/选项板/工具选项板窗口”命令。

☑ 单击“标准”工具栏中的“工具选项板”按钮。

☑ 利用快捷键 Ctrl+3。

☑ 单击“视图”选项卡“选项板”面板中的“工具选项板”按钮。

执行上述操作后，系统自动弹出工具选项板，如图 4-15 所示。右击，在弹出的快捷菜单中选择“新建选项板”命令，如图 4-16 所示。系统新建一个空白选项卡，可以命名该选项卡，如图 4-17 所示。

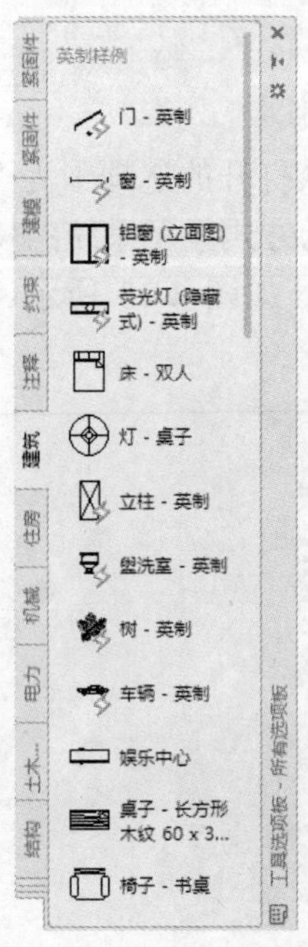

图 4-15 工具选项板

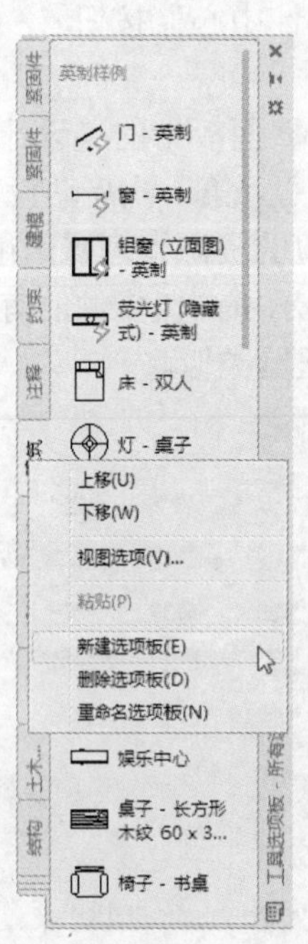

图 4-16 快捷菜单

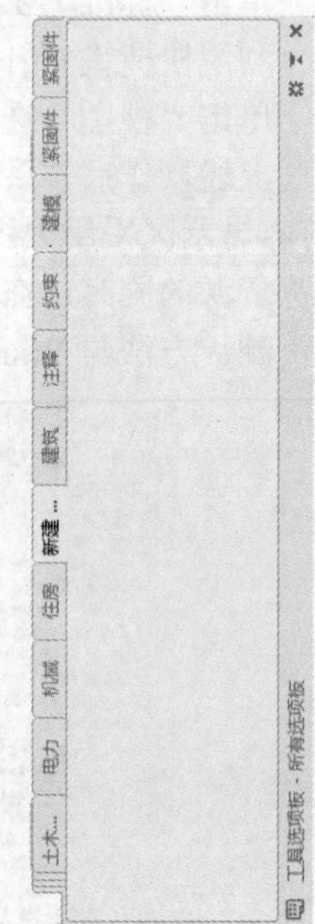

图 4-17 新建选项卡

Note

2．将设计中心内容添加到工具选项板

在 DesignCenter 文件夹上右击，系统打开快捷菜单，从中选择“创建块的工具选项板”命令，如图 4-18 所示。设计中心中存储的图元就出现在工具选项板中新建的 DesignCenter 选项卡上，如图 4-19 所示。这样就可以将设计中心与工具选项板结合起来，建立一个快捷方便的工具选项板。

3．利用工具选项板绘图

只需要将工具选项板中的图形单元拖动到当前图形，该图形单元就以图块的形式插入到当前图形中。如图 4-20 所示是将工具选项板中“建筑”选项卡中的“床-双人床”图形单元拖到当前图形。

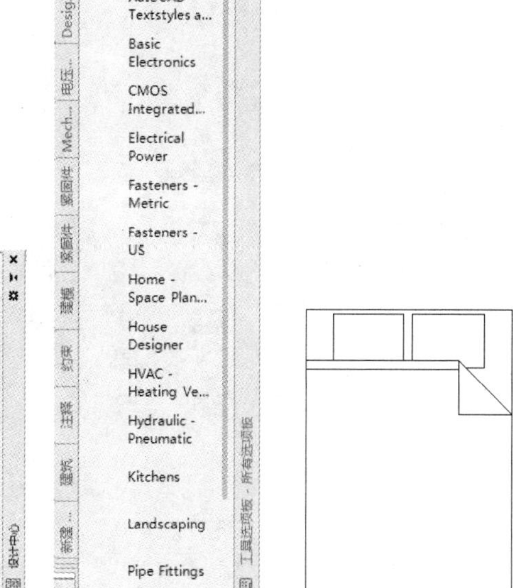

图 4-18　快捷菜单　　图 4-19　创建工具选项板　　图 4-20　双人床

4.3.3　实战——居室布置平面图

本实例利用直线、圆弧等命令绘制主图平面图，再利用设计中心和工具选项板辅助绘制居室室内布置平面图。绘制流程如图 4-21 所示。

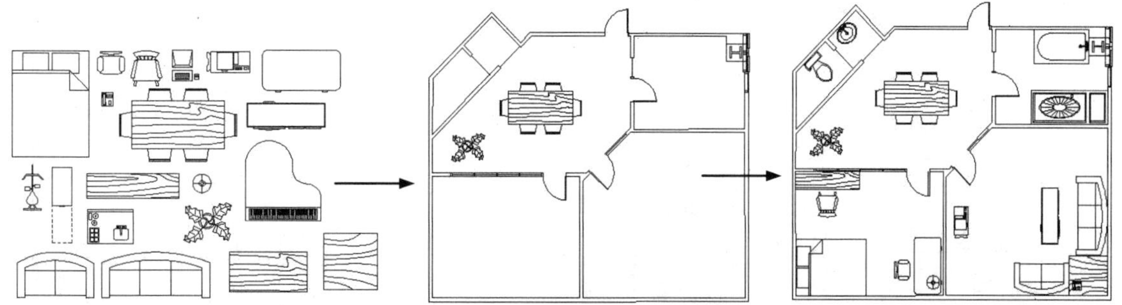

图 4-21　绘制居室布置平面图流程图

操作步骤如下：（：光盘\配套视频\第4章\居室布置平面图.avi）

（1）打开住房结构截面图。其中，进门为餐厅，左手为厨房，右手为卫生间，正对为客厅，客厅左边为寝室。

（2）单击“视图”选项卡“选项板”面板中的“工具选项板”按钮，打开工具选项板。在工具选项板菜单中选择“新建工具选项板”命令，建立新的工具选项板选项卡。在“新建工具选项板”对话框的名称栏中输入“住房”，按Enter键，新建“住房”选项卡。

（3）单击“视图”选项卡“选项板”面板中的“设计中心”按钮，打开设计中心，将设计中心中存储的Kitchens、House Designer、Home-Space Planner图块拖动到工具选项板的“住房”选项卡上，如图4-22所示。

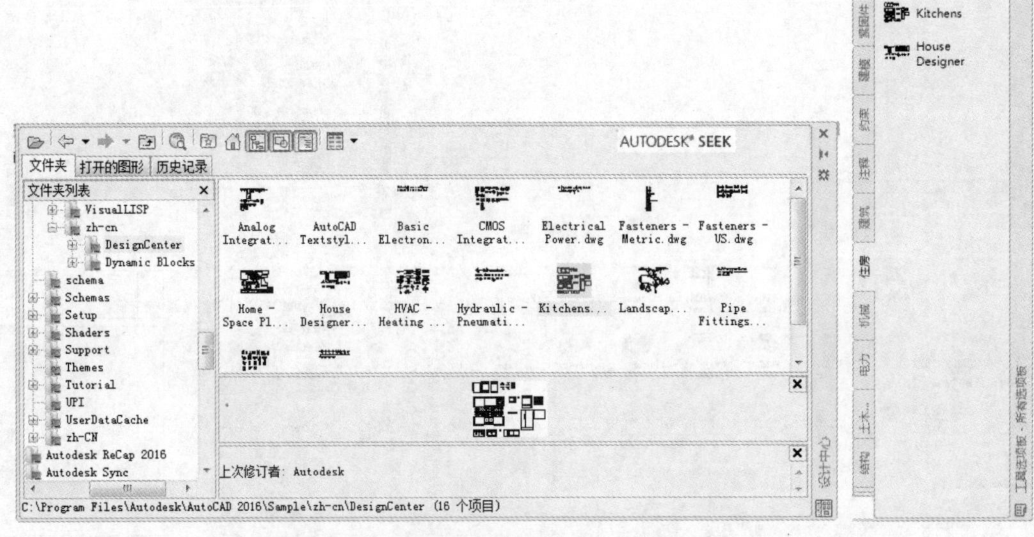

图4-22　向工具选项板插入设计中心中存储的图块

（4）布置餐厅。将工具选项板中的Home-Space Planner图块拖动到当前图形中，利用缩放命令调整所插入的图块与当前图形的相对大小，如图4-23所示。对该图块进行分解操作，将Home-Space Planner图块分解成单独的小图块集。将图块集中的“饭桌”和“植物”图块拖动到餐厅适当位置，如图4-24所示。

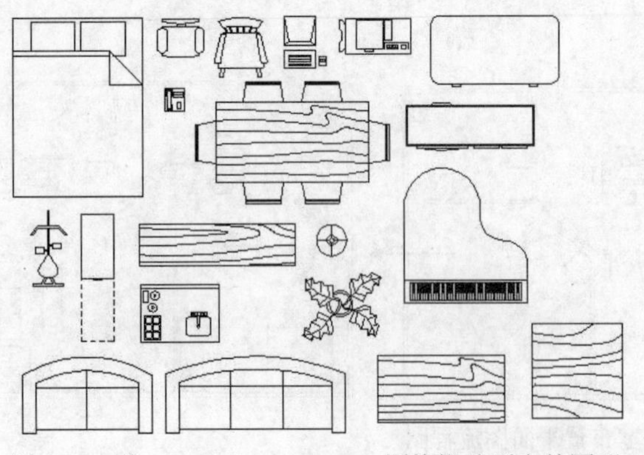

图4-23　将Home-Space Planner图块拖动到当前图形

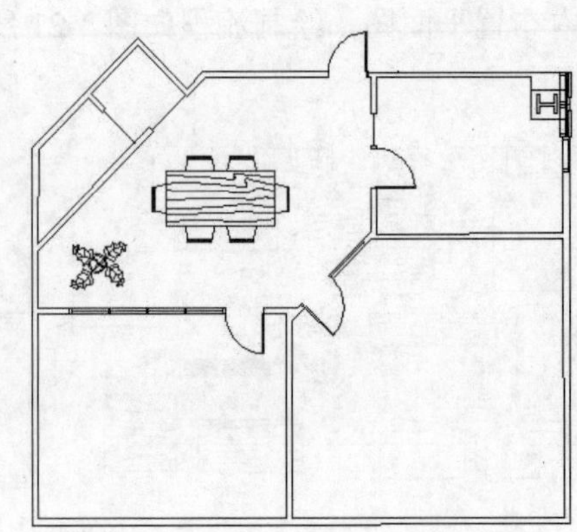

图4-24　布置餐厅

Note

（5）重复第（4）步的方法布置居室其他房间。最终绘制的结果如图 4-25 所示。

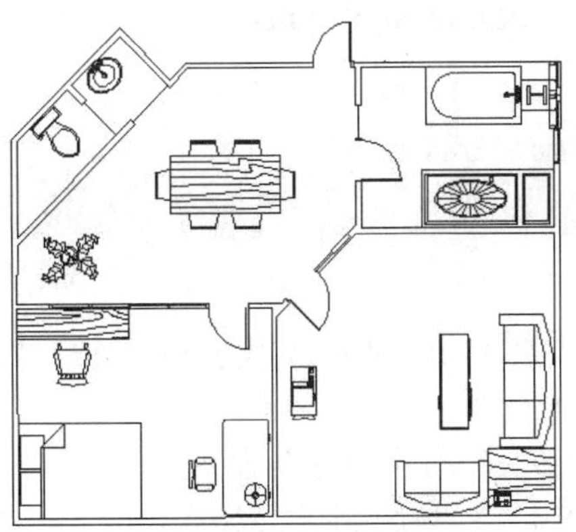

图 4-25　居室布置平面图

4.4 文 本 标 注

文本是建筑图形的基本组成部分，在图签、说明、图纸目录等地方都要用到文本。本节讲述文本标注的基本方法。

4.4.1 设置文字样式

执行文字样式命令，主要有如下 4 种调用方法：

☑ 在命令行中输入 STYLE 或 DDSTYLE 命令。

☑ 选择菜单栏中的“格式/文字样式”命令。

☑ 单击“文字”工具栏中的“文字样式”按钮。

☑ 单击“默认”选项卡“注释”面板中的“文字样式”按钮或“注释”选项卡“文字”面板中的“对话框启动器”按钮。

执行上述操作，系统弹出“文字样式”对话框，如图 4-26 所示。

利用该对话框可以新建文字样式或修改当前文字样式。如图 4-27～图 4-29 所示为各种文字样式。

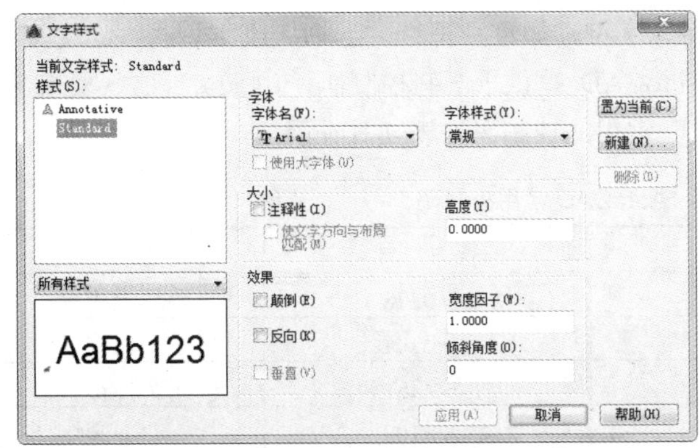

图 4-26　“文字样式”对话框

建筑设计建筑设计

建筑设计建筑设计

建筑设计建筑设计

建筑设计建筑设计

建筑设计建筑设计

图 4-27　同一字体的不同样式

ABCDEFGHIJKLMN

(a)

ABCDEFGHIJKLMN

(b)

图 4-28　文字倒置标注与反向标注

abcd

a
b
c
d

图 4-29　垂直标注文字

4.4.2　单行文本标注

执行单行文本标注命令，主要有如下 4 种调用方法：

☑　在命令行中输入 TEXT 命令。

☑　选择菜单栏中的“绘图/文字/单行文字”命令。

☑　单击“文字”工具栏中的“单行文字”按钮A。

☑　单击“默认”选项卡“注释”面板中的“单行文字”按钮A或“注释”选项卡“文字”面板中的“单行文字”按钮A。

执行上述操作后，根据系统提示指定文字的起点或选择选项。命令行提示中主要选项的含义如下。

☑　指定文字的起点：在此提示下直接在作图屏幕上点取一点作为文本的起始点，然后输入一行文本并按 Enter 键，AutoCAD 继续显示“输入文字:”提示，可继续输入文本，待全部输入完后在此提示下直接按 Enter 键，则退出 TEXT 命令。可见，由 TEXT 命令也可创建多行文本，只是这种多行文本每一行是一个对象，不能对多行文本同时进行操作。

☑　对正(J)：在上面的提示下输入 J，用来确定文本的对齐方式，对齐方式决定文本的哪一部分与所选的插入点对齐。执行此选项，根据系统提示选择选项作为文本的对齐方式。当文本串水平排列时，AutoCAD 为标注文本串定义了如图 4-30 所示的顶线、中线、基线和底线，各种对齐方式如图 4-31 所示，图中大写字母对应上述提示中各命令。

图 4-30　文本行的底线、基线、中线和顶线

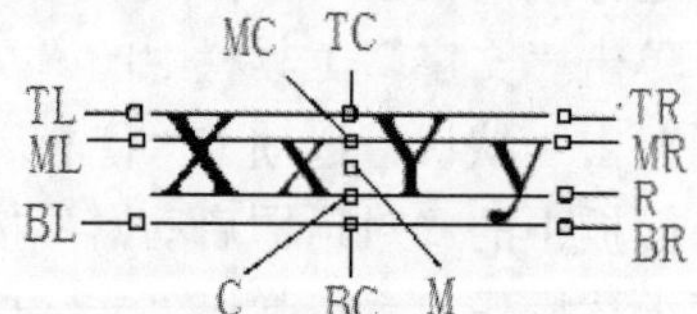

图 4-31　文本的对齐方式

在实际绘图时，有时需要标注一些特殊字符，如直径符号、上划线或下划线、温度符号等，由于这些符号不能直接从键盘上输入，AutoCAD 提供了一些控制码，用来实现这些要求。控制码用两个百分号（%%）加一个字符构成，常用的控制码如表 4-1 所示。

表 4-1　AutoCAD 常用控制码

符　号	功　能	符　号	功　能
%%O	上划线	\u+0278	电相位
%%U	下划线	\u+E101	流线
%%D	度符号	\u+2261	标识
%%P	正负符号	\u+E102	界碑线
%%C	直径符号	\u+2260	不相等

续表

符　号	功　能	符　号	功　能
%%%	百分号%	\u+2126	欧姆
\u+2248	几乎相等	\u+03A9	欧米加
\u+2220	角度	\u+214A	低界线
\u+E100	边界线	\u+2082	下标 2
\u+2104	中心线	\u+00B2	上标 2
\u+0394	差值		

4.4.3 多行文本标注

执行该命令，主要有如下 4 种调用方法：

☑ 在命令行中输入“MTEXT”命令。

☑ 选择菜单栏中的“绘图/文字/多行文字”命令。

☑ 单击“绘图”工具栏中的“多行文字”按钮A或“文字”工具栏中的“多行文字”按钮A。

☑ 单击“默认”选项卡“注释”面板中的“多行文字”按钮A或“注释”选项卡“文字”面板中的“多行文字”按钮A。

执行上述操作，在命令行提示“指定第一角点 :”后指定矩形框的第一个角点。在命令行提示“指定对角点或 [高度(H)/对正(J)/行距(L)/旋转(R)/样式(S)/宽度(W)/栏(C)] :”后指定矩形框的另一个角点。命令行提示中各选项的含义如下。

☑ 指定对角点：直接在屏幕上拾取一个点作为矩形框的第二个角点，AutoCAD 以这两个点为对角点形成一个矩形区域，其宽度作为将来要标注的多行文本的宽度，而且第一个点作为第一行文本顶线的起点。响应后 AutoCAD 打开“文字编辑器”选项卡和多行文字编辑器，可利用此编辑器输入多行文本并对其格式进行设置。关于对话框中各选项的含义与编辑器功能，稍后再详细介绍。

☑ 对正(J)：确定所标注文本的对齐方式。这些对齐方式与 TEXT 命令中的各对齐方式相同，在此不再重复。选择一种对齐方式后按 Enter 键，AutoCAD 回到上一级提示。

☑ 行距(L)：确定多行文本的行间距，这里所说的行间距是指相邻两文本行的基线之间的垂直距离。选择此选项，命令行提示“输入行距类型[至少(A)/精确(E)]<至少(A)>:”。

在此提示下有两种方式确定行间距：“至少”方式和“精确”方式。“至少”方式下，AutoCAD 根据每行文本中最大的字符自动调整行间距；“精确”方式下，AutoCAD 给多行文本赋予一个固定的行间距。可以直接输入一个确切的间距值，也可以输入 nx 的形式，其中，n 是一个具体数，表示行间距设置为单行文本高度的 n 倍，而单行文本高度是本行文本字符高度的 1.66 倍。

☑ 旋转(R)：确定文本行的倾斜角度。选择此选项，在命令行提示“指定旋转角度<0>:（输入倾斜角度）”后输入角度值并按 Enter 键，返回到“指定对角点或[高度(H)/对正(J)/行距(L)/旋转(R)/样式(S)/宽度(W)]:”提示。

☑ 样式(S)：确定当前的文字样式。

☑ 宽度(W)：指定多行文本的宽度。可在屏幕上拾取一点，将其与前面确定的第一个角点组成的矩形框的宽度作为多行文本的宽度，也可以输入一个数值，精确设置多行文本的宽度。

Note

提示：

在创建多行文本时，只要指定文本行的起始点和宽度后，AutoCAD 就会打开“文字编辑器”选项卡和多行文字编辑器，如图 4-32 和图 4-33 所示。该编辑器与 Microsoft Word 编辑器界面相似，事实上该编辑器与 Word 编辑器在某些功能上趋于一致。这样既增强了多行文字的编辑功能，又能使用户更方便地使用。

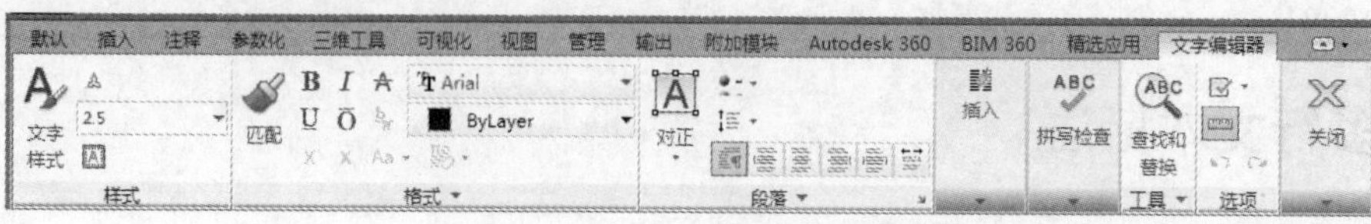

图 4-32　“文字编辑器”选项卡

图 4-33　多行文字编辑器

- ☑ 栏(C)：可以将多行文字对象的格式设置为多栏。可以指定栏和栏之间的宽度、高度及栏数，以及使用夹点编辑栏宽和栏高。其中提供了 3 个栏选项：“不分栏”、“静态栏”和“动态栏”。

“文字编辑器”选项卡用来控制文本文字的显示特性。可以在输入文本文字前设置文本的特性，也可以改变已输入的文本文字特性。要改变已有文本文字显示特性，首先应选择要修改的文本，选择文本的方式有以下 3 种。

（1）将光标定位到文本文字开始处，按住鼠标左键，拖到文本末尾。

（2）双击某个文字，则该文字被选中。

（3）3 次单击鼠标，则选中全部内容。

下面介绍选项卡中部分选项的功能。

- ☑ “文字高度”下拉列表框：用于确定文本的字符高度，可在文本编辑器中设置输入新的字符高度，也可从此下拉列表框中选择已设定过的高度值。
- ☑ “加粗”按钮**B**和“斜体”按钮*I*：用于设置加粗或斜体效果，但这两个按钮只对 TrueType 字体有效。
- ☑ “删除线”按钮A：用于在文字上添加水平删除线。
- ☑ “下划线”按钮U和“上划线”按钮O：用于设置或取消文字的上下划线。
- ☑ “堆叠”按钮：为层叠或非层叠文本按钮，用于层叠所选的文本文字，也就是创建分数形式。当文本中某处出现“/”、“^”或“#”3 种层叠符号之一时，选中需层叠的文字，才可层叠文本。二者缺一不可。则符号左边的文字作为分子，右边的文字作为分母进行层叠。

提示：

AutoCAD 提供了 3 种分数形式：

（1）如果选中 abcd/efgh 后单击此按钮，则得到如图 4-34（a）所示的分数形式。

（2）如果选中 abcd^efgh 后单击此按钮，则得到如图 4-34（b）所示的形式，此形式多用于标注极限偏差。

（3）如果选中 abcd # efgh 后单击此按钮，则创建斜排的分数形式，如图 4-34（c）所示。

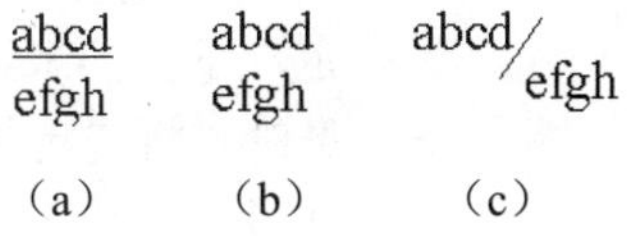

$\frac{abcd}{efgh}$　　$\begin{matrix}abcd\\efgh\end{matrix}$　　abcd/efgh

（a）　　（b）　　（c）

图 4-34　文本层叠

Note

如果选中已经层叠的文本对象后单击此按钮，则恢复到非层叠形式。

☑ “倾斜角度”（0/）文本框：用于设置文字的倾斜角度，如图 4-35 所示。

都市农夫

都市农夫

都市农夫

图 4-35　倾斜角度与斜体效果

提示：

倾斜角度与斜体效果是两个不同的概念，前者可以设置任意倾斜角度，后者是在任意倾斜角度的基础上设置斜体效果，如图 4-35 所示。第一行倾斜角度为 0°，非斜体效果；第二行倾斜角度为 12°，非斜体效果；第三行倾斜角度为 12°，斜体效果。

☑ “符号”按钮@：用于输入各种符号。单击此按钮，系统打开符号列表，如图 4-36 所示，可以从中选择符号输入到文本中。

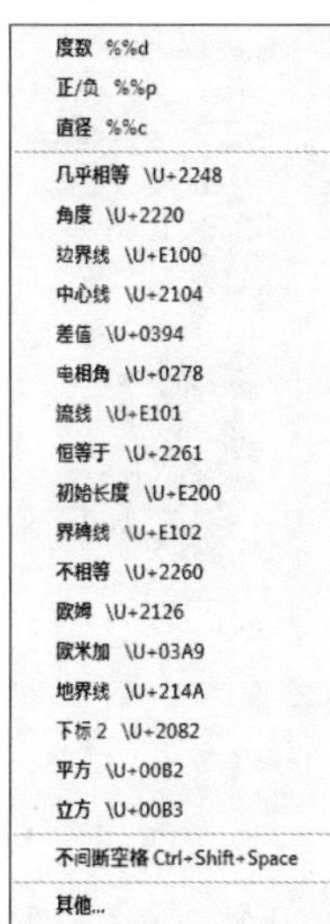

图 4-36　符号列表

☑ “插入字段”按钮：用于插入一些常用或预设字段。单击此按钮，系统打开“字段”对话框，如图 4-37 所示，用户可从中选择字段，插入到标注文本中。

☑ “追踪”下拉列表框 a•b：用于增大或减小选定字符之间的空间。1.0 表示设置常规间距，大于 1.0 表示增大间距，小于 1.0 表示减小间距。

☑ “宽度因子”下拉列表框：用于扩展或收缩选定字符。1.0 表示设置代表此字体中字母的常规宽度，可以增大该宽度或减小该宽度。

☑ “上标”按钮 x^2：将选定文字转换为上标，即在输入线的上方设置稍小的文字。

☑ “下标”按钮 x_2：将选定文字转换为下标，即在输入线的下方设置稍小的文字。

☑ “清除格式”下拉列表：删除选定字符的字符格式，或删除选定段落的段落格式，或删除选定段落中的所有格式。

☑ 项目符号和编号。

- 关闭：如果选择此选项，将从应用了列表格式的选定文字中删除字母、数字和项目符号。不更改缩进状态。
- 以数字标记：应用将带有句点的数字用于列表中的项的列表格式。

Note

- 以字母标记：应用将带有句点的字母用于列表中的项的列表格式。如果列表含有的项多于字母中含有的字母，可以使用双字母继续序列。
- 以项目符号标记：应用将项目符号用于列表中的项的列表格式。
- 起点：在列表格式中启动新的字母或数字序列。如果选定的项位于列表中间，则选定项下面的未选中的项也将成为新列表的一部分。
- 继续：将选定的段落添加到上面最后一个列表然后继续序列。如果选择了列表项而非段落，选定项下面的未选中的项将继续序列。
- 允许自动项目符号和编号：在输入时应用列表格式。以下字符可以用作字母和数字后的标点并不能用作项目符号：句点（.）、逗号（,）、右括号（)）、右尖括号（>）、右方括号（]）和右花括号（}）。
- 允许项目符号和列表：如果选择此选项，列表格式将应用到外观类似列表的多行文字对象中的所有纯文本。

☑拼写检查：确定输入时拼写检查处于打开还是关闭状态。

☑编辑词典：显示“词典”对话框，从中可添加或删除在拼写检查过程中使用的自定义词典。

☑标尺：在编辑器顶部显示标尺。拖动标尺末尾的箭头可更改文字对象的宽度。列模式处于活动状态时，还显示高度和列夹点。

☑段落：为段落和段落的第一行设置缩进。指定制表位和缩进，控制段落对齐方式、段落间距和段落行距，如图 4-38 所示。

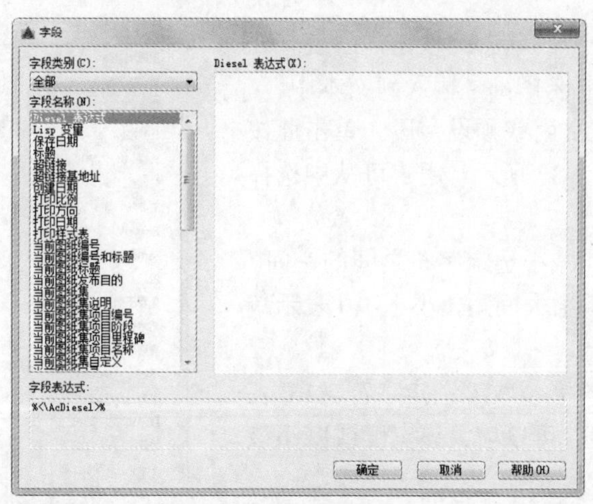

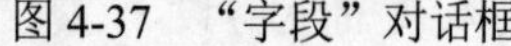

图 4-37 “字段”对话框

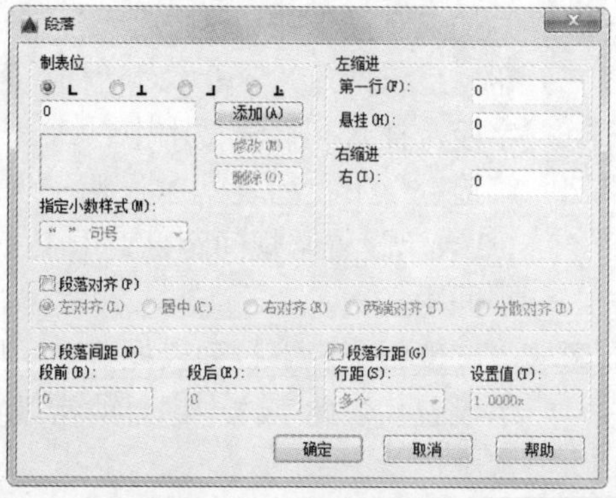

图 4-38 “段落”对话框

☑ 输入文字：选择此项，系统打开“选择文件”对话框，如图 4-39 所示。选择任意 ASCII 或 RTF 格式的文件。输入的文字保留原始字符格式和样式特性，但可以在多行文字编辑器中编辑和格式化输入的文字。选择要输入的文本文件后，可以替换选定的文字或全部文字，或在文字边界内将插入的文字附加到选定的文字中。输入文字的文件必须小于 32KB。

提示：

多行文字是由任意数目的文字行或段落组成的，布满指定的宽度，还可以沿垂直方向无限延伸。多行文字中，无论行数是多少，单个编辑任务中创建的每个段落集将构成单个对象；用户可对其进行移动、旋转、删除、复制、镜像或缩放操作。

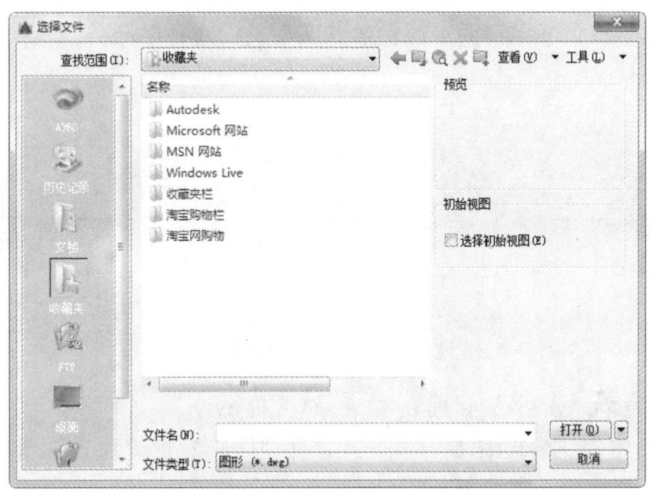

图 4-39 “选择文件”对话框

4.5 文 本 编 辑

4.5.1 用编辑命令编辑文本

执行编辑命令，主要有如下 4 种调用方法：

☑ 在命令行中输入 DDEDIT 命令。

☑ 选择菜单栏中的“修改/对象/文字/编辑”命令。

☑ 单击“文字”工具栏中的“编辑”按钮。

☑ 在快捷菜单中选择“修改多行文字”或“编辑文字”命令。

选择相应的菜单项，或在命令行中输入 DDEDIT 命令后按 Enter 键，在命令行提示“选择注释对象或 [放弃(U)]:”后选择要编辑的文字。

4.5.2 用“特性”选项板编辑文本

对文本进行编辑也可以使用“特性”选项板进行，主要有如下 4 种调用方法：

☑ 在命令行中输入 DDMODIFY 或 PROPERTIES 命令。

☑ 选择菜单栏中的“修改/特性”命令。

☑ 单击“标准”工具栏中的“特性”按钮。

☑ 单击“视图”选项卡“选项板”面板中的“特性”按钮。

执行上述操作，然后选择要修改的文字，AutoCAD 打开“特性”选项板。利用该选项板可以方便地修改文本的内容、颜色、线型、位置、倾斜角度等属性。

4.5.3 实战——酒瓶

本实例利用多段线命令绘制酒瓶一侧的轮廓，再利用镜像命令得到另一侧的轮廓，最后利用

Note

直线、椭圆、多行文字等命令完善图形，绘制流程如图 4-40 所示。

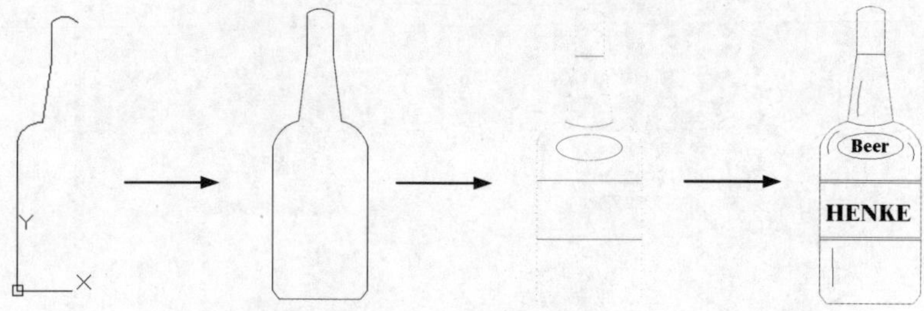

图 4-40　绘制酒瓶流程图

操作步骤如下：（光盘\配套视频\第 4 章\酒瓶.avi）

（1）选择菜单栏中的“格式/图层”命令，打开“图层特性管理器”选项板，新建 3 个图层。

① 1 图层，颜色为绿色，其余属性默认。

② 2 图层，颜色为白色，其余属性默认。

③ 3 图层，颜色为蓝色，其余属性默认。

（2）选择菜单栏中的“视图/缩放/圆心”命令，将图形界面缩放至适当大小。

（3）将当前图层设置为 3 图层，单击“默认”选项卡“绘图”面板中的“多段线”按钮，绘制多段线。

① 在命令行提示“指定起点:”后输入“40,0”。

② 在命令行提示“指定下一个点或[圆弧(A)/半宽(H)/长度(L)/放弃(U)/宽度(W)]:”后输入“@-40,0”。

③ 在命令行提示“指定下一点或[圆弧(A)/闭合(C)/半宽(H)/长度(L)/放弃(U)/宽度(W)]:”后输入“@0,119.8”。

④ 在命令行提示“指定下一点或[圆弧(A)/闭合(C)/半宽(H)/长度(L)/放弃(U)/宽度(W)]:”后输入 A。

⑤ 在命令行提示“指定圆弧的端点(按住 Ctrl 键以切换方向)或[角度(A)/圆心(CE)/闭合(CL)/方向(D)/半宽(H)/直线(L)/半径(R)/第二个点(S)/放弃(U)/宽度(W)]:”后输入“22,139.6”。

⑥ 在命令行提示“指定圆弧的端点(按住 Ctrl 键以切换方向)或[角度(A)/圆心(CE)/闭合(CL)/方向(D)/半宽(H)/直线(L)/半径(R)/第二个点(S)/放弃(U)/宽度(W)]:”后输入 L。

⑦ 在命令行提示“指定下一点或[圆弧(A)/闭合(C)/半宽(H)/长度(L)/放弃(U)/宽度(W)]:”后输入“29,190.7”。

⑧ 在命令行提示“指定下一点或[圆弧(A)/闭合(C)/半宽(H)/长度(L)/放弃(U)/宽度(W)]:”后输入“29,222.5”。

⑨ 在命令行提示“指定下一点或[圆弧(A)/闭合(C)/半宽(H)/长度(L)/放弃(U)/宽度(W)]:”后输入 A。

⑩ 在命令行提示“指定圆弧的端点(按住 Ctrl 键以切换方向)或[角度(A)/圆心(CE)/闭合(CL)/方向(D)/半宽(H)/直线(L)/半径(R)/第二个点(S)/放弃(U)/宽度(W)]:”后输入 S。

⑪ 在命令行提示“指定圆弧上的第二个点:”后输入“40,227.6”。

⑫ 在命令行提示“指定圆弧的端点(按住 Ctrl 键以切换方向):”后输入“51.2,223.3”。

⑬ 在命令行提示“指定圆弧的端点(按住 Ctrl 键以切换方向)或[角度(A)/圆心(CE)/闭合

(CL)/方向(D)/半宽(H)/直线(L)/半径(R)/第二个点(S)/放弃(U)/宽度(W)]:”后按 Enter 键。

绘制结果如图 4-41 所示。

（4）单击“默认”选项卡“修改”面板中的“镜像”按钮，镜像绘制的多段线，然后单击“默认”选项卡“修改”面板中的“修剪”按钮，修剪图形，如图 4-42 所示。

（5）将 2 图层设置为当前图层，单击“默认”选项卡“绘图”面板中的“直线”按钮，绘制坐标点为{（0, 94.5），（@80,0）}{（0,92.5），（80,92.5）}{（0,48.6），（@80,0）}{（29,190.7），（@22,0）}{（0,50.6），（@80,0）}的直线，如图 4-43 所示。

（6）单击“默认”选项卡“绘图”面板中的“轴，端点”按钮，绘制中心点为（40,120），轴端点为（@25,0），轴长度为（@0,10）的椭圆。单击“默认”选项卡“绘图”面板中的“圆弧”按钮，以三点方式绘制坐标为（22,139.6）、（40,136）、（58,139.6）的圆弧，如图 4-44 所示。

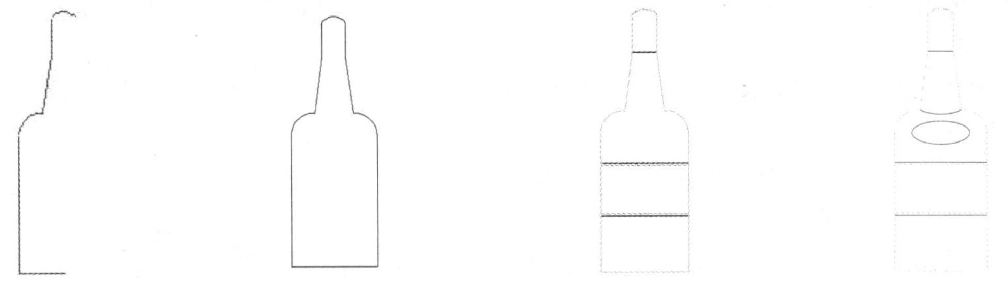

图 4-41　绘制多段线　　图 4-42　镜像处理　　图 4-43　绘制直线　　图 4-44　绘制椭圆

（7）单击“默认”选项卡“修改”面板中的“圆角”按钮，设置圆角半径为 10，将瓶底进行圆角处理。

（8）将 1 图层设置为当前图层，单击“默认”选项卡“注释”面板中的“多行文字”按钮A，系统打开“文字编辑器”选项卡，如图 4-45 所示，设置文字高度分别为 10，输入文字 Beer。采用相同的方式设置文字高度为 13，输入文字 HENKE。

（9）单击“默认”选项卡“绘图”面板中的“圆弧”按钮，在瓶子的适当位置位置纹络，结果如图 4-46 所示。

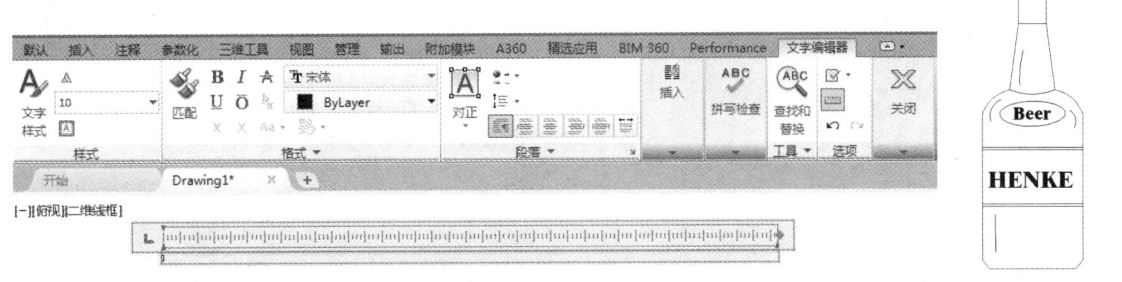

图 4-45　“文字编辑器”选项卡　　图 4-46　输入文字

4.6　表　格

在以前的版本中，要绘制表格必须采用绘制图线或者图线结合偏移或复制等编辑命令来完成，这样的操作过程烦琐而复杂，不利于提高绘图效率。从 AutoCAD 2005 开始，新增加了一个“表格”绘图功能，有了该功能，创建表格就变得非常容易，用户可以直接插入设置好样式的表格，而无须绘制由单独的图线组成的栅格。

4.6.1 设置表格样式

执行表格样式命令，主要有如下 4 种调用方法：

☑ 在命令行中输入 TABLESTYLE 命令。

☑ 选择菜单栏中的“格式/表格样式”命令。

☑ 单击“样式”工具栏中的“表格样式管理器”按钮。

☑ 单击“默认”选项卡“注释”面板中的“表格样式”按钮或“注释”选项卡“表格”面板中的“对话框启动器”按钮。

执行上述操作后，AutoCAD 打开“表格样式”对话框，如图 4-47 所示。该对话框中各按钮的含义如下。

☑ “新建”按钮：单击该按钮，系统弹出“创建新的表格样式”对话框，如图 4-48 所示。输入新的表格样式名后，单击“继续”按钮，系统打开“新建表格样式”对话框，如图 4-49 所示。从中可以定义新的表样式，分别控制表格中数据、列标题和总标题的有关参数，如图 4-50 所示。

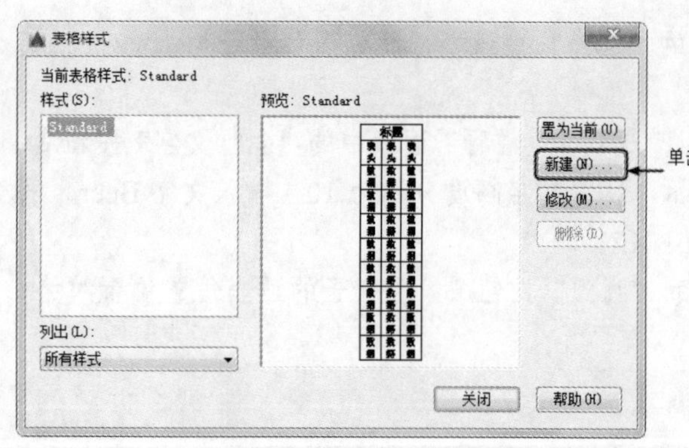

图 4-47 “表格样式”对话框

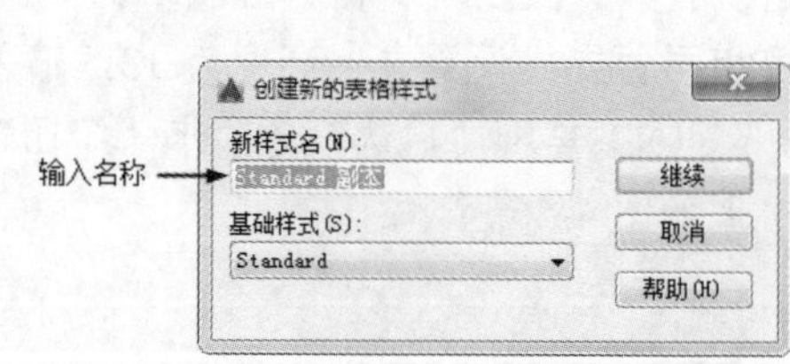

图 4-48 “创建新的表格样式”对话框

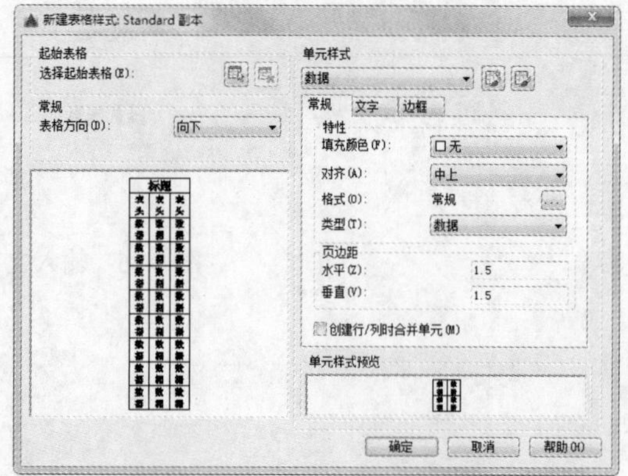

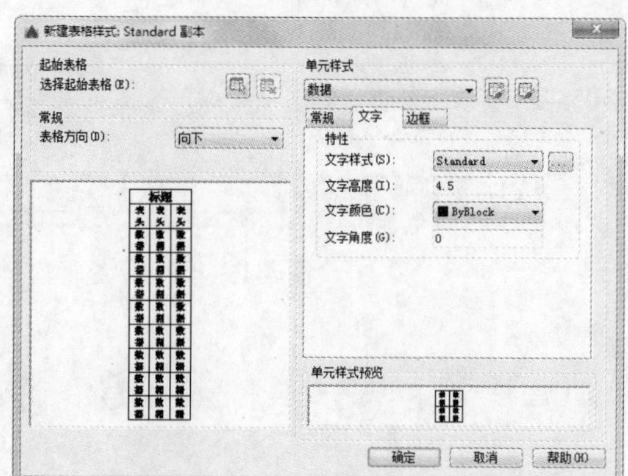

图 4-49 “新建表格样式”对话框

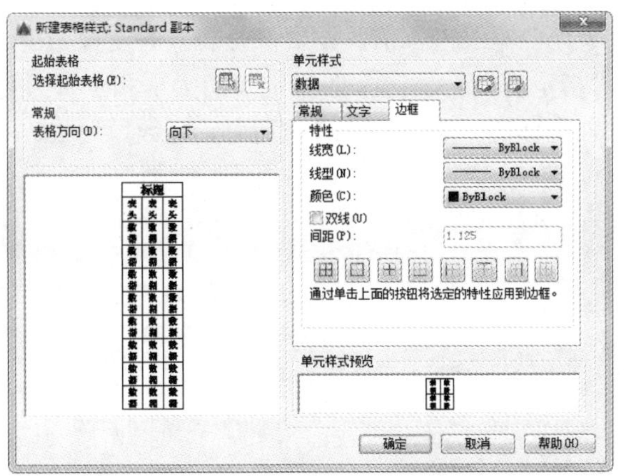

图 4-49　“新建表格样式”对话框（续）

☑　“修改”按钮：对当前表格样式进行修改，方式与新建表格样式相同。

如图 4-51 所示为创建的数据文字样式为 Standard，文字高度为 4.5，文字颜色为“红色”，填充颜色为“黄色”，对齐方式为“右下”；没有列标题行，标题文字样式为 Standard，文字高度为 6，文字颜色为“蓝色”，填充颜色为“无”，对齐方式为“正中”；表格方向为“上”，水平单元边距和垂直单元边距都为 1.5 的表格样式。

标题		
页眉	页眉	页眉
数据	数据	数据
数据	数据	数据
数据	数据	数据
数据	数据	数据
数据	数据	数据
数据	数据	数据
数据	数据	数据
数据	数据	数据

总标题

列标题

数据

图 4-50　表格样式

数据	数据	数据
数据	数据	数据
数据	数据	数据
数据	数据	数据
数据	数据	数据
数据	数据	数据
数据	数据	数据
数据	数据	数据
数据	数据	数据
标题		

图 4-51　表格示例

4.6.2　创建表格

执行表格命令，主要有如下 4 种调用方法：

☑　在命令行中输入 TABLE 命令。

☑　选择菜单栏中的“绘图/表格”命令。

☑　单击“绘图”工具栏中的“表格”按钮。

☑　单击“默认”选项卡“注释”面板中的“表格”按钮或“注释”选项卡“表格”面板中的“表格”按钮。

执行上述操作后，AutoCAD 打开“插入表格”对话框，如图 4-52 所示。该对话框中各选项组的含义如下。

☑　“表格样式”选项组：可以在“表格样式名称”下拉列表框中选择一种表格样式，也可以单击后面的按钮新建或修改表格样式。

☑　“插入方式”选项组：“指定插入点”单选按钮指定表左上角的位置。可以使用定点设

Note

备，也可以在命令行中输入坐标值。如果将表的方向设置为由下而上读取，则插入点位于表的左下角。“指定窗口”单选按钮指定表的大小和位置。可以使用定点设备，也可以在命令行中输入坐标值。选中该单选按钮时，行数、列数、列宽和行高取决于窗口的大小以及列和行设置。

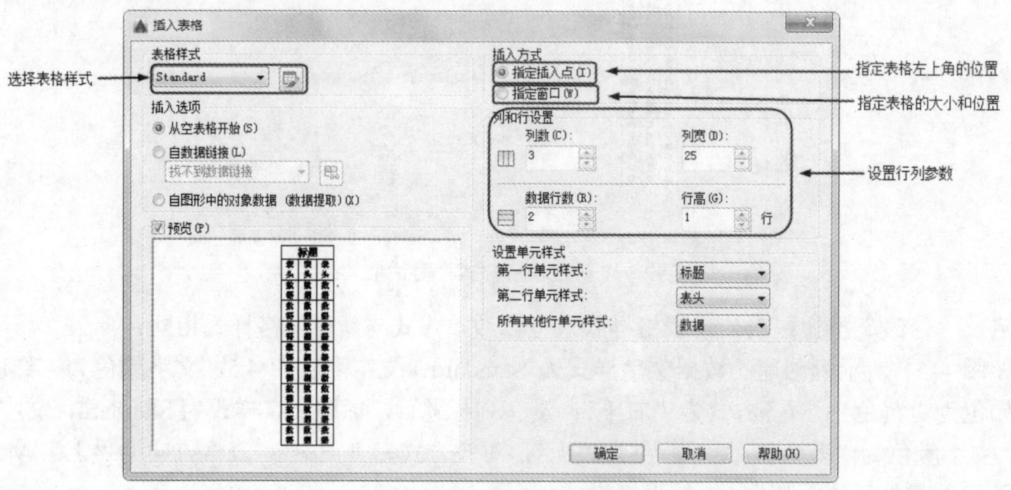

图 4-52 “插入表格”对话框

☑ “列和行设置”选项组：指定列和行的数目以及列宽与行高。

提示：

在“插入方式”选项组中选中“指定窗口”单选按钮后，列与行设置的两个参数中只能指定一个，另外一个由指定窗口大小自动等分指定。

在上面的“插入表格”对话框中进行相应设置后，单击“确定”按钮，系统在指定的插入点或窗口自动插入一个空表格，并显示多行文字编辑器，用户可以逐行逐列输入相应的文字或数据，如图 4-53 所示。

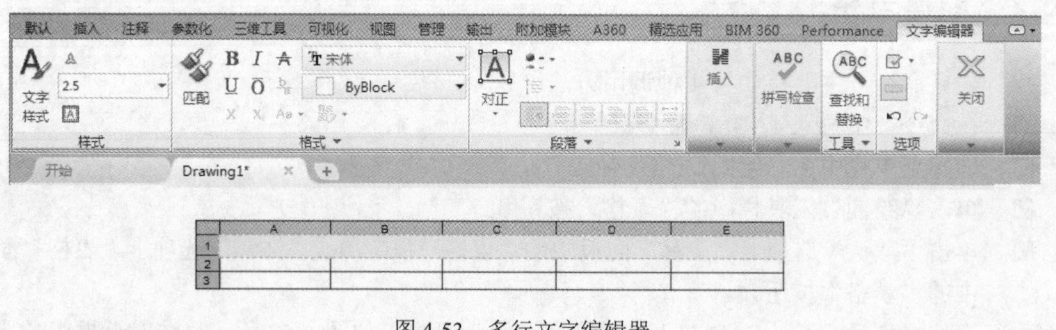

图 4-53 多行文字编辑器

4.6.3 编辑表格文字

执行文字编辑命令，主要有如下 3 种调用方法：

☑ 在命令行中输入 TABLEDIT 命令。

☑ 在快捷菜单中选择“编辑文字”命令。

☑ 在表单元内双击。

执行上述操作后，系统打开多行文字编辑器，用户可以对指定表格单元的文字进行编辑。

Note

4.6.4 实战——A3 图纸样板图

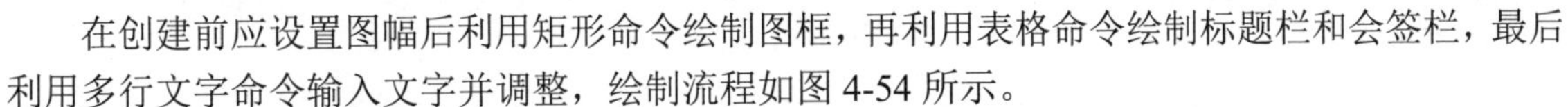

在创建前应设置图幅后利用矩形命令绘制图框，再利用表格命令绘制标题栏和会签栏，最后利用多行文字命令输入文字并调整，绘制流程如图 4-54 所示。

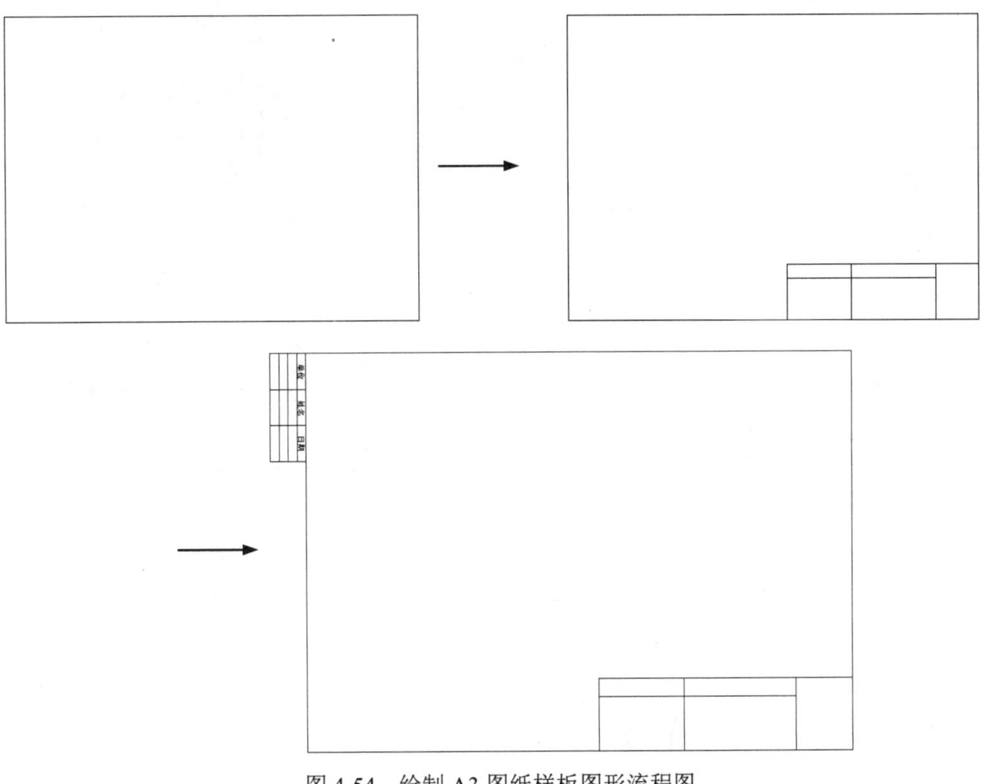

图 4-54　绘制 A3 图纸样板图形流程图

操作步骤如下：（：光盘\配套视频\第 4 章\A3 图纸样板图.avi）

1. 设置单位和图形边界

（1）打开 AutoCAD 程序，则系统自动建立新图形文件。

（2）设置单位。选择菜单栏中的“格式/单位”命令，系统打开“图形单位”对话框，如图 4-55 所示。设置“长度”的“类型”为“小数”，“精度”为 0，“角度”的“类型”为“十进制度数”，“精度”为 0，系统默认逆时针方向为正，单击“确定”按钮。

（3）设置图形边界。国家标准（简称“国标”）对图纸的幅面大小作了严格规定，在这里，不妨按国标 A3 图纸幅面设置图形边界。A3 图纸的幅面为 420mm×297mm，选择菜单栏中的“格式/图形界限”命令，设置图形界限。

① 在命令行提示“指定左下角点或[开(ON)/关(OFF)] <0.0000,0.0000>:”后输入“0,0”。

② 在命令行提示“指定右上角点<12.0000,9.0000>:”后输入“420,297”。

2. 设置图层

（1）设置层名。选择菜单栏中的“格式/图层”命令，系统打开“图层特性管理器”选项板，如图 4-56 所示。单击“新建”按钮，建立不同名称的新图层，这些不同的图层分别存放不同的图线或图形的不同部分。

Note

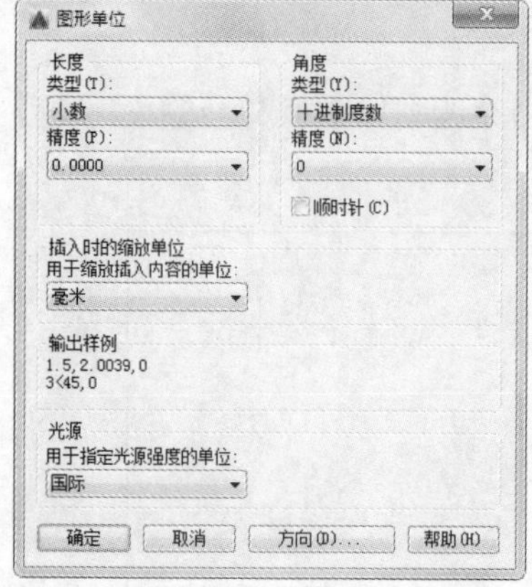

图 4-55　“图形单位”对话框

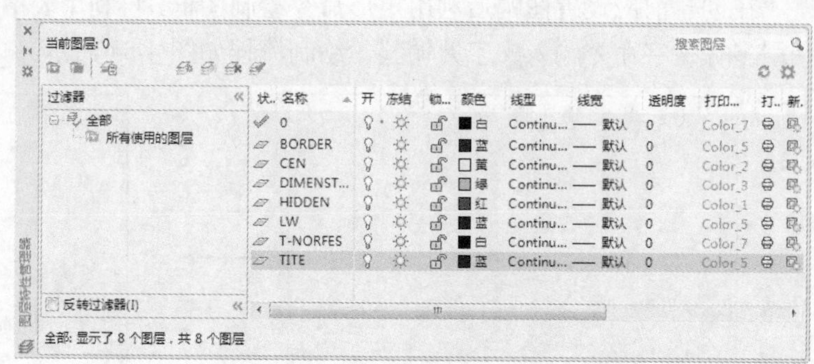

图 4-56　“图层特性管理器”选项板

（2）设置图层颜色。为了区分不同图层上的图线，增加图形不同部分的对比性，可以在“图层特性管理器”选项板中单击相应图层“颜色”标签下的颜色色块，打开“选择颜色”对话框，如图 4-57 所示。在该对话框中选择需要的颜色。

（3）设置线型。在常用的工程图样中，通常要用到不同的线型，这是因为不同的线型表示不同的含义。在“图层特性管理器”选项板中单击“线型”栏下的线型选项，打开“选择线型”对话框，如图 4-58 所示，在该对话框中选择对应的线型，如果在“已加载的线型”列表框中没有需要的线型，可以单击“加载”按钮，打开“加载或重载线型”对话框加载线型，如图 4-59 所示。

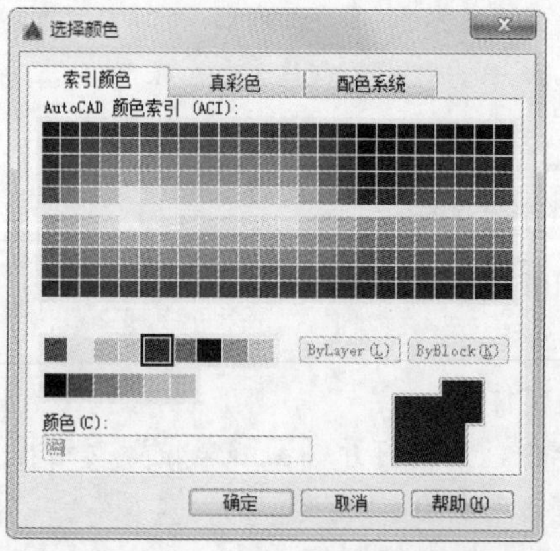

图 4-57　“选择颜色”对话框

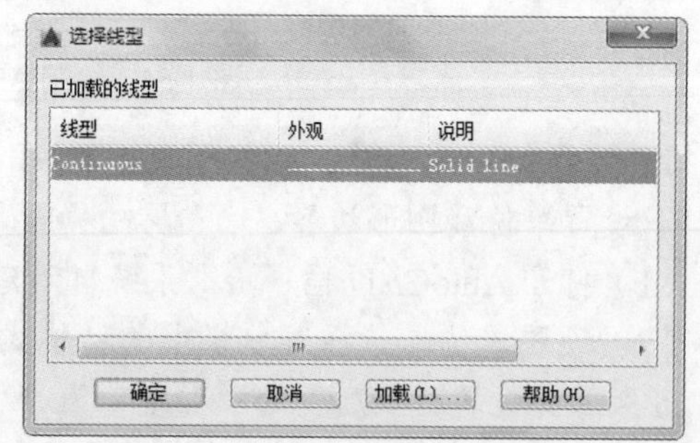

图 4-58　“选择线型”对话框

（4）设置线宽。在工程图纸中，不同的线宽也表示不同的含义，因此也要对不同图层的线宽界线进行设置，单击“图层特性管理器”选项板中“线宽”栏下的选项，打开“线宽”对话框，如图 4-60 所示。在该对话框中选择适当的线宽。需要注意的是，应尽量保持细线与粗线之间的比例大约为 1:2。

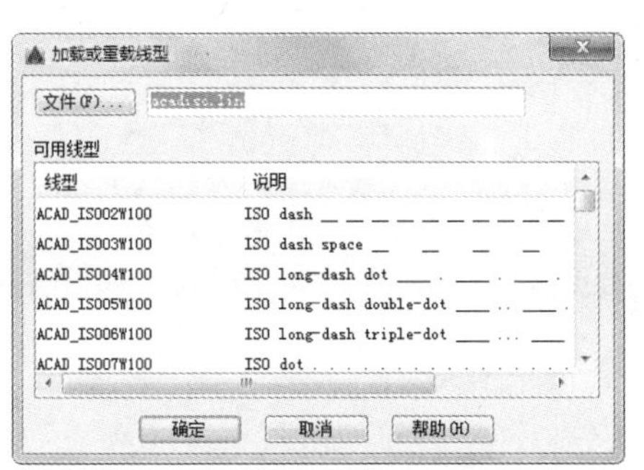

图 4-59　“加载或重载线型”对话框

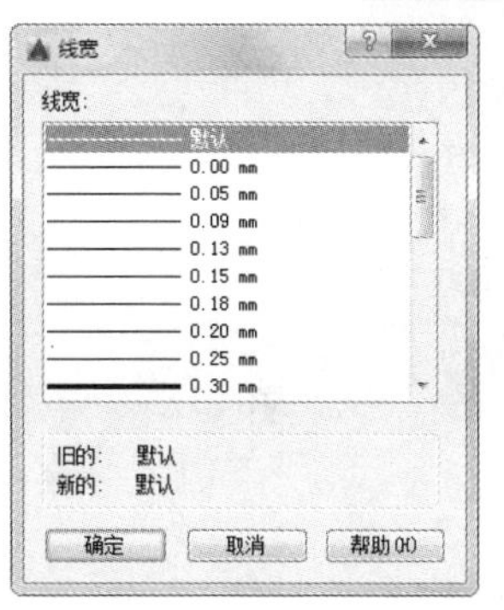

图 4-60　“线宽”对话框

3. 设置文本样式

下面列出一些本练习中的格式，请按如下约定进行设置：文本高度一般注释 7mm，零件名称 10mm，图标栏和会签栏中其他文字 5mm，尺寸文字 5mm，线型比例为 1，图纸空间线型比例为 1，单位为十进制，小数点后 0 位，角度小数点后 0 位。

可以生成 4 种文字样式，分别用于一般注释、标题块中零件名、标题块注释及尺寸标注。

（1）选择菜单栏中的“格式/文字样式”命令，系统打开“文字样式”对话框，单击“新建”按钮，系统打开“新建文字样式”对话框，如图 4-61 所示。接受默认的“样式 1”文字样式名，确认退出。

（2）系统返回“文字样式”对话框，在“字体名”下拉列表框中选择“宋体”选项；在“大小”选项组中将“高度”设置为 5；将“宽度因子”设置为 0.7，如图 4-62 所示。单击“应用”按钮，再单击“关闭”按钮。其他文字样式设置类似。

图 4-61　“新建文字样式”对话框　　　　图 4-62　“文字样式”对话框

4. 设置尺寸标注样式

（1）选择菜单栏中的“格式/标注样式”命令，系统打开“标注样式管理器”对话框，如图 4-63 所示。在“预览”显示框中显示出标注样式的预览图形。

（2）单击“修改”按钮，打开“修改标注样式”对话框，在该对话框中对标注样式的选项按照需要进行修改，如图 4-64 所示。

（3）在“线”选项卡中，设置“颜色”和“线宽”为 ByLayer，“基线间距”为 6。在“符号和箭头”选项卡中，设置“箭头大小”为 1。在“文字”选项卡中，设置“颜色”为 ByBlock，

Note

“文字高度”为5，其他不变。在“主单位”选项卡中，设置“精度”为0。其他选项卡保持不变。

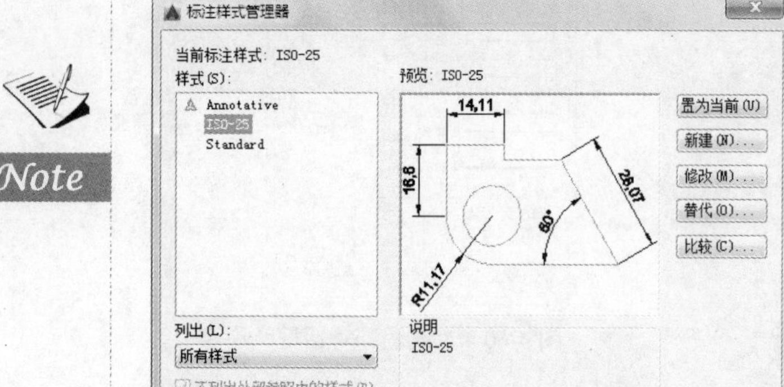

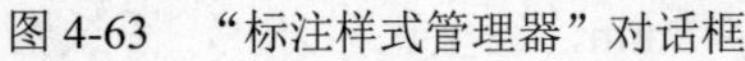

图4-63　“标注样式管理器”对话框

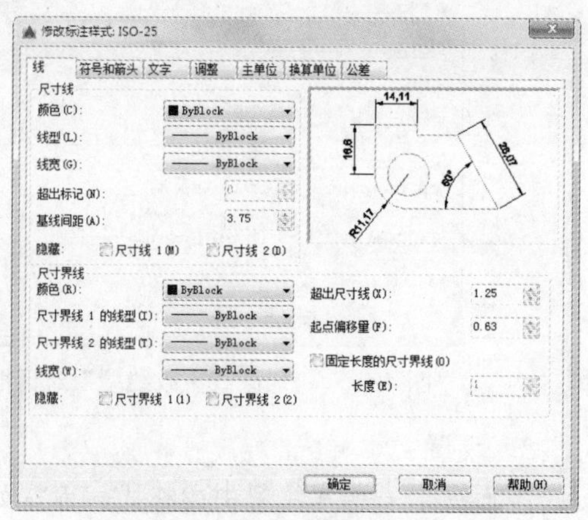

图4-64　“修改标注样式”对话框

5. 绘制图框

选择菜单栏中的“绘图/矩形”命令，绘制角点坐标为（25,10）和（410,287）的矩形，如图4-65所示。

提示：

国标规定A3图纸的幅面大小是420mm×297mm，这里留出了带装订边的图框到图纸边界的距离。

6. 绘制标题栏

标题栏示意图如图4-66所示，由于分隔线并不整齐，所以可以先绘制一个9×4（每个单元格的尺寸是20×10）的标准表格，然后在此基础上编辑或合并单元格。

图4-65　绘制矩形

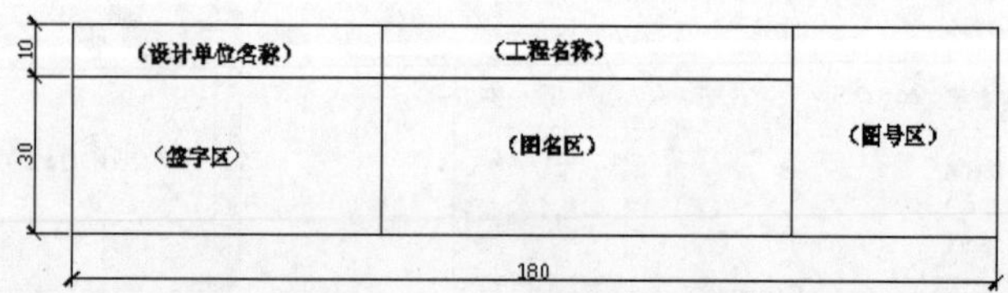

图4-66　标题栏示意图

（1）选择菜单栏中的“格式/表格样式”命令，系统打开“表格样式”对话框，如图4-67所示。

（2）单击“表格样式”对话框中的“修改”按钮，系统打开“修改表格样式”对话框，在“单元样式”下拉列表框中选择“数据”选项，在下面的“文字”选项卡中将“文字高度”设置为6，如图4-68所示。再选择“常规”选项卡，将“页边距”选项组中的“水平”和“垂直”都设置为1，如图4-69所示。

（3）系统回到“表格样式”对话框，单击“关闭”按钮退出。

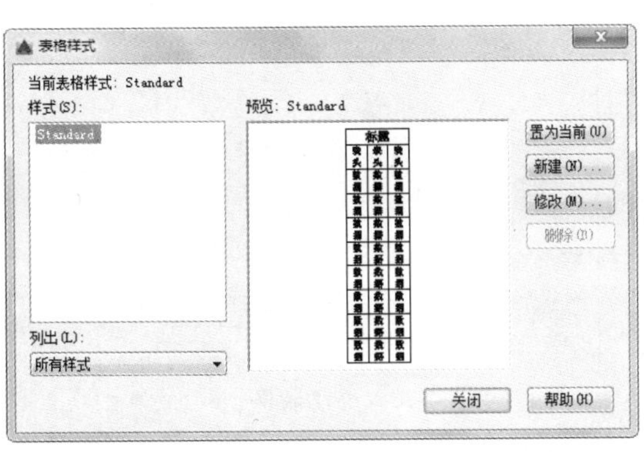

图 4-67　“表格样式”对话框

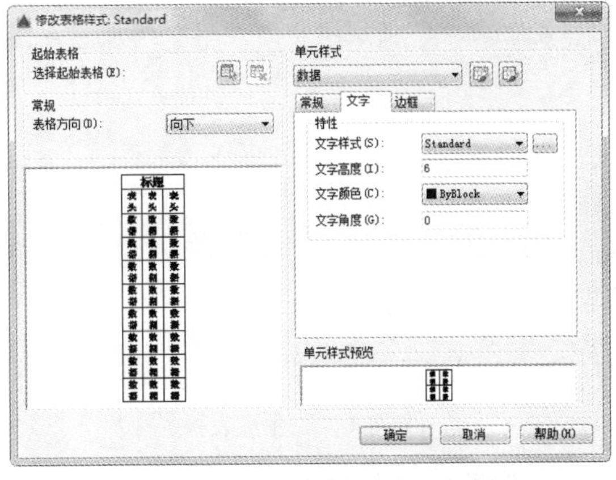

图 4-68　“修改表格样式”对话框

（4）选择菜单栏中的“绘图/表格”命令，系统打开“插入表格”对话框。在“列和行设置”选项组中将“列数”设置为 9，“列宽”设置为 20，“数据行数”设置为 2（加上标题行和表头行共 4 行），“行高”设置为 1 行（即为 10）；在“设置单元样式”选项组中将“第一行单元样式”、“第二行单元样式”和“所有其他行单元样式”都设置为“数据”，如图 4-70 所示。

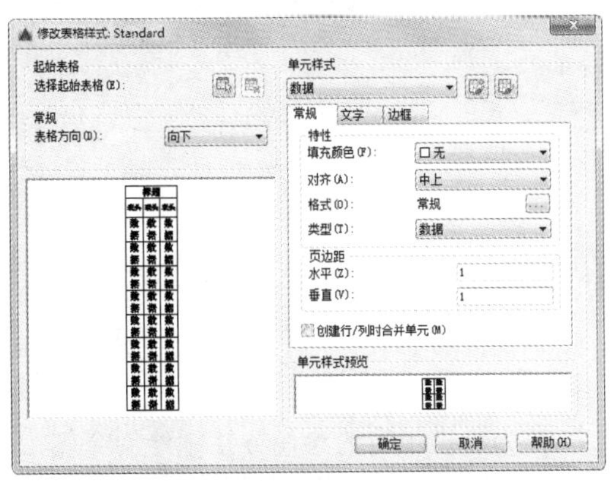

图 4-69　设置“常规”选项卡

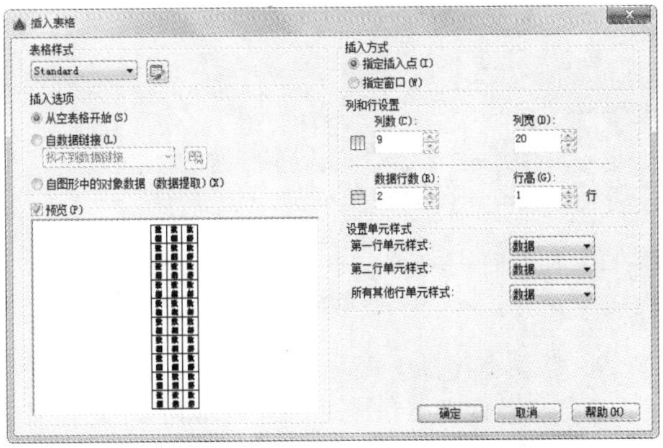

图 4-70　“插入表格”对话框

（5）在图框线右下角附近指定表格位置，系统生成表格，同时打开表格和文字编辑器，如图 4-71 所示，直接按 Enter 键，不输入文字，生成表格，如图 4-72 所示。

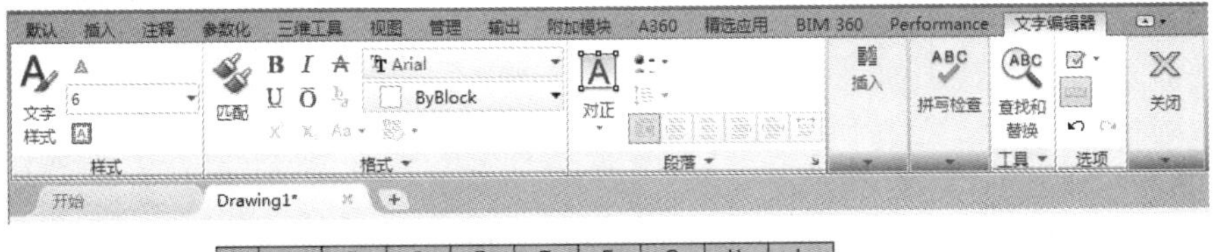

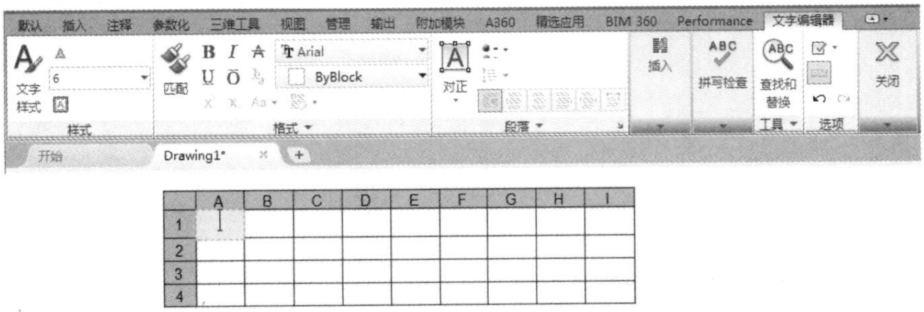

	A	B	C	D	E	F	G	H	I
1									
2									
3									
4									

图 4-71　表格和文字编辑器选项卡

7. 移动标题栏

由于无法确定刚生成的标题栏与图框的相对位置，因此需要移动标题栏。选择菜单栏中的“修

Note

改/移动”命令，将刚绘制的表格准确放置在图框的右下角，如图4-73所示。

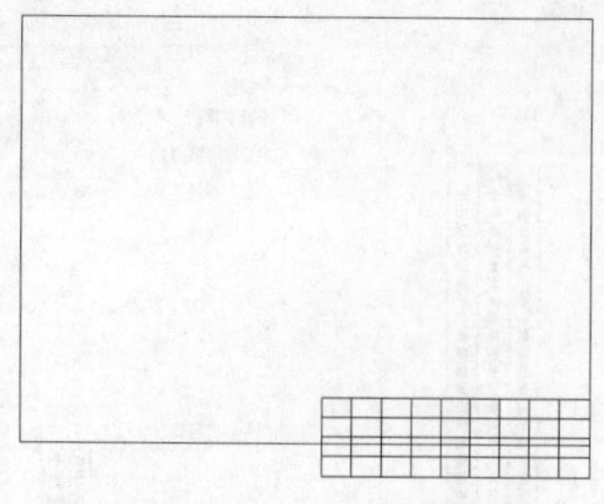
图4-72　生成表格

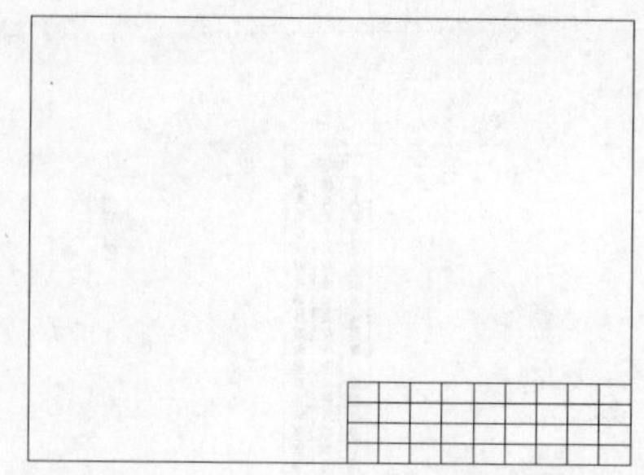
图4-73　移动表格

8. 编辑标题栏表格

（1）单击标题栏表格A单元格，按住Shift键，同时选择B和C单元格，在“表格单元”选项卡中选择“合并单元”下拉菜单中的“合并全部”选项，如图4-74所示。

（2）重复上述方法，对其他单元格进行合并，结果如图4-75所示。

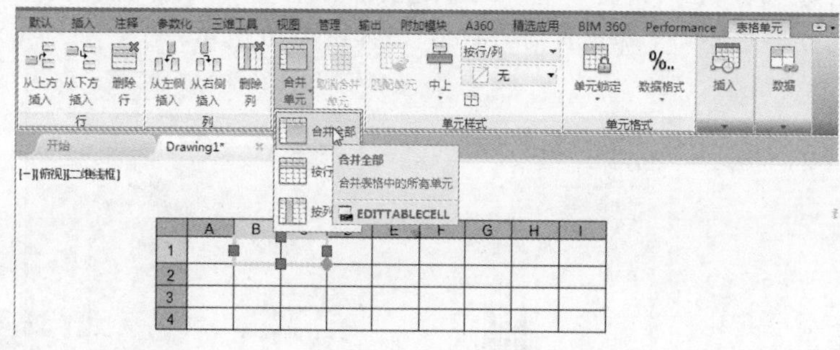

图4-74　合并单元格

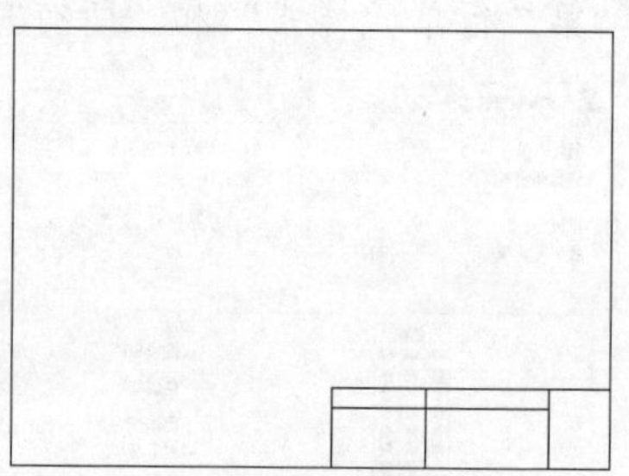
图4-75　完成标题栏单元格编辑

9. 绘制会签栏

会签栏具体大小和样式如图4-76所示。用户可以采取和标题栏相同的绘制方法来绘制会签栏。

（1）在“修改表格样式”对话框的“文字”选项卡中，将“文字高度”设置为4，如图4-77所示；再把“常规”选项卡中的“页边距”选项组中的“水平”和“垂直”都设置为0.5。

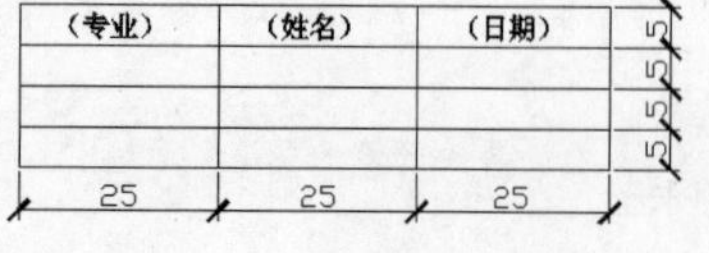

图4-76　会签栏示意图

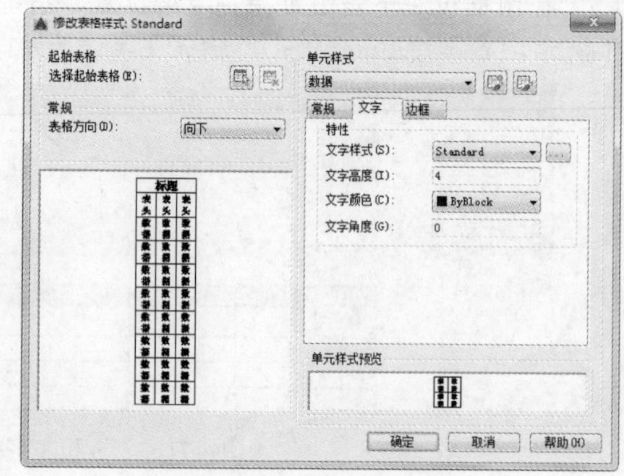

图4-77　设置表格样式

（2）单击“默认”选项卡“注释”面板中的“表格”按钮▦，系统打开“插入表格”对话

框，在“列和行设置”选项组中，将“列数”设置为 3，“列宽”设置为 25，“数据行数”设置为 2，“行高”设置为 1 行；在“设置单元样式”选项组中，将“第一行单元样式”、“第二行单元样式”和“所有其他行单元样式”都设置为“数据”，如图 4-78 所示。

（3）在表格中输入文字，结果如图 4-79 所示。

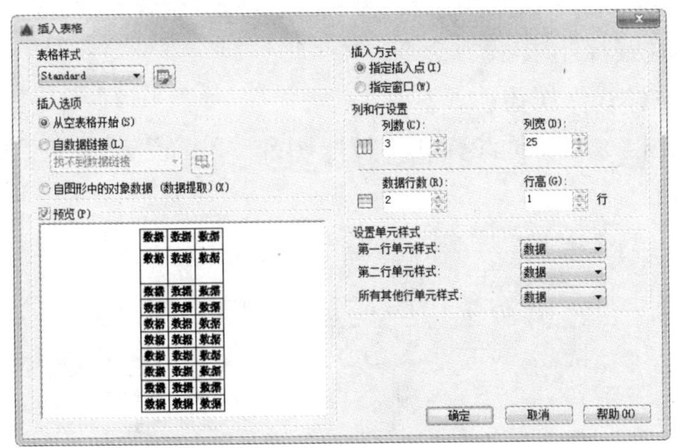

图 4-78　设置表格行和列

单位	姓名	日期

图 4-79　会签栏的绘制

10. 旋转和移动会签栏

（1）单击“默认”选项卡“修改”面板中的“旋转”按钮，旋转会签栏。结果如图 4-80 所示。

图 4-80　旋转会签栏

（2）将会签栏移动到图框的左上角，结果如图 4-81 所示。

11. 保存样板图

选择菜单栏中的“文件/另存为”命令，打开“图形另存为”对话框，将图形保存为 DWT 格式的文件即可，如图 4-82 所示。

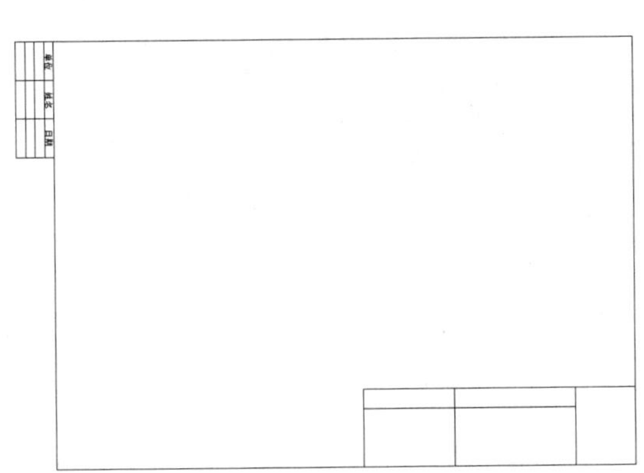

图 4-81　绘制完成的样板图

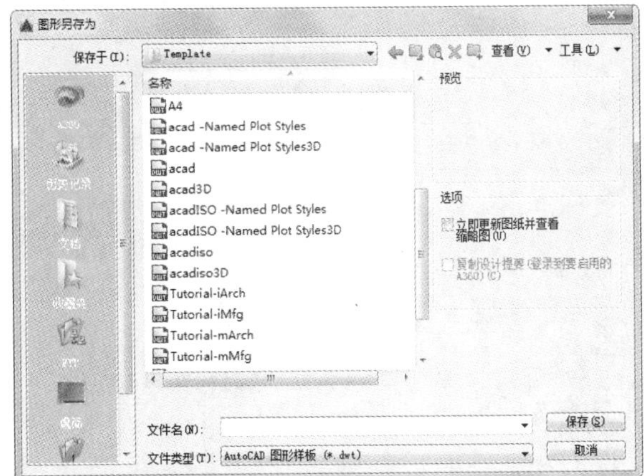

图 4-82　“图形另存为”对话框

4.7　尺寸标注

本节中尺寸标注相关命令的菜单方式集中在“标注”菜单中，工具栏方式集中在“标注”工具栏中。

4.7.1 设置尺寸样式

执行该命令，主要有如下 4 种调用方法：

☑ 在命令行中输入 DIMSTYLE 命令。

☑ 选择菜单栏中的“格式/标注样式或标注/样式”命令。

☑ 单击“标注”工具栏中的“标注样式”按钮。

☑ 单击“默认”选项卡“注释”面板中的“标注样式”按钮或“注释”选项卡“标注”面板中的“对话框启动器”按钮。

执行上述操作后，系统打开“标注样式管理器”对话框，如图 4-83 所示。利用该对话框可方便直观地定制和浏览尺寸标注样式，包括产生新的标注样式、修改已存在的样式、设置当前尺寸标注样式、样式重命名以及删除一个已有样式等。该对话框中各按钮的含义如下。

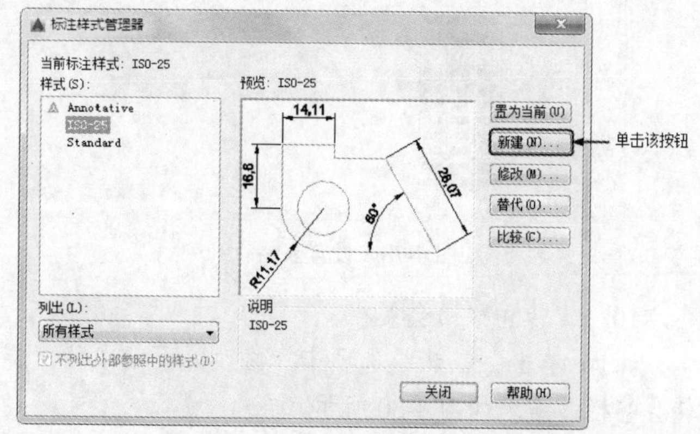

图 4-83 “标注样式管理器”对话框

☑ “置为当前”按钮：单击该按钮，将在“样式”列表框中选中的样式设置为当前样式。

☑ “新建”按钮：定义一个新的尺寸标注样式。单击该按钮，AutoCAD 打开“创建新标注样式”对话框，如图 4-84 所示；利用该对话框可创建一个新的尺寸标注样式，单击“继续”按钮，系统打开“新建标注样式”对话框，如图 4-85 所示；利用该对话框可对新样式的各项特性进行设置。

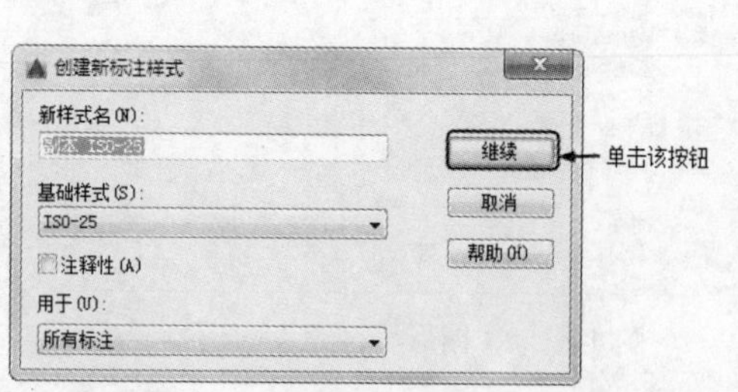

图 4-84 “创建新标注样式”对话框

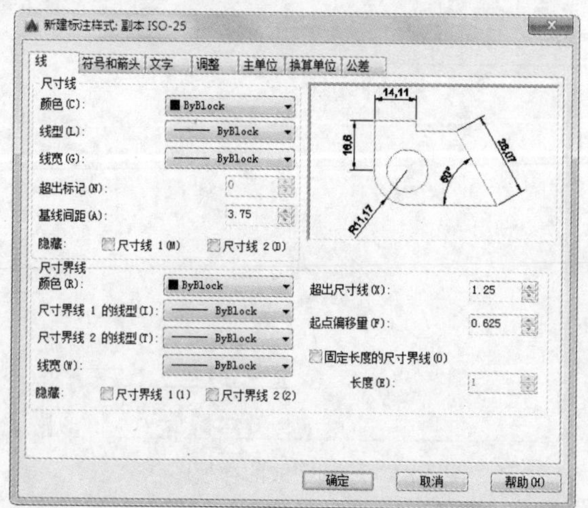

图 4-85 “新建标注样式”对话框

☑ “修改”按钮：修改一个已存在的尺寸标注样式。单击该按钮，AutoCAD 弹出“修改标注样式”对话框，该对话框中的各选项与“新建标注样式”对话框中完全相同，可以对已有标注样式进行修改。

☑　“替代”按钮：设置临时覆盖尺寸标注样式。单击该按钮，AutoCAD 打开“替代当前样式”对话框，该对话框中各选项与“新建标注样式”对话框完全相同，用户可改变选项的设置覆盖原来的设置，但这种修改只对指定的尺寸标注起作用，而不影响当前尺寸变量的设置。

☑　“比较”按钮：比较两个尺寸标注样式在参数上的区别或浏览一个尺寸标注样式的参数设置。单击该按钮，AutoCAD 打开“比较标注样式”对话框，如图 4-86 所示。可以把比较结果复制到剪贴板上，再粘贴到其他的 Windows 应用软件上。

在图 4-85 所示的“新建标注样式”对话框中有 7 个选项卡，分别说明如下。

☑　“线”选项卡：该选项卡对尺寸线、尺寸界线的形式和特性各个参数进行设置，包括尺寸线的颜色、线宽、超出标记、基线间距、隐藏等参数，尺寸界线的颜色、线宽、超出尺寸线、起点偏移量、隐藏等参数。

☑　“符号和箭头”选项卡：该选项卡主要对箭头、圆心标记、弧长符号和半径折弯标注的形式和特性进行设置，如图 4-87 所示，包括箭头大小、引线、形状等参数以及圆心标记的类型和折断大小等参数。

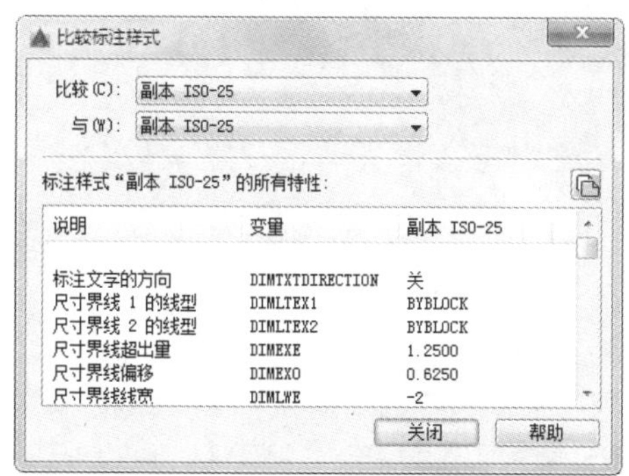

图 4-86　“比较标注样式”对话框

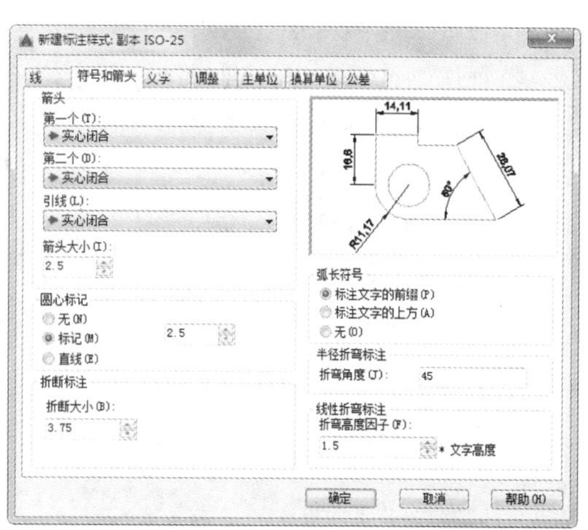

图 4-87　“符号和箭头”选项卡

☑　“文字”选项卡：该选项卡对文字的外观、位置、对齐方式等各个参数进行设置，如图 4-88 所示，包括文字外观的文字样式、颜色、填充颜色、文字高度、分数高度比例和是否绘制文字边框等参数，文字位置的垂直、水平和从尺寸线偏移量等参数。对齐方式有水平、与尺寸线对齐、ISO 标准 3 种方式。如图 4-89 所示为尺寸在垂直方向上放置的 4 种不同情形。如图 4-90 所示为尺寸在水平方向上放置的 5 种不同情形。

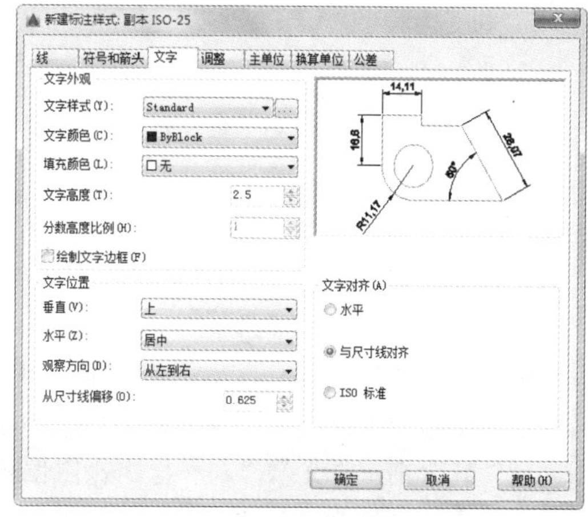

图 4-88　“文字”选项卡

Note

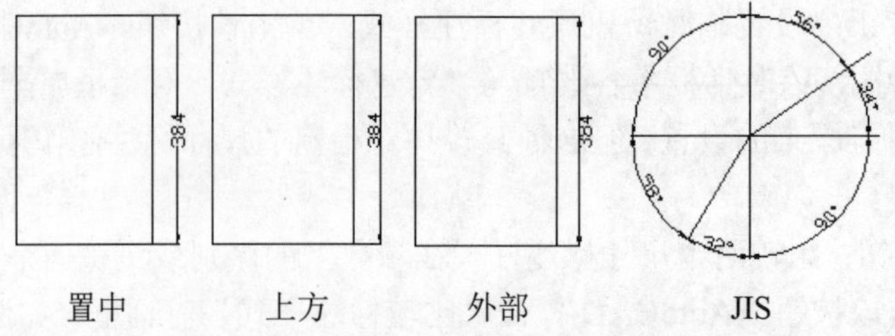

图 4-89　尺寸文本在垂直方向的放置

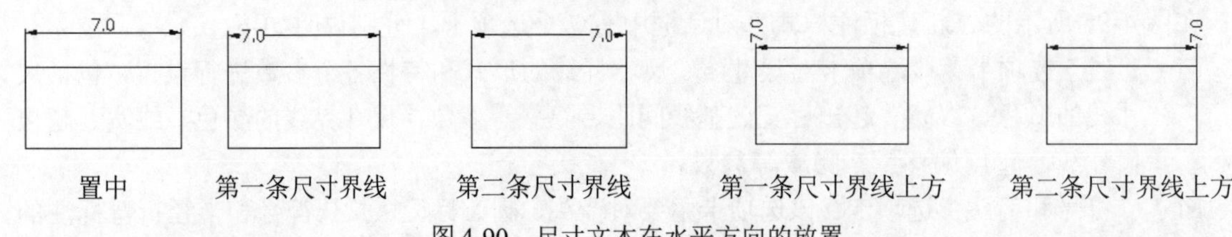

图 4-90　尺寸文本在水平方向的放置

☑　“调整”选项卡：该选项卡对调整选项、文字位置、标注特征比例、优化等各个参数进行设置，如图 4-91 所示，包括调整选项选择、文字不在默认位置时的放置位置、标注特征比例选择，以及调整尺寸要素位置等参数。如图 4-92 所示为文字不在默认位置时的放置位置的 3 种不同情形。

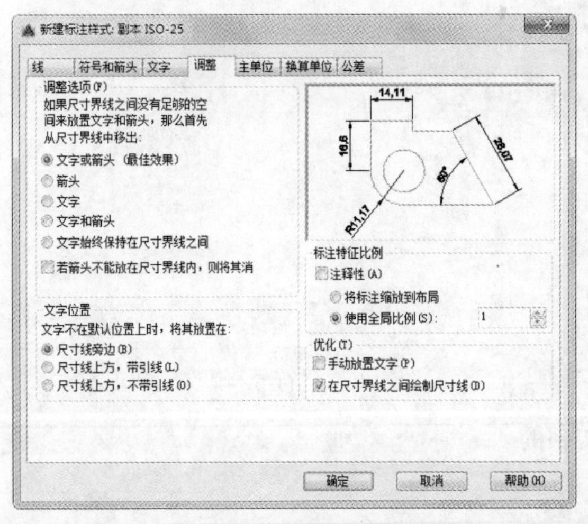

图 4-91　“调整”选项卡

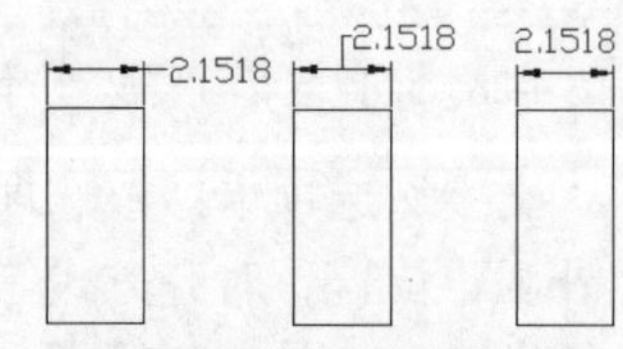

图 4-92　尺寸文本的位置

☑　“主单位”选项卡：该选项卡用于设置尺寸标注的主单位和精度，以及给尺寸文本添加固定的前缀或后缀。在该选项卡中可分别对长度型标注和角度型标注进行设置，如图 4-93 所示。

☑　“换算单位”选项卡：该选项卡用于对替换单位进行设置，如图 4-94 所示。

☑　“公差”选项卡：该选项卡用于对尺寸公差进行设置，如图 4-95 所示。其中，“方式”下拉列表框列出了 AutoCAD 提供的 5 种标注公差的形式，用户可从中选择。这 5 种形式分别是“无”、“对称”、“极限偏差”、“极限尺寸”和“基本尺寸”，其中，“无”表示不标注公差，其余 4 种标注情况如图 4-96 所示。在“精度”“上偏差”“下偏差”“高度比例”“垂直位置”等选项中输入或选择相应的参数值。

图 4-93　“主单位”选项卡

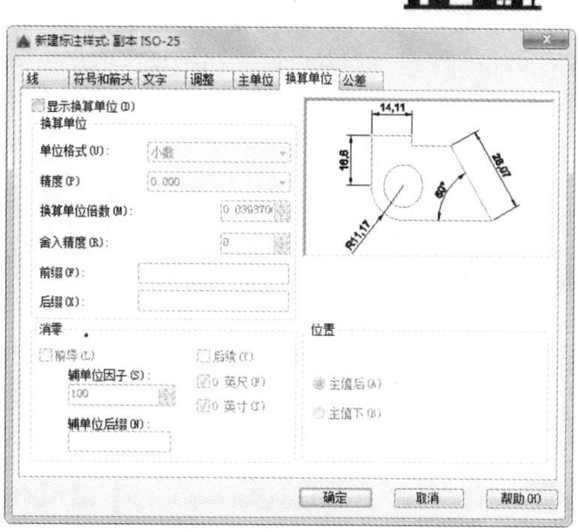

图 4-94　“换算单位”选项卡

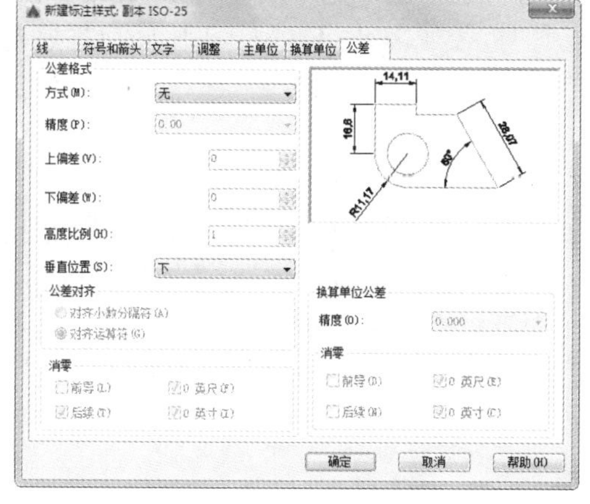

图 4-95　“公差”选项卡

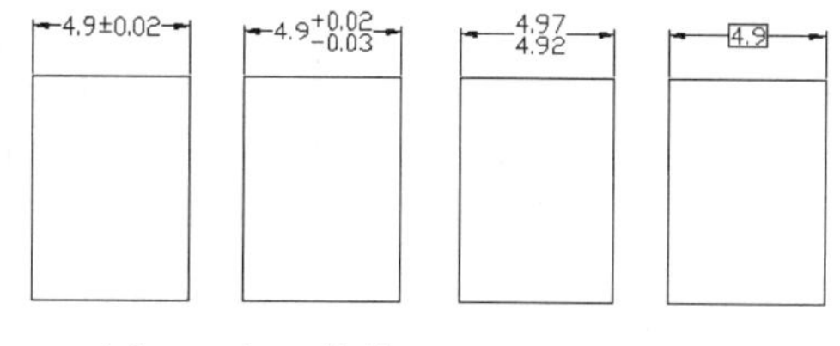

对称　极限偏差　极限尺寸　基本尺寸

图 4-96　公差标注的形式

提示：

系统自动在上偏差数值前加一个“+”号，在下偏差数值前加一个“–”号。如果上偏差是负值或下偏差是正值，都需要在输入的偏差值前加负号。如下偏差是+0.005，则需要在“下偏差”数值框中输入–0.005。

4.7.2　尺寸标注

1．线性标注

执行该命令，主要有如下 4 种调用方法：

☑　在命令行中输入 DIMLINEAR（缩写：DIMLIN）命令。

☑　选择菜单栏中的“标注/线性”命令。

☑　单击“标注”工具栏中的“线性”按钮。

☑　单击“默认”选项卡“注释”面板中的“线性”按钮或“注释”选项卡“标注”面板中的“线性”按钮。

执行上述操作后，根据系统提示直接按 Enter 键选择要标注的对象或确定尺寸界线的起始点，按

Enter 键并选择要标注的对象或指定两条尺寸界线的起始点后，命令行提示中各选项的含义如下。

☑ 指定尺寸线位置：确定尺寸线的位置。用户可移动鼠标选择合适的尺寸线位置，然后按 Enter 键或单击，AutoCAD 则自动测量所标注线段的长度并标注出相应的尺寸。

☑ 多行文字(M)：用多行文本编辑器确定尺寸文本。

☑ 文字(T)：在命令行提示下输入或编辑尺寸文本。选择该选项后，根据系统提示输入标注线段的长度，直接按 Enter 键即可采用此长度值，也可输入其他数值代替默认值。当尺寸文本中包含默认值时，可使用尖括号“<>”表示默认值。

Note

☑ 角度(A)：确定尺寸文本的倾斜角度。

☑ 水平(H)：水平标注尺寸，不论标注什么方向的线段，尺寸线均水平放置。

☑ 垂直(V)：垂直标注尺寸，不论被标注线段沿什么方向，尺寸线总保持垂直。

☑ 旋转(R)：输入尺寸线旋转的角度值，旋转标注尺寸。

对齐标注的尺寸线与所标注的轮廓线平行；坐标尺寸标注点的纵坐标或横坐标；角度标注标注两个对象之间的角度；直径或半径标注标注圆或圆弧的直径或半径；圆心标记则标注圆或圆弧的中心或中心线，具体由“新建（修改）标注样式”对话框中“尺寸与箭头”选项卡中的“圆心标记”选项组决定。上面所述的几种尺寸标注与线性标注类似。

2．基线标注

基线标注用于产生一系列基于同一条尺寸界线的尺寸标注，适用于长度尺寸标注、角度标注和坐标标注等。在使用基线标注方式之前，应该先标注出一个相关的尺寸，如图 4-97 所示。基线标注两平行尺寸线间距由“新建（修改）标注样式”对话框“尺寸与箭头”选项卡的“尺寸线”选项组中“基线间距”文本框中的值决定。基线标注命令的调用方法主要有如下 4 种：

☑ 在命令行中输入 DIMBASELINE 命令。

☑ 选择菜单栏中的“标注/基线”命令。

☑ 单击“标注”工具栏中的“基线”按钮。

☑ 单击“注释”选项卡“标注”面板中的“基线”按钮。

执行上述操作后，根据系统提示指定第二条尺寸界线原点或选择其他选项。

连续标注又叫尺寸链标注，用于产生一系列连续的尺寸标注，后一个尺寸标注均把前一个标注的第二条尺寸界线作为其第一条尺寸界线。与基线标注一样，在使用连续标注方式之前，应该先标注出一个相关的尺寸。其标注过程与基线标注类似，如图 4-98 所示。

3．快速标注

快速尺寸标注命令 QDIM 使用户可以交互地、动态地、自动化地进行尺寸标注。在 QDIM 命令中可以同时选择多个圆或圆弧标注直径或半径，也可同时选择多个对象进行基线标注和连续标注，选择一次即可完成多个标注，因此可节省时间，提高工作效率。快速尺寸标注命令的调用方法主要有如下 4 种：

☑ 在命令行中输入 QDIM 命令。

☑ 选择菜单栏中的“标注/快速标注”命令。

☑ 单击“标注”工具栏中的“快速标注”按钮。

☑ 单击“注释”选项卡“标注”面板中的“快速标注”按钮。

执行上述操作后，根据系统提示选择要标注尺寸的多个对象后按 Enter 键，并指定尺寸线位置或选择其他选项。执行此命令时，命令行提示中各选项的含义如下。

☑　指定尺寸线位置：直接确定尺寸线的位置，按默认尺寸标注类型标注出相应尺寸。

☑　连续(C)：产生一系列连续标注的尺寸。

☑　并列(S)：产生一系列交错的尺寸标注，如图 4-99 所示。

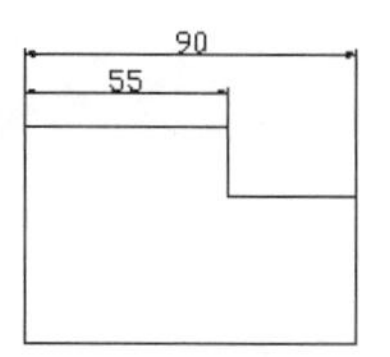

图 4-97　基线标注

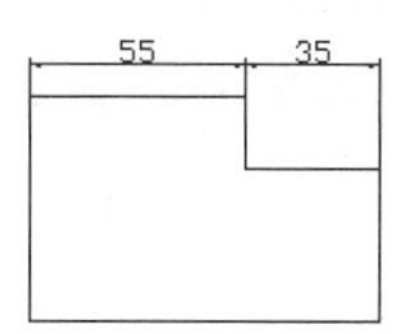

图 4-98　连续标注

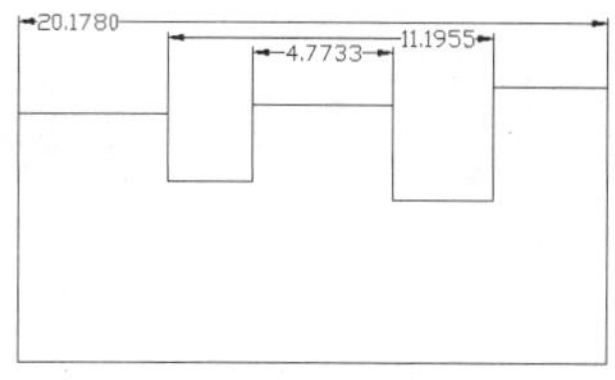

图 4-99　交错尺寸标注

☑　基线(B)：产生一系列基线标注的尺寸。后面的“坐标(O)”“半径(R)”“直径(D)”含义与此类同。

☑　基准点(P)：为基线标注和连续标注指定一个新的基准点。

☑　编辑(E)：对多个尺寸标注进行编辑。AutoCAD 允许对已存在的尺寸标注添加或移去尺寸点。选择该选项，根据系统提示确定要移去的点之后按 Enter 键，AutoCAD 对尺寸标注进行更新。如图 4-100 所示为图 4-99 删除中间 4 个标注点后的尺寸标注。

4．引线标注

引线标注命令的调用方法主要如下：

☑　在命令行中输入 QLEADER 命令。

执行上述操作后，根据系统提示指定第一个引线点或选择其他选项。也可以在上面操作过程中选择“设置(S)”选项弹出“引线设置”对话框进行相关参数设置，如图 4-101 所示。

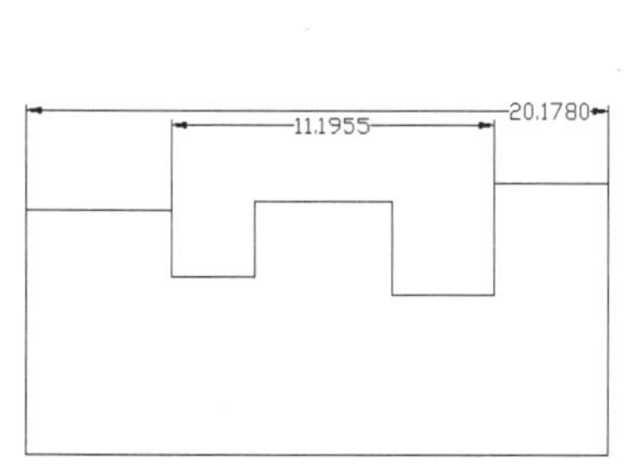

图 4-100　删除标注点

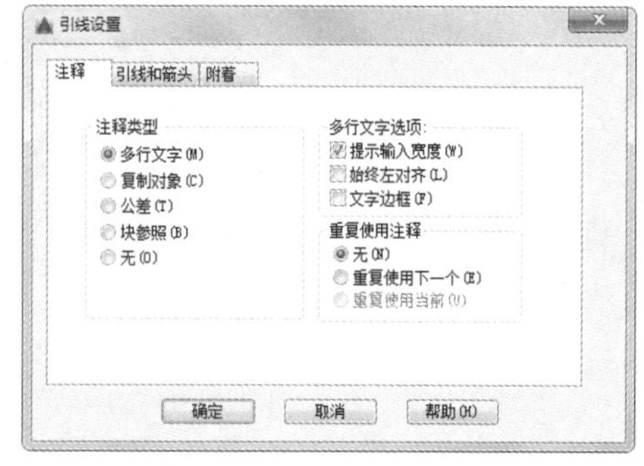

图 4-101　“引线设置”对话框

另外，还有一个 LEADER 命令也可以进行引线标注，与 QLEADER 命令类似，不再赘述。

4.8　综合实战——户型图标注

尺寸和文字标注是建筑制图中的重要环节，在具体操作中，包括尺寸样式、文字样式的设置和尺寸标注两个方面。本节将着重讲解平面图轴线尺寸、门窗洞口尺寸的标注及简单的文字标注，首先介绍文字、尺寸样式的设置，这一部分是难点，请读者仔细理解，然后介绍快速标注、线性标注、标注编辑、多行文字、单行文字等操作。绘制流程如图 4-102 所示。

Note

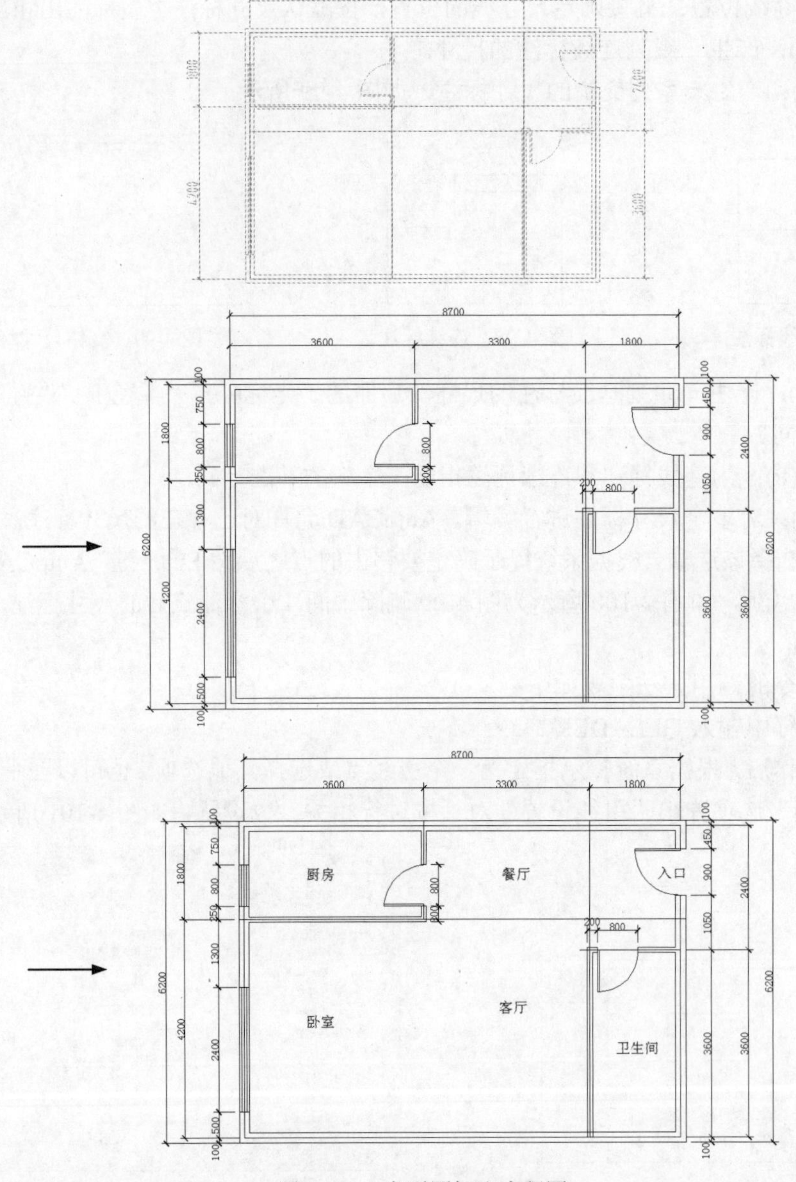

图 4-102　户型图标注流程图

光盘\配套视频\第 4 章\户型图标注.avi

4.8.1　文字样式设置

操作步骤如下：

打开随书光盘中的源文件 X:\源文件\4\户型图.dwg。

默认的文字样式为 Standard，在具体绘图时可以不用此样式，而是根据图面的要求新建文字样式。鉴于本例比较简单，现新建两个文字样式，一个命名为“工程字”，用于图面上的文字说明；另一个命名为“尺寸文字”，主要用于尺寸标注中的文字。将两种文字分开设置有利于文字

的修改和管理。

（1）选择“格式”菜单下的“文字样式”命令，弹出“新建文字样式”对话框，在“样式名”文本框中输入“工程字”，如图 4-103 所示，单击“确定”按钮。

图 4-103 新建“工程字”样式

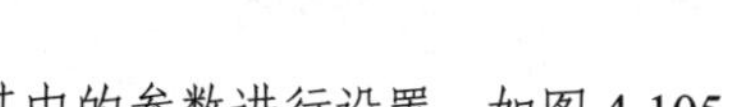

Note

（2）弹出“文字样式”对话框，设置其中的参数，如图 4-104 所示。

（3）在“文字样式”对话框中，新建“尺寸文字”样式，对其中的参数进行设置，如图 4-105 所示。

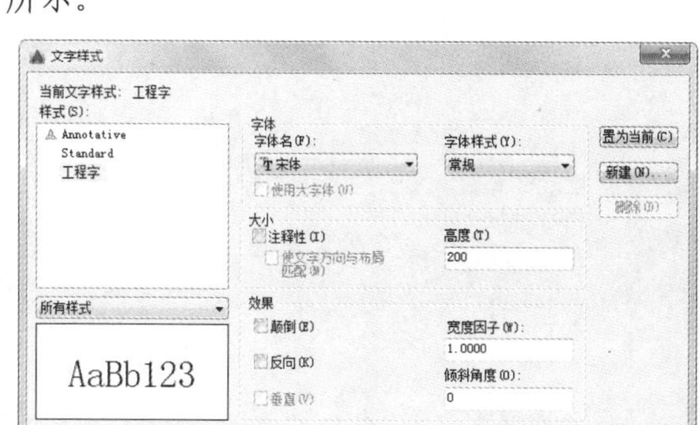

图 4-104 “工程字”样式设置

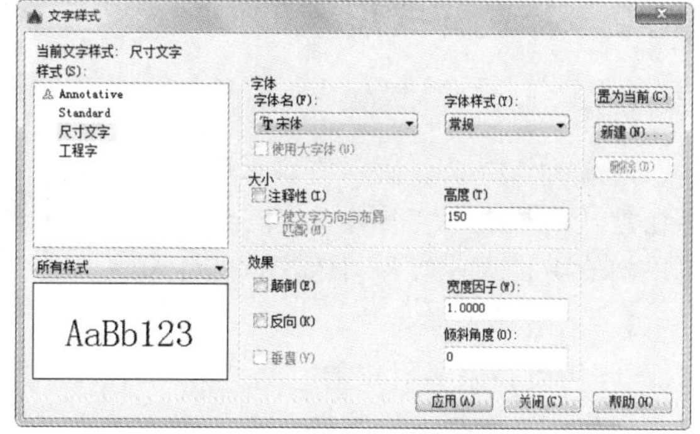

图 4-105 “尺寸文字”样式设置

提示：

对于文字样式设置，需说明的是：

（1）AutoCAD 2016 可以调用以下两种字体文件。

☑ 自带的字体文件：位于“安装目录:\AutoCAD 2016Fonts”下，扩展名均为.shx。一般情况下，优先使用这些字体，因为它占用的磁盘空间较小。

☑ Windows 的字库（位于 C:\WINDOWS\FONTS 下）：只要事先取消选中“使用大字体”复选框，就可以调用这些字体，如图 4-106 所示。但这类字体占用空间较大，不宜多用。

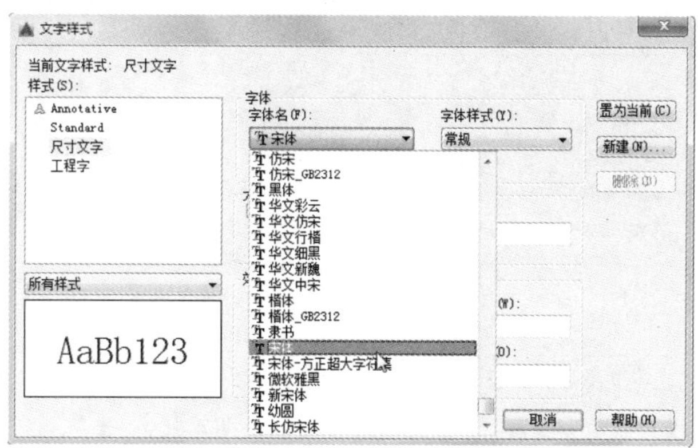

图 4-106 调用 Windows 字体

（2）大字体 gbcbig.shx 为汉字字体，选用其他文件，则无法正确显示汉字，除非事先在“安装目录:\AutoCAD 2016\Fonts”下增加其他大字体汉字文件，如国内有关单位开发的 hztxt.shx 等。

Note

（3）汉字高度的取值与出图比例相关。基于以 1:1 的实际尺寸绘图，当在“模型空间”内标注汉字时，若出图比例为 1:100，则汉字高度值需在实际高度基础上扩大 100 倍，如 3.5mm 的汉字输入 350，依此类推。

（4）“尺寸文字”样式中的“宽度比例”设为 0.75，是为了缩小文字的宽度，因为有时图面空间较小，数字太松散则放不下。如果不存在这个问题，也没有必要设为 0.75。

（5）读者可以反复对比多种设置，就会加深理解。

4.8.2 标注样式设置

操作步骤如下：

对于标注样式设置，建议采用新建样式，不要在默认的样式上直接修改。其参数设置也和出图比例有关，在此假设出图比例为 1:50。

1. 一般尺寸样式

（1）选择菜单栏中的“格式/标注样式”命令，弹出“标注样式管理器”对话框，单击“新建”按钮，新建名为 S_50 的样式，单击“继续”按钮，如图 4-107 所示。

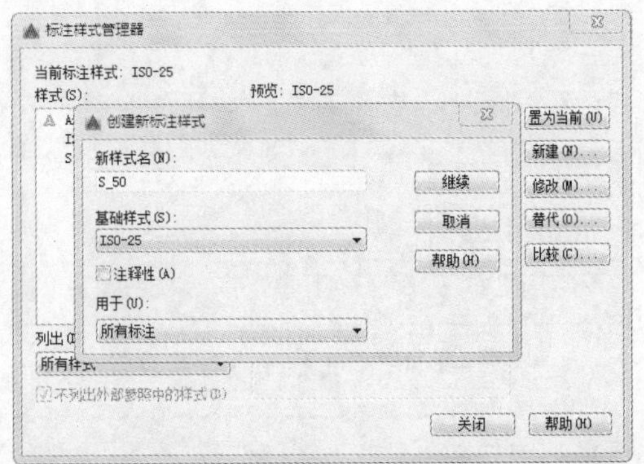

图 4-107　新建 S_50 样式

（2）弹出“新建标注样式”对话框，选择“线”选项卡，参数设置如图 4-108 所示。

（3）选择“符号和箭头”选项卡，参数设置如图 4-109 所示。

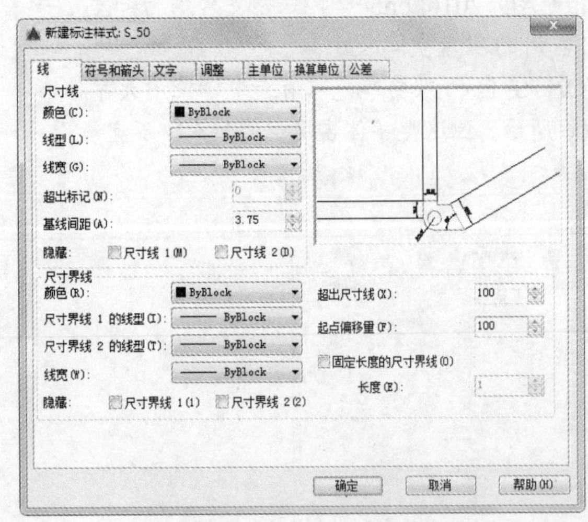

图 4-108　“线”选项卡设置

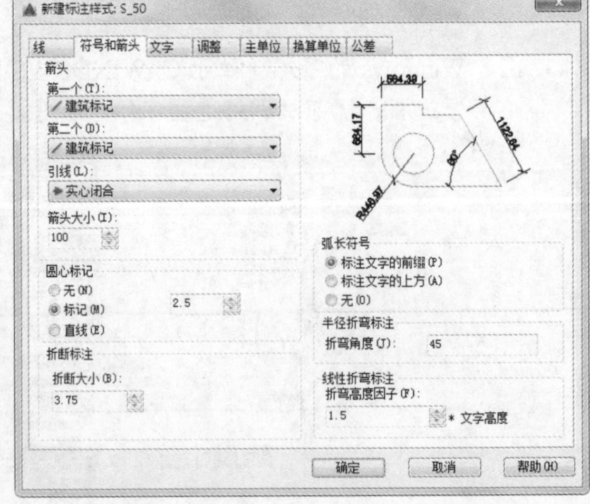

图 4-109　“符号和箭头”选项卡设置

（4）选择“文字”选项卡，参数设置如图 4-110 所示。

（5）选择“调整”选项卡，参数设置如图 4-111 所示。

（6）选择“主单位”选项卡，参数设置如图 4-112 所示，其余选项卡取默认值。回到上一级窗口，单击“确定”按钮完成设置。

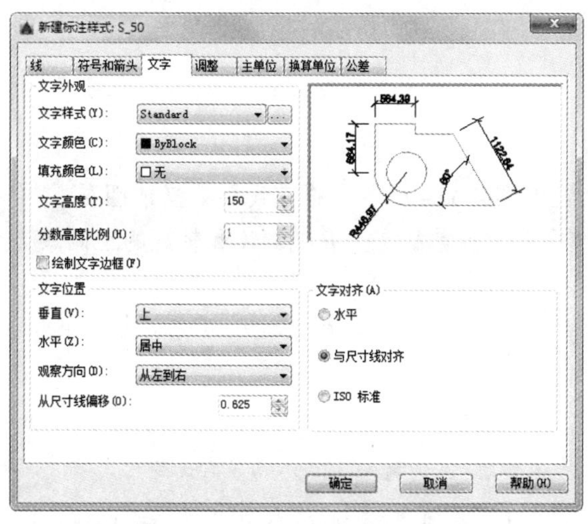

图4-110 “文字”选项卡设置

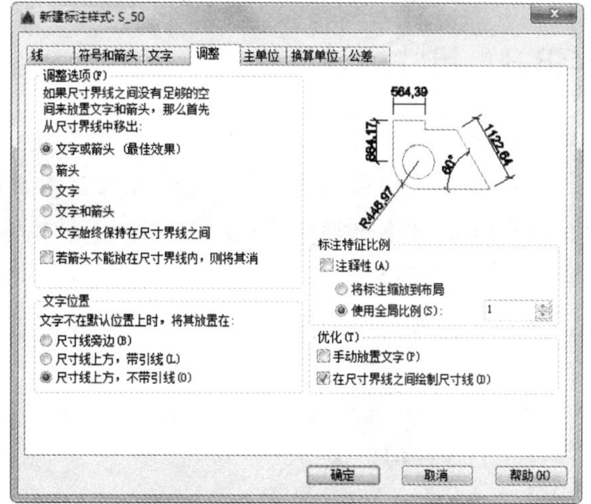

图4-111 “调整”选项卡设置

2. 轴线尺寸样式

如果轴线尺寸界线的端部需要添加轴号，应将其超出值由100改为200，以便轴号的添加。现在S_50样式的基础上新建一个“S_50_轴线”样式，除了修改尺寸界线超出值，其他参数不变，如图4-113所示。

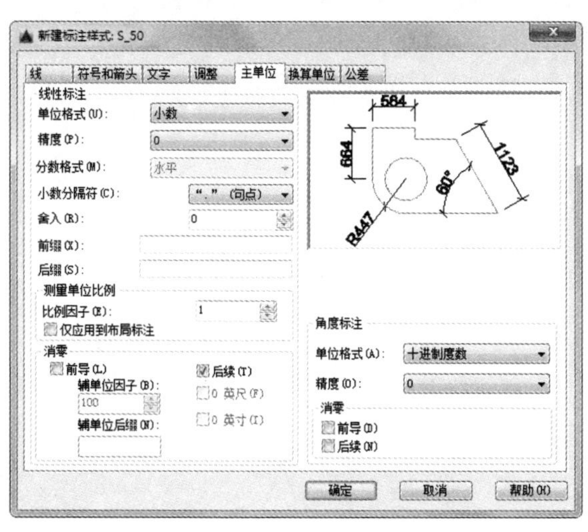

图4-112 “主单位”选项卡设置

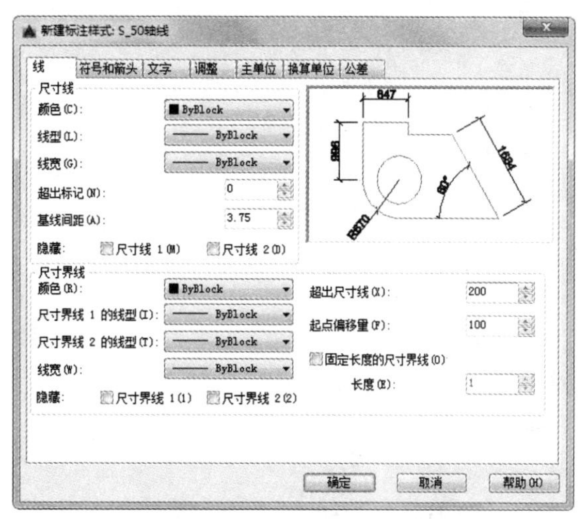

图4-113 “S_50轴线”样式修改

提示：

对于标注样式设置，需说明的是：

（1）本样式中的尺寸线规格遵照国家制图标注设置，其中的长度单位为毫米，通过“调整”选项卡中“使用全局比例”（50）来整体调整尺寸比例，这也正是将该样式命名为S_50的原因。如果出图比例为1:100，则应将全局比例调为100，依此类推。对于不同比例的尺寸，最好建立不同的样式，以便于修改和管理。

（2）在“文字”选项卡中，注意将文字样式调整为前面设置好的“尺寸文字”。

（3）在一定范围内，读者可以根据自己的情况对尺寸规格作微调，图中的参数不是一定的。

Note

4.8.3 尺寸标注

操作步骤如下：

（1）建立图层。建立“尺寸”图层，参数设置如图 4-114 所示，将其设置为当前图层。

（2）标注水平轴线尺寸。将“S_50 轴线”样式置为当前状态，并把墙体和轴线的上侧放大显示，如图 4-115 所示。

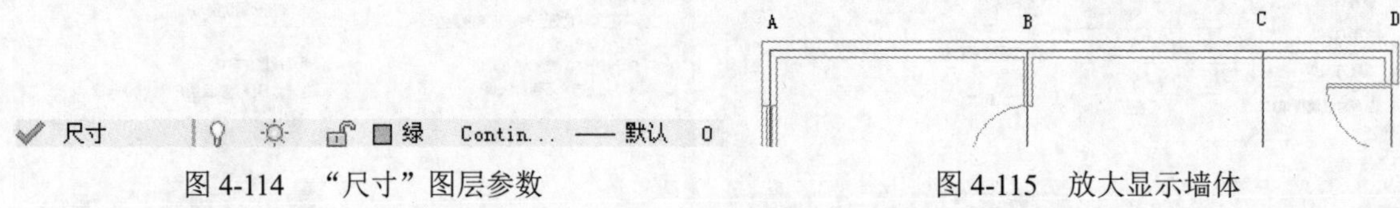

图 4-114 “尺寸”图层参数　　图 4-115 放大显示墙体

（3）单击“注释”选项卡“标注”面板中的“快速”按钮，当命令行提示“选择要标注的几何图形”时，依次选中竖向的 4 条轴线，右击确定选择，向外拖动鼠标到适当位置确定，该尺寸标注完成，如图 4-116 所示。

（4）标注竖向轴线尺寸。采用同样的方法完成竖向轴线尺寸的标注，结果如图 4-117 所示。

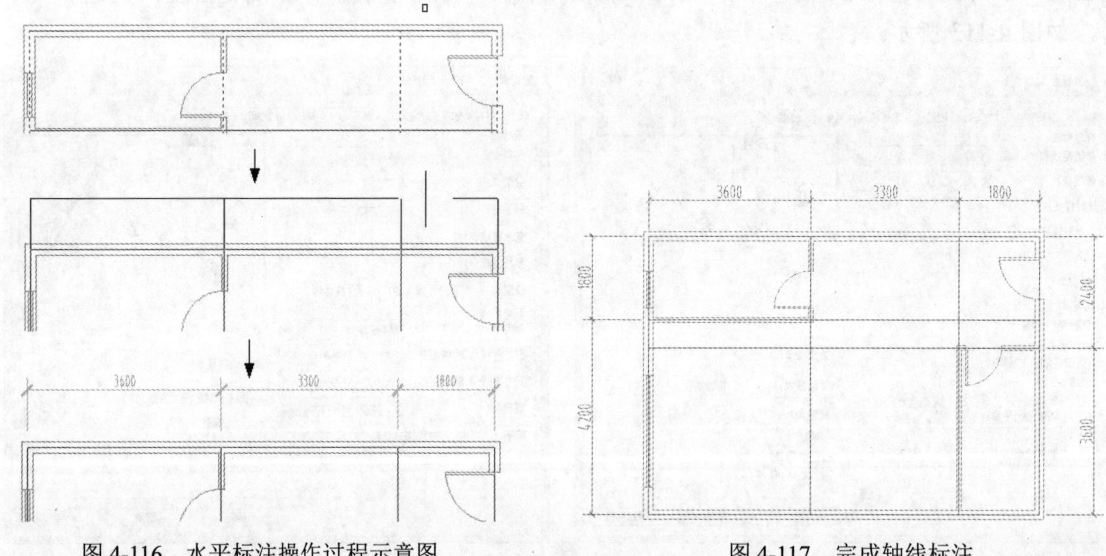

图 4-116 水平标注操作过程示意图　　图 4-117 完成轴线标注

（5）标注门窗洞口尺寸。首先将 S_50 样式置为当前状态。对于门窗洞口尺寸，有的地方用快速标注不太方便，现改用线性标注。单击“默认”选项卡“注释”面板中的“线性”按钮，依次单击尺寸的两个界线源点，完成每一个需要标注的尺寸，结果如图 4-118 所示。

（6）标注编辑。对于其中自动生成指引线标注的尺寸值，单击“标注”工具栏中的“编辑标注文字”按钮，然后选中尺寸值，将其逐个调整到适当位置，结果如图 4-119 所示。为了便于操作，在调整时，可暂时将“对象捕捉”关闭。

（7）其他细部尺寸和总尺寸。采用同样的方法完成其他细部尺寸和总尺寸的标注，结果如图 4-120 所示。注意总尺寸的标注位置。

Note

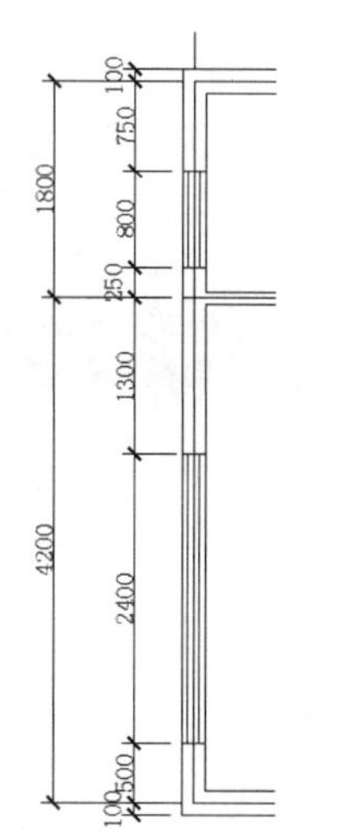

图 4-118　门窗尺寸标注

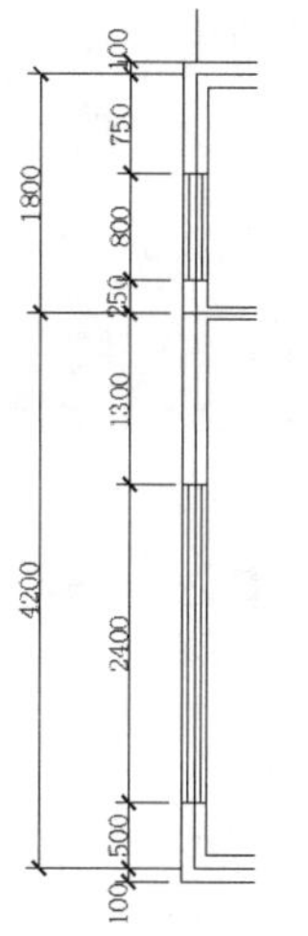

图 4-119　门窗尺寸调整

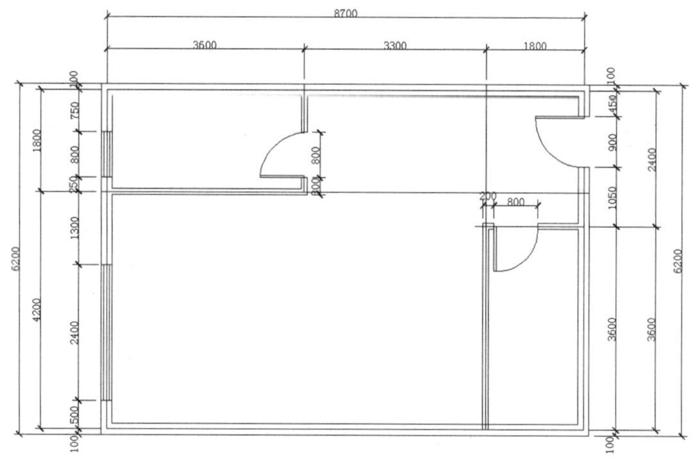

图 4-120　完成尺寸标注

4.8.4　文字标注

操作步骤如下：

在这里，标注的文字主要是各房间的名称，可以用单行文字或多行文字标注。

（1）建立图层。建立“文字”图层，参数如图 4-121 所示，将其设置为当前图层。

文字　白　Continu... —— 默认　0　Color_7

图 4-121　“文字”图层参数

（2）多行文字标注。单击“默认”选项卡“注释”面板中的“多行文字”按钮A，用鼠标在房间中部拉出一个矩形框，弹出文字输入窗口，将文字样式设为“工程字”，字高为 200，在文本框内输入“卧室”，单击“关闭”按钮，如图 4-122 所示。

（3）单行文字标注。若采用单行文字标注，则选择菜单栏中的“绘图/文字/单行文字”命令，当命令行提示“指定文字的起点或[对正(J)/样式(S)]:”时，用鼠标在客厅位置单击文字起点，指

定文字高度为 200，旋转角度为 0°，标注文字。

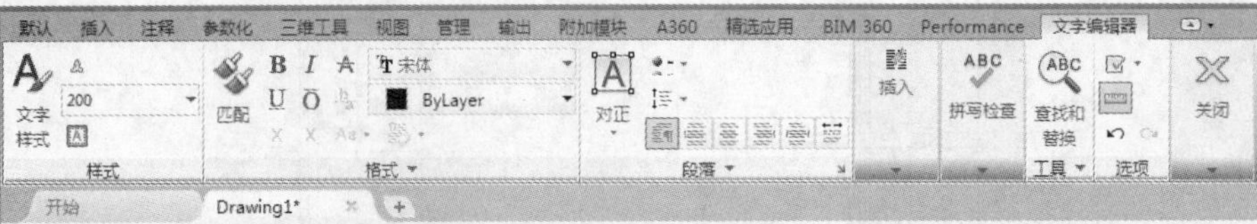

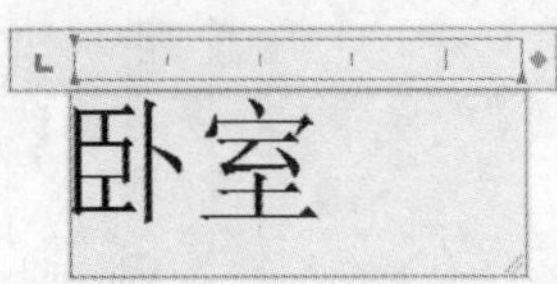

图 4-122　输入文字示意图

（4）完成文字标注。同理，采用单行或多行文字完成其他文字标注，也可以复制已标注的文字到其他位置，然后双击打开进行修改，结果如图 4-123 所示。

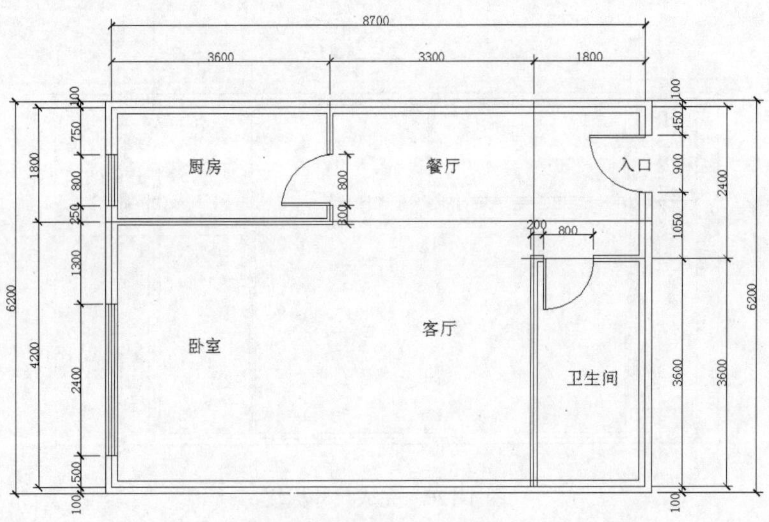

图 4-123　完成文字标注

4.9　实 战 演 练

通过前面的学习，读者对本章知识也有了大体的了解，本节通过几个操作练习使读者进一步掌握本章知识要点。

【实战演练 1】 创建如图 4-124 所示的施工说明。

施工说明

1. 冷水管采用镀锌管，管径均为DN15；热水管采用PPR管，管径均为DN15。
2. 管道暗设在墙内（或地坪下）50米处。
3. 施工时注意与土建的配合。

图 4-124　施工说明

1．目的要求

调用文字命令写入文字。通过本例的练习，读者应掌握文字标注的一般方法。

2．操作提示

（1）输入文字内容。

（2）编辑文字。

【实战演练 2】创建如图 4-125 所示的灯具规格表。

主要灯具表						
序号	图例	名称	型号 规格	单位	数量	备注
1		地埋灯	70HX1	套	120	
2		投光灯	120WX1	套	26	照树投光灯
3		投光灯	150WX1	套	59	照雕塑投光灯
4		路灯	250WX1	套	36	H=12.0m
5		广场灯	250WX1	套	4	H=12.0m
6		庭院灯	1400WX1	套	66	H=4.0m
7		草坪灯	50WX1	套	190	H=1.0m
8		定制台式工艺灯	方钢表面黑色喷涂1600x1600x800 节能灯 27Wx2	套	32	
9		水中灯	J12V100WX1	套	75	
10						
11						

图 4-125　灯具规格表

1．目的要求

本实例在定义了表格样式后再利用表格命令绘制表格，最后将表格内容添加完整。通过本实例的练习，读者应掌握表格的创建方法。

2．操作提示

（1）定义表格样式。

（2）创建表格。

（3）添加表格内容。

【实战演练 3】创建如图 4-126 所示的居室平面图。

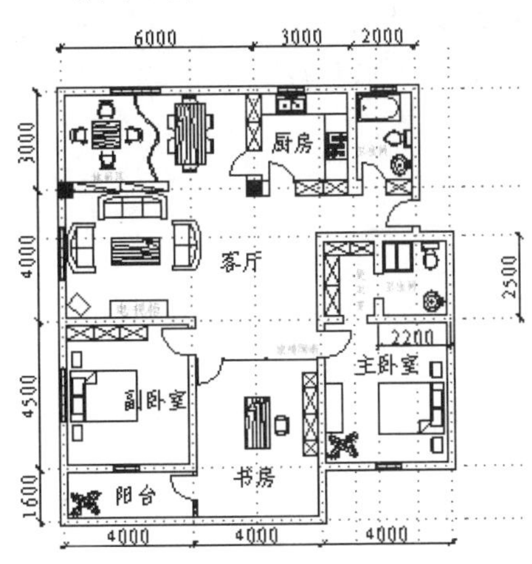

图 4-126　居室平面图

1．目的要求

利用直线、圆弧、修剪、偏移等绘图命令绘制居室平面图，再利用设计中心和工具选项板辅

助绘制居室室内布置平面图，读者应掌握设计中心和工具选项板的使用方法及尺寸标注的方法。

2．操作提示

（1）绘制居室平面图。

（2）利用设计中心和工具选项板插入布置图块。

（3）标注尺寸。

【实战演练 4】创建如图 4-127 所示的 A4 样板图。

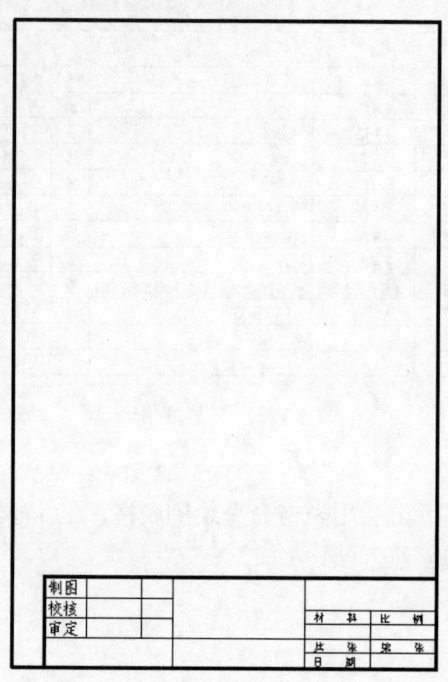

图 4-127　A4 样板图

1．目的要求

利用矩形、直线、修剪、偏移等绘图命令绘制 A4 样板图，之后调用文字命令写入文字。通过本实例的练习，读者应掌握样板图的创建方法。

2．操作提示

（1）绘制样板图图框。

（2）绘制标题栏。

（3）添加文字内容。

第5章

建筑理论基础

本章学习要点和目标任务：

☑ 概述

☑ 建筑制图基本知识

在国内，AutoCAD 软件在建筑设计中的应用是最广泛的，掌握好该软件，是每个建筑领域人员必不可少的技能。为了读者能够顺利地学习和掌握这些知识和技能，在正式讲解之前有必要对建筑设计工作的特点、建筑设计过程以及 AutoCAD 在此过程中大致充当的角色作一个初步了解。此外，不管是手工绘图还是计算机绘图，都要运用常用的建筑制图知识，遵照国家有关制图标准、规范来进行。因此，在正式讲解 AutoCAD 绘图之前，也有必要对这部分知识和要点作一个简要回顾。

5.1 概　　述

Note

首先，本节从分析建筑要素的复杂性和特殊性入手，进而说明建筑设计工作的特点和复杂性。其次，简要介绍设计过程中各阶段的特点和主要任务，使读者对建筑设计业务有一个大概的了解。最后，着重说明 AutoCAD 软件在建筑设计过程中的应用情况，旨在让读者把握好 AutoCAD 软件在建筑设计中所扮演的角色，从而找准方向，有的放矢地学习。

5.1.1　建筑设计概述

一般提及建筑，是指人类通过物质、技术手段建造起来，在适应自然条件的基础上，力图满足自身活动需求的各种空间环境。小到住宅、村舍，大到宫殿、寺庙，以及现代各种公共空间，如政府、学校、医院、商场等，都可以归到建筑之列。建设活动是人类生产活动中的一个重要组成部分，而建筑设计又是建设活动中的一个重要环节。广义上的建筑设计包括建筑专业设计、结构专业设计、设备专业设计以及概预算的设计工作。狭义上的建筑设计仅指其中的建筑专业设计部分，在本书中提到的建筑设计也基本上指这方面。

建筑包括功能、物质技术条件、形象和历史文化内涵等基本要素，其类型及特征受物质技术条件、经济条件、社会生产关系和文化发展状况等因素影响很大。有人说，建筑是技术和艺术的完美结合；有人说，建筑是凝固的音乐；有人说，建筑是历史文化的载体；有人说建筑是一种羁绊的艺术。古罗马著名建筑师维特鲁维把经济、适用、美观定为建筑作品普遍追求的目标。我国 20 世纪 50 年代曾制定“实用、经济、在可能条件下注意美观”的建筑方针；前不久，业界又开展了经济、适用、美观的相关讨论。不管怎样，建筑作品的产生，体现着多学科、多层次的交叉融合。相应地，建筑设计既体现技术设计特征，也表现着艺术创作的特点；既要满足经济适用的要求，又要传达思想文化。

不同历史时期，建筑类型及特点不尽相同。由于社会的发展、工业文明的不断推进，世界建筑业从 20 世纪至今表现出了前所未有的蓬勃势头。各种各样的建筑类型日益增多，人们对建筑功能的需求日益增强，各种建筑功能日益复杂化。在这样的形势下，建筑设计的难度和复杂程度已不是一个人或一个专业能够总揽的了，也不是过去凭借个人经验和意识绘绘图纸就能实现的。建筑设计往往需要综合考虑建筑功能、形式、造价、自然条件、社会环境、历史文化等因素，系统分析各因素之间的必然联系及其对建筑作品的贡献程度等。目前的建筑设计一般都要在本专业团队共同协作和不同专业之间协同配合的条件下才能最终完成。

尽管计算机不可能全部代替人脑，但借助计算机进行辅助设计已经是必由之路。尽管目前计算机技术在建筑设计领域的应用普遍停留在制图和方案表现上，但各种辅助设计软件已是设计人员不可或缺的工具，为设计人员减轻了工作量，提高了设计速度。在这一点上，辅助设计软件是功不可没的。因此，对于建筑业学子来说，掌握一门计算机绘图技能是非常有必要的。

5.1.2　建筑设计过程简介

建筑设计过程一般分为方案设计、初步设计、施工图设计 3 个阶段。对于技术要求简单的民

用建筑工程，经有关主管部门同意，并且合同中有不作初步设计的约定，可在方案审批后直接进入施工图设计。国家出台的《建筑工程设计文件编制深度规定》（2003 年版）对各阶段设计文件的深度作了具体的规定。

1．方案设计阶段

方案设计是在明确设计任务书和建设方要求的前提下，遵照国家有关设计标准和规范，综合考虑建筑的功能、空间、造型、环境、材料、技术等因素，做出一个设计方案，形成一定形式的方案设计文件。方案设计文件总体上包括设计说明书、总图、建筑设计图纸以及设计委托或合同规定的透视图、鸟瞰图、模型或模拟动画等方面。方案设计文件一方面要向建设方展示设计思想和方案成果，最大限度地突出方案的优势；另一方面，还要满足下一步编制初步设计的需要。

2．初步设计阶段

初步设计是方案设计和施工图设计之间承前启后的阶段，在方案设计的基础上，吸取各方面意见和建议，推敲、完善、优化设计方案，初步考虑结构布置、设备系统和工程概算，进一步解决各工种之间的技术协调问题，最终形成初步设计文件。初步设计文件总体上包括设计说明书、设计图纸和工程概算书 3 个部分，其中包括设备表、材料表内容。

3．施工图设计阶段

施工图设计是在方案设计和初步设计的基础上，综合建筑、结构、设备各个工种的具体要求，将其反映在图纸上，完成建筑、结构、设备全套图纸，目的在于满足设备材料采购、非标准设备制作和施工的要求。施工图设计文件总体上包括所有专业设计图纸和合同要求的工程预算书。建筑专业设计文件应包括图纸目录、施工图设计说明、设计图纸（包括总图、平面图、立面图、剖面图、大样图、节点详图）、计算书。计算书由设计单位存档。

5.1.3　CAD 技术在建筑设计中的应用简介

1．CAD 技术及 AutoCAD 软件

CAD 即“计算机辅助设计”（Computer Aided Design），是指发挥计算机的潜力，使其在各类工程设计中起辅助设计作用的技术总称，不单指哪一个软件。CAD 技术一方面可以在工程设计中协助完成计算、分析、综合、优化、决策等工作，另一方面可以协助技术人员绘制设计图纸，完成一些归纳、统计工作。在此基础上，还有一个 CAAD 技术，即“计算机辅助建筑设计”（Computer Aided Architectural Design），是专门开发用于建筑设计的计算机技术。由于建筑设计工作的复杂性和特殊性（不像结构设计属于纯技术工作），就国内目前建筑设计实践状况来看，CAAD 技术的大量应用主要还是在图纸的绘制上面，但也有一些具有三维功能的软件，在方案设计阶段用来协助推敲。

AutoCAD 软件是美国 Autodesk 公司开发研制的计算机辅助软件，在世界工程设计领域使用相当广泛，目前已成功应用到建筑、机械、服装、气象、地理等领域，自 1982 年推出第一个版本以后，目前已升级至第 20 个版本，最新版本为 AutoCAD 2016，如图 5-1 所示。AutoCAD 是我国建筑设计领域最早接受的 CAD 软件，几乎成了默认绘图软件，主要用于绘制二维建筑图形。此外，AutoCAD 为客户提供了良好的二次开发平台，便于用户自行定制适于本专业的绘图格式和附加功能。目前，国内专门研制开发基于 AutoCAD 的建筑设计软件的公司就有几家。

Note

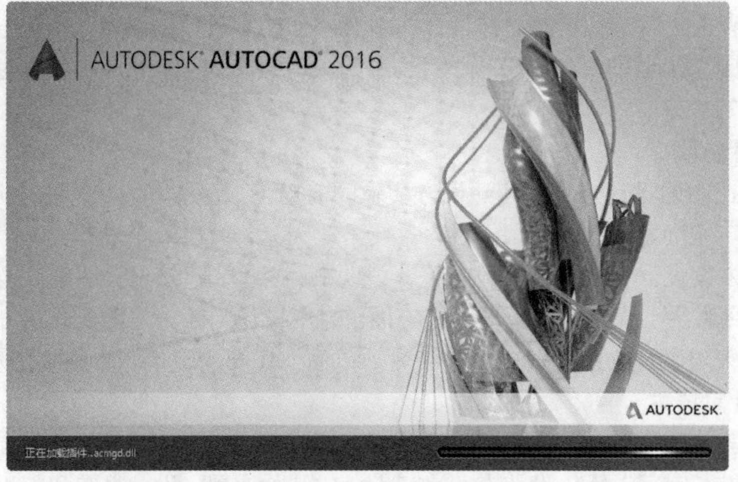

图 5-1 AutoCAD 2016

2．CAD 软件在建筑设计各阶段的应用情况

建筑设计应用到的 CAD 软件较多，主要包括二维矢量图形绘制软件、设计推敲软件、建模及渲染软件、效果图后期制作软件等。

（1）二维矢量图形绘制。

二维图形绘制包括总图、平面图、立面图、剖面图、大样图、节点详图等。AutoCAD 因其优越的矢量绘图功能，被广泛用于方案设计、初步设计和施工图设计全过程的二维图形绘制。方案设计阶段，生成扩展名为.dwg 的矢量图形文件，可以将其导入 Autodesk 3ds Max、Autodesk VIZ 等软件（如图 5-2 和图 5-3 所示）协助建模。可以输出为位图文件，导入 Photoshop 等图像处理软件进一步制作平面表现图。

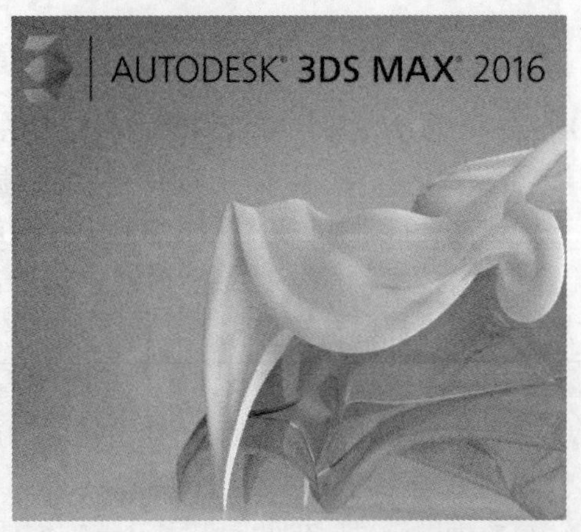

图 5-2 Autodesk 3ds Max 2016

图 5-3 Autodesk VIZ

（2）方案设计推敲。

AutoCAD、Autodesk 3ds Max、Autodesk VIZ 的三维功能可以用来协助体块分析和空间组合分析。此外，一些能够较为方便快捷地建立三维模型，便于在方案推敲时快速处理平、立、剖及空间之间关系的 CAD 软件正逐渐为设计者了解和接受，如 SketchUp、ArchiCAD 等（如图 5-4 和图 5-5 所示），兼具二维、三维和渲染功能。

图 5-4　SketchUp Pro 2015

图 5-5　ArchiCAD 19

（3）建模及渲染。

这里所说的建模指为制作效果图准备的精确模型。常见的建模软件有 AutoCAD、Autodesk 3ds Max、Autodesk VIZ 等。应用 AutoCAD 可以进行准确建模，但渲染效果较差，一般需要导入 Autodesk 3ds Max、Autodesk VIZ 等软件中附材质、设置灯光，而后渲染，而且需要处理好导入前后的接口问题。Autodesk 3ds Max 和 Autodesk VIZ 都是功能强大的三维建模软件，二者的界面基本相同。不同的是，Autodesk 3ds Max 面向普遍的三维动画制作，而 Autodesk VIZ 是 Autodesk 公司专门为建筑、机械等行业定制的三维建模及渲染软件，取消了建筑、机械行业不必要的功能，增加了门窗、楼梯、栏杆、树木等造型模块和环境生成器，Autodesk VIZ 4.2 以上的版本还集成了 Lightscape 的灯光技术，弥补了 Autodesk 3ds Max 的灯光技术的欠缺。Autodesk 3ds Max、Autodesk VIZ 具有良好的渲染功能，是制作建筑效果图时的首选软件。

就目前的状况来看，Autodesk 3ds Max、Autodesk VIZ 建模仍然需要借助 AutoCAD 绘制的二维平、立、剖面图为参照来完成。

（4）后期制作。

① 效果图后期处理。模型渲染以后图像一般都不十分完美，需要进行后期处理，包括修改、调色、配景、添加文字等。在此环节上，Adobe 公司开发的 Photoshop 是首选的图像后期处理软件，如图 5-6 所示。

图 5-6　Photoshop CC

此外，方案设计阶段用 AutoCAD 绘制的总图、平面图、立面图、剖面图及各种分析图也常在 Photoshop 中作套色处理。

② 方案文档排版。为了满足设计深度要求，满足建设方或标书中的要求，同时也希望突出自己方案的特点，使自己的方案能够脱颖而出，方案文档排版工作是相当重要的，包括封面、目录、设计说明制作以及方案设计图所在各页的制作。在此环节上可以使用 Adobe PageMaker，也可以直接用 Photoshop 或其他平面设计软件。

③ 演示文稿制作。若需将设计方案做成演示文稿进行汇报，比较简单的软件是 PowerPoint，其次可以使用 Flash、Authorware 等。

（5）其他软件。

在建筑设计过程中还可能用到其他软件，如文字处理软件 Microsoft Word、数据统计分析软件 Excel 等。至于一些计算程序，如节能计算、日照分析等，则根据具体需要采用。

5.1.4 学习应用软件的几点建议

（1）无论学习何种应用软件，都应该注意两点：① 熟悉计算机的运行方式，即大致了解计算机系统是如何运作的；② 学会和计算机交流，即在操作软件的过程中，学会阅读屏幕上不断显示的内容，并作出相应的回应。把握这两点，有利于快速地学会一个新软件，有利于在操作中独立解决问题。

（2）在看教材的同时，一定要多上机实践。在上机中发现问题，再结合书本解决问题，不要只使用书本。书本里的描述不可能涵盖全部软件的所有环节。

（3）同一个功能的实现，往往有多种操作途径，刚开始学习时，可以对这些途径作适当的了解。之后，选择适合自己、方便快捷的途径进行操作。本书后面介绍的一些绘图操作方法，不一定是最好的，但希望给读者提供一个解决问题的思路。

（4）像 AutoCAD、Autodesk 3ds Max、Autodesk VIZ 这样的复杂软件，使用难度比较大，但无论多复杂的软件，都是由基本操作、简单操作组合而成的。读者学习时要循序渐进、由简到难，熟而生巧。

（5）学会用帮助功能（F1 键）。帮助功能中的描述往往比较生硬拗口，但熟悉后也就简单了。

5.2 建筑制图基本知识

建筑设计图纸是交流设计思想、传达设计意图的技术文件。尽管 AutoCAD 功能强大，但它毕竟不是专门为建筑设计定制的软件，一方面需要在用户的正确操作下才能实现其绘图功能，另一方面需要用户遵循统一制图规范，在正确的制图理论及方法的指导下来操作，才能生成合格的图纸。因此，即使在当今大量采用计算机绘图的形势下，仍然有必要掌握基本绘图知识。因此，本节将对必备的制图知识作一个简单介绍，已掌握该部分内容的读者可跳过此节。

Note

5.2.1　建筑制图概述

1．建筑制图的概念

建筑图纸是建筑设计人员用来表达设计思想、传达设计意图的技术文件，是方案投标、技术交流和建筑施工的要件。建筑制图是根据正确的制图理论及方法，按照国家统一的建筑制图规范将设计思想和技术特征清晰、准确地表现出来。建筑图纸包括方案图、初设图、施工图等类型。国家标准《房屋建筑制图统一标准》(GB/T 50001—2010)、《总图制图标准》(GB/T 50103—2010)、《建筑制图标准》(GB/T 50104—2010）是建筑专业手工制图和计算机制图的依据。

2．建筑制图的方式

建筑制图有手工制图和计算机制图两种方式。手工制图又分为徒手绘制和工具绘制两种。

手工制图应该是建筑师必须掌握的技能，也是学习 AutoCAD 软件或其他绘图软件的基础。手工制图体现出一种绘图素养，直接影响计算机图面的质量，而其中的徒手绘画，则往往是建筑师职场上的闪光点和敲门砖。采用手工绘图的方式可以绘制全部的图纸文件，但是需要花费大量的精力和时间。计算机制图是指操作计算机绘图软件画出所需图形，并形成相应的图形电子文件，可以进一步通过绘图仪或打印机将图形文件输出，形成具体的图纸过程，更快速、便捷，便于文档存储，便于图纸的重复利用，可以大大提高设计效率。因此，目前手绘主要用在方案设计的前期，而后期成品方案图以及初设图、施工图都采用计算机绘制完成。

总之，这两种技能同等重要，不可偏废。本书重点讲解应用 AutoCAD 2016 绘制建筑图的方法和技巧，对于手绘不作具体介绍。读者若需要加强这项技能，可以参看其他有关书籍。

3．建筑制图程序

建筑制图的程序是和建筑设计的程序相对应的。从整个设计过程来看，遵循方案图、初设图、施工图的顺序来进行。后面阶段的图纸在前一阶段的基础上作深化、修改和完善。就每个阶段来看，一般遵循平面、立面、剖面、详图的过程来绘制。至于每种图样的制图程序，将在后面章节结合 AutoCAD 操作来讲解。

5.2.2　建筑制图的要求及规范

1．图幅、标题栏及会签栏

图幅即图面的大小，分为横式和立式两种。根据国家标准的规定，按图面的长和宽的大小确定图幅的等级。建筑常用的图幅有 A0（也称 0 号图幅，其余类推）、A1、A2、A3 及 A4，每种图幅的长宽尺寸如表 5-1 所示，表中的尺寸代号意义如图 5-7 和图 5-8 所示。

表 5-1　图幅标准（mm）

图幅代号 / 尺寸代号	A0	A1	A2	A3	A4
b×l	841×1189	594×841	420×594	297×420	210×297
c	10			5	
a	25				

A0～A3 图纸可以在长边加长，但短边一般不应加长，加长尺寸如表 5-2 所示。如有特殊需要，可采用 b×l=841×891 或 1189×1261 的幅面。

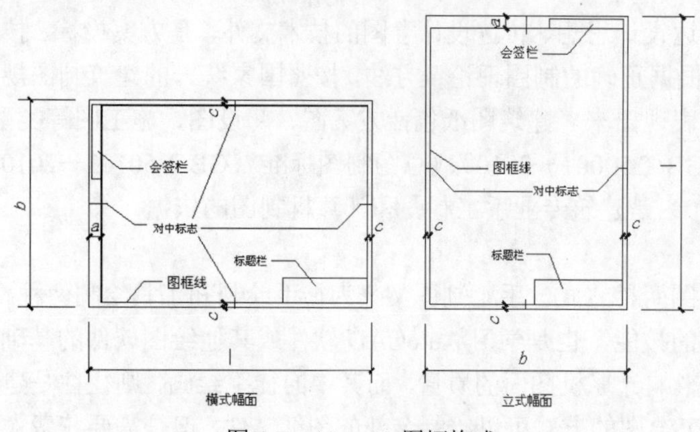

图 5-7　A0～A3 图幅格式

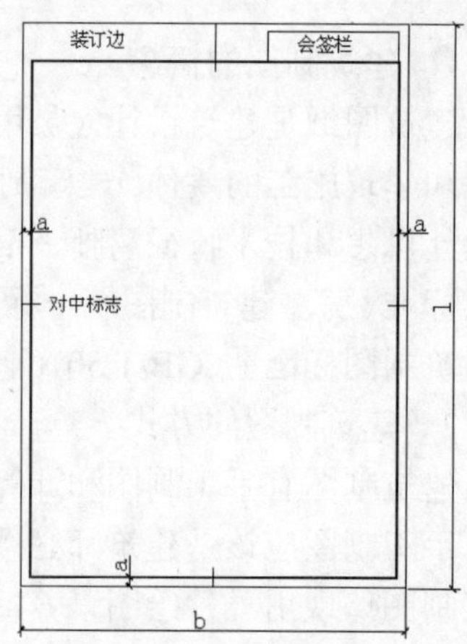

图 5-8　A4 立式图幅格式

表 5-2　图纸长边加长尺寸（mm）

图　幅	长 边 尺 寸	长边加长后尺寸
A0	1189	1486　1635　1783　1932　2080　2230　2378
A1	841	1051　1261　1471　1682　1892　2102
A2	594	743　891　1041　1189　1338　1486　1635　1783　1932　2080
A3	420	630　841　1051　1261　1471　1682　1892

标题栏包括设计单位名称、工程名称、签字区、图名区及图号区等内容。一般标题栏格式如图 5-9 所示，如今不少设计单位采用自己个性化的图标格式，但是仍必须包括这几项内容。

会签栏是各工种负责人审核后签名用的表格，包括专业、姓名、日期等内容，如图 5-10 所示。对于不需要会签的图纸，可以不设此栏。

设计单位名称	工程名称区	图号区
签字区	图名区	

180　40(30,50)

图 5-9　标题栏格式

（专业）	（实名）	（签名）	（日期）

25　25　25　25　100　5　5　5　5　20

图 5-10　会签栏格式

此外，需要微缩复制的图纸，其一个边上应附有一段准确米制尺度，4 个边上均附有对中标志。米制尺度的总长应为 100mm，分格应为 10mm。对中标志应画在图纸各边长的中点处，线宽应为 0.35mm，伸入框内应为 5mm。

2．线型要求

建筑图纸主要由各种线条构成，不同的线型表示不同的对象和不同的部位，代表着不同的含义。为了图面能够清晰、准确、美观地表达设计思想，工程实践中采用了一套常用的线型，并规定了各线型的使用范围，现统计如表 5-3 所示。

表 5-3　常用线型统计表

名　　称		线　　型	线　　宽	适 用 范 围
实线	粗	————	b	建筑平面图、剖面图、构造详图的被剖切主要构件截面轮廓线；建筑立面图外轮廓线；图框线；剖切线。总图中的新建建筑物轮廓
	中	————	$0.5b$	建筑平、剖面图中被剖切的次要构件的轮廓线；建筑平、立、剖面图构配件的轮廓线；详图中的一般轮廓线
	细	————	$0.25b$	尺寸线、图例线、索引符号、材料线及其他细部刻画用线等
虚线	中	------------	$0.5b$	主要用于构造详图中不可见的实物轮廓；平面图中的起重机轮廓；拟扩建的建筑物轮廓
	细	------------	$0.25b$	其他不可见的次要实物轮廓线
点划线	细	—-—-—	$0.25b$	轴线、构配件的中心线、对称线等
折断线	细	—\/—	$0.25b$	省画图样时的断开界限
波浪线	细	～～～	$0.25b$	构造层次的断开界线，有时也表示省略画出是断开界限

图线宽度 b，宜从下列线宽中选取：2.0mm、1.4mm、1.0mm、0.7mm、0.5mm、0.35mm。不同的 b 值，产生不同的线宽组。在同一张图纸内，各不同线宽组中的细线，可以统一采用较细的线宽组中的细线。对于需要微缩的图纸，线宽不宜≤0.18mm。

3．尺寸标注

尺寸标注的一般原则如下：

（1）尺寸标注应力求准确、清晰、美观大方。同一张图纸中，标注风格应保持一致。

（2）尺寸线应尽量标注在图样轮廓线以外，从内到外依次标注从小到大的尺寸，不能将大尺寸标在内，而小尺寸标在外，如图 5-11 所示。

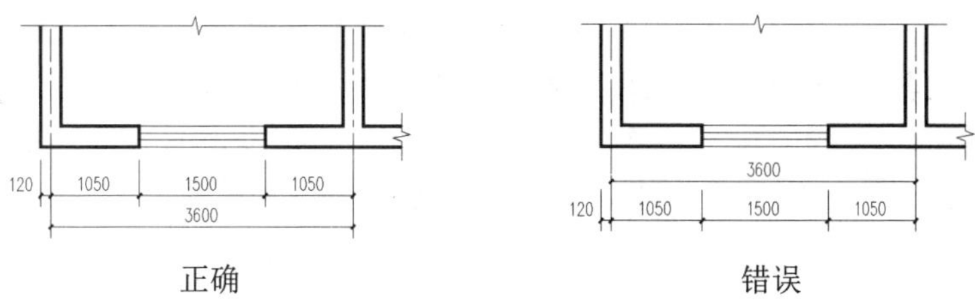

图 5-11　尺寸标注正误对比

（3）最内一道尺寸线与图样轮廓线之间的距离不应小于 10mm，两道尺寸线之间的距离一般为 7～10mm。

（4）尺寸界线朝向图样的端头距图样轮廓的距离应大于等于 2mm，不宜直接与之相连。

（5）在图线拥挤的地方，应合理安排尺寸线的位置，但不宜与图线、文字及符号相交；可以考虑将轮廓线用作尺寸界线，但不能作为尺寸线。

（6）室内设计图中连续重复的构配件等，当不易标明定位尺寸时，可在总尺寸的控制下，定位尺寸不用数值而用“均分”或 EQ 字样表示，如图 5-12 所示。

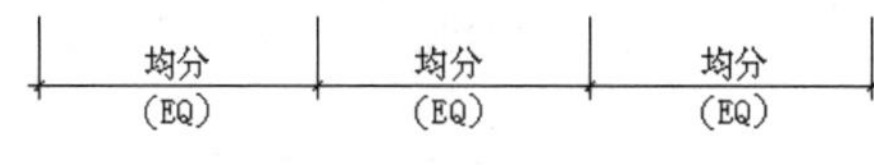

图 5-12　均分尺寸

Note

4．文字说明

在一幅完整的图纸中用图线方式表现得不充分和无法用图线表示的地方，就需要进行文字说明，如设计说明、材料名称、构配件名称、构造做法、统计表及图名等。文字说明是图纸内容的重要组成部分，制图规范对文字标注中的字体、字的大小、字体字号搭配等方面作了一些具体规定。

（1）一般原则：字体端正，排列整齐，清晰准确，美观大方，避免过于个性化的文字标注。

（2）字体：一般标注推荐采用仿宋字，大标题、图册封面、地形图等的汉字，也可书写成其他字体，但应易于辨认。

字型示例如下。

仿宋：建筑（小四）建筑（四号）建筑（二号）

黑体：**建筑（四号）建筑（小二）**

楷体：建筑 建筑（二号）

字母、数字及符号：0123456789abcdefghijk% @

或

0123456789abcdefghijk%@

（3）字的大小：标注的文字高度要适中。同一类型的文字采用同一大小的字。较大的字用于较概括性的说明内容，较小的字用于较细致的说明内容。文字的字高应从如下系列中选用：3.5mm、5mm、7mm、10mm、14mm、20mm。如需书写更大的字，其高度应按$\sqrt{2}$的比值递增。注意字体及大小搭配的层次感。

5．常用图示标志

（1）详图索引符号及详图符号。

平、立、剖面图中，在需要另设详图表示的部位标注一个索引符号，以表明该详图的位置，这个索引符号即详图索引符号。详图索引符号采用细实线绘制，圆圈直径为 10mm。如图 5-13 所示，当详图就在本张图纸中时，采用图 5-13（a）详图；不在本张图纸时，采用图 5-13（b）～图 5-13（g）的形式，图 5-13（d）～图 5-13（g）用于索引剖面详图。

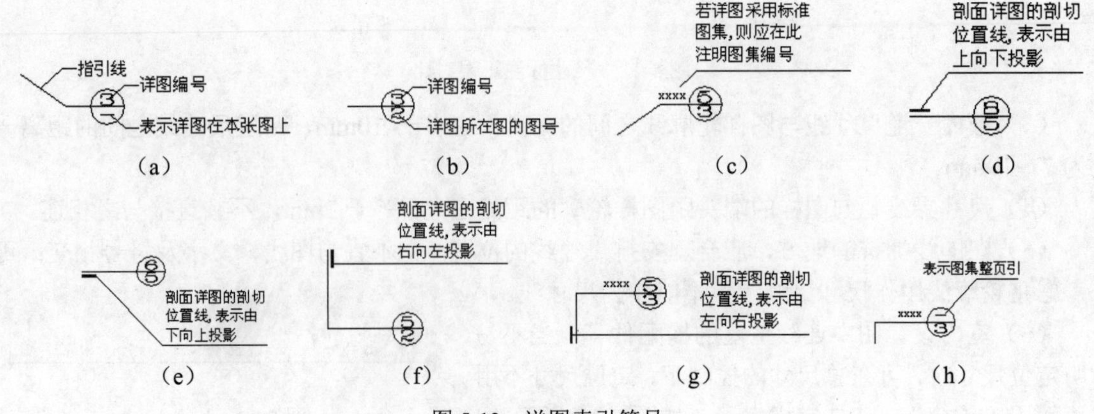

图 5-13　详图索引符号

详图符号即详图的编号，用粗实线绘制，圆圈直径为 14mm，如图 5-14 所示。

（2）引出线。

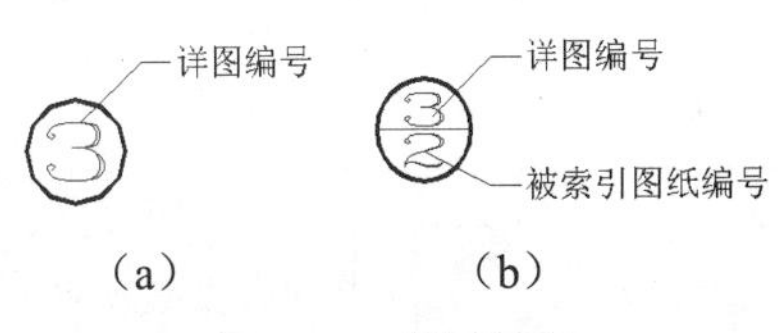

图 5-14　详图符号

由图样引出一条或多条线段指向文字说明，该线段就是引出线。引出线与水平方向的夹角一般采用 0°、30°、45°、60°、90°，常见的引出线形式如图 5-15 所示。图 5-15（a）～图 5-15（d）所示为普通引出线，图 5-15（e）～图 5-15（h）所示为多层构造引出线。使用多层构造引出线时，注意构造分层的顺序应与文字说明的分层顺序一致。文字说明可以放在引出线的端头（如图 5-15（a）～图 5-15（h）所示），也可放在引出线水平段之上（如图 5-15（i）所示）。

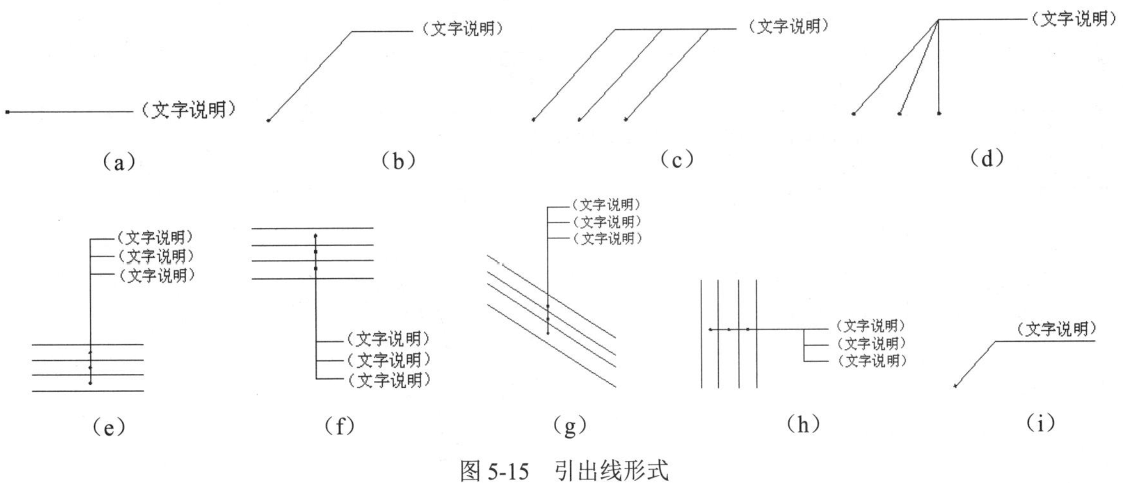

图 5-15　引出线形式

（3）内视符号。

内视符号标注在平面图中，用于表示室内立面图的位置及编号，建立平面图和室内立面图之间的联系。内视符号的形式如图 5-16 所示。图中立面图编号可用英文字母或阿拉伯数字表示，黑色的箭头指向表示立面方向；图 5-16（a）所示为单向内视符号，图 5-16（b）所示为双向内视符号，图 5-16（c）所示为四向内视符号，A、B、C、D 顺时针标注。

图 5-16　内视符号

其他符号图例统计如表 5-4 和表 5-5 所示。

表 5-4　建筑常用符号图例

符　　号	说　　明	符　　号	说　　明
3.600 3.600	标高符号，线上数字为标高值，单位为 m 下面一个在标注位置比较拥挤时采用	i=5%	表示坡度

Note

续表

符　号	说　明	符　号	说　明
1　A	轴线号	1/1　1/A	附加轴线号
1　1	标注剖切位置的符号，标数字的方向为投影方向，1 与剖面图的编号 5-1 对应	2　2	标注绘制断面图的位置，标数字的方向为投影方向，“2”与断面图的编号“5-2”对应
	对称符号。在对称图形的中轴位置画此符号，可以省画另一半图形		指北针
	方形坑槽		圆形坑槽
	方形孔洞		圆形孔洞
@	表示重复出现的固定间隔，例如“双向木格栅@500”	Φ	表示直径，如Φ30
平面图 1:100	图名及比例	1　1:5	索引详图名及比例
宽X高或ф 底(顶或中心)标高	墙体预留洞	宽X高或ф 底(顶或中心)标高	墙体预留槽
	烟道		通风道

表 5-5　总图常用图例

符　号	说　明	符　号	说　明
X	新建建筑物。粗线绘制 需要时，表示出入口位置▲及层数 X 轮廓线以±0.00 处外墙定位轴线或外墙皮线为准 需要时，地上建筑用中实线绘制，地下建筑用细虚线绘制		原有建筑。细线绘制
	拟扩建的预留地或建筑物。中虚线绘制		新建地下建筑或构筑物。粗虚线绘制
	拆除的建筑物。用细实线表示		建筑物下面的通道
	广场铺地		台阶，箭头指向表示向上
	烟囱。实线为下部直径，虚线为基础 必要时，可注写烟囱高度和上下口直径		实体性围墙
	通透性围墙		挡土墙。被挡土在凸出的一侧

续表

符　　号	说　　明	符　　号	说　　明
	填挖边坡。边坡较长时，可在一端或两端局部表示		护坡。边坡较长时，可在一端或两端局部表示
X323.38 Y586.32	测量坐标	A123.21 B789.32	建筑坐标
32.36(±0.00)	室内标高	32.36	室外标高

6．常用材料符号

建筑图中经常应用材料图例来表示材料，在无法用图例表示的地方，也采用文字说明。为了方便读者，将常用的图例汇集，如表 5-6 所示。

表 5-6　常用材料图例

材 料 图 例	说　　明	材 料 图 例	说　　明
	自然土壤		夯实土壤
	毛石砌体		普通砖
	石材		砂、灰土
	空心砖		松散材料
	混凝土		钢筋混凝土
	多孔材料		金属
	矿渣、炉渣		玻璃
	纤维材料		防水材料 上下两种根据绘图比例大小选用
	木材		液体，须注明液体名称

7．常用绘图比例

下面列出常用绘图比例，读者应根据实际情况灵活使用。

（1）总图：1:500，1:1000，1:2000。

（2）平面图：1:50，1:100，1:150，1:200，1:300。

（3）立面图：1:50，1:100，1:150，1:200，1:300。

（4）剖面图：1:50，1:100，1:150，1:200，1:300。

（5）局部放大图：1:10，1:20，1:25，1:30，1:50。

（6）配件及构造详图：1:1，1:2，1:5，1:10，1:15，1:20，1:25，1:30，1:50。

5.2.3 建筑制图的内容及编排顺序

Note

1．建筑制图内容

建筑制图的内容包括总图、平面图、立面图、剖面图、构造详图和透视图、设计说明、图纸封面、图纸目录等方面。

2．图纸编排顺序

图纸编排顺序一般应为图纸目录、总图、建筑图、结构图、给水排水图、暖通空调图、电气图等。对于建筑专业，一般顺序为目录、施工图设计说明、附表（装修做法表、门窗表等）、平面图、立面图、剖面图、详图等。

▶▶第2篇

提高篇

本篇将介绍建筑设计中总平面图、平面图、立面图、剖面图和详图的设计思路、理论依据和完整的 AutoCAD 实现过程。通过本篇的学习，读者将掌握建筑设计方法、理论及其相应的 AutoCAD 制图技巧。

- 学习建筑设计的基本理论
- 了解建筑设计的方法和特点
- 掌握建筑设计 CAD 制图操作技巧

第6章

绘制总平面图

本章学习要点和目标任务：

☑ 总平面图绘制概述

☑ 地形图的处理及应用

☑ 别墅总平面布置图

无论是方案图、初设图还是施工图，总平面图都是必不可少的要件。由于总平面图设计涉及的专业知识较多，内容繁杂，因而常为初学者所忽视或回避。本章将重点介绍应用 AutoCAD 2016 制作建筑总平面图的一些常用操作方法。至于相关的设计知识，特别是场地设计的知识，读者可以参看有关书籍。

6.1 总平面图绘制概述

Note

在正式讲解总平面图绘制之前，本节将简要介绍总平面图表达的内容和绘制总平面图的一般步骤。

6.1.1 总平面图内容概括

总平面图用来表达整个建筑基地的总体布局，表达新建建筑物及构筑物位置、朝向及周边环境关系。这也是总平面图的基本功能。总平面专业设计成果包括设计说明书、设计图纸以及根据合同规定的鸟瞰图、模型等。总平面图只是其中设计图纸部分。在不同设计阶段，总平面图除了具备其基本功能外，表达设计意图的深度和倾向有所不同。

在方案设计阶段，总平面图重在体现新建建筑物的体量大小、形状及与周边道路、房屋、绿地、广场和红线之间的空间关系，同时传达室外空间设计效果。因此，方案图在具有必要的技术性的基础上，还强调艺术性的体现。就目前的情况来看，除了绘制 CAD 线条图，还需对线条图进行套色、渲染处理或制作鸟瞰图、模型等。总之，设计者总在不遗余力地展现自己设计方案的优点及魅力，以在竞争中胜出。

在初步设计阶段，进一步推敲总平面设计中涉及的各种因素和环节（如道路红线、建筑红线或用地界线、建筑控制高度、容积率、建筑密度、绿地率、停车位数以及总平面布局、周围环境、空间处理、交通组织、环境保护、文物保护、分期建设等），推敲方案的合理性、科学性和可实施性，进一步准确落实各种技术指标，深化竖向设计，为施工图设计作准备。

在施工图设计阶段，总平面专业成果包括图纸目录、设计说明、设计图纸、计算书。其中，设计图纸包括总平面图、竖向布置图、土方图、管道综合图、景观布置图及详图等。总平面图是新建房屋定位、放线以及布置施工现场的依据，因此必须要详细、准确、清楚地表达。

6.1.2 总平面图绘制步骤

一般情况下，在 AutoCAD 中总平面图绘制步骤如下：

1．地形图的处理

包括地形图的插入、描绘、整理、应用等。

2．总平面布置

包括建筑物、道路、广场、停车场、绿地、场地出入口布置等内容。

3．各种文字及标注

包括文字、尺寸、标高、坐标、图表、图例等内容。

4．布图

包括插入图框、调整图面等。

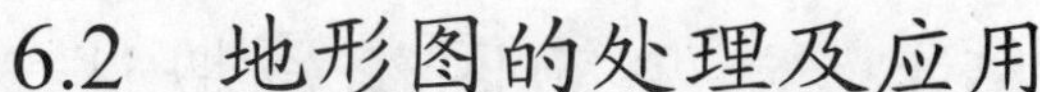

6.2　地形图的处理及应用

Note

建筑设计的展开与建筑基地状况息息相关。建筑师一般通过两个方面来了解基地状况，一方面是地形图（或称地段图）及相关文献资料，二是实地考察。地形图是总平面图设计的主要依据之一，是总图绘制的基础。科学、合理、熟练地应用地形图是建筑师必备的技能。本节首先介绍地形图识图的常识，然后介绍在 AutoCAD 2016 中应用和处理地形图的方法和技巧。

6.2.1　地形图识读

建筑师需要能够熟练地识读反映基地状况的地形图，并在脑海里建立起基地状况的空间形象。地形图识读内容大致分为 3 个方面：一是图廓处的各种注记；二是地物和地貌；三是用地范围。下面简要进行介绍。

1．各种注记

这些注记包括测绘单位、测绘时间、坐标系、高程系、等高距、比例、图名、图号等信息，如图 6-1 和图 6-2 所示。

一般情况下，地形图的纵坐标为 X 轴，指向正北方向，横坐标为 Y 轴，指向正东方向。地形图上的坐标称为测量坐标，常以 50m×50m 或 100m×100m 的方格网表示。地形图中标有测量控制点，如图 6-3 所示。施工图中需要借助测量控制点来定位房屋的坐标及高程。

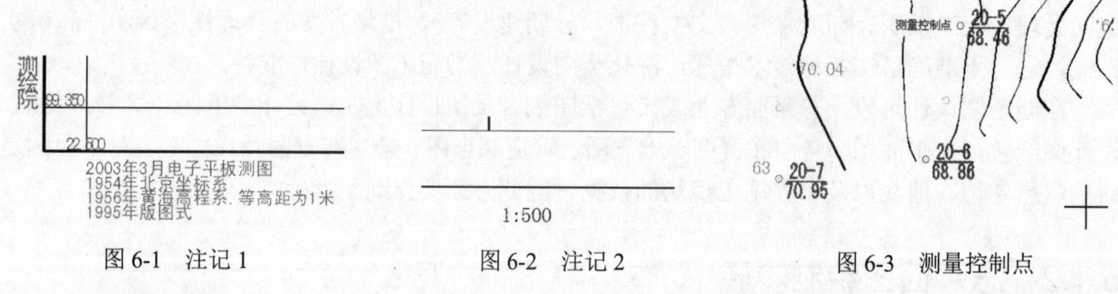

图 6-1　注记 1　　图 6-2　注记 2　　图 6-3　测量控制点

2．地物和地貌

（1）地物。

地物是指地面上人工建造或自然形成的固定性物体，如房屋、道路、水库、水塔、湖泊、河流、林木、文物古迹等。在地形图上，地物通过各种符号来表示。这些符号有比例符号、半比例符号和非比例符号之别。比例符号是将地物轮廓按地形图比例缩小绘制而成，如房屋、湖泊轮廓等。半比例符号是指对于电线、管线、围墙等线状地物，忽略其横向尺寸，而纵向按比例绘制。非比例符号是指较小地物，无法按比例绘制，而用符号在相应位置标注，如单棵树木、烟囱、水塔等。如图 6-4 所示，认识这些地物情况，便于在进行总图设计时，综合考虑这些因素，合理处理好新建房屋与地物之间的关系。

（2）地貌。

地貌是指地面上的高低起伏变化。地形图上用等高线来表示地貌特征。因此，识读等高线是

重点。对于等高线，有以下几个概念需要明确。

① 等高距：指相邻两条等高线之间的高差。

② 等高线平距：指相邻两条等高线之间的水平距离。距离越大，则坡度越平缓；反之，则越陡峭。

③ 等高线种类：等高线在地形图中一般可细分为 4 种类型：首曲线、计曲线、间曲线和助曲线。首曲线为基本等高线，每两条首曲线之间相差一个等高距，细线表示；计曲线是指每隔 4 条首曲线加粗的一条首曲线；间曲线是指两条首曲线之间的半距等高线；助曲线是指四分之一等高距的等高线，如图 6-5 所示。

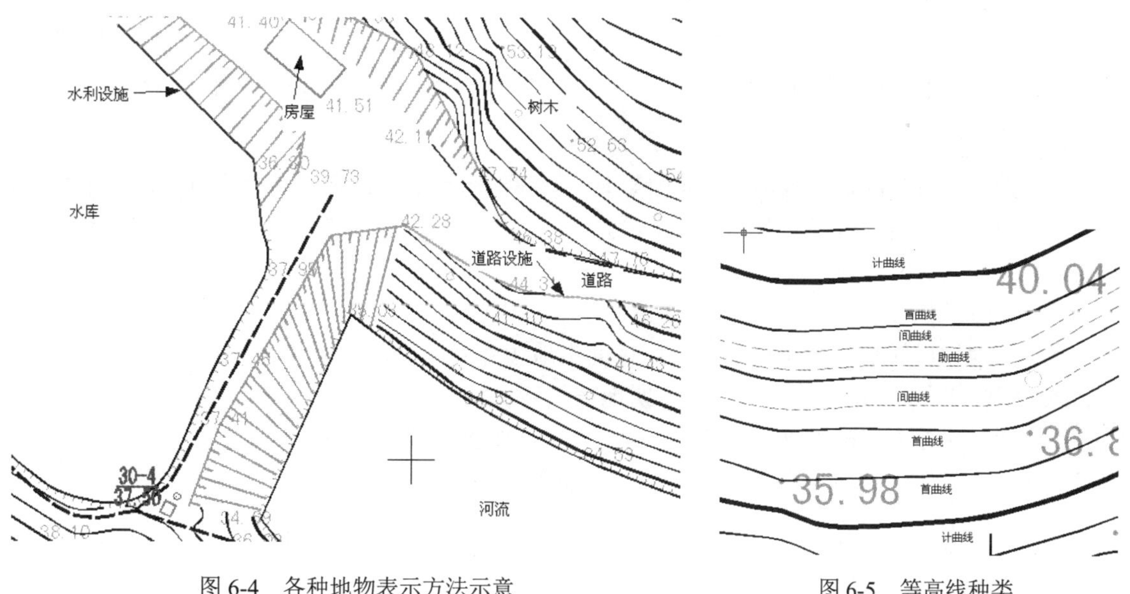

图 6-4　各种地物表示方法示意　　　　图 6-5　等高线种类

常见地貌类型有山谷、山脊、山丘、盆地、台地、边坡、悬崖、峭壁等。山谷与山脊的区别是，山脊处等高线向低处凸出，山谷处等高线向高处凸出。山丘与盆地的区别是，山丘逐渐缩小的闭合等高线海拔越来越高，而盆地逐渐缩小的闭合等高线海拔越来越低。如图 6-6～图 6-9 所示为山脊、山谷、台地、山丘、边坡地貌类型。

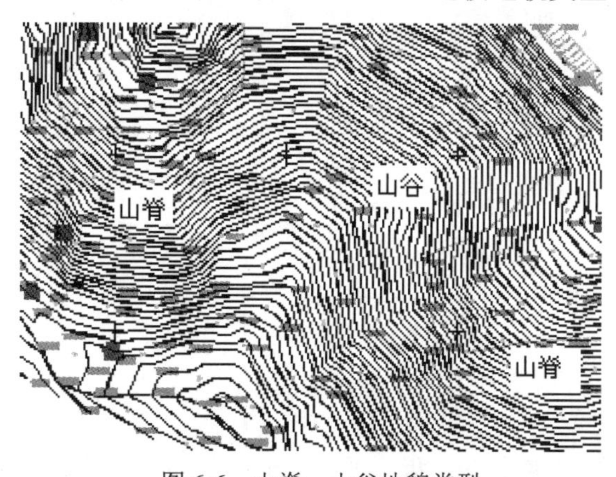

图 6-6　山脊、山谷地貌类型

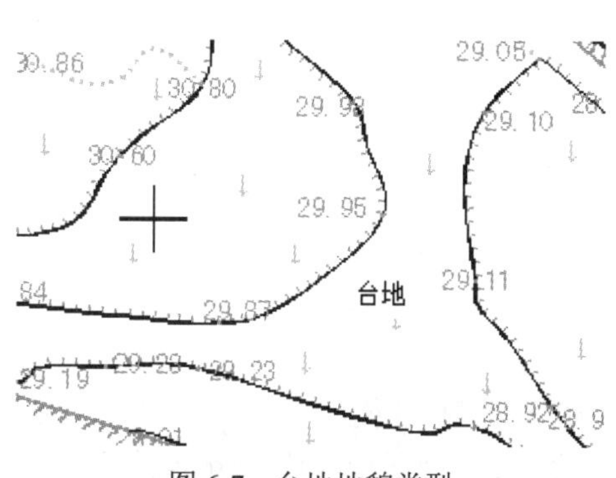

图 6-7　台地地貌类型

Note

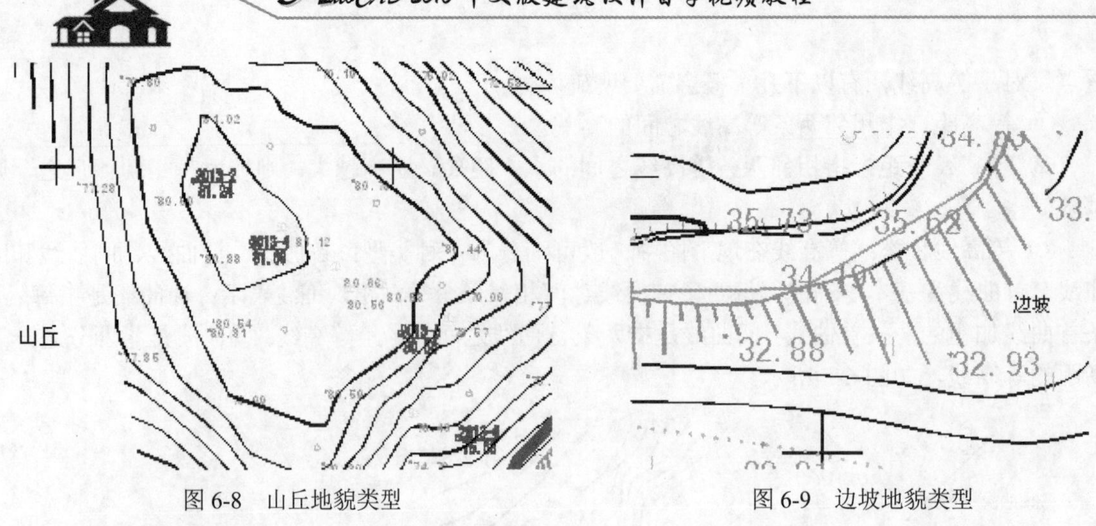

图 6-8　山丘地貌类型　　　　图 6-9　边坡地貌类型

3．用地范围

建筑师手中得到的地形图（或基地图）中一般都标明了本建设项目的用地范围。实际上，并不是所有用地范围内都可以布置建筑物。在这里，关于场地界限的几个概念及其关系需要明确，也就是常说的红线及退红线问题。

（1）建设用地边界线。

建设用地边界线指业主获得土地使用权的土地边界线，也称为地产线、征地线，如图 6-10 中 ABCD 区域所示。用地边界线范围表明地产权所属，是法律上权利和义务关系界定的范围，但并不是所有用地面积都可以用来开发建设。如果其中包括城市道路或其他公共设施，则要保证这些设施的正常使用（图 6-10 中的用地界限内就包括了城市道路）。

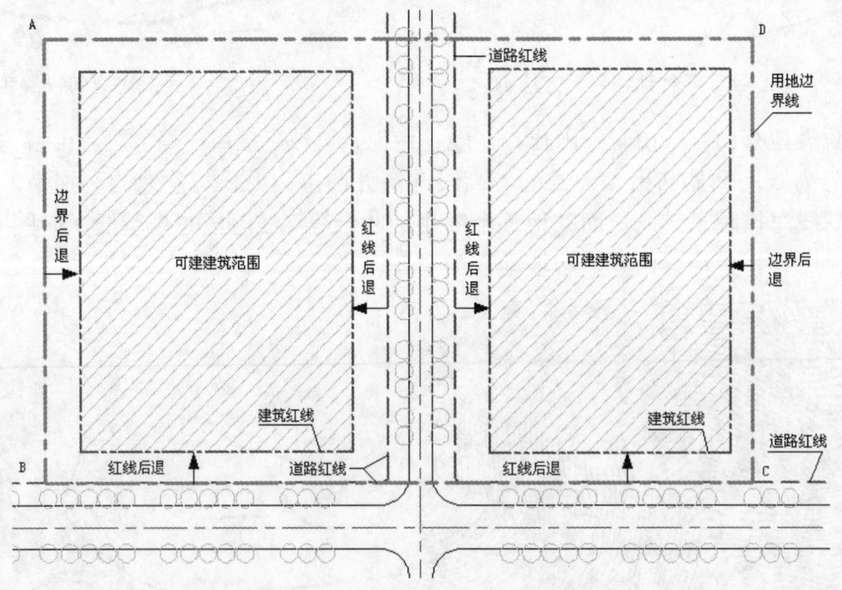

图 6-10　各用地控制线之间的关系

（2）道路红线。

道路红线是指规划的城市道路路幅的边界线。也就是说，两条平行的道路红线之间为城市道路（包括居住区级道路）用地。建筑物及其附属设施的地下、地表部分，如基础、地下室、台阶

等不允许突出道路红线。地上部分主体结构不允许突入道路红线，在满足当地城市规划部门的要求下，允许窗罩、遮阳、雨篷等构件突入，具体规定详见《民用建筑设计通则》(GB50352—2005)。

（3）建筑红线。

建筑红线是指城市道路两侧控制沿街建筑物或构筑物（如外墙、台阶等）靠临街面的界线，又称建筑控制线。建筑控制线划定可建造建筑物的范围。由于城市规划要求，在用地界线内需要由道路红线后退一定距离确定建筑控制线，这叫做红线后退。如果考虑到在相邻建筑之间按规定留出防火间距、消防通道和日照间距时，也需要由用地边界后退一定的距离，这叫做后退边界。在后退的范围内可以修建广场、停车场、绿化带、道路等，但不可以修建建筑物。至于建筑突出物的相关规定，与道路红线相同。

在拿到基地图时，除了明确地物、地貌外，就是要搞清楚其中对用地范围的具体限定，为建筑设计作准备。

6.2.2　地形图的插入及处理

1．地形图的格式简介

建筑师得到的地形图有可能是纸质地形图、光栅图像或 AutoCAD 的矢量图形电子文件。对于不同来源的地形图，计算机操作有所不同。

（1）纸质地形图。

纸质地形图是指测绘形成的图纸，首先需要将其扫描到计算机里形成图像文件（.tif、.jpg、.bmp 等光栅图像）。扫描时注意分辨率的设置，如果分辨率太小，那么在图纸放大打印时不能满足精度要求，出现马赛克现象。一般地，如果仅在计算机屏幕上显示，图像分辨率在 72 像素/厘米以上就能清晰显示，但如果用于打印，分辨率则需要 100 像素/厘米以上，才能保证打印清晰度要求。在满足这个最低要求的基础上，则根据具体情况选择分辨率的设置。如果分辨率设置得太高，图像文件太大，也不便于操作。扫描前后图像分辨率和图纸尺寸之间存在如下计算关系：

扫描分辨率（像素/厘米或英寸）×扫描区域图纸尺寸（厘米或英寸）=图像分辨率（像素/厘米或英寸）×图像尺寸（厘米或英寸）

事先明确扫描到计算机里的图像尺寸需要多大、相应的分辨率，反过来就可以求出扫描分辨率。

提示：

操作中须注意分辨率单位“像素/厘米”与“像素/英寸”的区别，其本质是 1 厘米=0.3937 英寸的换算关系。如在慌乱中搞错，则会带来不必要的麻烦。

（2）电子文件地形图。

如果得到的地形图是电子文件，不论是光栅图像还是 DWG 文件，在 AutoCAD 中使用起来都比较方便。互联网上有一些小程序可以将光栅图像转为 DWG 文件，在有的情况下的确更方便，但也要看具体情况，如没有必要，也不必费工夫。

2．插入地形图

如前所述，AutoCAD 中使用的地形图文件有光栅图像和 DWG 文件两种，下面分别介绍操作要点。

（1）建立一个新图层来专门放置地形图。

（2）插入光栅图像。通过“插入”菜单中的“光栅图像参照”命令来实现，如图 6-11 所示。

① 选择插入“光栅图像参照”命令，弹出“选择参照文件”对话框，找到需要插入的图形，单击“打开”按钮。注意可以插入的文件类型，如图 6-12 所示。

Note

图 6-11 “光栅图像参照”命令

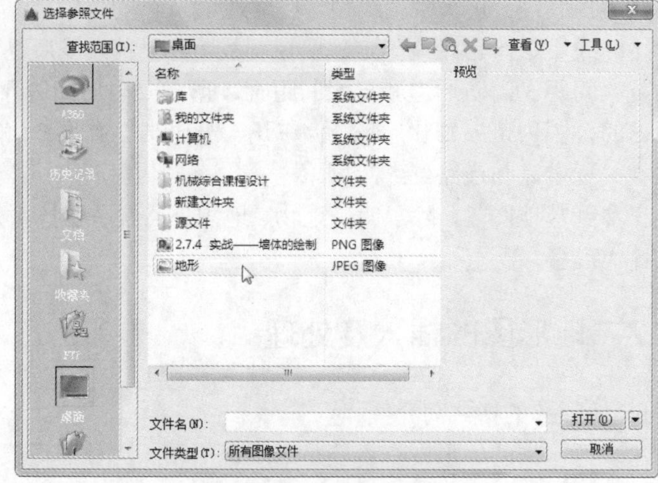

图 6-12 选择地形图文件

② 弹出“附着图像”对话框，给出相应的插入点、缩放比例和旋转角度等参数，确定后插入图像，如图 6-13 所示。

③ 在屏幕上点取插入点，如果缩放比例暂无法确定，可以先以原有大小插入，最后再调整比例，结果如图 6-14 所示。

图 6-13 图像文件参数设置

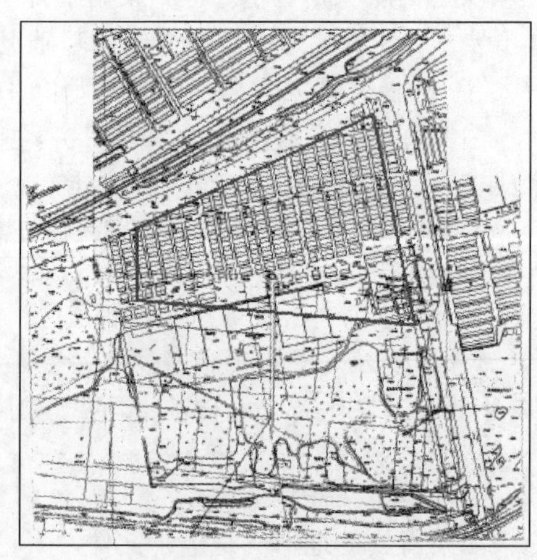

图 6-14 插入后的地形图

④ 比例调整。首先测定图片中的尺寸比例与 AutoCAD 中长度单位比例相差多少，然后将其进行比例缩放，使得比例协调一致。建议将图片的比例调为 1:1，也就是地形图上表示的长度为多少，在 AutoCAD 中测量出的长度也就是多少。

这样，就完成了地形图片的插入。

提示：

可以借助“测量距离”命令来测定图片的尺寸大小。菜单栏中的“测量距离”命令为“工具/查询/距离”，命令为“DI”。可以选中图片，按 Ctrl+1 快捷键在特性中修改比例，还可以借助“特性”选项板中“比例”文本框右侧的快捷计算功能进行辅助计算。

Note

（3）DWG 文件插入。对于 DWG 文件，一般有以下两种方式来进行处理。

① 直接打开地形图文件，另存为一个新的文件，然后在这个文件上进行后续操作。注意不要直接在原图上操作，以免修改后无法还原。

② 以“外部参照”的方式插入。这种方式的优点是暂用空间小，缺点是不能对插入的参照进行图形修改。插入外部参照命令位于菜单栏“插入”菜单下，操作类似插入光栅图像，在此不再赘述，请读者自己尝试。

3．地形图的处理

插入地形图后，在正式进行总平面图布置之前，往往需要对地形图做适当的处理，以适应下一步工作。根据地形图的文件格式和工程地段的复杂程度的不同，具体的处理操作存在一些差异。下面介绍一般的处理方法，供读者参考。

（1）地形图为光栅图像。综合使用直线、样条曲线或多段线等绘图命令，以地形图为底图，将以下内容准确描绘出来。

① 地段周边主要的地貌、地物（如道路、房屋、河流、等高线等），与工程相关性较小的部分可以略去。

② 用地红线范围，以及有关规划控制要求。

③ 场地内需要保留的文物、古建、房屋、古树等地物，以及需保留的一些地貌特征。

接下来，可以将地形图所在图层关闭，留下简洁明了的地段图，如图 6-15 所示，需要参看时再打开。如果地形图片用途不大，也可以将其删除。

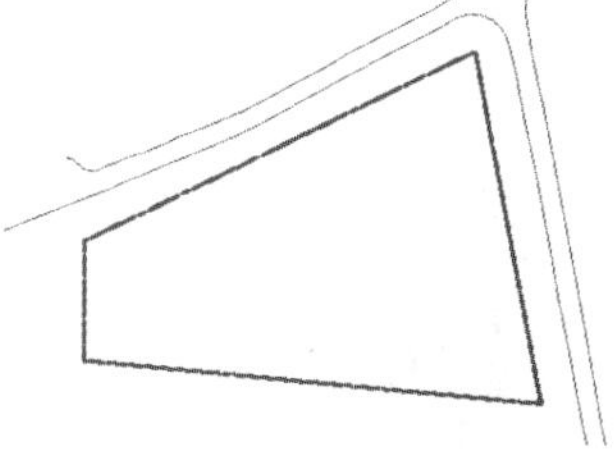

图 6-15 处理后的地段图

（2）地形图为 DWG 文件。可以直接将不必要地物、地貌图形综合应用删除、修剪等命令删除，留下简洁明了的地段图。如果地形特征比较复杂，修改工作量较大，也可以将红线和必要的地物、地貌特征提取出来，如同前面光栅图像描绘结果一样，完成总图布置后再考虑重合到原来位置。

提示：

插入光栅图像后，不能将原来的图片文件删除或移动位置，否则下次打开图形文件时，将无法加载图片，如图 6-16 所示。这一点，特别是在复制文件到其他地方时要注意，需要将图片一同复制。

E:\temp\新建文件夹\地形.TIF

图 6-16 无法加载图片

Note

6.2.3 地形图应用操作举例

在设计总图时，有可能碰到利用地形图求出某点的坐标、高程、两点距离、用地面积、坡度、绘制地形断面图和选择路线等操作。这些操作在图纸上进行较为麻烦，但在AutoCAD中，却变得比较简单。

1．求坐标和高程

（1）坐标。为了便于坐标查询，事先在插入地形图后，将地形图中的坐标原点或者地段附近具有确定坐标值的控制点移动到原点位置。这样，将图上任意点在AutoCAD图形中的坐标加上地形图原点或控制点的测量坐标，就是该点在地形图上的测量坐标。具体操作如下：

① 移动地形图。选择“移动”命令，选中整个地形图，以地形图坐标原点或控制点作为移动的基点，在命令行中输入“0,0”坐标，按Enter键完成移动，如图6-17所示。

② 查询坐标。首先用点命令在打算求取坐标的点上绘制一个点；然后选中该点，按Ctrl+1快捷键调出“特性”选项板，从中查到点的坐标，如图6-18所示；最后，将该坐标值加上原点的初始坐标便是待求点的测量坐标。

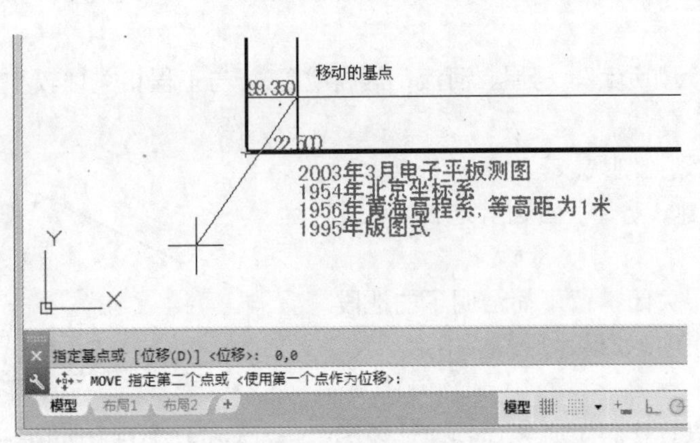

图6-17　移动地形图

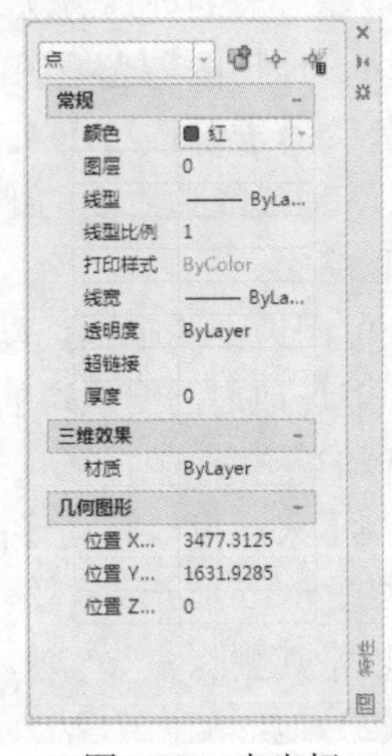

图6-18　点坐标

（2）高程。等高线上的高程可以直接读出，而不在等高线上的点则需通过内插法求得。在AutoCAD中可以根据内插法原理通过作图方法求高程。例如，求图6-19中A点的高程（等高距为1m），操作如下：

① 单击“默认”选项卡“绘图”面板中的“点”按钮 ▫，在A点处绘制一个点。

② 单击“默认”选项卡“绘图”面板中的“构造线”按钮 ⤢，捕捉A点为第一点，然后拖动鼠标捕捉相邻等高线上的垂足点B为通过点，绘出一条过A点并垂直于相邻等高线的构造线1，交另一侧等高线于点C，如图6-20所示。

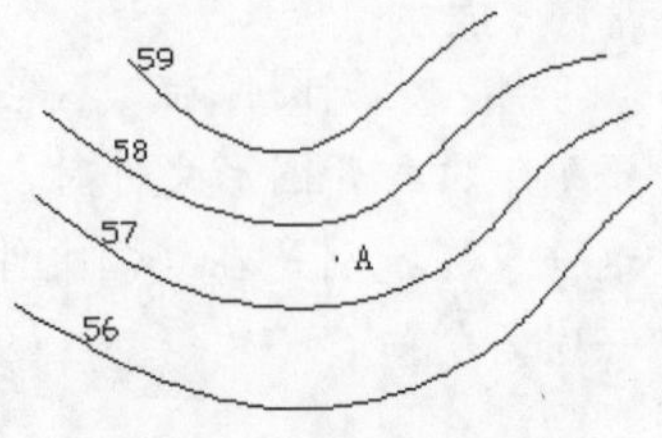

图6-19　待求高程点A

③ 由构造线1偏移1（等高距）复制出另一条构造线2；过点B作线段BD垂直于该构造线2，如图6-21所示。

④ 连接 CD；以 B 点为基点复制 BD 到 A 点，交 CD 于 E，如图 6-22 所示。

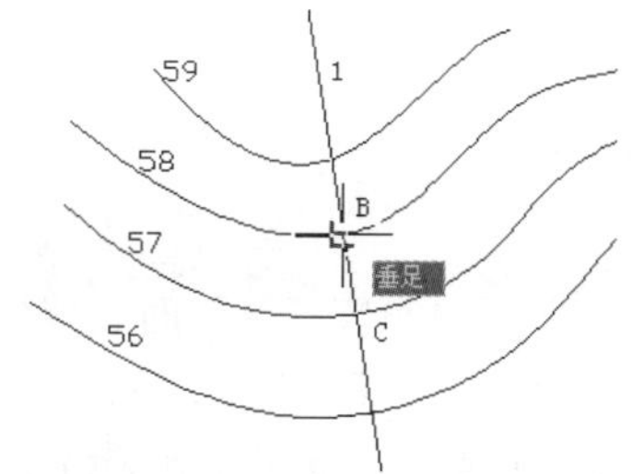

图 6-20　绘制构造线 1

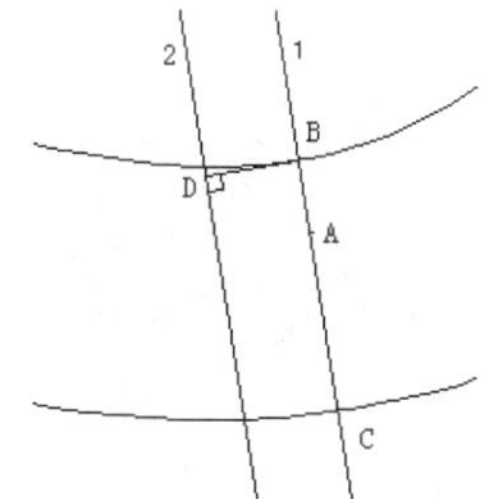

图 6-21　构造线 2 及线段 BD

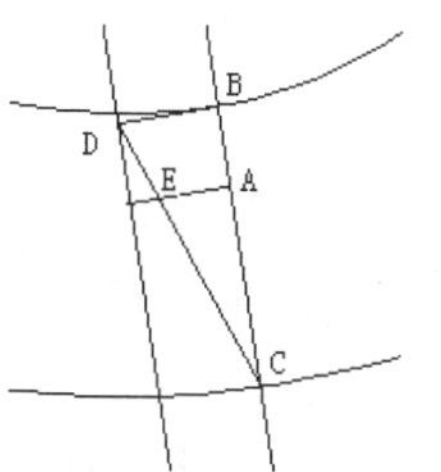

图 6-22　作出线段 AE

用距离查询命令查出 AE 长度为 0.71，则 A 点高程为 57+0.71=57.71m。

2．求距离和面积

（1）求距离。

用距离查询命令 DIST（DI）查询。

（2）求面积。

用面积查询命令 AREA（AA）查询。

3．绘制地形断面图

地形断面图可用于建筑剖面设计及分析。在 AutoCAD 中借助等高线来绘制地形断面图的方法如下：

如图 6-23 所示，确定剖切线 AB；由 AB 复制出 CD；由 CD 依次偏移一个等高距，复制出一系列平行线；依次由剖切线 AB 与等高线的交点向平行线上作垂线；用样条曲线依次连接每个垂足，形成一条光滑曲线，即为所求断面。

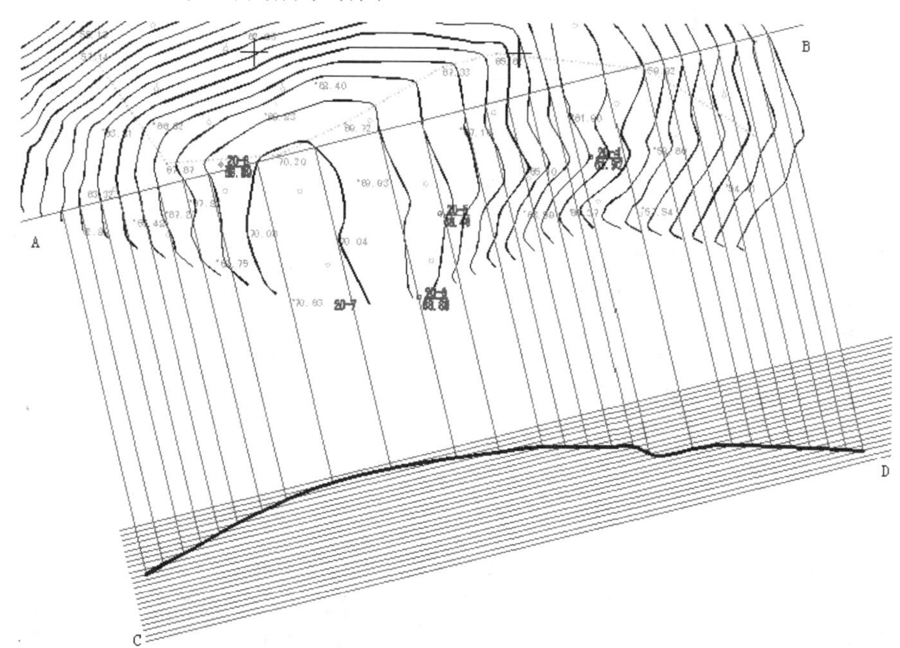

图 6-23　地形断面绘制示意图

总之，只要明白等高线的原理和 AutoCAD 的相关功能，就可以活学活用，不拘一格。其他

方面的应用不再赘述，读者可自行尝试。

6.3 别墅总平面布置图

Note

就绘图工作而言，整理完地形图后，接下来就可以进行总平面图的布置。总平面布置包括建筑物、道路、广场、绿地、停车场等内容，着重处理好它们之间的空间关系，及其与四邻、古树、文物古迹、水体、地形之间的关系。本节介绍在 AutoCAD 2016 中布置这些内容的操作方法和注意事项。在讲解中，主要以某别墅总平面图为例，如图 6-24 所示。

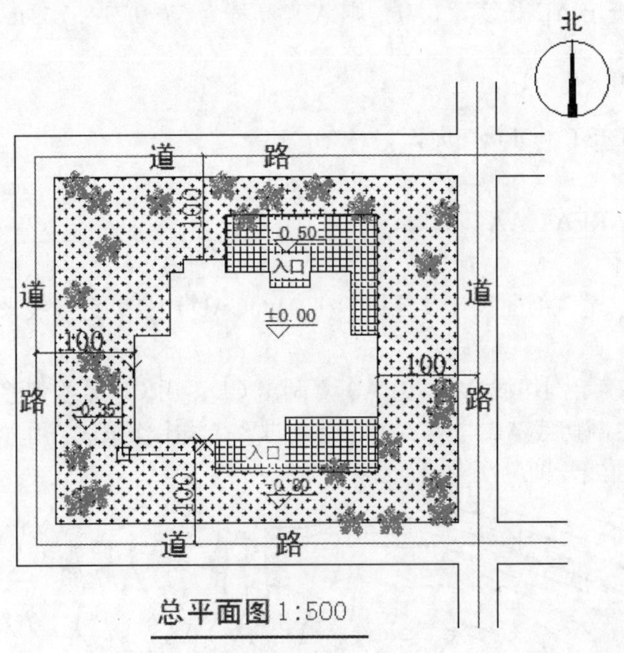

图 6-24　绘制总平面布置图

：光盘\配套视频\第 6 章\总平面布置图.avi

6.3.1 设置绘图参数

参数设置是绘制任何一幅建筑图形都要进行的预备工作，这里主要设置单位、图形界限、图层等。有些具体设置可以在绘制过程中根据需要进行。

操作步骤如下：

1. 设置单位

选择菜单栏中的“格式/单位”命令，AutoCAD 打开“图形单位”对话框，如图 6-25 所示。设置“长度”的“类型”为“小数”，“精度”为 0；“角度”的“类型”为“十进制度数”，“精度”为 0；系统默认逆时针方向为正，拖放比例设置为“无单位”。

2. 设置图形边界

（1）在命令行提示“指定左下角点或[开(ON)/关(OFF)] <0.0000,0.0000>:”后输入“0,0”。

（2）在命令行提示“指定右上角点<12.0000,9.0000>:”后输入“420000,297000”。

3. 设置图层

（1）设置图层名。单击“默认”选项卡“图层”面板中的“图层特性”按钮，打开“图层特性管理器”选项板，单击上边的“新建图层”按钮，将生成一个名为“图层 1”的图层，修改图层名称为“轴线”，如图 6-26 所示。

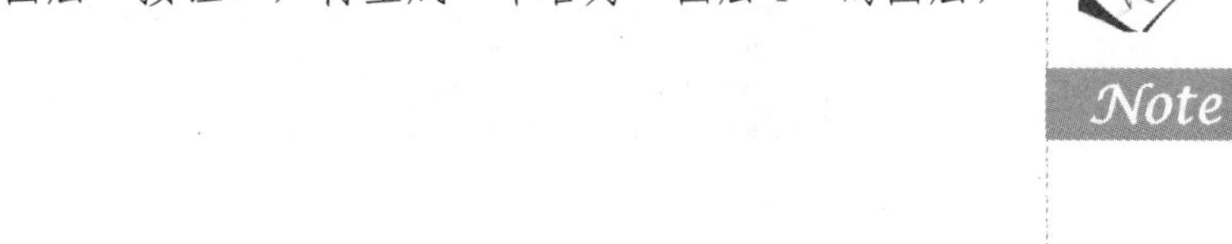

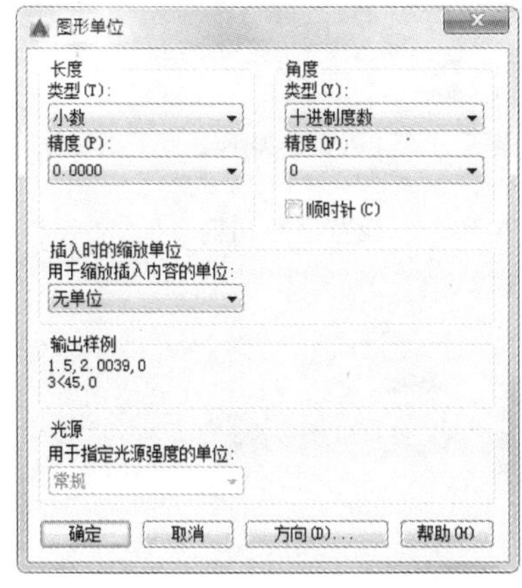

图 6-25　“图形单位”对话框

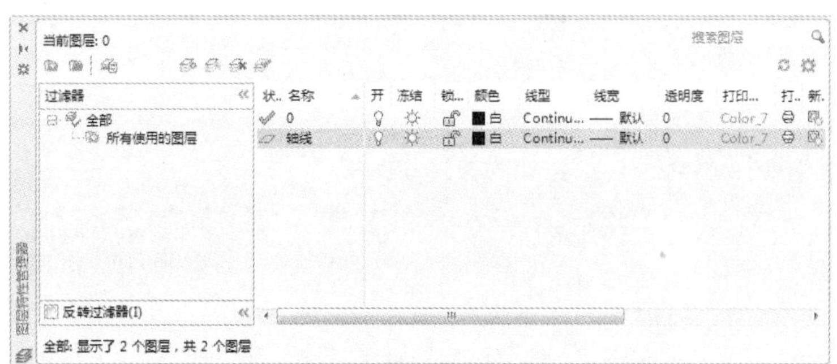

图 6-26　新建图层

（2）设置图层颜色。为了区分不同图层上的图线，增加图形不同部分的对比性，可以在“图层特性管理器”选项板中单击对应图层“颜色”标签下的颜色色块，AutoCAD 打开“选择颜色”对话框，如图 6-27 所示，在该对话框中选择需要的颜色。

（3）设置线型。在常用的工程图纸中，通常要用到不同的线型，这是因为不同的线型表示不同的含义。在“图层特性管理器”选项板中单击“线型”栏下的线型选项，AutoCAD 打开“选择线型”对话框，如图 6-28 所示，在该对话框中选择对应的线型。如果在“已加载的线型”列表框中没有需要的线型，可以单击“加载”按钮，打开“加载或重载线型”对话框加载线型，如图 6-29 所示。

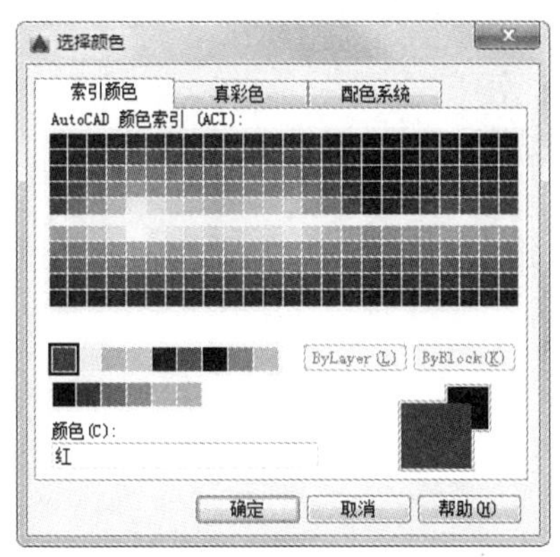

图 6-27　“选择颜色”对话框

图 6-28　“选择线型”对话框

（4）设置线宽。在工程图纸中，不同的线宽表示不同的含义，因此要对不同图层的线宽进行设置。单击“图层特性管理器”选项板中“线宽”栏下的选项，AutoCAD 打开“线宽”对话框，如图 6-30 所示，在该对话框中选择适当的线宽，完成轴线的设置，结果如图 6-31 所示。

图 6-29 “加载或重载线型”对话框

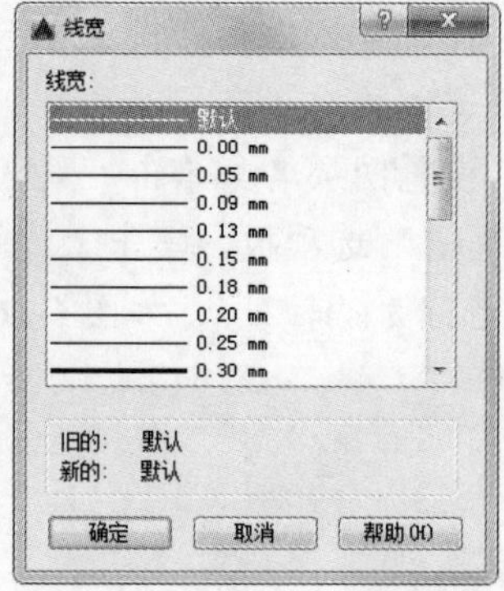

图 6-30 “线宽”对话框

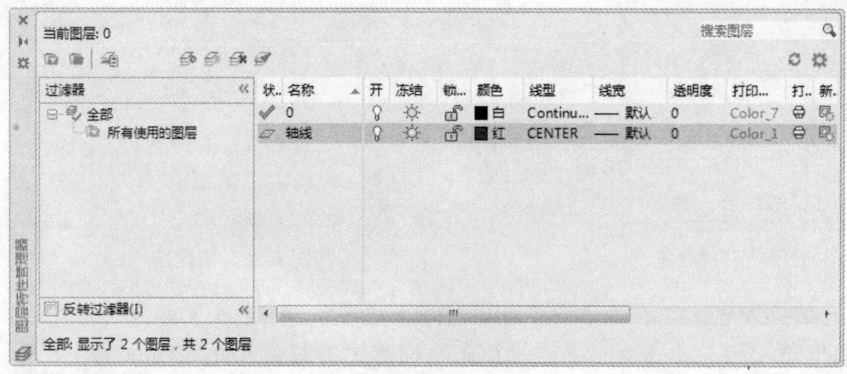

图 6-31 轴线的设置

（5）按照上述步骤，完成图层的设置，结果如图 6-32 所示。

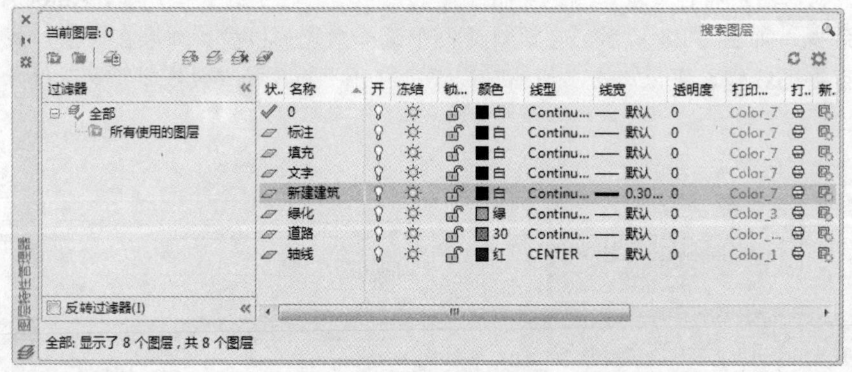

图 6-32 图层的设置

6.3.2 建筑物布置

这里只需要勾勒出建筑物的大体外形和相对位置即可。首先绘制定位轴线网，然后根据轴线绘制建筑物的外形轮廓。

操作步骤如下：

1. 绘制轴线网

（1）单击“默认”选项卡“图层”面板中的“图层特性”按钮，打开“图层特性管理器”

Note

选项板，双击“轴线”图层，使得当前图层是“轴线”。单击“确定”按钮退出“图层特性管理器”选项板。

（2）单击“默认”选项卡“绘图”面板中的“构造线”按钮，在正交模式下绘制竖直构造线和水平构造线，组成“十”字辅助线网，如图 6-33 所示。

（3）单击“默认”选项卡“修改”面板中的“偏移”按钮，将竖直构造线向右边连续偏移 3700、1300、4200、4500、1500、2400、3900 和 2700，将水平构造线连续向上偏移 2100、4200、3900、4500、1600 和 1200，得到主要轴线网，结果如图 6-34 所示。

2. 绘制新建建筑

（1）单击“默认”选项卡“图层”面板中的“图层特性”按钮，打开“图层特性管理器”选项板，双击“新建建筑”图层，使得当前图层是“新建建筑”。单击“确定”按钮退出“图层特性管理器”选项板。

（2）单击“默认”选项卡“绘图”面板中的“直线”按钮，根据轴线网绘制出新建建筑的主要轮廓，结果如图 6-35 所示。

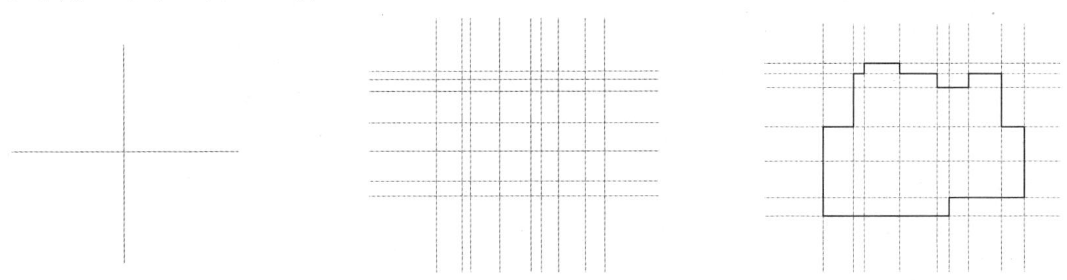

图 6-33　绘制十字辅助线网　　图 6-34　绘制主要轴线网　　图 6-35　绘制建筑主要轮廓

6.3.3　场地道路、绿地等布置

完成建筑布置后，其余的道路、绿地等内容都在此基础上进行布置。

提示：

布置时抓住 3 个要点：一是找准场地及其控制作用的因素；二是注意布置对象的必要尺寸及其相对距离关系；三是注意布置对象的几何构成特征，充分利用绘图功能。

操作步骤如下：

1. 绘制道路

（1）单击“默认”选项卡“图层”面板中的“图层特性”按钮，打开“图层特性管理器”选项板，双击“道路”图层，使得当前图层是“道路”。单击“确定”按钮退出“图层特性管理器”选项板。

（2）单击“默认”选项卡“修改”面板中的“偏移”按钮，让所有最外围轴线都向外偏移 10000，然后将偏移后的轴线分别向两侧偏移 2000，选择所有的道路，然后右击，在弹出的快捷菜单中选择“特性”命令，在弹出的“特性”选项板中选择“图层”，把所选对象的图层改为“道路”，得到主要的道路。单击“默认”选项卡“修改”面板中的“修剪”按钮，修剪掉道路中多余的线条，使得道路整体连贯，结果如图 6-36 所示。

2. 布置绿化

（1）首先将“绿化”图层设置为当前图层，然后单击“视图”选项卡“选项板”面板中的“工具选项板”按钮，则系统弹出如图 6-37 所示的工具选项板，选择“建筑”中的“树-英制”图例，把“树”图例放在一个空白处，然后单击“默认”选项卡“修改”面板中的“缩放”按钮，把“树”图例放大到合适尺寸，结果如图 6-38 所示。

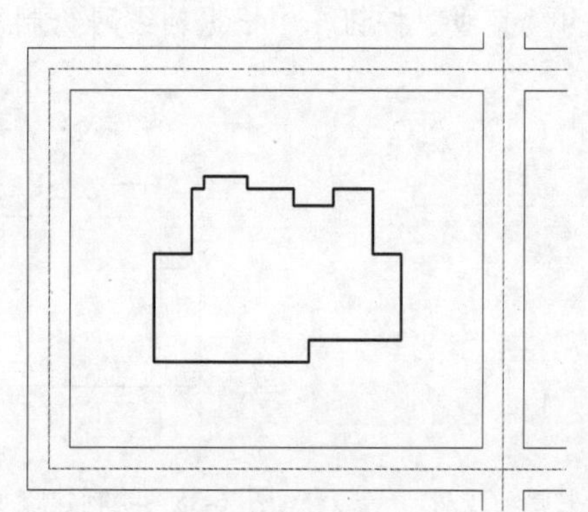

图 6-36　绘制道路

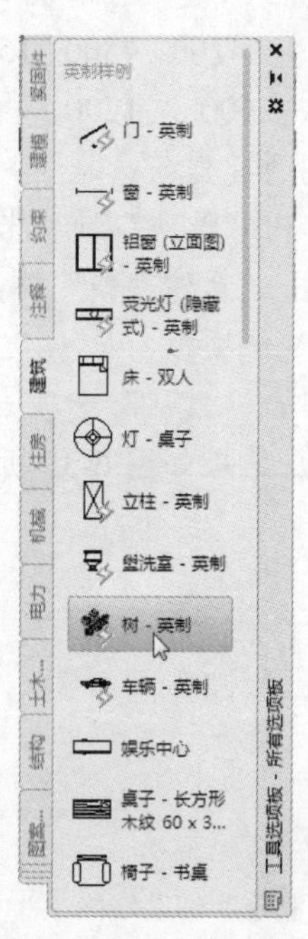

图 6-37　工具选项版

（2）单击“默认”选项卡“修改”面板中的“复制”按钮，把“树”图例复制到各个位置。完成植物的绘制和布置，结果如图 6-39 所示。

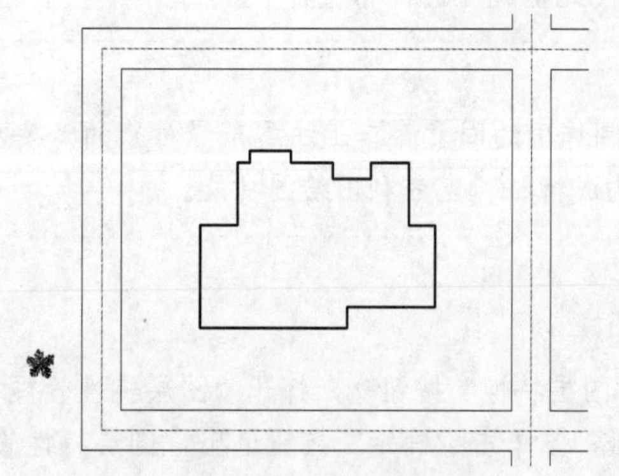

图 6-38　放大前后的植物图例

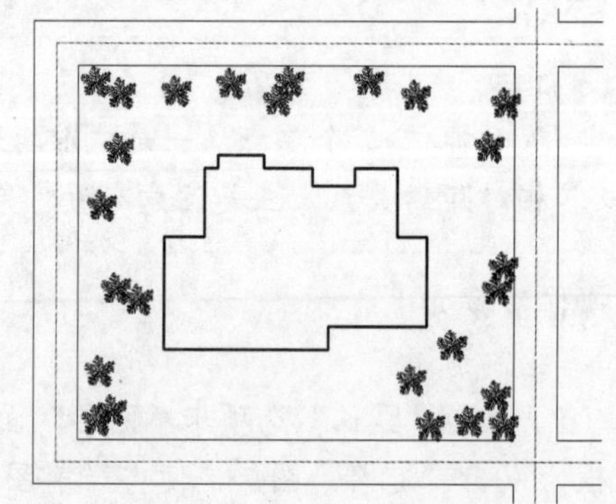

图 6-39　布置绿化植物结果

6.3.4　尺寸及文字标注

总平面图的标注内容包括尺寸、标高、文字标注、指北针、文字说明等内容，是总图中不可或缺的部分。完成总平面图的图线绘制后，最后的工作就是进行各种标注，对图形进行完善。

Note

操作步骤如下：

1. 尺寸标注

总平面图上的尺寸应标注新建建筑房屋的总长、总宽及与周围建筑物、构筑物、道路、红线之间的距离。

（1）尺寸样式设置。

① 选择菜单栏中的“格式/标注样式”命令，系统弹出“标注样式管理器”对话框，如图 6-40 所示。

② 单击“新建”按钮，进入“创建新标注样式”对话框，在“新样式名”文本框中输入“总平面图”，如图 6-41 所示。

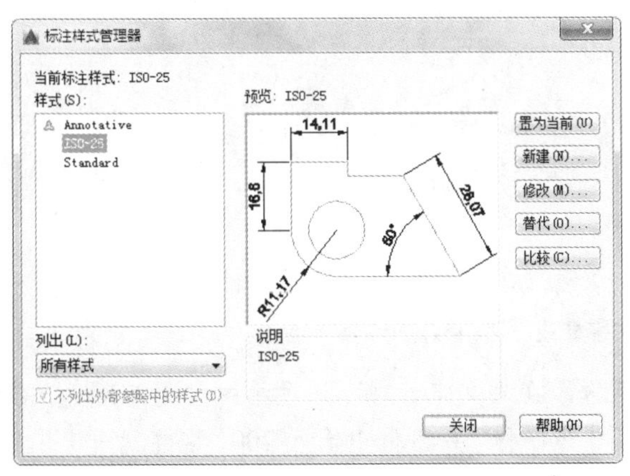

图 6-40　“标注样式管理器”对话框

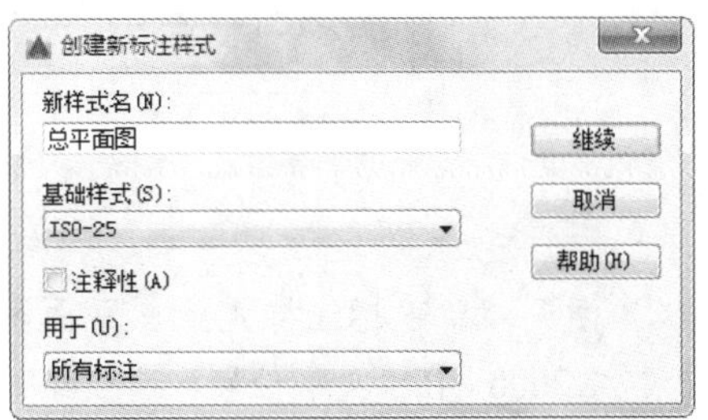

图 6-41　“创建新标注样式”对话框

③ 单击“继续”按钮，进入“新建标注样式：总平面图”对话框，选择“线”选项卡，设定“尺寸界线”选项组中的“超出尺寸线”为 100，如图 6-42 所示。选择“符号和箭头”选项卡，在“箭头”选项组中“第一个”下拉列表框中选择“╱建筑标记”，在“第二个”下拉列表框中选择“╱建筑标记”，并设置“箭头大小”为 400，这样就完成了“符号和箭头”选项卡的设置，如图 6-43 所示。

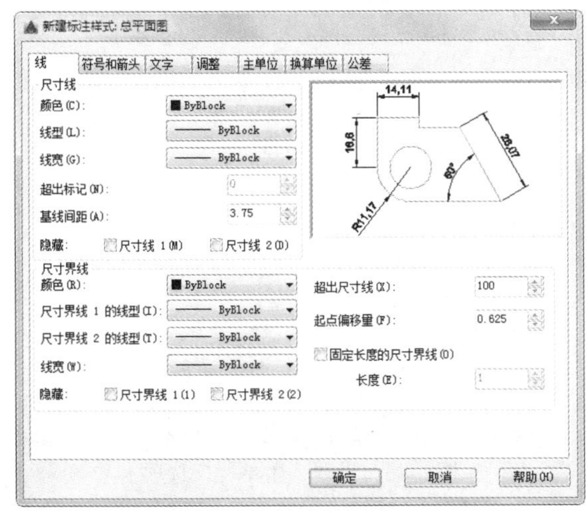

图 6-42　设置“线”选项卡

图 6-43　设置“符号和箭头”选项卡

④ 选择“文字”选项卡，单击“文字样式”后面的...按钮，弹出“文字样式”对话框，单击“新建”按钮，建立新的文字样式“米单位”，取消选中“使用大字体”复选框，然后在“字体名”下拉列表框中选择“黑体”，设置“高度”为2000，如图6-44所示。最后单击“关闭”按钮关闭“文字样式”对话框。

Note

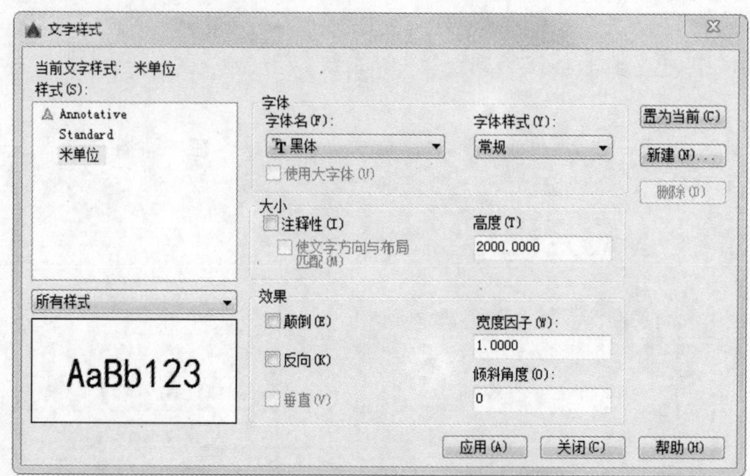

图6-44 “文字样式”对话框

⑤ 回到“新建标注样式：总平面图”对话框，在“文字外观”选项组的“文字高度”数值框中输入2000，在“文字位置”选项组的“从尺寸线偏移”数值框中输入200。这样就完成了“文字”选项卡的设置，如图6-45所示。

⑥ 选择“主单位”选项卡，在“测量单位比例”选项组的“比例因子”数值框中输入0.01，将以“米”为单位为图形标注尺寸，这样就完成了“主单位”选项卡的设置，如图6-46所示。单击“确定”按钮返回“标注样式管理器”对话框，选择“总平面图”样式，单击右边的“置为当前”按钮，最后单击“关闭”按钮返回绘图区。

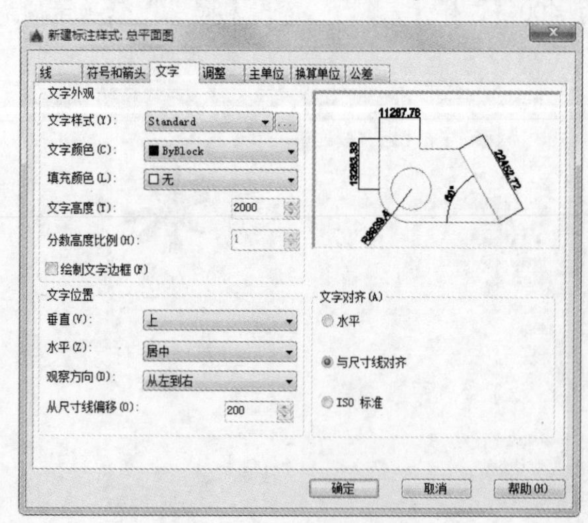

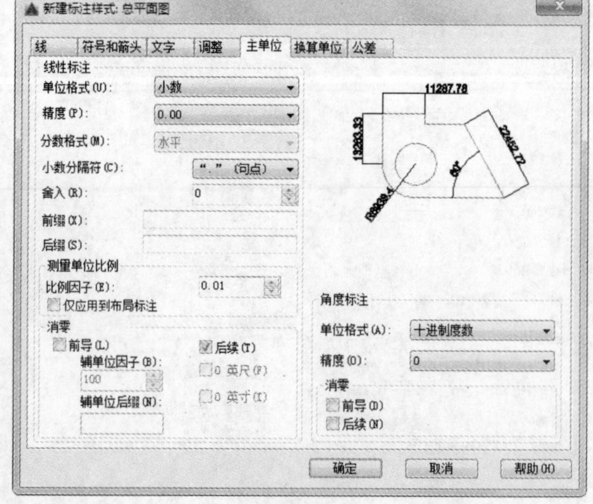

图6-45 设置“文字”选项卡

图6-46 设置“主单位”选项卡

⑦ 选择菜单栏中的“格式/标注样式”命令，则系统弹出“标注样式管理器”对话框，单击

"新建"按钮，以"总平面图"为基础样式，将"用于"下拉列表框设置为"半径标注"，如图 6-47 所示，建立"总平面图：半径"样式。单击"继续"按钮，进入"新建标注样式：总平面图：半径"对话框，在"符号和箭头"选项卡中，将"第二个"箭头选为实心闭合箭头，如图 6-48 所示，单击"确定"按钮，完成半径标注样式的设置。

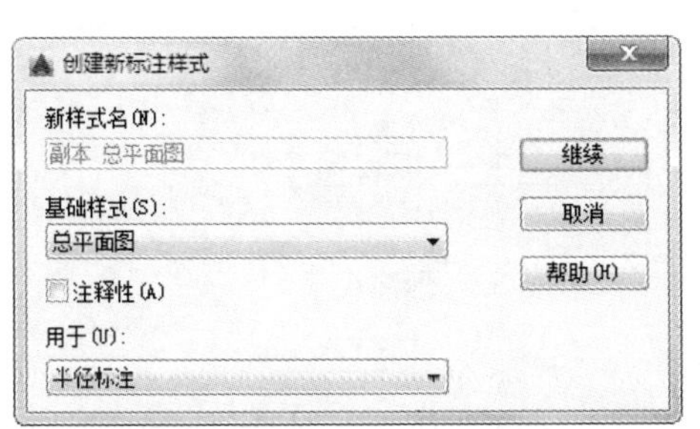

图 6-47　"创建新标注样式"对话框

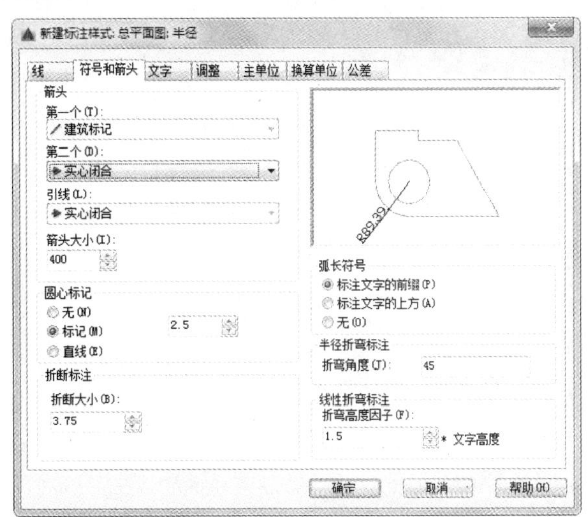

图 6-48　半径样式设置

⑧ 采用与半径样式设置相同的操作方法，分别建立角度和引线样式，如图 6-49 和图 6-50 所示。最终完成尺寸样式设置。

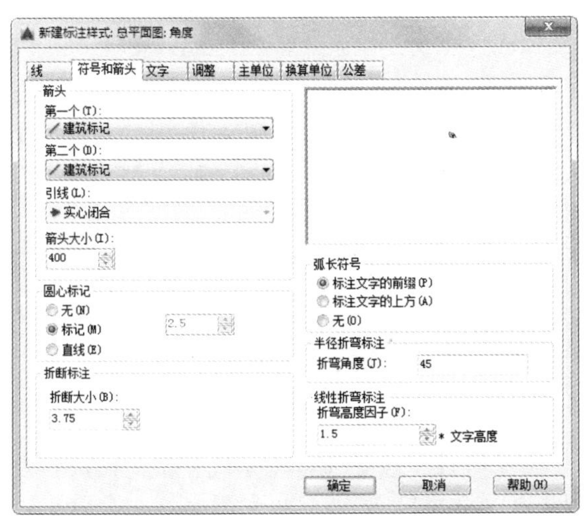

图 6-49　角度样式设置

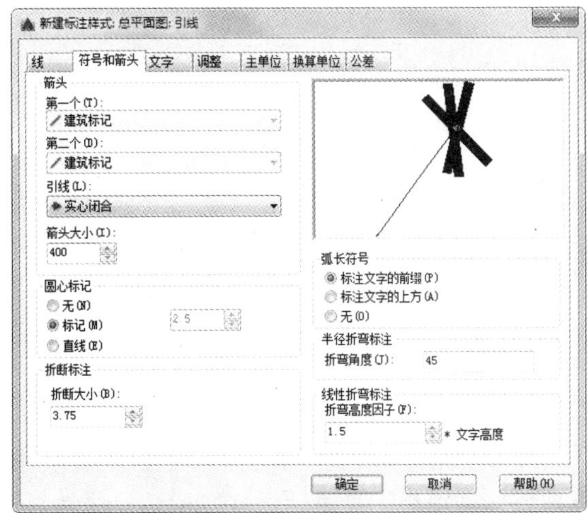

图 6-50　引线样式设置

（2）标注尺寸。

① 首先将"标注"图层设置为当前图层，单击"注释"选项卡"标注"面板中的"线性"按钮⊢⊣，为图形标注尺寸。

② 在命令行提示"指定第一条尺寸界线原点或<选择对象>:"后利用"对象捕捉"选取左侧道路的中心线上一点。

③ 在命令行提示“指定第二条尺寸界线原点:”后选取总平面图最左侧竖直线上的一点。

④ 在命令行提示“指定尺寸线位置或[多行文字(M)/文字(T)/角度(A)/水平(H)/垂直(V)/旋转(R)]:”后在图中选取合适的位置。

结果如图 6-51 所示。

重复上述命令，在总平面图中，标注新建建筑到道路中心线的相对距离，标注结果如图 6-52 所示。

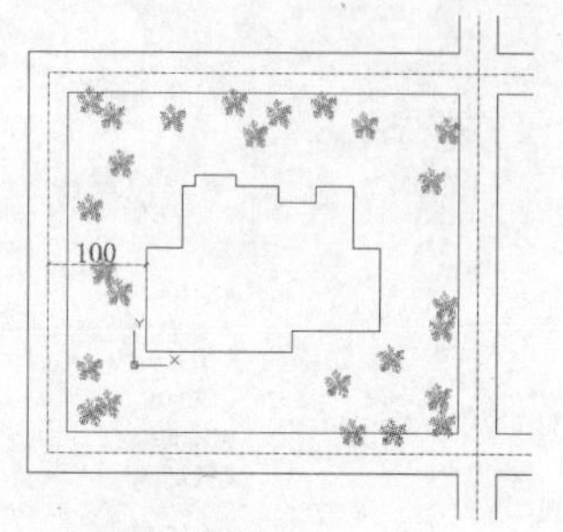

图 6-51　线性标注

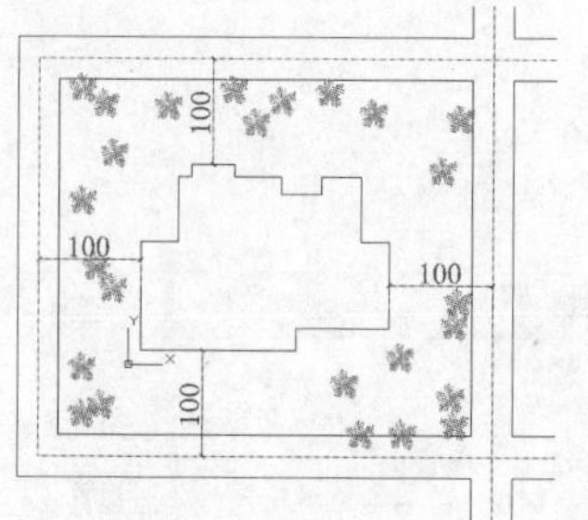

图 6-52　标注尺寸

2. 标高标注

单击“插入”选项卡“块”面板中的“插入块”按钮，弹出“插入”对话框，如图 6-53 所示。在“名称”下拉列表框中选择“标高”选项，单击“确定”按钮，插入到总平面图中。再单击“默认”选项卡“注释”面板中的“多行文字”按钮A，输入相应的标高值，结果如图 6-54 所示。

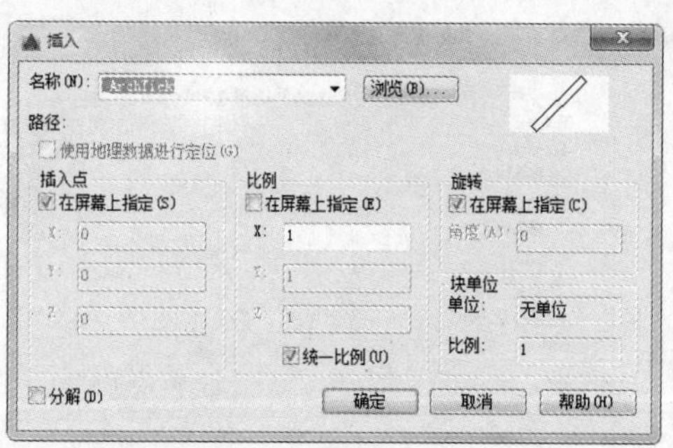

图 6-53　“插入”对话框

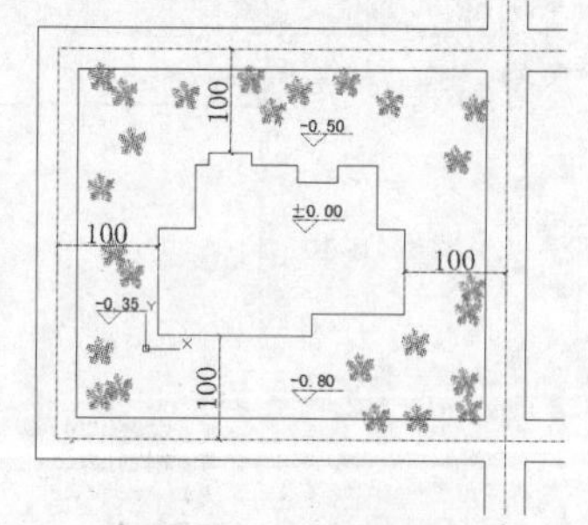

图 6-54　标高标注

3. 文字标注

（1）单击“默认”选项卡“图层”面板中的“图层特性”按钮，则系统弹出“图层特性管理器”选项板。双击“文字”图层，使得当前图层是“文字”。

（2）单击“默认”选项卡“注释”面板中的“多行文字”按钮A，标注入口、道路等，结果如图 6-55 所示。

4. 图案填充

（1）单击“默认”选项卡“图层”面板中的“图层特性”按钮，打开“图层特性管理器”选项板。双击“填充”图层，使得当前图层是“填充”。

（2）单击“默认”选项卡“绘图”面板中的“直线”按钮，绘制出铺地砖的主要范围轮廓，绘制结果如图 6-56 所示。

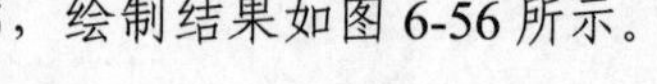

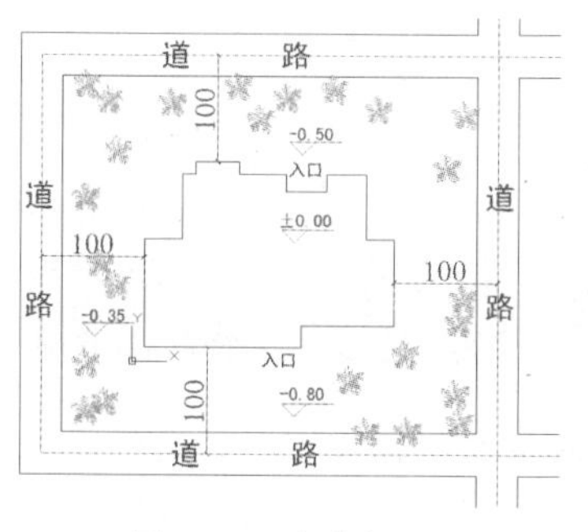

图 6-55　文字标注

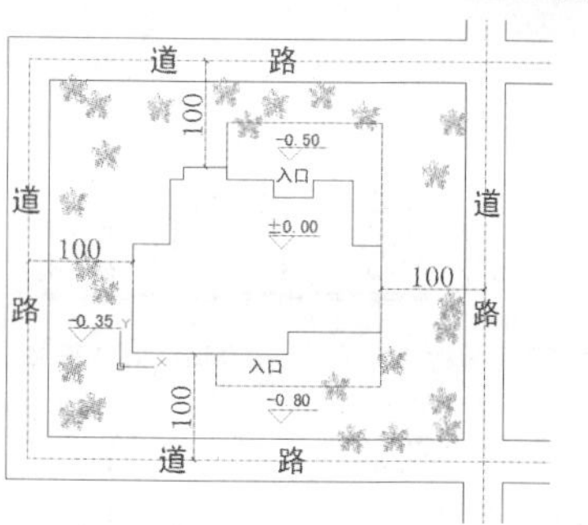

图 6-56　绘制铺地砖范围

（3）单击“默认”选项卡“绘图”面板中的“图案填充”按钮，打开“图案填充创建”选项卡，选择填充“图案”为 ANGLE，设置“比例”为 100，如图 6-57 所示，选择填充区域后按 Enter 键，完成图案的填充，填充结果如图 6-58 所示。

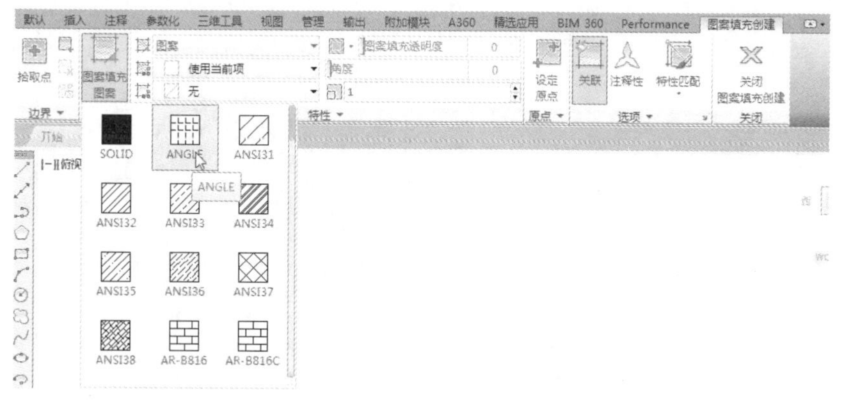

图 6-57　设置“图案填充创建”选项卡

（4）重复图案填充命令，进行草地图案填充，结果如图 6-59 所示。

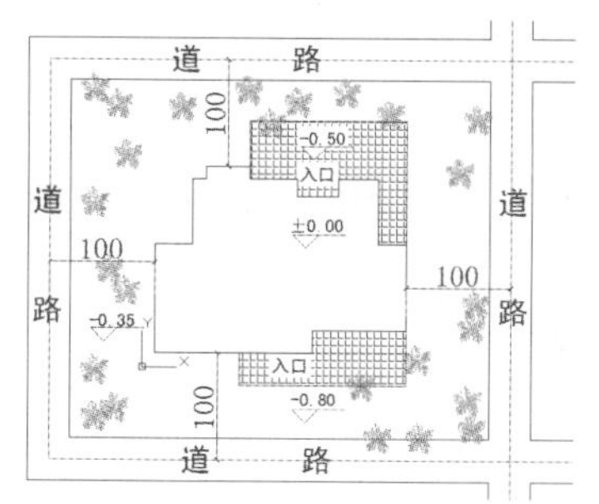

图 6-58　方块图案填充操作结果

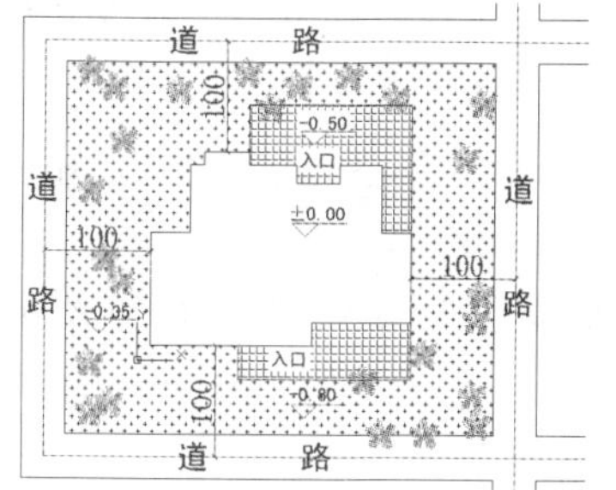

图 6-59　草地图案填充操作结果

5. 图名标注

单击“默认”选项卡“注释”面板中的“多行文字”按钮A和“绘图”面板中的“多段线”按钮，标注图名，结果如图 6-60 所示。

6. 绘制指北针

（1）单击“默认”选项卡“绘图”面板中的“圆”按钮，绘制一个圆，然后单击“默认”选项卡“绘图”面板中的“直线”按钮，绘制圆的竖直直径和另外两条弦，结果如图 6-61

所示。

Note

总平面图 1:500

图 6-60 图名

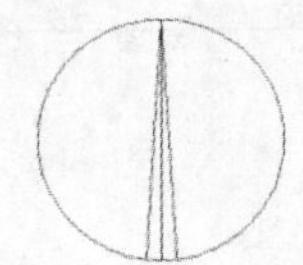

图 6-61 绘制圆和直线

（2）单击“默认”选项卡“绘图”面板中的“图案填充”按钮，把指针填充为 SOLID，得到指北针的图例，结果如图 6-62 所示。

（3）单击“默认”选项卡“注释”面板中的“多行文字”按钮A，在指北针上部标上“北”字，注意字高为 1000，字体为“仿宋_GB2312”，结果如图 6-63 所示。最终完成总平面图的绘制，结果如图 6-64 所示。

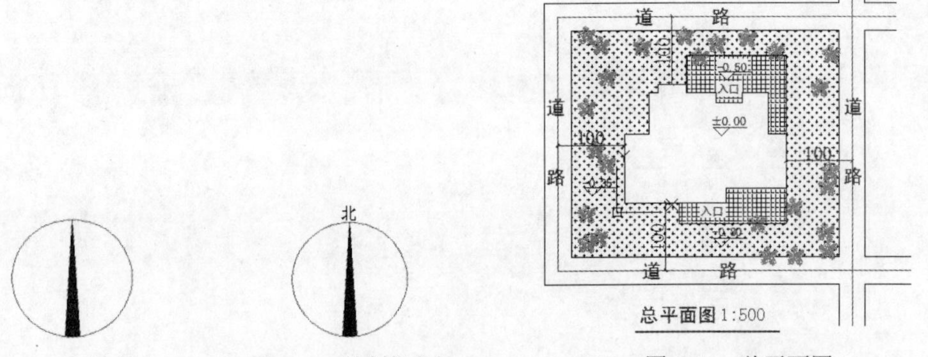

图 6-62 图案填充　　图 6-63 绘制指北针　　图 6-64 总平面图

6.4 实战演练

通过前面的学习，读者对本章知识也有了大体的了解，本节通过几个操作练习使读者进一步掌握本章知识要点。

【实战演练 1】绘制如图 6-65 所示的信息中心总平面图。

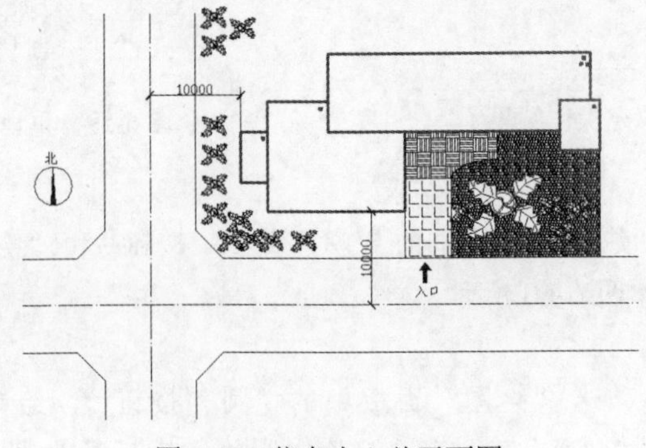

图 6-65 信息中心总平面图

1. 目的要求

本实例主要要求读者通过练习进一步熟悉和掌握总平面图的绘制方法。通过本实例，可以帮助读者学会完成总平面图绘制的全过程。

2. 操作提示

（1）绘图前准备。

（2）绘制辅助线网。

（3）绘制建筑与辅助设施。

（4）填充图案与文字说明。

（5）标注尺寸。

【实战演练 2】绘制如图 6-66 所示的幼儿园总平面图。

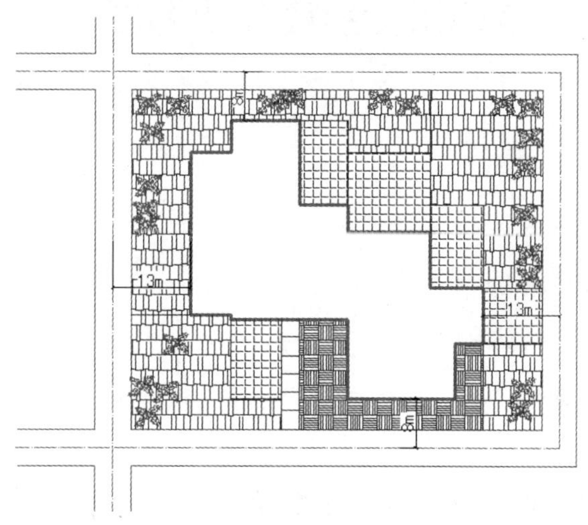

图 6-66　幼儿园总平面图

1. 目的要求

本实例主要要求读者通过练习进一步熟悉和掌握总平面图的绘制方法。通过本实例，可以帮助读者学会完成总平面图绘制的全过程。

2. 操作提示

（1）绘图前准备。

（2）绘制辅助线网。

（3）绘制建筑与辅助设施。

（4）填充图案与文字说明。

（5）标注尺寸。

第7章

绘制建筑平面图

本章学习要点和目标任务：

☑ 建筑平面图绘制概述

☑ 别墅首层平面图的绘制

☑ 别墅二层平面图的绘制

☑ 屋顶平面图的绘制

建筑平面图是建筑制图中的重要组成部分，许多初学者都是从绘制平面图开始的。在前面基本图元绘制的讲解中，涉及了一点建筑平面图绘制操作的内容，但是没有展开来讲。本章将结合一栋二层小别墅建筑实例，详细介绍建筑平面图的绘制方法。本别墅总建筑面积约为250m^2，拥有客厅、卧室、卫生间、车库、厨房等各种不同功能的房间及空间。别墅首层主要安排客厅、餐厅、厨房、工人房、车库等房间，大部分属于公共空间，用来满足业主会客和聚会等方面的需求；二层主要安排主卧室、客房、书房等房间，属于较私密的空间，给业主提供一个安静而又温馨的居住环境。

7.1 建筑平面图绘制概述

Note

本节主要向读者介绍建筑平面图一般包含的内容、类型及绘制平面图的一般方法，为下面AutoCAD 的操作作准备。

7.1.1 建筑平面图内容

建筑平面图是假想在门窗洞口之间用一水平剖切面将建筑物剖成两半，下半部分在水平面上（H 面）的正投影图。在平面图中主要图形包括剖切到墙、柱、门窗、楼梯，以及看到的地面、台阶、楼梯等剖切面以下的构件轮廓。因此，从平面图中，可以看到建筑的平面大小、形状、空间平面布局、内外交通及联系、建筑构配件大小及材料等内容。为了清晰准确地表达这些内容，除了按制图知识和规范绘制建筑构配件平面图形外，还需要标注尺寸及文字说明、设置图面比例等。

7.1.2 建筑平面图类型

1. 根据剖切位置不同划分

根据剖切位置不同，建筑平面图可分为地下层平面图、底层平面图、X 层平面图、标准层平面图、屋顶平面图、夹层平面图等。

2. 按不同的设计阶段划分

按不同的设计阶段分为方案平面图、初设平面图和施工平面图。不同阶段图纸表达深度不一样。

7.1.3 建筑平面图绘制的一般步骤

建筑平面图绘制的一般步骤如下：

（1）绘图环境设置。

（2）轴线绘制。

（3）墙线绘制。

（4）柱绘制。

（5）门窗绘制。

（6）阳台绘制。

（7）楼梯、台阶绘制。

（8）室内布置。

（9）室外周边景观（底层平面图）。

（10）尺寸、文字标注。

根据工程的复杂程度，上面绘图顺序有可能小范围调整，但总体顺序仍然是这样的。

7.2 别墅首层平面图的绘制

Note

首先绘制这栋别墅的定位轴线，接着在已有轴线的基础上绘出别墅的墙线，然后借助已有图库或图形模块绘制别墅的门窗和室内的家具、洁具，最后进行尺寸和文字标注。以下就按照这个思路绘制别墅的首层平面图，如图 7-1 所示。

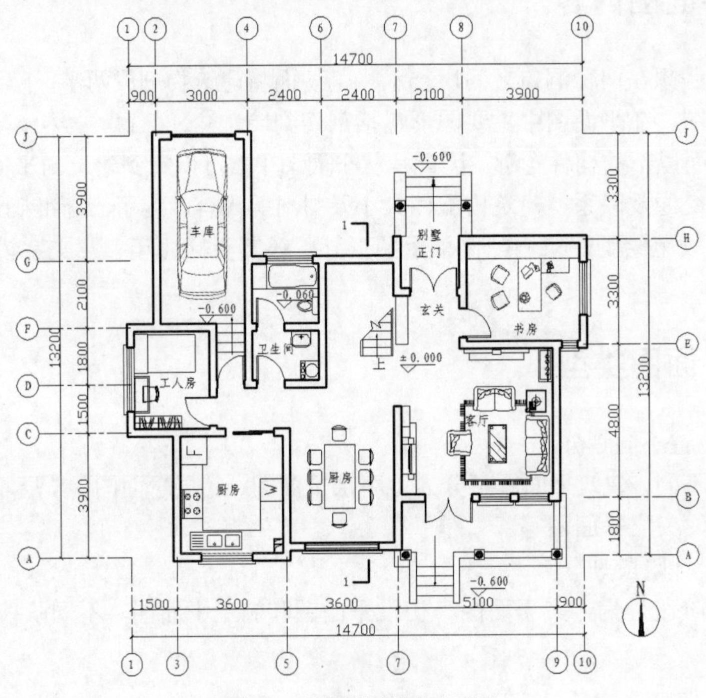

图 7-1　别墅的首层平面图

光盘\配套视频\第 7 章\别墅首层平面图的绘制.avi

7.2.1 设置绘图环境

参数设置是绘制任何一幅建筑图形都要进行的预备工作，这里主要设置单位、图形界限、图层等。有些具体设置可以在绘制过程中根据需要进行。

操作步骤如下：

1. 创建图形文件

启动 AutoCAD 2016 中文版软件，选择菜单栏中的“格式/单位”命令，在弹出的“图形单位”对话框中设置角度“类型”为“十进制度数”，角度“精度”为 0，如图 7-2 所示。

（1）“插入时的缩放单位”选项组：控制使用工具选项板（例如 DesignCenter 或 i-drop）拖入当前图形的块的测量单位。如果块或图形创建时使用的单位与该选项指定的单位不同，则在插入这些块或图形时，将对其按比例缩放。插入比例是源块或图形使用的单位与目标图形使用的单位之比。如果插入块时不按指定单位缩放，请选择“无单位”。

Note

（2）“方向”按钮：单击该按钮，系统显示“方向控制”对话框，如图 7-3 所示。可以在该对话框中进行方向控制设置。

图 7-2 “图形单位”对话框

图 7-3 “方向控制”对话框

提示：

在使用 AutoCAD 2016 绘图的过程中，如果无法弹出“启动”对话框，可以通过改变默认设置的方法使“启动”对话框显示出来。步骤如下：选择“工具/选项”命令，弹出“选项”对话框；选择“系统”选项卡，在“基本选项”中找到“启动”下拉列表框，选择“显示‘启动’对话框”，然后单击“确定”按钮，完成设置。更改设置后，重新启动 AutoCAD 2016，系统就会自动弹出“启动”对话框，以利于使用者更方便地进行绘图环境的设置。

2. 命名图形

单击快速访问工具栏中的“保存”按钮，弹出“图形另存为”对话框。在“文件名”下拉列表框中输入图形名称“别墅首层平面图”，“文件类型”为“AutoCAD 2013 图形（*.dwg)，如图 7-4 所示。单击“保存”按钮，建立图形文件。

图 7-4 命名图形

3. 设置图层

单击“默认”选项卡“图层”面板中的“图层特性”按钮，打开“图层特性管理器”选项板，依次创建平面图中的基本图层，如“轴线”、“墙体”、“楼梯”、“门窗”、“家具”、“标注”和“文字”等，如图7-5所示。

Note

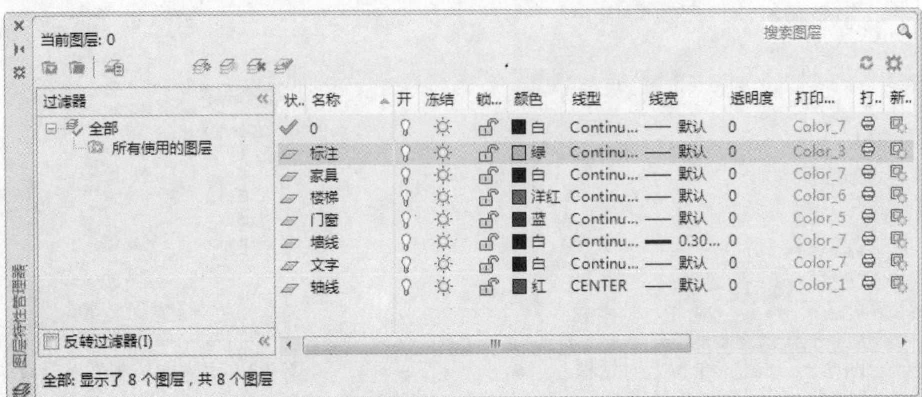

图7-5　“图层特性管理器”选项板

提示：

在使用AutoCAD 2016绘图过程中，应经常性地保存已绘制的图形文件，以避免因软件系统不稳定导致软件的瞬间关闭而无法及时保存文件，丢失大量已绘制的信息。AutoCAD 2016软件有自动保存图形文件的功能，使用者只需在绘图时将该功能激活即可。设置步骤如下：

选择“工具/选项”命令，弹出“选项”对话框。选择“打开和保存”选项卡，在“文件安全措施”选项组中选中“自动保存”复选框，根据个人需要设置“保存间隔分钟数”，然后单击“确定”按钮，完成设置，如图7-6所示。

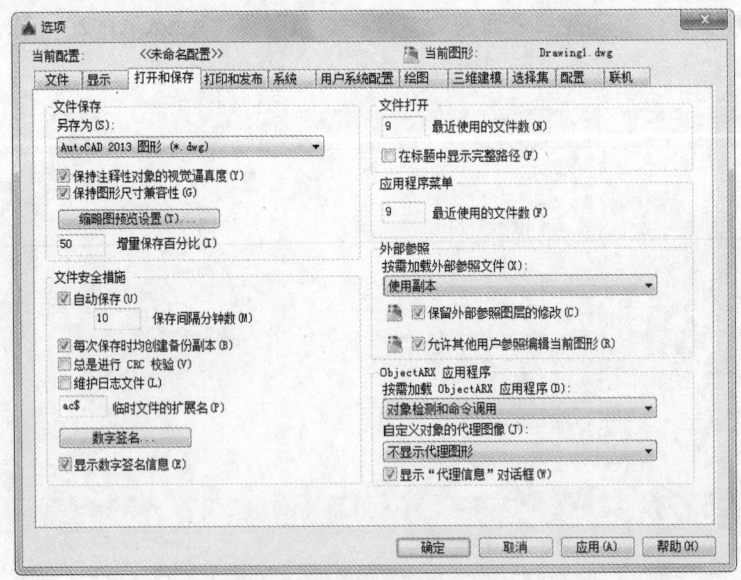

图7-6　设置自动保存

Note

7.2.2　绘制建筑轴线

建筑轴线是在绘制建筑平面图时布置墙体和门窗的依据，同样也是建筑施工定位的重要依据。在轴线的绘制过程中，主要使用的绘图命令是直线和偏移命令。

如图 7-7 所示为绘制完成的别墅平面轴线。

操作步骤如下：

1. 设置“轴线”特性

（1）在“图层”下拉列表框中选择“轴线”图层，将其设置为当前图层。

（2）加载线型。

① 单击“默认”选项卡“图层”面板中的“图层特性”按钮，打开“图层特性管理器”选项板，单击“轴线”图层栏中的“线型”名称，弹出“选择线型”对话框，如图 7-8 所示。

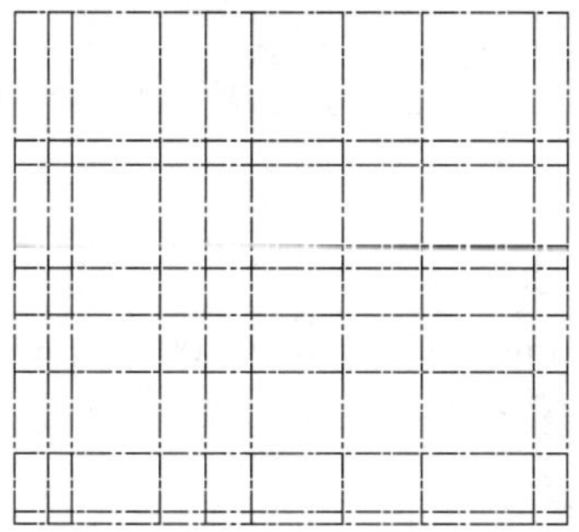

图 7-7　别墅平面轴线

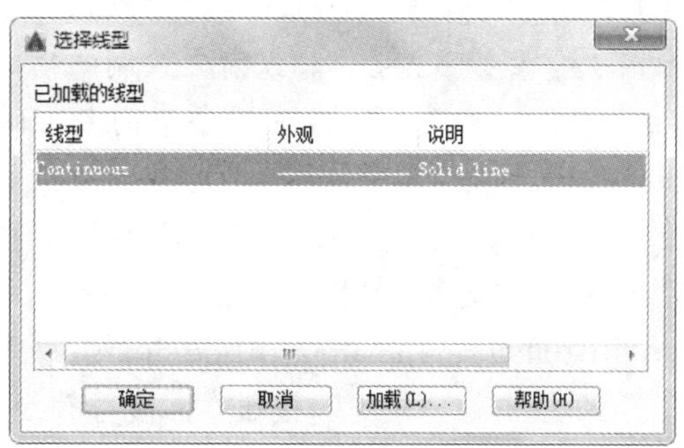

图 7-8　“选择线型”对话框

② 在该对话框中单击“加载”按钮，弹出“加载或重载线型”对话框，在“线型”栏中选择线型 CENTER 进行加载，如图 7-9 所示。

③ 单击“确定”按钮，返回“选择线型”对话框，将线型 CENTER 设置为当前使用的线型。

（3）设置线型比例。选择菜单栏中的“格式/线型”命令，弹出“线型管理器”对话框；选择线型 CENTER，单击“显示细节”按钮，将“全局比例因子”设置为 20；然后单击“确定”按钮，完成对轴线线型的设置，如图 7-10 所示。

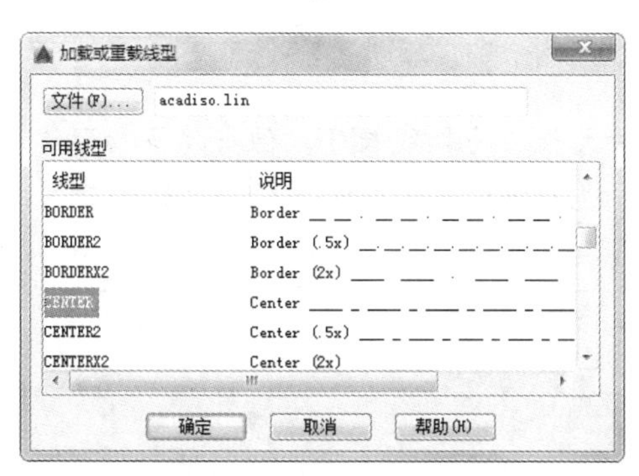

图 7-9　加载线型 CENTER

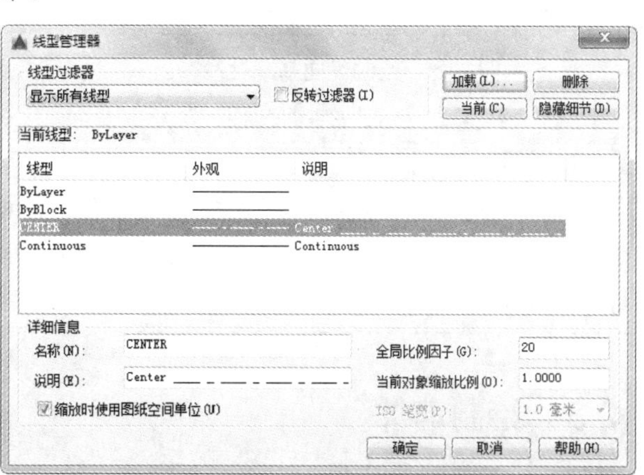

图 7-10　设置线型比例

Note

2. 绘制横向轴线

（1）绘制横向轴线基准线。单击“默认”选项卡“绘图”面板中的“直线”按钮，绘制一条横向基准轴线，长度为14700mm，如图7-11所示。

图7-11 绘制横向基准轴线

（2）绘制其余横向轴线。单击“默认”选项卡“修改”面板中的“偏移”按钮，将横向基准轴线依次向下偏移，偏移量分别为3300mm、3900mm、6000mm、6600mm、7800mm、9300mm、11400mm和13200mm，如图7-12所示，依次完成横向轴线的绘制。

图7-12 利用偏移命令绘制横向轴线

3. 绘制纵向轴线

（1）绘制纵向轴线基准线。单击“默认”选项卡“绘图”面板中的“直线”按钮，以前面绘制的横向基准轴线的左端点为起点，垂直向下绘制一条纵向基准轴线，长度为13200mm，如图7-13所示。

（2）绘制其余纵向轴线。单击“默认”选项卡“修改”面板中的“偏移”按钮，将纵向基准轴线依次向右偏移，偏移量分别为900mm、1500mm、2700mm、3900mm、5100mm、6300mm、8700mm、10800mm、13800mm、14700mm，依次完成纵向轴线的绘制，然后单击“默认”选项卡“修改”面板中的“修剪”按钮，修剪轴线，如图7-14所示。

图7-13 绘制纵向基准轴线

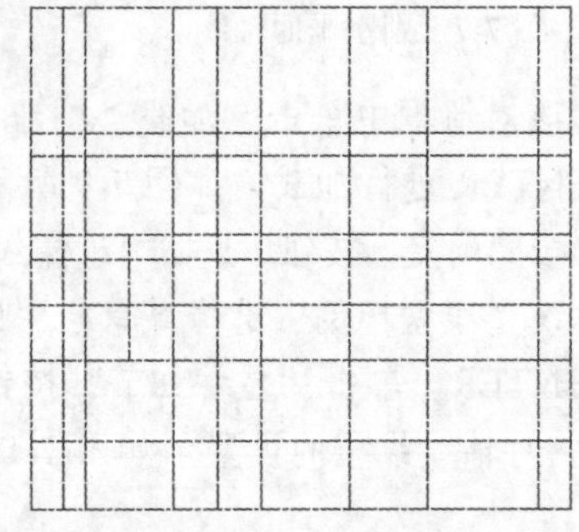

图7-14 利用偏移命令绘制纵向轴线

提示：

在绘制建筑轴线时，一般选择建筑横向、纵向的最大长度为轴线长度，但当建筑物形体过于复杂时，太长的轴线往往会影响图形效果，因此，也可以仅在一些需要轴线定位的建筑局部绘制轴线。

7.2.3 绘制墙体

在建筑平面图中，墙体用双线表示，一般采用轴线定位的方式，以轴线为中心，具有很强的

对称关系，因此绘制墙线通常有以下 3 种方法：

（1）单击“默认”选项卡“修改”面板中的“偏移”按钮，直接偏移轴线，将轴线向两侧偏移一定距离，得到双线，然后将所得双线转移至“墙线”图层。

（2）选择菜单栏中的“绘图/多线”命令，直接绘制墙线。

（3）当墙体要求填充成实体颜色时，也可以单击“默认”选项卡“绘图”面板中的“多段线”按钮，直接绘制，将线宽设置为墙厚即可。

在本例中，推荐选用第二种方法，即选择菜单栏中的“绘图/多线”命令，绘制墙线，如图 7-15 所示为绘制完成的别墅首层墙体平面。

操作步骤如下：

1. 定义多线样式

在使用多线命令绘制墙线前，应首先对多线样式进行设置。

（1）选择菜单栏中的“格式/多线样式”命令，弹出“多线样式”对话框，如图 7-16 所示；单击“新建”按钮，在弹出的对话框中输入新样式名“240 墙”，如图 7-17 所示。

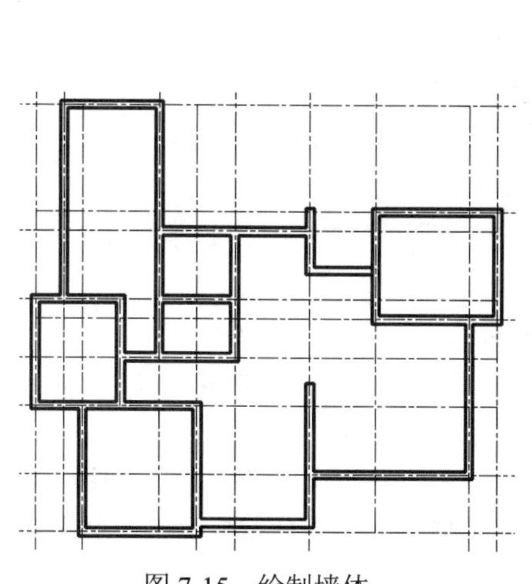

图 7-15 绘制墙体

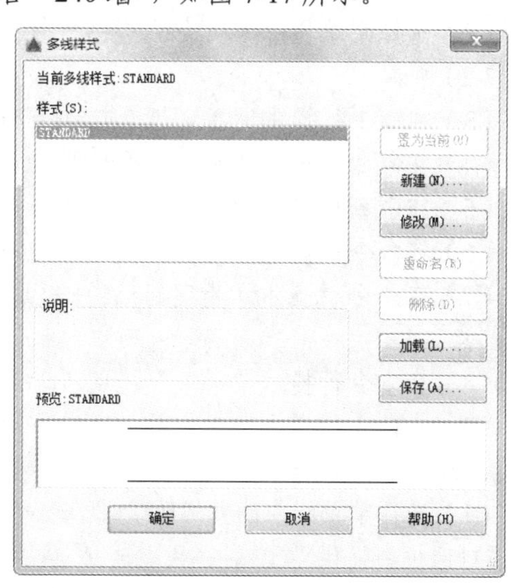

图 7-16 “多线样式”对话框

图 7-17 命名多线样式

（2）单击“继续”按钮，弹出“新建多线样式:240 墙”对话框，如图 7-18 所示。在该对话框中进行以下设置：选择直线起点和端点均封口；元素偏移量首行设为 120，第二行设为-120。

（3）单击“确定”按钮，返回“多线样式”对话框，在“样式”列表框中选择多线样式“240 墙”，将其置为当前，如图 7-19 所示。

2. 绘制墙线

（1）在“图层”下拉列表框中选择“墙线”图层，将其设置为当前图层。

Note

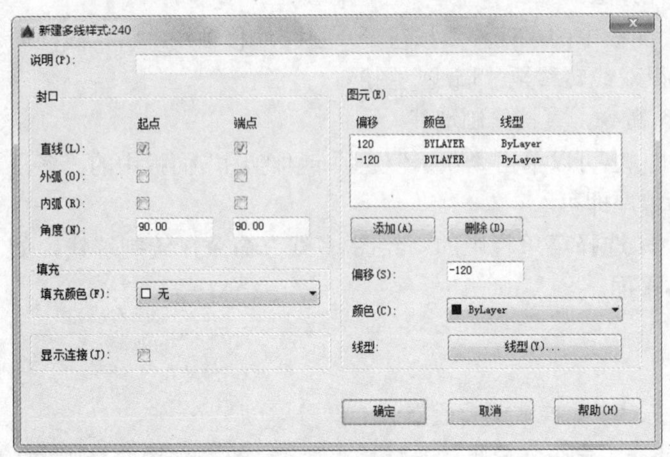

图 7-18　设置多线样式

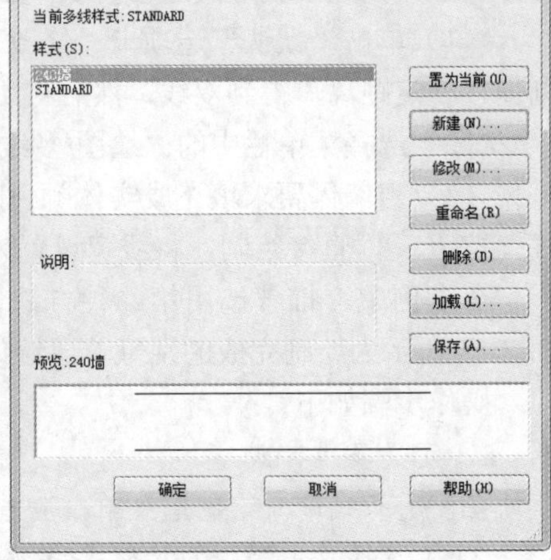

图 7-19　将多线样式“240 墙”置为当前

（2）选择菜单栏中的“绘图/多线”命令（或者在命令行中输入 ML）绘制墙线，绘制结果如图 7-20 所示。

（3）在命令行提示“指定起点或[对正(J)/比例(S)/样式(ST)]:”后输入 J。

（4）在命令行提示“输入对正类型[上(T)/无(Z)/下(B)] <上>:”后输入 Z。

（5）在命令行提示“指定起点或[对正(J)/比例(S)/样式(ST)]:”后输入 S。

（6）在命令行提示“输入多线比例<20.00>:”后输入 1。

（7）在命令行提示“指定起点或[对正(J)/比例(S)/样式(ST)]:”后捕捉左上部墙体轴线交点作为起点。

（8）在命令行提示“指定下一点:”后依次捕捉墙体轴线交点，绘制墙线。

（9）在命令行提示“指定下一点或[放弃(U)]:”后绘制完成，按 Enter 键结束命令。

3. 编辑和修整墙线

（1）选择菜单栏中的“修改/对象/多线”命令，弹出“多线编辑工具”对话框，如图 7-21 所示。该对话框中提供了 12 种多线编辑工具，可根据不同的多线交叉方式选择相应的工具进行编辑。

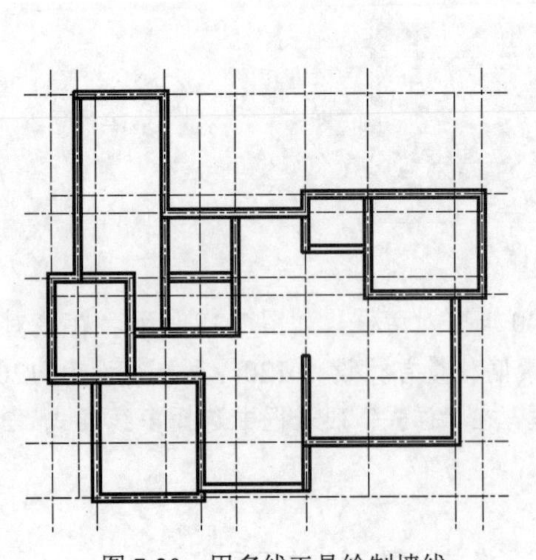

图 7-20　用多线工具绘制墙线

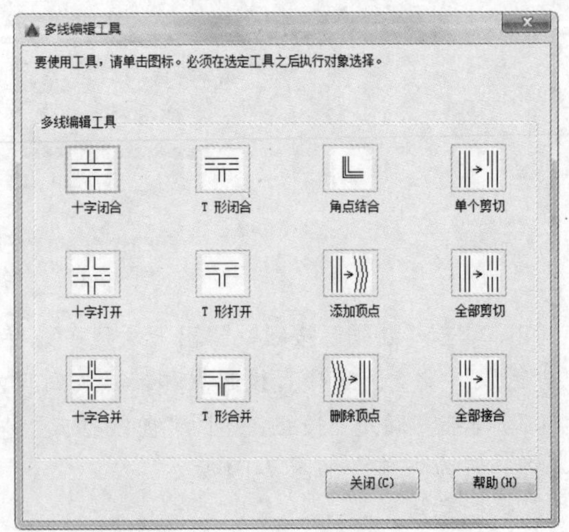

图 7-21　“多线编辑工具”对话框

（2）少数较复杂的墙线结合处无法找到相应的多线编辑工具进行编辑，因此可以单击“默认”选项卡“修改”面板中的“分解”按钮，将多线分解，然后单击“默认”选项卡“修改”面板中的“修剪”按钮，对该结合处的线条进行修整。

（3）另外，一些内部墙体并不在主要轴线上，可以通过添加辅助轴线，并单击“默认”选项卡“修改”面板中的“修剪”按钮或“延伸”按钮进行绘制和修整。

经过编辑和修整后的墙线如图 7-15 所示。

7.2.4 绘制门窗

建筑平面图中门窗的绘制过程基本如下：首先在墙体相应位置绘制门窗洞口；接着使用直线、矩形和圆弧等工具绘制门窗基本图形，并根据所绘门窗的基本图形创建门窗图块；然后在相应门窗洞口处插入门窗图块，并根据需要进行适当调整，进而完成平面图中所有门和窗的绘制。

操作步骤如下：

1. 绘制门、窗洞口

在平面图中，门洞口与窗洞口基本形状相同，因此，在绘制过程中可以将其一并绘制。

（1）在“图层”下拉列表框中选择“墙线”图层，将其设置为当前图层。

（2）绘制门窗洞口基本图形。单击“默认”选项卡“绘图”面板中的“直线”按钮，绘制一条长度为 240mm 的垂直方向的线段，然后单击“默认”选项卡“修改”面板中的“偏移”按钮，将线段向右偏移 1000mm，即得到门窗洞口基本图形，如图 7-22 所示。

图 7-22 门窗洞口基本图形

（3）绘制门洞。

下面以正门门洞（1000mm×240mm）为例，介绍平面图中门洞的绘制方法。

① 单击“插入”选项卡“块定义”面板中的“创建块”按钮，弹出“块定义”对话框，在“名称”下拉列表框中输入“门洞”；单击“选择对象”按钮，选中如图 7-22 所示的图形；单击“拾取点”按钮，选择左侧门洞线上端的端点为插入点；单击“确定”按钮，如图 7-23 所示，完成图块“门洞”的创建。

② 单击“插入”选项卡“块”面板中的“插入块”按钮，弹出“插入”对话框，在“名称”下拉列表框中选择“门洞”，在“比例”选项组中将 X 方向的比例设置为 1.5，如图 7-24 所示。

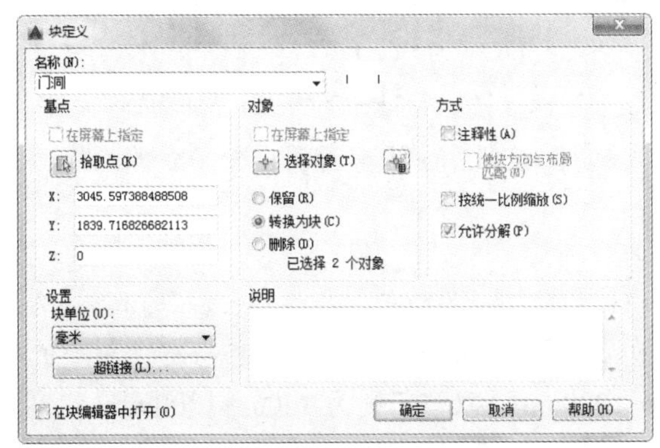

图 7-23 “块定义”对话框

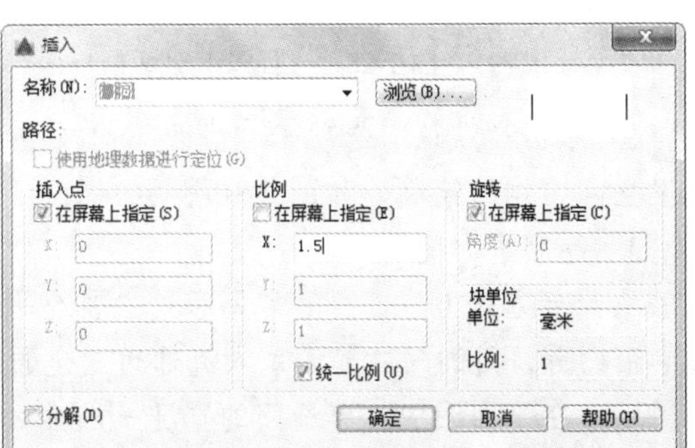

图 7-24 “插入”对话框

③ 单击“确定”按钮，在图中点选正门入口处左侧墙线交点作为基点，插入“门洞”图块，如图 7-25 所示。

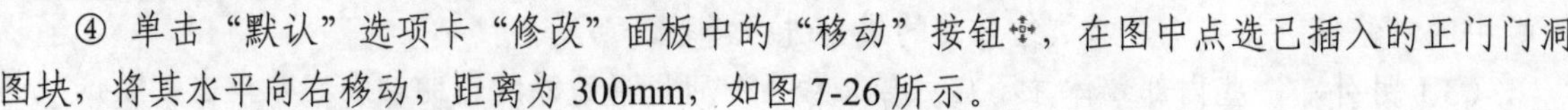

④ 单击“默认”选项卡“修改”面板中的“移动”按钮✥，在图中点选已插入的正门门洞图块，将其水平向右移动，距离为 300mm，如图 7-26 所示。

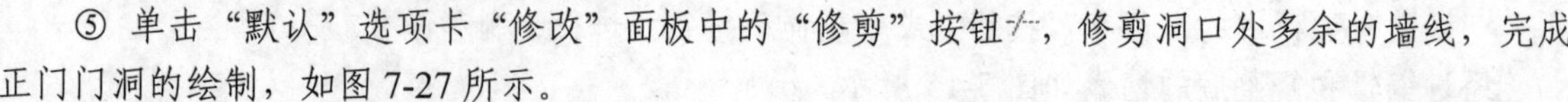

Note

⑤ 单击“默认”选项卡“修改”面板中的“修剪”按钮-/--，修剪洞口处多余的墙线，完成正门门洞的绘制，如图 7-27 所示。

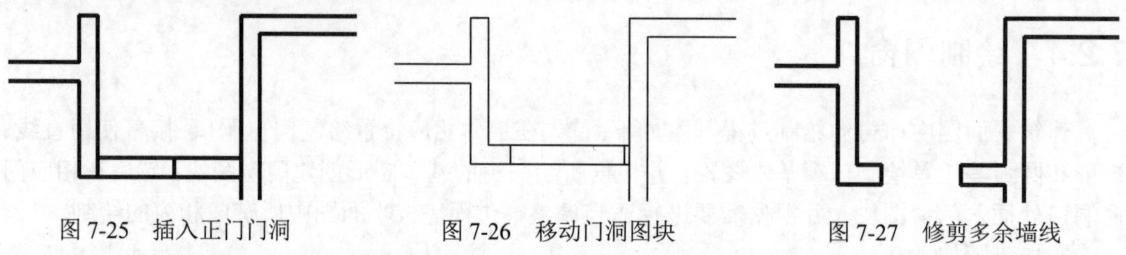

图 7-25 插入正门门洞　　图 7-26 移动门洞图块　　图 7-27 修剪多余墙线

（4）绘制窗洞。

下面以卫生间窗户洞口（1500mm×240mm）为例，介绍如何绘制窗洞。

① 单击“插入”选项卡“块”面板中的“插入块”按钮，打开“插入”对话框，在“名称”下拉列表框中选择“门洞”，将 X 方向的比例设置为 1.5，如图 7-28 所示。（由于门窗洞口基本形状一致，因此没有必要创建新的窗洞图块，可以直接利用已有门洞图块进行绘制。）

② 单击“确定”按钮，在图中点选左侧墙线交点作为基点，插入“门洞”图块（在本处实为窗洞）。

③ 单击“默认”选项卡“修改”面板中的“移动”按钮✥，在图中点选已插入的窗洞图块，将其向右移动，距离为 330mm，如图 7-29 所示。

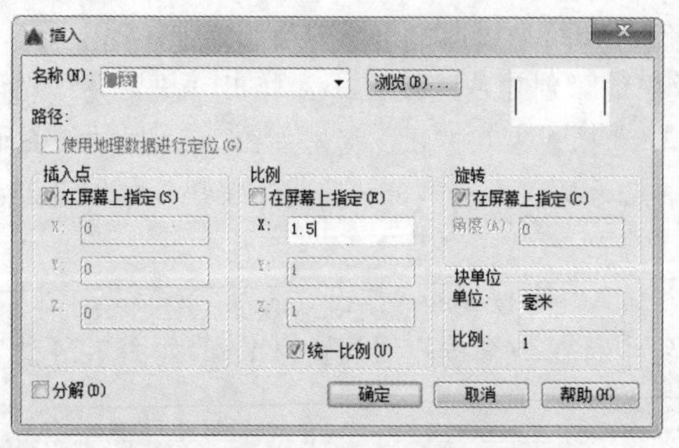

图 7-28 “插入”对话框

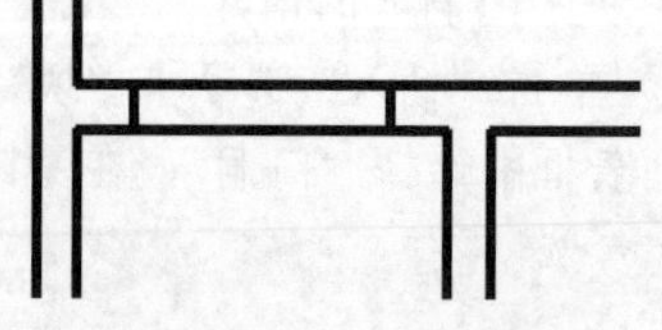

图 7-29 插入窗洞图块

④ 单击“默认”选项卡“修改”面板中的“修剪”按钮-/--，修剪窗洞口处多余的墙线，完成卫生间窗洞的绘制，如图 7-30 所示。

2. 绘制平面门

从开启方式上看，门的常见形式主要有平开门、弹簧门、推拉门、折叠门、旋转门、升降门和卷帘门等。门的尺寸要满足人流通行、交通疏散、家具搬运的要求，而且应符合建筑模数的有关规定。在平面图中，单扇门的宽度一般在 800～1000mm，双扇门则为 1200～1800mm。

门的绘制步骤为：先画出门的基本图形，然后将其创建成图块，最后将门图块插入到已绘制

Note

好的相应门洞口位置，在插入门图块的同时，还应调整图块的比例大小和旋转角度，以适应平面图中不同宽度和角度的门洞口。

下面通过两个有代表性的实例来介绍别墅平面图中不同种类的门的绘制。

（1）单扇平开门。单扇平开门主要应用于卧室、书房和卫生间等这一类私密性较强、来往人流较少的房间。

下面以别墅首层书房的单扇门（宽 900mm）为例，介绍单扇平开门的绘制方法。

① 在“图层”下拉列表框中选择“门窗”图层，将其设置为当前图层。

② 单击“默认”选项卡“绘图”面板中的“矩形”按钮，绘制一个尺寸为 40mm×900mm 的矩形门扇，如图 7-31 所示。

③ 单击“默认”选项卡“绘图”面板中的“圆弧”按钮，以矩形门扇右上角顶点为起点，右下角顶点为圆心，绘制一条圆心角为 90°，半径为 900mm 的圆弧，得到如图 7-32 所示的单扇平开门图形。

图 7-30　修剪多余墙线

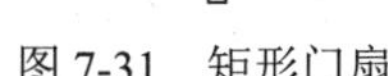

图 7-31　矩形门扇

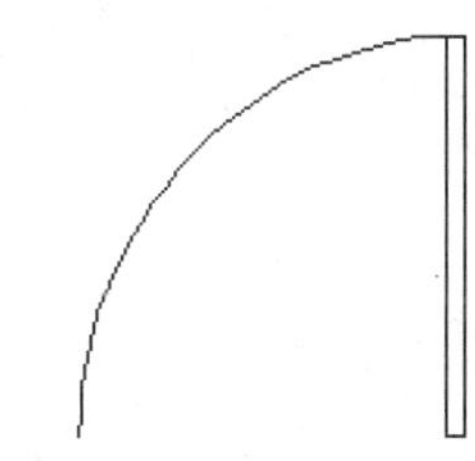

图 7-32　900 宽单扇平开门

④ 单击“插入”选项卡“块定义”面板中的“创建块”按钮，打开“块定义”对话框，如图 7-33 所示，在“名称”下拉列表框中输入“900 宽单扇平开门”；单击“选择对象”按钮，选取如图 7-32 所示的单扇平开门的基本图形为块定义对象；单击“拾取点”按钮，选择矩形门扇右下角顶点为基点；最后，单击“确定”按钮，完成“900 宽单扇平开门”图块的创建。

⑤ 单击“插入”选项卡“块”面板中的“插入块”按钮，打开“插入”对话框，如图 7-34 所示，在“名称”下拉列表框中选择“900 宽单扇平开门”，输入旋转“角度”为-90，然后单击“确定”按钮，在平面图中点选书房门洞右侧墙线的中点作为插入点，插入门图块，如图 7-35 所示，完成书房门的绘制。

图 7-33　“块定义”对话框

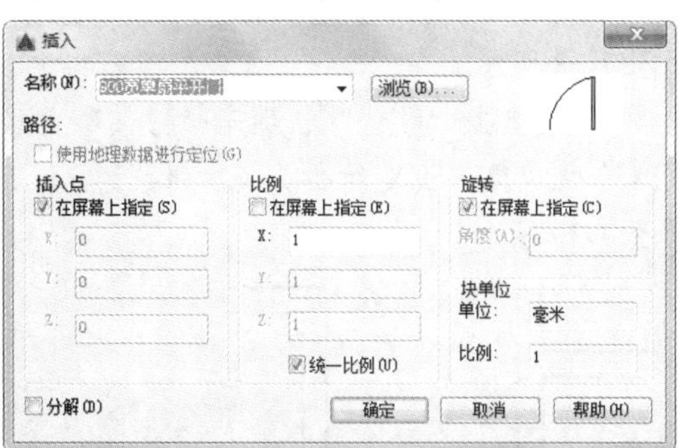

图 7-34　“插入”对话框

（2）双扇平开门。在别墅平面图中，别墅正门以及客厅的阳台门均设计为双扇平开门。下

Note

面以别墅正门（宽1500mm）为例，介绍双扇平开门的绘制方法。

① 在“图层”下拉列表框中选择“门窗”图层，将其设置为当前图层。

② 参照上面所述单扇平开门画法，绘制宽度为750mm的单扇平开门。

③ 单击“默认”选项卡“修改”面板中的“镜像”按钮，将已绘得的“750宽单扇平开门”进行水平方向的“镜像”操作，得到宽1500mm的双扇平开门，如图7-36所示。

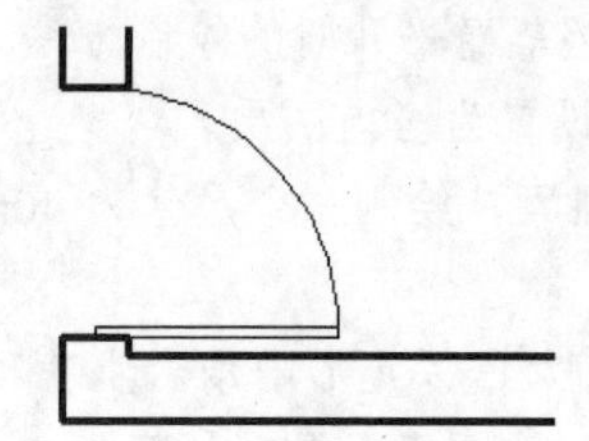

图7-35　绘制书房门

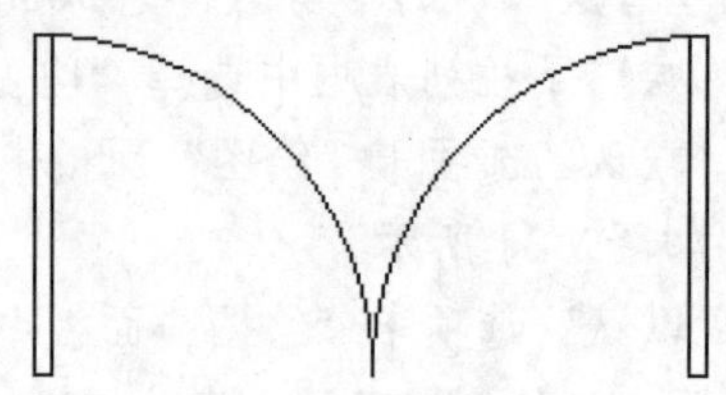

图7-36　1500宽双扇平开门

④ 单击“插入”选项卡“块定义”面板中的“创建块”按钮，打开“块定义”对话框，在“名称”下拉列表框中输入“1500宽双扇平开门”；单击“选择对象”按钮，选取如图7-36所示的双扇平开门的基本图形为块定义对象；单击“拾取点”按钮，选择右侧矩形门扇右下角顶点为基点；单击“确定”按钮，完成“1500宽双扇平开门”图块的创建。

⑤ 单击“插入”选项卡“块”面板中的“插入块”按钮，打开“插入”对话框，在“名称”下拉列表框中选择“1500宽双扇平开门”，然后单击“确定”按钮，在图中点选正门门洞右侧墙线的中点作为插入点，插入门图块，如图7-37所示，完成别墅正门的绘制。

3. 绘制平面窗

从开启方式上看，常见窗的形式主要有固定窗、平开窗、横式旋窗、立式转窗和推拉窗等。窗洞口的宽度和高度尺寸均为300mm的扩大模数；在平面图中，一般平开窗的窗扇宽度为400～600mm，固定窗和推拉窗的尺寸可更大一些。

窗的绘制步骤与门的绘制步骤基本相同，即先画出窗体的基本形状，然后将其创建成图块，最后将图块插入到已绘制好的相应窗洞位置，在插入窗图块的同时，可以调整图块的比例大小和旋转角度，以适应不同宽度和角度的窗洞口。

下面以餐厅外窗（宽2400mm）为例，介绍平面窗的绘制方法。

（1）在“图层”下拉列表框中选择“门窗”图层，并设置其为当前图层。

（2）单击“默认”选项卡“绘图”面板中的“直线”按钮，绘制第一条窗线，长度为1000mm，如图7-38所示。

（3）单击“默认”选项卡“修改”面板中的“矩形阵列”按钮，选择第（2）步绘制的窗线为阵列对象，设置行数为4、列数为1、行间距为80，阵列窗线，完成窗的基本图形的绘制，如图7-39所示。

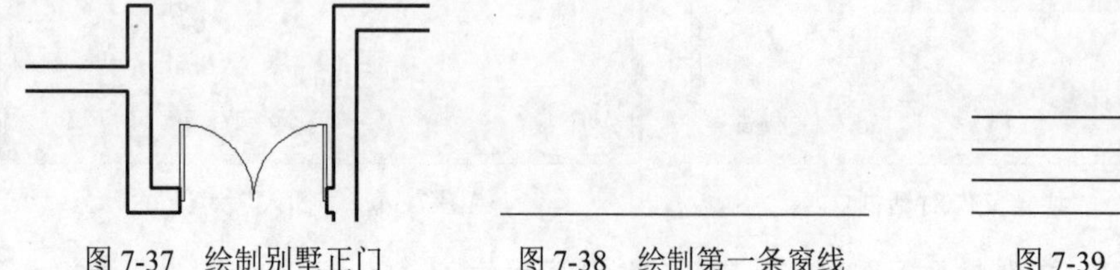

图7-37　绘制别墅正门　　图7-38　绘制第一条窗线　　图7-39　窗的基本图形

（4）单击“插入”选项卡“块定义”面板中的“创建块”按钮，打开“块定义”对话框，在“名称”下拉列表框中输入“窗”；单击“选择对象”按钮，选取如图 7-39 所示的窗的基本图形为“块定义对象”；单击“拾取点”按钮，选择第一条窗线左端点为基点；单击“确定”按钮，完成“窗”图块的创建。

（5）单击“插入”选项卡“块”面板中的“插入块”按钮，打开“插入”对话框，在“名称”下拉列表框中选择“窗”，将 X 方向的比例设置为 2.4，然后单击“确定”按钮，在图中点选餐厅窗洞左侧墙线的上端点作为插入点，插入窗图块，如图 7-40 所示。

（6）绘制窗台。

① 单击“默认”选项卡“绘图”面板中的“矩形”按钮，绘制尺寸为 1000mm×100mm 的矩形。

② 单击“插入”选项卡“块定义”面板中的“创建块”按钮，将所绘矩形定义为“窗台”图块，将矩形上侧长边的中点设置为图块基点。

③ 单击“插入”选项卡“块”面板中的“插入块”按钮，打开“插入”对话框，在“名称”下拉列表框中选择“窗台”，并将 X 方向的比例设置为 2.6。

④ 单击“确定”按钮，点选餐厅窗最外侧窗线中点作为插入点，插入窗台图块，如图 7-41 所示。

4. 绘制其余门和窗

根据以上介绍的平面门窗绘制方法，利用已经创建的门窗图块，完成别墅首层平面所有门和窗的绘制，如图 7-42 所示。

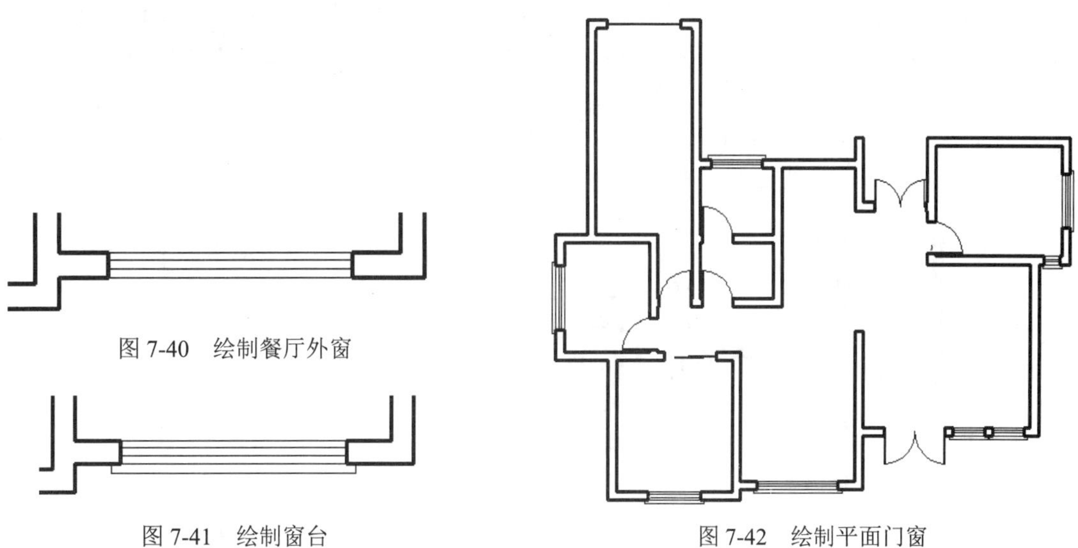

图 7-40　绘制餐厅外窗

图 7-41　绘制窗台

图 7-42　绘制平面门窗

以上所讲的是 AutoCAD 中最基本的门、窗绘制方法，下面介绍另外两种绘制门窗的方法。

（1）在建筑设计中，门和窗的样式、尺寸随着房间功能和开间的变化而不同。逐个绘制每一扇门和每一扇窗是既费时又费力的事。因此，绘图者常常选择借助图库来绘制门窗。通常来说，在图库中有多种不同样式和大小的门、窗可供选择和调用，这给设计者和绘图者提供了很大的方便。在本例中，推荐使用门窗图库。在本例别墅的首层平面图中，共有 8 扇门，其中 4 扇为 900 宽的单扇平开门，2 扇为 1500 宽的双扇平开门，1 扇为推拉门，还有 1 扇为车库升降门。在图库

中，很容易就可以找到以上这几种样式的门的图形模块（参见光盘）。

AutoCAD 图库的使用方法很简单，主要步骤如下：

① 打开图库文件，在图库中选择所需的图形模块，并将选中对象进行复制。

② 将复制的图形模块粘贴到所要绘制的图纸中。

③ 根据实际情况的需要，单击“默认”选项卡“修改”面板中的“旋转”按钮、“镜像”按钮或“缩放”按钮等对图形模块进行适当的修改和调整。

Note

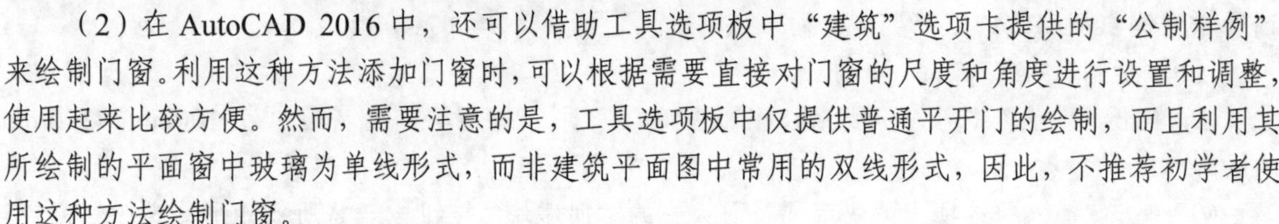

（2）在 AutoCAD 2016 中，还可以借助工具选项板中“建筑”选项卡提供的“公制样例”来绘制门窗。利用这种方法添加门窗时，可以根据需要直接对门窗的尺度和角度进行设置和调整，使用起来比较方便。然而，需要注意的是，工具选项板中仅提供普通平开门的绘制，而且利用其所绘制的平面窗中玻璃为单线形式，而非建筑平面图中常用的双线形式，因此，不推荐初学者使用这种方法绘制门窗。

7.2.5 绘制楼梯和台阶

楼梯和台阶都是建筑的重要组成部分，是人们在室内和室外进行垂直交通的必要建筑构件。在本例别墅的首层平面中，共有 1 处楼梯和 3 处台阶，如图 7-43 所示。

操作步骤如下：

1. 绘制楼梯

楼梯是上下楼层之间的交通通道，通常由楼梯段、休息平台和栏杆（或栏板）组成。在本例别墅中，楼梯为常见的双跑式。楼梯宽度为 900mm，踏步宽为 260mm，高为 175mm；楼梯平台净宽 960mm。本节只介绍首层楼梯平面画法，至于二层楼梯画法，将在后面的章节中介绍。

首层楼梯平面的绘制过程分为 3 个阶段：首先绘制楼梯踏步线；然后在踏步线两侧（或一侧）绘制楼梯扶手；最后绘制楼梯剖断线以及用来标识方向的带箭头引线和文字，进而完成楼梯平面的绘制。如图 7-44 所示为首层楼梯平面图。

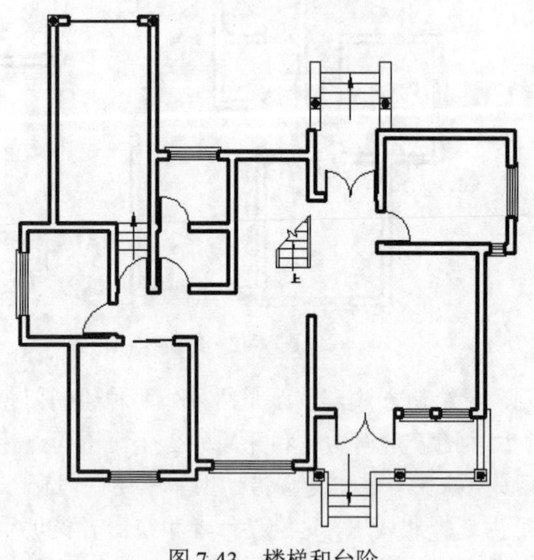

图 7-43 楼梯和台阶

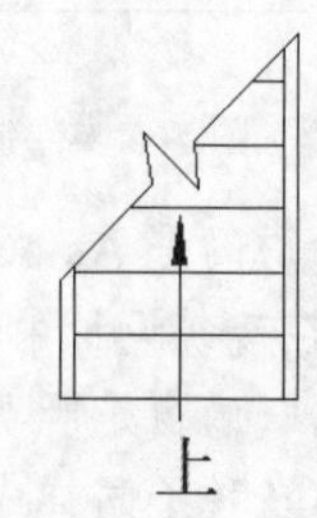

图 7-44 首层楼梯平面图

（1）在“图层”下拉列表框中选择“楼梯”图层，将其设置为当前图层。

（2）绘制楼梯踏步线。

① 单击“默认”选项卡“绘图”面板中的“直线”按钮，以平面图上相应位置点作为起点（通过计算得到的第一级踏步的位置），绘制长度为 1020mm 的水平踏步线。

② 单击“默认”选项卡“修改”面板中的“矩形阵列”按钮，选择已绘制的第一条踏步线为阵列对象，设置行数为 6，列数为 1，行间距为 260，完成踏步线的绘制，如图 7-45 所示。

（3）绘制楼梯扶手。

① 单击“默认”选项卡“绘图”面板中的“直线”按钮，以楼梯第一条踏步线两侧端点作为起点，分别向上绘制垂直方向线段，长度为 1500mm。

② 单击“默认”选项卡“修改”面板中的“偏移”按钮，将所绘两线段向梯段中央偏移，偏移量为 60mm（即扶手宽度），如图 7-46 所示。

（4）绘制剖断线。

① 单击“默认”选项卡“绘图”面板中的“构造线”按钮，设置角度为 45°，绘制剖断线并使其通过楼梯右侧栏杆线的上端点。

② 单击“默认”选项卡“绘图”面板中的“直线”按钮，绘制“Z”字形折断线。

③ 单击“默认”选项卡“修改”面板中的“修剪”按钮，修剪楼梯踏步线和栏杆线，如图 7-47 所示。

图 7-45　绘制楼梯踏步线

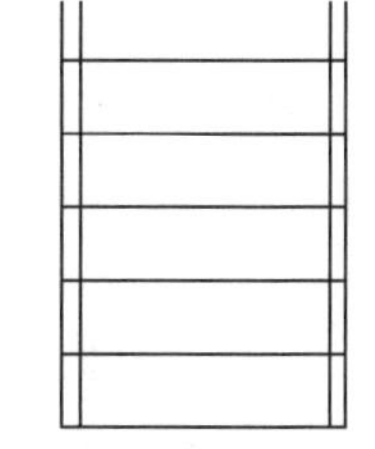

图 7-46　绘制楼梯踏步边线

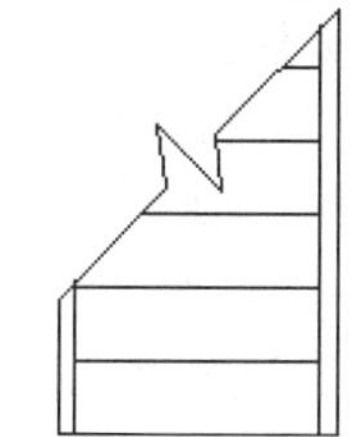

图 7-47　绘制楼梯剖断线

（5）绘制带箭头引线。

① 在命令行中输入 QLEADER 命令，然后继续在命令行中输入 S，设置引线样式。

② 在弹出的“引线设置”对话框中进行如下设置：在“引线和箭头”选项卡中，设置“引线”为“直线”，“箭头”为“实心闭合”，如图 7-48 所示；在“注释”选项卡中，设置“注释类型”为“无”，如图 7-49 所示。

图 7-48　设置“引线和箭头”选项卡

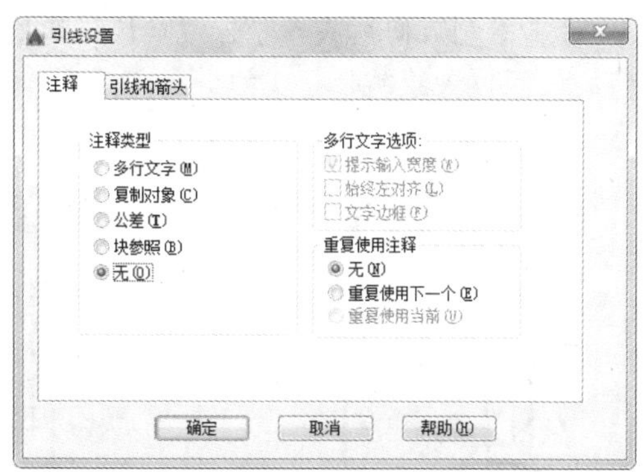

图 7-49　设置“注释”选项卡

③ 以第一条楼梯踏步线中点为起点，垂直向上绘制长度为750mm 的带箭头引线，最后单击“默认”选项卡“修改”面板中的“移动”按钮✥，将引线垂直向下移动 60mm，如图 7-50 所示。

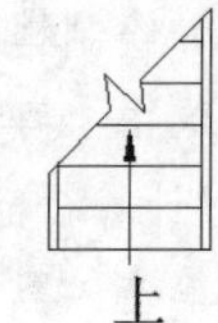

图 7-50　添加箭头和文字

Note

（6）标注文字。单击“默认”选项卡“注释”面板中的“多行文字”按钮A，设置文字高度为 300，在引线下端输入文字“上”，如图 7-50 所示。

提示：

楼梯平面图是距地面 1m 以上位置，用一个假想的剖切平面，沿水平方向剖开（尽量剖到楼梯间的门窗），然后向下做投影得到的投影图。楼梯平面一般来说是分层绘制的，在绘制时，按照特点可分为底层平面、标准层平面和顶层平面。

在楼梯平面图中，各层被剖切到的楼梯，按国标规定，均在平面图中以一根 45° 的折断线表示。在每一梯段处画有一个长箭头，并注写“上”或“下”文字标明方向。

楼梯的底层平面图中，只有一个被剖切的梯段及栏板和一个注有“上”的长箭头。

2. 绘制台阶

本例中有 3 处台阶，其中室内台阶 1 处，室外台阶 2 处。下面以正门处台阶为例，介绍台阶的绘制方法。

绘制台阶的思路与前面介绍的楼梯平面绘制思路基本相似，因此，可以参考楼梯画法进行绘制。如图 7-51 所示为别墅正门处台阶平面图。

（1）单击“默认”选项卡“图层”面板中的“图层特性”按钮，打开“图层特性管理器”选项板，创建新图层，将新图层命名为“台阶”，并将其设置为当前图层。

（2）单击“默认”选项卡“绘图”面板中的“直线”按钮，以别墅正门中点为起点，垂直向上绘制一条长度为 3600mm 的辅助线段，然后以辅助线段的上端点为中点，绘制一条长度为 1770mm 的水平线段，此线段则为台阶第一条踏步线。

（3）单击“默认”选项卡“修改”面板中的“矩形阵列”按钮，选择第一条踏步线为阵列对象，设置行数为 4，列数为 1，行间距为-300，完成第 2、3、4 条踏步线的绘制，如图 7-52 所示。

（4）单击“默认”选项卡“绘图”面板中的“矩形”按钮，在踏步线的左右两侧分别绘制两个尺寸为 340mm×1980mm 的矩形，作为两侧条石平面。

（5）绘制方向箭头。单击“默认”选项卡“注释”面板中的“多重引线”按钮，在台阶踏步的中间位置绘制带箭头的引线，标示踏步方向，如图 7-53 所示。

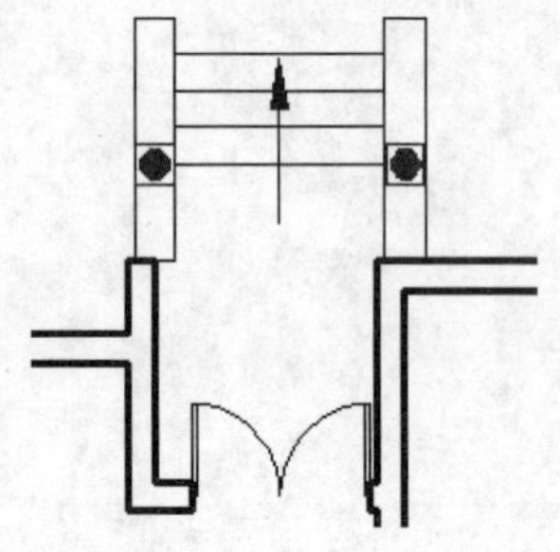

图 7-51　正门处台阶平面图

图 7-52　绘制台阶踏步线

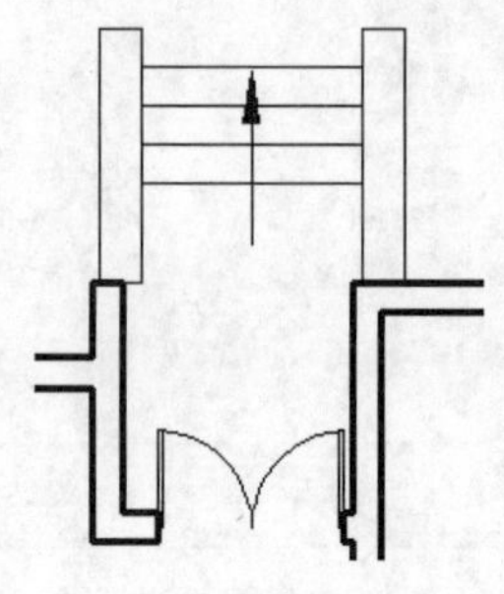

图 7-53　添加方向箭头

（6）绘制立柱。在本例中，两个室外台阶处均有立柱，其平面形状为圆形，内部填充为实心，下面为方形基座。由于立柱的形状、大小基本相同，可以将其做成图块，再把图块插入各相应点即可。具体绘制方法如下：

① 单击“默认”选项卡“图层”面板中的“图层特性”按钮，打开“图层特性管理器”选项板，创建新图层，将新图层命名为“立柱”，并将其设置为当前图层。

② 单击“默认”选项卡“绘图”面板中的“矩形”按钮，绘制边长为 320mm 的正方形基座。

③ 单击“默认”选项卡“绘图”面板中的“圆”按钮，绘制直径为 240mm 的圆形柱身平面。

④ 单击“默认”选项卡“绘图”面板中的“图案填充”按钮，弹出“图案填充创建”选项卡，设置如图 7-54 所示，在绘图区域选择已绘制的圆形柱身为填充对象，如图 7-55 所示。

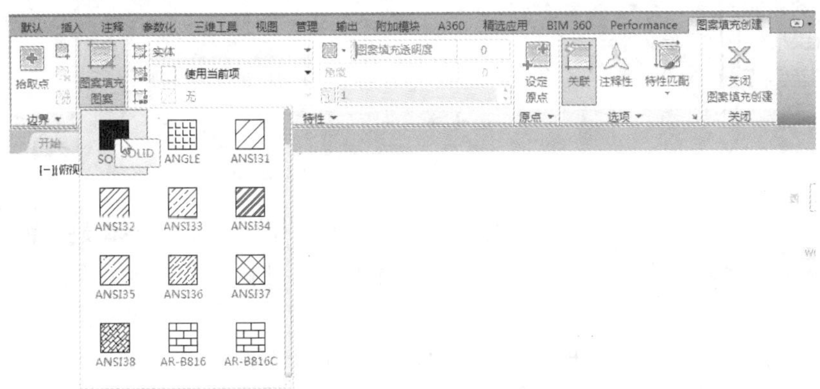

图 7-54　“图案填充创建”选项卡

图 7-55　绘制立柱平面

⑤ 单击“插入”选项卡“块定义”面板中的“创建块”按钮，将图 7-55 所示的图形定义为“立柱”图块。

⑥ 单击“插入”选项卡“块”面板中的“插入块”按钮，将定义好的“立柱”图块插入平面图中相应位置，如图 7-51 所示，完成正门处台阶平面的绘制。

7.2.6　绘制家具

在建筑平面图中，通常要绘制室内家具，以增强平面方案的视觉效果。在本例别墅的首层平面中，共有 7 种不同功能的房间，分别是客厅、工人休息室、厨房、餐厅、书房、卫生间和车库。不同功能种类的房间内所布置的家具也有所不同，对于这些种类和尺寸都不尽相同的室内家具，如果利用直线、偏移等简单的二维线条编辑工具一一绘制，不仅绘制过程烦琐，容易出错，而且浪费绘图者的时间和精力。因此，推荐借助 AutoCAD 图库来完成平面家具的绘制。

AutoCAD 图库的使用方法在前面介绍门窗画法时曾有所提及。下面将结合首层客厅家具和卫生间洁具的绘制实例，详细讲述 AutoCAD 图库的用法。

操作步骤如下：

1. 绘制客厅家具

客厅是主人会客和休闲的空间，因此，在客厅里通常会布置沙发、茶几、电视柜等家具，如

Note

图 7-56 所示。

（1）单击快速访问工具栏中的“打开”按钮，在弹出的“选择文件”对话框中，通过“源文件\AutoCAD\图库”路径，找到“CAD 图库.dwg”文件并将其打开，如图 7-57 所示。

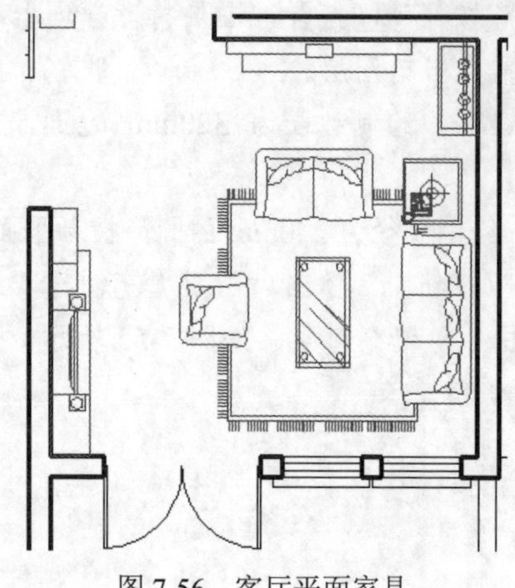
图 7-56　客厅平面家具

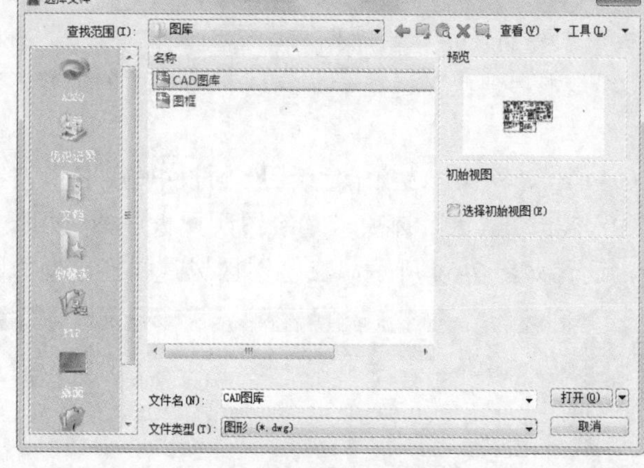

图 7-57　打开图库文件

（2）在名称为“沙发和茶几”的一栏中，选择名称为“组合沙发—002P”的图形模块，如图 7-58 所示，选中该图形模块，然后右击，在弹出的快捷菜单中选择“剪贴板”中的“复制”命令。

（3）返回别墅首层平面图的绘图界面，打开“编辑”菜单，选择“粘贴为块”命令，将复制的组合沙发图形插入客厅平面相应位置。

（4）在图库中，在名称为“灯具和电器”的一栏中，选择“电视柜 P”图块，如图 7-59 所示，将其复制并粘贴到首层平面图中；单击“默认”选项卡“修改”面板中的“旋转”按钮，使该图形模块以自身中心点为基点旋转 90°，然后将其插入客厅相应位置。

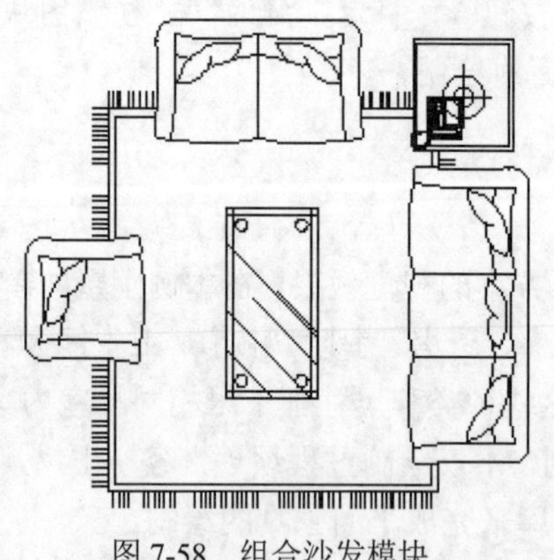
图 7-58　组合沙发模块

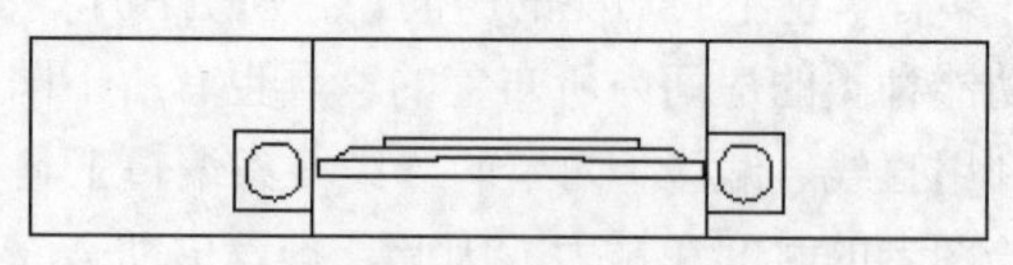
图 7-59　电视柜模块

（5）按照同样方法，在图库中选择“电视墙 P”、“文化墙 P”、“柜子—01P”和“射灯组 P”图形模块分别进行复制，并在客厅平面内依次插入这些家具模块，绘制结果如图 7-56 所示。

2. 绘制卫生间洁具

卫生间主要是供主人盥洗和沐浴的房间，因此，卫生间内应设置浴盆、马桶、洗手池和洗衣

机等设施，如图 7-60 所示的卫生间由两部分组成。在设施安排上，外间设置洗手盆和洗衣机；内间则设置浴盆和马桶。下面介绍卫生间洁具的绘制步骤。

（1）在“图层”下拉列表框中选择“家具”图层，将其设置为当前图层。

（2）打开 CAD 图库，在“洁具和厨具”一栏中，选择适合的洁具模块，进行复制后，依次粘贴到平面图中的相应位置，绘制结果如图 7-61 所示。

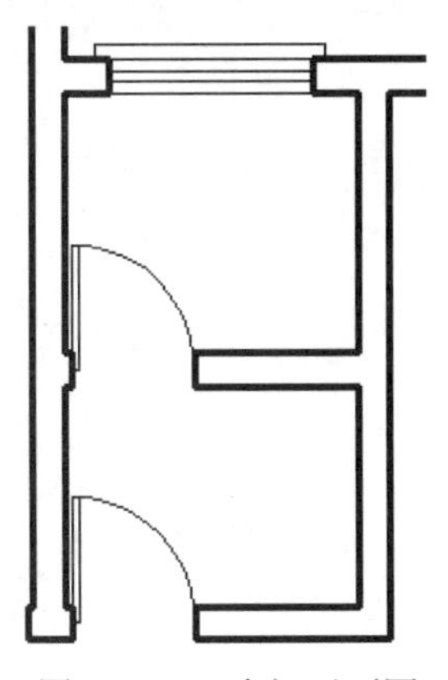

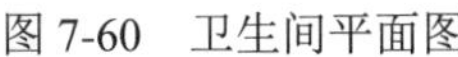

图 7-60　卫生间平面图

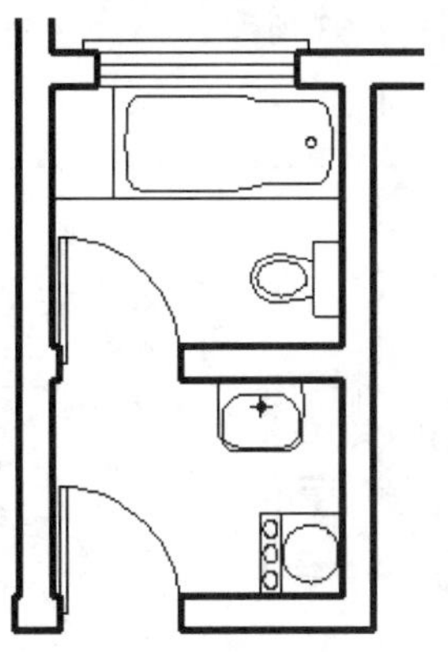

图 7-61　绘制卫生间洁具

提示：

在图库中，图形模块的名称要简要，除汉字外还经常包含英文字母或数字，通常来说，这些名称都是用来表明该家具的特性或尺寸的。例如，前面使用过的图形模块“组合沙发—002P”，其名称中“组合沙发”表示家具的性质；002 表示该家具模块是同类型家具中的第 4 个；字母 P 则表示这是该家具的平面图形。例如，一个床模块名称为“单人床 9×20”，就是表示该单人床宽度为 900mm、长度为 2000mm。有了这些简单又明了的名称，绘图者就可以依据自己的实际需要快捷地选择有用的图形模块，而无须费神地辨认、测量了。

7.2.7　平面标注

在别墅的首层平面图中，标注主要包括 4 部分，即轴线编号、平面标高、尺寸标注和文字标注。完成标注后的首层平面图如图 7-62 所示。

下面将依次介绍这 4 种标注方式的绘制方法。

操作步骤如下：

1．轴线编号

在平面形状较简单或对称的房屋中，平面图的轴线编号一般标注在图形的下方及左侧。对于较复杂或不对称的房屋，图形上方和右侧也可以标注。在本例中，由于平面形状不对称，因此需要在上、下、左、右 4 个方向均标注轴线编号。

（1）单击“默认”选项卡“图层”面板中的“图层特性”按钮，打开“图层特性管理器”选项板，打开“轴线”图层，使其保持可见，创建新图层，将新图层命名为“轴线编号”，并将其设置为当前图层。

（2）单击平面图上左侧第一根纵轴线，将十字光标移动至轴线下端点处单击，将夹持点激

活（此时，夹持点成红色），然后鼠标向下移动，在命令行中输入3000后，按Enter键，完成第一条轴线延长线的绘制。

Note

（3）单击“默认”选项卡“绘图”面板中的“圆”按钮，以已绘制的轴线延长线端点作为圆心，绘制半径为350mm的圆。

（4）单击“默认”选项卡“修改”面板中的“移动”按钮，向下移动所绘圆，移动距离为350mm，如图7-63所示。

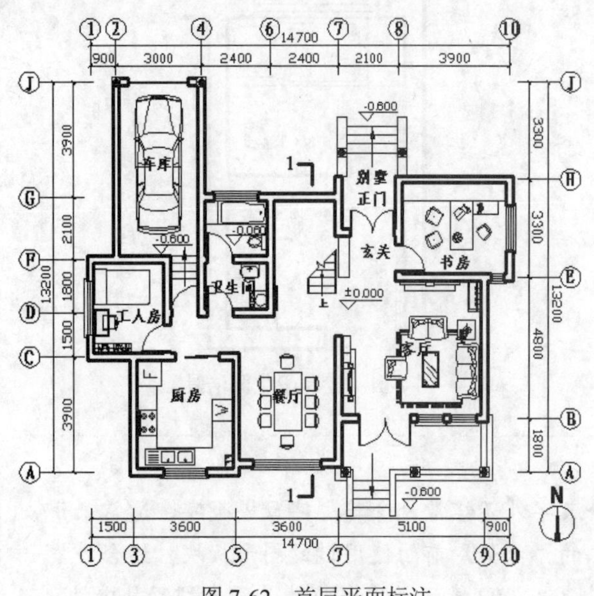

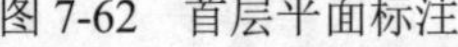

图7-62　首层平面标注

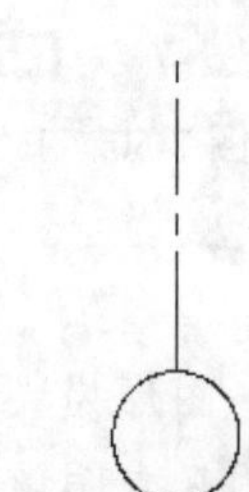

图7-63　绘制第一条轴线的延长线及编号圆

（5）重复上述步骤，完成其他轴线延长线及编号圆的绘制。

（6）单击“默认”选项卡“注释”面板中的“多行文字”按钮A，设置文字样式为“仿宋_GB2312”，文字高度为300；在每个轴线端点处的圆内输入相应的轴线编号，如图7-64所示。

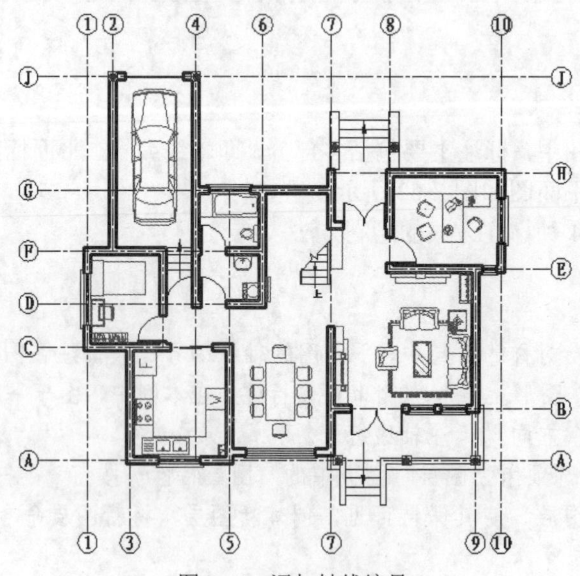

图7-64　添加轴线编号

Note

提示：

平面图上水平方向的轴线编号用阿拉伯数字，从左向右依次编写；垂直方向的编号，用大写英文字母自下而上顺次编写。I、O 及 Z 这 3 个字母不得作轴线编号，以免与数字 1、0 及 2 混淆。

如果两条相邻轴线间距较小而导致它们的编号有重叠时，可以通过移动命令将这两条轴线的编号分别向两侧移动少许距离。

2. 平面标高

建筑物中的某一部分与所确定的标准基点的高度差称为该部位的标高，在图纸中通常用标高符号结合数字来表示。建筑制图标准规定，标高符号应以直角等腰三角形表示，如图 7-65 所示。

（1）在“图层”下拉列表框中选择“标注”图层，将其设置为当前图层。

（2）单击“默认”选项卡“绘图”面板中的“多边形”按钮，绘制边长为 350mm 的正三角形。

（3）单击“默认”选项卡“修改”面板中的“旋转”按钮，将正方形旋转 45°；然后单击“默认”选项卡“绘图”面板中的“直线”按钮，连接正三角形左右两个端点，绘制水平对角线。

（4）单击水平对角线，将十字光标移动至右端点处单击，将夹持点激活（此时，夹持点成红色），然后将鼠标向右移动，在命令行中输入 600 后，按 Enter 键，完成绘制。单击“默认”选项卡“修改”面板中的“修剪”按钮，对多余线段进行修剪。

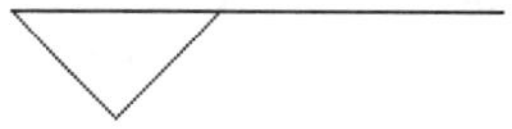

（5）单击“插入”选项卡“块定义”面板中的“创建块”按钮，将如图 7-65 所示的标高符号定义为图块。

（6）单击“插入”选项卡“块”面板中的“插入块”按钮，将已创建的图块插入到平面图中需要标高的位置。

（7）单击“默认”选项卡“注释”面板中的“多行文字”按钮A，设置字体为“宋体”，文字高度为 300，在标高符号的长直线上方添加具体的标注数值。

如图 7-66 所示为台阶处室外地面标高。

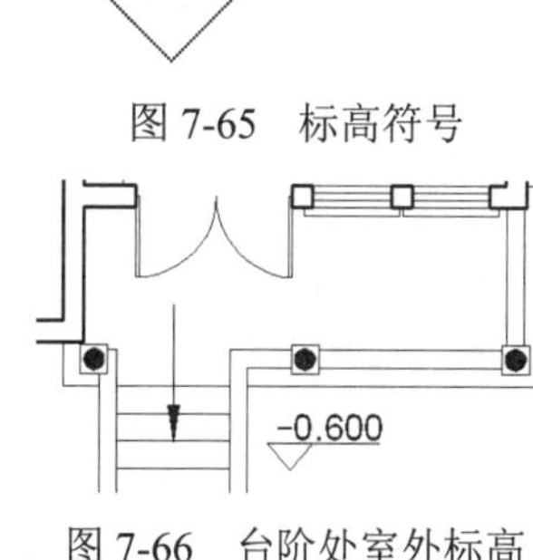

图 7-65　标高符号

图 7-66　台阶处室外标高

提示：

一般来说，在平面图上绘制的标高反映的是相对标高，而不是绝对标高。绝对标高指的是以我国青岛市附近的黄海海平面作为零点面测定的高度尺寸。

通常情况下，室内标高要高于室外标高，主要使用房间标高要高于卫生间、阳台标高。在绘图中，常见的是将建筑首层室内地面的高度设为零点，标作±0.000；低于此高度的建筑部位标高值为负值，在标高数字前加“-”号；高于此高度的部位标高值为正值，标高数字前不加任何符号。

3. 尺寸标注

本例中采用的尺寸标注分两道：一道为各轴线之间的距离，另一道为平面总长度或总宽度。

（1）在“图层”下拉列表框中选择“标注”图层，将其设置为当前图层。

（2）设置标注样式。

① 选择菜单栏中的“格式/标注样式”命令，打开“标注样式管理器”对话框，如图 7-67 所示；单击“新建”按钮，打开“创建新标注样式”对话框，在“新样式名”文本框中输入“平面标注”，如图 7-68 所示。

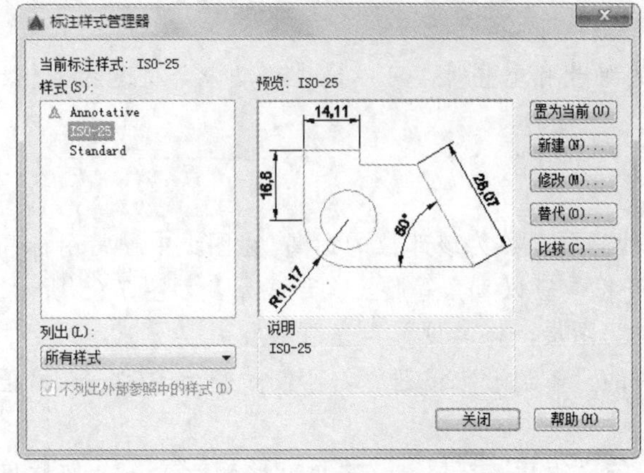

图 7-67　“标注样式管理器”对话框

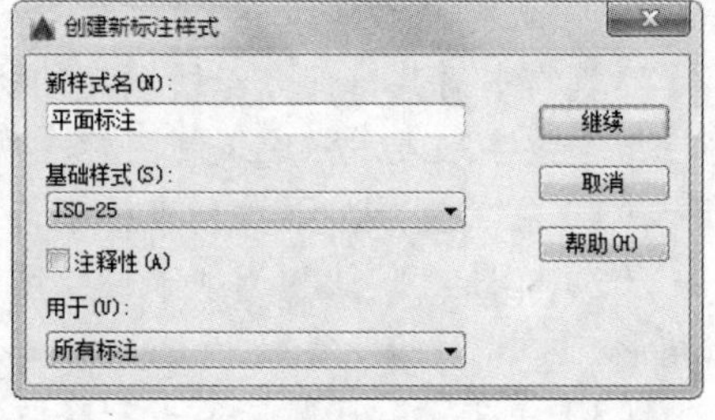

图 7-68　“创建新标注样式”对话框

② 单击“继续”按钮，打开“新建标注样式：平面标注”对话框。

③ 选择“符号和箭头”选项卡，在“箭头”选项组的“第一个”和“第二个”下拉列表框中均选择“建筑标记”，在“引线”下拉列表框中选择“实心闭合”，在“箭头大小”数值框中输入 100，如图 7-69 所示。

④ 选择“文字”选项卡，在“文字外观”选项组的“文字高度”数值框中输入 300，如图 7-70 所示。

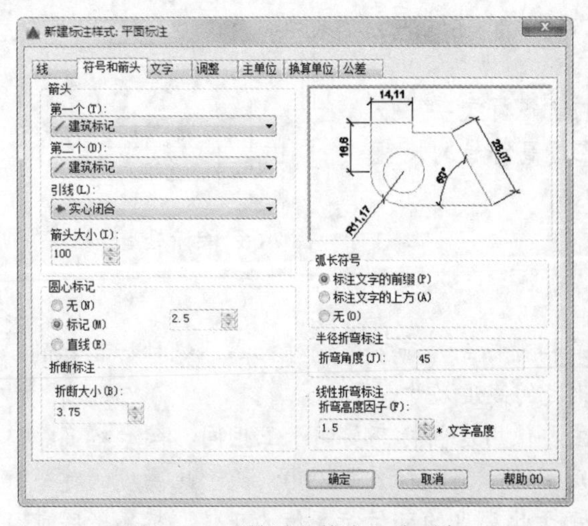

图 7-69　“符号和箭头”选项卡

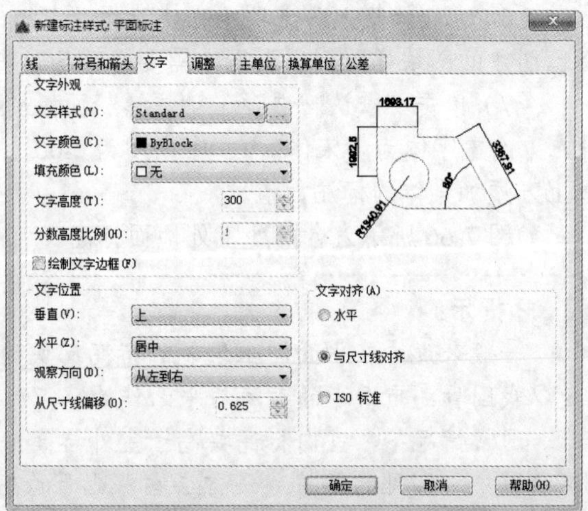

图 7-70　“文字”选项卡

⑤ 单击“确定”按钮，回到“标注样式管理器”对话框。在“样式”列表框中激活“平面标注”标注样式，单击“置为当前”按钮，如图 7-71 所示。单击“关闭”按钮，完成标注样式的设置。

（3）单击“默认”选项卡“注释”面板中的“线性”按钮⊢和“连续”按钮⊢⊢，标注相邻两轴线之间的距离。

（4）再次单击“默认”选项卡“注释”面板中的“线性”按钮，在已绘制的尺寸标注的外侧，对建筑平面横向和纵向的总长度进行尺寸标注。

（5）完成尺寸标注后，单击“默认”选项卡“图层”面板中的“图层特性”按钮，打开“图层特性管理器”选项板，关闭“轴线”图层，如图 7-72 所示。

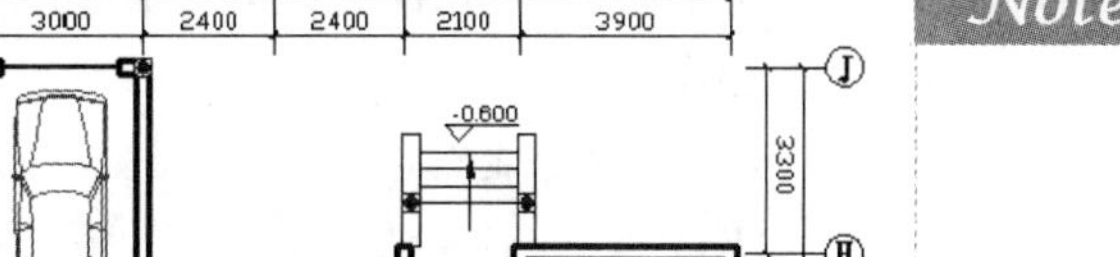

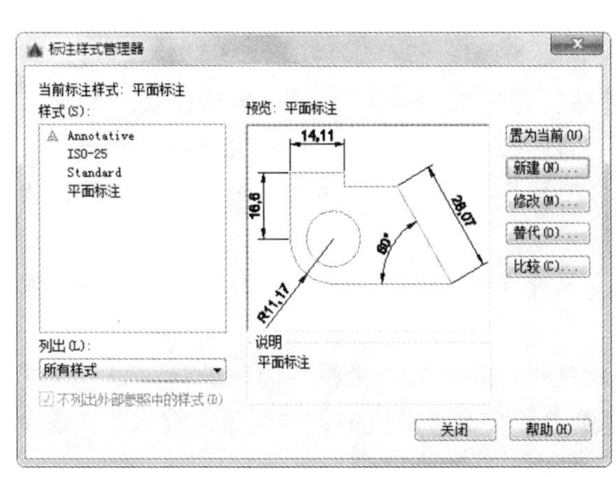

图 7-71　“标注样式管理器”对话框

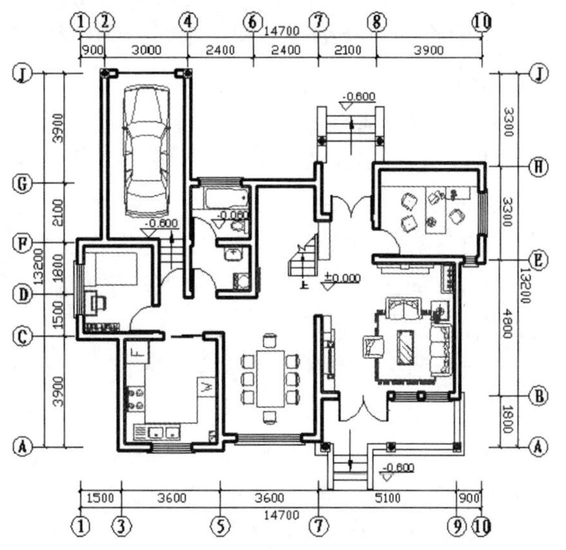

图 7-72　关闭“轴线”图层效果

4. 文字标注

在平面图中，各房间的功能用途可以用文字进行标识。下面以首层平面图中的厨房为例，介绍文字标注的具体方法。

（1）在“图层”下拉列表框中选择“文字”图层，将其设置为当前图层。

（2）单击“默认”选项卡“注释”面板中的“多行文字”按钮A，在平面图中指定文字插入位置后，弹出“文字编辑器”选项卡，如图 7-73 所示；在该编辑器中设置文字样式为 Standard、字体为“仿宋_GB2312”、文字高度为 300。

（3）在文字编辑框中输入文字“厨房”，并拖动“宽度控制”滑块来调整文本框的宽度，然后单击“确定”按钮，完成该处的文字标注。

文字标注结果如图 7-74 所示。

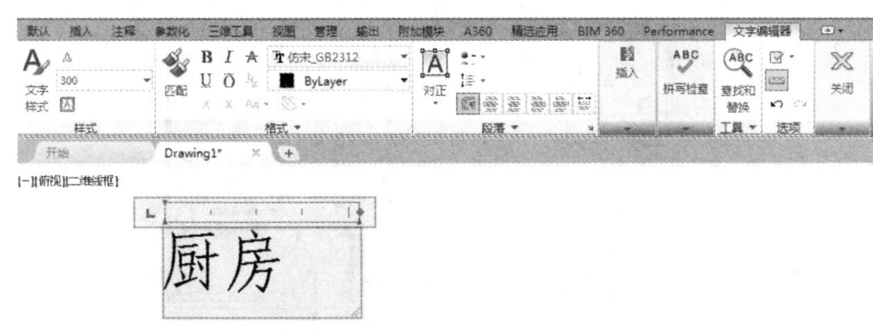

图 7-73　“文字编辑器”选项卡

图 7-74　标注厨房文字

7.2.8 绘制指北针和剖切符号

Note

在建筑首层平面图中应绘制指北针以标明建筑方位；如果需要绘制建筑的剖面图，则还应在首层平面图中画出剖切符号以标明剖面剖切位置。

下面将分别介绍平面图中指北针和剖切符号的绘制方法。

操作步骤如下：

1. 绘制指北针

（1）单击"默认"选项卡"图层"面板中的"图层特性"按钮，打开"图层特性管理器"选项板，创建新图层，将新图层命名为"指北针与剖切符号"，并将其设置为当前图层。

（2）单击"默认"选项卡"绘图"面板中的"圆"按钮，绘制直径为1200mm的圆。

（3）单击"默认"选项卡"绘图"面板中的"直线"按钮，绘制圆的垂直方向直径作为辅助线。

（4）单击"默认"选项卡"修改"面板中的"偏移"按钮，将辅助线分别向左右两侧偏移，偏移量均为75mm。

（5）单击"默认"选项卡"绘图"面板中的"直线"按钮，将两条偏移线与圆的下方交点同辅助线上端点连接起来。然后单击"默认"选项卡"修改"面板中的"删除"按钮，删除3条辅助线（原有辅助线及两条偏移线），得到一个等腰三角形，如图7-75所示。

（6）单击"默认"选项卡"绘图"面板中的"图案填充"按钮，弹出"图案填充创建"选项卡，设置"图案"为SOLID，对所绘的等腰三角形进行填充。

（7）单击"默认"选项卡"注释"面板中的"多行文字"按钮A，设置文字高度为500mm，在等腰三角形上端顶点的正上方书写大写的英文字母N，标示平面图的正北方向，如图7-76所示。

2. 绘制剖切符号

（1）单击"默认"选项卡"绘图"面板中的"直线"按钮，在平面图中绘制剖切面的定位线，并使得该定位线两端伸出被剖切外墙面的距离均为1000mm，如图7-77所示。

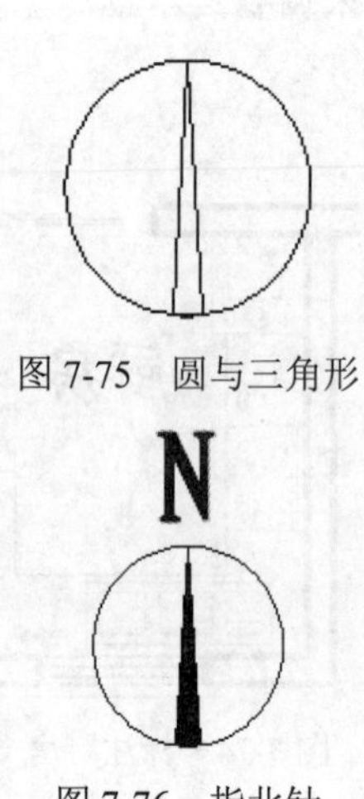
图7-75 圆与三角形

图7-76 指北针

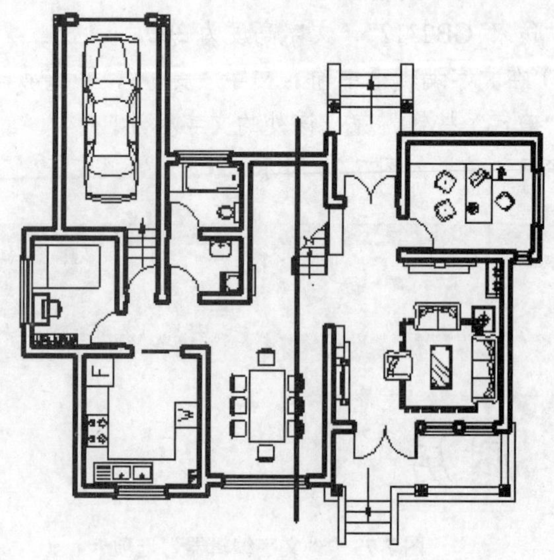
图7-77 绘制剖切面定位线

（2）单击“默认”选项卡“绘图”面板中的“直线”按钮，分别以剖切面定位线的两端点为起点，向剖面图投影方向绘制剖视方向线，长度为 500mm。

（3）单击“默认”选项卡“绘图”面板中的“圆”按钮，分别以定位线两端点为圆心，绘制两个半径为 700mm 的圆。

（4）单击“默认”选项卡“修改”面板中的“修剪”按钮，修剪两圆之间的投影线条；然后删除两圆，得到两条剖切位置线。

（5）将剖切位置线和剖视方向线的线宽都设置为 0.30mm。

（6）单击“默认”选项卡“注释”面板中的“多行文字”按钮，设置文字高度为 300mm，在平面图两侧剖视方向线的端部书写剖面剖切符号的编号为 1，如图 7-78 所示，完成首层平面图中剖切符号的绘制。

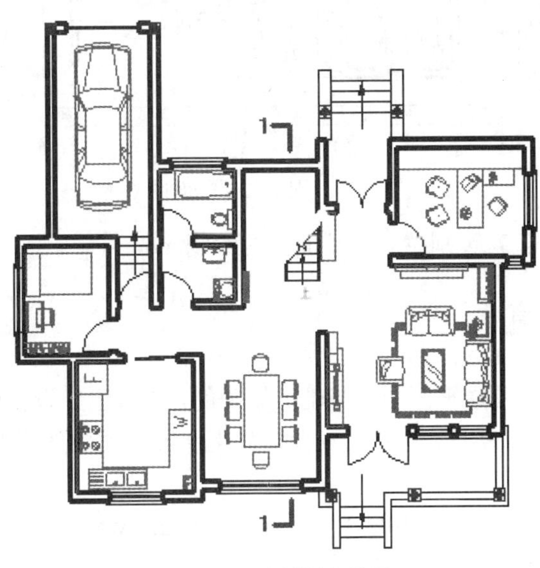

图 7-78　绘制剖切符号

提示：

剖面的剖切符号，应由剖切位置线及剖视方向线组成，均应以粗实线绘制。剖视方向线应垂直于剖切位置线，长度应短于剖切位置线，绘图时，剖面剖切符号不宜与图面上的图线相接触。

剖面剖切符号的编号宜采用阿拉伯数字，按顺序由左至右、由下至上连续编排，并应注写在剖视方向线的端部。

7.3　别墅二层平面图的绘制

在本例别墅中，二层平面图与首层平面图在设计中有很多相同之处，两层平面的基本轴线关系是一致的，只有部分墙体形状和内部房间的设置存在着一些差别。因此，可以在首层平面图的基础上对已有图形元素进行修改和添加，进而完成别墅二层平面图的绘制，如图 7-79 所示。

Note

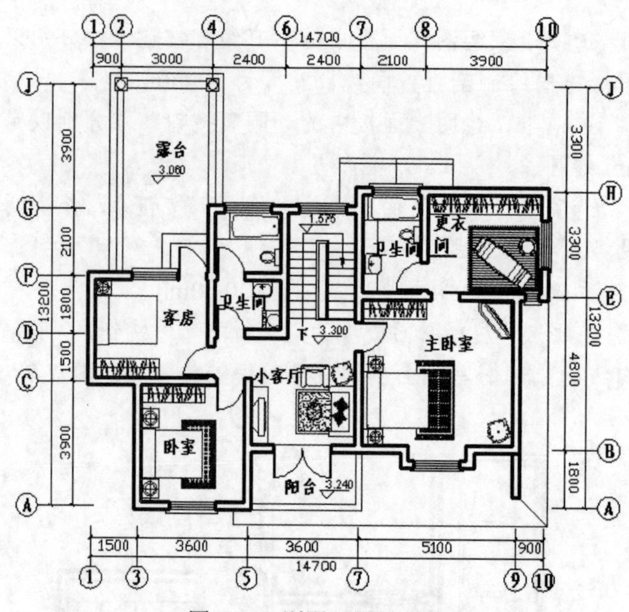

图 7-79　别墅二层平面图

光盘\配套视频\第 7 章\别墅二层平面图的绘制.avi

7.3.1　设置绘图环境

绘制二层平面图时是在首层平面图的基础上绘制的，参数已经设置好，在这里只需打开首层平面图，将其另存为“别墅二层平面图”，在此基础上将不需要的图形删除。

操作步骤如下：

（1）建立图形文件。打开已绘制的“别墅首层平面图.dwg”文件，在“文件”菜单中选择“另存为”命令，打开“图形另存为”对话框，如图 7-80 所示。在“文件名”下拉列表框中输入新的图形文件的名称为“别墅二层平面图.dwg”，然后单击“保存”按钮，建立图形文件。

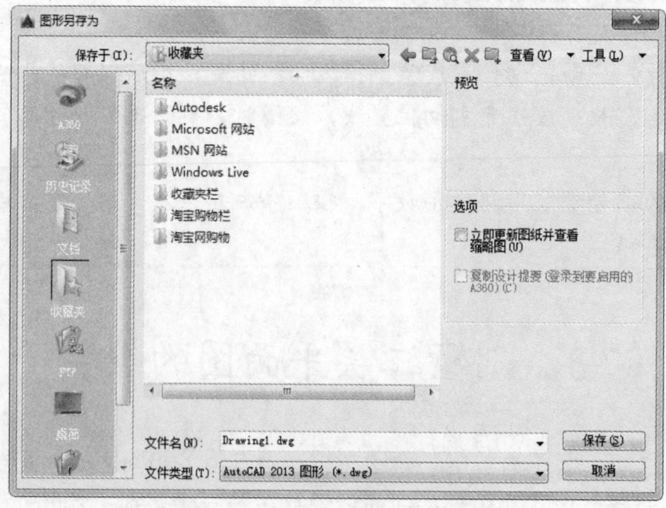

图 7-80　“图形另存为”对话框

（2）清理图形元素。首先单击“默认”选项卡“修改”面板中的“删除”按钮，删除首层平面图中所有家具、文字和室内外台阶等图形元素；然后单击“默认”选项卡“图层”面板中的“图层特性”按钮，打开“图层特性管理器”选项板，关闭“轴线”、“家具”、“轴线编号”和“标注”图层。

7.3.2　修整墙体和门窗

在 7.3.1 节的别墅二层平面图上，利用多线和插入块命令绘制墙体和门窗。

操作步骤如下：

1. 修补墙体

（1）在“图层”下拉列表框中选择“墙体”图层，将其设置为当前图层。

（2）单击“默认”选项卡“修改”面板中的“删除”按钮，删除多余的墙体和门窗（与首层平面中位置和大小相同的门窗可保留）。

（3）选择菜单栏中的“绘图/多线”命令，补充绘制二层平面墙体，绘制结果如图 7-81 所示。

2. 绘制门窗

二层平面中门窗的绘制，主要借助已有的门窗图块来完成，即单击“插入”选项卡“块”面板中的“插入块”按钮，选择在首层平面绘制过程中创建的门窗图块，进行适当的比例和角度调整后，插入二层平面图中。绘制结果如图 7-82 所示。

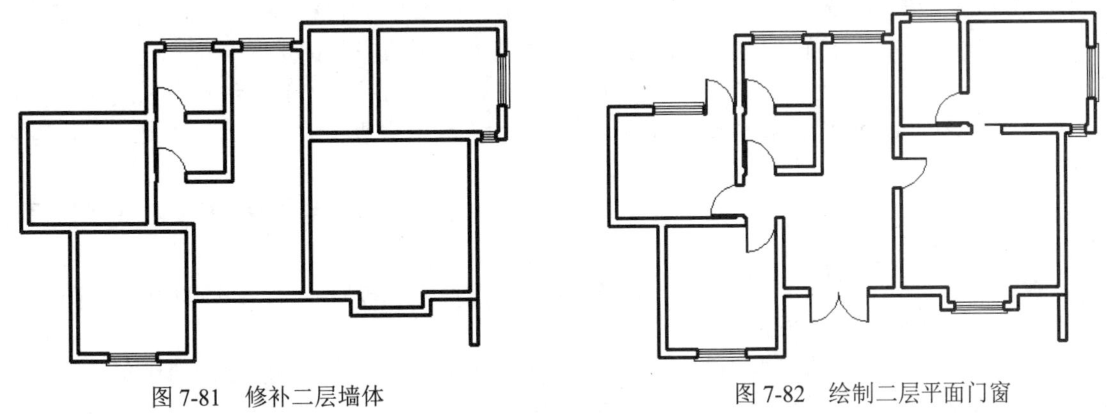

图 7-81　修补二层墙体　　　　图 7-82　绘制二层平面门窗

（1）单击“插入”选项卡“块”面板中的“插入块”按钮，在二层平面相应的门窗位置插入门窗洞图块，并修剪洞口处多余墙线。

（2）再次单击“插入”选项卡“块”面板中的“插入块”按钮，在新绘制的门窗洞口位置，根据需要插入门窗图块，并对该图块作适当的比例或角度调整。

（3）在新插入的窗平面外侧绘制窗台，具体做法可参考前面章节。

7.3.3　绘制阳台和露台

在二层平面中，有一处阳台和一处露台，两者绘制方法较相似，主要利用矩形和修剪命令进行绘制。

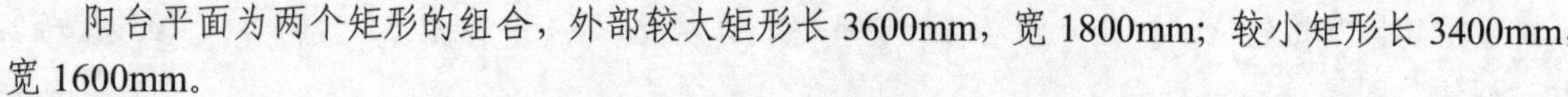

Note

操作步骤如下：

1. 绘制阳台

阳台平面为两个矩形的组合，外部较大矩形长 3600mm，宽 1800mm；较小矩形长 3400mm，宽 1600mm。

（1）单击“默认”选项卡“图层”面板中的“图层特性”按钮，打开“图层特性管理器”选项板，创建新图层，将新图层命名为“阳台”，并将其设置为当前图层。

（2）单击“默认”选项卡“绘图”面板中的“矩形”按钮，指定阳台左侧纵向与横向外墙的交点为第一角点，分别绘制尺寸为 3600mm×1800mm 和 3400mm×1600mm 的两个矩形，如图 7-83 所示。

（3）单击“默认”选项卡“修改”面板中的“修剪”按钮，修剪多余线条，完成阳台平面的绘制，绘制结果如图 7-84 所示。

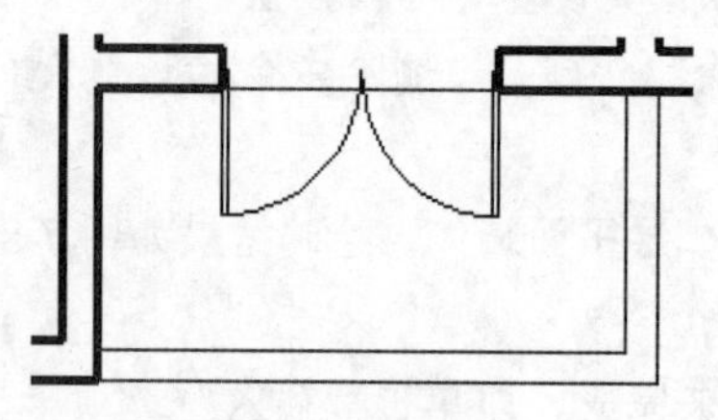

图 7-83　绘制矩形阳台

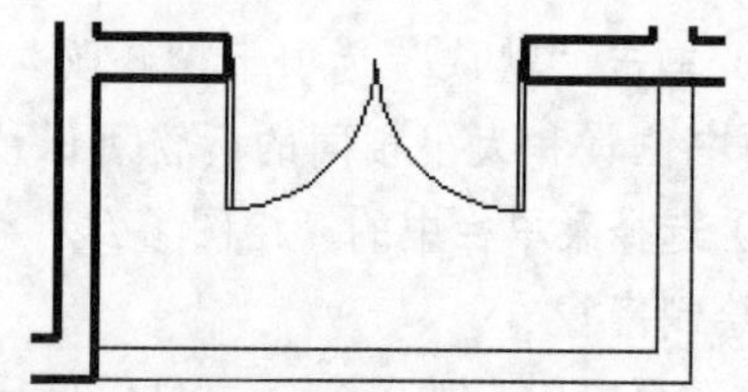

图 7-84　修剪阳台线条

2. 绘制露台

（1）单击“默认”选项卡“图层”面板中的“图层特性”按钮，打开“图层特性管理器”选项板，创建新图层，将新图层命名为“露台”，并将其设置为当前图层。

（2）单击“默认”选项卡“绘图”面板中的“矩形”按钮，绘制露台矩形外轮廓线，矩形尺寸为 3720mm×6240mm；然后单击“默认”选项卡“修改”面板中的“修剪”按钮，修剪多余线条。

（3）露台周围结合立柱设计有花式栏杆，可利用“多线”命令绘制扶手平面，多线间距为 200mm。

（4）绘制门口处台阶。该处台阶由两个矩形踏步组成，上层踏步尺寸为 1500mm×1100mm；下层踏步尺寸为 1200mm×800mm。

①单击“默认”选项卡“绘图”面板中的“矩形”按钮，以门洞右侧的墙线交点为第一角点，分别绘制这两个矩形踏步平面，如图 7-85 所示。

②单击“默认”选项卡“修改”面板中的“修剪”按钮，修剪多余线条，完成台阶的绘制。

露台绘制结果如图 7-86 所示。

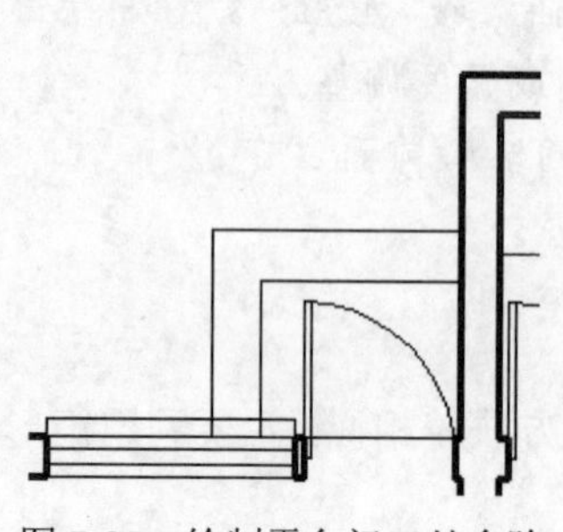

图 7-85　绘制露台门口处台阶

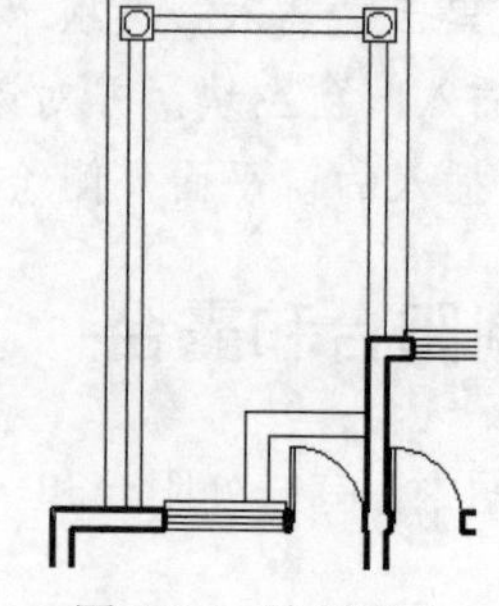

图 7-86　绘制露台

7.3.4 绘制楼梯

别墅中的楼梯共有两跑梯段，首跑 9 个踏步，次跑 10 个踏步，中间楼梯井宽 240mm（楼梯井较通常情况宽一些，做室内装饰用）。本层为别墅的顶层，因此本层楼梯应根据顶层楼梯平面的特点进行绘制，绘制结果如图 7-87 所示。

操作步骤如下：

（1）在“图层”下拉列表框中选择“楼梯”图层，将其设置为当前图层。

（2）单击“默认”选项卡“修改”面板中的“偏移”按钮，补全楼梯踏步和扶手线条，如图 7-88 所示。

（3）在命令行中输入 QLEADER 命令，在梯段的中央位置绘制带箭头引线并标注方向文字，如图 7-89 所示。

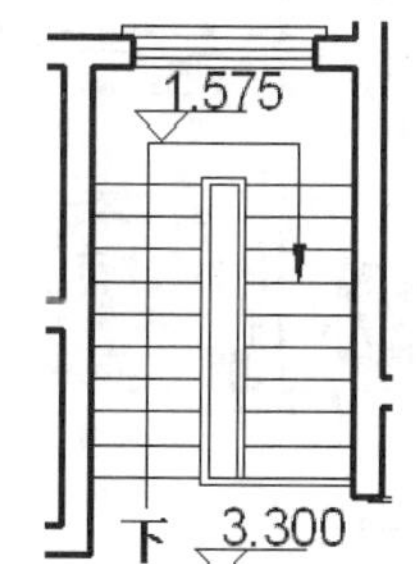

图 7-87　绘制二层平面楼梯

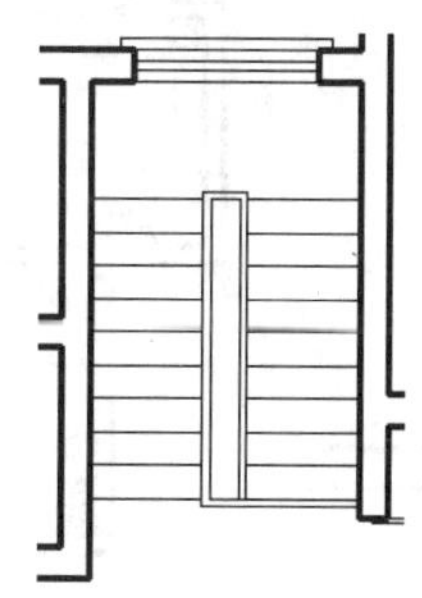

图 7-88　修补楼梯线

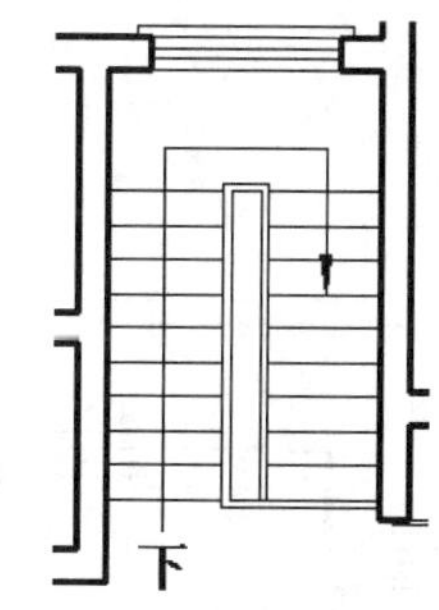

图 7-89　添加剖断线和方向文字

（4）在楼梯平台处添加平面标高。

提示：

在顶层平面图中，由于剖切平面在安全栏板之上，该层楼梯的平面图形中应包括两段完整的梯段、楼梯平台以及安全栏板。

在顶层楼梯口处有一个注有“下”字的长箭头，表示方向。

7.3.5 绘制雨篷

在别墅中有两处雨篷，其中一处位于别墅北面的正门上方，另一处则位于别墅南面和东面的转角部分。

下面以正门处雨篷为例介绍雨篷平面的绘制方法。

正门处雨篷宽度为 3660mm，其出挑长度为 1500mm。

操作步骤如下：

（1）单击“默认”选项卡“图层”面板中的“图层特性”按钮，打开“图层特性管理器”选项板，创建新图层，将新图层命名为“雨篷”，并将其设置为当前图层。

（2）单击“默认”选项卡“绘图”面板中的“矩形”按钮，绘制尺寸为 3660mm×1500mm 的矩形雨篷平面，然后单击“默认”选项卡“修改”面板中的“偏移”按钮，将雨篷最外侧边向内偏移 150mm，得到雨篷外侧线脚。

（3）单击“默认”选项卡“修改”面板中的“修剪”按钮，修剪被遮挡的部分矩形线条，完成雨篷的绘制，如图 7-90 所示。

Note

7.3.6 绘制家具

同首层平面一样，二层平面中家具的绘制要借助图库来进行，绘制结果如图 7-91 所示。

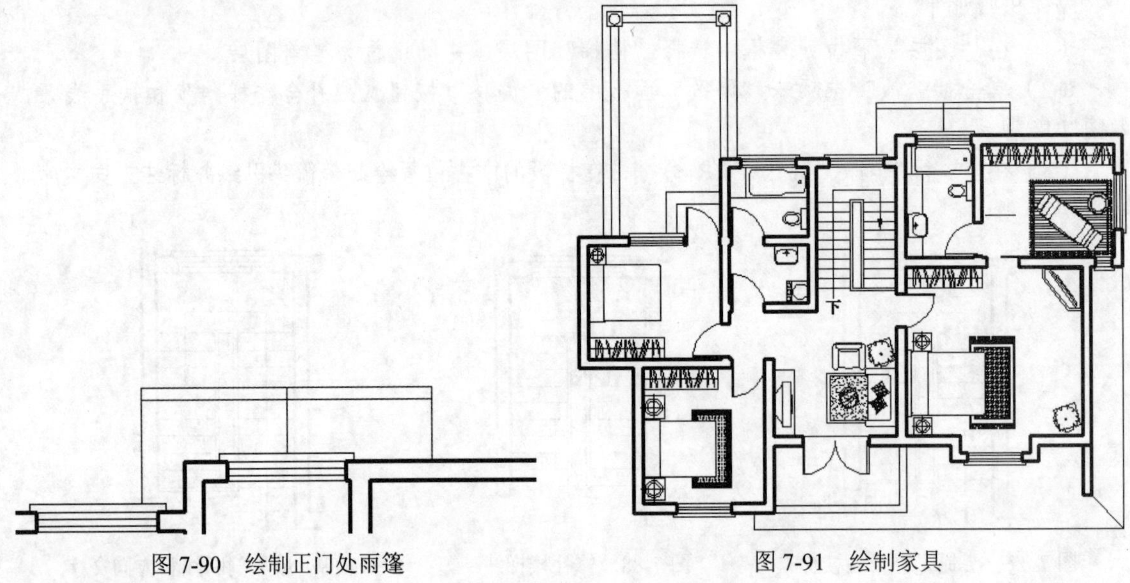

图 7-90 绘制正门处雨篷　　图 7-91 绘制家具

操作步骤如下：

（1）在“图层”下拉列表框中选择“家具”图层，将其设置为当前图层。

（2）单击快速访问工具栏中的“打开”按钮，在弹出的“选择文件”对话框中，通过“光盘:源文件\图库”路径，找到“CAD 图库.dwg”文件并将其打开。

（3）在图库中选择所需家具图形模块进行复制，依次粘贴到二层平面图中相应位置。

7.3.7 平面标注

在别墅的平面图中，标注主要包括 4 部分，即轴线编号、平面标高、尺寸标注和文字标注。由于在首层平面图中已经标注了轴线编号、尺寸标注，因此需要利用插入块命令和多行文字命令，完成图形的平面标注。

操作步骤如下：

1. 尺寸标注与定位轴线编号

二层平面的定位轴线和尺寸标注与首层平面基本一致，无须另做改动，直接沿用首层平面的轴线和尺寸标注结果即可。具体做法为：

单击“默认”选项卡“图层”面板中的“图层特性”按钮，打开“图层特性管理器”选项板，选择“轴线”、“轴线编号”和“标注”图层，使其均保持可见状态。

2. 平面标高

（1）在“图层”下拉列表框中选择“标注”图层，将其设置为当前图层。

（2）单击“插入”选项卡“块”面板中的“插入块”按钮，将已创建的标高图块插入到平面图中需要标高的位置。

（3）单击“默认”选项卡“注释”面板中的“多行文字”按钮A，设置字体为“宋体”，文字高度为 300，在标高符号的长直线上方添加具体的标注数值。

Note

3. 文字标注

（1）在“图层”下拉列表框中选择“文字”图层，将其设置为当前图层。

（2）单击“默认”选项卡“注释”面板中的“多行文字”按钮A，设置字体为“宋体”，文字高度为 300，标注二层平面中各房间的名称。

7.4　屋顶平面图的绘制

在本例中，别墅的屋顶设计为复合式坡顶，由几个不同大小、不同朝向的坡屋顶组合而成，因此在绘制过程中，应该认真分析它们之间的结合关系，并将这种结合关系准确地表现出来。

别墅屋顶平面图的主要绘制思路为：首先根据已有平面图绘制出外墙轮廓线，接着偏移外墙轮廓线得到屋顶檐线，并对屋顶的组成关系进行分析，确定屋脊线条；然后绘制烟囱平面和其他可见部分的平面投影，最后对屋顶平面进行尺寸和文字标注。下面就按照这个思路绘制别墅的屋顶平面图，如图 7-92 所示。

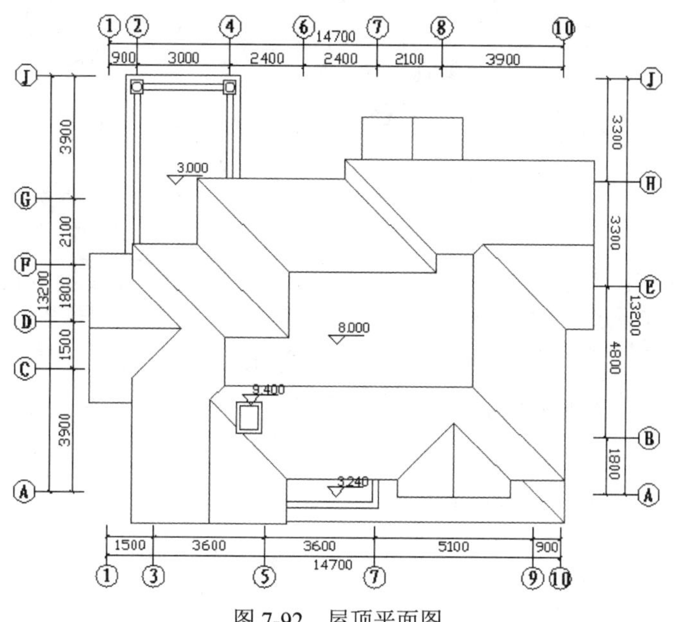

图 7-92　屋顶平面图

：光盘\配套视频\第 7 章\屋顶平面图的绘制.avi

7.4.1　设置绘图环境

前面已经绘制二层平面图，在此基础上做相应的修改，为绘制屋顶平面图做准备。

操作步骤如下：

1. 创建图形文件

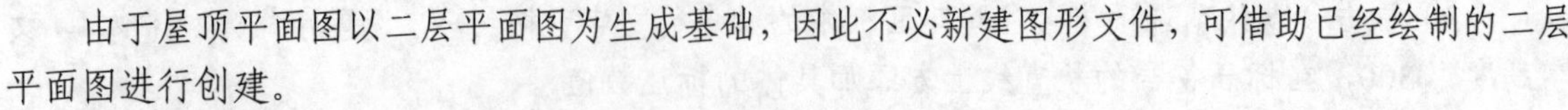

由于屋顶平面图以二层平面图为生成基础，因此不必新建图形文件，可借助已经绘制的二层平面图进行创建。

Note

打开已绘制的“别墅二层平面图.dwg”图形文件，在“文件”菜单中选择“另存为”命令，打开“图形另存为”对话框，如图7-93所示，在“文件名”下拉列表框中输入新的图形名称为“别墅屋顶平面图”，然后单击“保存”按钮，建立图形文件。

2. 清理图形元素

（1）单击“默认”选项卡“修改”面板中的“删除”按钮，删除二层平面图中“家具”、“楼梯”和“门窗”图层中的所有图形元素。

（2）选择“文件/图形实用工具/清理”命令，弹出“清理”对话框，如图7-94所示。在该对话框中选择无用的数据内容，然后单击“清理”按钮，删除“家具”、“楼梯”和“门窗”图层。

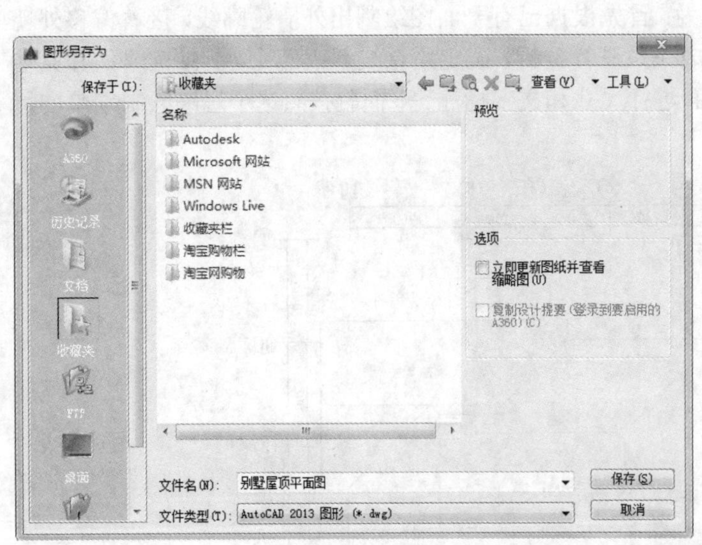

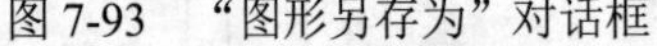

图7-93 “图形另存为”对话框

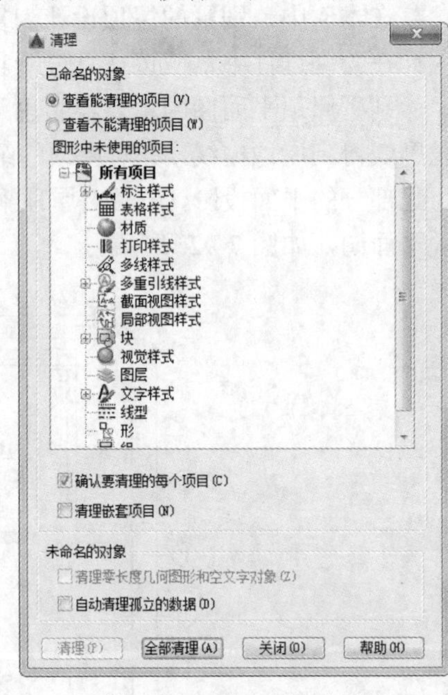

图7-94 “清理”对话框

（3）单击“默认”选项卡“图层”面板中的“图层特性”按钮，打开“图层特性管理器”选项板，关闭除“墙线”图层以外的所有可见图层。

7.4.2 绘制屋顶平面

在上节修改后的二层平面图基础上，利用多段线、直线、偏移和修剪等命令绘制屋顶平面图。

操作步骤如下：

1. 绘制外墙轮廓线

屋顶平面轮廓由建筑的平面轮廓决定，因此，首先要根据二层平面图中的墙体线条生成外墙轮廓线。

（1）单击“默认”选项卡“图层”面板中的“图层特性”按钮，打开“图层特性管理器”选项板，创建新图层，将新图层命名为“外墙轮廓线”，并将其设置为当前图层。

（2）单击“默认”选项卡“绘图”面板中的“多段线”按钮，在二层平面图中捕捉外墙端点，绘制闭合的外墙轮廓线，如图7-95所示。

2. 分析屋顶组成

本例别墅的屋顶是由几个坡屋顶组合而成的。在绘制过程中，可以先将屋顶分解成几部分，将每部分单独绘制后，再重新组合。在这里，建议将该屋顶划分为5部分，如图7-96所示。

3. 绘制檐线

坡屋顶出檐宽度一般根据平面的尺寸和屋面坡度确定。在本别墅中，双坡顶出檐500mm或600mm，四坡顶出檐900mm，坡屋顶结合处的出檐尺度视结合方式而定。

下面以“分屋顶4”为例，介绍屋顶檐线的绘制方法。

（1）单击“默认”选项卡“图层”面板中的“图层特性”按钮，打开“图层特性管理器”选项板，创建新图层，将新图层命名为“檐线”，并将其设置为当前图层。

（2）单击“默认”选项卡“修改”面板中的“偏移”按钮，将“平面4”的两侧短边分别向外偏移600mm，前侧长边向外偏移500mm。

（3）单击“默认”选项卡“修改”面板中的“延伸”按钮，将偏移后的3条线段延伸，使其相交，生成一组檐线，如图7-97所示。

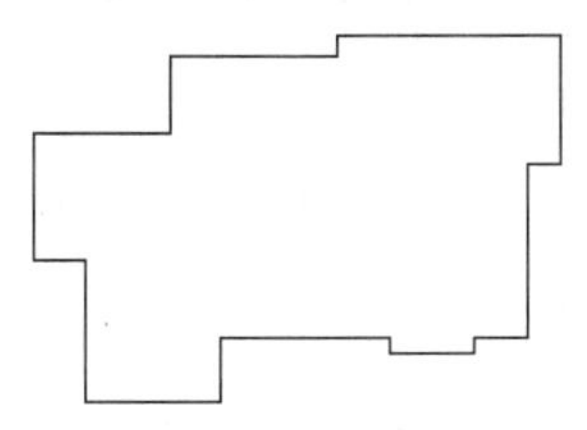

图7-95　外墙轮廓线图

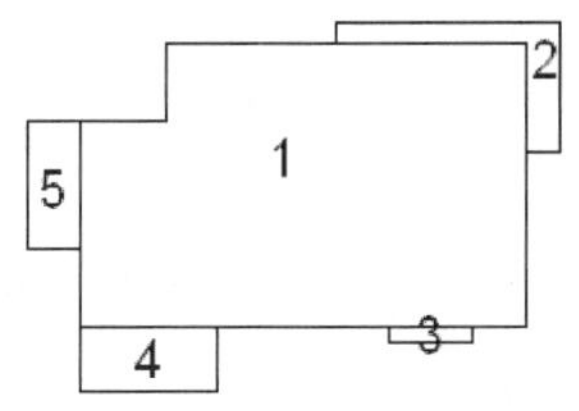

图7-96　屋顶分解示意图

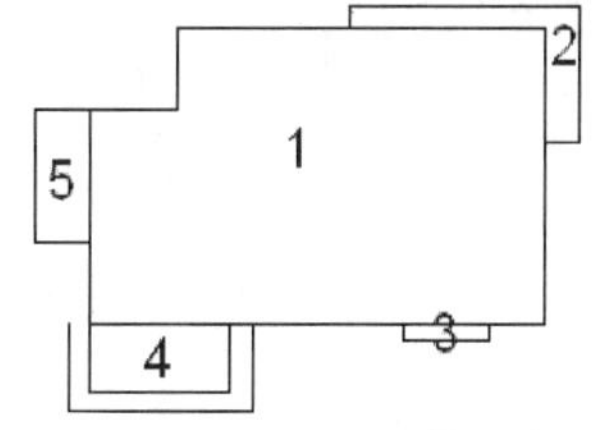

图7-97　生成“分屋顶4”檐线

（4）按照上述画法依次生成其他分组屋顶的檐线，然后单击“默认”选项卡“修改”面板中的“修剪”按钮，对檐线结合处进行修整，结果如图7-98所示。

4. 绘制屋脊

（1）单击“默认”选项卡“图层”面板中的“图层特性”按钮，打开“图层特性管理器”选项板，创建新图层，将新图层命名为“屋脊”，并将其设置为当前图层。

（2）单击“默认”选项卡“绘图”面板中的“直线”按钮，在每个檐线交点处绘制倾斜角度为45°或315°的直线，生成“垂脊”定位线，如图7-99所示。

（3）单击“默认”选项卡“绘图”面板中的“直线”按钮，绘制屋顶“平脊”，绘制结果如图7-100所示。

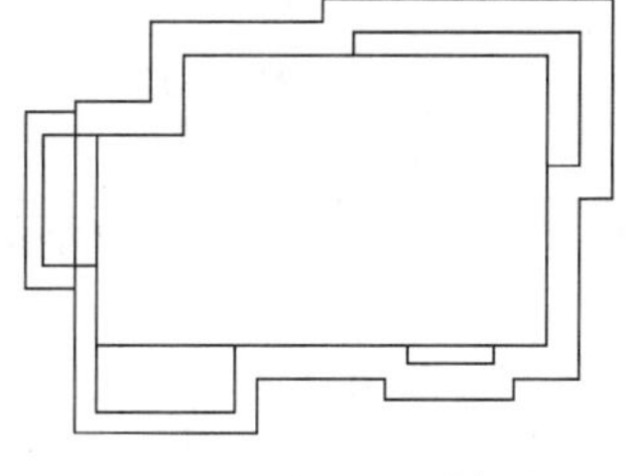

图7-98　生成屋顶檐线

（4）单击“默认”选项卡“修改”面板中的“删除”按钮，删除外墙轮廓线和其他辅助线，完成屋脊线条的绘制，如图7-101所示。

5. 绘制烟囱

（1）单击“默认”选项卡“图层”面板中的“图层特性”按钮，打开“图层特性管理器”

Note

选项板，创建新图层，将新图层命名为“烟囱”，并将其设置为当前图层。

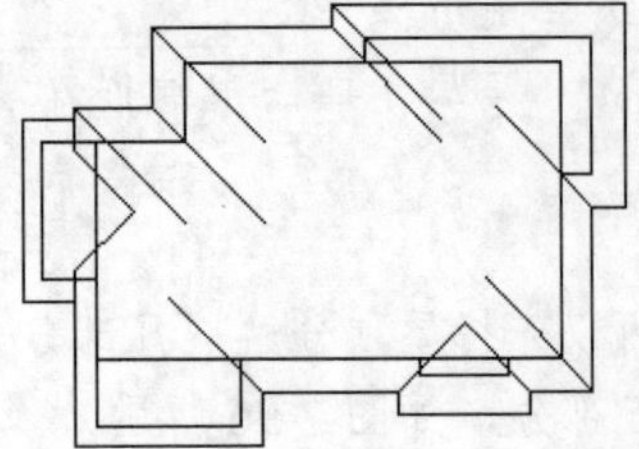
图 7-99　绘制屋顶垂脊

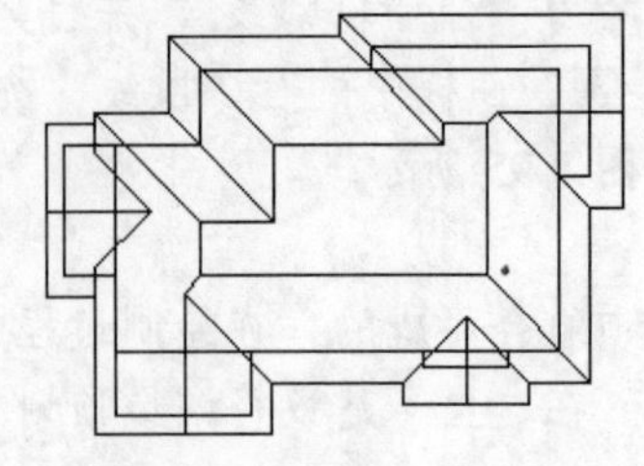
图 7-100　绘制屋顶平脊

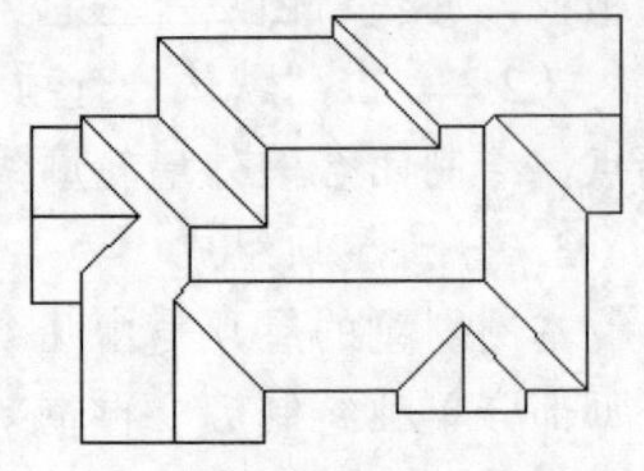
图 7-101　屋顶平面轮廓

（2）单击“默认”选项卡“绘图”面板中的“矩形”按钮，绘制烟囱平面，尺寸为750mm×900mm。

（3）单击“默认”选项卡“修改”面板中的“偏移”按钮，将得到的矩形向内偏移，偏移量为120mm（120mm为烟囱材料厚度）。

（4）将绘制的烟囱平面插入屋顶平面相应位置，并修剪多余线条，绘制结果如图7-102所示。

6. 绘制其他可见部分

（1）单击“默认”选项卡“图层”面板中的“图层特性”按钮，打开“图层特性管理器”选项板，打开“阳台”、“露台”、“立柱”和“雨篷”图层。

（2）单击“默认”选项卡“修改”面板中的“删除”按钮，删除平面图中被屋顶遮住的部分。绘制结果如图7-103所示。

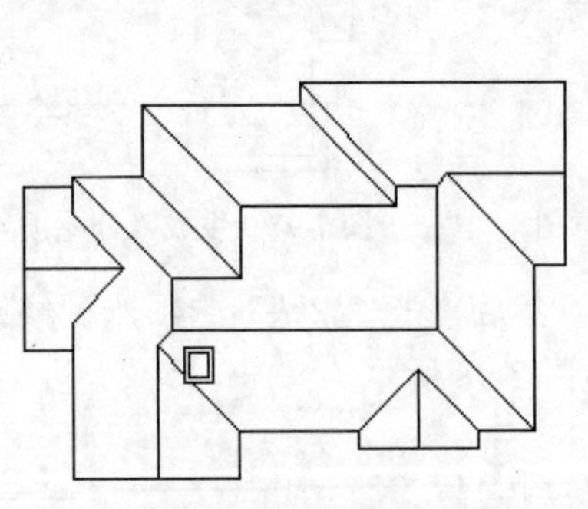
图 7-102　绘制烟囱

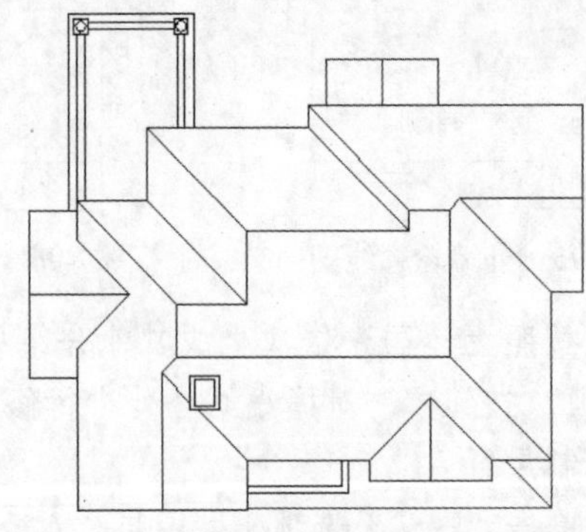
图 7-103　屋顶平面

7.4.3　尺寸标注与标高

与7.4.2节相同，用线性、多行文字以及插入块命令，对屋顶平面图进行平面标注。

操作步骤如下：

1. 尺寸标注

（1）在“图层”下拉列表框中选择“标注”图层，将其设置为当前图层。

（2）单击“默认”选项卡“注释”面板中的“线性”按钮，在屋顶平面图中添加尺寸标注。

2. 屋顶平面标高

（1）单击“插入”选项卡“块”面板中的“插入块”按钮，在坡屋顶和烟囱处添加标高符号。

（2）单击“默认”选项卡“注释”面板中的“多行文字”按钮A，在标高符号上方添加相应的标高数值，如图 7-104 所示。

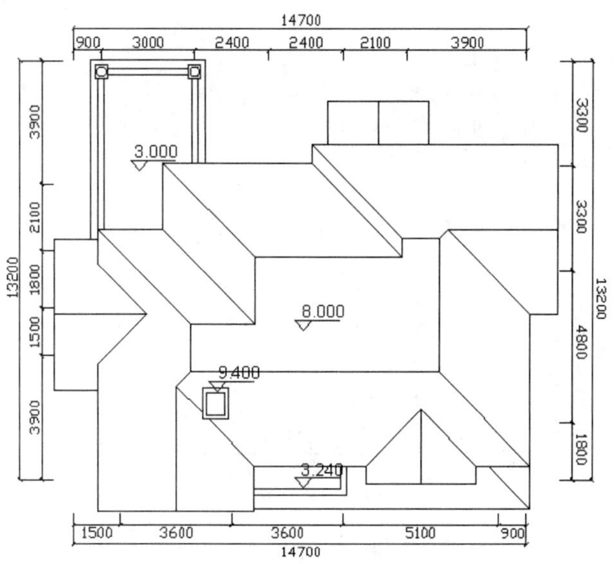

图 7-104　添加尺寸标注与标高

3. 绘制轴线编号

由于屋顶平面图中的定位轴线及编号都与二层平面相同，因此可以继续沿用原有轴线编号图形。具体操作如下：

单击“默认”选项卡“图层”面板中的“图层特性”按钮，打开“图层特性管理器”选项板，打开“轴线编号”图层，使其保持可见状态，对图层中的内容无须做任何改动。

7.5　实战演练

通过前面的学习，读者对本章知识也有了大体的了解，本节通过几个操作练习使读者进一步掌握本章知识要点。

【实战演练 1】绘制如图 7-105 所示的地下层平面图。

1. 目的要求

本实例主要要求读者通过练习进一步熟悉和掌握平面图的绘制方法。通过本实例，可以帮助读者学会完成整个平面图绘制的全过程。

2. 操作提示

（1）绘图前准备。

（2）绘制定位辅助线。

（3）绘制墙线、柱子。

（4）绘制门窗及楼梯。

（5）绘制家具。

（6）标注尺寸、文字、轴号及标高。

Note

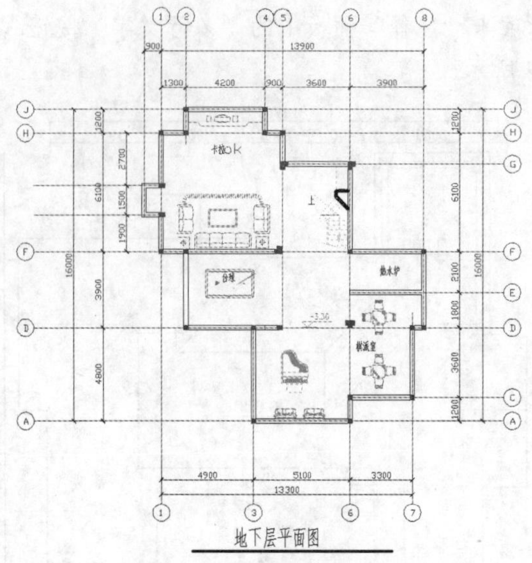

图 7-105　地下层平面图

【实战演练 2】绘制如图 7-106 所示的底层平面图。

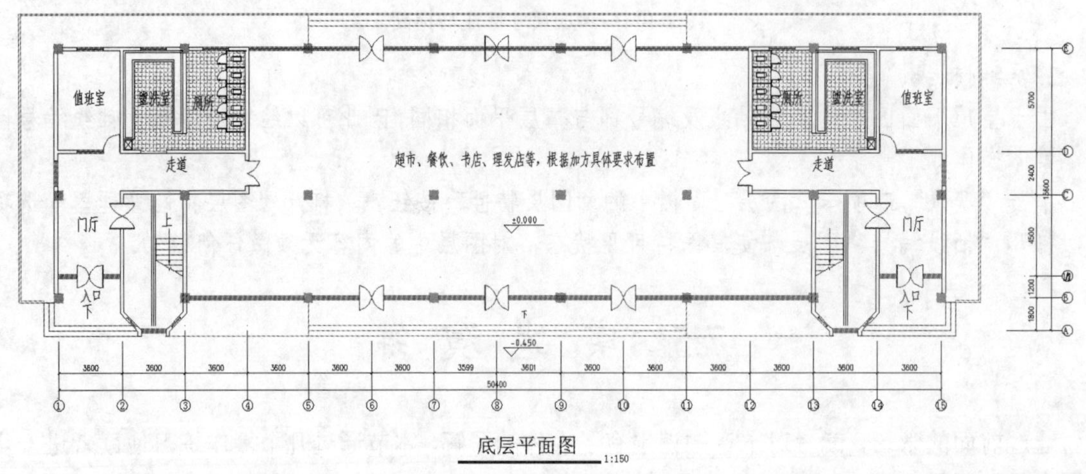

图 7-106　底层平面图

1. 目的要求

本实例主要要求读者通过练习进一步熟悉和掌握平面图的绘制方法。通过本实例，可以帮助读者学会完成整个平面图绘制的全过程。

2. 操作提示

（1）绘图前准备。

（2）绘制定位辅助线。

（3）绘制墙线、柱子、门窗。

（4）绘制楼梯及台阶。

（5）布置家具。

（6）标注尺寸、文字、轴号及标高。

第8章 绘制建筑立面图

本章学习要点和目标任务：

☑ 建筑立面图绘制概述

☑ 别墅南立面图的绘制

☑ 别墅西立面图的绘制

☑ 别墅东立面图和北立面图的绘制

本章仍结合第 7 章中所引用的建筑实例——二层别墅，对建筑立面图的绘制方法进行介绍。该二层别墅的台基为毛石基座，上面设花岗岩铺面；外墙面采用浅色涂料饰面；屋顶采用常见的彩瓦饰面屋顶；在阳台、露台和外廊处皆设有花瓶栏杆，各种颜色的材料与建筑主体相结合，创造了优美的景观。通过学习本章内容，读者应该掌握绘制建筑立面图的基本方法，并能够独立完成一栋建筑的立面图的绘制。

Note

8.1 建筑立面图绘制概述

本节简要归纳建筑立面图的概念及图示内容、命名方式及一般绘制步骤，为下一步结合实例讲解 AutoCAD 操作作准备。

8.1.1 建筑立面图概念及图示内容

立面图是用直接正投影法将建筑各个墙面进行投影所得到的正投影图。一般地，立面图上的图示内容有墙体外轮廓及内部凹凸轮廓、门窗（幕墙）、入口台阶及坡道、雨篷、窗台、窗楣、壁柱、檐口、栏杆、外露楼梯、各种线脚等。从理论上讲，立面图上所有建筑构配件的正投影图均要反映在立面图上。实际上，一些比例较小的细部可以简化或用图例来代替。如门窗的立面，可以在具有代表性的位置仔细绘制出窗扇、门扇等细节，而同类门窗则用其轮廓表示即可。在施工图中，如果门窗不是引用有关门窗图集，则其细部构造需要绘制大样图来表示，这样就可以弥补立面上的不足。

此外，当立面转折、曲折较复杂时，可以绘制展开立面图。圆形或多边形平面的建筑物，可分段展开绘制立面图。为了图示明确，在图名上均应注明“展开”二字，在转角处应准确表明轴线号。

8.1.2 建筑立面图的命名方式

建筑立面图命名目的在于能够一目了然地识别其立面的位置。因此，各种命名方式都是围绕“明确位置”这一主题来实施。至于采取哪种方式，则因具体情况而定。

1．以相对主入口的位置特征命名

以相对主入口的位置特征命名，则建筑立面图称为正立面图、背立面图、侧立面图。这种方式一般适用于建筑平面图方正、简单，入口位置明确的情况。

2．以相对地理方位的特征命名

以相对地理方位的特征命名，建筑立面图常称为南立面图、北立面图、东立面图、西立面图。这种方式一般适用于建筑平面图规整、简单，而且朝向相对正南正北偏转不大的情况。

3．以轴线编号来命名

以轴线编号来命名是指用立面起止定位轴线来命名，如①～⑥立面图、Ⓔ～Ⓐ立面图等。这种方式命名准确，便于查对，特别适用于平面较复杂的情况。

根据国家标准 GB/T 50104—2010《建筑制图标准》，有定位轴线的建筑物，宜根据两端定位轴线号编注立面图名称。无定位轴线的建筑物可按平面图各面的朝向确定名称。

8.1.3 建筑立面图绘制的一般步骤

从总体上来说，立面图是在平面图的基础上引出定位辅助线确定立面图样的水平位置及大

Note

小。然后，根据高度方向的设计尺寸确定立面图样的竖向位置及尺寸，从而绘制出一个个图样。因此，立面图绘制的一般步骤如下。

（1）绘图环境设置。

（2）确定定位辅助线：包括墙、柱定位轴线、楼层水平定位辅助线及其他立面图样的辅助线。

（3）立面图样绘制：包括墙体外轮廓及内部凹凸轮廓、门窗（幕墙）、入口台阶及坡道、雨棚、窗台、窗楣、壁柱、檐口、栏杆、外露楼梯、各种线脚等内容。

（4）配景，包括植物、车辆、人物等。

（5）尺寸、文字标注。

（6）线型、线宽设置。

提示：

对上述绘制步骤，需要说明的是，并不是将所有的辅助线绘制好后才绘制图样，而一般是由总体到局部、由粗到细，一项一项地完成。如果将所有的辅助线一次绘出，则会密密麻麻，无法分清。

8.2　别墅南立面图的绘制

首先，根据已有平面图中提供的信息绘制该立面中各主要构件的定位辅助线，确定各主要构件的位置关系；接着在已有辅助线的基础上，结合具体的标高数值绘制别墅的外墙及屋顶轮廓线；然后依次绘制台基、门窗、阳台等建筑构件的立面轮廓以及其他建筑细部；最后，添加立面标注，并对建筑表面的装饰材料和做法进行必要的文字说明。下面就按照这个思路绘制别墅的南立面图，如图 8-1 所示。

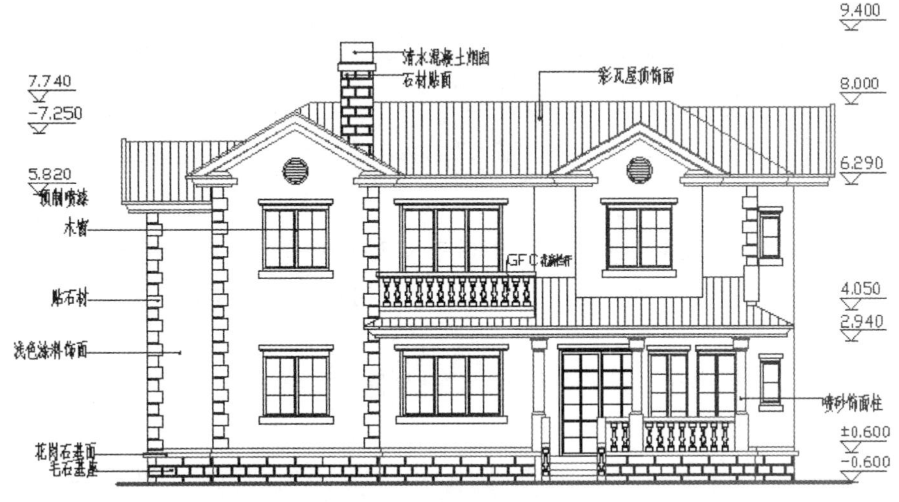

图 8-1　别墅南立面图

光盘\配套视频\第 8 章\别墅南立面图的绘制.avi

8.2.1 设置绘图环境

Note

设置绘图环境是绘制任何一幅建筑图形都要进行的预备工作，这里主要创建图形文件、清理图形元素、创建图层。有些具体设置可以在绘制过程中根据需要进行设置。

操作步骤如下：

1. 创建图形文件

由于建筑立面图是以已有的平面图为生成基础的，因此，在这里，不必新建图形文件，其立面图可直接借助已有的建筑平面图进行创建。具体做法如下：

打开已绘制的“别墅首层平面图.dwg”文件，在“文件”菜单中选择“另存为”命令，打开“图形另存为”对话框，如图 8-2 所示，在“文件名”下拉列表框中输入新的图形文件名称为“别墅南立面图”，然后单击“保存”按钮，建立图形文件。

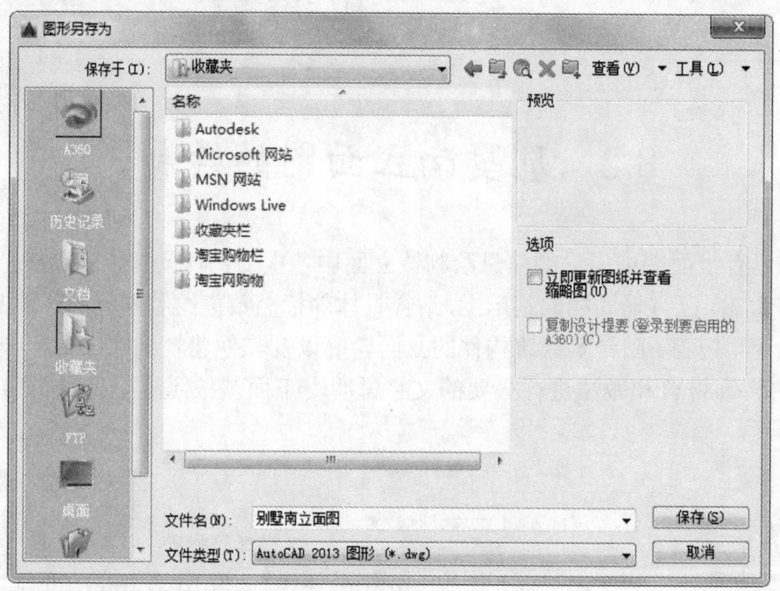

图 8-2 “图形另存为”对话框

2. 清理图形元素

在平面图中，可作为立面图生成基础的图形元素只有外墙、台阶、立柱和外墙上的门窗等，而平面图中的其他元素对于立面图的绘制帮助很小，因此，有必要对平面图形进行选择性的清理。

（1）单击“默认”选项卡“修改”面板中的“删除”按钮，删除平面图中的所有室内家具、楼梯以及部分门窗图形。

（2）选择“文件/图形实用工具/清理”命令，弹出“清理”对话框，如图 8-3 所示，清理图形文件中多余的图形元素。

经过清理后的平面图形如图 8-4 所示。

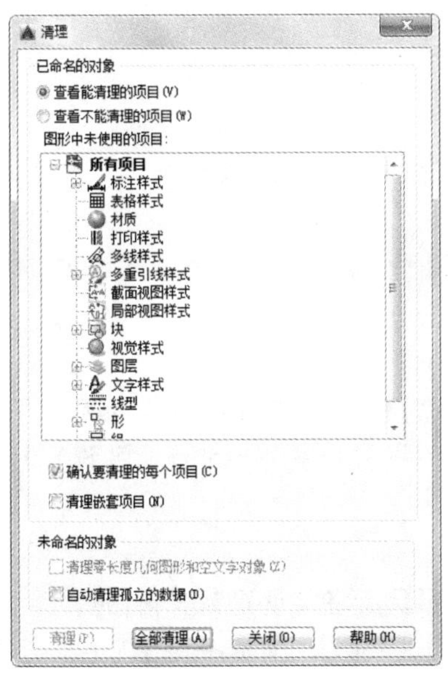

图 8-3　“清理”对话框

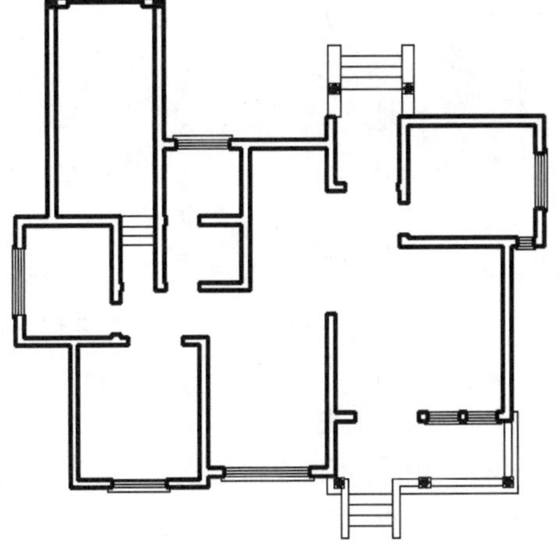

图 8-4　清理后的平面图形

提示：

使用菜单栏中的“清理”命令对图形和数据内容进行清理时，要确认该元素在当前图纸中确实毫无作用，避免丢失一些有用的数据和图形元素。

对于一些暂时无法确定是否该清理的图层，可以先将其保留，仅删去该图层中无用的图形元素；或者将该图层关闭，使其保持不可见状态，待整个图形文件绘制完成后再进行选择性的清理。

3. 添加新图层

在立面图中，有一些基本图层是平面图中所没有的。因此，有必要在绘图的开始阶段对这些图层进行创建和设置。

（1）单击“默认”选项卡“图层”面板中的“图层特性”按钮，打开“图层特性管理器”选项板，创建 5 个新图层，图层名称分别为“辅助线”、“地坪”、“屋顶轮廓线”、“外墙轮廓线”和“烟囱”，并分别对每个新图层的属性进行设置，如图 8-5 所示。

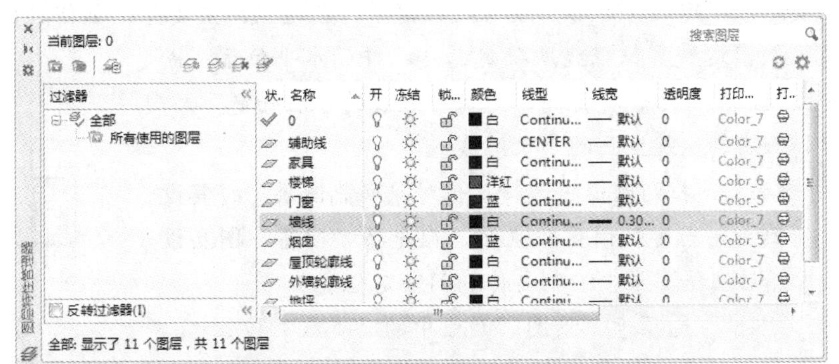

图 8-5　“图层特性管理器”选项板

（2）将清理后的平面图形转移到“辅助线”图层。

8.2.2 绘制室外地坪线与外墙定位线

绘制建筑立面图时必须绘制地坪线和外墙定位线，主要利用直线命令来完成其绘制。操作步骤如下：

1. 绘制室外地坪线

绘制建筑的立面图时，首先要绘制一条室外地坪线。

（1）在"图层"下拉列表框中选择"地坪"图层，将其设置为当前图层。

（2）单击"默认"选项卡"绘图"面板中的"直线"按钮╱，在如图 8-4 所示的平面图形上方绘制一条长度为 20000mm 的水平线段，将该线段作为别墅的室外地坪线，并设置其线宽为 0.30mm，如图 8-6 所示。

2. 绘制外墙定位线

（1）在"图层"下拉列表框中选择"外墙轮廓线"图层，将其设置为当前图层。

（2）单击"默认"选项卡"绘图"面板中的"直线"按钮╱，捕捉平面图形中的各外墙交点，垂直向上绘制墙线的延长线，得到立面的外墙定位线，如图 8-7 所示。

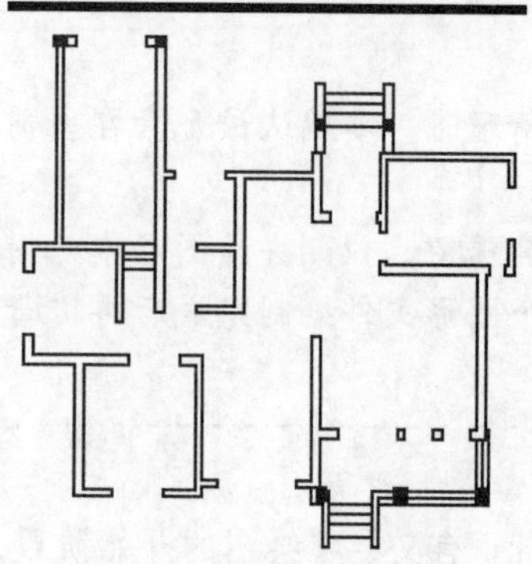

图 8-6 绘制室外地坪线

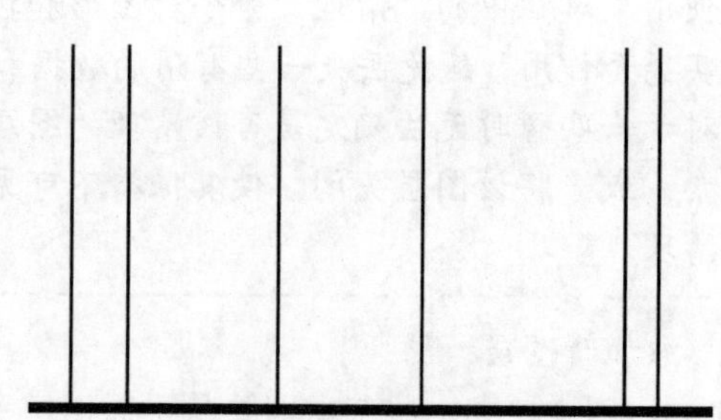

图 8-7 绘制外墙定位线

提示：

在立面图的绘制中，利用已有图形信息绘制建筑定位线是很重要的。有了水平方向和垂直方向上的双重定位，建筑外部形态就呼之欲出了。在这里，主要介绍如何利用平面图的信息来添加定位纵线，这种定位纵线所确定的是构件的水平位置；而该构件的垂直位置，则可结合其标高，用偏移基线的方法确定。

下面介绍如何绘制建筑立面的定位纵线。

（1）在"图层"下拉列表框中选择定位对象所属图层，将其设置为当前图层（例如，当定位门窗位置时，应先将"门窗"图层设置为当前图层，然后在该图层中绘制具体的门窗定位线）。

（2）单击"默认"选项卡"绘图"面板中的"直线"按钮╱，捕捉平面基础图形中的各定位点，向上绘制延长线，得到与水平方向垂直的立面定位线，如图 8-8 所示。

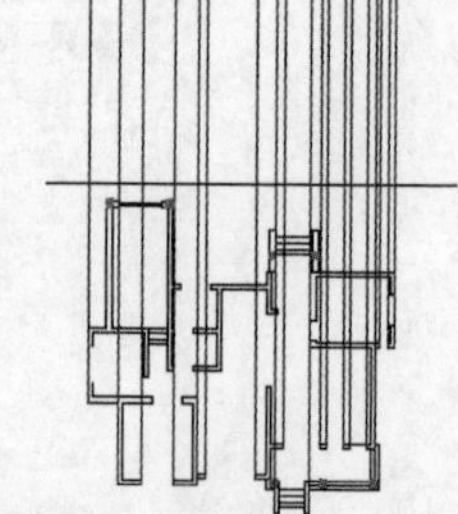

图 8-8 由平面图生成立面定位线

8.2.3　绘制屋顶立面

别墅屋顶形式较为复杂，是由多个坡屋顶组合而成的复合式屋顶。在绘制屋顶立面时，要引入屋顶平面图作为分析和定位的基准。

操作步骤如下：

1. 引入屋顶平面

（1）单击快速访问工具栏中的“打开”按钮，在弹出的“选择文件”对话框中选择已经绘制的“别墅屋顶平面图.dwg”文件并将其打开。

（2）在打开的图形文件中选取屋顶平面图形，并将其复制，然后返回立面图绘制区域，将已复制的屋顶平面图形粘贴到首层平面图的对应位置。

（3）在“图层”下拉列表框中选择“辅助线”图层，将其关闭，如图 8-9 所示。

2. 绘制屋顶轮廓线

（1）在“图层”下拉列表框中选择“屋顶轮廓线”图层，将其设置为当前图层，然后将屋顶平面图形转移到当前图层。

（2）单击“默认”选项卡“修改”面板中的“偏移”按钮，将室外地坪线向上偏移，偏移量为 8600mm，得到屋顶最高处平脊的位置，如图 8-10 所示。

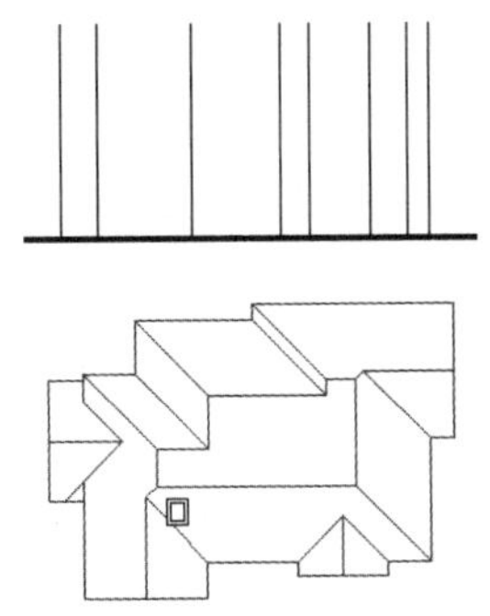

图 8-9　引入屋顶平面图

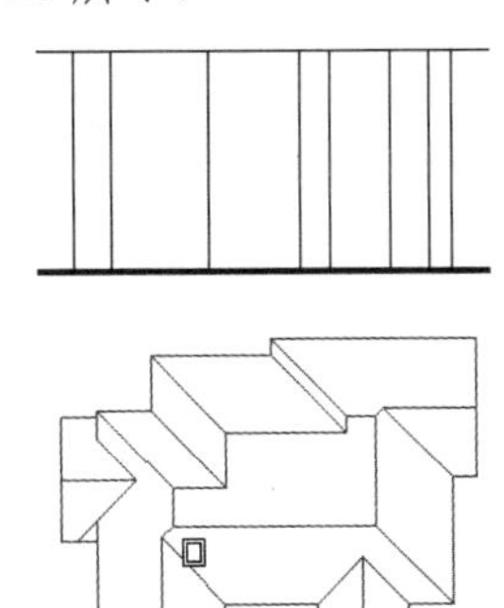

图 8-10　绘制屋顶平脊定位线

（3）单击“默认”选项卡“绘图”面板中的“直线”按钮，由屋顶平面图形向立面图中引绘屋顶定位辅助线，然后单击“默认”选项卡“修改”面板中的“修剪”按钮，结合定位辅助线修剪如图 8-10 所示的平脊定位线，得到屋顶平脊线条。

（4）单击“默认”选项卡“绘图”面板中的“直线”按钮，以屋顶最高处平脊线的两侧端点为起点，分别向两侧斜下方绘制垂脊，使每条垂脊与水平方向的夹角均为 30°。

（5）分析屋顶关系，并结合得到的屋脊交点，确定屋顶轮廓，如图 8-11 所示。

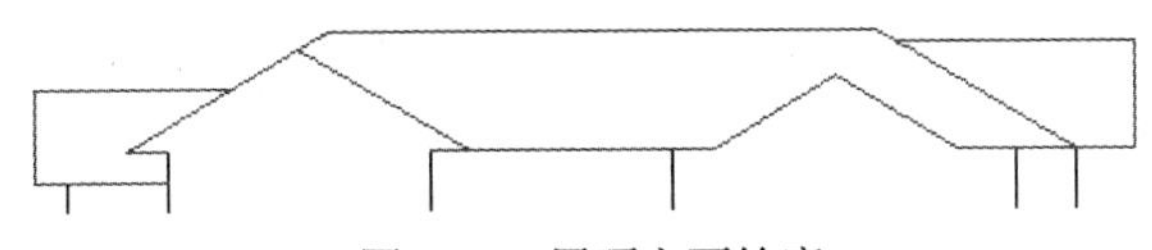

图 8-11　屋顶立面轮廓

3. 绘制屋顶细部

1）当双坡顶的平脊与立面垂直时，双坡屋顶细部绘制方法（以左边数第二个屋顶为例）：

（1）单击“默认”选项卡“修改”面板中的“偏移”按钮，以坡屋顶左侧垂脊为基准线，连续向右连续偏移，偏移量依次为35mm、165mm、25mm和125mm。

（2）绘制檐口线脚。

① 单击“默认”选项卡“绘图”面板中的“矩形”按钮，自上而下依次绘制矩形1、矩形2、矩形3和矩形4，4个矩形的尺寸分别为810mm×120mm、1050mm×60mm、930mm×120mm和810mm×60mm。

② 单击“默认”选项卡“修改”面板中的“移动”按钮，调整4个矩形的位置关系，如图8-12所示。

③ 选择矩形1，单击其右上角点，将该点激活（此时，该点呈红色），将鼠标水平向左移动，在命令行中输入80后，按Enter键，完成拉伸操作；按照同样方法，将矩形3的左上角点激活，并将其水平向左拉伸120mm，如图8-13所示。

④ 单击“默认”选项卡“修改”面板中的“移动”按钮，以矩形2左上角点为基点，将拉伸后所得图形移动到屋顶左侧垂脊下端。

⑤ 单击“默认”选项卡“修改”面板中的“修剪”按钮，修剪多余线条，完成檐口线脚的绘制，如图8-14所示。

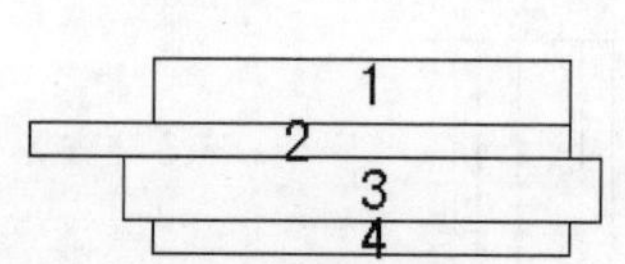

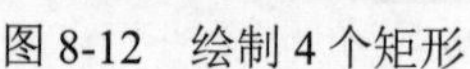

图8-12　绘制4个矩形

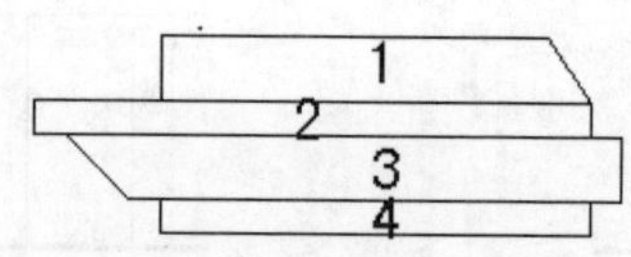

图8-13　将矩形拉伸得到梯形

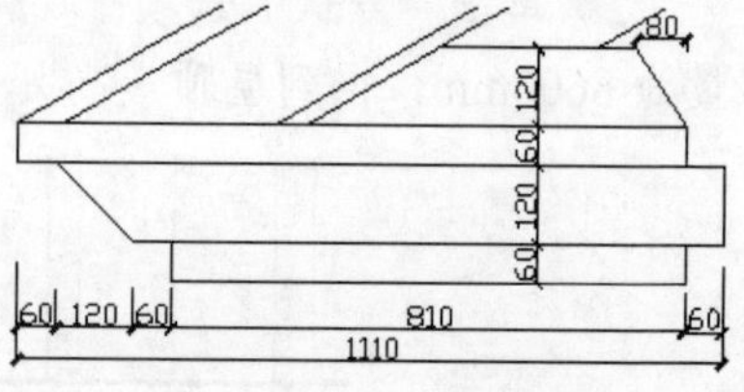

图8-14　檐口线脚

（3）单击“默认”选项卡“绘图”面板中的“直线”按钮，以该双坡屋顶的最高点为起点，绘制一条垂直辅助线。

（4）单击“默认”选项卡“修改”面板中的“镜像”按钮，将绘制的屋顶左半部分选中，作为镜像对象，以绘制的垂直辅助线为对称轴，通过镜像操作（不删除源对象）绘制屋顶的右半部分。

（5）单击“默认”选项卡“修改”面板中的“修剪”按钮，修整多余线条，得到该坡屋顶立面图形，如图8-15所示。

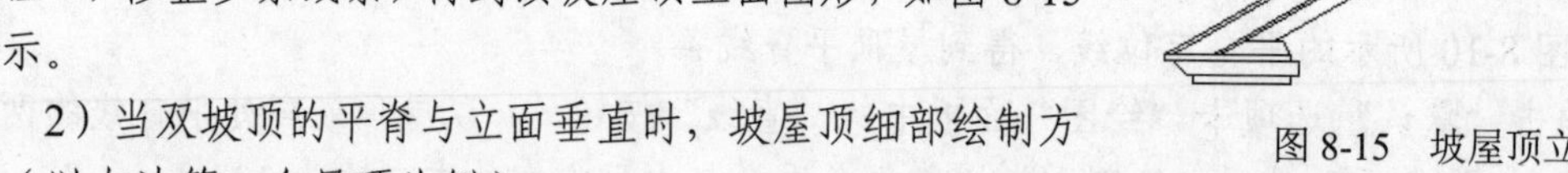

图8-15　坡屋顶立面A

2）当双坡顶的平脊与立面垂直时，坡屋顶细部绘制方法（以左边第一个屋顶为例）：

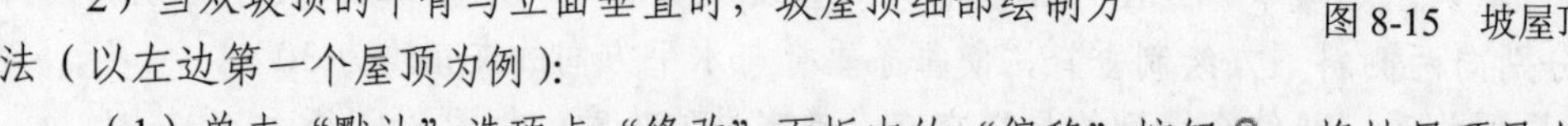

（1）单击“默认”选项卡“修改”面板中的“偏移”按钮，将坡屋顶最左侧垂脊线向右偏移，偏移量为100mm，向上偏移该坡屋顶平脊线，偏移距离为60mm。

（2）单击“默认”选项卡“修改”面板中的“偏移”按钮，以坡屋顶檐线为基准线，向下方连续偏移，偏移量依次为60mm、120mm和60mm。

（3）单击“默认”选项卡“修改”面板中的“偏移”按钮，以坡屋顶最左侧垂脊线为基准线，向右连续偏移，每次偏移距离均为80mm。

（4）单击“默认”选项卡“修改”面板中的“延伸”按钮和“修剪”按钮，对已有线

条进行修整，得到该坡屋顶的立面图形，如图 8-16 所示。

按照上面介绍的两种坡屋顶立面的画法，绘制其余的屋顶立面，绘制结果如图 8-17 所示。

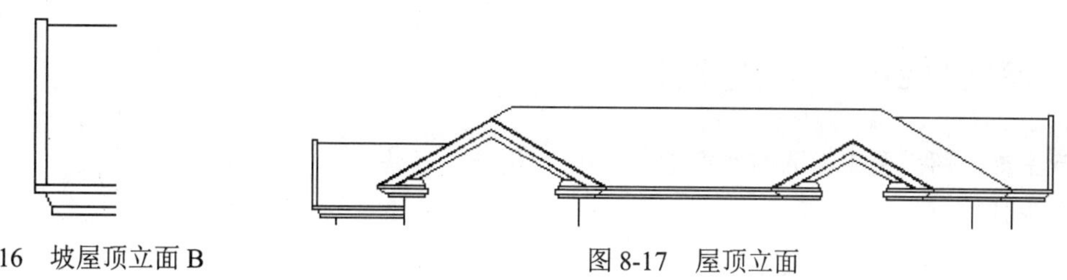

图 8-16 坡屋顶立面 B　　图 8-17 屋顶立面

8.2.4 绘制台基与台阶

台基和台阶的绘制方法很简单，都是通过偏移基线来完成的。下面分别介绍这两种构件的绘制方法。

操作步骤如下：

1. 绘制台基与勒脚

（1）在“图层”下拉列表框中将“屋顶轮廓线”图层暂时关闭，并将“辅助线”图层重新打开，然后选择“台阶”图层，将其设置为当前图层。

（2）单击“默认”选项卡“修改”面板中的“偏移”按钮，将室外地坪线向上偏移，偏移量为 600mm，得到台基线，然后将台基线继续向上偏移，偏移量为 120mm，得到“勒脚线 1”。

（3）再次单击“默认”选项卡“修改”面板中的“偏移”按钮，将前面所绘的各条外墙定位线分别向墙体外侧偏移，偏移量为 60mm，然后单击“默认”选项卡“修改”面板中的“修剪”按钮，修剪过长的墙线和台基线，如图 8-18 所示。

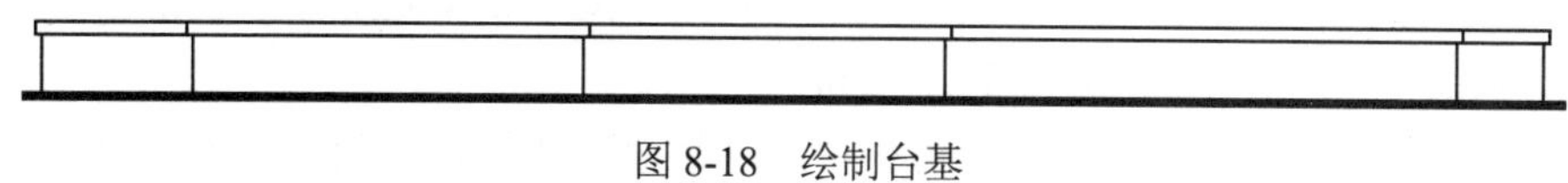

图 8-18 绘制台基

（4）按上述方法，绘制台基上方“勒脚线 2”，勒脚高度为 80mm，与外墙面之间的距离为 30mm，如图 8-19 所示。

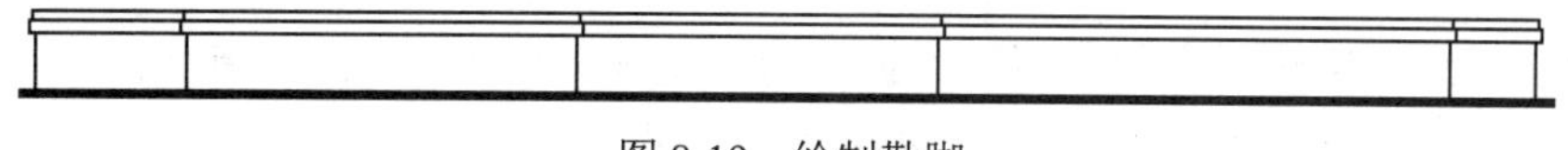

图 8-19 绘制勒脚

2. 绘制台阶

（1）在“图层”下拉列表框中选择“台阶”图层，将其设置为当前图层。

（2）单击“默认”选项卡“修改”面板中的“矩形阵列”按钮，设置行数为 5，列数为 1，行间距为 150，选择室外地坪线为阵列对象，完成阵列操作。

（3）单击“默认”选项卡“修改”面板中的“修剪”按钮，结合台阶两侧的定位辅助线，对台阶线条进行修剪，得到台阶图形，如图 8-20 所示。

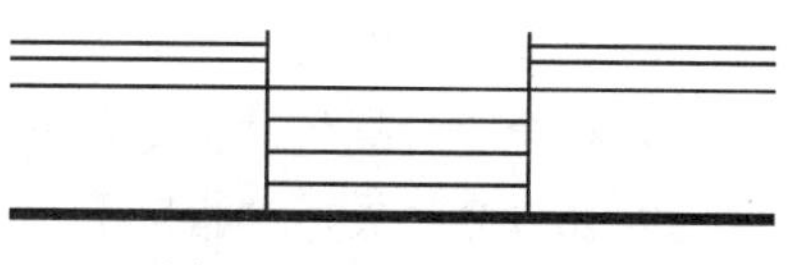

图 8-20 绘制台阶踏步

如图 8-21 所示为绘制完成的台基和台阶立面。

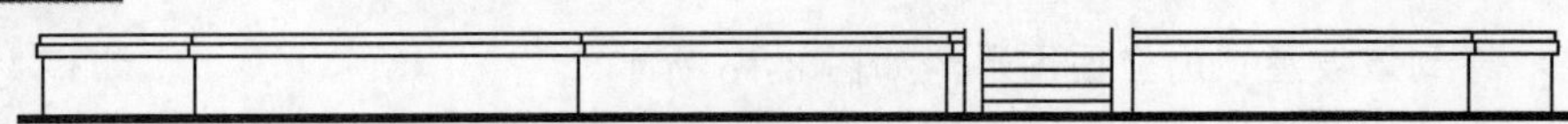

图 8-21　别墅台基与台阶

8.2.5　绘制平台、立柱与栏杆

Note

本节主要介绍别墅南面入口处平台、立柱和栏杆的画法。

操作步骤如下：

1. 绘制平台

（1）在“图层”下拉列表框中选择“台阶”图层，将其设置为当前图层。

（2）单击“默认”选项卡“修改”面板中的“偏移”按钮，将台基线向上偏移，偏移量为 120mm。

（3）单击“默认”选项卡“修改”面板中的“修剪”按钮，结合平台定位纵线，修剪多余线条，完成客厅外部平台的绘制，如图 8-22 所示。

图 8-22　室外平台与台阶

2. 绘制立柱

在本别墅中，有 3 处设有立柱，即别墅的两个入口和车库大门处。其中，两个入口处的立柱样式和尺寸都是完全相同的；而车库柱尺度较大，在外观样式上也略有不同。

1）在“图层”下拉列表框中选择“立柱”图层，将其设置为当前图层。

2）绘制柱基。立柱的柱基由一个矩形和一个梯形组成，设置矩形宽 320mm，高 840mm；梯形上端宽 240mm，下端宽 320mm，高 60mm。

（1）单击“默认”选项卡“绘图”面板中的“矩形”按钮，绘制一个矩形。

① 在命令行提示“指定第一个角点或[倒角(C)/标高(E)/圆角(F)/厚度(T)/宽度(W)]:”后适当指定一点。

② 在命令行提示“指定另一个角点或[面积(A)/尺寸(D)/旋转(R)]:”后输入“@320,840”。

（2）单击“默认”选项卡“绘图”面板中的“直线”按钮，绘制直线。

① 在命令行提示“指定第一点:”后输入“@0,60”。

② 在命令行提示“指定下一点或[放弃(U)]:”后按 Enter 键。

（3）单击“默认”选项卡“绘图”面板中的“直线”按钮，绘制直线。

① 在命令行提示“指定第一点:”后选取第（2）步绘得的线段上端点作为第一点。

② 在命令行提示“指定下一点或[放弃(U)]:”后输入“@120,0”。

③ 在命令行提示“指定下一点或[放弃(U)]:”后按 Enter 键。

（4）单击“默认”选项卡“绘图”面板中的“直线”按钮，继续绘制直线。

① 在命令行提示“指定第一点:”后适当指定一点。

② 在命令行提示“指定下一点或[放弃(U)]:”后输入“@40,-60”。

③ 在命令行提示“指定下一点或[放弃(U)]:”后按 Enter 键。

（5）单击“默认”选项卡“修改”面板中的“镜像”按钮，镜像部分梯形，结果如图 8-23 所示。

3）绘制柱身。立柱柱身立面为矩形，宽 240mm，高 1350mm。单击“默认”选项卡“绘图”面板中的“矩形”按钮，绘制矩形柱身。

4）绘制柱头。立柱柱头由 4 个矩形和一个梯形组成，如图 8-24 所示。其绘制方法可参考柱基画法。

将柱基、柱身和柱头组合，得到完整的立柱立面，如图 8-25 所示。

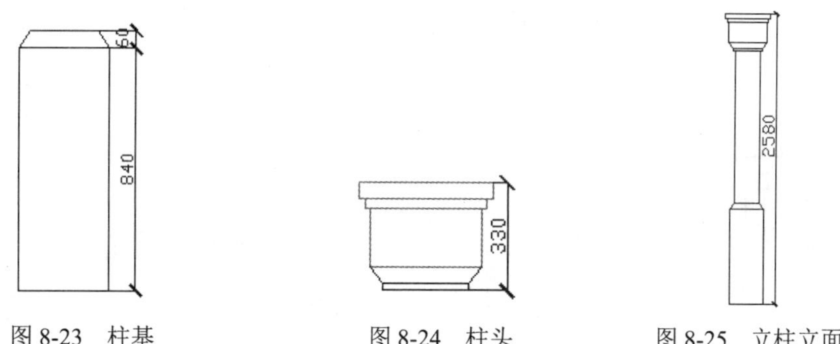

图 8-23　柱基　　图 8-24　柱头　　图 8-25　立柱立面

5）单击“插入”选项卡“块定义”面板中的“创建块”按钮，将所绘立柱图形定义为图块，命名为“立柱立面 1”，并选择立柱基底中点作为插入点。

6）单击“插入”选项卡“块”面板中的“插入块”按钮，结合立柱定位辅助线，将立柱图块插入立面图中相应位置，然后单击“默认”选项卡“修改”面板中的“修剪”按钮，修剪多余线条，如图 8-26 所示。

3. 绘制栏杆

（1）单击“默认”选项卡“图层”面板中的“图层特性”按钮，打开“图层特性管理器”选项板，创建新图层，将新图层命名为“栏杆”，并将其设置为当前图层。

（2）绘制水平扶手。扶手高度为 100mm，其上表面距室外地坪线高度差为 1470mm。

① 单击“默认”选项卡“修改”面板中的“偏移”按钮，向上连续 3 次偏移室外地坪线，偏移量依次为 1350mm、20mm 和 100mm，得到水平扶手定位线。

② 单击“默认”选项卡“修改”面板中的“修剪”按钮，修剪水平扶手线条。

（3）按上述方法和数据，结合栏杆定位纵线，绘制台阶两侧栏杆扶手，如图 8-27 所示。

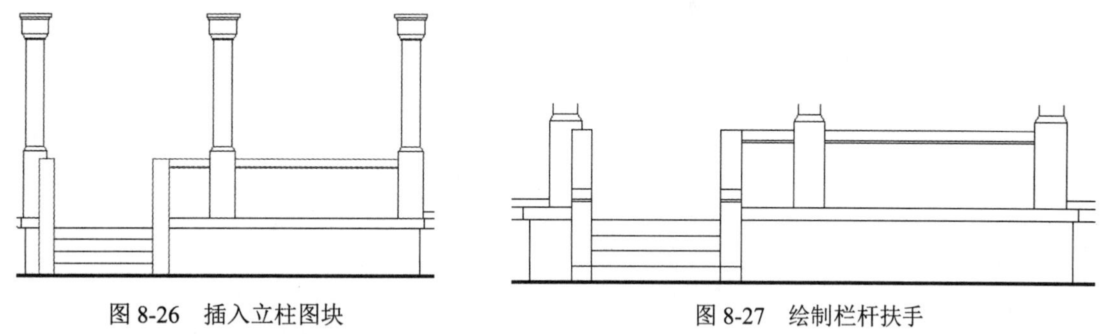

图 8-26　插入立柱图块　　图 8-27　绘制栏杆扶手

（4）单击快速访问工具栏中的“打开”按钮，在弹出的“选择文件”对话框中选择“源文件\图库”路径，找到“CAD 图库.dwg”文件并将其打开。

（5）在名称为“装饰”的一栏中，选择名称为“花瓶栏杆”图形模块，如图 8-28 所示；选择菜单栏中的“编辑/带基点复制”命令，将花瓶栏杆复制，然后返回立面图绘图区域，在水平扶手右端的下方位置插入第一根栏杆图形。

Note

（6）单击“默认”选项卡“修改”面板中的“矩形阵列”按钮，选取已插入的第一根花瓶栏杆作为“阵列对象”，并设置行数为 1，列数为 8，列间距为-250，完成阵列操作。

（7）单击“插入”选项卡“块”面板中的“插入块”按钮，绘制其余位置的花瓶栏杆，如图 8-29 所示。

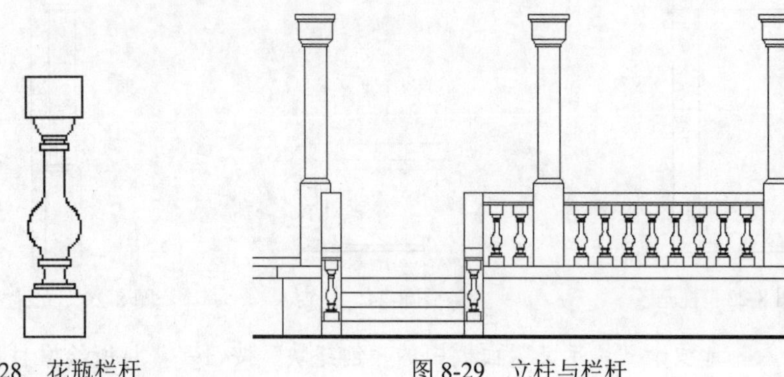

图 8-28　花瓶栏杆　　图 8-29　立柱与栏杆

8.2.6　绘制立面门窗

门和窗是建筑立面中的重要构件，在建筑立面的设计和绘制中，选用适合的门窗样式，可以使建筑的外观形象更加生动、更富于表现力。

在本别墅中，建筑门窗大多为平开式，还有少量百叶窗，主要起透气通风的作用，如图 8-30 所示。

图 8-30　立面门窗

操作步骤如下：

1. 绘制门窗洞口

（1）在“图层”下拉列表框中选择“门窗”图层，将其设置为当前图层。

（2）单击“默认”选项卡“绘图”面板中的“直线”按钮，绘制立面门窗洞口的定位辅助线，如图 8-31 所示。

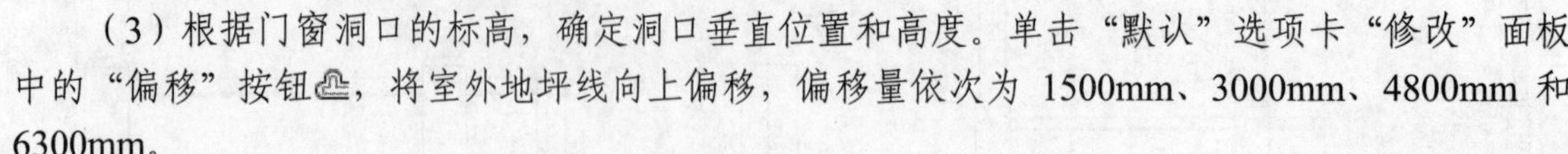

（3）根据门窗洞口的标高，确定洞口垂直位置和高度。单击“默认”选项卡“修改”面板中的“偏移”按钮，将室外地坪线向上偏移，偏移量依次为 1500mm、3000mm、4800mm 和 6300mm。

（4）单击“默认”选项卡“修改”面板中的“修剪”按钮，修剪图中多余的辅助线条，完成门窗洞口的绘制，如图 8-32 所示。

2. 绘制门窗

在 AutoCAD 建筑图库中，通常会有许多类型的立面门窗图形模块，这就为设计者和绘图者提供了更多的选择空间，也大大地节省了绘图的时间。

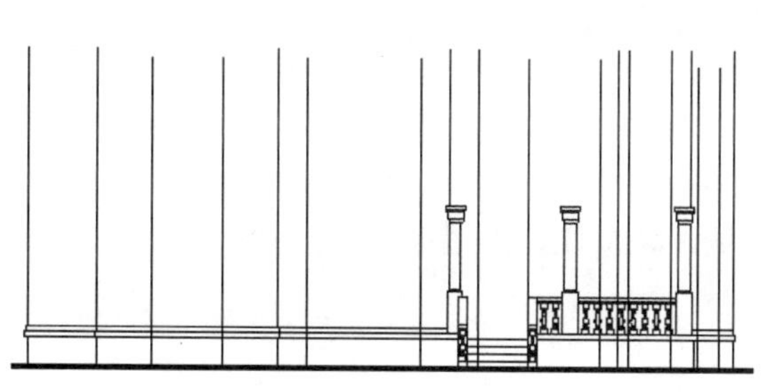
图 8-31　门窗洞口定位辅助线

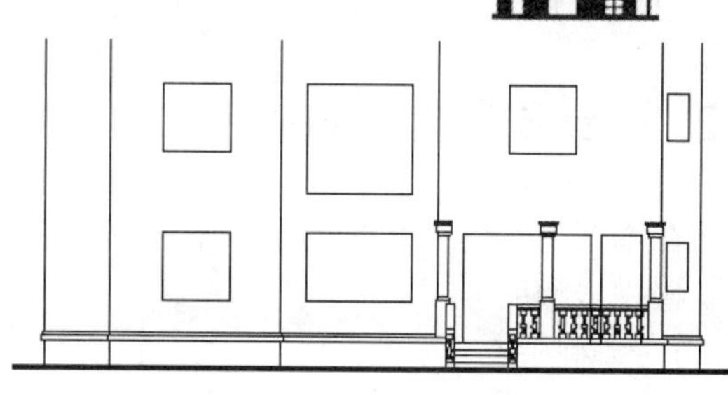
图 8-32　立面门窗洞口

绘图者可以在图库中根据自己的需要找到合适的门窗图形模块，然后运用复制、粘贴等命令将其添加到立面图中相应的门窗洞口位置。

具体绘制步骤可参考前面章节中介绍的图库使用方法。

3. 绘制窗台

在本别墅立面图中，外窗下方设有 150mm 高的窗台。因此，外窗立面的绘制完成后，还要在窗下添加窗台立面。

（1）单击“默认”选项卡“绘图”面板中的“矩形”按钮，绘制尺寸为 1000mm×150mm 的矩形。

（2）单击“插入”选项卡“块定义”面板中的“创建块”按钮，将该矩形定义为“窗台立面”图块，将矩形上侧长边中点设置为基点。

（3）单击“插入”选项卡“块”面板中的“插入块”按钮，打开“插入”对话框，在“名称”下拉列表框中选择“窗台立面”，根据实际需要设置 X 方向的比例数值，然后单击“确定”按钮，点选窗洞下端中点作为插入点，插入窗台图块。

绘制结果如图 8-33 所示。

4. 绘制百叶窗

（1）单击“默认”选项卡“绘图”面板中的“直线”按钮，以别墅二层外窗的窗台下端中点为起点，向上绘制一条长度为 2410mm 的垂直线段。

（2）单击“默认”选项卡“绘图”面板中的“圆”按钮，以线段上端点为圆心，绘制半径为 240mm 的圆。

（3）单击“默认”选项卡“修改”面板中的“偏移”按钮，将所得的圆形向外偏移 50mm，得到宽度为 50mm 的环形窗框。

（4）单击“默认”选项卡“绘图”面板中的“图案填充”按钮，弹出“图案填充创建”选项卡，在图案列表中选择 LINE 作为填充图案，输入填充比例为 500，选择内部较小的圆为填充对象，完成图案填充操作。

（5）单击“默认”选项卡“修改”面板中的“删除”按钮，删除垂直辅助线。

绘制的百叶窗图形如图 8-34 所示。

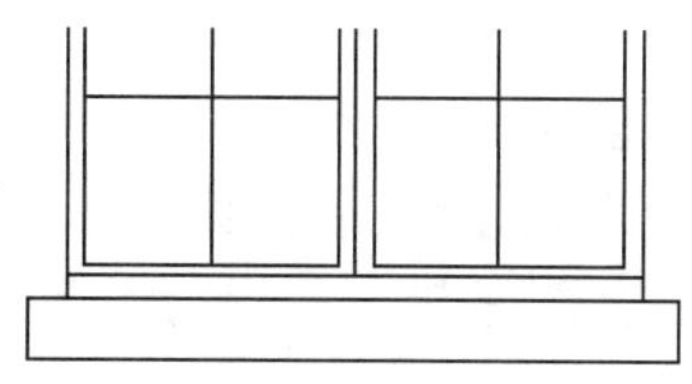
图 8-33　绘制窗台

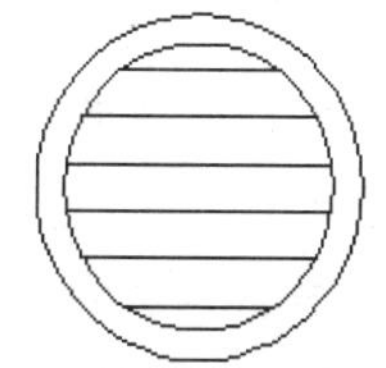
图 8-34　绘制百叶窗

8.2.7 绘制其他建筑构件

Note

在本图中其他建筑构件的绘制主要包括阳台、烟囱、雨篷、外墙面贴石的绘制。

操作步骤如下：

1. 绘制阳台

（1）在“图层”下拉列表框中选择“阳台”图层，将其设置为当前图层。

（2）单击“默认”选项卡“绘图”面板中的“直线”按钮，由阳台平面向立面图引定位纵线。

（3）阳台底面标高为 3.140m。单击“默认”选项卡“修改”面板中的“偏移”按钮，将室外地坪线向上偏移，偏移量为 3740mm，然后单击“默认”选项卡“修改”面板中的“修剪”按钮，参照定位纵线修剪偏移线，得到阳台底面基线。

（4）绘制栏杆。

① 在“图层”下拉列表框中选择“栏杆”图层，将其设置为当前图层。

② 单击“默认”选项卡“修改”面板中的“偏移”按钮，将阳台底面基线向上连续偏移两次，偏移量分别为 150mm 和 120mm，得到栏杆基座。

③ 单击“插入”选项卡“块”面板中的“插入块”按钮，在基座上方插入第一根栏杆图形，且栏杆中轴线与阳台右侧边线的水平距离为 180mm。

④ 单击“默认”选项卡“修改”面板中的“矩形阵列”按钮，得到一组栏杆，相邻栏杆中心间距为 250mm，如图 8-35 所示。

（5）在栏杆上添加扶手，扶手高度为 100mm，扶手与栏杆之间垫层为 20mm 厚，绘制的阳台立面如图 8-35 所示。

2. 绘制烟囱

烟囱的立面形状很简单，是由 4 个大小不一但垂直中轴线都在同一直线上的矩形组成的。

（1）在“图层”下拉列表框中选择“屋顶轮廓线”图层，将其打开，使其保持为可见状态，然后选择“烟囱”图层，将其设置为当前图层。

（2）单击“默认”选项卡“绘图”面板中的“矩形”按钮，由上至下依次绘制 4 个矩形，矩形尺寸分别为 750mm×450mm、860mm×150mm、780mm×40mm 和 750mm×1965mm。

（3）将绘得的 4 个矩形组合在一起，并将组合后的图形插入到立面图中相应的位置（该位置可由定位纵线结合烟囱的标高确定）。

（4）单击“默认”选项卡“修改”面板中的“修剪”按钮，修剪多余的线条，得到如图 8-36 所示的烟囱立面。

3. 绘制雨篷

（1）单击“默认”选项卡“图层”面板中的“图层特性”按钮，打开“图层特性管理器”选项板，创建新图层，将新图层命名为“雨篷”，并将其设置为当前图层。

（2）单击“默认”选项卡“绘图”面板中的“直线”按钮，以阳台底面基线的左端点为起点，向左下方绘制一条与水平方向夹角为 30° 的线段。

图 8-35　阳台立面

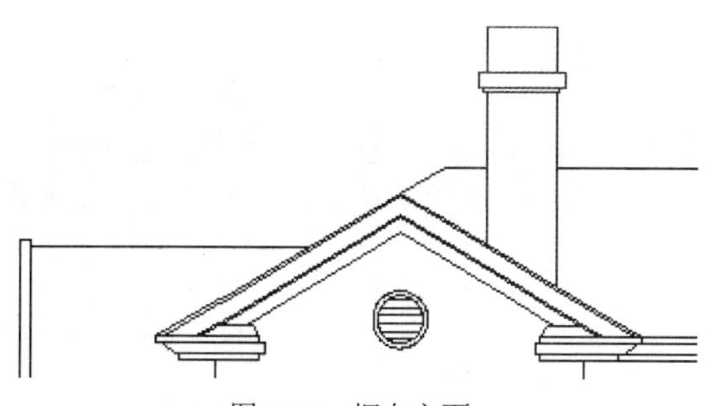

图 8-36　烟囱立面

（3）结合标高，绘出雨篷檐口定位线以及雨篷与外墙水平交线位置。

（4）参考四坡屋顶檐口样式绘制雨篷檐口线脚。

（5）单击“默认”选项卡“修改”面板中的“镜像”按钮，生成雨篷右侧垂脊与檐口（参见坡屋顶画法）。

（6）雨篷上部有一段短纵墙，其立面形状由两个矩形组成，上面的矩形尺寸为 340mm×810mm，下面的矩形尺寸为 240mm×100mm。单击“默认”选项卡“绘图”面板中的“矩形”按钮，依次绘制这两个矩形。

绘制的雨篷立面如图 8-37 所示。

4. 绘制外墙面贴石

别墅外墙转角处均贴有石材装饰，由两种大小不同的矩形石上下交替排列。

（1）单击“默认”选项卡“图层”面板中的“图层特性”按钮，打开“图层特性管理器”窗口，创建新图层，将新图层命名为“墙贴石”，并将其设置为当前图层。

（2）单击“默认”选项卡“绘图”面板中的“矩形”按钮，绘制两个矩形，其尺寸分别为 250mm×250mm 和 350mm×250mm，然后单击“默认”选项卡“修改”面板中的“移动”按钮，使两个矩形的左侧边保持上下对齐，两个矩形之间的垂直距离为 20mm，如图 8-38 所示。

图 8-37　雨篷立面

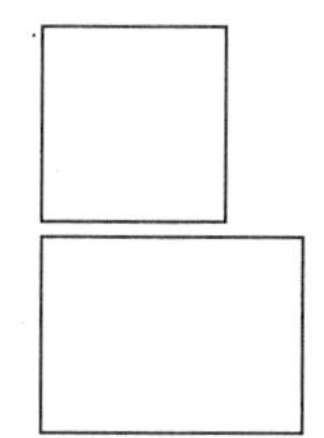

图 8-38　贴石单元

（3）单击“默认”选项卡“修改”面板中的“矩形阵列”按钮，选择图 8-38 中所示的图形为阵列对象，设置行数为 10，列数为 1，行间距为-540，完成阵列操作。

（4）单击“默认”选项卡“修改”面板中的“移动”按钮，将阵列后得到的一组贴石图形移动到图形适当位置。

（5）单击“默认”选项卡“修改”面板中的“复制”按钮，在立面图中每个外墙转角处放置“贴石组”图形，如图 8-39 所示。

Note

图 8-39　外墙面贴石

8.2.8　立面标注

在绘制别墅的立面图时，通常要将建筑外表面基本构件的材料和做法用图形填充的方式表示出来，并配以文字说明；在建筑立面的一些重要位置应绘制立面标高。

操作步骤如下：

1. 立面材料做法标注

下面以台基为例，介绍如何在立面图中表示建筑构件的材料和做法。

（1）在“图层”下拉列表框中选择“台阶”图层，将其设置为当前图层。

（2）单击“默认”选项卡“绘图”面板中的“图案填充”按钮，打开“图案填充创建”选项卡，如图 8-40 所示，选择 AR-BRELM 作为填充图案；填充“角度”为 0°，“比例”为 80；拾取填充区域内一点，按 Enter 键，完成图案的填充。填充结果如图 8-41 所示。

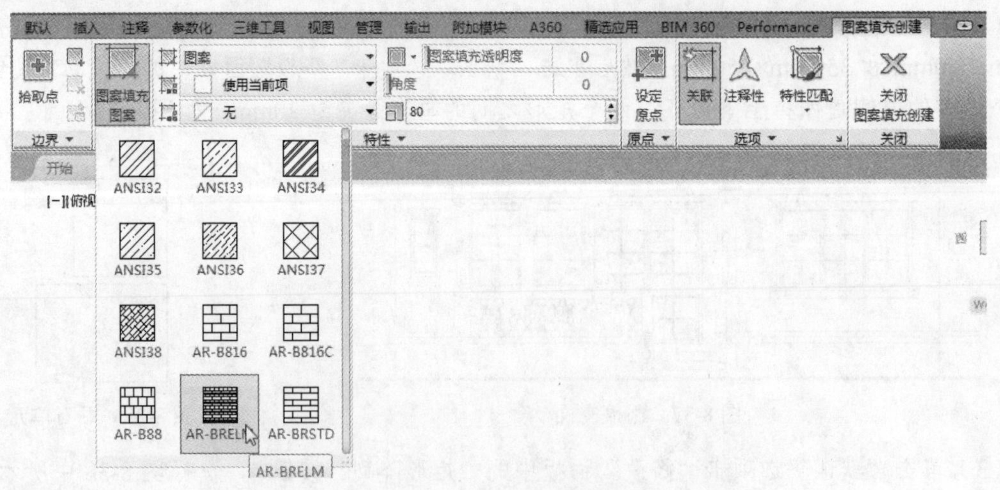

图 8-40　“图案填充创建”选项卡

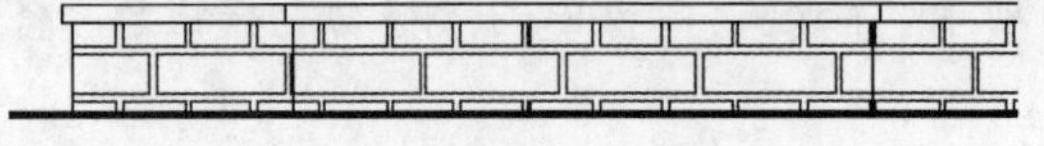

图 8-41　填充台基表面材料

（3）在“图层”下拉列表框中选择“文字”图层，将其设置为当前图层。

（4）在命令行中输入 QLEADER 命令，设置引线箭头大小为 150，箭头形式为“点”；以台基立面的内部点为起点，绘制水平引线。

（5）单击“默认”选项卡“注释”面板中的“多行文字”按钮A，在引线左端添加文字，设置文字高度为 250，输入文字内容为“毛石基座”，如图 8-42 所示。

2. 立面标高

（1）在“图层”下拉列表框中选择“标注”图层，将其设置为当前图层。

（2）单击“插入”选项卡“块”面板中的“插入块”按钮，在立面图中的相应位置插入标高符号。

（3）单击“默认”选项卡“注释”面板中的“多行文字”按钮A，在标高符号上方添加相应的标高数值。

别墅室内外地坪面标高如图 8-43 所示。

图 8-42 添加引线和文字

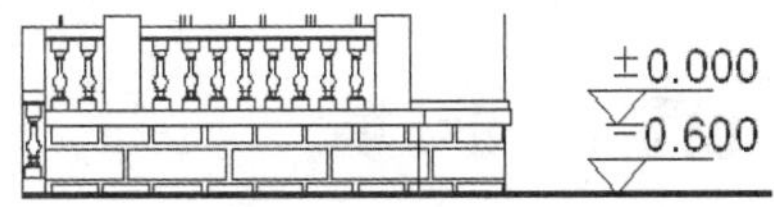

图 8-43 室内外地坪面标高

提示：

立面图中的标高符号一般画在立面图形外，同方向的标高符号应大小一致排列在同一条铅垂线上。必要时为清楚起见，也可标注在图内。若建筑立面图左右对称，标高应标注在左侧，否则两侧均应标注。

8.2.9 清理多余图形元素

在绘制整个图形的过程中，会绘制一些辅助图形和辅助线以及图块等，图形绘制完成后，需要将其清理掉。

操作步骤如下：

（1）单击“默认”选项卡“修改”面板中的“删除”按钮，将图中作为参考的平面图和其他辅助线进行删除。

（2）选择“文件/图形实用工具/清理”命令，弹出“清理”对话框。在该对话框中选择无用的数据内容，单击“清理”按钮进行清理。

（3）单击快速访问工具栏中的“保存”按钮，保存图形文件，完成别墅南立面图的绘制。

8.3 别墅西立面图的绘制

首先根据已有的别墅平面图和南立面图画出别墅西立面中各主要构件的水平和垂直定位辅助线；然后通过定位辅助线绘出外墙和屋顶轮廓；接着绘制门窗以及其他建筑细部；最后，在绘制的立面图形中添加标注和文字说明，并清理多余的图形线条。下面就按照这个思路绘制别墅的西立面图，如图 8-44 所示。

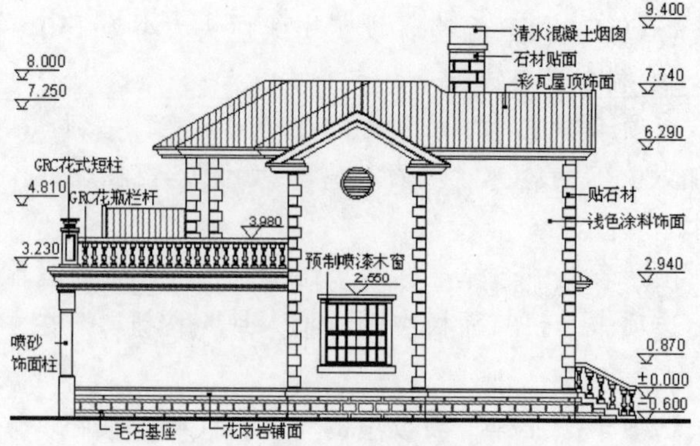

图 8-44　别墅西立面图

：光盘\配套视频\第 8 章\别墅西立面图的绘制.avi

8.3.1　设置绘图环境

绘图环境的设置是绘制建筑图之前必不可少的准备工作，在这里包括创建图形文件、引入已知图形信息、清理图形元素。

操作步骤如下：

1. 创建图形文件

打开已绘制的"别墅南立面图.dwg"文件，选择"文件/另存为"命令，打开"图形另存为"对话框，如图 8-45 所示，在"文件名"下拉列表框中输入新的图形文件名称为"别墅西立面图"，单击"保存"按钮，建立图形文件。

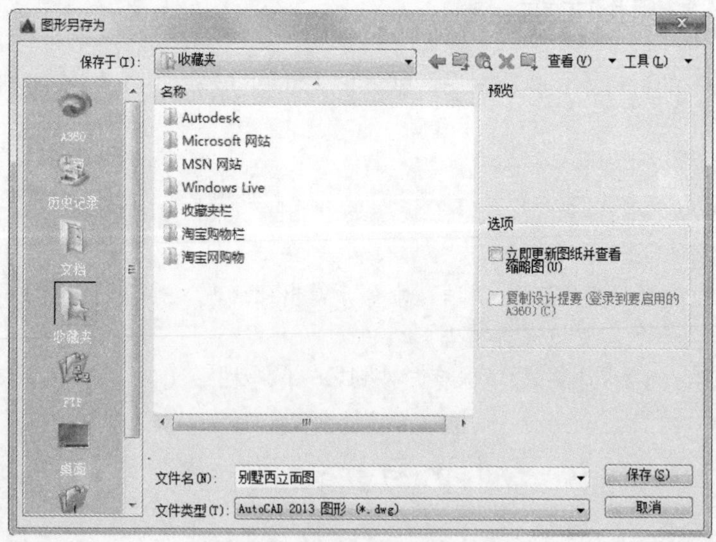

图 8-45　"图形另存为"对话框

2. 引入已知图形信息

（1）单击快速访问工具栏中的"打开"按钮，打开已绘制的"别墅首层平面图.dwg"文件。在该图形文件中，单击"默认"选项卡"图层"面板中的"图层特性"按钮，打开"图层

特性管理器”选项板，关闭除“墙体”、“门窗”、“台阶”和“立柱”以外的其他图层，然后选择现有可见的平面图形进行复制。

（2）返回“别墅西立面图.dwg”的绘图界面，将复制的平面图形粘贴到已有的立面图形右上方区域。

（3）单击“默认”选项卡“修改”面板中的“旋转”按钮，将平面图形旋转90°。

引入立面和平面图形的相对位置如图8-46所示，虚线矩形框内为别墅西立面图的基本绘制区域。

Note

图8-46 引入已有的立面和平面图形

3. 清理图形元素

（1）选择“文件/图形实用工具/清理”命令，在弹出的“清理”对话框中，清理图形文件中多余的图形元素。

（2）单击“默认”选项卡“图层”面板中的“图层特性”按钮，打开“图层特性管理器”选项板，创建两个新图层，分别命名为“辅助线1”和“辅助线2”。

（3）在绘图区域选择已有立面图形，将其移动到“辅助线1”图层；选择平面图形，将其移动到“辅助线2”图层。

8.3.2 绘制地坪线和外墙、屋顶轮廓线

地坪线、外墙以及屋顶轮廓线组成了立面图的基本外轮廓形状，基本轮廓的尺寸和位置对后面细节绘制的影响举足轻重，一定要谨慎绘制。

操作步骤如下：

1. 绘制室外地坪线

（1）在“图层”下拉列表框中选择“地坪”图层，将其设置为当前图层，并设置该图层线宽为0.30mm。

（2）单击“默认”选项卡“绘图”面板中的“直线”按钮，在南立面图中的室外地坪线的右侧延长线上绘制一条长度为20000mm的线段，作为别墅西立面的室外地坪线。

2. 绘制外墙定位线

（1）在“图层”下拉列表框中选择“外墙轮廓线”图层，将其设置为当前图层。

（2）单击“默认”选项卡“绘图”面板中的“直线”按钮，捕捉平面图形中的各外墙交点，向下绘制垂直延长线，得到墙体定位线，如图 8-47 所示。

3. 绘制屋顶轮廓线

（1）在平面图形的相应位置，引入别墅的屋顶平面图（具体做法参考前面介绍的平面图引入过程）。

（2）单击“默认”选项卡“图层”面板中的“图层特性”按钮，打开“图层特性管理器”选项板，创建新图层，将其命名为“辅助线 3”，然后将屋顶平面图转移到“辅助线 3”图层，关闭“辅助线 2”图层，并将“屋顶轮廓线”图层设置为当前图层。

（3）单击“默认”选项卡“绘图”面板中的“直线”按钮，由屋顶平面图和南立面图分别向所绘的西立面图引垂直和水平方向的屋顶定位辅助线，结合这两个方向的辅助线确定立面屋顶轮廓。

（4）绘制屋顶檐口及细部。

（5）单击“默认”选项卡“修改”面板中的“修剪”按钮，根据屋顶轮廓线对外墙线进行修整，完成绘制。

绘制结果如图 8-48 所示。

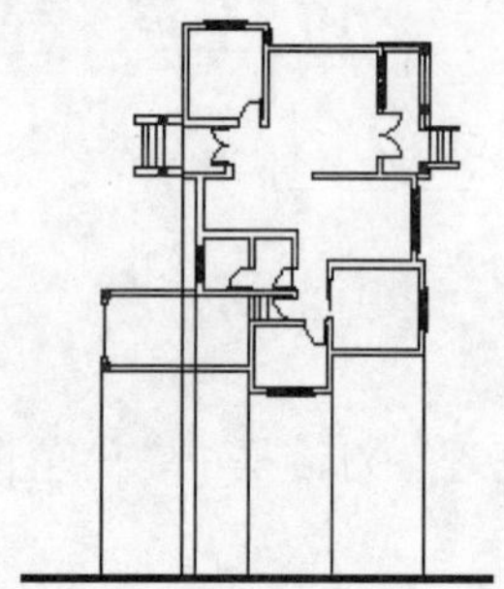

图 8-47　绘制室外地坪线与外墙定位线

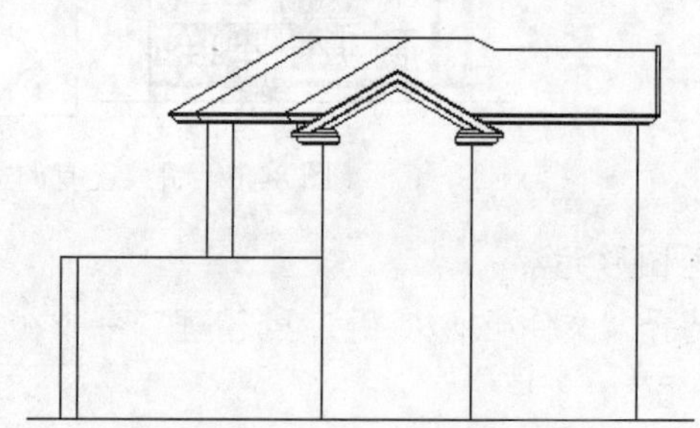

图 8-48　绘制屋顶及外墙轮廓线

8.3.3　绘制台基和立柱

台基和立柱的绘制方法和 8.2.4 与 8.2.5 节的绘制方法大致相同。

操作步骤如下：

1. 绘制台基

台基的绘制可以采用以下两种方法。

第一种：利用偏移室外地坪线的方法绘制水平台基线。

第二种：根据已有的平面和立面图形，依靠定位辅助线，确定台基轮廓。

绘制结果如图 8-49 所示。

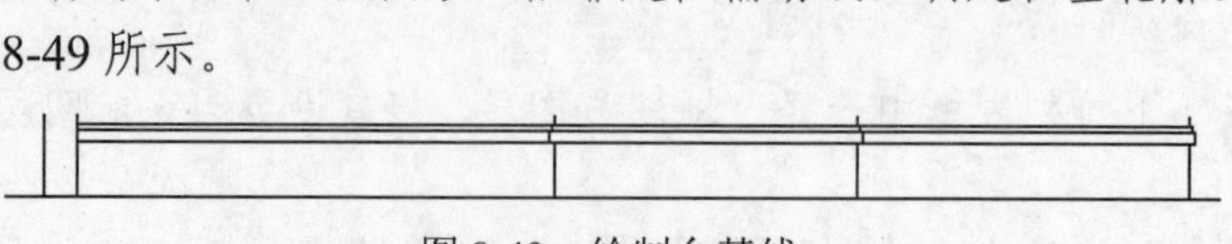
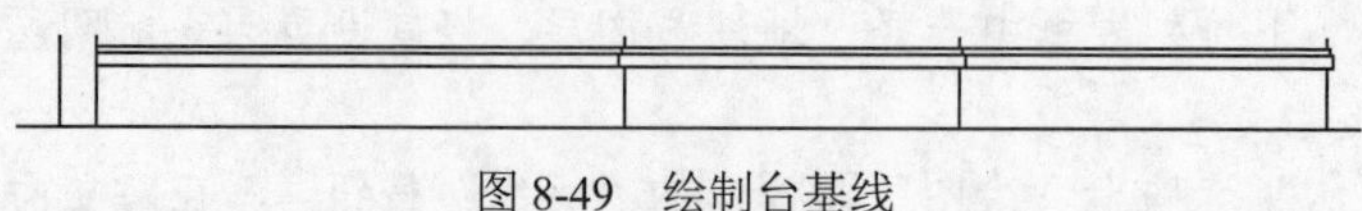

图 8-49　绘制台基线

2. 绘制立柱

在本图中有 3 处立柱，其中两入口处立柱尺寸较小，而车库立柱则尺寸更大些。此处仅介绍车库立柱的绘制方法。

（1）在“图层”下拉列表框中选择“立柱”图层，将其设置为当前图层。

（2）绘制柱基。柱基由一个矩形和一个梯形组成，其中矩形宽 400mm，高 1050mm；梯形上端宽 320mm，下端宽 400mm，高为 50mm。单击“默认”选项卡“绘图”面板中的“矩形”按钮和“修改”面板中的“拉伸”按钮，绘制柱基立面。

（3）绘制柱身。柱身立面为矩形，宽 320mm，高 1600mm。单击“默认”选项卡“绘图”面板中的“矩形”按钮，绘制矩形柱身立面。

（4）绘制柱头。立柱柱头由 4 个矩形和一个梯形组成，单击“默认”选项卡“绘图”面板中的“矩形”按钮和“修改”面板中的“拉伸”按钮，绘制柱头立面。

（5）将柱基、柱身和柱头组合，得到完整的立柱立面，如图 8-50 所示。

（6）单击“插入”选项卡“块定义”面板中的“创建块”按钮，将所绘立柱立面定义为图块，命名为“车库立柱”，选择柱基下端中点为图块插入点。

（7）结合绘制的立柱定位辅助线，将立柱图块插入立面图相应位置。

3. 绘制柱顶檐部

（1）单击“默认”选项卡“绘图”面板中的“直线”按钮，绘制柱顶水平延长线。

（2）单击“默认”选项卡“修改”面板中的“偏移”按钮，将绘得的延长线向上连续偏移，偏移量依次为 50mm、40mm、20mm、220mm、30mm、40mm、50mm 和 100mm。

（3）单击“默认”选项卡“绘图”面板中的“直线”按钮，绘制柱头左侧边线的延长线；单击“默认”选项卡“修改”面板中的“偏移”按钮和“绘图”工具栏中的“样条曲线”按钮，进一步绘制檐口线脚。

（4）单击“默认”选项卡“修改”面板中的“修剪”按钮，修剪多余线条。

绘制结果如图 8-51 所示。

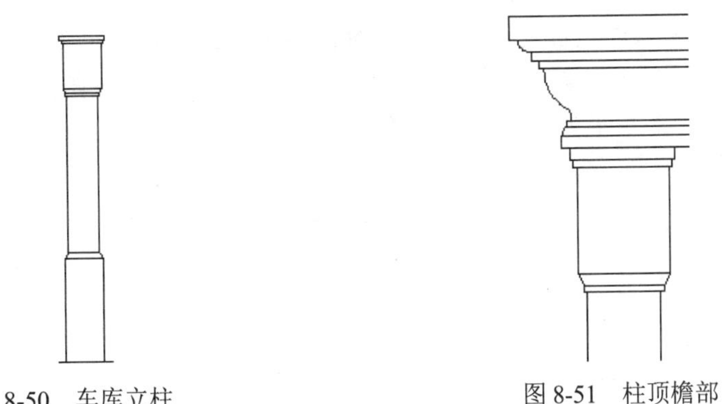

图 8-50　车库立柱　　图 8-51　柱顶檐部

8.3.4　绘制雨篷、台阶与露台

在西立面图中，有可以看到的雨篷、台阶和露台，有必要将其绘制出来。

操作步骤如下：

1. 绘制入口雨篷

（1）在“图层”下拉列表框中选择“雨篷”图层，将其设置为当前图层。

（2）结合平面图和雨篷标高确立雨篷位置，即雨篷檐口距地坪线垂直距离为 3300mm，且

Note

雨篷可见伸出长度为 220mm。

（3）从左侧南立面图中选择雨篷右檐部分，进行复制，并选择其最右侧端点为复制的基点，将其粘贴到西立面图中已确定的雨篷位置。

（4）单击“默认”选项卡“修改”面板中的“修剪”按钮，对多余线条进行修剪，完成雨篷绘制，如图 8-52 所示。

按照同样的方法绘制北侧雨篷，如图 8-53 所示。

2. 绘制台阶侧立面

此处台阶指的是别墅南面入口处的台阶，其正立面形象参见图 8-20。台阶共 4 级踏步，两侧有花瓶栏杆。在西立面图中，该台阶侧面可见，如图 8-54 所示。因此，这里介绍的是台阶侧立面的绘制方法。

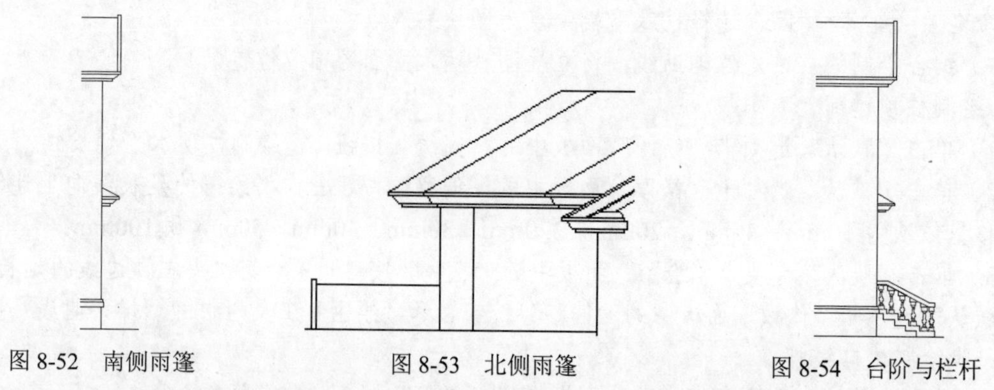

图 8-52　南侧雨篷　　图 8-53　北侧雨篷　　图 8-54　台阶与栏杆

（1）在“图层”下拉列表框中选择“台阶”图层，将其设置为当前图层。

（2）单击“默认”选项卡“绘图”面板中的“直线”按钮和“修改”面板中的“偏移”按钮，结合由平面图引入的定位辅助线，绘制台阶踏步侧面，如图 8-55 所示。

（3）单击“默认”选项卡“绘图”面板中的“直线”按钮，在每级踏步上方绘制宽 300mm、高 150mm 的栏杆基座，然后单击“默认”选项卡“修改”面板中的“修剪”按钮，修剪基座线条，如图 8-56 所示。

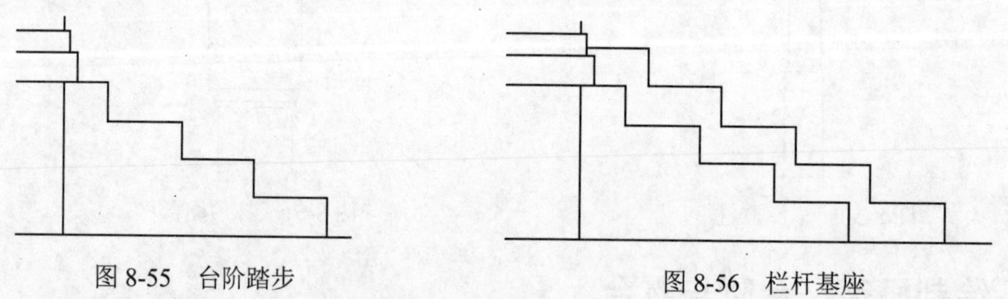

图 8-55　台阶踏步　　图 8-56　栏杆基座

（4）单击“插入”选项卡“块定义”面板中的“创建块”按钮，在“名称”下拉列表框中选择“花瓶栏杆”，在栏杆基座上插入花瓶栏杆。

（5）单击“默认”选项卡“绘图”面板中的“直线”按钮，连接每根栏杆右上角端点，得到扶手基线。

（6）单击“默认”选项卡“修改”面板中的“偏移”按钮，将扶手基线连续向上偏移两次，偏移量分别为 20mm 和 100mm。

（7）单击“默认”选项卡“修改”面板中的“修剪”按钮，对多余的线条进行整理，完成台阶和栏杆的绘制，如图 8-54 所示。

Note

3. 绘制露台

车库上方为开敞露台，周围设有花瓶栏杆，角上立花式短柱，如图 8-57 所示。

（1）在“图层”下拉列表框中选择“露台”图层，将其设置为当前图层。

（2）绘制底座。单击“默认”选项卡“修改”面板中的“偏移”按钮，将车库檐部顶面水平线向上偏移，偏移量为 30mm，作为栏杆底座。

（3）绘制栏杆。

① 单击“插入”选项卡“块”面板中的“插入块”按钮，在“名称”下拉列表框中选择“花瓶栏杆”，在露台最右侧距离别墅外墙 150mm 处，插入第一根花瓶栏杆。

② 单击“默认”选项卡“修改”面板中的“矩形阵列”按钮，设置行数为 1，列数为 22，列间距为-250，并在图中选取第①步插入的花瓶栏杆作为阵列对象，然后单击“确定”按钮，完成一组花瓶栏杆的绘制。

（4）绘制扶手。单击“默认”选项卡“修改”面板中的“偏移”按钮，将栏杆底座基线向上连续偏移，偏移量分别为 630mm、20mm 和 100mm。

（5）绘制短柱。打开 CAD 图库，在图库中选择“花式短柱”图形模块，如图 8-58 所示。对该图形模块进行适当尺度调整后，将其插入露台栏杆左侧位置，完成露台立面的绘制。

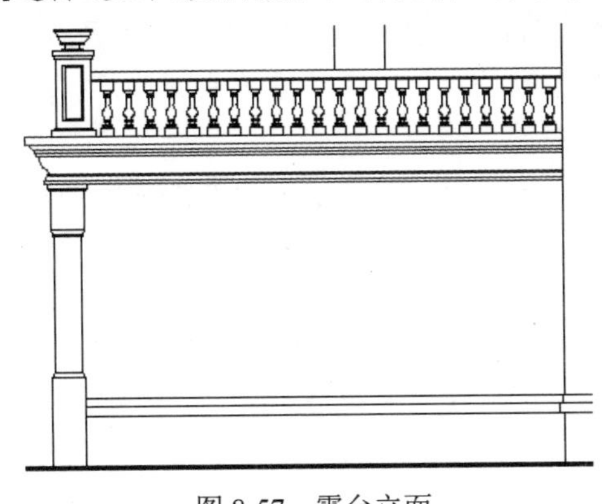

图 8-57　露台立面

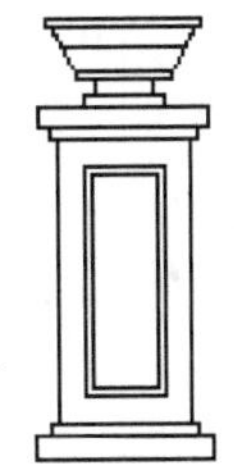

图 8-58　花式短柱

8.3.5　绘制门窗

在别墅西立面中，需要绘制的可见门窗有两处：一处为 1800mm×1800mm 的矩形木质旋窗，如图 8-59 所示；另一处为直径 800mm 的百叶窗，如图 8-61 所示。

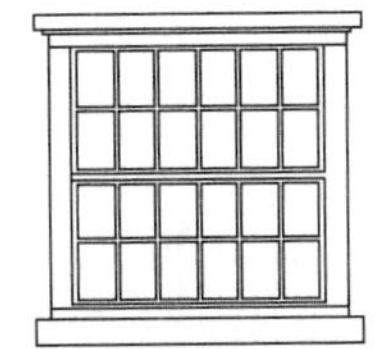

图 8-59　1800mm×1800mm 的矩形木质旋窗

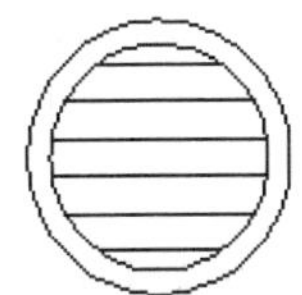

图 8-60　直径 800mm 的百叶窗

绘制立面门窗的方法在前面已经有详尽的介绍，这里不再详细叙述每一个绘制细节，只介绍立面门窗绘制的一般步骤。

操作步骤如下：

（1）通过已有平面图形绘制门窗洞口定位辅助线，确立门窗洞口位置。

（2）打开 CAD 图库，选择合适的门窗图形模块进行复制，将其粘贴到立面图中相应的门窗洞口位置。

（3）删除门窗洞口定位辅助线。

（4）在外窗下方绘制矩形窗台，完成门窗绘制。

别墅西立面门窗绘制结果如图 8-61 所示。

图 8-61　绘制立面门窗

8.3.6　绘制其他建筑细部

最后绘制建筑细节部分，如烟囱、外墙面贴石等。

操作步骤如下：

1. 绘制烟囱

在别墅西立面图中，烟囱的立面外形仍然是由 4 个大小不一但垂直中轴线都在同一直线上的矩形组成的，但由于观察方向的变化，烟囱可见面的宽度与南立面图中有所不同。

（1）在“图层”下拉列表框中选择“烟囱”图层，将其设置为当前图层。

（2）单击“默认”选项卡“绘图”面板中的“矩形”按钮▭，绘制 4 个矩形，矩形尺寸由上至下依次为 900mm×450mm、1010mm×150mm、930mm×40mm 和 900mm×1020mm。

（3）将 4 个矩形连续组合起来，使其垂直中轴线都在同一条直线上。

（4）绘制定位线确定烟囱位置；然后将所绘烟囱图形插入立面图中，如图 8-62 所示。

2. 绘制外墙面贴石

（1）在“图层”下拉列表框中选择“墙贴石”图层，将其设置为当前图层。

（2）单击“插入”选项卡“块”面板中的“插入块”按钮，在立面图中每个外墙转角处插入“贴石组”图块，如图 8-63 所示。

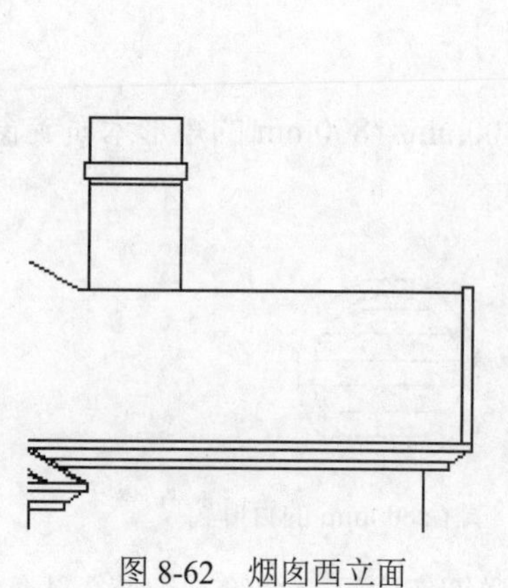
图 8-62　烟囱西立面

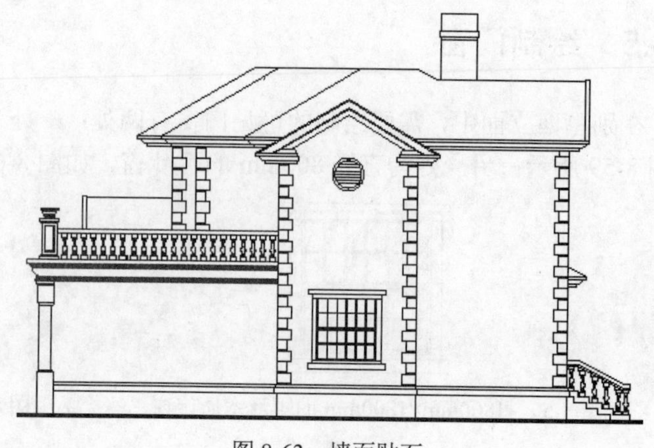
图 8-63　墙面贴石

8.3.7　立面标注

Note

在本立面图中，文字和标高的样式依然沿用南立面图中所使用的样式，标注方法也与前面介绍的基本相同。

操作步骤如下：

1. 立面材料做法标注

（1）单击“默认”选项卡“绘图”面板中的“图案填充”按钮，用不同图案填充效果表示建筑立面各部分材料和做法。

（2）在命令行中输入 QLEADER 命令，绘制标注引线。

（3）单击“默认”选项卡“注释”面板中的“多行文字”按钮A，在引线一端添加文字说明。

2. 立面标高

（1）在“图层”下拉列表框中选择“标注”图层，将其设置为当前图层。

（2）单击“插入”选项卡“块”面板中的“插入块”按钮，在立面图中的相应位置插入标高符号。

（3）单击“默认”选项卡“注释”面板中的“多行文字”按钮A，在标高符号上方添加相应标高数值，如图 8-64 所示。

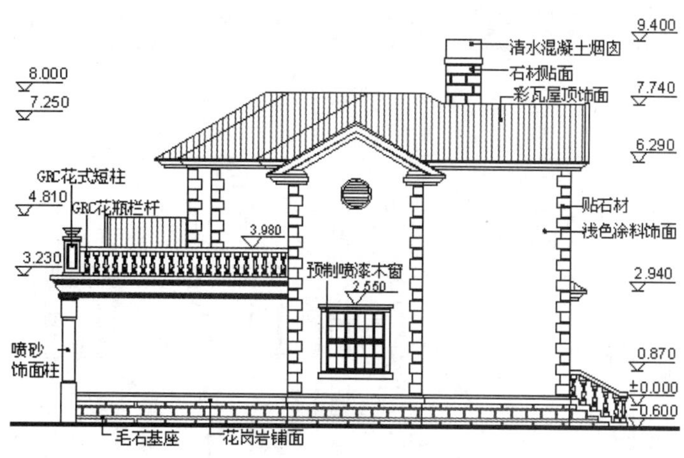

图 8-64　添加立面标注

8.3.8　清理多余图形元素

在绘制整个图形的过程中，会绘制一些辅助图形和辅助线以及图块等，图形绘制完成后，需要将其清理掉。

操作步骤如下：

（1）单击“默认”选项卡“修改”面板中的“删除”按钮，将图中作为参考的平、立面图形和其他辅助线进行删除。

（2）选择“文件/图形实用工具/清理”命令，弹出“清理”对话框。在该对话框中选择无用的数据和图形元素，单击“清理”按钮进行清理。

（3）单击快速访问工具栏中的“保存”按钮，保存图形文件，完成别墅西立面图的绘制。

8.4 别墅东立面图和北立面图的绘制

如图 8-65 和图 8-66 所示为别墅的东、北立面图。读者可参考前面介绍的建筑立面图绘制方法，绘制这两个方向的立面图。

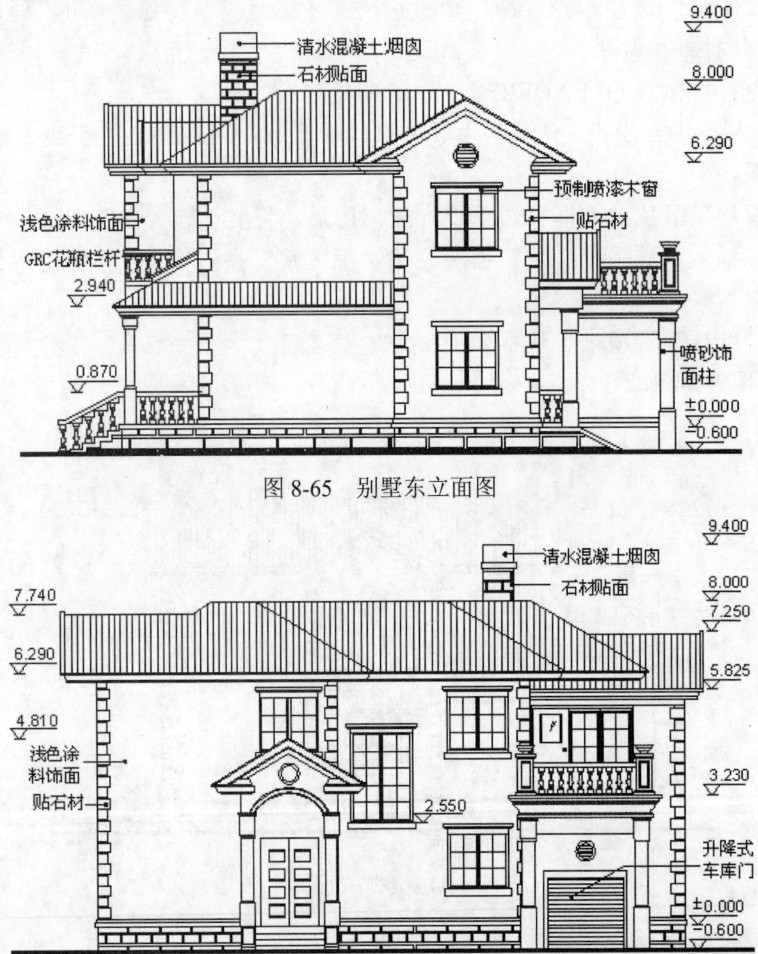

图 8-65　别墅东立面图

图 8-66　别墅北立面图

光盘\配套视频\第 8 章\别墅东立面图和北立面图的绘制.avi

8.5 实 战 演 练

通过前面的学习，读者对本章知识也有了大体的了解，本节通过几个操作练习使读者进一步掌握本章知识要点。

【实战演练 1】绘制如图 8-67 所示的别墅南立面图。

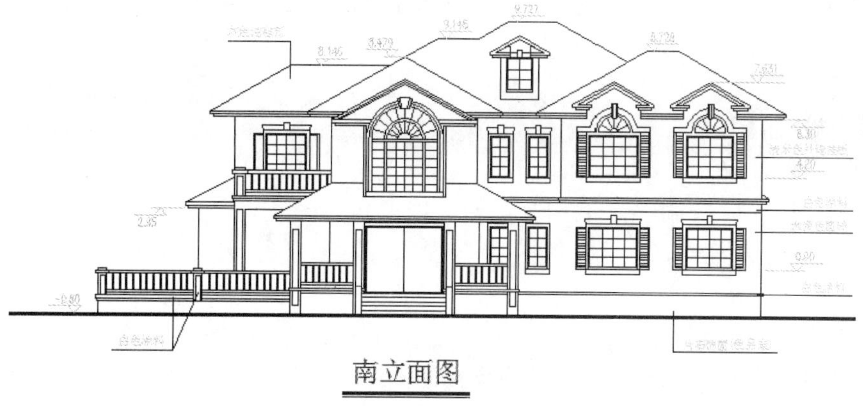

图 8-67　别墅南立面图

1．目的要求

本实例主要要求读者通过练习进一步熟悉和掌握南立面图的绘制方法。通过本实例，可以帮助读者学会完成立面图绘制的全过程。

2．操作提示

（1）绘图前准备。

（2）绘制室外地坪线、外墙定位线。

（3）绘制屋顶立面。

（4）绘制台基、台阶、立柱、栏杆、门窗。

（5）绘制其他建筑构件。

（6）标注尺寸及轴号。

（7）清理多余图形元素。

【实战演练 2】绘制如图 8-68 所示的别墅西立面图。

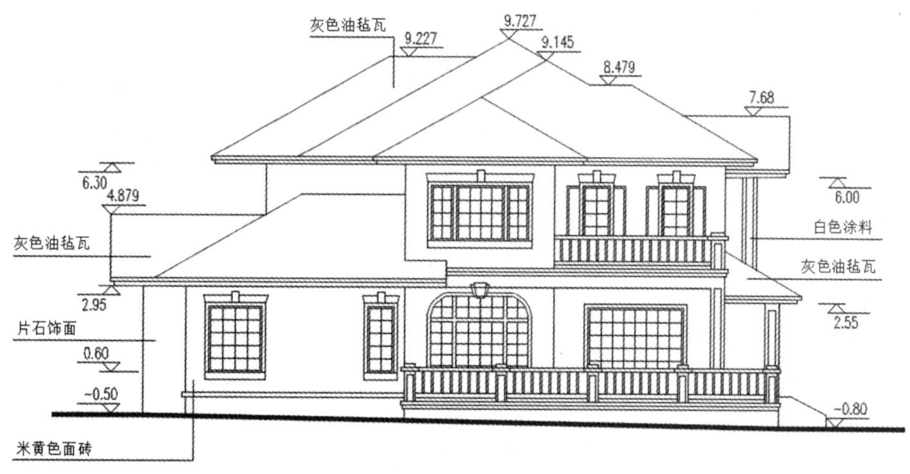

图 8-68　别墅西立面图

1．目的要求

本实例主要要求读者通过练习进一步熟悉和掌握西立面图的绘制方法。通过本实例，可以帮助读者学会完成西立面图绘制的全过程。

Note

2．操作提示

（1）绘图前准备。

（2）绘制地坪线、外墙、屋顶轮廓线。

（3）绘制台基、立柱、雨篷、台阶、露台、门窗。

（4）绘制其他建筑细部。

（5）立面标注。

（6）清理多余图形元素。

【实战演练 3】绘制如图 8-69 所示的宿舍楼立面图。

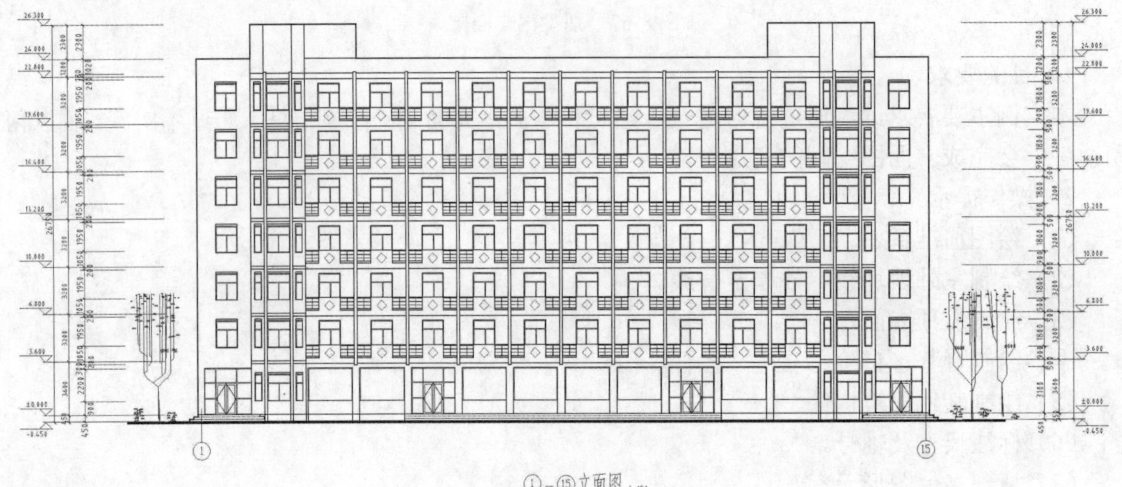

图 8-69　宿舍楼立面图

1．目的要求

本实例主要要求读者通过练习进一步熟悉和掌握宿舍楼立面图的绘制方法。通过本实例，可以帮助读者学会完成宿舍楼立面图绘制的全过程。

2．操作提示

（1）绘图前准备。

（2）绘制地坪线、外墙、屋顶轮廓线。

（3）绘制台基、台阶、门窗。

（4）绘制其他建筑细部。

（5）立面标注。

（6）清理多余图形元素。

绘制建筑剖面图

本章学习要点和目标任务：

☑ 建筑剖面图绘制概述

☑ 别墅剖面图 1-1 的绘制

剖面图是表达建筑室内空间关系的必备图样，是建筑制图中的重要环节之一，其绘制方法与立面图相似，主要区别在于剖面图需要表示出被剖切构配件的截面形式及材料图案。在平面图、立面图的基础上学习剖面图绘制就方便得多。本章以别墅剖面图为例，介绍了如何利用 AutoCAD 2016 绘制一个完整的建筑剖面图。由平面图中的剖切符号可以看出，剖面图 1-1 是一个剖切面通过楼梯间和阳台，剖切后向左进行投影所得的横剖面图。

Note

9.1 建筑剖面图绘制概述

本节简要归纳建筑剖面图的概念及图示内容、剖切位置及投射方向、一般绘制步骤等基本知识，为下一步结合实例讲解 AutoCAD 操作作准备。

9.1.1 建筑剖面图概念及图示内容

剖面图是指用一剖切面将建筑物的某一位置剖开，移去一侧后剩下一侧沿剖视方向的正投影图，用来表达建筑内部空间关系、结构形式、楼层情况以及门窗、楼层、墙体构造做法等。根据工程的需要，绘制一个剖面图可以选择一个剖切面、两个平行的剖切面或相交的两个剖切面（如图 9-1 所示）。对于两个相交剖切面的情形，应在图名中注明“展开”二字。剖面图与断面图的区别在于，剖面图除了表示剖切到的部位外，还应表示出投射方向看到的构配件轮廓（即“看线”），而断面图只需要表示剖切到的部位。

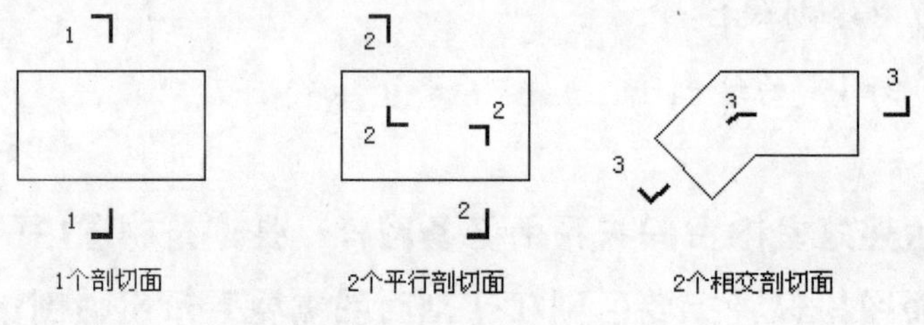

图 9-1　剖切面形式

不同的设计深度，图示内容有所不同。

方案阶段重点在于表达剖切部位的空间关系、建筑层数、高度、室内外高差等。剖面图中应注明室内外地坪标高、楼层标高、建筑总高度（室外地面至檐口）、剖面编号、比例或比例尺等。如果有建筑高度控制，还需标明最高点的标高。

初步设计阶段需要在方案图基础上增加主要内外承重墙、柱的定位轴线和编号，更加详细、清晰、准确地表达出建筑结构、构件（剖到或看到的墙、柱、门窗、楼板、地坪、楼梯、台阶、坡道、雨篷、阳台等）本身及相互关系。

施工图阶段在优化、调整、丰富初设图的基础上，图示内容最为详细。一方面是剖到和看到的构配件图样准确、详尽、到位，另一方面是标注详细。除了标注室内外地坪、楼层、屋面突出物、各构配件的标高外，还要标注竖向尺寸和水平尺寸。竖向尺寸包括外部 3 道尺寸（与立面图类似）和内部地坑、隔断、吊顶、门窗等部位的尺寸；水平尺寸包括两端和内部剖到的墙、柱定位轴线间尺寸及轴线编号。

9.1.2 剖切位置及投射方向的选择

根据规范规定，剖面图的剖切部位应根据图纸的用途或设计深度，在平面图上选择空间复杂、能反映全貌、构造特征以及有代表性的部位剖切。

投射方向一般宜向左、向上，当然也要根据工程情况而定。剖切符号标在底层平面图中，短线指向为投射方向。剖面图编号标在投射方向一侧，剖切线若有转折，应在转角的外侧加注与该符号相同的编号，如图 9-1 所示。

9.1.3　剖面图绘制的一般步骤

建筑剖面图一般在平面图、立面图的基础上，参照平、立面图绘制。其一般绘制步骤如下。

（1）绘图环境设置。

（2）确定剖切位置和投射方向。

（3）绘制定位辅助线：包括墙、柱定位轴线、楼层水平定位辅助线及其他剖面图样的辅助线。

（4）剖面图样及看线绘制：包括剖到和看到的墙柱、地坪、楼层、屋面、门窗（幕墙）、楼梯、台阶及坡道、雨篷、窗台、窗楣、檐口、阳台、栏杆、各种线脚等内容。

（5）配景：包括植物、车辆、人物等。

（6）尺寸、文字标注。

至于线型、线宽设置，则贯穿到绘图过程中去。

9.2　别墅剖面图 1-1 的绘制

别墅剖面图的主要绘制思路为：首先根据已有的建筑立面图生成建筑剖面外轮廓线；接着绘制建筑物的各层楼板、墙体、屋顶和楼梯等被剖切的主要构件；然后绘制剖面门窗和建筑中未被剖切的可见部分；最后在所绘的剖面图中添加尺寸标注和文字说明。下面就按照这个思路绘制别墅的剖面图 1-1，如图 9-2 所示。

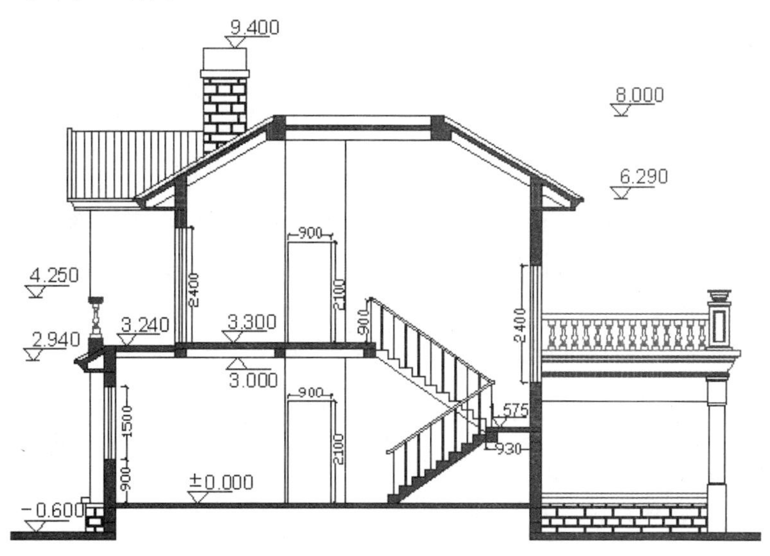

图 9-2　别墅剖面图 1-1

光盘\配套视频\第 9 章\别墅剖面图 1-1 的绘制.avi

9.2.1 设置绘图环境

Note

绘图环境设置是绘制任何一幅建筑图形都要进行的预备工作，这里主要创建图形文件、引入已知图形信息、整理图形元素、生成剖面图轮廓线。有些具体设置可以在绘制过程中根据需要进行设置。

操作步骤如下：

1. 创建图形文件

打开源文件中的“别墅东立面图.dwg”文件，在“文件”菜单中选择“另存为”命令，打开“图形另存为”对话框，如图 9-3 所示，在“文件名”下拉列表框中输入新的图形文件名称为“别墅剖面图 1-1”，单击“保存”按钮，建立图形文件。

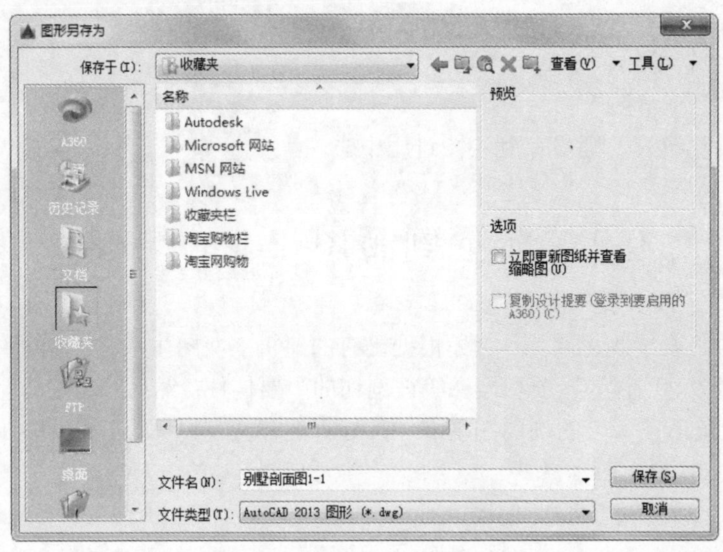

图 9-3 “图形另存为”对话框

2. 引入已知图形信息

（1）单击快速访问工具栏中的“打开”按钮，打开已绘制的“别墅首层平面图.dwg”文件，单击“默认”选项卡“图层”面板中的“图层特性”按钮，打开“图层特性管理器”选项板，关闭除“墙体”、“门窗”、“台阶”和“立柱”以外的其他图层，然后选择现有可见的平面图形进行复制。

（2）返回“别墅剖面图 1-1.dwg”的绘图界面，将复制的平面图形粘贴到已有立面图正上方对应位置。

（3）单击“默认”选项卡“修改”面板中的“旋转”按钮，将平面图形旋转 270°。

3. 整理图形元素

（1）选择“文件/绘图实用工具/清理”命令，在弹出的“清理”对话框中，清理图形文件中多余的图形元素。

（2）单击“默认”选项卡“图层”面板中的“图层特性”按钮，打开“图层特性管理器”选项板，创建两个新图层，将新图层分别命名为“辅助线 1”和“辅助线 2”。

（3）将清理后的平面和立面图形分别转移到“辅助线 1”和“辅助线 2”图层。

引入立面和平面图形的相对位置如图 9-4 所示。

4. 生成剖面图轮廓线

（1）单击“默认”选项卡“修改”面板中的“删除”按钮，保留立面图的外轮廓线及可见的立面轮廓，删除其他多余图形元素，得到剖面图的轮廓线，如图 9-5 所示。

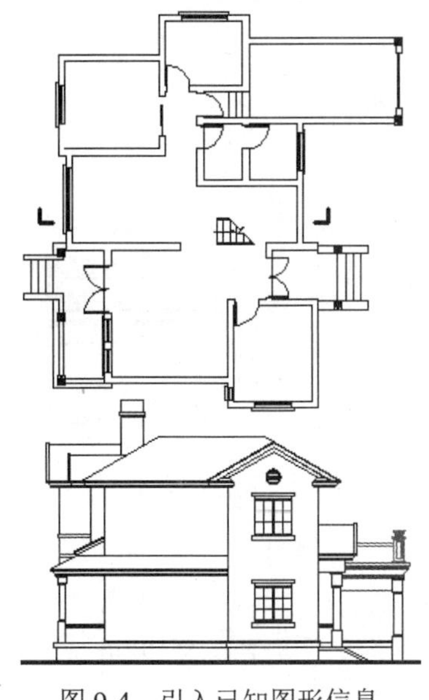

图 9-4 引入已知图形信息

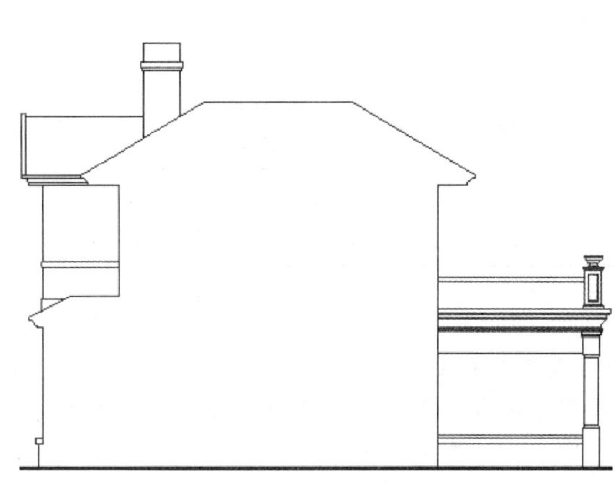

图 9-5 由立面图生成剖面轮廓

（2）单击“默认”选项卡“图层”面板中的“图层特性”按钮，打开“图层特性管理器”选项板，创建新图层，将新图层命名为“剖面轮廓线”，并将其设置为当前图层。

（3）将所绘制的轮廓线转移到“剖面轮廓线”图层。

9.2.2 绘制楼板与墙体

绘制楼板与墙体，主要是在定位线的基础上进行修剪得出的。

操作步骤如下：

1. 绘制楼板定位线

（1）单击“默认”选项卡“图层”面板中的“图层特性”按钮，打开“图层特性管理器”选项板，创建新图层，将新图层命名为“楼板”，并将其设置为当前图层。

（2）单击“默认”选项卡“修改”面板中的“偏移”按钮，将室外地坪线向上连续偏移两次，偏移量依次为 500mm 和 100mm。

（3）单击“默认”选项卡“修改”面板中的“修剪”按钮，结合已有剖面轮廓对所绘偏移线进行修剪，得到首层楼板位置。

（4）单击“默认”选项卡“修改”面板中的“偏移”按钮，再次将室外地坪线向上连续偏移两次，偏移量依次为 3200mm 和 100mm。

（5）单击“默认”选项卡“修改”面板中的“修剪”按钮，结合已有剖面轮廓对所绘偏移线进行修剪，得到二层楼板位置，如图 9-6 所示。

2. 绘制墙体定位线

（1）在“图层”下拉列表框中选择“墙体”图层，将其设置为当前图层。

（2）单击“默认”选项卡“绘图”面板中的“直线”按钮，由已知平面图形向剖面方向引墙体定位线。

（3）单击“默认”选项卡“修改”面板中的“修剪”按钮，结合已有剖面轮廓线修剪墙体定位线，如图 9-7 所示。

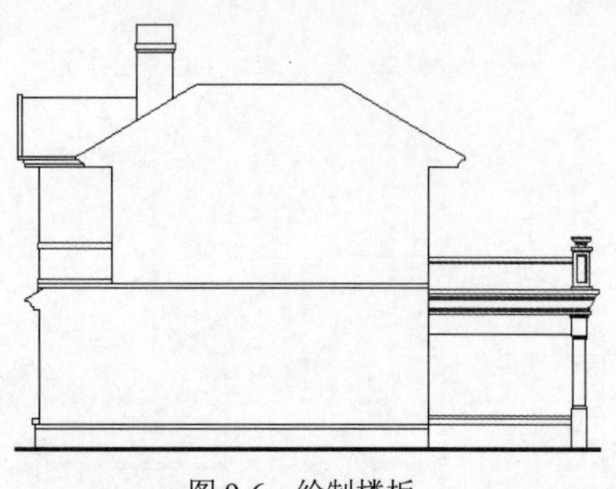

图 9-6　绘制楼板

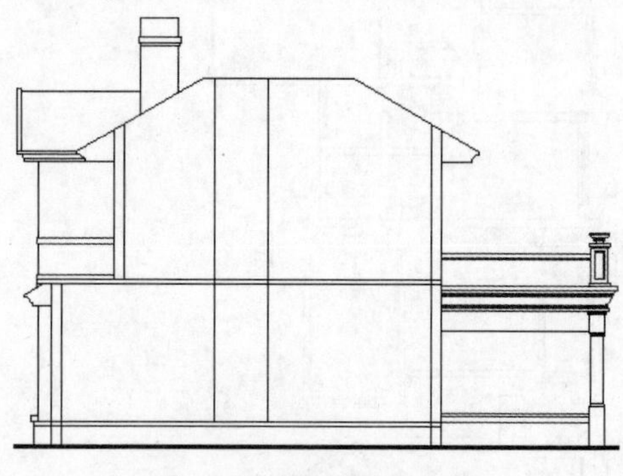

图 9-7　绘制墙体定位线

3. 绘制梁剖面

本别墅主要采用框架剪力墙结构，将楼板搁置于梁和剪力墙上。

梁的剖面宽度为 240mm；首层楼板下方梁高为 300mm，二层楼板下方梁高为 200mm；梁的剖面形状为矩形。

（1）在“图层”下拉列表框中选择“楼板”图层，将其设置为当前图层。

（2）单击“默认”选项卡“绘图”面板中的“矩形”按钮，绘制尺寸为 240mm×100mm 的矩形。

（3）单击“插入”选项卡“块定义”面板中的“创建块”按钮，将绘制的矩形定义为图块，图块名称为“梁剖面”。

（4）单击“插入”选项卡“块”面板中的“插入块”按钮，在每层楼板下相应位置插入“梁剖面”图块，并根据梁的实际高度调整图块 y 方向比例数值（当该梁位于首层楼板下方时，设置 y 方向比例为 3；当梁位于二层楼板下方时，设置 y 方向比例为 2），如图 9-8 所示。

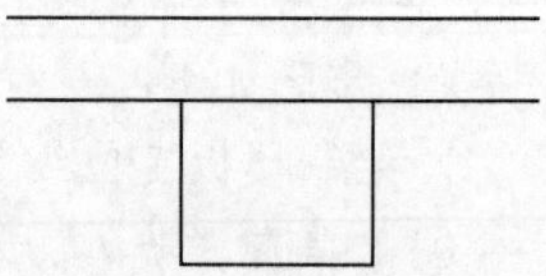

图 9-8　绘制梁剖面

9.2.3　绘制屋顶和阳台

剖面图中屋顶和阳台都是被剖到的部位，需要将其绘制出来，但不用详细绘制。

操作步骤如下：

1. 绘制屋顶剖面

（1）在“图层”下拉列表框中选择“屋顶轮廓线”图层，将其设置为当前图层。

（2）单击“默认”选项卡“修改”面板中的“偏移”按钮，将图中坡屋面两侧轮廓线向内连续偏移 3 次，偏移量分别为 80mm、100mm 和 180mm。

（3）再次单击“默认”选项卡“修改”面板中的“偏移”按钮，将图中坡屋面顶部水平

轮廓线向下连续偏移 3 次，偏移量分别为 200mm、100mm 和 200mm。

（4）单击“默认”选项卡“绘图”面板中的“直线”按钮，根据偏移所得的屋架定位线绘制屋架剖面，如图 9-9 所示。

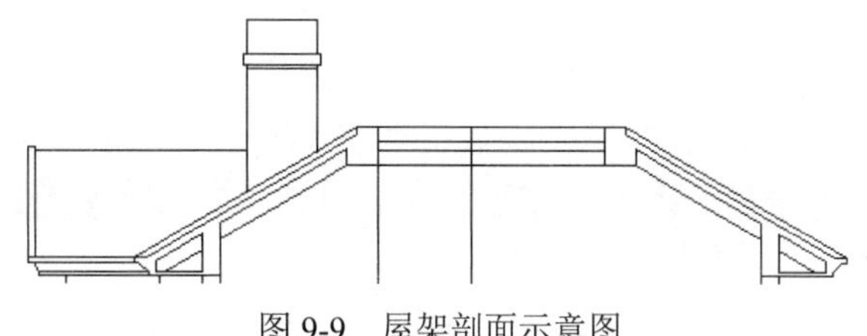

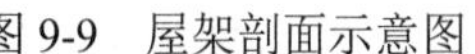

图 9-9　屋架剖面示意图

2. 绘制阳台和雨篷剖面

（1）在“图层”下拉列表框中选择“阳台”图层，将其设置为当前图层。

（2）单击“默认”选项卡“修改”面板中的“偏移”按钮，将二层楼板的定位线向下偏移 60mm，得到阳台板位置，然后单击“默认”选项卡“修改”面板中的“修剪”按钮，对多余楼板和墙体线条进行修剪，得到阳台板剖面。

（3）在“图层”下拉列表框中选择“雨篷”图层，将其设置为当前图层。

（4）按照前面介绍的屋顶剖面画法，绘制阳台下方雨篷剖面，如图 9-10 所示。

3. 绘制栏杆剖面

（1）在“图层”下拉列表框中选择“栏杆”图层，将其设置为当前图层。

（2）绘制基座。单击“默认”选项卡“修改”面板中的“偏移”按钮，将栏杆基座外侧垂直轮廓线向右偏移，偏移量为 320mm，然后单击“默认”选项卡“修改”面板中的“修剪”按钮，结合基座水平定位线修剪多余线条，得到宽度为 320mm 的基座剖面轮廓。

（3）按照同样的方法绘制宽度为 240mm 的下栏板、宽度为 320mm 的栏杆扶手和宽度为 240mm 的扶手垫层剖面。

（4）单击“插入”选项卡“块”面板中的“插入块”按钮，在扶手与下栏板之间插入一根花瓶栏杆，使其底面中点与栏杆基座的上表面中点重合，如图 9-11 所示。

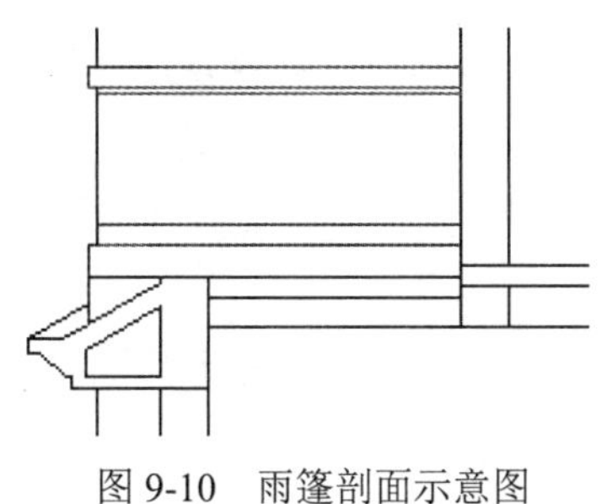

图 9-10　雨篷剖面示意图

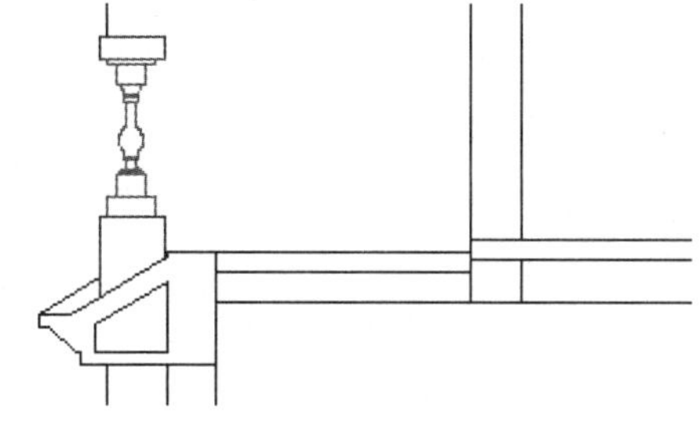

图 9-11　阳台剖面

9.2.4　绘制楼梯

本别墅中仅有一处楼梯，该楼梯为常见的双跑形式。第一跑梯段有 9 级踏步，第二跑有 10 级踏步；楼梯平台宽度为 960mm，平台面标高为 1.575m。下面介绍楼梯剖面的绘制方法。

操作步骤如下：

1. 绘制楼梯平台

（1）在“图层”下拉列表框中选择“楼梯”图层，将其设置为当前图层。

（2）单击“默认”选项卡“修改”面板中的“偏移”按钮，将室内地坪线向上偏移 1575mm，

Note

将楼梯间外墙的内侧墙线向左偏移 960mm，并对多余线条进行修剪，得到楼梯平台的地坪线，然后单击“默认”选项卡“修改”面板中的“偏移”按钮，将得到的楼梯地坪线向下偏移100mm，得到厚度为 100mm 的楼梯平台楼板。

（3）绘制楼梯梁。单击“插入”选项卡“块”面板中的“插入块”按钮，在楼梯平台楼板两端的下方插入“梁剖面”图块，并设置 y 方向缩放比例为 2，如图 9-12 所示。

2. 绘制楼梯梯段

（1）单击“默认”选项卡“绘图”面板中的“多段线”按钮，以楼梯平台面左侧端点为起点，由上至下绘制第一跑楼梯踏步线。

① 在命令行提示“指定起点:”后点取楼梯平台左侧上角点作为多段线起点。

② 在命令行提示“指定下一点或[圆弧(A)/半宽(H)/长度(L)/放弃(U)/宽度(W)]:”后向下移动鼠标并输入 175。

③ 在命令行提示“指定下一点或[圆弧(A)/闭合(C)/半宽(H)/长度(L)/放弃(U)/宽度(W)]:”后向左移动鼠标并输入 260。

④ 在命令行提示“指定下一点或[圆弧(A)/闭合(C)/半宽(H)/长度(L)/放弃(U)/宽度(W)]:”后向下移动鼠标并输入 175。

⑤ 在命令行提示“指定下一点或[圆弧(A)/闭合(C)/半宽(H)/长度(L)/放弃(U)/宽度(W)]:”后向左移动鼠标并输入 260（多次重复上述操作，绘制楼梯踏步线。）

⑥ 在命令行提示“指定下一点或[圆弧(A)/闭合(C)/半宽(H)/长度(L)/放弃(U)/宽度(W)]:”后向下移动鼠标并输入 175。

⑦ 在命令行提示“指定下一点或[圆弧(A)/闭合(C)/半宽(H)/长度(L)/放弃(U)/宽度(W)]:”后按 Enter 键，多段线端点落在室内地坪线上，结束第一跑梯段的绘制。

（2）绘制第一跑梯段的底面线。

① 单击“默认”选项卡“绘图”面板中的“直线”按钮，分别以楼梯第一、二级踏步线下端点为起点，绘制两条垂直定位辅助线，设置辅助线的长度为 120，确定梯段底面位置。

② 再次单击“默认”选项卡“绘图”面板中的“直线”按钮，连接两条垂直线段的下端点，绘制楼梯底面线条。

③ 单击“默认”选项卡“修改”面板中的“延伸”按钮，延伸楼梯底面线条，使其与楼梯平台和室内地坪面相交。

④ 修剪并删除其他辅助线条，完成第一跑梯段的绘制，如图 9-13 所示。

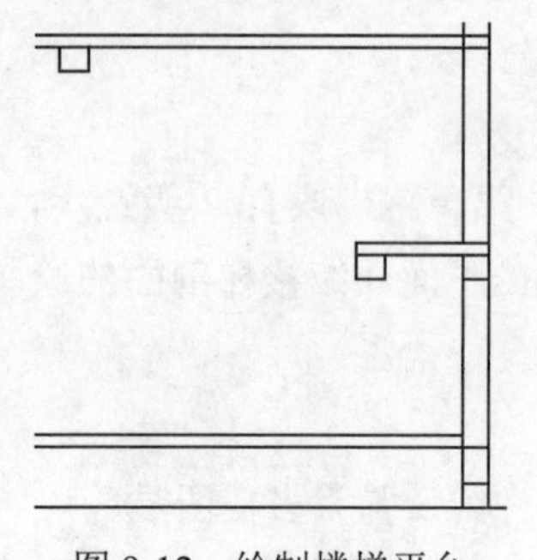

图 9-12　绘制楼梯平台

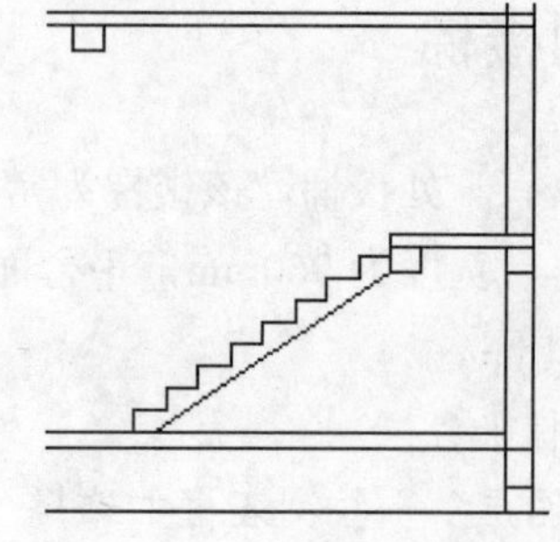

图 9-13　绘制第一跑梯段

（3）依据同样方法，绘制楼梯第二跑梯段。需要注意的是，此梯段最上面一级踏步高150mm，不同于其他踏步高度（175mm）。

（4）修剪多余的辅助线与楼板线。

3. 填充楼梯被剖切部分

由于楼梯平台与第一跑梯段均为被剖切部分，因此需要对这两处进行图案填充。

单击“默认”选项卡“绘图”面板中的“图案填充”按钮，打开“图案填充创建”选项卡，选择“填充图案”为SOLID，然后在绘图界面中选取需填充的楼梯剖断面（包括中部平台）进行填充。填充结果如图9-14所示。

4. 绘制楼梯栏杆

楼梯栏杆的高度为900mm，相邻两根栏杆的间距为230mm，栏杆的截面直径为20mm。

（1）在“图层”下拉列表框中选择“栏杆”图层，将其设置为当前图层。

（2）选择菜单栏中的“格式/多线样式”命令，创建新的多线样式，将其命名为“20mm栏杆”，在弹出的“新建多线样式”对话框中进行以下设置：选择直线起点和端点均不封口，元素偏移量首行设为10，第二行设为-10，最后单击“确定”按钮，完成对新多线样式的设置。

（3）选择“绘图”下拉菜单中的“多线”命令（或者在命令行中输入ML命令），在命令行中选择多线对正方式为“无”，比例为1，样式为“20mm栏杆”，然后以楼梯每一级踏步线中点为起点，向上绘制长度为900mm的多线。

（4）绘制扶手。单击“默认”选项卡“修改”面板中的“复制”按钮，将楼梯梯段底面线复制并粘贴到栏杆线上方端点处，得到扶手底面线条；接着单击“默认”选项卡“修改”面板中的“偏移”按钮，将扶手底面线条向上偏移50mm，得到扶手上表面线条；然后单击“默认”选项卡“绘图”面板中的“直线”按钮，绘制扶手端部线条。

（5）单击“默认”选项卡“绘图”面板中的“图案填充”按钮，将楼梯上端护栏剖面填充为实体颜色。

绘制完成的楼梯剖面如图9-15所示。

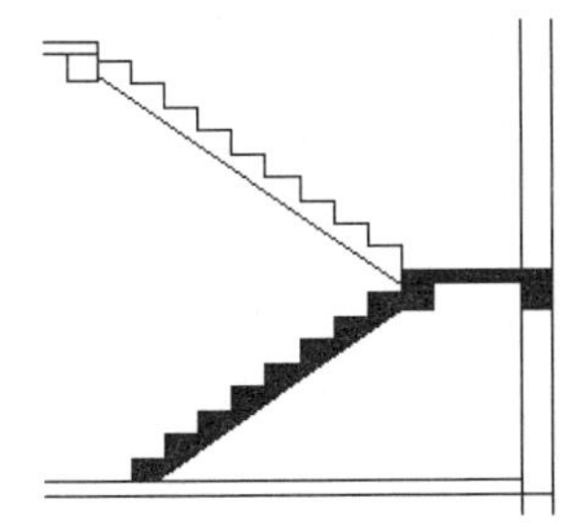

图9-14　填充梯段及平台剖面

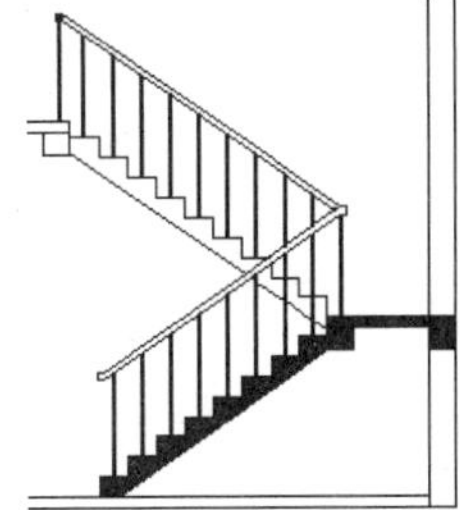

图9-15　楼梯剖面

9.2.5　绘制门窗

按照门窗与剖切面的相对位置关系，可以将剖面图中的门窗分为以下两种类型：

第一类为被剖切的门窗。这类门窗的绘制方法近似于平面图中的门窗画法，只是在方向、尺度及其他一些细节上略有不同。

第二类为未被剖切但仍可见的门窗。此类门窗的绘制方法同立面图中的门窗画法基本相同。

Note

下面分别通过剖面图中的门窗实例介绍这两类门窗的绘制。

操作步骤如下：

1. 被剖切的门窗

在楼梯间的外墙上，有一处窗体被剖切，该窗高度为 2400mm，窗底标高为 2.500m。下面以该窗体为例介绍被剖切门窗的绘制方法。

（1）在“图层”下拉列表框中选择“门窗”图层，将其设置为当前图层。

（2）单击“默认”选项卡“修改”面板中的“偏移”按钮，将室内地坪线向上连续偏移两次，偏移量依次为 2500mm 和 2400mm。

（3）单击“默认”选项卡“修改”面板中的“延伸”按钮，使两条偏移线段均与外墙线正交，然后单击“默认”选项卡“修改”面板中的“修剪”按钮，修剪墙体外部多余的线条，得到该窗体的上、下边线。

（4）单击“默认”选项卡“修改”面板中的“偏移”按钮，将两侧墙线分别向内偏移，偏移量均为 80mm。

（5）单击“默认”选项卡“修改”面板中的“修剪”按钮，修剪窗线，完成窗体剖面绘制，如图 9-16 所示。

2. 未被剖切但仍可见的门窗

在剖面图中，有两处门可见，即首层工人房和二层客房的房间门。这两扇门的尺寸均为 900mm×2100mm。下面以这两处门为例，介绍未被剖切但仍可见的门窗的绘制方法。

（1）在“图层”下拉列表框中选择“门窗”图层，将其设置为当前图层。

（2）单击“默认”选项卡“修改”面板中的“偏移”按钮，将首层和二层地坪线分别向上偏移，偏移量均为 2100mm。

（3）单击“默认”选项卡“绘图”面板中的“直线”按钮，由平面图确定这两处门的水平位置，绘制门洞定位线。

（4）单击“默认”选项卡“绘图”面板中的“矩形”按钮，绘制尺寸为 900mm×2100mm 的矩形门立面，并将其定义为图块，图块名称为“900×2100 立面门”。

（5）单击“插入”选项卡“块”面板中的“插入块”按钮，在已确定的门洞的位置，插入“900×2100 立面门”图块，并删除定位辅助线，完成门的绘制，如图 9-16 所示。

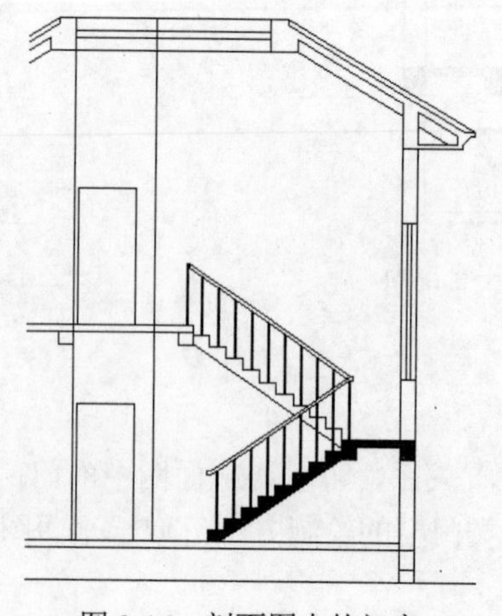

图 9-16　剖面图中的门窗

提示：

在绘制建筑剖面图中的门窗或楼梯时，除了利用前面介绍的方法直接绘制外，也可借助图库中的图形模块来进行绘制，例如，一些未被剖切的可见门窗或者一组楼梯栏杆等。在常见的室内图库中，有很多不同种类和尺寸的门窗和栏杆立面可供选择，绘图者只需找到适合的图形模块进行复制，然后粘贴到自己的图中即可。如果图库中提供的图形模块与实际需要的图形之间存在尺寸或角度上的差异，可先将模块分解，然后利用旋转或缩放命令进行修改，将其调整到满意的结果后，插入图中相应位置。

Note

9.2.6　绘制室外地坪层

在建筑剖面图中，绘制室外地坪层与立面图中的绘制方法是相同的。

操作步骤如下：

（1）在“图层”下拉列表框中选择“地坪”图层，将其设置为当前图层。

（2）单击“默认”选项卡“修改”面板中的“偏移”按钮，将室外地坪线向下偏移，偏移量为 150mm，得到室外地坪层底面位置。

（3）单击“默认”选项卡“修改”面板中的“修剪”按钮，结合被剖切的外墙，修剪地坪层线条，完成室外地坪层的绘制，如图 9-17 所示。

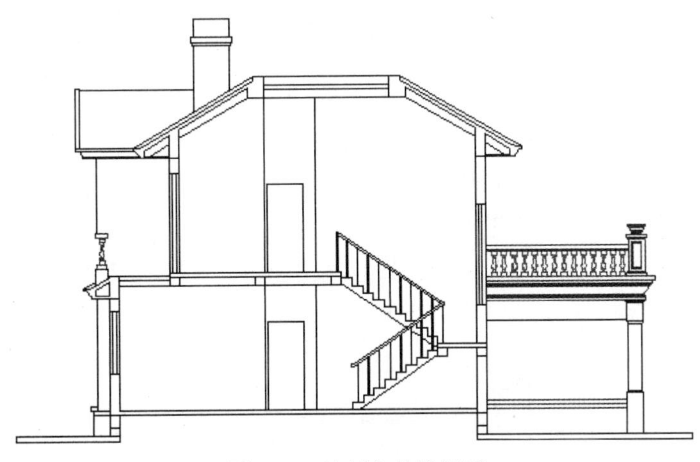

图 9-17　绘制室外地坪层

9.2.7　填充被剖切的梁、板和墙体

在建筑剖面图中，被剖切的构件断面一般用实体填充表示。因此，需要使用图案填充命令，将所有被剖切的楼板、地坪、墙体、屋面、楼梯以及梁架等建筑构件的剖断面进行实体填充。

操作步骤如下：

（1）单击“默认”选项卡“图层”面板中的“图层特性”按钮，打开“图层特性管理器”选项板，创建新图层，将新图层命名为“剖面填充”，并将其设置为当前图层。

（2）单击“默认”选项卡“绘图”面板中的“图案填充”按钮，打开“图案填充创建”选

项卡，选择“填充图案”为 SOLID，然后在绘图界面中选取需填充的构件剖断面进行填充。填充结果如图 9-18 所示。

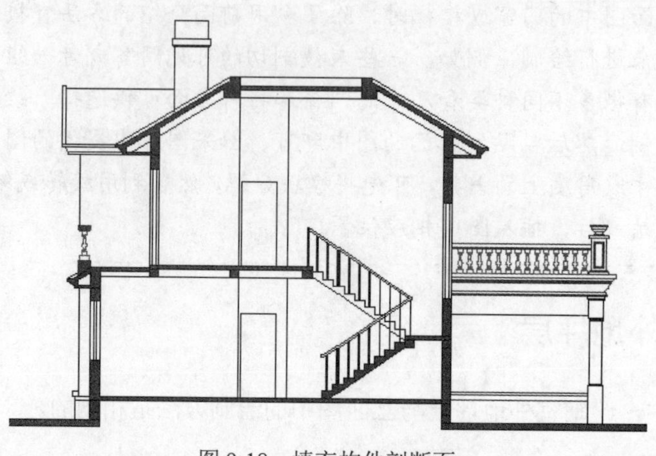

图 9-18　填充构件剖断面

9.2.8　绘制剖面图中可见部分

在剖面图中，除以上绘制的被剖切的主体部分外，在被剖切外墙的外侧还有一些部分是未被剖切到但却可见的。在绘制剖面图的过程中，这些可见部分同样不可忽视。这些可见部分是建筑剖面图的一部分，同样也是建筑立面的一部分，因此，其绘制方法可参考前面章节介绍的建筑立面图画法。

在本例中，由于剖面图是在已有立面图基础上绘制的，因此，在剖面图绘制的开始阶段，就选择性保留了已有立面图的一部分，为此处的绘制提供了很大的方便。然而，保留部分并不是完全准确的，许多细节和变化都没有表现出来。所以，应该使用绘制立面图的具体方法，根据需要对已有立面的可见部分进行修整和完善。

在本图中需要修整和完善的可见部分包括车库上方露台、局部坡屋顶、烟囱和别墅室外台基等。绘制结果如图 9-19 所示。

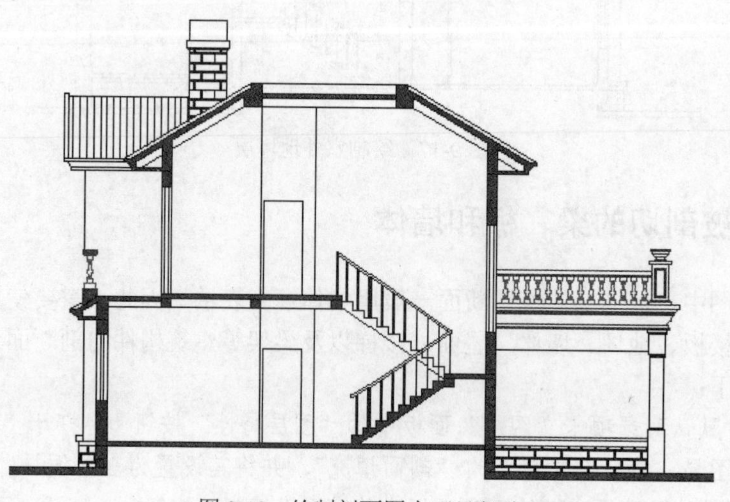

图 9-19　绘制剖面图中可见部分

9.2.9 剖面标注

一般情况下，在方案初步设计阶段，剖面图中的标注以剖面标高和门窗等构件尺寸为主，用来表明建筑内、外部空间以及各构件间的水平和垂直关系。

操作步骤如下：

1. 剖面标高

在剖面图中，一些主要构件的垂直位置需要通过标高来表示，如室内外地坪、楼板、屋面、楼梯平台等。

（1）在"图层"下拉列表框中选择"标注"图层，将其设置为当前图层。

（2）单击"插入"选项卡"块"面板中的"插入块"按钮，在相应标注位置插入标高符号。

（3）单击"默认"选项卡"注释"面板中的"多行文字"按钮A，在标高符号的长直线上方，添加相应的标高数值。

2. 尺寸标注

在剖面图中，对门、窗和楼梯等构件应进行尺寸标注。

（1）在"图层"下拉列表框中选择"标注"图层，将其设置为当前图层。

（2）选择菜单栏中的"格式/标注样式"命令，将"平面标注"设置为当前标注样式。

（3）单击"默认"选项卡"注释"面板中的"线性"按钮，对各构件尺寸进行标注。

9.3 实战演练

通过前面的学习，读者对本章知识也有了大体的了解，本节通过几个操作练习使读者进一步掌握本章知识要点。

【实战演练 1】绘制如图 9-20 所示的别墅 1-1 剖面图。

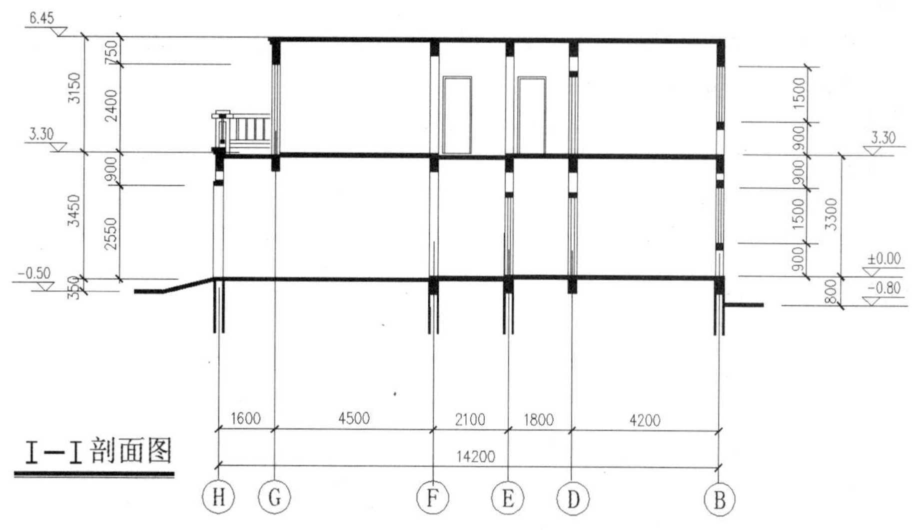

图 9-20　别墅 1-1 剖面图

1．目的要求

本实例主要要求读者通过练习进一步熟悉和掌握剖面图的绘制方法。通过本实例，可以帮助读者学会完成整个剖面图绘制的全过程。

2．操作提示

（1）修改图形。

（2）绘制折线及剖面。

（3）标注标高。

（4）标注尺寸及文字。

【实战演练 2】绘制如图 9-21 所示的别墅 2-2 剖面图。

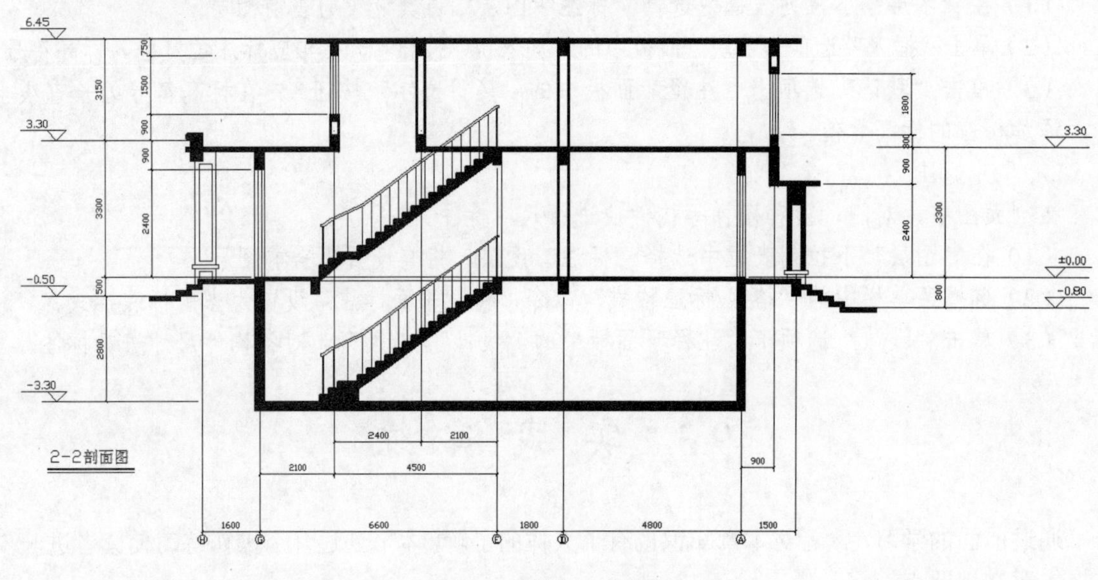

图 9-21　别墅 2-2 剖面图

1．目的要求

本实例主要要求读者通过练习进一步熟悉和掌握剖面图的绘制方法。通过本实例，可以帮助读者学会完成整个剖面图绘制的全过程。

2．操作提示

（1）修改图形。

（2）绘制折线及剖面。

（3）标注标高。

（4）标注尺寸及文字。

绘制建筑详图

本章学习要点和目标任务：

☑ 建筑详图绘制概述

☑ 外墙身详图绘制

☑ 楼梯放大图

☑ 卫生间放大图

☑ 节点大样图的绘制

建筑详图是建筑施工图绘制中的一项重要内容，与建筑构造设计息息相关。本章首先简要介绍建筑详图的基本知识，然后结合实例讲解在 AutoCAD 中详图绘制的方法和技巧。本章中涉及的实例有外墙身详图、楼梯间详图、卫生间放大图和门窗详图。

10.1 建筑详图绘制概述

Note

在正式讲述 AutoCAD 建筑详图绘制之前，先简要归纳详图绘制的基本知识和绘制步骤。

10.1.1 建筑详图的概念及图示内容

前面介绍的平、立、剖面图均是全局性的图纸，由于比例的限制，不可能将一些复杂的细部或局部做法表示清楚，因此需要将这些细部、局部的构造、材料及相互关系采用较大的比例详细绘制出来，以指导施工。这样的建筑图形称为详图，也称大样图。对于局部平面（如厨房、卫生间）放大绘制的图形，习惯叫作放大图。需要绘制详图的位置一般有室内外墙节点、楼梯、电梯、厨房、卫生间、门窗、室内外装饰等构造详图或局部平面放大。

内外墙节点一般用平面和剖面表示，常用比例为 1:20。平面节点详图表示出墙、柱或构造柱的材料和构造关系。剖面节点详图即常说的墙身详图，需要表示出墙体与室内外地坪、楼面、屋面的关系，以及相关的门窗洞口、梁或圈梁、雨篷、阳台、女儿墙、檐口、散水、防潮层、屋面防水、地下室防水等构造做法。墙身详图可以从室内外地坪、防潮层处开始一路画到女儿墙压顶。为了节省图纸，可在门窗洞口处断开，也可以重点绘制地坪、中间层、屋面处的几个节点，而将中间层重复使用的节点集中到一个详图中表示。节点编号一般由上到下编制。

楼梯详图包括平面、剖面及节点 3 部分。平面、剖面常用 1:50 的比例绘制，楼梯中的节点详图可以根据对象大小酌情采用 1:5、1:10、1:20 等比例。与建筑平面图不同的是，楼梯平面图只需绘制出楼梯及四面相接的墙体，而且楼梯平面图需要准确地表示出楼梯间净空、梯段长度、梯段宽度、踏步宽度和级数、栏杆（栏板）的大小及位置，以及楼面、平台处的标高等。楼梯间剖面图只需绘制出楼梯相关的部分，相邻部分可用折断线断开。选择在底层第一跑并能够剖到门窗的位置剖切，向底层另一跑梯段方向投射。尺寸需要标注层高、平台、梯段、门窗洞口、栏杆高度等竖向尺寸，并应标注出室内外地坪、平台、平台梁底面的标高。水平方向需要标注定位轴线及编号、轴线尺寸、平台、梯段尺寸等。梯段尺寸一般用“踏步宽（高）×级数=梯段宽（高）”的形式表示。此外，楼梯剖面上还应注明栏杆构造节点详图的索引编号。

电梯详图一般包括电梯间平面图、机房平面图和电梯间剖面图 3 个部分，常用 1:50 的比例绘制。平面图需要表示出电梯井、电梯厅、前室相对定位轴线的尺寸及自身的净空尺寸，表示出电梯图例及配重位置、电梯编号、门洞大小及开取形式、地坪标高等。机房平面需表示出设备平台位置及平面尺寸、顶面标高、楼面标高以及通往平台的梯子形式等内容。剖面图需要剖在电梯井、门洞处，表示出地坪、楼层、地坑、机房平台的竖向尺寸和高度，标注出门洞高度。为了节约图纸，中间相同部分可以折断绘制。

厨房、卫生间放大图根据其大小可酌情采用 1:30、1:40、1:50 的比例绘制。需要详细表示出各种设备的形状、大小和位置及地面设计标高、地面排水方向及坡度等，对于需要进一步说明的

构造节点，须标明详图索引符号，或绘制节点详图，或引用图集。

门窗详图包括立面图、断面图、节点详图等内容。立面图常用 1:20 的比例绘制，断面图常用 1:5 的比例绘制，节点图常用 1:10 的比例绘制。标准化的门窗可以引用有关标准图集，说明其门窗图集编号和所在位置。根据《建筑工程设计文件编制深度规定》(2003 年版)，非标准的门窗、幕墙需绘制详图。如委托加工，需绘制出立面分格图，标明开取扇、开取方向，说明材料、颜色及与主体结构的连接方式等。

Note

就图形而言，详图兼有平、立、剖面的特征，综合了平、立、剖面绘制的基本操作方法，并具有自己的特点，只要掌握一定的绘图程序，难度应不大。真正的难度在于对建筑构造、建筑材料、建筑规范等相关知识的掌握。

10.1.2 详图绘制的一般步骤

详图绘制的一般步骤如下。

（1）图形轮廓绘制：包括断面轮廓和看线。

（2）材料图例填充：包括各种材料图例选用和填充，如建筑物、道路、广场、停车场、绿地、场地出入口布置等内容。

（3）符号、尺寸、文字等标注：包括设计深度要求的轴线及编号、标高、索引、折断符号和尺寸、说明文字等。

10.2 外墙身详图绘制

本节以宿舍楼外墙身构造详图为例，为读者介绍详图绘制的方法。根据宿舍楼的具体情况，绘制上、中、下 3 个节点。第一个节点包括屋面防水、隔热层的做法和女儿墙压顶的做法；第二个节点包括楼面、阳台构造做法；第三个节点包括室内外地坪、防潮层、勒脚、踢脚等做法。

光盘\配套视频\第 10 章\外墙身详图绘制.avi

10.2.1 墙身节点①

在墙身节点①中，屋面防水采用刚性防水层，宿舍区屋顶雨水通过两侧挑檐（阳台上方）处的雨水管排走。隔热层为混凝土平板架空隔热层，架空高度为 240。绘制总体思路是，首先从剖面图中复制该节点部分图形，为详图绘制作准备，然后在此图形基础上作补充、修改、图案填充，最后完成各种标注，如图 10-1 所示。

操作步骤如下：

1. 准备工作

（1）打开“源文件\第 10 章\宿舍楼的 2-2 剖面图”，如图 10-2 所示，剖切位置为阳台、宿舍门。

Note

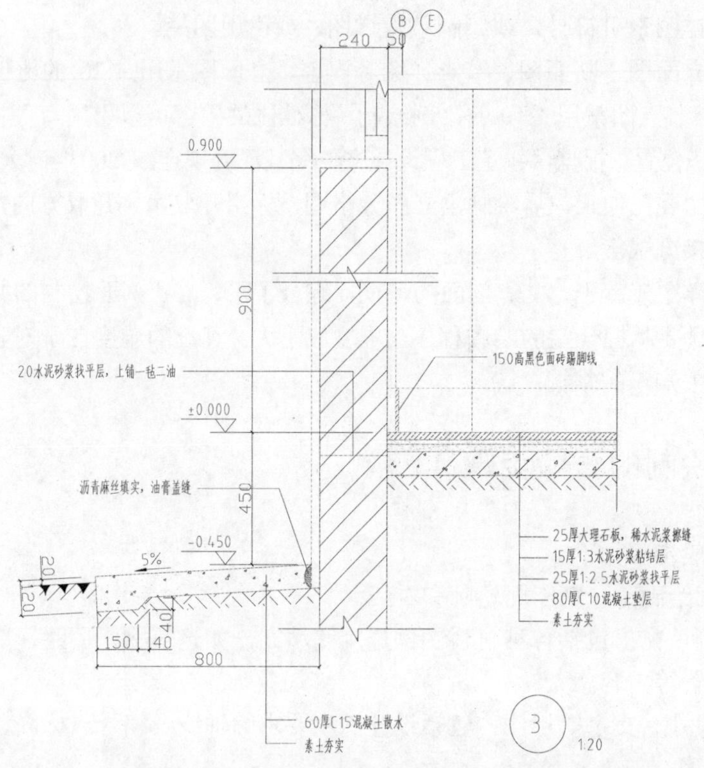

图 10-1　绘制外墙身详图

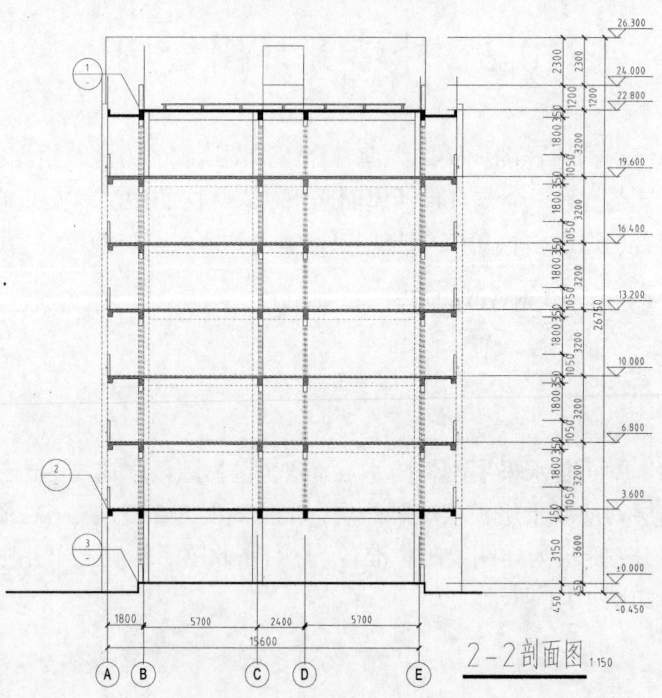

图 10-2　某宿舍 2-2 剖面图

（2）将墙身节点①处的图形（包括定位轴线）复制到绘制详图的地方，如图 10-3 所示。

（3）借助辅助界线，将外围不需要的图线修剪掉，结果如图 10-4 所示。

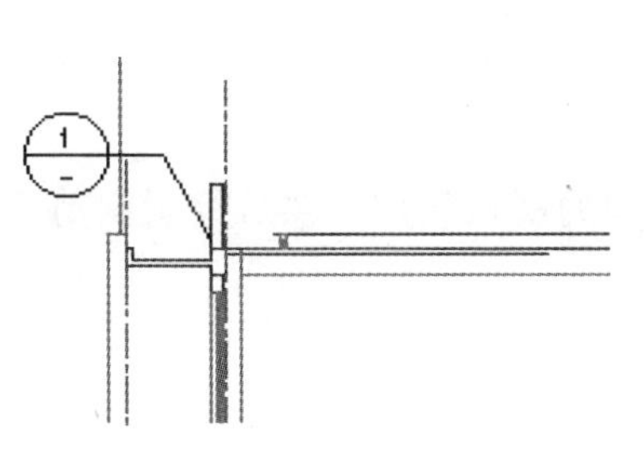

图 10-3　复制节点部分图形

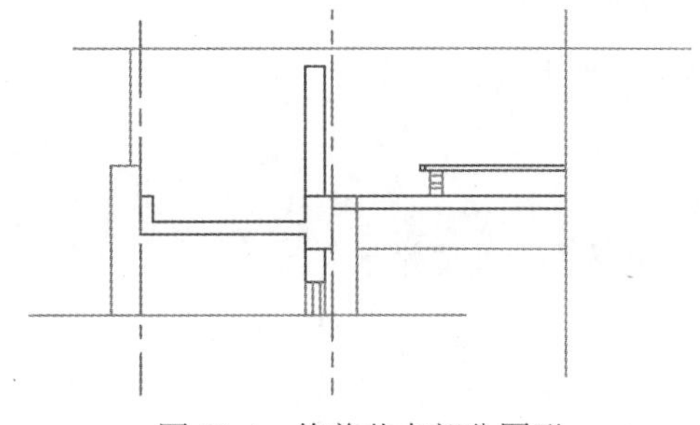

图 10-4　修剪节点部分图形

2. 图形轮廓绘制

（1）屋面防水层绘制。根据屋面各层构造厚度来绘制。

① 由楼板下轮廓线向下偏移 20 绘制出板底抹灰层；由上轮廓线依次向上偏移 25、20、20 和 45 绘制出防水各层做法，如图 10-5 所示。

② 单击“默认”选项卡“修改”面板中的“旋转”按钮，以图 10-6 中所示点为基点将上面 3 根线逆时针旋转 1.7°，以满足屋面横向找坡 3%的要求。

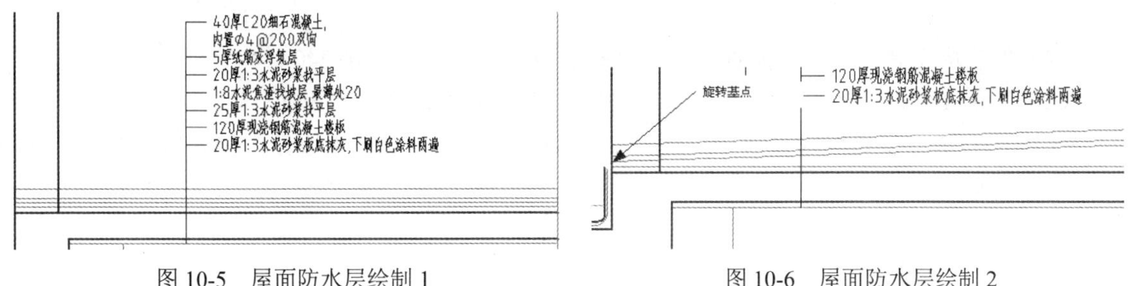

图 10-5　屋面防水层绘制 1　　图 10-6　屋面防水层绘制 2

（2）挑檐防水层绘制。采用高分子卷材防水，亦采用上述类似方法绘制，结果如图 10-7 所示。

（3）挑檐外边缘收头。挑檐外边缘采用水泥钉通长压条压住，然后用油膏和砂浆盖缝，如图 10-8 所示。

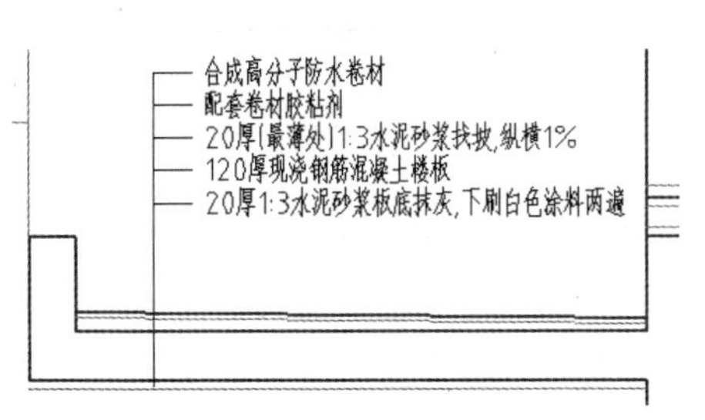

图 10-7　挑檐防水层绘制

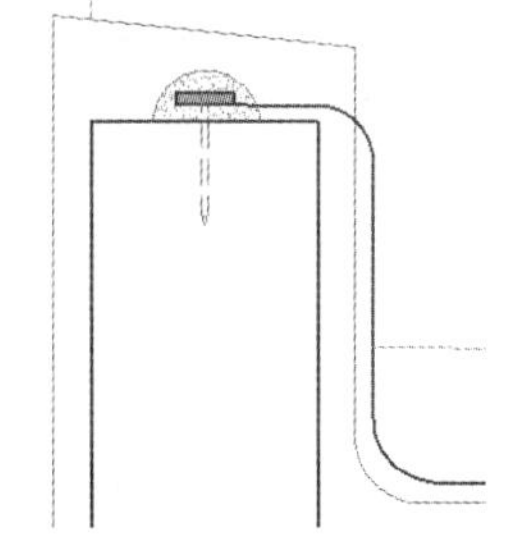

图 10-8　挑檐外边缘收头

提示：

端部抹灰层绘成斜面，水泥砂浆找平层、防水卷材转角处作圆角处理。

（4）屋面泛水绘制。该详图刚性防水层延伸至泛水，泛水高 300。泛水处防水层与女儿墙面间作沥青麻丝嵌缝，外盖金属板。绘制方法是，首先根据泛水高度和挑出的砖头大小绘制出辅助线，然后再逐步细化、修剪、圆角，结果如图 10-9 所示。

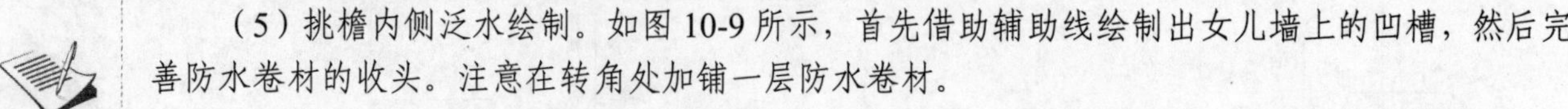
（5）挑檐内侧泛水绘制。如图 10-9 所示，首先借助辅助线绘制出女儿墙上的凹槽，然后完善防水卷材的收头。注意在转角处加铺一层防水卷材。

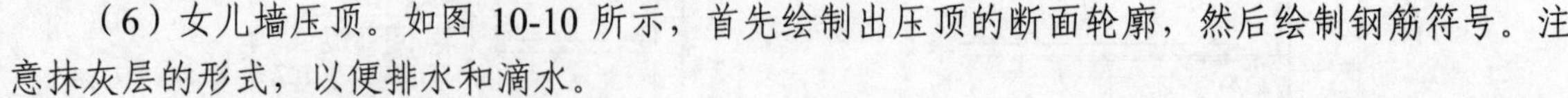
（6）女儿墙压顶。如图 10-10 所示，首先绘制出压顶的断面轮廓，然后绘制钢筋符号。注意抹灰层的形式，以便排水和滴水。

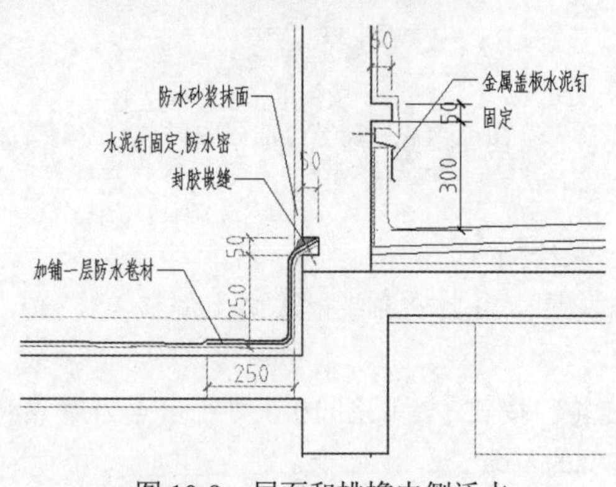

图 10-9　屋面和挑檐内侧泛水

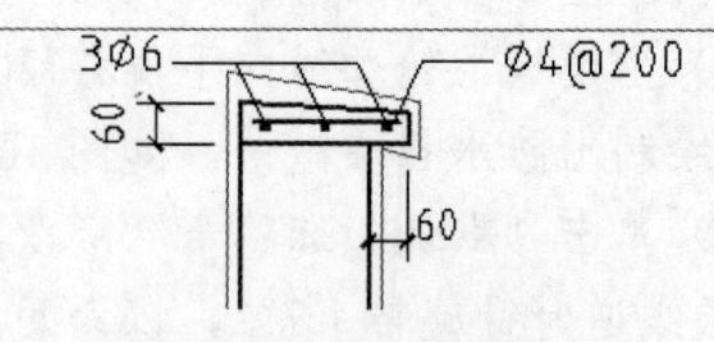

图 10-10　女儿墙压顶

（7）隔热层绘制。该架空隔热间层净空高度为 240，采用 120×240×240 的砖墩支撑，上铺 30 厚 600×600 大小的 C15 混凝土板。架空层周边与女儿墙的间距为 500，以便空气流通。绘制方法是，首先由防水层轮廓线上偏移绘制出 30 厚混凝土板，然后移动已有的砖墩到板下，用“阵列”命令作 600 间距的排布，最后将其旋转 1.7° 以适应坡度，并划分出混凝土板，结果如图 10-11 所示。

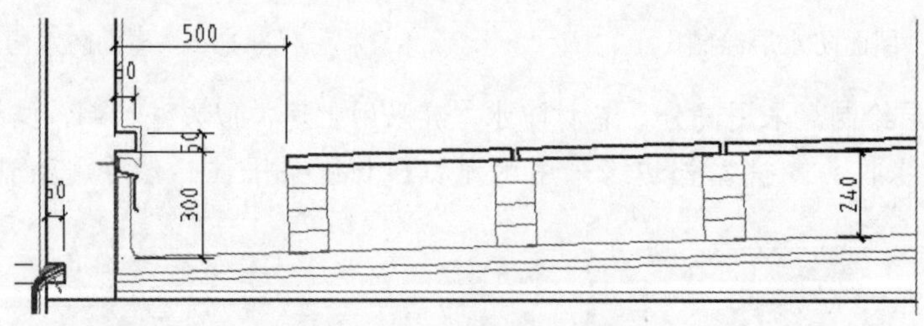

图 10-11　架空隔热间层

（8）完善轮廓线绘制。

① 将墙、板各段抹灰层作交接处理，注意挑檐下端采用利于滴水的抹灰形式（滴水线）。

② 将周边多余的图线修剪掉，用拉伸命令将女儿墙缩短，并绘制出折断线。

③ 由刚性防水层上轮廓向下偏移 25 绘制出钢筋图形，然后复制钢筋截面的涂黑圆点排布于其上（首先沿水平方向阵列，然后再整体旋转）。

④ 参照剖面图线型设置标准完善图线线型的设置。

⑤ 节点①详图轮廓线基本绘制完毕，结果如图 10-12 所示。下面进行图案填充。

3. 图案填充

采用图案填充命令，依次填充各种材料图例，现将各种材料图例的填充参数罗列如下。

（1）砖墙：采用图 10-13 所示图案进行填充。

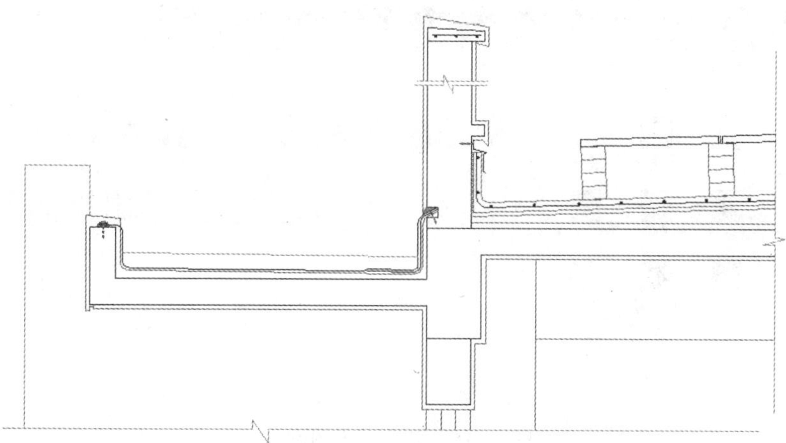

图 10-12 完成详图轮廓线

（2）钢筋混凝土：采用图 10-13 和图 10-14 所示的素混凝土两个图案叠加。

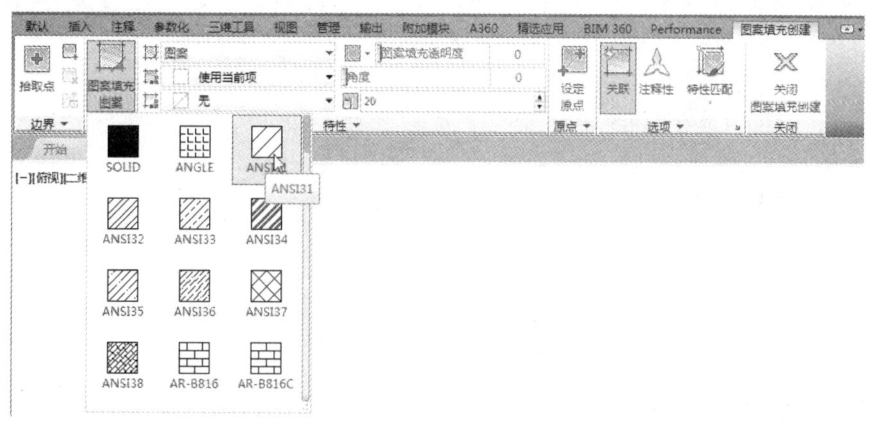

图 10-13 砖墙图例

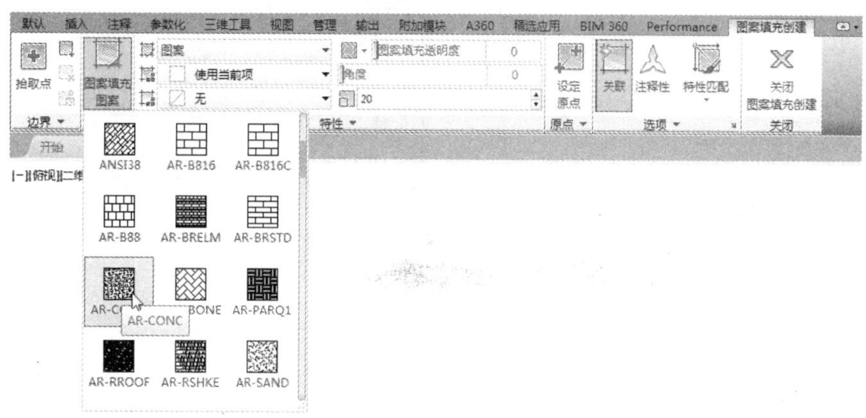

图 10-14 素混凝土图例

（3）砂浆抹灰：采用图 10-15 所示图案进行填充。

（4）水泥焦渣找坡层：AutoCAD 2016 自带的图案中没有完全与水泥焦渣对应的图例，不妨采用图 10-15 和图 10-16 所示的两个图案叠加，也可手动绘制。

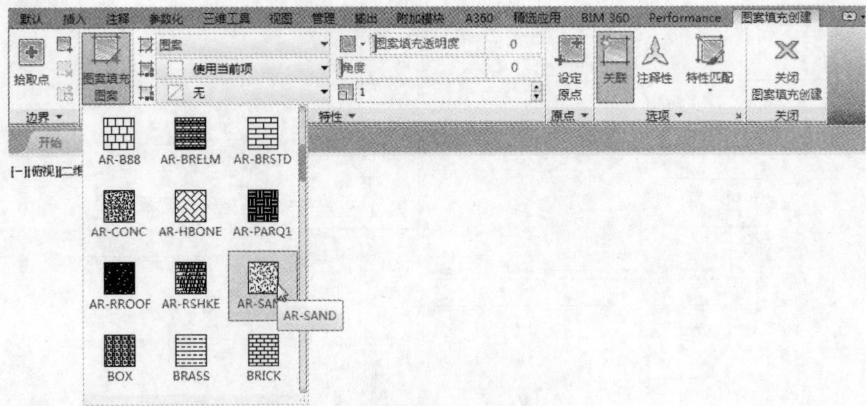

图 10-15　砂、灰土图例

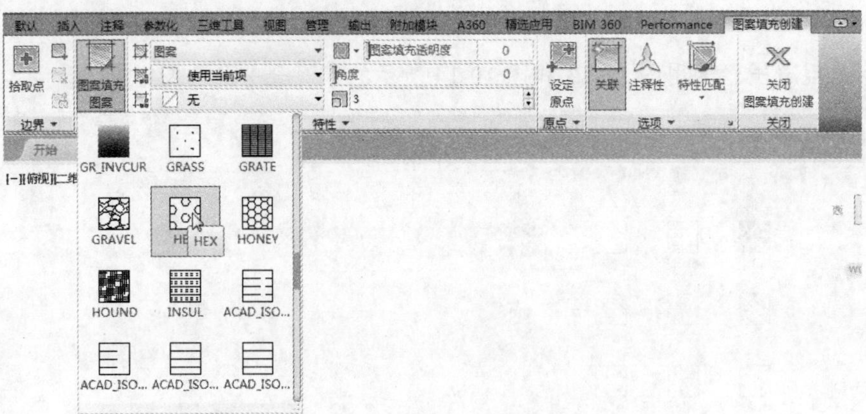

图 10-16　焦渣、矿渣图例

（5）防水卷材：可以采用粗线表示。结果如图 10-17 所示。

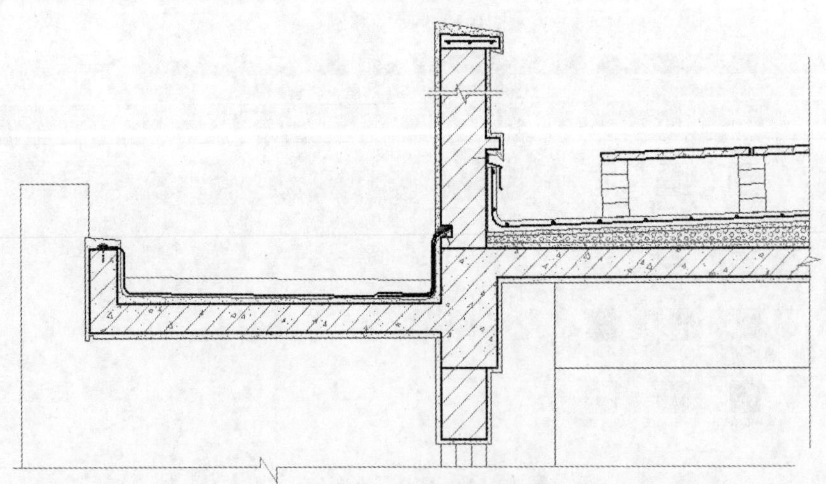

图 10-17　完成图案填充

4. 文字、尺寸及符号标注

（1）文字：包括屋面和挑檐的多层次构造、泛水做法、挑檐收头做法、压顶做法说明。由

于出图比例采用 1:20，所以将文字的高度设为 60（实际高度 3mm）。

（2）尺寸：包括女儿墙尺寸、窗洞位置、挑檐尺寸、架空隔热间尺寸、泛水尺寸、加铺卷材尺寸、墙体相对轴线的尺寸等。

（3）符号：包括轴线及轴线标号、详图标号及比例、屋面、窗洞上口、挑檐、女儿墙顶等标高。结果如图 10-18 所示。

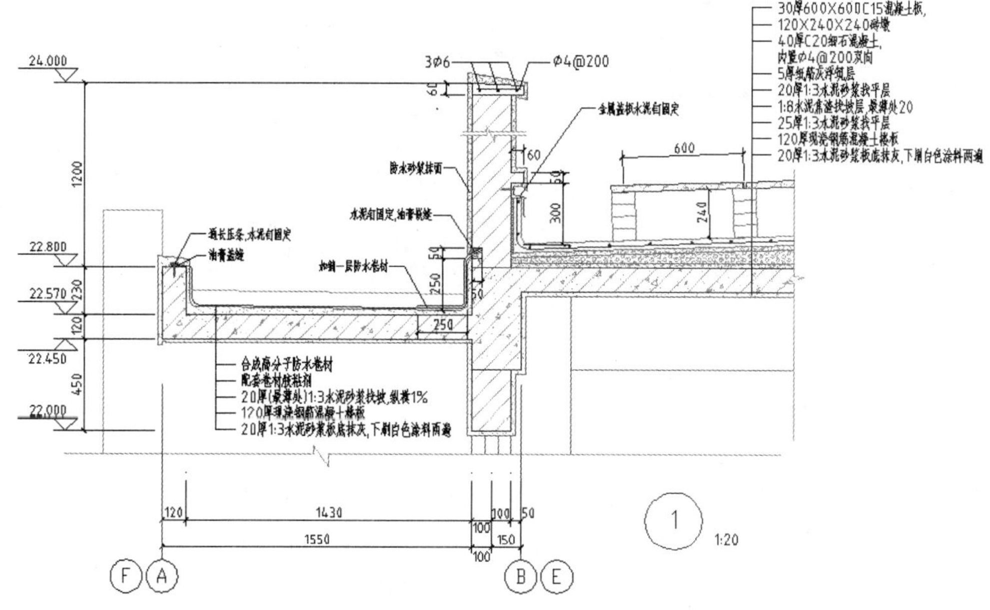

图 10-18　完成各种标注

① 新建全局比例为 20 的尺寸样式，用于详图标注。

② 单根引出线用命令 QLEADER 标注。

③ 对于多层构造引出线，可以用直线命令绘出第一层，并标注出文字，再由该层阵列出其他层，修改相应的文字。

④ 详图编号圆圈直径为 14mm，用粗线表示。详图与被索引图样在同一张图纸时，在圆圈中注明阿拉伯数字的编号；如不在同一张图纸，则在圆圈中部画一条水平线，线上标注详图编号，线下标注被索引图纸的编号。

10.2.2　墙身节点②

墙身节点②主要包括墙体、门窗与楼板的关系、楼面做法、阳台地面做法、阳台栏杆做法等内容，如图 10-19 所示。本例室内及阳台地面做法相同，构造层次由下至上依次是：20 厚 1:3 水泥砂浆抹灰，表面刷白色涂料两遍；120 厚现浇钢筋混凝土楼板；20 厚 1:3 水泥砂浆找平层；10 厚 1:2 水泥砂浆抹面。阳台板面标高比楼面低 30（一般低 30～50），防止雨水泛入室内。阳台栏杆（栏板）需要与阳台板牢固连接，具有足够的抗倾覆力，其做法是多种多样的，有许多标准图集可参照。此处选取一个较简单的做法，供读者参考。

节点②的图形内容不复杂，可参照墙身节点①的绘制方法来完成，具体过程不再赘述。

Note

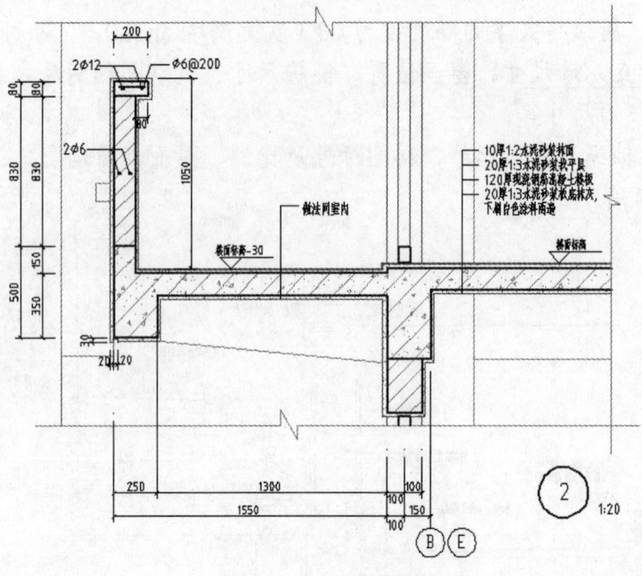

图 10-19　墙身节点②

10.2.3　墙身节点③

墙身节点③主要包括墙体与室内外地坪的关系、室内地坪的做法、散水做法、防潮层做法、内外墙装修等内容，如图 10-20 所示。本例室内外高差为 450，墙体为 240 厚粘土砖墙，墙下基础做法参见结构图。室内地坪构造层次由下至上依次是：素土夯实；80 厚 C10 混凝土垫层；25 厚 1:2.5 水泥砂浆找平层；15 厚 1:3 水泥砂浆粘结层；25 厚大理石板，细水泥浆擦缝。散水为 80 厚 C15 混凝土提浆抹面，置于夯实的素土上，排水坡度为 5%，与墙面接头处缝隙用沥青麻丝填实，然后用油膏盖缝。水平防潮层一般设置在标高为-0.06 的位置处。本例地面采用混凝土垫层，为密实材料，防潮层设在垫层范围内。室外勒脚采用 1:2 水泥砂浆抹面，室内踢脚线采用 150 高黑色面砖拼贴。

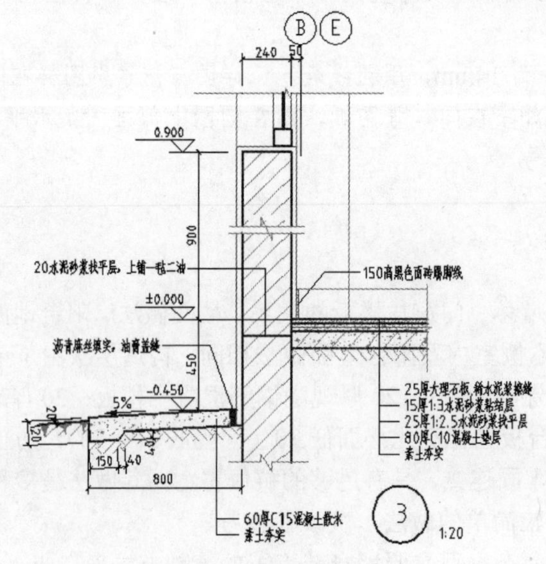

图 10-20　墙身节点③

Note

操作步骤如下：

（1）轮廓线绘制。室内地坪各层构造以及墙体抹灰用偏移命令绘制。室外散水需要形成 5% 的坡度，可以先水平绘制，然后再作旋转。

（2）图案填充。在本节点详图中，有 3 个新的材料图例需要说明。

① 大理石材：可以采用图 10-21 所示的图案进行填充。

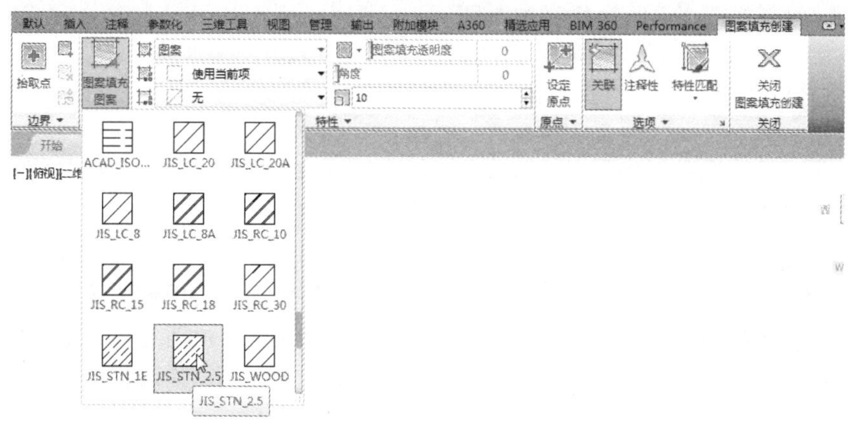

图 10-21　大理石材图案

② 夯实土壤：可以采用图 10-22 所示的图案进行填充。

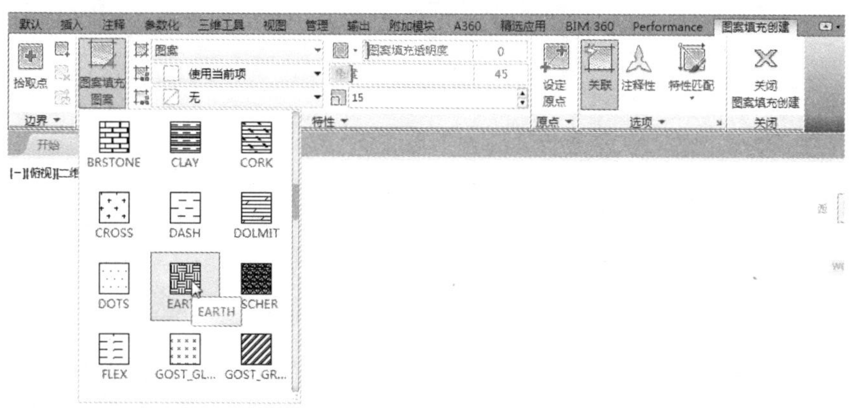

图 10-22　夯实土壤图案

③ 事先需要用偏移命令绘制出图例下边缘，以形成封闭的填充区域。完成填充后，再将下边缘删除，如图 10-23 所示。

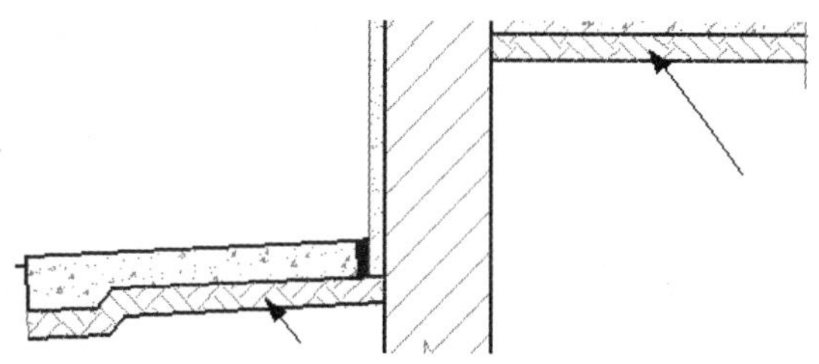

图 10-23　夯实土壤图案填充操作示意图

④ 自然土壤：其中的斜线可以用图案填充命令完成，其余图案手动绘制。

10.3 楼梯放大图

Note

下面绘制楼梯放大图，如图 10-24 所示。

：光盘\配套视频\第 10 章\楼梯放大图.avi

10.3.1 绘图准备

绘制建筑图，绘图准备工作是必不可少的，绘制楼梯大样图也一样，主要是将需要的楼梯图样复制到绘图区域。

操作步骤如下：

（1）砖混住宅地下层平面图楼梯：以砖混住宅地下层楼梯放大图制作为例。

（2）单击快速访问工具栏中的“打开”按钮，打开“源文件\砖混住宅地下层平面图”文件。

（3）单击“默认”选项卡“修改”面板中的“复制”按钮，选择楼梯间图样，和轴线一起复制出来，然后检查楼梯的位置，如图 10-25 所示。

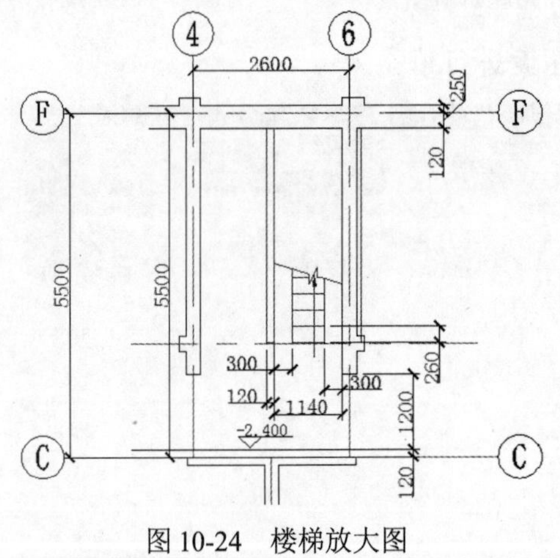

图 10-24　楼梯放大图

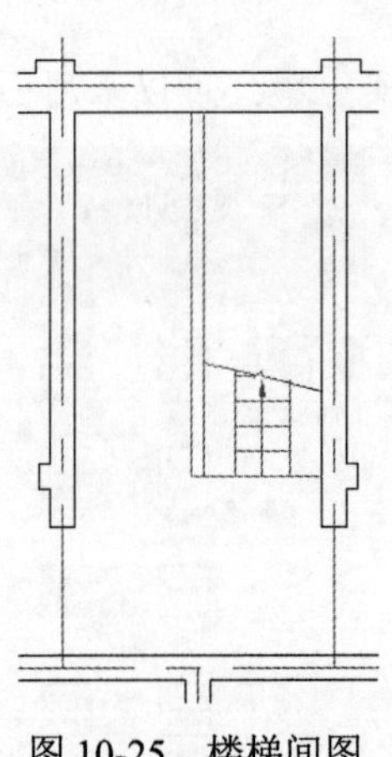

图 10-25　楼梯间图

10.3.2 添加标注

楼梯平面标注尺寸包括定位轴线尺寸及编号、墙柱尺寸、门窗洞口尺寸、楼梯长和宽、平台尺寸等。符号、文字包括地面、楼面、平台标高、楼梯上下指引线及踏步级数、图名、比例等。

操作步骤如下：

（1）单击“注释”选项卡“标注”面板中的“线性”按钮和“连续”按钮，标注楼梯间放大平面图，如图 10-26 所示。

（2）单击“默认”选项卡“绘图”面板中的“圆”按钮和“多行文字”按钮A，绘制轴号，如图 10-27 所示。

（3）单击“默认”选项卡“修改”面板中的“复制”按钮，选取第（2）步已经绘制完成的轴号进行复制，并修改轴号内文字。完成图形内轴号的绘制，如图 10-28 所示。

Note

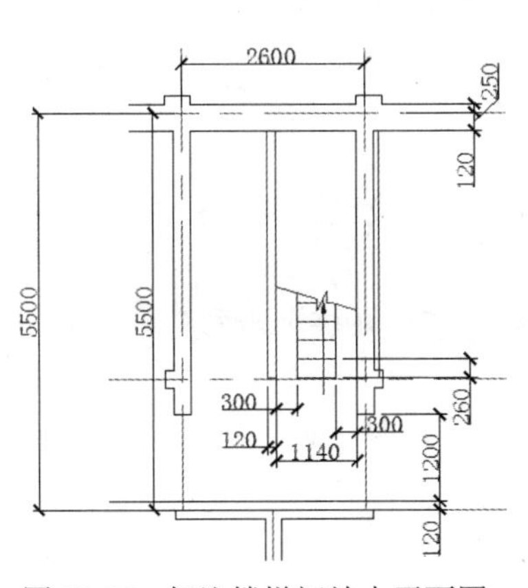

图 10-26　标注楼梯间放大平面图

图 10-27　绘制轴号

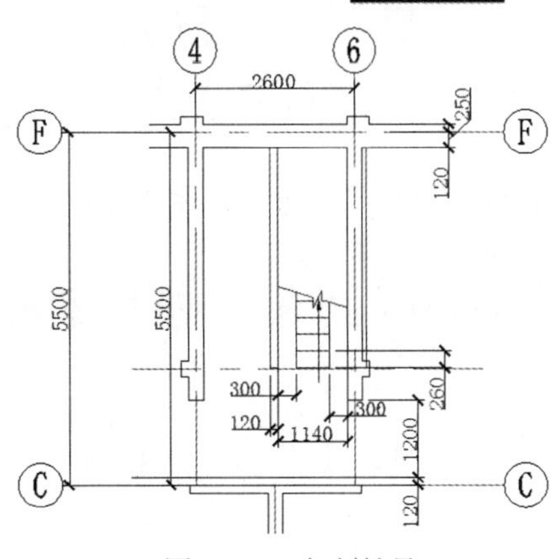

图 10-28　复制轴号

（4）单击“默认”选项卡“绘图”面板中的“直线”按钮和“注释”面板中的“多行文字”按钮A，绘制楼梯间详图标高符号，如图 10-24 所示。

10.4　卫生间放大图

下面绘制卫生间放大图，如图 10-29 所示。

：光盘\配套视频\第 10 章\卫生间放大图.avi

10.4.1　绘图准备

以某砖混住宅卫生间放大图制作为例，首先单击“默认”选项卡“修改”面板中的“复制”按钮，先将卫生间图样连同轴线复制出来，然后检查平面墙体、门窗位置及尺寸的正确性，调整内部洗脸盆、坐便器等设备，使其位置、形状与设计意图和规范要求相符。接着确定地面排水方向和地漏位置，如图 10-30 所示。

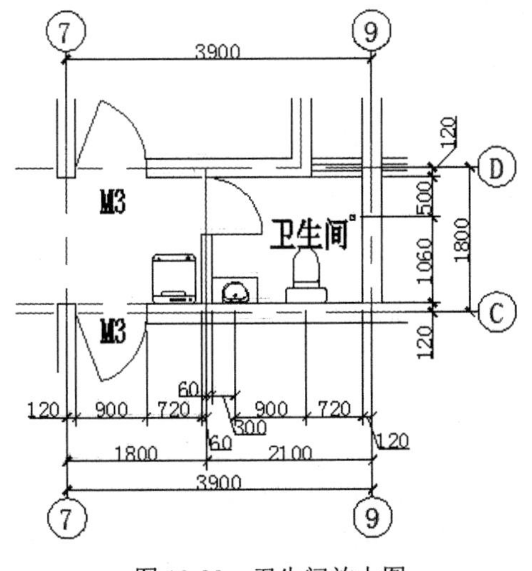

图 10-29　卫生间放大图

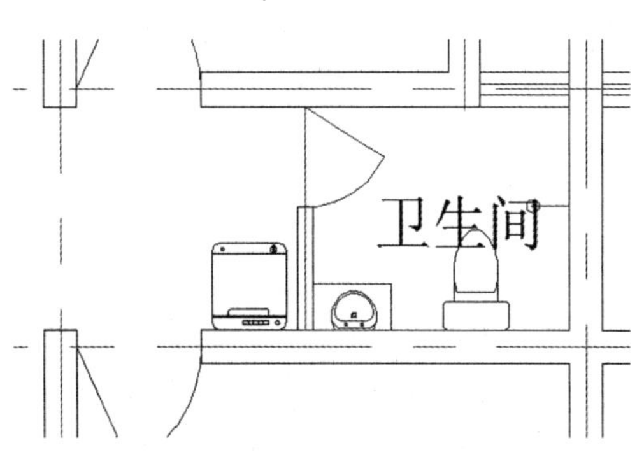

图 10-30　卫生间图

10.4.2 添加标注

卫生间放大图的尺寸标注比较简单，包括定位尺寸、轴号标注以及其他文字标注。

操作步骤如下：

（1）单击“注释”选项卡“标注”面板中的“线性”按钮和“连续”按钮，标注卫生间放大平面图，如图 10-31 所示。

（2）单击“默认”选项卡“绘图”面板中的“圆”按钮和“注释”面板中的“多行文字”按钮A，绘制轴号，如图 10-32 所示。

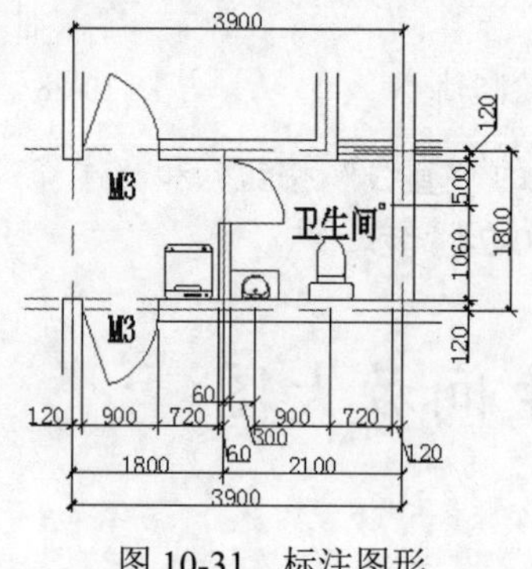

图 10-31 标注图形

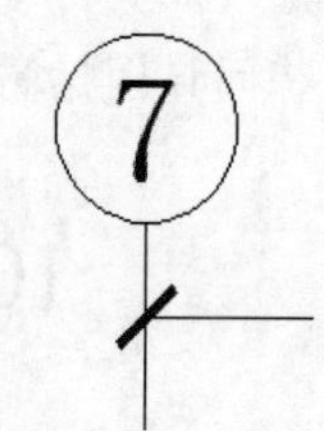

图 10-32 绘制轴号

（3）单击“默认”选项卡“修改”面板中的“复制”按钮，选取第（2）步已经绘制完成的轴号进行复制，并修改轴号内文字。完成图形内轴号的绘制，如图 10-29 所示。

10.5 节点大样图的绘制

下面绘制节点大样图，如图 10-33 所示。

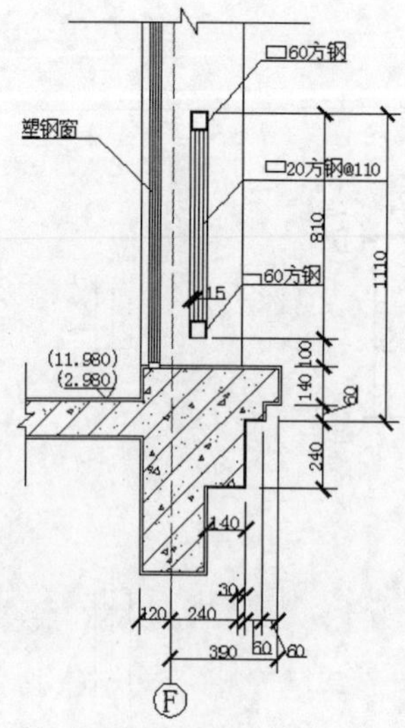

图 10-33 节点大样图

Note

：光盘\配套视频\第 10 章\节点大样图的绘制.avi

10.5.1　节点大样轮廓绘制

节点大样图一般是总图上标注不明显的或不宜在总图上标注的，需要另外在一张图纸上绘制的图形，这里绘制的是墙体节点大样图。

操作步骤如下：

（1）单击“默认”选项卡“绘图”面板中的“直线”按钮和“修改”面板中的“偏移”按钮，绘制节点大样图的墙体轮廓线，如图 10-34 所示。

（2）单击“默认”选项卡“绘图”面板中的“直线”按钮和“修改”面板中的“修剪”按钮，绘制节点大样图折弯线，如图 10-35 所示。

（3）单击“默认”选项卡“绘图”面板中的“直线”按钮，在图形上边绘制两段竖直直线，如图 10-36 所示。

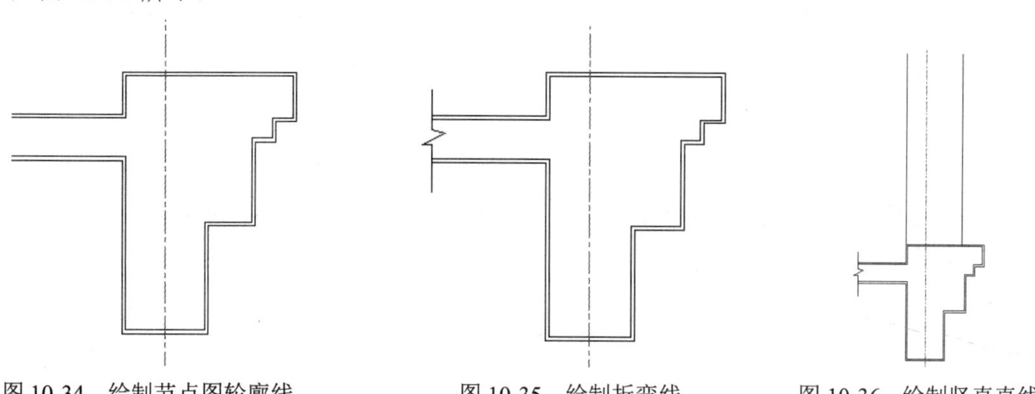

图 10-34　绘制节点图轮廓线　　图 10-35　绘制折弯线　　图 10-36　绘制竖直直线

（4）单击“默认”选项卡“绘图”面板中的“多段线”按钮，指定起点宽度为 5，端点宽度为 5，绘制两个大小为 60×60 的矩形，如图 10-37 所示。

（5）单击“默认”选项卡“绘图”面板中的“矩形”按钮，在图形的适当位置绘制一个 40×20 的矩形。

（6）单击“默认”选项卡“修改”面板中的“修剪”按钮，对图形进行修剪，如图 10-38 所示。

（7）单击“默认”选项卡“绘图”面板中的“直线”按钮，在矩形上端绘制直线，如图 10-39 所示。

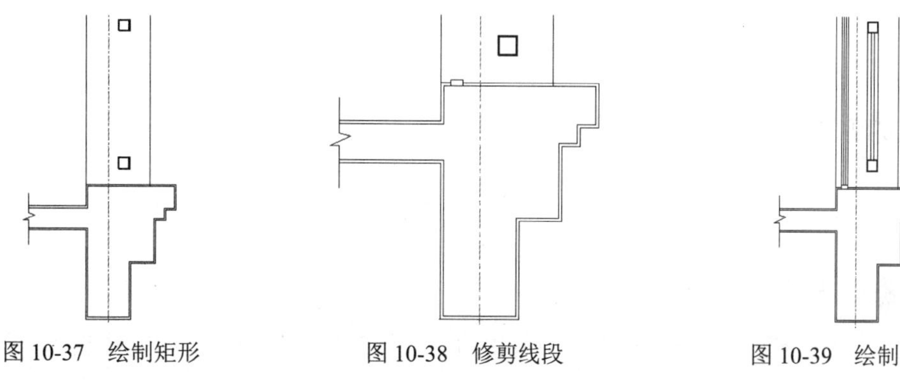

图 10-37　绘制矩形　　图 10-38　修剪线段　　图 10-39　绘制直线

Note

（8）单击“默认”选项卡“绘图”面板中的“图案填充”按钮，打开“图案填充创建”选项卡，设置“填充图案”为ANSI31，“填充比例”为25，如图10-40所示，在某一个矩形的中心单击，完成图案的填充，继续选择填充区域填充图形AR-CONC，“比例”为1。

图10-40 “图案填充创建”选项卡

（9）单击“默认”选项卡“绘图”面板中的“直线”按钮和“修改”面板中的“修剪”按钮，绘制折弯线，如图10-41所示。

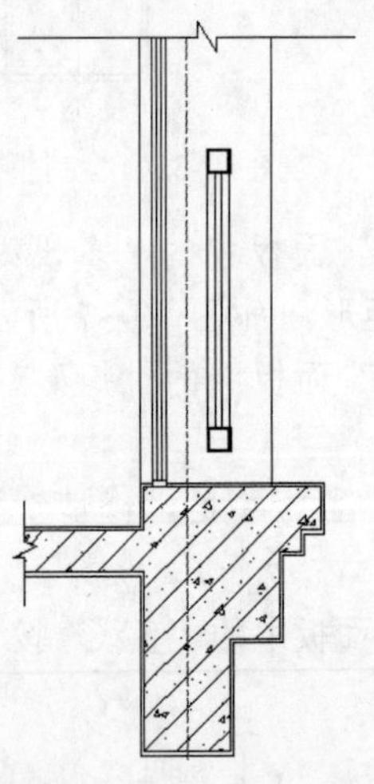

图10-41 绘制折弯线

10.5.2 添加标注

同样的节点大样图的标注与前面详图的标注基本相同，需要标注节点尺寸、添加文字说明以及轴线标号。

操作步骤如下：

（1）单击“注释”选项卡“标注”面板中的“线性”按钮和“连续”按钮，标注节点

大样图的尺寸，如图 10-42 所示。

（2）在命令行中输入 QLEADER 命令，单击“默认”选项卡“绘图”面板中的“圆”按钮和“注释”面板中的“多行文字”按钮A，为图形添加文字说明，如图 10-43 所示。

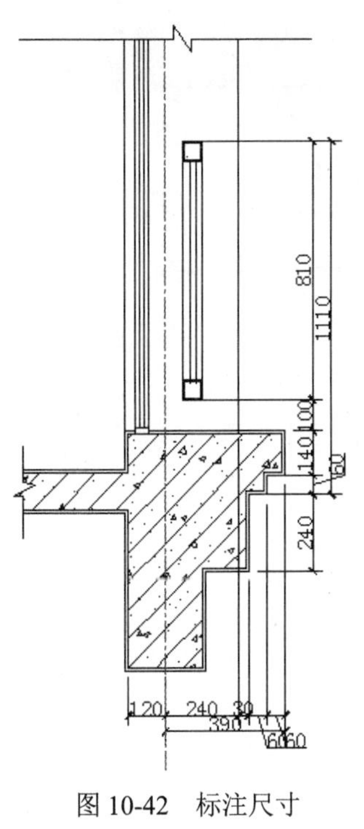

图 10-42 标注尺寸

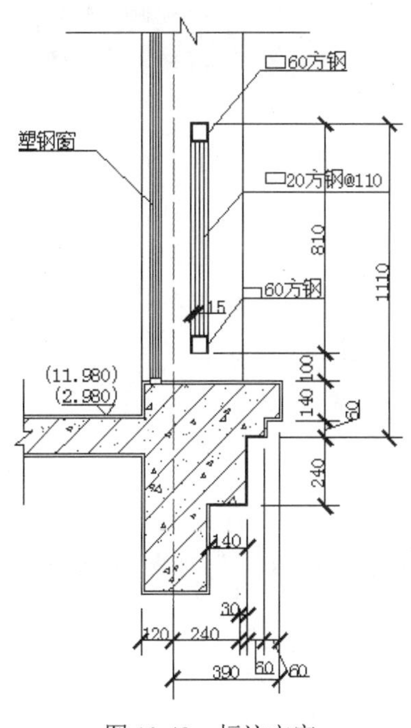

图 10-43 标注文字

（3）单击“默认”选项卡“绘图”面板中的“圆”按钮和“注释”面板中的“多行文字”按钮A，为图形添加轴号，如图 10-33 所示。

10.6 实战演练

通过前面的学习，读者对本章知识也有了大体的了解，本节通过几个操作练习使读者进一步掌握本章知识要点。

【实战演练 1】绘制如图 10-44 所示的别墅墙身节点 1。

1．目的要求

本实例主要要求读者通过练习进一步熟悉和掌握建筑详图的绘制方法。通过本实例，可以帮助读者学会完成整个建筑详图绘制的全过程。

2．操作提示

（1）绘制檐口轮廓。

（2）图案填充。

（3）尺寸标注和文字说明。

Note

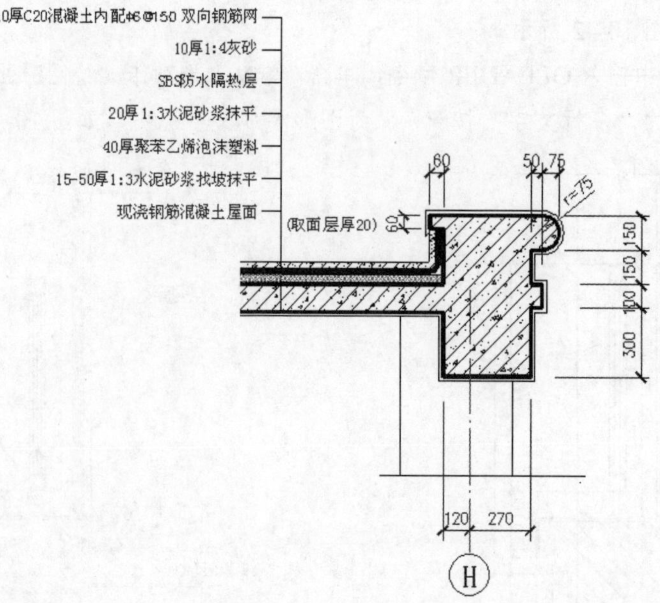

图 10-44　墙身节点 1

【实战演练 2】绘制如图 10-45 所示的别墅墙身节点 2。

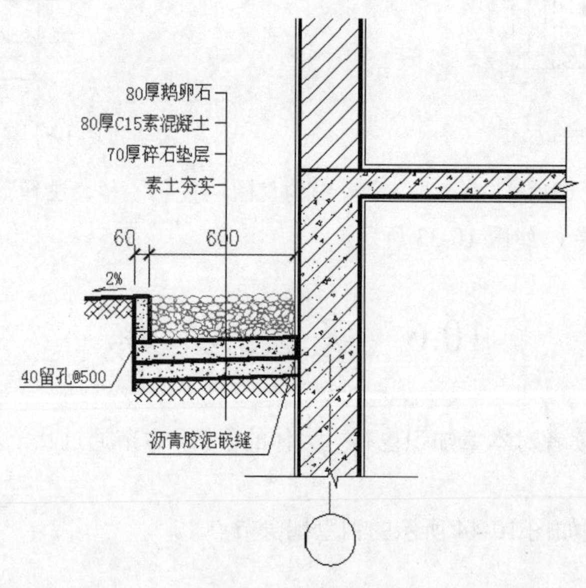

图 10-45　墙身节点 2

1．目的要求

本实例主要要求读者通过练习进一步熟悉和掌握建筑详图的绘制方法。通过本实例，可以帮助读者学会完成整个建筑详图绘制的全过程。

2．操作提示

（1）绘制墙体及一层楼板轮廓。

（2）绘制散水。

（3）图案填充。

（4）尺寸标注和文字说明。

【实战演练 3】绘制如图 10-46 所示的别墅墙身节点 3。

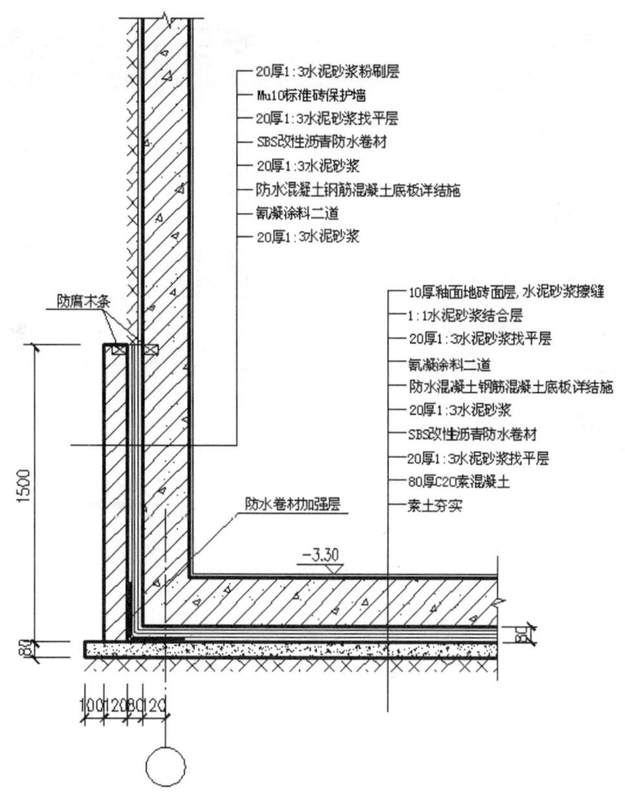

图 10-46　墙身节点 3

1．目的要求

本实例主要要求读者通过练习进一步熟悉和掌握建筑详图的绘制方法。通过本实例，可以帮助读者学会完成整个建筑详图绘制的全过程。

2．操作提示

（1）绘制墙体及一层楼板轮廓。

（2）绘制散水。

（3）图案填充。

（4）尺寸标注和文字说明。

【实战演练 4】绘制如图 10-47 所示的卫生间 4 放大图。

1．目的要求

本实例主要要求读者通过练习进一步熟悉和掌握建筑放大图的绘制方法。通过本实例，可以帮助读者学会完成整个建筑放大图绘制的全过程。

2．操作提示

（1）修改墙线。

（2）绘制放大图细部。

Note

（3）尺寸标注和文字说明。

【实战演练 5】绘制如图 10-48 所示的卫生间 5 放大图。

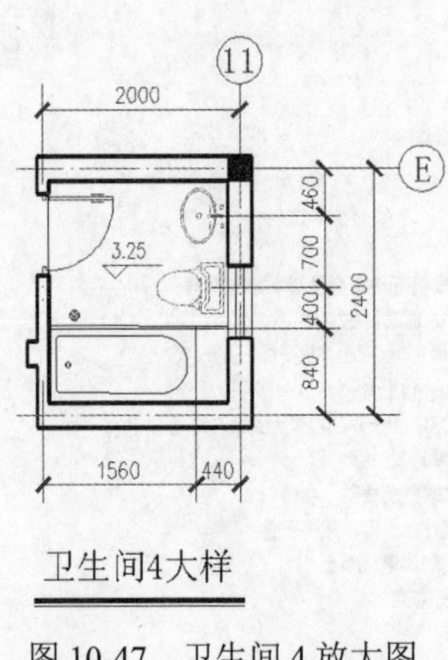

图 10-47　卫生间 4 放大图

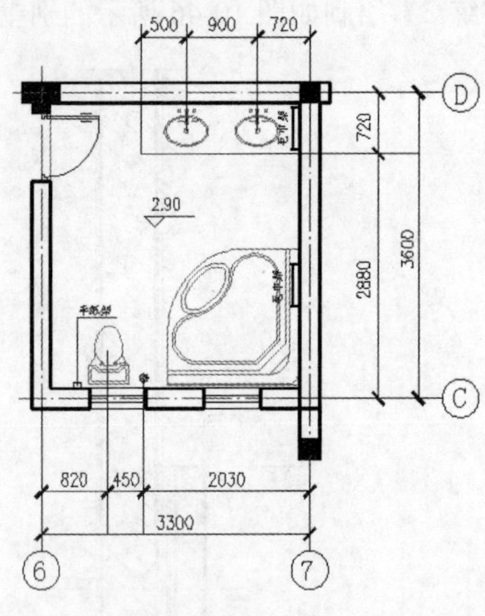

图 10-48　卫生间 5 放大图

1．目的要求

本实例主要要求读者通过练习进一步熟悉和掌握建筑放大图的绘制方法。通过本实例，可以帮助读者学会完成整个建筑放大图绘制的全过程。

2．操作提示

（1）修改墙线。

（2）绘制放大图细部。

（3）尺寸标注和文字说明。

▶▶第 3 篇

综合篇

本篇将通过高层住宅综合实例，完整地介绍建筑设计施工图的绘制过程。通过本篇的学习，读者将掌握AutoCAD 制图技巧和建筑设计思路。

- 了解施工图的设计思路
- 掌握 AutoCAD 绘图技巧

第 11 章

照明与插座工程图设计

本章学习要点和目标任务：

- ☑ 电气照明平面图基础
- ☑ 绘制照明平面图
- ☑ 绘制插座平面图
- ☑ 绘制照明系统图

建筑电气照明图是建筑设计单位提供给施工单位、使用单位并予以其从事电气设备、安装和电气设备维护管理的电气图，是电气施工图中的最重要图样之一。电气照明工程图描述表达的对象是照明设备及其供电线路，电气照明图纸一般包括电气照明平面图及电气照明系统图。

本章将以实际建筑电气工程设计实例为背景，重点介绍某别墅的照明和插座工程图的 AutoCAD 制图全过程，由浅及深，从制图理论至相关电气专业知识，尽可能全面详细地描述该工程的制图流程。

11.1　电气照明平面图基础

本节将简要介绍电气照明平面图的一些基本的理论知识。

11.1.1　电气照明平面图概述

1. 电气照明平面图表示的主要内容

电气照明平面图一般包含以下内容：

（1）照明配电箱的型号、数量、安装位置、安装标高、配电箱的电气系统。

（2）照明线路的配线方式、敷设位置、线路的走向、导线的型号、规格及根数，导线的连接方法。

（3）灯具的类型、功率、安装位置、安装方式及安装标高。

（4）开关的类型、安装位置、离地高度、控制方式。

（5）插座及其他电器的类型、容量、安装位置、安装高度等。

2. 图形符号及文字符号的应用

电气照明施工平面图是简图，采用图形符号和文字符号来描述图中的各项内容。电气照明线路、其相关的电气设备的图形符号及其相关标注的文字符号所表征的意义，将于后续文字中作相关介绍。

3. 照明线路及设备位置的确定方法

照明线路及其设备一般采用图形符号和标注文字相结合的方式来表示，在电气照明施工平面图中不表示线路及设备本身的尺寸、形状，但必须确定其敷设和安装的位置。其平面位置是根据建筑平面图的定位轴线和某些构筑物的平面位置来确定照明线路和设备布置的位置，而垂直位置，即安装高度，一般采用标高、文字符号等方式来表示。

4. 电气照明图的绘制步骤

电气照明平面图的绘制步骤如下：

（1）画房屋平面（外墙、门窗、房间、楼梯等）。

（2）电气工程 CAD 制图中，对于新建结构往往会由建筑专业提供建筑施工图，对于改建改造建筑，则需重新绘制其建筑施工图。

（3）画配电箱、开关及电力设备。

（4）画各种灯具、插座、吊扇等。

（5）画进户线及各电气设备、开关、灯具间的连接线。

（6）对线路、设备等附加文字标注。

（7）附加必要的文字说明。

11.1.2　常用照明线路分析

照明控制接线图包括原理接线图和安装接线图。原理接线图比较清楚地表明了开关、灯具的连接与控制关系，但不具体表示照明设备与线路的实际位置。在照明平面图上表示的照明设备连

Note

接关系图是安装接线图。照明平面图应清楚地表示灯具、开关、插座、线路的具体位置和安装方法，但对同一方向、同一档次的导线只用一根线表示。灯具和插座都是并联于电源进线的两端，相线必须经过开关后再进入灯座。零线直接接到灯座，保护接地线与灯具的金属外壳相连接。在一个建筑物内，有许多灯具和插座，一般有两种连接方法：一种是直接接线法，灯具、插座、开关直接从电源干线上引接，导线中间允许有接头，如瓷夹配线、瓷柱配线等；另一种是共头接线法，导线的连接只能在开关盒、灯头盒、接线盒引线，导线中间不允许有接头。这种接线法耗用导线多，但接线可靠，是目前工程广泛应用的安装接线方法，如线管配线、塑料护套配线等。当灯具和开关的位置改变、进线方向改变时，都会使导线根数变化。所以，要真正看懂照明平面图，就必须了解导线数的变化规律，掌握照明线路设计的基本知识。

1．开关与灯具的控制关系

（1）一个开关控制一盏灯。

一个开关控制一盏灯是最简单的照明平面布置，这种一个开关控制一盏灯的配线方式，可采用共头接线法或直接接线法。如图 11-1 所示的接线图中所采用的导线根数与实际接线的导线根数是一致的。

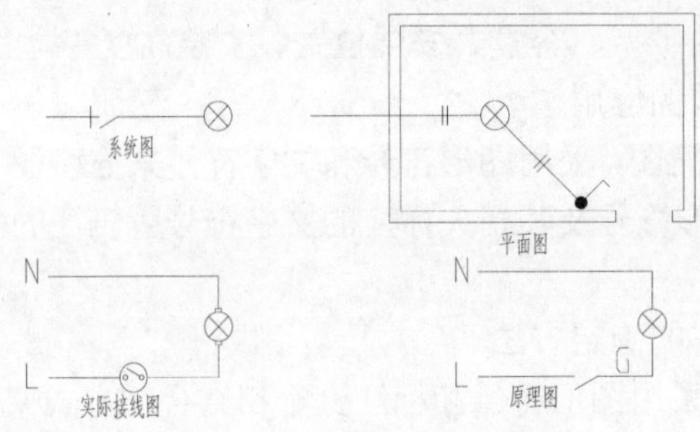

图 11-1　一个开关控制一盏灯

（2）多个开关控制多盏灯。

图 11-2 中有一个照明配电箱、3 盏灯、一个单控双联开关和一个单控单联开关，其采用线管配线，共头接线法。

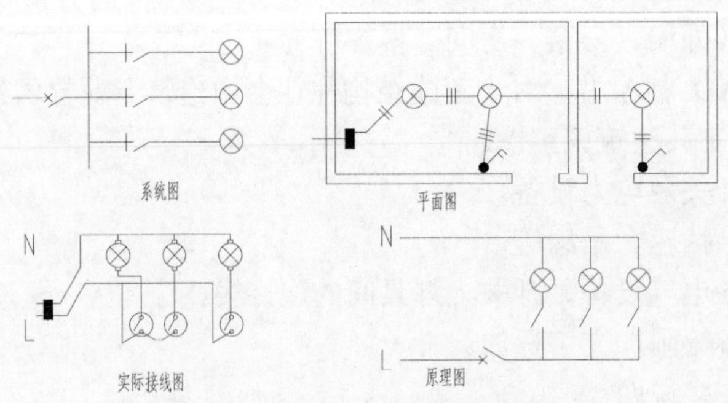

图 11-2　多个开关控制多盏灯

（3）两个开关控制一盏灯。

图 11-3 中两个双控开关在两处控制一盏灯，这种控制模式通常用于楼梯灯——楼上、楼下分别控制，走廊灯——走廊两端进行控制。

2．插座的接线

（1）单相两极暗插。

如图 11-4 所示为单相两极暗插座的平面图及接线示意图，由该图可以看出，左插孔接零线 N，右插孔则接相线 L。

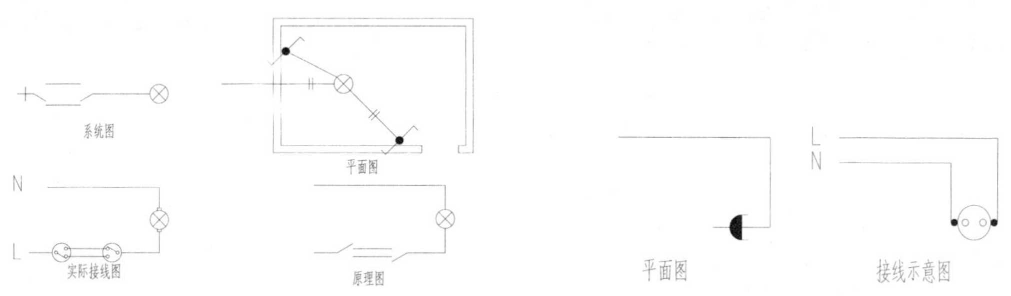

图 11-3　两个开关控制一盏灯　　　　图 11-4　单相两极暗插

（2）单相三级暗插座。

如图 11-5 所示为单相三极暗插座的平面图及接线示意图，由该接线图可以看出，上插孔接保护地线 PE，左插孔接零线 N，右插孔则接相线 L。

（3）三相四极暗插座。

如图 11-6 所示为三相四极暗插座的平面图及接线示意图，从接线图中可以看出，上插接零线 N，其余接 3 根相线（L1、L2、L3），保护接地线 PE 接电气设备的外壳及控制器。

关于电气的接线方式及控制知识，读者可查阅电气专业的相关书籍。

图 11-5　单相三级暗插座　　　　图 11-6　三相四极暗插座

11.1.3　文字标注及相关必要的说明

建筑电气施工图的表达，一般采用图形符号与文字标注符号相结合的方法，文字标注包括相关尺寸、线路的文字标注、用电设备的文字标注、开关与熔断器的文字标注、照明变压器的文字标注、照明灯具的文字标注，以及相关的文字特别说明等，所有的文字标注均应按相关标准要求，做到文字表达规范、清晰明了。

下面为读者简要介绍导线、电缆、配电箱、照明灯具、开关等电气设备的文字标注表示方法，电气专业书籍中也有叙述，本节主要是将其与 AutoCAD 制图相结合统一介绍。

1．绝缘导线与电缆的表示

（1）绝缘导线。

低压供电线路及电气设备的连接线，多采用绝缘导线。按绝缘材料分为橡皮绝缘导线与塑料绝缘导线等。按线芯材料分为铜芯和铝芯，其中还有单芯和多芯的区别。导线的标准截面面积有 $0.2m^2$、$0.3m^2$、$0.4m^2$、$0.5m^2$ 等。

Note

表 11-1 列出了常见绝缘导线的型号、名称、用途。

表 11-1　常用绝缘导线的型号、名称、用途

型　号	名　称	用　途
BXF（BLXF）	氯丁橡皮铜（铝）芯线	适用于交流 500V 及以下，直流 1000V 及以下的电气设备和照明设备之用
BX（BLX）	橡胶皮铜（铝）芯线	
BXR	铜芯橡皮软线	
BV（BLV）	聚氯乙烯铜（铝）芯线	适用于各种设备、动力、照明的线路固定敷设
BVR	聚氯乙烯铜芯软线	
BVV（BLVV）	铜（铝）芯聚氯乙烯绝缘和护套线	
RVB	铜芯聚氯乙烯平行软线	适用于各种交直流电器、电工仪器、小型电动工具、家用电器装置的连接
RVS	铜芯聚氯乙烯绞型软线	
RV	铜芯聚氯乙烯软线	
RX，RXS	铜芯、橡皮棉纱编织软线	

注：B-绝缘电线，平行；R-软线；V-聚氯乙烯绝缘，聚氯乙烯护套；X-橡皮绝缘；L-铝芯（铜芯不表示）；S-双绞；XF-氯丁橡皮绝缘。

（2）电缆。

电缆按用途分为电力电缆、通用（专用）电缆、通信电缆、控制电缆、信号电缆等。按绝缘材料可分为纸绝缘电缆、橡皮绝缘电缆、塑料绝缘电缆等。电缆的结构主要有 3 个部分，即线芯、绝缘层和保护层，保护层又分为内保护层和外保护层。

电缆的型号表示，应表达出电缆的结构、特点及用途。表 11-2 所列包括了电缆型号字母含义。表 11-3 表示电缆外护层数字代号含义。

表 11-2　电缆型号字母代号

类　别	绝 缘 种 类	线 芯 材 料	内 护 层	其 他 特 征	外 护 层
电力电缆（不表示）	Z-纸绝缘	T-铜	Q-铅套	D-不滴流	两个数字，见表 11-3 中代号
K-控制电缆	X-橡皮绝缘	（不表示）	L-铝套	F-分相护套	
P-信号电缆	V-聚氯乙烯		H-橡套	P-屏蔽	
Y-移动式软电缆	Y-聚乙烯	L-铝	V-聚氯乙烯套	C-重型	
H-市内电话电缆	YJ-交联聚乙烯		Y-聚乙烯套		

表 11-3　电缆外护层数字代号

第一个数字		第二个数字	
代　号	铠装层类型	代　号	外被层类型
0	无	0	无
1	—	1	纤维绕包
2	双钢带	2	聚氯乙烯护套
3	细圆钢丝	3	聚乙烯护套
4	粗圆钢丝	4	—

例如：

① VV—10000—3×50+2×25 表示聚氯乙烯绝缘，聚氯乙烯护套电力电缆，额定电压为 10000V，

3 根 $50m^2$ 铜芯线及 2 根 $25m^2$ 铜芯线。

② YJV22—3×75+1×35 表示交联聚乙烯绝缘，聚氯乙烯护套内钢带铠装，3 根 $75m^2$ 铜芯线及 1 根 $35m^2$ 铜芯线。

2．线路文字标注

动力及照明线路在平面图上均用图线表示，而且只要走向相同，无论导线根数为多少，都可用一条图线（单线法），同时在图线上打上短斜线或标以数字，用以说明导线的根数。另外在图线旁标注必要的文字符号，用以说明线路的用途、导线型号、规格、根数、线路敷设方式及敷设部位等。这种标注方式习惯称为直接标注。

其标注基本格式为

$$a-b(c\times d)e-f$$

其中，a——线路编号或线路用途的符号。

b——导线型号。

c——导线根数。

d——导线截面，单位为 m^2。

e——保护管直径，单位为 mm。

f——线路敷设方式和敷设部位。

GB/T4728.1—2005《电气简图用图形符号.第一部分：一般要求》和 GB/T6988.1—2008《电气技术用文件的编制.第一部分：规则》未对线路用途符号及线路敷设方式和敷设部位用文字符号作统一规定，但仍一般习惯使用原来以汉语拼音字母为标注的方法，专业人士推荐使用以相关专业英语字母表征其相关说明。

例如：

（1）WP1—BLV—（3×50+1×35）—K—WE 表示 1 号电力线路，导线型号为 BLV（铝芯聚氯乙烯绝缘电线），共有 4 根导线，其中 3 根截面分别为 $50m^2$，1 根截面为 $35m^2$，采用瓷瓶配线，沿墙明敷设。

（2）BLX—（3×4）G15—WC 表示 3 根截面分别为 $4m^2$ 的铝芯橡皮配绝缘电线，穿直线 15mm 的水煤气钢管沿墙暗敷设。

提示：

当线路用途明确时，可以不标注线路的用途。

提示：

标注的相关符号所代表的含义如表 11-4～表 11-6 所示。

表 11-4　标注线路用文字符号

序　　号	中 文 名 称	英 文 名 称	常用文字符号		
			单　字　母	双　字　母	三　字　母
1	控制线路	Control line	W	WC	
2	直流线路	Direct current line		WD	
3	应急照明线路	Emergency lighting line		WE	WEL

Note

续表

序　号	中文名称	英文名称	常用文字符号		
			单字母	双字母	三字母
4	电话线路	Telephone line	W	WF	
5	照明线路	Illuminating line		WL	
6	电力设备	Power line		WP	
7	声道（广播）线路	Sound gate line		WS	
8	电视线路	TV.line		WV	
9	插座线路	Socket line		WX	

表 11-5　线路敷设方式文字符号

序　号	中文名称	英文名称	旧符号	新符号
1	暗敷	Concealed	A	C
2	明敷	Exposed	M	E
3	铝皮线卡	Aluminum clip	QD	AL
4	电缆桥架	Cable tray		CT
5	金属软管	Flexible metalic conduit		F
6	水煤气管	Gas tube	G	G
7	瓷绝缘子	Porcelain insulator	CP	K
8	钢索敷设	Supported by messenger wire	S	MR
9	金属线槽	metallic raceway		MR
10	电线管	Electrial metallic tubing	DG	T
11	塑料管	Plastic conduit	SG	P
12	塑料线卡	Plastic clip	VJ	PL
13	塑料线槽	Plastic raceway		PR
14	钢管	Steel conduit	GG	S

表 11-6　线路敷设部位文字符号

序　号	中文名称	英文名称	旧符号	新符号
1	梁	Beam	L	B
2	顶棚	Ceiling	P	CE
3	柱	Column	Z	C
4	地面（楼板）	Floor	D	F
5	构架	Rack		R
6	吊顶	Suspended ceiling		SC
7	墙	Wall	Q	W

3．动力、照明配电设备的文字标注

动力和照明配电设备应采用 GB/T4728.1—2005《电气简图用图形符号.第一部分：一般要求》所规定的图形符号绘制，并应在图形符号旁加注文字标注，其文字标注格式一般可为 $a\frac{b}{c}$ 或

$a-b-c$，当需要标注引入线的规格时，则标注为

$$a\frac{b-c}{d(e\times f)-g}$$

其中，a——设备编号。

b——设备型号。

c——设备功率，单位为 kW。

d——导线型号。

e——导线根数。

f——导线截面，单位为 m^2。

g：导线敷设方式及敷设部位。

例如：

（1）$A_3\frac{XL-3-2}{40.5}$，即表示为 3 号动力配电箱，其型号为 XL-3-2 型，功率为 40.5kW。

（2）$A_3\frac{XL-3-2-40.5}{BLV-3\times 35G50-CE}$，即表示为 3 号动力配电箱，型号为 XL-3-2 型。功率为 40.5kW，配电箱进线为 3 根铝芯聚氯乙烯绝缘电线，其截面为 $35m^2$，穿直径 40mm 的水煤气钢管，沿柱子明敷。

4．用电设备的文字标注

用电设备应按国家标准规定的图形符号表示，并在图形符号旁用文字标注说明其性能和特点，如编号、规格、安装高度等，其标注格式为

$$\frac{a}{b}\text{或}\frac{a\,|\,b}{c\,|\,d}$$

其中，a——设备的编号。

b——额定功率，单位为 kW。

c——线路首端熔断片或自动开关释放器的电流，单位为 A。

d——安装标高，单位为 m。

5．开关及熔断器的文字标注

开关及熔断器的表示，亦为图形符号加文字标注。

其文字标注格式一般为

$$a\frac{b-c/i}{d(e\times f)-g}\text{或}a\frac{b}{c/i}$$

当需要标注引入线时，则其标注格式为

$$a\frac{b-c/i}{d(e\times f)-g}$$

其中，a——设备编号。

b——设备型号。

c——额定电流，单位为 A。

i——整定电流，单位为 A。

d——导线型号。

e——导线根数。

f——导线截面，单位为 m^2。

g——导线敷设方式及敷设部位。

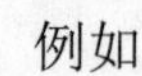

Note

例如：

（1）$Q_5\dfrac{HH_3-100/3}{100/80}$，即表示 2 号开关设备，型号为 $HH_3-100/3$，即额定电流为 100A 的三级铁壳开关，开关内熔断器所配用的熔体额定电流则为 80A。

（2）$Q_2\dfrac{HH_3-100/3-100/80}{BLX-3\times35G40-FC}$，即表示 2 号开关设备，型号为 $HH_3-100/3$，即额定电流为 100A 的三级铁壳开关，开关内熔断器所配用的熔体额定电流为 80A，开关的进线采用 3 根截面分别为 $35m^2$ 的铝芯橡皮绝缘线，导线穿直径为 40mm 的水煤气钢管埋地暗敷。

（3）$Q_5\dfrac{DZ10-100/3}{100/80}$，即表示 5 号开关设备，型号为 $DZ10-100/3$，即为装置式 3 极低压空气断路器，俗称自动空气开关。其额定电流为 100A，脱扣器整定电流为 80A。

6．照明灯具的文字标注

照明灯具种类多样，图形符号也各有不同。

其文字标注方式一般为

$$a-b\frac{c\times d\times L}{e}f$$

当灯具安装方式为吸顶安装时，则标注应为

$$a-b\frac{c\times d\times L}{—}f$$

其中，a——灯具的数量。

b——灯具的型号或编号或代号。

c——每盏灯具的灯泡总数。

d——每个灯泡的容量，单位为 W。

e——灯泡安装高度，单位为 m。

f——灯具安装方式。

L——光源的种类（常省略此项）。

灯具的安装方式代号如表 11-7 所示。

表 11-7　照明灯具安装方式及文字符号

中文名称	英文名称	旧符号	新符号	备注
链吊	Chain pendant	L	C	
管吊	Pipe(conduit) erected	G	P	
线吊	Wire(cord) pendant	X	WP	
吸顶	Ceiling mounted (absorbed)			
嵌入	Recessed in		R	
壁装	Wall mounted	B	WP	图形能区别时可不注

注：当灯具安装方式为吸顶安装时，可在标注方案安装高处改为一横线，而不必标注符号。

常用的光源种类有白炽灯（IN）、荧光灯（FL）、汞灯（Hg）、钠灯（Na）、碘灯（I）、氙灯

（Xe）、氖灯（Ne）等。

例如：

（1）$10-YG_2-2\frac{2\times 40\times FL}{3}C$，则表示有 10 盏型号为 YG_2-2 型的荧光灯，每盏灯有 2 个 40W 灯管，安装高度为 3m，采用链吊安装。

Note

（2）$5-DBB306\frac{4\times 60\times IN}{—}C$，即表示有 5 盏型号为 DBB306 型的圆口方罩吸顶灯，每盏灯有 4 个白炽灯泡，灯泡功率为 60W，吸顶安装。

7. 照明变压器的文字标注

照明变压器也是使用图形符号附加文字标注的方式来表示，其文字标注的格式一般为

$$a/b-c$$

其中，a——次电压，单位为 V。

b——二次电压，单位为 V。

c——额定容量，单位为 VA。

例如，380/36-500，即表示该照明变压器一次额定电压为 380V，二次额定电压为 36V，其容量为 500VA。

11.2　绘制照明平面图

本例的电气设计对象为某私人别墅，两层砖混结构，要求按现行规范标准对其进行强电及弱电系统的电气设计。

光盘\配套视频\第 11 章\绘制照明平面图.avi

11.2.1　绘制环境设置

打开随书光盘中的“源文件\别墅建筑平面图.dwg”，如图 11-7 所示。

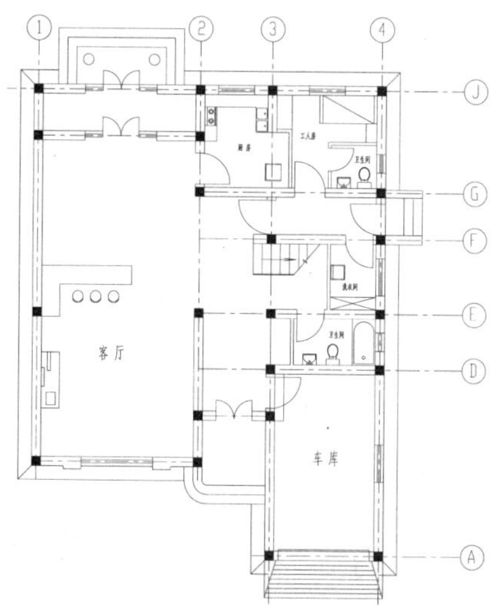

图 11-7　一层平面图

Note

提示：

目前，国内对建筑 CAD 制图开发了多套适合我国规范的专业软件，如天正、广厦等，这些以 AutoCAD 为平台所开发的 CAD 软件，其通常根据建筑制图的特点，对许多图形进行模块化、参数化，故在使用这些专业软件时，大大提高了 CAD 制图的速度，而且 CAD 制图格式规范统一，降低了一些单靠 CAD 制图易出现的小错误，给制图人员带来了极大的方便，节约了大量制图时间。感兴趣的读者也可试一试相关软件。

操作步骤如下：

（1）图层设置。单击“默认”选项卡“图层”面板中的“图层特性”按钮，弹出“图层特性管理器”选项板，根据本电气工程 CAD 制图需要，进行如图 11-8 所示的图层设置。

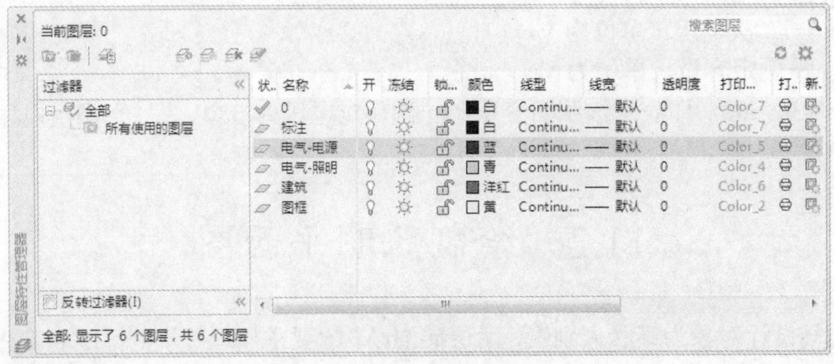

图 11-8　“图层特性管理器”选项板参数设置

根据《房屋建筑 CAD 制图统一规则》，电气工程的图层代号如表 11-8 所示。

表 11-8　电气工程照明图层名称代号

照明的图层			
中 文 名 称	英 文 名 称	中 文 说 明	英 文 说 明
电气-照明	E-LITE	照明	Lighting
电气-照明-特殊	E-LITE-SPCL	特殊照明	Special lighting
电气-照明-应急	E-LITE-EMER	应急照明	Emergency lighting
电气-照明-出口	E-LITE-EXIT	出口照明	Exit lighting
电气-照明-顶灯	E-LITE-CLHG	吸顶灯	Ceiling-mounted lighting
电气-照明-壁灯	E-LITE-WALL	壁灯	Wall-mounted lighting
电气-照明-楼层	E-LITE-FLOR	楼层照明（灯具）	Floor-mounted lighting
电气-照明-简图	E-LITE-OTLN	背景照明简图	Lighting outline for background(optional)
电气-照明-室内	E-LITE-ROOF	室内照明	Roof lighting
电气-照明-户外	E-LITE-SITE	户外照明	Site lighting
电气-照明-开关	E-LITE-SWCH	照明开关	Lighting switches
电气-照明-线路	E-LITE-CIRC	照明线路	Lighting circuits
电气-照明-编号	E-LITE-NUMB	照明回路编号	Luminaries identification and texts
电气-照明-线盒	E-LITE-JBOX	接线盒	Junction box

Note

续表

电源的图层			
中 文 名 称	英 文 名 称	中 文 说 明	英 文 说 明
电气-电源	E-POWER	电源	Power
电气-电源-墙座	E-POWER-WALL	墙上电源与插座	Power wall outlets and receptacles
电气-电源-顶棚	E-POWER-CLNG	顶棚电源插座与装置	Power ceiling receptacles and devices
电气-电源-电盘	E-POWER-PANL	配电盒	Power panels
电气-电源-设备	E-POWER-EQPM	电源设备	Power equipment
电气-电源-电柜	E-POWER-SWBD	配电柜	Power switchboard
电气-电源-线号	E-POWER-NUMB	电路编号	Power circuit numbers
电气-电源-电路	E-POWER-CIRC	电路	Power circuits
电气-电源-暗管	E-POWER-URAC	暗管	Underfloor raceways
电气-电源-总线	E-POWER-BUSW	总线	Busways
电气-电源-户外	E-POWER-SITE	户外电源	Site power
电气-电源-户内	E-POWER-ROOF	户内电源	Roof power
电气-电源-简图	E-POWER-OTLN	电源简图	Power outline for background
电气-电源-线盒	E-POWER-JBOX	电源接线盒	Junction box

（2）文字样式。选择菜单栏中的“格式/文字样式”命令，弹出“文字样式”对话框，如图 11-9 所示。

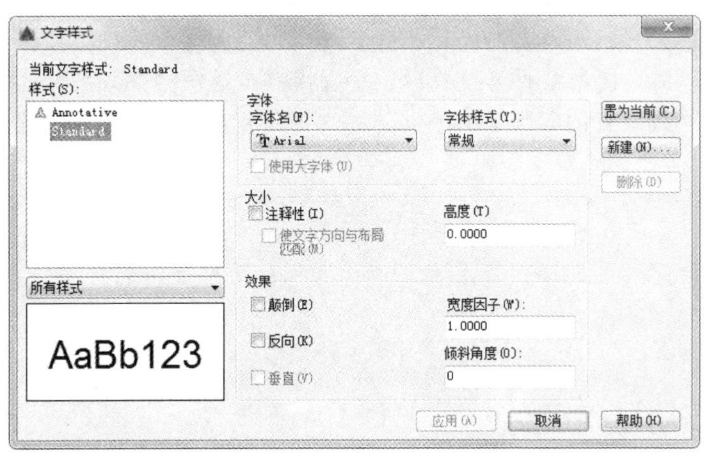

图 11-9　“文字样式”对话框

字体采用大字体，为 txt.shx+hztxt-01.shx 的组合（建筑制图中一般选用大字体，没有该类字体的用户可于互联网上下载安装），高宽比设置为 0.7，此处暂不设置文字高度，样式名为默认的 Standard，若用户想另建其他样式的字体，则需单击“新建”按钮，并输入样式名，进行新的字体样式组合及样式设置。同时，左下角还提供了当前窗口字体设置的效果预览小窗口，以方便用户对字体样式的直观确认。右下角的“帮助”按钮可给用户提供快捷的各项参数的解释说明。

（3）标注样式。选择菜单栏中的“格式/标注样式”命令，弹出“标注样式管理器”对话框，如图 11-10 所示。单击“修改”按钮，弹出“修改标注样式”对话框，如图 11-11 所示，即可进行标注样式的调整设置（用户可以单击“置为当前”“新建”“修改”“替代”“比较”等按钮，来

Note

完成标注样式的设置)。

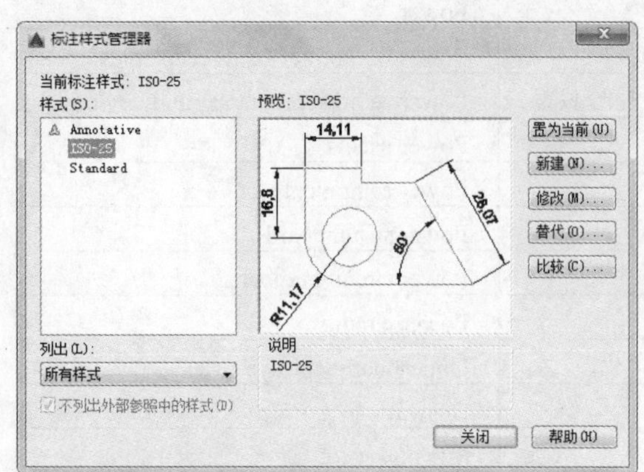

图 11-10 “标注样式管理器 ”对话框

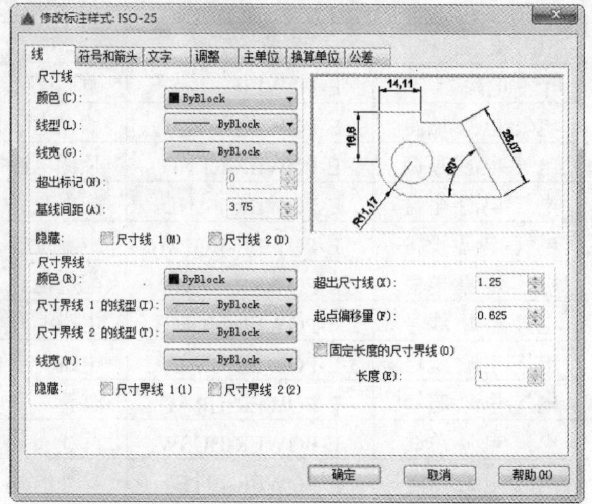

图 11-11 “修改标注样式”对话框

用户可按《房屋建筑制图统一标准》的要求，对标注样式进行设置，其中包括“文字”“单位”“箭头”等，此处应注意各项涉及的各种尺寸大小值，都应为以实际图纸上的表现尺寸乘以制图比例的倒数（如制图比例为 1:100，该值即为 100），假定需要在 A4 图纸上看到 3.5mm 单位的字，则 AutoCAD 中的字高应设为 350，此方法类似于“图框”的相对缩放概念。

一般一幅工程图中可能涉及几种不同的标注样式，此时读者可建立不同的标注样式，进行新建、修改或替代，然后使用某标注样式时，可直接单击选用“样式名”的下拉列表框中的样式。用户对于标注样式设置的各细节有不理解的地方，可随时调用帮助文档（按 F1 键）进行学习。

提示：

用户可以根据需要，从已完成的图纸中导入该图纸中所使用的标注样式，然后直接应用于新的图纸绘制中。

11.2.2 绘制照明电气元件

前述的设计说明、图例中应画出各图例符号及其表征的电气元件名称，此处对图例符号的绘制作简要介绍。图层定义为“电气-照明”，设置好颜色，线条为中粗实线，线宽为 0.35mm。

提示：

在建筑平面图的相应位置，电气设备布置应满足生产生活功能、使用合理及施工方便，按国家标准图形符号画出全部的配电箱、灯具、开关、插座等电气配件。在配电箱旁应标出其编号及型号，必要时还应标注其进线。在照明灯具旁应用文字符号标出灯具的数量、型号、灯泡功率、安装高度、安装方式等。相关的电气标准中均提供了诸多电气元件的标准图例，读者应多学习，熟练掌握各电气元件的图例特征。

Note

操作步骤如下：

1. 绘制单极暗装开关图例

（1）将当前图层由“建筑”改为“电气-照明”。

（2）单击“默认”选项卡“绘图”面板中的“圆”按钮，绘制半径为 125 的圆。

（3）单击“默认”选项卡“绘图”面板中的“直线”按钮，绘制长度为 500 的水平直线。

（4）单击“默认”选项卡“绘图”面板中的“直线”按钮，以水平直线的端点为起点绘制长度为 100 的竖直直线。

提示：

正交模式下绘制定长度的直线，可直接输入线段的长度。

（5）单击“极轴”按钮，右击，在弹出的快捷菜单中选择“设置”命令，弹出“草图设置”对话框，启用极轴追踪，设置增量角为 45°，如图 11-12 所示。

（6）单击“默认”选项卡“修改”面板中的“旋转”按钮，将两直线段绕圆心逆时针旋转 45°即可。

提示：

角度的旋转方向以逆时针为正。

（7）单击“默认”选项卡“绘图”面板中的“图案填充”按钮，弹出“图案填充创建”选项卡，选择填充图案为 SOLID，选择圆作为填充对象，按 Enter 键，将圆填充成为黑色实心圆。

图例的整个绘制流程如图 11-13 所示。

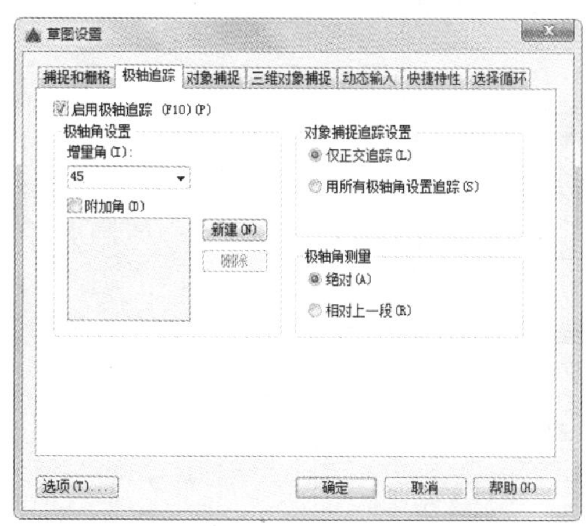

图 11-12 “极轴追踪”设置

图 11-13 单级暗装开关绘制过程

2. 排气扇图例绘制

（1）单击“默认”选项卡“绘图”面板中的“圆”按钮，绘制直径为 350mm 的圆。

（2）单击“默认”选项卡“绘图”面板中的“直线”按钮，绘制圆的竖直直径。

（3）单击“默认”选项卡“修改”面板中的“旋转”按钮，将该直径绕圆心逆时针旋转 45°。

（4）单击“默认”选项卡“修改”面板中的“镜像”按钮，将该斜线以竖直方向为对称

线，将其镜像，得到另一条直径。

（5）单击状态栏中的“对象捕捉”按钮□和“对象追踪”按钮∠，捕捉到圆心，绘制直径为 100mm 的同心圆。

Note

提示：

也可使用偏移命令获得同心圆。以上各 AutoCAD 基本命令虽为基本操作，但若能灵活运用，掌握其诸多使用技巧，在实际 AutoCAD 制图时可以达到事半功倍的效果。

（6）单击“默认”选项卡“修改”面板中的“修剪”按钮-/-，剪切掉较小同心圆内的直线，使其完全空心。

该图例的整个制图流程如图 11-14 所示。

图 11-14 排气扇绘制流程

其他图例请读者自行操作练习，基本操作方法如上所述。同时在 AutoCAD 设计中心中也提供了一些标准电气元件图例，读者可自行尝试，并利用好 AutoCAD 的帮助文档，多加探索及学习。

单击“默认”选项卡“修改”面板中的“复制”按钮和“移动”按钮，按设计意图，将灯具、开关、配电箱等电气元件的图例一一对应复制到相应位置，并调整电气元件的大小，灯具位置根据功能要求一般置于房间的中心位置，配电箱、开关、壁灯贴着门洞的墙壁设置，如图 11-15 所示。

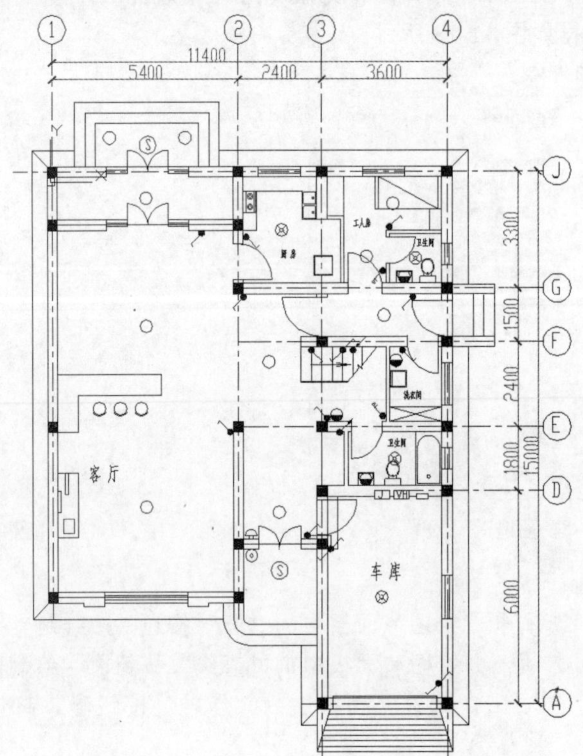

图 11-15 布置电器元件

提示：

复制时，电器元件的平面可利用辅助线的方式定位，复制完成后再将辅助线删除即可。同时，在使用复制命令时一定要注意选择合适的基点，即基准点，以方便电器图例的准确定位。

Note

11.2.3　绘制线路

创建“线路”图层，并将当前图层由“照明”改为“线路”。

在图纸上绘制完配电箱和各种电气设备符号后，就可以绘制线路了（将各电气元件通过导线合理地连接起来）。下面介绍绘制线路的注意事项：

（1）在绘制线路前应按室内配线的敷线方式，规划出较为理想的线路布局。绘制线路时，应用中粗实线绘制干线、支线的位置及走向，连接好配电箱至各灯具、插座及所有用电设备和器具以构成回路，并将开关至灯具的导线一并绘出。当灯具采用开关集中控制时，连接开关的线路应绘制在最近且较为合理灯具位置处。最后，在单线条上画出细斜面用来表示线路的导线根数，并在线路的上侧或下侧，用文字符号标注出干、支线编号、导线型号及根数、截面、敷设部位和敷设方式等。当导线采用穿管敷设时，还要标明穿管的品种和管径。

（2）可以通过单击“默认”选项卡“绘图”面板中的“多段线”按钮或“直线”按钮绘制导线。采用多段线命令时，注意设置线宽 W。多段线是作为单个对象创建的相互连接的序列线段，可以创建直线段、弧线段或两者的组合线段。故编辑多段线时，多段线是一个整体，而不是各线段。

（3）线路的布置涉及线路走向，故 CAD 绘制时宜激活状态栏中的“对象捕捉”按钮，并激活“正交”按钮，以便于绘制直线，如图 11-16 所示。

图 11-16　对象捕捉与追踪

（4）右击“对象捕捉”按钮，弹出“草图设置”对话框，选择其中的“对象捕捉”选项卡，单击右侧的“全部选择”按钮即可选中所有的对象捕捉模式，当线路复杂时，为避免自动捕捉干扰制图，可仅选中其中的几项。捕捉开启的快捷键为 F9。

（5）线路的连接应遵循电气元件的控制原理，如一个开关控制一只灯的线路连接方式与一个开关控制两只灯的线路连接方式是不同的。读者在学习电气专业课时应掌握电气制图时的相关电气知识或理论。

如图 11-17 所示即为线路绘制完毕后的图纸。

11.2.4　尺寸标注

将当前图层设置为“标注”。尺寸标注主要为建筑平面尺寸、标高，以及详图尺寸的标注。

单击“默认”选项卡“注释”面板中的“标注样式”按钮，打开“标注样式管理器”对话框，如图 11-18 所示。单击“修改”按钮，打开“修改标注样式”对话框，在该对话框中进行样式设置，如图 11-19 所示。

箭头的大小由制图比例确定，如图纸中需表现 2mm 大小的箭头，制图比例为 1:50，则箭头大小设置为 2×50=100mm，如图 11-19 所示。

Note

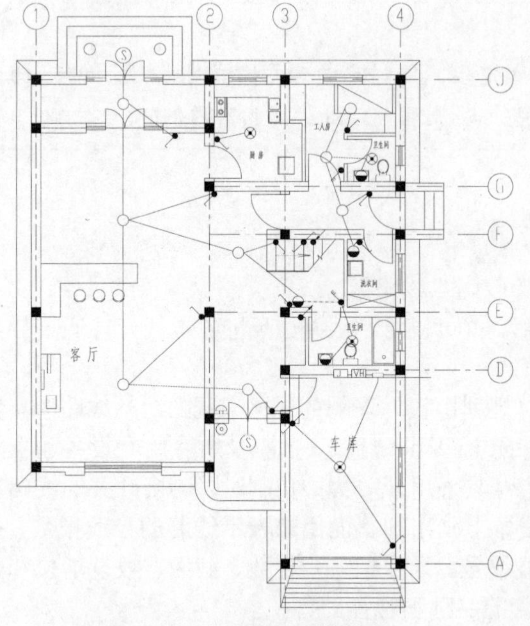

图 11-17　绘制电器连接导线

图 11-18　“标注样式管理器”对话框

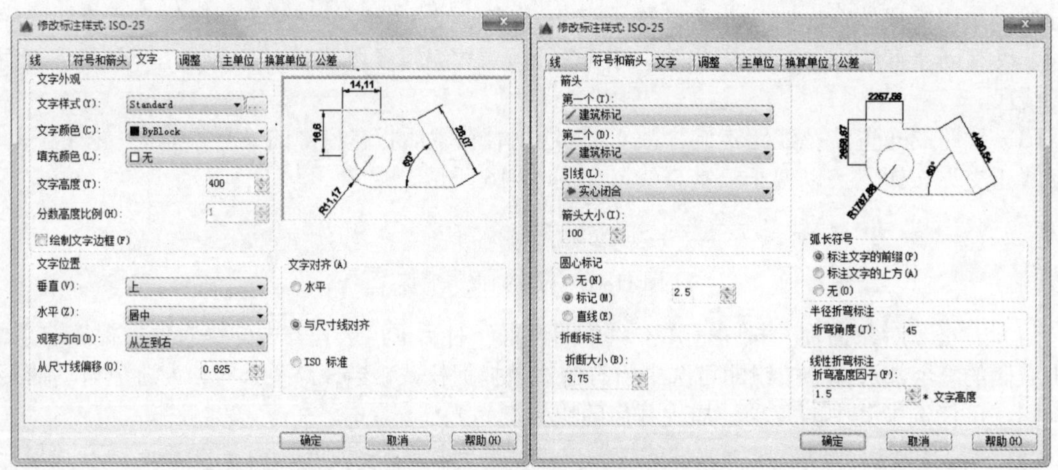

图 11-19　文字大小及符号箭头设置

操作步骤如下：

1. 利用线性标注

线性标注可以水平、垂直或对齐放置。使用对齐标注时，尺寸线将平行于两尺寸延伸线原点之间的直线（想象或实际）。基线（或平行）和连续（或链）标注是一系列基于线性标注的连续标注。

此标注方式，提供了多种文字编辑方式，如“多行文字(M)/文字(T)/角度(A)/水平(H)/垂直(V)/旋转(R)”，对于一些特殊标注方式，此项是极其有用的。

2. 利用连续标注

连续标注是首尾相连的多个标注。在创建基线或连续标注之前，必须创建线性、对齐或角度标注。

提示：

连续标注与线性标注的区别：连续标注只需在第一次标注时指定标注的起点，下次标注自动以上次标注的末点作为起点，因此连续标注时只需连续指定标注的末点。而线性标注需要每标注一次都要指定标注的起点及末点，其相对于连续标注效率较低。连续标注常用于建筑轴网的尺寸标注，一般连续标注前都先采用线性标注进行定位。

Note

3. 指北针的绘制

指北针的图纸尺寸为 14mm 直径的圆，指针底部宽为 3mm，因此图为 1:100 比例，故应在 AutoCAD 中画 1400mm 直径的圆。

（1）绘制 1400mm 直径的圆。

（2）绘制指针的一边。

（3）镜像指针的另一边。

（4）利用图案填充命令将指针涂黑。

（5）单行文字标注指向文字“北”。

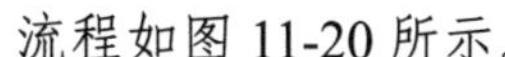

流程如图 11-20 所示。

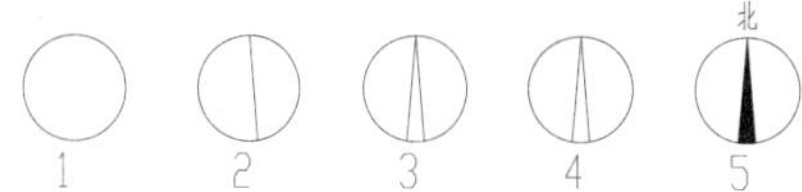

图 11-20 指北针绘制流程

提示：

用户在绘制图形时，发现圆形变成了正多边形，图样变形了，此时，只需使用 VIEWRES 命令，将其值设得大一些，可改变图形质量。

VIEWRES 使用短矢量控制圆、圆弧、椭圆和样条曲线的外观。矢量数目越大，圆或圆弧的外观越平滑。例如，如果创建了一个很小的圆然后将其放大，可能显示为一个多边形。使用 VIEWRES 增大缩放百分比并重生成图形，可以更新圆的外观并使其平滑。减小缩放百分比会有相反的效果。

上述操作也可通过如下过程实现：选择菜单栏中的“工具/选项”命令，打开“选项”对话框，选择“显示”选项卡，在“显示精度”选项组中进行设置，如图 11-21 所示。

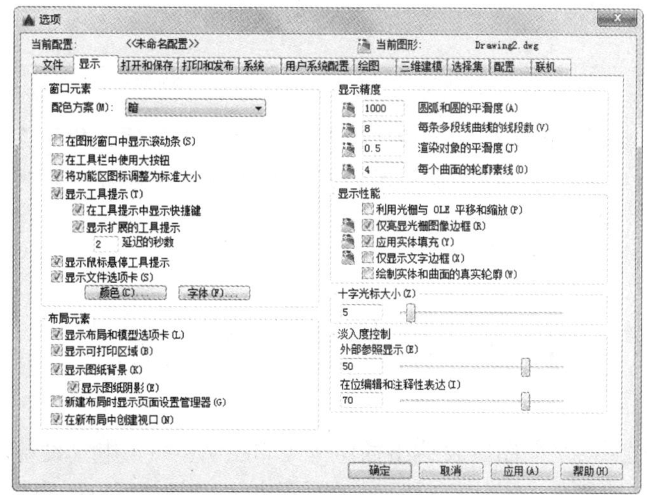

图 11-21 显示精度

Note

（6）单击“默认”选项卡“修改”面板中的“移动”按钮✥，将指北针移动到图纸的右上角处。各文字及尺寸标注完成后，结果如图11-22所示。

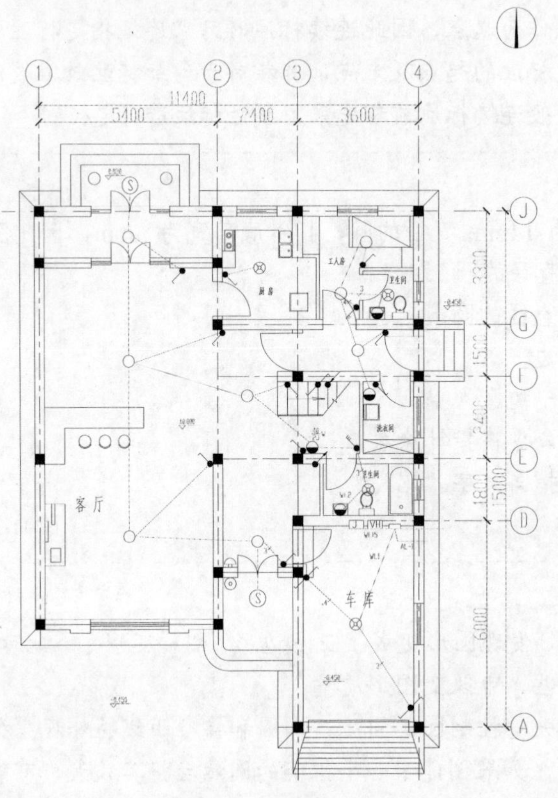

图11-22 一层照明平面图

图11-22中WL2表示照明线路2（数值表示编号）；线路上的斜线加数值，表示导线的根数，如为2，则导线根数共计2根；灯具标注的横线上方的40表示功率40W，横线下方的2.3表示安装高度，横线右侧W字母表示灯具为壁装。读者可根据前述所讲的电气工程图文字标注说明，进行电气工程图识图。

提示：

用户可以将以上绘制的图例创建为块，即将图例以块为单位进行保存，并归类于每一个文件夹内，以后再次需要利用此图例制图时，只需插入该图块即可，同时还可以对块进行属性赋值。图块的使用可以大大提高制图效率。

11.3 绘制插座平面图

一般建筑电气工程照明平面图应表达出插座等（非照明电气）电气设备，但有时可能因工程庞大，电气化设备布置的复杂，为使建筑照明平面图表达清晰，可将插座等一些电气设备归类，单独绘制（根据图纸深度，分类分层次），以求清晰表达。

光盘\配套视频\第 11 章\绘制插座平面图.avi

11.3.1　表达内容及绘制步骤

插座平面图主要应表达的内容：插座的平面布置、线路、插座的文字标注（种类、型号等）、管线等。

插座平面图的一般绘制步骤如下（基本同照明平面图的绘制）：

（1）画房屋平面（外墙、门窗、房间、楼梯等）。

电气工程 CAD 制图中，对于新建结构往往会由建筑专业人员提供建筑图，对于改建改造建筑，则需进行建筑图绘制。

（2）画配电箱、开关及电力设备。

（3）画各种插座等。

（4）画进户线及各电气设备的连接线。

（5）对线路、设备等附加文字标注。

（6）附加必要的文字说明。

11.3.2　绘制插座平面图

绘制插座平面图是在原有的建筑平面图上绘制各电气元件，并对其进行布置。

操作步骤如下：

1. 图纸图框

图框仍采用前述的 A4 标准图框，其绘制过程可参考前面章节，比例仍同照明平面图为 1:100，由于插座平面图只是照明平面图中的子部分，故其绘制过程基本上与电气照明平面图相同。

初学者可在此处练习基本绘图命令，如直线、多线、矩形、快捷命令以及状态控制按钮“开”与“关”。

有一定 AutoCAD 应用基础的读者，可在此处练习一下有关 CAD 制图中 DWT 模板文件的制作及调用过程，从 DWT 文件的创建，到直接利用 DWT 模板文件，练习并熟悉其保存及新建图纸的过程，以提高 CAD 制图速度。

2. 图层设置

同前述照明平面图设置过程，如图 11-23 所示。

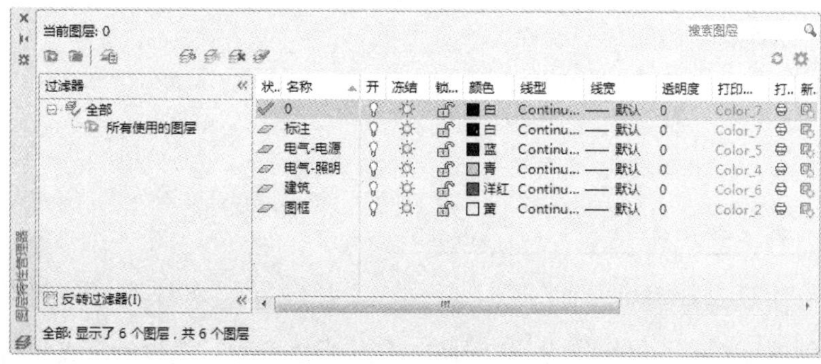

图 11-23　图层设置

3. 文字样式

此处文字样式设置可参考前述章节。

4. 标注样式

Note

AutoCAD 关于标注样式设置界面，较以前版本有略微变动，多了“符号和箭头”选项卡，在其他版本中，此项往往位于“直线与箭头”选项卡中。

提示：

可利用 DWT 模板文件创建某专业 CAD 制图的统一文字及标注样式，方便下次制图时直接调用，而不必重复设置样式。用户也可以从 CAD 设计中心查找所需的标注样式，直接导入至新建的图纸中，即完成对其的调用。

5. 建筑图绘制

同前述，限于篇幅不多叙述，建筑图的绘制涉及多项 AutoCAD 基本操作命令，读者应多加练习，熟能生巧。注意把建筑图置为“建筑”图层内。

本节直接利用 11.2 节已经绘制好的建筑图。

6. 插座与开关图例绘制

插座与开关都是照明电气系统中的常用设备。插座分为单相与三相。其安装方式分为明装与暗装。若不加说明，明装式一律距地面 1.8m，暗装式一律距地面 0.3m。开关分扳把开关、按钮开关、拉线开关，扳把开关分单连和多连，若不加说明，安装高度一律距地面 1.4m，拉线式开关分普通式和防水式，安装高度或距地 3m，或距顶 0.3m。各种类型开关如图 11-24 所示。

以暗装三相有地线插座为例，其 AutoCAD 制图步骤如下：

（1）单击“默认”选项卡“绘图”面板中的“圆”按钮，绘制直径为 350mm 的圆（制图比例为 1:100，A4 图纸上实际尺寸为 3.5mm）。

（2）单击“默认”选项卡“绘图”面板中的“直线”按钮，绘制直径。

（3）单击“默认”选项卡“修改”面板中的“修剪”按钮，剪去下半圆。

（4）单击“默认”选项卡“绘图”面板中的“直线”按钮，绘制表示连接线的短线。

（5）单击“默认”选项卡“修改”面板中的“镜像”按钮，以半圆竖直半径作为镜像线得到左边的短线。

（6）单击“默认”选项卡“绘图”面板中的“图案填充”按钮，选择 SOLID 图案，将半圆填充为阴影。

如图 11-25 所示即为其绘制的全步骤。

插座						开关			
明装			暗装			拉线式		扳把式	
单相		三相	单相		三相				
普通	有地线	有地线	普通	有地线	有地线	普通	防水	单连	多连

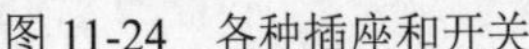

图 11-24　各种插座和开关

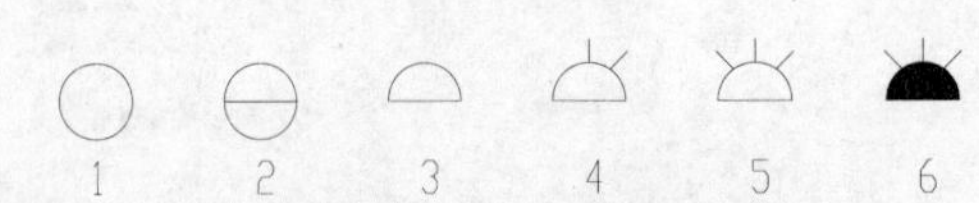

图 11-25　开关绘制流程

对于各种图例，可以统一制作成为标准图块，统一归类管理，使用时直接调用，大大提高了

制图效率。也可利用 DWT 模板文件，在 0 图层绘制常用图块，方便使用。

还可以灵活利用 CAD 设计中心，其库中预置了许多各专业的标准设计单元，这些设计中对标注样式、表格样式、布局、块、图层、外部参照、文字样式、线型等都作了专业的标准绘制，用户使用这些设计单元时，可通过设计中心直接调用。

重复利用和共享图形内容是有效管理 AutoCAD 电子制图的基础。使用 AutoCAD 设计中心可以管理块参照、外部参照、光栅图像以及来自其他源文件或应用程序的内容。不仅如此，如果同时打开多个图形，还可以在图形之间复制和粘贴内容（如图层定义）来简化绘图过程。

在内容区域中，通过拖动、双击或右击并选择“插入为块”、“附着为外部参照”或“复制”命令，可以在图形中插入块、填充图案或附着外部参照。可以通过拖动或右击向图形中添加其他内容（如图层、标注样式和布局）。可以从设计中心将块和填充图案拖动到工具选项板中，如图 11-26 所示。

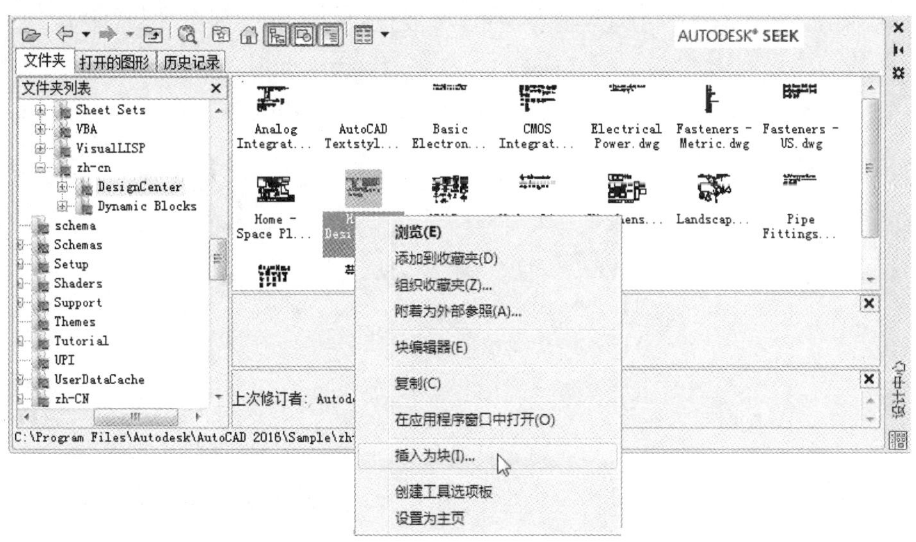

图 11-26　设计中心模块

7. 图形符号的平面定位布置

当前图层指定为“电气-照明”图层。

将绘制好的图例通过复制等基本命令，按设计意图，将插座、配电箱等，一一对应复制到相应位置，插座的定位与房间的使用要求有关，配电箱、插座等贴着门洞的墙壁设置，如图 11-27 所示。

8. 绘制线路

创建“线路”图层，并将其设置为当前图层。单击“图层”面板中的“图层”下拉列表框，选中“线路”图层即可。也可以通过“图层特性管理器”选项板进行设置。

在图纸上绘制完配电箱和各种电气设备符号后，就可以绘制线路了，线路的连接应该符合电气工程原理并充分考虑设计意图。在绘制线路前应按室内配线的敷线方式，规划出较为理想的线路布局。绘制线路时应用中粗实线，绘制干线、支线的位置及走向，连接好配电箱至各灯具、插座及所有用电设备和器具的构成回路，并将开关至灯具的连线一并绘出。在单线条上画出细斜

Note

面用来表示线路的导线根数，并在线路的上侧或下侧，用文字符号标注出干、支线编号、导线型号及根数、截面、敷设部位和敷设方式等。当导线采用穿管敷设时，还要标明穿管的品种和管径。

线路绘制完成，如图 11-28 所示。读者可识读该图的线路控制关系。

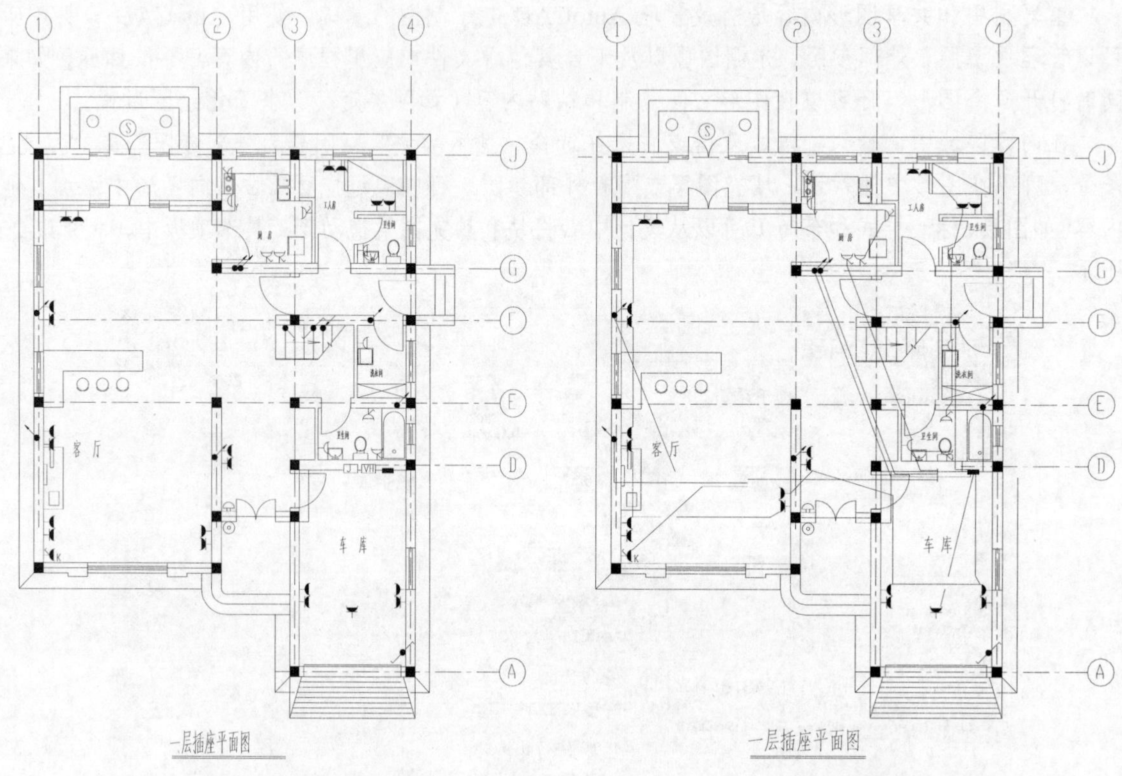

图 11-27　一层电气元件布置　　　　图 11-28　一层插座平面布置图

9. 标注、附加说明

当前图层设置为“标注”图层。

文字标注的代码符号前面已经讲述过，读者可自行学习。尺寸标注前面也已经讲述，用户应熟悉标注样式设置的各环节。

提示：

建筑设计规范中 GB 是国家标准，此外还有行业规范、地方标准等。

AutoCAD 将操作环境和某些命令的值存储在系统变量中。可以通过直接在命令提示下输入系统变量名来检查任意系统变量和修改任意可写的系统变量，也可以通过使用 SETVAR 命令或 AutoLISP® getvar 和 setvar 函数来实现。许多系统变量还可以通过对话框选项访问。要访问系统变量列表，请在“帮助”窗口的“目录”选项卡上单击“系统变量”旁边的“+”号。

用户应对 AutoCAD 某些系统变量的设置意义有所了解，CAD 的某些特殊功能，往往是需要修改系统变量来实现的。AutoCAD 中共有上百个系统变量，通过改变其数值，可以提升制图效率。

Note

提示：

作为电气工程制图可能会涉及诸多特殊符号，特殊符号的输入在单行文本输入与多行文本输入中是有很大不同的，对于字体文件的选择特别重要。多行文字中插入符号或特殊字符的步骤如下：

（1）双击多行文字对象，打开多行文字编辑器。

（2）在展开的工具栏上选择“符号”命令，如图 11-29 所示。

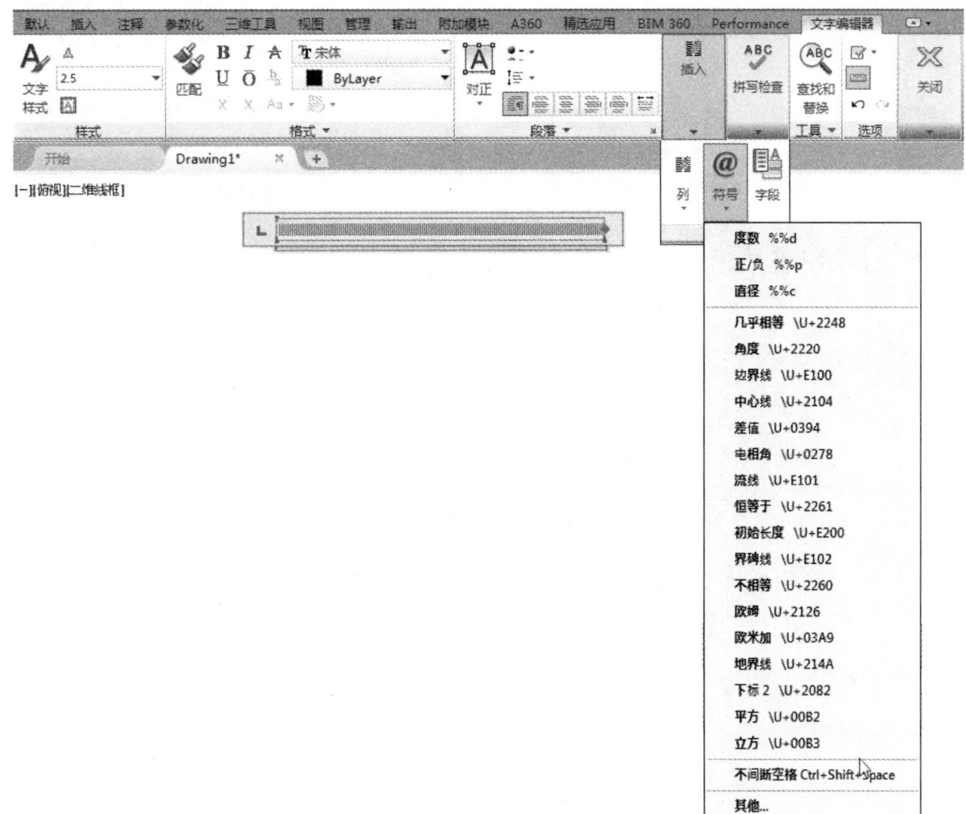

图 11-29　选择“符号”命令

（3）单击符号列表上的某符号，或选择“其他”命令，显示“字符映射表”窗口，如图 11-30 所示。在该窗口中选择一种字符，并使用以下方法之一。

① 要插入单个字符，请将选定字符拖动到编辑器中。

② 要插入多个字符，请单击“选择”按钮，将所有字符都添加到“复制字符”文本框中。选择了所有所需的字符后，单击“复制”按钮。在编辑器中右击，在弹出的快捷菜单中选择“粘贴”命令。

关于特殊符号的运用，用户可以适当记住一些常用符号的 ASCII 代码，同时也可以试从软键盘中输入，即右击输入法工具条，弹出相关字符的输入，如图 11-31 所示。

图 11-30　“字符映射表”窗口

PC键盘	标点符号
希腊字母	数字序号
俄文字母	数学符号
注音符号	单位符号
拼　音	制表符
日文平假名	特殊符号
日文片假名	

图 11-31　软键盘输入特殊字符

如图 11-32 所示为完成标注后的插座平面图。

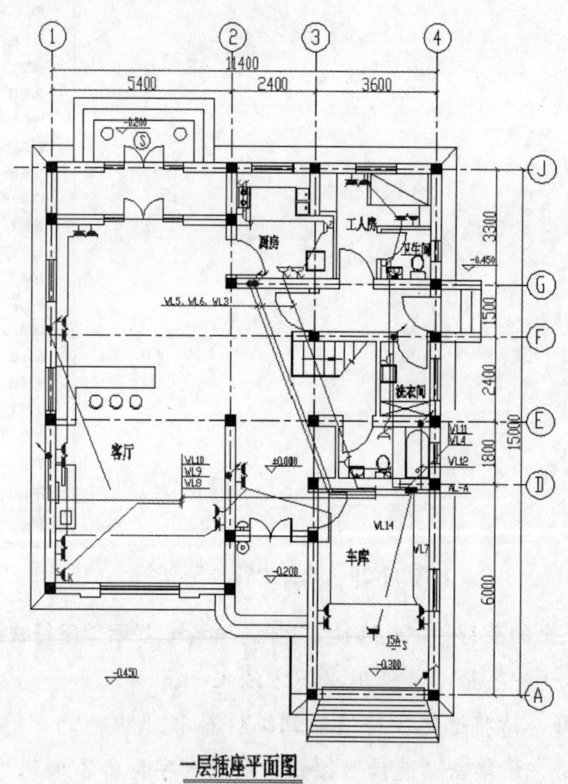

图 11-32　一层插座平面图

11.4　绘制照明系统图

GB/T6988.1—2008《电气技术用文件的编制.第一部分：规则》对系统图的定义如下：

用符号或带注释的框图，概略地表示系统或分系统的基本组成、相互关系及其主要特征的一种简图。系统的组成有大有小，以某工厂为例，有总降压变电所系统图、车间动力系统图以及一台电动机的控制系统图和照明灯具的控制系统图等。

动力、照明工程设计是现代建筑电气工程最基本的内容，所以动力、照明工程图亦为电气工程图最基本的图纸。动力、照明工程图的主要内容包括系统图、平面图、配电箱安装接线图等（注意图纸的编排顺序）。

动力、照明系统图是用图形符号、文字符号绘制的，用来概略表示该建筑内动力、照明系统或分系统的基本组成、相互关系及主要特征的一种简图。具有电气系统图的基本特点，能集中反映动力及照明的安装容量、计算容量、计算电流、配电方式、导线或电缆的型号、规格、数量、敷设方式及穿管管径、开关及熔断器的规格型号等，和变电所的接线图属同一类型图纸，均为系统图，只是动力、照明系统图比变电所主接线图表示得更为详细清晰。

室内电气照明系统图的主要内容为：建筑物内的配电系统的组成和连接示意图。主要表示电源的引进设置总配电箱、干线分布，分配电箱、各相线分配、计量表和控制开关等。

光盘\配套视频\第 11 章\绘制照明系统图.avi

11.4.1　照明系统图概述

1．系统图的特点

GB/T6988.1—2008《电气技术用文件的编制.第一部分：规则》对系统图的定义，准确描述了系统图或框图的基本特点，介绍如下：

（1）系统图或框图描述的对象是系统或分系统。

（2）所描述的内容是系统或分系统的基本组成和主要特征，而不是全部组成和全部特征。

（3）对内容的描述是概略的，而不是详细的。

（4）用来表示系统或分系统基本组成的是图形符号和带注释的框。

2．系统图或框图的功能意义

对于图样，主要是用带注释的框绘制的系统图，习惯上一般称其为框图。实际上从表达内容上看，系统图与框图没有原则上的差异。

系统图和框图在电气图中整套电气施工图纸的编排是首位的，其在整套图纸中占据的位置是重要的，阅读电气施工图也首先应从系统图开始。原因就在于系统图往往是某一系统、某一装置、某一设备成套设计图纸中的第一张图纸。因为它是从总体上描述电气系统或分系统的，是系统或分系统设计的汇总，是依据系统或分系统功能依次分解的层次绘制的。有了系统图或框图，就为下一步编制更为详细的电气图或编制其他技术文件等提供了基本依据。根据系统图就可以从整体上确定该项电气工程的规模，进而可为设计其他电气图、编制其他技术文件，以及进行有关的电气计算、选择导线及开关等设备、拟定配电装置的布置和安装位置等提供主要依据，从而可为电气工程的工程概预算、施工方案文件的编制提供基本依据。

另外，电气系统图还是电气工程施工操作、技术培训及技术维修不可缺少的图纸，因为只有首先通过阅读系统图，对系统或分系统的总体情况有所了解、认识后，才能在有所依据的前提下，进行电气操作或维修等，如一个系统或分系统发生故障时，维修人员即可借助系统图初步确定故

障产生部位，进而阅读电路图和接线图来确定故障的具体位置。

在绘制成套的电气图纸时，可对用系统图来描述的对象进行适当划分，然后分别绘制详细的电气图，使得图样表达更为清晰简练、准确，同时这样可以缩小图纸幅面，以便保管、复制及缩微。

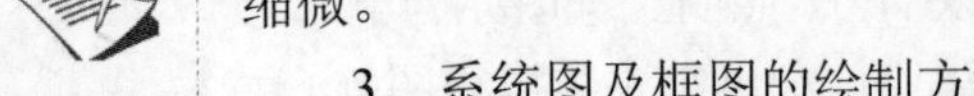

3．系统图及框图的绘制方法

首先，系统图及框图的绘制必须遵守 GB/T6988.1—2008《电气技术用文件的编制.第一部分：规则》、电气工程 CAD 制图等电气方面标准有关规定，以其他各国标准或地方标准，适当地加以补充说明，应当尽量简化图纸、方便施工，既详细而又不琐碎地表示设计者的设计目的，图纸中各部分应主次分明，表达清晰、准确。

（1）图形符号的使用。

前述章节已介绍了许多关于电气工程制图中涉及的图形符号，读者也可参考电气工程各相关规范标准等进行深入学习。绘制系统图或框图应采用 GB/T4728.1—2005《电气简图用图形符号.第一部分：一般要求》标准中规定的图形符号（包括方框符号），由于系统图或框图描述的对象层次较高，因此多数情况下都有采用带注释的框。框内的注释可以是文字，也可以是有关符号，还可以同时是文字加符号。而框的形式可以是实线框，也可以是点划框。有时也会用到一些表示元器件的图形符号，这些符号只是用来表示某一部分的功能，并非与实际的元器件一一对应。

（2）层次划分。

对于较复杂的电气工程系统图，可根据技术深度及系统图原理，进行适当的层次划分，由表及里地绘制电气工程图，这样是为了更好地描述对象（系统、成套装置、分系统、设备）的基本组成及其相互之间的关系和各部分的主要特征，往往需要在系统图或框图上反映出对象的层次。通常，对于一个比较复杂的对象，往往可以用逐级分解的方法来划分层次，按不同的层次单独绘制系统图或者框图。较高层次的系统图主要反映对象的概况，较低层次的系统图可将对象表达得较为详细。

（3）项目代号标注。

项目代号的有关知识前述章节也有所涉及，读者也可查阅相关资料多加了解。系统图或框图中表示系统基本组成的各个框，原则上均应标注项目代号，因为系统图、框图和电路图、接线图是前呼后应的，标注项目代号为图纸的相互查找提供了方便。通常在较高层次的系统图上标注高层代号，在较低层次的系统图上一般只标注种类代号。通过标注项目代号，使图上的项目与实物之间建立起一一对应关系，并反映出项目的层次关系和从属关系。若不需要标注时，也可不标注。由于系统图或框图不具体表示项目的实际连接和安装位置，所以一般标注端子代号和位置代号。项目代号的构成、含义和标注方法可参见前述章节。

（4）布局。

系统图和框图通常习惯采用功能布局法，必要时还可以加注位置信息。框图的布局合理，使材料、能量和控制信息流向表达得很清楚。

（5）连接线。

在系统图和框图上，采用连接线来反映各部分之间的功能关系。连接线的线型有细实线和粗实线之分。一般电路连接线采用与图中图形符号相同的细实线，必要时可将表示电源电路和主信号电路的连接线用粗实线表示。反映非电过程流向的连接线也采用比较明显的粗实线。

连接线一般绘到线框为止，当框内采用符号作注释时应穿越框线进入框内，此时被穿越的框线应采用点划线。在连接上可以标注各种必要的注释，如信号名称、电平、频率、波形等。在输入与输出的连接线上，必要时可标注功能及去向。连接线上箭头的表示一般是用开口箭头表示电信号流向，实心箭头表示非电过程和信息的流向。

4. 室内电气照明系统图的主要内容

室内电气照明系统图描述的主要内容为其建筑物内的配电系统的组成和连接示意图。主要表示对象为电源的引进设置总配电箱、干线分布，分配电箱、各相线分配、计量表和控制开关等。

5. 照明和动力系统图常识

配电系统图的设计应根据具体的工程规模、负荷性质、用电容量来确定。低压配电系统一般采用 380V/220V 中性点直接接地系统，照明和动力回路宜分开设置。单相用电设备应均匀地分配到三相线路中，由单相负荷不平衡引起的中性线电流，对 Y/Y0 接线的三相变压器，中性线电流不得超过低压绕组额定电流的 25%。其任一相电流在满载时不得超过额定电流值。

11.4.2　常用动力配电系统

本例主要利用直线、圆、图案填充以及文字说明命令，完成常用动力配电系统图。

（1）放射式配电系统。如图 11-33 所示即为放射式配电系统，此类型的配电系统可靠性较高。配电线路故障互不影响，配电设备集中，检修比较方便，缺点是系统灵活性较差，线路投资较大。一般适用于容量大、负荷集中或重要的用电设备，或集中控制设备。

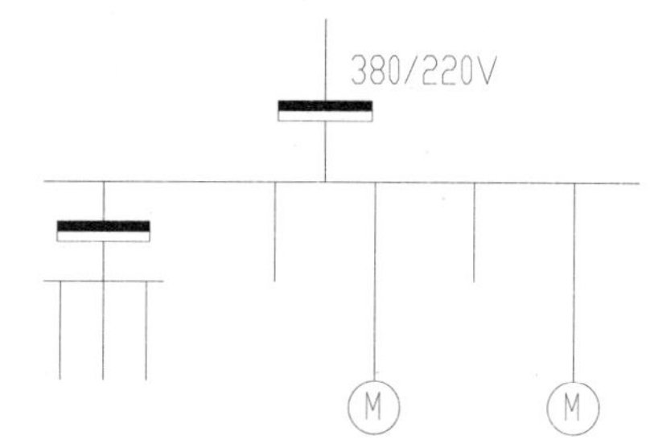

图 11-33　放射式配电系统

（2）树干式配电系统。如图 11-34 所示即为树干式配电系统图。该类型配电系统线路投资较少，系统灵活，缺点是配电干线发生故障时影响范围大，一般适用于用电设备布置较均匀、容量不大、又没有特殊要求的配电系统。

（3）链式配电系统。如图 11-35 所示即为链式配电系统图。该类型配电系统的特点与树干式相似，适用于距配电屏距离较远，而彼此相距较近的小容量用电设备，连接的设备一般不超过 3 台或 4 台，容量不大于 10kW，其中一台不超过 5kW。

动力系统图一般采用单线图绘制，但有时也用多线绘制。

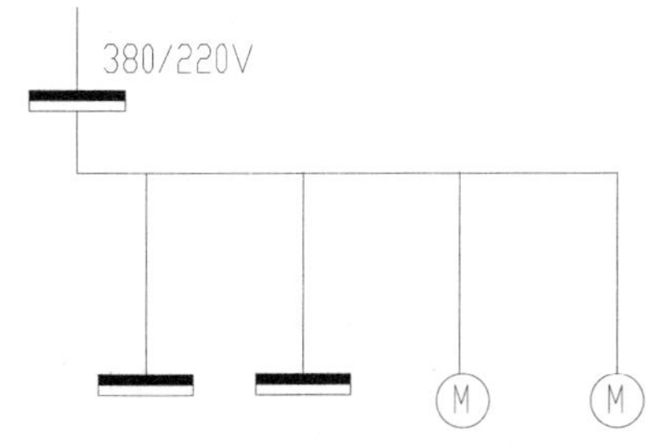

图 11-34　树干式配电系统

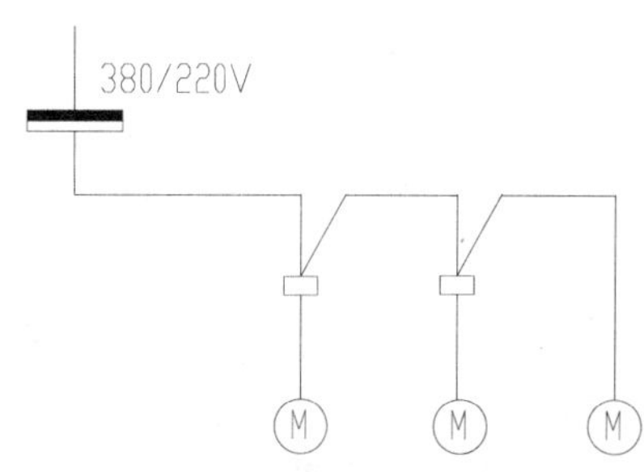

图 11-35　链式配电系统

11.4.3 照明配电系统图

照明配电系统常用的有三相四线制、三相五线制和单相两线制，一般都采用单线图绘制，根据照明类别的不同可分为以下几种类型。

1．单电源照明配电系统

如图 11-36 所示，照明线路与电力线路在母线上分开供电，事故照明线路与正常照明线路分开。

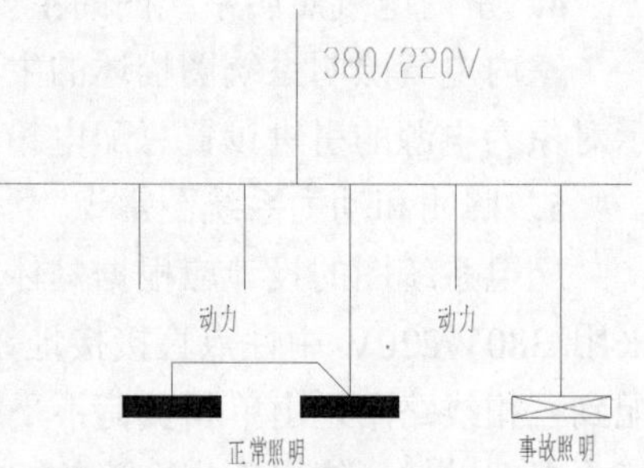

图 11-36 单电源照明配电系统

2．双电源照明配电系统

如图 11-37 所示，该系统中两段供电干线间设联络开关，当一路电源发生故障停电时，通过联络开关接到另一段干线上，事故照明由两段干线交叉供电。

3．多高层建筑照明配电系统

如图 11-38 所示，在多高层建筑物内，一般可采用干线式供电，每层均设控制箱，总配电箱设在底层（设备层）。

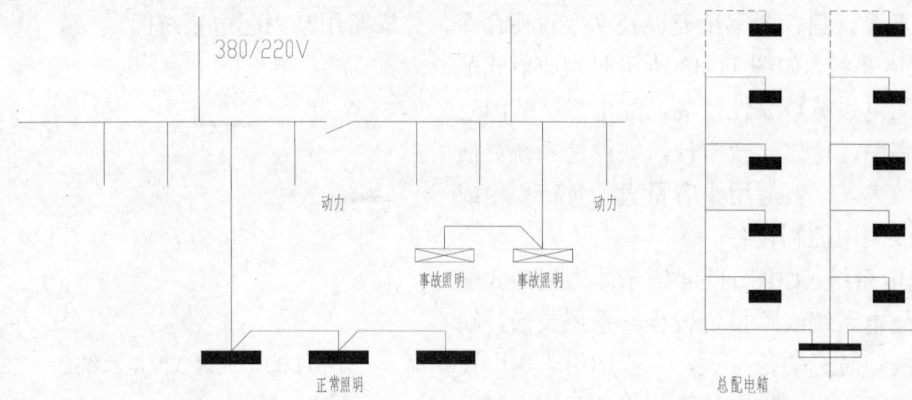

图 11-37 双电源照明配电系统

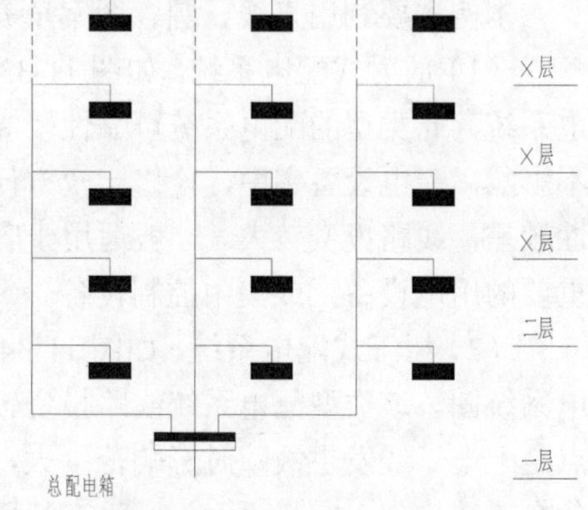

图 11-38 多高层建筑照明配电系统

照明配电系统的设计应根据照明类别，结合供电方式统一考虑，一般照明分支线采用单相供电，照明干线采用三相五线制，并尽量保证配电系统的三相平稳定。

11.4.4 室内照明供电系统的组成

室内照明供电系统一般由以下 4 部分组成。

1．接户线和进户线

从室外的低压架空供电线路的电线杆上引至建筑物外墙的运河架，这段线路称为接户线，是室外供电线路的一部分；从外墙支架到室内配电盘这段线路称为进户线。进户点的位置就是建筑照明供电电源的引入点。进户位置距低压架空电杆应尽可能近一些，一般从建筑物的背面或侧面进户。多层建筑物采用架空线引入电源，一般由二层进户。

2．配电箱

配电箱是接受和分配电能的装置。在配电箱里，一般装有空气开关、断路器、计量表、电源

指示灯等。

3．干线

从总配电箱引至分配电箱的一段供电线路称为干线。干线的布置方式有放射式、树干式、混合式。

4．支线

从分配电箱引至电灯等照明设备的一段供电线路称为支线，也称之为回路。

一般建筑物的照明供电线路主要是由进户线、总配电箱、计量箱、配电箱、配电线路以及开关插座、电气设备、用电器组成。

11.4.5 绘制电气工程系统图

照明及动力系统图是用来表达照明及动力供配电的图纸，一般采用单线法绘制，图中应标出配电箱、开关、熔断器、导线和电缆的型号规格、保护管径与敷设方式、用电设备的名称、容量（额定指标）及配电方式等，相关标注表达方法可参见前述图形符号及文字符号等有关叙述，读者也可查阅一些图集资料进行阅图能力训练。

电路的表示方法有两种，分别介绍如下。

1．多线表示法

多线表示法是每根导线在简图上都分别有一条线表示的方法。

一般使用细实线表示每一根导线，即一条图线代表一根导线，这种表示法表达清晰细微，缺点就是对于复杂的图样，线条可能过于密集，而导致表达烦锁，这种表示方法一般用于控制原理图等。

2．单线表示法

单线表示法是指两根或两根以上的导线，在简图上只用一条图线表示的方法。一般使用中粗实线来代表一束导线，这种表示方法比多线法简练，制图工作量较小，一般用于系统图的绘制等。

在同一图中，根据图样表达的需要，必要时也可以使用多线表示法与多线表示法组合共同使用。

照明与动力系统图一般可按系统图表达的内容由左及右绘制，大体遵循如下绘制顺序：

（1）进户线。

（2）总配电箱。

（3）干线分布。

（4）分配电箱。

（5）各相线分配。

（6）计量表和控制开关。

（7）标注及相关说明。

11.4.6 电气系统图绘图设置

绘制电气系统图也需要设置绘图环境，设置内容不尽相同。

Note

操作步骤如下：

1. 图层设置

单击“默认”选项卡“图层”面板中的“图层特性”按钮，打开“图层特性管理器”选项板，完成如图 11-39 所示的图层设置。

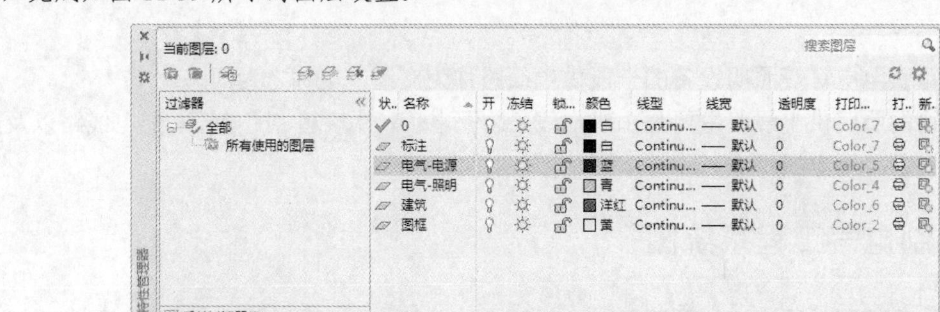

图 11-39 “图层特性管理器”选项板

设置各图层的相关状态，如颜色、线型、线宽等，这些状态用于控制不同图层上相应的图样，以利于区别显示。

2. 绘制图框

图框仍采用前述的 A4 标准图框，其绘制可参考前面章节，系统图的绘制采用单线法表示，不存在平面位置定位，故不要求比例的概念，只需根据工程规模，清晰准确地表达设计内容即可，此处根据前面图幅，仍采用照明平面图 1:100 的比例。

用户也可以直接从其他已绘制完成的电子图中复制/粘贴图框至新建图纸中，还可以从 CAD 设计中心中插入图框块。

3. 文字样式设置

选择菜单栏中的“格式/文字样式”命令，打开“文字样式”对话框，如图 11-40 所示。

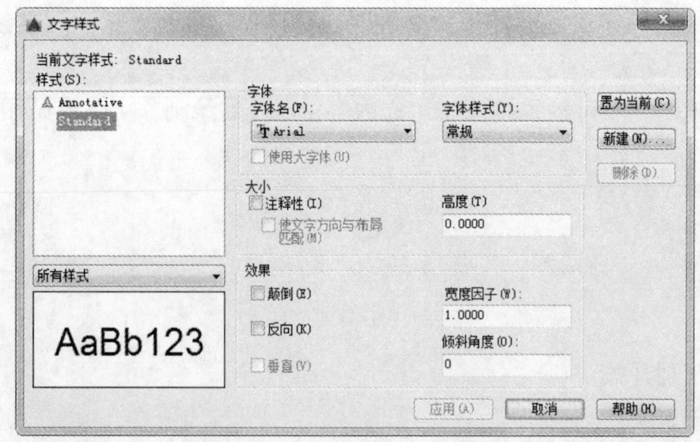

图 11-40 “文字样式”对话框

新建样式名为“系统图样式”。选中“使用大字体”复选框，并进行如下字体组合：txt.shx+hztxt-01.shx。

4．标注样式

由于系统图不涉及平面尺寸的标注，故不设置标注样式。

11.4.7　电气照明系统图绘制

1．进户线

由于此处别墅为独立住宅，故电气系统图较为简单。进户线由变电所设计确定。

2．总配电箱

总配电箱绘制如图 11-41 所示。注意应在“电气-电源”图层下绘制。该图的绘制主要涉及的命令就是直线及多行文字，比较简单，此处不作详细介绍，用户可自己练习。

配电箱所标注的文字说明如下：

（1）INT-100A/3P 表示隔离开关型号，即 INT 系列，可带负荷分断和接通线路，提供隔离保护功能开关的极数为 3 极，额定电流为 100A。

（2）电度表 Wh 380/220V-30（100）A 表示电度表参比电压为 380/220V，基本电流为 30（100）A。

（3）NC100H-4P+VIGI 80A+300mA 表示断路器型号，即 NC 系列，VIGI 表示漏电保护断路器，开关极数为 4 极，额定电流分别为 80A、300mA。

相关文字符号的应用可参见前述相关章节。另外，由于电气图形符号的辅助文字标注格式基本上是统一的，标注时可制作带属性的图块，再次标注时只需插入相应图块，更改相应属性值即可，读者可以试一试。方法类似前述章节的建筑图绘制圆圈轴号的绘制方法。

3．干线

干线指总配电箱至各用户配电箱之间的线路。本例中因为是独立别墅，没有再设置分用户配电箱。若有用户配电箱，只需从总配电箱引出线路（单线表示）至各用户配电箱以形成连接即可，结合直线命令或多段线命令来完成，此处不作详细描述。

4．分配电箱

各用户的配电箱本例中不涉及，在画法上，其同总配电箱类似，应标注相关电气设备的型号、规格等。此处不再赘述。

5．各相线分配

该回路主要是设计各回路的开关、灯具、插座、线路等，并标注其编号、型号、规格等。如图 11-42 所示为某回路。

图 11-41　总配电箱　　　　图 11-42　各相线分配

文字标注解释如下。

（1）断路器为 DPN+VIGI 16A+30mA，表示带漏电保护器的型号为 DPN 的断路器，额定电流分别为 16A 与 30mA。

（2）线路标注为L2，表示编号为2的干线，WL4-BV-3×2.5-PC20CC，其中WL4表示第4条照明线路，BV表示聚氯乙烯铜芯线，3×2.5表示3根2.5mm^2的线，PC20CC表示采用直径为20mm的硬塑料管穿线，沿柱暗敷。

Note

关于线路的标注方法，一般采用单行文本命令，注意标注时选择好文字样式及字体高度等。

另外，对于各线路文字标注的含义，读者应多加理解记忆，熟能生巧，对于常见的标注方式应非常熟悉，这也是制图与识图必备的一些能力。

绘制某条相线的回路，包括断路器、线路标注及文字说明，直接单击“默认”选项卡“修改”面板中的“复制”按钮或“矩形阵列”按钮，进行等间距复制。最后，按各回路的设计要求修改各文字的标注，修改标注时，只需双击标注文字，则会发现文字出现背景色以及闪烁的文字编辑符，此时即可对所注文字内容进行修改。

提示：

在实际设计中，虽然组成图块的各对象都有自己的图层、颜色、线型和线宽等特性，但插入到图形中，图块各对象原有的图层、颜色、线型和线宽特性常常会发生变化。图块组成对象图层、颜色、线型和线宽的变化，涉及的图层特性包括图层设置和图层状态。图层设置是指在“图层特性管理器”选项板中对图层的颜色、图层的线型和图层的线宽的设置。图层状态是指图层的打开与关闭状态、图层的解冻与冻结状态、图层的解锁与锁定状态和图层的可打印与不可打印状态等。

用户首先应该学会使用ByLayer（随层）与ByBlock（随块）的应用。两者的运用涉及图块组成对象图层的继承性与图块组成对象颜色、线型和线宽的继承性。

ByLayer设置就是在绘图时把当前颜色、当前线型或当前线宽设置为ByLayer。如果当前颜色（当前线型或当前线宽）使用ByLayer设置，则所绘对象的颜色（线型或线宽）与所在图层的图层颜色（图层线型或图层线宽）一致，所以ByLayer设置也称为随层设置。

ByBlock设置就是在绘图时把当前颜色、当前线型或当前线宽设置为ByBlock。如果当前颜色使用ByBlock设置，则所绘对象的颜色为白色（White）；如果当前线型使用ByBlock设置，则所绘对象的线型为实线（Continuous）；如果当前线宽使用ByBlock设置，则所绘对象的线宽为默认线宽（Default），一般默认线宽为0.25mm，默认线宽也可以重新设置，ByBlock设置也称为随块设置，如图11-43所示。

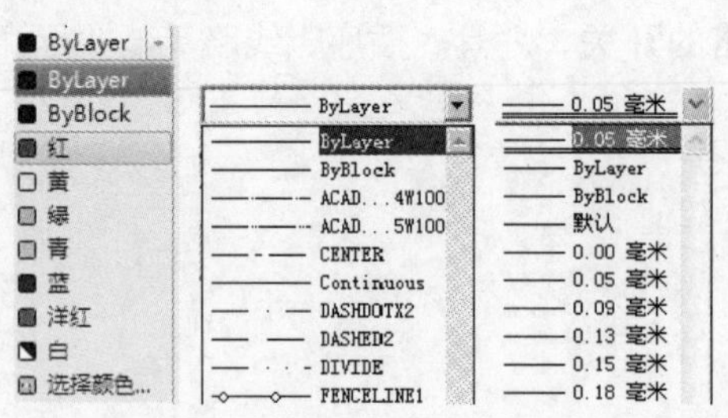

图11-43 特性的随层与随块

6．相关文字标注说明

当前图层设置为“标注”。标注采用多行文字输入（注意特殊符号的应用）。

对配电系统的需要系数进行说明。需要系数是指同时系数和负荷系数的乘积。同时系数考虑

了电气设备同时使用的程度，负荷系数考虑了设备带负荷的程度，需要系数是小于 1 的数值，用 K_x 来表示，该系数的确定与电力系统、设备数目及设备效率有关。

各参数的含义如下：

$P_s = 35\text{kW}$ 表示设备容量。

$K_x = 0.9$ 表示需要系数。

$P_{js} = 31.5\text{kW}$ 表示有功功率计算负荷。

$\cos\phi = 0.9$ 表示负荷的平均功率因数。

$I_{js} = 53.2\text{A}$ 表示计算电流。

各项完成后，利用矩形阵列或复制命令进行类似图线的重复绘制，并进行适当修改，即可得到最后系统图，如图 11-44 所示。由图 11-44 可见，矩形阵列或复制命令的合理运用极大地提高了 AutoCAD 的制图效率。

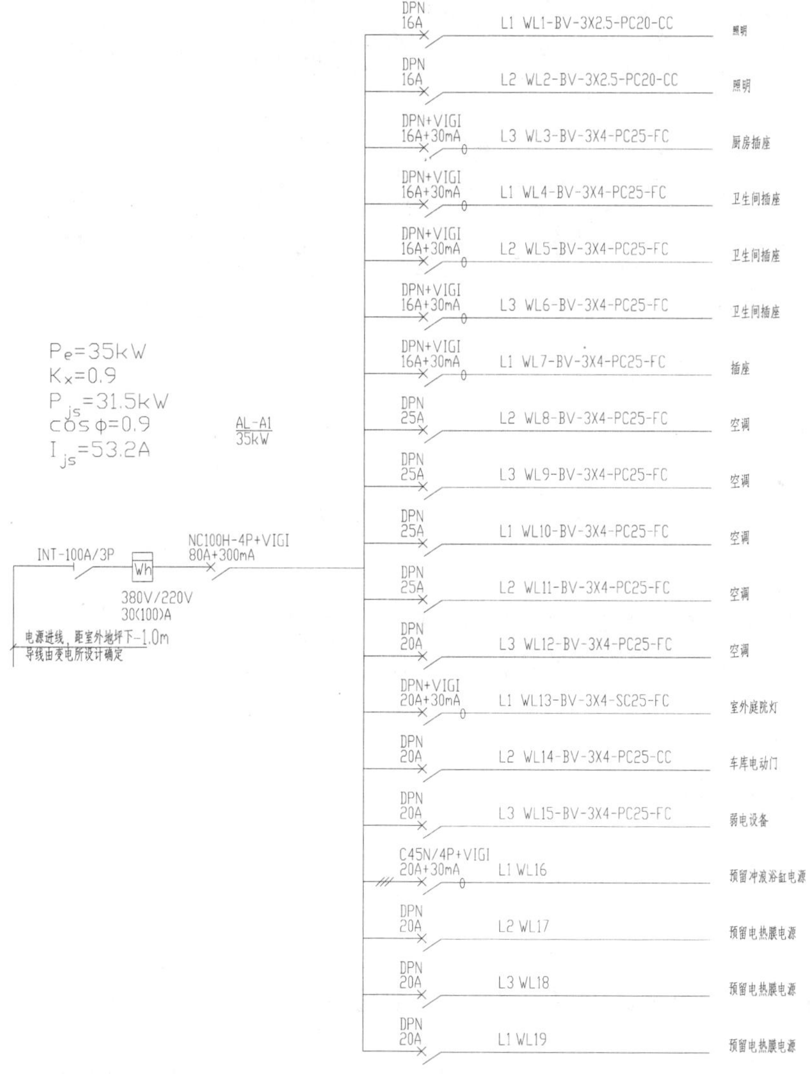

图 11-44　照明系统图

11.5 实战演练

Note

通过前面的学习，读者对本章知识也有了大体的了解，本节通过几个操作练习使读者进一步掌握本章知识要点。

【实战演练1】绘制如图11-45所示的住宅楼照明平面图。

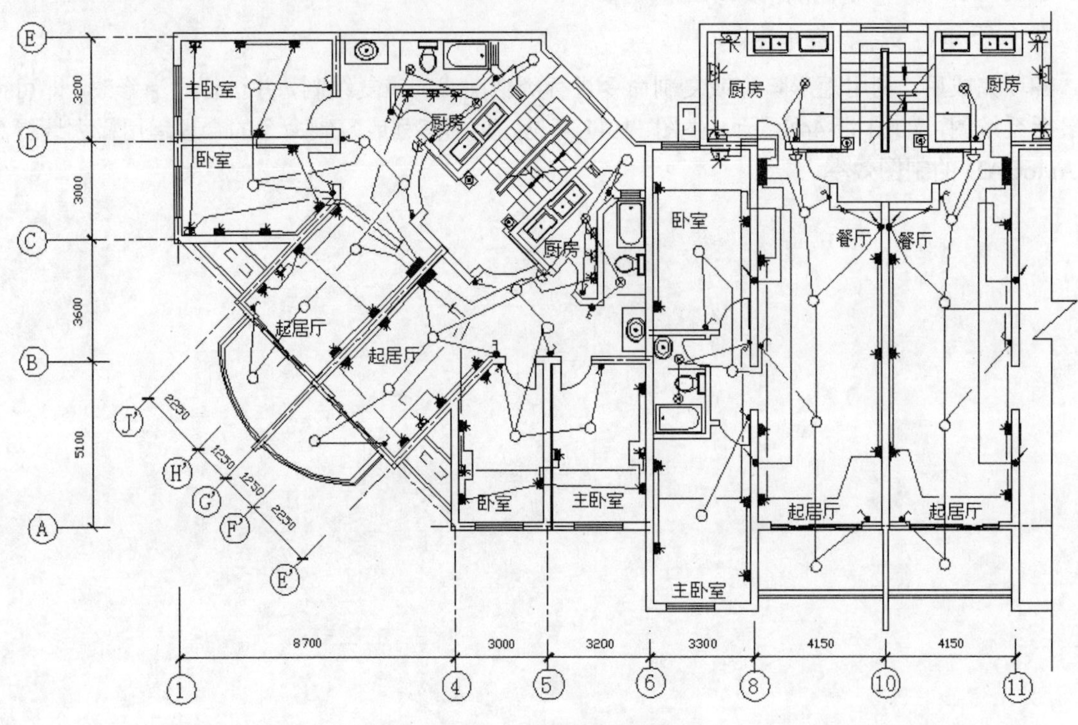

图11-45 住宅楼照明平面图

1．目的要求

本实例主要要求读者通过练习进一步熟悉和掌握住宅楼照明平面图的绘制方法。通过本实例，可以帮助读者学会完成照明平面图绘制的全过程。

2．操作提示

（1）绘图前准备。

（2）绘制轴线和墙体。

（3）绘制室内设施。

（4）标注尺寸和文字。

（5）绘制电气元件。

（6）绘制线路。

【实战演练2】绘制如图11-46所示的办公楼照明系统图。

1．目的要求

本实例主要要求读者通过练习进一步熟悉和掌握办公楼照明系统图的绘制方法。通过本实

例，可以帮助读者学会完成照明系统图绘制的全过程。

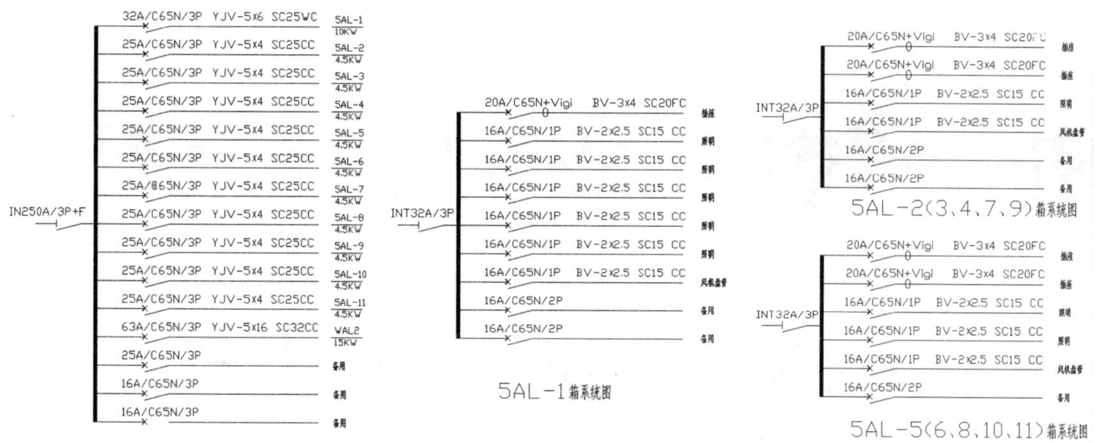

图 11-46　办公楼照明系统图

2．操作提示

（1）绘图前准备。

（2）绘制定位辅助线。

（3）绘制配电箱出线口。

（4）绘制回路。

（5）标注文字。

（6）绘制配电箱入口隔离开关。

第12章

防雷接地与弱电工程图设计

本章学习要点和目标任务：

☑ 建筑物的防雷保护

☑ 建筑物接地电气工程图

☑ 绘制防雷平面图

☑ 建筑弱电工程图概述

☑ 绘制别墅弱电电气工程图

建筑防雷与接地工程图包括防雷工程图和接地工程图，图纸包括防雷平面图、立面图、接地平面图，以及施工说明等，主要涉及的规范有《民用建筑电气设计规范（附条文说明[另册]）》（JGJ 16-2008）以及《建筑物防雷设计规范》（GB50057-2010）。

建筑弱电系统工程是一个复杂的、集成的系统工程。建筑弱电系统涉及的各专业领域较广，其集成了多项电气技术、无线电技术、光电技术、计算机技术等，庞大而复杂。图纸包括弱电平面图、弱电系统图及框图等。

本章将以别墅防雷接地与弱电工程设计实例为背景，重点介绍某别墅防雷接地与弱电工程图的AutoCAD制图全过程，由浅及深，从制图理论至相关电气专业知识，尽可能全面详细地描述该工程的制图流程。

Note

12.1　建筑物的防雷保护

建筑物的防雷保护措施，其目的是设法引导雷击时的雷电流按预先安排好的通道导入大地，从而避免雷电向被保护的建筑物放电，因而其设计主要是合理设置防雷设施。所谓防雷装置，即指接闪器、引下线、接地装置、过电压保护器及其他连接导体的总称。接闪器则指直接接受雷击的避雷针、避雷网、避雷环、避雷带（线），以及用作接闪的金属屋面和其他金属构件等，其作为直接接受雷击的部分，能将空中的雷电荷接收并引入大地。

12.1.1　防止直接雷

一般情况下，防止直接雷可以采取以下几种方法：

1．接闪器

（1）避雷针。

附设在建筑物顶部或独立装设在地面上的针状金属杆。避雷针在地面上的保护半径约为避雷针高度的 1.5 倍，其保护范围一般可根据滚球法来确定，此法是根据反复的实验及长期的雷害经验总结而成的，有一定的局限性。

（2）避雷带。

沿着建筑物的屋脊、檐帽、屋角及女儿墙等突出部位，易受雷击部位暗敷的带状金属线。一般采用截面为 $48mm^2$，厚度为不小于 4mm 的镀锌或直径不小于 8mm 的镀锌圆钢制成。

（3）避雷网。

在较重要的建筑物及面积较大的屋面上，纵横敷设金属线组成矩形平面网格，或以建筑物外形构成一个整体较密的金属大网笼，实行较全面的保护。

2．引下线

引下线指连接接闪器与接地装置的金属导体。引线的作用是把接闪器上的雷电流连接到接地装置并引入大地。引下线有明敷设和暗敷设两种。

引下线明敷设是指用镀锌圆钢制作，沿建筑物墙面敷设。

引下线暗敷设是利用建筑物结构混凝土柱内的钢筋，或在柱内敷设铜导体做防雷引下线。

3．接地装置

将接闪器与大地做良好的电气连接的装置就是接地装置，是引导雷电流泄入大地的导体，接地装置包括接地体和接地线两部分。接地体是埋入土壤中作为流散电流用的金属导体，既可采用建筑物内的基础钢筋，也可采用金属材料进行人工敷设。接地下线是从引下线的断接卡或接线处至接地体的连接导体。

12.1.2　防止雷电感应及高电位反击

一级防雷保护措施要求防止雷电感应及高电位反击。目前通用的做法是采用总等电位连接，即将建筑物内各梁、板、柱、基础部分内的主筋相互焊接，连接成整体形成相互连接的电气通路，

柱顶主筋与避雷带相连，所有变压器的中心点、电子设备的接地点、进入或引出建筑物的各种管道、电缆等线路的 PE 线都通过建筑物基础一点接地。

Note

12.1.3 防止高电位从线路引入

为防止高电位从线路引入，一级防雷保护措施要求：

低压线路宜全线采用电缆直接埋地敷设，在入户端将电缆的金属外皮、钢管接到防雷电感应的接地装置上。当全线采用电缆有困难时，可采用架空线。在电缆与架空线连接处，还应装设避雷器。避雷器、电缆金属外皮、钢管和绝缘子铁脚、金具等应连接在一起接地，其冲击接地电阻不应大于 10Ω。

12.2 建筑物接地电气工程图

为了保障人员和设备的安全，所有的电气设备都应该采取接地或接零措施。因此，电气接地工程图是建筑电气工程图纸的重要一部分，描述了电力接地系统的构成，以及接地装置的布置及其技术要求等。

12.2.1 接地和接零

两个基本概念介绍如下。

☑ 地线：连接电力装置与接地体，且正常情况下不载流的导体（包括不载流的零碎线）称为地线。

☑ 零线：与变压器或发电机直接接地的中性点进行连接的中性线，或者支流回路中的接地中性线称为零线。

接地和接零通常有以下几种类型。

1．工作接地（功能）

在电气设备中，为使电气设备正常工作及消除故障，常把电路中的某一点接地，叫做工作接地。工作接地可直接接地，也可通过消弧线圈或击穿保险器等阀门装置与大地相连接。工作接地保证了电力系统的正常运行，如三相交流系统中发电机和变压器中性点接地，双极直流输电系统的中性点接地等。

2．保护接地（安全接地）

为了保证人身和设备安全，将电气设备的金属外壳、底座、配电装置的金属框架和输电线路杆等外露导电部分接地，防止一旦绝缘损坏或产生漏电，人员触及发生电击。当电气设备发生故障时，保护接地才起作用。保护接地可采用与接地体连接的接地方式，也可用与电源零线连接的接零方式。

3．屏蔽接地

金属屏蔽在电场作用下会产生感应电荷，将金属屏蔽产生的静电荷导入大地的接地叫作屏蔽接地，如油罐接地。

4．防雷接地

防雷接地既是功能接地，又具有保护接地效果。防雷接地是防雷装置中不可缺少的组成部分，可将雷电导入大地，减少雷电流引起的电流，防止雷电流对人身及财产造成伤害。

5．重复接地

在中性垂直接地系统中，将零线上的一点或者多点与大地进行再次连接，叫作重复接地。重复接地可以确保接零的安全可靠，例如，建筑物在低压电源进线处所做的接地。

6．接零

接电气设备的绝缘金属外壳或构架，与中性垂直接地的系统中的零线进行连接，叫作接零。

12.2.2　接地形式

在低压配电系统中，接地的形式有 3 种，即 TN 系统、IT 系统和 TT 系统。

1．TN 系统

电力系统中有一点直接接地，受电设备的外露可导电部分通过保护线与接地点连接，这种接地形式系统称为 TN 系统。

接中性线与保护线不同组合，TN 系统又可分为以下 3 种形式。

☑　TN—S 系统：整个系统的中性线 N 与保护线 PE 是分形的。

☑　TN—C 系统：整个系统的中性线 N 与保护线 PE 是合一的。

☑　TN—C—S 系统：系统部分线路的中性线 N 和保护线 PE 是合一的。

2．IT 系统

电力系统的带电部分与大地间无直接边接，受电设备的外露可导电部分通过保护线接地与接地极连接，此接地形式称为 IT 系统。

3．TT 系统

电力系统中，有一点直接接地，受电设备的外露可导电部分通过保护线接至与电力系统接地点无直接关联的接地极，此接地形式称为 TT 系统。

12.2.3　接地装置

接地装置包括接地体和接地线两部分。

1．接地体

埋入地中并直接与大地接触的金属导体称为接地体，可以把电流导入大地。自然接地体，是指兼作接地体用的埋于地下的金属物体，在建筑物中，可选用钢筋混凝土基础内的钢筋作为自然接地体。为达到接地的目的，人为埋入地中的金属件，如钢管、角管、圆钢等成为人工接地体。作接地体用的直接与大地接触的各种金属构件、金属井管、钢筋混凝土建筑物的基础、金属管道和设备等都称为自然接地体，分为垂直埋设和水平埋设两种。在使用自然、人工两种接地体时，应设测试点和断接卡，便于分开测量两种接地体。

2．接地线

电力设备或线杆接地螺栓与接地体或零线连接用的金属导体称为接地线。接地线应尽量采用钢质材料，如建筑物的金属结构，结构内的钢筋、钢构件等。生产用的金属构件，如吊车轨道、配线钢管、电缆的金属外皮、金属管道等，但应保证上述材料有良好的电气通路。有时接地线应连接多台设备，而被分为两段，与接地体直接连接的称为接地母线，与设备连接的一段称为接地线。

防雷接地工程图常用图例符号如图 12-1 所示。

序号	名称		图例	备注
1	避雷针			
2	避雷带(线)			
3	实验室用接地端子板	明装	#	1. 一般面板底距地面1.2m，以图上注明优先
		暗装	#	2. #为端子数，以阿拉伯数字1、2、3....表示
4	接地装置	有接地极		
		无接地极		
5	一般接地符号			如表示接地状况或作用不够明显，可补充说明
6	无噪声(抗干扰)接地			
7	保护接地			本图例可用于代替序号5的图例，以表示具有保护作用，例如在故障情况下防止触电的接地
8	接机壳或底板			
9	等电位			
10	端子			
11	端子板			可加端子标志
12	易爆房间的等级符号	含有气体或蒸气爆炸性混合物	0区 1区 2区	
		含有粉尘或纤维爆炸性混合物	10区 11区	
13	等电位连接			
14	易燃房间的等级符号		21区 22区 23区	

图 12-1　防雷接地工程常用图例

12.3 绘制防雷平面图

建筑防雷平面图一般是指建筑物屋顶设置避雷带或避雷网，利用基础内的钢筋作为防雷的引下线，埋设人工接地体的方式，其绘制相对于其他电气图较为简单。

防雷平面图内容表达顺序如下：

（1）屋顶建筑平面图。

（2）避雷带或避雷网的绘制。

（3）相关图例符号的标注。

（4）尺寸及文字标注说明。

（5）个别详图的绘制，如避雷针的安装图等。

光盘\配套视频\第 12 章\绘制防雷平面图.avi

12.3.1 绘图准备

绘制任何一幅建筑图形都要进行准备工作，这里主要设置文字样式、标注样式、图层、图框及比例。有些具体设置可以在绘制过程中根据需要进行设置。

操作步骤如下：

1. 文字样式设置

选择菜单栏中的“格式/文字样式”命令，也可以在命令行中输入 STYLE 命令，弹出“文字样式”对话框，参数设置如图 12-2 所示。

文字高度设为默认 0 值，宽度因子为 0.7，字体组合大字体为 txt.shx+whtgtxt.shx。

2. 标注样式设置

单击“默认”选项卡“注释”面板中的“标注样式”按钮，打开“标注样式管理器”对话框，如图 12-3 所示。单击“修改”按钮，打开“修改标注样式”对话框，在该对话框中进行样式设置，标注样式设置包括了文字样式的选择、字高、建筑标记、尺寸线的长短、颜色、比例、单位等，如图 12-4 所示。

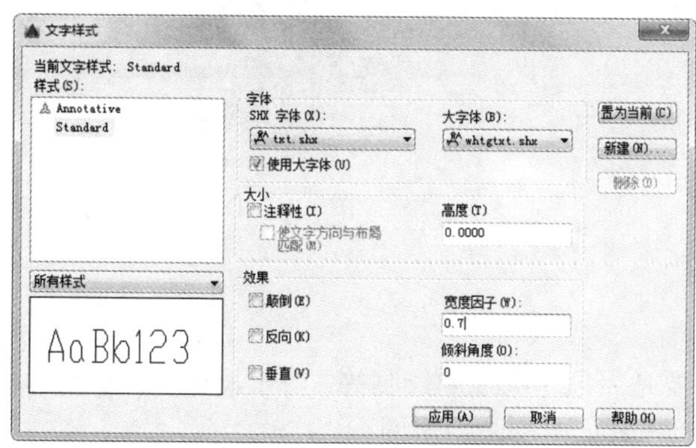

图 12-2　“文字样式”设置

图 12-3　“标注样式管理器”对话框

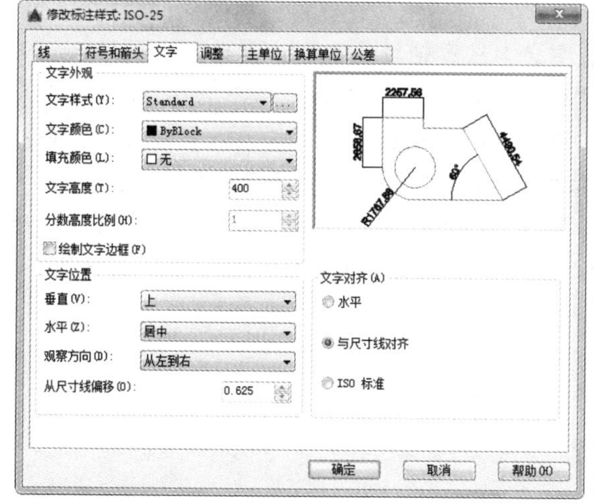

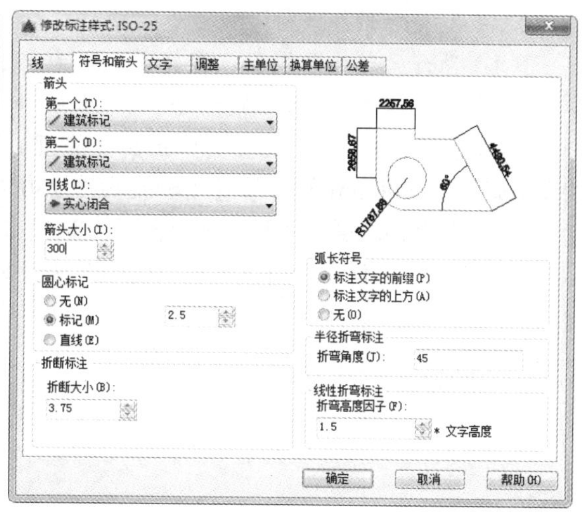

图 12-4　文字大小及符号箭头设置

3. 图层设置

单击“默认”选项卡“图层”面板中的“图层特性”按钮，弹出“图层特性管理器”选项板，设置图层名称、颜色、线型、线宽、状态（如开、冻结、打印等），如图 12-5 所示。

4. 图框及比例

创建“图框”图层，并将其设置为当前图层。

Note

图框仍采用前述的 A4 标准图框，其绘制过程可参考前面章节。因涉及平面位置关系，故一般采用与建筑平面图相同的比例 1:100，也可先将绘制好的图框定义为图块，然后通过插入块命令来调用，再通过缩放命令来进行图例比例设置。

以上设置均可通过定制 DWT 模板文件，直接调用，快捷省时。定制模板文件过程中只需注意保存文件时保存为图形样板，即选择以 DWT 后缀为保存格式，如图 12-6 所示。再次绘图时，只需打开该 DWT 模板文件，但绘图结束时则应将其保存格式还原保存为 DWG 格式文件。

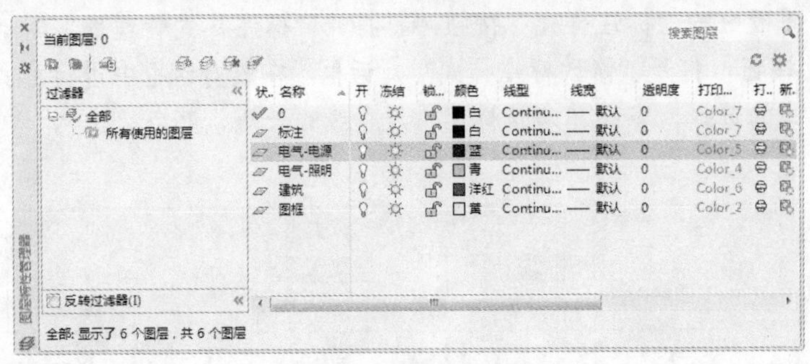

图 12-5　图层设置

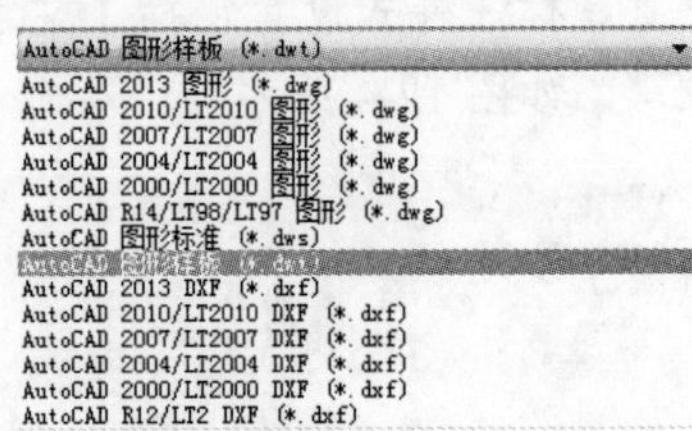

图 12-6　DWT 文件格式

12.3.2　建筑物顶层屋面平面图

顶层屋面平面图的绘制内容较为简单，主要是屋顶轮廓线的绘制等，对于设计院，一般用户可直接调用建筑专业提供的顶层 CAD 图，直接在其上绘制防雷平面图。

操作步骤如下：

1. 绘制定位轴线及轴号

（1）新建“轴线”图层，并将其设置为当前图层。注意轴线的线型为点划线。

（2）绘制初始轴线。单击“默认”选项卡“绘图”面板中的“直线”按钮，绘制正交直线，绘制时，可按下状态栏上的“正交”按钮，进而可以在正交方向直接输入直线长度。分别绘制长大约 20000mm 的水平直线和长大约 23000mm 的竖直直线，如图 12-7 所示。

（3）轴网的编辑。可以单击“默认”选项卡“修改”面板中的“偏移”按钮，也可以单击“默认”选项卡“修改”面板中的“复制”按钮来完成，指定偏移或复制的距离如图 12-8 所示。

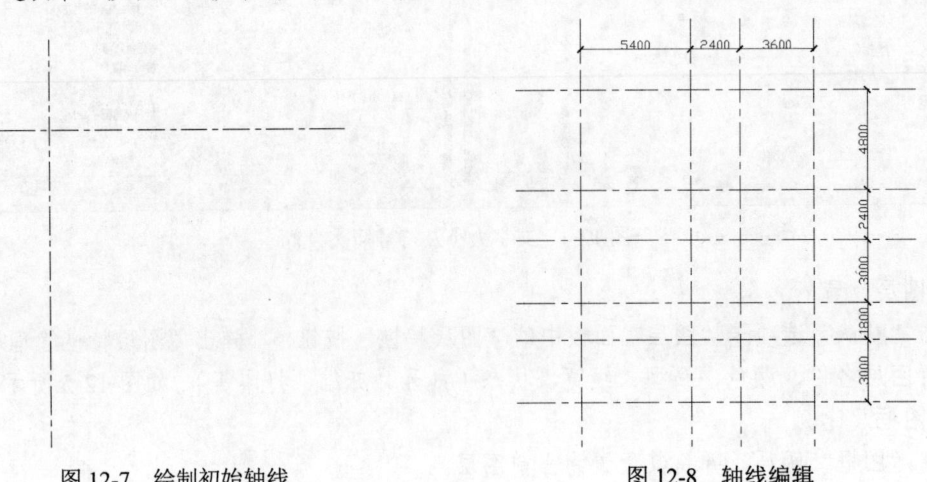

图 12-7　绘制初始轴线　　　　图 12-8　轴线编辑

（4）轴线命名，轴号采用单行文字插入轴圈内，注意单行文字的起点为文字的左下角，然后将轴圈及轴号逐一复制至各轴线末端，双击轴圈内文字，逐一修改轴号。

轴网绘制结果如图 12-9 所示。

2. 绘制檐口轮廓线

（1）指定多线样式。选择菜单栏中的“格式/多线样式”命令，打开“多线样式”对话框，如图 12-10 所示。单击“新建”按钮，打开“创建新的多线样式”对话框，输入新样式名“檐口轮郭线”，如图 12-11 所示，单击“继续”按钮，打开“新建多线样式：檐口轮廓线”对话框，单击“图元”列表框中的图元，在下面的“偏移”文本框中分别将偏移值改为 250 和-250，如图 12-12 所示，单击“确定”按钮，回到“多线样式”对话框，在“样式”列表框中选择“檐口轮廓线”样式，如图 12-13 所示，单击“置为当前”按钮，再单击“确定”按钮，完成多线样式设置和指定。

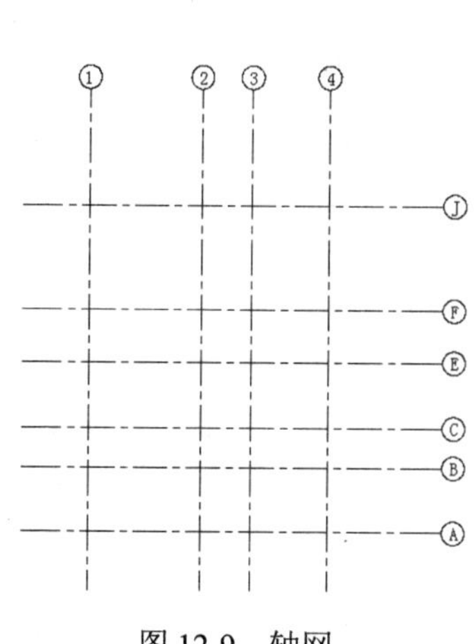

图 12-9 轴网

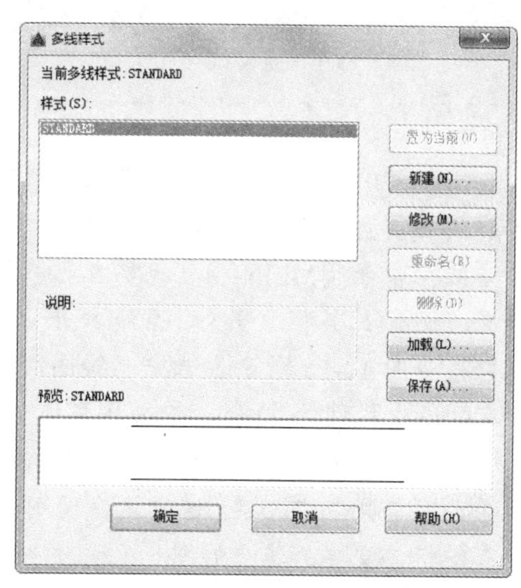

图 12-10 “多线样式”对话框

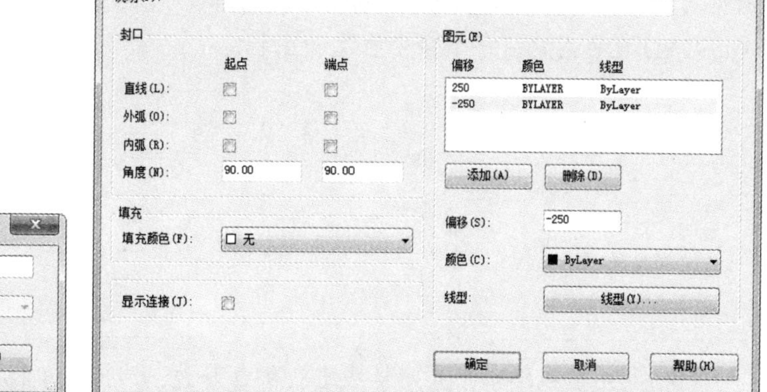

图 12-11 “创建新的多线样式”对话框

图 12-12 “新建多线样式：檐口轮廓线”对话框

（2）选择菜单栏中的“绘图/多线”命令，根据墙体的分布布置情况，连续绘制墙线，结果如图 12-14 所示。

Note

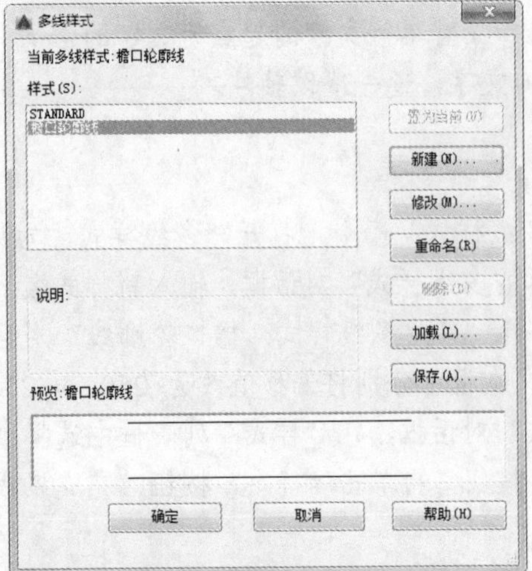

图 12-13　指定多线样式

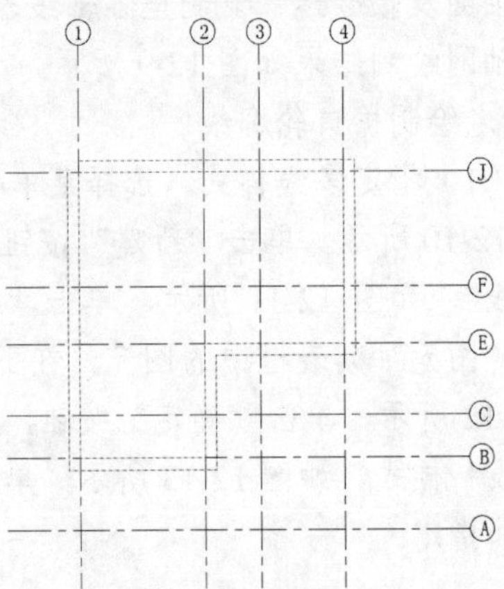

图 12-14　绘制多线

提示:

AutoCAD 2016 的工具栏并没有显示所有可用命令，在需要时用户要自己添加。例如，“绘图”工具栏中默认没有“多线”命令（MLINE），就要自己添加。可在菜单栏中选择“视图/工具栏”命令，系统打开“自定义用户界面”窗口，如图 12-15 所示。选中“绘图”窗口显示相应命令，在列表中找到“多线”，单击将其拖至 AutoCAD 绘图区，若不放到任何已有工具条中，则以单独工具条出现；否则成为已有工具条中一项。这时又发现刚拖出的“多线”命令没有图标，就要为其添加图标。方法如下：把命令拖出后，不要关闭自定义窗口，选中“多线”命令，并单击面板右下角的图标，这时界面右侧会弹出一个面板，此时即可给“多线”命令选择或绘制相应的图标。可以发现，AutoCAD 允许用户给每个命令自定义图标。

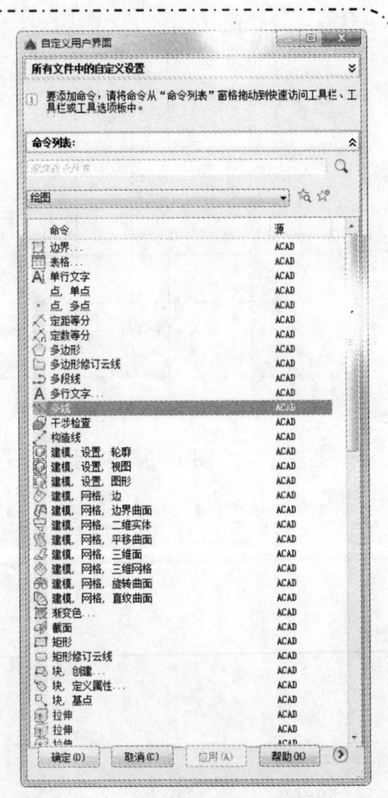

图 12-15　“自定义用户界面”窗口

（3）利用多线编辑工具对墙线进行细部修改。选择菜单栏中的“修改/对象/多线”命令，弹出“多线编辑工具”对话框，如图 12-16 所示，分别选择不同的编辑方式和需要编辑的多线进行编辑，结果如图 12-17 所示。

（4）用同样方法绘制和编辑另外一条多线，多线宽度设置为 200，结果如图 12-18 所示。

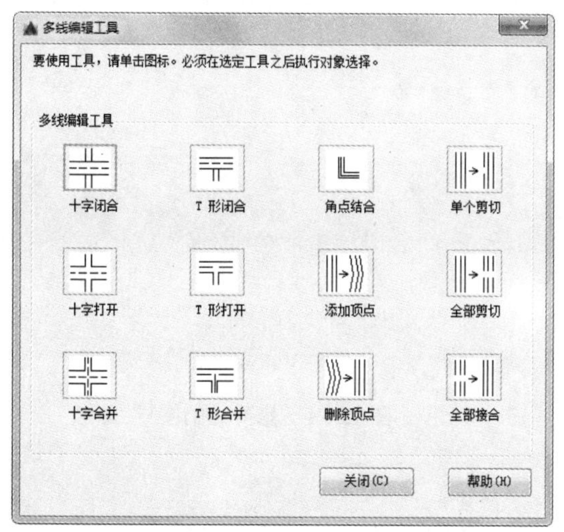

图 12-16　“多线编辑工具”对话框

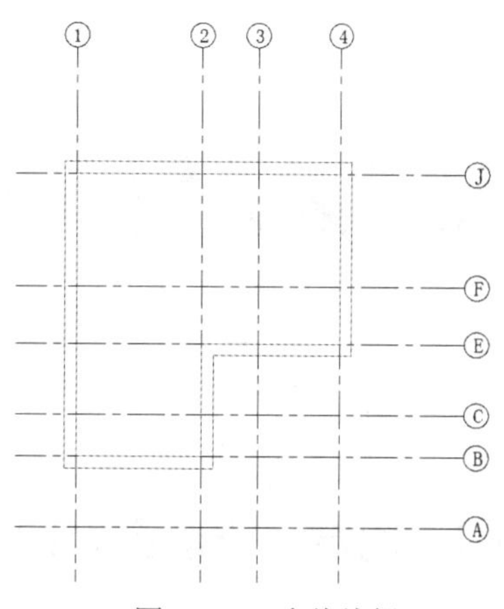

图 12-17　多线编辑

3. 绘制屋脊线

由建筑制图要求可知，屋脊线为45°斜线，此时，为得到45°角，可打开状态栏中的“极轴”按钮。右击“极轴”按钮，弹出如图12-19所示的“草图设置”对话框，进行捕捉角度设置，选中“启用极轴追踪”复选框，并将“增量角”设置为45°，此时在模型空间制图时，系统将自动提示角度45°、90°、180°、235°……快捷键为F10。

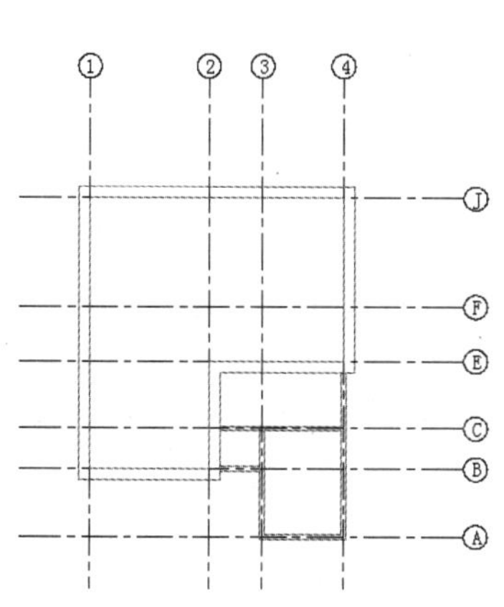

图 12-18　绘制和编辑另一条多线

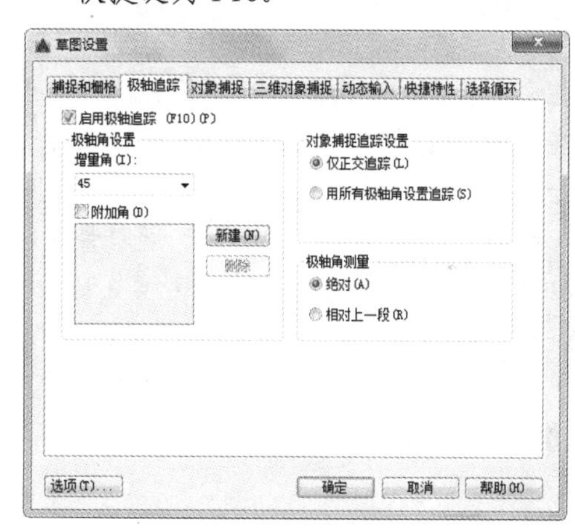

图 12-19　极轴角度设置

提示：

选中“启用极轴追踪”复选框。

利用直线命令绘制45°屋脊线，再将所有交点相连就得到平行的屋脊线，如图12-20所示。

4. 编辑各线段

编辑线段，主要是对相关线段进行修剪、复制等。逐一修剪线段交点处多余的线段，并修剪不必要的表达线段，如轴线、墙线。对于多线对象的修剪则要使用到多线编辑工具，或单击“默认”选项卡“修改”面板中的“分解”按钮，分解后再修剪，修剪后的图样如图12-21所示。

Note

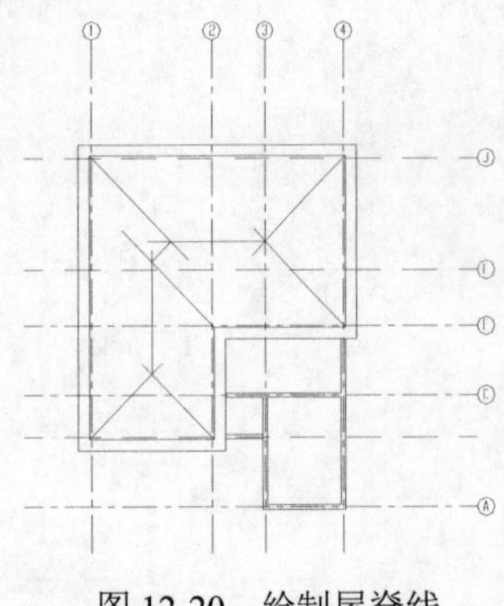

图 12-20　绘制屋脊线

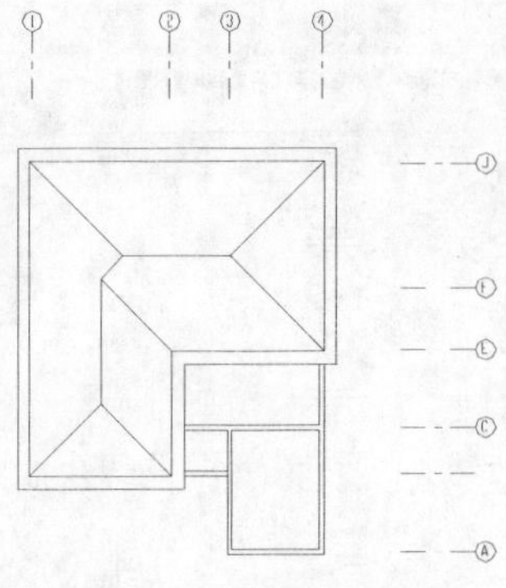

图 12-21　修剪后的图样

12.3.3　避雷带或避雷网的绘制

根据设计者的表达意图，一般沿屋脊线进行避雷带绘制，或进行避雷针的布置，避雷针及避雷带符号可参见图 12-1 所示图例。

操作步骤如下：

1. 等分屋脊线

（1）创建“防雷”图层，并将其设置为当前图层。

（2）选择菜单栏中的“绘图/点/定距等分”命令，如图 12-22 所示，将屋脊线等分，距离为 900。

① 在命令行提示“选择要定距等分的对象:”后依次选择各屋脊线。

② 在命令行提示“指定线段长度或[块(B)]:”后输入 1500。

2. 绘制避雷带

（1）绘制“——×——×——”避雷带时，对于“×”符号只需单击“默认”选项卡“修改”面板中的“复制”按钮，进行连续复制生成即可。打开“对象捕捉追踪”开关，将避雷带符号逐一复制到定距等分得到的等分点。

（2）房屋四角还应布接地线。接地线采用虚线加短斜线标记，同时各角部配有避雷针，如图 12-23 所示。

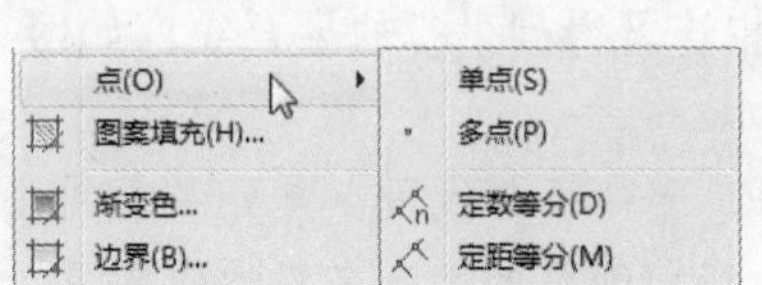

图 12-22　点的绘制

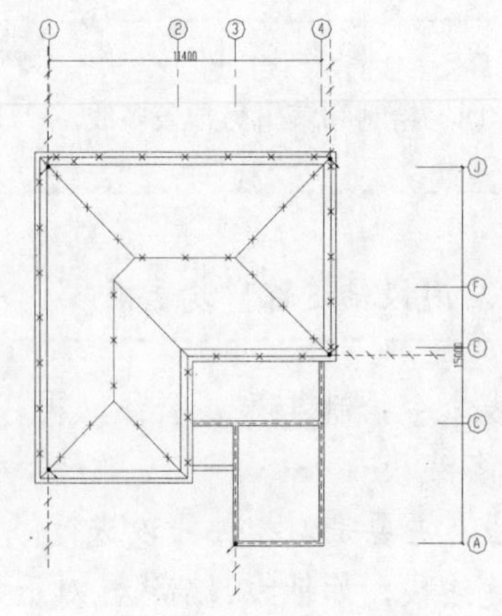

图 12-23　绘制避雷带

提示：

由于避雷带符号布置规律均匀，也可将其视为一种线型，既然是一种线型，就可以通过自定义的方式定义该线型，再加载该线型，进而以线对象绘制避雷带。

关于避雷带的线型，读者也可以尝试自己制作，然后添加至 CAD 线型文件内。

3. 相关图例符号绘制

采用基本的 AutoCAD 的绘制命令进行图例绘制，主要是一些接地符号、分区符号及引下线等的标注。也可创建标准的图例模块，然后利用插入块命令进行调用及修改。

AutoCAD 设计中心提供了一些相关图例符号或通过设计中心查找一些常用的标准图例（一般而言，设计院均有本单位的图库）。

4. 尺寸及文字标注说明

主要是进行必要的一些标注，有助图纸的清晰表达，以及一些特定说明。

尺寸标注，应注意标注样式的设置，几个尺寸大小的确定。

该别墅防雷的顶层平面图如图 12-24 所示。由图可知，避雷带沿屋脊线，形成避雷网格，角部利用柱内钢筋作为地下引下线。

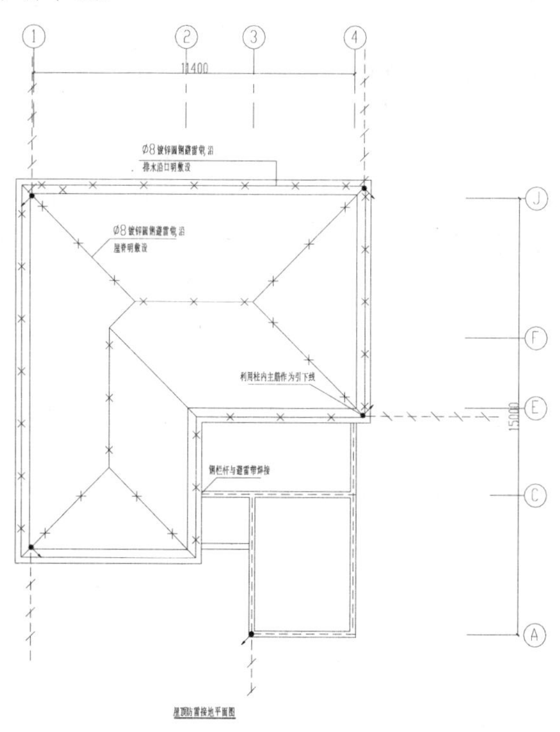

图 12-24　屋顶防雷接地平面图

12.4　建筑弱电工程图概述

建筑弱电工程是建筑电气的重要组成部分。现代科学技术的发展支持了人类对于生活方式的

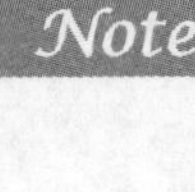

Note

改变，满足了社会发展的需求，建筑物的服务功能及其与外界交换信息的功能得到了扩展与提高，这很大一部分依赖了建筑弱电系统的革新。电子、计算机、通信、光纤、无线电等各种高科技手段促使了建筑弱电技术的迅速发展，智能电气系统为建筑功能的扩展提供了一个这样的平台。

弱电工程图与强电工程图相近，常见的图纸内容包括弱电平面图、弱电系统图及框图。弱电平面图与照明平面图类似，是指导弱电工程施工安装调试必需的图纸，也是弱电设备布置安装，信号传输线路敷设的依据。弱电系统图是表示弱电系统中设备和元件的组成，以及元件和器件之间的连接关系，对指导安装施工有着重要的作用。弱电装置原理框图描述弱电设备的功能、作用及原理，其他主要用于系统调试。

弱电系统主要分为以下 7 类。

1．火灾自动报警与灭火控制系统

以传感技术、计算机技术、电子通信技术等为基础的火灾报警控制系统，是一种集成的高科技应用技术，是现代消防自动化工程的核心内容之一，该系统既能对火灾发生进行早期探测和自动报警，又能根据火情位置，及时输出联动灭火信号，启动相应的消防设施，进行灭火。

火灾自动报警控制在智能建筑中通常作为智能三大体系中的 BAS（建筑设备管理系统）的一个非常重要的独立的子系统。整个系统的运作，既能通过建筑物中智能系统的综合网络结构来实现，又可以在完全摆脱其他系统或网络的情况下独立工作。

火灾自动报警系统主要由火灾探测器和火灾报警控制器组成。火灾探测器将现场火灾信息——烟、温度、光转换成电光信号，传送至自动报警控制器；火灾报警控制器将接收的火灾信号，经过芯片逻辑运算处理后认定火灾，输出指令信号。一方面启动火灾报警装置，如声、光报警等，另一方面启动灭火联动装置，用以驱动各种灭火设备；同时也启动联锁减灾系统，用以驱动各种减灾设备。火灾探测器、火灾报警控制器、报警装置、联动装置、联锁装置等组成了一个实用的自动报警与灭火系统，联动控制器与火灾自动报警控制器配合，用于控制各类消防外控制设备，由联动控制器对不同的设备实施管理。

2．电话通信系统

电话通信系统是各类建筑必然要配置的主要系统。社会发展已进入了崭新的信息社会，电信通信系统已成为建筑物内不可缺少的一个弱电工程。电话通信系统由 3 个组成部分：一是电信交换设备；二是传输系统；三是用户终端设备（收发设备）。

电信交换设备主要是电话交换机，是接通电话之间通信线路的专用设备。电话交换机发展很快，从人工电话交换机发展到自动电话交换机，又从机电式自动电话交换机发展到电子式自动电话交换机，再到先进的数字程控电话交换机。程控电话交换是当今世界上电话交换技术发展的主要方向，在我国已普遍应用。

传输系统按传输媒介分为有线传输和无线传输。从建筑弱电工程出发主要采用有线传输方式。有线传输按传输信息工作方式又分为模拟传输和数字传输两种。模拟传输是将信息按数字编码 PCM 方式转换成数字信号进行传输，具有抗干扰能力强、保密性强、电路易集成化等优点。现在的程控电话交换是采用数字传输各种信息。

用户终端设备，以前主要是指电话机，随着通信技术的迅速发展，现在可见到各种现代通信设备，如传真机、计算机终端设备等。

电话通信系统工程图主要有电话通信系统图和电话通信平面图。电话通信系统图是用来表述

各电话平面之间的连接关系，以及整个电话系统的基本构成的图纸。电话通信平面图主要用于表达电话的配线、穿管、敷设方式及相关设备的安装位置等，相对于照明平面图略为简单。电话通信系统图是工程施工的依据，因此，在读懂电话系统图后，还要将电话通信系统平面图读懂，弄清线路关系。

3．广播音响系统

广播音响系统是建筑物内（一般指公共建筑，如学校、商场、饭店、体育馆等）、企事业单位等企业内部的自有体系的有线广播系统。

广播音响系统工程图主要包括广播音响系统图、广播音响配线平面图、广播音响设备布置图等图纸。系统图表述了整个系统的组成及功能，平面图则表述了设备的位置关系及线路关系。

4．建筑中安全防范系统

安全防范系统涉及多个技术系统，较复杂，一般可见到防盗报警系统、电视监视系统、出入口控制系统、电子巡更系统、停车库管理系统、访客对话视频系统等。

☑ 防盗报警系统：是在探测到防范区域有入侵者时能发出报警信号的专用电子系统，一般由探测器、传输系统和报警控制器组成。

☑ 出入口控制系统：是实现人员出入控制，又称为门禁管制系统。

☑ 访客对话视频系统：是用来对来访客人与住户之间提供双向通话或可视电话，并由住户操控防盗门的开关及向保安管理中心进行紧急报警的一种安全防范系统。

☑ 电子巡更系统：是对于复杂的大型楼宇中，人员流动复杂，需由专人进行人工巡逻查视，定时定点执行任务，该系统可满足巡逻人员按巡更路线及时间到达指定地点，不能更改路线及到达时间，并按下巡更信号箱的按钮，向控制中心报告，控制中心通过巡更信号箱上的指示灯了解巡更路线的情况。

5．共用天线电视系统

共用天线电视（CATV）系统，即共用一套天线接收电视台电视信号，并通过同轴电缆传输、分配给许多电视机用户的系统。最初的 CATV 系统，主要是为了解决远离电视台的边远地区和城市中高层建筑密集地区难以收到信号的问题。随着社会的进步和技术的发展，人们不仅要求接收电视台发送的节目，还要求接收卫星电视台节目和自办节目，甚至利用电视进行信息交流沟通等。传输电缆也不再局限于同轴电缆，而是扩展到了光缆等。于是，将通过同轴电缆、光缆或其组合来传输、分配和交换声音和图像信号的电视系统，称之为电缆电视系统，习惯称之为有线电视系统，这是因为该系统是以有线闭路形式传送电视信号，不向外界辐射电磁波，以区别于电视台的开路无线电视广播，可节省设备费用，减少干扰，双向有线电视系统还可以上传用户信息到前端。有线电视系统是共用天线电视系统的发展趋势。

CATV 系统的工程图纸包括共用天线电视系统图、设备平面图、设备安装图等。共用天线电视系统图用于表述设备间相互关系及整个系统的形式及系统所需完成的功能。其平面图用于表述配线、穿管、线路敷设方式、设备位置及安装等。其设备安装详图则详细说明了各种设备的具体组成及安装做法等。

6．楼宇自动化系统

楼宇自动化系统（BAS OR BA），是将建筑物内的电力、照明、空调、运输、防灾、保安、广播等设备以集中监视、控制和管理为目的而构成的一个综合系统。一般来说，楼宇自动化系统

包括两个子系统：一是设备自动化管理系统，二是保安监控系统。设备自动化管理系统包括建筑物内所有电气设备、给水、排气设备、空调通风设备的测量、监视及控制。保安监控系统包括火灾报警、消防联动控制、消防广播、消防电话或巡更电话组成的火灾报警系统；防盗报警的红外、双鉴、声控报警与闭路电视监视及访问与对讲组成的保安系统。

Note

7．综合布线系统（POS）

一幢建筑物中弱电的传统布线相当复杂，有电话通信的铜芯双绞线，有保安监控的同轴电缆、控制用的屏蔽线缆，有计算机通信用的粗缆、细缆或屏蔽、非屏蔽型双绞线等，各种线路自成系统、独立设计、独立布线、互不兼容。在建筑物墙面、地面、吊顶内纵横交叉布满了各种线路，而且每个系统的终端插件也各不相同。当建筑物内局部房间需要改变用途，而这些系统的设施也要变化时，那将是一件极为困难的事。因此，能支持语言、数据、图像等的综合布线应运而生。

综合布线系统也称为结构化布线系统（SCC），于 1985 年由美国电话电报公司贝尔实验室首先推出，是一种模块化的、高度灵活性的智能建筑布线网络，是用于建筑物和建筑群内进行语音、数据、图像信号传输的综合的布线系统。综合直线系统的出现彻底打破了数据传输的界限，使这两种不同的信号在一条线路中传输，从而为综合业务数据网络的实施提供了传输保证。综合布线的优越性在于其具有兼容性、开放性、灵活性、模块化、扩充性、经济性的特点。

12.5 绘制别墅弱电电气工程图

本例主要以前述的别墅工程为背景，介绍其室内弱电系统的设计及 AutoCAD 制图。该别墅的弱电工程包括了电话及计算机配线系统、有线电视系统。

图纸的编排顺序为弱电电气设计说明、系统图、平面图。其中，弱电电气设计说明包括设计依据、设计范围、系统的设计概况等。系统图包括弱电系统设备之间的关系及其功能。平面图包括弱电系统设备的平面位置关系及其线路敷设关系等。

光盘\配套视频\第 12 章\绘制别墅弱电电气工程图.avi

12.5.1 弱电平面图

弱电平面图是表达弱电设备、元件、线路等平面位置关系的图纸。

操作步骤如下：

1. 图框及比例关系

图框可以直接从其他已完成的 CAD 图中复制，也可以采用图块的形式插入。

CAD 建筑制图比例一般采用图样 1:1 比例，而图框按反比例相对放大的形式获得比例图，如绘制 1:150 的比例图，则应将 1:1 原尺寸的图框放大至 150 倍。

2. 建筑平面图

建筑平面图的表达内容、制图要点及 CAD 实现，读者可查阅前述章节，也可学习一些建筑制图书籍，这里直接利用前面章节完成绘制的建筑平面图，快捷方便，如图 12-25 所示。

Note

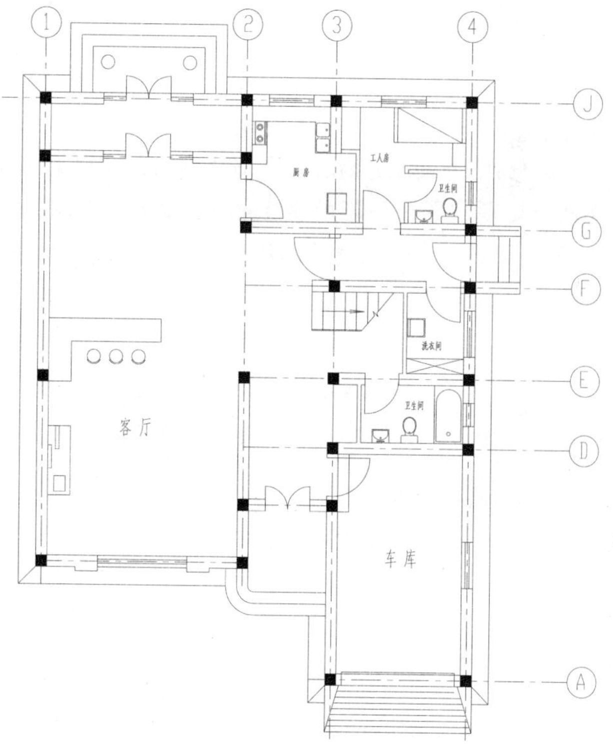

图 12-25　一层平面图

3. 相关图例符号的定位布置

绘制各图例符号，并根据设计意图布置在相应的位置，下面以电视天线四分配器为例简要介绍其绘制过程，如图 12-26 所示。

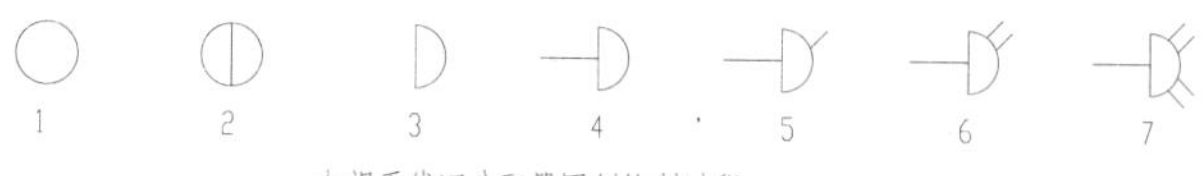

图 12-26　电视天线四分配器的绘制流程

（1）单击“默认”选项卡“绘图”面板中的“圆”按钮，绘制圆，半径大约为 350。

（2）单击“默认”选项卡“绘图”面板中的“直线”按钮，绘制竖直直径。

（3）单击“默认”选项卡“修改”面板中的“修剪”按钮，将图形修剪为半圆。

（4）单击“默认”选项卡“绘图”面板中的“直线”按钮，以圆心为端点以适当尺寸绘制水平直线。

（5）单击“默认”选项卡“绘图”面板中的“直线”按钮，捕捉圆弧上一点为端点，以适当尺寸绘制斜线（绘制斜线时应关闭“正交”状态按钮）。

（6）单击“默认”选项卡“修改”面板中的“复制”按钮，捕捉圆弧上的点为基点和目标点复制斜短线。

（7）单击“默认”选项卡“修改”面板中的“镜像”按钮，镜像斜短线。

同理，绘制其他的电气元件，然后将其插入到图中合适的位置处。

提示：

默认情况下，镜像文字、属性和属性定义时，在镜像图像中不会反转或倒置。文字的对齐和对正方式在镜像对象前后相同。

当图形文件经过多次的修改，特别是插入多个图块以后，文件占有空间会越变越大，这时，计算机运行的速度也会变慢，图形处理的速度也变慢。此时可以通过选择“文件”菜单中的“图形实用工具/清理”命令，清除无用的图块、字形、图层、标注形式、复线形式等，这样，图形文件也会随之变小，如图 12-27 所示。

图 12-27　清理

将弱电设备的图例根据设计意图，采用复制、旋转、移动等基本命令，布置在建筑平面图的相应位置，其平面布置如图 12-28 所示。

4. 线路关系绘制

创建“线路”图层，并将其设置为当前图层。

单击“默认”选项卡“绘图”面板中的“直线”按钮，将各设备之间连接起来（注意绘制时线型的选择与调整）。线路绘制完成后，如图 12-29 所示。

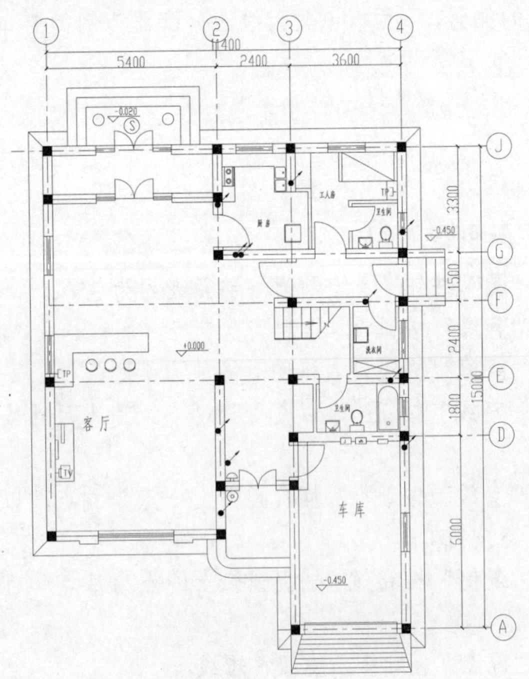

图 12-28　弱电设备布置图

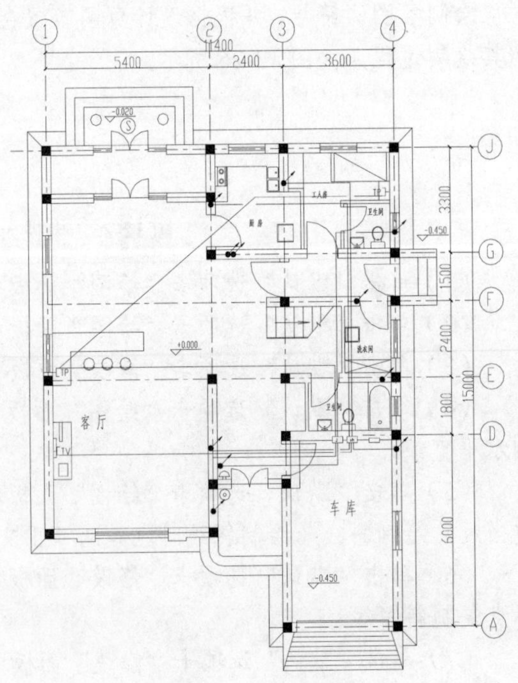

图 12-29　线路绘制

5. 尺寸及文字标注说明

将当前图层设置为“标注”。利用尺寸标注和文字标注相关命令进行适当的标注说明，使得设计者的设计意图表达更为清晰。

相关标注完毕，如图 12-30 所示。

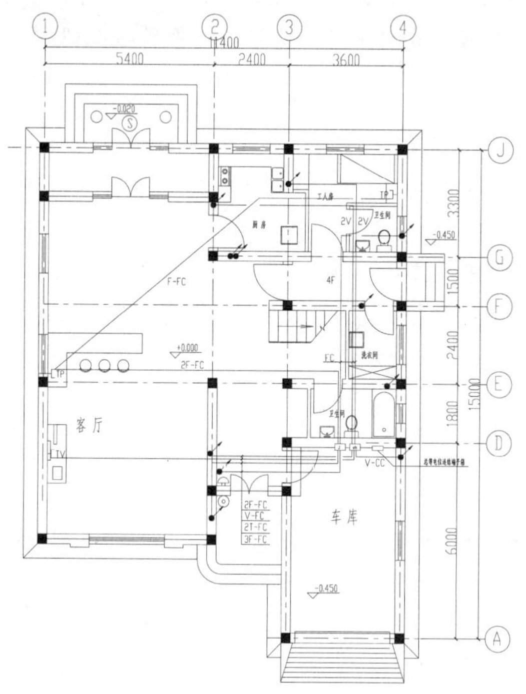

图 12-30 相关标注

12.5.2 有线电视系统图

有线电视系统图是弱电电气工程图的一种，一般由接收信号源、前端设备、干线传输系统、用户分配网络、用户终端 5 项基本组成。

操作步骤如下：

1. 绘图准备工作

进行相关的文字样式、标注样式、图层结构、图框比例等的设置。与前面讲述方法相同，在此不再赘述。

2. 绘制进户线

（1）创建“电气”图层，并将其置为当前图层。线宽设置为 0.3，即一个单位基本线宽，为粗实线。

（2）单击“默认”选项卡“绘图”面板中的“直线”按钮或“多段线”按钮，绘制两条进户线，不用确定长度，因为系统图为示意图，没有尺寸大小的概念，只需将设计者意图表达清楚即可，选择适当的大小比例，保证图纸表达清晰。

为更直观地观察到线宽的大小，应当激活状态栏中的“线宽”按钮。此时，即可清楚地显示不同线宽的直线。

Note

> 提示：
>
> 采用多段线绘制时要注意设置线段端点宽度。当多段线宽度不为0时，打印时就按该线宽值打印。如果这个多段线的宽度太小，就打印不出宽度效果（粗细）。如以毫米为单位绘图，设置多段线宽度为20，当用1:100的比例打印时，就是0.2mm。所以多段线的宽度设置一定要考虑到打印比例才行。而若其宽度是0，就可按对象特性来设置（与其他对象一样）。

（3）选择菜单栏中的“绘图/文字/单行文字”命令，指定高度为350，旋转角度为0，进行文字标注。系统弹出文字编辑框，输入文字“SKYV-75-12-2SC32”。

SKYV-75-12-2SC32是弱电符号，表示聚乙烯藕状介质射频同轴电缆，绝缘外径是12mm。特性阻抗为75，2根钢管配线，钢管直径为32mm。

（4）单击“默认”选项卡“修改”面板中的“复制”按钮，复制单行文本至第二条线，双击标注文字，则会弹出文字编辑框，出现闪烁的文字编辑符，将文字修改为AC220V及WL15。

AC220V和WL15是强电符号，表示交流220V电源，第15条照明回路，结果如图12-31所示。

3. 绘制信号放大器（弱电进户线）

单击“默认”选项卡“绘图”面板中的“多边形”按钮，绘制信号放大器的三角形，如图12-32所示。

图12-31　线路标注　　图12-32　信号放大器及电视二分支器

4. 绘制电视二分支器

单击“默认”选项卡“绘图”面板中的“直线”按钮和“圆”按钮，绘制电视天线二分支器，尺寸适当指定，如图12-33所示。

5. 绘制负载电阻

单击“默认”选项卡“绘图”面板中的“矩形”按钮、“直线”按钮和“注释”面板中的“多行文字”按钮A，绘制负载电阻，尺寸适当指定，如图12-34所示。

图12-33　二分支器　　图12-34　绘制负载电阻

> 提示：
>
> 这里各图形的绘制均未涉及尺寸大小的问题，主要是示意图，尺寸适当即可。

6. 插座及融断器（强电进户线）

（1）单击“默认”选项卡“绘图”面板中的“直线”按钮、“图案填充”按钮、“圆”

按钮和“修改”面板中的“修剪”按钮，绘制插座。

（2）单击“默认”选项卡“绘图”面板中的“矩形”按钮，绘制融断器。

（3）对融断器型号进行文字标注，只需复制其他文本，更改文字为 10/5A 即可，如图 12-35 所示。

7. 电视天线四分配器及电视出线口图符绘制

（1）按前面讲述方法绘制电视天线四分配器。

（2）单击“默认”选项卡“注释”面板中的“多行文字”按钮A，进行文字标注，如图 12-36 所示，然后将标注完的文字逐一复制到其他需要标注的位置，双击文字，可修改标注内容。

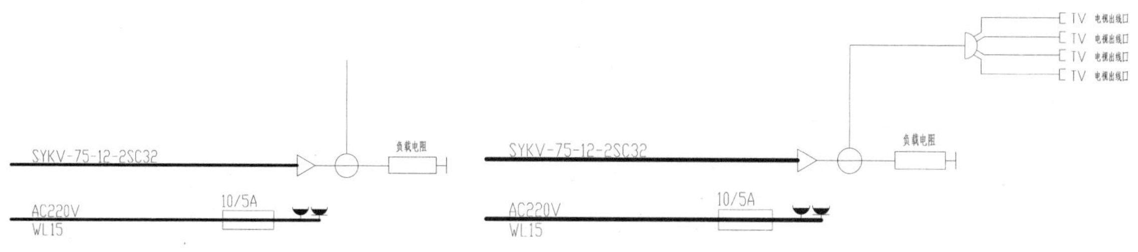

图 12-35　绘制插座及融断器　　　　图 12-36　电视天线四分配器及电视出线口

（3）单击“默认”选项卡“修改”面板中的“镜像”按钮，另一个电视天线四分配器及电视出线口模块如图 12-37 所示。

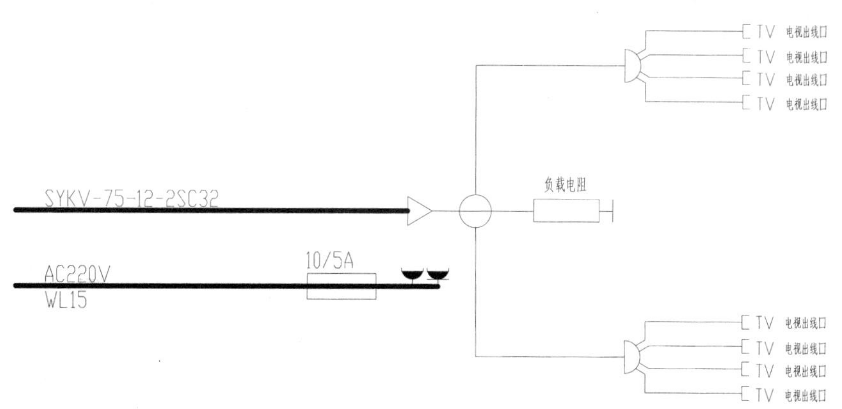

图 12-37　分配器模块

提示：

（1）系统命令 MIRRTEXT 控制 MIRROR 命令反映文字的方式。初始值为 0，其中：

☑ 0——保持文字方向。

☑ 1——镜像显示文字。

（2）系统命令 TEXTFILL 控制打印和渲染时 TrueType 字体的填充方式。初始值为 0，其中：

☑ 0——以轮廓线形式显示文字。

☑ 1——以填充图像形式显示文字。

8. 绘制电视前端箱虚线框并标注

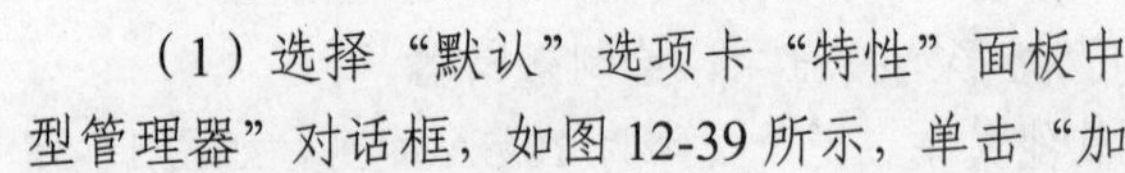

（1）选择“默认”选项卡“特性”面板中“其他”选项，如图 12-38 所示，系统打开“线型管理器”对话框，如图 12-39 所示，单击“加载”按钮，系统打开“加载或重载线型”对话框，如图 12-40 所示，选择 ACAD_IS002W100 线型，单击“确定”按钮回到“线型管理器”对话框，在“线型”列表框中选择刚加载的 ACAD_IS002W100 线型，单击“确定”按钮，ACAD_IS002W100 线型就设置成当前线型。

Note

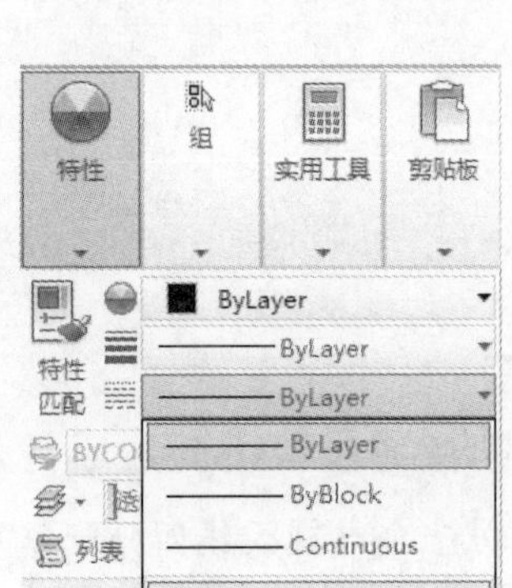

图 12-38　“特性”面板

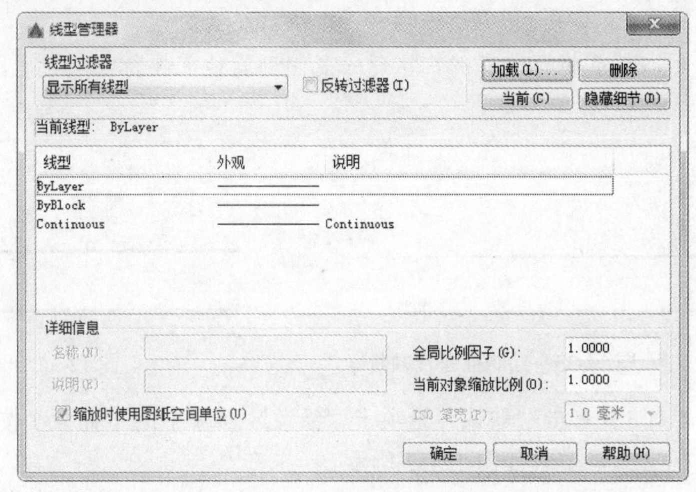

图 12-39　“线型管理器”对话框

（2）单击“默认”选项卡“绘图”面板中的“矩形”按钮▭，绘制电视前端箱虚线框。

（3）单击“默认”选项卡“注释”面板中的“多行文字”按钮A，标注前端箱 VH、“电视前端箱”和 400×600×200，结果如图 12-41 所示。

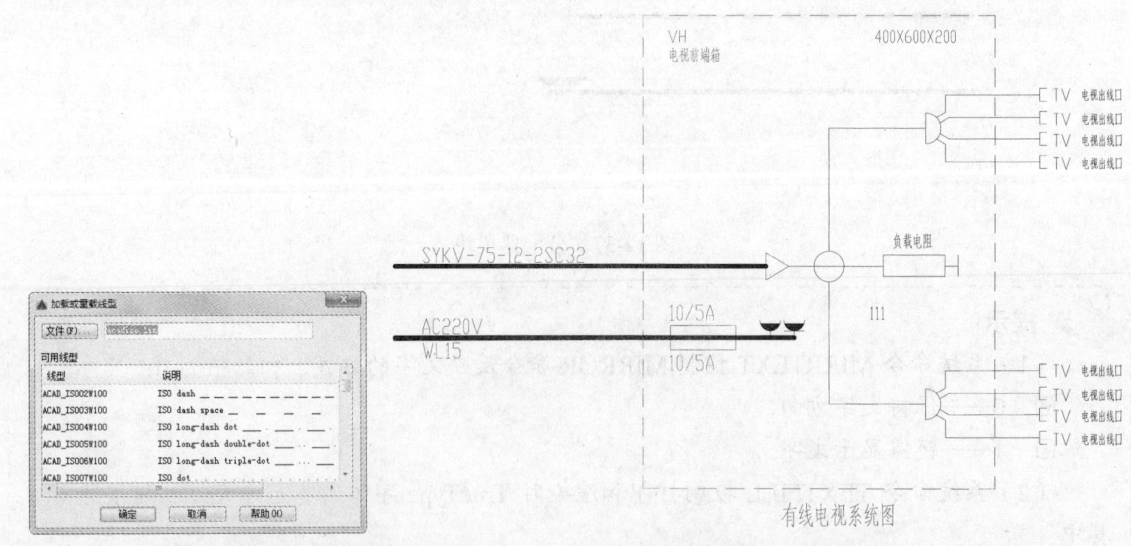

图 12-40　“加载或重载线型”对话框

图 12-41　绘制虚线框

至此，绘制完毕。如有相关特注说明，可利用多行文本继续进行标注。

Note

12.6　实战演练

通过前面的学习，读者对本章知识也有了大体的了解，本节通过几个操作练习使读者进一步掌握本章知识要点。

【实战演练1】绘制如图12-42所示的屋顶防雷接地平面图。

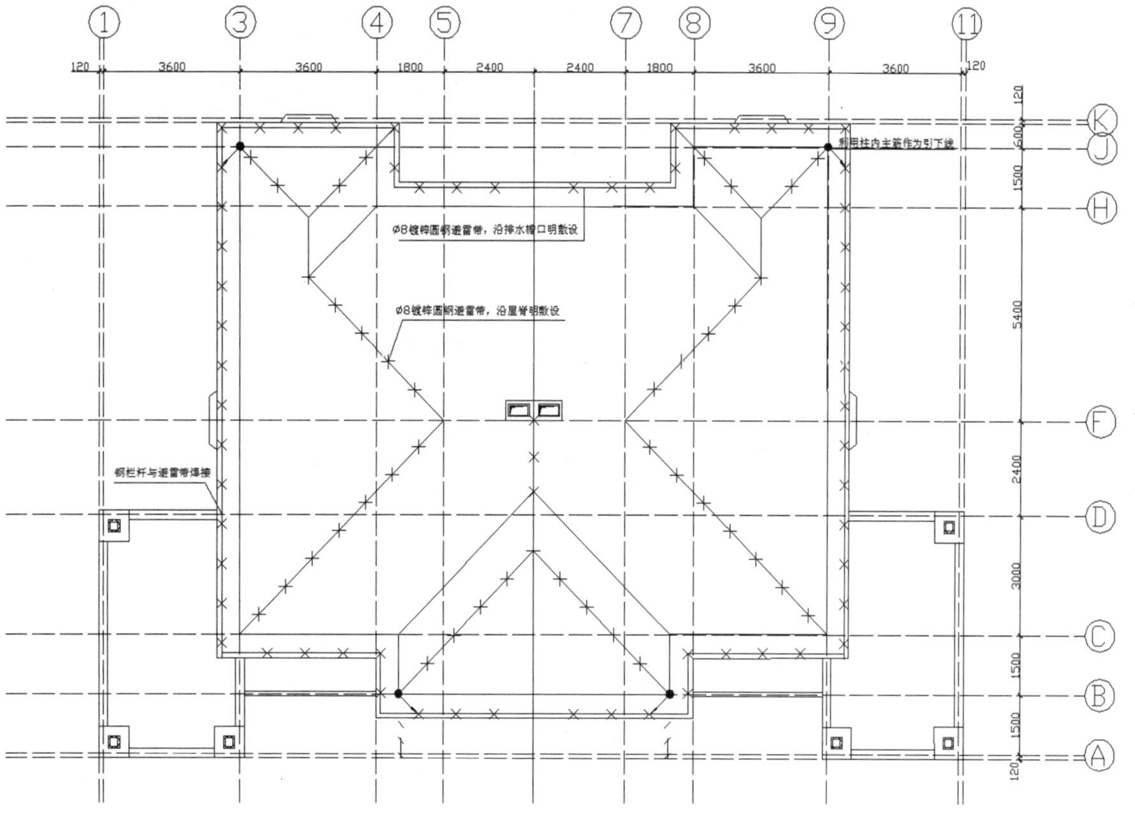

图12-42　屋顶防雷接地平面图

1．目的要求

本实例主要要求读者通过练习进一步熟悉和掌握屋顶防雷接地平面图的绘制方法。通过本实例，可以帮助读者学会完成防雷接地平面图绘制的全过程。

2．操作提示

（1）绘图前准备。

（2）绘制轴线和墙线。

（3）绘制室外布置设施。

（4）绘制避雷设备。

（5）标注尺寸和文字。

【实战演练2】绘制如图12-43所示的可视电话系统图。

Note

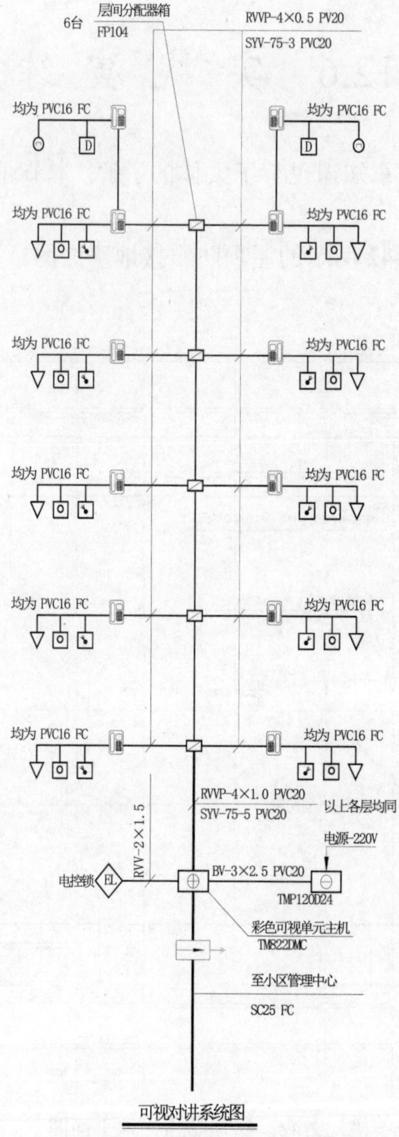

图 12-43　可视电话系统图

1．目的要求

本实例主要要求读者通过练习进一步熟悉和掌握可视电话系统图的绘制方法。通过本实例，可以帮助读者学会完成可视电话系统图绘制的全过程。

2．操作提示

（1）绘制图例。

（2）绘制连接线路。

（3）添加文字。

第13章

某住宅楼建筑施工图总体概述

本章学习要点和目标任务：

☑ 工程及施工图概况

☑ 建筑施工图封面、目录的制作

☑ 施工图设计说明的制作

在前面的章节中，讲解了 AutoCAD 2016 的基础知识和基本操作。然而，就平面图形来说，AutoCAD 建筑设计应用的高级阶段是施工图的绘制。在这个阶段，操作的难点已经不再是具体操作命令的使用，而是综合、熟练地应用 AutoCAD 的各种命令及功能，按照《房屋建筑制图统一标准》（GB/T 50001—2010）、《建筑制图标准》（GB/T 50104—2010）、《总图制图标准》（GB/T 50103—2010）和建设部颁发的《建筑工程设计文件编制深度规定》（2003 年版）的要求，结合工程设计的实际情况，将施工图编制出来。

为了让读者进一步深化这一部分的内容，本章以某住宅楼施工图为例，首先简要介绍工程概况，然后按照施工图编排顺序逐项说明其编制方法及要点。

13.1 工程及施工图概况

Note

本节简要介绍工程概况和建筑施工图概况，为后面设计的展开进行必要的准备。

13.1.1 工程概况

工程概况应主要介绍工程所处的地理位置、工程建设条件（包括地形、水文地质情况、不同深度的土壤分析、冻结期和冻层厚度、冬雨季时间、主导风向等因素）、工程性质、名称、用途、规模以及建筑设计的特点及要求。

本例中的工程为建设于我国华北地区某大城市的一个花园住宅小区中的 1 号商住楼，南北朝向，左侧依河，南面临街，环境优雅。该住宅楼地上部分有 18 层，1～3 层为商场，4～18 层为住宅，分甲、乙两个对称单元，总建筑面积为 12455.60m^2。地下 1 层为储藏及设备用房，建筑面积为 588.60m^2。基地建筑面积为 588.60m^2，建筑高度为 60.60m，室内外高差 0.60m，±0.00 标高相当于绝对标高 5.63m 处。

该住宅楼设计使用年限为 50 年，工程等级为二级，地上部分耐火等级为二级，地下部分为一级，屋面防水等级为二级，抗震设防烈度为 7 度，结构形式为钢筋混凝土剪力墙结构。

13.1.2 建筑施工图概况

建筑施工图是在总体规划的前提下，根据建设任务要求和工程技术条件，表达房屋建筑的总体布局、房屋的空间组合设计、内部房间布置情况、外部形状、建筑各部分的构造做法及施工要求等的图形，是整个设计的先行，处于主导地位，是房屋建筑施工的主要依据，也是结构设计、设备设计的依据，但必须与其他设计工种配合。

建筑施工图包括基本图和详图，其中，基本图有总平面图、建筑平面图、立面图和剖面图等，详图有墙身、楼梯、门窗、厕所、檐口以及各种装修构造的详细做法。

建筑施工图的图示特点如下：

（1）施工图主要用正投影法绘制，在图幅大小允许时，可将平面图、立面图、剖面图按投影关系画在同一张图纸上，如图幅过小，可分别画在几张图纸上。

（2）施工图一般用较小比例绘制，在小比例图中无法表达清楚的结构，需要配以比例较大的详图来表达。

（3）为使作图简便，国标中规定了一系列的图形符号来代表建筑构配件、卫生设备、建筑材料等，这些图形符号称为“图例”。为读图方便，国标中还规定了许多标注符号。

本例中的施工图包括封面、目录、施工图设计说明和设计图纸 4 个部分。其中，施工图设计说明包括文字部分、装修做法表、门窗统计表；设计图纸包括各层平面图 7 张、立面图 4 张、剖面图 1 张和详图 4 张（楼梯、门窗、外墙和电梯）。由于整个小区项目较大，总图归属总平面专业图纸体系，故未列入建筑专业范围。

13.2　建筑施工图封面、目录的制作

本节简要介绍施工图的封面和目录制作的基本方法和大体内容。

13.2.1　制作施工图封面

对于图纸封面，各设计单位的制作风格不尽相同。但是，不管采用怎样的风格，其必要内容是不可少的。根据建设部颁发的《建筑工程设计文件编制深度规定》(2003 年版)（以下简称《规定》）要求，总封面应该包括项目名称、编制单位名称、项目的设计编号、设计阶段、编制单位法定代表人、技术负责人和项目总负责人的姓名及其签字或授权盖章，以及编制日期（即出图年月）等内容。

本例图纸总封面包含了如图 13-1 所示内容，供读者参考。

xx 住 宅 小 区

一　号　楼　工　程

设计编号：

设计阶段：建筑施工图设计

法定代表人：（打印名）（签字或盖章）
技术总负责人：（打印名）（签字或盖章）
项目总负责人：（打印名）（签字并盖注册章）

设计单位名称
设计资质证号：（加盖公章）

编制日期：　年　月

图 13-1　施工图纸封面

（1）项目名称。
（2）编制单位名称。
（3）项目的设计编号。
（4）设计阶段。
（5）编制单位法定代表人、技术总负责人和项目总负责人的姓名及其签字或授权盖章。
（6）编制日期（即出图年、月）。

13.2.2 制作施工图目录

Note

施工图目录用于说明图纸的编排顺序和所在位置。就建筑专业来说，一般图纸编排顺序是：封面、目录、施工图设计说明、装修做法表、门窗统计表、总平面图、各层平面图（由低向高排）、立面图、剖面图、详图（先主要后次要）等。先列新绘制的图纸，后列选用的标准图及重复使用的图纸。

目录的内容基本包括序号、图名、图号、页数、图幅、备注等项目，如果目录单独成页，还应包括工程名称、制表、审核、校正、图纸编号、日期等标题栏的内容。本例目录如图 13-2 所示。

设计单位名称	XX住宅小区 1号楼工程（建筑专业）	工 号 分 号		图 号 页 号	建施-01

序号	图 纸 名 称	图 号	重复使用图纸号 院 内	重复使用图纸号 院 外	实际张数	折合标准张	备 注
01	目录	建施-01			1	0.5	
02	施工图设计说明	建施-02			1	1.00	
03	装修一览表	建施-03			1	1.00	
04	装修做法表	建施-04			1	1.00	
05	门窗统计表	建施-05			1	1.00	
06	地下层平面图	建施-06			1	1.00	
07	首层平面图	建施-07			1	1.00	
08	二～三层平面图	建施-08			1	1.00	
09	四层平面组合图	建施-09			1	1.00	
10	甲单元四层平面图	建施-10			1	2.00	
11	甲单元五-十四层平面图	建施-11			1	2.00	
12	甲单元十五-十六层平面图	建施-12			1	2.00	
13	甲单元十七层平面图	建施-13			1	2.00	
14	甲单元十八层平面图	建施-14			1	2.00	
15	十九平面图	建施-15			1	1.00	
16	屋顶平面图	建施-16			1	1.00	
17	(1-1)-(1-35)轴立面图	建施-17			1	2.00	
18	(1-A)-(1-L)轴立面图	建施-18			1	2.00	
19	(1-L)-(1-A)轴立面图	建施-19			1	2.00	
20	(1-35)-(1-1)轴立面图	建施-20			1	2.00	
21	1-1剖面图	建施-21			1	2.00	
22	楼梯详图	建施-22			1	2.00	
23	门窗详图	建施-23			1	1.00	
24	外墙详图（一）	建施-24			1	2.00	
25	外墙详图（二）	建施-25			1	2.00	
26	电梯详图及厕所平面详图	建施-26			1	2.00	
27							
28							
29							
30							

制 表		校 正		审 核		日 期	年 月 日

图 13-2 图纸目录

本目录表格较复杂，用线条直接绘制，没有应用 AutoCAD 表格功能。

13.3　施工图设计说明的制作

各专业均有必要的设计说明，对于建筑专业，根据《规定》要求，应包含以下内容。

（1）本项工程施工图设计的依据性文件、批文和相关规范。

（2）项目概况：内容一般应包括建筑名称、建设位置、设计单位、建筑面积、建筑基底面积、建筑工程等级、设计使用年限、建筑层数和建筑高度、防火设计建筑分类和耐火等级、人防工程防护等级、屋面防水等级、地下室防水等级、抗震设防烈度等，以及能够反映建筑规模的主要技术经济指标，如住宅的套型和套数（包括每套的建筑面积、使用面积、阳台建筑面积）、旅馆的客房间数和床位数、医院的门诊人次和住院部的床位数、车库的停车泊位等，如图 13-3 所示。

（3）设计标高：说明±0.00 标高与绝对标高的关系及室内外高差。

（4）室内外装修用料说明。

① 墙体、墙身防潮层、地下室防水、屋面、外墙面、勒脚、散水、台阶、坡道、油漆、涂料等的材料和做法，可用文字说明或部分文字说明，部分直接在图上引注或加注索引号。

② 室内装修部分除用文字说明以外，也可用表格形式表达，在表中填写相应的做法或代号；较复杂或较高级的民用建筑应另行委托室内装修设计；凡属二次装修的部分，可不列装修做法表和进行室内施工图设计，但对原建筑设计、结构和设备设计有较大改动时，应征得原设计单位和设计人员的同意。各部分用料说明和室内外装修说明：地下室、墙体、屋面、外墙、防潮层、散水、台阶、坡道等各部分的材料及构造做法，根据设计合同规定的室内外装修设计范围，说明室内外装修材料及做法，可用表格来表示，如图 13-4 和图 13-5 所示。室内装修做法表包括部位、名称、楼、地面、踢脚板、墙裙、内墙面、顶棚、备注、门厅、走廊（表列项目可增减）。

（5）门窗表及门窗性能（防火、隔声、防护、抗风压、保温、空气渗透、雨水渗透等）、用料、颜色、玻璃、五金件等的设计要求，如图 13-6 和图 13-7 所示。

（6）幕墙工程和特殊屋面工程制作说明。幕墙工程包括玻璃、金属、石材等。特殊屋面工程则包括金属、玻璃、膜结构等。制作说明包括平面图、预埋件安装图等以及防火、安全、隔音构造的要求。电梯（自动扶梯）的型号及功能、载重量、速度、停站数、提升高度等性能说明等。墙体及楼板预留孔洞需封堵时的封堵方式说明。

此外，还可以根据具体情况，对施工图图面表达、建筑材料的选用及施工要求等方面进行必要的说明。总之，施工图设计说明需要条理清楚、说法到位，与设计图纸互为补充、相互协调。

Note

图 13-3　施工图设计说明

装修一览表

层数	房间名称 \ 部位	楼.地面	踢脚	内墙面	顶棚	窗台	备注
地下一~二层	电梯前室	地面1	踢脚3	内墙4	顶棚2		
	楼梯间	地面1	踢脚3	内墙4	顶棚5		
	走道	地面1	踢脚3	内墙4	顶棚4.5		顶棚4用于地下1层，顶棚5用于地下2层
	储藏室	地面1	踢脚3	内墙4	顶棚4.5		顶棚做法同上
	自行车库	地面1	踢脚3	内墙4	顶棚4.5		顶棚做法同上
	配电间	地面1	踢脚3	内墙4	顶棚4.5		顶棚做法同上
	报警阀室	地面1	踢脚3	内墙4	顶棚4.5		顶棚做法同上
	设备用房	地面1	踢脚3	内墙4	顶棚4.5		顶棚做法同上
首层	管理室	楼面6	踢脚2	内墙3	顶棚1	窗台1	
	消防控制室	楼面6	踢脚2	内墙3	顶棚1	窗台1	
	商场	楼面6	踢脚2	内墙3	顶棚3	窗台1	顶棚做法待二次装修时统一考虑
	商场卫生间	楼面7		内墙2	顶棚2	窗台1	
	入口门厅	楼面1	踢脚1	内墙1	顶棚3		
	电梯前室	楼面1	踢脚1	内墙1	顶棚3		
	楼梯间	楼面2	踢脚1	内墙1	顶棚1	窗台1	
	起居室、家庭厅	楼面3	踢脚2	内墙1	顶棚1	窗台1	面层为用户精装修部位，用户自理
	厨房、餐厅	楼面3	踢脚2	内墙1	顶棚1	窗台1	精装修面层同上
	卧室、衣帽间	楼面3	踢脚2	内墙1	顶棚1	窗台1	精装修面层同上
	卫生间	楼面4		内墙2	顶棚2	窗台1	精装修面层同上
	走道	楼面3	踢脚2	内墙1	顶棚1	窗台1	精装修面层同上
	阳台	楼面3	踢脚2	内墙1	顶棚1		精装修面层同上
二层	管理室	楼面6	踢脚2	内墙3	顶棚1	窗台1	
	消防控制室	楼面6	踢脚2	内墙3	顶棚1	窗台1	
	商场	楼面6	踢脚2	内墙3	顶棚3	窗台1	顶棚做法待二次装修时统一考虑
	商场卫生间	楼面7		内墙2	顶棚2	窗台1	
	电梯前室	楼面1	踢脚1	内墙1	顶棚3		
	楼梯间	楼面2	踢脚1	内墙1	顶棚1	窗台1	
	起居室、家庭厅	楼面3	踢脚2	内墙1	顶棚1	窗台1	面层为用户精装修部位，用户自理
	厨房、餐厅	楼面3	踢脚2	内墙1	顶棚1	窗台1	精装修面层同上
	卧室、衣帽间、储藏	楼面3	踢脚2	内墙1	顶棚1	窗台1	精装修面层同上
	卫生间	楼面4		内墙2	顶棚2	窗台1	精装修面层同上
	走道	楼面3	踢脚2	内墙1	顶棚1	窗台1	精装修面层同上
	阳台	楼面3	踢脚2	内墙1	顶棚1		精装修面层同上
三层	管理室	楼面6	踢脚2	内墙3	顶棚1	窗台1	
	消防控制室	楼面6	踢脚2	内墙3	顶棚1	窗台1	
	商场	楼面6	踢脚2	内墙3	顶棚3	窗台1	顶棚做法待二次装修时统一考虑
	商场卫生间	楼面7		内墙2	顶棚2	窗台1	
	电梯前室	楼面1	踢脚1	内墙1	顶棚3		
	楼梯间	楼面5	踢脚3	内墙3	顶棚5	窗台2	
	起居室、家庭厅	楼面3	踢脚2	内墙1	顶棚1	窗台1	面层为用户精装修部位，用户自理
	厨房、餐厅	楼面3	踢脚2	内墙1	顶棚1	窗台1	精装修面层同上
	卧室、衣帽间、储藏	楼面3	踢脚2	内墙1	顶棚1	窗台1	精装修面层同上
	卫生间	楼面4		内墙2	顶棚2	窗台1	精装修面层同上
	走道	楼面3	踢脚2	内墙1	顶棚1	窗台1	精装修面层同上
	阳台	楼面3	踢脚2	内墙1	顶棚1		精装修面层同上
四~二十九层	电梯前室	楼面1	踢脚1	内墙1	顶棚3		
	楼梯间	楼面5	踢脚3	内墙3	顶棚5	窗台2	
	起居室、家庭厅	楼面3	踢脚2	内墙1	顶棚1	窗台1	面层为用户精装修部位，用户自理
	厨房、餐厅	楼面3	踢脚2	内墙1	顶棚1	窗台1	精装修面层同上
	卧室、衣帽间、储藏	楼面3	踢脚2	内墙1	顶棚1	窗台1	精装修面层同上
	卫生间	楼面4		内墙2	顶棚2	窗台1	精装修面层同上
	走道	楼面3	踢脚2	内墙1	顶棚1	窗台1	精装修面层同上
	阳台	楼面3	踢脚2	内墙1	顶棚1		精装修面层同上
	报警阀室	楼面5	踢脚3	内墙3	顶棚5		
	水箱间	楼面7	踢脚3	内墙3	顶棚5	窗台2	仅用于10号楼
机房层	楼梯间	楼面5	踢脚3	内墙3	顶棚5	窗台2	
	水箱间	楼面7	踢脚3	内墙3	顶棚5	窗台2	仅用于10号楼
	电梯机房	楼面5	踢脚3	内墙3	顶棚5	窗台2	

图 13-4　装修一览表

Note

图 13-5　装修做法表

门窗统计表

门窗名称	洞口尺寸	材料与形式	门窗数量										选用标准图号	备注
			地下室层	首层	2-3层	4层	5-14层	15-16层	17层	18层	19层	总计		
C-1	1800x1820	铝合金平开窗				6	2x10=20					26	详门窗详图	凸窗，尺寸以现场测量为准
C-1′		铝合金平开窗						2x2=4	2	2		8	详门窗详图	凸窗，尺寸以现场测量为准
C-2	1500x1820	铝合金平开窗				2	2x10=20	2x2=4				26	详门窗详图	凸窗，尺寸以现场测量为准
C-2′		铝合金平开窗							2	2		4	详门窗详图	凸窗，尺寸以现场测量为准
C-3	以现场测量为准	铝合金平开窗				2	2x10=20	2x2=4	2			28	详门窗详图	凸窗，尺寸以现场测量为准
C-4	1100x1520	铝合金平开窗				2	2x10=20	2x2=4	2	2		30	详门窗详图	
C-5	2100x2800	铝合金平开窗					2x10=20	2x2=4	2	2		28	详门窗详图	凸窗，尺寸以现场测量为准
C-5′	2100x2800	铝合金平开窗								2		2	详门窗详图	凸窗，尺寸以现场测量为准
C-5′′	2100x1820	铝合金平开窗				2						2	详门窗详图	凸窗，尺寸以现场测量为准
C-6	1000x1520	铝合金平开窗				2	2x10=20	2x2=4	2	2		30	详门窗详图	
C-7	1500x1520	铝合金平开窗		4	4x2=8	4	4x10=40	4x2=8	4	4	4	76	详门窗详图	
C-7′	1500x500	铝合金推拉窗			4x2=8							8	详门窗详图	
C-8	1200x1520	铝合金平开窗		4	6x2=12	6	6x10=60	6x2=12	6	6	2	108	详门窗详图	
C-8′	1200x500	铝合金推拉窗			4x2=8							8	详门窗详图	
C-10	900x1520	铝合金平开窗				2	2x10=20	2x2=4	2	2		30	详门窗详图	
C-11	600x1520	铝合金平开窗				2	2x10=20	2x2=4	2	2		30	详门窗详图	
FM-1	1000x2100	乙级防火门				8	8x10=80	8x2=16	8	8		120	优质成品三防门	用于住宅入户门处
FM-2	1200x2400	乙级防火门		1								1		用于楼梯前室及消防通道入口处
FM-3	1000x2100	乙级防火门		3	2	2	2x10=20	2x2=4	2	2	6	41		用于楼梯间入口处
FM-4	1600x2100	丙级防火门		2	2x2=4	4	2x10=20	2x2=4	2	2		38		用于水暖管井
FM-5	600x2100	丙级防火门		2	2x2=4	4	2x10=20	2x2=4	2	2		38		用于排风管井
FM-6	900x2100	丙级防火门		2	2x2=4	4	2x10=20	2x2=4	2	2		38		用于电管井
FM-7	1500x2100	乙级防火门												设备用房及通道
FM-8	1500x2100	甲级防火门												消防阀室
FM-9	1000x2100	甲级防火门												消防水泵房
M-1	1500x2400	铝合金平开门		2								2	详门窗详图	
M-3	900x2100	木平开门		2	2x2=4	10	10x10=100	10x2=20	10	10		156	详门窗详图	
M-4	800x2100	木平开门		2	4x2=8	7	18x10=180	9x2=18	9	9		233	详门窗详图	
M-5	1000x2100	木平开门		4	2x2=4							8	详门窗详图	
MC-1	1800x2400	铝合金平开门					4x10=40	4x2=8	4	4		60	详门窗详图	
MC-2	2400x2400	铝合金平开门								2		2	详门窗详图	
YC-1	2400x2200	铝合金平开窗					2x10=20	2x2=4				24	详门窗详图	
YC-2	2700x2200	铝合金平开窗					2x10=20					20	详门窗详图	
YC-2′	2100x1820	铝合金平开窗						2x2=4	4	4		12	详门窗详图	
YC-3	2100x2200	铝合金平开窗					2x10=20	2x2=4	2			26	详门窗详图	
YC-4	1750x2200	铝合金平开窗				4	4x10=40	4x2=8	4	4		60	详门窗详图	

会签

附注

设计单位名称

xx住宅小区工程

1号楼

门窗统计表

建施-05

图 13-6　门窗统计表

Note

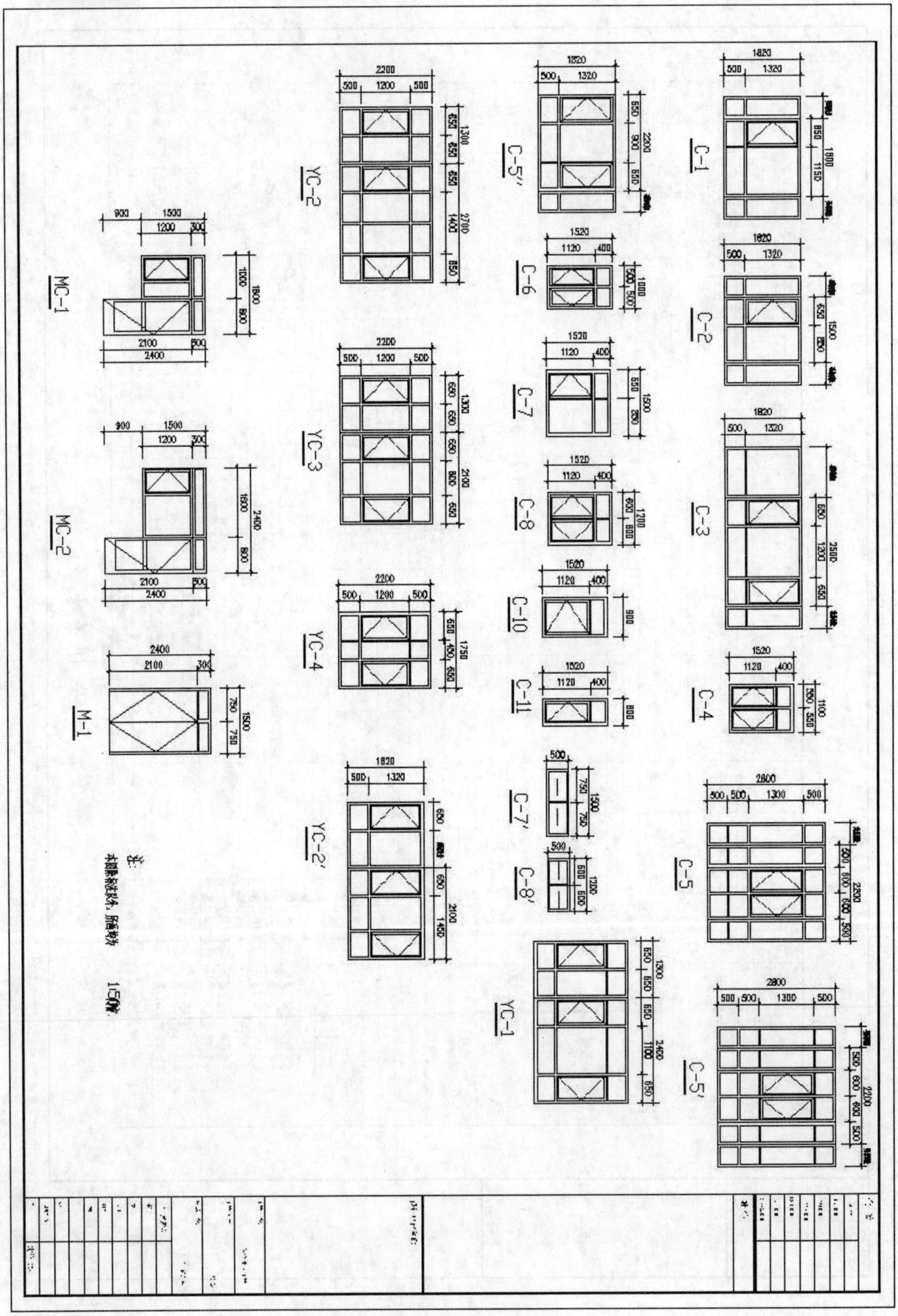

图 13-7　门窗详图汇总

第14章

某住宅小区规划总平面图

本章学习要点和目标任务：

☑ 规划总平面图概述

☑ 规划总平面图的绘制

本章将结合一个小区实例，详细介绍规划总平面图的绘制方法。在前面的章节中，介绍了 AutoCAD 2016 基本的图形绘制和图形编辑命令，以及一些基本的、常用的概念和绘图技巧。本章通过学习绘制规划总平面图来进一步加深对 AutoCAD 2016 基本概念和命令的理解，逐渐熟悉各命令的操作步骤，积累一些适用的编辑技巧和绘图经验，同时学会基本的规划方法。

14.1 规划总平面图概述

Note

规划总平面图是将拟建工程周围一定范围内的建筑物，连同周围的环境状况向水平面投影，用相应的图例来表示的图样。总平面图能够反映拟建建筑物的平面状态、所处位置等内容，是建筑施工定位的依据。

本章提供的规划实例为占地 2.31hm^2（公顷）的高层住宅小区，总建筑面积约为 62000m^2，拥有商业、居住、运动、休闲等各种不同功能的空间，为业主提供一个安静而又温馨的居住环境。

14.1.1 总平面图的基本知识

规划总平面图是表明一项建设工程总体布置情况的图纸，是在建设基地的地形图上，将已有的、新建的和拟建的建筑物、构筑物，以及道路、绿化等，按与地形图同样比例绘制出来的平面图，主要表明新建平面形状、层数、室内外地面标高、新建道路、绿化、场地排水和管线的布置情况，并表明原有建筑、道路、绿化等和新建筑的相互关系，以及环境保护方面的要求等。由于建设工程的性质、规模及所在基地的地形、地貌的不同，规划总平面图所包括的内容有的较为简单，有的则比较复杂，必要时还可以分项绘出竖向布置图、管线综合布置图、绿化布置图等。

总平面图的图示内容主要包括比例、新建建筑的定位、尺寸标注和名称标注、标高。

1．比例

由于总平面表达的范围较大，所以需采用较小的比例绘制。国家标准《建筑制图标准》（GB/T 50104—2010）规定，总平面应采用 1:500、1:1000、1:2000 的比例绘制。总平面图上的尺寸标注，要以米为单位。

2．新建建筑的定位

新建建筑的具体位置，一般根据原有建筑或道路来定位，如果靠近城市主干道，也可以根据主干道来定位。当新建成片的建筑或较大的公共建筑时，为了保证放线准确，也常采用坐标来确定每一建筑物、建筑小品以及道路转折点等的位置。另外，在地形起伏较大的地区，还应画出地形等高线。

3．尺寸标注和名称标注

总平面图上应标注建筑之间的间距、道路的间距尺寸、新建建筑室内地坪和室外整平地面的绝对标高尺寸、各建筑物和环境小品的名称。总平面图上标注的尺寸及标高，一律以米为单位，标注精确到小数点后两位。

4．标高

平时用来表达建筑各部位（如室内外地面、道路高差等）高度的标注方法。在图中用标高符号加注尺寸数字表示。标高分为绝对标高和相对标高。我国把青岛附近的黄海平均海平面定为标高零点，其他各地的高程都以此为基准，得到的数值即为绝对标高。把建筑底层内地面定为零点，建筑其他各部位的高程都以此为基准，得到的数值即为相对标高。建筑施工图中，除了总平面图外，都标注相对标高。

Note

14.1.2　规划设计的基本知识

规划总平面不是简单地利用 AutoCAD 绘图，而是通过 AutoCAD 将设计意图表达出来。其中，建筑布局和绘制都有一定的要求和依据，读者需要重点掌握的有以下 5 个方面：基地环境的认知、基地形状与建筑布局形态、规划控制条件的要求、建筑物朝向、绘制方法和步骤。

1．基地环境的认知

每幢建筑总是处于一个特定的环境中，因此，建筑的布局要充分考虑和周围环境的关系，例如，原有建筑、道路的走向，基地面积大小以及绿化等方面与新建建筑物之间的关系。新规划的建筑要使所在基地形成协调的室外空间和良好的室外环境。

2．基地形状与建筑布局形态

建筑布局形态与基地的大小、形状和地形有着密切的关系。一般情况下，当场地规模平坦且较小时，常采用简单、规整的行列式；对于场地面积较大的基地，结合基地情况，可采取围合式、点式等布局形式，对于地形较复杂的基地，可以有吊脚、爬坡等多种处理方式；当场地不规则或较狭窄时，则要根据使用性质，结合实际情况，充分考虑基地环境，采取不规则的布局形式。

3．规划控制条件的要求

新建筑的布局往往受到周围环境的影响，为了与周围环境协调，就要遵守一些规划的控制条件，一般包括建筑红线和建筑半间距。

建筑红线（又称建筑控制线）是指有关法规或详细规划确定的建筑物，建筑物的基底位置不得超出的界线，因此本书在后面的规划设计中，建筑布局不得超越该红线。

建筑半间距是指规划中相邻地块的建筑各退让一半，作为合理的日照间距。

规划的控制条件远不止以上两条，有兴趣的读者可以查找相关规范以便遵守。

4．建筑物朝向

影响建筑物朝向的因素主要有日照和风向。根据我国所处的地理位置，建筑物南向或南偏东、偏西少许角度都能获得良好的日照。正确的朝向可以改变室内气温条件、创造舒适的室内环境。例如，如果住宅设计中合理利用夏季主导风向，可以有效解决夏季通风降温的问题。

5．绘制方法和步骤

规划总平面图是一个水平投影图，绘制时按照一定的比例，在图纸上绘制出建筑的轮廓线及其他设施的水平投影的可见线，以表示建筑物和周围设施在一定范围内的总体布局情况。

规划总平面图的绘制一般有以下 5 个步骤：

（1）设置绘图环境。

（2）建筑布局。

（3）绘制道路与停车场。

（4）绘制环境。

（5）尺寸标注和文字说明。

14.2　规划总平面图的绘制

本节将在介绍了规划总平面知识的基础上，运用 AutoCAD 2016 设计并绘制某居住区的总平

面图。

从总平面图中可以看出，该图采用 1:1 的比例绘制。此处规划的地块北面邻 40m 宽的人民路，东面邻 30m 宽的人民支路。地形基本平坦，为长 165m、宽 162m 的不规则矩形，主要入口在东边。

规划布局主要由退道路红线距离和建筑半间距来定位，该地块初步预测南北向能部 3 列建筑。此外，该住宅区还要提供各种绿化景观和游乐设施。

整个设计过程包括设置绘图环境、建筑布局、绘制道路与停车场、绘制环境、尺寸标注和文字说明 5 个部分。最后成果如图 14-1 所示。

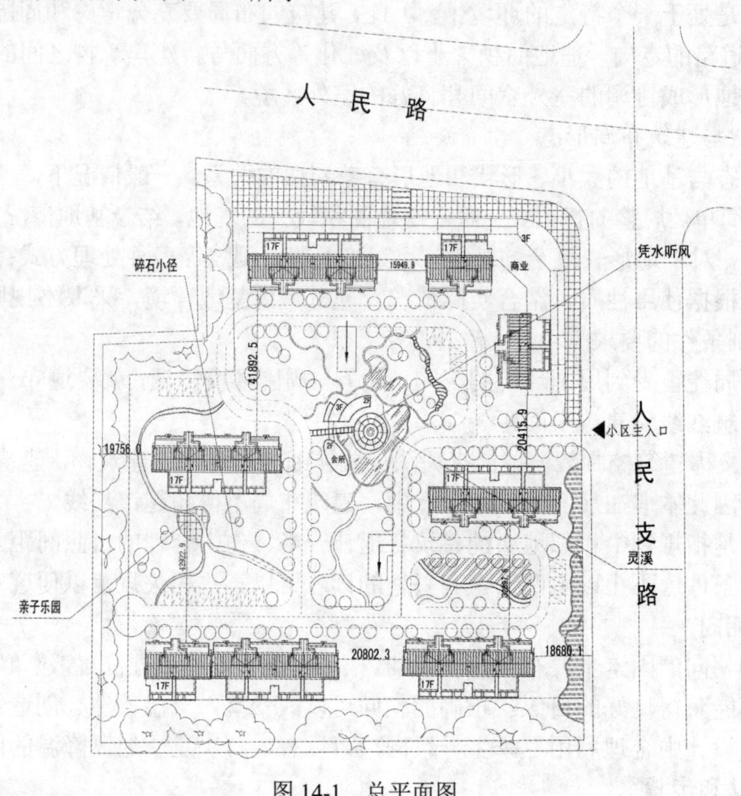

图 14-1　总平面图

光盘\配套视频\第 14 章\总平面图.avi

14.2.1　设置总平面图绘图环境

绘图环境的初步设置内容包括新建绘图文件、设置背景颜色、设置绘图单位和图层设置 4 部分。

> **提示：**
>
> 规划平面图中文字和标注没有特别的规定，以美观、出图后清楚可见为原则，所以这里不过多讲述文字样式设置和标注样式设置的问题。

操作步骤如下：

（1）新建绘图文件。启动 AutoCAD 2016，选择“文件/新建”命令，或者单击快速访问工

具栏中的“新建”按钮，系统打开“选择样板”对话框，单击“打开”下拉按钮，从中选择“无样板打开－公制”选项，如图 14-2 所示。

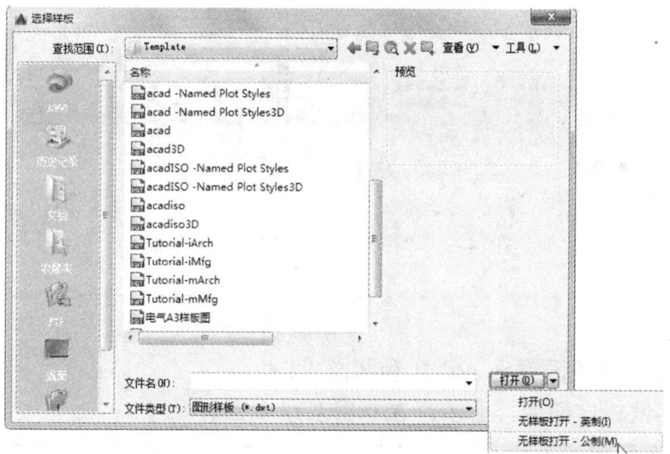

图 14-2 “选择样板”对话框

（2）设置背景颜色。从菜单栏中选择“工具/选项”命令，弹出“选项”对话框，切换到“显示”选项卡，单击“颜色”按钮，弹出“图形窗口颜色”对话框，在该对话框中改变绘图背景的颜色为白色，如图 14-3 所示。

（3）设置绘图单位。选择“格式/单位”命令，打开“图形单位”对话框，在“长度”选项组的“类型”下拉列表框中选择“小数”选项，在“精度”下拉列表框中选择 0.00 选项，如图 14-4 所示。

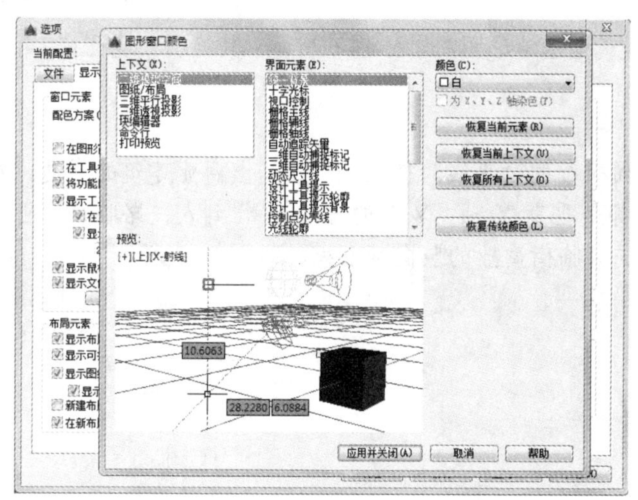

图 14-3 “图形窗口颜色”对话框

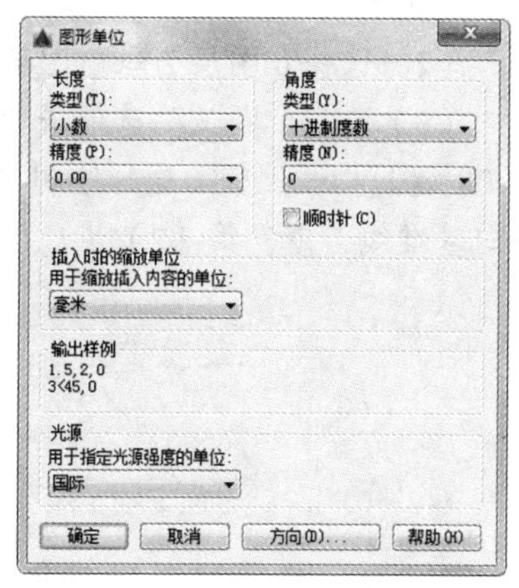

图 14-4 “图形单位”对话框

（4）图层设置。用 LAYER 命令或单击“默认”选项卡“图层”面板中的“图层特性”按钮，打开“图层特性管理器”选项板，在该选项板中单击“新建图层”按钮，然后在动态文本中输入“道路”，按 Enter 键，完成“道路”图层的设置。按照同样的方法，依次完成相关图层的设置。单击颜色和线型处，可根据需要设置图层的颜色和线型，如图 14-5 所示。

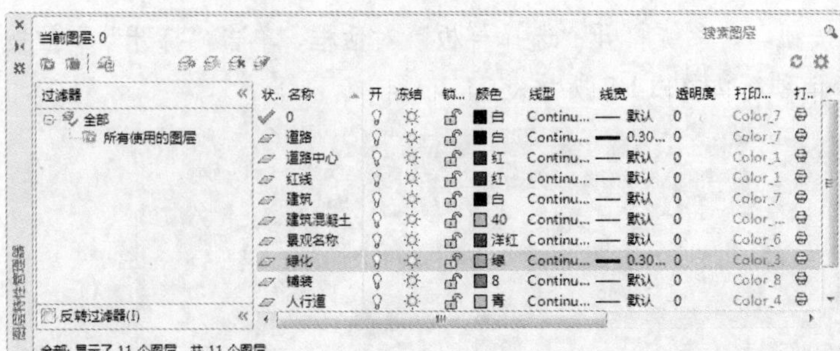

图 14-5 “图层特性管理器”选项板

提示：

（1）各图层可设置不同颜色、线宽和状态等。

（2）0 图层不做任何设置，也不应在 0 图层绘制图样。

14.2.2 建筑布局

通过分析，人民路和人民支路均为城市性干道，因此在人民路和人民支路上布置临街商业门面。同时为了满足小区业主休闲的需要，在中心绿地处设计一处会所。因此建筑布局包括公共建筑绘制、建筑模块的准备和住宅建筑布置 3 部分。

操作步骤如下：

1. 公共建筑绘制

（1）打开素材文件中已经绘制好的建筑地基地形图，如图 14-6 所示，其绘图环境已按 14.2.1 节设置完毕。

（2）选择 0 图层为当前图层。

（3）单击“默认”选项卡“绘图”面板中的“直线”按钮，绘制出商业建筑的一边。按住 F8 键，打开正交（这样绘制出来的线都是垂直 X 轴、Y 轴的直线），得到人民路临街商业的横向基准线。重复第（2）步，得到人民支路临街商业的竖向基准线，如图 14-7 所示。

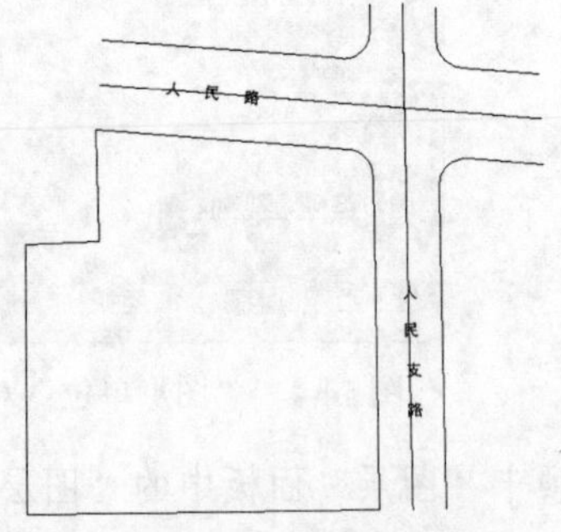

图 14-6 建筑地基地形图

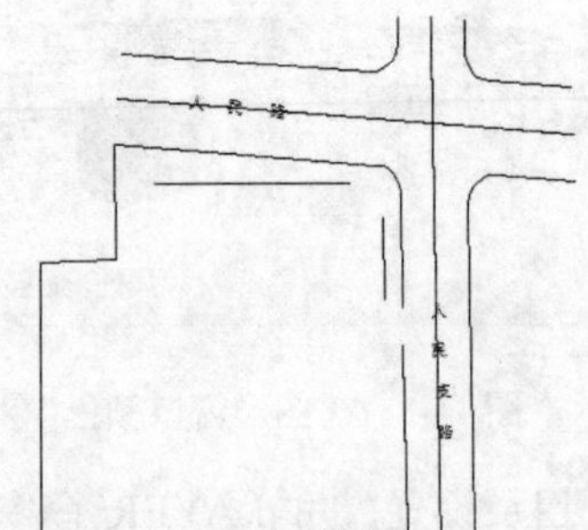

图 14-7 绘制临街商业基准线

（4）单击“默认”选项卡“修改”面板中的“偏移”按钮，设置偏移距离为 12000mm，完成建筑轮廓绘制，得到临街商业的井深，如图 14-8 所示。

（5）单击“默认”选项卡“绘图”面板中的“直线”按钮，连接两条建筑边。

（6）利用相同的方法，用直线命令连接其他建筑边，完成连接，如图 14-9 所示。

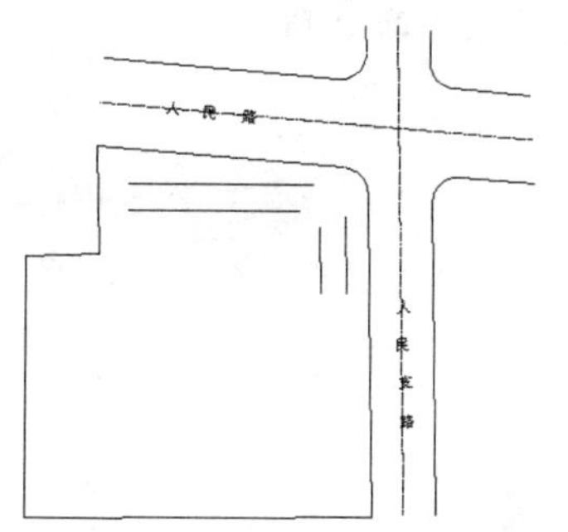

图 14-8　偏移临街商业基准线

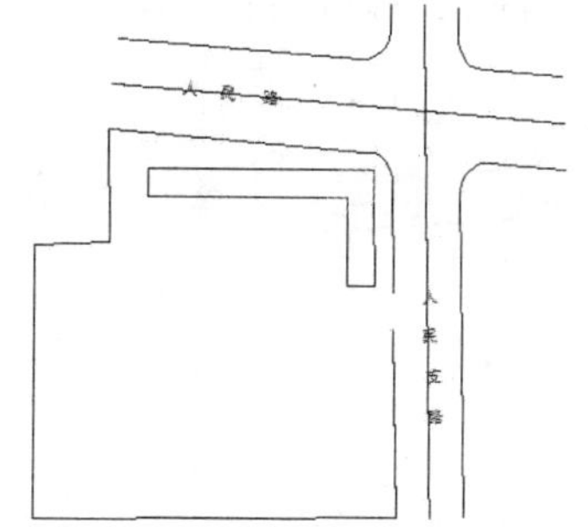

图 14-9　连接商业建筑轮廓

提示：

使用 LINE 命令时，若为正交直线，可单击“正交模式”按钮，根据正交方向提示，直接输入下一点的距离即可，而不需要输入@符号；若为斜线，则可右击“极轴追踪”按钮，弹出快捷菜单，可以设置斜线的捕捉角度，此时，图形即进入了自动捕捉所需角度的状态，可大大提高制图时输入直线长度的效率，如图 14-10 所示。

同时，右击“对象捕捉”按钮，在打开的快捷菜单中选择“对象捕捉追踪设置”命令，如图 14-11 所示，弹出“草图设置”对话框，如图 14-12 所示，进行对象捕捉设置。绘图时，只需单击“对象捕捉”按钮，程序会自动进行某些点的捕捉，如端点、中点、圆切点等，捕捉对象功能的应用可以极大提高制图速度。使用对象捕捉可指定对象上的精确位置，例如，使用对象捕捉可以绘制到圆心或多段线中点的直线。

图 14-10　“状态栏”命令按钮

对象捕捉追踪设置...

图 14-11　快捷菜单

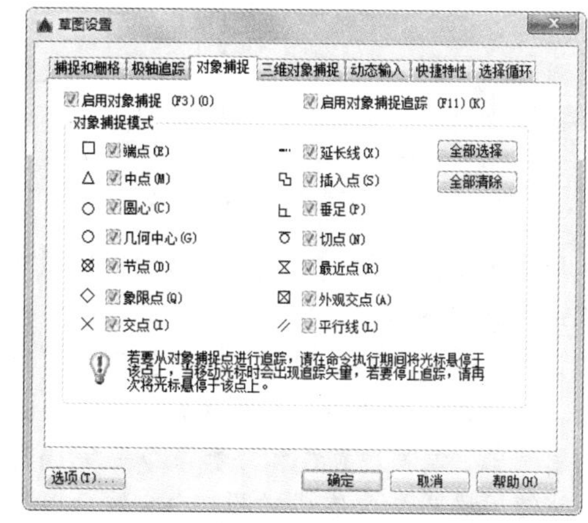

图 14-12　“草图设置”对话框

若某命令下提示输入某一点（如起始点、中心点或基准点等），可以指定对象捕捉。在默认情况下，当光标移动到对象的捕捉位置时，将显示标记和工具栏提示。此功能称为 AutoSnap（自动捕捉），提供了视觉提示，指示哪些对象捕捉正在使用。

（7）单击“默认”选项卡“修改”面板中的“圆角”按钮，绘制建筑转角处，完成商业

Note

建筑转角处圆弧处理，结果如图 14-13 所示。

（8）单击“默认”选项卡“修改”面板中的“偏移”按钮，将人民路临街商业基准线向下侧偏移 2250mm，连续偏移两次，进行建筑细部绘制，如图 14-14 所示。

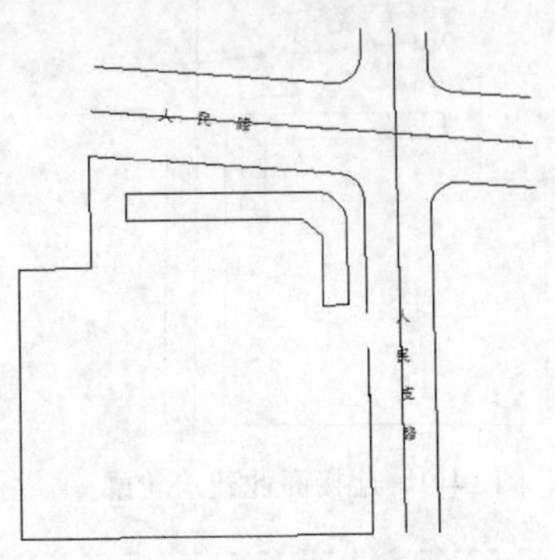

图 14-13　商业建筑转角

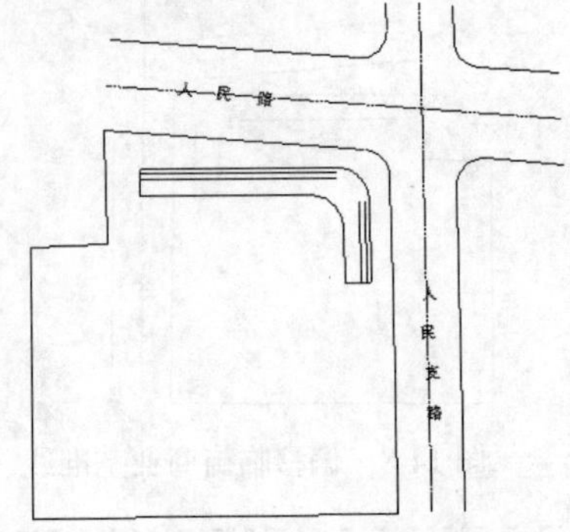

图 14-14　向下侧偏移基线

（9）同样利用偏移命令，分别将相应直线向右侧偏移 8500mm，连续偏移到所需位置，如图 14-15 所示。

（10）单击“默认”选项卡“绘图”面板中的“直线”按钮，连接屋顶分割，结果如图 14-16 所示。

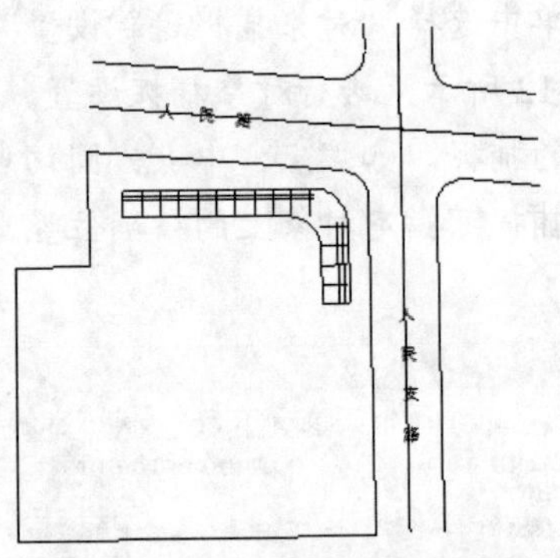

图 14-15　向右侧连续偏移基线

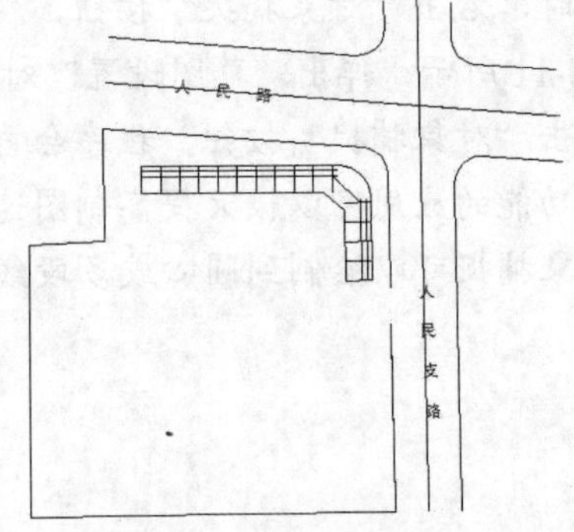

图 14-16　屋顶分割

（11）单击“默认”选项卡“修改”面板中的“修剪”按钮，进行细部修剪，完成商业建筑屋顶绘制，结果如图 14-17 所示。

（12）继续绘制会所建筑，操作基本和商业建筑的绘制相同，但因为会所建筑的造型灵活，需利用圆弧和椭圆命令。用圆弧、偏移、直线和修剪命令来完成建筑的弧线部分，继续用椭圆命令完成椭圆部分，最后用圆弧命令连接建筑两部分。

（13）单击“默认”选项卡“绘图”面板中的“圆弧”按钮，绘制会所建筑第一条边。

（14）单击“默认”选项卡“修改”面板中的“偏移”按钮，将会所建筑基准线向外分别偏移 3360mm 和 6720mm，绘制会所建筑。

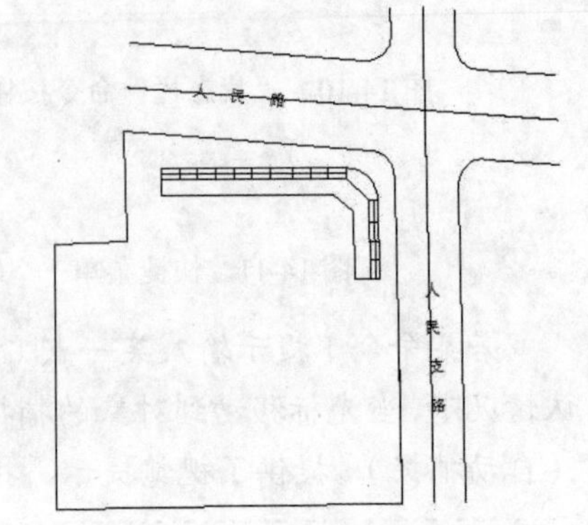

图 14-17　完成屋顶绘制

Note

（15）单击“默认”选项卡“修改”面板中的“偏移”按钮，设置偏移距离为 1600mm，完成偏移，如图 14-18 所示。

（16）单击“默认”选项卡“绘图”面板中的“直线”按钮，连接偏移的几个建筑边。

（17）单击“默认”选项卡“绘图”面板中的“直线”按钮，连接第（14）、（15）步偏移的 3 条弧线建筑边。为了美观，进行不等连接，最后完成情况如图 14-19 所示。

（18）单击“默认”选项卡“修改”面板中的“延伸”按钮，进行线段的延伸。

（19）单击“默认”选项卡“修改”面板中的“修剪”按钮，进行多余线段的修剪，完成商业建筑屋顶绘制，结果如图 14-20 所示。

图 14-18 连续偏移弧线

图 14-19 不等连接

图 14-20 建筑屋顶

（20）单击“默认”选项卡“绘图”面板中的“椭圆”按钮，绘制椭圆造型的建筑部分，如图 14-21 所示。

（21）单击“默认”选项卡“绘图”面板中的“圆弧”按钮，绘制建筑连接部分，如图 14-22 所示。

（22）单击“默认”选项卡“修改”面板中的“偏移”按钮，将第（21）步绘制的圆弧建筑边向内偏移 1600mm。

（23）单击“默认”选项卡“修改”面板中的“延伸”按钮，进行弧线的延伸。

（24）单击“默认”选项卡“修改”面板中的“偏移”按钮，将所有的会所建筑线向内偏移 160mm，完成会所建筑屋顶绘制，结果如图 14-23 所示。

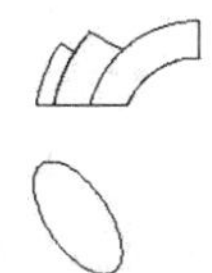

图 14-21 椭圆建筑造型

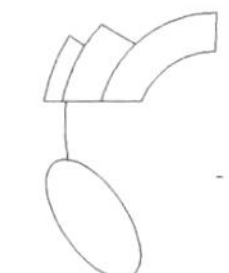

图 14-22 绘制连接弧线

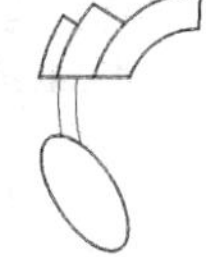

图 14-23 会所建筑屋顶

2. 建筑模块的准备

将建筑屋顶平面做成整体的块，方便在建筑布局中使用。首先打开本书配套光盘中的“第 14 章\图块\jzl-1.dwg”文件，关闭所有的标注层和文字层，设置“建筑”图层为当前图层，具体步骤如下：

（1）选择菜单栏中的“修改/特性匹配”命令，将建筑屋顶平面各种线型统一到“建筑”图层上。

（2）定义块。选择相应的菜单命令或单击相应的工具栏按钮，或在命令行中输入 BLOCK 命令后按 Enter 键，AutoCAD 打开如图 14-24 所示的“块定义”对话框，在“名称”

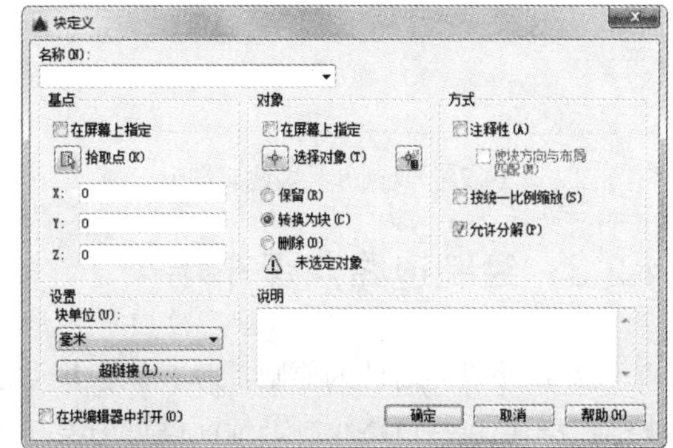

图 14-24 “块定义”对话框

下拉列表框中输入 jzl；单击“拾取点”按钮后在建筑屋顶平面上选取任意一点；单击“选择对象”按钮后框选整个建筑屋顶平面，单击“确定”按钮，在规划布局中使用的建筑模块制作完成。

3. 住宅建筑布置

打开本书配套光盘中的“第 14 章\图块\jzl.dwg”文件，依次选择“编辑/复制”命令、“编辑/粘贴”命令、“修改/旋转”命令、“修改/复制”命令来完成建筑布置的绘制。

提示：

“编辑/复制”命令用于两个 CAD 文件之间的复制，“修改/复制”命令用于一个 CAD 文件内部的复制。

（1）在建筑屋顶平面图中选择“复制”命令，复制 jzl 模块。

（2）在规划平面图中选择“粘贴”命令，将模块粘贴到合适的位置处。

提示：

如果没有已经绘制好的建筑图形，则可以绘制出建筑物的大体轮廓图形代替具体的建筑物图形作为建筑的示意图。在总平面图中允许采用这种示意画法。

（3）单击“默认”选项卡“修改”面板中的“复制”按钮，进行多个建筑的布置，如图 14-25 所示。

（4）单击“默认”选项卡“修改”面板中的“旋转”按钮，旋转角度不合适的建筑，结果如图 14-26 所示。

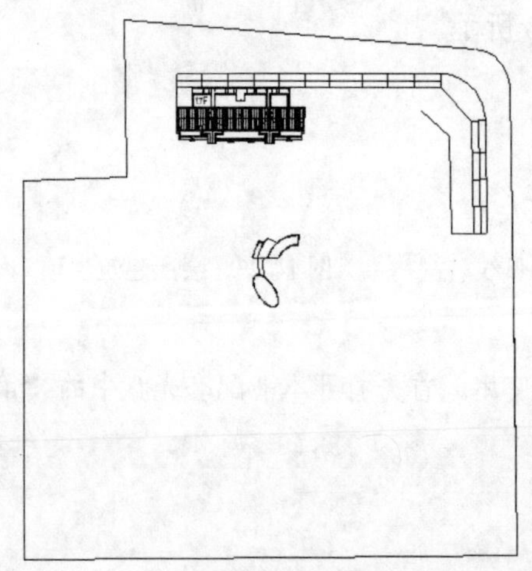

图 14-25　复制并粘贴建筑图形

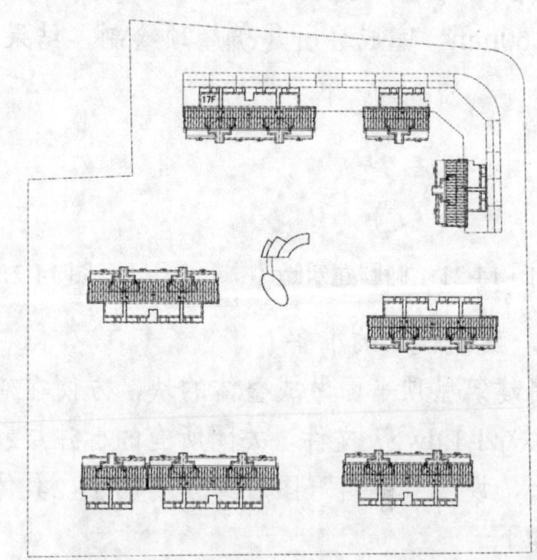

图 14-26　住宅建筑布局

14.2.3　绘制道路与停车场

设计道路以通达性为原则，为了满足小区的需要，需要配置地面停车和地下停车，因此绘制道路与停车场包括道路绘制、地面停车场绘制、地下车库入口绘制 3 个部分。

操作步骤如下：

1. 道路绘制

将图层设置到“道路中心”图层，单击“默认”选项卡“绘图”面板中的“直线”按钮，完成道路中心线的绘制，如图 14-27 所示。单击“默认”选项卡“修改”面板中的“偏移”按钮，绘制道路，然后选择菜单栏中的“修改/特性匹配”命令，修改道路的图层，最后单击“默认”选项卡“修改”面板中的“圆角”按钮，绘制道路圆角。

（1）单击“默认”选项卡“绘图”面板中的“直线”按钮，绘制道路第一根中心线。根据建筑布局生成的道路布局形成，结果如图 14-28 所示。

（2）单击“默认”选项卡“修改”面板中的“圆角”按钮，绘制道路中心线的圆角，设置圆角半径为 1000mm。

（3）单击“默认”选项卡“修改”面板中的“圆角”按钮，所有的相交道路中心线均要倒圆角，在局部道路狭小的位置半径为 5000mm，完成情况如图 14-29 所示。

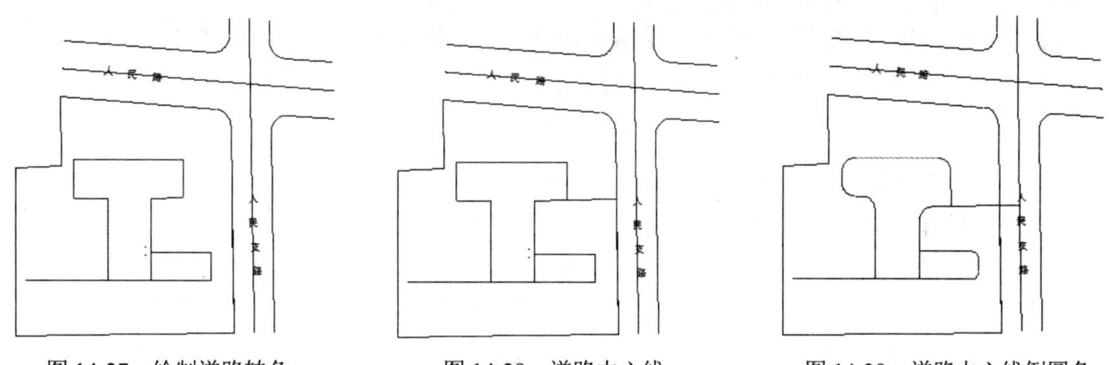

图 14-27 绘制道路转角　　图 14-28 道路中心线　　图 14-29 道路中心线倒圆角

（4）单击“默认”选项卡“修改”面板中的“偏移”按钮，将一条道路中心线向两侧偏移 3000mm，生成道路。

（5）单击“默认”选项卡“修改”面板中的“偏移”按钮，偏移所有的道路中心线，完成情况如图 14-30 所示。

（6）单击“默认”选项卡“修改”面板中的“修剪”按钮，对所有的道路线段进行修剪。

（7）单击“默认”选项卡“修改”面板中的“圆角”按钮，绘制道路圆角，圆角半径为 5000mm，完成结果如图 14-31 所示。

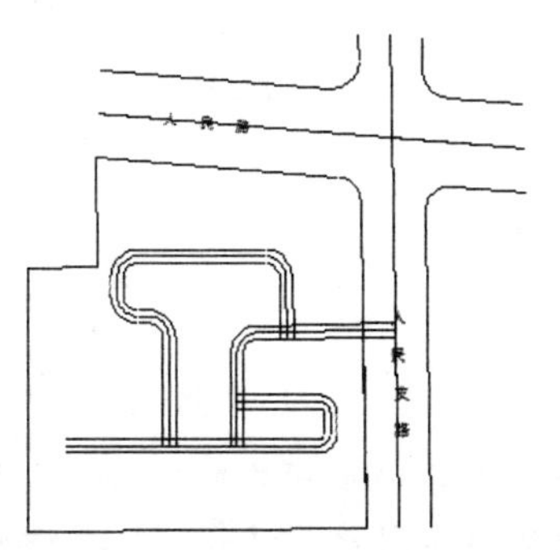

图 14-30 偏移所有的道路中心线

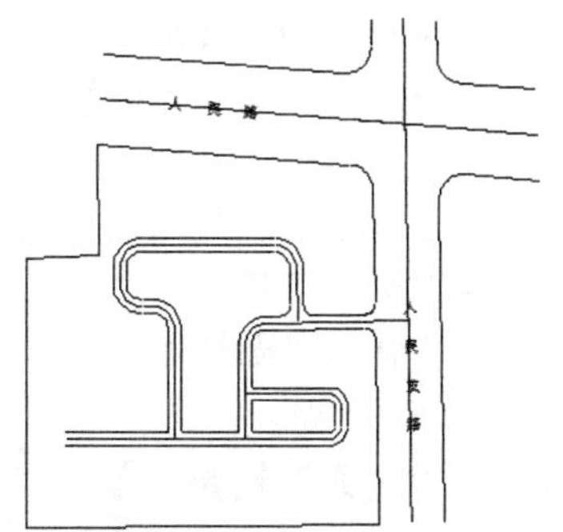

图 14-31 道路绘制完成

（8）单击“默认”选项卡“绘图”面板中的“圆”按钮⊙，在道路的顶端绘制直径为 12000mm 的圆，然后单击“默认”选项卡“修改”面板中的“修剪”按钮，对圆进行修剪，完成的道路图如图 14-32 所示。

2. 地面停车场绘制

将“道路”图层设置为当前图层，单击“默认”选项卡“绘图”面板中的“矩形”按钮，绘制停车位，然后在命令行中输入 BLOCK 命令，编辑停车位块，最后单击“默认”选项卡“修改”面板中的“复制”按钮，布置停车场。

（1）单击“默认”选项卡“绘图”面板中的“矩形”按钮，绘制停车位的轮廓线。

① 在命令行提示“指定第一个角点或[倒角(C)/标高(E)/圆角(F)/厚度(T)/宽度(W)]:”后直接用鼠标选取一点。

② 在命令行提示“指定另一个角点或[面积(A)/尺寸(D)/旋转(R)]:”后输入 D。

③ 在命令行提示“指定矩形的长度<0>:”后输入 2500。

④ 在命令行提示“指定矩形的宽度<0>:”后输入 5000。

（2）单击“默认”选项卡“绘图”面板中的“直线”按钮，在第（1）步绘制的矩形框内绘制一条斜线，这样才是一个停车位的完整表达方式，完成情况如图 14-33 所示。

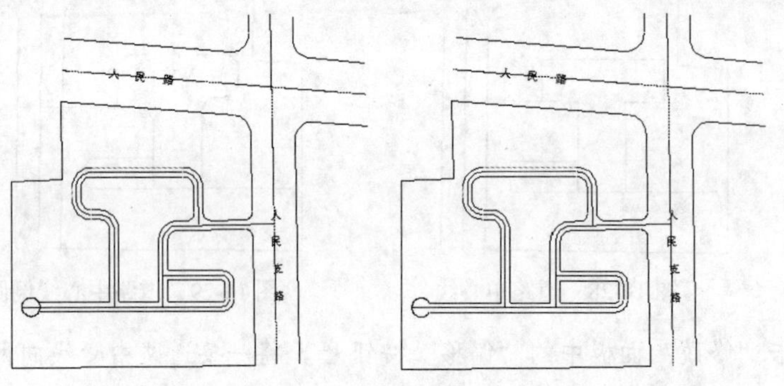

图 14-32 停车场绘制

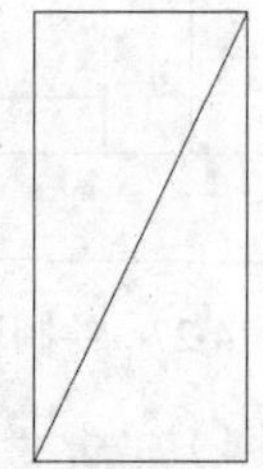

图 14-33 停车位

（3）单击“插入”选项卡“块定义”面板中的“创建块”按钮，弹出如图 14-34 所示的“块定义”对话框，在“名称”下拉列表框中输入 tch；单击“拾取点”按钮后在停车位上选取任意一点；单击“选择对象”按钮后框选整个停车位，然后单击“确定”按钮，在规划布局中使用的停车位模块制作完成。

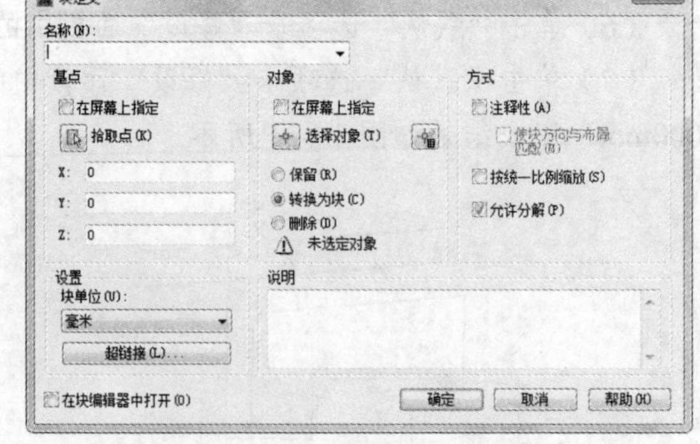

图 14-34 “块定义”对话框

（4）单击“默认”选项卡“修改”面板中的“移动”按钮，将绘制好的停车位图形移动到图形中，如图 14-35 所示。单击“默认”选项卡“修改”面板中的“复制”按钮，复制出其他停车位，完成情况如图 14-36 所示。

3. 地下车库入口绘制

将图层设置到“道路”图层，单击“默认”选项卡“绘图”面板中的“矩形”按钮，绘制地下车库入口，单击“默认”选项卡“绘图”面板中的“多段线”按钮，绘制指引地下车

库入口的箭头符号。

（1）单击“默认”选项卡“绘图”面板中的“矩形”按钮▭，绘制长为6000mm、宽为13000mm的地下车库入口，如图14-37（a）所示。

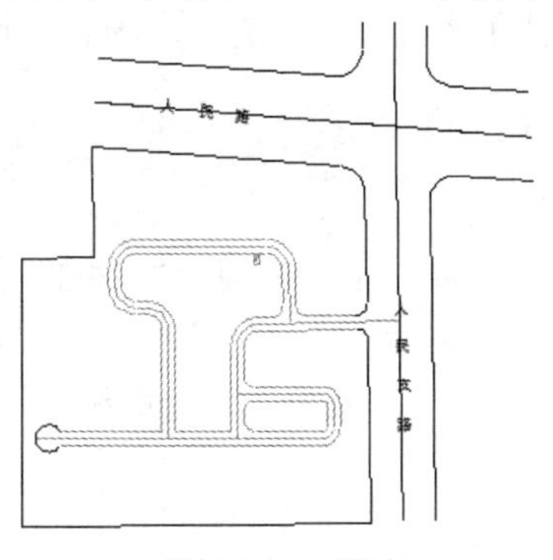

图14-35　移动

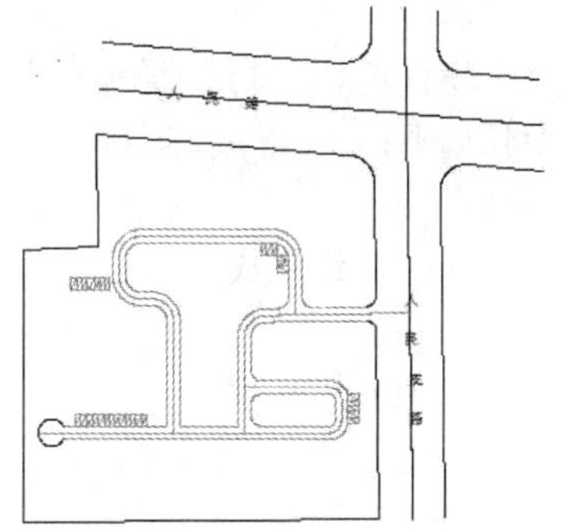

图14-36　停车场布置

（2）单击“默认”选项卡“绘图”面板中的“多段线”按钮，绘制箭头。

① 在命令行提示“指定起点:”后直接用鼠标选择一点。

② 在命令行提示“指定下一个点或[圆弧(A)/半宽(H)/长度(L)/放弃(U)/宽度(W)]:”后输入W。

③ 在命令行提示“指定起点宽度<0.00>:”后输入200。

④ 在命令行提示“指定端点宽度<200>:”后输入200。

⑤ 在命令行提示“指定下一个点或[圆弧(A)/半宽(H)/长度(L)/放弃(U)/宽度(W)]:”后单击下一点位置。

⑥ 在命令行提示“指定下一个点或[圆弧(A)/闭合(C)/半宽(H)/长度(L)/放弃(U)/宽度(W)]:”后输入W。

⑦ 在命令行提示“指定起点宽度<200>:”后输入1000。

⑧ 在命令行提示“指定端点宽度<1000>:”后输入0。

⑨ 在命令行提示“指定下一个点或[圆弧(A)/闭合(C)/半宽(H)/长度(L)/放弃(U)/宽度(W)]:”后单击下一点。

⑩ 在命令行提示“指定下一个点或[圆弧(A)/闭合(C)/半宽(H)/长度(L)/放弃(U)/宽度(W)]:”后按Enter键。

（3）重复第（1）、（2）步的命令，绘制另一处地下车库入口，完成情况如图14-37所示。

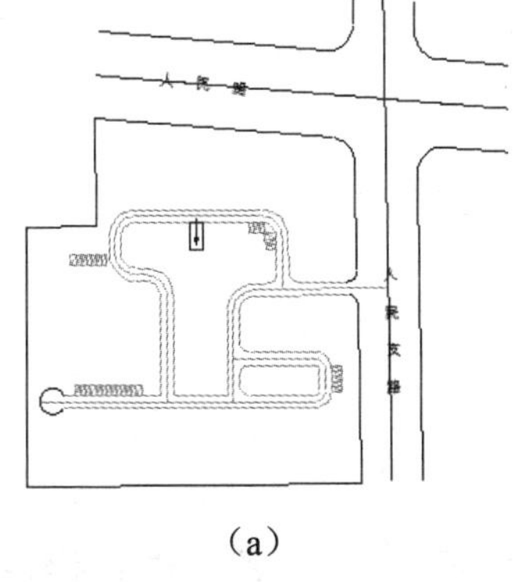

（a）

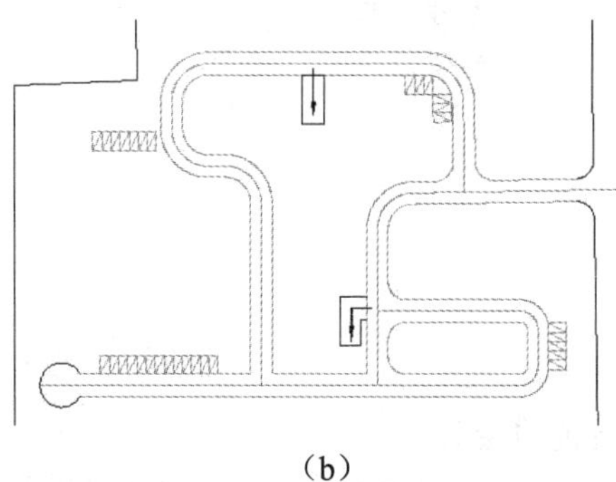

（b）

图14-37　地下车库入口

14.2.4 绘制建筑环境

Note

绘制环境以舒适性为原则，为了满足小区的使用，设计了水面、步行道和广场。因此绘制环境包括水池、步行道、广场、灌木和树 5 个部分。

操作步骤如下：

1. 水池的绘制

水池由自由的曲线组成，单击“默认”选项卡“绘图”面板中的“多段线”按钮，进行绘制。

（1）单击“默认”选项卡“绘图”面板中的“多段线”按钮，绘制水池轮廓线，如图 14-38 所示。

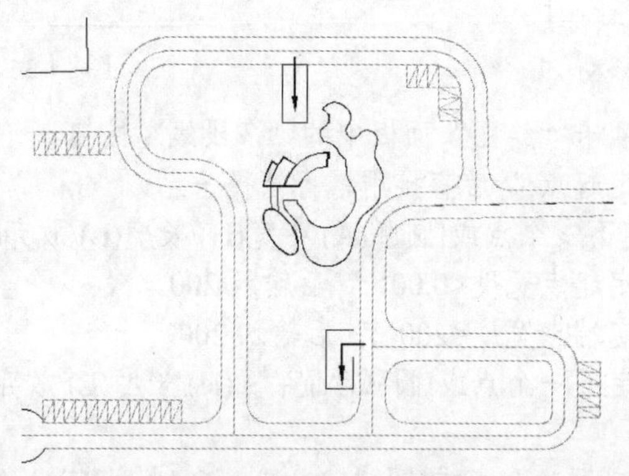

图 14-38 水池的绘制

（2）填充水面，单击“默认”选项卡“绘图”面板中的“图案填充”按钮，弹出如图 14-39 所示的“图案填充创建”选项卡，设置“填充图案”为 ANSI36，“比例”为 500。在刚描绘的水池线中间单击，按 Enter 键，填充完成。完成情况如图 14-40 所示。

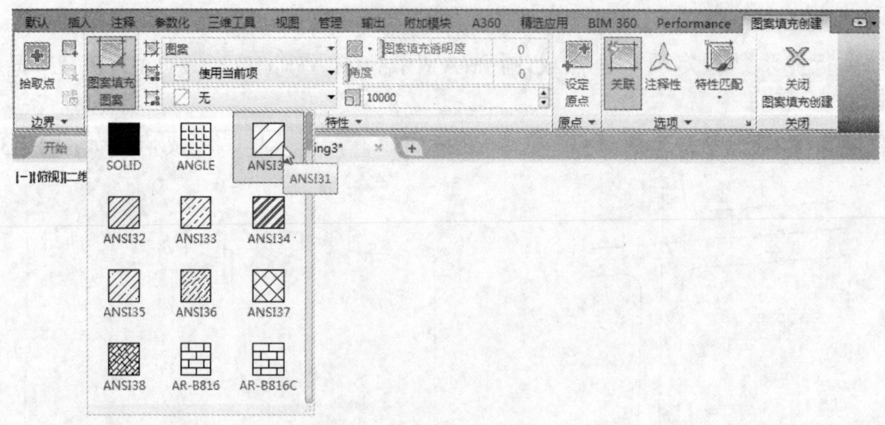

图 14-39 “图案填充创建”选项卡

2. 步行道的绘制

步行道同样由自由的曲线组成，单击“默认”选项卡“绘图”面板中的“样条曲线拟合”按钮进行绘制。

单击“默认”选项卡“绘图”面板中的“样条曲线拟合”按钮，绘制基本轮廓，如图 14-41 所示。

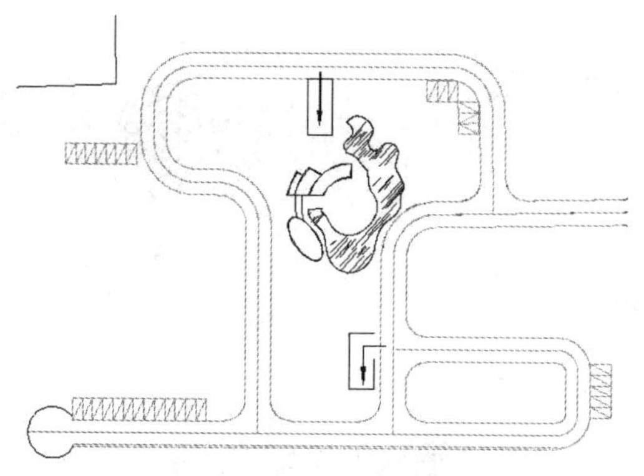

图 14-40　填充水面

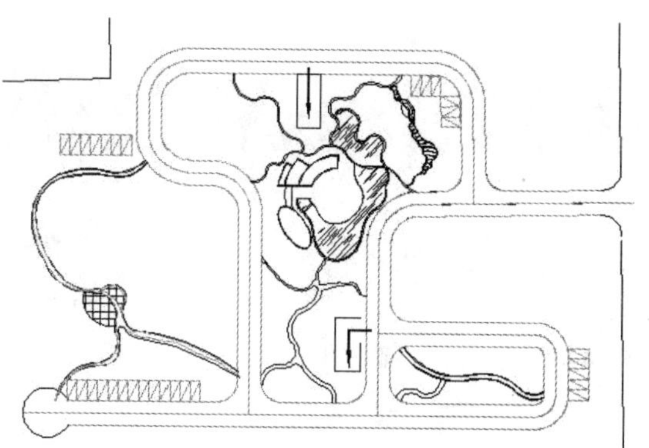

图 14-41　步行道的绘制

3. 广场的绘制

绘制中心圆形的广场，主要利用圆命令和环形阵列命令来绘制。

（1）单击“默认”选项卡“绘图”面板中的“圆”按钮，绘制直径为 12000mm 的圆，如图 14-42 所示。

（2）单击“默认”选项卡“修改”面板中的“偏移”按钮，将第（1）步绘制的圆向内侧偏移 1500mm，得到广场细部。

（3）同第（2）步，再将第（2）步所偏移的圆环依次偏移 1200mm 和 500mm。

（4）将第（2）、（3）步偏移的圆环，均向内侧偏移 200mm，效果如图 14-43 所示。

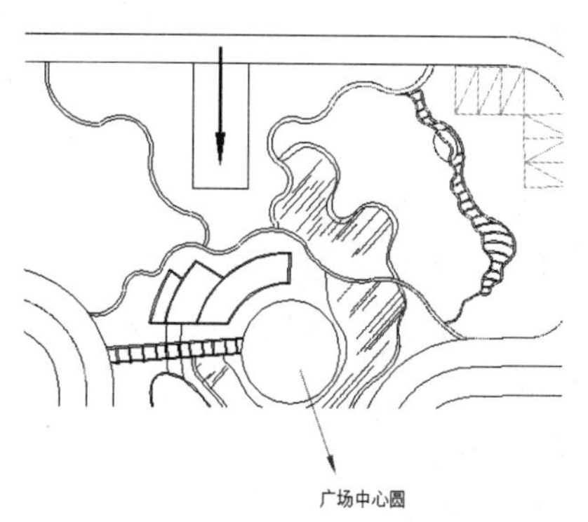

图 14-42　广场的中心圆形

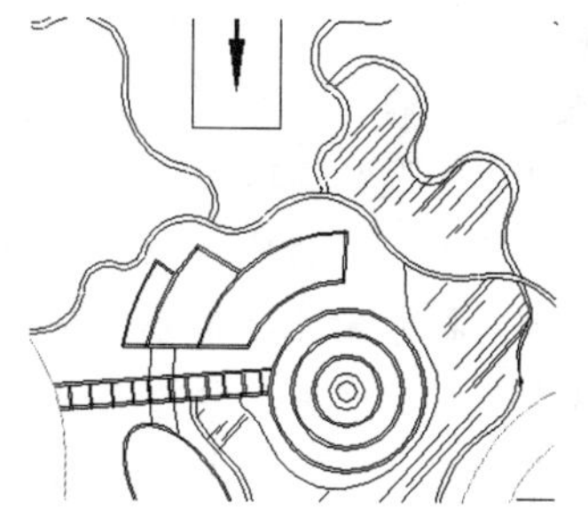

图 14-43　偏移广场的中心圆形

（5）随意在圆上绘制一根连接到圆心的线段，如图 14-44 所示。利用环形阵列命令进行阵列，具体操作如下：选择“修改/阵列/环形阵列”命令，如图 14-45 所示，选择第（4）步绘制的直线段，单击项目中心点，设置“项目总数”为 10，按 Enter 键确认，命令完成。完成情况如图 14-46 所示。

（6）单击“默认”选项卡“绘图”面板中的“直线”按钮和“圆弧”按钮，绘制节点广场，如图 14-47 所示。单击“默认”选项卡“绘图”面板中的“图案填充”按钮，完成节点广场的区域填充，最后广场效果如图 14-48 所示。

Note

图 14-44　绘制中心圆形的直线段

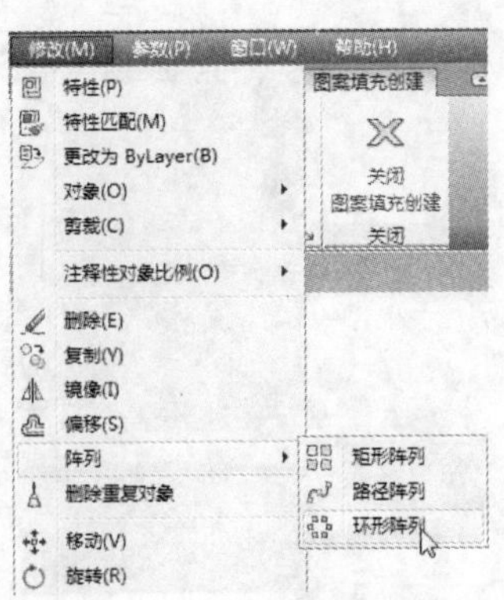

图 14-45　“环形阵列”命令

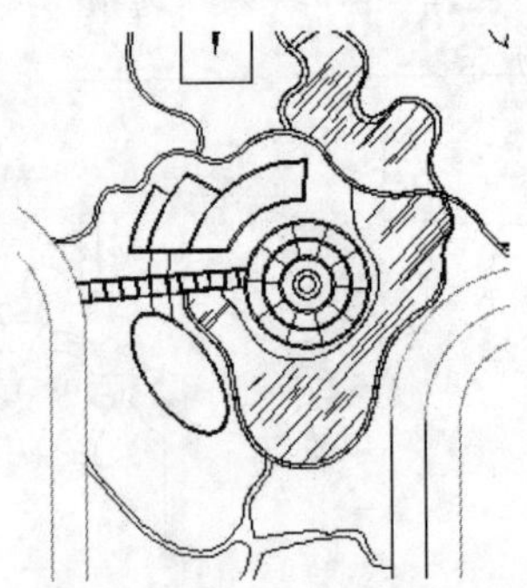

图 14-46　广场

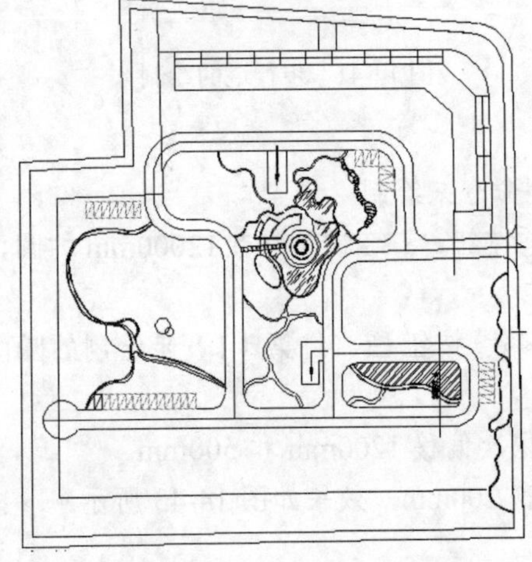

图 14-47　绘制节点广场的填充区域

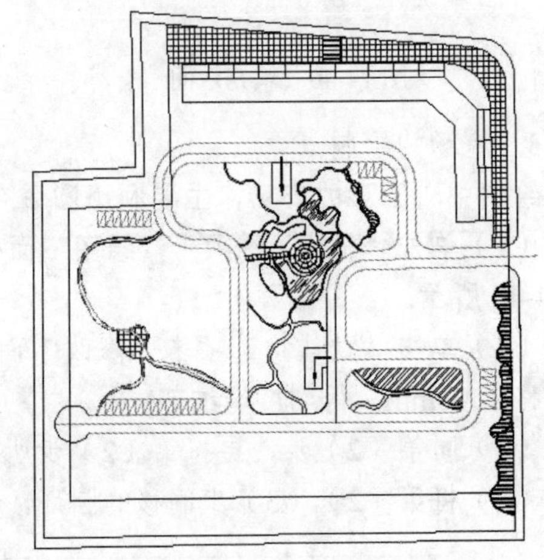

图 14-48　广场总图绘制

4. 灌木的绘制

单击“默认”选项卡“绘图”面板中的“徒手画修订云线”按钮，绘制灌木。

（1）单击“默认”选项卡“绘图”面板中的“徒手画修订云线”按钮，绘制一个灌木丛。

① 在命令行提示“指定起点或[弧长(A)/对象(O)/样式(S)]<对象>:”后输入 A。

② 在命令行提示“指定最小弧长<0>:”后输入 4000。

③ 在命令行提示“指定最小弧长<4000>:”后输入 4000。

④ 在命令行提示“指定起点或[弧长(A)/对象(O)/样式(S)]<对象>:”后单击指定一点为起点。

⑤ 在命令行提示“沿云线路径引导十字光标……”后用鼠标沿灌木布置方向移动。

⑥ 在命令行提示“反转方向[是(Y)/否(N)] <否>:”后按 Enter 键。

（2）重复修订云线的命令，绘制灌木内部曲线，完成一组灌木丛的绘制，完成情况如图 14-49 所示。

图 14-49　灌木

（3）单击"默认"选项卡"修改"面板中的"移动"按钮和"复制"按钮，完成总平面图所有灌木的布置，如图 14-50 所示。

5. 树的绘制

独立的树木在图上用简单的圆圈表示，因为要种植成排的行道树，所以利用圆命令和复制命令绘制树，绘制过程如下：

（1）单击"默认"选项卡"绘图"面板中的"圆"按钮，绘制一棵直径为 4000mm 的圆圈树。

（2）单击"默认"选项卡"修改"面板中的"复制"按钮，绘制其他的树，具体效果如图 14-51 所示。

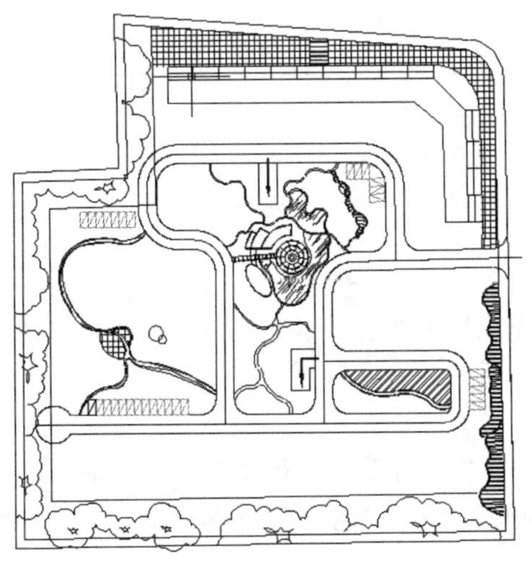

图 14-50　总平面图灌木的布置

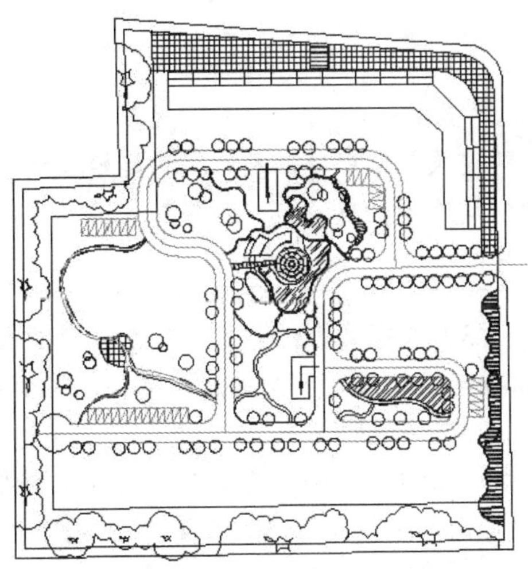

图 14-51　环境总图绘制

14.2.5　尺寸标注及文字说明

完成了上面的工作之后，在总平面图中已经可以看到相当多的内容。但是，对于一幅用于工程的图纸而言，这还不够准确和全面，还需要进行尺寸标注和文字说明等完善工作。

操作步骤如下：

1. 尺寸标注

尺寸标注是 AutoCAD 2016 用来精确地在图形对象周围表示长度、角度、说明和注释等图形尺度信息的方式。一般来说，一张完整的建筑图纸不能缺少尺寸标注。虽然总平面上的尺寸标注内容较少，但它给出了建筑物的精确位置及标高等信息，因而非常重要。

AutoCAD 2016 提供了强大的标注图形对象功能，可以在各个方向上为各类对象创建标注，也可以快捷地以一定格式创建符合行业或项目标准的标注。

（1）设置标注的样式，选择"文字"图层为当前图层。

（2）选择"标注/标注样式"命令，打开"标注样式管理器"对话框，选择"标注样式"为 Standard，如图 14-52 所示，单击"置为当前"按钮，然后单击"关闭"按钮。

Note

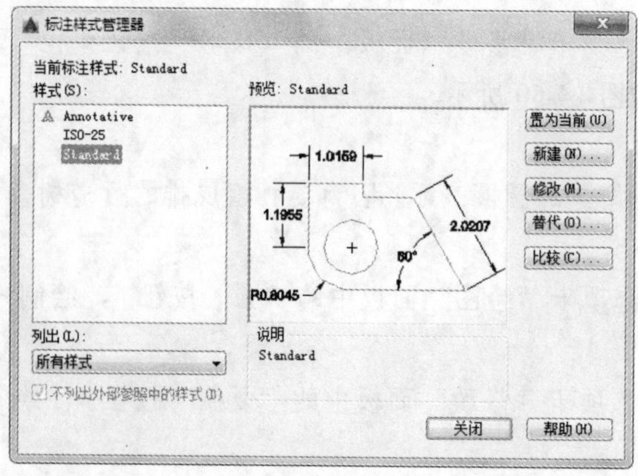

图 14-52 “标注样式管理器”对话框

提示：

建筑制图中标注尺寸线的起始及结束均以斜 45°短线为标记，故在“符号和箭头”选项卡中均选择“建筑标记”斜短线。其他各项用户均可参照相关建筑制图标准或教科书来进行设置。

（3）选择菜单栏中的“标注/快速标注”命令，完成图中所有建筑物之间、建筑物与道路、建筑物与地块线之间的标注，得到如图 14-53 所示的总图尺寸标注结果。

2. 文字说明

在 AutoCAD 2016 中，文字是标记图形的各个部分、提供说明或进行注释的重要手段，是用来表达图形中重要信息的工具。在本例中，总平面图中没有太多需要说明的地方，以层数为例，简要介绍输入文字的方法与步骤。

（1）创建“文字”图层并将其设置为当前图层，设置文字样式。选择菜单栏中的“格式/文字样式”命令，系统打开如图 14-54 所示的“文字样式”对话框。

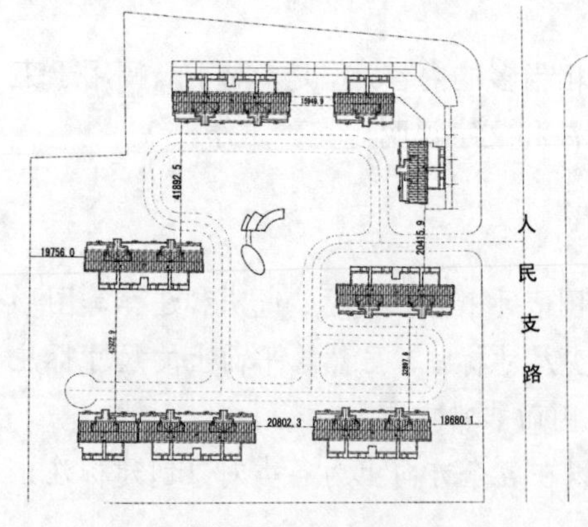

图 14-53 标注总图

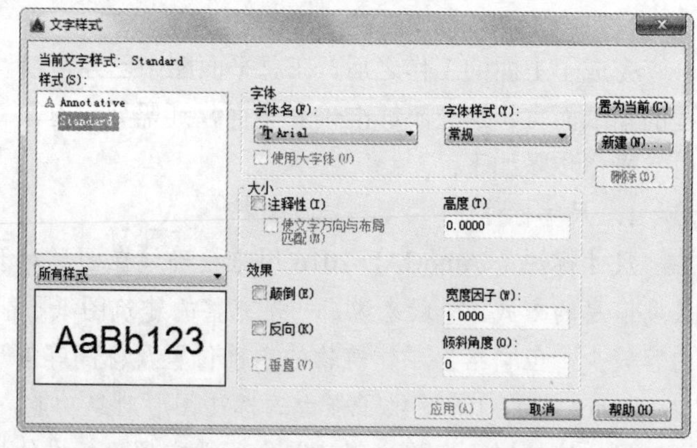

图 14-54 “文字样式”对话框

（2）单击“新建”按钮，在打开的“新建文字样式”对话框中输入样式名 name，然后单击“确定”按钮，返回到“文字样式”对话框，在“字体”下拉列表框中选择文字样式为 txt.shx，在“高度”文本框中输入 2000，默认其他设置。单击“应用”按钮，完成文本样式设置。

提示：

多数情况下，同一幅图中的文字可能是同一种字体，但文字高度是不统一的，如标注的文字、标题文字、说明文字等文字高度是不一致的，若在文字样式中文字高度默认为 0，则每次用该样式输入文字时，系统都将提示输入文字高度。如果输入大于 0.0 的高度值，则为该样式的字体设置了固定的文字高度，使用该字体时，其文字高度不允许改变。

（3）单击“默认”选项卡“注释”面板中的“多行文字”按钮A，或在命令行中输入 MTEXT 命令，命令行则显示“指定第一角点:”，单击指定一点后，系统打开如图 14-55 所示的“文字编辑器”选项卡，输入文字后，单击“关闭”按钮完成操作。按照同样的方法将文字说明全部完成，最终效果如图 14-56 所示。

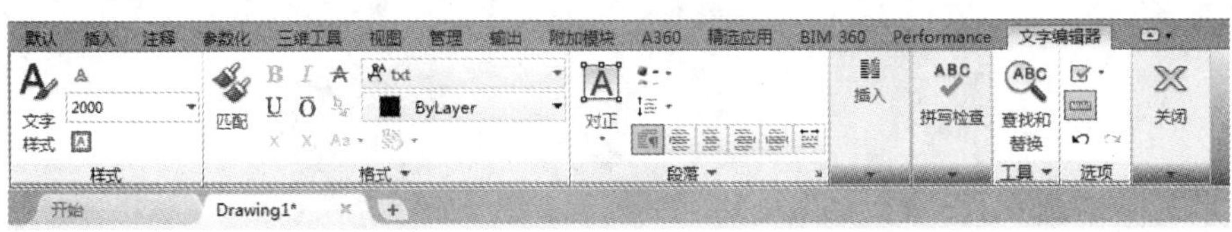

图 14-55　“文字编辑器”选项卡

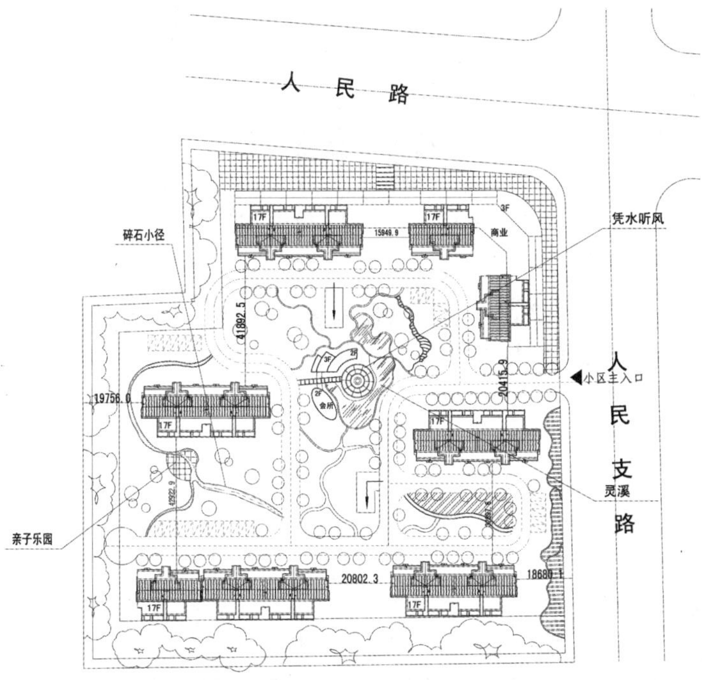

图 14-56　文字标注总图

14.3 实 战 演 练

通过前面的学习，读者对本章知识也有了大体的了解，本节通过几个操作练习使读者进一步掌握本章知识要点。

【实战演练 1】绘制如图 14-57 所示的办公大楼总平面图。

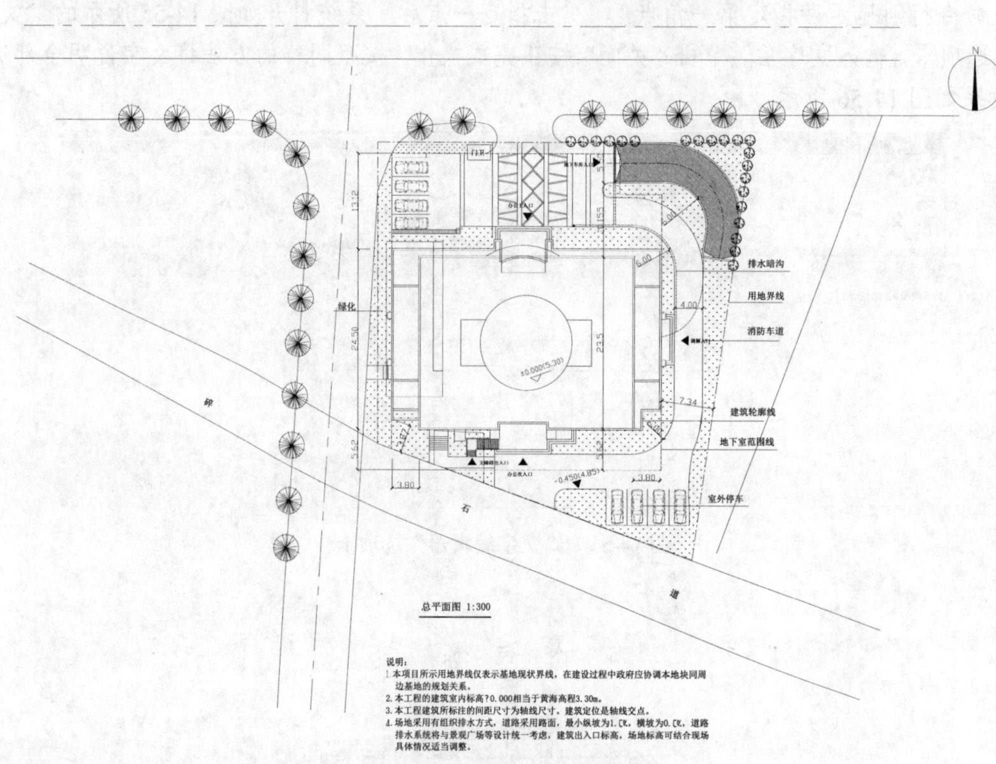

图 14-57　办公大楼总平面图

1．目的要求

本实例主要要求读者通过练习进一步熟悉和掌握办公大楼总平面图的绘制方法。通过本实例，可以帮助读者学会完成总平面图绘制的全过程。

2．操作提示

（1）绘图前准备。

（2）绘制主要轮廓。

（3）绘制入口和场地道路。

（4）布置办公大楼设施。

（5）布置绿地设施。

（6）标注尺寸和文字。

【实战演练 2】绘制如图 14-58 所示的朝阳大楼总平面图。

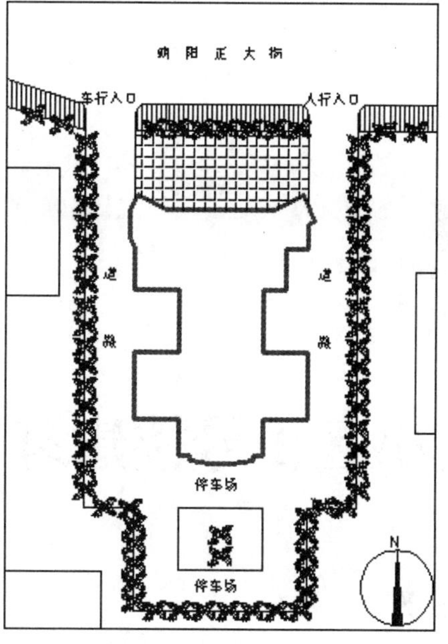

朝阳大楼总平面图 1:500

图 14-58　朝阳大楼总平面图

1．目的要求

本实验主要要求读者通过练习进一步熟悉和掌握朝阳大楼总平面图的绘制方法。通过本实验，可以帮助读者学会完成总平面图绘制的全过程。

2．操作提示

（1）绘制辅助线网。

（2）绘制新建建筑物。

（3）绘制辅助设施。

（4）填充图形。

（5）标注文字。

第15章

某住宅小区1号楼建筑平面图

本章学习要点和目标任务：

- ☑ 地下一层平面图的绘制
- ☑ 首层平面图的绘制
- ☑ 四至十四层组合平面图的绘制
- ☑ 四至十八层甲单元平面图的绘制
- ☑ 屋顶设备层平面图的绘制
- ☑ 屋顶平面图的绘制

建筑平面图表示建筑的平面形式、大小尺寸、房间布置、建筑入口、门厅及楼梯布置的情况，表明墙、柱的位置，厚度和所用材料以及门窗的类型、位置等。主要图纸有地下一层平面图，首层平面图，二、三层平面图以及组合平面图，屋顶造型平面图等。本章详细介绍建筑平面图的绘制方法。

15.1 总体思路

该建筑地下一层、地上一到三层都采用短肢剪力墙结构。随着人们对住宅，特别是高层住宅平面与空间的要求越来越高，原来普通框架结构的露梁露柱，在较高的建筑中难以控制侧向变形，抗震性能比剪力墙弱。普通剪力墙结构的间距不宜过大，在建筑空间的布置利用上受到限制，对建筑空间的严格限定与分隔已不能满足人们对住宅空间的要求。于是在原有剪力墙的基础上，吸收了框架结构的优点，逐步发展形成了能够适应人们新的住宅观念的高层住宅结构形式，即“短肢剪力墙结构”。这种结构既能提供较大、较灵活布置的建筑空间，又具有良好的抗震性能。短肢剪力墙仍属于剪力墙结构体系，只是采用较短的剪力墙肢（短肢剪力墙是指墙肢截面高度与厚度之比为 5～8 的剪力墙），而且通常采用 T 形、L 形、J 形、+形等。当这些墙肢截面高度与墙厚之比小于等于 3 时，已接近于柱的形式，但并非是方柱，因此称为“异形柱”。故从广义角度讲，宜将这种结构体系称为“短肢剪力墙－筒体”（或“一般剪力墙结构体系”）。另外，所谓“筒体”，就是以楼电梯间所组成的钢筋混凝土核心筒；所谓“一般剪力墙”，就是指墙肢截面高度与墙厚之比大于 8 的剪力墙。因此，这种结构体系已在办公楼、饭店、公寓、教学楼、试验楼、病房楼等各类房屋建筑中得到了广泛的应用。

《高层建筑混凝土结构技术规程》（JGJ 3—2010）中已经对“短肢剪力墙—筒体”（或“一般剪力墙体系”）结构体系有设计要求了。

本方案的特点：结合建筑平面、利用间隔墙位置来布置竖向构件，剪力墙的数量可多可少，剪力墙肢可长可短，主要视抗侧力的需要而定，还可以通过不同尺寸和布置以调整刚度和刚度中心的位置；由于减少了剪力墙数量，而代之以轻质填充墙，不仅房屋总重量可以减轻，同时可以适当降低结构刚度，使地震作用减少，这不仅对基础设计有利，而且对结构抗震较为有利，同时可以降低工程造价，还可以加快施工进度。这种结构体系通常视建筑平面及抗侧力的需要，将中心竖向交通区处理成为筒体，以承受主要水平力。

15.2 前期绘图环境的设置

本节讲述在 AutoCAD 2016 的界面中如何创建一张新图，创建新的图层，以及图形的打开与保存。

15.2.1 创建新图

创建一个新的图形文件，主要包括建立新图和新图的参数设置两部分。

1. 建立新图

选择“文件/新建”命令，或者直接单击快速访问工具栏中的“新建”按钮，或者在命令行中输入 NEW 命令，或者按 Ctrl+N 快捷键，打开“选择样板”对话框，单击“打开”按钮，如图 15-1 所示。

2. 参数设置

（1）选择菜单栏中的“格式/单位”命令或者直接在命令行中输入 UNITS 命令，弹出“图形单位”对话框。

（2）将“长度”选项组中的“类型”设置为“小数”，“精度”设置为 0，“角度”选项组中的“类型”设置为“十进制度数”，“精度”设置为 0，如图 15-2 所示。

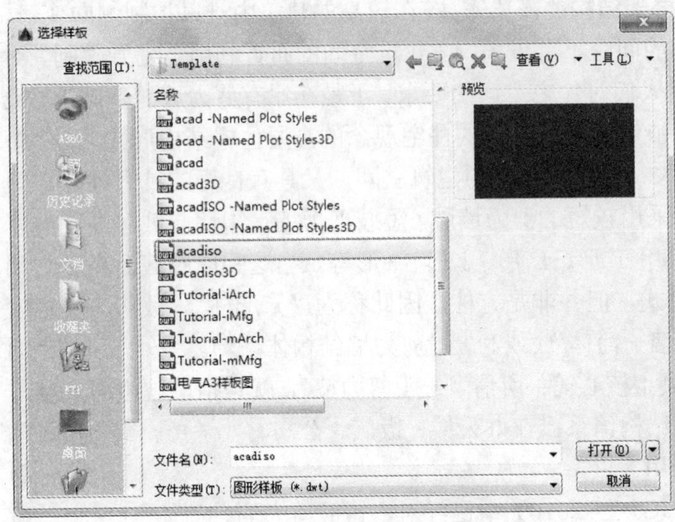

图 15-1 “选择样板”对话框

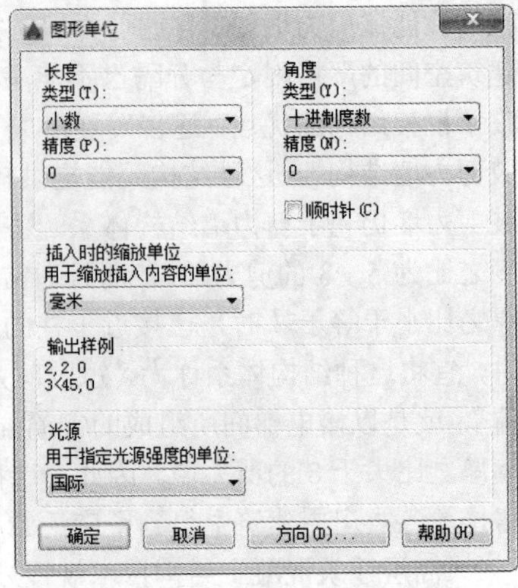

图 15-2 “图形单位”对话框

（3）单击“图形单位”对话框中的“确定”按钮，完成绘图环境设置。

15.2.2 创建新图层

图层是用来组织图形中对象分类的工具，将同一对象组织在同一图层中，以便于编辑和修改，并且可以为新建图层设置颜色、线性、线宽等特性，还可以设置图层的打开与关闭、冻结与解冻、锁定与解锁、可打印与不可打印等，按名称或特性对图层进行排序，搜索图层的组。因此，在绘图前要为不同的图形对象设置不同的图层。

操作步骤如下：

1. 新建图层

单击“默认”选项卡“图层”面板中的“图层特性”按钮，或者在命令行中输入 LAYER 命令，弹出“图层特性管理器”选项板，左侧为树状图而右侧为列表图，树状图显示所有定义的图层组和过滤器；列表图显示当前组或者过滤器中的所有图层，如图 15-3 所示。

2. 设置图层

单击列表图上的“新建图层”按钮，可新建图层并能够对新建图层进行重命名和特性设置。例如，新建图层并命名为“轴线”，“颜色”设置为“红”，“线型”设置为 CENTER 类型，“线宽”设置为 0.09，“打印样式”设置为“不可打印”；建立“墙体”图层，“颜色”设置为“白”，“线型”设置为 Continuous，默认类型，“线宽”设置为 0.3，“打印样式”设置为“可打印”。再分别依次建立其他图层，如图 15-4 所示。

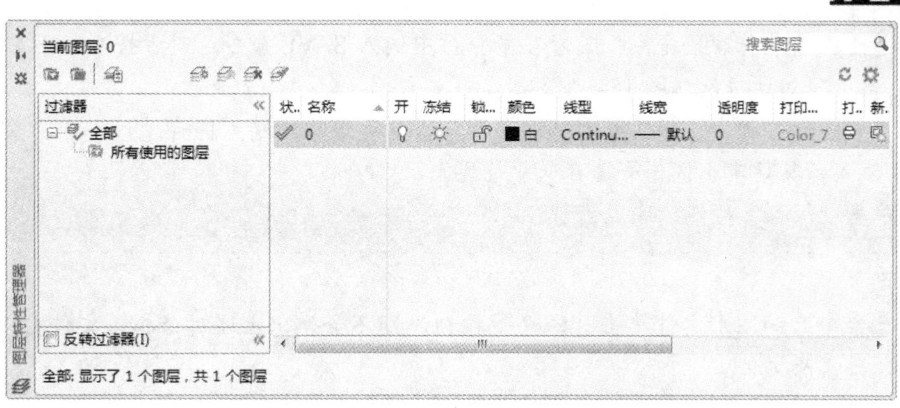

图 15-3　“图层特性管理器”选项板

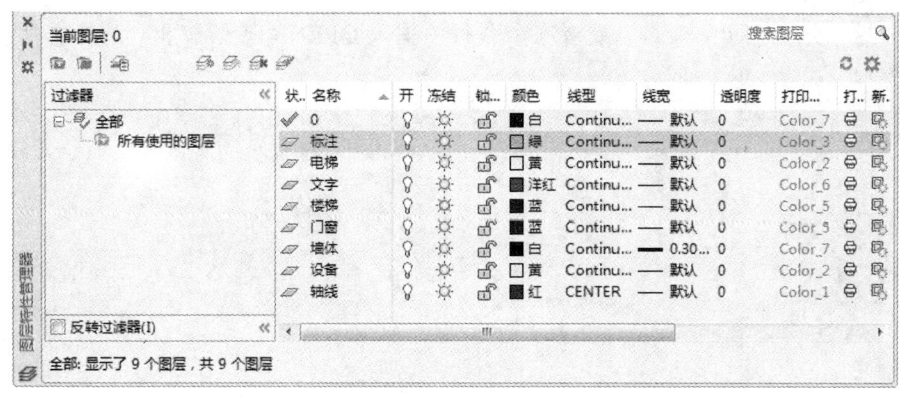

图 15-4　新建图层

提示：

平面图中的墙线一般用粗实线表示，窗和阳台等建筑附件通常用中实线表示，轴线用细点划线表示，标注等其他部分用细实线表示。线的类型不同，线型、线宽、颜色的设置均不同，为以后画图提供很大的方便。

提示：

初学者必须首先学会图层的灵活运用。如果图层分类合理，则图样的修改很方便，在修改一个图层时可以把其他的图层都关闭。将图层的颜色设为不同，这样不会画错图层。要灵活使用冻结和关闭功能。

15.2.3　图形文件的打开与保存

将创建好的文件进行保存和打开，为下面的绘制做准备。

操作步骤如下：

1. 保存图层

创建一个新的图形文件并对其完成参数设置后，应对该图层进行保存。

（1）选择“文件/保存”命令，或者在命令行中输入 SAVE 命令，或者按 Ctrl+S 快捷键，弹出“图形另存为”对话框，如图 15-5 所示。

Note

（2）在“图形另存为”对话框的“保存于”下拉列表框中输入保存地址，在“文件名”下拉列表框中输入“某住宅小区 1 号楼建筑平面图”。

（3）单击“保存”按钮，完成设置。

提示：

若对已经命名的图形文件单击“保存”按钮，则不会弹出上述对话框，文件自动保存在原目录中，覆盖原文件。

2. 打开已保存的图形文件

（1）选择“文件/打开”命令，或者在命令行中输入 OPEN 命令，弹出“选择文件”对话框，如图 15-6 所示。

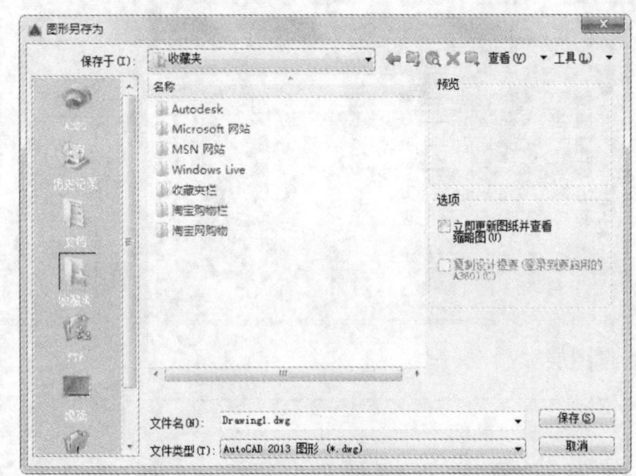

图 15-5 “图形另存为”对话框

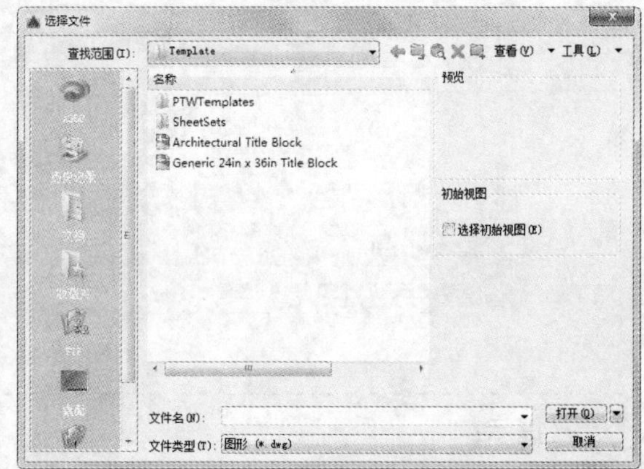

图 15-6 “选择文件”对话框

（2）在“选择文件”对话框中，选择刚才保存的文件名，则对话框的右侧出现所选择的文件的预览图像。

（3）单击“选择文件”对话框中的“打开”按钮，即可打开“某住宅小区 1 号楼建筑平面图”，为下面正式绘图作准备。

15.3 地下一层平面图的绘制

地下层设计采用灵活划分的方式，布置有自行车库和机电设备用房。本节先绘制轴线、墙体等主要结构，再绘制门窗、设备，最后添加标注和文字说明。

地下层是指房屋全部或部分在室外地坪以下的部分（包括层高在 2.2m 以下的半地下室），房间地面低于室外地平面的高度超过该房间净高的 1/2。

光盘\配套视频\第 15 章\地下一层平面图的绘制.avi

15.3.1　绘制建筑轴网

Note

建筑轴线是控制建筑物尺度以及建筑模数的基本手段，是墙体定位的主要依据。下面绘制主要的轴线。

该建筑分为甲、乙两个单元对称布置，一层到三层网轴线也是对称布置，故绘制地下一层平面图轴线时只绘制一个单元的轴线即可。

操作步骤如下：

1. 轴线绘制

（1）将“轴线”图层设置为当前图层。

（2）单击“默认”选项卡“绘图”面板中的“直线”按钮，按 F8 键，打开“正交”模式，绘制一条水平基准轴线，长度为 44000mm，在水平线靠左边适当位置绘制一条竖直基准轴线，长度为 19300mm，如图 15-7 所示。

（3）单击“默认”选项卡“修改”面板中的“偏移”按钮，将水平直线基准轴线依次向上偏移 3700mm、300mm、200mm、300mm、3600mm、750mm、1650mm、150mm、250mm、1950mm、200mm、1450mm、200mm、1050mm，得到所有水平方向的轴线。竖直轴线依次向右偏移 500mm、400mm、3800mm、1700mm、1200mm、400mm、1100mm、800mm、1100mm、1100mm、400mm、1700mm、600mm、900mm、1700mm、1800mm、1500mm 距离，得到对称部分左边主要轴网，如图 15-8 所示。

图 15-7　绘制轴线

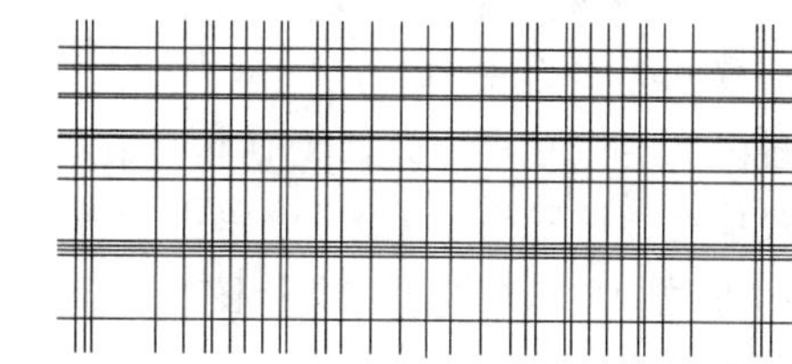

图 15-8　轴线网

提示：

在绘制建筑轴线时，一般选择建筑横向、纵向的最大长度为轴线长度，但当建筑物形体过于复杂时，太长的轴线往往会影响图形效果，因此，也可以仅在一些需要轴线定位的建筑局部绘制轴线。

2. 轴号绘制

这些轴线称为定位轴线。在建筑施工图中，房间结构比较复杂，定位轴线很多且不易区分，为了便于在施工时进行定位放线和查阅图纸，需要为其注明编号。下面介绍创建轴线编号的操作步骤。

（1）将“标注”图层设置为当前图层。

（2）单击“默认”选项卡“绘图”面板中的“圆”按钮，绘制一个直径为 800mm 的圆，如图 15-9 所示。

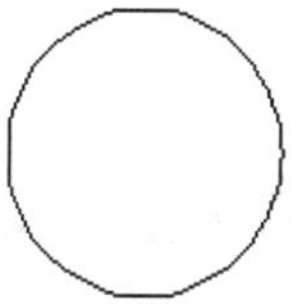

图 15-9　绘制圆

（3）选择菜单栏中的“绘图/块/定义属性”命令，或者在命令行中输入

Note

ATTDEF 命令，弹出“属性定义”对话框，在“标记”文本框中输入 X，表示所设置的属性名称是 X；在“提示”文本框中输入“轴线编号”，表示插入块时的提示符；在“默认”文本框中输入 A，表示属性的指定默认值为 A，将“对正”设置为“正中”，“文字样式”设置为 Standard，“文字高度”设置为 450，如图 15-10 所示。

（4）单击“确定”按钮，用鼠标拾取所绘制圆的圆心，结果如图 15-11 所示。

（5）在命令行中输入 WBLOCK 命令，按 Enter 键，弹出“写块”对话框，如图 15-12 所示。

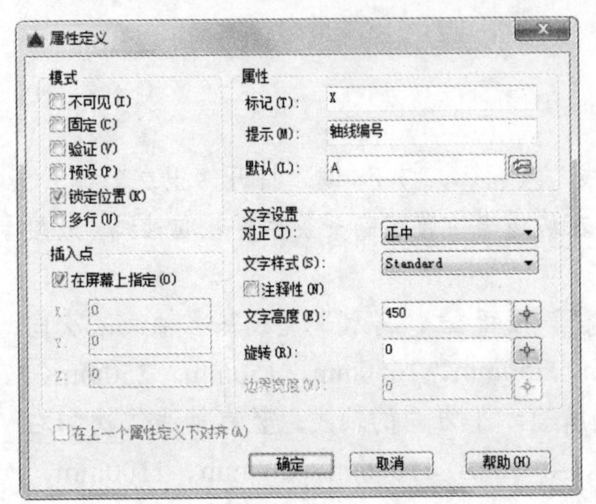

图 15-10 “属性定义”参数设置

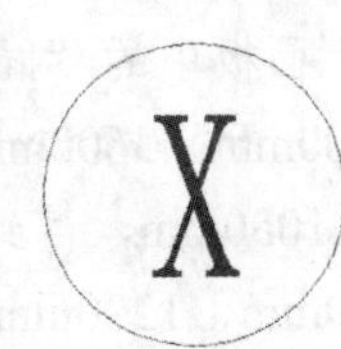

图 15-11 “块”定义

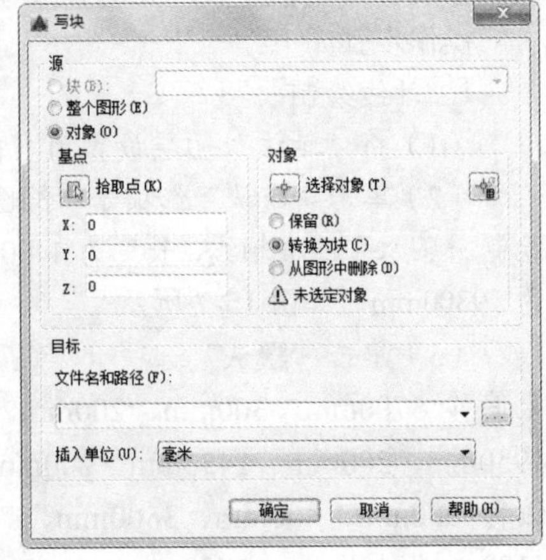

图 15-12 “写块”对话框

（6）设置参数。在“写块”对话框中单击“基点”选项组中的“拾取点”按钮，返回绘图区，拾取圆心作为块的基点；单击“对象”选项组中的“选择对象”按钮，在绘图区选取圆形及圆内文字，右击，返回对话框，在“文件名和路径”下拉列表框中输入要保存到的路径，将“插入单位”设置为“毫米”；单击“确定”按钮，如图 15-12 所示。

（7）单击“默认”选项卡“绘图”面板中的“直线”按钮，在轴线的端部绘制长为 3000mm 的轴号引出线。

（8）在“插入”选项卡“块”面板中单击“插入块”按钮，弹出“插入”对话框，选择前面保存的块，单击“确定”按钮，返回绘图区，插入轴号，修改轴号内字母，如果字母的大小超出圆，则双击字母，弹出“文字编辑器”选项卡，修改文字字体大小，如图 15-13 所示。

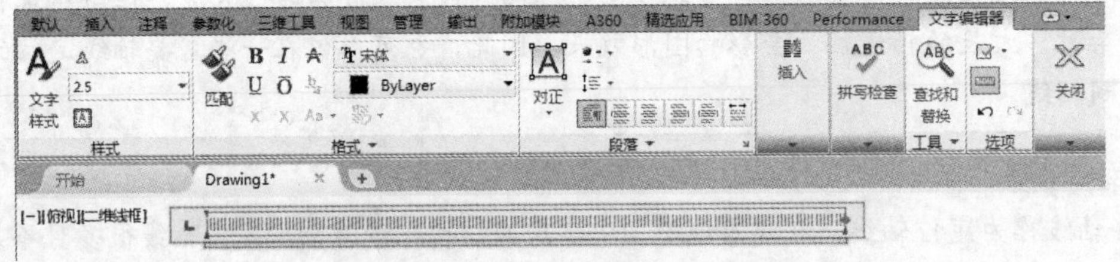

图 15-13 “文字编辑器”选项卡

（9）用上述方法绘制其他轴号，如图 15-14 所示。

15.3.2 绘制剪力墙

一般的墙体分为承重墙和隔墙，承重墙厚 240mm，隔墙厚 120mm，剪力墙的厚度由结构计

算决定。本例的高层地下层采用的剪力墙厚 400mm。绘制墙体的具体步骤如下：

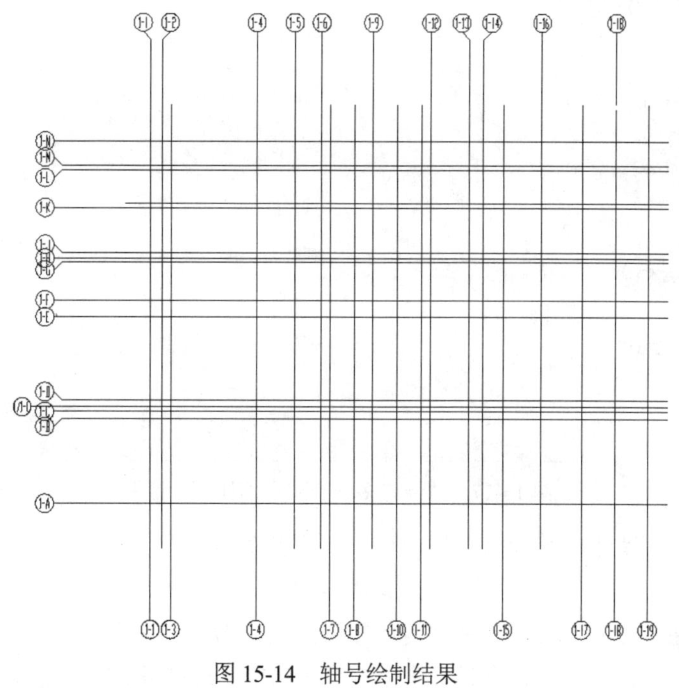

图 15-14　轴号绘制结果

1. 创建多线样式

（1）选择菜单栏中的“格式/多线样式”命令，弹出“多线样式”对话框，如图 15-15 所示。

（2）在“多线样式”对话框中单击“新建”按钮，弹出“创建新的多线样式”对话框，在“新样式名”文本框中输入“墙体”，如图 15-16 所示。单击“继续”按钮，弹出“新建多线样式：墙体”对话框，在“直线”区域选中“起点”和“端点”复选框，如图 15-17 所示，再单击“确定”按钮，完成多线样式的创建。

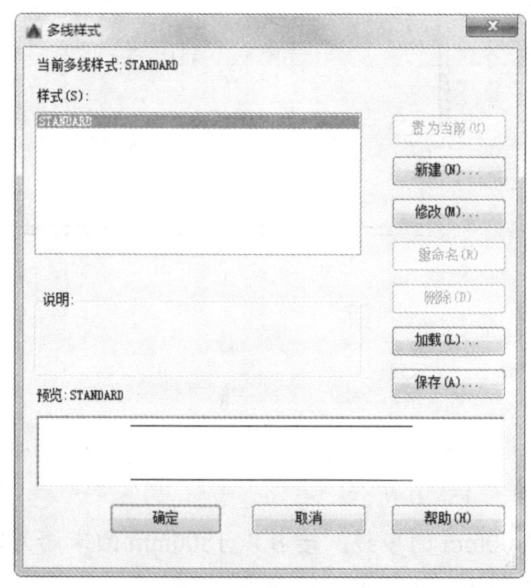

图 15-15　“多线样式”对话框

图 15-16　创建多线样式

Note

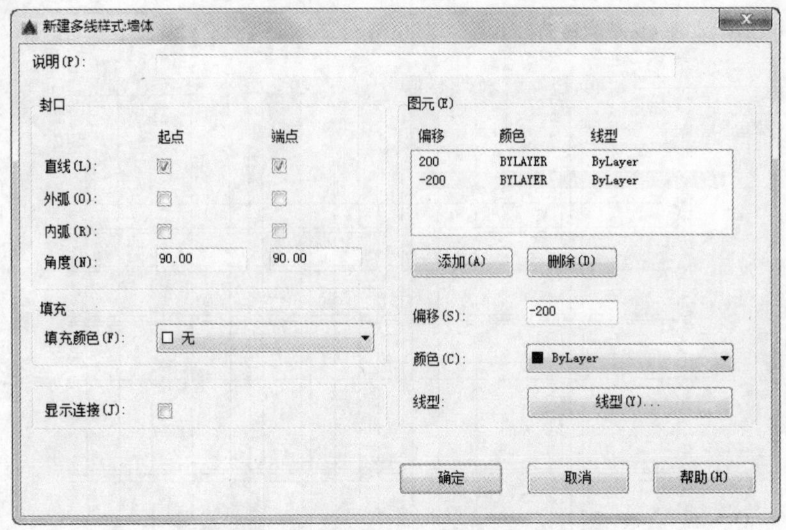

图 15-17　“新建多线样式：墙体”对话框

（3）返回“多线样式”对话框，将“墙体”样式置为当前。

2. 绘制墙体

（1）单击“图层控制”列表，将“墙体”图层设置为当前图层。

（2）选择菜单栏中的“绘图/多线”命令，绘制墙线，绘制多线的起点效果如图 15-18 所示。

（3）按同样的方法绘制出所有的外墙线，如图 15-19 所示。

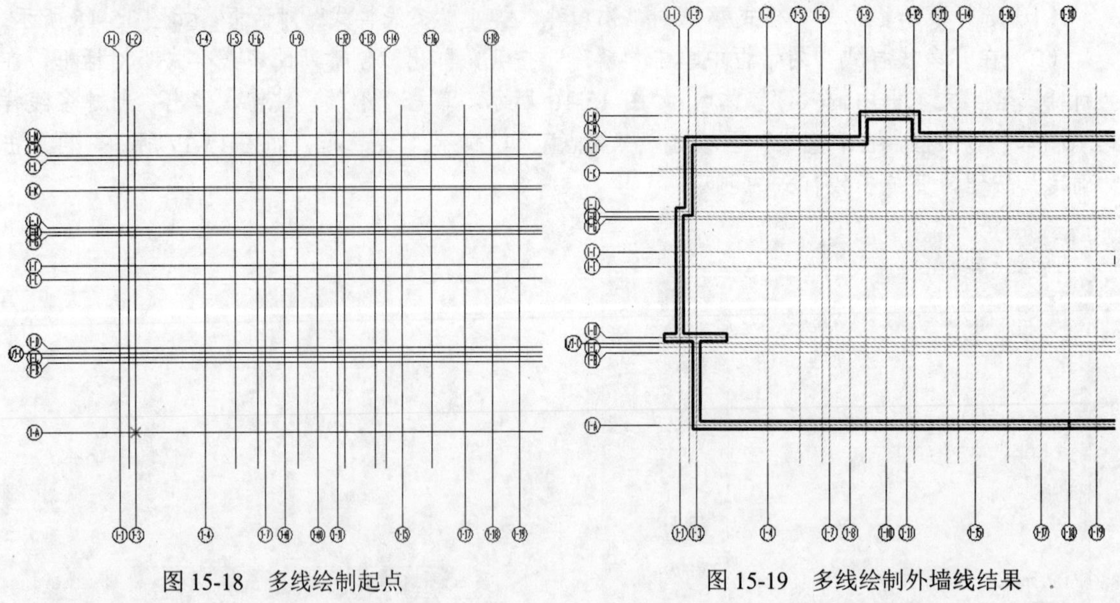

图 15-18　多线绘制起点

图 15-19　多线绘制外墙线结果

（4）由于剪力墙分布不太规则，对于开洞和孤立的墙体，需采取如下步骤绘制，如在 1-D 与 1-3 轴线的交点处绘制一条长 1650mm 的多线，如图 15-20 所示。

（5）以 1650mm 的末端为起点绘制一条长为 1800mm 的多线，接着以 1800mm 的末端为起点绘制多线至 1-4 与 1-D 轴线的交点，如图 15-21 和图 15-22 所示。

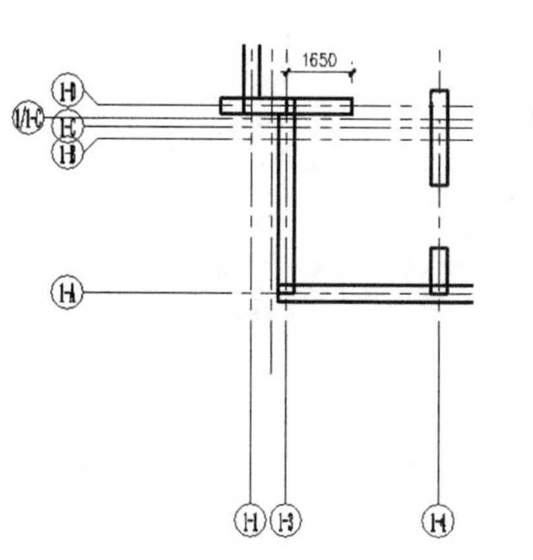

图 15-20　多线绘制内墙 1

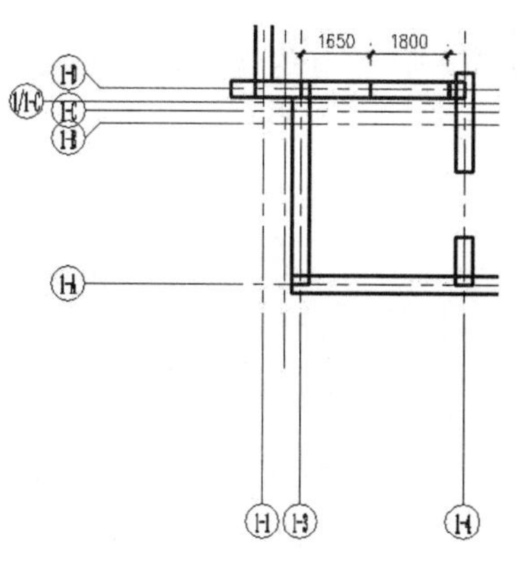

图 15-21　多线绘制内墙 2

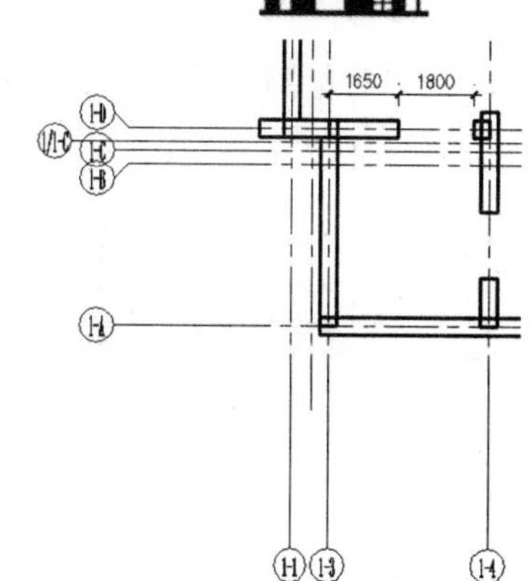

图 15-22　多线绘制内墙 3

（6）单击“默认”选项卡“修改”面板中的“删除”按钮，删除长为 1800mm 的多线，这样就完成了这种孤立墙体的绘制。

（7）采用上述方法绘制出所有墙体，如图 15-23 所示。

3. 编辑和修整墙体

（1）选择菜单栏中的“修改/对象/多线”命令，弹出“多线编辑工具”对话框，如图 15-24 所示。该对话框中提供有 12 种多线编辑工具，可根据不同的多线交叉方式选择相应的工具进行编辑，一般使用较多的是“T 形打开”或者“T 形合并”工具，使用“T 形合并”工具前后的效果如图 15-25 和图 15-26 所示。

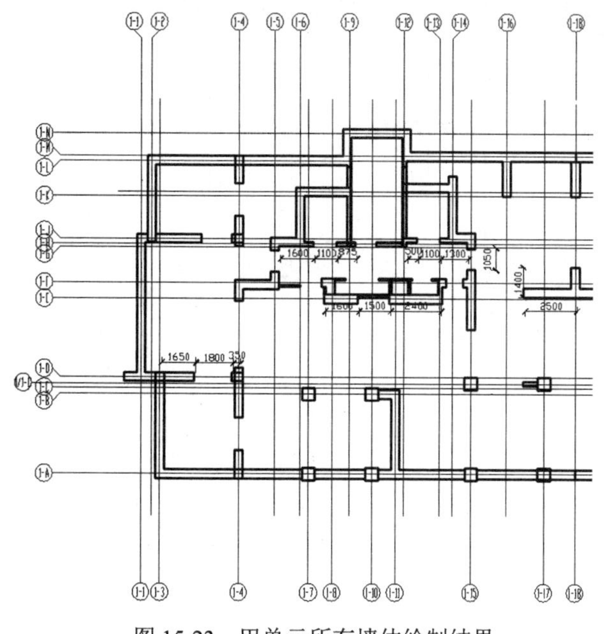

图 15-23　甲单元所有墙体绘制结果

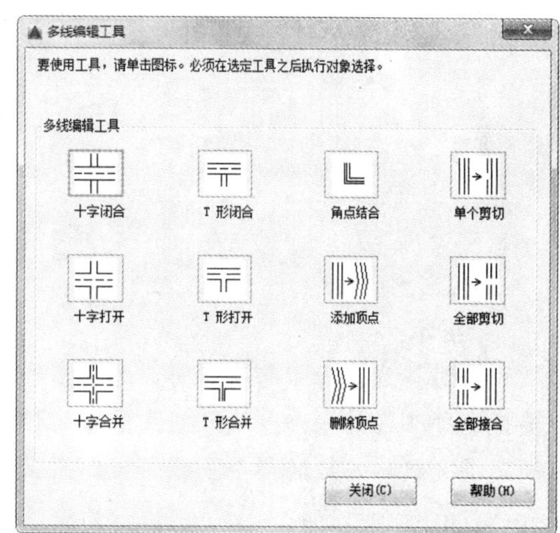

图 15-24　“多线编辑工具”对话框

（2）由于少数较复杂的墙线结合处无法找到相应的多线编辑工具进行编辑，因此可以利用分解命令将多线分解，然后利用修剪命令对该结合处的线条进行修整。

（3）另外，一些内部墙体并不在主要轴线上，可以通过添加辅助轴线，并利用修剪或延伸

Note

命令，进行绘制和修整。经过编辑和修整后的墙线如图 15-27 所示。

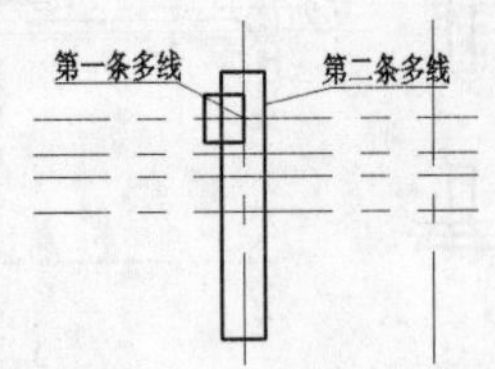

图 15-25 “T 形合并”前

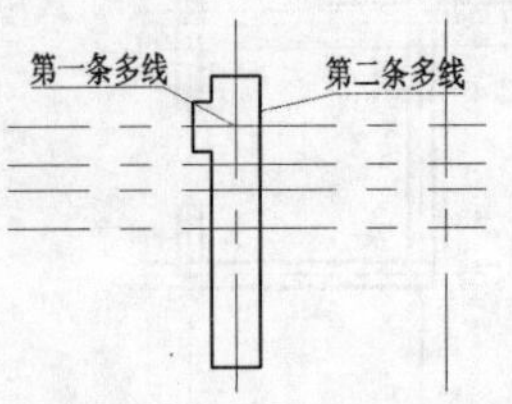

图 15-26 “T 形合并”后

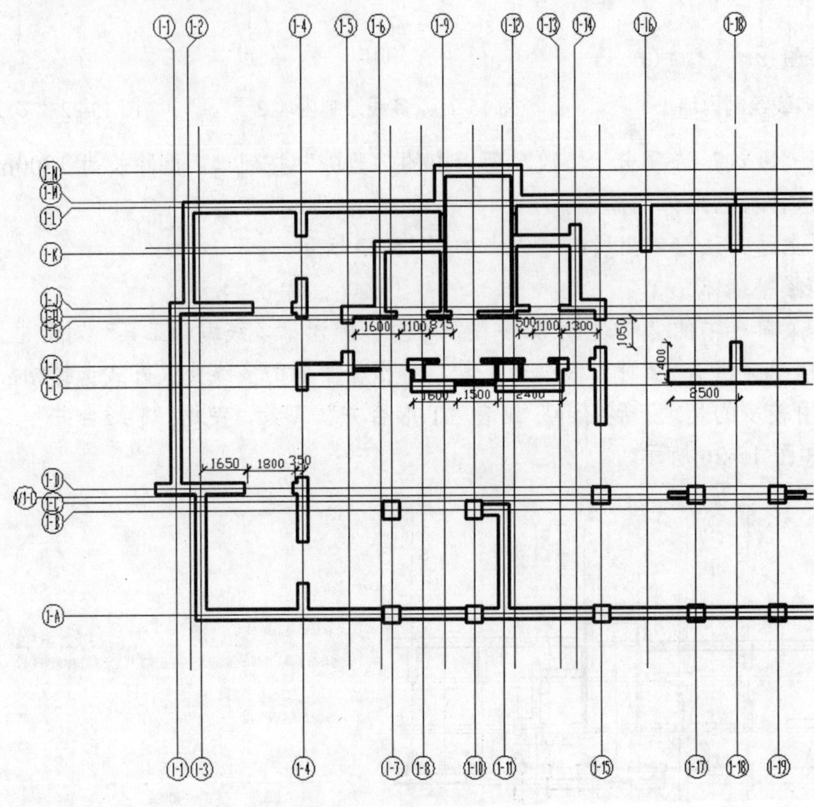

图 15-27 墙线修改结果

提示：

当对多线进行 T 形编辑时，选择多线的顺序很重要：当两条多线的位置呈 T 形时，一定要先选择下方的那条多线；当位置呈⊥形时，一定要先选择上方那条多线；当位置呈┤形时，一定要先选择左边的那条多线；当位置呈├形时，一定要先选择右边那条多线。如不慎操作失误，在命令行中输入 U，撤销上一步操作。

（4）单击“默认”选项卡“修改”面板中的“镜像”按钮，镜像出完全对称的另一半墙体，再补齐 1-18 轴线上的墙体，如图 15-28 所示。

（5）单击“默认”选项卡“修改”面板中的“复制”按钮，将上面已经绘制好的轴线编号复制移动到镜像的轴线上方，标上右边部分的轴线，如图 15-29 所示。

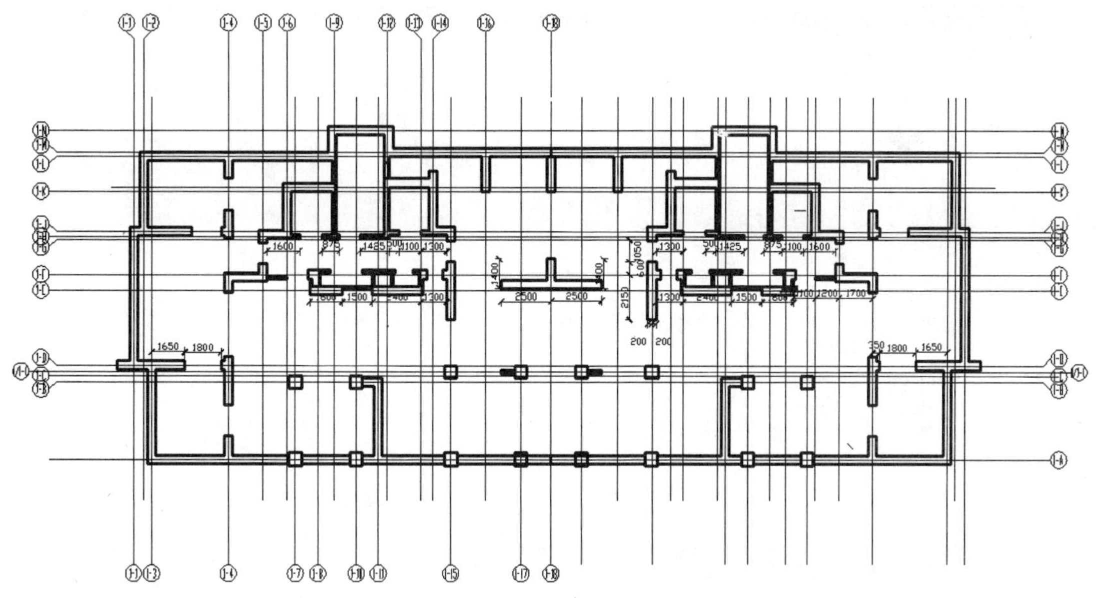

图 15-28　镜像墙体结果

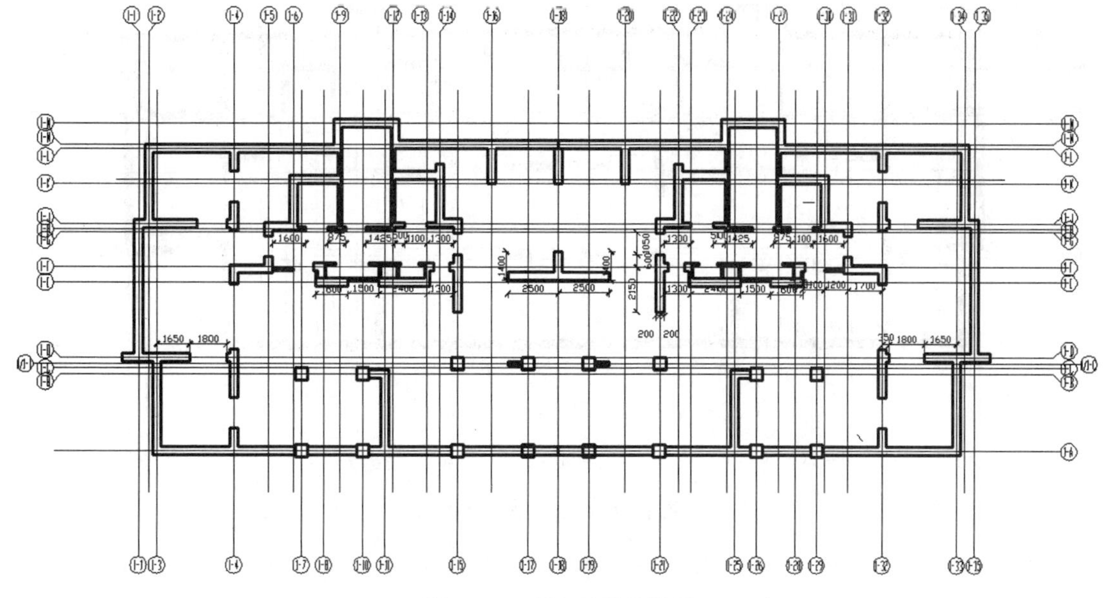

图 15-29　插入轴号的结果

4. 填充墙体

（1）将“轴线”图层关闭，便于图案填充。

（2）单击“默认”选项卡“绘图”面板中的“图案填充”按钮，弹出“图案填充创建”选项卡，如图 15-30 所示，设置“填充图案”为 SOLID 图案，“颜色”为 252，拾取要填充的剪力墙，将钢筋混凝土剪力墙填充为灰色，再将“轴线”图层打开，如图 15-31 所示。

5. 绘制管道隔墙

（1）选择菜单栏中的“绘图/多线”命令，设置多线比例为 100，在管道处绘制对应的隔墙。

Note

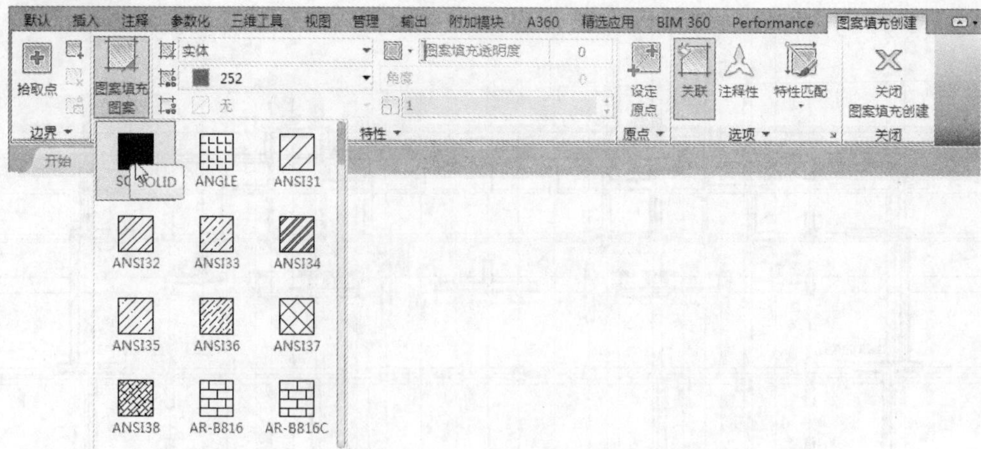

图 15-30 “图案填充创建”选项卡

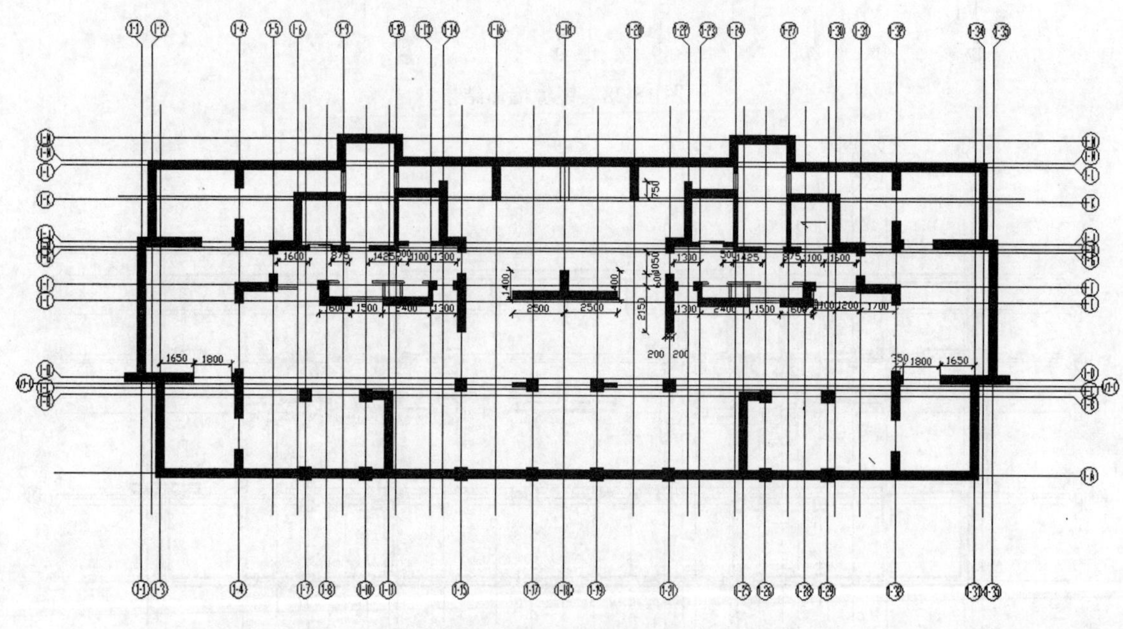

图 15-31 墙体填充结果

（2）单击“默认”选项卡“绘图”面板中的“直线”按钮，按 F8 键关闭正交模式，在管道间内部绘制一条折线，表示管道井中空，结果如图 15-32 所示。

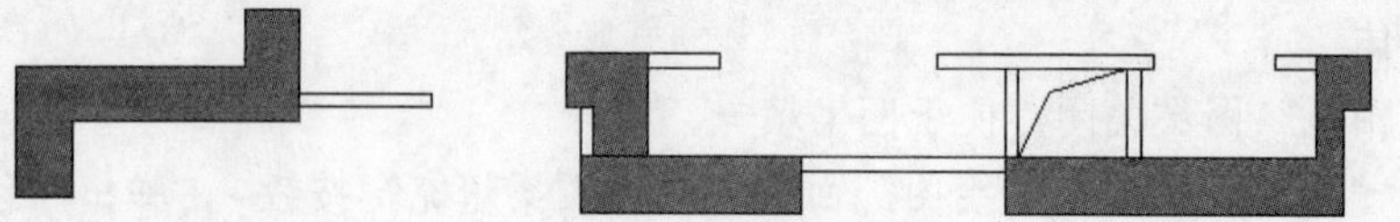

图 15-32 管道井隔墙

15.3.3 绘制平面图中的门

住宅中共有 4 种类型的门，分别为 FM—3，1000mm×2100mm 的单扇门；FM—4，1600mm×

2100mm 的双扇平开门，FM—6、FM—7 防火门。

操作步骤如下：

1. 绘制 FM—3 防火平开门

（1）打开“图层特性管理器”选项板，新建“门”图层，采用默认设置，双击新建图层，将当前图层设置为“门”。

（2）单击“默认”选项卡“绘图”面板中的“矩形”按钮，绘制一个尺寸为 40mm×1000mm 的矩形门扇，如图 15-33 所示。

（3）单击“默认”选项卡“绘图”面板中的“圆弧”按钮，以矩形门扇左上角顶点为起点，左下角顶点为圆心，绘制一条圆心角为-90°，半径为 1000mm 的圆弧，得到如图 15-34 所示的单扇平开门图形。

（4）单击“插入”选项卡“块定义”面板中的“创建块”按钮，创建“单扇平开门”图块。

（5）单击“插入”选项卡“块”面板中的“插入块”按钮，在平面图中选择预留门洞墙线的中点作为插入点，插入“单扇平开门”图块，如图 15-35 所示，完成平开门的绘制。

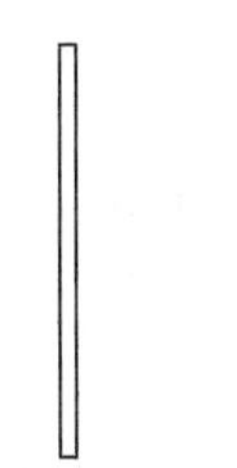

图 15-33　矩形门扇

图 15-34　单扇平开门

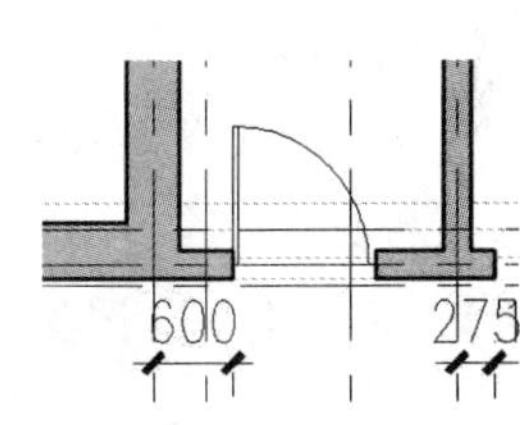

图 15-35　插入单扇平开门

2. 绘制 FM—4 双扇平开门

（1）利用第 1 步中的方法先绘制 800mm 宽的单扇平开门，如图 15-36 所示。

（2）单击“默认”选项卡“修改”面板中的“镜像”按钮，进行竖直方向的镜像操作，得到宽 1600mm 的双扇平开门，如图 15-37 所示。

（3）单击“插入”选项卡“块定义”面板中的“创建块”按钮，创建“双扇平开门”图块。

（4）单击“插入”选项卡“块”面板中的“插入块”按钮，在平面图中选择预留门洞墙线的中点作为插入点，插入“双扇平开门”图块，如图 15-38 所示，完成双扇平开门的绘制。

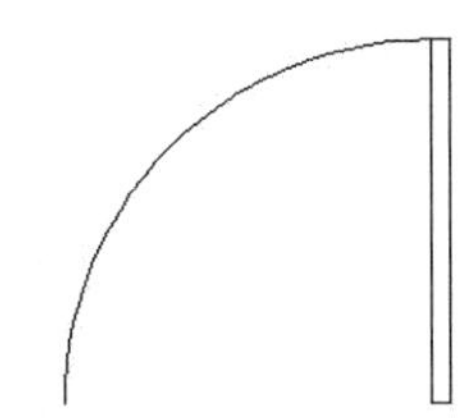

图 15-36　800mm 宽的单扇平开门

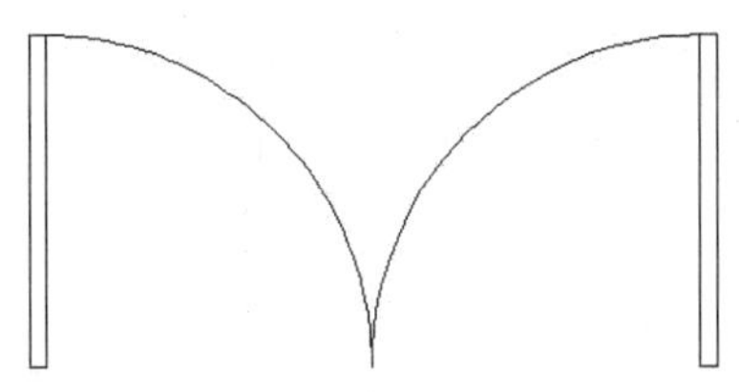

图 15-37　1600mm 宽双扇平开门

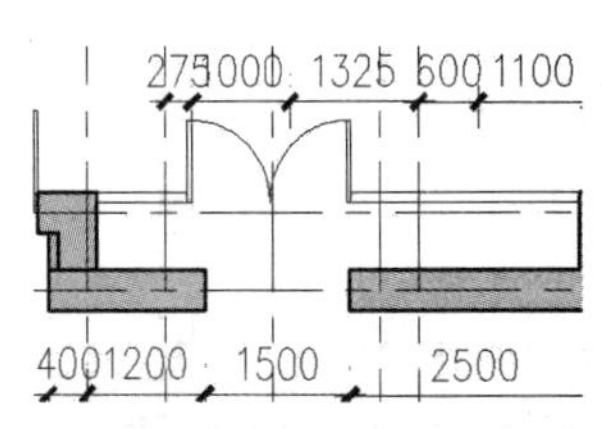

图 15-38　插入双扇平开门

（5）使用上述方法画出平面图中的其余 FM—6、FM—7 防火门，如图 15-39 所示。

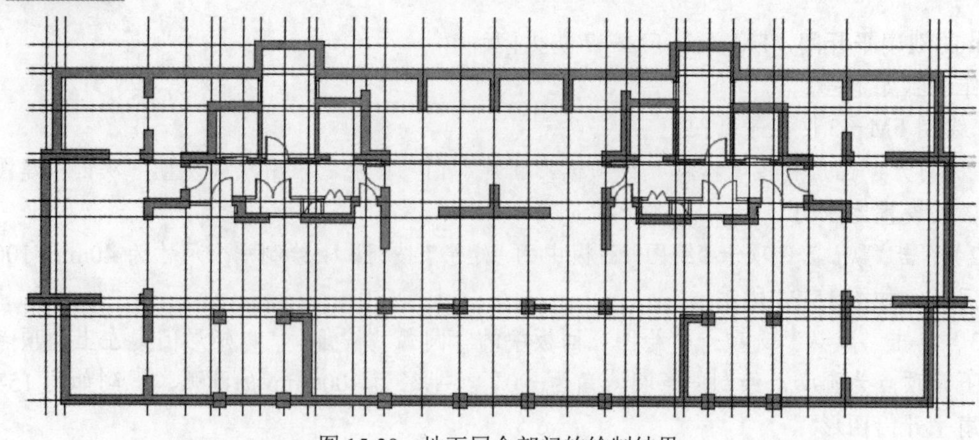

图 15-39　地下层全部门的绘制结果

15.3.4　绘制电梯和楼梯

电梯由机房、井道和地坑 3 部分组成，本例中共有 4 部电梯，但只设两部电梯下到地下一层。操作步骤如下：

1. 绘制楼梯

一般建筑图中都有楼梯详图，所以在建筑平面图中并不需要非常精确地绘制楼梯平面图，具体绘制过程如下：

（1）将“楼梯”图层设置为当前图层。

（2）单击“默认”选项卡“绘图”面板中的“直线”按钮，绘制楼梯间的中点线，然后单击“默认”选项卡“修改”面板中的“偏移”按钮，向左右各偏移 75mm，如图 15-40 所示。

（3）同样利用直线和偏移命令，绘制出楼梯的踏步，如图 15-41 所示。

（4）单击“默认”选项卡“绘图”面板中的“直线”按钮，按 F8 键关掉正交模式，绘制出楼梯的剖切线，如图 15-42 所示。

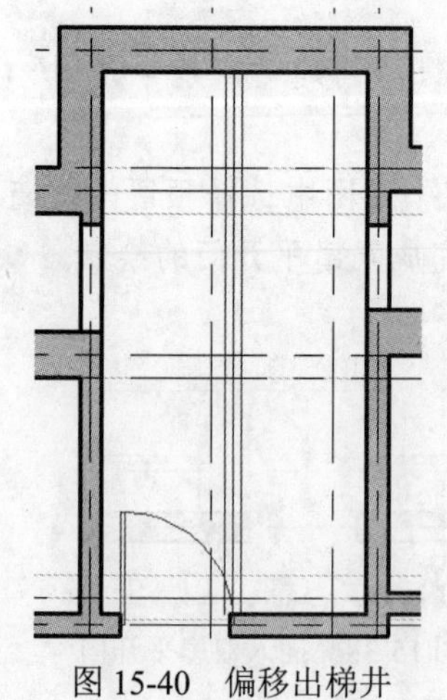

图 15-40　偏移出梯井

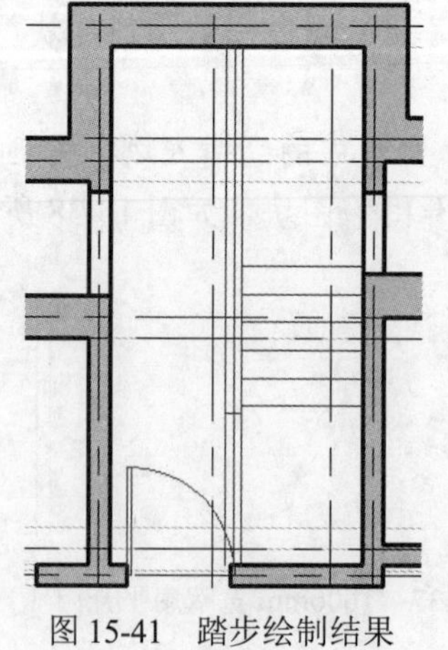

图 15-41　踏步绘制结果

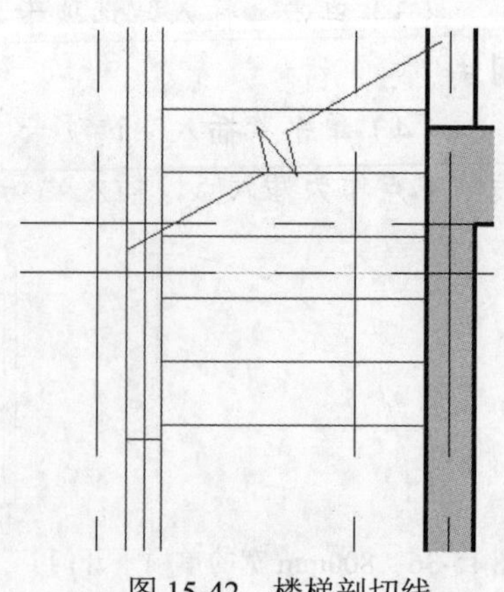

图 15-42　楼梯剖切线

（5）单击“默认”选项卡“修改”面板中的“修剪”按钮，剪掉多余的线段，如图 15-43

所示。

（6）在命令行中输入 PLINE 命令，在踏步的中线处绘制出指示箭头。

（7）单击“默认”选项卡“注释”面板中的“多行文字”按钮A，弹出“文字编辑器”选项卡，将“字体”设置为“宋体”，“文字高度”设置为 200，输入“上”字，绘制结果如图 15-44 所示。

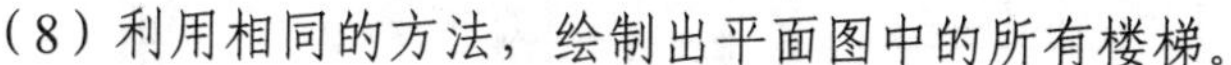

（8）利用相同的方法，绘制出平面图中的所有楼梯。

2. 电梯绘制

（1）将“电梯”图层设置为当前图层。

（2）单击“默认”选项卡“绘图”面板中的“矩形”按钮，以电梯间左上角为起点，绘制长度为 1750mm、宽度为 1100mm 的矩形。

（3）单击“默认”选项卡“绘图”面板中的“直线”按钮，绘制矩形的对角线，完成轿箱的绘制。

（4）单击“默认”选项卡“绘图”面板中的“矩形”按钮，完成电梯的绘制，如图 15-45 所示。

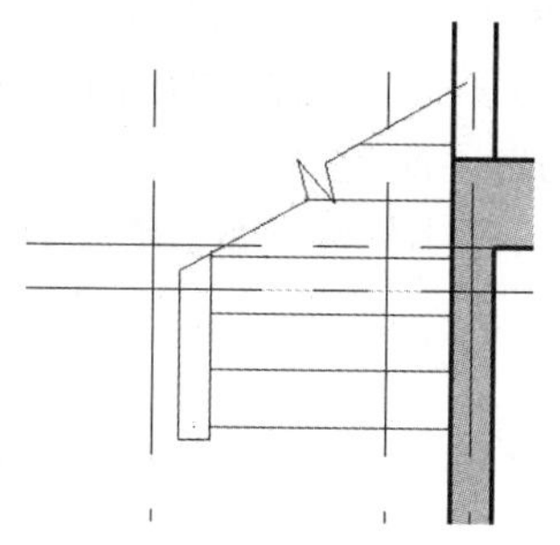

图 15-43 楼梯修改结果

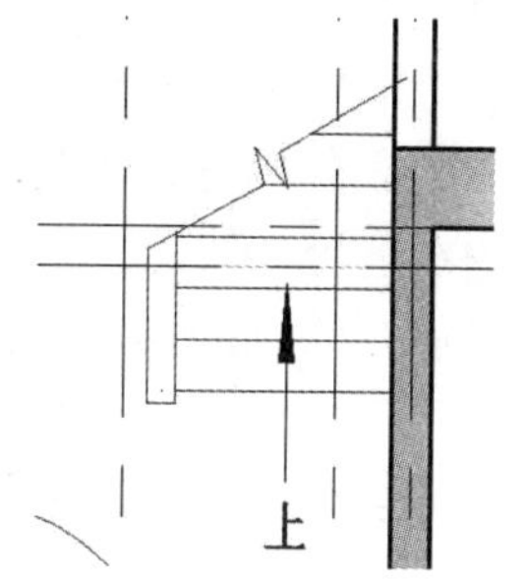

图 15-44 文字标注结果

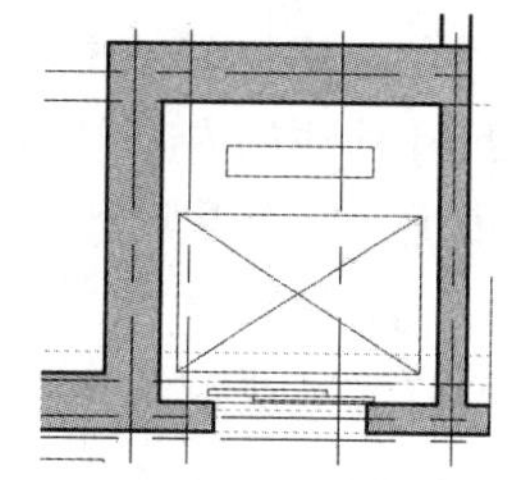

图 15-45 电梯绘制结果

15.3.5 绘制建筑设备

本例中的车库是自行车库，不需要车库尾气排放风机房。

操作步骤如下：

1. 集水坑的绘制

（1）将“设备”图层设置为当前图层。

（2）集水坑面积为 1000mm×1000mm，利用矩形命令绘制 1000mm×1000mm 的矩形，再利用直线命令完成集水坑的绘制，如图 15-46 所示。

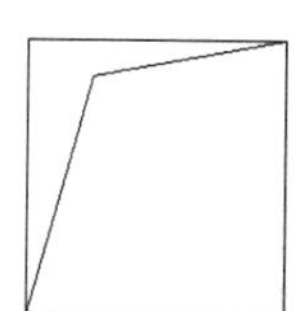

图 15-46 集水坑绘制结果

2. 多种电源配电箱的绘制

（1）单击“默认”选项卡“绘图”面板中的“矩形”按钮，绘制配电箱，长宽分别为 700mm、320mm，然后单击“默认”选项卡“绘图”面板中的“直线”按钮，绘制出对角线，最后单击“默认”选项卡“绘图”面板中的“图案填充”按钮，填充下边三角形的区域，完成配电箱的绘制，如图 15-47 所示。

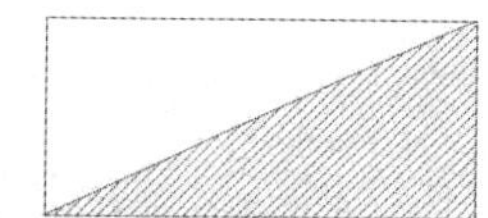

图 15-47 配电箱绘制结果

Note

（2）完善地下一层的建筑平面图，如图 15-48 所示。

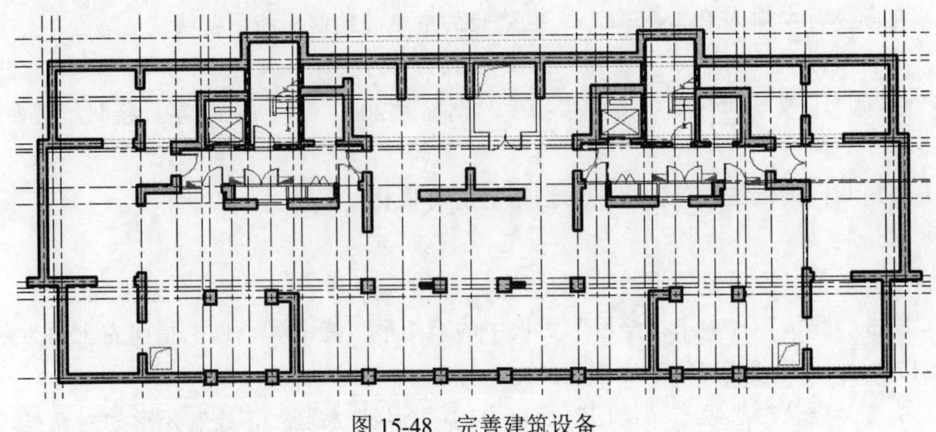

图 15-48　完善建筑设备

15.3.6　尺寸标注及文字说明

建筑平面图中的尺寸标注是绘制平面图的重要组成部分，不仅标明了平面图的总体尺寸，也标明了平面图中墙线间的距离、门窗的长宽等各建筑部件之间的尺寸关系，通过平面图中所标注的尺寸，能使看图者准确了解设计者的整体构思，也是现场施工的首要前提。

尺寸标注的内容主要包括尺寸界线、尺寸线、标注文字、箭头等基本标注元素。绘制地下一层的最后一步就是尺寸标注和文字说明，绘制的具体步骤如下：

1. 设置标注样式

标注样式决定了尺寸标注的形式与功能，控制着基本标注元素的格式，可以根据需要设置不同的标注样式，并为其命名。

（1）选择“格式/标注样式”命令，弹出“标注样式管理器”对话框，如图 15-49 所示。

（2）单击“标注样式管理器”对话框右边的“新建”按钮，弹出“创建新标注样式”对话框，为新样式命名为“地下一层”，如图 15-50 所示。

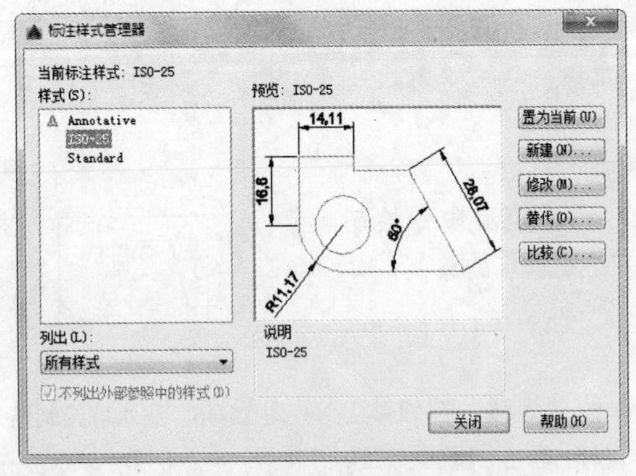

图 15-49　“标注样式管理器”对话框

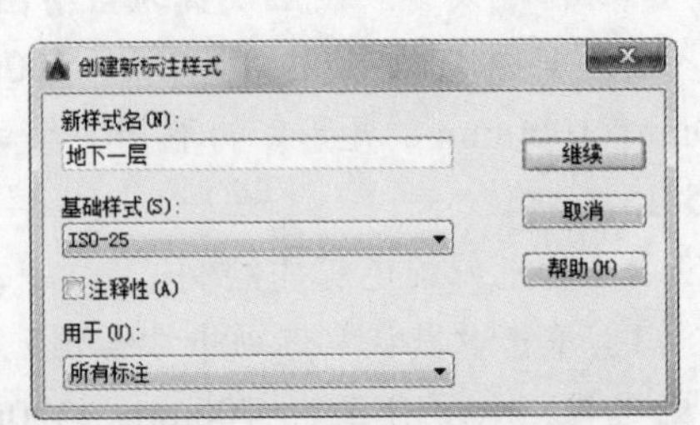

图 15-50　“创建新标注样式”对话框

（3）单击“继续”按钮，弹出“新建标注样式：地下一层”对话框，用来设置地下一层标注样式的各项参数。

（4）选择“线”选项卡，在“超出尺寸线”数值框中输入 250，如图 15-51 所示。

（5）选择“符号和箭头”选项卡，在“第一个”下拉列表框中选择“建筑标记”选项，则“第二个”自动变成“建筑标记”，表示标注箭头是常用的建筑斜线形式。在“箭头大小”数值框中输入 250，如图 15-52 所示。

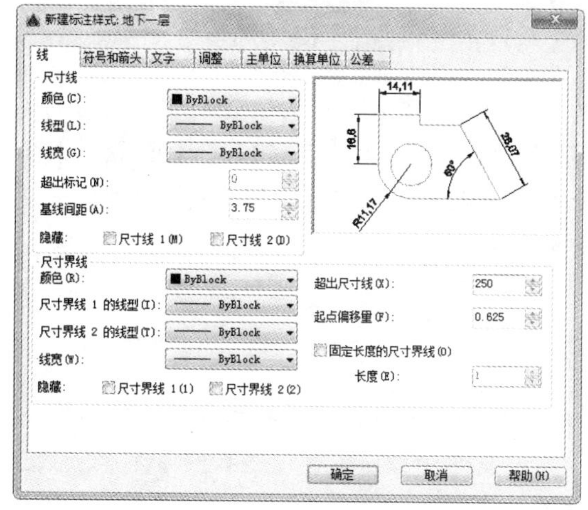

图 15-51　“线”的参数设置

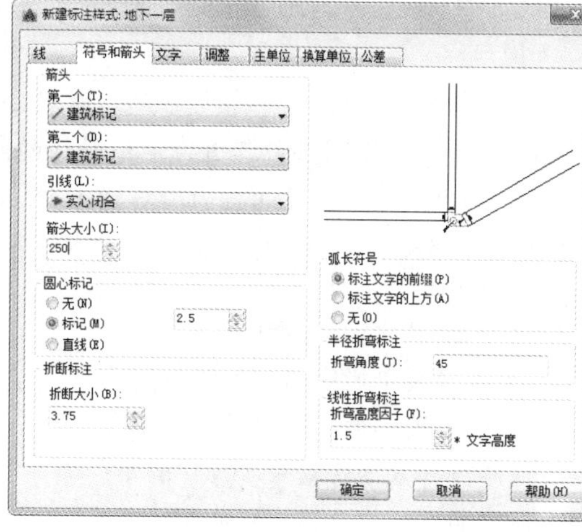

图 15-52　“符号和箭头”的参数设置

（6）选择“文字”选项卡，在“文字高度”数值框中输入 300，在“从尺寸线偏移”数值框中输入 100，如图 15-53 所示。

（7）选择“调整”选项卡，选中“文字或箭头（最佳效果）”单选按钮，如图 15-54 所示。

（8）选择“主单位”选项卡，在“精度”下拉列表框中选择 0 选项。

（9）单击“确定”按钮，返回“标注样式管理器”对话框，选中“地下一层”样式，单击“置为当前”按钮，将“地下一层”设为当前的标注样式，再单击“关闭”按钮，完成标注样式的设置。

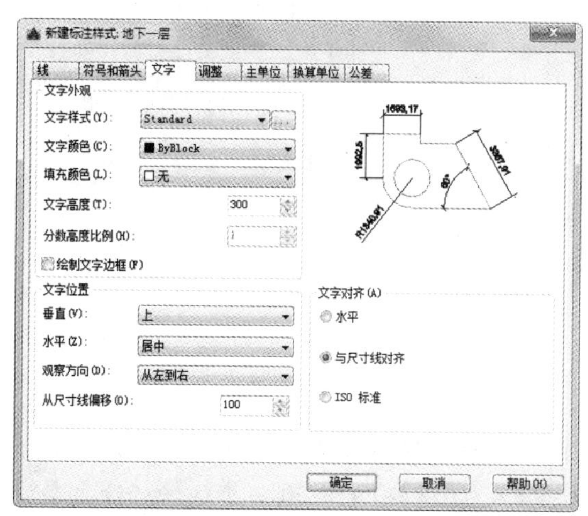

图 15-53　“文字”的参数设置

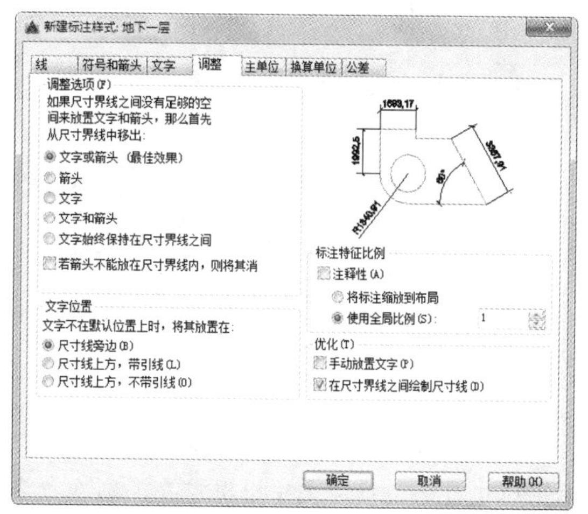

图 15-54　“调整”的参数设置

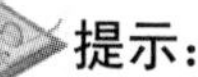

提示：

进行尺寸及文字标注时，一个好的制图习惯是首先设置好文字样式。

2. 进行尺寸标注设置

（1）将“标注”图层设置为当前图层。

（2）在状态栏中单击“对象捕捉”按钮□，右击，在弹出的快捷菜单中选择“设置”命令，弹出“草图设置”对话框，将“端点”“中点”“垂足”设为固定捕捉，如图 15-55 所示。

Note

提示：

平面图中的外墙尺寸一般有 3 道，最内层第一道为门、窗的大小和位置尺寸（门窗的定型和定位尺寸）；中间层第二道为定位轴线的间距尺寸（房间的开间和进深尺寸）；最外层第三道为外墙总尺寸（房屋的总长和总宽）。内墙上的门窗尺寸可以标注在图形内。此外，还需标注某些局部尺寸，如墙厚、台阶和散水等，以及室内外的标高。

3. 第一道尺寸标注绘制

（1）选择菜单栏中的“标注/线性”命令，标注尺寸，如图 15-56 所示。

（2）选择菜单栏中的“标注/连续”命令，执行连续标注命令，水平移动光标，则新标注的第一条延伸线将紧接着上一次标注的第二条延伸线，并且两个标注的标注线在一条水平直线上，用“捕捉到端点”依次捕捉延伸线的起点，进行连续标注。

（3）完成连续标注，如图 15-57 所示。

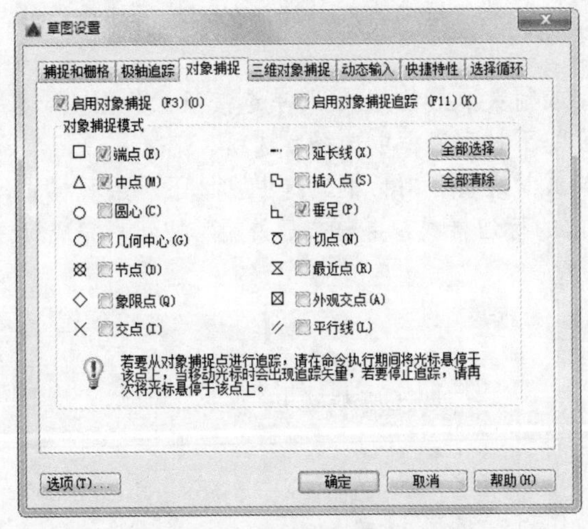

图 15-55 “草图设置”对话框

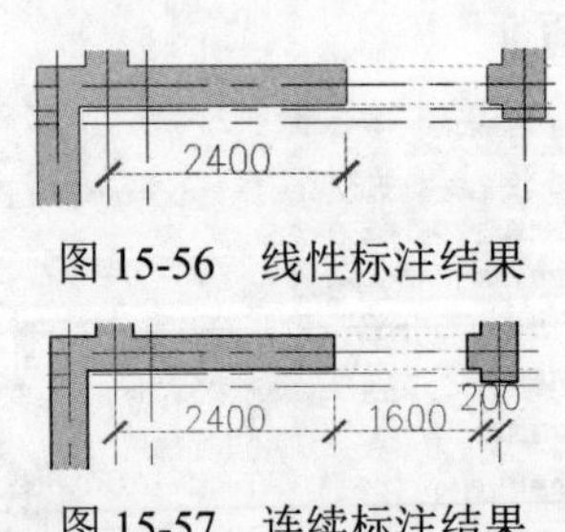

图 15-56 线性标注结果

图 15-57 连续标注结果

（4）采用上面的方法，标注出所有的细部尺寸，如图 15-58 所示。

提示：

在标注过程中，如果出现标注尺寸错误，可以在命令行中输入 U，取消此次标注。如果标注尺寸过小，标注文字出现重叠，则在命令行中输入 DIMTEDIT，利用“编辑标注文字”调整文字的位置。

4. 第二道尺寸标注

（1）选择菜单栏中的“标注/快速标注”命令，标注尺寸，如图 15-59 所示。

Note

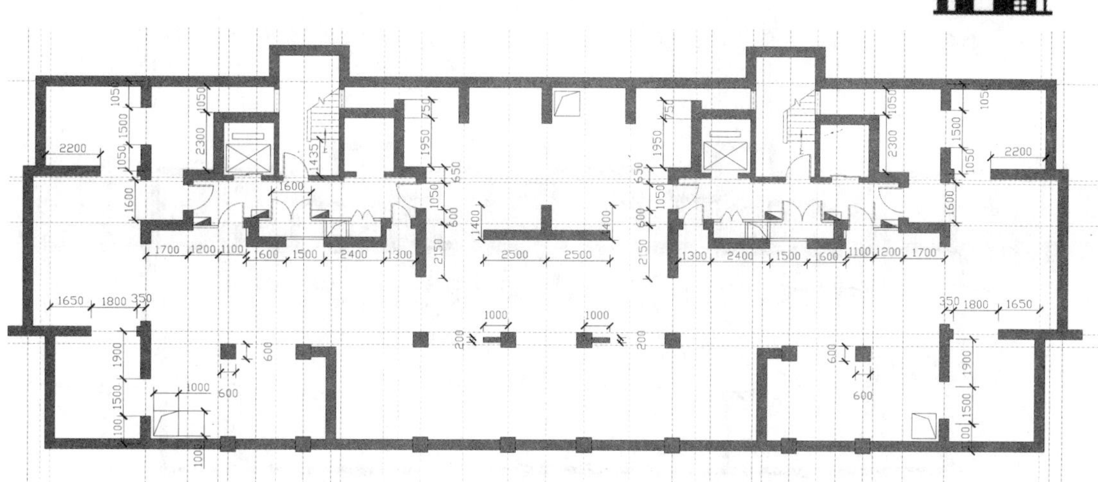

图 15-58　细部尺寸标注结果

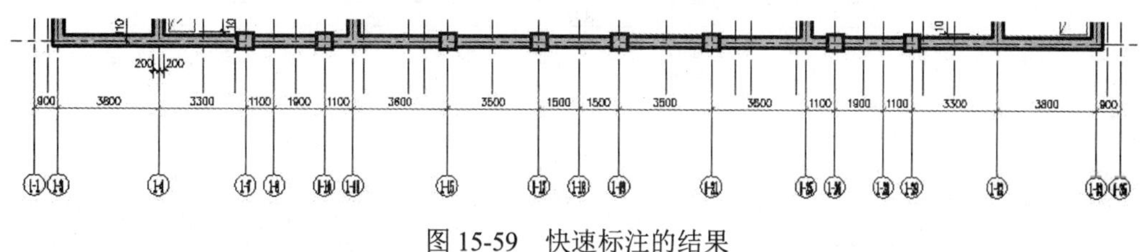

图 15-59　快速标注的结果

（2）采用上面的方法，绘制出所有的轴线尺寸，如图 15-60 所示。

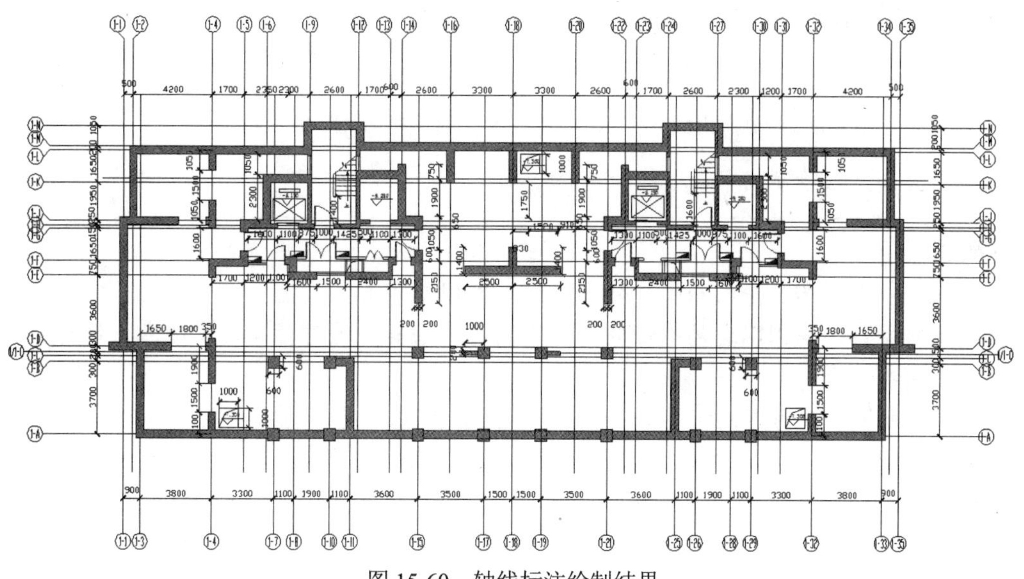

图 15-60　轴线标注绘制结果

（3）首先将“标注”工具栏调出，然后单击“标注”工具栏中的“编辑标注文字”按钮，调整文字的位置，最后调整整个视图。

5. 第三道尺寸标注

单击“默认”选项卡“注释”面板中的“线性”按钮，标注最外面尺寸，标注结果如图 15-61 所示。

Note

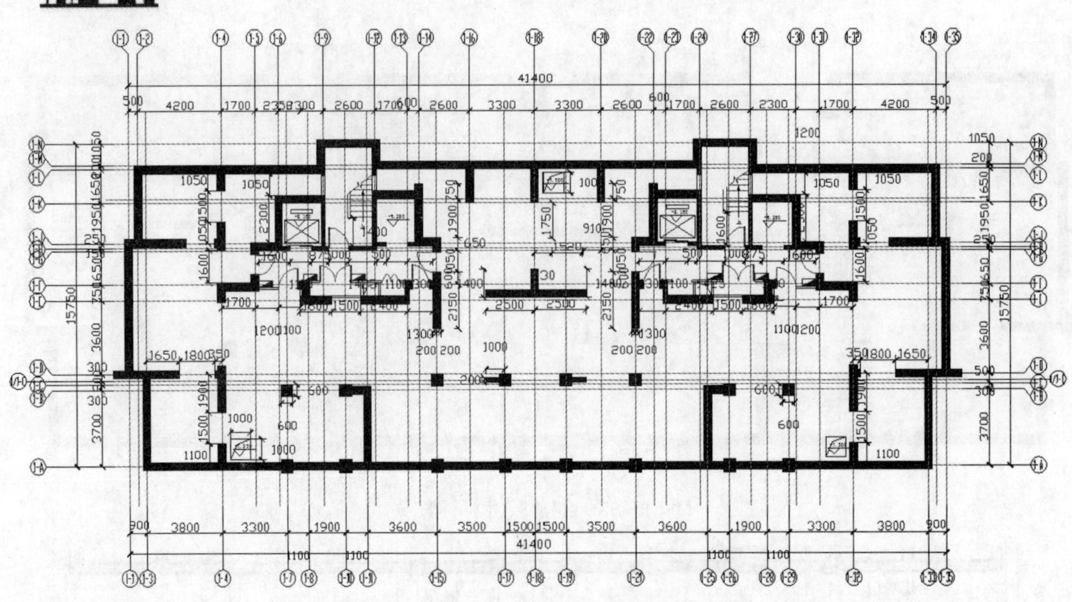

图 15-61　总尺寸标注绘制结果

6. 绘制标高符号

（1）单击“默认”选项卡“绘图”面板中的“直线”按钮，绘制一个倒立的正三角形。然后再用直线命令在三角形的右边补上一段水平直线，得到室内的标高符号，如图 15-62 所示。

（2）单击“默认”选项卡“注释”面板中的“多行文字”按钮A，在室内标高符号上标注标高的高度，如图 15-63 所示。

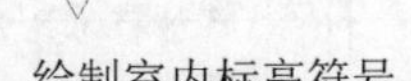

图 15-62　绘制室内标高符号

-9.250

图 15-63　标高绘制结果

（3）用上述方法绘制出平面图的所有标高标注。

提示：

标高是指以某点为基准的高度，有绝对标高和相对标高。

☑ 绝对标高：我国以青岛附近的黄海平均海平面作为绝对标高的水准点。绝对标高也是海拔高度。

☑ 相对标高：又称假设标高，其标高的起算点可根据建筑的需要设定。

在单位工程的具体设计中使用的标高均是相对标高，以单位工程底层的室内地面作为标高的起算点，即一般是以底层室内地坪的标高作为相对标高的零点。零点标高应写成±0.000，正数标高不注“+”，负数标高应注“-”。

7. 设置文字样式

（1）选择“格式/文字样式”命令，或者在命令行中输入 STYLE 命令，弹出“文字样式”对话框。

（2）在“文字样式”对话框中单击“新建”按钮，弹出“新建文字样式”对话框，在该对话框中输入“平面文字”，单击“确定”按钮。

（3）返回“文字样式”对话框，参数设置如图15-64所示。

（4）单击“应用”按钮，再单击“关闭”按钮，完成文字样式的设置。

提示：

将“高度”设置为0，是为了在进行文字标注时指定任何文字高度。

Note

8. 进行文字标注

（1）将“文字”图层设置为当前图层。

（2）选择菜单栏中的“绘图/文字/单行文字”命令，在绘图界面上输入文字标注，绘图区出现文字字样，如图15-65所示。

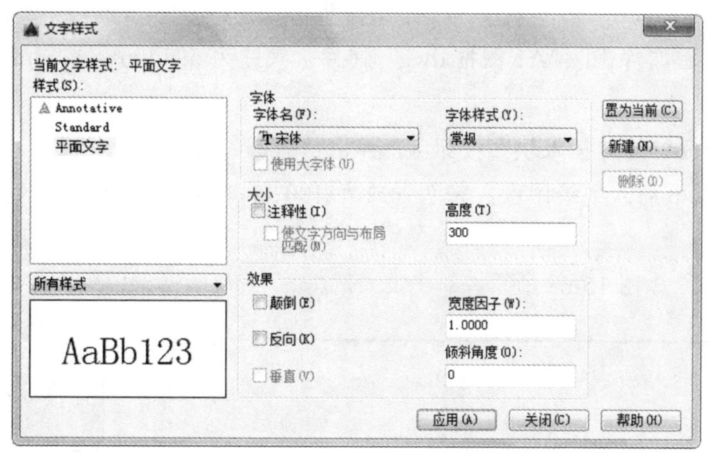

图15-64 “文字样式”参数设置结果

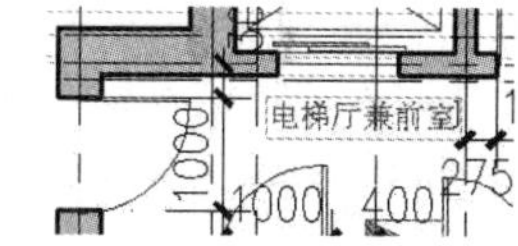

图15-65 文字标注绘制结果

（3）利用同样的方法，分别移动光标到要标注的位置，标注出所有的文字标注。

（4）按Enter键，结束单行文字命令。

（5）用同样的方法，标注各门窗的型号，结果如图15-66所示。

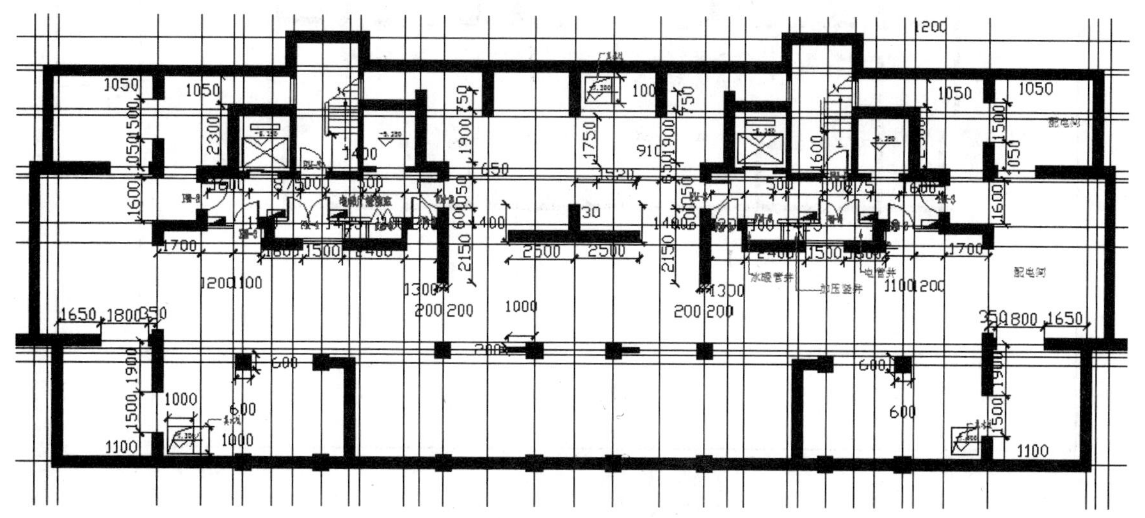

图15-66 所有文字标注绘制结果

提示：

如果文字的位置和大小不合适，可通过移动和缩放命令来进行修改。

Note

9. 标注图名及比例

单击“默认”选项卡“注释”面板中的“多行文字”按钮A，在图纸下方输入“图名和比例”，字高为700mm，并在图名下方绘制一条粗实线，如图15-67所示。

1号楼地下层平面图1：100

图15-67　图名绘制结果

10. 插入图框

本例采用本书配套光盘中的“源文件\图库\A1图框.dwg”文件，尺寸为594mm×841mm。

11. 设置绘图比例

单击“插入”选项卡“块”面板中的“插入块”按钮，弹出“插入”对话框，浏览本书光盘中的“A1图框.dwg”文件，将图框插入到绘图区，将图框放大100倍，即表示该图的绘制比例为1:100。

地下一层建筑平面图绘制完毕，如图15-68所示。

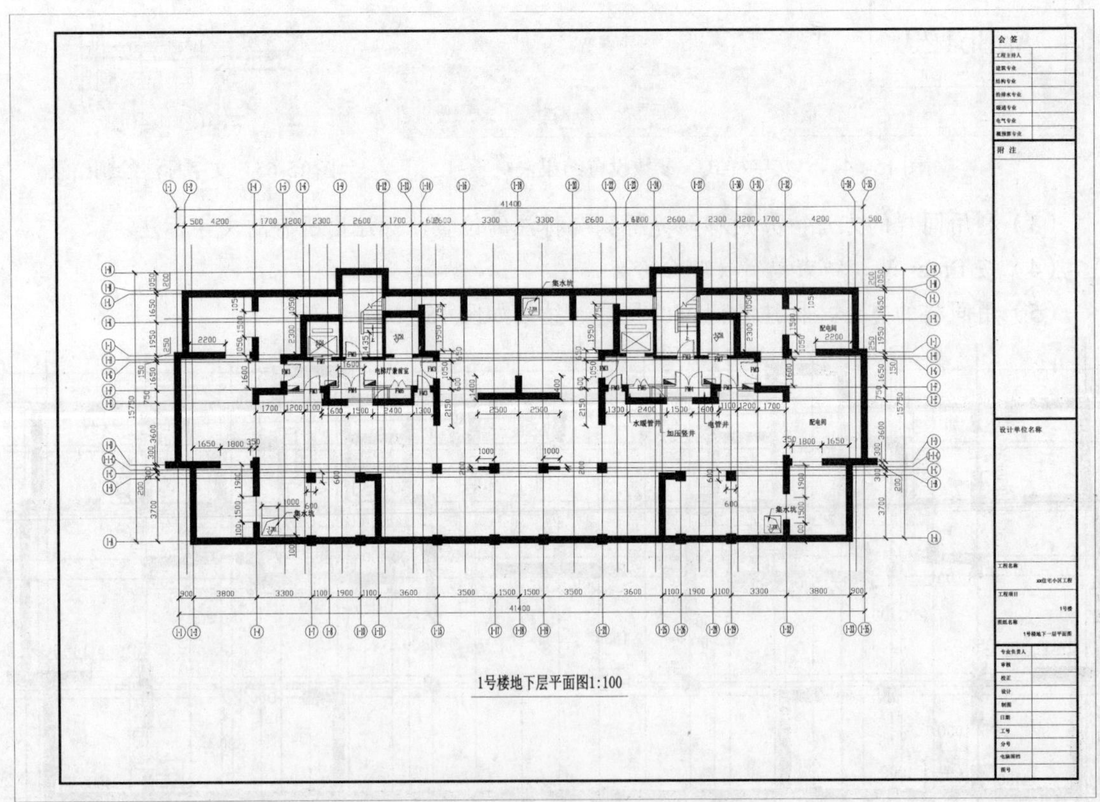

图15-68　地下一层建筑平面图

15.4　首层平面图的绘制

Note

首层平面图是在地下一层平面图的基础上发展而来的，所以可以通过修改地下一层的平面图，获得首层建筑平面图。

首层平面图比地下一层多出一部分裙房，需要加柱和剪力墙承重，外墙上需要开窗。首层作为商场，另外需要一些配套服务设施，如办公室、厕所等。

建筑平面图表示建筑的平面形式、大小尺寸、房间布置、建筑入口、门厅及楼梯布置的情况，表明墙柱的位置、厚度和所用材料，以及门窗的类型、位置等情况。

：光盘\配套视频\第15章\首层平面图的绘制.avi

15.4.1　修改地下一层平面图

在前面绘制好的地下一层平面图的基础上做修改，为绘制首层平面图节省了大量时间。

操作步骤如下：

1. 打开文件

打开“地下一层平面图的绘制”，将其另存为“首层平面图的绘制”。

2. 删除标注

删除所有的标注、门、建筑设备、隔墙和外墙填充部分，只保留剪力墙、电梯、设备管道和轴线，结果如图15-69所示。

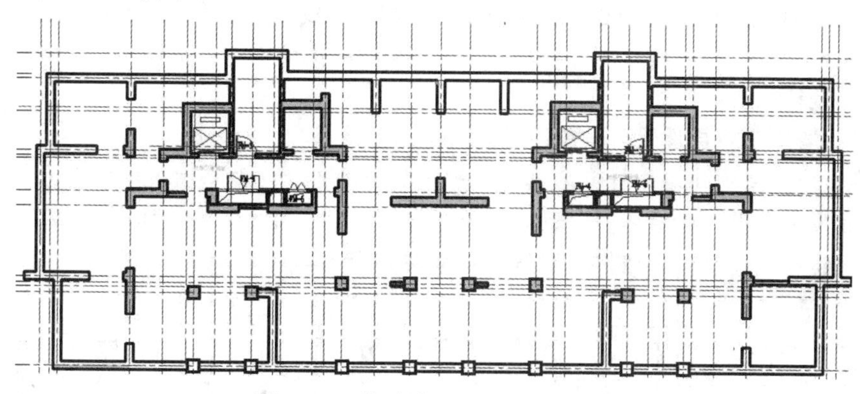

图15-69　修改地下一层平面图效果

3. 裙楼部分绘制

（1）将轴号以及轴号引出线全部选中，单击“默认”选项卡“修改”面板中的“移动”按钮，将上面的轴号向上移动3600mm，下面的轴号向下移动5000mm，两边的轴号分别向两边移动2700mm。

（2）将轴线全部延长至轴号引出线处。

（3）添加轴线，将1-1号轴线向左偏移2700mm，采用前面所讲方法编上轴号1/1-1；将1-35号轴线向右偏移2700mm，编上轴号1-36；将1-A号轴线向下偏移5000mm，编上轴号1/1-A，

Note

如图 15-70 所示。

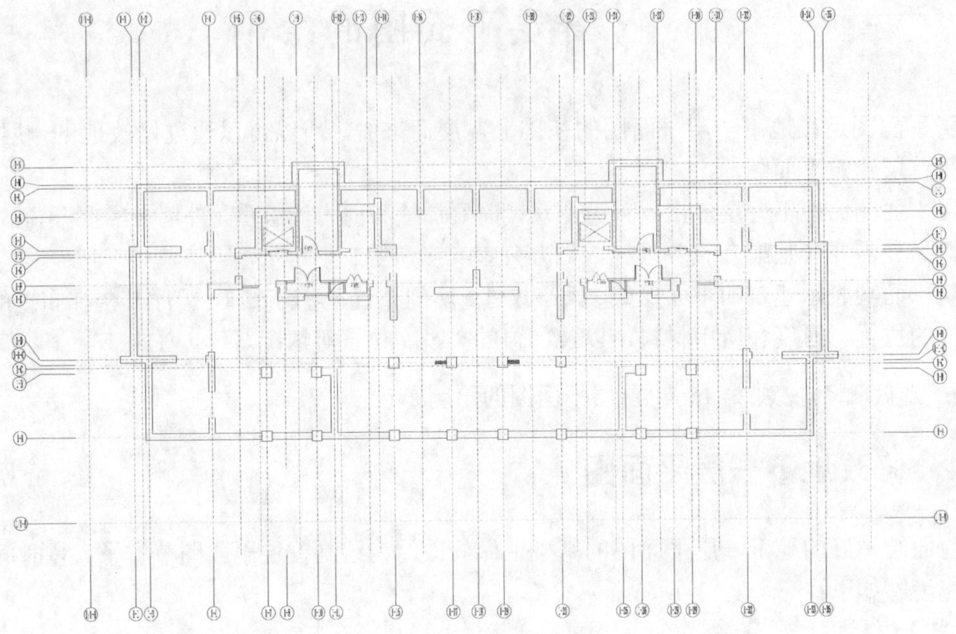
图 15-70　轴线添加结果

提示：

附加轴线的轴号用分数形式表示，如本例的附加轴线 1/1-1，表示 1-1 轴线前附加的第一根轴线。在两根轴线之间的附加轴线，应以分母表示前一轴线的编号，分子表示附加轴线的编号。

4. 修改原墙体

（1）将“墙体”图层设置为当前图层。

（2）将原地下室的外墙体打断，单击“默认”选项卡“修改”面板中的“分解”按钮，将外墙的多线形式炸开，然后单击“默认”选项卡“修改”面板中的“修剪”按钮，将多余的墙体剪掉，绘制成短肢剪力墙作承重结构，结果如图 15-71 所示。

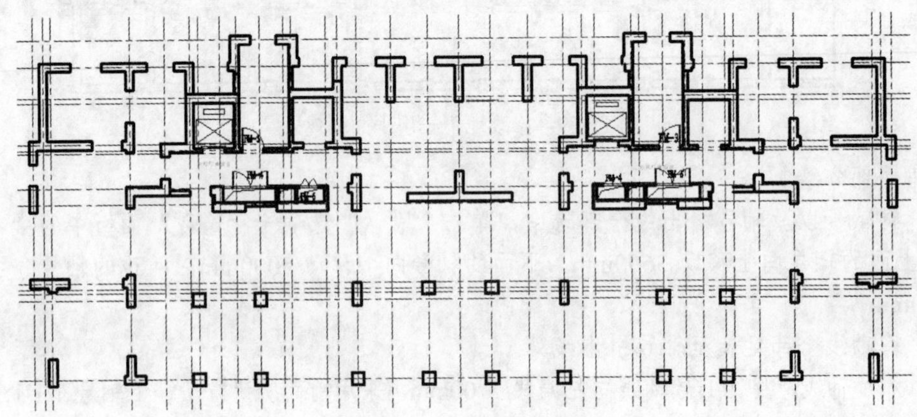
图 15-71　修改原墙体结果

5. 添加柱子

（1）单击“默认”选项卡“绘图”面板中的“矩形”按钮，在相应的位置绘制长度、宽度分别为600mm的柱子，如图15-72所示。

（2）单击“默认”选项卡“修改”面板中的“复制”按钮，添加600mm×600mm的柱子，满足结构的要求，绘制出所有的柱子，如图15-73所示。

图15-72 柱子

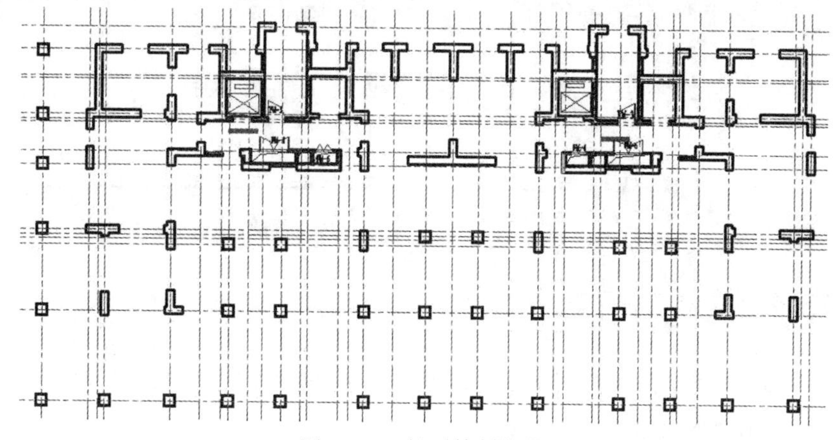

图15-73 柱子绘制结果

6. 填充墙体

（1）关闭“轴线”图层。

（2）单击“默认”选项卡“绘图”面板中的“图案填充”按钮，将所有的短肢剪力墙和柱子填充成252号灰色，表示承重结构，结果如图15-74所示。

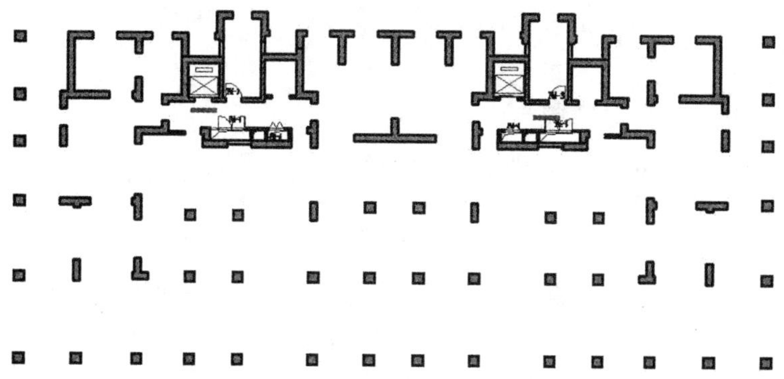

图15-74 所有墙体填充结果

7. 绘制玻璃幕墙

（1）将“设备”图层设置为当前图层。

（2）单击“默认”选项卡“绘图”面板中的“直线”按钮，距离1/1-A号轴线向下300mm处绘制一条长48000mm的直线，距离1/1-1号轴线向左500mm处绘制一条长20000mm的直线，然后单击“默认”选项卡“修改”面板中的“偏移”按钮，将直线分别向外偏移100mm。

（3）单击“默认”选项卡“修改”面板中的“延伸”按钮和“修剪”按钮，完成幕墙的绘制，如图15-75所示。

Note

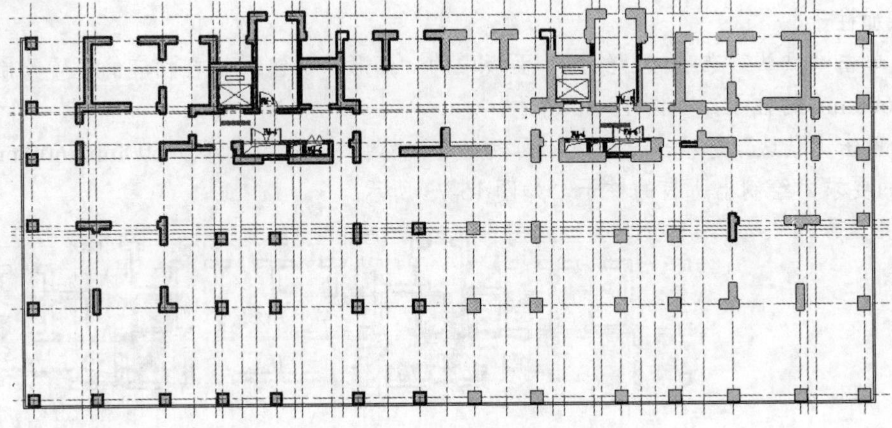

图 15-75 幕墙绘制结果

15.4.2 绘制门窗

首层平面图中的门的绘制方法和15.3.3节中门的绘制方法相同，这里主要介绍了窗户的绘制。操作步骤如下：

1. 窗的多线样式设置

（1）选择“格式/多线样式”命令，或者在命令行中输入MLSTYLE命令，弹出“多线样式”对话框。

（2）单击“多线样式”对话框中的“新建”按钮，并在“创建新的多线样式”对话框的“新样式名”文本框中输入“窗”，单击“继续”按钮，如图15-76所示。

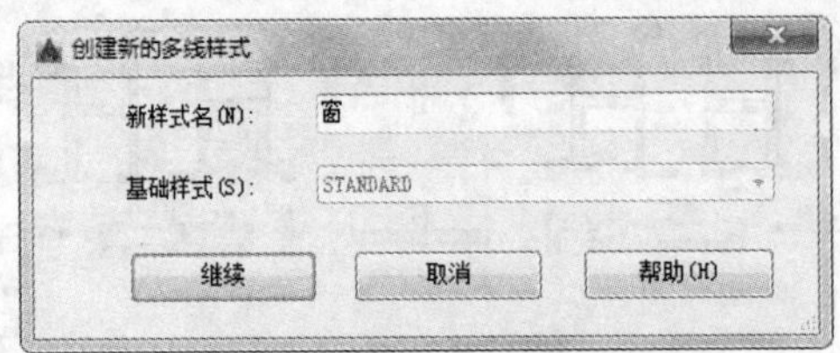

图 15-76 “创建新的多线样式”对话框

（3）弹出“新建多线样式：窗”对话框，单击“图元”组合框中的“添加”按钮，在“偏移”文本框中输入0.25，将“颜色”设置为“黄”，表示所添加的线的颜色为“黄色”。

（4）再次单击“图元”选项组中的“添加”按钮，在“偏移”文本框中输入-0.25，将“颜色”设置为“黄”，“线型”采用默认线型。

（5）用相同的方法分别添加偏移量为0.5与-0.5的图元。

（6）在“封口”选项组的“直线”选项的右边选中“起点”和“端点”复选框，单击“确定”按钮，窗的多线样式参数设置完毕，如图15-77所示。

（7）返回“多线样式”对话框，将“窗”多线样式置为当前。

2. 平面窗的绘制

窗线的绘制方法和墙线类似，基本没有新的知识点，下面对以上知识点进行复习巩固。

（1）打开“图层特性管理器”选项板，新建“窗”图层，设置“颜色”为“黄”，其他属性

采用默认设置，双击新建图层，将当前图层设置为“窗”图层。

（2）选择菜单栏中的“绘图/多线”命令，绘制窗线，结果如图 15-78 所示。

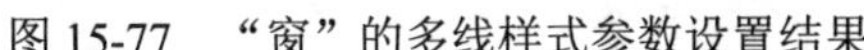

图 15-77　“窗”的多线样式参数设置结果

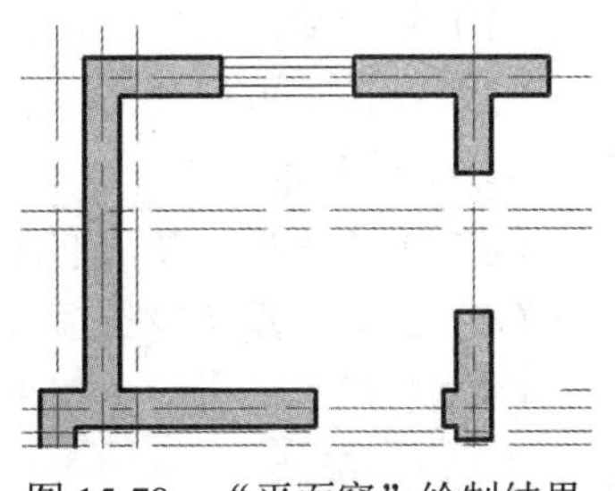

图 15-78　“平面窗”绘制结果

① 在命令行提示“指定起点或[对正(J)/比例(S)/样式(ST)]:”后输入 J。

② 在命令行提示“输入对正类型[上(T)/无(Z)/下(B)]:”后输入 Z。

③ 在命令行提示“指定起点或[对正(J)/比例(S)/样式(ST)]:”后输入 S。

④ 在命令行提示“输入多线比例<20.00>:”后输入 400。

⑤ 在命令行提示“指定起点或[对正(J)/比例(S)/样式(ST)]:”后拾取窗洞一侧的轴线的端点。

⑥ 在命令行提示“指定下一点:”后拾取窗洞另一侧的轴线的端点。

（3）重复上述步骤，绘制出首层平面图上的所有窗线，结果如图 15-79 所示。

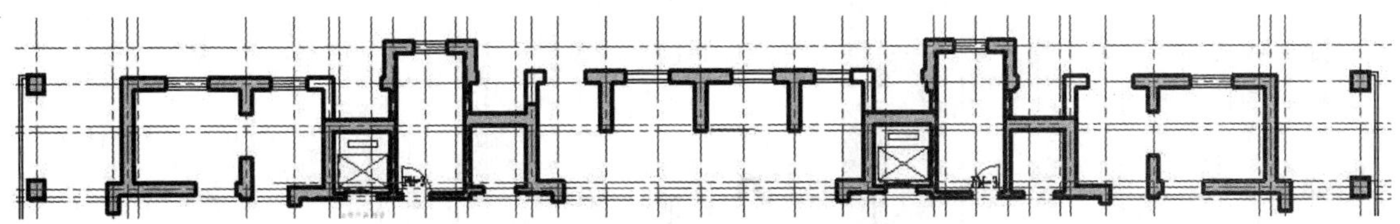

图 15-79　首层平面图所有窗线绘制结果

3. 平面门绘制

（1）将“门”图层设置为当前图层。

（2）该商场入口采用 2400mm 的双扇玻璃地弹门，采用前面所讲的绘制方法，利用矩形、圆弧和镜像命令，绘制出该平面门，结果如图 15-80 所示。

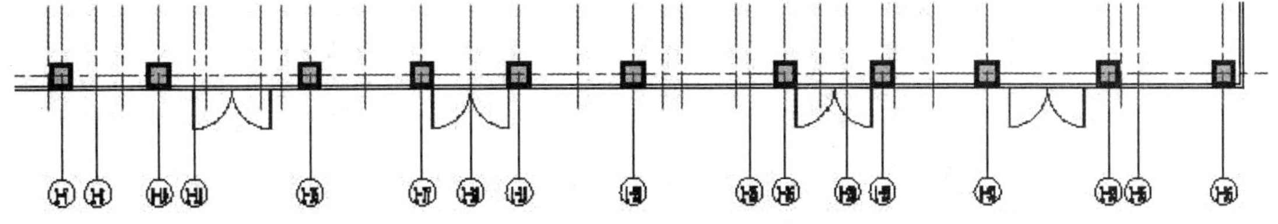

图 15-80　平面门绘制结果

15.4.3 室内功能的划分及绘制

Note

该层建筑用作商场，商场需要设置一些辅助空间，如商场办公室、公用卫生间，商场一、二、三层顾客垂直交通主要依靠自动扶梯。主要的辅助功能用房安排在该建筑的后面部分，如疏散楼梯、电梯、卫生间、办公室，商场室内功能的划分应遵循灵活多变，便于二次划分的原则。

下面绘制隔墙，具体操作步骤如下：

（1）将“墙体”图层设置为当前图层。

（2）选择菜单栏中的“绘图/多线”命令，设置比例分别为200和400的多线，绘制出卫生间、办公室的隔墙。

（3）在多线相交处，单击“默认”选项卡“修改”面板中的“分解”按钮，将多线炸开。

（4）单击“默认”选项卡“修改”面板中的“修剪”按钮，将多余的线段剪掉。

（5）利用上述方法绘制出所有房间的隔墙。隔墙不需要填充，表示隔墙为不承重结构，结果如图15-81所示。

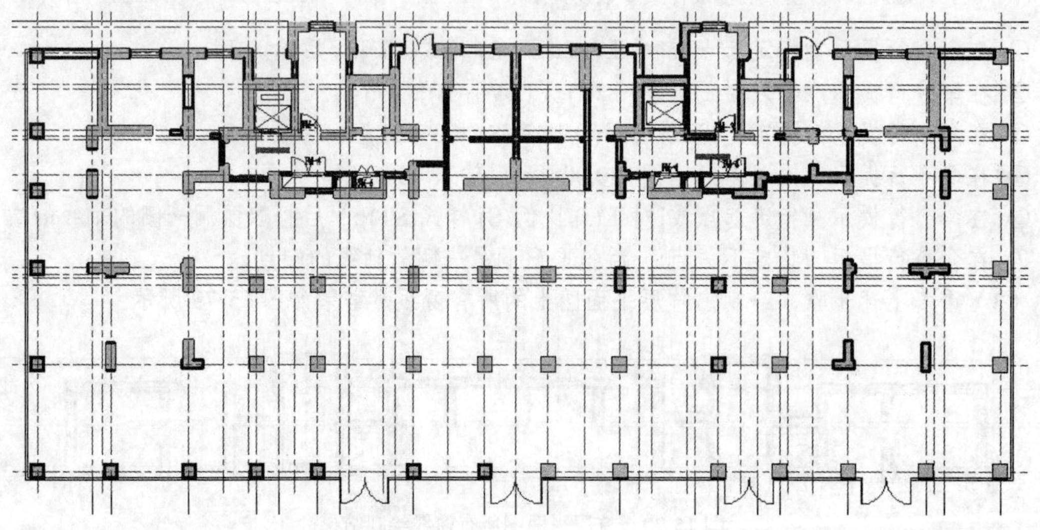

图15-81 隔墙绘制结果

（6）采用上面所讲的绘制门的方法，利用矩形、圆弧、镜像命令，或插入图块的方法，绘制出卫生间、办公室的门，结果如图15-82所示。

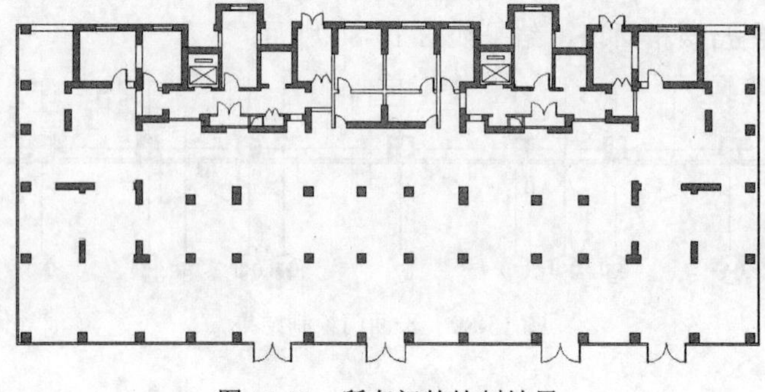

图15-82 所有门的绘制结果

15.4.4　绘制电梯和楼梯

一般来说，在高层及中高层住宅中应安装电梯，但也应有楼梯走道，为人口疏散和应急使用。

操作步骤如下：

1. 电梯绘制

电梯和消防电梯大小一样，利用镜像命令进行绘制。

（1）将“电梯”图层设置为当前图层。

（2）单击“默认”选项卡“绘图”面板中的“直线”按钮，在两个轿箱之间画一条辅助线，然后单击“默认”选项卡“修改”面板中的“镜像”按钮，以辅助线的中点为镜像的第一点，中线上任意点为镜像的第二点，绘制出电梯。

（3）当该电梯的位置不正确时，选择电梯，单击“默认”选项卡“修改”面板中的“移动”按钮，选择电梯门的角点为拾取点，将电梯移动到适当的位置，绘制结果如图 15-83 所示。

（4）将辅助线删除。

（5）用同样的方法绘制出右边的电梯。

2. 楼梯绘制

前面已经讲过楼梯的绘制方法，楼梯平台宽 1350mm，梯井宽 120mm、长 2200mm，踏步宽 260mm、长 1140mm。读者可以根据前面所用方法，利用直线、偏移、标注命令，自行绘制出楼梯。楼梯绘制结果如图 15-84 所示。

单击“默认”选项卡“绘图”面板中的“矩形”按钮，绘制出 1200mm×300mm 的矩形，然后单击“默认”选项卡“修改”面板中的“偏移”按钮，偏移 50mm，再绘制一个矩形，这样就绘制出消防栓，绘制结果如图 15-85 所示。

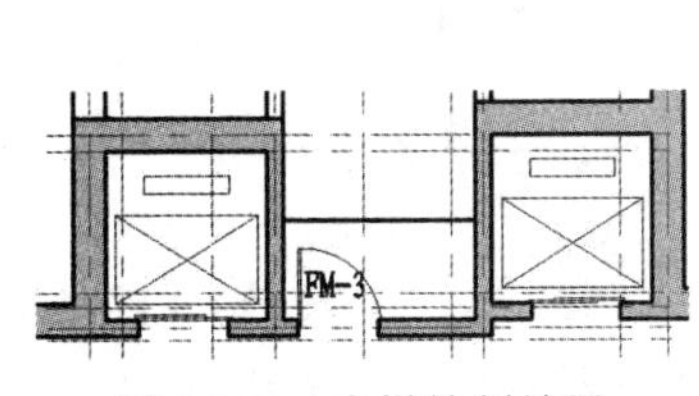

图 15-83　电梯绘制结果

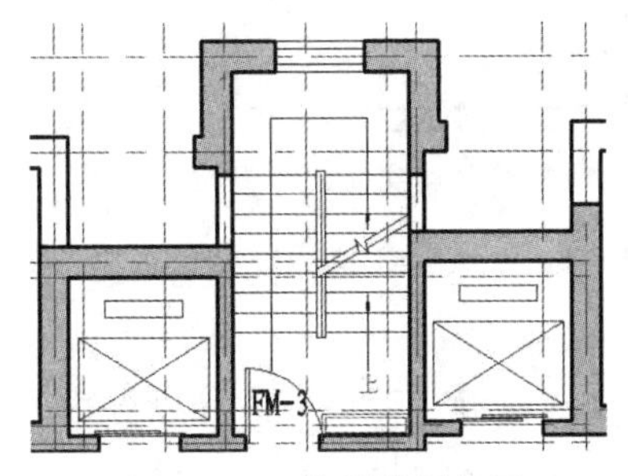

图 15-84　楼梯绘制结果

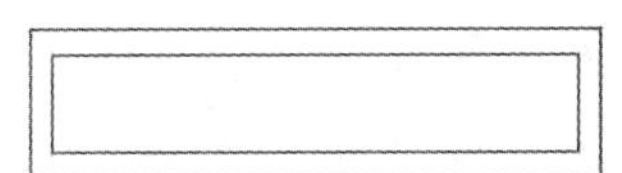

图 15-85　“消防栓”绘制结果

15.4.5　绘制卫生间设备

卫生间设备主要有洗手台、蹲便器、小便器和清洗池等。卫生间设备一般都有标准图块，从源文件中直接利用即可。

操作步骤如下：

（1）打开“图层特性管理器”选项板，新建“隔断”图层，将“颜色”设置为“洋红”，其他属性采用默认设置，双击新建图层，将“隔断”图层设置为当前图层。

Note

（2）单击“默认”选项卡“绘图”面板中的“直线”按钮，绘制卫生间的隔断，每个蹲位间宽940mm、长1300mm，每个蹲位独立隔断，隔断厚40mm，隔断门宽为600mm。小便器隔断长400mm，隔断厚20mm。绘制结果如图15-86所示。

（3）打开“图层特性管理器”选项板，新建“家具”图层，将“颜色”设置为“黄色”，其他属性采用默认设置，双击新建图层，将当前图层设置为“家具”。

（4）单击“视图”选项卡“选项板”面板中的“工具选项板”按钮，或者在命令行中输入TOOLPALETTES命令，弹出工具选项板，选择“建筑”选项卡，显示绘图建筑图样常用的图例工具，如图15-87所示。

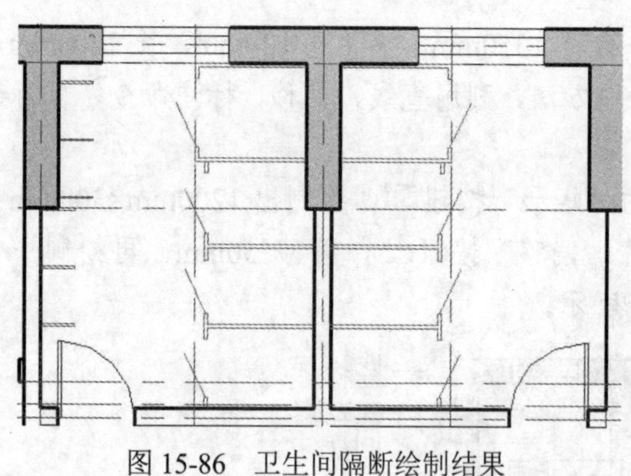

图15-86　卫生间隔断绘制结果

图15-87　工具选项板

可以发现工具选项板上没有需要的卫生间按钮，应通过“设计中心”的图形库加载所需的卫生间设备。

（5）单击“视图”选项卡“选项板”面板中的“设计中心”按钮，或者在命令行中输入ADCENTER命令，弹出“设计中心”选项板，在“文件夹列表”中打开本书配套光盘中的“源文件\第15章\图块”文件夹中的文件。

（6）单击文件名，选择下面的“块”选项，在右侧的面板中显示了文件中保存的图块库，如图15-88所示。

（7）选择绘图所需要的卫生间设备图块，将其拖动到工具选项板上，完成图块的加载，如图15-89所示。

（8）单击工具选项板中所需的图形文件，按住鼠标左键，移动光标至绘图区，释放鼠标，绘图区出现所选图形。

（9）按命令行提示指定缩放比例和插入点，完成卫生间设备的绘制，如图15-90所示。

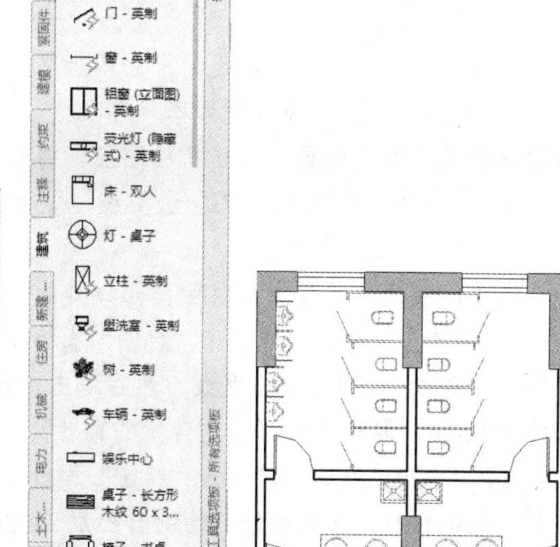

图 15-88　打开文件的图块库　　图 15-89　添加工具图块　图 15-90　插入卫生设备

提示：

蹲便器不能靠墙布置，必须离墙一段距离，本图中蹲便器距离墙 280mm。

15.4.6　绘制自动扶梯

商场一层至三层之间的顾客交通主要靠自动扶梯解决，采用两部扶梯，一部上行，一部下行。

打开配套光盘中的“源文件\第 15 章\图块\自动扶梯”文件，选中扶梯，通过复制、粘贴命令完成自动扶梯的绘制，结果如图 15-91 所示。

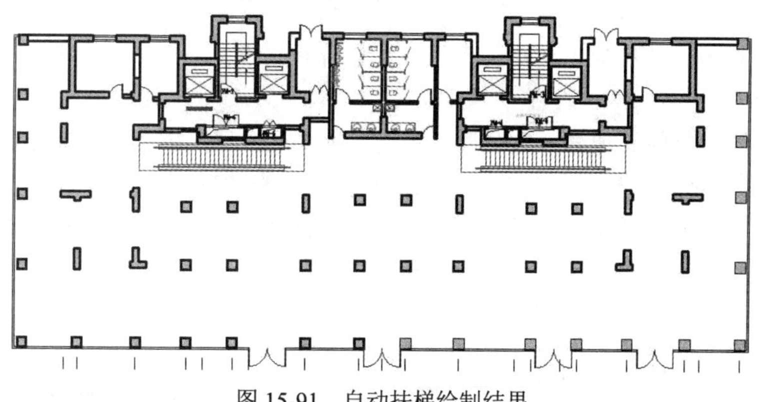

图 15-91　自动扶梯绘制结果

15.4.7　绘制室外雨篷、台阶、散水、楼梯和坡道

完成建筑物的轮廓及内部结构后，下面开始绘制室外建筑构件。

Note

操作步骤如下：

1. 雨篷的绘制

大楼背面出口处设有雨篷，平面图上需绘制出雨篷的柱子。

（1）打开“图层特性管理器”选项板，新建“室外设施”图层，将“颜色”设置为“黄”，其他属性采用默认设置，双击新建图层，将当前图层设置为“室外设施”。

（2）选择菜单栏中的“绘图/多线”命令，绘制宽为200mm、长为900mm的雨篷柱子。

2. 台阶和坡道的绘制

需要绘制的台阶是大楼背面楼梯口处的台阶。

（1）单击“默认”选项卡“绘图”面板中的“直线”按钮，在距离大楼背面的门2400mm处绘制一条长2400mm的直线，然后单击“默认”选项卡“修改”面板中的“偏移”按钮，偏移300mm，偏移两次，得到台阶的踏步。

（2）单击“默认”选项卡“绘图”面板中的“直线”按钮和“修改”面板中的“偏移”按钮，绘制栏杆，在踏步外边绘制出长为2400mm的直线，再偏移50mm，偏移两次，得到栏杆。

（3）绘制服务残疾人的无障碍坡道，坡度为1:12，坡道宽1300mm，栏杆绘制方法同上。

（4）单击“默认”选项卡“注释”面板中的“多行文字”按钮A，在坡道中间输入i=1:12，字高为300mm。

（5）在命令行中输入QLEADER命令，绘制出坡道的指示方向，结果如图15-92所示。

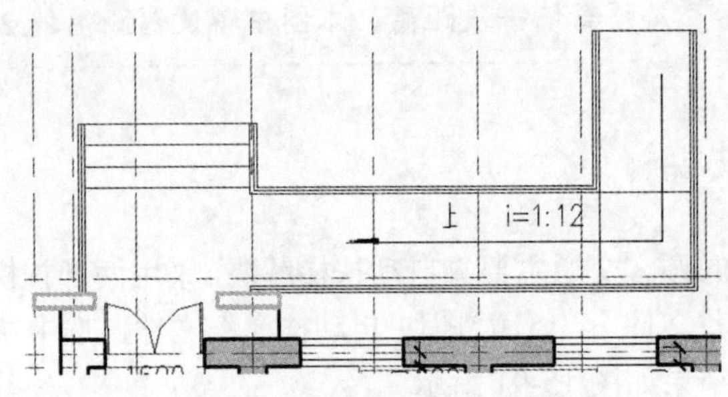

图15-92　室外台阶、坡道绘制结果

（6）采用同样的方法绘制出大楼背面另一处台阶和坡道。

3. 散水的绘制

（1）打开“图层特性管理器”选项板，新建“散水”图层，将“颜色”设置为“蓝”，其他属性采用默认设置，双击新建图层，将当前图层设置为“散水”。

（2）散水宽800mm，单击“默认”选项卡“绘图”面板中的“直线”按钮，距离外墙800mm处绘制直线，结果如图15-93所示。

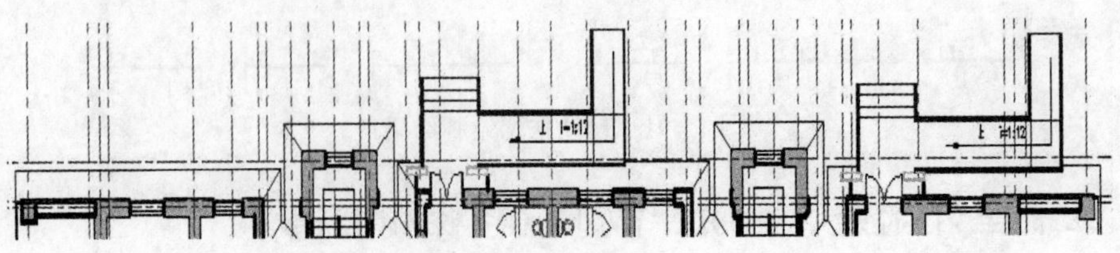

图15-93　散水绘制结果

提示：

散水就是房屋的外墙外侧，用不透水材料制作出一定宽度，带有向外倾斜的带状保护带，其外沿必须高于建筑外地坪。其作用是迅速排除从屋檐滴下的雨水，防止因积水渗入地基而造成建筑物的下沉，不让墙根处积水，故称“散水”。

Note

15.4.8　尺寸标注及文字说明

打开“图层特性管理器”选项板，双击“标注”图层，将当前图层设置为“标注”。

操作步骤如下：

1. 第一道细部尺寸标注

选择菜单栏中的“标注/线性”命令，或者在命令行中输入 DIMLINEAR，执行线性标注命令，通过线性标注命令标注出所有的细部尺寸，如图 15-94 所示。

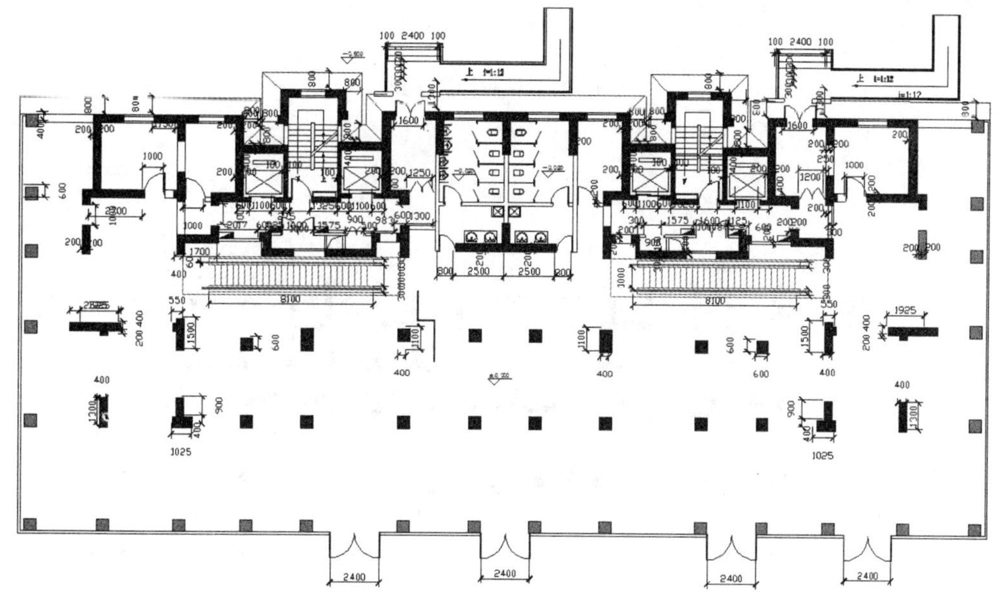

图 15-94　细部尺寸标注结果

2. 第二道尺寸标注

（1）单击“默认”选项卡“修改”面板中的“修剪”按钮，适当修剪轴线的长度，使标注看起来美观。

（2）选择菜单栏中的“标注/快速标注”命令，或者在命令行中直接输入 QDIM，执行快速标注命令，通过快速标注命令标注出所有的轴线尺寸。

（3）标注完的标注尺寸采用加点操作，调整标注的位置，使之整齐美观，结果如图 15-95 所示。

3. 第三道尺寸标注

单击“默认”选项卡“注释”面板中的“线性”按钮，标注最外面尺寸，标注结果如图 15-96 所示。

Note

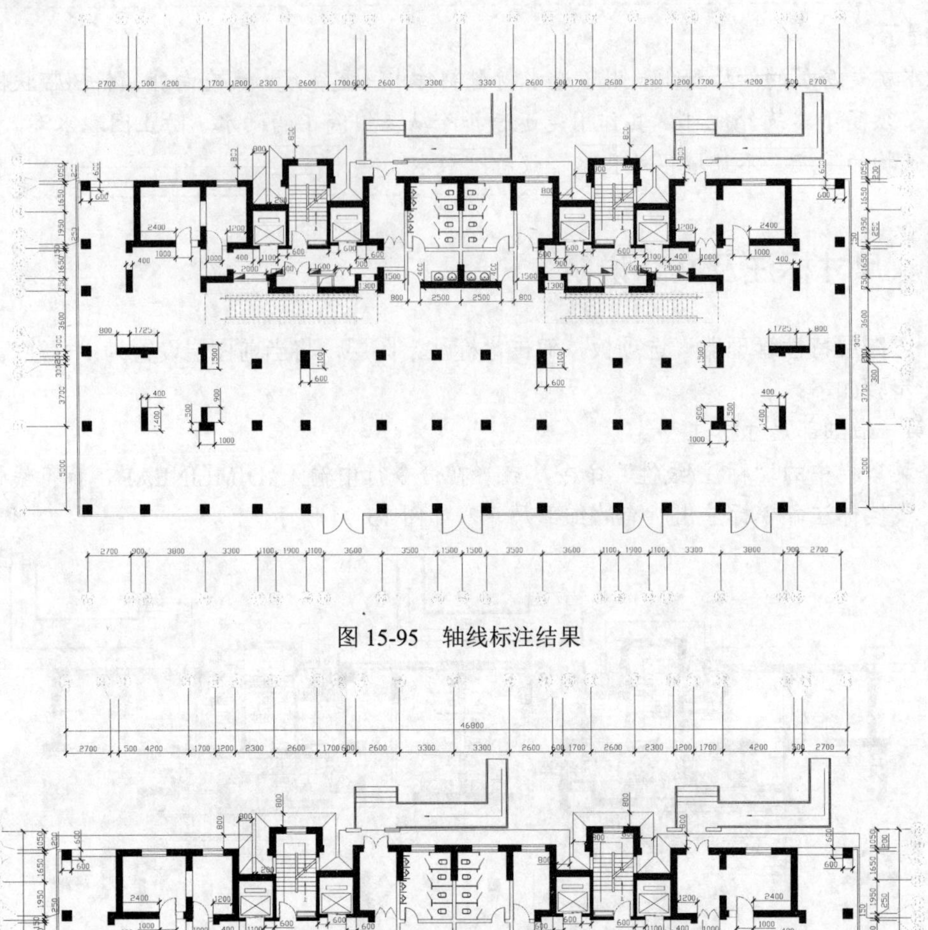

图 15-95　轴线标注结果

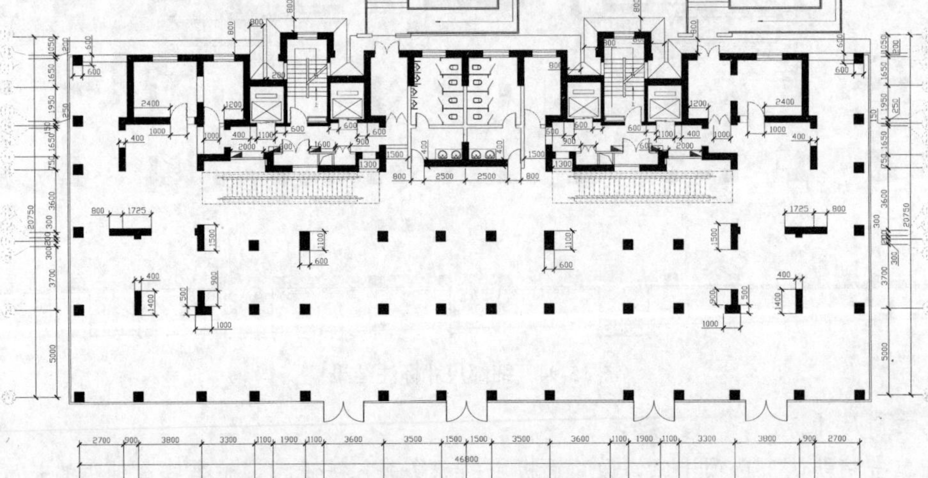

图 15-96　总尺寸标注结果

4. 绘制标高符号

在地下层平面图绘制过程中已经讲述过如何绘制标高符号，现在直接用复制、粘贴命令绘制标高。

（1）打开地下层平面图，选中标高符号，按 Ctrl+C 快捷键进行复制，然后切换到首层平面图，按 Ctrl+V 快捷键粘贴，得到标高符号。

（2）此时得到的标高是地下层的标高，双击标高文字将文字修改成首层平面图的标高，如

图 15-97 所示。

5. 进行文字标注

（1）将“文字”图层设置为当前图层。

（2）单击“默认”选项卡“注释”面板中的“多行文字”按钮A，标注文字。

（3）选择需要标注的文字，如“商场”“台阶”“无障碍坡道”“办公室”“散水”“消防栓”“男厕所”“女厕所”“门窗符号”等，字高设置为 300mm。

（4）有的位置线条过于密集，就用线引出，再标注文字，结果如图 15-98 所示。

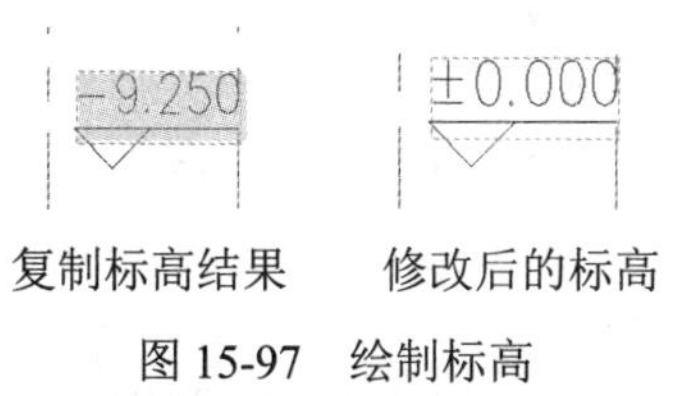

复制标高结果　　修改后的标高

图 15-97　绘制标高

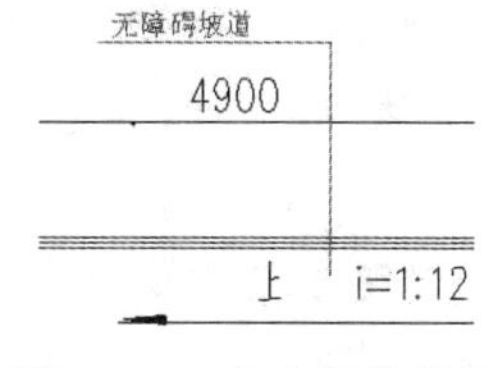

图 15-98　文字标注结果

15.4.9　绘制剖切符号

剖面图的剖切位置应根据需要确定，在一般情况下应平行于某一投影面，使截面的投影反映实形。剖切平面要通过孔、槽等不可见部分的中心线，使内部形状得以表达清楚。如果物体是对称平面，一般将剖切面选在对称面处。

剖切图本身不能反映出剖切位置，必须在其他投影图中标注剖面的剖切位置线。为了读图的需要，剖面图一般需要加以标注，以明确剖切位置和投射方向，同时要加以编号，如图 15-99 所示。

国标中对剖面图的符号及标注有如下规定。

（1）剖切位置线：剖切位置线用两小段短粗实线来表示，长度为 6～8mm，此线段不得与图形相交，两线段的连线就相当于一个剖切用的平面（阶梯剖面及旋转剖面除外），因此两短线在水平方向上一定是平行，且在一条水平线上，铅垂方向也是在一条铅垂线上。

（2）投射方向线：是用与剖切位置线相垂直的两小段短的粗实线表示，长度为 4～6mm。投射方向线画在将要投影的方向一侧。

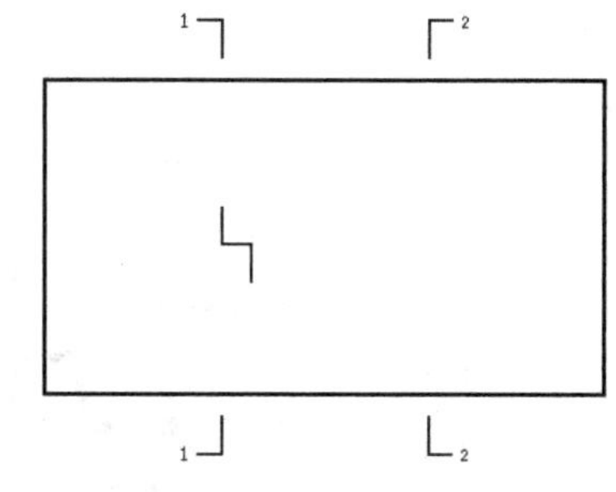

图 15-99　剖面剖切符号

（3）剖切图的编号：用阿拉伯数字编号，按顺序由左至右、由下向上连续编排，并注写在投影方向线的断部。在阶梯剖面图、旋转剖面图的剖切位置线的转折处，为了避免和其他图线发生混淆，可在转角的外侧加注与剖面图相应的编号。

（4）所画剖面图与画有剖切符号的投影图不在同一张图纸上时，可在剖切位置线的旁边注明剖面图所在图纸的图号。

（5）剖面图的图名应标注在剖面图的下方，用阿拉伯数字标注，并且在图名的下方画一等长的粗实线。该图的图名应该与其剖切编号一致。例如，图名为 1—1、2—2、3—3 等。

本例中采用的是阶梯剖面图。

用两个或者两个以上的平行剖切面剖切形体，所得剖面图称为阶梯剖面图。

当建筑内部结构层次较多时，用一个平面剖切不能将该建筑的内部形状表达清楚时，可用两

个相互平行的剖切平面按需要将该建筑剖开，画出剖面图，即阶梯剖面图。阶梯剖面图必须标注剖切位置和投射方向。由于剖面是假想的，在阶梯剖面图中不应画出两剖切面转折处的交线，并且要避免剖切面在图形轮廓线上转折。阶梯剖面图适用于一个剖切面不能将形体需要表达的内部全部剖切到形体上的情况。

Note

操作步骤如下：

（1）打开“图层特性管理器”选项板，新建“剖切符号”图层，将“颜色”设置为“红”，其他属性采用默认设置，双击新建图层，将当前图层设置为“剖切符号”。

（2）单击“默认”选项卡“绘图”面板中的“多段线”按钮，绘制剖切符号。

① 在命令行提示“指定起点:”后单击剖切符号的起点。

② 在命令行提示“指定下一个点或[圆弧(A)/半宽(H)/长度(L)/放弃(U)/宽度(W)]:”后输入W。

③ 在命令行提示“指定起点宽度:”后输入50。

④ 在命令行提示“指定端点宽度:”后输入50。

⑤ 在命令行提示“指定下一个点或[圆弧(A)/半宽(H)/长度(L)/放弃(U)/宽度(W)]:”后将鼠标向右移动1000。

⑥ 在命令行提示“指定下一个点或[圆弧(A)/闭合(C)/半宽(H)/长度(L)/放弃(U)/宽度(W)]:”后将鼠标再向下移动1500。

（3）利用同样的方法，使用“多段线”命令绘制出剖切符号的其他部分。

（4）单击“默认”选项卡“注释”面板中的“多行文字”按钮A，在投影方向线的旁边标注出剖切编号1，结果如图15-100所示。

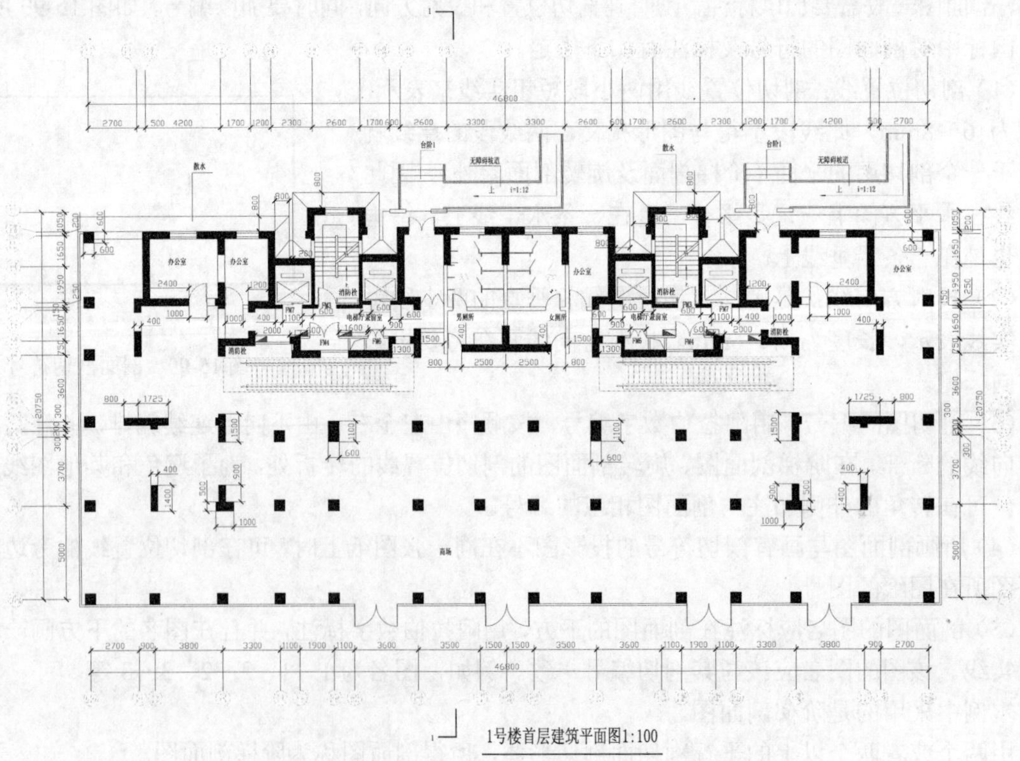

图15-100　剖切符号绘制结果

15.4.10 绘制其他部分

首层建筑平面图中需要绘制指北针标明该建筑的朝向。打开配套光盘中的“源文件\第 15 章\图块\指北针”文件，通过“复制”“粘贴”命令将指北针插入到平面图的左下方，如图 15-101 所示。

首层平面图绘制完成，需加上图名和图框。

操作步骤如下：

（1）将“文字”图层设置为当前图层。

（2）单击“默认”选项卡“注释”面板中的“多行文字”按钮A，字高设为 700mm，在图形下方输入“1 号楼首层平面图 1:100”。

（3）单击“默认”选项卡“绘图”面板中的“多段线”按钮，在文字的下方绘制一条多段线，线宽为 50mm，如图 15-102 所示。

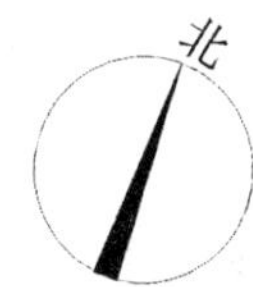

图 15-101 指北针绘制结果

1号楼首层平面图1:100

图 15-102 图名绘制结果

（4）插入图框，采用 A1 加长图框，是在图框的长边方向，按照图框长边 1/4 的模数增加。每个图框不管图幅是多少，按照一定的比例打印出来时，图签栏的大小都应该相同。本例采用的 A1 加长图框尺寸为 594mm×1051mm。

（5）打开本书配套光盘中的“源文件\图库\A1 图框.dwg”文件，将图框插入到绘图区，并放大 100 倍，即表示该图的绘制比例是 1:100。

（6）首层建筑平面图绘制完毕，如图 15-103 所示。

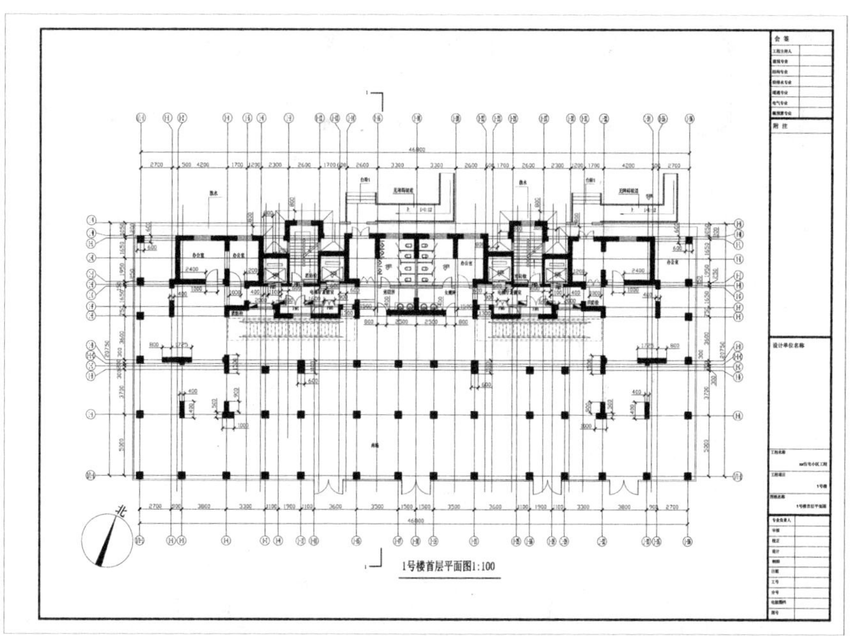

图 15-103 首层建筑平面图

15.5 二、三层平面图的绘制

二、三层平面图是在首层平面图的基础上发展而来的，所以可以通过修改首层平面图来获得二、三层建筑平面图。二、三层布局只有细微差别，故将二、三层平面用一张平面图表示，对某些不同之处用文字标明。

二、三层同样是商场，其功能布局基本同首层平面图一样，只有局部布置有略微差异。

光盘\配套视频\第15章\二、三层平面图的绘制.avi

15.5.1 修改首层建筑平面图

在首层平面图的基础上进行修改，为后面的绘制作准备。

操作步骤如下：

（1）使用AutoCAD 2016打开“首层平面图的绘制”，将其另存为“二、三层平面图的绘制”。

（2）关闭“轴线”图层。删除“散水”和“室外设施”线条，将散水、室外台阶、坡道、雨篷的文字标注和尺寸标注均删除，再将指北针、剖切符号删除，结果如图15-104所示。

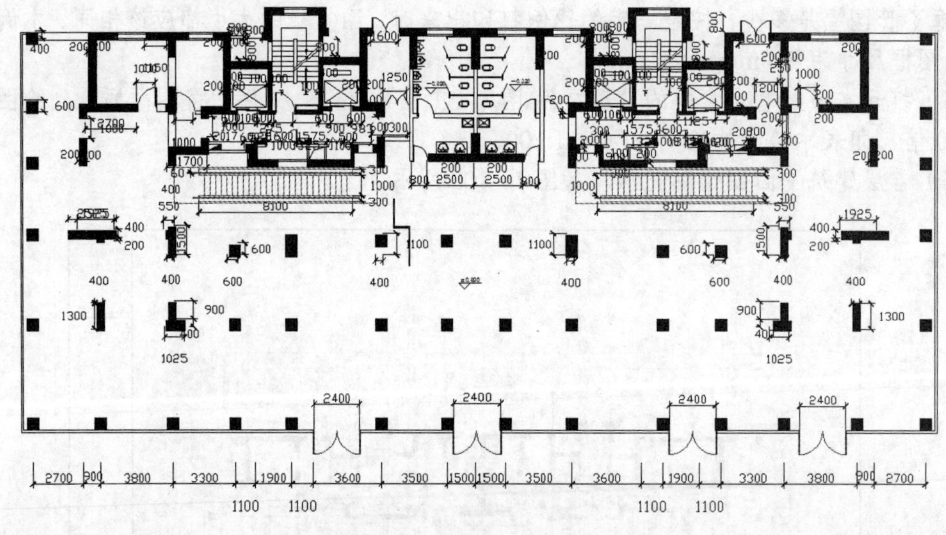

图15-104 修改首层平面图结果

（3）修改外墙墙体。将外墙上开的门及其标注全部选中，按Delete键将其删除。背面的门改成C－8型号的窗，如图15-105所示。

（4）将正面的玻璃幕墙的入口大门也删除，全部绘制成玻璃幕墙，如图15-106所示。

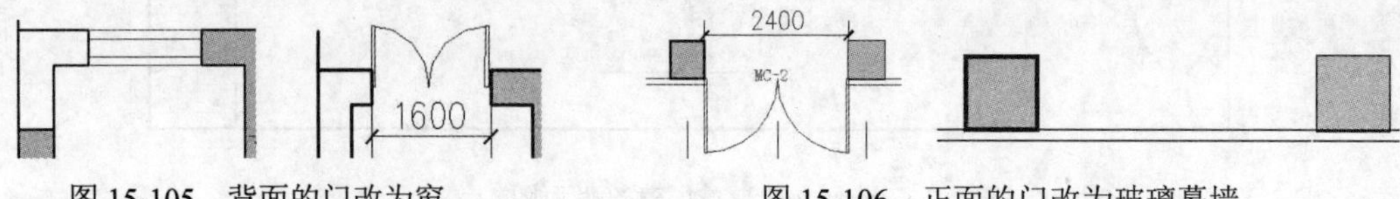

图15-105 背面的门改为窗　　图15-106 正面的门改为玻璃幕墙

15.5.2　绘制雨篷

在外门的上部常设雨篷，雨篷可以起遮风挡雨的作用，其挑出长度为 1.5m 左右。挑出尺寸较大者，应采取防倾覆措施。

一般建筑图中雨篷都有雨篷详图，所以在建筑平面图上并不需要非常精确地绘制雨篷平面图，雨篷只有二层平面图上有，故用虚线表示并注明“仅见于二层”。

操作步骤如下：

（1）打开“图层特性管理器”选项板，新建“柱子”图层，将“颜色”设置为 252，其他属性采用默认设置，双击“柱子”图层，将其设置为当前图层。

（2）绘制雨篷与墙体之间的连接承重结构。单击“默认”选项卡“绘图”面板中的“矩形”按钮□，在垂直墙体处绘制两个 60mm×450mm 的矩形，在雨篷柱子上方绘制 3600mm×200mm 的矩形，结果如图 15-107 所示。

（3）打开“图层特性管理器”选项板，新建“雨篷”图层，将“颜色”设置为“黄”，“线型”设置为 ACAD_IS002W100，其他属性采用默认设置，将当前图层设置为“雨篷”。

（4）单击“默认”选项卡“绘图”面板中的“矩形”按钮□，绘制出一个 1900mm×1550mm 的矩形。

（5）单击“默认”选项卡“修改”面板中的“偏移”按钮，把矩形向内偏移 50mm，得到一个小的矩形。

（6）单击“默认”选项卡“修改”面板中的“偏移”按钮，将小矩形向内偏移 60mm，得到一个更小的矩形，结果如图 15-108 所示。

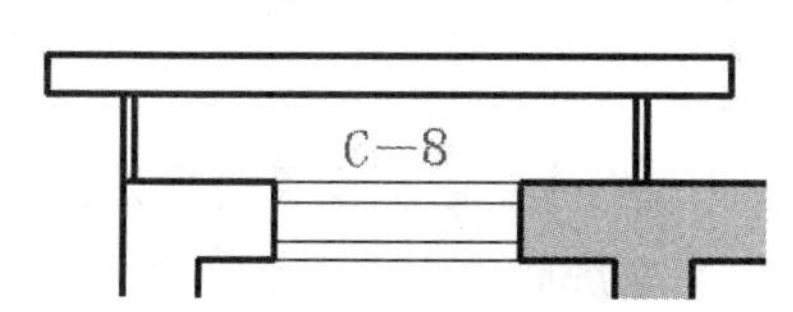

图 15-107　雨篷与墙体之间的连接结构

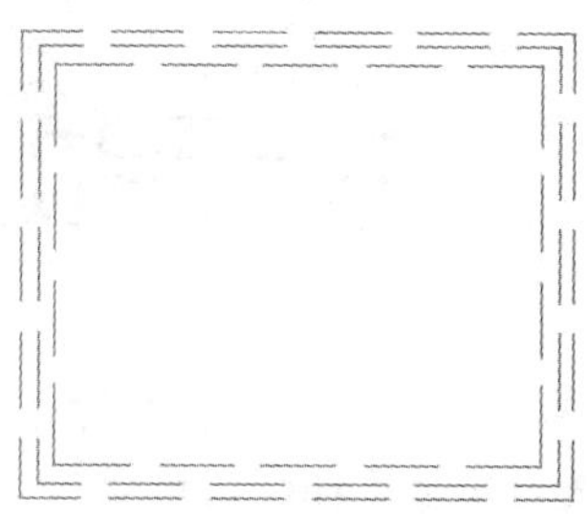

图 15-108　偏移结果

（7）单击“默认”选项卡“修改”面板中的“偏移”按钮，将最小的矩形的宽分别向内偏移 510mm，再偏移 60mm。

（8）单击“默认”选项卡“修改”面板中的“偏移”按钮，将最小的矩形的长分别向内偏移 410mm，再偏移 60mm。

（9）单击“默认”选项卡“修改”面板中的“修剪”按钮，修剪掉多余线条，绘制出雨篷，如图 15-109 所示。

（10）选中雨篷，拾取中点，单击“默认”选项卡“修改”面板中的“移动”按钮，将其移动到连接结构的中点。

Note

（11）在命令行中输入 QLEADRE 命令，将雨篷引出，在弹出的文本框中输入“雨篷仅见于二层”，结果如图 15-110 所示。

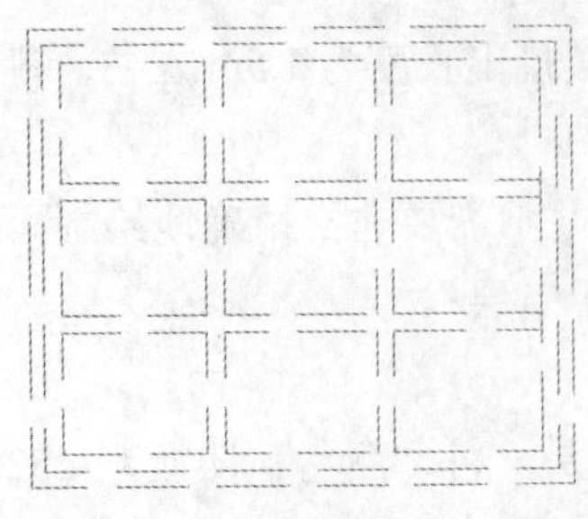
图 15-109　雨篷绘制结果

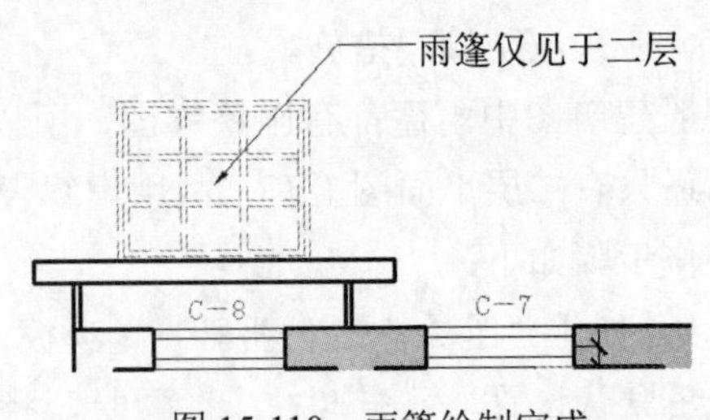

图 15-110　雨篷绘制完成

（12）将雨篷、连接墙体和标注文字全部选中，单击“默认”选项卡“修改”面板中的“复制”按钮，将雨篷等复制到另一处外门的上方。

15.5.3　修改室内功能划分

不同楼层的室内功能格局不太相同，利用二维编辑命令和基本的绘图命令对其进行修改。

修改室内功能划分的操作步骤如下：

（1）二、三层室内布局基本不变，只有为了满足消防疏散要求，才将通往疏散楼梯的过道打开。将过道原来的隔墙选中，按 Delete 键将其删除，如图 15-111 所示。

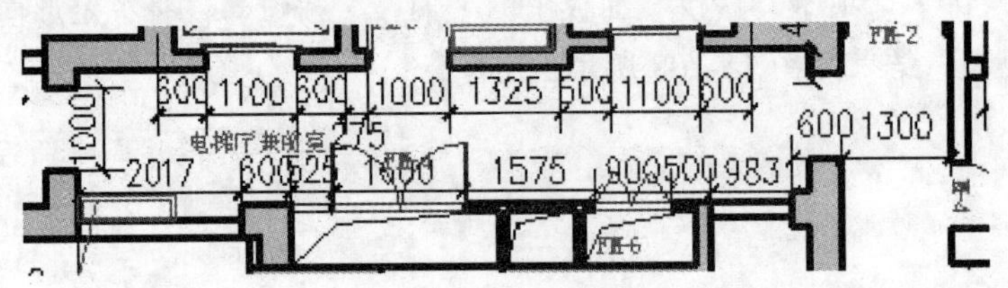
图 15-111　删除隔墙

（2）将二、三层靠近雨篷的房间改为员工休息室。将“标注”图层设置为当前图层，单击“默认”选项卡“注释”面板中的“多行文字”按钮A，单击房间中心，输入“员工休息室”，完成文字标注。

（3）修改卫生间的开门方向。因隔墙打开，卫生间的门开在侧面更为合理，因此将原有墙体进行修改，将“墙体”图层设置为当前图层，将墙体修改，预留卫生间门洞 800mm，将原卫生间门选中，单击“默认”选项卡“修改”面板中的“旋转”按钮，将门沿门框旋转-90°，然后单击“默认”选项卡“修改”面板中的“镜像”按钮，将门沿门框方向镜像，最后单击“默认”选项卡“修改”面板中的“移动”按钮，将其移到墙体处，并修改标注尺寸，如图 15-112 所示。

（4）扶梯位置变动。将自动扶梯及其标注选中，单击“默认”选项卡“修改”面板中的“移动”按钮，按 F8 键开启“正交”模式，拾取自动扶梯右边扶手的外边缘上方一点，如图 15-113

所示。拾取自动扶梯右边扶手外边缘下方一点，如图 15-114 所示。至此，完成扶梯位置变动。

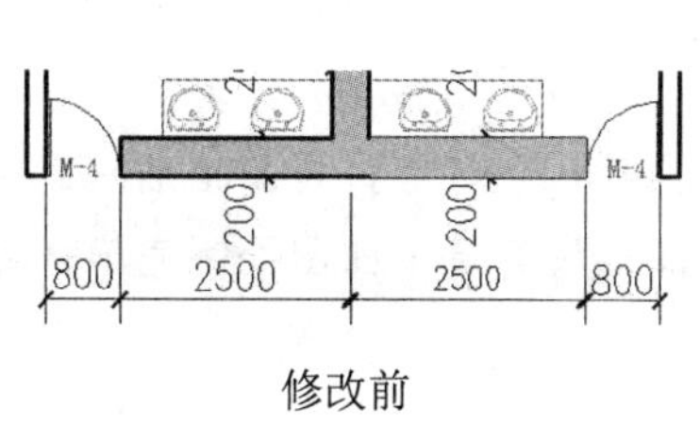

修改前

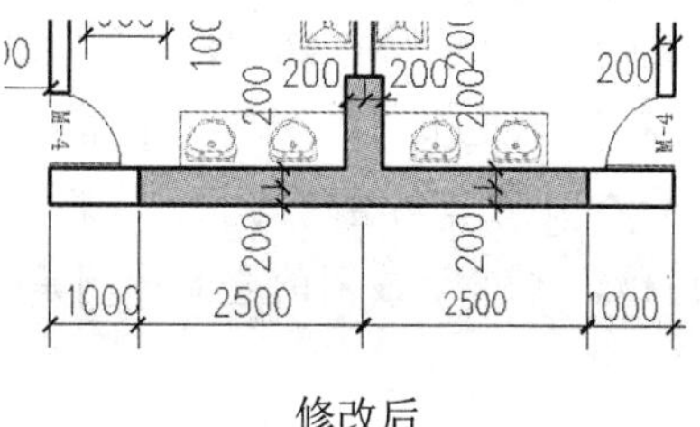

修改后

图 15-112　卫生间门

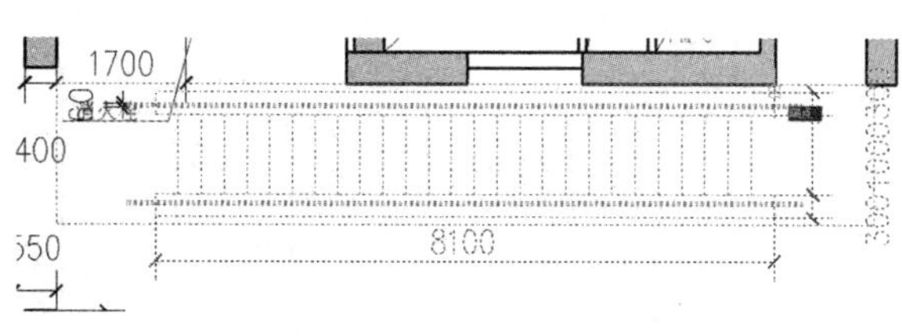

图 15-113　拾取扶梯右边扶手外边缘上方一点

图 15-114　拾取扶梯右边扶手外边缘下方一点

利用同样的方法调整另一部扶梯的位置。

提示：

对调整后的构件标注尺寸时；根据需要，可以通过移动等命令调整其位置，使构件更加简洁、美观。

（5）修改标高。可参考地下层平面图绘制过程修改标高。由于二、三层用同一平面图表示，故其标高数字有两个。卫生间标高表示本层标高减去 0.02m，结果如图 15-115 所示。

（6）调整标注轴线。由于删除首层平面图的室外建筑构件，轴号标注与图不够紧凑，因此将轴号以及轴线标注和总尺寸标注选中，单击“默认”选项卡“修改”面板中的“移动”按钮✥，开启“正交”模式进行适当调整。

这样，二、三层平面图绘制完成，下面需要添加图名和图框。

添加图名和图框的操作步骤如下：

（1）将“文字”图层设置为当前图层。

（2）单击“默认”选项卡“注释”面板中的“多行文字”按钮A，字高设为 700mm，在图形下方输入“1 号楼二、三层平面图 1:100”。

（3）单击“默认”选项卡“绘图”面板中的“多段线”按钮⊃，在文字的下方绘制一条多段线，线宽 50mm，如图 15-116 所示。

图 15-115　标高结果

1号楼二、三平面图:100

图 15-116　图名绘制结果

（4）插入图框，采用本书配套光盘中的“源文件\图库\A1 图框.dwg”文件，在图框的长边方向，按照图框长边 1/4 的模数增加。每个图框不管图幅是多少，按照一定的比例打印出来时，图签栏的大小都应该是相同的。本例采用的 A1 加长图框尺寸为 594mm×1051mm。

（5）打开本书配套光盘中的“源文件\图库\A1 图框.dwg”文件，将图框插入到绘图区，将图框放大 100 倍，即表示该图的绘制比例是 1:100。二、三层建筑平面图绘制完毕，如图 15-117 所示。

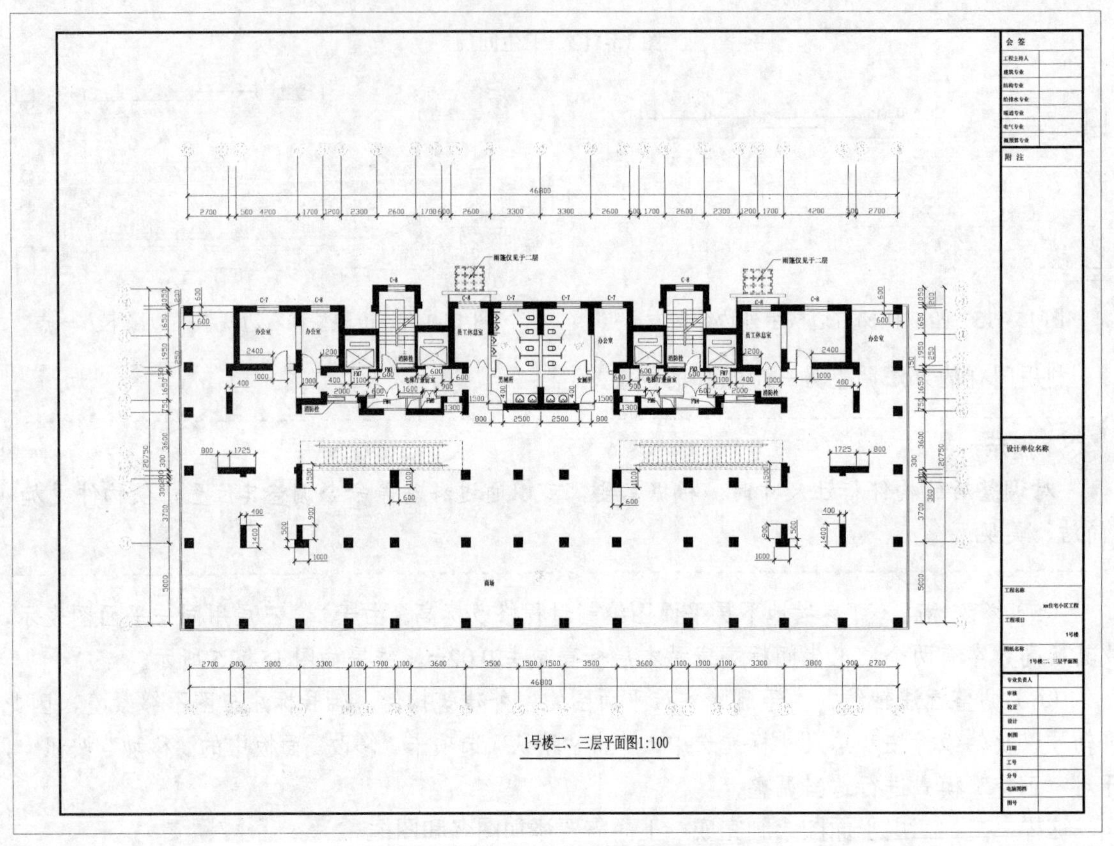

图 15-117　1 号楼二、三层建筑平面图

15.6　四至十四层组合平面图的绘制

四层至十四层是住宅，分为甲、乙两个单元对称布置，每单元一梯四户，根据不同需要分为 A、B、C、D 这 4 个户型。为了图纸表达清楚，应先绘制组合平面图，再分别绘制单元平面图。

四至十四层住宅的结构同样是短肢剪力墙结构，内部划分和商场有很大的不同，要重新划分室内，所以只保留二、三层的轴线和轴号，其他构件重新绘制。

：光盘\配套视频\第 15 章\四至十四层组合平面图的绘制.avi

Note

15.6.1　修改地下一层建筑平面图

为了方便绘图，根据需要在“地下一层建筑平面图”上进行删除和修改。

操作步骤如下：

（1）使用 AutoCAD 2016 打开“地下一层平面图的绘制”，将其另存为“四至十四层组合平面图的绘制”。

（2）关闭“标注”“轴线”图层，删除所有门、建筑设备、隔墙、幕墙、雨篷、墙体等其他图层。再打开“标注”“轴线”图层，删除所有尺寸标注，只保留轴线与轴号。

（3）删除 1-1/1 和 1-1/A 号轴线。将下面的轴号向下移动 4000mm，将轴线延长至端点，结果如图 15-118 所示。

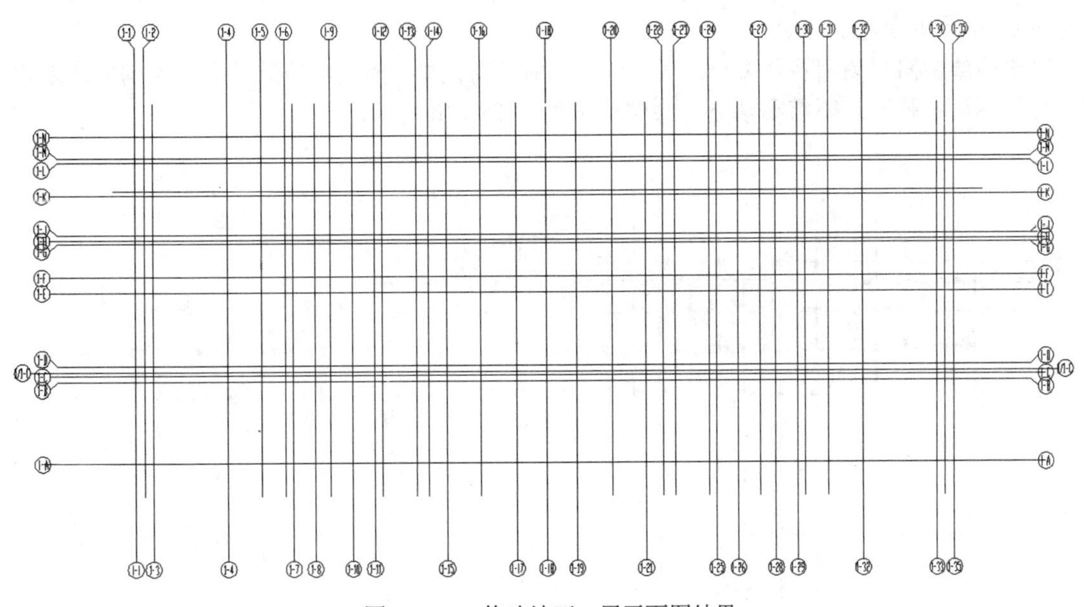

图 15-118　修改地下一层平面图结果

15.6.2　绘制墙体

本例中高层商住楼的住宅部分采用短肢剪力墙承重结构，剪力墙厚 200mm。剪力墙落在下面商场的剪力墙上面。受力结构都是由上面住宅的结构划分来确定下面商场剪力墙结构的分布。电梯、楼梯及设备位置不变，便于管线的处理。下面来绘制承重剪力墙结构图。

由于甲、乙单元完全对称，所以只需要绘制出甲单元平面图，再使用镜像命令，直接得到乙单元的平面图。

操作步骤如下：

1. 绘制承重短肢剪力墙

（1）将“墙体”图层设置为当前图层。

（2）选择菜单栏中的“格式/多线样式”命令，或者在命令行中输入 MLSTYLE 命令，弹出“多线样式”对话框，将前面设置的“墙体”多线样式置为当前。

（3）选择菜单栏中的“绘图/多线”命令，将多线的比例设为 200，先绘制出甲单元所有的承重短肢剪力墙。

（4）单击“默认”选项卡“修改”面板中的“分解”按钮和“修剪”按钮，将墙体多线进行修整和编辑。

Note

（5）单击“默认”选项卡“绘图”面板中的“图案填充”按钮，将承重剪力墙填充为 252 号灰色，表示该墙体是承重结构。

关于多线绘制墙体的具体绘制方法前面已经讲解过，可以根据定位轴线来绘制墙体，结构如图 15-119 所示。

2. 绘制隔墙

绘制完主要的承重墙体后，下面绘制隔墙。隔墙只起分隔和围护作用，不承受力的作用。本例中隔墙分两种：一种是室内卫生间与厨房分隔采用的 100mm 厚的隔墙，另一种是室内分隔采用的 200mm 厚的隔墙。

隔墙的绘制同样使用多线命令。预留出所有的门窗洞口。隔墙与短肢剪力墙绘制方法基本相同，唯一不同的是隔墙不需要填充，绘制结构如图 15-120 所示。

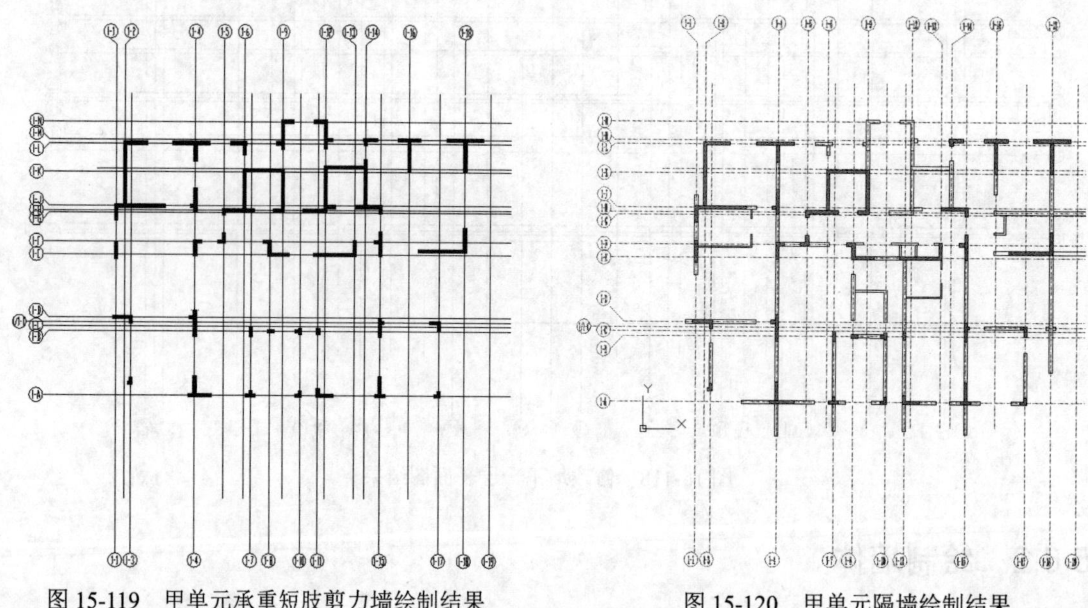

图 15-119 甲单元承重短肢剪力墙绘制结果　　图 15-120 甲单元隔墙绘制结果

提示：

在绘制隔墙时，需要局部添加轴线，以便于多线的绘制。小范围隔墙不需要添加轴号，只有大的室内划分需要添加轴线和轴号，本例中添加了轴号 1/1-E。

15.6.3 绘制门窗

住宅中共有 3 种类型的门，每户的入户门代号为 FM—1，1000mm×2100mm 的乙级防火门，卧室的门采用代号为 M—3，900mm×2100mm 的木平开门；卫生间的门采用代号为 M—4，800mm×

Note

2100mm 的木平开门。窗均采用铝合金平开窗，具体情况见门窗表。

操作步骤如下：

1. 绘制门

（1）将“门窗”图层设置为当前图层。

（2）单击“默认”选项卡“绘图”面板中的“矩形”按钮和“圆弧”按钮，绘制出所需要的 3 种尺寸的门。

（3）单击“插入”选项卡“块定义”面板中的“创建块”按钮，创建“平开门”图块。

（4）单击“插入”选项卡“块”面板中的“插入块”按钮，在平面图中选择在卧室和入户门以及卫生间处预留门洞墙线的中点作为插入点，插入“平开门”图块，完成平开门的绘制，结果如图 15-121 所示。

2. 绘制阳台护栏

根据建筑设计规范，阳台必须设护栏，为了和窗线相区别，护栏用 4 根等距的线表示。

（1）打开“图层特性管理器”选项板，新建“栏杆”图层，将“颜色”设置为“绿”，其他属性采用默认设置，双击新建图层，将当前图层设置为“栏杆”。

（2）甲单元左边的栏杆出挑宽度为栏杆中心线距离墙体的中心线 500mm 和 1400mm 处，阳台的长度分别为 2700mm、2900mm，先绘制出辅助线，如图 15-122 所示。

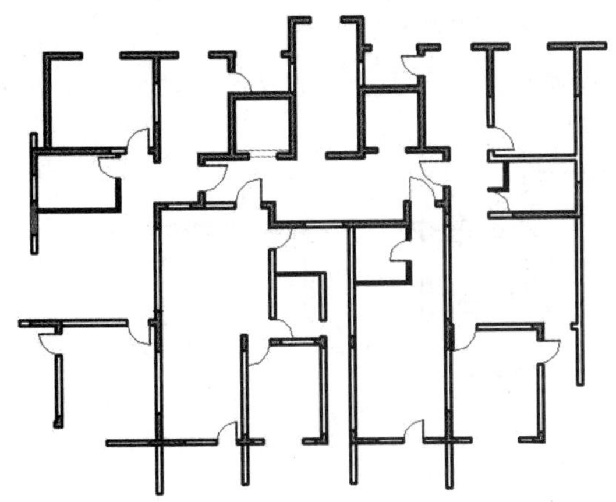

图 15-121　甲单元平面门绘制结果

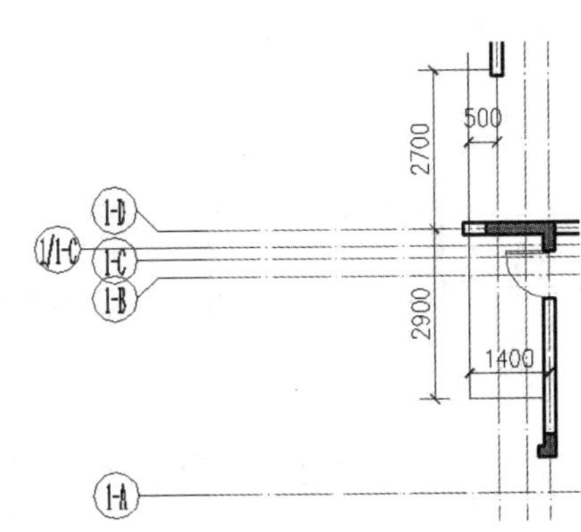

图 15-122　绘制栏杆的辅助线

（3）选择菜单栏中的“格式/多线样式”命令，或者在命令行中输入 MLSTYLE 命令，弹出“多线样式”对话框，单击“新建”按钮，弹出“创建新的多线样式”对话框，在“新样式名”文本框中输入“阳台护栏”，单击“继续”按钮，弹出“新建多线样式：阳台护栏”对话框，参数设置如图 15-123 所示。再将“阳台护栏”多线样式置为当前样式。

（4）选择菜单栏中的“绘图/多线”命令，绘制护栏。

（5）删除辅助线，结果如图 15-124 所示。

（6）利用同样的方法，绘制出前面部分的阳台护栏，前面阳台分别出挑 600mm 和 1500mm，绘制结果如图 15-125 所示。

3. 绘制窗

（1）选择菜单栏中的“格式/多线样式”命令，将“窗”多线样式置为当前。

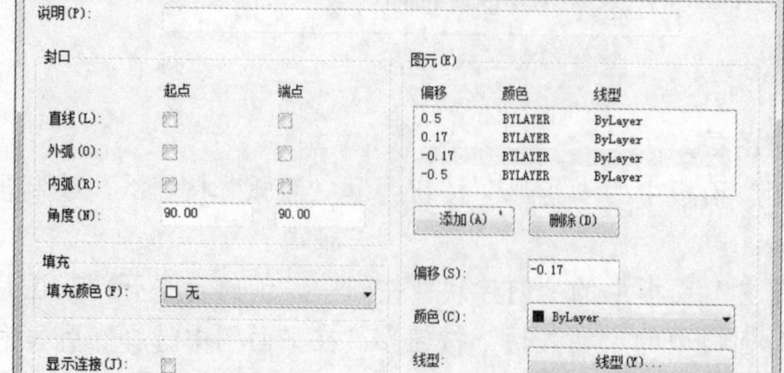

图 15-123 “阳台护栏”多线样式参数设置

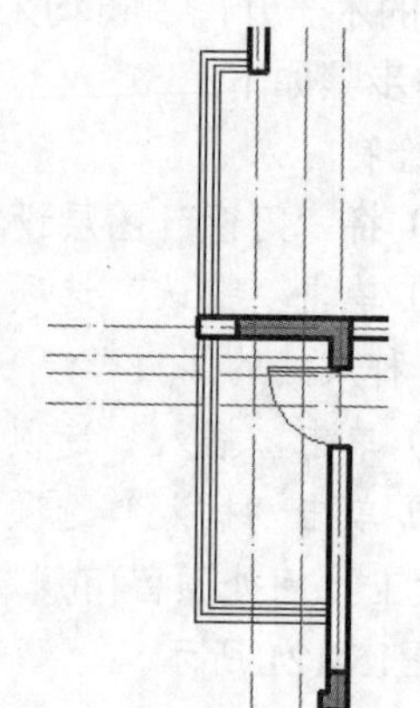

图 15-124 阳台护栏绘制结果

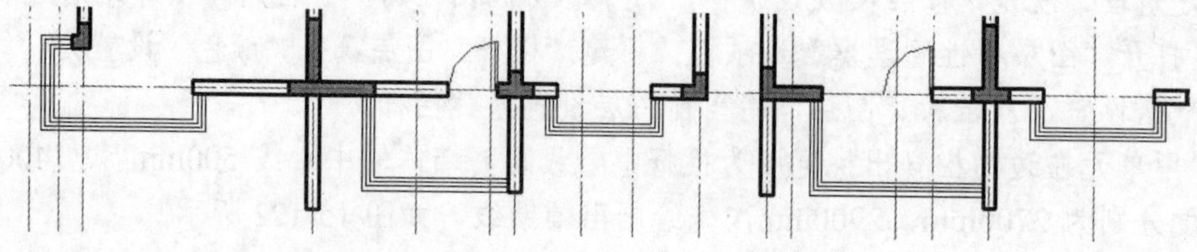

图 15-125 大楼前面阳台护栏绘制完成

（2）选择菜单栏中的“绘图/多线”命令，绘制出平面图上所有的窗线，如图 15-126 所示。

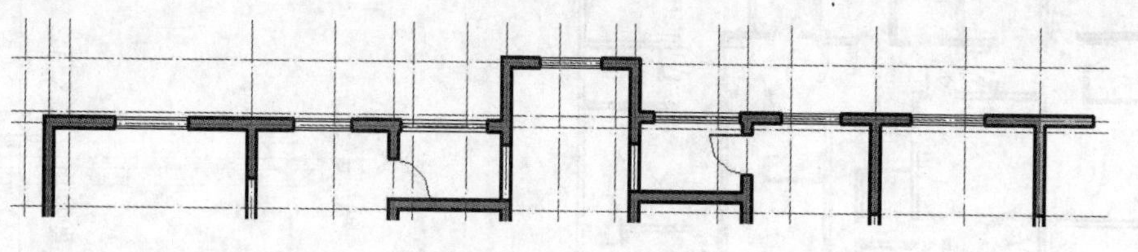

图 15-126 窗线绘制结果

15.6.4 绘制电梯、楼梯和管道

楼梯、电梯、建筑水暖管道、电管道和加压送风井的位置均不变。因此，只需要将首层平面图的楼梯、电梯、管道等复制过来即可。

操作步骤如下：

（1）将“楼梯”图层设置为当前图层。

（2）选择菜单栏中的“文件/打开”命令，打开“首层平面图的绘制”，选中楼梯所有的线条，并选中一条便于识别的辅助线，按 Ctrl+C 快捷键复制楼梯，如图 15-127 所示。

（3）单击菜单栏中的“窗口”菜单，并返回“四至十四层组合平面图的绘制”，按 Ctrl+V 快捷键，在空白处单击，复制楼梯。

（4）选中楼梯，单击“默认”选项卡“修改”面板中的“移动”按钮，拾取辅助线的端点，将其移动到辅助线端点的对应位置，如图 15-128 所示。

（5）用同样的方法从首层平面图中复制出电梯及管道，结果如图 15-129 所示。

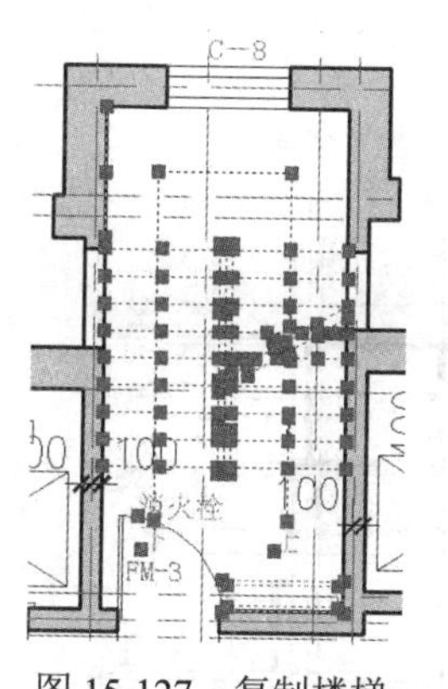

图 15-127　复制楼梯

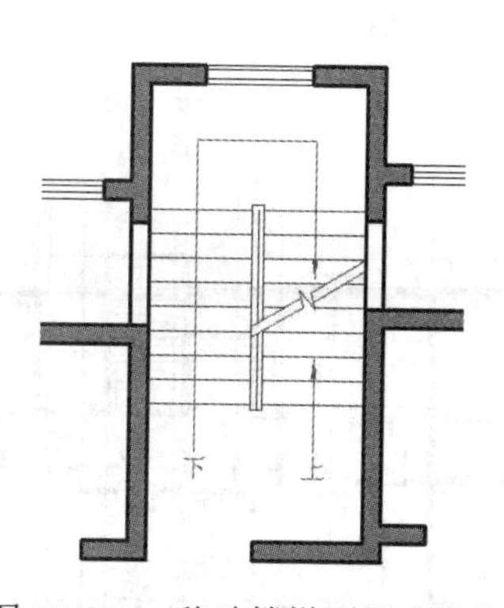

图 15-128　移动楼梯到相应位置

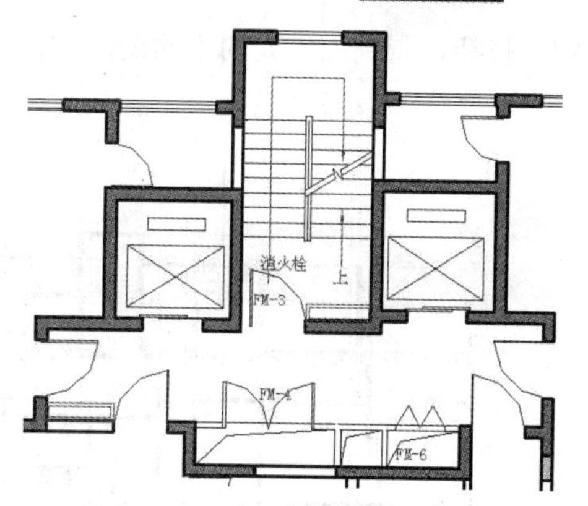

图 15-129　复制出电梯及管道井

15.6.5　绘制卫生间和厨房设备

卫生间和厨房设备都有标准图块，直接从素材文件中调用即可，在此不再重复。厨房图块已经在配套光盘中提供，结果如图 15-130 所示。

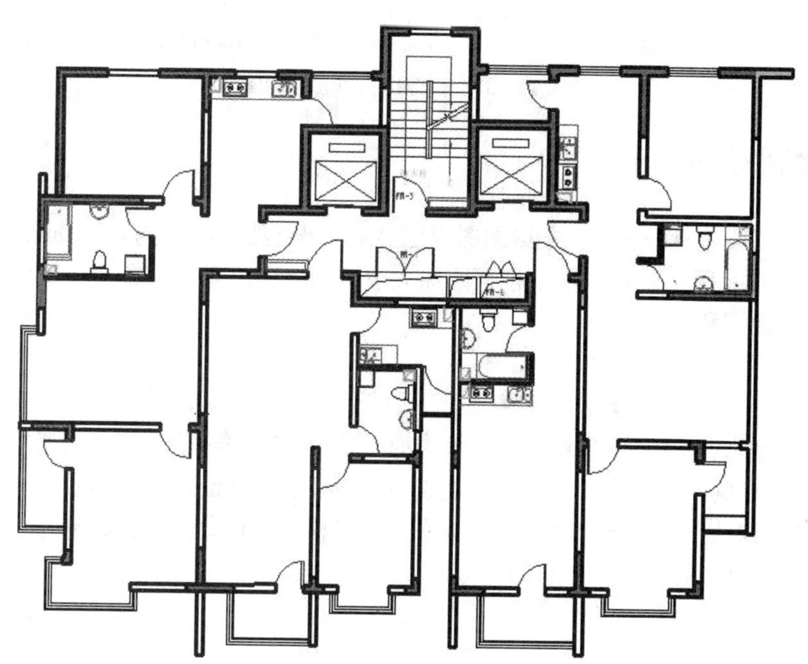

图 15-130　卫生间和厨房设备绘制

15.6.6　绘制乙单元平面图

由于甲、乙单元完全对称，因此乙单元只需要采用镜像命令，即可得到乙单元的建筑平面图，并在对称中心线的两端画出对称符号。

将甲单元中除轴线和轴号的其他线条全部选中，单击“默认”选项卡“修改”面板中的“镜像”按钮⚠，再按 F8 键，打开“正交”模式，用鼠标拾取第 1-18 号轴线上任意两点，右击“确

Note

定”按钮，得到乙单元的平面图，如图 15-131 所示。

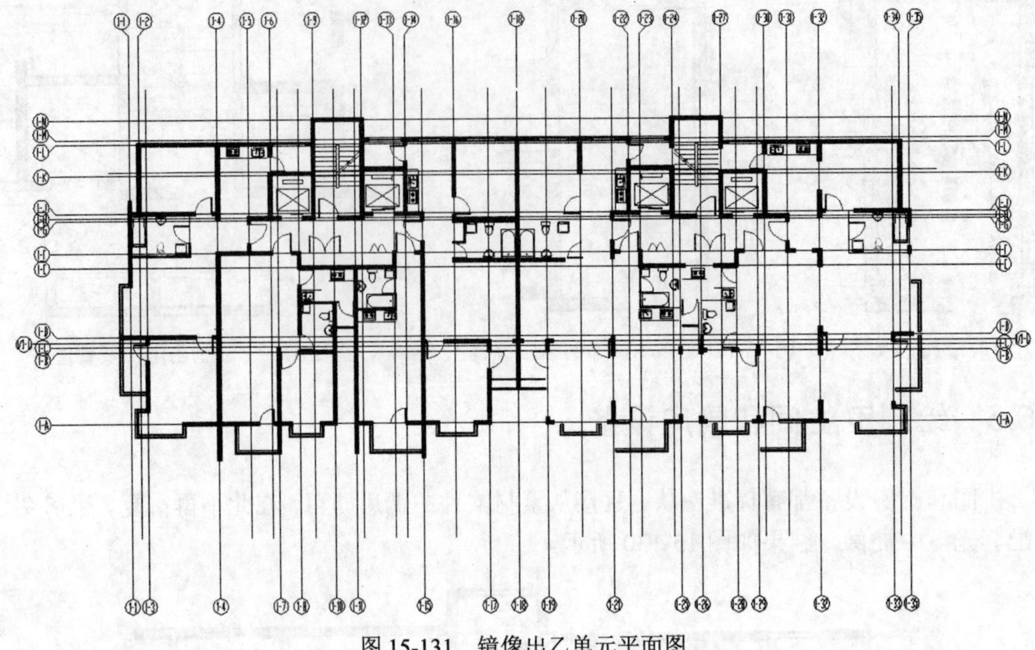

图 15-131　镜像出乙单元平面图

15.6.7　绘制对称符号

对称符号用一段平行线表示，根据制图规范要求，平行线长度宜为 6～10mm，间距宜为 2～3mm，如图 15-132 所示。但在本例中根据图像大小，平行线长度为 800mm，间距为 200mm，对称符号可用于平面图和立面图中。

操作步骤如下：

（1）将“标注”图层设置为当前图层。

（2）单击“默认”选项卡“绘图”面板中的“多段线”按钮，将“线宽”设置为 50mm，在 1-18 号轴线的建筑外墙部分，与轴线垂直绘制出一条长 800mm 的多段线。

（3）单击“默认”选项卡“修改”面板中的“偏移”按钮，偏移距离为 200mm，得到平行线，如图 15-133 所示。

图 15-132　对称符号　　　　图 15-133　1-18 号轴线上绘制对称符号

（4）利用同样的方法，在 1-18 号轴线的前面外墙的外面部分，绘制对称符号的下面部分。

15.6.8　尺寸标注及文字说明

Note

本例中的 4 种户型分别用 A、B、C、D 表示，单击“默认”选项卡“注释”面板中的“多行文字”按钮A，文字高度设为 350mm，在每户房间空白处分别输入 A、B、C、D。

再采用前面所讲的方法，选择“标注/快速标注”和“线性”命令，标注样式在前面已经设置好，故只需直接标注出轴线尺寸和总尺寸。

利用修剪和移动命令，适当地调整轴线的长度和轴号的位置，使得构图更加美观。结果如图 15-134 所示。

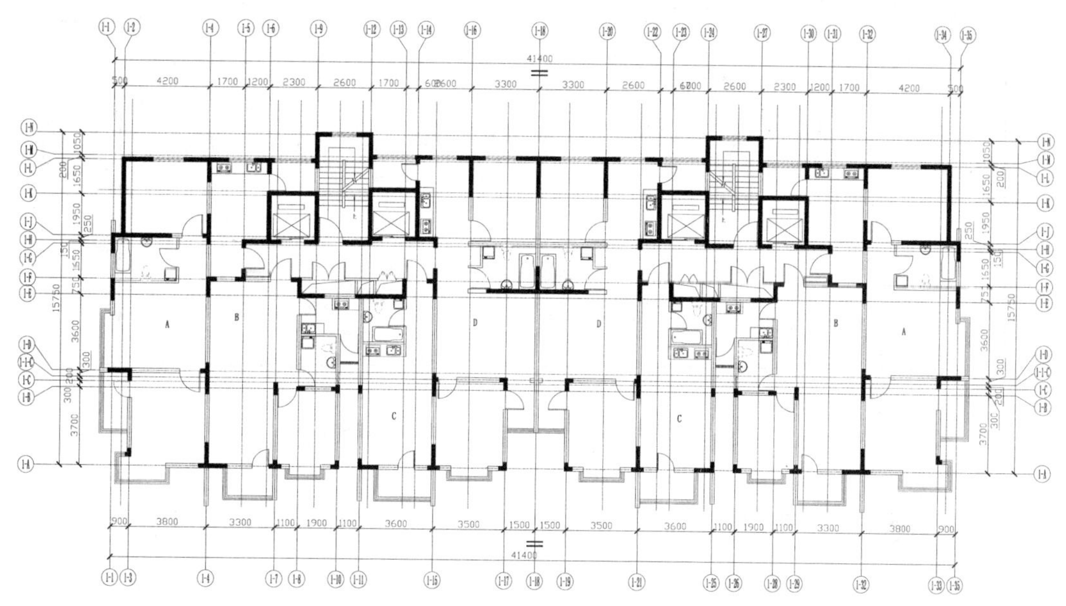

图 15-134　文字说明和尺寸标注结果

四至十四层组合平面图绘制完成，需加上图名和图框。

操作步骤如下：

（1）将“文字”图层设置为当前图层。

（2）单击“默认”选项卡“注释”面板中的“多行文字”按钮A，字高设为 700mm，在图形下方输入“1 号楼四至十四层平面图 1:100”。

（3）单击“默认”选项卡“绘图”面板中的“多段线”按钮，在文字的下方绘制一条多段线，线宽 50mm，如图 15-135 所示。

1号楼四至十四层平面图组合 1:100

图 15-135　图名绘制结果

（4）打开本书配套光盘中的“源文件\图库\A1 图框.dwg”文件，将图框复制并粘贴到绘图区，将图块放大 100 倍，即表示该图的绘制比例是 1:100。1 号楼四至十四层平面组合图绘制完毕，如图 15-136 所示。

Note

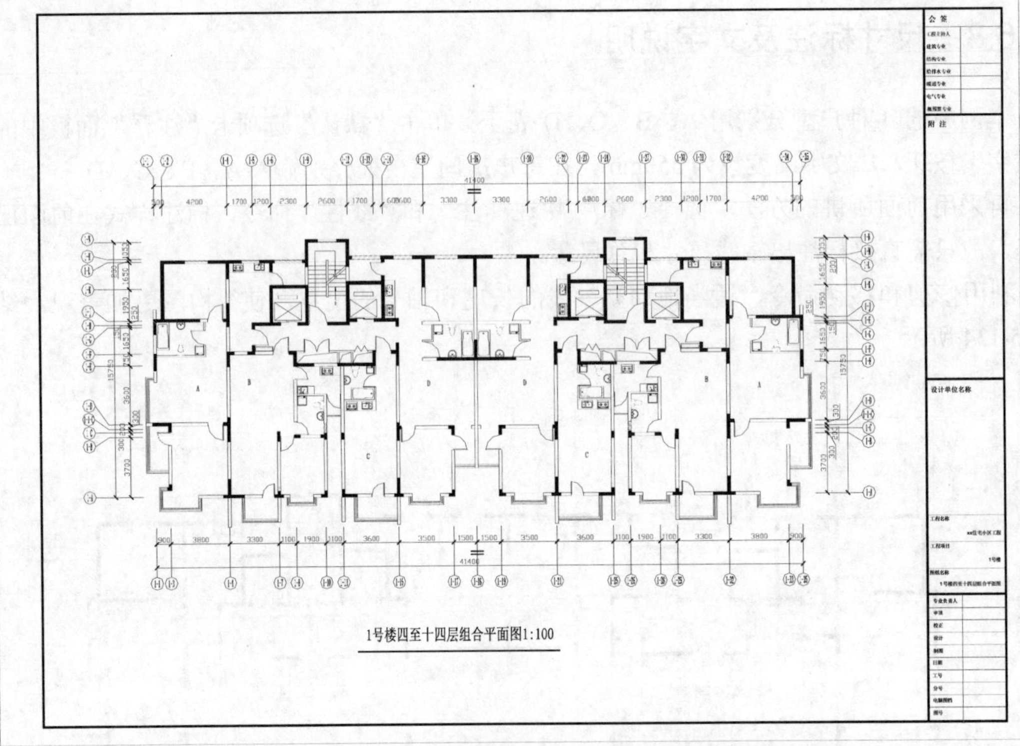

图 15-136　1 号楼四至十四层平面组合图

15.7　四至十八层甲单元平面图的绘制

四至十八层的平面图绘制方法相同，现在来绘制四至十四层甲单元平面图，其他楼层只需要修改正立面阳台的大小和楼层标高即可。由于甲、乙单元完全对称，因此这里只讲解四至十四层甲单元的绘制方法。

四至十七层作为标准层，内部空间结构完全一样，唯一不同就是为了立面造型的需要，正立面出挑阳台的部分发生变化，以求立面效果的丰富。四至十四层外阳台完全相同，十五、十六层大楼正立面阳台出挑距离相同，十七、十八层正立面出挑距离相同。另外，在十八层将一个卧室改为露台。

对高层建筑来说，要做造型的变化，只能在立面上求变化，平面上的结构一定不能改变，例如，在出挑距离上做变化，但承重结构不变。

光盘\配套视频\第 15 章\四至十八层甲单元平面图的绘制.avi

15.7.1　修改四至十四层组合平面图

当绘制过的与要绘制的平面图相当并有重复绘制的图形时，可以采用复制或另存为的方法在此基础上修改，本例也是如此。

操作步骤如下：

（1）打开“四至十四层组合平面图的绘制”，将其另存为“四至十四层甲单元平面图的绘制”。

（2）将乙单元部分全部删除，只保留甲单元部分，在甲单元的右边用“直线”命令画上折断线，删除甲单元 A、B、C、D 户型代号。

（3）修剪轴线长短，调整轴号位置，结果如图 15-137 所示。

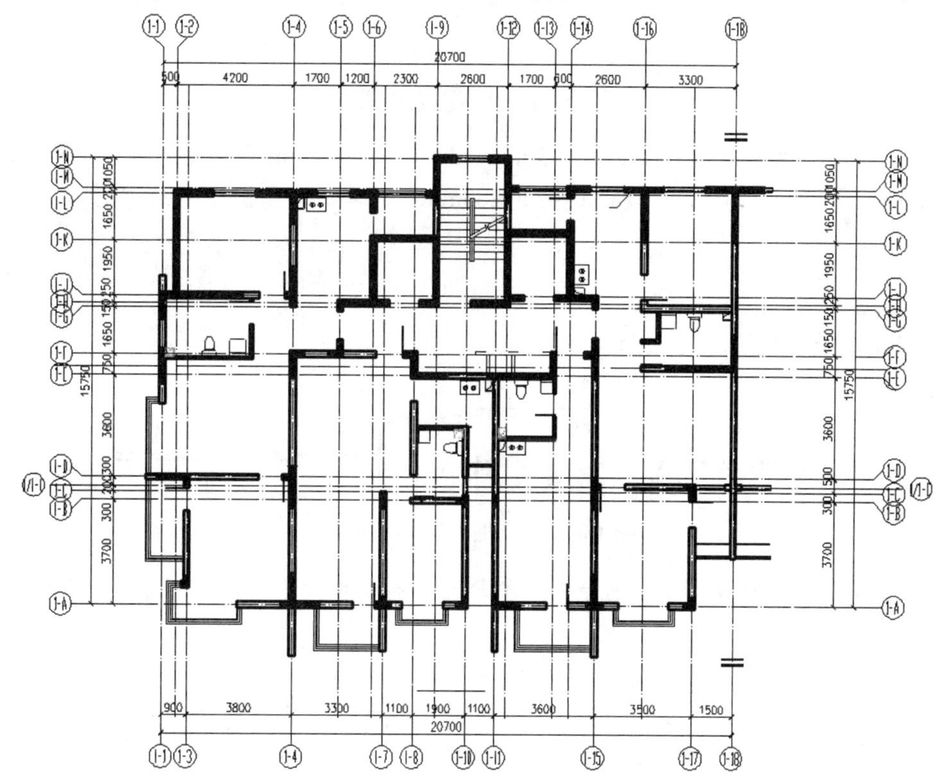

图 15-137　修改四至十四层平面组合图结果

15.7.2　绘制建筑构件

为了造型需要，在建筑立面正立面部分设置钢架，并在阳台处预留空调机位，使立面造型整齐、美观。

操作步骤如下：

1. 绘制钢架

（1）打开“图层特性管理器”选项板，新建“构件”图层，将“颜色”设置为“蓝”，其他参数为默认设置，并将“构件”图层设置为当前图层。

（2）选择菜单栏中的“格式/多线样式”命令，将“墙体”多线样式置为当前，选择菜单栏中的“绘图/多线”命令，在 1-4 号轴线与 1-15 号轴线之间，墙体的最外面处，绘制宽 200mm 的多线表示钢架，1-10 号轴线上钢架与墙体之间也用钢架连接，同样用多线命令绘制。

（3）由于钢架不是每层都设置，所以需要标注出钢架用于 21m、24m、33m、36m、45m、

Note

48m 标高处，在命令行中输入 QLEADER 命令，引出标注，结果如图 15-138 所示。

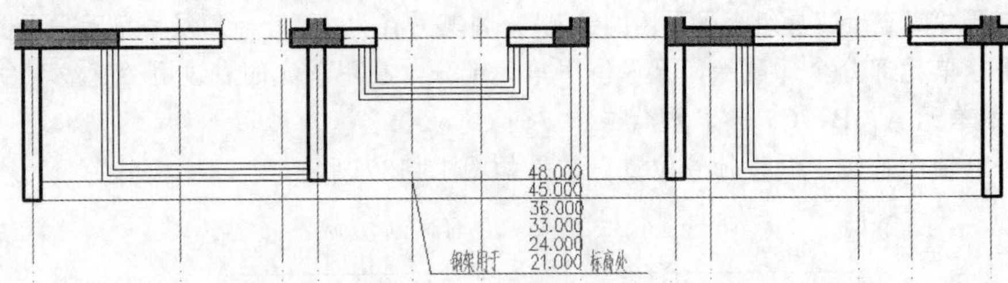

图 15-138 钢架绘制结果

（4）在大楼背立面标高 18m、21m、30m、33m、42m、45m 处设置了钢架，钢架距离 1-2 号轴线 3100mm，外墙面 1450mm 处，钢架宽 200mm，具体尺寸如图 15-139 所示。

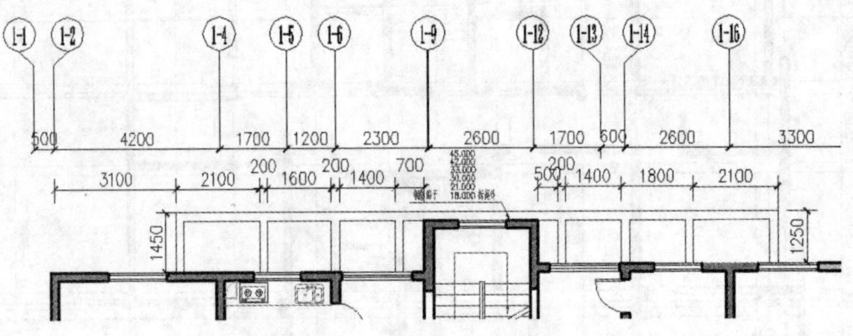

图 15-139 背面钢架绘制结果

（5）高层的外墙落地窗需要设置护栏，利用直线和偏移命令，在室内靠近窗处绘制间距为 60mm 的平行线表示护栏。

2. 绘制空调机位、雨水管以及空调冷凝水管

（1）打开“图层特性管理器”选项板，新建“空调机位”图层，将“颜色”设置为“黄”，“线型”设置为 ACAD_IS002W100，其他属性采用默认设置，双击新建图层，将当前图层设为“空调机位”。

（2）单击“默认”选项卡“绘图”面板中的“矩形”按钮▭，绘制长为 800mm、宽为 280mm 的矩形。单击“默认”选项卡“修改”面板中的“复制”按钮，将矩形设置在阳台与钢架之间的空隙处。在无阳台的地方将空调机位设置在护栏与窗之间的空隙处。

（3）将“构件”图层设置为当前图层，绘制雨水管和空调冷凝水管。单击“默认”选项卡“绘图”面板中的“圆”按钮，绘制雨水管直径为 120mm、空调冷凝水管直径为 150mm，雨水管设置在 1-4 号轴线与 1-11 号轴线处的外墙角落处，空调冷凝水管设置在空调机位的旁边，不破坏建筑外立面美观，如图 15-140 所示。

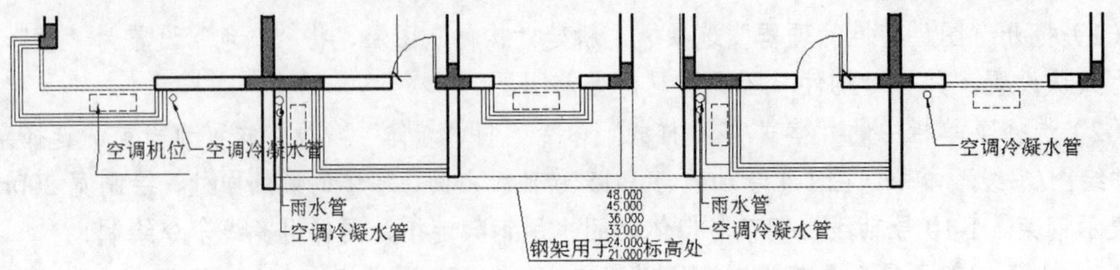

图 15-140 空调机位、雨水管以及空调冷凝水管绘制结果

Note

（4）在大楼的背面同样需要设置空调机位，在两种户型交接处预留空调机位，将雨水管、空调冷凝水管集中布置，结果如图 15-141 所示。

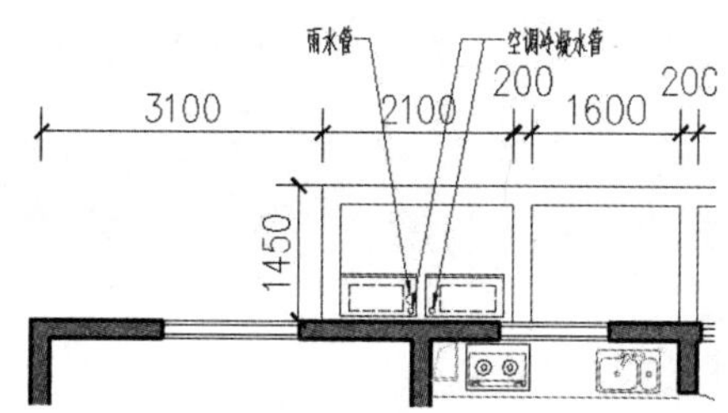

图 15-141　空调机位、雨水管以及空调冷凝水管绘制结果

15.7.3　尺寸标注及文字说明

建筑平面图中的尺寸标注是绘制平面图的重要组成部分，一般标注外部三道尺寸，内部尺寸、构件尺寸以及标高，同时为其添加必要的文字说明以及房间名。

操作步骤如下：

1. 尺寸标注

单击“注释”选项卡“标注”面板中的“线性”按钮和“快速”按钮，标注出细部尺寸和总尺寸，标注完的标注尺寸采用加点操作，调整标注的位置，使其整齐美观，结果如图 15-142 所示。

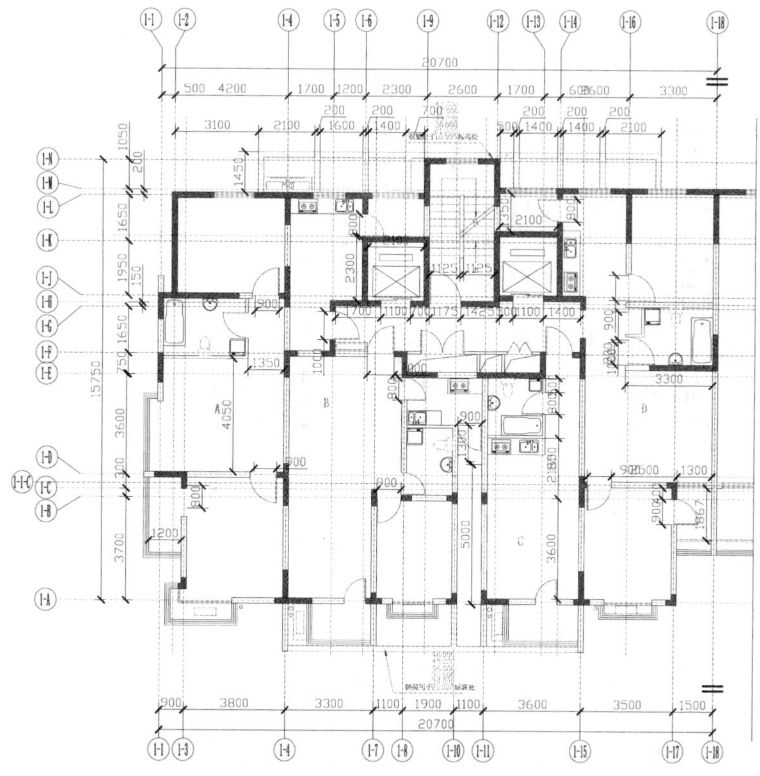

图 15-142　尺寸标注结果

2. 绘制标高符号

由于该图表示四至十四层的甲单元平面图，故需要标注出各层标高。卫生间、厨房和阳台均在每层的基础上下沉 20mm。采用前面所讲方法修改之前绘制好的标高，结果如图 15-143 和图 15-144 所示。

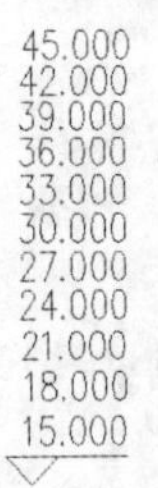

图 15-143　每层标高

H-0.020

图 15-144　卫生间、厨房、阳台标高

3. 文字说明

（1）单击“默认”选项卡“注释”面板中的“多行文字”按钮A，给房间初步划分，在房间空白处标注出大致的房间功能，如“客厅”、“卧室”、“厨房”、“卫生间”和“阳台”等。

（2）标注出门窗的型号。

（3）卫生间、厨房的排烟道细部做法用引线引出。

（4）标注出管道的名称，结果如图 15-145 所示。

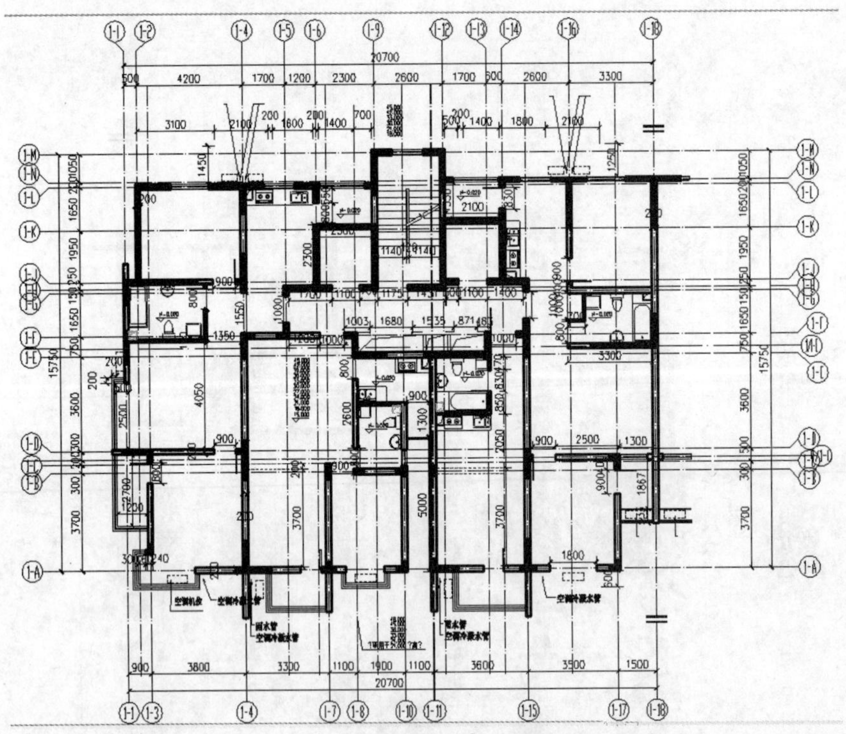

图 15-145　文字说明结果

（5）一些细部构造，需另外用文字说明，一般在图的右下角给予说明。采用多行文字命令，字高设为 300mm，如图 15-146 所示。

Note

注：

1：甲、乙单元为对称单元

2：K-1:预留75UPVC空调套管，管中距地 150，距墙边 150
K-2:预留75UPVC空调套管，管中距地2250，距墙边 150

3：TF-1:厨房排风道PC30.430x300，详见《住宅厨房卫生间变压式排风道应用技术规程》
TF-2:卫生间排风道PC35.340x300，详见《住宅厨房卫生间变压式排风道应用技术规程》

图 15-146 文字说明

15.7.4 绘制标准层其他平面图

这样四至十四层甲单元平面图绘制完成，需加上图名和图框。使用方法同前面一样，比例为 1:50，在此就不再重复。绘制结果如图 15-147 所示。

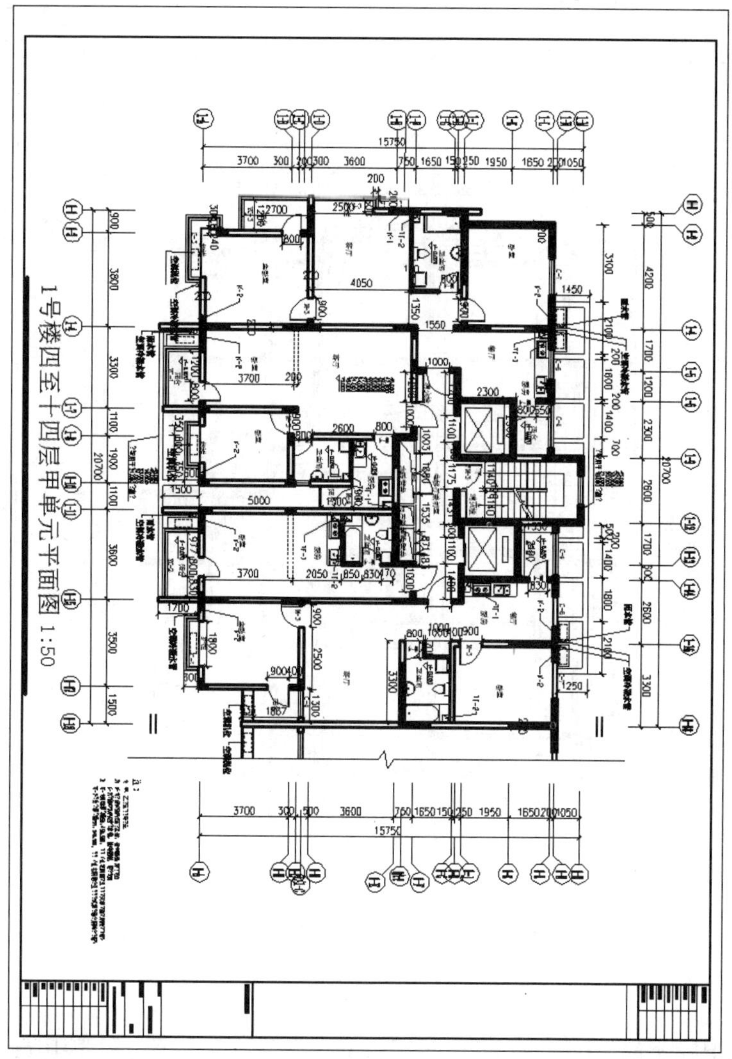

图 15-147 四至十四层甲单元平面图

十五、十六层正立面前面阳台部分如图 15-148 所示。

Note

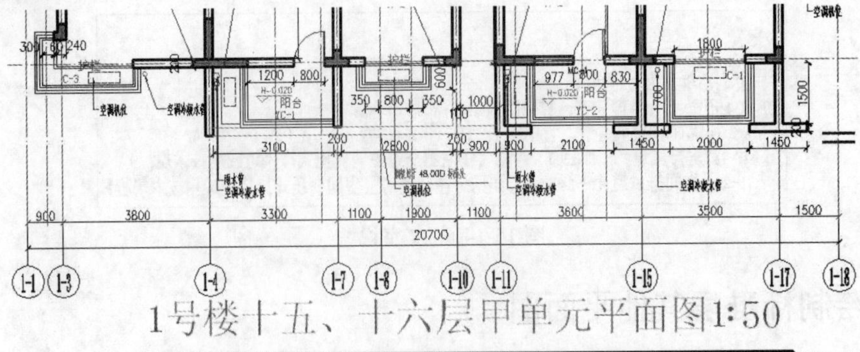

图 15-148　十五、十六层正立面阳台部分

十五、十六层甲单元平面图如图 15-149 所示。

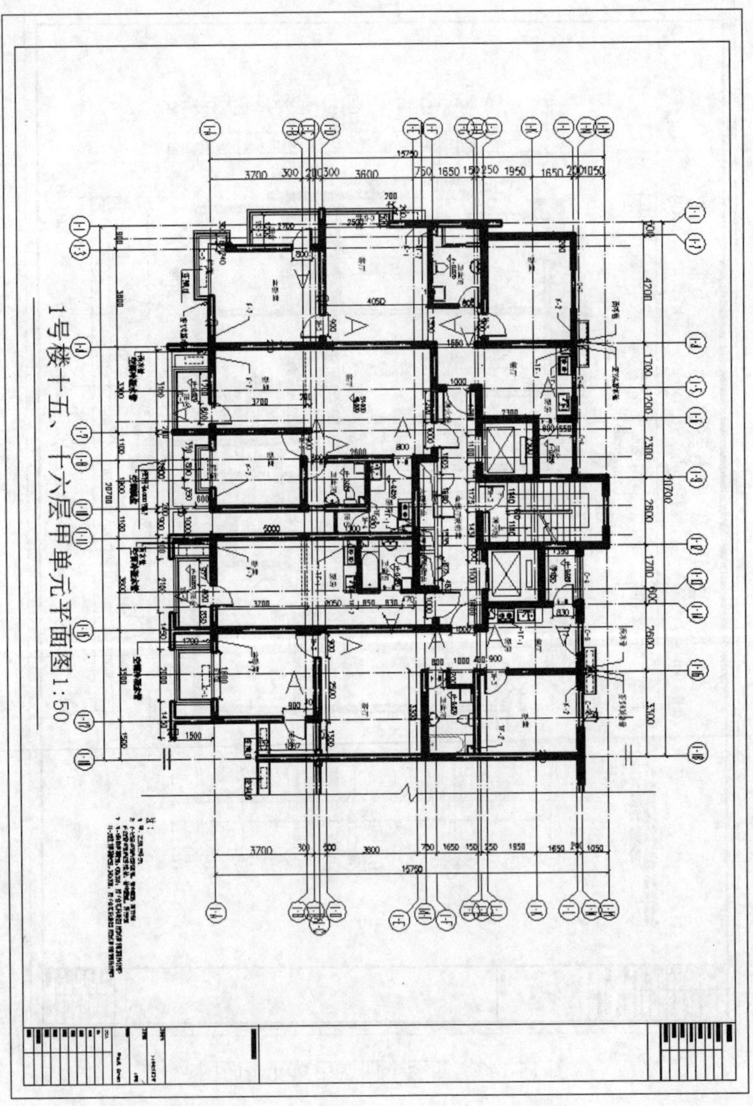

图 15-149　十五、十六层甲单元平面图

十七层甲单元正立面阳台部分如图 15-150 所示。

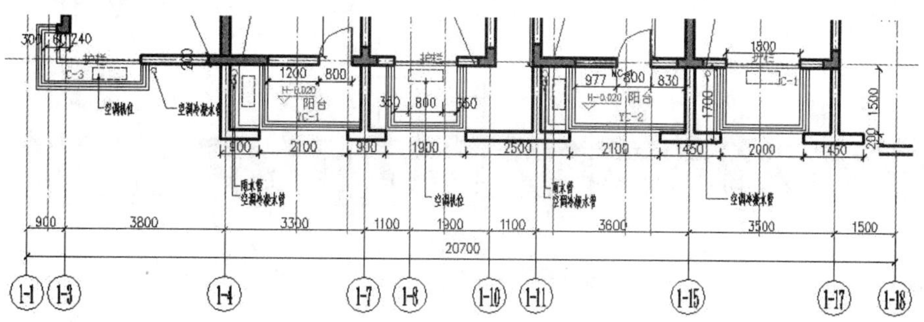

图 15-150　十七层甲单元正立面阳台部分

十七层甲单元平面图如图 15-151 所示。

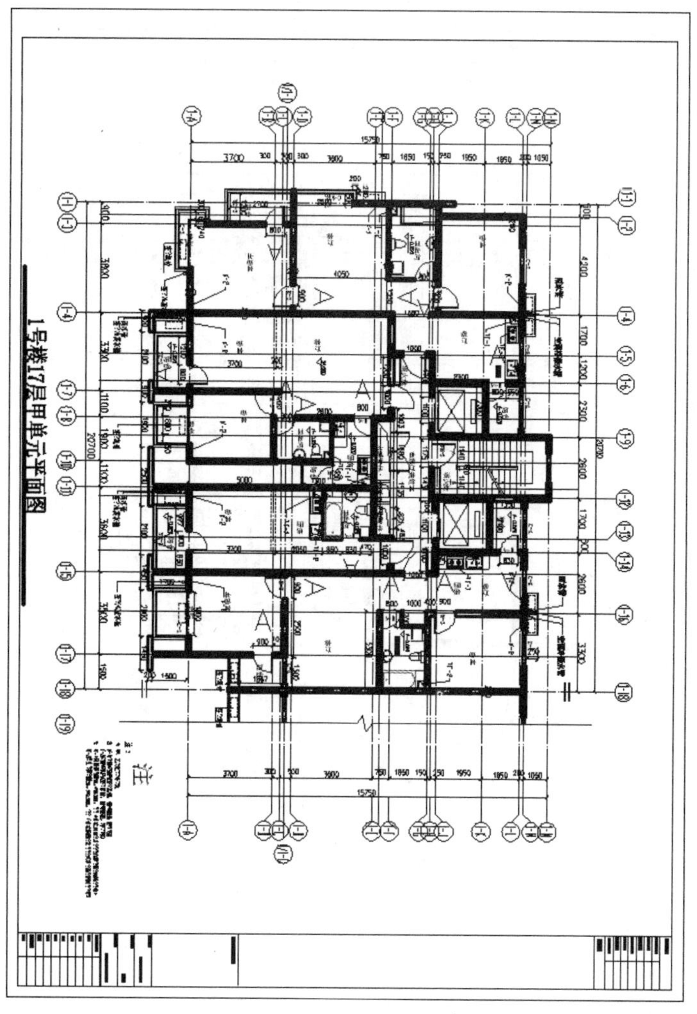

图 15-151　十七层甲单元平面图

十八层将一个卧室改为露天平台，为了满足排水要求，需要放坡，坡度分别为 2%、1%。十八层改动部分如图 15-152 所示。

Note

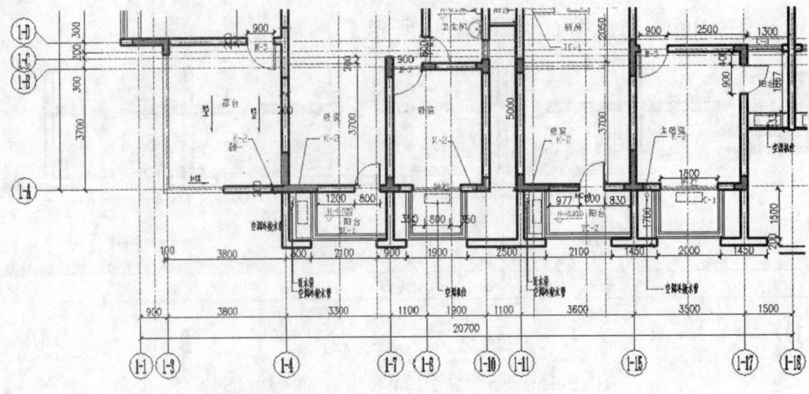

图 15-152　十八层改动部分

十八层甲单元平面图如图 15-153 所示。

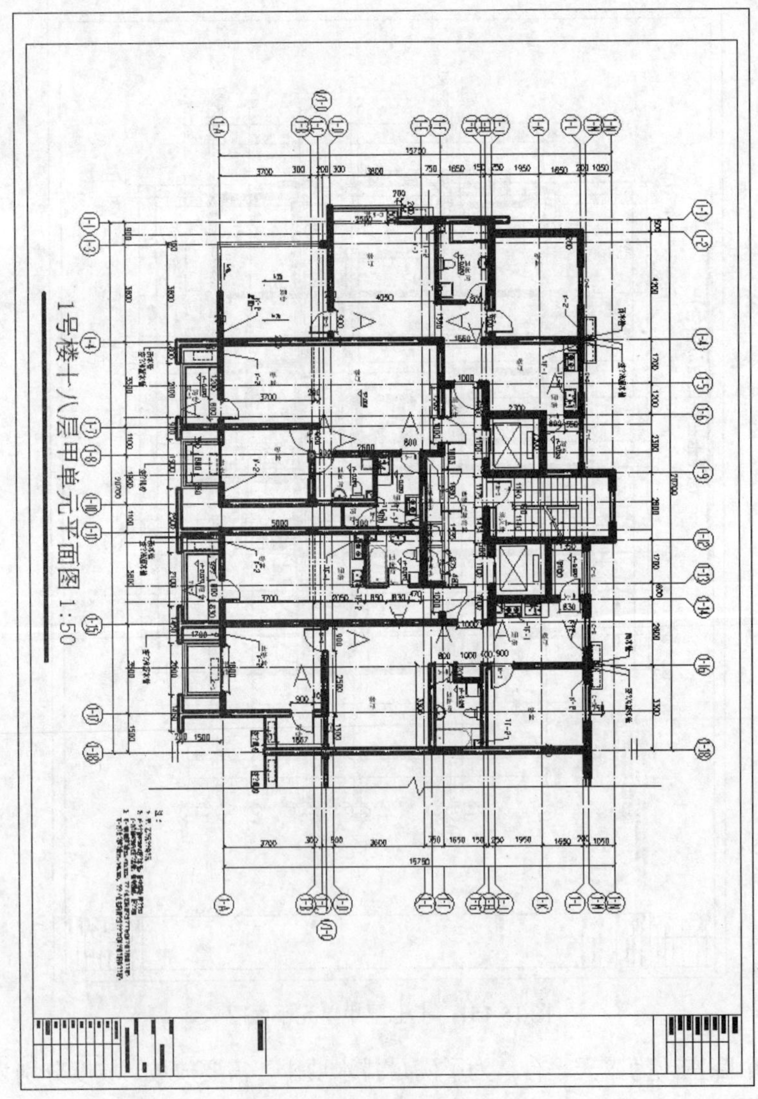

图 15-153　十八层甲单元平面图

15.8　屋顶设备层平面图的绘制

修改四至十四层甲单元平面图，再绘制排水分区、排水坡度以及乙单元。

设备层主要是电梯机房，部分是屋顶平面。屋顶是建筑物最上层起覆盖作用的外围护构件，用以抵抗雨雪、避免日晒等自然元素的影响。屋顶由面层和承重结构两部分组成，应该满足以下 4 点要求。

（1）承重要求。屋顶应能够承受积雪、积灰和人所产生的荷载，并顺利地将这些荷载传递给墙柱。

（2）保温要求。屋顶面层是建筑物最上部的围护结构，应具有一定的热阻能力，以防止热量从屋面过分散失。

（3）防水要求。屋顶积水（积雪）以后，应能很快地排出，以防渗漏。在处理屋面防水问题时，应兼顾“导”和“堵”两方面，所谓“导”，就是将屋面积水顺利排出，因而应该有足够的排水坡度及相应的排水设施；所谓“堵”，就是要采用适当的防水材料，采取妥善的构造做法，以防渗漏。

屋顶工程根据建筑物的性质、重要程度、使用功能要求、建筑结构特点以及防水耐用年限等，将屋面防水分为 4 个等级，并按不同等级进行设防。

（4）美观要求。屋顶是建筑物的重要装修内容之一。屋顶采取什么形式，选用什么材料和颜色均与美观有关。在决定屋顶构造做法时，应兼顾技术和艺术两大方面。

光盘\配套视频\第 15 章\屋顶设备层平面图的绘制.avi

15.8.1　修改四至十四层甲单元平面图

为了方便绘图，先把前面绘制好的“四至十四层甲单元平面图”复制过来，根据需要对其进行删除和修改。

操作步骤如下：

（1）使用 AutoCAD 2016 打开“四至十四层甲单元平面图的绘制”，将其另存为“屋顶设备层平面图的绘制”。

（2）打开“图层特性管理器”选项板，新建“女儿墙”图层，将“颜色”设置为“蓝”，其他属性保持默认设置。

（3）删除“标注”图层，内部的墙体及其设备，保留楼梯、电梯核心筒部分。

（4）单击“默认”选项卡“绘图”面板中的“直线”按钮，沿建筑外墙外边沿绘制一圈，然后单击“默认”选项卡“修改”面板中的“偏移”按钮，将刚才绘制的线向墙内偏移 150mm，再删除外墙，结果如图 15-154 所示。

（5）绘制出所有的女儿墙。根据阳台尺寸大小，绘制出挑阳台上方的顶棚，结果如图 15-155 所示。

（6）修改楼梯、电梯核心筒。电梯、楼梯的前室改为电梯机房，还需要修改核心筒的局部部分，如图 15-156 所示。

（7）单击“默认”选项卡“修改”面板中的“镜像”按钮，绘制出乙单元屋顶平面图。

Note

调整轴线的长度、轴号的位置，绘制出乙单元的轴线及轴号，以 1-18 号轴线为对称中心线，结果如图 15-157 所示。

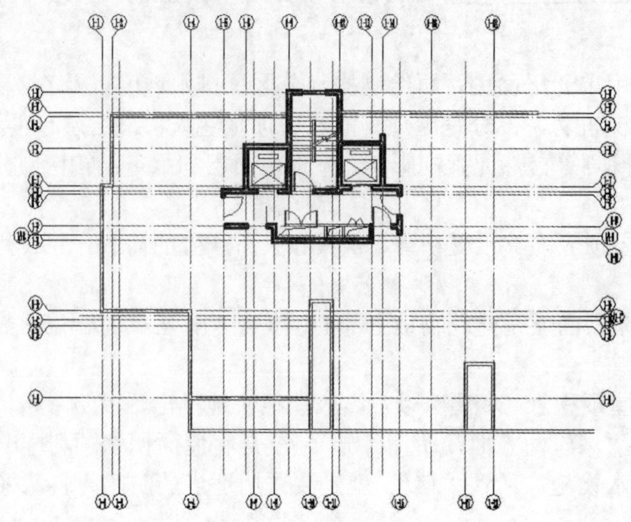

图 15-154 修改四至十四层甲单元平面图结果

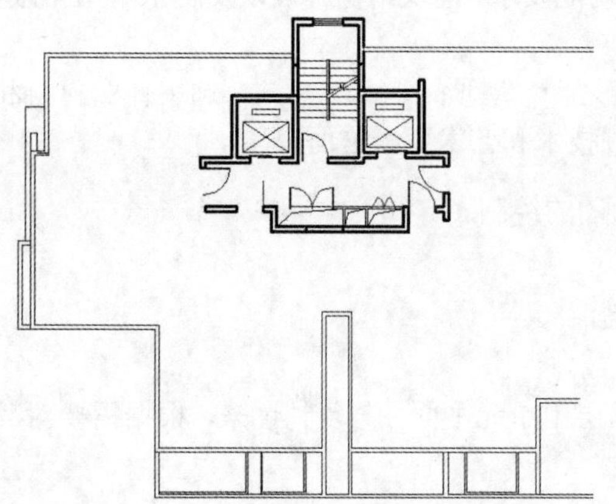

图 15-155 女儿墙及阳台上方顶棚绘制结果

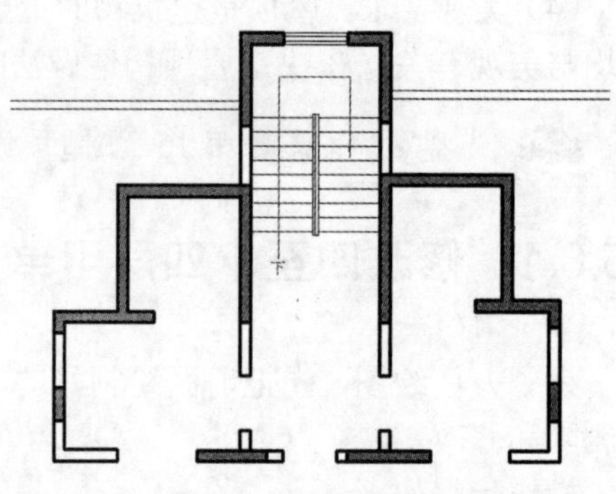

图 15-156 核心筒修改结果

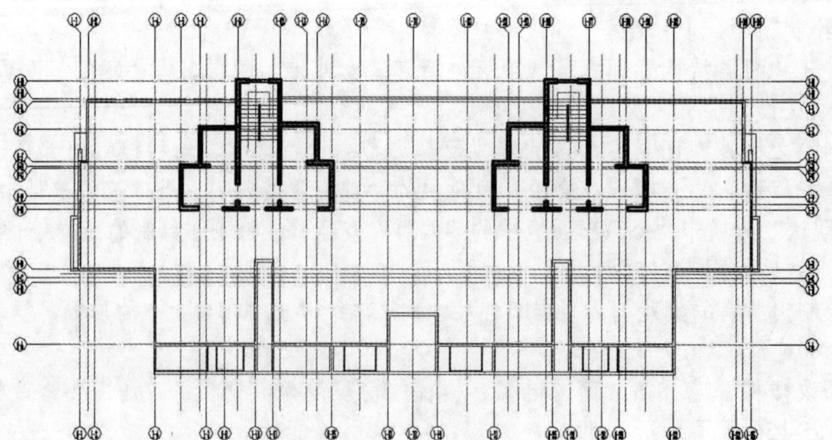

图 15-157 镜像出乙单元的结果

Note

（8）绘制排烟道。打开十八层甲单元平面图，将图中所有的排烟道全部选中，按 Ctrl+C 快捷键复制，返回设备层绘图界面，按 Ctrl+V 快捷键粘贴，将这些排烟道全部粘贴到原位置。

提示：

所有的排烟道均要出屋面。凡是烟囱、管道等伸出屋面的构件必须在屋顶上开孔时，为了防止漏水，将油毡向上翻起，抹上水泥砂浆或再盖上镀锌铁皮，起挡水作用，称为泛水。因此，下面住宅的厨房、卫生间的排烟道均要出屋面。

（9）单击“默认”选项卡“修改”面板中的“镜像”按钮，以 1-18 号轴线为对称轴，镜像出乙单元的排烟道，结果如图 15-158 所示。

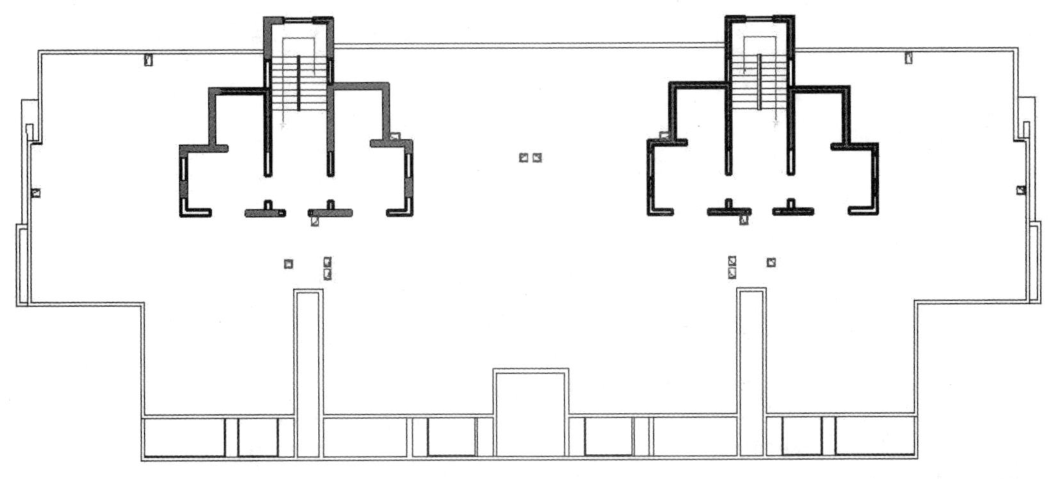

图 15-158 排烟道绘制结果

15.8.2 绘制排水组织

屋面的排水方式有两种：一种是雨水从屋面排至檐口，自由落下，这种做法称为无组织排水，此做法虽然简单，但檐口排下的雨水容易淋湿墙面和污染门窗，一般只用于檐部高度在 5m 以下的建筑物中；另一种是将屋面雨水通过集水口－雨水斗－雨水管排除，雨水管安在建筑物外墙上的，称为有组织的外排水，雨水管从建筑物内部穿过的，称为有组织的内排水。

本例采用有组织的外排水。采用外排水时，注意防止雨水倾下外墙，危害行人或其他设施，设水落管时，其位置与颜色应注意与建筑立面协调。

平屋顶上的横向排水坡度为 2%，纵向排水坡度为 1%。屋面排水分区一般按每个管径 75mm 雨水管能排除 200m^2 的面积来划分。

设计排水组织包括确定排水坡度、划分排水分区、确定雨水管数量、绘制屋顶平面图等工作。

屋顶平面图应表明排水分区、排水坡度、雨水管位置、穿出屋顶的突出物的立管等。

屋顶上的排水沟即天沟，位于外檐边的天沟又称为檐沟。天沟的功能是汇集和迅速排除屋面雨水，故其断面大小应恰当，一般建筑的天沟净宽不应小于 200mm，天沟上口至分水线的距离不应小于 120mm。天沟沟底沿长度方向应设纵向排水坡，简称天沟纵坡。天沟纵坡的坡度不宜小

于1%。

操作步骤如下：

（1）打开“图层特性管理器”选项板，新建“排水组织”图层，将“颜色”设置为“黄”，其他属性保持默认设置，并将“排水组织”图层设置为当前图层。

（2）单击“默认”选项卡“绘图”面板中的“直线”按钮，沿正面和背面的女儿墙绘制天沟，宽为400mm，有排风道的地方，天沟要避开排风道，通过材料找坡，使雨水汇集到天沟，再通过女儿墙中的预埋管，流入室外的雨水管。

（3）根据规范绘制出排水分区。

（4）绘制出雨水口、预埋在女儿墙的过水洞，结果如图15-159所示。

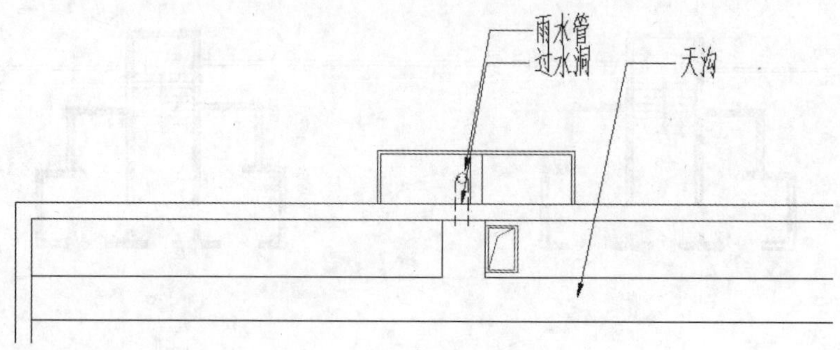

图15-159　雨水管、过水洞和天沟的绘制结果

（5）标注出屋面的排水坡度，结果如图15-160所示。

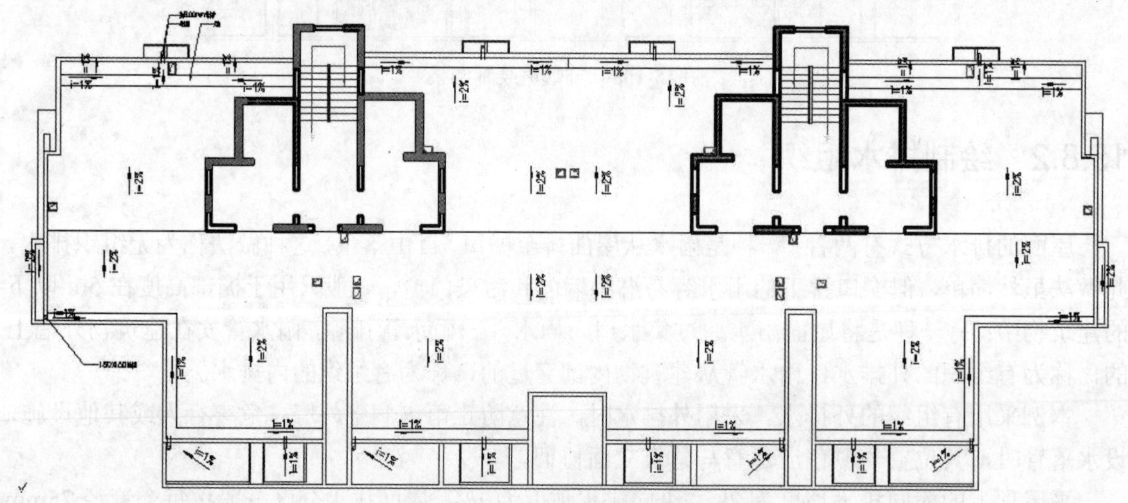

图15-160　排水坡度标注结果

15.8.3　绘制门窗

采用型号为FM—3的宽1000mm的防火门，窗为C—7，1500mm×1520mm的铝合金平开窗。用户可利用矩形、圆弧、多线命令绘制，结果如图15-161所示。

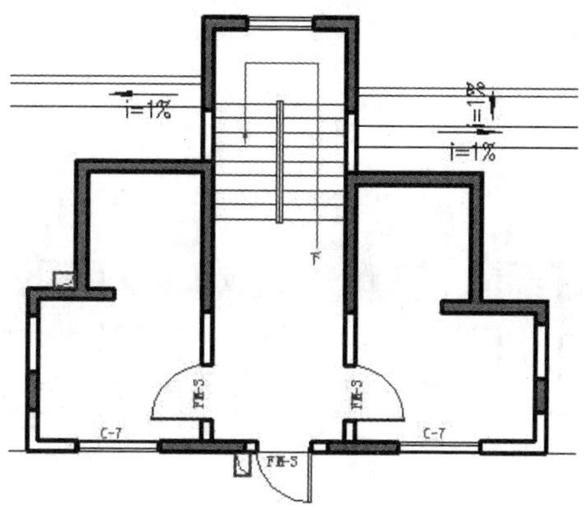

图 15-161　门窗绘制结果

15.8.4　尺寸标注及文字说明

在建筑图中尺寸标注以及文字标注是不可缺少的，可为读图和绘图者提供依据。

操作步骤如下：

1. 尺寸标注

（1）将“标注”图层设置为当前图层。

（2）单击“注释”选项卡“标注”面板中的“线性”按钮，标注细部尺寸，然后单击“注释”选项卡“标注”面板中的“快速”按钮，标注轴线尺寸，最后利用线性命令，标注总尺寸，结果如图 15-162 所示。

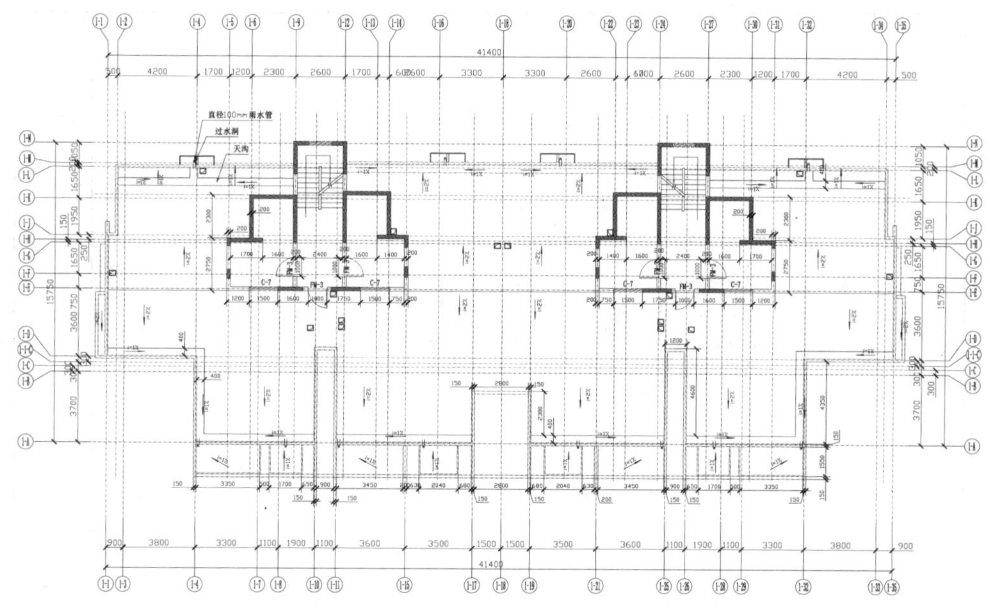

图 15-162　尺寸标注结果

（3）绘制标高符号，屋顶层的屋面处结构标高为 60.000m。

2. 文字说明

单击“默认”选项卡“注释”面板中的“多行文字”按钮A，标注出文字说明，如图 15-163

Note

所示。

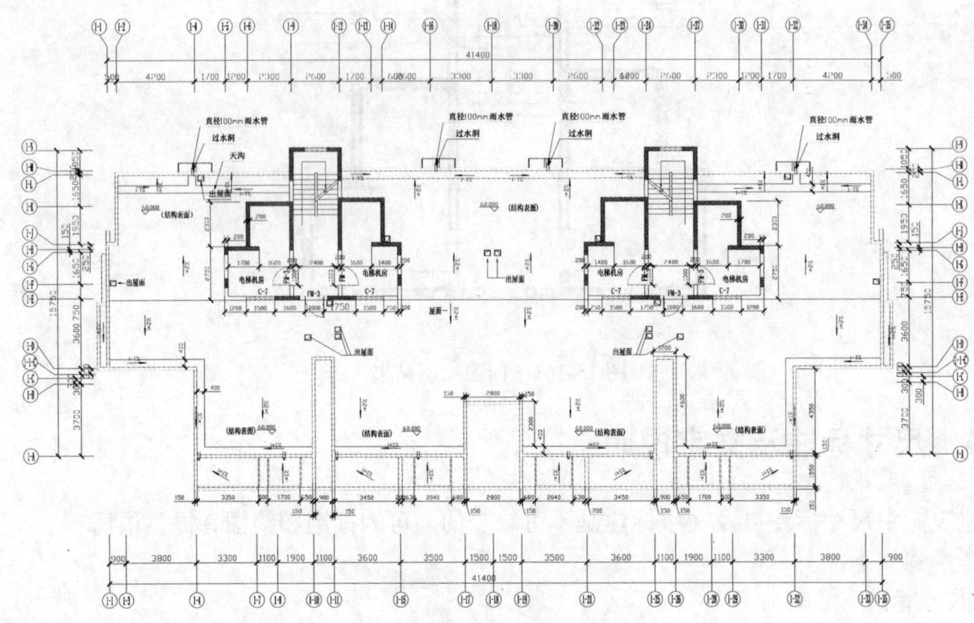

图 15-163　文字说明结果

屋顶设备层绘制完毕，需要加上图名和图框。方法同前面一样，比例为 1:100，在此不再重复，绘制结果如图 15-164 所示。

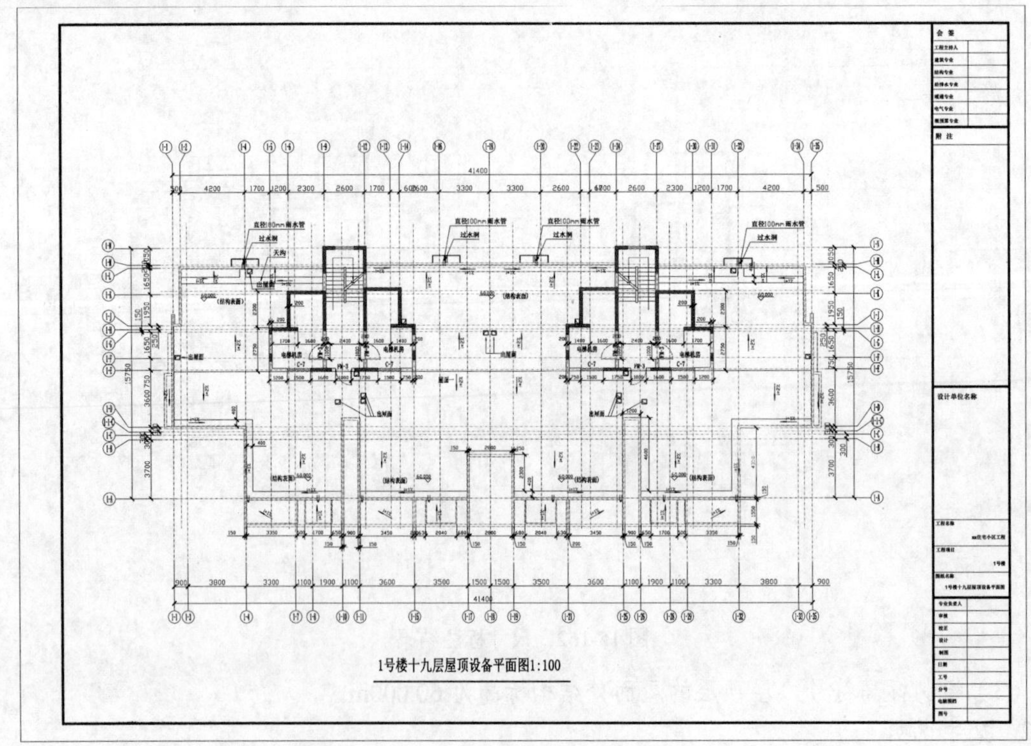

图 15-164　屋顶设备层平面图

15.9　屋顶平面图的绘制

只需修改屋顶设备层有屋架的部分即可。

在设备层电梯机房的上方做了部分栅格屋架，既是围护结构又满足屋顶造型的要求。

：光盘\配套视频\第 15 章\屋顶平面图的绘制.avi

15.9.1　修改屋顶设备层平面图

修改屋顶设备层平面图，为绘制屋顶平面图做绘图准备。

操作步骤如下：

（1）使用 AutoCAD 2016 打开“屋顶设备层平面图的绘制”，将其另存为“屋顶平面图的绘制”。

（2）删除细部尺寸标注以及中间部分的排水坡度、文字说明。

（3）将“女儿墙”图层设置为当前图层。单击“默认”选项卡“绘图”面板中的“直线”按钮，沿楼梯、电梯以及电梯机房的外墙边沿绘制一圈。

（4）删除原来的电梯、楼梯、电梯机房核心筒的所有线条。

（5）单击“默认”选项卡“修改”面板中的“偏移”按钮，将线条向内偏移 200mm。

（6）绘制滴水板，将“雨水管”图层设置为当前图层，结果如图 15-165 所示。

图 15-165　滴水板绘制结果

（7）绘制天沟，打开“图层特性管理器”选项板，将 “排水组织”图层设置为当前图层，绘制出宽 400mm 的天沟。

（8）根据规范，划分出排水分区。

（9）标注出排水坡度，结果如图 15-166 所示。

15.9.2　绘制屋架栅格

栅格结构是最简单、直观的空间数据，这里屋架也采用格栅形式来表示。

操作步骤如下：

（1）打开“图层特性管理器”选项板，新建“栅格”图层，将“颜色”设置为“洋红”，其他属性保持默认设置，将“栅格”图层设置为当前图层。

（2）单击“默认”选项卡“绘图”面板中的“直线”按钮，在距离屋面中间的分水线上

Note

下 3150mm 处绘制两条直线，长度至左右两端女儿墙的外墙处。

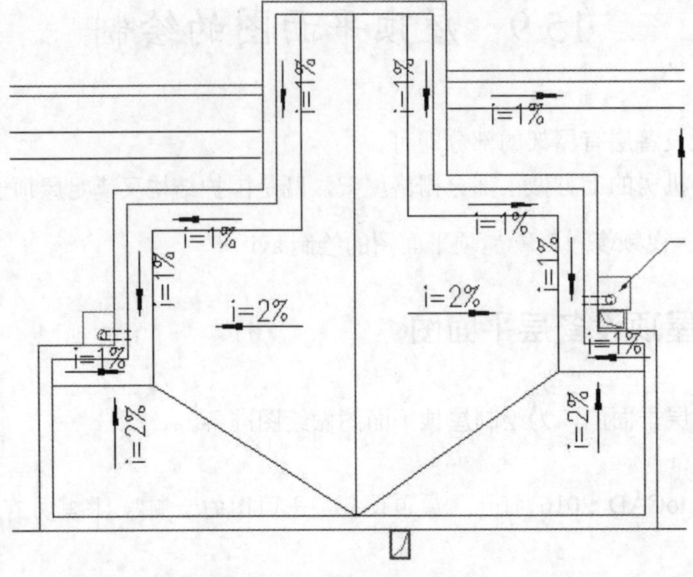

图 15-166　排水坡度的绘制

（3）将这两条直线分别向外偏移 500mm。

（4）从左向右绘制栅格，栅格宽 250mm。除中间 3 根水平间距为 125mm 之外，其他水平间距均为 650mm，结果如图 15-167 所示。

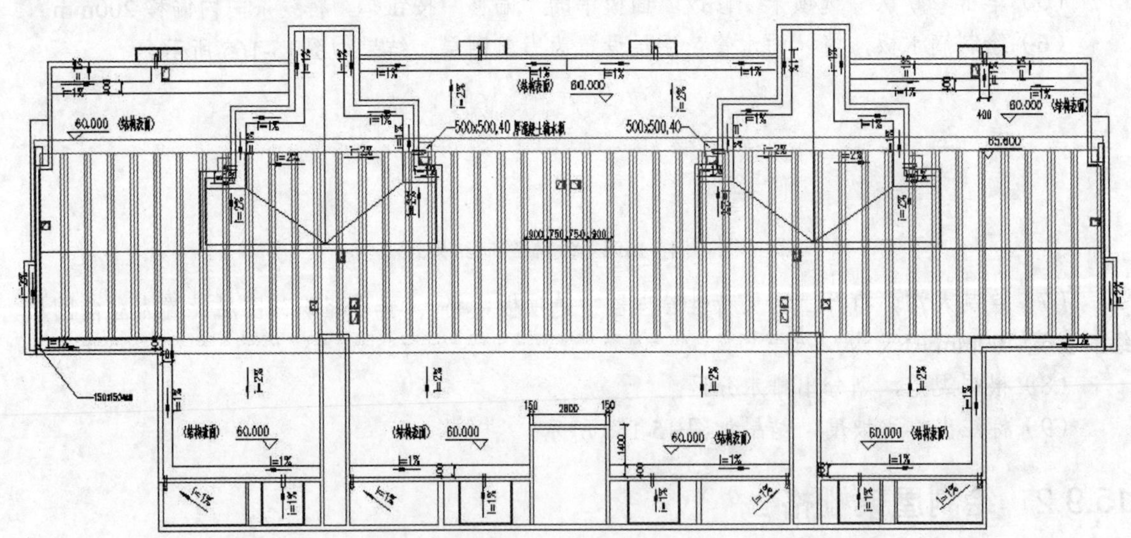

图 15-167　栅格绘制结果

15.9.3　尺寸标注及文字说明

利用线性、文字说明等命令，为屋顶平面图添加标注。

操作步骤如下：

（1）打开“图层特性管理器”选项板，将“标注”图层设置为当前图层，采用线性命令标注细部尺寸。

（2）标注出标高，栅格屋顶标高 63.600m，核心筒标高 64.800m。

（3）修改各处图名，即可完成屋顶平面图的绘制，结果如图 15-168 所示。

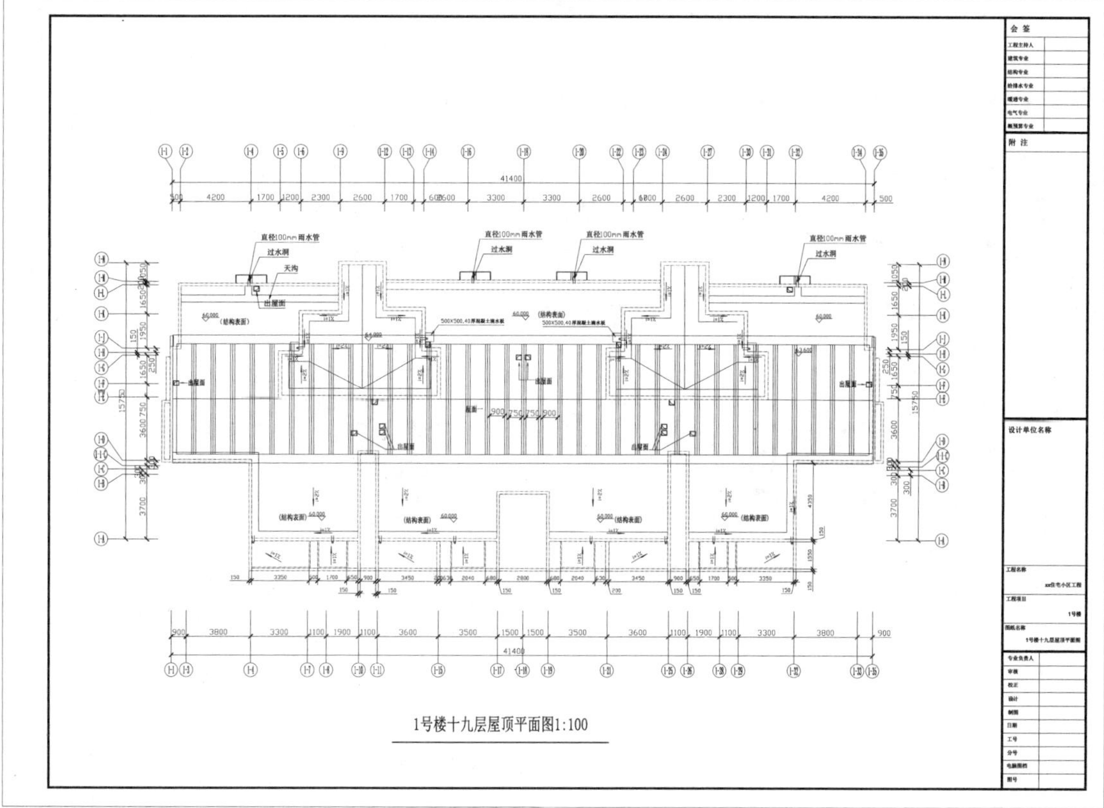

图 15-168　屋顶平面图绘制结果

15.10　实 战 演 练

通过前面的学习，读者对本章知识有了大体的了解，本节通过几个操作练习使读者进一步掌握本章知识要点。

【实战演练 1】绘制如图 15-169 所示的办公大楼一层平面图。

1．目的要求

本实例主要要求读者通过练习进一步熟悉和掌握办公大楼一层平面图的绘制方法。通过本实例，可以帮助读者学会完成办公大楼一层平面图绘制的全过程。

2．操作提示

（1）设置绘图环境。

Note

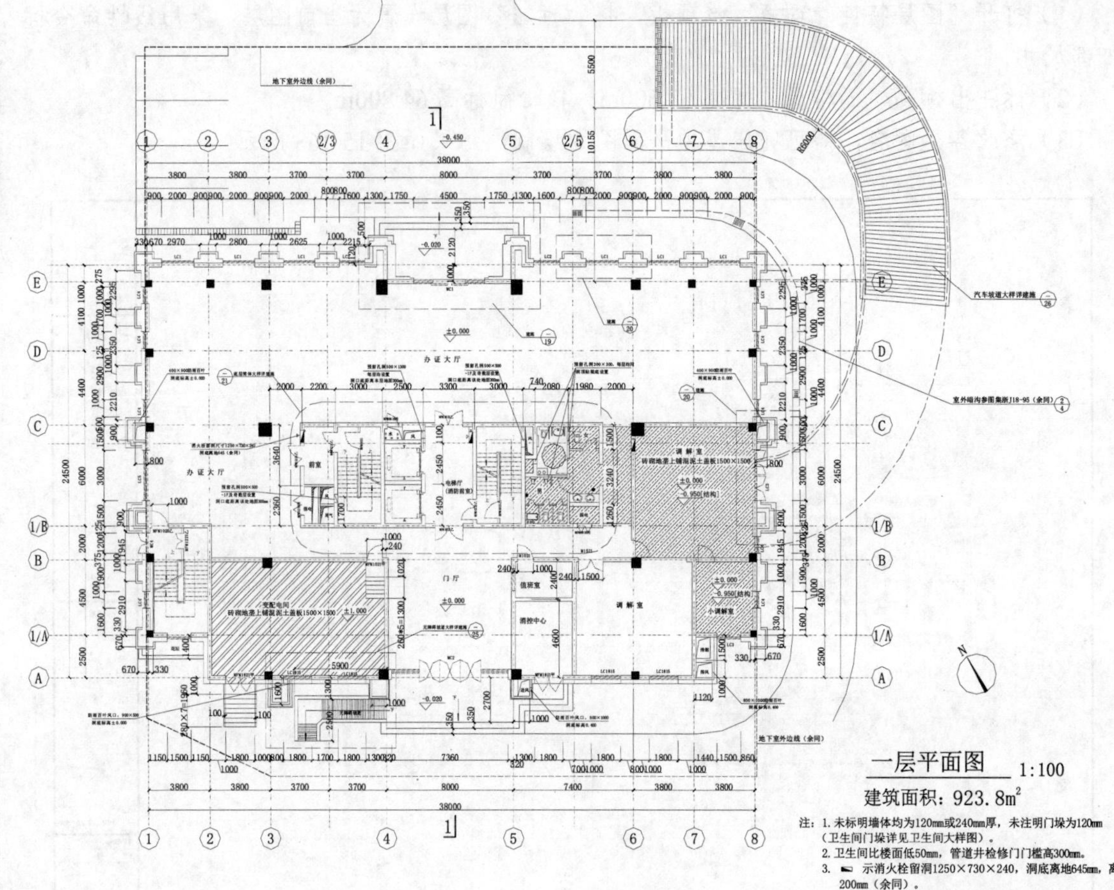

图 15-169　办公大楼一层平面图

（2）绘制轴线和柱子。

（3）绘制墙体和门窗。

（4）绘制建筑设施。

（5）绘制坡道。

（6）标注尺寸和文字。

（7）绘制指北针和剖切符号。

【实战演练 2】绘制如图 15-170 所示的办公大楼标准层平面图。

1．目的要求

本实例主要要求读者通过练习进一步熟悉和掌握办公大楼标准层平面图的绘制方法。通过本实例，可以帮助读者学会完成标准层平面图绘制的全过程。

2．操作提示

（1）设置绘图环境。

（2）绘制轴线和柱子。

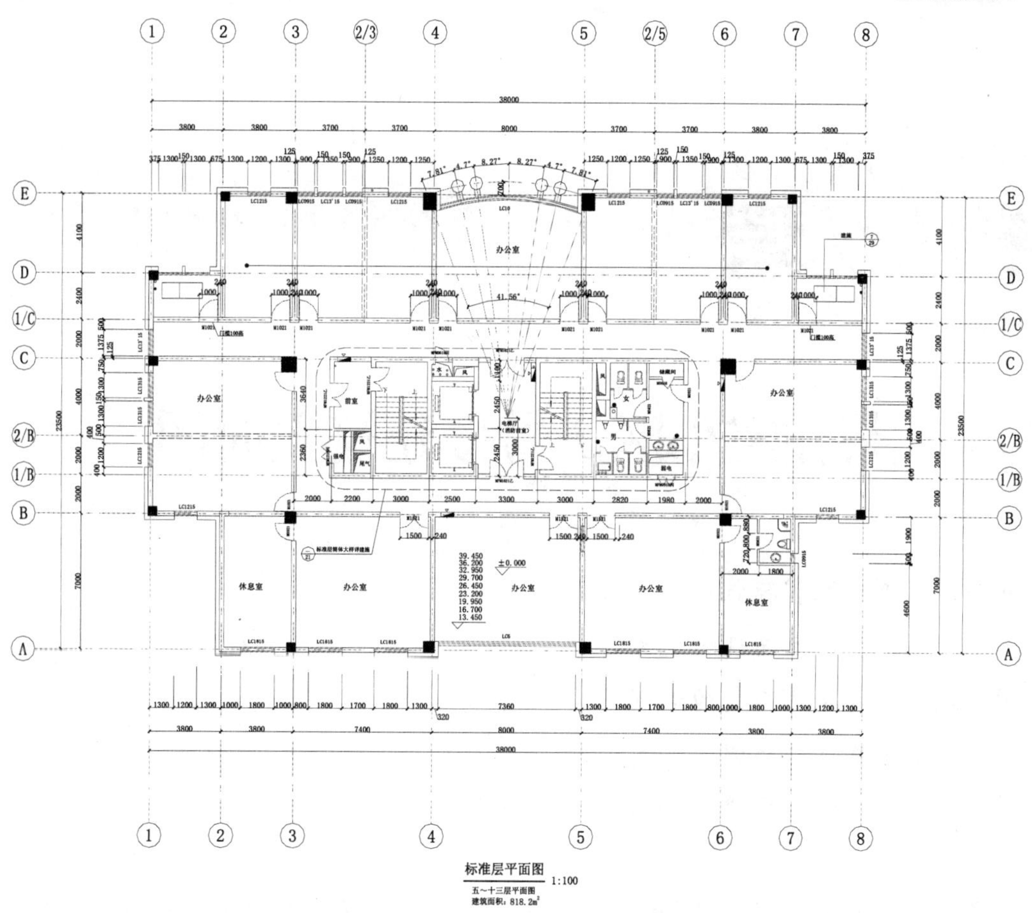

图 15-170　办公大楼标准层平面图

（3）绘制墙体和门窗。

（4）绘制建筑设施。

（5）标注尺寸和文字。

第16章

某住宅小区1号楼建筑立面图

本章学习要点和目标任务：

☑ 建筑体型和立面设计概述

☑ 高层建筑正立面图的绘制

☑ 高层建筑背立面图的绘制

☑ 高层建筑侧立面图的绘制

建筑立面图是将建筑的不同侧表面投影到铅直投影面上而得到的正投影图，主要表现建筑的外貌形状，反映屋面、门窗、阳台、雨篷、台阶等的形式和位置，建筑垂直方向各部分高度，建筑的艺术造型效果和外部装饰做法等。

本章将结合第15章的建筑实例，详细介绍建筑立面图的绘制方法。

16.1 建筑体型和立面设计概述

建筑立面图根据建筑物型体的复杂程度及主要出入口的特征，可以分为正立面、背立面和侧立面；根据观看的地理方位和具体朝向，可以分为南立面、北立面、东立面、西立面；或者根据定位轴线的编号来命名，如①～⑩立面等。

建筑不仅要满足人们生产生活等物质条件的要求，还要满足人们精神文化方面的需求。建筑物的美主要通过内部空间及外部造型的艺术处理来体现，同时也涉及建筑物的群体空间布局，而其中建筑物的外观形象广泛地被人们接触，对人们的精神感受产生的影响尤为深刻。例如，轻巧、活泼、通透的园林建筑；雄伟、庄严、肃穆的纪念性建筑；朴素、亲切、宁静的居住性建筑；简洁、完整、挺拔的高层公共建筑等。

一个建筑设计得是否成功，与周围环境的设计、平面功能的划分以及立面造型的设计均息息相关。体型和立面设计着重研究建筑物的体量大小、体型组合、立面及细部处理等。其实，在空间的功能相对固定的情况下，高层建筑的创新是有一定局限性的，怎样在这个框架的局限内有所突破，如何将建筑立面的创新性、功能性以及经济性相结合也是建筑设计师们比较头疼的一个问题。建筑立面设计应综合考虑城市景观要求、建筑物性质与功能、建筑物造型及特色等因素，在满足使用功能和经济合理性的前提下，运用不同的材料、结构形式、装饰细部、构图手法等创造出预想的意境，从而不同程度地给人以庄严、挺拔、明朗、轻快、简洁、朴素、大方、亲切的印象，加上建筑物体型庞大，易被发现因此具有独特的表现力和感染力。

立面设计的设计创新不能以牺牲功能为代价，而应是在符合功能使用要求和结构构造合理的基础上，紧密结合内部空间设计，对建筑体型做进一步的规划处理。在外立面的设计中，比例、尺度、色彩、对比，这些都是从美学角度考虑的不变标准，其中，对比例的把握是最为重要的。建筑的隔离面可以看作由许多构件，如门、窗、墙、柱、跺、雨篷、屋顶、檐部、台阶、勒脚、凹廊、阳台、花饰等组成，恰当地确定这些组成部分和构件的比例、尺度、材料、质地、色彩等，运用构图要点，设计出与整体协调、内容统一，与内部空间相呼应的建筑立面，就是立面设计的主要任务。

建筑的外墙面对该建筑的特性、风格和艺术的表达起着非常重要的作用，墙面处理的关键问题就是如何把墙、跺、柱、窗、洞等各要素组织在一起，使之有条有理、有秩序、有变化，墙面的处理不能孤立地进行，必然受到内部房间划分一级柱、梁、板凳结构体系的制约。为此，在组织墙面时，必须充分利用这些内在要素的规律性，来反映内部空间和结构的特点。同时，要使墙面设计具有良好的比例、尺寸，特别是具有各种形式的韵律感。墙面设计首先要巧妙地安排门、窗、窗间墙，恰当地组织阳台、凹廊等。另外，还可以借助窗间墙的墙垛、墙面上的线脚、分隔窗用的隔片、遮阳用的纵横遮阳板等，来赋予墙面更多变化。

立面设计结构构成必须明确划分为水平因素和垂直因素。一般都要使各要素的比例与整体的关系相配，以达成令人愉悦的观感效果，也就是通常设计中所说的要“虚中有实，实中带虚，虚实结合”。建筑的“虚”指的是立面上的空虚部分，如玻璃门窗洞口、门廊、空廊、凹廊等，给人以不同程度的空透、开敞、轻巧的感觉；“实”指的是立面上的实体部分，如墙面、柱面、台阶踏步、屋面、栏板等，给人以不同程度的封闭、厚重、坚实的感觉。以虚为主的手法大多能赋予建筑以轻快、活泼的特点，以实为主的手法大多能表现出建筑的厚重、坚实、雄伟的气势。立面凹凸关系的处理，可以丰富立面效果，加强光影变化，组织体量变化，突出重点和安排韵律节奏。

突出建筑立面中的重点，是建筑造型的设计手法，也是实现建筑使用功能的需要。突出建筑的重点，实质上就是建筑构图中主从设计的一个方面。

总之，在建筑立面设计中，利用阳台、凹廊、凸窗、柱式、门廊、雨篷、台阶等的凹进凸出，可以收到对比强烈、明暗交错的效果。同时，利用窗户的大小、形状、组织变化、重点装饰等手法，也可以丰富立面的艺术感，更好地表现建筑特色。

16.2 高层建筑正立面图的绘制

首先绘制这幢高层建筑的立面定位轴线及辅助轴网，然后绘制地平线及建筑外部轮廓线，接着分层绘出建筑的主要构件分隔线以及细部装饰线，再借助已有建筑图库或根据具体尺寸，绘制高层建筑的门窗，最后进行尺寸和文字标注。

立面图所采用的比例一般与平面图中一致，如 1:50、1:100、1:200，本例采用 1:100 的比例绘制。下面就按照这个思路绘制高层建筑的正立面图，如图 16-1 所示。

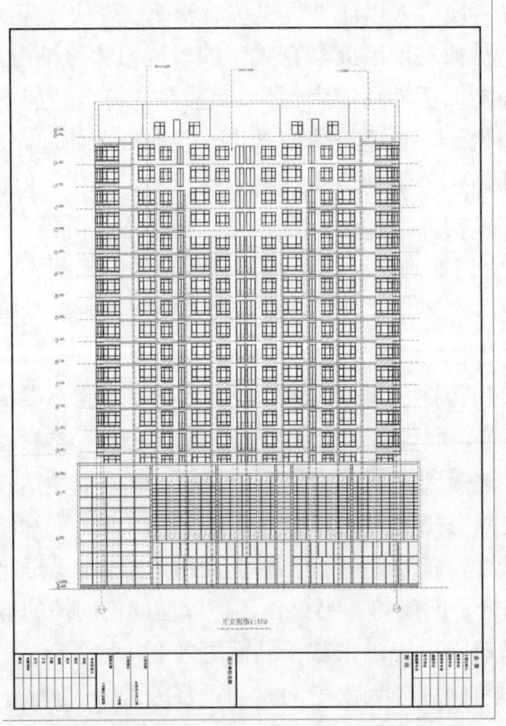

图 16-1　高层建筑正立面图

：光盘\配套视频\第 16 章\高层建筑正立面图的绘制.avi

Note

16.2.1　绘制辅助轴线

新建一个DWG格式文件，单击“默认”选项卡“图层”面板中的“图层特性”按钮，打开“图层特性管理器”选项板，依次创建立面图中的基本图层，如“外部轮廓线”“框架”“玻璃”“金属片”“标注”等，如图16-2所示。

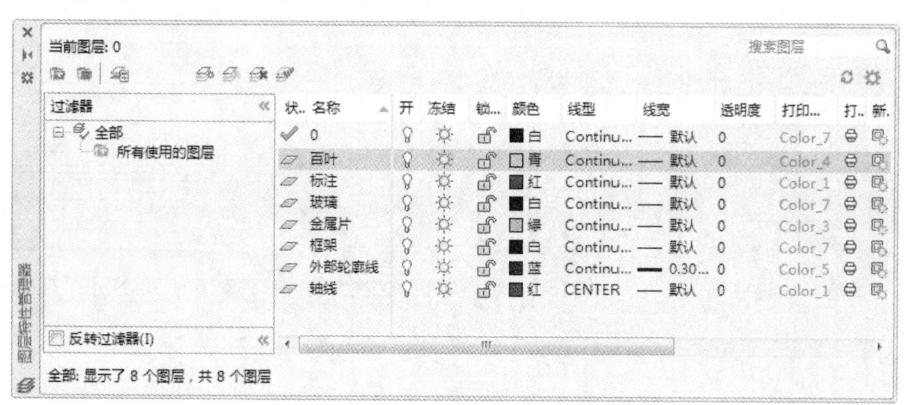

图16-2　“图层特性管理器”选项板

提示：

在新建图层时，为了使建筑立面图看上去更加清晰、直观，一般将外部轮廓线用粗实线表示，图层线宽设置为0.5mm；突出墙面的阳台雨篷柱子等用中粗线表示，该图层线宽设置为0.3mm；其他的门窗分格线、细部装饰线都用细实线表示，线宽设置为0.09～0.15mm。

操作步骤如下：

（1）将“轴线”图层设置为当前图层，单击“默认”选项卡“绘图”面板中的“直线”按钮，打开“正交”模式（按F8键），绘制水平轴线，长度为该高层建筑的正面宽度48000mm。

（2）单击“默认”选项卡“绘图”面板中的“直线”按钮，打开“对象捕捉”功能（按F3键），在水平轴线一端终点处绘制一条垂直轴线，长度为此建筑群楼的高度17100mm。

（3）单击“默认”选项卡“修改”面板中的“偏移”按钮，将水平轴线向上偏移600mm，绘制0.00标高水平轴线，另外，将0.00标高轴线连续向上偏移6000mm、4500mm、4500mm，绘制群楼楼层分隔线。

（4）单击“默认”选项卡“修改”面板中的“矩形阵列”按钮，将3楼分隔线矩形阵列，“行数”为15，“行间距”为3000，标准层楼层分隔线绘制完毕，如图16-3所示。

图16-3　水平轴线绘制

（5）单击“默认”选项卡“修改”面板中的“偏移”按钮，将垂直轴线向右偏移3300mm，确定第一根定位轴线1-1，将1-1轴线长度拉长为该高层建筑的高度65600mm，即拉伸48500mm，如图16-4所示。

（6）将原垂直轴线向右依次偏移10450mm、9300mm、8300mm、

2200mm、8300mm、6150mm、3300mm，群楼部分轴线绘制完毕，如图 16-5 所示。

（7）绘制水平框架轴线。单击“默认”选项卡“绘图”面板中的“直线”按钮，连接两垂直轮廓线的端点，该直线位置即为群楼女儿墙位置，将该轴线及四楼楼层分隔线分别向下偏移300mm，如图 16-6 所示。

Note

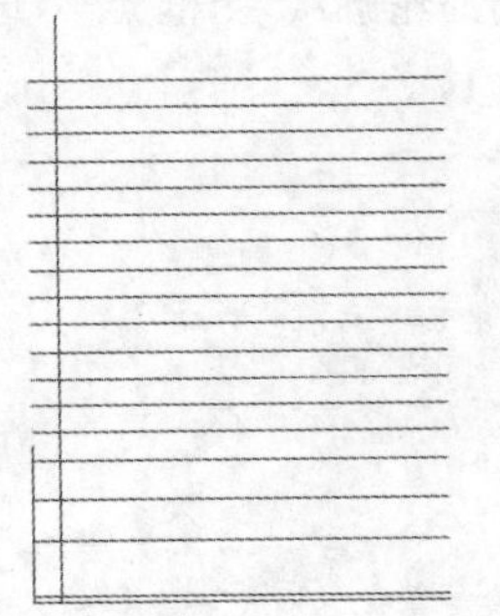
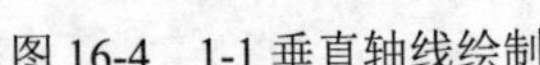

图 16-4　1-1 垂直轴线绘制

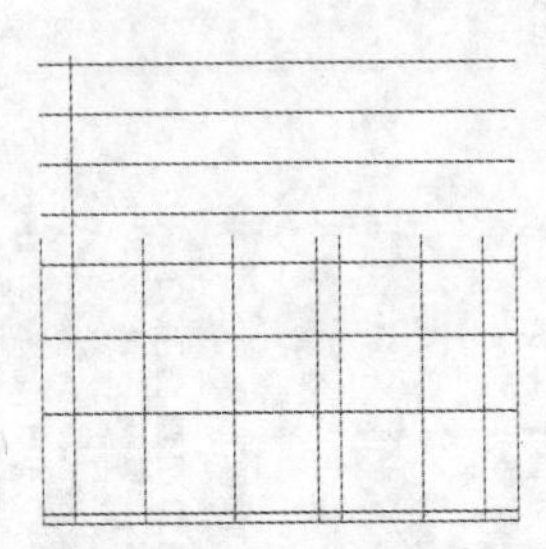

图 16-5　群楼垂直轴线绘制

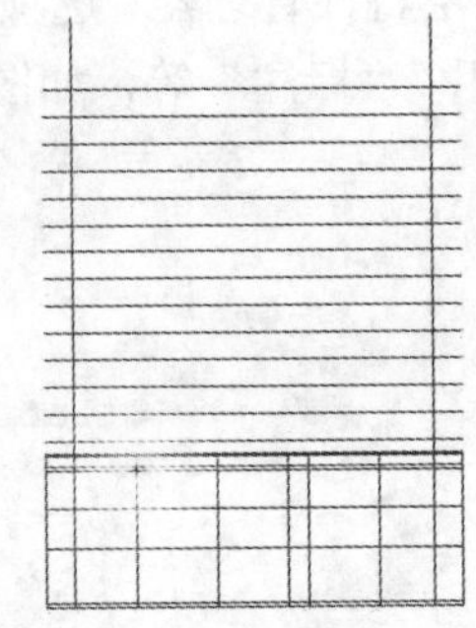

图 16-6　群楼水平框架轴线绘制

提示：

对建筑设计及 CAD 基本功掌握较好的读者，在设计过程中，已知建筑平面图的前提下，还可以从原建筑平面图上直接提取长度尺寸绘制轴网，在底层平面图上，沿着需要绘制立面的方向，以各主要构件（如门窗洞口等）为起点，绘制一系列垂直该方向平面的直线，直接形成轴网，这样可以加快绘图速度。

16.2.2　绘制群楼正立面图

建筑立面图是用来研究建筑立面的造型和装修的图样。立面图主要反映建筑物的外貌和立面装修的做法，该楼分三部分绘制，分别为群楼、标准层、设备层立面的绘制，首先绘制裙楼正立面图。

操作步骤如下：

（1）将“外部轮廓线”图层设置为当前图层。

（2）滚动鼠标滚轴，使群楼部分显示放大，单击“默认”选项卡“绘图”面板中的“直线”按钮，绘制地坪线及群楼两侧外部轮廓线。

（3）将当前图层设置为“框架”图层，单击“默认”选项卡“绘图”面板中的“直线”按钮，绘制水平框架，如图 16-7 所示。

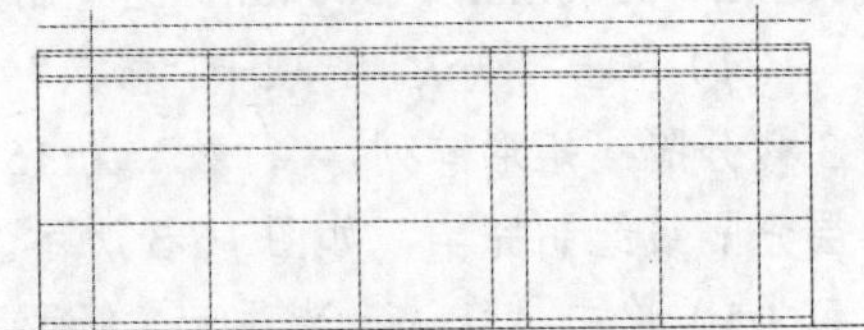

图 16-7　群楼外部轮廓线绘制

（4）绘制垂直框架。单击“默认”选项卡“修改”面板中的“偏移”按钮，将除了定位轴线 1-1 以外的垂直轴线（即第 3、4、5、6、7 根轴线）分别向两侧偏移 150mm，将左右两侧各向内侧偏移 300mm，单击“默认”选项卡“修改”面板中的“修剪”按钮，将 0.000 标高轴线以下的部分减去。

（5）绘制台阶。单击“默认”选项卡“修改”面板中的“修剪”按钮，将 0.000 标高水平轴线向下连续偏移 3 次，偏移距离为 150mm。

（6）选择刚才偏移的其中一根直线，将该直线转换到“框架”图层。

（7）单击“默认”选项卡“特性”面板中的“特性匹配”按钮，将刚才偏移出来的其他直线全部转换到“框架”图层，如图 16-8 所示。

（8）绘制楼玻璃幕墙。单击“默认”选项卡“修改”面板中的“偏移”按钮，将 0.00 标高轴线向上偏移 850mm，并将该直线图层变更到“金属片”图层；单击“默认”选项卡“修改”面板中的“修剪”按钮，将前两个垂直框架之外的部分剪去，并将该直线再向上偏移 150mm；单击“默认”选项卡“修改”面板中的“矩形阵列”按钮，将刚才绘制的两根直线向上阵列，“行数”为 10，“行间距”为 1500，如图 16-9 所示。

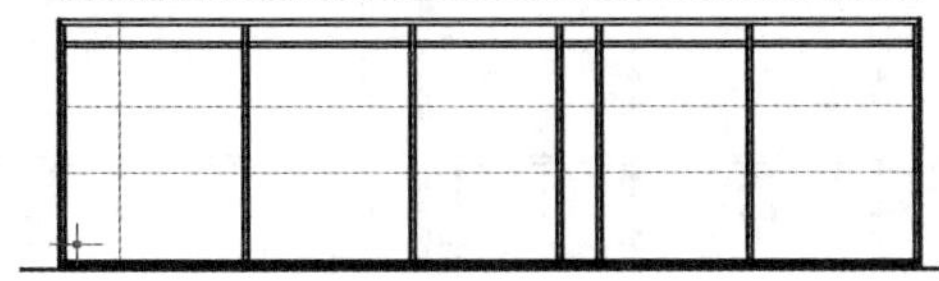

图 16-8　群楼垂直框架绘制

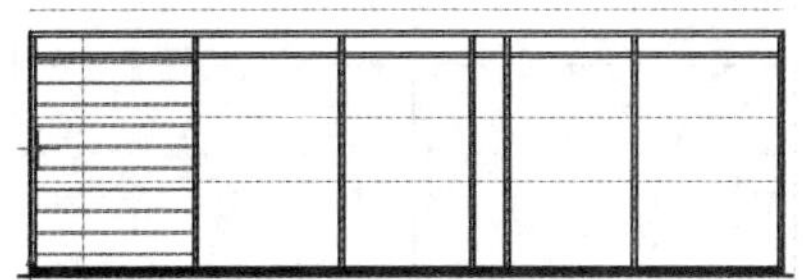

图 16-9　玻璃幕墙金属片绘制

（9）将最下面金属片的上线向上偏移 350mm，选择该直线，将图层变更为“玻璃”，并向上偏移 150mm；再次单击“默认”选项卡“修改”面板中的“矩形阵列”按钮，将上述两直线向上阵列，“行数”为 9，“行间距”为 1500。

（10）重复刚才的步骤，将左边第一个垂直框架的框架线向右偏移 2000mm，将其变更到“玻璃”图层，利用剪切命令，将第 2 根水平框架以上部分剪去，再将该直线向右偏移 100mm，利用矩形阵列命令，将上述两直线向右阵列，“列数”为 4，“列间距”为 2000；滚动鼠标滚轴将玻璃幕墙部分放大，如图 16-10 所示。

（11）绘制首层正立面图。将当前图层设置为“框架”图层，利用直线和偏移命令，绘制大门上方的水平框架，并利用剪切命令，将多余地方剪去，如图 16-11 所示。

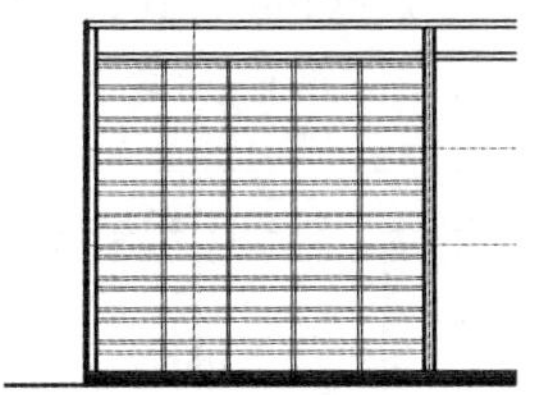

图 16-10　玻璃幕墙部分绘制

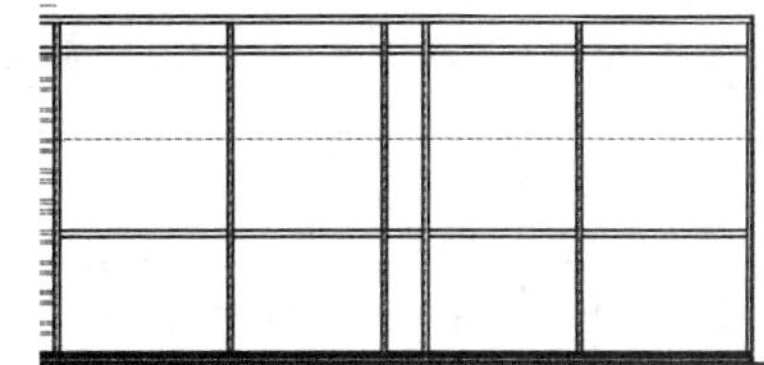

图 16-11　大门上方水平框架绘制

提示：

台阶踏步在建筑及园林设计中起着不同高度之间的连接作用和引导视线的作用，可丰富空间的层次感，尤其是高差较大的台阶会形成不同的近景和远景的效果。

台阶的踏步高度（h）和宽度（b）是决定台阶舒适性的主要参数，两者关系以 $2h+b=(60\text{-}6)$ cm 为宜，一般室外踏步高度设计为 12～16cm，踏步宽度为 30～35cm，低于 10cm 的高差不宜设置台阶，可以考虑做成坡道。

Note

（12）单击“默认”选项卡“修改”面板中的“偏移”按钮，将0.00标高水平轴线向上连续偏移2650mm、100mm、900mm、100mm，将1-1垂直轴线向右连续偏移8600mm、100mm、1300mm、100mm、1100mm、100mm、450mm、100mm、450mm、100mm、1100mm、100mm、1300mm、100mm、2725mm、100mm、1125mm、100mm、950mm、100mm、450mm、100mm、450mm、100mm、950mm、1125mm、100mm；利用“特性匹配”功能将这些直线都导入“玻璃”图层；单击“默认”选项卡“修改”面板中的“修剪”按钮，将多余线段剪去，具体效果如图16-12所示。

（13）由于该建筑两侧大门左右对称，单击“默认”选项卡“修改”面板中的“偏移”按钮，将第5根垂直轴线向右偏移1100mm作为镜像线，单击“默认”选项卡“修改”面板中的“镜像”按钮，选择刚才所绘制的玻璃门部分进行镜像，具体效果如图16-13所示。

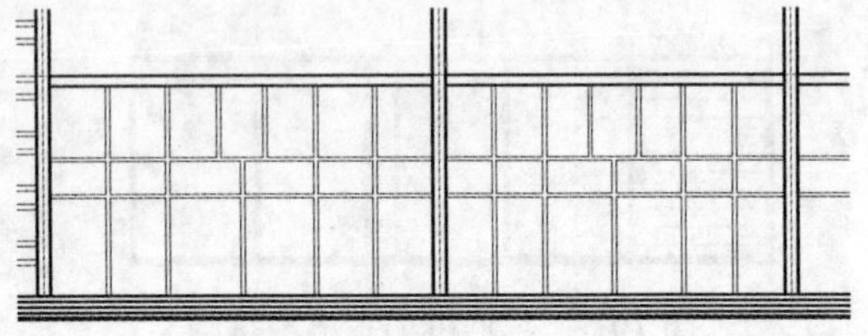

图16-12　首层立面绘制1

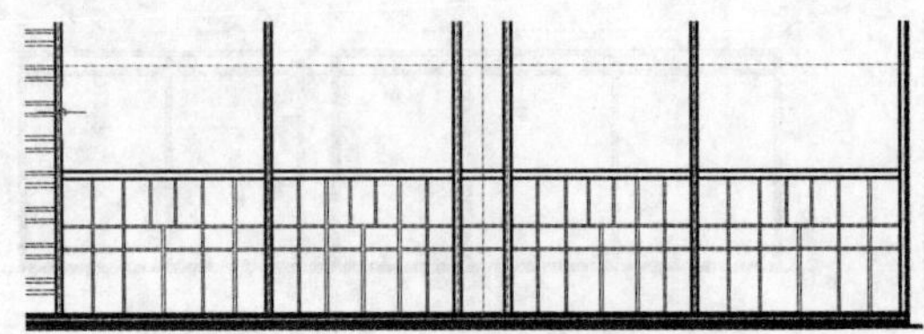

图16-13　首层立面绘制2

（14）绘制群楼二、三层立面图。单击“默认”选项卡“修改”面板中的“偏移”按钮，将1-1垂直轴线向右连续偏移9950mm、150mm、3400mm、150mm、5250mm、150mm、3100mm、150mm、3500mm、100mm，将0.00标高水平轴线向上连续偏移6250mm、150mm、200mm、150mm、200mm、150mm、6850mm、150mm、200mm、150mm，利用“特性匹配”功能将这些直线导入“金属片”图层，将多余部分剪去，如图16-14所示。

（15）单击“默认”选项卡“修改”面板中的“偏移”按钮，将1-1垂直轴线向右连续偏移7850mm、75mm、1300mm、75mm、1900mm、50mm、1100mm、50mm、1800mm、75mm、1300mm、75mm、1400mm、50mm、1200mm、50mm、1650mm、50mm、1100mm、50mm、1550mm、50mm、1200mm、50mm，将0.00标高水平轴线向上连续偏移7500mm、100mm，利用“特性匹配”功能将这些直线都导入“玻璃”图层，剪去多余部分，如图16-15所示。

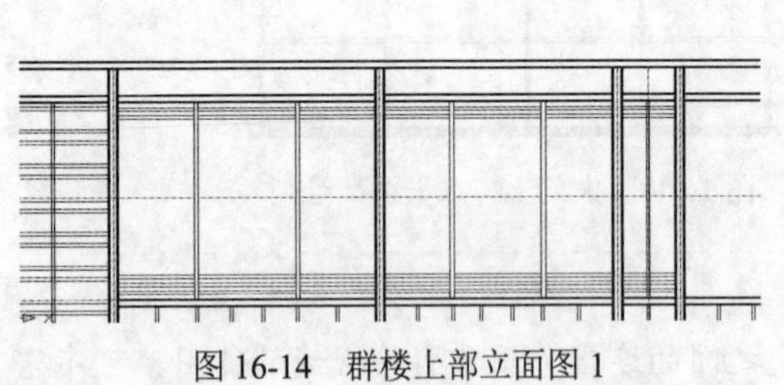

图16-14　群楼上部立面图1

图16-15　群楼上部立面图2

（16）单击“默认”选项卡“修改”面板中的“矩形阵列”按钮，将刚才绘制的那条水平玻璃线向上阵列，“行数”为13，“列数”为1，“行间距”为500，单击“默认”选项卡“修改”面板中的“修剪”按钮，剪去金属片遮挡部分。与首层立面图相似，利用镜像命令与前面的镜像线将其进行镜像操作，群楼正立面图绘制完成，如图16-16所示。

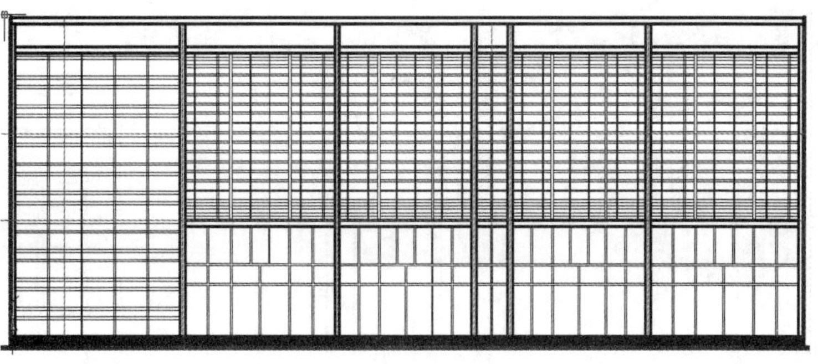

图 16-16　群楼正立面图

Note

提示：

前些年建筑设计中玻璃幕墙应用非常广泛，但由于玻璃幕墙在公共建筑中使用所产生的能源浪费、光污染等问题，国家建设部专门出台文件，要求建设单位与设计单位增强节能环保意识和质量安全意识，在方案初始阶段即严格控制玻璃幕墙，特别是隐框玻璃幕墙的使用。

16.2.3　绘制标准层正立面图

先绘制标准层整体框架部分，然后绘制细部窗框百叶等，最后调入玻璃窗图块或自己绘制窗户（鉴于四楼正立面图有一部分被群楼的女儿墙遮挡，所以绘制窗户时先从五楼入手，然后复制到四楼，将女儿墙遮挡部分删除即可）。

女儿墙是指建筑物屋顶外围的矮墙，主要作用为防止坠落的栏杆砸伤行人等，以维护安全，另在底处制作防水压砖收头，避免防水层渗水及防止屋顶雨水漫流。

女儿墙高度依建筑技术规则规定，一般多层建筑的女儿墙高 1.0～1.20m，但高层建筑则至少为 1.20m，通常高过胸肩甚至高过头部，达 1.50～1.80m，这是避免俯瞰时心悸目眩，发生危险而采取的措施。如果要使平顶上视野开阔，可在 1.0m 实墙以上加装金属网栏，以保障安全。

操作步骤如下：

（1）单击“默认”选项卡“修改”面板中的“偏移”按钮，将 1-1 垂直轴线向左偏移 600mm，将 1-1 垂直轴线向右连续偏移 400mm、2350mm、1850mm、200mm、3100mm、200mm、3000mm、900mm、200mm、3400mm、200mm、3500mm、1300mm、200mm、1300mm、3500mm、200mm、3400mm、200mm、900mm、3000mm、200mm、3100mm、200mm、1850mm、2350mm、1000mm，如图 16-17 所示。

（2）单击“默认”选项卡“修改”面板中的“偏移”按钮，将 0.000 标高水平轴线向上连续偏移 17900mm、29300mm、6300mm、7260mm、4850mm，然后单击“默认”选项卡“修改”面板中的“修剪”按钮，将这些直线进行修剪并利用“特性匹配”功能，将其导入相应图层中，如图 16-18 所示。

（3）单击“默认”选项卡“修改”面板中的“偏移”按钮，群楼女儿墙外边线向上依次偏移 1300mm、200mm，然后单击“默认”选项卡“修改”面板中的“矩形阵列”按钮，将这两

Note

条直线向上阵列，“行数”为 15，“行间距”为 3000，减去多余部分，如图 16-19 所示。

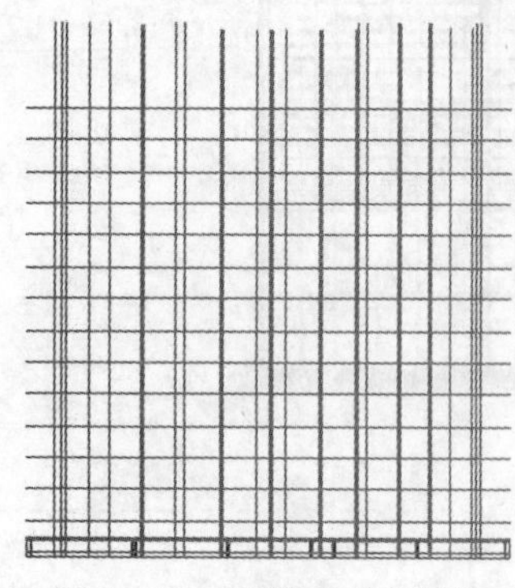
图 16-17　标准层垂直框架

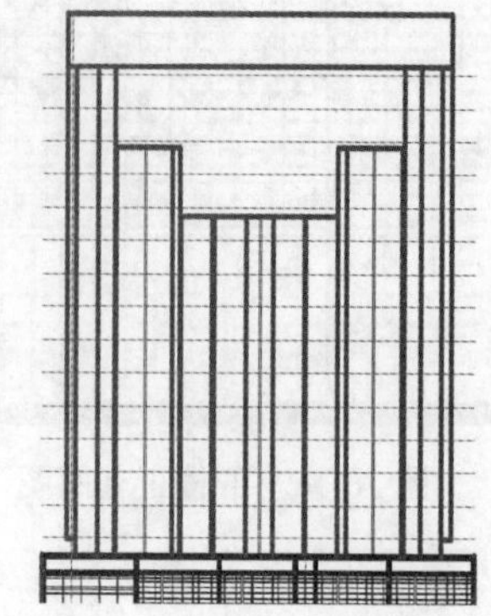
图 16-18　标准层正立面图框架

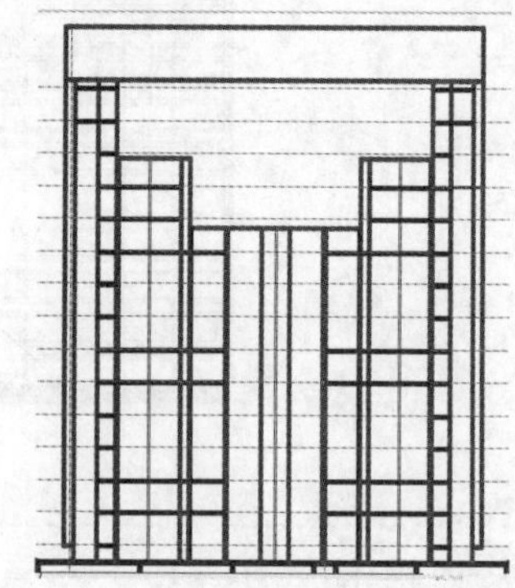
图 16-19　标准层水平框架绘制

（4）单击“默认”选项卡“修改”面板中的“偏移”按钮，五楼楼层分隔轴线向上连续偏移 500mm、100mm、1870mm、100mm、330mm，将 1-1 垂直轴线向左偏移 550mm，利用直线、偏移、复制等命令绘制窗台。

（5）单击“默认”选项卡“修改”面板中的“修剪”按钮，将多余部分剪切，并将这些直线利用“特性匹配”功能，将其导入“框架”图层及“外部轮廓线”图层，具体效果如图 16-20 和图 16-21 所示。

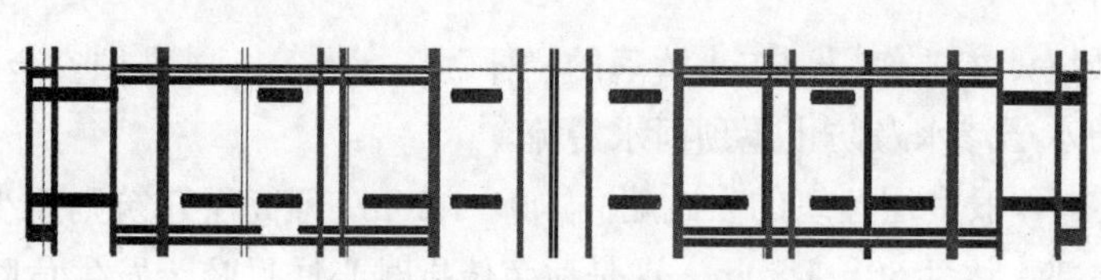
图 16-20　五楼窗台绘制

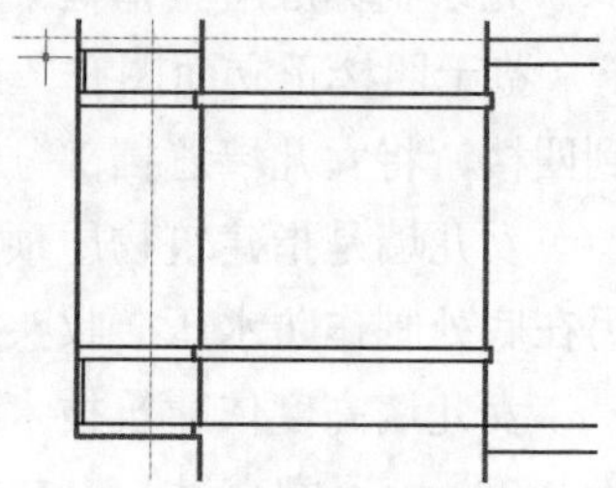
图 16-21　五楼窗台局部放大

（6）将当前图层设置为“百叶”图层，利用直线、偏移、复制、剪切等命令绘制五楼窗台百叶左边部分，百叶宽度为 40mm，间距为 100mm，具体效果如图 16-22 所示。

（7）绘制铝合金窗，首先绘制第 3 个铝合金窗。将当前图层设置为“玻璃”图层，单击“默认”选项卡“绘图”面板中的“矩形”按钮，在图纸空白处绘制长 2350mm、高 2200mm 的矩形，然后单击“默认”选项卡“修改”面板中的“偏移”按钮，将该矩形向内偏移 60mm，形成窗框，再次单击“默认”选项卡“修改”面板中的“分解”按钮，将小矩形炸开，最后单击“默认”选项卡“修改”面板中的“偏移”按钮，绘制该铝合金窗，如图 16-23 所示。

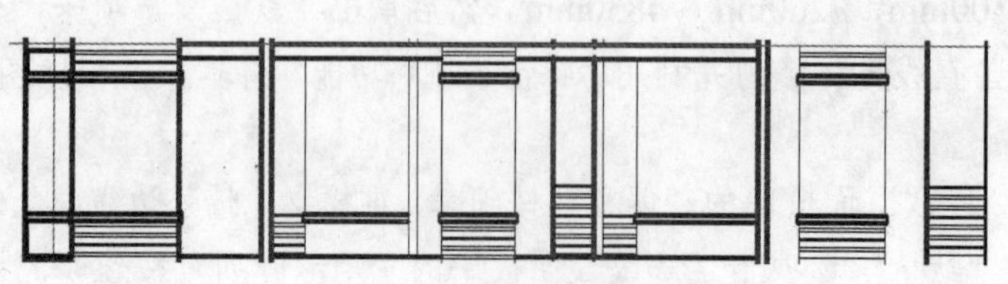
图 16-22　五楼窗台百叶左边

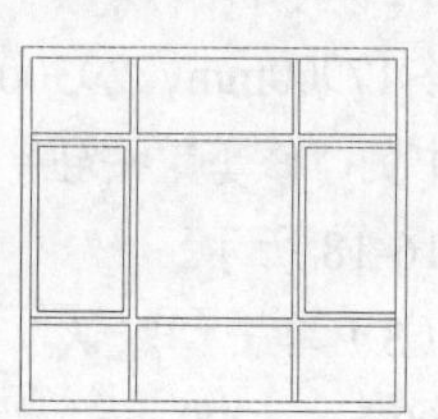
图 16-23　铝合金窗绘制

提示：

合理的窗墙比，既能满足日照、采光功能，又具有良好的保温性；立面设计通过减少外墙的凹凸面改善建筑形态，减少热量散失，使建筑体型系数达到标准的0.35，不仅提高建筑的保温性能，同时由于窗户尺寸合理缩小及外墙凹凸面减少后，将外墙面积减少，使建筑成本也得到降低。

Note

（8）单击“插入”选项卡“块定义”面板中的“创建块”按钮，在弹出的对话框中单击“基点”选项组中的“拾取点”按钮，选择该铝合金窗左下角，单击“选择对象”按钮，选择该铝合金窗，如图16-24所示。

（9）单击“插入”选项卡“块”面板中的插入块按钮，弹出如图16-25所示的“插入”对话框，将该窗放入左边第3个铝合金窗位置，再重复刚才的插入块命令，在缩放比例中将X轴缩放比例设置为0.42，将Y轴缩放比例设置为0.85，插入到左边第1个铝合金窗位置。

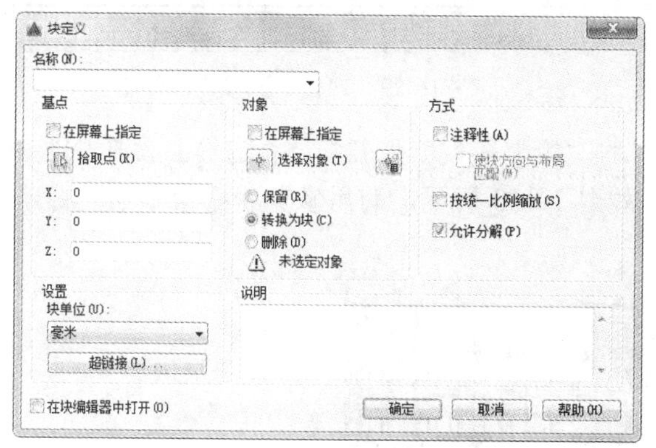

图16-24　“块定义”对话框

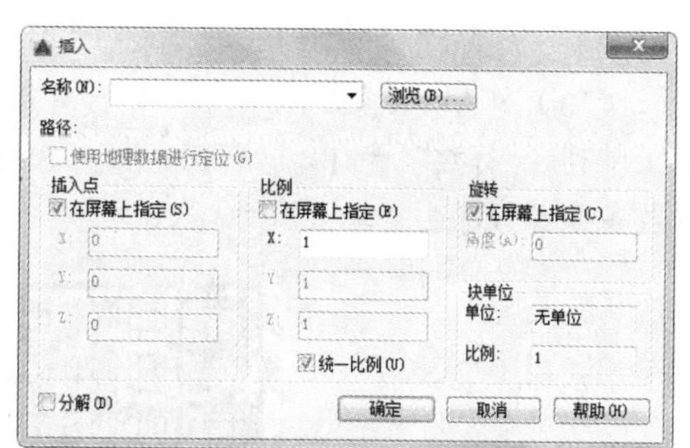

图16-25　“插入”对话框

（10）依次重复刚才的命令，在缩放比例中将X轴缩放比例设置为1，将Y轴缩放比例设置为0.85，插入到左边第2个铝合金窗位置；在缩放比例中将X轴缩放比例设置为0.68，将Y轴缩放比例设置为0.85，插入到左边第4个铝合金窗位置；在缩放比例中将X轴缩放比例设置为1.128，将Y轴缩放比例设置为1，插入到左边第5个铝合金窗位置；在缩放比例中将X轴缩放比例设置为0.81，将Y轴缩放比例设置为0.85，插入到左边第6个铝合金窗位置，具体效果如图16-26所示。

（11）与刚才步骤相同，再绘制一个落地窗，窗宽为1200mm，高为2500mm，将其定义为块，名称为c-l，如图16-27所示。单击“插入”选项卡“块”面板中的“插入块”按钮，调整插入比例，插入相应位置，如图16-28所示。

图16-26　五楼左边铝合金窗绘制

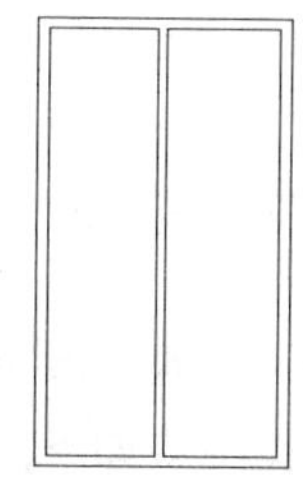

图16-27　落地窗绘制

提示：

自 20 世纪 80 年代起，铝合金窗在国内逐渐取代木窗、钢窗，短短数年间成为了新建楼宇事实上的外窗标准；自 20 世纪 90 年代后，经塑料窗改良强度而成的塑钢窗崭露头脚，二者各有其优缺点，在设计过程中可根据具体建筑的特点灵活选用。

Note

（12）单击“默认”选项卡“修改”面板中的“镜像”按钮，补齐五楼右边部分。单击“默认”选项卡“修改”面板中的“复制”按钮，将五楼立面图绘制部分复制到四楼；单击“默认”选项卡“修改”面板中的“分解”按钮，将图块炸开，将女儿墙遮挡部分剪切删除，如图 16-29 所示。

图 16-28　五楼立面左边部分绘制

图 16-29　四楼、五楼立面绘制

（13）单击“默认”选项卡“修改”面板中的“矩形阵列”按钮，将五楼立面部分选中，向上阵列，“行数”为 14，“行间距”为 3000，如图 16-30 所示。利用修剪和删除命令，将遮挡以及多余部分除去。

图 16-30　标准层立面绘制

16.2.4　绘制十九层设备层立面图

高层建筑一般将电梯机房、水箱等布置在设备层。

操作步骤如下：

（1）绘制十九层立面图。单击“默认”选项卡“修改”面板中的“偏移”按钮和“修剪”

按钮 ⁄，将 1-1 垂直轴线向左偏移 50mm，向右连续偏移 6300mm、9500mm、9800mm、9500mm，将顶框线向下偏移 400mm，剪切并将图层设置为相应图层。

（2）重复前面绘制门窗的步骤，在图纸空白处绘制十九层电梯机房门窗立面，门尺寸为 1000mm×2350mm，窗尺寸为 1500mm×1500mm，如图 16-31 所示。

（3）将电梯机房门窗定义成块后插入图中相应位置，具体效果如图 16-32 所示。

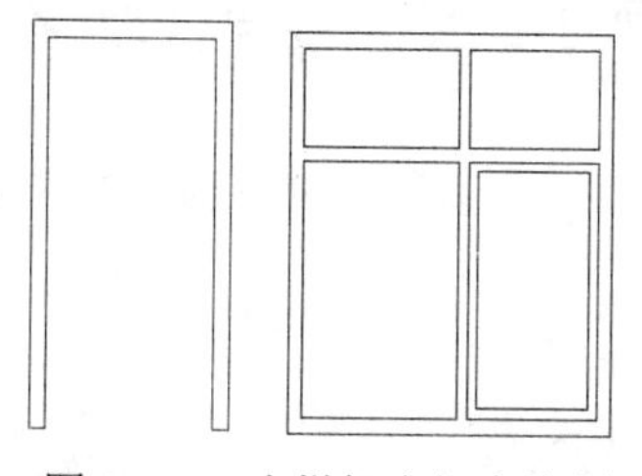

图 16-31　电梯机房门窗绘制

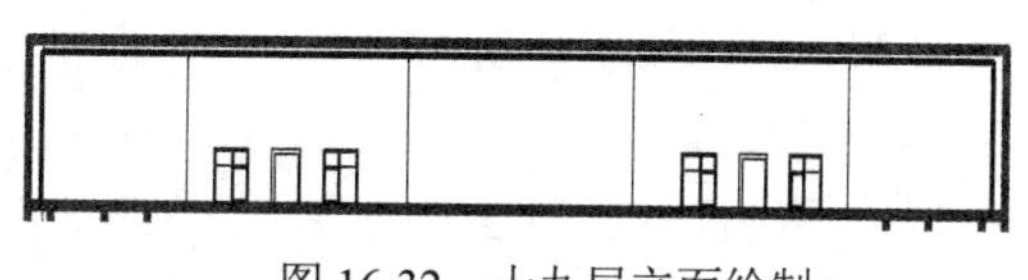

图 16-32　十九层立面绘制

（4）高层建筑正立面图基本绘制完毕，具体如图 16-33 所示。

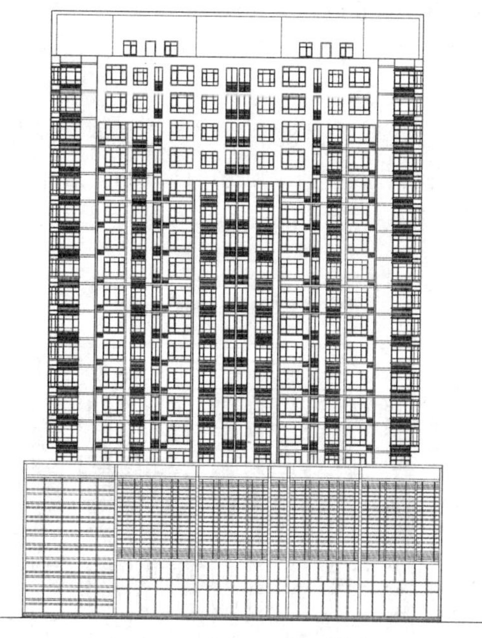

图 16-33　正立面图绘制效果

提示：

设备层的布置原则是：20 层以内的高层建筑一般设置在底层或顶层；20 层以上 30 层以下的高层建筑宜在顶层和底层各设置一个设备层；超过 30 层的超高层建筑一般在上、中、下都要布置设备层；设备层的层高与其建筑面积有关。

16.2.5　尺寸标注及文字说明

这个高层建筑的正立面基本绘制完毕，下面进行尺寸标注和文字说明，与建筑平面图相似，

尺寸标注也是立面图不可缺少的一部分，主要体现建筑物的总体高度、楼层高度以及各建筑物构件的尺寸和标高，不同点在于在立面图的水平方向上一般不标注尺寸，只标出立面图最外端墙的定位轴线及编号。

Note

操作步骤如下：

（1）将当前图层设置为“标注”图层。

参照平面图的设置方法，分别单击“默认”选项卡“注释”面板中的“文字样式”按钮和“标注样式”按钮，对文字样式和标注样式进行设置。

（2）单击“默认”选项卡“绘图”面板中的“直线”按钮，参照绘制平面图时所绘的标高符号的绘制方法，绘制如图 16-34 所示的标高符号。

± 0. 000

图 16-34　标高符号绘制

（3）单击“默认”选项卡“修改”面板中的“复制”按钮，将刚才绘制的标高符号复制至各楼层相应位置，并双击文字，修改成各楼层的相应标高-0.600、±0.000、6.000、10.500、15.000、18.000、21.000、24.000、27.000、30.000、33.000、36.000、39.000、42.000、45.000、48.000、51.000、54.000、57.000、60.000、60.700、65.600。

（4）利用圆、多行文字和复制命令，参照绘制平面图时绘制的轴线号，复制至垂直定位轴线的下方，轴号分别标注为 1-1 和 1-35。

（5）单击“默认”选项卡“注释”面板中的“多行文字”按钮A，在两轴号中间位置进行框选，在弹出的对话框中输入图纸名称“正立面图 1：100”后单击“确定”按钮，并利用多段线命令，在图纸名称下面绘制一条线宽为 50mm 的多段线作为图名下方的强调线，标注完毕后的具体效果如图 16-35 所示。

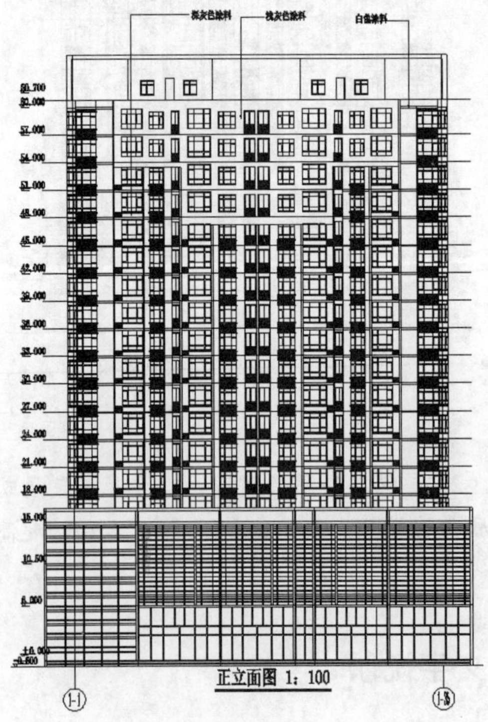

图 16-35　正立面图尺寸标注

（6）添加文字说明。在命令行中输入 QLEADER 命令，选择窗台下方栏板处，并在命令提示行中输入“深灰色涂料”，重复刚才的命令，单击水平框架处，输入“白色涂料”，单击立面其余的空白处，输入“浅灰色涂料”，如图 16-36 所示。

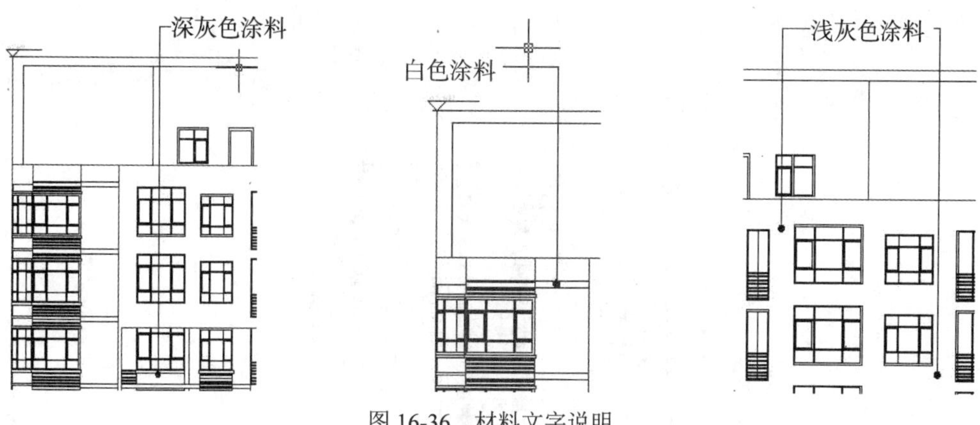

图 16-36　材料文字说明

（7）从本书配套光盘中选择图块文件，插入图中得到最终效果图，如图 16-37 所示。

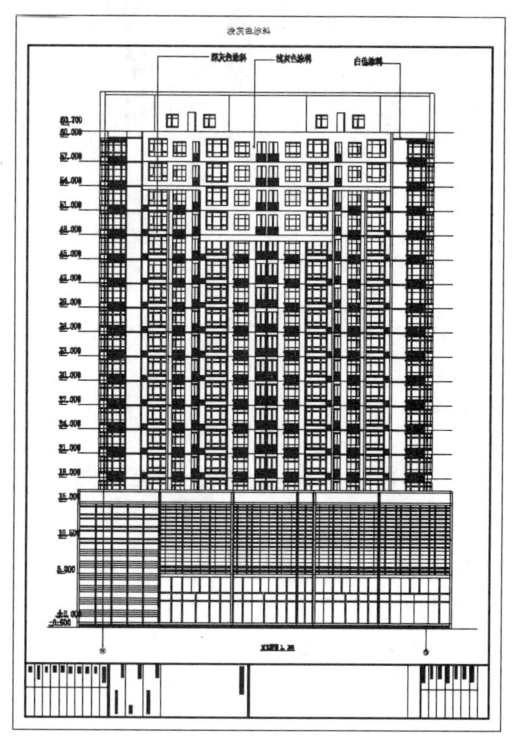

图 16-37　高层建筑正立面图的绘制

16.3　高层建筑背立面图的绘制

绘制高层建筑背立面图的主要思路为：由于建筑正立面和背立面是分别站在建筑相对方位看

到的立面图，因此可以直接根据先前绘制的建筑正立面图进行修改，得到背立面的轴线，然后利用定位轴线绘制建筑的轮廓线、主要构件分隔线以及细部装饰线，再绘制高层建筑的门窗，最后进行尺寸和文字标注。

Note

下面就按照这个思路绘制高层建筑的背立面图，如图 16-38 所示。

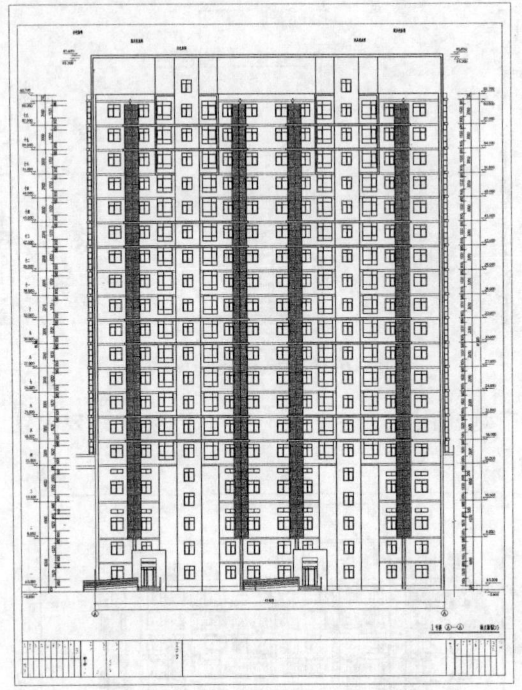

图 16-38　高层建筑背立面图

：光盘\配套视频\第 16 章\高层建筑背立面图的绘制.avi

16.3.1　修改原有正立面图

背立面图相对正立面图来说较为简单，这里需要在正立面图的基础上做修改。

操作步骤如下：

（1）使用 AutoCAD 2016 打开正立面图，然后单击“默认”选项卡“图层”面板中的“图层特性”按钮，打开“图层特性管理器”选项板。单击除了“轴线”以外的其他图层的按钮，使之变暗，关闭图层，然后关闭“图层特性管理器”选项板。

（2）选择剩余可见图形，按住 Ctrl+C 快捷键复制该图形，并再新建一个图形文件，将该部分图形利用快捷键 Ctrl+V 粘贴到新图形文件中，将该图形保存，命名为“背立面图”，具体效果如图 16-39 所示。

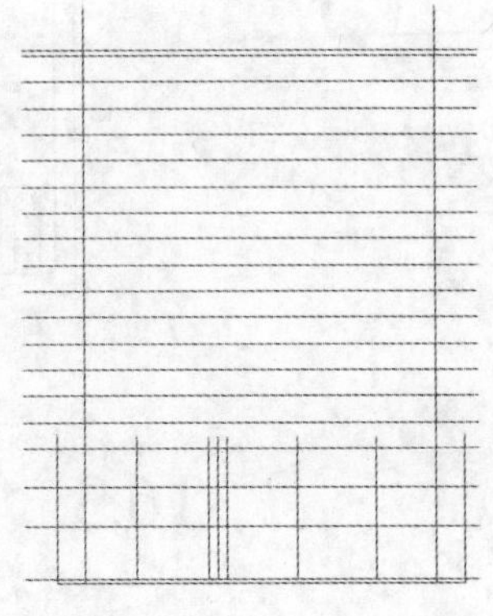

图 16-39　背立面图轴网绘制

（3）将图中中间部分的多余垂直轴线删除。

提示：

本来应该利用镜像命令，将该图形左右镜像，并删除原图形，才能得到背立面图的轴网，但由于该建筑的左右对称性，可以不镜像。但要记住，目前图中左侧的长垂直轴线为 1-35 号定位轴线，右侧的长垂直轴线为 1-1 号定位轴线，不可混淆。为了避免混乱，也可以将轴号先行标注在图中。

Note

16.3.2　绘制群楼背立面图框架

群楼背立面图与正立面图的绘制不尽相同，采用偏移、修剪、矩形、直线等命令来绘制其框架。操作步骤如下：

（1）单击“默认”选项卡“修改”面板中的“偏移”按钮，将 1-35 垂直轴线向左偏移 3000mm，向右连续偏移 100mm、300mm、3950mm、3100mm、750mm、1350mm、2900mm、2100mm、2400mm、100mm、200mm、100mm、2400mm、3500mm、3100mm、900mm、1200mm、3200mm、2100mm、2900mm、100mm、200mm、100mm、3950mm、300mm。

（2）单击“默认”选项卡“修改”面板中的“偏移”按钮，将 0.000 标高水平轴线向上连续偏移 2800mm、200mm、1450mm、1350mm、200mm、4300mm、200mm、4300mm、200mm。

（3）新建名称为“框架”的图层，线宽为 0.3mm，将以上轴线利用“特性匹配”功能，导入“框架”图层，单击“默认”选项卡“修改”面板中的“修剪”按钮，修剪图形，完成后的效果如图 16-40 所示。

（4）栏杆、踏步绘制。新建名称为“细部装饰线”的图层并将其设置为当前图层，线宽设置为 0.15；单击“默认”选项卡“修改”面板中的“偏移”按钮，将 1-35 轴线向左连续偏移 1250mm、100mm，将该轴线向右连续偏移 5000mm、100mm、2400mm、100mm、9900mm、100mm、1250mm、100mm、4900mm、100mm、2400mm、100mm。

（5）单击“默认”选项卡“绘图”面板中的“矩形”按钮，绘制 100mm×1000mm 的矩形，将以上轴线利用“特性匹配”功能导入“细部装饰线”图层，经剪切后的效果如图 16-41 所示。

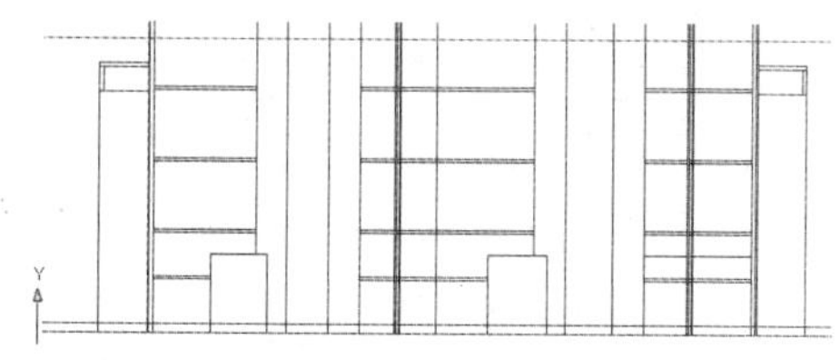

图 16-40　标准层框架绘制

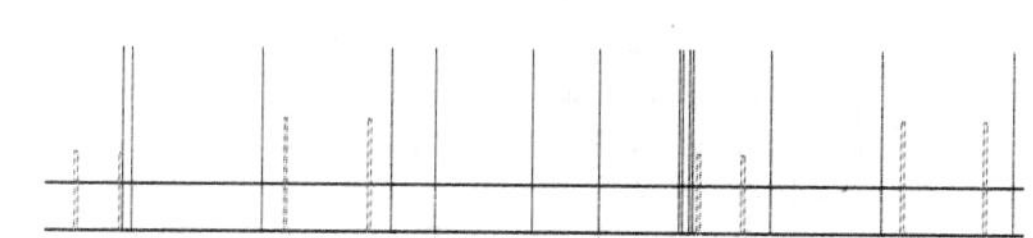

图 16-41　无障碍坡道栏杆绘制

（6）单击“默认”选项卡“绘图”面板中的“直线”按钮，绘制栏杆拉索，拉索宽为 60mm，间距为 140mm，具体效果如图 16-42 所示。

提示：

栏杆具有拦阻功能，也是分隔空间的一个重要构件。设计时应结合不同的使用场所，首先要充分考虑栏杆的强度、稳定性和耐久性；其次要考虑栏杆的造型美，突出其功能性和装饰性。栏杆的常用材料有铸铁、铝合金、不锈钢、木材、竹子、混凝土等。室外踏步级数超过了 3 级时必须设置栏杆扶手，以方便老人和残障人使用。

Note

（7）单击“默认”选项卡“绘图”面板中的“直线”按钮，绘制室外踏步，踏步高度为150mm；然后单击“默认”选项卡“绘图”面板中的“直线”按钮，沿着0.000标高水平轴线绘制外墙勒脚，具体效果如图16-43所示。

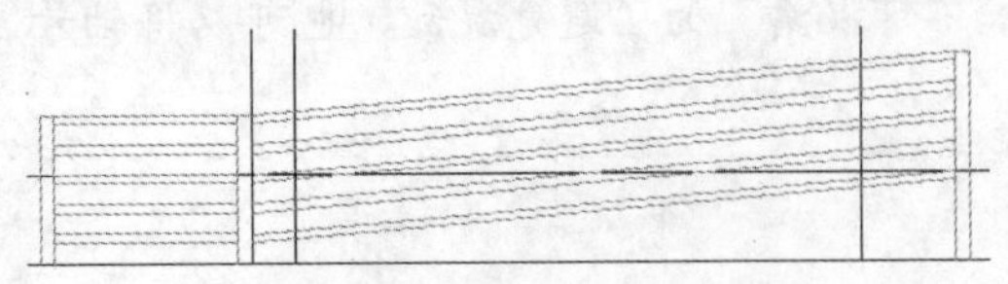

图 16-42　坡道栏杆拉索绘制

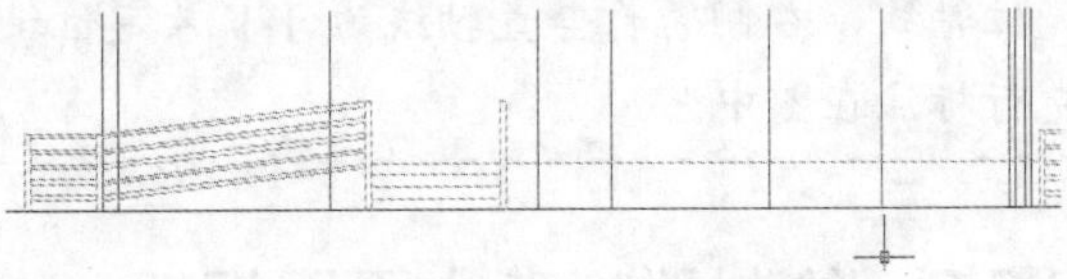

图 16-43　踏步及外墙勒墙绘制

16.3.3　绘制标准层背立面图框架

本节主要利用简单的二维绘图命令以及二维修改命令，绘制了一层的北立面，然后采用矩形阵列的方式，完成标准层北立面图框架。

操作步骤如下：

（1）单击“默认”选项卡“修改”面板中的“偏移”按钮，将标准层各楼层分隔线分别向下偏移200mm。

（2）将当前图层设置为“框架”图层，单击“默认”选项卡“绘图”面板中的“直线”按钮，沿着刚才的轴线绘制标准层水平框架并剪切，将“轴线”图层关闭后的效果如图16-44所示。

（3）单击“默认”选项卡“修改”面板中的“偏移”按钮，将1-35号垂直轴线向右连续偏移3870mm、60mm、500mm、100mm、50mm、100mm、50mm、100mm、500mm、60mm、11000mm、60mm、650mm、100mm、650mm、60mm、4860mm、60mm、500mm、100mm、50mm、100mm、50mm、100mm、500mm、60mm、11800mm、60mm、650mm、100mm、650mm、60mm，将这些直线利用“特性匹配”功能导入“框架”图层，经修剪后的效果如图16-45所示。

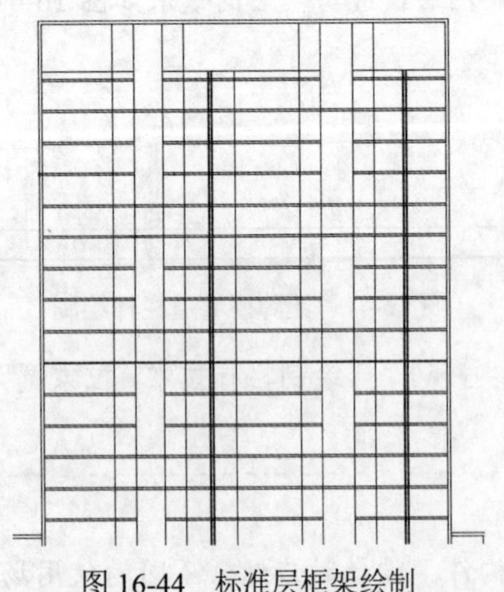

图 16-44　标准层框架绘制

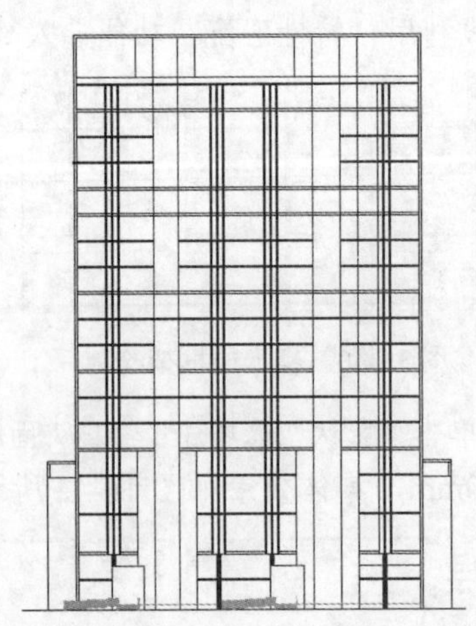

图 16-45　标准层框架 1

（4）单击“默认”选项卡“修改”面板中的“偏移”按钮，将1-35号轴线向右连续偏移7350mm、200mm、6900mm、200mm、11600mm、200mm、7200mm、200mm，将0.000标高水

平轴线向上偏移 60500mm，将这些直线导入“框架”图层，经修剪后的效果如图 16-46 所示。

（5）新建名称为“门窗”的图层，线宽为 0.15mm，并将该图层设置为当前图层；在图纸空白处，利用矩形、偏移、直线和剪切命令，绘制门窗，大门宽 1600mm，高 2400mm；普通铝合金推拉窗宽 1200mm，高 1500mm；铝合金高窗宽 1500mm，高 500mm；阳台凸窗侧面宽 500mm，高 2800mm；窗台宽 600mm，高 200mm，如图 16-47 所示。

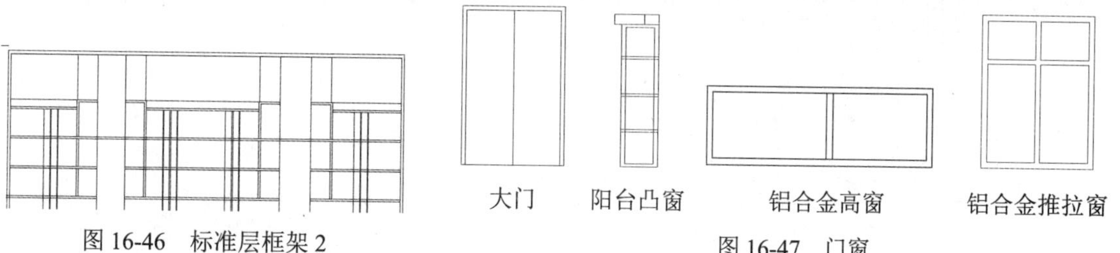

图 16-46　标准层框架 2

图 16-47　门窗

（6）将门窗设置为图块，插入图中相应位置（窗台高 900mm），具体效果如图 16-48 和图 16-49 所示。

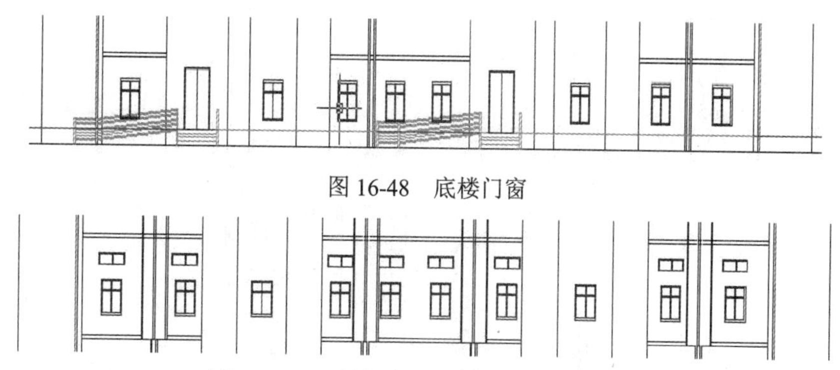

图 16-48　底楼门窗

图 16-49　三楼门窗（群楼其他与此类似）

（7）插入铝合金窗图块，X 轴放大 1.3 倍，Y 轴放大 1 倍，插入标准层的相应位置，将阳台凸窗插入相应位置，具体效果如图 16-50 所示。

图 16-50　标准层门窗

（8）单击“默认”选项卡“修改”面板中的“复制”按钮，将三楼门窗向上、向下复制，形成群楼的窗，也可利用矩形阵列命令，将标准层门窗向上阵列，形成群楼的窗，在十九楼复制两个铝合金窗作为电梯机房的窗，绘制结果如图 16-51 所示。

（9）将当前图层设置为“细部装饰线”，单击“默认”选项卡“绘图”面板中的“直线”按钮和“矩形”按钮，绘制雨篷，如图 16-52 所示。

（10）将当前图层设置为“细部装饰线”，单击“默认”选项卡“绘图”面板中的“直线”按钮和“修改”面板中的“矩形阵列”按钮，绘制百叶，“行间距”为 100，“行数”为 550；该高层建筑背立面图已经基本绘制完毕，具体效果如图 16-53 所示。

Note

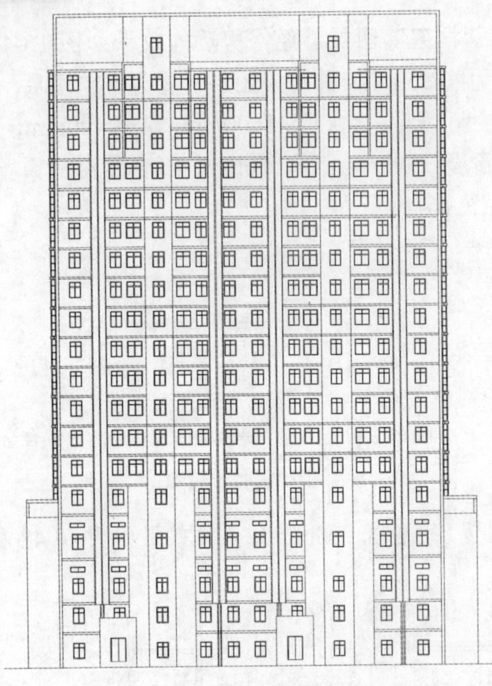

图 16-51　背立面门窗绘制

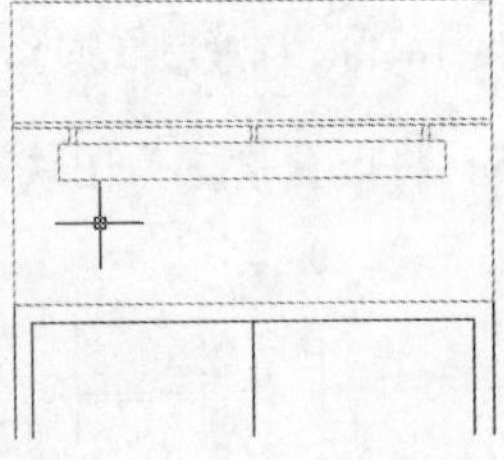

图 16-52　雨篷绘制

图 16-53　背立面图绘制效果

16.3.4　背立面图尺寸标注及文字说明

与正立面图的标注相似，新建“标注”图层，线宽 0.15mm，在图中相应的位置插入标高符

号以及轴线号，标上材质说明以及图纸名。

从本书配套的光盘中选择图框文件，插入图中，得到的最终效果如图 16-54 所示。

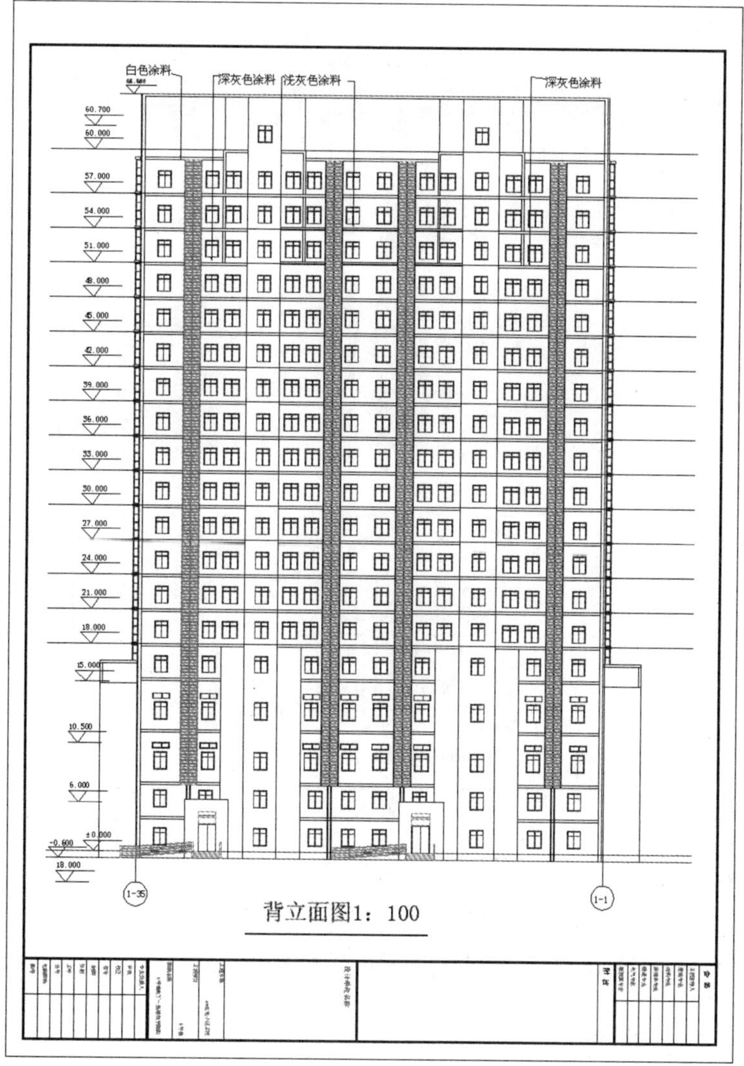

图 16-54　背立面图绘制最终效果

16.4　高层建筑侧立面图的绘制

通过对前面高层建筑正/背立面图绘制的学习，使读者掌握了绘制建筑立面图的基本方法，下面通过对高层建筑侧立面图的绘制，进一步学习建筑立面图的设计和绘制技巧。

高层建筑侧立面图绘制的主要思路为：首先根据已有的建筑平面图，绘制这幢高层建筑的侧面定位轴线及辅助轴网，然后绘制地平线及建筑外部轮廓线，接着分层绘出建筑的主要构件分隔线以及细部装饰线，并借助已有的建筑图库绘制高层建筑的门窗，最后进行尺寸和文字标注。

侧立面图与正/背立面图一样采用 1:100 的比例绘制。下面就按照这个思路绘制高层建筑的侧

立面图，如图 16-55 所示。

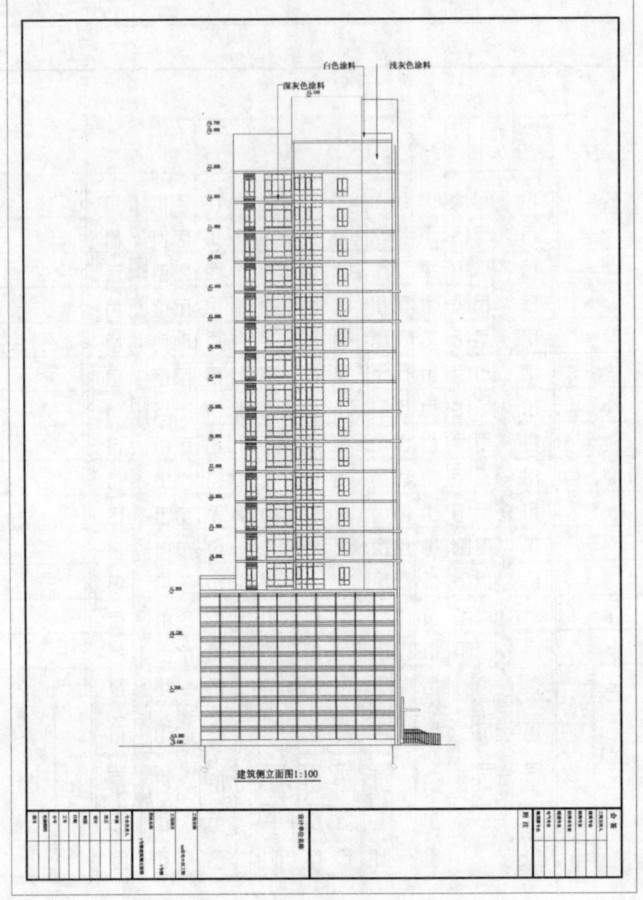

图 16-55　高层建筑侧立面图

光盘\配套视频\第 16 章\高层建筑侧立面图的绘制.avi

16.4.1　绘制定位轴线

在学习绘制建筑正立面时，采用逐一绘制轴线的方法绘制辅助轴线和定位轴线，现在利用第二种方法，即根据已有的建筑平面图快速进行轴线及尺寸定位。

操作步骤如下：

（1）打开文件夹中的“首层建筑平面图”，在“图层特性管理器”选项板中关闭“填充”和“轴线”图层，仔细观察图纸，可以看出需要绘制的高层建筑侧立面图即站在图纸右方位置看到的建筑立面，因此，按住 Ctrl+C 快捷键，从右向左框选该平面的右半部分，新建一个 DWG 格式文件，命名为“侧立面图”，将刚才复制的那部分图粘贴在新建图中（快捷键为 Ctrl+V），为了使图面整洁并且绘图方便，可将部分参差不齐处修剪整齐，单击“默认”选项卡“修改”面板中的“旋转”按钮，将图旋转 90°，具体效果如图 16-56 所示。

（2）打开“图层特性管理器”选项板，新建“轴线”图层，单击“默认”选项卡“绘图”

面板中的“直线”按钮，打开“正交”模式（快捷键 F8）和“对象捕捉”功能（快捷键 F3），绘制地平线、主要定位轴线及外部轮廓线，并将主要定位轴线 1-1-A 和 1-L 的轴号移至相应位置，具体效果如图 16-57 所示。

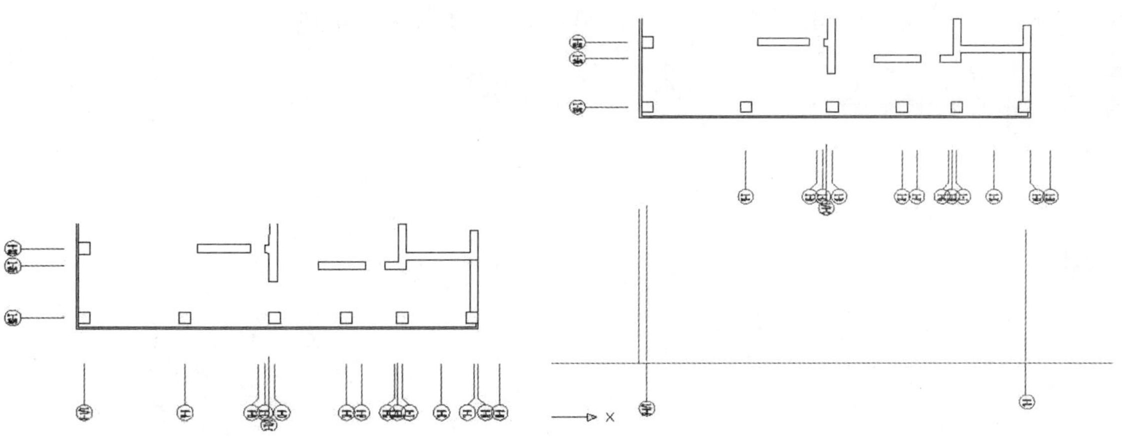

图 16-56 平面图截取部分　　图 16-57 主要定位轴线绘制

（3）将原平面图截取部分删除，得到该高层建筑侧立面图的主要定位轴线。打开先前绘制的正立面图，关闭除“轴线”以外的图层，将水平轴网复制到侧立面图中，得到水平轴网；将 1-L 垂直轴线向右连续偏移 100mm、200mm、300mm、350mm，具体效果如图 16-58 所示。

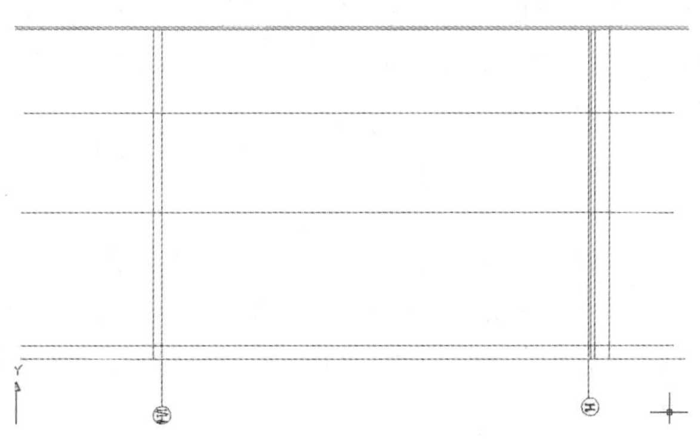

图 16-58 轴网绘制

16.4.2 绘制群楼侧立面图

侧立面图的绘制方法与其他立面图的绘制方法基本相同。

操作步骤如下：

（1）创建名称为“外部轮廓线”和“框架”的图层，线宽分别设置为 0.5mm 和 0.3mm，单击“默认”选项卡“绘图”面板中的“直线”按钮，沿着轴线绘制地平线和群楼外部轮廓线，关闭“轴线”图层后，效果如图 16-59 所示。

（2）与正立面图群楼部分绘制步骤相同，新建名称为“金属片”和“玻璃”的图层，线宽分别设置为 0.15mm、0.13mm。

（3）单击“默认”选项卡“修改”面板中的“偏移”按钮，将 0.000 标高水平轴线向上偏移 850mm，并将该直线图层变更到“金属片”图层；单击“默认”选项卡“修改”面板中的“修剪”按钮，将前两个垂直框架之外的部分剪去，并将该直线再向上偏移 150mm。

Note

（4）单击“默认”选项卡“修改”面板中的“矩形阵列”按钮，将刚才绘制的那两根直线向上阵列，“行数”为 10，“行间距”为 1500，具体效果如图 16-60 所示。

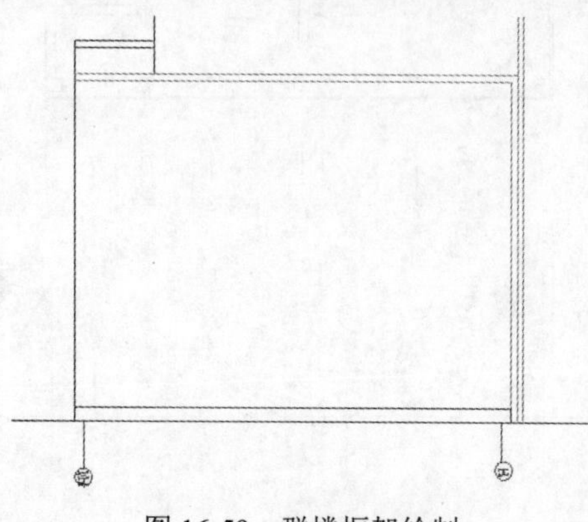

图 16-59　群楼框架绘制

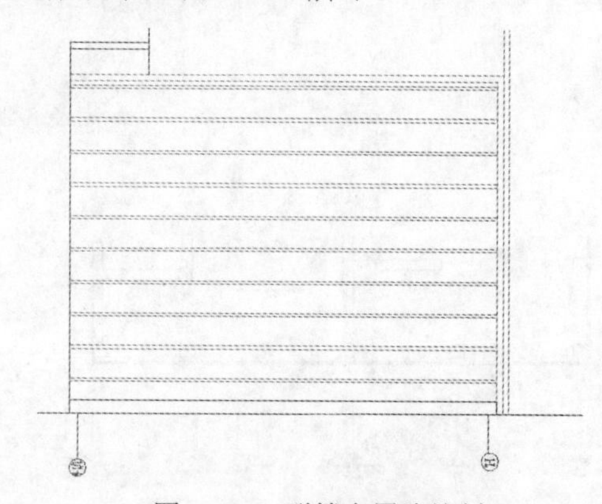

图 16-60　群楼金属片绘制

（5）将 0.000 水平标高向上偏移 1200mm，选择该直线，将图层变更为“玻璃”，并向上偏移 150mm，然后单击“默认”选项卡“修改”面板中的“矩形阵列”按钮，将上述两直线向上阵列，“行数”为 9，“行间距”为 1500。

（6）单击“默认”选项卡“修改”面板中的“偏移”按钮，将 1-1-A 号垂直轴线向右连续偏移 1600mm、100mm，利用“特性匹配”功能，将图层更改为“玻璃”图层，经修剪后的结果如图 16-61 所示。

（7）单击“默认”选项卡“修改”面板中的“矩形阵列”按钮，将刚才那两根垂直玻璃线向右阵列，“列数”为 9，“列间距”为 2000。

（8）将当前图层设置为“框架”图层，单击“默认”选项卡“绘图”面板中的“矩形”按钮，绘制雨篷侧立面，立柱矩形尺寸为 200mm×4200mm，距离 1-L 垂直轴线 150mm。绘制雨篷侧面矩形，尺寸为 2000mm×200mm，距离地坪线高度 2800mm，经修剪后的具体效果如图 16-62 所示。

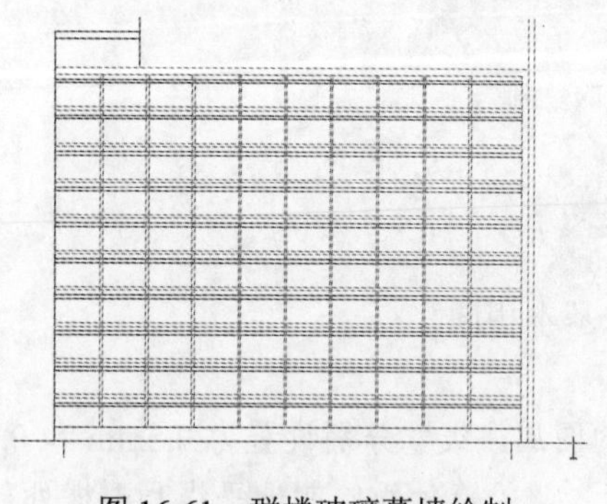

图 16-61　群楼玻璃幕墙绘制

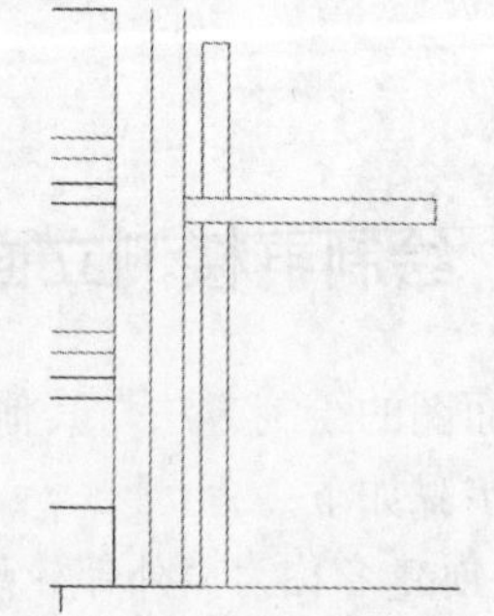

图 16-62　雨篷侧立面图

（9）将当前图层设置为“框架”图层，单击“默认”选项卡“绘图”面板中的“直线”按钮，打开“正交”模式，沿着地坪线绘制室外踏步，踏步平台宽 1500mm，四阶踏步，踏步宽 300mm，高 150mm，如图 16-63 所示；将当前图层设置为“细部装饰线”图层，单击“默认”选项卡“绘

图”面板中的“直线”按钮，绘制踏步及无障碍坡道的扶手栏杆，具体效果如图 16-64 所示。

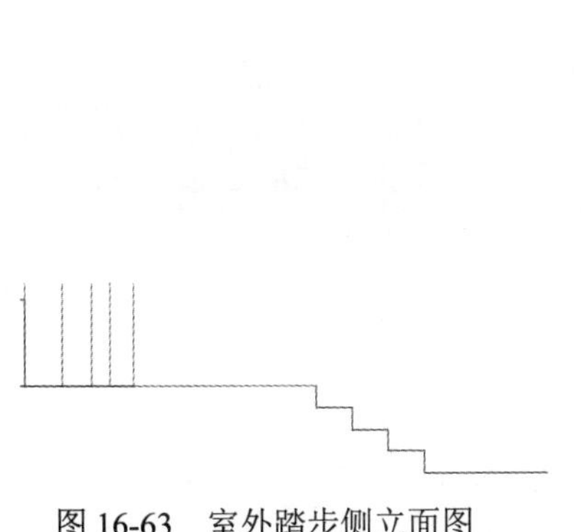

图 16-63　室外踏步侧立面图

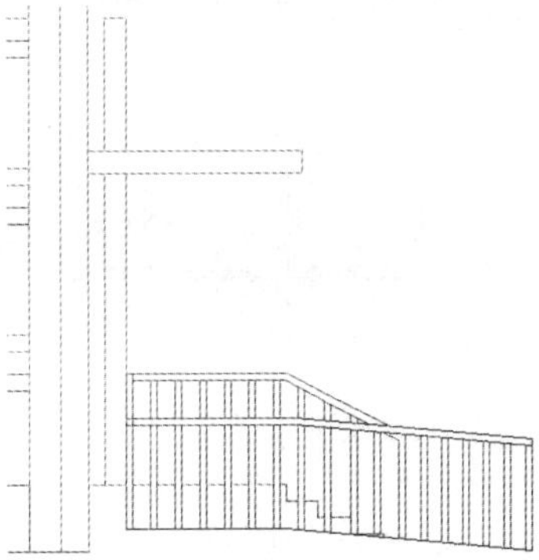

图 16-64　室外踏步扶手栏杆侧立面图

16.4.3　绘制标准层侧立面图

利用偏移、直线命令绘制窗户，然后使用矩形阵列命令，完成标准层侧立面图的绘制。

操作步骤如下：

（1）单击“默认”选项卡“修改”面板中的“偏移”按钮，将标准层各楼层分隔线分别向下偏移 200mm，将 0.000 标高水平轴线分别向上偏移 65600mm、300mm，将 1-1-A 垂直轴线向右连续偏移 9400mm、200mm、7000mm、3050mm，将以上直线图层更改为相应图层，经修剪后的效果如图 16-65 所示。

（2）将当前图层设置为“细部装饰线”，单击“默认”选项卡“修改”面板中的“偏移”按钮，将 0.000 水平标高向上依次偏移 15300mm、100mm、1800mm、100mm，将 1-1-A 垂直轴线向右连续偏移 1050mm、50mm、1150mm、50mm、900mm、50mm，将以上直线利用“特性匹配”功能，将其导入“细部装饰线”图层并修剪形成窗台。

（3）单击“默认”选项卡“绘图”面板中的“直线”按钮和“修改”面板中的“矩形阵列”按钮，绘制窗台下面的百叶，百叶宽为 60mm，间距为 100mm，具体效果如图 16-66 所示。

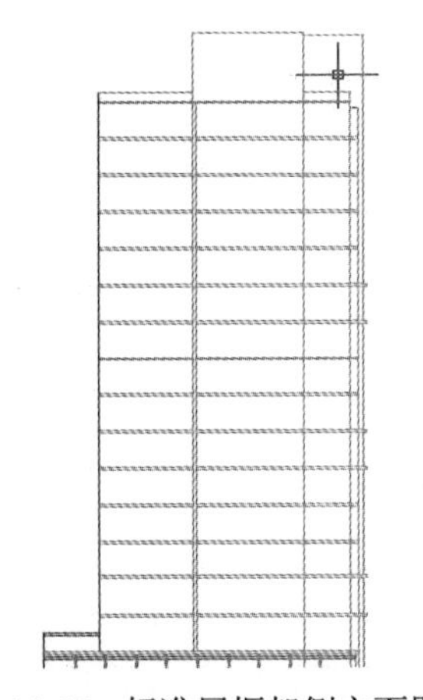

图 16-65　标准层框架侧立面图

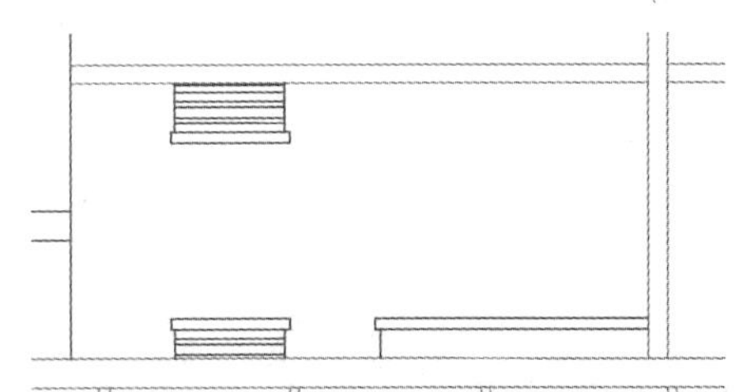

图 16-66　窗台及百叶的绘制

（4）在图纸空白处，单击“默认”选项卡“绘图”面板中的“直线”按钮和“矩形”按

Note

钮▭，绘制标准层窗并定义为块，窗 1 尺寸为 2850mm×2300mm，窗 2 尺寸为 1100mm×1800mm，窗 3 尺寸为 2900mm×2800mm，如图 16-67 所示。

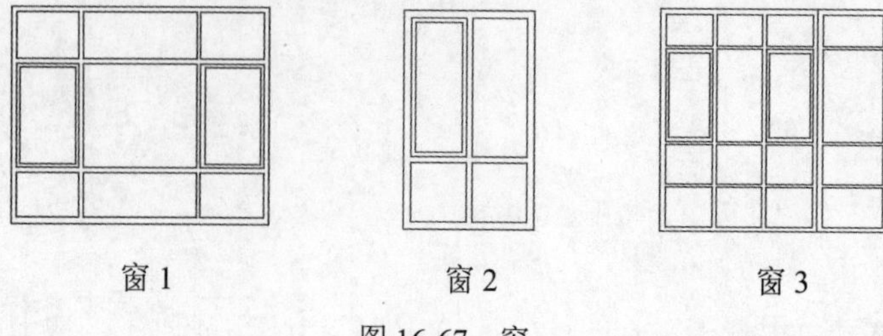

图 16-67　窗

（5）将以上窗插入标准层相应位置，具体效果如图 16-68 所示。

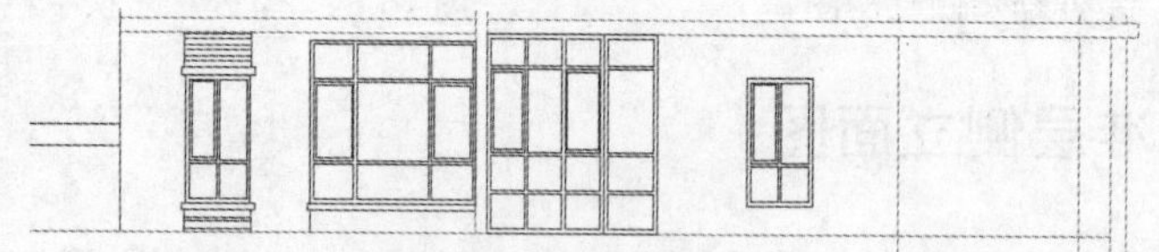

图 16-68　标准层窗布置

（6）将以上标准层的窗、百叶、窗台向上进行矩形阵列，“行数”为 14，“行间距”为 3000。根据平面图，绘制十九层侧立面图及屋顶钢架侧立面图，具体效果如图 16-69 所示。

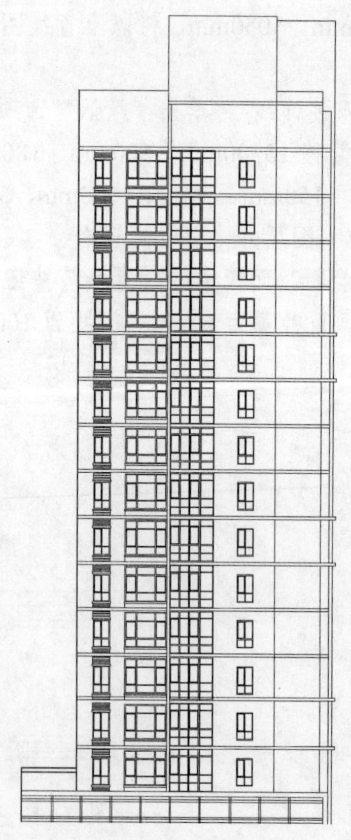

图 16-69　十九层侧立面图及屋顶钢架侧立面图绘制效果

（7）将“标注”图层设置为当前图层，在图中相应的位置插入标高符号以及轴线号，标上材质说明以及图纸名。

（8）从本书配套的光盘中选择图框文件，插入图中，得到的最终效果图如图 16-70 所示。

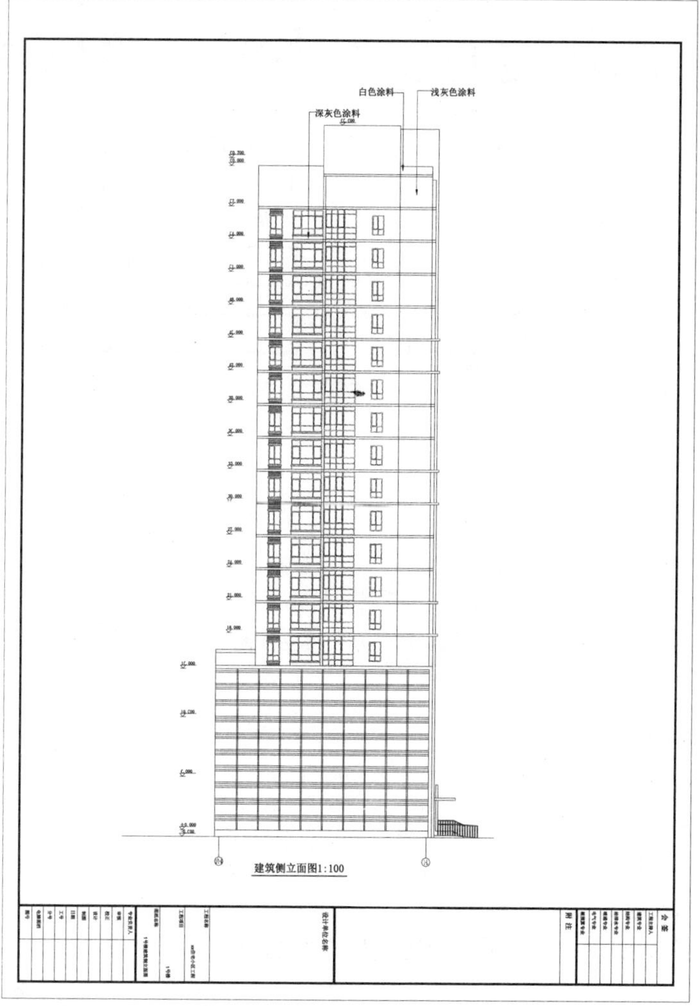

图 16-70　高层建筑侧立面绘制效果

16.5　实战演练

通过前面的学习，读者对本章知识有了大体的了解，本节通过几个操作练习使读者进一步掌握本章知识要点。

【实战演练 1】绘制如图 16-71 所示的办公楼立面图。

1．目的要求

本实例主要要求读者通过练习进一步熟悉和掌握办公楼立面图的绘制方法。通过本实例，可以帮助读者学会完成立面图绘制的全过程。

Note

图 16-71　办公楼立面图

2．操作提示

（1）设置绘图环境。

（2）绘制底层立面图。

（3）绘制标准层立面图。

（4）绘制顶层立面图。

（5）标注尺寸和文字。

【实战演练 2】绘制如图 16-72 所示的居民楼立面图。

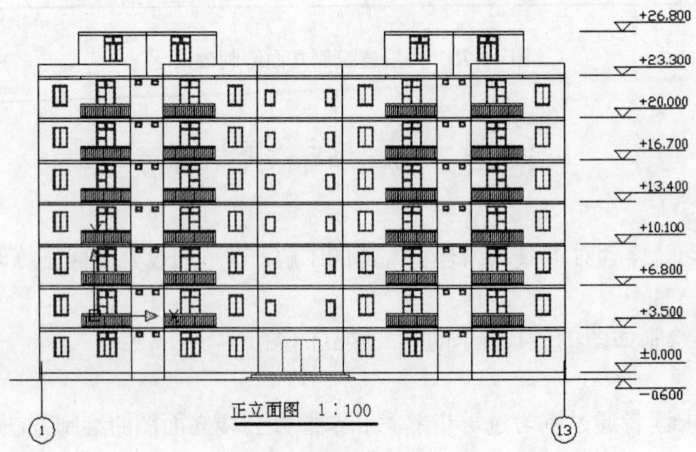

图 16-72　居民楼立面图

1．目的要求

本实例主要要求读者通过练习进一步熟悉和掌握居民楼立面图的绘制方法。通过本实例，可以帮助读者学会完成立面图绘制的全过程。

2．操作提示

（1）设置绘图环境。

（2）绘制底层立面图。

（3）绘制标准层立面图。

（4）绘制顶层立面图。

（5）标注文字。

第 17 章

某住宅楼建筑剖面图及详图

本章学习要点和目标任务：

☑ 高层建筑剖面图的设计要求

☑ 某高层住宅建筑剖面图的绘制

☑ 建筑详图的绘制要求

☑ 某高层住宅部分建筑详图的绘制

建筑剖面图，是指按一定比例绘制的建筑物竖直（纵向）的剖视图，即用一个假想的平面将住宅建筑物沿垂直方向像劈柴一样纵向剖切开，剖切后的部分用图线和符号来表示住宅楼层的数量，室内立面的布置，楼板、地面、墙身、基础等的位置和尺寸，有的还配有家具的纵剖面图示符号。

本章将结合第 16 章的建筑实例，详细介绍建筑剖面图和建筑详图的绘制方法。

17.1 高层建筑剖面图的设计要求

建筑剖面图通常根据剖切线的编号命名，如 1-1 剖面图、2-2 剖面图。

建筑详图是指对建筑的细部或构件、配件用较大的比例（1:20、1:10、1:5、1:2、1:1 等）将其形状、大小、材料和做法，按正投影图画法，详细地表示出来的图样，简称详图。

17.1.1 建筑剖面图设计概述

房间的剖面形状主要根据使用要求和特点来确定，同时也要结合具体的物质技术、经济条件及特定的艺术构思来考虑，使之既满足使用需求，又能达到一定的艺术效果。大多数民用建筑采用矩形是因为剖面简单、规整，便于竖向空间的组合，容易获得简洁而完整的体型，同时结构简单、施工方便，而非矩形剖面常用于有特殊要求的房间，如有视线、音质要求的房间等。

有视线要求的房间主要指影剧院的观众厅、体育馆的比赛大厅、教学楼中的阶梯教室等。这类房间除平面形状、大小满足一定的视距、视角要求外，地面亦应有一定的坡度，以保证良好的视觉要求，即舒适、无遮挡地看清对象。

地面的升起坡度与设计视点的选择、座位排列方式（即前排与后排对位或错位排列）、排距、视线升高值（即前排与后排的视线升高差）等因素有关。

设计视点是指按设计要求所能看到的极限位置，以此作为视线设计的主要依据。各类建筑由于功能不同、观看对象性质不同、设计视点的选择也不一致，例如，电影院定在银幕底边的中点，这样可以保证观众看清银幕的全部；体育馆定在篮球场边线或边线上空 300～500mm 处等。设计视点的选择是否合理，是衡量视觉质量好坏的重要标准，直接影响到地面的坡度和经济性。设计视点愈低，视觉范围愈大，但房间地面升起坡度愈大；设计视点愈高，视野范围愈小，地面升起坡度就愈平缓。一般来说，当观察对象低于人的眼睛时，地面起坡大，反之则起坡小。

17.1.2 高层建筑剖面图设计要求

1．剖面设计应适应设备布置的需要

建筑设计中，对房间高度有影响的设备布置，主要是电气系统中的照明、通信、动力（小负荷）等管线的铺设，空调管道的位置和走向，冷、热水，上、下管道的位置和走向，以及其他专用设备的位置等。例如，医院手术室内设有下悬式无影灯时，室内的净高就要相应有所提高；又如某档案馆，跨度大（11m），楼面负荷重，楼板厚，梁很高，梁下有空调管道，空调又是通过吊顶板的孔均匀送风，顶板和管道之间还要有一定的距离，另外还要有灯具、烟感器、自动灭火器等的位置，结果使这个层高为 4.2m 的档案馆的室内净高仅有 2.7m。可见设备布置对剖面设计的影响不容忽视。当今建筑中采用新设备多，直接影响着层高、层数、立面造型等。因此，在剖面设计时应慎重对待。

2．剖面设计要与建筑艺术相结合

建筑艺术在某种程度上可以说是空间艺术。各种空间给人以不同的感受，人们视觉上的房间

高低通常具有一定的相对性。例如，一个窄而高的空间，在其不同的位置，会使人产生不同的感受，在某种位置上会使人感到拘谨，这时需要降低该空间的净高，使人感到亲切。但是，窄而高的空间容易引起人们向上看，把它放在恰当的位置，利用它的窄高，可起到引导的作用。也有不少建筑利用窄高的空间来获得崇高、雄伟的艺术效果。因此，在确定房间净高时，要有全面的规划和具体的空间观念。

3．剖面设计要充分利用空间

提高建筑空间的利用率，是建筑设计的一个重要课题，利用率一方面是水平方向的，表现在平面上；另一方面是垂直方向的，表现在剖面上。空间的充分利用，主要有赖于良好的剖面设计。例如，住宅设计中，小居室床位上都放吊柜，可增加储藏面积，在入口部分的过道上空做些吊柜，既可增加储藏面积，又好像降低了层高，使住宅具有小巧感，使人感到亲切。一些公共建筑的空间高大，充分利用其空间来增设夹层、跃廊等，可以增加使用面积、节约投资，同时还可利用夹层丰富空间的变化，增强室内的艺术效果。

4．跃层建筑的设计目的

跃层建筑的设计目的是节省公共交通面积，减少干扰，主要用于每户建筑面积较多的住宅设计，也可用于公共建筑。在剖面设计中应注意楼梯和层高的高度问题。错层的剖面设计，主要适用于建筑物纵向或横向需随地形分段而高低错开的情况。可利用室外台阶解决上下层入口的错层问题，也可利用室内楼梯，选用楼梯梯段数量，调整梯段的踏步数，使楼梯平台的标高和错层地面的标高一致。

17.2 某高层住宅建筑剖面图的绘制

高层建筑剖面图绘制的主要思路为：首先根据已有建筑侧立面图的轴线确定这幢高层建筑的剖面定位轴线及辅助轴网，以及地平线和建筑外部轮廓线，接着绘制各楼层结构构件的剖面图，最后进行尺寸和文字标注。

剖面图所采用的比例一般与平面图一致，图中采用1:100的比例绘制。下面就按照这个思路绘制高层建筑的剖面图，如图17-1所示。

光盘\配套视频\第17章\某高层住宅建筑剖面图的绘制.avi

17.2.1 绘制辅助轴线

辅助轴线是绘制剖面图时的首要准备条件。

操作步骤如下：

（1）在建筑底层平面图上一般都会标出剖切符号，表明剖面图的剖切位置。利用AutoCAD 2016打开文件夹中的“首层建筑平面图”，仔细观察图纸，关闭“标注”和“轴线”图层，按住Ctrl+C快捷键，从上向下框选该平面的左半部分，即为剖切到所能看到的部分。

（2）新建一个DWG文件，命名为“剖面图”，将刚才复制的图形粘贴在新建图中（快捷键

为 Ctrl+V)，为了使图面整洁并且绘图方便，可将部分参差不齐处修剪整齐，并利用旋转命令（命令行命令 RO）将图旋转-90°，具体效果如图 17-2 所示。

Note

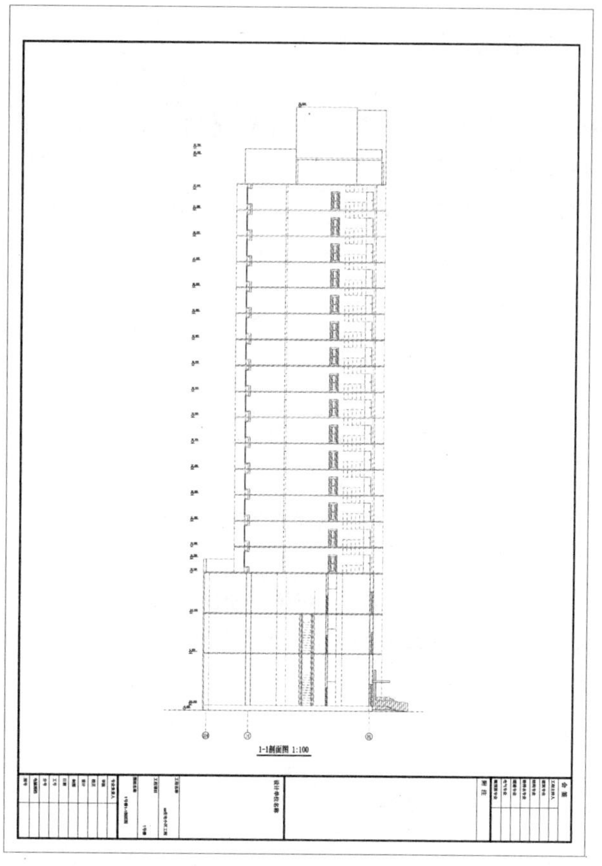

图 17-1　高层建筑剖面图绘制

（3）新建名称为"轴线"的图层，属性采用默认设置；根据刚才复制的部分，单击"默认"选项卡"绘图"面板中的"直线"按钮╱，绘制剖面图的地平线及主要定位轴线，将定位轴线的轴号标注在图纸上，并将多余部分删除，如图 17-3 所示。

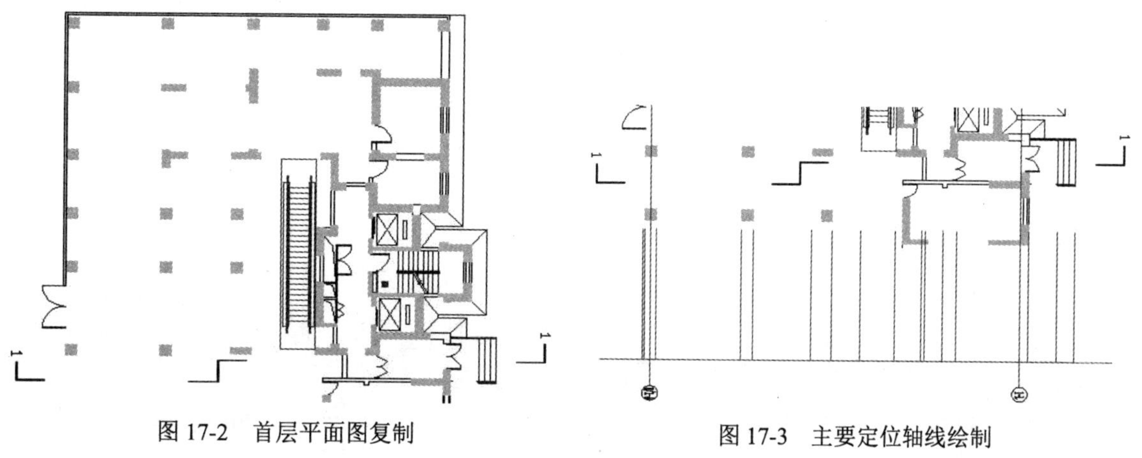

图 17-2　首层平面图复制　　　　图 17-3　主要定位轴线绘制

17.2.2 绘制群楼剖面图

Note

按照第 16 章绘制立面图的顺序，先绘制群楼剖面图。

操作步骤如下：

（1）新建图层，命名为“剖线”，“线宽”设置为 0.35mm，并将其设置为当前图层；根据轴线及剖切线的位置，绘制室内外地平线、楼板及剖到的墙体，具体效果如图 17-4 所示。

（2）新建图层，命名为“看线”，线宽设置为 0.15mm，并将其设置为当前图层；根据轴线及剖切线的位置，绘制首层看到的墙柱、室外台阶栏杆及雨篷，具体效果如图 17-5 所示。

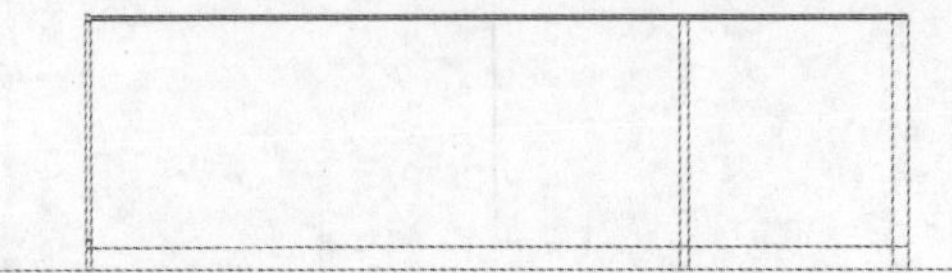

图 17-4　首层剖面图剖线绘制

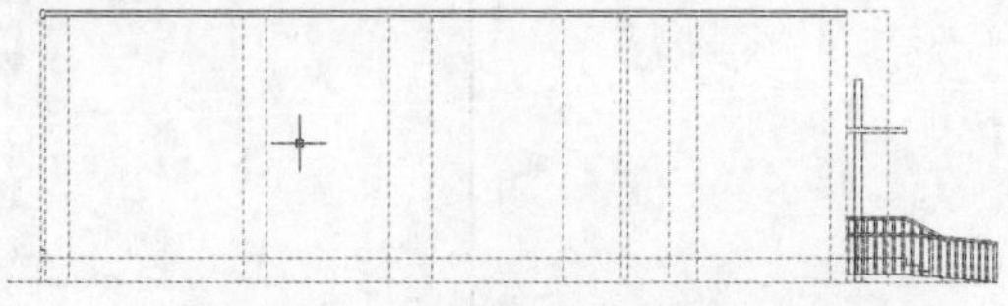

图 17-5　首层剖面图看线绘制

（3）单击“默认”选项卡“绘图”面板中的“直线”按钮，绘制首层剖面图的门窗及玻璃幕墙，具体效果如图 17-6 所示。

（4）单击“默认”选项卡“绘图”面板中的“直线”按钮和“修改”面板中的“矩形阵列”按钮，绘制自动扶梯，具体效果如图 17-7 所示。

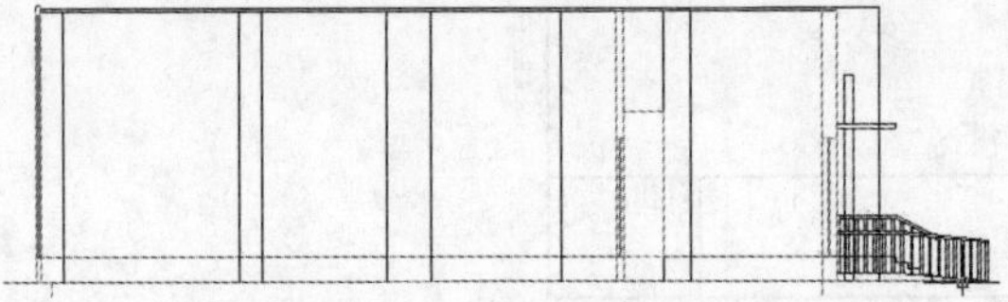

图 17-6　首层剖面图门窗等绘制

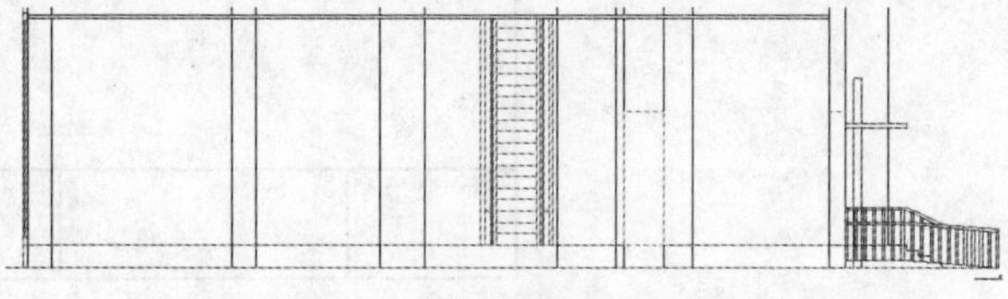

图 17-7　首层剖面图自动扶梯绘制

（5）将首层剖面图除室外部分向上复制，得到群楼其他楼层剖面图（注意：一楼层高 6000mm，而二楼和三楼层高 4500mm），经过细部剪切和修改后，具体效果如图 17-8 所示。

（6）单击“默认”选项卡“绘图”面板中的“直线”按钮，绘制女儿墙，得到群楼剖面图，如图 17-9 所示。

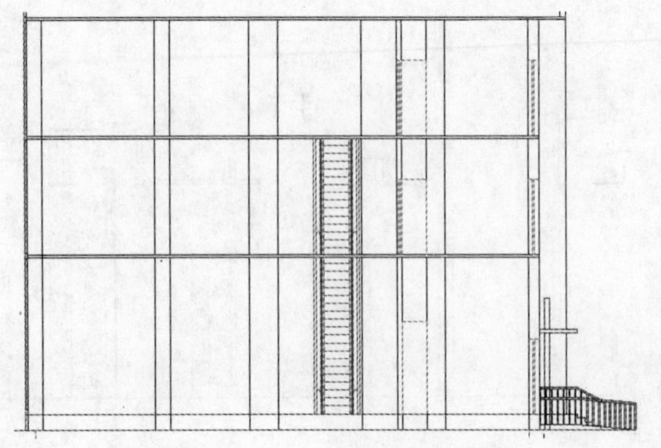

图 17-8　二、三楼剖面图绘制

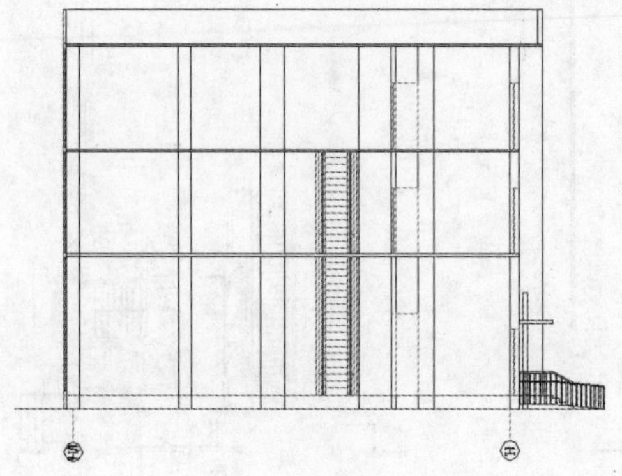

图 17-9　群楼剖面图绘制

17.2.3　绘制标准层剖面图

标准层剖面图的绘制相对来说较为简单，只需绘制一层楼的剖面，直接采用阵列和复制的方法绘制其他楼层的剖面。

操作步骤如下：

（1）仔细观察四层平面图，根据首层平面图剖面符号的位置，将 1-1-a 垂直轴线向右偏移 5000mm，得到原图中的 1-1 轴线位置，再将 1-1 轴线向左连续偏移 600mm、1200mm，向右连续偏移 4100mm、200mm、700mm、900mm、3550mm、1000mm、3200mm、800mm、200mm、200mm、1100mm，得到标准层剖面图的垂直辅助轴线，具体效果如图 17-10 所示。

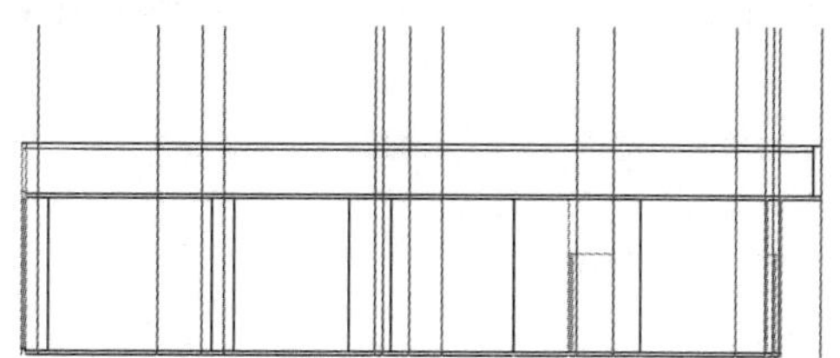

图 17-10　标准层垂直辅助轴线的绘制

（2）将地平线水平轴线依次向上偏移 16200mm、2350mm、100mm，将当前图层设置为“剖线”图层，根据轴线位置及剖切线符号，绘制四楼楼板以及剖到的墙体、窗台，并将女儿墙遮挡部分剪切，得到如图 17-11 所示的效果。

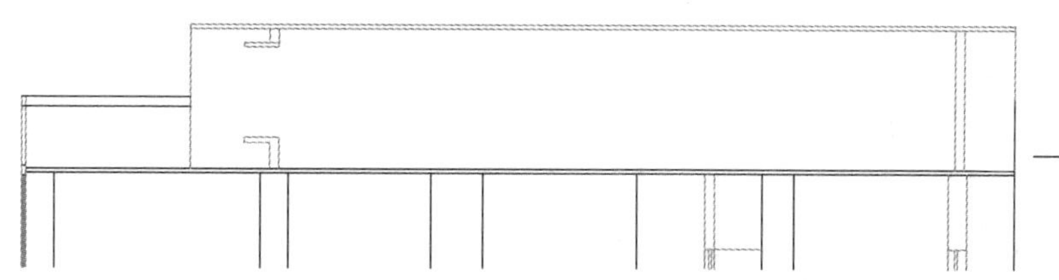

图 17-11　四层剖面剖线绘制

（3）将当前图层分别设置为“看线”和“门窗”，根据轴线位置及剖切线符号，绘制四层看线，如图 17-12 所示。

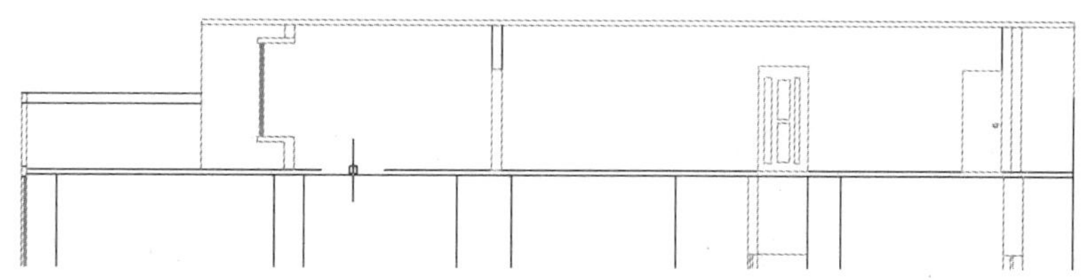

图 17-12　四层剖面看线绘制

（4）新建名称为“细部装饰线”的图层并将其设置为当前图层，单击“默认”选项卡“绘图”面板中的“矩形”按钮▭，绘制窗台百叶的金属栅格 50mm×50mm，并利用矩形阵列命令进行矩形阵列；单击“默认”选项卡“绘图”面板中的“矩形”按钮▭，绘制四层剖面中厨房的橱柜，根据人体工程学的特征，地柜高度暂定为 900mm，顶柜高度为 800mm，效果如图 17-13 所示。

Note

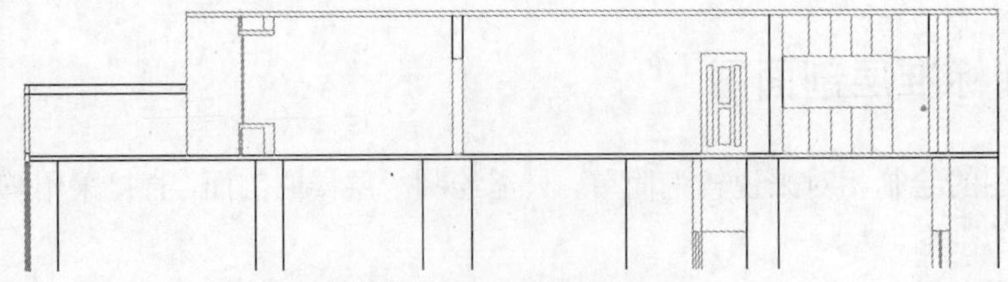

图 17-13　四层剖面细部绘制

（5）单击“默认”选项卡“修改”面板中的“矩形阵列”按钮，将四层剖面图向上阵列，“行数”为 15，“列数”为 1，“行间距”为 3000，然后单击“默认”选项卡“修改”面板中的“修剪”按钮，剪切后得到标准层的剖面图，如图 17-14 所示。

（6）根据剖切线位置及十九层的平面图，绘制十九层及屋顶钢架的剖面图，具体效果如图 17-15 所示。

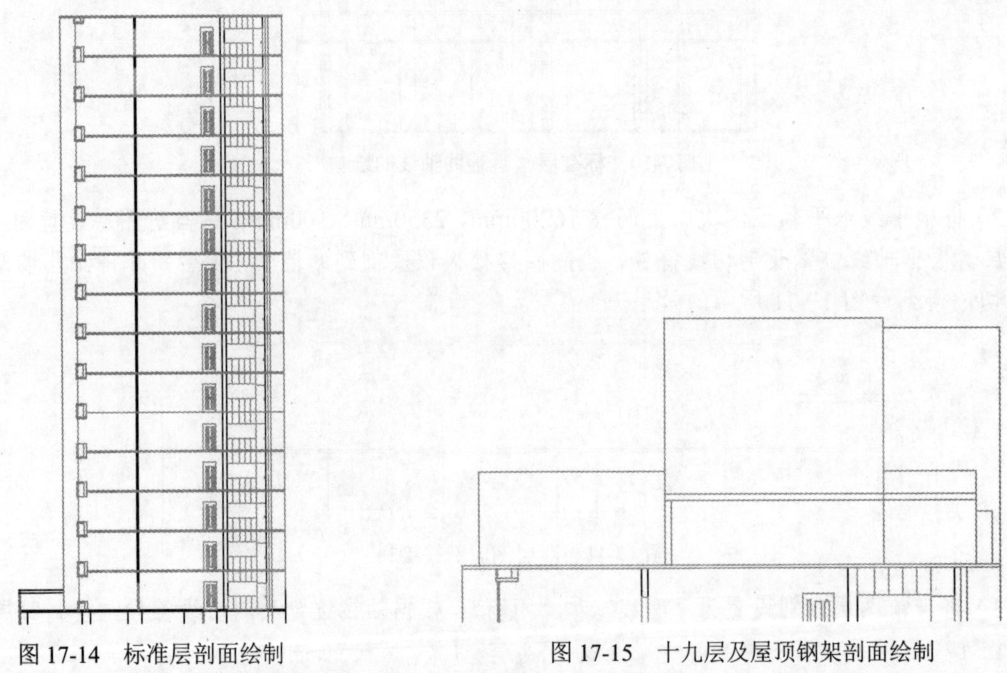

图 17-14　标准层剖面绘制　　　　图 17-15　十九层及屋顶钢架剖面绘制

（7）该高层建筑的 1-1 剖面图基本绘制完毕，具体效果如图 17-16 所示。

17.2.4　尺寸标注及文字说明

立面图的尺寸标注与平面图标注是不同的，一般不需要将各楼层之间的高度以及窗高等用线性尺寸标注，只需要用标高符号来代替。

操作步骤如下：

（1）与前面的立面图相似，新建图层，命名为“标注”，并将其设置为当前图层，设置文字样式和标注样式，进行文字和标高标注。

（2）单击“默认”选项卡“注释”面板中的“多行文字”按钮A，标准图名为“1-1 剖面图 1:100”，插入配套光盘中的“源文件\图库\A1 图框.dwg”文件后的具体效果如图 17-17 所示。

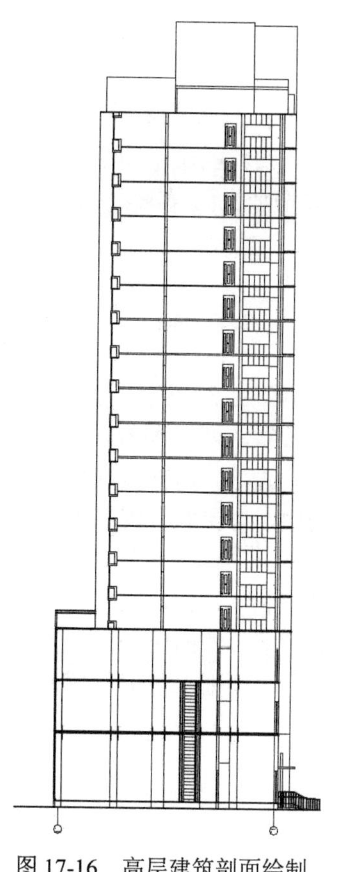

图 17-16　高层建筑剖面绘制

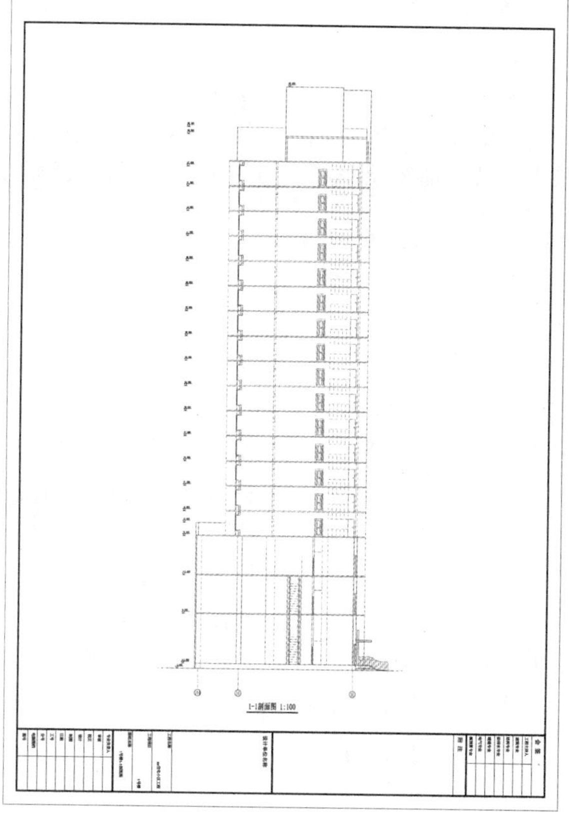

图 17-17　高层建筑剖面图绘制效果

Note

17.3　建筑详图的绘制要求

本节讲述建筑详图的有关基本理论和基础知识。

17.3.1　建筑详图的特点

1．比例较大

建筑平面图、立面图、剖面图互相配合，反映房屋的全局，而建筑详图是建筑平面图、立面图和剖面图的补充。在详图中尺寸标注齐全，图文说明详尽、清晰，因而详图常用较大比例。

2．图示详尽清楚

建筑详图是建筑细部的施工图，根据施工要求，将建筑平面图、立面图和剖面图中的某些建筑构配件（如门、窗、楼梯、阳台、各种装饰等）或某些建筑剖面节点（如檐口、窗台、明沟或散水以及楼地面层、屋顶层等）的详细构造（包括样式、层次、做法、用料等）用较大比例清楚地表达出来的图样，表示构造合理，用料及做法适宜，因而应该图示详尽、清楚。

3．尺寸标注齐全

建筑详图的作用在于指导具体施工，更为清楚地了解该局部的详细构造及做法、用料、尺寸等，因此具体的尺寸标注必须齐全。

4．数量灵活

数量的选择，与建筑的复杂程度及平、立、剖面图的内容及比例有关。建筑详图的图示方法，视细部的构造复杂程度而定。一般来说，墙身剖面图只需要一个剖面详图就能表示清楚，而楼梯间、卫生间就可能需要增加平面详图，门窗、玻璃隔断等就可能需要增加立面详图。

Note

17.3.2 建筑详图的具体识别分析

1．外墙身详图

如图 17-18 所示为外墙身详图，根据剖面图的编号 3-3，对照平面图上 3-3 剖切符号，可知该剖面图的剖切位置和投影方向。绘图所用的比例是 1:20。图中注上轴线的两个编号，表示这个详图适用于Ⓐ、Ⓔ两个轴线的墙身。说明在横向轴线③～⑨的范围内，Ⓐ、Ⓔ两轴线的任何地方（不局限在 3-3 剖面处），墙身各相应部分的构造情况都相同。在详图中，对屋面楼层和地面的构造，采用多层构造说明方法来表示。

将其局部放大，从图 17-19 檐口部分来看，可知屋面的承重层是预制钢筋混凝土空心板，按 3%来砌坡，上面有油毡防水层和架空层，以加强屋面的隔热和防漏。檐口外侧做一个天沟，并通过女儿墙所留孔洞（雨水口兼通风孔），使雨水沿雨水管集中流到地面。雨水管的位置和数量可从立面图或平面图中查阅。

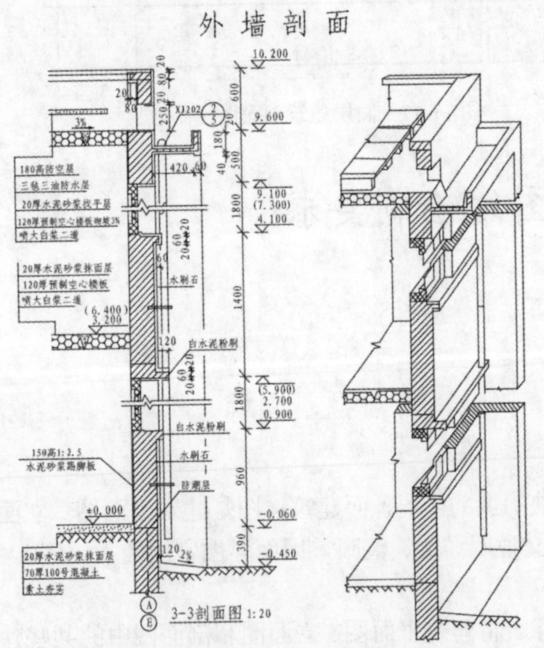

图 17-18　外墙剖面详图

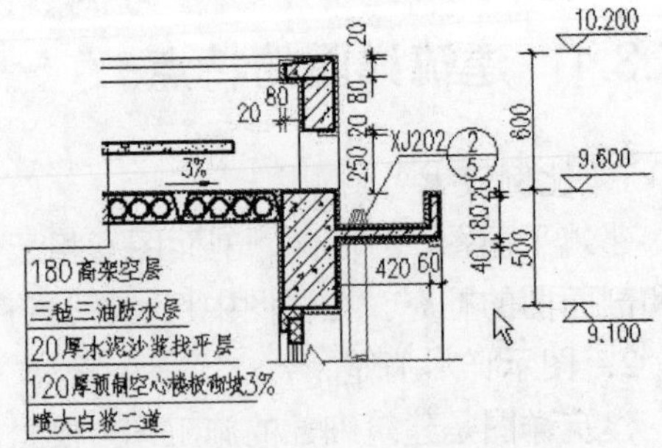

图 17-19　屋面详图

从楼板与墙身连接部分来看，可了解各层楼板（或梁）的搁置方向及与墙身的关系。在本例中，预制钢筋混凝土空心板是平行纵向布置的，因而它们应搁置在两端的横墙上。在每层的室内墙脚处需做一踢脚板，以保护墙壁，从图中的说明可看到其构造做法。踢脚板的厚度可等于或大于内墙面的粉刷层。如果厚度相同时，在其立面图中可不画出其分界线。从图 17-20 中还可以看

到窗台、窗过梁（或圈梁）的构造情况。窗框和窗扇的形状和尺寸需另用详图表示。

如图 17-21 所示，从勒脚部分可知房屋外墙的防潮、防水和排水的做法。外（内）墙身的防潮层，一般在底层室内地面下 60mm 左右（指一般刚性地面）处，以防地下水对墙身的侵蚀。在外墙面，离室外地面 300～500mm 高度范围内（或窗台以下），用坚硬防水的材料做成勒脚。在勒脚的外地面，用 1:2 的水泥砂浆抹面，做出 2%坡度的散水，以防雨水或地面水对墙基础的侵蚀。

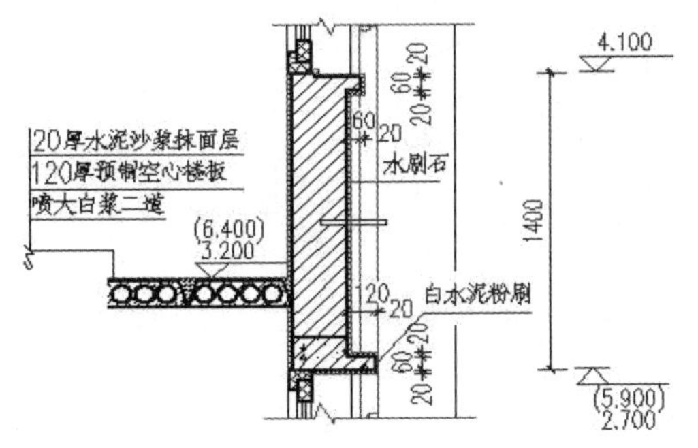

图 17-20 窗台详图

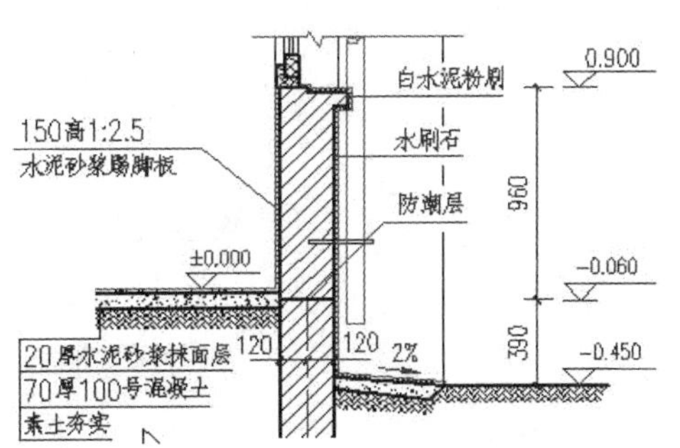

图 17-21 勒脚详图

在上述详图中，一般应注出各部位的标高、高度方向和墙身细部的尺寸。图中标高注写两个数字时，有括号的数字表示高一层的标高。从图中有关文字说明，可知墙身内外表面装修的断面形式、厚度及所用的材料等。

2. 楼梯详图

楼梯是多层房屋上下交通的主要设施。楼梯是由楼梯段（简称梯段，包括踏步和斜梁）、平台（包括平台板和梁）和栏板（或栏杆）等组成。楼梯详图主要表示楼梯的类型、结构形式、各部位的尺寸及装修做法。楼梯详图包括平面图、剖面图及踏步、栏板详图等，并尽可能画在同一张图纸内。平面图与剖面图比例要一致，以便对照阅读。踏步、栏板详图比例要大一些，以便表达清楚该部分的构造情况，如图 17-22 所示。

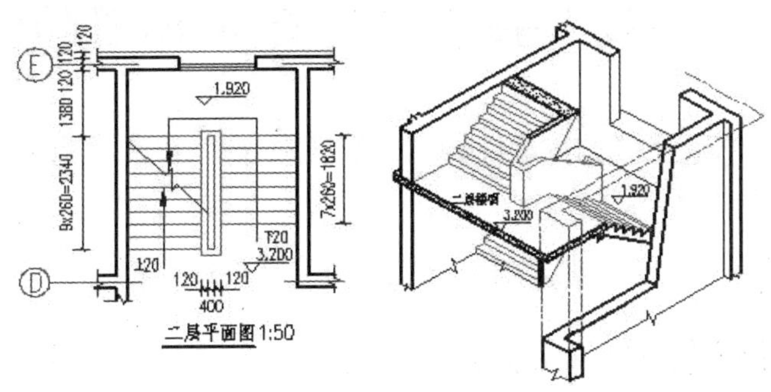

图 17-22 楼梯详图 1

假设用一铅垂面（4-4），通过各层的一个梯段和门窗洞将楼梯剖开，向另一未剖到的梯段方向投影，所做的剖面图即为楼梯剖面详图，如图 17-23 所示。

从图中的索引符号可知，踏步、扶手和栏板都另有详图，用更大的比例画出其形式、大小、材料及构造情况，如图 17-24 所示。

Note

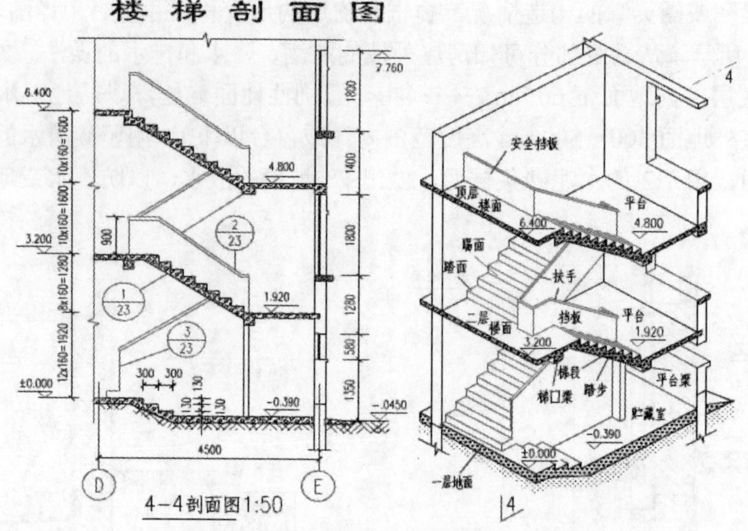

图 17-23　楼梯详图 2

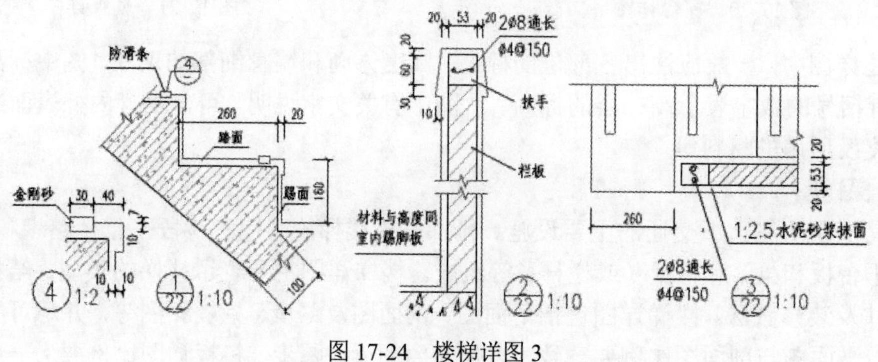

图 17-24　楼梯详图 3

17.4　某高层住宅部分建筑详图的绘制

由于一套完整的施工图的详图数量较多，在此就不一一介绍了，下面介绍绘制 1-1 标准层外墙详图和楼梯详图的绘制方法。

光盘\配套视频\第 17 章\某高层住宅部分建筑详图的绘制.avi

17.4.1　绘制外墙详图的辅助轴线

建筑详图设计是建筑施工图绘制过程中的一项重要内容，建筑详图的绘制同样也是先绘制辅助轴线。

操作步骤如下：

（1）与前面的绘制步骤相似，新建名称为“外墙详图”的图形文件，然后新建名称为“轴线”的图层并将其设置为当前图层，单击“默认”选项卡“绘图”面板中的“构造线”按钮，

绘制水平及垂直轴线，如图 17-25 所示。

（2）单击“默认”选项卡“修改”面板中的“偏移”按钮，使水平构造线依次向下偏移 30mm、50mm、120mm、20mm、670mm、30mm，向上偏移 20mm、80mm、10mm、230mm、40mm、10mm、50mm、60mm、50mm、50mm，然后单击“默认”选项卡“修改”面板中的“偏移”按钮，使垂直构造线依次向左偏移 30mm、50mm、80mm、220mm、50mm、40mm、550mm、60mm，向右偏移 20mm、50mm、200mm、50mm、20mm、1600mm，具体效果如图 17-26 所示。

Note

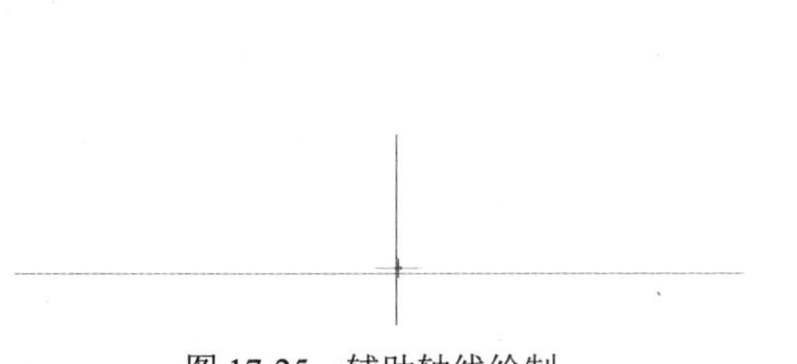

图 17-25　辅助轴线绘制

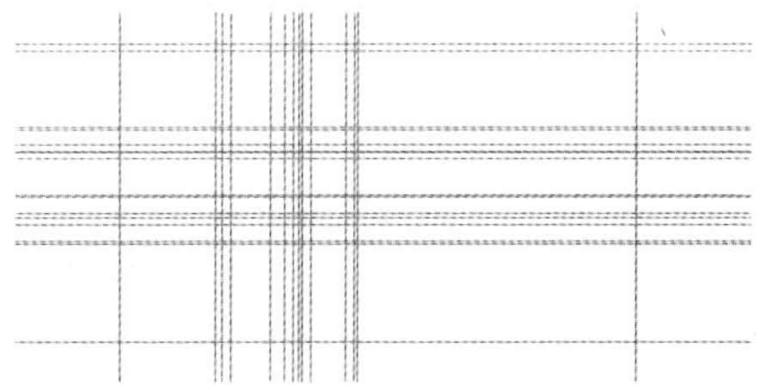

图 17-26　辅助轴网绘制

17.4.2　绘制外墙详图的剖切详图

墙体的详图与其结构密切相关，一定要将其基本构造绘制清楚。

操作步骤如下：

（1）新建名称为“剖切”的图层并将其设置为当前图层，单击“默认”选项卡“绘图”面板中的“直线”按钮，沿着辅助轴网绘制墙体及楼层绘制剖切线，具体效果如图 17-27 所示。

（2）新建名称为“标注”的图层并将其设置为当前图层，绘制折断线符号；新建名称为“填充”的图层并将其设置为当前图层，单击“默认”选项卡“绘图”面板中的“图案填充”按钮，在弹出的对话框中选择 ANSI31 样例，在相应位置进行填充，填充后的效果如图 17-28 所示。

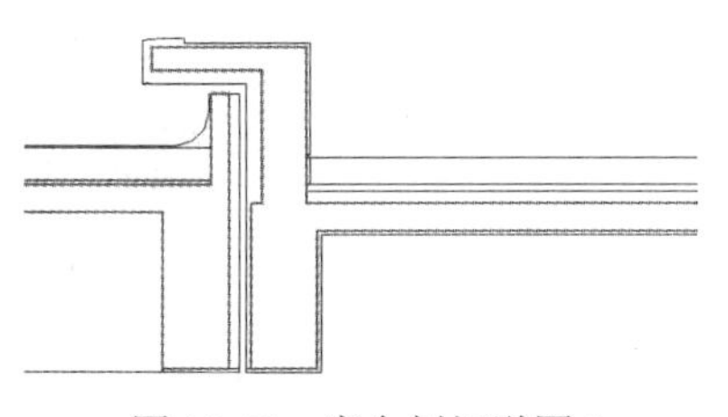

图 17-27　窗台剖切详图 1

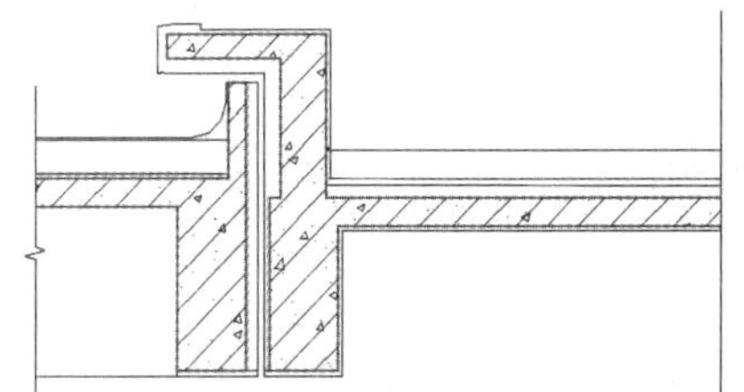

图 17-28　窗台剖切详图 2

（3）楼板和窗台绘制完毕后，开始绘制阳台玻璃及栏杆。新建名称为“细部装饰线”的图层并将其设置为当前图层，单击“默认”选项卡“绘图”面板中的“直线”按钮和“矩形”按钮，绘制阳台玻璃及栏杆，如图 17-29 所示。

（4）由于其他标准层的外墙窗台剖面与此雷同，就不一一绘制了，将当前图层设置为“标注”图层，在刚才绘制的阳台玻璃上绘制两道平行线符号，将平行线之间部分剪切，代表其他雷同的标准层略去，具体效果如图 17-30 所示。

（5）将“轴线”图层设置为当前图层，单击“默认”选项卡“修改”面板中的“偏移”按钮，将构造线向上偏移，并将“剖切”图层设置为当前图层，在阳台上方绘制上一层楼的

Note

楼板及窗台剖切图，在“细部装饰线”图层绘制两楼层窗台之间的空调机位百叶，具体效果如图 17-31 所示。

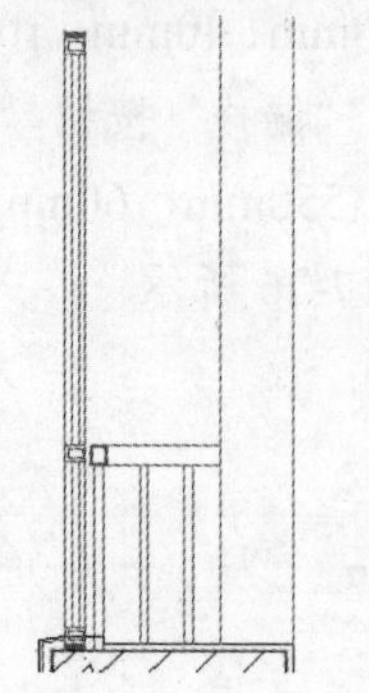
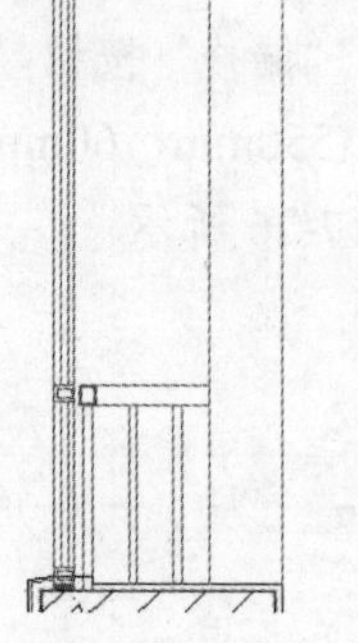

图 17-29 阳台剖面绘制 1

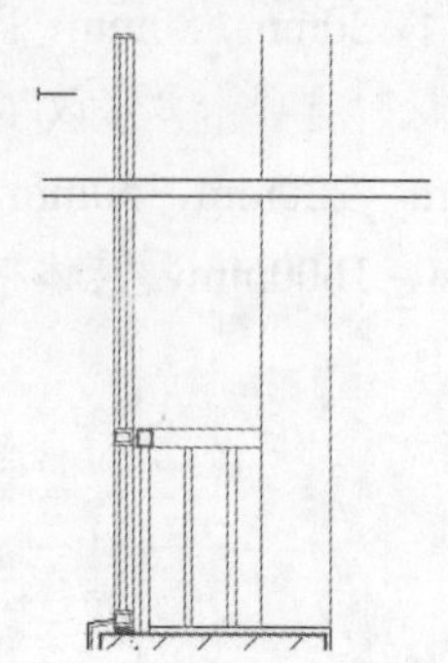

图 17-30 阳台剖面绘制 2

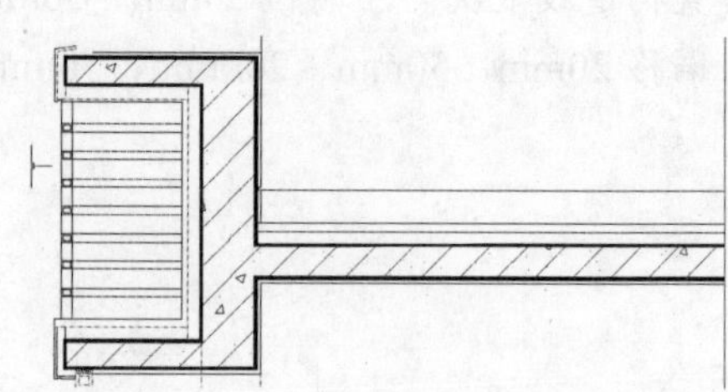

图 17-31 窗台空调机位详图

（6）单击“默认”选项卡“修改”面板中的“复制”按钮，向上复制两个，具体效果如图 17-32 所示。

（7）单击“默认”选项卡“绘图”面板中的“直线”按钮，在楼顶绘制女儿墙及屋顶防水层，具体效果如图 17-33 所示。

（8）目前该高层建筑标准层外墙详图已经基本绘制完毕，如图 17-34 所示。

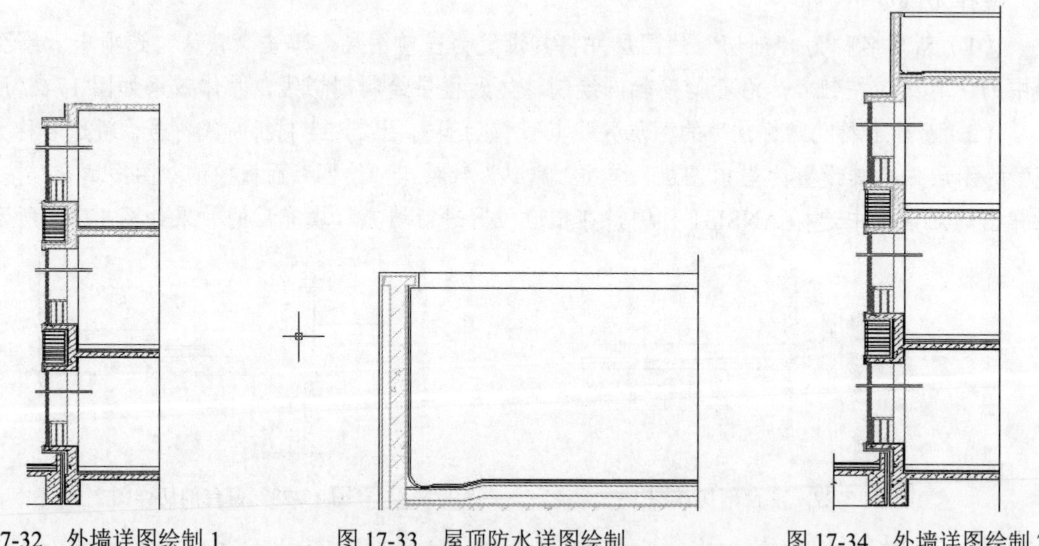

图 17-32 外墙详图绘制 1　　图 17-33 屋顶防水详图绘制　　图 17-34 外墙详图绘制 2

提示：

高层建筑平屋顶防水屋面根据防水层材料和做法的不同通常分为刚性防水、柔性防水、涂膜防水和粉剂防水等；刚性防水层是以刚性材料，如防水砂浆、细石混凝土、配筋细石混凝土等构成，施工方便，造价经济，维修方便，但对温度变化和屋面变形比较敏感，多用于我国南方地区；柔性防水屋面的基本构造层分为结构层、找坡层、找平层、结合层、防水层和保护层。

17.4.3　外墙详图尺寸标注及文字说明

新建文字样式及标注样式，在“标注”图层中对该详图进行标注，插入图框，最终效果如图 17-35 所示。

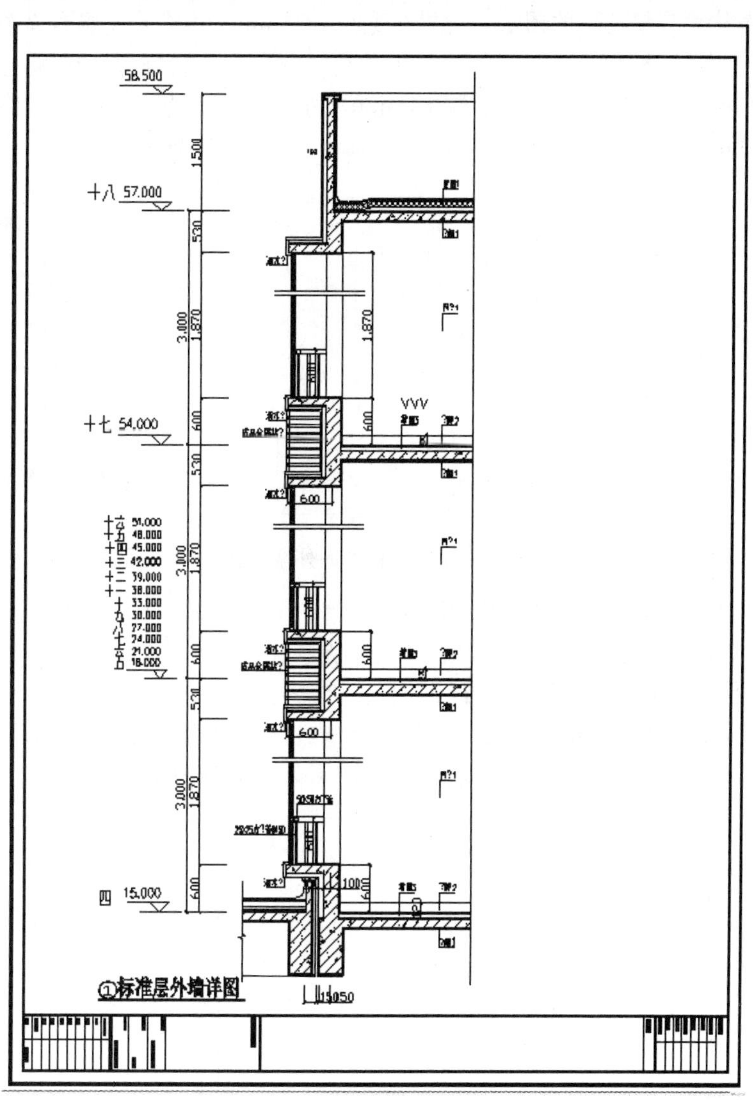

图 17-35　外墙详图绘制效果

建筑空间的竖向组合交通联系，依靠楼梯、电梯、自动扶梯等竖向交通设施。其中，楼梯作为竖向交通和人员紧急疏散的主要交通设施，使用最为广泛。

17.4.4　绘制楼梯平面详图

各层楼梯平面详图大同小异，下面学习绘制地下室楼梯的平面详图。

Note

操作步骤如下：

（1）新建名称为“楼梯详图”的图形文件，单击“默认”选项卡“图层”面板中的“图层特性”按钮，新建图层，并命名为“轴线”，一切设置采用默认值，单击“默认”选项卡“绘图”面板中的“直线”按钮，绘制辅助轴线，水平轴线长度略大于2600mm，垂直轴线长度略大于5100mm，如图17-36所示。

（2）新建名称为“墙体”的图层，设置线宽为0.35mm，并将其设置为当前图层，与平面图墙体的绘制方法相似，选择菜单栏中的“绘图/多线”命令，绘制楼梯间墙体，如图17-37所示；新建名称为“楼梯”的图层，设置线宽为0.15mm，并将其设置为当前图层，将两根水平轴线分别向内偏移1350mm，形成楼层平台和休息平台轴线，如图17-38所示。

图17-36　辅助轴线绘制

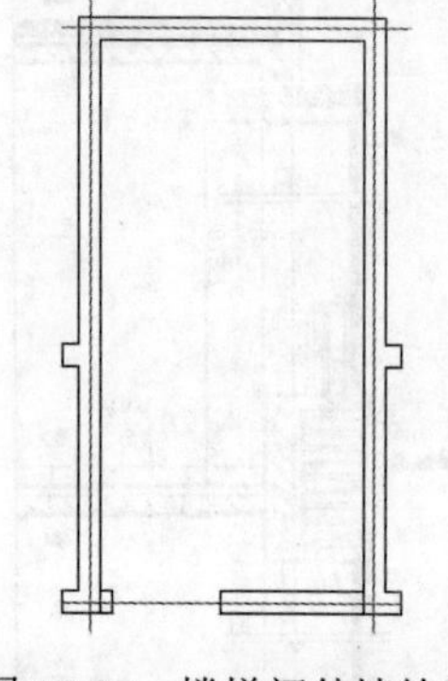
图17-37　楼梯间外墙绘制

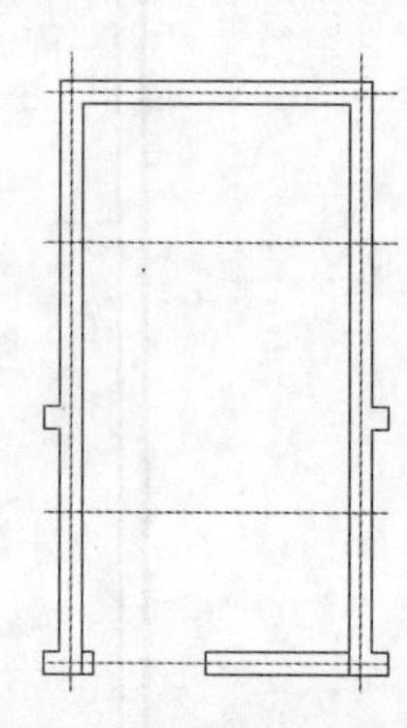
图17-38　楼梯间平台轴线绘制

（3）单击“默认”选项卡“绘图”面板中的“直线”按钮和“修改”面板中的“矩形阵列”按钮，绘制楼梯间栏杆及踏步，如图17-39所示。

（4）与平面图中绘制楼梯的方法相似，单击“默认”选项卡“绘图”面板中的“直线”按钮和“修改”面板中的“修剪”按钮，绘制折断线，然后单击“默认”选项卡“绘图”面板中的“多段线”按钮，绘制上下楼的指向符号，具体效果如图17-40所示。

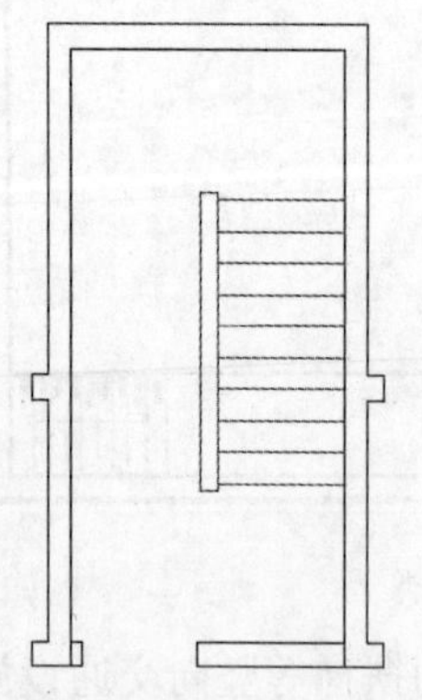
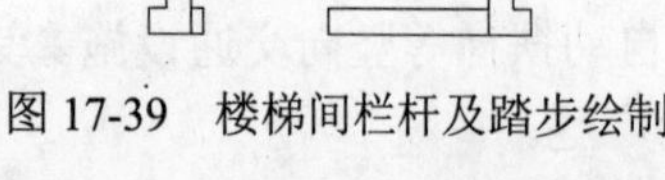
图17-39　楼梯间栏杆及踏步绘制

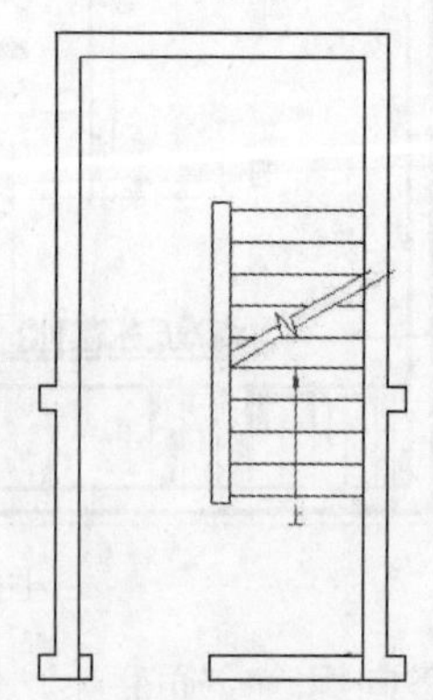
图17-40　折断线及指示符号绘制

（5）新建名称为“填充”的图层，并将其设置为当前图层，将墙体填充为钢筋混凝土样式。

（6）新建名称为“门窗”的图层，并将其设置为当前图层，绘制楼梯间消防门及消防箱后，效果如图17-41所示。

（7）新建名称为“标注”的图层，并将其设置为当前图层，设置文字样式及标注样式后对

楼梯间平面详图进行尺寸标注及文字说明，具体效果如图 17-42 所示。

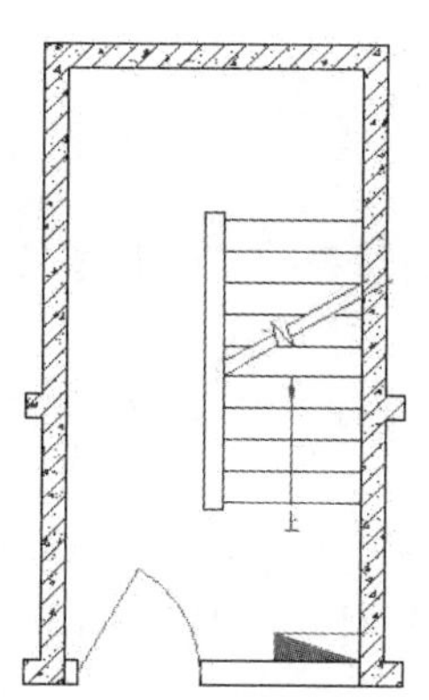

图 17-41　墙体填充及消防门、箱的绘制

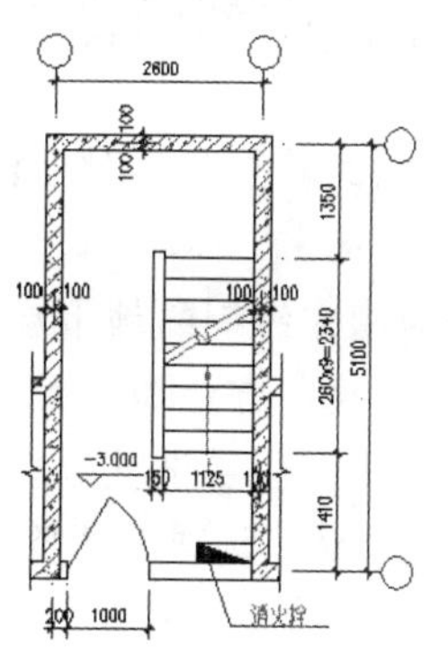

图 17-42　地下层楼梯间平面详图绘制

（8）其他层的楼梯间详图如图 17-43 所示，读者可以自己动手绘制。

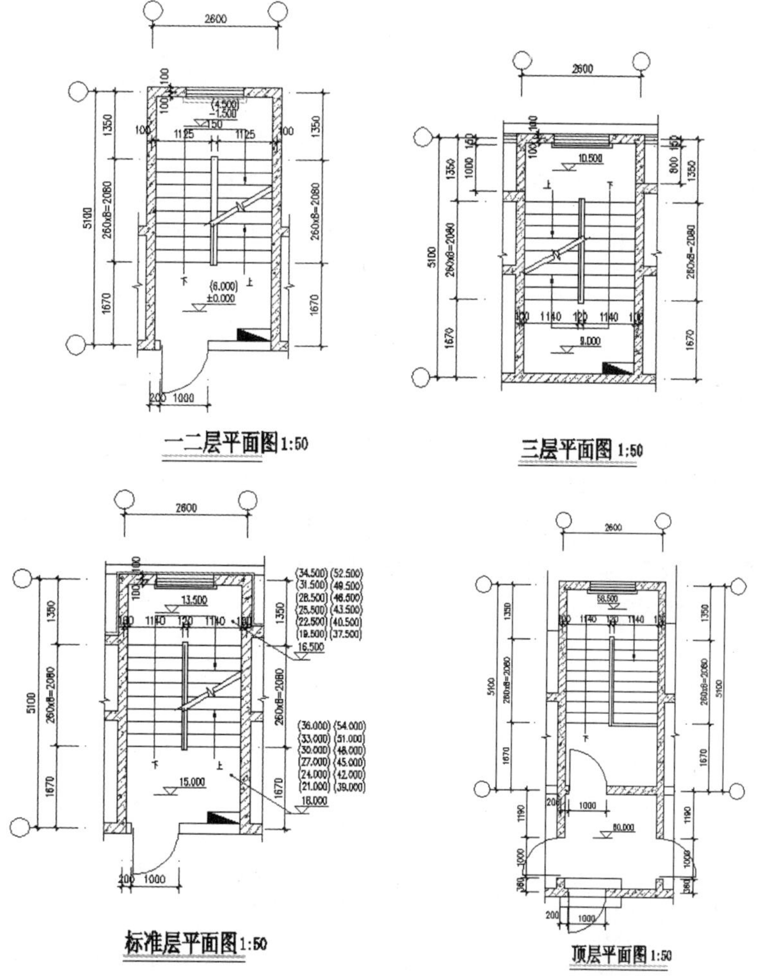

图 17-43　楼梯平面详图

17.4.5　绘制楼梯剖面详图 1-1

该楼梯剖面图比较复杂，对于相同的楼梯层，采用阵列的方法绘制。

操作步骤如下：

（1）现在为刚才绘制的地下层楼梯间平面详图上标注剖切符号，这样才便于读者正确理解楼梯的剖面详图，绘制方法如前面平面图中所讲，具体效果如图 17-44 所示。

（2）将“轴线”图层设置为当前图层，绘制水平及垂直辅助轴线，如图 17-45 所示。

（3）单击“默认”选项卡“修改”面板中的“偏移”按钮，将水平轴线向上偏移 600mm，然后单击“默认”选项卡“修改”面板中的“矩形阵列”按钮，向上阵列，“行数”为 20，“列数”为 1，“行间距”为 150，得到楼梯 1-1 剖面详图的水平轴网，如图 17-46 所示。

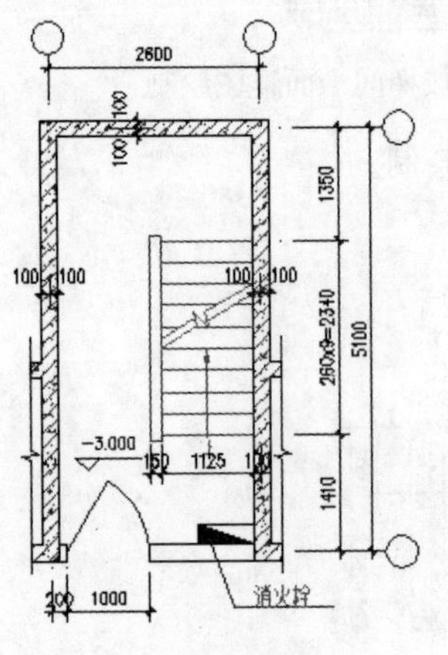

图 17-44　剖切符号绘制

图 17-45　辅助轴线绘制

图 17-46　水平轴网绘制

（4）单击“默认”选项卡“修改”面板中的“偏移”按钮，将垂直轴线向右偏移 1350mm，然后单击“默认”选项卡“修改”面板中的“矩形阵列”按钮，向右阵列，“列数”为 10，“行数”为 1，“列间距”为 250，然后得到楼梯 1-1 剖面详图的垂直轴网，如图 17-47 所示。

（5）将当前图层设置为“墙体”图层，绘制楼梯剖面详图的墙体、门窗及地坪剖面后如图 17-48 所示。

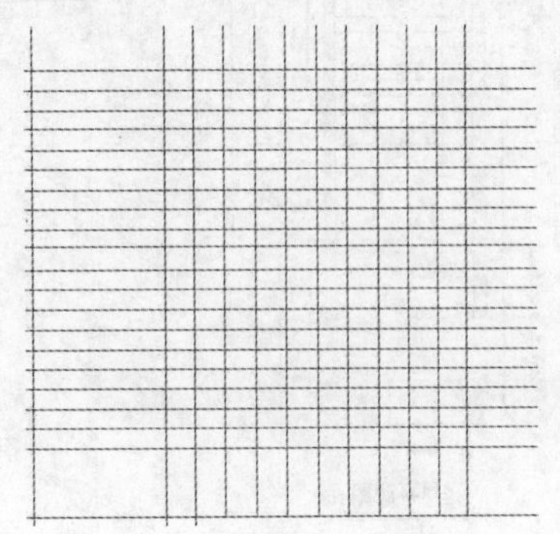

图 17-47　垂直轴网绘制

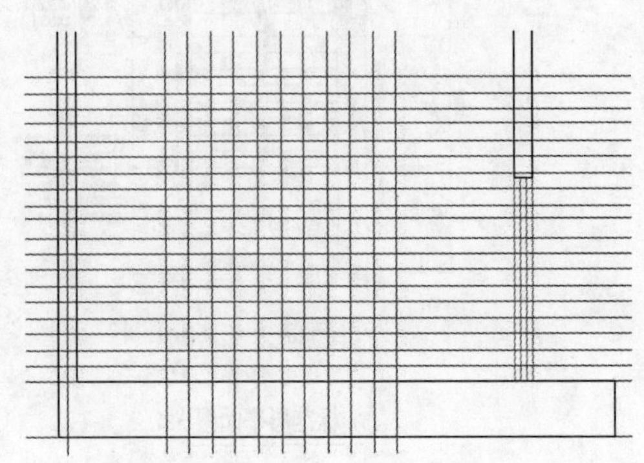

图 17-48　墙体、门窗及地坪绘制

（6）新建“楼梯 1”图层并将其设置为当前图层，根据轴网绘制楼梯踏步 1，该部分踏步为可见部分的楼梯踏步，所以该图层线宽设置为 0.15mm，具体效果如图 17-49 所示。

（7）新建“楼梯 2”图层并将其设置为当前图层，根据轴网绘制楼梯踏步 2，该部分踏步为剖到部分的楼梯踏步，包括楼层平台和休息平台，所以该图层线宽设置为 0.35mm，具体效果如图 17-50 所示。

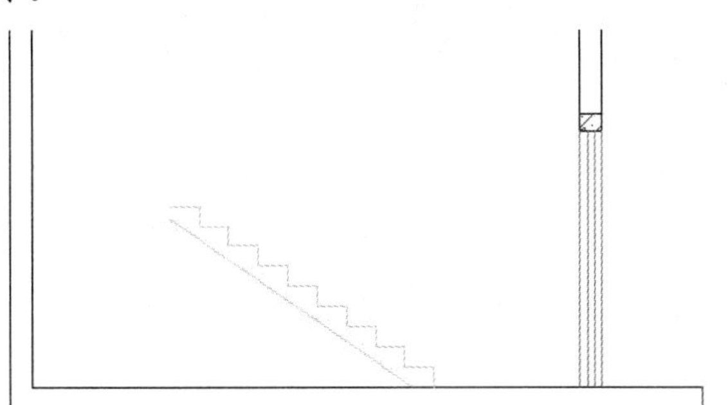

图 17-49　楼梯踏步 1 绘制

图 17-50　楼梯踏步 2 及平台绘制

（8）将当前图层设置为“填充”图层，将混凝土样式填充进墙体地基以及楼梯梯段梁、平台梁，如图 17-51 所示。

（9）将当前图层设置为“楼梯 1”图层，利用直线、复制和修剪命令，绘制楼梯栏杆，具体效果如图 17-52 所示。

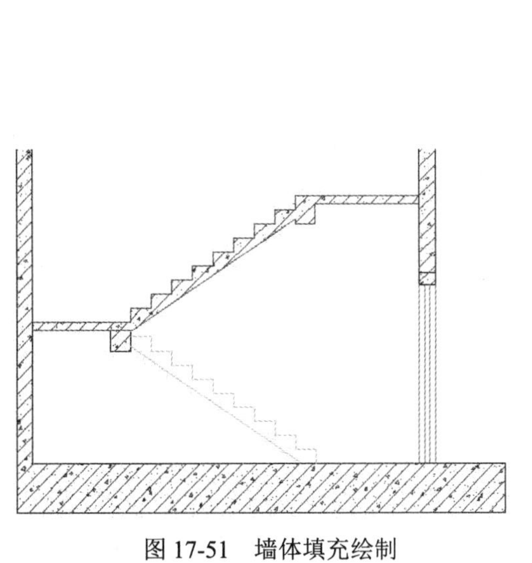

图 17-51　墙体填充绘制

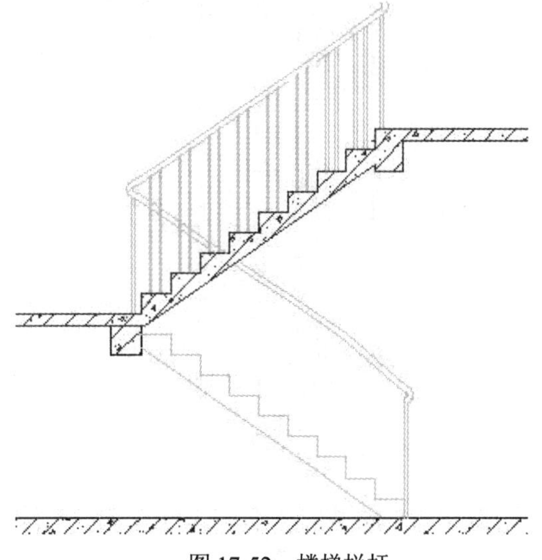

图 17-52　楼梯栏杆

（10）单击“默认”选项卡“修改”面板中的“矩形阵列”按钮，向上阵列得到其他楼层的楼梯剖面图，由于层高的差异，注意修改楼梯踏步阶数不同的地方，即可得到 1-1 楼梯剖面详图，如图 17-53 所示。

（11）将当前图层设置为“标注”图层，对该楼梯 1-1 剖面详图进行标注，具体效果如图 17-54 所示。

Note

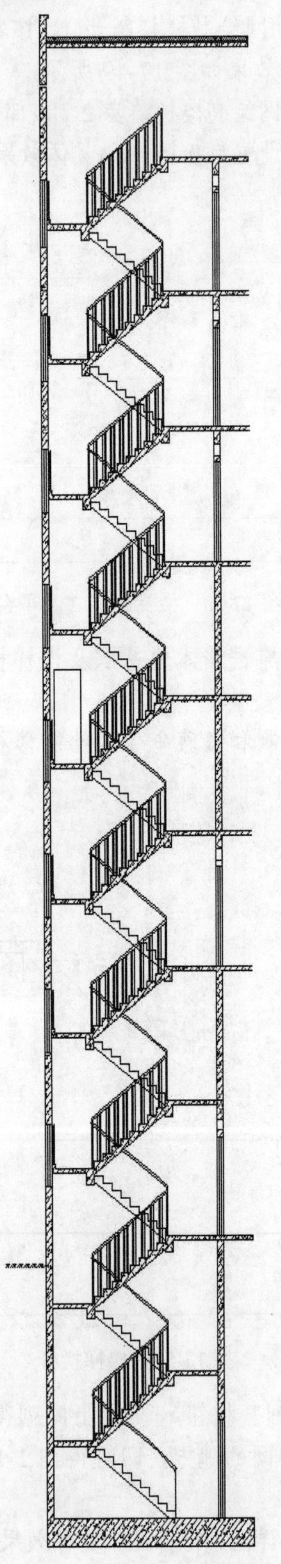

图 17-53　楼梯剖面详图绘制

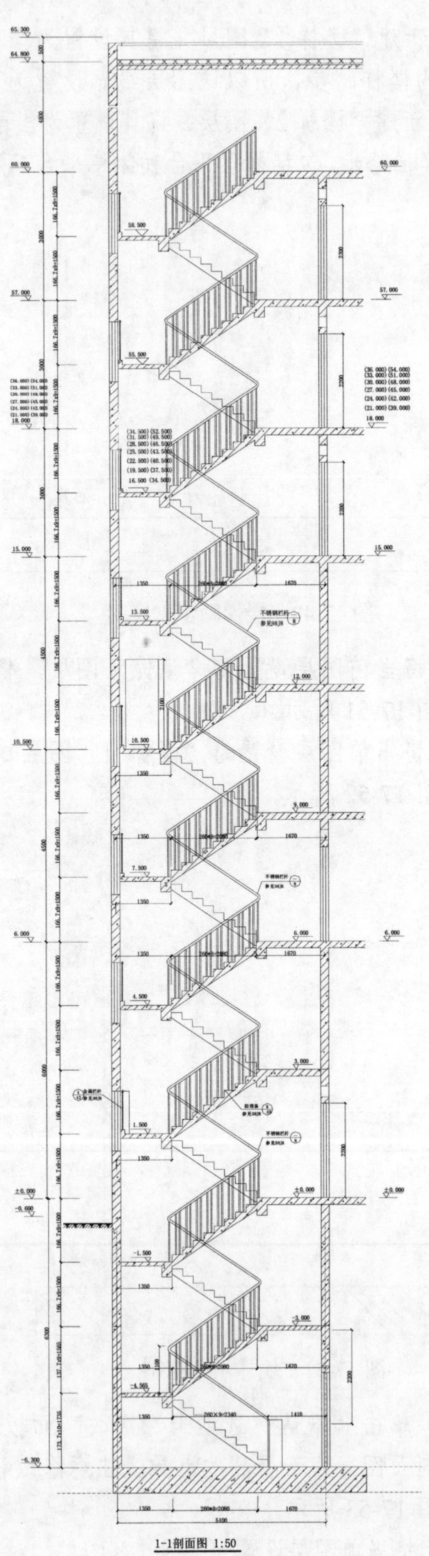

图 17-54　楼梯剖面详图尺寸标注绘制

17.5　实 战 演 练

通过前面的学习，读者对本章知识有了大体的了解，本节通过几个操作练习使读者进一步掌握本章知识要点。

【实战演练 1】绘制如图 17-55 所示的宿舍楼剖面图。

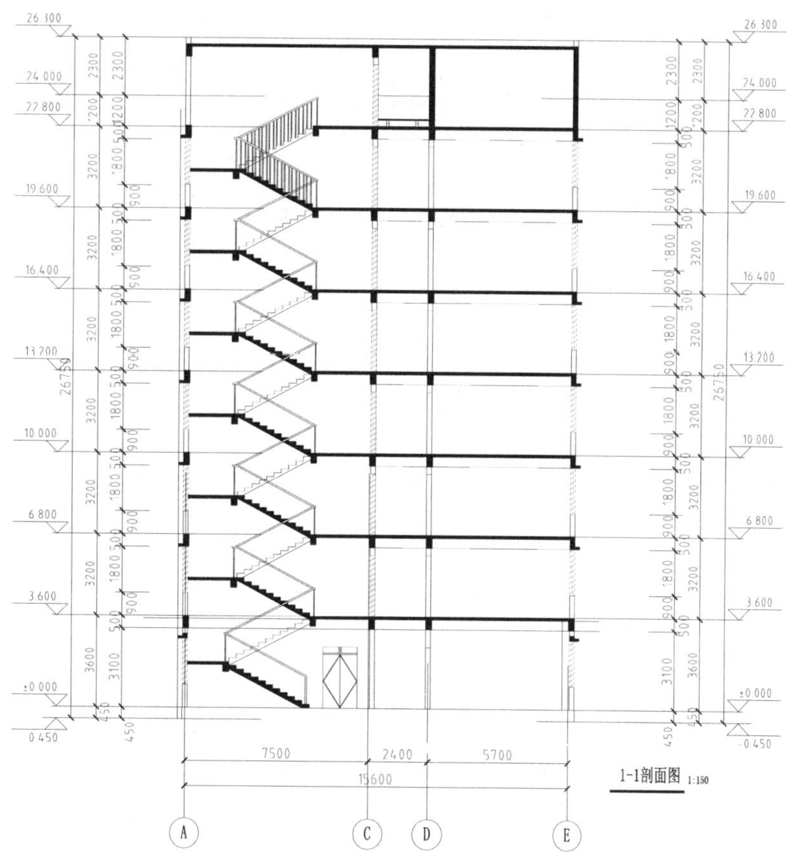

图 17-55　宿舍楼剖面图

1．目的要求

本实例主要要求读者通过练习进一步熟悉和掌握宿舍楼剖面图的绘制方法。通过本实例，可以帮助读者学会完成剖面图绘制的全过程。

2．操作提示

（1）设置绘图环境。

（2）绘制底层剖面。

（3）绘制标准层立面。

（4）绘制顶层剖面。

（5）标注尺寸和文字。

Note

【实战演练 2】绘制如图 17-56 所示的建筑节点详图。

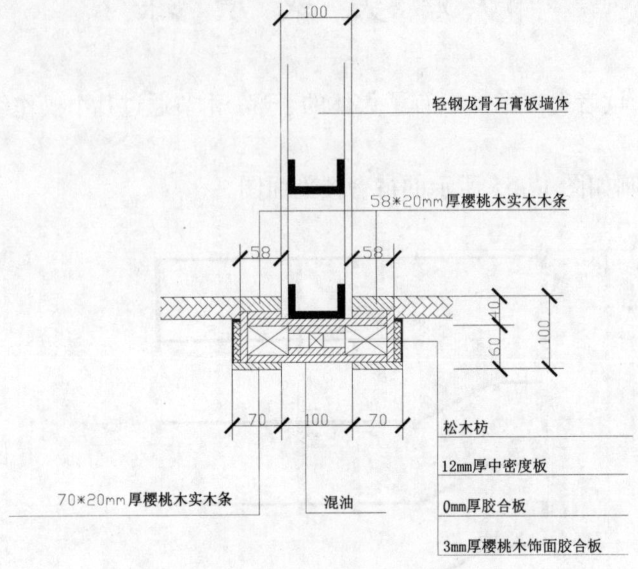

图 17-56　建筑节点详图

1．目的要求

本实例主要要求读者通过练习进一步熟悉和掌握建筑节点详图的绘制方法。通过本实例，可以帮助读者学会完成详图绘制的全过程。

2．操作提示

（1）设置绘图参数。

（2）绘制节点轮廓。

（3）填充图形。

（4）标注尺寸和文字。